动物检疫
技术指南

DONGWU JIANYI
JISHU ZHINAN

汤锦如 彭大新 主编

中国农业出版社
北　京

编写人员

主　编　汤锦如　彭大新

副主编　王小波　朱国强　黄金林　张晓君

编　者　（按姓氏笔画排序）

王　亨　王小波　王建业　王晓泉

吉　挺　朱礼倩　朱国强　任方哲

刘丹丹　刘文博　刘晓丹　刘晓文

汤锦如　许金俊　杨　奕　杨　辉

张晓君　陈素娟　胡　娇　胡顺林

秦　涛　顾　敏　黄金林　彭大新

Preface 前言

随着国际经济贸易的日趋频繁，动物及动物产品贸易的成交与否，关键是是否具有优质、健康动物和动物产品；动物及动物产品与人的生活密切相关，许多疫病是人兽共患的传染病，保护人类健康需要从动物及动物产品的源头控制。因此，动物检疫对保护人类健康具有非常重要的现实意义。动物检疫工作是国家不可缺少的一项重要工作，也是每个国家动物检疫部门的重大责任。

在检验检疫中，我们常用一些经典的方法，如流行病学调查、临床及病理检查、病原微生物的分离培养等，但随着免疫学和分子生物学技术的发展，一些现代动物检验检疫技术与方法已在动物检疫中得到广泛应用。为使本书体现系统性和实用性，编者在保留了那些具有实用价值的经典检验检疫方法的同时，又着重介绍了一些动物检验检疫技术新方法，以便读者根据工作条件和要求从中找到合适的检验检疫方法。

近年来，许多高等农业院校开设了动物检疫课程，但使用的教材差异较大，为满足农业院校的教学需要，并结合我国检疫工作的实际情况和要求，经多年努力，我们编撰了《动物检疫技术指南》一书。该书系统介绍了动物检疫的原理、方法，以及我国一二三类动物疫病(包括陆生动物及水生动物)诊断知识和实验室检测技术，同时还提供了16个动物检疫实训指导。

笔者在编撰过程中，直接或间接参考援引了国内已出版的有关专著、教材的相关资料，尤其是农业部兽医局组织编写的《一二三类动物疫病释义》一书以及陈爱平等编写的《一二三类水生动物疫病病种名录释义》，部分参考书目已列于文后，对于仍未能一一注明其出处者，在此表示诚挚的感谢。

本书的出版得到了扬州大学出版基金资助，同时也得到了中国农业出版社的大力支持和帮助，在此一并致谢。

本书可作为动物检验检疫、动物医学、兽医公共卫生、动物科学、水产养殖等专业的教学用参考书；也可作为动物防疫、进出口检疫、市场检疫等领域相关人员的参考书或工具用书。

由于编者水平有限，书中难免存在不足之处，恳请各位专家学者和广大读者批评指正，以便进一步修正和完善。

编　者

2018年10月

Contents　目录

**第二篇
动物疫病检疫**

**第三篇
检疫实训指导**

DONGWU JIANYI
JISHU ZHINAN

动物检疫
技术指南

第一篇 动物检疫基础知识

第一章
绪　　论

第一节　动物检疫概述

一、动物检疫概念及其基本特性

（一）动物检疫概念

检疫（quarantine）一词，原意为40d，起源于14世纪，当时意大利威尼斯共和国为阻止欧洲人群流行的黑死病、霍乱和黄热病等传染病，规定对怀疑携带危险传染病的外来抵港船只，一律将船员留船隔离检查，观察40d。如果未发现疫病，则允许离船登陆。因此，检疫起初只是为防止疫病传播，是国际港口执行卫生检查的一种强制性措施。

检疫开始于卫生检查，以后发展到对动物及其产品的检疫，其目的是通过对动物、动物产品的检查、处理，防止动物疫病的传播扩散，保护畜牧业生产和人类健康。检疫活动是由专门的执行机构和人员依法采取的一种行政行为。可见，动物检疫是指为了预防、控制和扑灭动物疫病，促进畜牧业生产发展，保护人类健康，由法定的机构、法定的人员，依照法定的检疫标准、方法和项目，对动物及动物产品进行检查、定性和处理的一项强制性的技术行政措施。

上述动物检疫的概念中，可以体现三方面：一是动物检疫是一项强制性的行政措施。因此管理对象必须无条件地接受和配合。二是动物检疫是一项法定的技术措施。这些措施都有明确的法律法规和规章的规定，它不同于一般意义上的技术措施。三是动物检疫是一项社会公益性事业。动物检疫的根本目的是预防、控制和扑灭动物疫病，促进畜牧业生产发展，保护人类健康。

（二）动物检疫的特性

动物检疫工作具有5个重要特性，分述如下。

1. **检疫工作的法定性**　依据《中华人民共和国动物防疫法》《中华人民共和国进出境动植物检疫法》（以下简称动植物检疫法）和《动物检疫管理办法》（中华人民共和国农业部令2010年第6号）等法规、办法的规定，动物检疫应当按照检疫规程实施检疫，并对检疫结论负责。动物检疫工作的法定性充分体现在以下5点：①法定的机构是县级以上地方人民政府设立的动物卫生监督机构。该机构负责动物、动物产品的检疫工作和其他有关动物防疫的监督管理执法工作。②法定的人员是动物卫生监督机构的官方兽医（是指具备规定的资格条件并经兽医主管部门任命的，负责出具检疫等证明的国家兽医工作人员）。③法定的检疫对象是国务院兽医主管部门规定的动物疫病，是指动物传染病、寄生虫病。中华人民共和国农业部公告（第1125号）和《中华人民共和国进境动物一、二类传染病、寄生虫病名录》分别对国内动物检疫对象及进境动物检疫对象做了规定。④法定的制度是国家实行动物检疫申报制度，货主应当按照国务院兽医主管部门的规定向当地动物卫生监督机构申报检疫。⑤法定的处理是动物检疫结果的确定和处理必须依照规定执行，经检疫合格的动物、动物产品，出具检疫证明，加施检疫标志。实施现场检疫的官方兽医应当在检疫证明、检疫标志上签字或者盖章，并对检疫结论负责。经检疫不合格的动物、动物产品，货主应当在动物卫生监督机构监督下按照国务院兽医主管部门的规定处理，处理费用由货主承担。

2. 检疫工作的强制性　由于动物检疫是政府行为，受法律保护，所以检疫工作具有强制性。凡拒绝、阻挠、逃避、抗拒动物检疫的，都属于违法行为，将受到法律制裁。触犯刑律的，依法追究刑事责任。

3. 检疫工作的科学性　动物检疫是一项技术性很强的工作，从动物检疫标准的确定、检疫操作的规程、检疫结果的确定和处理等都是建立在科学的基础上，有严格的规定，不能有任何主观意识色彩。同时要求动物检疫人员必须坚持标准，讲究科学，认真负责，严格把关，依法办事，用科学的态度处理好动物检疫中的问题。

4. 检疫工作的权威性　检疫的权威性表现在两方面，一是动物卫生监督机构具有权威性。由于动物卫生监督机构是国家法律授权承担动物检疫监督任务的组织，其实施动物检疫的行为一经做出，就必然具有一定的权威性。任何其他组织或个人，非经法律法规规定，就没有履行检疫职能的权利。二是动物检疫员具有权威性。由于动物检疫员是按照法定程序任命，因此取得了法律赋予的职权，其开展的动物检疫行为受到法律保护。例如，动物检疫员出具的检疫合格证明，在规定时限和区域内具有法定效力，并同时要对检疫结论负责。

5. 检疫工作的公正性　动物检疫工作公正性体现在：一是坚持检疫标准的同一性，二是检疫的技术手段科学性。当然，要做好公正合理，需要各级动物检疫机构和所有检疫人员不断提高自身的职业道德和业务素质，严格自觉接受社会监督。

二、动物检疫的目的与任务

（一）动物检疫的目的

为规范畜牧业经济秩序，保障畜牧业长期健康发展，国家相继出台了一系列有关的法律法规，《中华人民共和国动物防疫法》就是其中比较重要的一部。该法所称动物防疫，包括动物疫病的预防、控制、扑灭和动物及其产品的检疫。同时，动物检疫是动物防疫中一个重要环节。通过严格而有效的动物检疫，可以及时发现和控制动物疫病，为扑灭动物疫情创造条件，从而保障畜牧业的发展。同时，及时检出染疫的动物和病害动物产品，可以避免其对食品安全造成威胁，从而保障城乡居民身体健康，因此，动物检疫工作已逐步成为全社会关注的一个"热点"。由此可见，开展动物检疫的直接目的是通过动物检疫，发现、处理带有检疫对象的动物和动物产品，间接目的是避免动物疫病对食品安全的威胁，保护人类健康。这是一项十分重要、有意义的工作。

（二）动物检疫的任务

动物检疫是一项强制性的行政措施、法定的技术措施和有利于社会公益性的事业，其根本目的是预防、控制和扑灭动物疫病，促进养殖业发展，保护人类健康。由此可知，动物检疫的任务是：一方面及时发现和处理染疫动物及其动物产品，消除疫源、切断动物疫病的传播；另一方面是确保合格的动物及其动物产品流通，满足人民生活质量改善的需要。动物检疫完成了这两方面任务，在客观上就保障了畜牧业发展，保护了人类健康。

三、动物检疫的作用与意义

（一）动物检疫的作用

1. 监督作用　动物检疫员除承担动物疫病的检疫外，还担负监督检查职能，例如，促使动物饲养人员自觉开展预防接种工作；促进动物及其产品经营者主动接受检疫、合法经营等。

动物检疫是通过索证、验证，发现和纠正违反动物卫生行政法规的行为，保证动物、动物产品生产经营者合法经营，维护消费者的合法权益。

2. 净化作用　通过动物检疫，可以及时发现动物疫病以及其他妨害公共卫生的因素，同时通过检疫防止染疫及其产品进入流通，以及扑杀病畜、无害化处理染疫产品，从而达到净化消灭的目的。

3. 提高国家信誉与索赔作用　通过对进口动物及其产品的检疫，发现有染疫动物或产品，可依照双方协议进行索赔，使国家进口贸易免受损失，同时，通过对出口动物及其产品的检疫，可保证质量，维护我国贸易信誉，这对拓宽国际市场、扩大畜产品出口创汇有重要意义。

4. 保护人类健康作用　据统计，在动物疫病中，有196种属于人兽共患的传染病，例如，口蹄疫、鹦鹉热、炭疽病、沙门氏菌病等。通过检疫，可以及早发现并采取措施，防止人兽共患病的发生及传播。因此，动物检疫对保护人类健康有着重要的现实意义。

（二）动物检疫的意义

1. 动物检疫是贯彻落实《中华人民共和国动物防疫法》的一个重要环节　在《中华人民共和国动物防疫法》中把动物防疫工作定义为动物疫病的预防、控制、扑灭和动物及其产品的检疫，如果检疫关没有严格执行，那么整个动物防疫工作的链条将会断裂，全面贯彻落实《中华人民共和国动物防疫法》也成为一句空话。

《中华人民共和国动物防疫法》对动物检疫做出了明确的规定，例如，规定了动物卫生监督机构按照本法和国务院兽医主管部门的规定对动物、动物产品实施检疫。动物卫生监督机构的官方兽医具体实施动物、动物产品检疫；规定了动物卫生监督机构接到检疫申报后，应当及时指派官方兽医对动物、动物产品实施现场检疫；检疫合格的，出具检疫证明，加施检疫标志。实施现场检疫的官方兽医应当在检疫证明、检疫标志上签字或者盖章，并对检疫结论负责；规定了跨省、自治区、直辖市引进乳用动物、种用动物及其精液、胚胎、种蛋的，应当向输入省、自治区、直辖市动物卫生监督机构申请办理审批手续，并依照本法第四十二条的规定取得检疫证明；规定了人工捕获的可能传播动物疫病的野生动物，应当报经捕获地动物卫生监督机构检疫，经检疫合格的，方可饲养、经营和运输；规定了经检疫不合格的动物、动物产品，货主应当在动物卫生监督机构监督下按照国务院兽医主管部门的规定处理，处理费用由货主承担。此外，对参加展览（演出、比赛）的动物的检疫等方面也做出了明确的规定。以上这些规定构成了动物防疫工作的基础，做好这些工作，使整个动物防疫工作落到了实处。

2. 动物检疫是预防、控制、扑灭动物疫病的重要技术措施　动物疫病的发生、发展和流行是有一定规律的。动物疫病流行的三个重要环节是传染源、传播途径和易感动物。防制动物疫病要从消灭传染源、切断传播途径和保护易感动物等方面入手。动物检疫，可及时发现染疫动物及其产品，通过消毒和无害化处理消除传染源。同时，还可以为切断传播途径、保护易感动物免受侵害提供科学的指导，为及时控制和扑灭动物疫情创造条件。

3. 动物检疫是促进养殖业发展、保护人类健康的一项基础工作　由于城乡人民生活水平的提高，对食品的安全性已成为人们新的追求，因此，加快畜牧业的发展，生产安全优质的动物性食品已成为畜牧兽医部门的主要任务。为此，加强动物检疫工作，不仅关系动物疫病的控制，而且关系动物和动物产品（如肉、蛋、奶等）上市的安全，以及畜产品的生产和消费。所以，动物检疫是一项促进养殖业发展、保护人类健康的基础工作，要引起高度重视。

四、我国动物检疫的形成与发展简况

我国的动物检疫工作始于1913年，即满清末年至民国初年。由于进出口贸易的需要，开始出现动物检疫的萌芽。1913年，英国农业部为了防止牛、羊疫病的传染而禁止病畜皮毛进口，我国上海的商人为此聘请了英国兽医来华办理出口肉类检验和签发证书。但由于战争、灾荒等原因，使得当时兽医检疫机构很不完善，人员缺乏、技术设备落后。直到1949年以后，我国动物检疫事业才得到了发展。1952年，中国对外贸易部成立，并组建商品检验局，统一管理全国商检业务。1964年，农业部和外贸部联合报经国务院同意，由农业部接管进出口动植物检疫工作。1965年，国务院批准农业部在有动植物检疫任务的口岸和重要集散产地设立动植物检疫所、站。1965年2月1日起，全国各口岸的动植物检疫所正式对外挂牌办公。1981年，国家将口岸动植物检疫所划为农业部直属单位，并成立了"中华人民共和国动植物检疫局"。直至目前，我国动物检疫机构的设置已形成两大系统，即负责进出境检疫的外检系统和负责国内检疫的内检系统。外检系统又称口岸动物检疫系统，国家设中华人民共和国动植物检疫局，隶属农业部领导，在已开放口岸和多数省会城市设中华人民共和国某某动植物检疫局（所）；国内检疫系统分设国家、省、市、县四个层级。

随着动物检疫工作机构的相继建立，国家先后颁发了动物检疫的法律法规和规章。例如，1959年，农业部、外交部、商业部、卫生部联合颁发了《商品卫生检验试行规程》，外贸部制定了《输出输入农畜产品检验暂行标准》。1982年6月和1985年2月国务院先后发布了《中华人民共和国进出口动植物检疫条例》和《中华人民共和国家畜家禽防疫条例》，1991年和1997年国家先后颁布了《中华人民共和国进出境动植物检疫法》和《中华人民共和国动物防疫法》（此法于2007年8月30日修订），这两部法律的颁布实施，标志着我国动物检疫工作进入了法制管理的新阶段。随后不久，2002年5月24日农业部制定并发布了《动物检疫管理办法》（农业部令第14号），后经修订于2010年3月1日以农业部2010年第6号令公布，等等。

第二节 动物检疫管理

一、动物检疫管理机构及其职能

(一) 农业农村部 (原农业部)

农业农村部是国务院农业行政主管部门。它涉及动物检疫的职能有: ①起草动物防疫与检疫的法律法规草案; ②签署政府间协议、协定; ③制定有关标准; ④组织、监督国内动物的防疫、检疫工作, 发布疫情并组织扑灭等。⑤主管全国进出境动植物检疫工作。

(二) 国家质量监督检验检疫总局

2001年, 国务院将原国家质量技术监督局与中华人民共和国动植物检疫局合并, 组建为中华人民共和国国家质量监督检验检疫总局 (简称国家质检总局)。该局涉及动物检疫的职能有: ①组织实施进出境动物及动物产品的检疫和管理; ②对出入境转基因生物及其产品的检验检疫工作的管理; ③对进出境动物、动物产品的检疫注册登记和审批工作的管理; ④承办政府间兽医合作协议、协定的商谈、签订工作; ⑤承办进出境动物、动物产品检疫条款的谈判和签订工作; ⑥发布入境动物及动物产品禁令解除等。

(三) 中国海关总署

2018年4月20日, 原国家质量监督检验检疫总局的出入境检验检疫管理职责和队伍划入海关总署, 由海关总署垂直管理。它涉及动物检疫的职能有: ①出入境动物、动物产品检验检疫; ②口岸查验; ③检疫处理; ④监督管理等。

(四) 各级兽医行政管理部门

主要是指农业农村部畜牧兽医局及地方 (省、市、县) 人民政府畜牧兽医行政管理部门。其主要职能如下:

1. 农业农村部畜牧兽医局 主管全国畜牧兽医防疫检疫行政管理工作, 涉及动物检疫的职能有: ①负责动物卫生监督管理, 组织动物及动物产品检验检疫、动物防疫条件审查、动物标识及动物产品可追溯管理; ②负责动物卫生监督执法工作。

2. 县以上地方人民政府畜牧兽医行政管理部门 为县以上各级地方政府农业或畜牧业行政管理机关, 主管本行政区域内的动物检疫、监督管理以及对动物检疫员加强培训、考核和管理工作, 建立健全内部任免、奖惩机制等。

(五) 各级动物防疫检疫监督机构

主要是指农业农村部下属的全国兽医防疫检疫总站及省、市、县人民政府畜牧兽医行政管理部门下属的各级兽医防疫检疫监督机构。

1. 全国兽医防疫检疫总站 为农业农村部下属的事业单位, 其主要职能是实施动物防疫和动物防疫监督。

2. 各级兽医防疫检疫监督机构　指县级以上地方人民政府畜牧兽医行政管理部门直属的执法机构。如动物检疫站、兽医卫生监督检验所、兽医防疫监督站等。其主要职能是实施动物防疫和动物防疫监督，例如，依法进行动物及其产品的检疫与消毒，以及进行监督查验。

（六）乡（镇）畜牧兽医站

乡（镇）畜牧兽医站受县级动物防疫监督机构的监督、指导，其职能是实施动物疫病预防、控制、扑灭、治疗等工作。按照《动物检疫管理办法》规定，动物卫生监督机构根据工作需要，可在乡（镇）畜牧兽医站和其他有条件的单位聘用专业兽医人员，作为动物卫生监督机构的派出动物检疫员，代表动物卫生监督机构执行规定范围内的检疫任务。

二、动物检疫人员

动物检疫是依照国家动物检疫的法律法规的规定，经畜牧兽医行政主管部门考核批准，在规定的范围内具体从事动物、动物产品检疫的工作人员。动物检疫员是代表国家的行政执法人员，具有法定的职责。

（一）动物检疫员的条件

（1）具有相应的专业技术。具备兽医中等专业以上学历或同等学力水平，取得兽医专业的技术职务任职资格，或兽医防疫检疫专业毕业生，并取得了任职资格。
（2）具有独立从事动物检疫工作的能力。
（3）熟悉动物卫生行政法规，掌握动物检疫的法律法规等常识。
（4）热爱动物检疫事业，遵纪守法，办事公道。
（5）有强壮的健康体魄。

（二）动物检疫员的主要职责

1. 实施动物检疫，出具相关证明　按照国家标准、行业标准、检疫规程和检疫管理办法的规定对动物、动物产品及运装工具实施检疫、消毒，对检疫合格的动物、动物产品出具产地检疫证明和动物产品检疫合格证明以及运装工具消毒证明，对动物产品同时要加盖验讫印章或加封检疫合格标志，并对检疫结论负责。
2. 监督货主进行防疫消毒和无害化处理　对经动物检疫不合格的动物、动物产品，检疫员要监督货主进行防疫消毒和无害化处理，无法做无害化处理的予以销毁。
3. 协助监督、参与案件查处　协助监督，参与违反《中华人民共和国动物防疫法》的案件查处。
4. 做好检疫统计报表工作　按规定做好动物、动物产品检疫资料的记录、分析、整理等统计报表工作，并及时上报上级主管部门。

（三）动物检疫员的设置、报批、免撤职

1. 动物检疫员的设置　县级以上人民政府畜牧兽医行政主管部门所属的动物检疫机构和乡（镇）畜牧兽医站应设一定名额的动物检疫员。县级以上动物检疫机构可设8～10名，乡（镇）畜牧兽医站一般不得少于3名，检疫业务量大的乡（镇）适当增加。

2. 动物检疫员的报批程序　县级以下（含县）动物检疫员须本人书面申请或由县检疫机构提名，经同级兽医防疫监督机构初审，报县畜牧兽医行政主管部门和市兽医防疫监督机构审查，经市畜牧兽医行政主管部门考试合格后，由省畜牧兽医行政主管部门发给动物检疫员证书、印章。

市级动物检疫员由市兽医防疫监督机构审查，经同级畜牧兽医行政主管部门考试合格，由省畜牧兽医行政主管部门发给动物检疫员证书、证章。

3. 有下列情况之一的动物检疫员应予以免职　①因伤、残、病无法继续从事动物检疫工作；②调离、退休、退职；③经年度考试、考核不合格；④政治、业务素质差，不能胜任动物检疫工作的。

4. 有下列情况之一的动物检疫员应予以撤职　①多次违章、违规，经教育、批评不改的；②滥用职权、徇私舞弊，勒索受贿情节严重的；③玩忽职守、失职、渎职情节恶劣或造成严重后果的。

动物检疫员的免职程序同报批程序。对被免职、撤职的检疫员应及时收缴证件、证章、标志和检疫检验用具。

动物检疫员丢失证件、标志和检疫印章时，应及时以书面形式报告市级畜牧兽医行政主管部门，并在当地报纸上登报声明作废，经核实后（附声明报纸原样两份）申办补发手续。

（四）动物检疫员执法程序

动物检疫员执法程序是：①出示证件、说明来意；②规范检疫，依法出具证明；③发现问题、调查取证；④依法处理。

三、动物检疫的管理制度

（一）进出境动物、动物产品及其他检疫物检疫管理

按照《中华人民共和国进出境动植物检疫法》的规定，进出境动物和动物产品检疫由国务院农业行政主管部门（农业农村部）主管全国进出境动植物检疫工作。中国海关总署统一管理全国进出境动植物检疫工作。国家动植物检疫机关在对外开放的口岸和进出境动植物检疫业务集中的地点设立口岸动植物检疫机关，并按照《中华人民共和国进出境动植物检疫法》的规定实施进出境动植物检疫。动物检疫管理制度主要内容有：

1. 公布检疫对象和禁止入境物名录　由国务院农业行政主管部门制定并公布检疫对象和禁止入境动物名录。如《中华人民共和国进境动物一、二类传染病、寄生虫病名录》《中华人民共和国禁止携带、邮寄进境的动植物及其产品名录》等。

2. 检疫审批制度　如输入的动物、动物产品及其他检疫物，在其入境前要事先提出申请，办理检疫审批手续。审批机关是国家动植物检疫局或者其授权的口岸动植物检疫机关。

3. 报检和申报制度　如输入动物、动物产品和其他检疫物的货主或其代理人，应在进境前或者进境时向进境口岸动植物检疫机关报检；运输动物、动物产品和其他检疫物过境的，承运人或者押运人应向进境口岸动植物检疫机关报检；旅客携带动物、动物产品和其他检疫物进境的，进境时必须向海关申报，并接受口岸动植物机关检疫。

4. 注册登记制度　如国家对向中国输出动物产品的国外生产、加工、存放单位，实行注册登记制度，具体办法由国务院农业行政主管部门制定。对输入国要求中国对向其输出的动物、动物

产品和其他检疫物的生产、加工、存放单位注册登记的，口岸动植物检疫机关可实行注册登记，并报国家动植物检疫局备案。

5. **检疫验放制度** 如输入或输出动物、动物产品和其他检疫物，在入境或出境时，由口岸检疫机关检疫人员实施查验、检疫和消毒。海关凭口岸检疫机关签发的检单证（证书）或者在报关单上加盖的印章验放。输入动物、动物产品和其他检疫物，需调离海关监管区检疫的，海关凭口岸动植物检疫机关签发的《检疫调离通知单》验放。

6. **隔离检疫制度** 如输入动物需隔离检疫的或出境前需隔离检疫的动物，可在口岸动植物检疫机关指定的隔离场所检疫。

7. **检疫监督制度** 如国家动植物检疫机关和口岸动植物检疫机关对进出境动物、动物产品的生产、加工、存放过程，实行检疫监督制度。

8. **检疫出证制度** 国家授权的检验检疫机关依法实施检疫后签发检疫证书，证明受检动物、动物产品及其他检疫物的健康和卫生情况或处理要求。检疫证书是货主向银行结算或向对方索赔的凭证，具有法律效力并符合国际规范。

9. **法律责任制度** 如对未报检或未依法办理检疫审批手续或未按检疫审批的规定执行的，报检内容与实际不符的，对伪造、变造动物检疫单证、印章、标志、封识等。由口岸检疫机关给不同数量的罚款。动物检疫机关人员滥用职权、徇私舞弊、伪造检疫结果等，给予行政处分，构成犯罪的，依法追究刑事责任。

（二）境内动物及其动物产品检疫管理

1. **检疫的业务管理** 按照《中华人民共和国动物防疫法》的规定，检疫管理包括三个层面：

（1）国务院畜牧兽医行政管理部门 主管全国的动物防疫工作，具体有关检疫管理内容有：①负责动物疫病防治、检疫、监督管理工作；②公布检疫对象、制定行业标准、检疫管理办法、检疫规程；③制定检疫员任职资格和资格证书颁发管理办法；④制定各种检疫证明格式及管理办法等。

（2）县级以上地方人民政府畜牧兽医行政管理部门 主管本行政区域内的动物检疫工作，具体有关检疫管理内容有：负责培训、考核、管理动物检疫员等。

（3）各级人民政府所属的动物卫生监督机构 负责本行政区域内的动物、动物产品实施动物防疫检疫和监督。具体有关检疫管理内容有：①在动物卫生监督机构中设置动物检疫员，按照《动物检疫管理办法》的规定对动物、动物产品进行检疫、消毒；②对依法设立的定点屠宰场（厂、点）派驻或派出动物检疫员，实施屠宰前和屠宰后的检疫检验；③根据法律法规实施检疫和监督，出具检疫证明等。

2. **检疫报检制度** 国家对动物检疫实行报检制度。动物、动物产品在出售或者调出离开产地前，货主必须向所在动物卫生监督机构提前报检。

3. **检疫证明及检疫验讫标志制度** 动物卫生监督机构依法对动物、动物产品及运载工具实施检疫、消毒后，出具产地检疫证明，对检疫合格的动物产品加盖验讫印章或加封动物卫生监督机构使用的检疫标志；货主凭产地检疫证及动物产品的验讫标志，从事动物和动物产品经营活动。

4. **监督检查制度** 动物卫生监督机构依法对动物饲养场、屠宰厂、肉类联合加工厂和其他定点屠宰场（点）等场所从事的动物饲养、动物产品生产和经营活动实行监督检查。对经营依法应当检疫而没有检疫证明的动物、动物产品者，由动物卫生监督机构责令停止经营，没收违法所得，对出售、运输动物和动物产品者，实行验证查物。尚未出售的动物、动物产品，未经检验或者无检疫合格证明的依法实施补检；证物不符、检疫合格证明失效的依法实施重检。

5. **法律责任制度**　对饲养、经营动物的人员和动物检疫员制定有关违法处理的规定，如转让、涂改、伪造检疫证明的，由动物卫生监督机构没收违法所得，以缴检疫证明并给予一定数量的罚款。动物检疫员违法出具检疫证明、加盖验讫印章的，其单位或上级主管机关可给予记过、撤销和开除的处分，构成犯罪的依法追究刑事责任等。

第三节　动物检疫的分类与法定要求

一、动物检疫的分类

按照《中华人民共和国动物防疫法》《中华人民共和国进出境动植物检疫法》和《动物检疫管理办法》的规定，动物检疫可分为两大类：一类是国境检疫或口岸检疫，简称外检，是对进出国境的动物及其产品进行的检疫，故又称进出境动物、动物产品的检疫，即进出境检疫。另一类是国内动物检疫，简称内检，是对境内的动物及其产品进行的检疫，故又称境内动物、动物产品检疫。

进出境动物、动物产品的检疫，包括进境检疫、出境检疫、过境检疫，携带、邮寄物检疫和运输工具检疫。境内动物、动物产品检疫，包括产地检疫、屠宰检疫。

二、进出境动物、动物产品检疫的法定要求

根据《中华人民共和国进出境动植物检疫法》的规定，对进出境动物、动物产品的检疫制定了法定的要求。具体如下：

（一）进境检疫的法定要求

1. **提出申请，办理检疫审批手续**　输入动物、动物产品必须事先提出申请，办理检疫审批手续。

2. **出具检疫证书等单证，向进境口岸动植物检疫机关报检**　货主或代理人在动物、动物产品和其他检疫物进境前或进境时，要持输出国或地区的检疫证书、贸易合同等单证，向进境口岸动植物检疫机关报检。

3. **隔离检疫**　输入动物需隔离检疫的，在指定的隔离场所检疫。

4. **检疫合格、出具合格证书或验讫印章，准予入境，海关验收**　输入动物、动物产品或其他检疫物，检疫合格进境，海关凭口岸检疫机关签发的检疫单证或在报关单上加盖印章验收。需调离海关监管区检疫的，海关凭口岸检疫机关签发的《检疫调离通知单》验收。

5. **检疫不合格，签发处理通知单，进行处理**　输入动物检疫不合格，由口岸检疫机关签发《检疫处理通知单》，通知货主或代理人做如下处理：

检出一类传染病、寄生虫病的动物，连同群动物全群退回或全群扑杀并销毁尸体。

检出二类传染病、寄生虫病的动物，退回或扑杀，同群其他动物在隔离场或指定地点隔离观察。

输入动物产品和其他检疫物，经检疫不合格的，口岸检疫机关签发《检疫处理通知单》，通知货主或代理人做除害、退回或销毁处理。经除害处理合格的，准予进境。

输入动物、动物产品和其他检疫物，如发现《中华人民共和国动物防疫法》规定的一、二类传染病、寄生虫病名录之外的，对农、林、牧、渔具有严重危害的其他病害，口岸检疫机关按规定，通知货主或代理人做除害、退回或销毁处理。经除害处理合格的，准予进境。

6. 装载运输工具要做防疫消毒处理　输入动物的装载运输工具抵达口岸时，对上下运输工具或接近动物人员、被污染的场地、口岸检疫机关做防疫消毒处理。

（二）出境检疫的法定要求

1. 出境前，向口岸检疫机关报检　动物、动物产品和其他检疫物出境前，货主或代理人要向口岸检疫机关报检。

2. 隔离检疫　出境动物需要隔离检疫的，可在指定的隔离场所检疫。

3. 检疫合格，出具合格证明或验讫印章，准予出境，海关验放　输出动物、动物产品和其他检疫物，经检疫合格、准予出境；海关凭口岸检疫机关的检疫证书或在报关单上加盖印章验放。检疫不合格，又无有效方法做除害处理的，不准出境。

4. 重新报检　经检验合格的动物、动物产品和其他检疫物，有下列情况之一的，货主或代理人应当重新报检。

（1）更改输入国家或地区。

（2）改换包装或后来拼装的。

（3）超过检疫规定有效期的。

（三）过境检疫的法定要求

1. 商得同意，按指定口岸和路线过境　运输动物过境，要事先商得国家检疫机关同意，并按指定口岸路线过境。装载运输工具、容器、饲料、铺垫要符合中国动物检疫的规定。

2. 持检疫证书向输出国或地区报检，出境口岸不再检疫　运输动物、动物产品和其他检疫物过境，由承运人或押运人持运单和输出国或地区检疫机关出具的检疫证书，在进境时向口岸检疫机关报检，出境口岸不再检疫。

3. 过境动物，经检疫合格，准予过境　如发现《中华人民共和国动物防疫法》中名录的一、二类动物传染病、寄生虫病的，全群动物不准过境。过境动物的饲料受病虫污染的，做除害、不准过境或销毁处理。过境动物尸体、排泄物、铺垫材料和其他废弃物，按检疫机关规定处理，不得擅自抛弃。

4. 过境的运输工具或包装，经检疫合格，准予过境　如发现有一、二类动物传染病、寄生虫病的，做除害处理或不准过境。

5. 过境期间，未经检疫机关批准，不得拆开包装和卸离运输工具。

（四）携带、邮寄物检疫的法定要求

1. 禁止携带、邮寄国家公布的"名录"进境　禁止携带、邮寄由国务院农业行政主管部门公布的动物、动物产品和其他检疫物的"名录"进境。如发现，做退回或销毁处理。

2. 携带"名录"以外的进境时，要申报并接受检疫　对携带国务院农业行政主管部门公布的

"名录"以外的动物、动物产品和其他检疫物进境的，在进境时向海关申报并接受口岸检疫机关检疫（在国际邮件互换局实施检疫，必要时可取回口岸检疫机关检疫），未经检疫不得运递。携带动物进境，要持有输出国或地区的检疫证书等证件。

3. 检疫合格放行，不合格做退回或销毁处理　经检疫或除害处理合格后放行，检疫不合格，又无有效方法做除害处理的，做退回或销毁处理，并签发《检疫处理通知单》。

4. 携带、邮寄出境的，由口岸检疫机关检疫　物主携带、邮寄出境的动物、动物产品和其他检疫物，其有检疫要求的，由口岸检疫机关实施检疫。

（五）运输工具检疫的法定要求

1. 来自疫区的运输工具，要实施检疫　来自疫区的运输工具（如船舶、飞机、火车），口岸检疫机关实施检疫。如有一、二类动物传染病、寄生虫病病害，做不准带离运输工具、除害、封存或销毁处理。

2. 进境车辆，做防疫消毒处理　进境车辆，由口岸检疫机关做防疫消毒处理。

3. 出境运输工具，要符合检疫和防疫规定　装载出境的动物、动物产品和其他检疫物的运输工具，应符合动物检疫和防疫的规定。

4. 进出境运输工具弃物，按规定处理　进出境运输工具上的泔水、动物废弃物，依照口岸检疫机关规定处理，不得擅自抛弃。

5. 进境供拆船用的废旧船舶，要实施检疫　进境供拆船用的废旧船舶，由口岸检疫机关实施检疫，如发现一、二类动物传染病和寄生虫病病害，做除害处理。

三、境内动物、动物产品检疫的法定要求

根据《中华人民共和国动物防疫法》和《动物检疫管理办法》的规定，对国内动物、动物产品的检疫制定了法定的要求，具体如下：

（一）产地检疫的法定要求

产地检疫指离开饲养地之前，且在县（市）境内流通的动物及其动物产品所进行的检疫。这是一项基层的检疫工作。

1. 出售或者运输的动物、动物产品经所在地县级动物卫生监督机构的官方兽医检疫合格，并取得《动物检疫合格证明》后，方可离开产地。

2. 货主按要求向动物卫生监督机构提前报检　下列动物、动物产品在离开产地前，货主应当按规定时限向所在地动物卫生监督机构申报检疫：①出售、运输动物产品和供屠宰、继续饲养的动物，应当提前3d申报检疫。②出售、运输乳用动物、种用动物及其精液、卵、胚胎、种蛋，以及参加展览、演出和比赛的动物，应当提前15d申报检疫。③向无规定动物疫病区输入相关易感动物、易感动物产品的，货主除按规定向输出地动物卫生监督机构申报检疫外，还应当在起运3d前向输入地省级动物卫生监督机构申报检疫。④屠宰动物的，应当提前6h向所在地动物卫生监督机构申报检疫；急宰动物的，可以随时申报。

3. 动物实施产地检疫符合条件的，出具动物产地检疫合格证明。

（1）出售或者运输的动物，经检疫符合下列条件，由官方兽医出具《动物产地检疫合格证

明》：①来自非封锁区或者未发生相关动物疫情的饲养场（户）；②按照国家规定进行了强制免疫，并在有效保护期内；③临床检查健康；④农业农村部规定需要进行实验室疫病检测的，检测结果符合要求；⑤养殖档案相关记录和畜禽标识符合农业农村部规定。乳用、种用动物和宠物，还应当符合规定的健康标准。

（2）合法捕获的野生动物，经检疫符合下列条件，由官方兽医出具《动物产地检疫合格证明》后，方可饲养、经营和运输：①来自非封锁区；②临床检查健康；③农业农村部规定需要进行实验室疫病检测的，检测结果符合要求。

4.动物产品实施产地检疫，符合条件或经处理后，出具动物产品产地检疫合格证明。

（1）出售、运输的种用动物精液、卵、胚胎、种蛋，经检疫符合下列条件，由官方兽医出具《动物产品产地检疫合格证明》：①来自非封锁区，或者未发生相关动物疫情的种用动物饲养场；②供体动物按照国家规定进行了强制免疫，并在有效保护期内；③供体动物符合动物健康标准；④按规定需要进行实验室疫病检测的，检测结果符合要求；⑤供体动物的养殖档案相关记录和畜禽标识符合农业农村部规定。

（2）出售、运输的骨、角、生皮、原毛、绒等产品，经检疫符合下列条件或按有关规定处理后，由官方兽医出具《动物产品产地检疫合格证明》：①来自非封锁区，或者未发生相关动物疫情的饲养场（户）；②按有关规定消毒合格；③按规定需要进行实验室疫病检测的，检测结果符合要求。

5.动物、动物产品经产地检疫不合格，由官方兽医出具检疫处理通知单，并监督货主按照农业农村部规定的技术规范处理。

6.跨省、自治区、直辖市引进用于饲养的非乳用、非种用动物到达目的地后，货主或者承运人应当在24h内向所在地县级动物卫生监督机构报告，并接受监督检查。

7.跨省、自治区、直辖市引进的乳用、种用动物到达输入地后，在所在地动物卫生监督机构的监督下，应当在隔离场或饲养场（养殖小区）内的隔离舍进行隔离观察，大中型动物隔离期为45d，小型动物隔离期为30d。经隔离观察合格的方可混群饲养；不合格的，按照有关规定进行处理。隔离观察合格后需继续在省内运输的，货主应当申请更换《动物检疫合格证明》。动物卫生监督机构更换《动物检疫合格证明》不得收费。

（二）水产苗种产地检疫的法定要求

（1）出售或者运输水生动物的亲本、稚体、幼体、受精卵、发眼卵及其他遗传育种材料等水产苗种的，货主应当提前20d向所在地县级动物卫生监督机构申报检疫；经检疫合格，并取得《动物检疫合格证明》后，方可离开产地。

（2）养殖、出售或者运输合法捕获的野生水产苗种的，货主应当在捕获野生水产苗种后2d内向所在地县级动物卫生监督机构申报检疫；经检疫合格，并取得《动物检疫合格证明》后，方可投放养殖场所、出售或者运输。

合法捕获的野生水产苗种实施检疫前，货主应当将其隔离在符合下列条件的临时检疫场地：①与其他养殖场所有物理隔离设施；②具有独立的进排水和废水无害化处理设施以及专用渔具；③农业农村部规定的其他防疫条件。

（3）水产苗种经检疫符合下列条件的，由官方兽医出具《动物检疫合格证明》：①该苗种生产场近期未发生相关水生动物疫情；②临床健康检查合格；③农业农村部规定需要经水生动物疫病诊断实验室检验的，检验结果符合要求。

检疫不合格的，动物卫生监督机构应当监督货主按照农业农村部规定的技术规范处理。

（4）跨省、自治区、直辖市引进水产苗种到达目的地后，货主或承运人应当在24h内按照有关规定报告，并接受当地动物卫生监督机构的监督检查。

（三）屠宰检疫的法定要求

（1）县级动物卫生监督机构依法向屠宰场（厂、点）派驻（出）官方兽医实施检疫。

（2）出场（厂、点）的动物产品应当经官方兽医检疫合格，加施检疫标志，并附有《动物检疫合格证明》。

（3）进入屠宰场（厂、点）的动物应当附有《动物检疫合格证明》，并佩戴有农业农村部规定的畜禽标识。

官方兽医应当查验进场动物附具的《动物检疫合格证明》和佩戴的畜禽标识，检查待宰动物健康状况，对疑似染疫的动物进行隔离观察。

官方兽医应当按照农业农村部规定，在动物屠宰过程中实施全流程同步检疫和必要的实验室疫病检测。

（4）经检疫符合下列条件的，由官方兽医出具《动物检疫合格证明》，对胴体及分割、包装的动物产品加盖检疫验讫印章或者加施其他检疫标志：①无规定的传染病和寄生虫病；②符合规定的相关屠宰检疫规程要求；③需要进行实验室疫病检测的，检测结果符合要求。骨、角、生皮、原毛、绒的检疫还应当符合《动物检疫管理办法》第十七条有关规定。

（5）经检疫不合格的动物、动物产品，由官方兽医出具检疫处理通知单，并监督屠宰场（厂、点）或者货主按照农业农村部规定的技术规范处理。

（6）官方兽医应当回收进入屠宰场（厂、点）动物附具的《动物检疫合格证明》，填写屠宰检疫记录。回收的《动物检疫合格证明》应当保存12个月以上。

（7）经检疫合格的动物产品到达目的地后，需要直接在当地分销的，货主可以向输入地动物卫生监督机构申请换证，换证不得收费。换证应当符合下列条件：①提供原始有效《动物检疫合格证明》，检疫标志完整，且证物相符；②在有关国家标准规定的保质期内，且无腐败变质。

（8）经检疫合格的动物产品到达目的地，贮藏后需继续调运或者分销的，货主可以向输入地动物卫生监督机构重新申报检疫。输入地县级以上动物卫生监督机构对符合下列条件的动物产品，出具《动物检疫合格证明》：①提供原始有效《动物检疫合格证明》，检疫标志完整，且证物相符；②在有关国家标准规定的保质期内，无腐败变质；③有健全的出入库登记记录；④农业农村部规定进行必要的实验室疫病检测的，检测结果符合要求。

（四）无规定动物疫病区动物检疫的法定要求

（1）向无规定动物疫病区运输相关易感动物、动物产品的，除附有输出地动物卫生监督机构出具的《动物检疫合格证明》外，还应当向输入地省、自治区、直辖市动物卫生监督机构申报检疫，并按照《动物检疫管理办法》第三十三条、第三十四条规定取得输入地《动物检疫合格证明》。

（2）输入到无规定动物疫病区的相关易感动物，应当在输入地省、自治区、直辖市动物卫生监督机构指定的隔离场所，按照农业农村部规定的无规定动物疫病区有关检疫要求隔离检疫。大中型动物隔离检疫期为45d，小型动物隔离检疫期为30d。隔离检疫合格的，由输入地省、自治区、直辖市动物卫生监督机构的官方兽医出具《动物检疫合格证明》；不合格的，不准进入，并依法处理。

（3）输入到无规定动物疫病区的相关易感动物产品，应当在输入地省、自治区、直辖市动物卫生监督机构指定的地点，按照农业农村部规定的无规定动物疫病区有关检疫要求进行检疫。检疫合格的，由输入地省、自治区、直辖市动物卫生监督机构的官方兽医出具《动物检疫合格证明》；不合格的，不准进入，并依法处理。

第四节　检疫性动物疫病的种类

动物的传染病和寄生虫病统称为动物疫病。根据不同的分类方法，可以将动物疫病分成不同的种类。如按病原可分为传染病和寄生虫病；按宿主可分为人兽共患病、猪疫病、反刍动物（牛、羊等）疫病、马属动物（马、骡、驴等）疫病、小动物（犬、猪、兔等）疫病、家禽（鸡、鸭、鹅等）疫病、野生动物疫病、水生动物疫病、实验动物疫病、蜜蜂疫病以及家蚕疫病等；按疫病的危害程度，世界动物卫生组织（OIE）将陆生动物疫病分为一类和二类，《中华人民共和国动物防疫法》将动物疫病分为一类、二类、三类；按政府的管理要求分为法定（报告）疫病和非法定（报告）疫病。

一、OIE规定必须通报的动物疫病名录

按动物疫病的危害程度OIE法定（报告）疫病分为A、B两类，由OIE随《国际动物卫生法典》公布。此法典自1999年起，每年修订一次，2003年第12版分为《陆生动物卫生法典》和《水生动物卫生法典》。按《陆生动物卫生法典》将陆生动物疫病分为A、B两类，共计95种。其中A类病15种，B类病80种（包括：多种动物共患病11种、牛病15种、绵羊和山羊病11种、马病15种、禽病13种、猪病6种、兔病3种、蜂病5种、其他动物病1种）（表1-1）。按《水生动物卫生法典》规定了水生动物疫病35种病，其中，鱼病16种，软体动物病11种，甲壳动物疾病8种。

2006年版已取消了A类疫病与B类疫病的提法，统称为"List diseases"，本意为目录疫病，鉴于上了此目录的疫病一旦发现就必须向OIE申报，而后OIE又向世界各OIE成员通报，将此词意译为"须通报疫病"。

2018年OIE规定须通报的动物疾病名录，共计117种（http: //www.oie.int/en/animal-health-in-the-world/oie-listed-diseases-2018/，该名录为动态变化）。其中，多种动物共患病23种、牛病14种、羊病11种、马病11种、猪病6种、禽病13种、兔病2种、蜜蜂病6种、鱼病10种、软体动物病7种、甲壳动物病9种、两栖动物病3种、其他疾病2种。详见如下：

Multiple species diseases infections and infestations 多种动物共患病（23种）

• Anthrax 炭疽
• Bluetongue 蓝舌病
• Crimean Congo haemorrhagic fever 克里米亚-刚果出血热（别名：新疆出血热）
• Epizootic haemorrhagic disease 流行性出血病

- Equine encephalomyelitis（Eastern）东部马脑脊髓炎
- Heartwater 心水病
- Infection with Aujeszky's disease virus 伪狂犬病病毒感染
- Infection with Brucella abortus, Brucella melitensis and Brucella suis 流产布鲁氏菌、羊布鲁氏菌和猪布鲁氏菌感染
- Infection with *Echinococcus granulosus* 细粒棘球蚴感染
- Infection with *Echinococcus multilocularis* 多房棘球蚴感染
- Infection with foot and mouth disease virus 口蹄疫病毒感染
- Infection with rabies virus 狂犬病病毒感染
- Infection with Rift Valley fever virus 烈谷热病毒感染
- Infection with rinderpest virus 牛瘟病毒感染
- Infection with *Trichinella* spp. 旋毛虫病
- Japanese encephalitis 日本脑炎
- New world screwworm（*Cochliomyia hominivorax*）新大陆螺旋蝇蛆病
- Old world screwworm（*Chrysomya bezziana*）旧大陆螺旋蝇蛆病
- Paratuberculosis 副结核病
- Q fever Q热
- Surra（*Trypanosoma evansi*）苏拉病（伊氏锥虫）
- Tularemia 兔热病
- West Nile fever 西尼罗热

Cattle diseases and infections 牛病（14种）

- Bovine anaplasmosis 牛边虫病（别名：牛无浆体病）
- Bovine babesiosis 牛巴贝斯虫病
- Bovine genital campylobacteriosis 牛生殖道弯曲杆菌病
- Bovine spongiform encephalopathy 牛海绵状脑病（别名：疯牛病）
- Bovine tuberculosis 牛结核病
- Bovine viral diarrhea 牛病毒性腹泻
- Enzootic bovine leucosis 牛地方流行性白血病
- Haemorrhagic septicaemia 牛出血性败血病
- Infectious bovine rhinotracheitis 牛传染性鼻气管炎/Infectious pustular vulvovaginitis 传染性脓疱性外阴道炎
- Infection with *Mycoplasma mycoides* subsp. *mycoides SC*（contagious bovine pleuropneumonia）支原体感染（牛传染性胸膜肺炎）
- Lumpy skin disease 牛结节疹
- Theileriosis 泰勒虫病
- Trichomonosis 毛滴虫病
- Trypanosomosis（*tsetse-transmitted*）牛锥虫病（采采蝇传播）

Sheep and goat diseases and infections 羊病（11种）

- Caprine arthritis/encephalitis 山羊关节炎/脑炎

- Contagious agalactia 传染性无乳症
- Contagious caprine pleuropneumonia 山羊传染性胸膜肺炎
- Infection with *Chlamydophila abortus*（Enzootic abortion of ewes, ovine chlamydiosis）流产亲衣原体（羊地方性流产，羊衣原体病）
- Infection with peste des petits ruminants virus 小反刍兽瘟病毒感染
- Maedi-visna 梅迪-维士纳病
- Nairobi sheep disease 内罗毕绵羊病
- Ovine epididymitis（*Brucella ovis*）羊附睾炎（羊布鲁氏菌）
- Salmonellosis（*S.abortusovis*）沙门氏菌病（流产沙门氏菌）
- Scrapie 羊痒病
- Sheep pox and goat pox 绵羊痘和山羊痘

Equine diseases and infections 马病（11种）

- Contagious equine metritis 马传染性子宫炎
- Dourine 马媾疫
- Equine encephalomyelitis（Western）西部马脑脊髓炎
- Equine infectious anaemia 马传染性贫血
- Equine influenza 马流感
- Equine piroplasmosis 马焦虫病（别名：马梨形虫病）
- Glanders 马鼻疽
- Infection with African horse sickness virus 非洲马瘟病毒感染
- Infection with equid herpesvirus-1（EHV-1）1型马疱疹病毒感染
- Infection with equine arteritis virus 马动脉炎病毒感染
- Venezuelan equine encephalomyelitis 委内瑞拉马脑脊髓炎

Swine diseases and infections 猪病（6种）

- African swine fever 非洲猪瘟
- Infection with classical swine fever virus 古典猪瘟病毒感染
- Infection with *Taenia solium*（Porcine cysticercosis）猪带绦虫（猪囊虫病）
- Nipah virus encephalitis 尼帕病毒性脑炎
- Porcine reproductive and respiratory syndrome 猪繁殖与呼吸综合征（别名：蓝耳病）
- Transmissible gastroenteritis 猪传染性胃肠炎

Avian diseases and infections 禽病（13种）

- Avian chlamydiosis 禽衣原体病
- Avian infectious bronchitis 禽传染性支气管炎
- Avian infectious laryngotracheitis 禽传染性喉气管炎
- Avian mycoplasmosis（*Mycoplasma gallisepticum*）禽支原体病（鸡毒支原体）
- Avian mycoplasmosis（*Mycoplasma synoviae*）禽流感支原体病（滑液囊支原体）
- Duck virus hepatitis 鸭病毒肝炎
- Fowl typhoid 禽伤寒
- Infection with avian influenza viruses 家禽禽流感病毒感染

- Infection with influenza A viruses of high pathogenicity in birds other than poultry including wild birds 鸟类（包括野鸟）高致病性禽流感病毒感染
- Infection with Newcastle disease virus 新城疫病毒感染
- Infectious bursal disease（Gumboro disease）传染性法氏囊病（别名：甘布罗病）
- Pullorum disease 鸡白痢
- Turkey rhinotracheitis 火鸡鼻气管炎

Lagomorph diseases and infections 兔病（2种）

- Myxomatosis 兔黏液瘤病
- Rabbit haemorrhagic disease 兔出血症

Bee diseases infections and infestations 蜂病（6种）

- Infection of honey bees with Melissococcus plutonius（European foulbrood）幼虫芽孢杆菌感染（欧洲幼虫腐臭病）
- Infection of honey bees with Paenibacillus larvae（American foulbrood）幼虫芽孢杆菌感染（美洲幼虫腐臭病）
- Infestation of honey bees with Acarapis woodi 蜂跗腺螨感染
- Infestation of honey bees with *Tropilaelaps* spp. 小蜂螨（热厉螨）感染
- Infestation of honey bees with *Varroa* spp.（Varroosis）大蜂螨（瓦螨）病
- Infestation with *Aethina tumida*（Small hive beetle）小蜂甲虫感染（小蜂窝甲虫）

Fish diseases 鱼病（10种）

- Epizootic haematopoietic necrosis disease 流行性造血器官坏死症
- Infection with *Aphanomyces invadans*（epizootic ulcerative syndrome）流行性溃疡综合征
- Infection with *Gyrodactylus salaris* 三代虫感染
- Infection with HPR-deleted or HPRO infectious salmon anaemia virus 传染性鲑鱼贫血症
- Infection with salmonid alphavirus 鲑甲病毒感染
- Infectious haematopoietic necrosis 传染性造血器官坏死症
- Koiherpesvirus disease 锦鲤疱疹病毒病
- Red sea bream iridoviral disease 真鲷虹彩病毒病
- Spring viraemia of carp 鲤春病毒血症
- Viral haemorrhagic septicaemia 病毒性出血性败血症

Mollusc diseases 软体动物病（7种）

- Infection with abalone herpesviras 鲍疱疹病毒感染
- Infection with *Bonamia exitiosa* 包那米虫感染
- Infection with *Bonamia ostreae* 牡蛎包那米虫感染
- Infection with *Marteilia refringens* 折光马尔太虫感染
- Infection with *Perkinsus marinus* 海水派琴虫感染
- Infection with *Perkinsus olseni* 奥尔森派琴虫感染
- Infection with *Xenohaliotis californiensis* 鲍枯萎综合征（别名：鲍立克次体病）

Crustacean diseases 甲壳动物病（9种）

- Acute hepatopancreatic necrosis disease 急性肝胰腺坏死病
- Infection with *Aphanomyces astaci*（crayfish plague）螯虾丝囊霉菌感染（螯虾瘟）
- Infection with *Hepatobacter penaei*（necrotising hepatopancreatitis）对虾肝肠菌感染（坏死性肝胰炎）
- Infection with infectious hypodermal and haematopoietic necrosis virus 传染性皮下及造血器官坏死症病毒感染
- Infection with infectious myonecrosis virus 传染性肌坏死病毒感染
- Infection with Macrobrachium rosenbergii nodavirus（white tail disease）罗氏沼虾诺达病毒感染（白尾病）
- Infection with Taura syndrome virus 桃拉综合征病毒感染
- Infection with white spot syndrome virus 白斑综合征病毒感染
- Infection with yellow head virus genotype 1 基因1型黄头病毒感染

Amphibians 两栖动物病（3种）

- Infection with *Batrachochytriun dendrobatidis* 蛙壶菌感染
- Infection with *Batrachochytrium salamandrivorans* 白血小毛菌感染
- Infection with with ranavius 蛙病毒属感染

Other diseases and infections 其他疾病（2种）

- Camelpox 骆驼痘
- Leishmaniosis 利什曼虫病

二、我国进出境检疫性动物疫病种类

世界上大多数国家一般遵循OIE的规定，但我国目前进境检疫性动物疫病为《中华人民共和国进境动物一、二类传染病、寄生虫病名录》中的对象，共计97种，其中一类病15种，二类病82种（表1-1）。出境检疫性动物疫病必须依照我国与进口国签订的动物检疫及动物卫生协定、议定书、协议及有关检疫要求而定，一般参考《中华人民共和国动物防疫法》规定的一、二、三类动物疫病名录和OIE的《国际动物卫生法典》。

一类动物疫病是具有非常快速的传播能力，能引起严重社会经济或公共卫生后果，并对动物和动物产品的国际贸易具有重大影响的传染病。二类动物疫病是对社会经济或公共卫生具有影响，并对动物和动物产品国际贸易具有明显影响的传染病或寄生虫病。

表1-1　中华人民共和国进境动物一、二类传染病、寄生虫病名录

疫病种类	疫 病 名 称		
一类	口蹄疫	非洲猪瘟	猪水疱病
	猪瘟	牛瘟	小反刍兽疫
	蓝舌病	痒病	牛海绵状脑病
	非洲马瘟	禽流感	新城疫
	鸭瘟	牛肺疫	牛结节疹

（续）

疫病种类		疫 病 名 称		
二类	共患病	炭疽	伪狂犬病	心水病
		狂犬病	Q热	裂谷热
		副结核病	巴氏杆菌病	布鲁氏菌病
		结核病	鹿流行性出血热	细小病毒病
		梨形虫病		
	牛病	锥虫病	边虫病	牛地方流行性白血病
		牛传染性鼻气管炎	牛病毒性腹泻—黏膜病	牛生殖道弯杆菌病
		赤羽病	中山病	水疱性口炎
		牛流行热	茨城病	
	绵羊和山羊病	绵羊痘和山羊痘	衣原体病	梅迪—维斯纳病
		边界病	绵羊肺腺瘤病	山羊关节炎脑炎
	猪病	猪传染性脑脊髓炎	猪传染性胃肠炎	猪流行性腹泻
		猪密螺旋体痢疾	猪传染性胸膜肺炎	猪繁殖与呼吸综合征
	马病	马传染性贫血	马脑脊髓炎	委内瑞拉马脑脊髓炎
		马鼻疽	马流行性淋巴管炎	马沙门氏菌病
		类鼻疽	马病毒性动脉炎	马鼻肺炎
	禽病	鸡传染性喉气管炎	鸡传染性支气管炎	鸡传染性法氏囊病
		鸭病毒性肝炎	鸡伤寒	禽痘
		鸡白痢	家禽支原体病	鹦鹉热（鸟疫）
		鸡病毒性关节炎	禽白血病	鹅螺旋体病
		马立克氏病	住白细胞原虫病	
	啮齿动物病	兔病毒性出血症	兔黏液瘤病	野兔热
	水生动物病	鱼传染性胰脏坏死	鱼传染性造血器官坏死	鲤春病毒病
		斑节对虾杆状病毒病	鱼鳔炎症	鱼眩转病
		鱼鳃霉病	鱼疖疮病	异尖线虫病
		对虾杆状病毒病	鲑鳟病毒性出血性败血症	
	蜂病	美洲蜂幼虫腐臭病	欧洲蜂幼虫腐臭病	蜂螨病
		瓦螨病	蜂孢子早病	
	其他动物疾病	蚕微粒子病	水貂阿留申病	犬瘟热
		利什曼病		

三、我国国内检疫性动物疫病种类

（一）分类原则

依据《中华人民共和国动物防疫法》规定，动物疫病，是指动物传染病、寄生虫病。分类原则是根据动物疫病对养殖业生产和人类健康的危害程度不同，而把《中华人民共和国动物防疫法》规定管理的动物疫病分为下列三大类：

1. 一类动物疫病 是指对人和动物危害严重，需要采取紧急、严格的强制预防、控制和扑灭措施的疾病；一类动物疫病与OIE的A类疫病基本相同。

2. 二类动物疫病 是指可造成重大经济损失，需要采取严格控制、扑灭措施，防止扩散的疾病。

3. 三类动物疫病 是指常见多发、可能造成重大经济损失，需要控制和净化的疾病。

（二）各类动物疫病病种名录

为贯彻执行《中华人民共和国动物防疫法》，农业部于2008年对1999年发布的《一、二、三类动物疫病病种名录》进行了修订并发布第1125号公告，修订后的《一、二、三类动物疫病病种名录》如下：

一类动物疫病（17种）

口蹄疫、猪水泡病、猪瘟、非洲猪瘟、高致病性猪蓝耳病、非洲马瘟、牛瘟、牛传染性胸膜肺炎、牛海绵状脑病、痒病、蓝舌病、小反刍兽疫、绵羊痘和山羊痘、高致病性禽流感、新城疫、鲤春病毒血症、白斑综合征。

二类动物疫病（77种）

多种动物共患病（9种）：狂犬病、布鲁氏菌病、炭疽、伪狂犬病、魏氏梭菌病、副结核病、弓形虫病、棘球蚴病、钩端螺旋体病。

牛病（8种）：牛结核病、牛传染性鼻气管炎、牛恶性卡他热、牛白血病、牛出血性败血病、牛梨形虫病（牛焦虫病）、牛锥虫病、日本血吸虫病。

绵羊和山羊病（2种）：山羊关节炎脑炎、梅迪—维斯纳病。

猪病（12种）：猪繁殖与呼吸综合征（经典猪蓝耳病）、猪乙型脑炎、猪细小病毒病、猪丹毒、猪肺疫、猪链球菌病、猪传染性萎缩性鼻炎、猪支原体肺炎、旋毛虫病、猪囊尾蚴病、猪圆环病毒病、副猪嗜血杆菌病。

马病（5种）：马传染性贫血、马流行性淋巴管炎、马鼻疽、马巴贝斯虫病、马伊氏锥虫病。

禽病（18种）：鸡传染性喉气管炎、鸡传染性支气管炎、传染性法氏囊病、马立克病、产蛋下降综合征、禽白血病、禽痘、鸭瘟、鸭病毒性肝炎、鸭浆膜炎、小鹅瘟、禽霍乱、鸡白痢、禽伤寒、鸡败血支原体感染、鸡球虫病、低致病性禽流感、禽网状内皮组织增殖症。

兔病（4种）：兔病毒性出血病、兔黏液瘤病、野兔热、兔球虫病。

蜜蜂病（2种）：美洲幼虫腐臭病、欧洲幼虫腐臭病。

鱼类病（11种）：草鱼出血病、传染性脾肾坏死病、锦鲤疱疹病毒病、刺激隐核虫病、淡水鱼细菌性败血症、病毒性神经坏死病、流行性造血器官坏死病、斑点叉尾鮰病毒病、传染性造血器官坏死病、病毒性出血性败血症、流行性溃疡综合征。

甲壳类病（6种）：桃拉综合征、黄头病、罗氏沼虾白尾病、对虾杆状病毒病、传染性皮下和造血器官坏死病、传染性肌肉坏死病。

三类动物疫病（63种）

多种动物共患病（8种）：大肠杆菌病、李氏杆菌病、类鼻疽、放线菌病、肝片吸虫病、丝虫病、附红细胞体病、Q热。

牛病（5种）：牛流行热、牛病毒性腹泻/黏膜病、牛生殖器弯曲杆菌病、毛滴虫病、牛皮蝇蛆病。

绵羊和山羊病（6种）：肺腺瘤病、传染性脓疱、羊肠毒血症、干酪性淋巴结炎、绵羊疥癣、绵羊地方性流产。

马病（5种）：马流行性感冒、马腺疫、马鼻腔肺炎、溃疡性淋巴管炎、马媾疫。

猪病（4种）：猪传染性胃肠炎、猪流行性感冒、猪副伤寒、猪密螺旋体痢疾。

禽病（4种）：鸡病毒性关节炎、禽传染性脑脊髓炎、传染性鼻炎、禽结核病。

蚕、蜂病（7种）：蚕型多角体病、蚕白僵病、蜂螨病、瓦螨病、亮热厉螨病、蜜蜂孢子虫病、白垩病。

犬、猫等动物病（7种）：水貂阿留申病、水貂病毒性肠炎、犬瘟热、犬细小病毒病、犬传染性肝炎、猫泛白细胞减少症、利什曼病。

鱼类病（7种）：鲖类肠败血症、迟缓爱德华氏菌病、小瓜虫病、黏孢子虫病、三代虫病、指环虫病、链球菌病。

甲壳类病（2种）：河蟹颤抖病、斑节对虾杆状病毒病。

贝类病（6种）：鲍脓疱病、鲍立克次体病、鲍病毒性死亡病、包纳米虫病、折光马尔太虫病、奥尔森派琴虫病。

两栖与爬行类病（2种）：鳖腮腺炎病、蛙脑膜炎败血金黄杆菌病。

动物检疫方法包括流行病学调查法、临诊检疫法、病理学检查法、病原学检查法、免疫学检查法和分子生物学检查法等。由于各种疫病的特点不同，而且不同检疫方法的特异性、敏感性、稳定性和判定标准都有一定差异，因此，必须综合应用这些检疫方法，才能对动物疫病做出正确的诊断。为此，OIE推荐了一些重要动物疫病的诊断方法（参见《OIE陆生动物诊断试验与疫苗手册》）。

第一节　流行病学调查法

流行病学调查即疫情调查，是指某种疫病发生后在疫区内对该病的感染和发病情况、传染来源、传播途径及各种自然因素和社会条件等进行仔细观察和详细调查，获得疫病发生、流行的第一手资料，摸清动物疫病的流行规律、现状、历史、分布及流行动态等。其目的，一方面有利于做出流行病学诊断，另一方面也便于及时采取合理的防疫措施，尽快控制传染病的蔓延，直至最终扑灭传染病。

一、流行病学调查方法

动物疫病流行病学调查可采用查阅疫情资料、询问调查、现场察看以及统计学分析等方法，此外也可通过实验室检验（如病理学、微生物学、血清学等检查），帮助我们认清疫病流行的本质及一些流行的规律。

（一）查阅疫情资料和询问调查

对疫区，可查阅当地的过去历年疫情资料，同时通过座谈或个别访问形式向畜主、牧场管理人员和饲养人员、兽医防疫人员以及部分居民了解疫病发生情况。调查中要做好调查记录，填好调查表。通过查阅疫情资料和询问调查，进行初步分析和比较。

这一方法可与现场察看配合进行或交替进行，效果较好。

（二）现场察看

可到疫区内仔细察看患病动物发病与死亡情况、临床表现、治疗情况等。要根据不同种类疫病进行不同重点和察看。例如，发生消化道传染病时，要特别注意饲料、水源卫生、粪尿和尸体处理等情况。又如发生节肢动物传播的疫病时，应注意观察了解当地节肢动物种类、分布、生态习性和感染情况。在现场察看时，一定要与询问调查结合进行，这样可收到好的效果。

（三）统计学分析

对调查中获得的一些数据，可用兽医统计学方法进行整理、分类、统计和分析，从而帮助我们发现调查资料中各种数量间存在的内在联系，寻找出与疫病流行有密切关系的各种因素，帮助我们揭示疫病流行的规律，得出客观的、反映事物本质的结论。

二、流行病学调查内容

主要对当前疫病感染和发病情况、传染来源、传播途径及各种自然与社会条件进行全面调查。

（一）当前疫病流行情况

（1）疫病发病的时间、地点、扩散蔓延过程、流行范围及其空间分布情况。
（2）发病动物的种类、数量、性别、年龄、感染率、发病率和死亡率。
（3）疫病流行区域内各种动物的数量和分布情况。

（二）疫情来源调查

（1）本地过去曾否发生过类似的疫病，如发生过，是何时何地，流行情况如何，是否经过确诊，有无历史资料存查，何时采取何种防治措施，效果如何。
（2）本地未发生过类似的疫病，而附近地区曾否发生，如发生过，流行情况如何。
（3）疫病发生前，曾否从外地引进动物和动物产品或饲料，输出地是否有类似疫病存在。

（三）传染途径调查

（1）当地各种畜禽的饲养管理情况，以及畜禽流动与收购情况。
（2）当地各种畜禽的防疫情况。
（3）当地助长或控制疫病传播因素的情况及发病地区的地形、交通、昆虫等自然情况。

（四）一般情况调查

（1）当地群众生产、生活活动的基本情况和特点。
（2）当地主要领导、有关干部、兽医及有关人员对疫情的认识和态度。

（五）检疫环节的调查

检疫环节包括产地、市场、运输、屠宰等四个环节。对这四个环节开展调查，了解疫情。
（1）动物生产地的调查　包括动物来源、品种、年龄、性别、产地检疫情况，动物免疫接种情况。
（2）动物交易市场的调查　包括收购地有无疫情；收购、集中、圈养和中转过程中有无发病或死亡，何时何地经过检疫。

（3）动物运输的调查　包括动物运出时间、运输方式、运输中饲养情况如何，途中畜禽是否健康、途经的地点、沿途有否发生疫情。

（4）动物屠宰的调查　包括动物宰前和宰后的检疫情况。

三、流行病学调查的统计和撰写调查报告

对流行病学调查中所获得的资料，要进行统计归纳（即资料整理）和统计分析（即资料分析）。统计归纳就是对调查的资料进行分类和汇总，统计分析就是要计算指标，如感染率、发病率、死亡率、病死率等，绘制统计图表（如条图、百分条图、直方图、线图和半对数线图以及圆面图），分析处理并提出调查结论，最后写出流行病学的调查报告，在报告中要从流行病学的角度提出今后预防和消灭疫情的建议和措施。

在流行病学调查中，对流行病学分析常用的指标有：感染率、发病率、病死率、死亡率、患病率、流行率等。

1. 感染率　是指特定时间内，某疫病感染动物的总数（检出阳性动物数）在被调查（受检）动物群体样本中所占的比例。

感染率＝感染动物数/被调查动物总数×100%

2. 发病率　是指在一定时间内新发生的某种动物疫病病例数与同期该种动物总头数之比，常以百分率表示。

发病率＝新发病例数/同期平均动物总头数×100%

3. 病死率　是指一定时间内某病病死的动物头数与同期确诊该病病例动物总数之比，以百分率表示。

病死率＝某病病死动物头数/同期确诊的该病例动物总数×100%

4. 死亡率　是指某动物群体在一定时间死亡总数与该群同期动物平均总数之比，常以百分率表示。

死亡率＝（一定时间内）动物死亡总数/（同期）该群体动物的平均总数×100%

5. 患病率（又称现患率）　是指表示特定时间内，某地动物群体中存在某病新老病例与同期群体平均数之间的比率。

患病率＝（特定时间某病）（新老）患病例数/（同期）暴露（受检）动物头数×100%

6. 流行率　是指调查时，特定地区某病（新老）感染头数占调查头数的百分率。

流行率＝某病（新老）感染头数/被调查动物数×100%

比率的表达形式还有粗率和专率之分。粗率是群体中某种疫病的病例总量的表达方式，如死亡粗率和发病粗率，不考虑受害群体的性别、年龄、品种等结构。用粗率来描述疾病有很多缺陷，易掩盖病因作用。专率是指按性别、年龄、品种或饲养管理等宿主属性将动物群体分为不同的类别，然后对这些类别中的动物发病和死亡情况进行统计分析。如年龄发病专率、性别发病专率、品种发病专率等。用专率来描述群体中的发病情况能提供比粗率更有价值的信息。例如，沙门氏菌、产肠毒素性大肠杆菌感染的年龄患病专率表明幼龄动物的感染率明显高于成年动物。

第二节　临诊检疫法

临诊检疫法是动物检疫的最基本的方法。该方法是运用人的感官或借助体温计、听诊器等直接检查动物姿态的各种表现，如动、静、起、卧、立、精神、食欲、饮水等是否正常，以及呼吸、体温、脉搏等是否在正常生理范围内，先进行动物群体检查，再进行个体检查，并结合流行病学调查资料，对动物健康或病态做出初步的检疫结论。

一、群体检查

群体检查是指对待检动物群体进行现场临诊观察，通过对动物群体症状的观察，对整群动物的健康状况做出初步的判断（或评价），并从群体中把病态动物（或不健康动物）挑出来，做好病态标记，留待进行个体检查。

群体检查可将来自同一地区或同一批的动物划为一群，或将一圈、一舍的动物作为一群。对禽、兔、犬可以按笼、箱、舍划群。运载动物检疫时，可登车、船、机舱进行群体检查，或在卸载区集中进行群体检查。

群体检查一般对动物的休息状态、运动状态、饮食状态进行检查。即所谓"三种状态"检查法。

（一）休息状态的检查

休息状态的检查又称静态的检查，就是在动物处于安静休息状态下，检疫人员悄悄接近，但不要惊扰它们，以防自然安静休息状态消失，观察动物站立或躺卧的姿势、精神状态、营养、被毛、羽、冠、髯、呼吸、反刍、咀嚼、嗳气状态以及有无咳嗽、喘息、呻吟、嗜睡、战栗、流涎、孤立一隅等情况，从中检查出可疑病态动物。

（二）运动状态的检查

运动状态的检查又称动态的检查，就是在动物自然活动或驱赶时的情况下，检疫人员观察动物头、颈、腰、臀、四肢的运动状态，有无屈背弯腰、打晃跟跄、行走困难、跛行掉队、离群及运动后呼吸困难等情况，把异常状态的动物检查出来。

（三）饮食状态的检查

饮食状态的检查又称食态的检查，就是在动物自然饮水、采食或只给少量食物及饮水的情况下，检疫人员观察其饮水、采食、咀嚼、吞咽时的反应状态。同时还观察动物排便姿势，粪尿的质度、颜色、混合物、气味等，把不食、不饮、少食、少饮或有异常采食、饮水现象的，或有吞咽困难、呕吐、流涎、中途退槽等情况的动物检查出来。

经过静态、动态、食态的检查，发现有不正常现象的动物标上记号，予以隔离，留待进一步检查。

二、个体检查

个体检查是指对群体检查检出（剔除）的有病或疑似病态动物，进行仔细的个体临床检查。

对群体检查中判为无病的动物，必要时还应抽10%做个体检查。如果发现疫病，应再抽检10%，或全部进行个体检查。

个体检查的方法有检测体温、视诊、触诊、听诊和叩诊等5种，但实际检疫中以体温检测、视诊和触诊为主，必要时进行听诊和叩诊。根据具体情况也可以进行必要的实验室检验。

（一）体温检测

各种健康的动物都有一定的正常体温范围（表2-1），健康动物早晨温度较低，午后略高，波动范围在0.5～1℃。如果体温显著升高（微热为体温升高1℃；中等热体温升高2℃；高热体温升高3℃；最高热体温升高3℃以上），一般可视为可疑患病动物。当然要排除因运动、曝晒、运输及拥挤等应激因素导致的体温升高，可让动物休息一定时间后（一般休息4h)，再测体温。

表2-1　健康动物的体温、脉搏和呼吸的正常范围

畜禽种类	体温（℃）	脉搏（次/min）	呼吸（次/min）
猪	38.0～39.5	60～80	18～30
黄牛、奶牛	37.5～39.5	50～80	10～30
水牛	37.0～38.5	30～50	10～50
羊	38.0～39.5	70～80	12～30
马	37.5～38.5	26～42	8～16
骡	38.0～39.0	42～54	8～16
驴	37.5～38.5	40～50	8～16
鸡	40.0～42.5	120～200	15～30
鸭	41.0～42.5	140～200	16～28
鹅	40.0～41.0	120～160	12～20
兔	38.0～39.5	120～140	50～60
犬	37.5～39.0	70～120	10～30
猫	38.0～39.0	110～120	20～30

（二）视诊

1. **精神外貌、姿态步样**　有无兴奋不安、沉郁呆钝、迟钝、低头、耷耳、缩颈、闭目、垂翅垂尾、弓腰屈背、行动迟缓、步态沉重、跛行掉队、起卧运动姿态异常等现象。

2. **被毛、皮肤**　被毛是否整齐、光泽、清洁、完整，有无粗乱和脱落现象；皮肤弹性是否良好，有无肿胀、疹块、水疱和脓疮、鼻镜或鼻盘是否湿润。

3. **反刍和呼吸**　反刍咀嚼、嗳气是否正常，呼吸节律是否均匀，有无喘气、张口吐舌、犬坐等呼吸困难的表现。

4. **可视黏膜**　检查眼结膜、鼻黏膜、口腔黏膜是否苍白、黄染、发绀，有无溃疡、结节，以及分泌物性状、颜色、数量等。

5. **口、鼻、蹄周围**　观察有无水疱和斑痕。

6. **粪尿排泄情况** 有无便秘、腹泻、脓便、血便、血尿，查看粪便颜色、硬度、性状、气味，尿的颜色、数量、混浊度等。

（三）触诊

1. **耳朵、角根** 可反映动物的体温变化情况。

2. **皮肤** 触摸皮肤的湿度、弹性，皮温有无增高、降低，分布不均和多汗、冷汗等，皮肤有无肿胀、疹块、溃烂，皮下有无气肿、水肿，胸廓和腹部有无敏感区或压疼。

3. **体表淋巴结** 检查淋巴结的大小、形状、硬度和温度、活动性等，是否敏感。

4. **嗉囊和食管膨大部** 检查鸡嗉囊、鸭鹅食管膨大部，有无充满食物，内部坚硬或软或稀等情况。

（四）听诊

1. **听叫声** 有无呻吟、磨牙、嘶哑、发呓等异常声音。

2. **听咳嗽声** 动物上呼吸道有炎症，可发生干咳，咳声高昂有力，无泡沫喷出。当炎症涉及肺组织时，可发生湿咳，咳声嘶哑无力，可带有泡沫液体喷出。

3. **听呼吸音** 检查有无肺泡呼吸音增强或减弱，支气管呼吸音，干、湿啰音，胸膜摩擦音等病理性呼吸音。

4. **听胃肠音** 检查反刍动物胃肠音有无增强、减弱、消失等。

5. **听心音** 检查动物的心跳次数、心音强弱、节律是否正常或有无杂音等。

（五）叩诊

检疫人员可用叩诊板或手指叩诊畜禽的心、肺、胃、肠、肝的音响、位置和界限，以及胸、腹部的敏感程度。

第三节　病理学检查法

由于动物患有疫病（传染病和寄生虫病）时多呈现一定的病理变化，有的病理变化具有较大的诊断价值。同时对于死因不明的动物或临床上难诊断的疑似患病动物，也需要通过解剖进行病理学的诊断。因此，在动物检疫中，对患病动物进行病理学检查是十分必要的。

病理学检查可分为病理解剖学检查和病理组织学检查。

一、病理解剖学检查

病理解剖学检查是指运用动物病理解剖学的理论知识，对动物进行剖解，观察其组织器官的病理变化。

动物尸体剖检前，要了解剖解尸体的来源、病史、死前临床症状、治疗情况等，以便大体判定是普通病还是传染病、寄生虫病，同时也是为了选择典型病例尸体进行剖解。如果为疑似恶性传染病，如炭疽，不能进行剖检。如果剖检得不到明确的疫病结论的，可以无菌操作采取病料送实验室进行病理组织学或病原学检查。

病理解剖检查的内容有体表检查和内部检查两个方面。现分述如下。

（一）体表检查

患病动物尸体的体表检查在尸体解剖前进行。检查时要查明动物的标志、畜别、品种、性别、年龄、毛色、体重及营养等情况，然后再进行死后征象、天然孔、皮肤和体表淋巴结等的检查。

1. 死后征象的检查　动物死亡后会发生尸冷、尸僵、尸斑、腐败等现象。这些现象可以帮助检疫人员判定动物死亡的大体时间和病变的位置。如尸僵，凡死于败血症、中毒的动物，其尸僵大多不明显，又如尸斑，常在动物死亡时着地的一侧皮下呈青红色，用手指压后，红色消退。

2. 营养状况的检查　检查动物尸体的肌肉发育和皮下脂肪蓄积情况，反应动物营养良好、一般、还是差。

3. 天然孔和可视黏膜的检查　天然孔指口、鼻、眼、肛门、生殖器，检查这些部位有无出血或血液凝结现象，分泌物、排泄物和渗出物的情况。检查可视黏膜的色泽、出血、水疱、溃疡、黄疸、结节和假膜等病变情况。

4. 皮肤的检查　检查动物尸体的皮肤色泽变化、充血、出血、创伤、溃疡、结节、脓包、肿瘤、水肿、气肿和寄生虫等情况。

5. 淋巴结的检查　检查动物淋巴结的变化，有无肿胀、出血、坏死，淋巴管有无肿胀变粗等。

（二）内部检查

1. 皮下组织的检查　检查动物皮下组织是否发生出血、水肿、气肿、胶样浸润、血液凝固程度，脂肪和肌肉及体表淋巴结等变化情况。

2. 腹腔检查　检查动物腹腔内有无渗出物、气体、胃肠内容物、血、尿、脓肿、肿瘤以及寄生虫等。并检查腹膜是否有充血、出血、粘连、腹腔脏器位置有否变位等。

3. 胸腔的检查　检查动物胸腔内有无渗出物、血液、脓液、寄生虫及浆膜出血、增生和粘连等，并检查胸腔的心、肝、肺位置的变位和胸膜的变化。

4. 脏器的检查

（1）脾的检查　先检查脾门淋巴结，有否肿胀。然后查脾的大小、形状、色泽、硬度及边缘厚薄，注意有无梗死、出血等，切开脾后查看内部变化。

（2）胃的检查　先查胃的大小，胃浆膜的色泽，注意有无粘连、胃破裂及穿孔等。然后剖开查胃黏膜及内容物，注意胃黏膜有无出血、溃疡以及胃内容物的性状、气味，有无寄生虫等。

（3）肠的检查　先查肠系膜淋巴结和浆膜的变化，注意淋巴结有无肿胀、出血，浆膜有无出血，然后剖开查肠黏膜和内容物，注意肠黏膜有无出血、溃疡以及肠内容物的性状、气味、有无寄生虫等。

（4）肝胆的检查　先查肝门淋巴结、肝脏大小、形状、色泽、重量及弹性，注意淋巴结有无出血、肿胀，以及肝脏是否肿胀，表面有无出血点、坏死点、脂肪肝等变化。然后切开查肝的切面和胆管，注意有无出血、变性、坏死和硬结节等，同时查胆囊大小和胆汁的性状，胆管中有无寄生虫等。

（5）胰腺的检查　先查胰腺色泽和硬度，然后沿胰腺的长径切开，查有无出血和寄生虫等。

（6）肾的检查　先查肾的大小、形状、色泽、韧度，然后剖开查肾内部变化，注意肾有无肿大、充血、出血、贫血、化脓、坏死及质地等病变。

（7）心脏的检查　先查心包有无出血、炎症、肥厚、粘连，剥开心包后查心外膜有无出血、色泽和形状变化，然后剖开心脏，查心瓣膜、心内膜和心肌，注意瓣膜是否肥厚、有无疣状物，心内膜和心肌有无出血，心肌有无虎纹斑（猪、牛）和有无囊尾蚴（猪、牛、羊）。

（8）肺的检查　先查肺的大小、肺胸膜色泽，有无出血和炎性渗出物等；肺叶有无结节和气肿；再查肺门淋巴结变化。剪开气管和切开肺脏，检查气管黏膜、渗出物、肺的实质性变化，注意肺脏有无出血点、粘连、肉变、结节及气管内出血、渗出物等病变。

5. 口腔、鼻腔及颈部器官的检查

（1）口腔和颈部检查　查舌、喉、扁桃体、食管，注意观察舌有无水疱、烂斑，扁桃体有无溃疡，喉头有无出血和溃疡，食管黏膜有无溃疡、假膜和增生物等病变。

（2）鼻腔的检查　查鼻黏膜的色泽，注意有无出血、炎性水肿、结节、糜烂、溃疡、穿孔、疤痕，以及鼻甲骨是否萎缩等病变。

6. 脑的检查　检查脑的体积、形态和切面等情况，注意观察脑有无充血、出血、坏死和寄生虫等病变。

7. 盆腔脏器的检查

（1）膀胱的检查　先查膀胱外部形态，注意膀胱表面有无出血点。然后切开查尿液色泽、尿量，注意有无血尿、脓尿，同时查膀胱黏膜有无出血等病变。

（2）子宫的检查　查子宫内膜色泽，有无充血、出血和炎症等病变。

（3）睾丸的检查　先查睾丸大小、外形和重量，然后切开查睾丸和附睾，查其切面颜色、硬度、有无出血、化脓或坏死灶等病变。

8. 肌肉的检查　查肌肉的色泽，有无出血、坏死、脓肿、寄生虫等病变。

在动物的剖检中，一些组织器官的主要病理解剖变化对诊断疫病有重要的作用，有关动物主要解剖病理变化与疫病范围见表2-2。

表2-2　动物病理解剖主要病理变化及疫病范围

部位	病理变化	疫病范围
死后征象	尸僵不全	炭疽
天然孔及黏膜	（1）可视黏膜贫血苍白 （2）可视黏膜尤其鼻黏膜出血 （3）黏膜上有水疱、溃疡、烂斑 （4）鼻漏 （5）眼内有脓性分泌物 （6）眼充血发红 （7）阴鞘内有脓性分泌物 （8）口、鼻、肛门等天然孔出血	马传染性贫血、白血病、寄生虫病 炭疽、败血症 口蹄疫、牛恶性卡他热 鼻疽 猪瘟、猪肺疫、禽流行性感冒 猪丹毒 猪瘟 急性炭疽
皮肤	（1）颈部皮肤弥漫性出血 （2）针尖状小点出血 （3）菱形、圆形、方形红斑 （4）体表浮肿 （5）红斑、血疹、水疱、脓疱 （6）咽喉部水肿 （7）淋巴管索肿和溃疡 （8）下颌肿胀	猪瘟、猪肺疫 猪瘟 猪丹毒 炭疽、马传染性贫血 痘病、口蹄疫 猪炭疽、巴氏杆菌病 鼻疽 放线菌病
血液	发黑，似煤焦油样	炭疽

部位	病理变化	疫病范围
皮下组织	(1) 黄色胶样浸润 (2) 脂肪上有小点出血 (3) 四肢、腹下、阴囊水肿	炭疽 败血症 马传染性贫血
淋巴结	(1) 下颌淋巴结硬固 (2) 肿大，大理石样出血 (3) 肿大，呈黑红色，周围有胶样浸润 (4) 下颌淋巴结肿大，呈砖红色，有坏死，周围有胶样浸润 (5) 肿大有出血点 (6) 下颌淋巴结肿大，切面有沙石样物 (7) 肿大多汁，呈红色，有出血点 (8) 淋巴管肿胀、变粗	鼻疽 猪瘟 猪急性炭疽 猪咽型炭疽 猪肺疫 猪头部结核病 猪丹毒 流行性淋巴管炎
腹腔	(1) 腹膜上有出血点 (2) 腹膜上有珍珠样结节	败血症 牛结核病
胸膜	(1) 胸膜上有出血点 (2) 胸膜粘连 (3) 胸膜上有珍珠结节	猪肺疫、炭疽、猪瘟及败血症 猪肺疫、猪瘟、结核病 结核病
脾	(1) 肿大、色暗、柔软、脾髓呈泥状 (2) 边缘部楔状出血 (3) 实质中有结节 (4) 显著肿胀	炭疽 猪瘟 鼻疽、禽结核病 马传染性贫血
胃	(1) 胃内容物失常 (2) 胃黏膜卡他性炎症 (3) 胃黏膜出血 (4) 胃黏膜上有纤维素沉着或坏死 (5) 黏膜上有出血斑	狂犬病 猪丹毒 炭疽、猪瘟及败血症 猪瘟、牛恶性卡他热 炭疽、马传染性贫血、禽流行性感冒
肠	(1) 回盲瓣处有纽扣状溃疡 (2) 盲肠肥大，内有带血干酪样物 (3) 肠系膜淋巴结肿大，砖红色 (4) 浆膜下有出血点 (5) 肠系膜上有结节 (6) 十二指肠卡他性炎症 (7) 集合滤泡肿胀	猪瘟 鸡球虫病 猪肠炭疽 炭疽、猪瘟、败血症 结核病 猪丹毒 马传染性贫血、炭疽
肝脏	(1) 呈赭土色 (2) 肝肿大、有白色坏死点 (3) 实质内有硬结节 (4) 显著肿大，呈豆蔻样色彩 (5) 灰白色斑点	钩端螺旋体病 球虫病、禽霍乱 禽结核病、牛结核病 马传染性贫血 弓形虫病
胆囊	(1) 胆囊出血 (2) 胆管肥厚、扩张	猪瘟 肝片吸虫病
肾	(1) 苍白、有针尖状小出血点 (2) 肿大发红、有大小不一的出血点 (3) 极度肿大充血、有出血点 (4) 表面和切面有灰白色结节 (5) 肾充血、出血	猪瘟 猪肺疫 猪丹毒 结核病、鼻疽 炭疽、狂犬病
心脏	(1) 心包出血、有纤维素沉着、心外膜有出血点 (2) 虎斑心 (3) 心内膜出血 (4) 心瓣膜有疣状增生物	猪瘟、禽流行性感冒、巴氏杆菌病 口蹄疫 巴氏杆菌病、炭疽、马传染性贫血 猪丹毒

（续）

部位	病理变化	疫病范围
肺脏	（1）肺有出血斑 （2）肺有肝变 （3）肺有粟粒大结节	猪瘟、猪肺疫、炭疽 猪肺疫 结核病、鼻疽、寄生虫病
气管	（1）有泡沫状渗出物 （2）黏膜上有黏性透明渗出物，并出血 （3）黏膜上有溃疡、结节 （4）黏膜上有出血点	巴氏杆菌病 鸡传染性喉气管炎 鼻疽 败血症
喉	（1）喉黏膜出血 （2）喉部出血性炎症，有渗出物 （3）喉头有假膜 （4）喉头黏膜溃疡	猪瘟 鸡传染性喉气管炎 牛恶性卡他热 鼻疽、结核病
鼻腔	（1）出血 （2）鼻黏膜粟粒大黄白色结节、糜烂、溃疡	炭疽 鼻疽
口黏膜	（1）有水疱、丘疹 （2）黏膜上有假膜	牛口蹄疫 猪炭疽、禽痘
舌	（1）肿大发硬，有脓肿 （2）有大小不一的水疱、烂斑	放线菌病 口蹄疫
膀胱	（1）血尿 （2）黏膜有点状或树枝状出血	钩端螺旋体病 猪瘟
子宫	内膜有粟粒大的灰黄色脓肿	布鲁氏菌病
卵巢	卵巢变形，呈透明水疱或煮熟样	鸡白痢
睾丸	睾丸和附睾肿大、坏死	布鲁氏菌病

（引自田永军，《实用动物检疫》，河南科学技术出版社，2004）

检疫人员在进行动物尸体剖检时，要做好以下几点：

（1）真实记载剖检时（体表检查和内部检查）的病理变化。

（2）剖检记录要分清动物解剖时间、地点、动物来源、种类、性别、年龄、品种、毛色、用途、死亡日期、病史等内容。

（3）要记录综合诊断、结论等内容。

（4）剖检时，要防止疫源扩散，做好剖检前后的严密消毒，包括场地、用具、工作服等。

（5）观察时，应保持动物脏器原貌，检查完毕，尸体与残留物应消毒后销毁。

二、病理组织学检查

在病理剖检难以得出初步结论时，可采取病料送实验室做病理组织切片，然后在显微镜下，观察组织学病理变化。最常用的是石蜡包埋切片法和冰冻切片法。

（一）石蜡包埋切片法

这是研究病理组织学普遍采用的一种方法。其制作过程是：病变组织经过固定、水洗、脱水、透明后，在温箱里浸于熔化的石蜡中，并用石蜡包埋，切片厚度5μm，然后染色并用树胶封存即完成切片制作过程。

（二）冰冻切片法

病变组织材料经过固定，用冷冻包埋剂处理，然后置于冰冻切片机的冷台上，使组织冻结，进行切片。由于冰冻切片不能做连续切片，而且切片太厚，所以做各种特殊检查，如检查包涵体及各种细胞类型等，效果不好。

第四节　病原学检查法

病原学检查法在动物检疫中对确诊动物疫病起到重要作用，是一种可靠的诊断方法，特别对一些临床和病理剖检难以确诊时，就需要通过病原学的检查予以诊断。病原学检查包括对细菌性疫病、病毒性疫病及寄生虫性疫病的检查。

一、病料的采取、包装和送检

（一）注意事项

（1）采取病料所用器械、容器都必须消毒灭菌。采取病料的操作中做到无菌或尽量避免杂菌污染。采完病料后，对解剖场地及尸体要彻底消毒。

（2）一件器械只能采取一种病料，否则，必须经过消毒后（酒精、火焰或煮沸），才能采取另一种病料。采取的各种脏器，应分别装入不同的容器内，不能几种病料放在一起。但供病理组织学检查的同一家畜（禽）的各种病料，可以放在一个容器内固定。

（3）采取病料的种类，应根据各种疫病的特点采取相应的脏器、排泄物或分泌物。如果无法估计是什么疫病时，应全面采取。

（4）采取病料要及时，防止因动物尸体腐败，采不到合格的病料，一般要求在动物死后4h之内采取，尤其夏天更要注意。应采取未用药物治疗过的动物，因为用药治疗后，会影响病料的病原菌检出。

（5）病料采取后要包装好，并及时送检。

（二）病料的采取与包装

1. 供分离病原菌的病料采取　供分离病原菌的病料可从病畜（禽）或刚死亡的畜禽尸体采取。从病畜禽活体上可以采取以下一些病料：血液、脓液、口鼻腔分泌物、乳汁、尿液、生殖道分泌物、粪便、穿刺液、流产胎儿等。

从刚病死的畜禽尸体上可以采取以下一些病料：内脏及淋巴结、心血、胆汁、肠管和肠内容物、胎儿和生殖器官、脑、脊髓、骨、皮肤、血液、脓液、其他组织液以及小家畜及家禽整尸等。

（1）内脏及淋巴结　从病变明显的部位，以无菌采取病料1cm左右的组织，分别放在灭菌小试管或平皿中（不能用金属容器装病料）。

（2）脓汁　局部用碘酒消毒后，用灭菌注射器抽取未破溃的脓肿深部脓汁，置灭菌试管中，对已开口的脓灶，在其周围消毒后，以灭菌棉拭子去除表面脓液，再换棉拭子蘸取深部脓汁，放入灭菌试管中。

（3）口鼻腔和生殖道分泌物　先在口鼻腔外部酒精消毒，然后用灭菌棉拭子蘸取口腔、咽部或鼻腔深部的分泌物，放入无菌试管内。

（4）肠管和肠内容物　将8～10cm长的肠管两端结扎，在结扎线外端3cm处剪断，置于灭菌容器中。取肠内容物时，可用烧红的刀片或火焰将肠管表面灭菌，再剪一小孔，用灭菌棉棒伸入肠内，取出棉棒放入灭菌试管中，也可将肠内容物直接放入灭菌容器内。

（5）血液

①血清：用于血清学检测，方法是静脉采血5～10mL，置于灭菌试管内（试管置呈斜面），防止产生气泡或冻结（冬天时），待血清析出后，再吸血清置于另一灭菌试管中，可加入5%碳酸1～2滴。

②全血：用于分离培养病原菌，方法是用灭菌注射器（20mL），吸取5%枸橼酸钠溶液1mL，然后从静脉采血10mL混匀后，注入灭菌试管中，刚死的动物采血可剖开胸部，用灭菌注射器刺入右心房吸取少量血液，注入有少许5%枸橼酸钠的灭菌试管中。

③血片：用于涂片镜检，可采取末梢血液、静脉血液或心血，用清洁无油的载玻片制作涂片数张，待自然干燥。

（6）脑、脊髓　中小动物可取整个头部，包入浸过消毒液的纱布或油布中，装入不漏水的容器中速送检。也可以取一半脑放入10%甲醛溶液瓶内，做病理组织学检查用。另一半放入50%灭菌甘油生理盐水瓶内，做微生物检查用。

（7）粪尿　粪便可用灭菌棉拭子伸入直肠深处蘸取粪便，放入灭菌试管中；尿液收取时，先用消毒液清洗病畜外生殖器，待其自然排尿时，用灭菌器收集中段尿，或用导尿管采尿（大家畜）或可用膀胱穿刺取尿。死畜可以无菌操作从膀胱取10mL尿置于灭菌试管中。尿液采集后在室温中不可久置，最好放4℃暂存，如室温中超过1h，不宜做微生物检查。

（8）乳汁　先用0.1%新洁尔灭消毒液清洗乳房，挤去最初流出的乳汁，再用灭菌容器收取乳汁10～20mL送检。

（9）皮肤　死畜选择病变最明显及褪色部位较少的地方切成10cm×10cm的方块状，放灭菌容器中。病畜如果是患真菌病，采取病变部与正常皮肤交界的皮肤痂皮、皮屑和毛、羽等材料，每样取两份，一份置于供分离真菌的培养基上用，另一份放入灭菌容器内，供直接镜检用。

（10）流产胎儿　用浸过消毒液的塑料薄膜包好，整体送检。

（11）小家畜及家禽　将整个尸体装入洁净塑料袋中送检。

（12）骨　对已腐败尸体可采取长骨或肋骨一根，剔去筋腱，用浸过5%碳酸或0.1%升汞液的纱布包裹后，装在洁净的塑料袋中送检。

2. 供血清学检验的病料采取　主要是采取病畜或刚死的病畜的病料，以供作为抗原材料或供作为抗体材料。

作为抗原材料的病料，要保证抗原活性未被破坏，有的病料可直接利用，如鸡马立克病诊断中常用羽毛囊琼扩试验，可直接将羽毛囊插于琼脂板上进行，又如进行猪瘟酶标抗体检查，只要用扁桃体、淋巴结、脾、肾等做成组织触片，固定后即可用于检查。

作为抗体材料的病料，主要是采取病畜或刚死不久病畜的血液分离出的血清，进行血清学反应用。方法是以无菌操作采取血液置呈斜面，在室温或4～10℃冰箱中凝固析出血清或离心分离出血清，分装后冷藏。为了防止污染，可加入0.01%硫柳汞、0.1%叠氮钠或0.5%石炭酸作防腐剂，也可加入5万IU/mL的青霉素。但做细胞培养中和试验，不能加入上述化学防腐剂。不少传染病的血清学检验，需双份血清，第一份应于病初或急性期采取，第二份间隔3～4周采集。一并送检。

3. 供病理组织学检查用的病料采取 作病理组织学检查的病料可在采取病原菌检查用的病料时一并采取。不管有无肉眼病变，应全面采取。但也可根据剖检病变和疑患某种疫病，有重点选取一些病变组织。

采取病料时要避免挤压组织，以免变形，为此要有锋利的刀剪，切取有代表性，并将典型病变部分及相连的健康组织一并切取，而且要包括器官的重要结构部分。例如，肾切取时应包括皮质、髓质和肾盂，肝、脾应包括被膜等。

切取组织块厚度为0.5cm之内，面积1.5～3.0cm^2，切面要平整。所采取的组织块，应立即固定在不少于8～10倍的10%中性缓冲福尔马林溶液中，也可固定于95%酒精中。组织漂浮于固定液时，可用纱布覆盖。

胃肠、胆囊、膀胱等黏膜组织采取后，先将浆膜面贴于硬纸上，缓缓放入10%的中性福尔马林溶液内，黏膜不要用水冲洗，也不用手触及，固定24h后变换一次固定液。

做狂犬病的尼格里氏体检查，可采取病畜海马角，切块制作压片（用载玻片制作），染色镜检，或将海马角组织块用ZenKer氏液固定后，做成石蜡切片，染色镜检。如做鸡痘的鲍林球氏体和疱疹病毒包涵体检查，病料用氯化高汞福尔马林液固定。

三种固定液的配制：

①10%中性缓冲液福尔马林液：无水磷酸氢二钠6.5g，磷酸二氢钾4.0g，福尔马林（40%甲醛溶液）100mL，蒸馏水加到1 000mL。

②ZenKer氏液：重铬酸钾25g，氯化高汞50g，冰醋酸50mL，蒸馏水1 000mL。

③氯化高汞福尔马林液：氯化高汞饱和水溶液9份，加福尔马林1份。

部分疫病动物实验室检验采取的病料部位见表2-3。

表2-3 部分实验室检验疫病动物的常用采集病料部位

病　　名	适用病料部位
口蹄疫	未破溃的水疱皮和水疱液、淋巴结
猪瘟	淋巴结、肝、脾、肺、肾、肠
绵羊痘	痘疹组织、痘内淋巴液、病变皮肤
高致病性禽流感	新鲜的病尸、头或脑、脾
鸡新城疫	病尸、脾、肺、大脑
伪狂犬病	大脑海马角或头
狂犬病	大脑海马角或头
炭疽	血液、脾、淋巴结、水肿部结缔组织
布鲁氏菌病	流产胎儿胎衣、阴道分泌物、肝、脾、淋巴结、肺、乳、尿
结核病	痰、气管黏液、乳、脓汁、肺、淋巴结、胸膜、肠
放线菌病	脓肿组织、脓汁
钩端螺旋体病	血液、尿、肝、脾、肾、脑
猪丹毒	脾、肝、肾、心、淋巴结、病变皮肤
猪肺疫	血液、肝、脾、肺、肾
鼻疽	鼻腔分泌物、脓汁、肝、脾、肺、淋巴结
马传染性贫血	血液、肝、脾

(续)

病　名	适用病料部位
马流行性淋巴管炎	未破裂的皮肤结节、皮肤结节的脓汁
鸡传染性喉气管炎	气管分泌物
鸡白痢	新鲜病尸、肝、脾、心、雏鸡未剖开的胃
鸭瘟	病尸、肝、脾、血液
球虫病	粪、肝、肠
兔出血症	肝、脾、肾

（三）病料记录、包装和送检

所采取的病料在送检前要有记录，并包装好后送检。

1. 病料记录　送实验室检验时，应附有病料的送检单（表2-4），一式三份，一份备存，两份寄（送）检验室。待查完后，应退回一份。

表2-4　动物病料送检单

送检单位				送检时间			
病畜（禽）种类			性别	年龄		用途	
病料编号和名称				病料包装和送检方式			
发病日期				死亡时间			
取材时间				取材人			
流行病学资料							
临床症状							
剖检病变							
曾用何种方法和药物治疗							
送检目的				送检人（签名）			

2. 病料的包装和送检　送检病料前必须对病料进行包装，并在包装容器上贴上标签、编号（与送检单的编号要一致），并详加记录。

（1）一般病料　将装病料的试管口、容器口封固好，防止病料水分漏出。用盖把装病料的管、瓶盖紧，再以石蜡密封，放入塑料袋扎紧。各种涂片置于切片盒内，做好标记。

盛装病料的容器运输途中最好能置双容器中，内外容器间用棉纱、废纸或泡沫填塞，运送中病料原则上应冷藏送检，冷藏可在上容器内放冰块，也可用广口冷藏瓶，放病料前，在冷藏瓶底部放少许脱脂棉，然后将病料瓶（管）放在脱脂棉上，周围放冰块，如无冰块，可用氯化铵500g，加水1 500mL，可使瓶内温度保持在0℃24h。用于病毒分离的病料，最好在0℃以下的低温中运送。已固定的供组织学检查的病料不必冷藏。盛装病料的容器封好后，外面应标明"送检病料，不能倒置"等标记。

病料送检时，越快越好，同时要注意安全，防止病原扩散。

（2）怀疑是烈性传染病的病料　如炭疽、口蹄疫等或新传染病，或国内已消灭的传染病病料，应将盛装病料的容器置于金属匣内，将匣焊封加印后再装于木盒内专人送检，最好不要邮寄或托运。一般病料寄送，也最好以航空快件托运，并电告接收单位及时提取。

二、病原菌检查内容与方法

病原菌检查的目的在于通过病原菌的分离、鉴定，帮助检疫人员在动物产地检疫和屠宰检疫中正确诊断动物患的是何种疫病，从而及时提供检疫后的处理意见。

（一）病原菌检查的内容

1. 细菌性疫病的病原检查
2. 病毒性疫病的病原检查
3. 寄生虫性疫病的病原检查

（二）病原菌检查的方法

1. 细菌的检查　首先要从采取的病料中分离致病的细菌，然后对分离出的病原菌的菌落培养特性与菌体染色镜检进行形态观察、生化反应、抗原性和实验动物致病性试验等检查，通过这一系列的过程，才能确诊所分离到的细菌是致病菌还是非致病菌。

病原菌找到后，可根据该畜禽的流行病学、临床症状和病理变化综合分析判断，最终确诊为何种疫病。

以上方法在病原细菌鉴定中具有重要的作用，是一种常规检查方法，并广泛应用，但由于其费时费力，某些细菌培养周期过长，已经不适于国际贸易中对动物检疫的需要。目前，省时省力且敏感特异的免疫学和分子生物学方法逐步取代常规方法，将成为一种必然趋势。因为免疫学和分子生物学方法，不但可以直接进行病原菌的菌种鉴定，而且可以鉴定种内的血清型和血清亚型，已成为检疫动物细菌疫病的主导方法。OIE规定了国际贸易中动物细菌性疫病的检疫方法，见表2-5，显示了部分疫病的诊断和检疫方法。

目前，免疫学技术已成为检疫细菌性疫病的主要方法，病原鉴定只在某些细菌病中采用。分子生物学技术尽管还未被OIE指定为标准方法，但聚合酶链式反应和核酸探针技术已成功地应用于大肠杆菌、沙门氏菌、空肠弯杆菌、布鲁氏菌、结核杆菌、副结核杆菌等的鉴定和分型中，且简便快速、敏感特异。如果进一步优化和试剂盒化，不久将会成为检疫细菌性疫病的技术。

表2-5　OIE规定的部分动物细菌性疫病诊断和检疫方法

动物	病名	病原	指定诊断方法	替代诊断方法
马	马接触传染性子宫炎	马生殖道泰勒氏杆菌	病原鉴定	—
	马鼻疽	马鼻疽杆菌	鼻疽菌素试验、CF	—
牛	牛传染性胸膜肺炎	丝状支原体丝状亚种	CF	ELISA
	牛布鲁氏菌病	流产布鲁氏菌	缓冲布鲁氏菌抗原试验、CF、ELISA	FPA
	牛生殖道弯曲杆菌病	胎儿弯曲杆菌性病亚种	病原鉴定	—
	牛结核病	牛结核分支杆菌	结核菌素试验	γ干扰素试验

注：CF：补体结合试验；ELISA：酶联免疫吸附试验；FPA：荧光偏振试验。

2. 病毒的检查　首先从采取的病料中进行分离病毒，纯化病毒，并直接观察病毒的形态、大小和排列方式，以及进行其他理化特性，如浮密度、沉降系数、分子量和病毒颗粒的细微结构等的研究，其中重点要做好以下两方面的工作：

（1）病毒的分离培养鉴定　在流行病学调查基础上，有目的地采取病料，首先有针对性地接种易感实验动物、禽胚胎和易感组织细胞，以初步鉴定分离培养的病毒。如进行氯仿、酸、热敏感性试验及阳离子稳定性试验等，可以了解已分离病毒的某些理化特性，然后测定已分离病毒的凝血性质和红细胞吸附特性。必要时还可用电子显微镜观察已分离病毒的形态。

（2）病毒的血清学鉴定　在初步分离鉴定的基础上，采用血清学试验方法鉴定病毒的种类。

常用的血清学鉴定方法有：病毒中和试验（VN）、补体结合试验、血凝试验（HA）与血凝抑制试验（HI）、琼脂扩散试验（AGID）、免疫荧光抗体技术、酶联免疫吸附试验以及交互免疫试验等。

有关病毒分离、鉴定程序见图2-1。

在动物病毒性疫病中，虽然通过对病原进行分离鉴定来帮助病毒性疫病的诊断和检疫。但由于免疫血清学技术的特异性和敏感性，目前已成为病毒诊断和检疫的主要工具。OIE规定了国际贸易中动物病毒性疫病的检疫方法。见表2-6，显示了部分疫病的诊断和检疫方法。

3. 寄生虫的检查　通常采用对寄生虫卵、幼虫和虫体的检查，但也有不少动物寄生虫病可用免疫学方法和分子生物学诊断方法确诊。

（1）寄生虫病的常规检查

1）虫卵检查　可采用直接涂片法和集卵法来检查。

①直接涂片法：先在载玻片上加50%甘油水溶液或常水数滴，以火柴或小木棒取粪便一小块，与载玻片上的液体混匀，去掉粪渣，将混匀的粪便溶液涂成薄膜（以能透视书上的字迹为度），然后加盖玻片置低倍镜下镜检。如果是检查原虫的滋养体，只用生理盐水稀释，不加甘油。每次制作3～5片进行检查，此法检出率低。

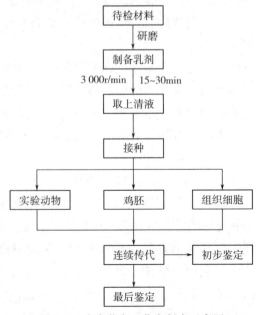

图2-1　病毒分离、鉴定程序示意图

表2-6 OIE规定的部分动物性疫病诊断和检疫方法

	病名	病原	指定诊断方法	替代诊断方法
畜	口蹄疫	微RNA病毒科口蹄疫病毒	ELISA、VN	CF
	水疱性口炎	弹状病毒科水疱性口炎病毒	CF、ELISA、VN	—
	小反刍兽疫	副黏病毒科麻疹病毒属	VN	ELISA
	裂谷热	布尼病毒科裂谷热病毒	VN	HI、ELISA
	蓝舌病	呼肠孤病毒科蓝舌病病毒	Agent id、ELISA、PCR	AGID、VN
	伪狂犬病	疱疹病毒科伪狂犬病毒	ELISA、VN	—
	狂犬病	弹状病毒科狂犬病病毒	ELISA、VN	—
禽	新城疫	副黏病毒科新城疫病毒	Agent id	HI
	禽流感	正黏病毒科禽流感病毒	Agent id	AGID、HI
	传染性法氏囊病	双RNA病毒科传染性法氏囊病毒	—	AGID、ELISA
	鸡传染性支气管炎	冠状病毒科鸡传染性支气管炎病毒	—	VN、HI、ELISA

注: CF: 补体结合试验; ELISA: 酶联免疫吸附试验; HI: 血凝抑制试验; VN: 病毒中和试验; AGID: 琼脂扩散试验; Agent id: 病原鉴定; PCR: 聚合酶链式反应; —: 试验方法尚未确定。

②集卵法: 此法检出率高于直接涂片法。集卵法是利用各种方法, 将分散在粪便中的虫卵集中起来, 再行检查, 以提高检出率。常用方法有: 沉淀法、漂浮法和锦纶筛兜集卵法。

a.沉淀法: 适用于相对体积质量较大的吸虫卵和棘头虫卵的检查。取粪便5g, 加清水100mL以上, 搅匀成粪液, 通过260~250μm〔40~60目〕铜筛过滤, 滤液收集于三角烧瓶或烧杯中, 静置沉淀20~40min, 倾去上层液, 保留沉渣, 再加水混匀, 再沉淀, 如此反复操作直到上层液体透明后, 用吸管吸取沉渣一滴于载玻片上, 加盖玻片, 用低倍镜观察。

b.漂浮法: 适用于相对体积质量较小的线虫卵、某些绦虫卵和球虫卵的检查。取粪便10g, 加饱和食盐水100mL, 混合, 通过250μm〔60目〕铜筛, 滤入烧杯中, 静置30min, 则虫卵上浮; 用一直径5~10mm的铁丝圈, 与液面平行接触以蘸取表面液膜, 抖落于载玻片上, 加盖玻片后, 先用低倍镜观察, 再转到高倍镜检查。在检查比重较大的后圆线虫卵时, 可先将猪粪按沉淀法操作, 取得沉渣后, 在沉渣中加入饱和硫酸镁溶液, 进行漂浮, 收集虫卵。

c.锦纶筛兜集卵法: 适用于相对体积质量大于60μm吸虫卵和棘头虫卵的检查。取粪便5~10g, 加水搅拌, 先通过260μm〔40目〕或250μm〔60目〕的铜丝筛过滤; 滤下液再通过58μm〔260目〕锦纶筛兜过滤, 并在锦纶筛兜中继续加水冲洗, 直到洗出液体清澈透明为止。通过以上处理, 直径小于40μm的细粪渣和可溶性色素均被洗去而使虫卵集中。而后挑取兜内粪渣加适量清水做成压滴粪膜标本镜检。

虫卵计数是测定每克家畜（禽）粪便中的虫卵数。以此来推断家畜（禽）体内某种寄生虫的寄生数量。虫卵计数的结果, 常以每克粪便中虫卵数（简称e.p.g）表示。

2) 幼虫检查 幼虫检查需要分离、培养。

①培养方法: 取被检新鲜粪便和水适量塑成半球状（如粪便稀可加适量木炭末）, 置于先衬以滤纸的平皿内, 加盖, 置于25~30℃的室温或温箱内经7~10d孵育, 用漏斗幼虫分离法处理, 检查有无活动的幼虫。

②分离方法: 分离方法有两种, 一种是法依德法（又称平皿幼虫分离法）, 另一种是贝尔曼法（又称漏斗幼虫检查法）。

a.法依德法：取被检新鲜粪球3～5个放入平皿中，加40℃温水淹没粪球为止，经5～10min后，除去粪球，用低倍镜或立体显微镜检查平皿内液体，观察有无活动的幼虫。

b.贝尔曼法：取新鲜粪便15～20g，置于直径10～15cm衬以金属筛的漏斗上，在漏斗下端套一根长10～15cm的橡皮管，末端一根小试管，然后固定于漏斗架上，装置完后，沿漏斗壁慢慢加入40℃温水，直至淹没粪便为止，静置1～3h，幼虫由粪便中游出，沉入小试管底部，然后吸取底部沉淀物镜检。这种方法可见到运动活泼的幼虫。如需其死亡进行细致观察，可在有幼虫的载玻片上，滴加卢氏碘液，则幼虫很快死去，并染成棕黄色。

3）虫体检查　多采用肉眼观察、放大镜下观察和显微镜检查来确诊。根据畜禽不同部位存在的寄生虫，采取相应部位进行检查，例如，血液寄生虫采血染色镜检；组织内寄生虫采取该组织镜检；生殖器官寄生虫采取生殖器官刮下物或分泌物压片镜检；体外寄生虫采取皮屑镜检等。下面介绍血液中寄生虫的检查和组织内寄生虫的检查。

①血液中寄生虫的检查：此法用于诊断血液原虫病或丝虫病，血液来源一般为末梢血液。常有鲜血压滴标本检查、薄血片检查和厚血片检查。这里仅介绍鲜血压滴标本检查和薄血片检查。

a.鲜血压滴标本检查：采鲜血一滴于载玻片上，滴生理盐水一滴，加盖玻片，镜检可见虫体在血中运动。冬季检查时，把片子放在手心或火炉旁稍加温，以增加虫体活动力，便于观察。检查时视野中光线要弱些，不能太亮。

b.薄血片检查：取耳静脉血一滴，滴在载玻片一端，另取一载玻片，将其一端边缘置于血滴前方，并与血滴相接触，使血滴沿边缘展开，将两载玻片置成45°角，速将后一载玻片向前推成薄血膜，待自然干燥后，以甲醇固定5min，再用姬姆萨液或瑞氏液染色后镜检。

②组织内寄生虫的检查：以旋毛虫为例。

a.采样：取胴体两侧横膈肌脚部各一块，为一份肉样，重量50～100g，与胴体编号相同。如果是部分胴体，可从肋间肌、腹肌、咬肌、舌肌采样。

b.目检：将膈肌的肌膜撕去，把膈肌肉缠在检验者左手食指第二指节上，使肌纤维垂直于手指伸展方向，再将左手握成半握拳式，借助拇指的第一节和中指的第二节将肉块固定在食指上面，并使左手掌心转向检验者，右手拇指拨动肌纤维。在强光线下，仔细视检肉样的表面有无针尖大、半透明、乳白色或灰白色隆起的小点。视检查完一面后再将膈肌翻转，用同样办法视检膈肌的另一面。如果发现膈肌上有上述小点，则可怀疑为虫体。

c.压片：制备压片的方法如下。

首先将旋毛虫夹压片放在检验台的边沿，靠近检验者。然后用剪刀顺肌纤维方向，按随机采样的要求，自肉上剪取麦粒大小的肉样24粒，使肉粒均匀地在玻片上排成一排（或用载玻片，每片12粒）。最后将另一夹压片重叠在放有肉粒的夹压片上，并旋动螺丝，使肉粒压成薄片。这样压片即制备成了。

d.镜检：将制备好的压片，放在低倍显微镜下，从压片一端开始观察，直到另一端为止。

（2）寄生虫病的免疫学诊断方法　寄生虫病的免疫学诊断即以寄生虫的抗原与动物体内的抗体特异性结合为基础而设计的各项血清学试验，以及细胞免疫的检测和在动物体内进行的变态反应试验；分子生物学诊断即利用聚合酶链式反应或核酸探针等技术直接检测特异的寄生虫基因，在粪便、尿液或血液中的检出率得到大大提高。OIE规定了国际贸易中动物寄生虫病的检疫方法，见表2-7，显示了部分疫病的诊断和检疫方法。

表2-7 OIE规定的部分动物寄生虫病诊断和检疫方法

	病名	病原	指定诊断方法	替代诊断方法
人	棘球幼病	棘球绦虫	—	—
畜	旋毛虫病	旋毛虫	Agent id	ELISA
	新大陆螺旋蝇蛆病和旧大陆螺旋蝇蛆病	新大陆螺旋蝇和旧大陆螺旋蝇	—	Agent id
	螨病	螨虫	—	Agent id
	苏拉病（伊氏锥虫病）	伊氏锥虫	—	—
	锥虫病（采采蝇传播）	刚果锥虫、活跃锥虫、布氏锥虫	—	IFA
	利什曼病	利什曼原虫	—	Agent id
	马媾疫	马媾疫锥虫	CF	IFA、ELISA
	马梨形虫病	马巴贝斯虫和驽巴贝斯虫	ELISA、IFA	CF

注：Agent id：病原鉴定；CF：补体结合试验；ELISA：酶联免疫吸附试验；IFA：间接荧光抗体试验；—：试验方法尚未确定。

虽然病原鉴定在动物寄生虫病的诊断中仍是十分必要的，但CF、ELISA、IFA等免疫学技术已成功应用于动物寄生虫病的诊断和检疫中，国内外已把ELISA广泛应用于动物寄生虫病免疫学诊断中，并制备了多种商品试剂盒，推广应用于动物各种寄生虫病诊断中。

第五节　免疫学检查法

免疫技术检查法是指利用抗原、抗体、免疫组织、免疫细胞、免疫分子等相互作用时发生的特异性反应，同时结合反应组分的特性、标记技术、图像处理技术等建立的检测和分析方法，具有较强的特异性和敏感性。根据反应组分的不同可分为两大类：一类是抗原与抗体参与的免疫血清学技术，称为血清学检查；另一类是免疫组织、细胞或分子参与的细胞免疫学技术，称为变态反应检查。其中以免疫血清学技术在动物疫病检疫中应用最广泛。

一、血清学检查法

血清学检查法可用已知的抗体来鉴定未知的抗原（病原），也可用已知的抗原来检测未知的抗体（血清）。由于未知的抗原与已知特异性抗体结合后出现可见的反应。这种反应来指示被检抗原的属、种、型。由于血清学检验特异性强、敏感性高，为确诊动物疫病提供可靠依据。因此在动物检疫中得到广泛应用。主要包括凝集试验、沉淀试验、补体结合试验、中和试验、免疫荧光抗体技术、放射免疫技术、免疫酶标记技术、胶体金标记技术、免疫电镜技术、免疫转印技术等。下面介绍几种常用的血清学检验方法。

（一）凝集试验

1. 原理　在某些病原微生物或红细胞悬液中，加入含有特异性抗体的血清（免疫血清或患病恢复期血清），在电解质环境下，能使病原微生物或红细胞凝集成肉眼可见的团块现象，称为凝集反应。血清中的抗体称为凝集素，与凝集素结合的抗原称为凝集原。由于很多种患病病畜的血清或体液内存在大量凝集素。因此，可用此法诊断疫病。

2.试验分类

凝集试验可分为：直接凝集试验、间接凝集试验、血凝和血凝抑制试验。

（1）直接凝集试验　是指颗粒型抗原与抗体直接结合所出现的凝集现象，按操作方法分为3种：一是玻片法，二是玻板法，三是试管法，其中玻片法和玻板法常用。

①玻片法：是一种定性试验。将已知的诊断血清与待检菌落各一滴，滴于载玻片上，充分混合，数分钟后，出现肉眼可见的凝集现象为阳性反应。此法适用于新从病畜禽分离的大肠杆菌和沙门氏菌等细菌的鉴定或分型用。

②玻板法：是一种定量试验。将已知的诊断原（抗原）与不同量的待检血清各一滴，滴于玻板上，充分混合，数分钟后，根据呈现凝集反应的强度判定。常用于布鲁氏菌病、鸡白痢等检疫。

（2）间接凝集试验　是将可溶性抗原（抗体）先吸附于一种与免疫无关的、一定大小的不溶性的载体颗粒（如红细胞、聚苯乙烯乳胶颗粒、白陶土、离心交换树脂、木棉胶等）的表面上，制成所谓的固相抗原（抗体），又称为不溶性抗原（抗体），然后与相应抗体（抗原）作用，在有电解质存在的适宜条件下，载体即可发生明显的凝集，从而可显著地提高检测的敏感性。可将间接凝集试验分为三个小类：一是正向间接凝集反应（又称正向被动间接凝集反应）；二是反向间接凝集反应（又称反向被动间接凝集反应）；三是间接凝集抑制反应。

（3）血凝和血凝抑制试验

①血凝试验：是某些病毒或病毒的血凝素，能选择性地使某种或某几种动物的红细胞发生凝集，这种凝集红细胞的现象称为血凝，也称为直接血凝反应。例如，痘病毒对鸡的红细胞发生凝集（由痘病毒的产物类脂蛋白的作用，而凝集鸡红细胞），流感病毒对红细胞发生凝集（由病毒囊膜上的血凝素与红细胞表面的受体糖蛋白相互吸附而发生的凝集）。

②血凝抑制试验：是根据血凝试验现象，在病毒的悬液中先加入特异性抗体，且这种抗体的量足以抑制病毒颗粒或其他凝集素时，则红细胞表面的受体就不能与病毒颗粒或其血凝素直接接触，这时红细胞的凝集现象就被抑制，称为红细胞凝集抑制反应，也称为血凝抑制反应。

血凝和血凝抑制试验有常量法和微量法。它们除用量和用具有所不同之外，其他如试验方法、程序、参与要素及其浓度、pH、作用时间、温度和判定等都是一样的。常量法各要素用量为0.25mL，在5×10孔的血凝板上进行。而微量法各要素用量为25μL，在96孔U形微量血凝板上进行。

（二）沉淀试验

1.原理　将可溶性抗原（如细菌、寄生虫浸出液、培养过滤液、组织浸出液、动物血清、白蛋白等）与相应的抗体混合，当两者比例合适，并在适量电解质存在下，经过一定时间，即形成肉眼可见的沉淀物，这种现象称为沉淀反应，沉淀反应中的抗原称为沉淀原，抗体称为沉淀素。沉淀反应的抗原是多糖、蛋白质、类脂等。在沉淀试验中为了保证足够的抗体，通常是稀释抗原，并以抗原的稀释度作为沉淀试验的效价。

沉淀试验通常都用于以已知的抗体测定未知的抗原（诊断疾病），但也用于以已知的抗原测定未知的抗体（测定免疫血清的效价和诊断疾病）。

2.试验分类　根据沉淀试验的抗原抗体反应和外加条件，可分为液相沉淀试验、琼脂扩散试验、免疫电泳试验三大类。

（1）液相沉淀试验　是指抗原与抗体的反应在液相中进行，并形成沉淀物，根据沉淀物的产生而判定相应的抗体或抗原。据形成的沉淀物的形态不同，液相沉淀试验又分为絮状沉淀试验、环状沉淀试验和浊度沉淀试验等类型。

絮状沉淀试验：抗原和抗血清在试管内混合，在电介质存在时，可形成絮状凝聚物或混浊沉淀物。通常用固定抗体稀释抗原法或固定抗原稀释抗体法，以检测抗原抗体的最适比例。抗原抗体在小试管内按不同比例混合后，置37℃水浴箱中，每隔一定时间观察一次，记录出现反应的时间和出现絮状的数量。以出现反应最快、絮状物最高的管，即为最适比例，所测的单位称为絮状单位。絮状沉淀试验常用于毒素、类毒素和抗毒素的定量测定。

环状沉淀试验：先将已知的抗血清加入小口径的试管内，然后慢慢小心加入待检抗原于抗血清的表面（注意一定要在抗血清的表面）。经数分钟后在抗原与抗体相接触的界面可出现清晰的白色环状沉淀带。这是快速检测可溶性抗原或抗体的一种好方法，得到广泛应用。例如，炭疽的诊断、链球菌血清型鉴定和沉淀素效价滴定等。

（2）琼脂扩散试验　又称琼脂凝胶扩散试验或免疫扩散试验，是根据琼脂凝胶能允许分子量在20万以下自由通过的原理，而多数抗原和抗体的分子量均是20万以下，故能在琼脂凝胶中自由扩散，当抗原和相应抗体在琼脂凝胶中相遇，在最适比例处产生沉淀物。由于沉淀物的分子量较大，不能往外扩散，这样便形成了肉眼可见的沉淀带，我们将此种反应称为琼脂扩散反应或琼脂扩散试验。

根据琼脂扩散试验扩散的方向，将琼脂扩散试验分为单相单扩散、单相双扩散、双相单扩散和双相双扩散四种类型，其中以双相单扩散和双相双扩散应用范围较广。

①双相单扩散：又称环状扩散或辐射扩散。其操作过程是先将预热至45℃的免疫血清加往冷至相同温度的等量琼脂中混匀后，趁热倒于玻璃上，待凝固后打孔，孔内滴加相应抗原，放密闭盒中扩散48h左右，当抗原在血清琼脂板中不断向外扩散，与凝胶中的抗体呈适当比例时，即形成白色沉淀物。环的大小与抗原浓度呈正比。本法可用于抗原定量。

②双相双扩散：其操作过程是先在玻片上用琼脂铺成平板，待凝固后，打几个小孔，孔的排列形式多种，并可根据不同要求调整孔径、孔距和改变图形，通常为梅花形。在中心孔加已知抗体（或抗原），四周小孔中加被检抗原（或抗体）和标准抗原（或抗体），放密闭湿盒中让其相互扩散数天。如果为相应的抗体和抗原，两孔之间出现明显的沉淀线。如果有多种抗原抗体系统同时存在，就会产生一条以上沉淀线。

（3）免疫电泳试验　是将凝胶电泳和琼脂扩散相结合而建立的一种试验方法。由于电泳作用使抗体或抗原在凝胶中扩散速度加快，增加了试验敏感性，比琼脂扩散试验更进一步。按试验用途和操作不同，又分为免疫电泳（琼脂免疫电泳和醋酸纤维膜免疫电泳）、对流免疫电泳和火箭免疫电泳（又称单向定量免疫电泳）。

（三）补体结合试验

补体结合试验是利用溶血反应来间接测检补体是否与抗原抗体复合物发生结合的一种血清学检验方法，它是诊断人、畜传染病常用的血清学诊断方法之一。本法不仅可用于诊断鼻疽、马传染性贫血病、牛肺疫、乙型脑炎、布鲁氏菌病、钩端螺旋体病、血锥虫病等疫病，而且也用以鉴定病原体，如口蹄疫病毒、乙型脑炎病毒等。

1.原理　补体是一组球蛋白，存在于正常动物血清中，本身没有特异性，能与任何抗原抗体复合物结合，但不能单独与抗原或抗体结合。补体一旦被抗原抗体复合物结合后，不再游离。多用豚鼠的新鲜血清作为补体的来源。

补体结合试验需要抗原、抗体、补体、绵羊红细胞和溶血素五种部分，形成溶菌反应和溶血反应两个系统。溶菌反应是指已知抗原（或抗体）和被检血清（或抗原）结合后在适量电解质存在的条件下，形成抗原与抗体复合物，如加入补体，则出现细菌溶解现象，故称溶菌反应。溶血反应（指示系统），是指绵羊红细胞与溶血素（抗绵羊红细胞抗体）发生特异性结合后，在有足量补体存在的条件下，出现红细胞溶解现象，故称为溶血反应。

补体结合试验就是在补体参与下，并以绵羊红细胞与溶血素作为指示系统的一种抗原抗体反应，如果补体被结合说明待检系统中的抗原抗体是相应的，则指示系统不溶血，表明补体结合反应呈阳性；如果补体没有被结合，说明待检系统中的抗原抗体是不相应的，则指示系统溶血，表明补体结合反应是阴性（图2-2）。

试验时，先将抗原、抗体和补体加入试管或微量板孔中，使三者优先结合，孵育一定时间后，再加入指示系统（绵羊红细胞与溶血素）。如果待检系统中的抗原与抗体相应，则必然与补体结合，并全部消耗掉补体，那么指示系统因无补体参与，就不发生溶血现象，此表明为补体反应阳性（简称补反阳性）；如果待检系统中抗原与抗体不相应，则不结合补体。游离的补体被指示系统的绵羊红细胞与溶血素相结合，就发生肉眼可见的溶血现象（绵羊红细胞溶血），此表明补体结合反应为阴性（简称补反阴性）。

在进行补体结合试验前，必须对抗原效价测定、抗体灭能处理、绵羊红细胞配制及检定和溶血素效价的测定等准备工作，另外加的补体量要准确，少了会导致不完全溶血，出现假阳性结果；反之，超量不能被反应系统的免疫复合物完全结合，出现假阴性结果。

2. 试验分类　补体结合试验可分为直接法、间接法和固相法。

（1）直接法　在试管中加抗原、被检血清和补体，在一定温度下感作一定时间后，加溶血素和绵羊红细胞，再感作一定时间后判定结果。

直接法为最常用的一种操作方法，

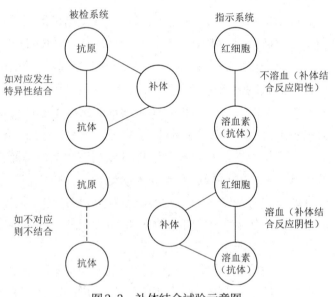

图2-2　补体结合试验示意图

根据试剂量的差异又分为常量法和微量法。常量法试剂总量一般为0.5mL，在试管内进行；微量法试剂量一般为0.125mL，在U形底的96孔微量反应板内进行。

（2）间接法　此法因其血清抗体与相应的抗原形成复合物后不能结合豚鼠补体，需再加一种抗该抗原的兔抗体，后者形成复合物后可结合豚鼠补体，然后再加补体和指示系统成分。间接法因多加一种特异性免疫抗体（兔抗体），多进行一次感作，其结果判定正好与直接法相反。即指示系统发生溶血为间接补反阳性；反之，指示系统不发生溶血，为间接补反阴性。此间接法补体结合试验，用于禽类血清抗体的测定。

（3）固相法　该法与直接法相同，不同点是所有反应是在琼脂糖凝胶反应皿中进行。具体操作程序是：先将溶血素敏感的红细胞，加入溶化后冷至55℃的1%琼脂糖凝胶中，混匀，倾注入特别的塑料反应皿内（反应皿规格为90mm×25mm，凝胶量为25mL）。待其凝固后打孔，孔径为6mm，孔距不得小于8mm。然后在37℃温箱中感作一定时间的抗原+被检血清+补体混合物25μL加入孔中，经37℃温箱感作一定时间，观察溶血环的直径，以判定结果。

（四）中和试验

1. 原理　动物感染病毒性疫病后，在机体内产生一种可以中和其相应病毒而使该病毒失去毒力的抗体，称为中和抗体。中和试验是用来判定免疫血清中和病毒的能力。

2. 试验分类　中和试验常用的方法有两种，一种方法是固定病毒量与等量系列倍比稀释的血清混合，另一种方法是固定血清用量与等量系列对数稀释（即10倍递次稀释）的病毒混合；然后把血清-病毒混合物置适当的条件下感作一定时间后，接种于敏感细胞、鸡胚或动物，测定血清阻止病毒感染宿主的能力及其效价。

如果接种血清-病毒混合物的宿主与对照（接种病毒的宿主）一样出现病变或死亡，则说明血清中没有相应的中和抗体。

由于中和抗体在体内的维持时间较久，特异性很高，因此，中和试验既能定性，又能定量，故常应用于病毒株的种型鉴定、测定血清抗体效价以及分析病毒的抗原性。

（五）标记类试验

1. 原理　根据抗原和抗体可以特异性结合的理论，采用标记技术作测定，从而不同程度地提高了抗原与相应抗体反应的灵敏性，而且这些标记技术都有各自独特的优点。

2. 试验分类　免疫标记技术有：免疫荧光检验法、酶联免疫吸附测定法和放射免疫检查法等。

上述三种免疫标记技术各有优点：荧光抗体检验法，不但具有染色技术的快速性及血清反应的特异性，而且还具有在细胞水平定位的敏感性，如RNA病毒一般在胞质内繁殖，检测时可见胞质发荧光；DNA在细胞核内繁殖，检测时，可见细胞核发荧光。酶联免疫吸附测定法，不但可定量测出标本中的抗原或抗体，而且判定的指标客观、重复性好，标记的抗体或抗原半衰期长，制成的标本可保存半年以上。放射免疫检查法可用作标本的定性、定量及定位分析等。由于用最敏感的放射性同位素作标记，因此灵敏度提高，测定的结果可达$10^{-15}\sim10^{-9}$g的水平。

（1）免疫荧光法　又称荧光抗体检查法，是根据某些荧光素受紫外线照射时，能改变这种肉眼不可见光变为可见的荧光。在一定条件下，荧光素与抗体结合后，可不影响抗体与抗原的特异性结合，当用这种荧光抗体对受检标本染色后，在荧光显微镜下观察，可对标本中相应的抗原进行鉴定和定位。荧光抗体染色技术有以下3种方法（图2-3）。

①直接法：滴加荧光抗体于待检抗原的标本上，经一定时间后冲去未着染的染色液，待干燥后在荧光显微镜下观察。标本中若有相应抗原存在，则与荧光抗体结合，在

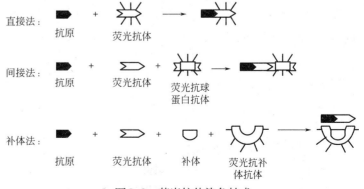

图2-3　荧光抗体染色技术

显微镜下可发出草绿色荧光。本法优点是特异性高，比较简便快速。不足之处是一种标记抗体只能测定一种抗原，敏感性差。

②间接法：先向待检抗原的标本上滴加特异性抗体，待作用一定时间后，再滴加荧光色素标记的抗球蛋白抗体（又称抗抗体），作用一定时间，水洗、镜检，如果是阳性，则形成抗原-抗体-荧光抗抗体的复合物。本法优点是制备一种荧光标记的抗抗体，可用于多抗原-抗体系统的检查，敏感性高。不足之处是因参加反应的因素较多，受干扰的可能性较大，判定结果有时较难，操作繁杂，对照较多，时间长。

③补体法：根据补体结合反应原理，用荧光素标记抗补体抗体，鉴定未知抗原或未知抗体（待检血清）。染色步骤：第一步先将未标记的抗体和补体加在抗原标本上，使其发生反应，水洗，然后再加标记的抗补体抗体。如果第一步中抗原抗体发生反应形成复合物，则补体便被此复合物结合。第二步加入的荧光素标记的抗补体抗体便与补体发生特异性反应，使之形成抗原-抗体-抗补体抗体的荧光免疫复合物，发出荧光。本法具有间接法的优点。其独特的优点是只需要一种标记抗补体抗体，能检测各种抗原-抗体系统。由于补体的作用没有特异性，所以它可与任何哺乳动物的抗原-抗体系统发生反应。此法不足之处是参与反应的成分多，染色程序较复杂，非特异性反应较强，加之补体活动不稳定，不能长时间保存，每次试验都需要新鲜补体。

（2）酶联免疫吸附试验　根据抗原或抗体与酶结合形成酶的标记物仍保持免疫活性和酶的活性。在酶标记物与相应的抗体或抗原反应后，结合在免疫复合物上的酶在遇到相应底物时，催化底物产生水解、氧化或还原等反应，从而生成可溶性或不溶性的有色物质。此颜色的深浅与相应的抗体或抗原量成正比。因此，可借助颜色反应的深浅来定量抗体或抗原。此法当前应用最广泛，试验方法有以下3种。

①间接法：先用抗原致敏固相载体聚苯乙烯，然后加入待测抗体的血清，孵育后洗去未结合成分，再加上酶标记的抗球蛋白结合物，洗涤后加入底物，在酶的催化下底物发生反应（降解或氧化或还原），产生有色物质。颜色改变程度与被测样品中抗体的含量有关。如果样品含抗体越多，出颜色也越快越深。可用肉眼或分光光度计判定。此法用于测定抗体。

②双抗体夹心法：先将纯化的特异性抗体致敏固相载体，加入含待测抗原的溶液，孵育后，洗涤除去多余抗原，再加入酶标记的特异性抗体，使之与固相载体表面的抗原结合，再洗涤除去多余的酶抗体结合物，最后加入酶的底物。经酶催化作用后产生有色产物的量与溶液中的抗原量成正比。此法用于测定大分子抗原。

③竞争法：先用特异性抗体将固相载体致敏，加入含待测抗原溶液和一定量的酶标记抗原，共同孵育，对照只加酶标记抗原，洗涤后加入酶的底物。被结合的酶标记抗原的量由酶催化底物反应产生有色产物的量来确定。颜色的深浅与待检抗原量成反比，如果待检溶液中抗原越多，则被结合的酶标记抗原的量越小，有色产物就越少。此法用于测定小分子抗原及半抗原。

二、变态反应检查法

（一）原理

变态反应又称为超敏反应，指在一定条件下，由于机体的免疫功能失调，受某种抗原刺激后产生了超越正常范围的特异性抗体或致敏淋巴细胞，当与进入机体的相应抗原再次相遇时，便可发生异常的生物效应，从而引起组织损害或机能紊乱的一种免疫病理性反应。严重者可出现临床症状，称为变态反应性疾病。

引起变态反应的抗原物质称为变应原或过敏源，它可以是完全抗原（如微生物、寄生虫、异种动物血清等），也可以是半抗原（如青霉素、磺胺、奎宁等），这种变应原可以内源性，由某些药物与体内某些成分结合而形成的自身变应原，也可以是外源性的。

（二）分类

据变态反应发生机理和临床表现，将其分为以下四型：Ⅰ型、Ⅱ型、Ⅲ型和Ⅳ型。

Ⅰ型：又称为过敏反应型、IgE型或反应素型。

Ⅱ型：又称为细胞溶解型或细胞毒型。

Ⅲ型：又称为免疫复合物型或血管炎型。

Ⅳ型：又称为迟发型变态反应或T细胞介导型。

前Ⅰ、Ⅱ、Ⅲ型均系抗体与抗原在体内反应引起，属体液性变态反应。反应发生较快，数分钟内可达反应高峰，通常称为炎性速发型变态反应。第Ⅳ型反应发生缓慢，一般在6～48h才达到反应高峰，所以又称为迟发型变态反应。

某些疫病传染过程中，引起的以细胞免疫为主的第Ⅳ型变态反应是由病原体或其代谢产物在传染过程中作为变应原而引起的，其特异性和敏感性很高，因此常用变态反应来进行动物疫病的检疫，例如，细菌性疫病中的鼻疽、结核病、副结核病等。

第六节　分子生物学检查法

由于分子生物学技术（如基因克隆技术、转基因技术）的飞速发展，使动物疫病的诊断及检疫迈上一个新台阶。目前分子生物学诊断技术主要包括聚合酶链式反应、核酸杂交、寡核苷酸指纹图谱、限制性片段长度多态性、随机扩增多态性DNA、脉冲电场凝胶电泳、DNA序列测定、DNA芯片、DNA生物传感器等。其中，聚合酶链式反应和核酸杂交技术具有特异、敏感、快速、适用于动物疫病早期诊断和大量样品的检测，成为分子生物学诊断技术中最常用和最具应用价值的方法。

一、聚合酶链式反应

聚合酶链式反应（polymerase chain reaction, PCR）即PCR技术，是美国Cetus公司人类遗传研究室的科学家K.B.Mullis于1985年发明的一种在体外快速扩增特定基因或DNA序列的方法，故又称为基因的体外扩增法。它可以在试管中建立反应，将所要研究的目的基因或某一DNA片段于数小时内扩增至十万乃至百万倍，而无须通过大量繁琐费时的基因克隆程序，便可获得足够数量的精确的DNA拷贝。PCR技术具有特异性强、敏感性高、生产率高、操作简便、快速、重复性好、易自动化等优点，可以从一根毛发、一滴血，甚至一个细胞中扩增出足量的DNA，供分析研究和检测鉴定。

（一）原理

聚合酶链式反应的基本原理是将病原体中特定的DNA模板加热变性分成两条互补链，加入两条人工合成的特异性短序列引物，在低温下引物将分别与两条模板DNA的两翼序列发生特异地结合，在合适温度下DNA聚合酶即可通过模板DNA催化引物引导的DNA合成。当这些步骤循环多次后即可引起目的DNA序列的大量扩增。由于PCR扩增的DNA片段呈几何指数增加，故经过20～40次循环后便可通过电泳方法检测到病原体的特异性基因片段。

PCR反应的基本步骤包括变性-退火-延伸三个基本反应步骤构成，即首先将模板DNA置高温下（一般为93℃）变性为单链，然后在较低温度下（一般为55℃）将人工合成的寡核苷酸引物与模板DNA单链的互补序列配对结合，最后DNA聚合酶达72℃将单核苷酸从引物3'端引入，沿模板5→3方向延伸，合成新的DNA双链作为下次循环的模板，如此以几何指数方式增加，经约30个循环使最初的模板DNA扩增几百万倍。每完成一个循环需2～4min，扩增几百万倍仅需2～3h。

（二）PCR反应体系与反应条件

1. 标准的PCR反应体系

10×扩增缓冲液	10μL
4种dNTP混合物	各200μmol/L
引物	各10～100pmol
模板DNA	0.1～2μg
Taq DNA聚合酶	2.5u
Mg^{2+}	1.5mmol/L
加双或三蒸水至	100μL

参加PCR反应的物质由引物、酶、dNTP、模板和Mg^{2+}等五种要素。每种要素的要求如下：

（1）引物　这是按其设计互补的寡核苷酸链，引物量为每条引物的浓度0.1～1μmol或10～100pmol，以最低引物量产生所需的结果为好。设计引物应遵循以下原则：

①引物长度：15～30bp，常用为20bp左右。

②引物扩增跨度：以200～500bp为宜，特定条件下可扩增长至10kb的片段。

③引物碱基：G+C含量以40%～60%为宜，ATGC最好随机分布，避免5个以上的嘌呤或嘧啶核苷酸的成串排列。

④避免引物内部出现二级结构，避免两条引物间互补，特别是3'端的互补。

⑤引物3'端基础，特别是最末及倒数第二个碱基，应严格要求配对。

⑥引物中有或能加上合适的酶切位点，被扩增的靶序列最好有适宜的酶切位点。

⑦引物的特异性：引物应与核酸序列数据库的其他序列无明显同源性。

（2）酶及其浓度　目前有两种Taq DNA聚合酶，一种是从栖热水生杆菌中提纯的天然酶，耐热性能好；另一种是大肠菌合成的基因工程酶。催化一典型的PCR反应约需酶量2.5u（指总反应体积为100μL时）。浓度过高可引起非特异性扩增，浓度过低则合成产物量减少。

（3）dNTP的质量与浓度　dNTP是脱氧核苷三磷酸，其质量与浓度与PCR扩增效率有密切关系。

（4）模板（靶基因）核酸　模板核酸的量与纯化程度是PCR成败与否的关键环节之一。传统的DNA纯化方法通常采用SDS和蛋白酶K来消化处理标本，这样提取的核酸即可作为模板用于PCR反应。一般临床检测标本，可采用快速简便的方法溶解细胞，裂解病原体、消化除去染色体的蛋白质使靶基因游离，直接用于PCR扩增。RNA模板提取一般采用异硫氰酸胍或蛋白酶K法。

（5）Mg^{2+}浓度　Mg^{2+}对PCR扩增的特异性和产量有显著的影响，在一般的PCR反应中，各种dNTP浓度为200μmol/L时，Mg^{2+}浓度为1.5～2.0mmol/L为宜。Mg^{2+}浓度过高，反应特异性降低，出现非特异扩增；浓度过低会降低Taq DNA聚合酶的活性，使反应产物减少。

2. PCR反应条件　包括温度、时间和循环次数。

（1）温度与时间的设置　基于PCR原理三步骤而设置变性-退火-延伸3个温点。即双链DNA在90～95℃变性，再迅速冷却至40～60℃，引物退火并结合到靶序列上，然后快速升温至70～75℃，在Tag DNA聚合酶的作用下，使引物链沿模板延伸。故在变性—退火—延伸三步骤中，其温度和时间可按下列要求设置。

①变性温度与时间：一般情况下，以93～94℃ 1min足以使模板DNA变性。

②退火（复性）温度与时间：取决于引物的长度、碱基组成及其浓度，还有靶基因序列的长度。对于20个核苷酸，G+C含量约50%的引物，以选择55℃为最适退火温度的起点较为理想。引物的复性温度可用以下公式帮助选择合适的温度：

$$T_m 值（解链温度）= 4(G+C) + 2(A+T)$$
$$复性温度 = T_m 值 - (5～10℃)$$

在T_m值允许范围内，选择较高的复性温度可大大减少引物和模板间的非特异性结合，提高PCR反应的特异性。

复性时间一般为0.5～1min，足以使引物与模板之间完全结合。

③延伸温度与时间：一般延伸温度选择在70～75℃，常用温度为72℃，因为过高温度不利于引物与模板的结合。延伸反应的时间可根据待扩增片段的长度而定，一般1kb之内的DNA片段，延伸时间1min已足够；3～4kb的靶序列需3～4min；扩增10kb需延伸至15min。延伸时间过长会导致非特异性扩增带的出现。对低浓度模板的扩增，延伸时间要稍长些。

（2）循环次数　循环次数决定PCR扩增程度。PCR循环次数主要取决于模板DNA的浓度。一般循环次数选在30～40次，常用30次循环。因循环次数越多，非特异性产物的量亦随之增多。

（三）PCR的改良类型

目前在常规PCR方法的基础上根据应用目的不同又衍生出一系列改良PCR方法，包括反转录PCR、套式PCR、多重PCR、实时荧光定量PCR、兼并引物PCR、免疫PCR等。

（四）应用

PCR是检测宿主组织和传染媒介中病原体感染的高度敏感方法，即使少量细胞被感染也可以检出（但它不能鉴别病原体的活力）。PCR技术既能识别游离于体液或细胞中病原体基因组序列，也可识别整合到宿主细胞DNA中的病毒基因组序列。PCR技术在疫苗外源病原体污染检测和慢性持续感染性疾病（反转录病毒）及各种隐性感染的诊断中具有重要意义，因为某些病毒感染的动物常到疾病晚期才表现临床症状，且可成为持续潜在的传染源。但使用PCR技术进行疫病诊断时，要注意防止产生假阳性结果。

二、实时荧光定量PCR

实时荧光定量PCR（real-time fluorescent quantitative polymerase chain reaction，FQ-PCR）是在PCR技术基础上发展起来的一种高度灵敏的核酸定量技术。该技术是在PCR反应体系中加入荧光基团，利用荧光信号以实时监测整个PCR进程，最后通过标准曲线对未知模板浓度进行定量分析，实现了PCR从定性到定量的飞跃。由于该技术具有定量、特异、灵敏和快速等特点，已被广泛应用到生物学、医学、农业、食品和环保等多个领域，涉及分子检测、基因表达、核酸多态性分析和基因突变分析等方面的研究。

（一）基本原理

实时PCR，就是检测PCR扩增周期每个时间点上扩增产物的量，通常是检测每个循环结束后的产物量，从而实现PCR扩增的动力学监测。随着荧光化学和探针杂交技术在Real-time PCR中的应用，信号标记和采集已经有了很大的发展，从而使荧光定量PCR有了很快的发展。

实时荧光PCR均是基于荧光共振能量转移（fluorescence resonance energy transfer，FRET）原理，即当一个荧光基团与一个荧光淬灭基团的距离邻近至一定范围时，就会发生荧光能量转移，淬灭基团会吸收荧光基团在激发光作用下激发荧光，从而使其发不出荧光；荧光基团一旦与淬灭基团分开，淬灭作用即消失。因此，可以利用FRET，选择合适的荧光基团和淬灭基团对核酸探针或引物进行标记，利用核酸杂交和核酸水解所致荧光基团和淬灭基团结合或分开的原理，建立各种实时荧光PCR方法。

当PCR反应时，利用荧光信号的变化实时检测PCR扩增反应中每一循环扩增产物量的变化，通过Ct值和标准曲线对起始核酸模板进行定量分析。Ct值（cycle threshold，Ct）为PCR扩增过程中扩增产物的荧光信号达到设定的阈值时所经过的扩增循环次数。它与模板起始拷贝数的对数存在线性关系，模板DNA分子越多，荧光达阈值的循环数越少，即Ct值越小。利用已知起始DNA拷贝数的标准品可作标准曲线，只要获得未知样品的Ct值，即可通过标准曲线计算出该样品的起始DNA拷贝数，在杂交和探针降解过程中TaqMan分子信标均能产生荧光信号，这使得TaqMan探针具有更高的灵敏度。

（二）定量技术

一般有两种基本的定量技术：绝对定量与相对定量，两种定量方式分别适合不同的应用要求。

1. 绝对定量　最为直接与精确的方法是使用由一系列稀释的对照模板制备的标准曲线。某些试验需要精确地计算样品中某一基因的模板数的时候就需要用到绝对定量，许多种来源的DNA可以用作标准模板，比如克隆有目的基因的质粒、基因组DNA、cDNA、合成的寡核苷酸、体外转录产物或者总RNA。

2. 相对定量　虽然标准曲线（绝对定量）能够获得未知样本的绝对量，但是可能绝大多数科学研究者最为关心的是如何准确知道基因表达变化情况，如何能够准确知道某个未知样本中特定的基因相对于基准样本或者参照样本的表达比例。在这里，基准指的是特定基因表达比例的参照基线，这个基准有可能是在与时序调控有关的研究中的起始时间点，也有可能是在药物作用研究中未处理样本，作为衡量需要研究的样本的一个基础，在这样的试验中，未知样本与基准样本的

Ct值的差值代表未知样本相对于基准样本某个基因的表达差异的倍数（如上调或下调）。为了更准确地比较未知样本与对照样本之间某一基因的表达差异，十分有必要使用一种参照基因用于标准化数据，这个参照基因应该在基准样本与未知样本中表达稳定，这个参照基因能够消除由于样本差异以及试验误差造成的RNA提取及反转录效率的误差。

（三）方法

1. 探针法荧光定量PCR　TaqMan探针是TaqMan荧光定量PCR最为核心的成分，在TaqMan探针的两端各标记一个荧光基团和一个荧光淬灭基团，探针在水解前检测系统检测不到相关的荧光信号，这是由于探针分子长度较短，淬灭基团吸收了荧光基团发射的荧光信号。

PCR反应开始后，TaqMan探针与引物分别特异性结合到相应的基因上，在Taq酶的外切酶活性下将TaqMan探针水解，此时探针两端的分子分离，荧光基团发射的荧光信号就可被检测系统检测到。因此，每当有一条DNA链合成，则此过程就会重复一次产生一个荧光分子，从而实时荧光定量信号与PCR产物的积累同步。由于探针、引物都是特异性的结合到相应位置，若发生非特异性结合则不会使Taq探针发生水解，因此就不会产生荧光信号，这就极大提高了结果的可靠性。

2. 染料法荧光定量PCR　在染料法荧光定量PCR中最常用的染料是SYBR Green，在PCR扩增的过程中SYBR Green分子可与DNA双链小沟结合，发出的信号可被仪器检测到。SYBR Green分子在没有结合到小沟时也会发出微弱的荧光信号可被检测到，但是这信号与结合后的SYBR Green分子发出的信号相比可以忽略不计。因此，在每个反应生成的荧光信号与合成的DNA的量是成正比的，根据收集到的荧光信号数量即可定量出PCR反应过程中产生的双链DNA。但是该方法的弊端在于特异性不是太强，如果PCR反应中存在非特异性扩增，所产生的非特异性信号也会被仪器检测到，从而导致荧光信号增加影响结果的准确度。所以在使用SYBR Green染料法进行荧光定量时，要对溶解曲线进行分析，当溶解曲线的峰值为单一峰时，引物的特异性最强并且与模板的匹配度较好。

上述两种荧光定量PCR方法最为常用，此外还有分子信标、双杂交探针法等。荧光定量PCR比常规PCR更有优势，该方法具有特异性强、敏感性高、速度快等优点，被广泛应用于病原体检测。

三、高通量测序

高通量测序技术是对传统测序一次革命性的改变，一次对几十万到几百万条DNA分子进行序列测定，因此，在有些文献中称其为下一代测序技术。足见其划时代的改变，同时高通量测序使得对一个物种的转录组和基因组进行细致全貌的分析成为可能，所以又被称为深度测序。

（一）原理

高通量测序平台主要是Roche公司的454测序仪、Illumina公司的Solexa基因组分析平台和ABI公司的SOLiD测序仪，其所使用的测序原理和技术各不相同。主要技术有以下几种：大规模平行签名测序、聚合酶克隆测序、454焦磷酸测序、边合成测序、联合探针锚定聚合测序、离子半导体测序、DNA纳米球测序、螺旋式单分子测序、单分子实时测序、纳米孔测序等。

（二）应用

随着第二代测序技术的迅猛发展，科学界也开始越来越多地应用第二代测序技术来解决生物学问题。比如在基因组水平上对还没有参考序列的物种进行重头测序，获得该物种的参考序列，为后续研究和分子育种奠定基础；对有参考序列的物种，进行全基因组重测序，在全基因组水平上扫描并检测突变位点，发现个体差异的分子基础。在转录组水平上进行全转录组测序，从而开展可变剪接、编码序列单核苷酸多态性（cSNP）等研究；或者进行小分子RNA测序，通过分离特定大小的RNA分子进行测序，从而发现新的microRNA分子。在转录组水平上，与染色质免疫共沉淀（ChIP）和甲基化DNA免疫共沉淀（MeDIP）技术相结合，从而检测出与特定转录因子结合的DNA区域和基因组上的甲基化位点。

第二代测序结合微阵列技术而衍生出来的应用目标序列捕获测序技术，首先利用微阵列技术合成大量寡核苷酸探针，这些寡核苷酸探针能够与基因组上的特定区域互补结合，从而富集到特定区段，然后用第二代测序技术对这些区段进行测序。目前提供序列捕获的厂家有Agilent和Nimblegen，应用最多的是人全外显子组捕获测序。科学家们目前认为外显子组测序比全基因组重测序更有优势，不仅仅是费用较低，更是因为外显子组测序的数据分析计算量较小，与生物学表型结合更为直接。目前，高通量测序开始广泛应用于寻找疾病的候选基因上，也可用于未知病原的鉴定。

第三章
境内动物及动物产品检疫

境内动物及动物产品检疫又称为国内检疫。根据检疫的设置地点、检疫对象和要求，国内检疫主要进行产地检疫和屠宰检疫，此外，还开展运输检疫监督和市场检疫监督工作。

第一节　产地检疫

一、产地检疫概述

（一）产地检疫含义与作用

1. 产地检疫含义　产地检疫是指动物及其产品在离开饲养、生产地之前由动物卫生监督机构派官方兽医进行的到现场或指定地点实施的检疫。

一般的产地检疫主要由乡（镇）畜牧兽医站具体负责，而出口动物的产地检疫应由当地县级以上畜牧兽医行政管理部门动物卫生监督机构负责。

2. 产地检疫的作用　产地检疫是防止患病动物进入流通环节的关键，是促进动物疫病预防工作的重要手段，其作用体现在：一是做到病畜禽不出场、户、村，最大限度限制了疫病传播范围，保护养殖业生产和人体健康；二是通过查验免疫证明，可以促进基层兽医做好预防接种工作；三是通过产地检疫，可以掌握疫病流行情况，为本地区制定动物疫病防治规划与措施提供依据。因此，应重视产地检疫，要把产地检疫作为整个检疫工作的重点。

（二）产地检疫的分类和要求

1. 产地检疫的分类　产地检疫可根据检疫环节的不同分为以下几类。

（1）产地售前检疫　是指对畜禽养殖场或个人、动物产品生产加工单位或个人准备出售的畜禽、动物产品在出售前进行的检疫。

（2）产地常规检疫（计划性检疫）　是指对正在饲养过程中的畜禽按常年检疫计划进行的检疫。

（3）产地隔离检疫　是指对准备出口的畜禽未入口岸前在产地隔离进行的检疫。另外，国内异地调运种用畜禽过程中，运前在原种畜禽场隔离进行的检疫和产地引种饲养调回动物后进行的隔离观察，亦属产地隔离检疫。

2. 产地检疫的要求

（1）要实施定期检疫　每年对动物进行某些疫病（如布鲁氏菌病、结核病、马鼻疽等）的定期检疫。饲养种畜、种禽、奶畜的单位和个人，要根据国家规定的要求，由当地动物卫生监督机构进行检疫。

（2）要实施引进检疫　凡引进种畜、种禽的单位，种畜禽在进场后，必须隔离一定时间（大、中家畜45d，其他动物30d），经检疫确认无疫病方可种用。

（3）要实施售前检疫　饲养场或饲养户的畜禽在出售前，必须经当地畜牧兽医行政管理部门动物卫生监督机构或其委托单位实施检疫，并对合格者出具检疫证明。

（4）要实施运前检疫　动物在调运前应进行产地检疫，并对合格者出具检疫证明。

（5）要实施确定检疫　当发生疫情时，应及时向动物卫生监督机构报告，以便及时确诊和采取防制措施。

（三）产地检疫内容、方法和程序

1. 产地检疫内容

（1）疫情调查　通过询问有关人员（畜主、饲养管理人员、防疫员等）和对检疫现场的实际观察，了解当地疫情及邻近地疫情动态，确定被检动物是否在非疫区或来自非疫区。

（2）查验免疫证明　向有关人员索验畜禽免疫接种证明或查验动物体表是否有圆形针码免疫、检疫印章。

查验动物免疫证明，是检查畜禽养殖场或养殖户对国家规定或地方规定必须强制免疫的疫病是否进行了免疫，动物是否在免疫保护期内。例如，国家强制免疫的猪瘟、鸡新城疫等疫病；某些地方强制免疫的猪丹毒、猪肺疫、羊痘等疫病；奶牛场每年3—4月必须进行无毒炭疽芽孢苗的注射，且密度不得低于95%等。如果未按规定进行免疫，或虽免疫但已不在免疫保护期内，要以合格疫苗再次接种。

有的动物体表留有免疫标志，如猪注射猪瘟疫苗后可在其耳部扎打塑料标牌，或在其左肩胛部盖圆形印章。

（3）临床健康检查　对被检动物进行临床检查（动物群体和个体），确定动物是否健康；对即将屠宰的畜禽进行临床观察；对种用、乳用、实验动物及役用动物除临床检查外，按检疫要求进行特定项目的实验室检测，如奶牛结核病变态反应检查等。

（4）出具产地检疫证明　动物售前经检疫符合出证条件的出具检疫证明。

（5）有运载工具的进行运载工具消毒　对运载动物、动物产品的车辆、船舶等运载工具在装前、卸后进行消毒。

2. 产地检疫的方法　主要是应用临床诊断学方法，即视、触、叩、听、测体温等基本检查方法，对受检动物进行活体检查，包括群体检查和个体检查。一般先群体检查，然后进行个体检查。对基层收购或进入集贸市场以及其他零星分散数量较少的动物，可直接进行个体检查。

群体检查主要进行"休息、运动、饮食"的观察，个体检查是对群体检查出的可疑病态动物进行测体温、视诊、触诊、听诊和叩诊。必要时，可进行实验室检验，以确诊是否是患病动物。

通过整群畜禽的休息、运动、饮食等三方面的观察，对整群畜禽的健康状态做出初步的评价，并从大群畜禽中将可疑患病的动物筛选出来，做进一步个体检查（详细的检查方法见第二章第二节临诊检疫法）。

3. 产地检疫的程序　动物产地检疫的程序一般包括以下几个环节：

(1) 申报检疫（报检）　畜主（或货主）主动到动物卫生监督机构申报，并填写"检疫申报单"。动物卫生监督机构进行回复，填写"检疫申报受理单"，并安排到最近的产地检疫报检点进行检疫。

(2) 受检　官方兽医在实施检疫前要了解当地疫情，确定被检动物及其产品是否来自非疫区，且自接到报检后必须在规定时间内到场、到户、到点实施检疫。

(3) 查验免疫档案　查看相关免疫档案、疫病检测记录等，证实被检动物是否对国家或地方规定必须强制免疫的疫病进行了免疫，动物是否处于免疫有效保护期内，免疫耳标号和免疫登记上的号码是否相符。

(4) 临床健康检查　临床健康检查包括群体检查和个体检查（详细的检疫方法见第二章第二节临诊检疫法）。

(5) 实验室检测　对种用、乳用、役用、表演动物等除临床健康检查外，还需按规定进行实验室检查。检查其实验室检测的规定项目是否符合要求。

(6) 产地检疫后的结果处理　对检疫合格的动物，当场出具检疫合格证明；对种用或乳用动物须实验室检疫合格后方可出具检疫合格证明。对检疫不合格的动物按相关规定处理。

（四）产地检疫的出证

产地检疫的出证是指经过产地检疫后对合格的动物、动物产品由官方兽医出具检疫合格证明。产地检疫的出证条件如下。

1. 动物需具备的条件

(1) 被检动物来自非疫区。

(2) 动物经群体和个体临床健康检查合格。

(3) 按国家规定进行了强制免疫且免疫接种在有效期内。

(4) 规定要做的实验室检验结果为阴性。

(5) 养殖档案相关记录和畜禽标识符合农业农村部规定。

2. 动物产品必须具备的条件

(1) 被检动物产品来自非疫区。

(2) 肉类经检验合格、肉尸上加盖合格的验讫印章或加封检疫标志。

(3) 骨、蹄、角经外包装消毒。

(4) 种蛋、精液的供体健康，种蛋出场前已经熏蒸消毒。

(5) 皮毛做炭疽沉淀反应呈阴性或经环氧乙烷、过氧乙酸消毒合格。

（五）产地检疫后处理

1. 合格动物、动物产品的处理方法　经检疫确定为无检疫对象的动物、动物产品属于合格的动物、动物产品，由动物卫生监督机构出具检疫证明，动物产品同时加盖验讫标志。目前我国使用的动物检疫证明等是由农业部〔2010〕44号文件《关于印发动物检疫合格证明等样式及填写应用规范的通知》规定。

(1) 合格动物　①跨省境出售或者运输动物，出具"动物检疫合格证明（动物A）"；②省内出售或者运输动物，出具"动物检疫合格证明（动物B）"。

（2）合格动物产品　①对于跨省境出售或者运输动物产品，出具"动物检疫合格证明（产品A）"；②对于省内出售或者运输动物产品，出具"动物检疫合格证明（产品B）"。

2. 不合格动物、动物产品的处理方法　经检疫确定患有检疫对象的动物、疑似动物及染疫动物产品为不合格动物、动物产品，应做防疫消毒和其他无害化处理；无法做无害化处理的，应予以销毁。若发现动物、动物产品未按规定进行免疫、检疫或检疫证明过期的，应进行补注、补检或重检。

补注：对未按规定预防接种或已接种但超过免疫有效期的动物进行的预防接种。

补检：对未经检疫进入流通的动物及其产品进行的检疫。

重检：动物及其产品的检疫证明过期或在有效期内有异常情况出现时，可重新检疫。

经检疫的阳性动物加施圆形针码免疫、检疫印章，如结核病阳性牛，在其左肩胛部加盖此章；布鲁氏菌病阳性牛，在其右肩胛部加盖此章。

不合格动物产品可在胴体上加盖销毁、化制或高温标志，并做无害化处理，脏器也要按规定做无害化处理。

3. 各类动物疫病的检疫处理

（1）一类动物疫病的处理　当地县级以上地方人民政府畜牧兽医行政管理部门（畜牧局）应立即派人到现场，划定疫点、疫区、受威胁区，采集病料，调查疫情，并及时报请同级人民政府决定对疫区实行封锁，并将疫情等情况于24h内逐级上报国家农业农村部。

县级以上地方人民政府应立即组织有关部门和单位采取封锁、隔离、扑杀、销毁、消毒、无害化处理、紧急免疫接种等强制性控制、扑灭措施，迅速扑灭疫病，并通报毗邻地区。

在封锁期间，禁止染疫、疑似染疫和易感染的动物、动物产品流出疫区，禁止非疫区易感染的动物进入疫区，并根据扑灭疫病的需要对出入封锁区的人员、运输工具及有关物品采取消毒和其他限制性措施。

当对疫点疫区内染疫、疑似染疫动物扑杀或其死亡后，经过该疫病的一个潜伏期以上的监测，再无疫情发生时，经县级以上地方人民政府畜牧兽医行政管理部门确认合格后，由原决定政府宣布解除封锁。

（2）二类动物疫病的处理　当地县级以上地方人民政府畜牧兽医行政管理部门划定疫点、疫区和受威胁区，县级以上地方人民政府组织有关部门和单位采取隔离、扑杀、销毁、消毒、紧急免疫接种，以及严禁易感染的动物、动物产品及有关物品出入等控制、扑灭措施。

（3）三类动物疫病的处理　县级、乡级人民政府按照动物疫病预防计划和农业农村部的有关规定，组织防治和净化。

（4）二、三类疫病呈暴发性流行时，按一类动物疫病处理。

（5）人兽共患病的处理　农牧部门与卫生行政部门及有关单位互相通报疫情，及时采取控制、扑灭措施。

登记检疫员要对每天进行产地检疫的动物种类、数量、检疫结果、无害化处理情况等及时登记汇总，并按时向上级动物卫生监督机构上报。

（六）检疫证明的填写

1. 检疫申报单、申报处理结果、检疫申报受理单、动物检疫合格证明（动物B）与动物检疫合格证明（产品B）和动物检疫合格证明（动物A）与动物检疫合格证明（产品A）等样式

（1）动物检疫申报单

检 疫 申 报 单

（货主填写）

编　　号：＿＿＿＿＿＿＿＿＿＿＿＿＿

货　　主：＿＿＿＿＿＿＿＿＿＿　　　　联 系 电 话：＿＿＿＿＿＿＿＿＿＿＿＿

动物/动物产品种类：＿＿＿＿＿＿＿　　　数量及单位：＿＿＿＿＿＿＿＿＿＿＿

来　　源：＿＿＿＿＿＿＿＿＿＿　　　　用　　途：＿＿＿＿＿＿＿＿＿＿＿＿

启运地点：

启运时间：

到达地点：

　　依照《动物检疫管理办法》规定，现申报检疫。

　　　　　　　　　　　　　　　　　　　　　　　货主签字（盖章）

　　　　　　　　　　　　　　　　　　　　　　　申报时间：　　年　月　日

（注：本申报单规格为210mm×70mm，其中左联长110mm，右联长100mm）

（2）申报处理结果

申 报 处 理 结 果

（动物卫生监督机构填写）

□ 受理

拟派员于＿＿＿＿年＿＿月＿＿日到＿＿＿＿＿＿＿＿＿＿＿＿＿＿＿实施检疫。

□ 不受理

理由：＿＿＿＿＿＿＿＿＿＿＿＿＿＿＿＿＿＿＿＿＿＿＿＿＿＿＿。

　　　　　　　　　　　　　　　　　　　　　　　经办人：

　　　　　　　　　　　　　　　　　　　　　　　　　年　　月　　日

（动物卫生监督机构留存）

（3）检疫申报受理单

检 疫 申 报 受 理 单

（动物卫生监督机构填写）

　　　　　　　　　　　　　　　　　　　　　　No：

处理意见：

□ 受理

本所拟于＿＿＿＿年＿＿月＿＿日派员到＿＿＿＿＿＿＿＿＿＿＿＿实施检疫。

□ 不受理

理由：＿＿＿＿＿＿＿＿＿＿＿＿＿＿＿＿＿＿＿＿＿＿＿＿＿。

　　　　　　　　　　　　　　　　　　　　　　经办人：

　　　　　　　　　　　　　　　　　　　　　　联系电话：

　　　　　　　　　　　　　　　　　　　　　　动物检疫专用章

　　　　　　　　　　　　　　　　　　　　　　　　年　　月　　日

（交货主）

（4）动物检疫合格证明（动物B）

动物检疫合格证明（动物B）

编号：

货　　主			联系电话	
动物种类		数量及单位		用途	
启运地点	市（州）　　　　县（市、区）　　　　乡（镇）　　　　村 （养殖场、交易市场）				
到达地点	市（州）　　　　县（市、区）　　　　乡（镇）　　　　村 （养殖场、屠宰场、交易市场）				
牲畜 耳标号					
本批动物经检疫合格，应于当日内到达有效。 　　　　　　　　　　　　　　　　　官方兽医签字：＿＿＿＿＿＿＿＿ 　　　　　　　　　　　　　　　　　签发日期：　　年　月　日 　　　　　　　　　　　　　　　　　（动物卫生监督所检疫专用章）					

第一联　共一联

注：1.本证书一式两联，第一联由动物卫生监督所留存，第二联随货同行。

2.本证书限省境内使用。

3.牲畜耳标号只需填写后3位，可另附纸填写，并注明本检疫证明编号，同时加盖动物卫生监督所检疫专用章。

（5）动物检疫合格证明（产品B）

动物检疫合格证明（产品B）

编号：

货　　　　主		产品名称	
数量及单位		产　　地	
生产单位名称地址			
目　的　地			
检疫标志号			
备　　注			
本批动物产品经检疫合格，应于当日到达有效。 　　　　　　　　　　　　　　　　　官方兽医签字：＿＿＿＿＿＿＿＿ 　　　　　　　　　　　　　　　　　签发日期：　　年　月　日 　　　　　　　　　　　　　　　　　（动物卫生监督所检疫专用章）			

第二联　共二联

注：1.本证书一式两联，第一联由动物卫生监督所留存，第二联随货同行。

2.本证书限省境内使用。

（6）动物检疫合格证明（动物A）

动 物 检 疫 合 格 证 明（动物A）

编号：

货　　　主		联系电话		
动物种类		数量及单位		
启运地点	省　　　　　市（州）　　　　县（市、区）　　　　乡（镇）　　　　村 （养殖场、交易市场）			
到达地点	省　　　　　市（州）　　　　县（市、区）　　　　乡（镇）　　　　村 （养殖场、屠宰场、交易市场）			
用　　　途		承运人		联系电话
运载方式	□公路　　□铁路　　□水路　　□航空		运载工具牌号	
运载工具消毒情况		装运前经＿＿＿＿＿＿＿＿＿＿＿＿消毒		
本批动物经检疫合格，应于＿＿＿＿日内到达有效。 　　　　　　　　　　　　　　　　　　　官方兽医签字：＿＿＿＿＿＿＿ 　　　　　　　　　　　　　　　　　　　签发日期：　　　年　月　日 　　　　　　　　　　　　　　　　　　　（动物卫生监督所检疫专用章）				
牲畜耳标号				
动物卫生监督 检查站签章				
备　　　注				

第一联　共一联

注：1.本证书一式两联，第一联由动物卫生监督所留存，第二联随货同行。

2.跨省调运动物到达目的地后，货主或承运人应在24h内向输入地动物卫生监督机构报告。

3.牲畜耳标号只需填写后3位，可另附纸填写，需注明本检疫证明编号，同时加盖动物卫生监督机构检疫专用章。

4.动物卫生监督所联系电话：

（7）动物检疫合格证明（产品A）

动 物 检 疫 合 格 证 明（产品A）

编号：

货　　　主		联系电话		
产品名称		数量及单位		
生产单位名称地址				
目　的　地	省　　　　　市（州）　　　　县（市、区）			
承　运　人		联系电话		
运　载　方　式	□公路　　□铁路　　□水路　　□航空			
运载工具牌号		装运前经＿＿＿＿＿＿＿＿＿＿＿消毒		
本批动物产品经检疫合格，应于＿＿＿＿日内到达有效。 　　　　　　　　　　　　　　　　官方兽医签字：＿＿＿＿＿＿＿ 　　　　　　　　　　　　　　　　签发日期：　　　年　月　日 　　　　　　　　　　　　　　　　（动物卫生监督所检疫专用章）				
动物卫生监督 检查站签章				
备　　　注				

第一联　共二联

注：1.本证书一式两联，第一联由动物卫生监督所留存，第二联随货同行。

2.动物卫生监督所联系电话：

2. 动物卫生监督证章标志的填写及使用要求

（1）填写及使用的基本要求　①动物卫生监督证章标志的出具机构及人员必须是依法享有出证职权者，并经签字盖章方为有效。②严格按适用范围出具动物卫生证章标志，混用无效。③动物卫生监督证章标志涂改无效。④动物卫生监督证章标志所列项目要逐一填写，内容简明准确，字迹清晰。⑤不得将动物卫生监督证章标志填写不规范的责任转嫁给合法持证人。⑥动物卫生监督证章标志用蓝色或黑色钢笔、签字笔或打印填写。

（2）检疫申报单、动物检疫合格证明（动物B）与动物检疫合格证明（产品B）和动物检疫合格证明（动物A）与动物检疫合格证明（产品A）填写及使用的具体要求

1）检疫申报单

①适用范围：用于动物和动物产品的产地检疫、屠宰检疫申报。

②项目的填写：

A. 货主　货主为个人的，填写个人姓名；货主为单位的，填写单位名称。

B. 联系电话　填写移动电话，无移动电话的，填写固定电话。

C. 动物和动物产品种类　写明动物和动物产品的名称，如猪、牛、羊、猪皮、羊毛等。

D. 数量及单位　数量及单位应以汉字填写，如叁头、肆只、陆匹、壹佰羽、贰佰张、伍仟千克。

E. 来源　填写生产经营单位或生产地乡镇名称。

F. 用途　视情况填写，如饲养、屠宰、种用、乳用、役用、宠用、试验、参展、演出、比赛等。

G. 启运地点　饲养场（养殖小区）、交易市场的动物填写生产地的省、市、县名和饲养场（养殖小区）、交易市场名称；散养动物填写生产地的省、市、县、乡、村名。

H. 启运时间　动物和动物产品离开经营单位或生产地的时间。

I. 到达地点　填写到达地的省、市、县名，以及饲养场（养殖小区）、屠宰场、交易市场或乡镇名。

2）动物检疫合格证明（动物B）

①适用范围：用于省内出售或者运输动物。

②项目填写：

A. 货主　货主为个人的，填写个人姓名；货主为单位的，填写单位名称。

B. 联系电话　填写移动电话，无移动电话的，填写固定电话。

C. 动物种类　填写动物的名称，如猪、牛、羊、马、骡、驴、鸭、鸡、鹅、兔等。

D. 数量及单位　数量和单位连写，不留空格。数量及单位以汉字填写，如叁头、肆只、陆匹、壹佰羽。

E. 用途　视情况填写，如饲养、屠宰、种用、乳用、役用、宠用、试验、参展、演出、比赛等。

F. 启运地点　饲养场（养殖小区）、交易市场的动物填写生产地的市、县名和饲养场（养殖小区）、交易市场名称；散养动物填写生产地的市、县、乡、村名。

G. 到达地点　填写到达地的市、县名，以及饲养场（养殖小区）、屠宰场、交易市场或乡镇、村名。

H. 牲畜耳标号　由货主在申报检疫时提供，官方兽医实施现场检疫时进行核查。牲畜耳标号

只需填写顺序号的后3位，可另附纸填写，并注明本检疫证明编号，同时加盖动物卫生监督所检疫专用章。

I. 签发日期　用简写汉字填写，如二〇一二年四月十六日。

3）动物检疫合格证明（产品B）

①适用范围：用于省内出售或者运输动物产品。

②项目填写：

A. 货主　货主为个人的，填写个人姓名；货主为单位的，填写单位名称。

B. 产品名称　填写动物产品的名称，如猪肉、牛皮、羊毛等，不得只填写为肉、皮、毛等。

C. 数量及单位　数量和单位连写，不留空格。数量及单位以汉字填写，如叁拾千克、伍拾张、陆佰枚。

D. 生产单位名称地址　填写生产单位全称及生产场所详细地址。

E. 目的地　填写到达地的市、县名。

F. 检疫标志号　对于"带皮猪肉产品"，填写检疫滚筒印章号；其他动物产品按农业农村部有关后续规定执行。

G. 备注　有需要说明的其他情况可在此栏填写。如作为分销换证用，应在此说明原检疫证明号码及必要的基本信息。

4）动物检疫合格证明（动物A）

①适用范围：用于跨省境出售或者运输动物。

②项目填写：

A. 货主　货主为个人的，填写个人姓名；货主为单位的，填写单位名称。

B. 联系电话　填写移动电话，无移动电话的，填写固定电话。

C. 动物种类　填写动物的名称，如猪、牛、羊、马、骡、驴、鸭、鸡、鹅、兔等。

D. 数量及单位　数量和单位连写，不留空格。数量及单位以汉字填写，如叁头、肆只、陆四、壹佰羽。

E. 启运地点　饲养场（养殖小区）、交易市场的动物填写生产地的市、县名和饲养场（养殖小区）、交易市场名称；散养动物填写生产地的市、县、乡、村名。

F. 到达地点　填写到达地的市、县名，以及饲养场（养殖小区）、屠宰场、交易市场或乡镇、村名。

G. 用途　视情况填写，如饲养、屠宰、种用、乳用、役用、宠用、试验、参展、演出、比赛等。

H. 承运人　填写动物承运者的名称或姓名；公路运输的，填写车辆行驶证上法定车主名称或名字。联系电话：填写承运人的移动电话或固定电话。

I. 运载方式　根据不同的运载方式，在相应的"□"内画"√"。

J. 运载工具牌号　填写车辆牌照号及船舶、飞机的编号。

K. 运载工具消毒情况　写明消毒药物名称。

L. 到达时效　视运抵到达地点所需时间填写，最长不得超过5d，用汉字填写。

M. 牲畜耳标号　由货主在申报检疫时提供，官方兽医实施现场检疫时进行核查。牲畜耳标号只需填写顺序号的后3位，可另附纸填写，并注明本检疫证明编号，同时加盖动物卫生监督所检疫专用章。

N. 动物卫生监督检查站签章　由途经的每个动物卫生监督检查站签章，并签署日期。

O. 签发日期　用简写汉字填写，如二〇一二年四月十六日。

P. 备注　有需要说明的其他情况可在此栏填写。

5）动物检疫合格证明（产品A）

①适用范围：用于跨省境出售或者运输动物产品。

②项目填写：

A. 货主　货主为个人的，填写个人姓名；货主为单位的，填写单位名称。

B. 联系电话　填写移动电话，无移动电话的，填写固定电话。

C. 产品名称　填写动物产品的名称，如猪肉、牛皮、羊毛等，不得只填写为肉、皮、毛等。

D. 数量及单位　数量和单位连写，不留空格。数量及单位以汉字填写，如叁拾千克、伍拾张、陆佰枚。

E. 生产单位名称地址　填写生产单位全称及生产场所详细地址。

F. 目的地　填写到达地的省、市、县名。

G. 承运人　填写动物承运者的名称或姓名；公路运输的，填写车辆行驶证上法定车主名称或名字。联系电话：填写承运人的移动电话或固定电话。

H. 运载方式　根据不同的运载方式，在相应的"□"内画"√"。

I. 运载工具牌号　填写车辆牌照号及船舶、飞机的编号。

J. 运载工具消毒情况　写明消毒药物名称。

K. 到达时效　视运抵到达地点所需时间填写，最长不得超过7d，用汉字填写。

L. 动物卫生监督检查站签章　由途经的每个动物卫生监督检查站签章，并签署日期。

M. 签发日期　用简写汉字填写，如二〇一二年四月十六日。

N. 备注　有需要说明的其他情况可在此栏填写。如作为分销换证用，应在此说明原检疫证明号码及必要的基本信息。

3. 动物检疫标志样式及说明　动物检疫标志分为检疫滚筒印章和检疫粘贴标志两种。

（1）检疫滚筒印章　用在带皮肉上的标志。沿用农业部1997年规定的原有的滚筒验讫章规格样式。

（2）检疫粘贴标志

①用在动物产品包装箱上的大标签（图3-1）：外圆规格为长64mm、高44mm的漏白边的椭圆形，内圆规格为长60mm、高40mm的椭圆形，外周边缘蓝色线宽2mm，白边2mm，标签字体黑色，边缘靛蓝色。上沿文字为"动物产品检疫合格"，字体为黑体，字号为19号，"检疫合格"字中有微缩的"ＪＹＨＧ"大写字母，中间插入动物卫生监督标志图案；下沿为喷码各省简写字开头后加6位行政区域代码，字体为黑体四号；喷码下沿印制各省动物卫生监督所监制，字体为黑体，字号为9号，背景将"××动物卫生监督所"放入多层团花中制作的防伪版纹。

②用在动物产品包装袋上的小标签（图3-2）：外圆规格为长43mm、高27mm的漏白边的椭圆形，内圆规格为长

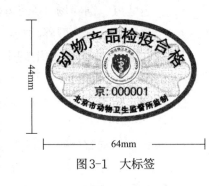

图3-1　大标签

图3-2　小标签

41mm、高25mm的椭圆形，外周边缘蓝色线宽1mm，白边1mm，标签字体黑色，边缘靛蓝色。上沿文字为"动物产品检疫合格"，字体为黑体，字号为12号，"检疫合格"字中有微缩的"ＪＹＨＧ"大写字母，中间插入动物卫生监督标志图案；下沿为喷码各省简写字开头后加6位行政区域代码，字体为黑体5号；喷码下沿印制各省动物卫生监督所监制，字体为黑体，字号为8号，背景将"××动物卫生监督所"放入多层团花中制作的防伪版纹。

二、产地检疫技术

（一）猪的临诊检疫

1. 群体检查

（1）休息时的检查　可在车、船内或圈内猪群休息时进行检查。但由于车船狭窄，猪群拥挤，观察不易全面，故常在卸下后在圈舍休息时进行检查。应该逐头观察休息时猪的姿态及呼吸状态，检查内容如下：第一，观察猪的站立或睡卧姿态。健康猪，则站立平稳或来回走动无异常，拱地寻食不断发生"吭吭"声。见有人接近，凝神而视，或立即躲避。休息时猪多侧卧，四肢伸直。病猪，则多离群独立一隅，吻突触地，全身颤抖或独睡一处。若有发热，喜卧有阴凉处；若肺部有病时，常将两前肢着地伏卧，且常见将嘴巴放在两前肢上或拱在其他猪体上，或呈犬坐姿势。第二，观察猪的呼吸状态和被毛状况。健康猪，则呼吸深长而平稳，每分钟10～20次，被毛有光泽。病猪，则呼吸急促、喘息、呈腹式呼吸，呼吸次数增加或有咳嗽声。被毛粗乱无光泽。第三，逐头观察头部、肛门和皮肤。特别注意猪眼睛有无眼分泌物、鼻子有无鼻涕、猪肛门周围有无粪便污染、皮肤有无变色等，如发现上述变态猪，均应做上标记，加以剔出，待做进一步检查。

（2）运动时的检查　即猪群活动时的检查，常在车、船装卸时或驱赶过程中进行检查。健康猪，则精神活泼，行走平稳，步态敏捷，两眼前视，摇头摆尾，随大群猪齐头并进，偶然触动可发出洪亮的叫声。病猪，则精神沉郁或过度兴奋，低头垂尾，弓背弯腰，腹部卷缩，行走迟缓，步态踉跄，靠边行走或跛行掉队等。检查时，将这种病猪做上标记和剔出。

在运动观察的同时，可听猪的声音，也可用脚踢或用竹竿触其腹侧，细听发出的声音，对有呻吟、咳嗽、声音嘶哑及声音低弱的猪，加以标记和剔出。

（3）采食饮水时的检查　即在猪群采食和饮水时进行检查。健康猪，则在放出圈舍喂饲料时，表现争先恐后，急奔饲槽，大口吞食，发出"喳啊"声。病猪，则不自行走近食槽，或勉强走近食槽，到食槽后也不吃食，只将嘴放在槽中饮稀食，或只吃几口食即自动后退；有的猪一口不吃，远离饲槽。当大部分猪都已吃饱自动退槽时，若发现有的猪腹部塌陷，表明没有吃食。对这种无食欲或食欲不好的病态猪，均应做上标记，剔出做进一步检查。

在检查时，要注意两种情况，一种情况是有的猪由于更换环境、饲喂方法和饲料改变及饲喂失时，有可能影响猪的食欲；另一种情况是有单独吃食习惯的猪，一旦大群同槽饲喂，可能不敢上槽吃食。因此，在检查时要注意区别，不要误认为是病态猪。

2. 个体检查　在大群检查之后剔出的可疑病猪及对单个收购和进场的猪，要进行细致的个体检查。着眼点放在猪的精神外貌、姿态步样，眼、鼻、口腔、咽喉及颈部，呼吸变化，被毛、皮肤及四蹄、肛门及排泄物（粪与尿），采食、饮水及体温变化等。

猪的体温检查在个体检查中是必要的内容。猪发生传染病，大多数表现体温升高。但体温高也不一定都是传染病，有些普通病如肺炎、肠炎、肾炎及长途运输时出现的日射病、热射病等也常表现出体温升高，因此，检疫中的测温，必须和其他方面的检查结合起来进行综合判断。动物在高热时，皮温上升，在贫血和虚脱时，皮温下降，而在血液循环发生障碍或严重热性传染病时，皮温表现不正常，所以在检查猪的皮温时，凡表现异常反应的（正常皮温在36.5～38.5℃），应剔出做进一步检查。

猪检疫应重点注意口蹄疫、猪瘟、猪肺疫、猪丹毒、高致病性蓝耳病、猪炭疽等疫病的检查。猪产地检疫中几种常见疫病的鉴别诊断，见表3-1。

表3-1　猪几种常见疫病的鉴别诊断

类别	急性猪瘟(CSF)	急性猪丹毒	最急性猪肺疫	急性猪副伤寒
流行病学	不分年龄、季节均发生，常年呈流行性，病程较长（2周左右），死亡率很高，小猪可达100%	3～12月龄猪，在夏天多发生，呈地方流行性，病程短（数小时），发病率和死亡率比猪瘟低	冷热交替，气候剧变和闷热、潮湿、多雨时期多发，常呈地方流行性，病程短，病死率高（窒息而死）	1～4月龄猪，在阴雨连绵季节多发，呈散发，偶呈地方流行性，发病率低，死亡率高
临床症状	先便秘后腹泻，粪中带血，眼结膜炎，颈、四肢、腹下、耳尖、臀部等皮下有大面积出血斑，病猪常昏睡，不食	皮肤有红斑，指压退色，体温升高，厌食，眼结膜充血，步态僵硬或跛行	咽喉部急性肿胀，呼吸极度困难，口鼻流泡沫，耳根、颈部、腹侧及下腹部等皮肤发生红斑，指压不全退色	便秘后下痢，有时粪中带血，有结肠膜炎，耳根、胸前和腹下皮肤呈蓝紫色斑
病理变化	皮肤出血斑点明显，肾脏黄色，斑点状出血，淋巴结肿胀，周边出血，切面为大理石样，脾边缘有出血性梗死，回盲瓣处有纽扣状溃疡	皮肤有红斑，胃和小肠有严重的出血性炎症，特别是胃底幽门部。脾肿大，呈樱桃红色，淋巴结充血肿大和肾瘀血肿大，称"大红肾"	咽喉部肿胀，出血点，肺充血水肿，下颌、咽及颈部淋巴结肿大、出血，切面呈红色，脾不肿大	皮肤有红紫斑，肠系膜淋巴结显著肿大，呈索状。肝可见黄色或灰色小点状坏死，脾肿大，坚硬似橡皮，切面呈蓝紫色
病原	猪瘟病毒	猪丹毒杆菌	猪巴氏杆菌	猪沙门氏菌
检疫方法	GB 16551—1996及NY/SY 156—2000	临床检查结合实验室检测	临床检查结合实验室检测	临床检查结合实验室检测

（二）牛的临诊检疫

1. 群体检查

（1）休息时的检查　在车、船、牛栏内或牧场上，牛群休息时，检疫人员可以站立在牛旁或进入牛群中进行观察。检查内容如下：第一，观察牛自然站立与睡卧的姿态。健康牛，则站立时姿态平稳，以舌频频舔鼻镜或舔背毛；睡卧时四肢弯曲，常呈膝卧姿态。病牛，则站立时表现恶寒战栗，站立不稳，或头颈伸长，弓背弯腰，有时表现疼痛症状；睡卧时四肢伸开，久卧不起，或前肢呈坐式。第二，逐头观察牛的鼻镜、鼻孔、嘴角、眼、呼吸及反刍嗳气等情况。健康牛，则牛鼻镜湿润，鼻孔、嘴角洁净，眼无分泌物，呼吸平稳，有反刍嗳气。病牛，则牛鼻镜干燥，鼻孔流有鼻涕，眼有分泌物，嘴角流涎，呼吸急迫，或有明显腹式呼吸，无反刍嗳气等。第三，观察牛的皮肤、被毛、肛门及排泄物的变化。健康牛则被毛光顺，皮肤平坦、柔软而有弹性，肛门附近干净，粪便呈叠状。病牛，则多见被毛粗乱，有时体表局部有肿胀，用手触摸可判断肿胀性质，肛门周围和臀部污秽不洁，粪便或稀或干，有时可见有血便或血尿等。在休息时检查发现上述的病态牛都应剔出再做检查。

休息时还应注意牛是否有异常声音，如病牛发出呻吟声、咳嗽声等，如果听到后，要对这些牛进一步检查，如果发现有个别牛有异常表现，还应翻开眼睑、开张口腔，检查眼结膜和口腔黏膜及舌等有无异常变化。如果发现结膜呈黄疸色、贫血、出血，口腔有水疱、结节、溃疡或烂斑及舌部肿胀等，则应剔出，再做细致的检查。

（2）运动时的检查　一般在牛的装卸、赶运、放牧和采食饮水前后或有意识驱赶牛群的活动过程中进行检查。检疫人员站在牛群旁或进入牛群中进行仔细观察，尤其要注意离群的牛或走在最后边的牛。

观察时，要重点观察牛的精神外貌、姿态步样等，健康牛，则精神正常，肢体灵活，步态平稳，腰背屈伸自如，四肢落地有力，行走自由自在不掉队，摇耳甩尾，鼻镜湿润。病牛，则精神沉郁，行走无力，耳尾不动，拱背弯腰，跛行掉队，鼻镜干裂。发现病牛则剔出，做进一步检查。

（3）摄食饮水时的检查　一般在牛自然摄食和饮水时或有意识地给予少量饲料和饮水，观察其有无异常变化。健康牛，有食欲，愿意摄食和饮水，且无异常状态表现。病牛，则食欲缺乏或废绝，大群牛喝水时，个别牛不喝水或饮水姿态异常，不敢抢先饮水或喝水后发生咳嗽声，对这样的病态牛应剔出，做进一步检查。

2. 个体检查　对剔出待进一步检查的牛，应着重观察精神外貌、姿态步样、鼻镜、鼻孔、眼、嘴角、皮肤、被毛及呼吸等，并细致检查可视黏膜、分泌物和排泄物的变化。

对乳用牛、繁育用牛、耕牛应做必要的实验室检验，如结核病变态反应和布鲁氏菌病试管凝集反应的检查，按照国家规定的其他项目和操作规程进行检查。

牛体温检查是一个重要步骤，除对个别剔出的疑似病牛检查体温外，最好也对全群牛进行逐头检查体温，尤其是大群中发现疑似染疫病牛时，更应进行全群的逐头检查体温。

对大群牛的检查体温，常用"排队保定法"或"检疫夹道"，在保定后再进行测温，测温每头为5min左右，并记录每头牛的体温。当发现体温升高或偏低时，做上标记，待全部牛检查完后，再进行复检。

牛检疫应重点注意口蹄疫、炭疽病、结核病、布鲁氏菌病、牛传染性胸膜肺炎等疫病的检查。

牛产地检疫中几种常见疫病的鉴别诊断，见表3-2。

表3-2　牛的几种常见疫病的鉴别诊断

类别	布鲁氏菌病	结核病	口蹄疫（FMD）	牛流行热
流行病学	地方性流行，性成熟的牛易感，慢性经过	多隐性感染，牛最易感，特别是奶牛。流行过程缓慢	传播快，跳跃式传播，冬春季为流行盛期，夏季少发，偶蹄动物易感，一般呈良性经过	黄牛和奶牛最易感，吸血昆虫叮咬传播，明显季节性，呈流行性，多数良性经过
临床症状	母畜流产或早产，长期不育，流产发生于怀孕后期。公牛睾丸肿大，触之疼痛	进行性消瘦，咳嗽，体温一般正常，肺结核有干咳。乳房结核，乳房淋巴结硬肿，无热痛，肠结核为顽固性下痢	口腔黏膜、舌面、蹄部和乳房皮肤发生水疱，破溃形成溃烂，跛行，重者蹄壳脱落	突然高热稽留，眼睑水肿，流泪，鼻漏，口腔大量流涎，呼吸困难，后躯强拘或跛行
病理变化	胎膜水肿，严重充血或出血点，子宫黏膜卡他性或化脓性炎症。公畜睾丸和附睾肿大，有脓性和坏死性病灶	剖检肺脏和被侵害的组织器官形成特征性结核结节（粟粒大至豌豆大，灰白色）	咽喉、气管、支气管和前胃黏膜有时可发生圆形烂斑和溃疡，心肌最典型病变为"虎斑心"	肺显著膨大、充血、水肿、气肿。胸腔积水，呈紫红色液。淋巴结充血、肿胀、出血
病原	布鲁氏菌	结核分支杆菌	口蹄疫病毒	牛流行热病毒
检疫方法	GB/T 18646—2002	GB/T 18645—2002	口蹄疫诊断技术规程	临床检查结合实验室检测

（三）羊的临诊检疫

1. 群体检查

（1）休息时的检查 在车、船、围舍内或在途中及草地上休息时进行观察，检疫人员与羊保持一定距离，有顺序地逐只羊观察。检查内容为如下：第一，观察羊群的站立或躺卧姿势。健康羊，吃饱后多合群卧地休息，且时而反刍。当有人接近时，起立而离去。病羊，则常独立一隅，长时间不见反刍，有精神萎靡、肌肉震颤及痉挛，当有人接近时，也不离去。第二，注意观察羊的天然孔、分泌物及呼吸状态等。健康羊，则鼻孔和眼不见有分泌物，肛门附近洁净，呼吸平稳。病羊，则口、鼻常有异常分泌物，肛门附近有粪便污染。鼻镜干燥，呼吸急迫。第三，观察被毛状态和异常声。健康羊，则被毛无脱落处，无异常声。病羊，则可见被毛有脱落处，无毛部位有痘疹或痂皮。羊可发出异常声，如咳嗽声、磨牙声、喷嚏声等。在休息时检查发现上述病态羊应剔出，并做进一步检查。

（2）运动时的检查 通常在装、卸、赶运或放牧前后活动中进行检查。必要时可驱赶羊群，使其走动，进行检查。检查内容如下：第一，注意观察羊的精神外貌和姿态步样。健康羊，则精神活泼，步态平稳，不离群，不掉队。病羊，则精神萎靡、沉郁或兴奋不安，步态踉跄或呈回旋状，跛行，前肢软弱跪地或后肢麻痹，有时突然倒地发生痉挛。发现这种羊应剔出做个体检查。第二，注意观察羊的天然孔和分泌物。健康羊，则鼻镜湿润，鼻孔、眼及嘴角清洁干净。病羊，则鼻镜干燥，鼻孔流出分泌物，有时鼻孔周围有污物，眼角附有脓性分泌物，嘴角流有唾液，发现这种羊应剔出做进一步检查。

（3）摄食饮水时的检查 在放牧或喂草或饮水时，对羊的食欲、饮欲及摄食和饮水的状态进行观察。健康羊，则在放牧时，多走在前头，边走边吃草，在饲喂时，多抢着吃；当饮水或放牧中遇见水时，多迅速奔向饮水处，抢先饮水。病羊，则在放牧吃草时多落在后边，时吃时停或离群停立不吃草。当全群羊吃饱后，病羊的胺部仍不膨起。饮水时，病羊不喝水或暴饮；发现这种病羊应剔出做进一步检查。

2. 个体检查

对大群检疫中剔出的疑似病羊，除复验群体检查时所发现的病态外，还要注意检查可视黏膜、分泌物、排泄物、皮肤被毛有无异常。如发现羊痘病羊时，对其同群羊要逐只检查无毛部位，注意是否有羊痘。又如发现羊疥癣病时，对同群羊也要逐只检查脱毛和好发螨病的部位。

羊患疫病常有体温升高，因此测温是很重要的，对群体检查中剔出的疑似病羊更应逐只测温，凡发现体温异常的，应剔出进行细致检查。

羊检疫应重点注意口蹄疫、布鲁氏菌病、绵羊痘和山羊痘、小反刍兽疫、炭疽等传染病的检查。羊产地检疫中几种常见疫病的鉴别诊断，见表3-3。

（四）马及马属动物的临诊检疫

1. 群体检查

（1）休息时的检查 马匹在马场或圈内休息时，检疫员先站在马的左前方，然后绕过头部到右前方，随后巡视马的后部，从侧面观察马的站立和睡卧姿态。检查内容如下：第一，注意观察马的站立和睡卧姿态。健康马，则站立时神态自如，机警敏感，如外界稍有响声，两耳立即竖起，两眼凝神而视，呈警戒状态；睡卧时安静平稳，屈肢闭目而卧。病马，则站立不稳，恶寒战栗，低头垂耳，头颈伸长，姿态僵硬，对外界刺激没有反应；在睡卧时，眼半闭呈横卧姿势或起卧不宁，起立困难，后肢麻痹，或有疝痛表现。第二，在马头前部注意观察眼、鼻、颈和胸部及呼吸与分泌物的状态。健康马，则眼、鼻洁净，颈部不肿胀，活动自如，胸部不浮肿，呼吸平稳。病马，则眼、鼻孔流出黏液性或脓性分泌物，喉、颈部肿胀及胸前浮肿，呼吸困难、喘鸣、嗳气、磨牙，呼吸声音改变（如拉风箱声）等。第三，绕马的后方，注意观察被毛、肛门部、外阴部及后肢。健康马，则被毛平整、光滑，皮肤无溃疡，肛门部洁净，会阴部包皮和阴囊不肿。病马，则被毛粗乱、逆立无光，甚至有脱毛处，皮肤有溃疡，肛门部污秽不洁，会阴包皮和阴囊肿胀，或后肢有溃疡等。在休息时检查发现上述病态马匹应剔出，做进一步检查。

表3-3 羊的几种常见疫病的鉴别诊断

类别	蓝舌病（BT）	梅迪-维斯纳病	羊痘	疥癣
流行病学	主要发生于绵羊，1岁绵羊最易感。山羊感染低。有明显地区性和季节性，夏、秋季多发。库蠓叮咬传播	主要发生于绵羊和山羊，2岁以上成年绵羊多发，无季节性，羊群中呈缓慢散发	接触性传染。绵羊只感染绵羊痘。山羊只感染山羊痘。羔羊最易感。不分季节，但以冬末春初更为常见	由疥螨、痒螨和足螨引起的高度接触性传染病，能迅速波及全群，主要发生于冬季和秋末春初
临床症状	发热稽留，白细胞显著减少，厌食流涎。嘴唇水肿，并蔓延到面部、眼、耳及颈部，口舌发绀，呈青紫色，口腔、鼻腔黏膜糜烂，蹄冠充血发炎，跛行，妊娠母羊流产	梅迪病（呼吸道型）：表现慢性、进行性间质性肺炎，呼吸困难和干咳，病程数月或数年，死于肺衰竭。维斯纳病（神经型）：后肢跛行发软，唇震颤，后肢麻痹或偏瘫	典型羊痘高热，眼结膜潮红肿胀，有浆液性分泌物；在眼睑、嘴唇、鼻部、腋下、尾根等出现痘疹。痘疹过程为圆形红斑—丘疹—水疱—脓疱—痂皮	皮肤发痒，湿疹性皮炎，秃毛，结痂，患部逐渐扩展。皮肤变厚、皱褶、龟裂
病理变化	消化道、呼吸道、泌尿道黏膜，尤其是口腔黏膜糜烂、水肿、溃疡。瘤胃黏膜坏死灶。心内外膜出血、肌肉变性	梅迪病肺体积增大，呈灰黄色坚实如橡皮样。淋巴结组织增生病灶。维斯纳病主要见非化脓性脑脊髓炎和脱髓鞘	咽喉、气管、肺和第四胃等部位出现痘疹	
病原	蓝舌病毒	梅迪-维斯纳病毒	羊痘病毒	螨类
检疫方法	GB/T 18636—2002	临床检查结合实验室检测	临床检查结合实验室检测	临床检查结合实验室检测

（引自田永军主编《实用动物检疫》，河南科学技术出版社，2004）

（2）运动时的检查 常在圈舍或马场进行。在大群活动中观察马匹的精神外貌和姿态步样。健康马，则膘满肉肥，精神抖擞，举动活泼，步伐轻快，昂头蹶尾，挤向群前。病马，则营养不良，消瘦，精神委顿，低头垂耳，步伐沉重，行走迟缓，落于群后，有时表现步伐踉跄或跛行。还有的马匹表现兴奋或狂躁等，发现这样的病马应剔出做进一步检查。

（3）摄食饮水时的检查 观察马摄食和饮水的姿态。健康马，在舍饲时，当饲养员加草料时，易发出叫声，注意力集中在饲养员身上。在放牧时，马从圈放出后，表现兴奋活泼，连发叫声，争先恐后奔向草场，低头争着抢吃草，或跑到饮水处饮水。病马，无论是放牧或舍饲时，表现食欲缺乏或食欲废绝，放牧马则独立一隅。有的马在吃草时，可见咀嚼及吞咽困难，有的马不喝水或只喝几口水就停止。发现这种病态马应剔出，做进一步检查。

2. 个体检查 个体检查时，特别注意细心观察马的精神外貌、姿态步样；可视黏膜分泌物的状态，皮肤及被毛；体表淋巴结及淋巴管；肛门及排泄物；呼吸状态和体温变化以及摄食与饮水状态等。

对检疫剔出的疑似病马，须进行体温检查，当发现患疫病时，同群马也要进行逐匹测体温。

皮温检测适用于大群马的测温，成年马正常的皮温在37.5～38.5℃。

马的检疫应重点注意马传染性贫血、马流行性感冒、炭疽、马鼻疽、马鼻腔肺炎等疫病的检查。

（五）禽的临诊检疫

1. 群体检查　禽舍中饲养的禽类多属散放，而运输中的禽类多装于笼内。检疫时根据具体情况而定。对笼养家禽，可观察休息时的状态及听发出的声音；对散养的家禽，可先进行运动的检查，然后待家禽回圈后再进行摄食饮水状态和休息时的检查。对禽类在运输途中休息时或到达口岸后，可在禽笼或禽舍中进行观察。

（1）休息时的检查　首先观察鸡站立、睡卧和栖息的姿态，呼吸情况及羽毛、天然孔、冠等部位。其次注意鸡发出的各种声音。健康鸡，则精神好，不委顿，两翅紧贴身体，羽毛光滑不松乱，不咳嗽或打喷嚏，无异常叫声，呼吸平稳，口鼻无分泌物流出。病鸡，则精神委顿、缩颈垂翅，对外界刺激反应迟钝或无反应，有时表现呼吸急迫或困难，口、鼻流出黏液或带泡沫液体，羽毛蓬松，翅尾下垂，有的头颈歪斜，或插入翅膀下，叫声异常，咳嗽或打喷嚏。发现这种病态鸡应剔出，做进一步检查。

对鸭、鹅等水禽休息时的检查，可在禽笼或圈舍内或河、湖滩上进行。发现精神委顿、打瞌睡，缩头闭目，口角流涎，鼻孔流黏液，间歇开口，食管膨大部有积食或积气，翅尾下垂，抽搐，叫声异常的病禽，应剔出，做进一步检查。

（2）运动时的检查　送至饲喂场的禽类，从笼中放出后，可进行禽只的精神外貌、行走姿态的检查。常有以下几种检查方法：

1）排队检疫法　只适用于鸡、鸭、鹅的检疫。当家禽进出禽舍时或水禽在装卸车船时进行检疫，检疫人员站在木板或通道外边，在家禽通过木板或通道时，观察家禽精神外貌和步伐姿态。健康家禽，则精神饱满，行动敏捷，步伐有力，羽毛光亮紧贴身体。病家禽，则精神委顿，弯颈拱背，行动缓慢，步伐不齐，可出现跛行或瘫痪，羽毛蓬松，翅尾下垂，落在群后。发现这样病家禽应剔出，做进一步检查。

2）飞沟检疫法　只适用于鸡，不适用鸭、鹅检疫。在检疫时，迫使鸡群通过检疫沟，奔向饲喂场所，如能轻易飞过沟的，可假定为健康鸡，不能过沟或掉在沟内的，可假定为病鸡，并送至观察场所，进行进一步检查。

3）障板检疫法　只适用鸡、鸭，不适用鹅的检疫。检疫时，迫使鸡、鸭群自然通过检疫障板，奔往饲养场所，如能通过障板者，可假定为健康禽，不能通过障板的，可假定为病禽，并送至观察场所，进行进一步检查。

（3）摄食饮水时的检查　装在禽笼内的禽只，如已饲喂过食的禽，可用手触摸鸡嗉囊，鸭、鹅触摸食管膨大部，检查家禽的摄食和饮水有无异常状态。如果嗉囊或食管膨大部饱满，则可假定为健康禽；如果嗉囊或食管膨大部空虚无食，内部坚硬或软如稀糊状态，则为可疑病禽。还要注意家禽的叫声和挣扎程度。必要时，可给少量饲料和水，观察其摄食饮水状态和食欲、饮欲有无变化。发现上述病禽，应剔出做进一步检查。

2. 个体检查　家禽个体检查时，注意观察家禽的精神外貌、行走姿态，头、冠、肉髯、嘴角、耳、眼、喉、嗉囊或食管膨大部，颈、羽毛、皮肤、肛门、呼吸以及摄食饮水状态等。如果发现家禽精神委顿，翅尾下垂，羽毛蓬松，姿态异常，头部肿大、苍白贫血；冠部发绀、水肿、痘疱；肉髯肿大；鼻口流涎、喉黏膜充血或有假膜；嗉囊无物或软如面糊状，食管膨大部空虚或肿大，硬固或稀软，皮肤有肿瘤，肌肉僵硬，胸部有水肿或气肿，小腿肿大或关节肿胀、化脓，肛门有溃疡，或稀粪粘污，叫声异常、呼吸促迫及不吃食的病禽，应剔出做进一步的实验室检查，确诊是患何种疫病。

禽类除必要时测体温外，一般不做体温检查。

家禽检疫应重点注意高致病性禽流感、新城疫、传染性喉气管炎、鸡传染性支气管炎、鸡传染性法氏囊病、鸡马立克病、禽痘、鸭瘟、鸭病毒性肝炎、小鹅瘟、鸡白痢、鸡球虫病等疫病的检查。

家禽产地检疫中几种常见疫病的鉴别诊断，见表3-4。

表3-4　家禽几种常见疫病的鉴别诊断

类别	新城疫（ND）	高致病性禽流感（HPAI）	马立克病（MD）	鸭瘟
流行病学	主要侵害鸡和火鸡，雏鸡易感。发病率和死亡率都很高，传播快，呈毁灭性流行。一年四季均可发生，以冬春寒冷季节多发	主要侵害鸡和火鸡，雏鸡易感。发病率和死亡率都很高，传播快，呈毁灭性流行。一年四季均可发生，以晚秋和冬春寒冷季节多发	主要侵害鸡，2～5月龄鸡多发。与饲养管理条件有密切关系，发病率和死亡率较高	主要侵害鸭，以番鸭、麻鸭易感性较高，鸡、火鸡有抵抗力。一年四季均可发生，但以春末秋初发病较多，呈地方流行性
临床症状	典型新城疫：体温升至43～44℃，食欲减退或废绝，呼吸困难，常发"咯咯"声，嗉囊积液，倒提流出酸臭液体，冠和肉髯暗紫色，排黄绿色稀便，腿轻瘫，头颈常扭转	突然发病，体温升高，呆立，食欲废绝；头颈部水肿，呼吸困难，咳嗽，打喷嚏，口流黏液，排黄白、黄绿稀粪，后期两腿瘫痪	神经型：外周神经不全麻痹，可见"大劈叉"姿势，翅膀下垂，或头颈歪斜。眼型：虹膜呈灰白色，称"灰眼病"。皮肤型：见皮肤毛囊发生肿瘤。内脏型：明显消瘦，皮肤苍白，排绿色稀便	高热稽留，流泪和眼睑水肿，头颈部水肿，呈"大头瘟"。鼻腔流出分泌物，呼吸困难
病理变化	全身黏膜、浆膜出血，特别是腺胃乳头和黏膜出血，腺胃与肌胃、腺胃与食管口交界处出血显著	头部浮肿、鸡冠、内髯肿、皮下黄色胶冻样，出血。腺胃乳头水肿出血，肌胃与腺胃交界处呈带状或环状出血，心包积水，心外膜有点状出血，肝、脾、肾、肺有坏死灶	主要侵害外周神经，受侵害的神经变粗大。内脏器官主要是卵巢，其次是肾、脾、肝、心、肺等组织长出大小不等的肿瘤块，灰白色，坚硬	头颈部皮下胶样水肿。口腔、食管、泄殖腔有灰黄色假膜，脱落后有出血和溃疡。肝有出血和灰白色坏死点。心脏有漆刷状出血，十二指肠、直肠出血严重
病原	新城疫病毒	禽流感病毒（A型）	马立克病毒	鸭瘟病毒
检疫方法	GB 16550—1996	NY/SY 166—2000	GB/T 18643—2002及NY/SY 184—2000	临床检查结合实验室检测

（六）兔的临诊检疫

1. **群体检查**　家兔有笼养和散养，对笼养的可逐只检查，对散养的可采取运动时和休息时的检查，然后进行摄食饮水时的检查。

（1）休息时的检查　在家兔静立或躺卧休息时检查，注意观察家兔站立、睡卧的姿势，呼吸状态，天然孔、被毛、排泄物、声音等有无异常。健康兔，则站立、睡卧姿态自然，呼吸平稳，眼鼻处洁净，被毛有光泽，粪便成形。病兔，则头位不正，静卧不动，四肢拖地，营养差的较瘦，眼无神，眼、鼻处有黏液性或脓性分泌物，呼吸促迫，叫声异常，被毛粗乱或脱落，粪便过稀或不成形。发现病兔应剔出，做进一步检查。

（2）运动时的检查　对散养的家兔可有意识地驱赶或笼养的放出笼后。让其活动进行检查。

注意观察兔的精神外貌和姿态步样。健康兔，则精神饱满，两耳竖立（有的品种除外），颜色粉红无污垢，对外来影响非常敏感，当有人接触或听到意外声音时，立即躲开，竖起两耳，双目直视，表示警惕。病兔，则精神萎靡不振，不爱活动，对外来影响不敏感，有人接近时也不离去，两耳下垂，有的行动缓慢或独立一隅而不动。发现病兔应剔出，做进一步检查。

（3）摄食饮水时的检查　在喂饲饮水时或有意识给予少量饲料或饮水，以观察兔摄食、饮水的状态。健康兔，则喂草时立即跳跃，用爪扒笼门，食欲旺盛，吃食快。病兔，则喂饲时表现摄食缓慢，或只吃几口就不吃了，或根本不吃，静卧不动。当大群家兔吃饱后，病兔腹部表现凹陷。发现病兔应剔出，做进一步检查。

2. 个体检查　对大群检查剔出的疑似病兔进行个体检查时，注意观察家兔的精神外貌，姿态步样，耳朵、眼、鼻、被毛、营养、肛门、四肢、粪便以及呼吸、体温、食欲、饮水等。如果发现家兔精神沉郁，被毛松乱，营养差瘦弱，两耳下垂，发绀或发白，耳壳中有垢，鼻、眼、睑部皮肤有脓肿物，眼无神，有分泌物或眼睛半开，眼结膜充血、红肿、流泪，四肢有污垢，粪便过稀或不成球形，肛门周围有粪便污染，呼吸促迫或有咳嗽，体温过高或过低现象，应作为病兔剔出，做进一步检查。

对疑似病兔，可以进行逐只测体温，必要时可对同群家兔测体温。

家兔检疫应重点注意兔病毒性败血症、兔黏液瘤病、野兔热、螺旋体病、疥癣、球虫病等疫病的检查。

（七）家养野生动物的临诊检疫

鉴于家养野生动物的性情猛，捕捉困难，一般将群体检查与个体检查结合起来检查，以视检为主，其他检查为辅，在视检无异常时，一般不做捕捉检查。

1. 健康野生动物　发育正常，肌肉丰满，被毛光泽，呼吸平稳，饮食适当，肛门干净。此外，比较神经质，对外来刺激表现惊慌。

2. 病态野生动物　有以下一些病态表现：①发育不良，瘦弱，被毛无光泽、倒逆、干燥及脱落，常呆立或躺卧，两眼无神凝滞，或半闭或全闭，猫科动物第三眼睑突出。②对外来刺激反应迟钝。③兴奋不安，无目的乱走，沿着围栏转圈、乱咬物体。④体温升高，口、鼻端干热潮红，或尿少色深。⑤呼吸加快，困难，出现张口呼吸时鼻孔开张，鼻翼扇动。⑥大便干硬色深，表面带有黏液，或大便稀，呈水样、粥样，或混有脓液、血液、气泡，恶臭或腥臭，尿少变色或血尿。

第二节　屠宰检疫

一、屠宰检疫概述

（一）屠宰检疫含义、分类和意义

1. **屠宰检疫含义**　屠宰检疫是指对肉用动物在宰前、宰后所实施的检疫及检疫监督处理。

2. **屠宰检疫的分类**　屠宰检疫分为宰前检疫和宰后检疫两类。

3. **屠宰检疫的意义**　实施宰前检疫的意义在于可以及时发现患病动物，实行病健动物的隔离，防止疫病散布，减轻加工环境和产品污染，保证产品卫生质量，同时能够发现在宰后检疫难以发现或检出人兽共患病，如破伤风、李氏杆菌病、脑包虫病等。此外，能及时检出一些国家禁止宰杀的动物。

实施宰后检疫的意义在于有利于对处于潜伏期或症状不明显的患病动物通过屠宰解体的状态下，直接观察到胴体、脏器所呈现的病理变化和异常现象，及时准确的得到判断，并作出有关处理，从而减少患病动物胴体和脏器流入市场，污染环境，扩散病原，影响畜牧业生产和人类健康。

（二）屠宰检疫管理

根据国家《中华人民共和国动物防疫法》、国务院《生猪屠宰管理条例》和农业部《动物检疫管理办法》等有关规定，国家对生猪实行定点屠宰、集中检疫的制度。畜牧兽医行政管理部门主管动物检疫工作的监督，动物卫生监督机构实施动物检疫。动物卫生监督机构对依法设立的定点屠宰场（厂、点）派驻或派出动物检疫员，实施屠宰前和屠宰后检疫。动物卫生监督机构对屠宰场（点）屠宰的动物实行检疫后加盖动物卫生监督机构统一使用的检疫验讫印章。

省、自治区、直辖市人民政府组织有关部门确定本行政区域内实行定点屠宰、集中检疫的动物种类和区域范围。未实行定点屠宰和农民个人自宰自用动物的屠宰检疫，按省、自治区、直辖市人民政府有关规定执行。

（三）宰前检疫内容和方法

1. **宰前检疫内容**　宰前检疫是指对即将屠宰的动物在屠宰前实行的临床检查。检疫的主要内容包括以下几个方面。

（1）查证验物，查验待宰动物的检疫证明，包括产地检疫证明、运载工具消毒证明等。如有两证，方可进行收购、运输和进场（厂、点），两证至少应保存12个月。

（2）了解动物是否来自非疫区。

（3）查验动物免疫耳标（或免疫证明），是否在有效期内。

（4）动物屠宰前应当逐头（只）进行临床检查，观察动物是否患病，只有健康的动物方可屠宰。动物检疫对象有：

①牛：口蹄疫、炭疽；

②羊：口蹄疫、炭疽、羊痘；

③猪：口蹄疫、猪水疱病、猪瘟、猪丹毒、猪肺疫、炭疽；

④禽：新城疫、鸭瘟、禽白血病、禽支原体病。

检出的病动物，按规定采取禁宰、急宰或缓宰处理。发现传染病疫情时，应及时向当地动物卫生监督机构报告。

2. **宰前检疫方法**　采用临诊检疫法，其中，群体检查对待宰动物的休息、运动、饮食等三种状态进行检查。个体检查采用测体温、视诊和触诊为主，必要时还可有叩诊、听诊等方法进行检查。

（四）宰后检疫内容和方法

1. **宰后检疫内容**　宰后检疫是指动物屠宰后，对其胴体及各部位组织、器官，依照规程及有关规定所进行的疫病检查。这是屠宰检疫中最重要的环节。

宰后检疫实行全流程同步检疫，对头、蹄、胴体、内脏进行统一编号、对照检查。

2. **宰后检疫方法**　胴体及各部位的组织器官检疫，依照肉品卫生检疫规程及有关规定进行检查。

检查方法主要以感官和观察剖检病理变化为主，必要时辅以病原学、血清学、病理组织学和理化实验室检查。

（五）屠宰检疫结果的登记与处理

1. 屠宰检疫结果的登记　驻厂（场、点）动物检疫员应逐日详细登记屠宰动物宰前、宰后检疫结果及处理情况，并填写屠宰厂（场、点）屠宰检疫（日、月）登记表（内容包括：胴体编号、屠宰动物种类、产地名称、畜主姓名、疫病名称、病变组织器官及病理变化、检验人员结论等），并将屠宰厂（场、点）回收的有关检疫证明、登记表分类按序装订成册，以便统计和查征。

当宰后检疫发现某种危害严重的动物流行病或寄生虫病时，应及时通知产地的主管部门，并根据传播情况和危害大小，及早采取有效的兽医防治措施，必要时停止调运。动物卫生监督人员应认真填写"检疫处理通知单"，并让畜主进行签字确认。

2. 屠宰检疫后的动物产品处理

（1）合格动物产品的处理　经宰前，宰后检疫合格的动物产品，由检疫员逐头加盖全国动物卫生监督机构统一使用的验讫印章或加封动物卫生监督机构使用的验讫标志，并出具动物产品检疫合格证明方能出厂（场、点）销售。

（2）不合格动物产品的处理　经检疫不合格的动物产品，在驻厂（场、点）动物检疫员的监督指导下，按照农业部2017《病死及和病害动物无害化处理技术规程》规定的方法，由厂方（畜主）进行无害化处理，并填写无害化处理登记表。

无害化处理方法包括：焚烧法、化制法、高温法、深埋法、硫酸分解法。

①焚烧法：在焚烧容器内，使动物尸体及相关动物产品在富氧或无氧条件下进行氧化反应或热解反应的方法。

将病死及病害动物和相关动物产品或破碎产物，投至焚烧炉本体燃烧室，经充分氧化、热解，产生的高温烟气进入二次燃烧室继续燃烧，产生的炉渣经出渣机排出。燃烧室温度应≥850℃。

②化制法：在密闭的高压容器内，通过向容器夹层或容器通入高温饱和蒸汽，在干热、压力或高温、压力的作用下，处理动物尸体及相关动物产品的方法。可视情况对病死及病害动物和相关动物产品进行破碎等预处理。干化制时，将病死及病害动物和相关动物产品或破碎产物输送入高温高压灭菌容器。处理物中心温度≥140℃，压力≥0.5MPa（绝对压力），时间≥4h（具体处理时间随处理物种类和体积大小而设定）。湿化制时，将病死及病害动物和相关动物产品或破碎产物送入高温高压容器，总质量不得超过容器总承受力的4/5。处理物中心温度≥135℃，压力≥0.3MPa（绝对压力），处理时间≥30min（具体处理时间随处理物种类和体积大小而设定）。

③高温法：常压状态下，在封闭系统内利用高温处理病死及病害动物和相关动物产品的方法。处理物或破碎产物体积（长×宽×高）≤125cm³（5cm×5cm×5cm）。将病死及病害动物和相关动物产品或破碎产物输送入容器内，与油脂混合。常压状态下，维持容器内部温度≥180℃，持续时间≥2.5h（具体处理时间随处理物种类和体积大小而设定）。

④深埋法：按照相关规定，将病死及病害动物和相关动物产品投入深埋坑中并覆盖、消毒，处理病死及病害动物和相关动物产品的方法。但不得用于患有炭疽等芽孢杆菌类疫病，以及牛海绵状脑病、痒病的染疫动物及产品、组织的处理。

应选择地势高燥，处于下风向的地点。应远离学校、公共场所、居民住宅区、村庄、动物饲养和屠宰场所、饮用水源地、河流等地区。深埋坑体容积以实际处理动物尸体及相关动物产品数量确定。深埋坑底应高出地下水位1.5m以上，要防渗、防漏。坑底洒一层厚度为2～5cm的生石灰或漂白粉等消毒药。将动物尸体及相关动物产品投入坑内，最上层距离地表1.5m以上。生石灰或漂白粉等消毒药消毒。覆盖距地表20～30cm，厚度不少于1m的覆土。

⑤硫酸分解法：在密闭的容器内，将病死及病害动物和相关动物产品用硫酸在一定条件下进行分解的方法。

将病死及病害动物和相关动物产品或破碎产物，投至耐酸的水解罐中，按每吨处理物加入水150～300kg，后加入98%的浓硫酸300～400kg（具体加入水和浓硫酸量随处理物的含水量而设定）。密闭水解罐，加热使水解罐内升至100～108℃，维持压力≥0.15MPa，反应时间≥4h，至罐体内的病死及病害动物和相关动物产品完全分解为液态。

（六）动物产品检疫合格证明的格式、适用范围、填写要求和有效期

动物产品检疫合格证明的格式有：动物检疫合格证明（产品A）和动物检疫合格证明（产品B）。适用范围和有效期：动物检疫合格证明（产品A）用于跨省境出售或运输动物产品，到达时效最长不得超过7d；动物检疫合格证明（产品B）用于省内出售或运输动物产品，应于当日到达有效。填写要求：详见第一节产地检疫的"检疫证明的填写"内容。

二、屠宰检疫技术

（一）宰前检疫技术

1. 宰前检疫方法　宰前检疫只对屠宰动物做临床检查（临诊检疫），具体说是采用群体检查和个体检查相结合的方法来进行，对屠宰动物的精神外貌、姿态步样、眼、鼻、口、蹄、呼吸、被毛、粪尿等进行观察，具体检查方法见第二章的第二节动物临诊检疫法。

2. 宰前检疫步骤

（1）在屠宰动物运到屠宰加工厂，尚未卸下车船前，检疫人员要做以下工作：①索要有关证明。在未卸下车船之前，驻厂（场、点）动物检疫人员向货主或押运人员索要《动物产地检疫合格证明》。②核对动物种类和头数，查看免疫标识或《免疫证明》，看有否过期。③了解产地有无疫情和途中病死情况，如发现产地有严重疫情或途中动物病死较多，对该批动物实行隔离观察，进行详细检查，根据检查结果，采取适当措施。

（2）在屠宰动物卸下后，动物检疫人员要做以下工作：①在正常情况下，将卸下的屠宰动物赶入预检圈休息。②检疫人员逐头观察屠宰动物的外貌、步样、精神状况。如发现异常，立即剔出隔离；如果正常动物，则赶入预检圈待休息2～4h后，再进行细致的宰前检疫。

（3）宰前检疫为健康的屠宰动物，经一定时间休息后即可送宰。如果数日后未送宰时，则在送宰前，必须进行一次复检。

（4）宰前动物停止喂饲料，但应充分供给饮水。宰前一般牛、羊在24～36h内、猪在18～24h内停止喂饲料。

（5）在禁食待宰期间，检疫人员应经常到待宰动物群中进行观察，直至送到屠宰车间为止，以防漏检或出现新的患病动物。

3. 宰前检疫后的处理　宰前检疫合格动物，均准予屠宰（送宰前应由宰前检疫人员出具准宰通知书）。对患病动物，根据疫病的性质进行如下处理。

（1）急宰　经宰前检疫，确诊为无碍肉食卫生的普通病患畜禽，以及一般性传染病畜禽而有死亡危险时，可随即签发急宰证明书，送往急宰。

（2）缓宰　经宰前检疫，确诊为一般性传染病和其他普通病，且有治愈希望者，或患有疑似传染病而未确诊的畜禽，应予以缓宰，但必须考虑有无隔离条件和消毒设备以及经济价值。

（3）禁宰　凡是危害性大且目前防治困难的疫病，或急性、烈性疫病，或重要的人兽共患病，以及国外有而国内无或国内已经消灭的疫病，均按下述办法处理：①经宰前检疫发现口蹄疫、猪水疱病、非洲猪瘟、非洲马瘟、牛瘟、牛传染性胸膜肺炎（牛肺疫）、牛海绵状脑病、痒病、高致病性禽流感时，禁止屠宰，禁止调运畜禽及其产品，采取紧急防疫措施，并向当地农牧主管部门报告疫情。病畜禽和同群畜禽用密闭运输工具送至指定地点，用不放血的方法扑杀，尸体销毁。病畜禽所污染的用具、器械、场地进行彻底消毒。②经宰前检疫发现猪瘟、蓝舌病、绵羊痘/山羊痘、炭疽、鼻疽、恶性水肿、气肿疽、狂犬病、羊快疫、马传染性贫血、钩端螺旋体病、李氏杆菌病、布鲁氏菌病、急性猪丹毒、牛鼻气管炎、牛病毒性腹泻－黏膜病、鸡新城疫、马立克病、鸭瘟、小鹅瘟、兔出血病、野兔热（土拉杆菌病）、兔魏氏梭菌病（产气荚膜梭菌病）畜禽时，采取不放血的方法扑杀，尸体销毁或化制。③在牛、羊、马、骡、驴群发现炭疽时，除对患畜采取上述不放血的方法处理外，还须立即对同群屠畜进行测温，体温正常者急宰，体温不正常者隔离，并注射有效药物观察3d，待无高温和临床症状时，方可屠宰。④在猪群中发现炭疽时，立即对同群猪全部测温，体温正常者急宰，体温不正常者隔离观察，确诊为非炭疽时方可屠宰。⑤凡经过炭疽疫苗预防注射的牲畜，须经过14d后方可屠宰。用于制造炭疽血清的牲畜不准屠宰食用。⑥在畜群中发现恶性水肿和气肿疽时，除对患畜采用不放血方法扑杀、尸体销毁外，还应对其同群牲畜逐头测温，体温正常者急宰，体温不正常者隔离观察，待确诊为非恶性水肿或气肿疽时，方可屠宰。⑦被狂犬病或疑似狂犬病患者咬伤的牲畜，在被咬伤后8d内未发现狂犬病症状者，准予屠宰，其胴体和内脏经高温处理后可出售；超过8d者不准屠宰，应采取不放血的方法扑杀，并将尸体化制或销毁。

宰前检疫的结果及处理情况应记录留档。发理新的传染病特别是烈性传染病时，检疫人员必须及时向当地和产地动物卫生监督机构报告疫情，以便及时采取防控措施。

（4）物理性致死畜禽尸体的处理　畜禽因挤压、触电、跌跤、水淹、斗殴等纯物理性因素而暴死时，对其处理应持慎重态度。首先应查明是否是纯物理性致死，如被压死的猪往往是由于本身有病，体弱无力，或因发热畏寒，钻入猪群，死后造成压死的假象。若有充分的证据证明为物理性致死的病畜，经检验肉质良好，并在死亡后2h内取出内脏者，其胴体经无害化处理后可供食用。否则，一律化制或销毁。

（二）宰后检疫技术

1. 宰后检疫的基本方法和要求

（1）宰后检疫的基本方法　以剖检方式进行感观检查是宰后兽医卫生检疫的基本方法。必要时可辅以实验室检验，如病原学、血清学、病理组织学、理化学等方面的检验。感观检查方法包括视检、剖检、触检、嗅检。

①视检：指直接用眼睛观察胴体皮肤、肌肉、胸腹膜、脂肪、骨骼、关节、天然孔及各种脏器的色泽、形态大小、组织性状等是否正常。如结膜、皮肤、脂肪发黄，表明有黄疸可能，应仔细检查肝脏和造血器官；发现颌骨膨大（牛、羊），应注意检查放线菌病；颈部肿胀，应考虑检查

炭疽和巴氏杆菌病；皮肤有出血、充血、出血斑或出血点，可考虑检查是否是猪瘟、猪丹毒、猪肺疫、猪弓形虫病等急性败血性疫病。

②剖检：用检疫工具剖开胴体、淋巴结和内脏器官的受检部位，观察肉尸、淋巴结和内脏器官深处的组织有无病理变化和寄生虫。

③触检：借助检疫刀具触压或用手触摸，以判定器官、组织的弹性和软硬度。以检查发现软组织深部是否有结节病灶等。如检查肺脏时，常用触检来检其深部有无硬结。

④嗅检：指用嗅觉器官来检查肉品或内脏是否有其他异味。如屠宰动物生前患尿毒症，肉组织带有尿的气味；用过某些芳香类药物治疗，常发出该种药物的特殊气味；肉品开始腐败时，不仅肉色发绿、发灰，且有不同的异味。

（2）宰后检疫的要求　在宰后检疫全过程中，动物检疫员不仅要会正确运用上述的检疫基本方法，同时还要注意以下几点要求。①必须养成遵循一定的检疫程序和顺序的习惯，这样才能迅速而又准确地检疫胴体和内脏，做到不遗漏应检的项目。动物宰后检疫的一般程序是：头部检疫、内脏检疫、胴体检疫三大基本环节；在猪增加皮肤和旋毛虫检疫两个环节，猪的宰后检疫程序为：头部检疫、皮肤检疫、内脏检疫、旋毛虫检疫、胴体检疫五个检疫环节；家禽、家兔一般只进行内脏和胴体两个环节的检疫。②剖检只能在一定部位切开，且要深浅适度。对肌肉组织要顺肌纤维方向切开，不能横断切开，这样做是为了保证肉的卫生质量和商品价值。③切开脏器或病损部位时，要采取措施防止病料污染产品、地面、设备、器具和检疫人员的手。被污染的器械在清除病变组织后，应立即置于消毒液中进行消毒。④动物检疫员在工作期间，每人应具备两套特制检疫刀、钩和一根刀棒，以便被病料污染时替换之用，同时要做好个人的卫生防护。

2. 各种动物宰后检疫要点

（1）猪宰后检疫要点　猪宰后检疫顺序是头部检疫、皮肤检疫、内脏检疫、胴体检疫和旋毛虫检疫以及出厂复检等。

1）头部检疫　在放血后入烫毛池前或剥皮前进行。首先剖检两侧下颌淋巴结，以检查猪的局限型炭疽、结核病或2型链球菌病为主；其次是剖检两外侧咬肌（检查囊虫）和检查咽喉黏膜、会厌软骨、扁桃体及鼻盘（镜）、唇和齿龈有无溃疡、出血点、烂斑（注意口蹄疫和水疱病）。头部检疫重点是炭疽、囊虫和口蹄疫。

局限型炭疽淋巴结剖检，主要表现为：早期病变淋巴结多肿大，呈暗红色或砖红色，周围结缔组织有胶样浸润；晚期病变淋巴结发硬发脆，刀切如豆腐干样，间或有黑色凹陷坏死灶，有时呈灰白色坏死灶，并有恶臭味，淋巴结内淋巴液不多，周围组织胶样浸润减少。

下颌淋巴结检疫术式：由两人操作，助手以右手握住猪的右前蹄，左手持检验钩，钩住颈部宰杀切口右侧中间部分，向右牵开切口。检验者左手持检验钩，钩住宰杀口左侧中间部分向左牵开切口。右手持检验刀将宰杀切口向深部纵切一刀，深达喉头软骨。再以喉头为中心，朝向下颌骨的内侧，左右各做一弧形切口，便可在下颌骨内侧、颌下腺下方（胴体倒挂时）找出呈卵圆形或扁椭圆形的左右下颌淋巴结，并进行剖检（图3-3）。

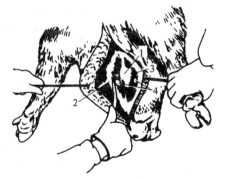

图3-3　猪下颌淋巴结剖检术式
1.咽喉头隆起　2.下颌骨角　3.颌下腺　4.下颌淋巴结

2）皮肤检疫　在屠猪解体之前进行皮肤检查，一般限于烫毛猪的检疫。而剥皮猪则在头部检验后洗猪体时初检，然后将皮张剥除后复检。

皮肤检疫主要观察皮肤的完整性和色泽变化，注意耳根、四肢内外侧、胸腹部、背部等处，有无点状、斑状出血和弥漫性充血，有无疹块、痘疮、黄染等病变。如呈弥漫性充血状（败血型猪丹毒），皮肤点状出血（猪瘟），四肢、耳、腹部呈云斑状出血（猪巴氏杆菌病），皮肤黄染（黄疸），皮肤呈疹块状（疹块型猪丹毒），痘疹（猪痘），坏死性皮炎（花疮），皮脂腺毛囊炎（点状疮）。

皮肤检疫时，要特别注意传染病、寄生虫病与一般疾病引起的出血点、出血斑的区别。由传染病引起的出血点和出血斑多深入皮肤深层，水洗、刀刮、挤压、煮沸均不消失。而一般疾病引起皮肤上的出血点和出血斑多发生在皮肤表层和固有层，刀易刮掉。

皮肤检疫的重点是猪瘟、猪丹毒和猪肺疫。

检疫员通过对皮肤的检疫，当发现有传染病、寄生虫病可疑时，即刻打上记号，不行解体，由岔道转移到病猪检验点，进行全面剖检与诊断。

3）内脏检疫　内脏检疫顺序是：先查胃、肠、脾，俗称"白下水"检疫，后查肺、心、肝，俗称"红下水"检疫。

①胃、肠、脾的检疫：有非离体检查和离体检查两种方式。

非离体检查是指猪在开膛之后，胃、肠、脾未摘离肉尸之前进行检查。检查顺序是：先查脾脏，后查肠系膜淋巴结，再查胃肠。猪肠系膜淋巴结包括前肠系膜淋巴结（位于前肠系膜动脉根部附近）和后肠系膜淋巴结（位于结肠终袢系膜中），因数量众多，称之为肠系膜淋巴群。在猪的宰后检疫中，常剖检的是前肠系膜淋巴结。

离体检查是指将胃、肠、脾摘离肉尸后进行检查，但要编记与肉尸相同的号码，并按要求放置在检验台上检查。检查顺序是：先查脾脏，后查胃肠浆膜面，再查肠系膜淋巴结。

不论采取非离体检查还是离体检查，胃、肠、脾检疫内容如下：

脾的检查：视检脾脏大小、形态、颜色或触摸脾脏的弹性、硬度、有无肿胀，脾边缘是否有三角形梗死（猪瘟常见三角形梗死），被膜有无鲜红小出血点（猪瘟病变），必要时切开脾脏，检查是否有稀泥脾（炭疽有此病变）。

胃肠检查：先视检胃、肠浆膜及胃网膜，必要时可剖检胃、肠观察黏膜变化。a.检查有无充血、出血、胶样浸润、痈肿、糜烂、化脓等病变；b.检查肠系膜和胃网膜上有无细颈囊尾蚴寄生；c.检查回盲瓣处有无纽扣状出血性溃疡（慢性猪瘟）。

肠系膜淋巴结检查：提起空肠观察肠系膜淋巴结，并沿淋巴结纵轴（与小肠平行）纵行剖开淋巴结群，视检其内部变化，主要检查有无炭疽病变。这对发现肠炭疽具有重要意义。

猪肠系膜淋巴结检疫术式：检验者用刀在肠系膜上做一条与小肠平行的切口，切成串珠状结节，即可在脂肪中剖出肠系膜淋巴结（图3-4）。

②肺、心、肝的检疫：亦有非离体检查和离体检查两种方式。

非离体检查是指当屠宰加工摘除胃、肠、脾后，割开胸腔，把肺、心、肝一起拉出胸腔、腹腔，使其自然悬垂于肉体下面。检查顺序是：先查肺脏，然后查心脏，最后查肝脏。

图3-4　猪肠系膜淋巴结剖检术式
1.小肠　2.肠系膜　3.肠系膜淋巴结

离体检查的方式又有悬挂式和平案式两种。两种方式都应将被检脏器编记与肉尸相同号码。悬挂式是将脏器挂在检验架上受检，这种方式基本同非离体检查；平案式是把脏器放置在检验台上受检，使脏器的纵隔面（两肺的内侧）向上，左肺叶在检验者的左侧，脏器的后端（膈叶端）与检验者接近。

不论采取非离体检查还是离体检查（悬挂式还是平案式检查），都应按先视检、后触检、再剖检的顺序全面检查肺、心、肝，并且注意观察咽喉黏膜与心耳、胆囊等器官的状况，综合判断。肺、心、肝检疫内容如下：

肺脏的检查：先视检肺的表面有无充血、出血、水肿和化脓等病变；再用手触摸，检查肺内有无结节、硬块等病灶，最后剖开肺支气管和纵隔淋巴结。猪肺疫的肺脏常有不同病期的肝变，如有肺丝虫寄生时，除可发现虫体外，还有相应的病理变化。

左支气管淋巴结检疫术式：用检验钩钩住左支气管向左牵引，用检验刀切开动脉弓和气管之间的脂肪直到左支气管分叉处，即可找到该淋巴结进行剖检（图3-5）。

右支气管淋巴结检疫术式：检验者用检验钩钩住右肺尖时，向左下方牵引使其翻转，用检验刀顺着肺尖叶的基部与气管之间，紧靠气管向下切开，深达支气管分叉处，即可找到该淋巴结进行剖检（图3-6）。

心脏的检查：先看心脏外表有无出血，然后沿动脉弓切开心脏，检查房室瓣和心内膜有无出血，注意检查心肌有无囊虫寄生，一般急性传染病猪的心包、心内外膜、心脏实质常有出血现象。特别注意二尖瓣上有无菜花样赘生物，慢性猪丹毒常有此病变。

心脏检疫术式：检验者用检验钩钩住心脏左纵沟以固定心脏，用检验刀在心脏后缘平行地纵剖心脏，可按图设线（AB）所示，一刀切开房室进行检验，观察心肌、心内膜、心瓣膜及血液凝固状（图3-7）。

肝脏的检查：先检查外观形状、大小、色泽等，再用手触摸肝的弹性，然后剖检肝实质和肝门淋巴结。必要时，可切开肝胆管和胆囊观察有无肝吸虫寄生。检查时注意肝脏有无瘀血、出血、肿大、变性、坏死、硬化、萎缩、结节，胆管和胆囊有无结石、寄生虫等。

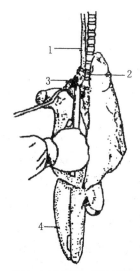

图3-5 猪左支气管淋巴结悬挂式检验法
1.食管 2.气管 3.左支气管淋巴结 4.肝

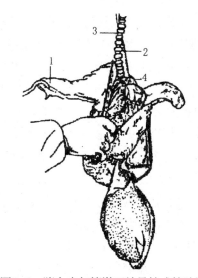

图3-6 猪右支气管淋巴结悬挂式检验法
1.右肺尖叶 2.食管 3.气管 4.右支气管淋巴结

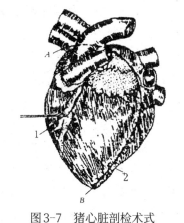

图3-7 猪心脏剖检术式
1.左纵沟——检验钩钩着处 2.AB线是纵剖心脏切开线

③膀胱、子宫等器官的检疫：一般不做检查，如有布鲁氏菌病可疑时，检查生殖器官，注意有无红、肿等炎症变化。膀胱黏膜如有出血和树枝状充血多见猪瘟。

4）胴体检疫　胴体检疫最好在劈半后进行，便于视检和剖检。检疫内容包括体表检查、淋巴结检查、腰肌检查和肾脏检查等。

①体表检查：一是全面视检内外体表有无各种病变存在。观察皮肤、皮下组织、脂肪、肌肉、胸腹膜、骨骼、关节及腱鞘等组织有无出血、水肿、脓肿、蜂窝织炎、肿瘤等病变。如患有猪瘟、猪肺疫、猪丹毒、猪繁殖与呼吸综合征、猪弓形虫病等疫病时，在皮肤上常有特殊的出血点或出血斑、疹块。发生"珍珠病"时，胸腹膜上有珍珠样结核结节。又如黄疸病猪全身组织黄染。二是判断胴体的放血程度。从放血程度推断被检猪生前健康状况。如猪宰前若衰弱、疲劳、患病或循环系统及生理功能遭到破坏或减弱时，均会导致放血不良。而致昏和放血方法的正确与否也决定了胴体放血程度的好坏。放血不良的肉颜色发暗，皮下静脉血液滞留，在穿行于背部结缔组织和脂肪沉积部位的微小血管以及沿肋两侧分布的血管内滞留的血液明显可见，肌肉切面上可见暗红色区域，挤压有少许残血流出。

②胴体淋巴结的检查：先检查腹股沟浅淋巴结和腹股沟深（或髂内）淋巴结，必要时，检查颈浅背侧淋巴结（肩前淋巴结）、髂下淋巴结（股前淋巴结）和腘淋巴结。主要检查淋巴结有无充血、出血、水肿、化脓或坏死等病理变化。如果淋巴结外表有以上变化，再剖开淋巴结检查切面病理变化。

剖检淋巴结主要是看其是否有传染病的变化。如败血型猪瘟，常表现为全身性出血性淋巴结炎，淋巴结肿大，表面呈暗红色，质地硬实，切面湿润、隆突、边缘的髓质呈暗红色或紫红色（周边出血表现），并向内伸展形成大理石样花纹（俗称大理石样的淋巴结病变），这是一种出血性炎症表现。又如猪丹毒，常见淋巴结充血、肿大、多汁病变。再如猪有局限型炭疽，头部淋巴结，尤其是颌下淋巴结受损害，可表现肿大、充血，切面呈樱桃红色或深砖红色，散发紫红色或黑红色凹陷的大小坏死灶（陈旧病灶可呈棕灰色），这是一种出血性坏死性炎症表现。

腹股沟浅淋巴结检疫术式：检验者以检验钩钩住最后乳头稍上方的皮下组织，向外牵拉，用检验刀从脂肪层正中部纵切，即可找到该淋巴结进行检验（图3-8）。

颈浅背侧淋巴结检疫术式：检验者首先在被检胴体侧面，紧靠猪肩端处虚设一条横线AB，以量取胴体颈基部侧面的宽度，再虚设一条纵线CD将AB线垂直等分，在两线交点向脊背方向移动2～4cm处用检验刀垂直刺入胴体颈部组织，并向下垂直切开，以检验钩牵开切口，在肩胛关节前缘、斜方肌之下，所做切口最上端的深处，可见到一个被少量脂肪包围的淋巴结隆起，即可剖开进行检验（图3-9）。

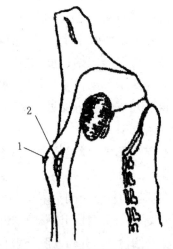

图3-8　猪腹股沟浅淋巴结剖检术式
1.检验钩位置　2.腹股沟浅淋巴结

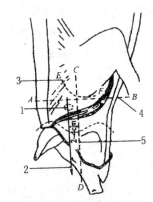

图3-9　猪颈浅背侧淋巴结剖检术式
1.颈浅背侧淋巴结　2.剖检目的淋巴结切口线
3.EF线是肩端弧线　4.AB线是颈基底部宽度
5.CD线是AB线的等分线

③腰肌的检查：主要是检查囊虫。剖检方法是：先沿脊椎的下缘将左右腰肌割开2/3，再在腰肌的割开面上向纵深部切3～4刀。同时应注意观察耻骨肌、肋间肌及腹肌等。必要时，也可切开臀肌、肩胛肌检查。因为囊虫常寄生在较活泼的肌肉中，如咬肌、腰肌、心肌、肩胛外侧肌、膈肌、股肉侧肌等。

切开腰肌检查有无囊虫，如果有，则可发现成熟的囊尾蚴，外形呈灰白色、椭圆形或圆形半透明小囊泡，内有无色液体和白色头节。用两张载玻片将头节压成薄片后，可在低倍显微镜下见到与成虫相同的结构，有4个圆形吸盘和1个顶突，在顶突上有两排角质小钩。

④肾脏的检查：肾脏一般连在胴体上，所以常与胴体同时进行检查。检查方法是：先用刀沿肾脏边缘割破肾包膜，然后钩住肾盂，并用力一拉，剥离肾包膜，露出肾脏。检查时主要观察肾的形态、大小、颜色等，注意肾脏有无瘀血、充血、出血点及其他病理变化。必要时，再剖开肾盂检查。

猪丹毒病，常见肾脏呈暗红色，又称为"大红肾"，猪瘟常见肾表面有不等量的点状出血点，又称为"麻雀卵肾"。

5）旋毛虫检疫　猪开膛取出内脏后，检疫人员在横膈肌脚左右各取一块肉样，按胴体编写同一号码，送做旋毛虫检疫。

检查时，先撕去肌膜，肉眼观察有无白色小点，然后从肉样上剪取24个小肉粒，放在低倍显微镜下，按顺序移动玻片，检查有无旋毛虫。同时注意检查住肉孢子虫和钙化的囊虫。检查时，如果肉样模糊不清，可加一滴1%～2%盐酸，增加肉样的清晰度。如果发现旋毛虫，应根据号码查对胴体、内脏和头，统一进行处理。

6）复检　为最大限度控制病猪肉出厂（场、点），屠体经上述初步检疫后，还须再进行一次全面复查（即终点检疫）。目的是查验所有检疫点的检疫结果，对胴体的卫生质量做出综合判定，并对检疫结果进行登记。此项工作常与胴体的分级、盖检印结合进行。

上述各环节的检疫中，对感官检查不能确诊的头、内脏、胴体必须打上预定的标记，以便检疫人员采取相应的病料，进行实验室检测。

同时，复检还强调对"三腺"的摘除情况进行检查。"三腺"是指甲状腺、肾上腺和病变淋巴结，甲状腺、肾上腺是内分泌器官，淋巴结是免疫器官，所以，"三腺"中含有内分泌激素和病原微生物，人们一旦误食，会引起食物中毒。

附：A.仔猪宰后检疫程序及检疫点设置（图3-10）。

B.猪宰后检疫中几种常见淋巴结病变的鉴别（表3-5）。

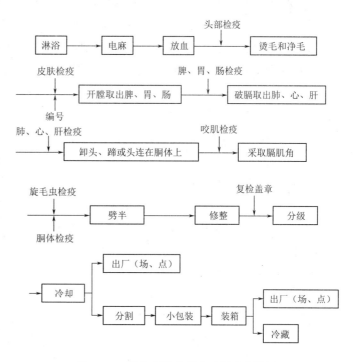

图3-10　猪宰后检疫程序及检疫点设置
（引自田永军，《实用动物检疫》，河南科学技术出版社，2004）

表3-5　猪宰后检疫中几种常见淋巴结病变的鉴别

类别	猪瘟	猪丹毒	猪局部炭疽	仔猪副伤寒
病理变化	出血性炎症，淋巴结切面上周边出血，呈大理石样斑纹	卡他性炎症，淋巴结肿胀，切面多透明液流溢，有细小的充血点	出血性坏死性炎症，淋巴结周围组织明显水肿。淋巴结切面出血，散在灰黑色坏死灶，陈旧病灶可呈棕灰色	急性增生性炎症，淋巴结肿大，切面呈灰白色脑髓样质变
病原	猪瘟病毒	猪丹毒杆菌	炭疽杆菌	沙门氏菌

（2）牛宰后检疫要点　牛宰后检疫顺序与猪基本相同，分为头部、内脏和胴体三部分。但检疫方法和重点略有不同。

1）头部检疫　剖检操作步骤是：先将去皮的牛头角朝下置于平台上，触检唇和齿龈黏膜和下颌骨等，然后将口唇部朝前，咽喉部向后，用刀沿下颌骨内侧切开两侧咬肌，左手用钩从下颌骨间隙将舌头向外拉出，再用刀顺着舌根部两侧沿下颌骨切开，剖检咽喉内侧淋巴结和下颌淋巴结，注意炭疽和口蹄疫（牛炭疽可见淋巴结呈黑色或黑红色，牛口蹄疫可见咽喉发生圆形烂斑和溃疡）。检查头和舌的形状、硬度，注意有无结核病、放线菌病。再纵剖舌肌及咬肌，检查有无囊尾蚴病。

2）内脏检疫　开膛后分胸腔器官和腹腔器官两组进行检疫。先检查胸腔器官，后检查腹腔器官。

①胸腔脏器检查：检查顺序是：先查肺脏，后查心脏。一般采取将心、肺吊挂检疫，钩在两气管环之间，使纵隔面向着检疫人员。

检查肺脏时，先视检肺脏表面有无结核病灶，有无充血、出血、肝变、溃疡及化脓等病变，然后用手触检肺脏及气管，检查有无结核、肿瘤和化脓灶等。同时剖检左右支气管淋巴结和纵隔淋巴结，检查有无病变。再剖检食管，水牛常见有住肉孢子虫寄生。

检查心脏时，先剖心包检查有无心包炎和心外膜异常，然后切开左心和主动脉管，检查心内膜、瓣膜和心肌等有无病变，心脏内血液凝固情况。并注意心肌有无炎症和囊尾蚴寄生。

②腹腔脏器检查：检查顺序是先查胃肠，后查脾肝。一般将牛的胃、肠、脾、肝放在平台上检疫。

检查胃肠时，先视检浆膜有无异常，必要时剖检肠系膜淋巴结和胃黏膜。

检查脾脏时，视检脾脏大小、色泽和外形，必要时剖检脾髓，如发现脾脏明显肿大（比正常大2～5倍），煤焦油样的脾髓和血液，即疑为炭疽，必须立即采取相应措施。

检查肝脏时，视检肝脏形态、大小、色泽等有无异常，并触检其弹性，剖检肝门淋巴结和肝胆管有无寄生虫，再切开肝实质，检查有无结核、化脓、坏死和肿瘤等病变。母牛还应剖检乳房及其淋巴结和子宫，注意检查结核病和布鲁氏菌病等。

3）胴体检查　检查顺序是：先查肩前、髂内、腹股沟淋巴结，然后查前腿肌和后腿肌，最后查肾脏和胸腹腔。

剖检肩前、髂内、腹股沟等处的淋巴结，注意淋巴结的变化。

剖检前腿肌和后腿肌，观察有无住肉孢子虫和囊虫等。水牛要注意住肉孢子虫，黄牛要注意囊虫。住肉孢子虫主要寄生在肌肉组织间，与肌纤维平行的包囊物，多呈纺锤形、圆形、圆柱状和卵圆形等形状，颜色灰白至乳白，包囊大小差异很大，大的长径为5cm，宽径为1cm，通常长径为1cm或更小。

视检肾脏和胸腹腔，注意有无结核和腹膜炎、出血等。

4）复检　对胴体再一次复检，目的是为防止初检的偏差，如发现偏差应及时纠正，最后左右臀部各盖一相应的验讫印戳。

（3）羊宰后检疫要点　内脏检疫顺序是：先查脾脏，然后查胃肠，最后查肝脏。视检脾脏时，注意是否肿大，如发现脾脏肿大，应进行实验室检验，排除炭疽可疑。视检胃肠时，注意胃肠浆膜有无异常。剖检肝脏时，注意有无寄生虫、硬变或肿瘤等病变。

肉尸一般只用肉眼观察体表和胸腔、腹腔有无黄疸、炎症和寄生虫等病变。

淋巴结的检查，只剖检肩前淋巴结和股前淋巴结，如发现可疑病变时，再剖开其他淋巴结，进行仔细检查。

（4）家禽宰后检疫要点　由于鸡无淋巴结，鸭和鹅只有颈胸部和腰部两群淋巴结，而且很小，所以家禽宰后检疫只检查胴体和内脏。

1）胴体检疫　检查顺序是：先查放血程度，然后查体表和头部，最后查体腔。

①放血程度的判定：家禽煺毛后，视检皮肤的色泽和皮下血管的充盈程度，以判定胴体放血程度是否良好。如放血不良的光禽，皮肤呈暗红色或紫红色，皮下血管充盈，杀口留有血迹或血凝块。对放血不良的光禽，应及时剔除，并查明原因。

②体表和头部的检查：视检体表有无出血、水肿、痘疮、化脓和创伤等；检查眼、鼻、口腔有无病变；观察体表的清洁程度，以判定加工质量和卫生状况。

③体腔的检查：把半净膛的家禽用扩张器从肛门插入腹腔内，然后用手电筒照射探视肝、胃、脾、卵巢、腹腔脂肪和腹腔等有无病变，如肿胀、充血、出血、结核、肿瘤和寄生虫等，同时还应检查腹腔内有无血块、粪污、断肠和破胆等。对全净膛的家禽可采用肉体与内脏对照检疫的方法。

2）内脏检疫

①全净膛加工的家禽内脏检疫：取出内脏后检疫顺序是：肝、心、脾、腺胃与肌胃、肠管、卵巢。

检查肝外表、色泽、形态、大小及软硬程度有无异常，胆囊有无变化。

检查心包膜是否粗糙，心包腔是否积液，心脏是否有出血、形态变化和赘生物等。

检查脾外表、色泽、大小及软硬程度有无异常变化。

检查腺胃、肌胃有无异常，必要时应剖检，剥去肌胃角质层，检查有无出血、溃疡；注意腺胃黏膜、乳头有无出血点、溃疡和坏死（鸡新城疫）等。

检查整个肠管浆膜及肠系膜有无充血、出血及结节，尤其注意小肠和盲肠，必要时剪开肠管检查黏膜。

对母禽应检查卵巢是否完整，有无变形、变色及变硬等异常现象。

②半开膛加工的家禽内脏检疫：拉出肠管后，按上述全净膛加工的家禽的检疫顺序和方法仔细检查。

③不净膛的家禽一般不检查内脏：在体表检查怀疑为病禽时，可单独放置，最后剖开胸腹腔，仔细检查体腔和内脏。

3）复检　对生产线上检出的可疑光禽，一律连同脏器送复检台，进行详细检查，然后进行综合判断。对检查后判定为劣质的光禽不可食用，一般作工业用或销毁。为查明病变性质，可做必要的实验室检测。

（三）屠宰检疫中几种常见肌肉病变的鉴别

在屠宰检疫中常见黄疸、黄脂肉、白肌病、白肌肉、羸瘦肉、消瘦肉等肌肉病变。如何鉴别，对动物检疫人员来说必须了解掌握，现介绍如下：

1. 黄疸与黄脂肉的鉴别　可以通过感官检查和实验室理化检验加以判定。

（1）感官检查要点　见表3-6。

表3-6　黄疸与黄脂肉感官检查要点

鉴别点	黄疸肉	黄脂肉
病因	由疾病引起胆汁代谢障碍而造成	由饲料或脂肪代谢障碍引起，与遗传有关
黄染发生部位	全身皮肤、脂肪、黏膜、巩膜、肌膜、关节囊等均显黄色，肝硬化、实质性肝炎、肝管阻塞	仅见脂肪，特别是皮下脂肪
消失情况	放置越久越深	吊挂24h后黄色变浅或消失
食用情况	影响食用	一般不影响食用

（2）理化检验　常用硫酸法和苛性钠法来鉴别，见表3-7。

表3-7　黄疸与黄脂肉理化检验

检验方法	黄疸肉	黄脂肉	黄疸和黄脂肉兼存
硫酸法	肉绿色变为淡蓝色，呈阳性反应	呈阴性反应	
苛性钠法	上层无色，下层染成黄色	上层黄色，下层无色	上、下层均呈黄色

注：硫酸法和苛性钠法见理化检验手册。

2. 白肌病和白肌肉的鉴别　见表3-8。

表3-8　白肌病和白肌肉的鉴别

鉴别点	白肌病	白肌肉
病因	缺乏硒-维生素E而引起	猪在宰前应激引起，与遗传、品种有关
肌肉的颜色	呈白色或黄白色，条纹或斑块状，切面干燥，似鱼肉样外观	肌肉苍白，质地松软，切面有液汁渗出
发生的动物	猪、牛、羊、马等动物，且多见于幼龄动物	仅见于猪
食用情况	全身是白肌病的胴体，作工业用或销毁。病变轻微而局限白肌病胴体，经修割后，无病变部分可供食用	可供食用，但不要做腌、腊制品的原料

3. 羸瘦肉和消瘦肉的鉴别　见表3-9。

表3-9　羸瘦肉和消瘦肉的鉴别

鉴别点	羸瘦肉	消瘦肉
病因	饲料不足或喂饲不合理而引起严重消耗的结果，且与畜体的年老有关	严重的热性病或慢性消耗性疾病引起
机体的病变情况	皮下，体腔和肌肉间脂肪锐减或消失，肌肉组织萎缩，但器官和组织中不见任何病理变化	可见脂肪耗减和肌肉萎缩，并有其他器官的病理病变，是一种病理状态

第三节　运输检疫监督

一、运输检疫监督的概念和要求

（一）运输检疫监督的概念与任务

1. 运输检疫监督的概念　是指动物、动物产品在公路、水路、铁路、航空等运输环节进行的监督检查。

2. 运输检疫监督的任务　是查验畜主或货主是否持有检疫证明或有关证件，证物是否相符，证件是否符合规定等。而并不是对动物、动物产品实施具体的检疫，只有在发现问题后才对动物、动物产品实施补检或重检。

（二）运输检疫监督的要求

1. 出县境运输的动物、动物产品经产地检疫，合格者出具"动物检疫合格证明"　需要出县境运输的动物、动物产品的单位或个人，应向当地动物卫生监督机构提出申请检疫：由当地县级以上动物卫生监督机构对动物、动物产品进行产地检疫，合格者出具"动物检疫合格证明"。

2. 动物、动物产品凭"动物检疫合格证明"运输　托运人必须提供合法有效的动物检疫合格证明，承运人必须凭检疫合格证明方可承运，没有"动物检疫合格证明"的，承运人不得承运。动物卫生监督机构对动物、动物产品的运输，要依法进行监督检查。对中转出境的动物、动物产品，承运人凭始发地动物卫生监督机构出具的"动物检疫合格证明"承运。

3. 动物、动物产品的运载工具在装载前和卸载后要进行消毒　货主或承运人应当在装载前和卸载后，对动物、动物产品的运载工具以及饲养用具、装载用具等，按照农业农村部规定的技术规范进行消毒，并对清除的垫料、粪便、污物等进行无害化处理。

4. 做好动物、动物产品运输途中的管理工作　运输途中不准宰杀、销售、抛弃染疫动物和病死动物以及死因不明的动物。染疫、病死以及死因不明的动物及产品、粪便、垫料、污物等必须在当地动物卫生监督机构监督下在指定地点进行无害化处理。

运输途中，对动物进行冲洗、放牧、喂料，应当在当地动物卫生监督机构指定的场所进行。

二、运输检疫监督的程序、组织和方法

（一）运输检疫监督的程序

动物运输检疫监督程序包括运输前的检疫监督、运输中的检疫监督和到达目的地后的检疫监督三个环节。

对规模饲养场饲养的动物，其运输检疫由县级动物卫生监督机构派人到场实施检疫，对检疫合格的，出具检疫合格证明。对于农户散养的动物，应先取得产地检疫合格证明，集中装车后，运至指定地点，再实施运输检疫，取得运输检疫合格证明。

1. 运输前的检疫监督

（1）物资和证件准备齐全　一是运输之前，根据屠畜种类、大小、肥瘦程度和产地进行编群，

按照《商品装卸运输暂行办法》规定，对押运人员进行明确分工，规定途中的饲养管理制度和兽医卫生要求。二是备齐途中所需要的各种用具，如篷布、苇席、水桶、饲槽、扫帚、铁锹、照明用具、消毒用具和药品等。三是开具所须证明，如检疫证、非疫区证、准运证等。四是根据屠畜的数量、路途的远近，备足饲料，如运输路程较长，为防止屠畜产生应激反应而掉膘，在装运前10～20d要将准备起运的屠畜改为舍饲，并按途中饲料标准和方法饲养一段时间，以提高屠畜在运输中的适应性，减轻应激反应。

（2）运输工具的选择与装载　一是根据当地气候、屠畜种类、路途远近选定运输工具，如温暖季节，运输不超过一昼夜者，可选用高帮敞车；天气较热时，应搭凉棚；寒冷季节，应使用棚车，并根据气温情况及时开关车窗。如采用双层装载法，上层隔板应不漏水，并沿两层地板斜坡设排水沟，在下层适当位置安放容器，接受上层流下的粪水。二是凡无通风设备、车架不牢固的铁皮车厢，或装运过腐蚀性药物、化学药品、矿物质、散装食盐、农药、杀虫剂等货物的车厢，都不可用来装运屠畜。

2. 运输中的检疫监督

（1）及时检查畜群，妥善处理病死畜　一是运输途中，兽医人员和押运人员应认真观察屠畜情况，发现病畜、死畜和可疑病畜时，立即隔离到车船的一角，进行治疗和消毒，并将发病情况报告车、船负责人，以便与有兽医机构的车站、码头联系，及时卸下病死畜，在当地兽医的指导下妥善处理，绝对禁止随意急宰或途中乱抛尸体，也不得任意出售或带回原地。二是必要时，兽医人员有权要求装运屠畜的车、船开到指定地点进行检查，监督车、船进行清扫、消毒等卫生处理。

（2）做好防疫工作　一是如果发现恶性传染病及当地已经扑灭或从未流行过的传染病时，应遵照有关防疫规程采取措施，防止扩散，并将疫情及时报告当地或邻近农业贸易卫生部门以及上级机关。二是妥善处理动物尸体以及污染场所，运输工具、同群动物应隔离检疫，注射相应疫苗或血清，待确定正常无扩散危险时，方可准予运输或屠宰。

（3）加强饲养管理　在运输途中，押运员对屠畜要精心管理，按时饮喂，经常注意屠畜的健康，观察动静，防止挤压。天气炎热时，车厢内应保持通风；天气寒冷时，则应采取防寒风挡措施。

3. 到达目的地后的检疫监督

（1）查验证件　到达目的地后，押运人员应首先呈交检疫证明文件。检疫证件是3d内填发的，抽查复检即可，不必详细检查。

（2）查验畜群　如无检疫证明文件，或畜禽数目、日期与检疫证明记载不符，而又未注明原因的，或畜群来自疫区，或到站后发现有疑似传染病及死亡时，则必须仔细查验畜群，查明疑点，并进行妥善处理。

（3）运输工具消毒　装运屠畜的车、船，卸完后须立即清除粪便和污垢，用热水洗刷干净。在运输过程中发现一般性传染病或疑似传染病的，则必须在洗刷后消毒。发现恶性传染病的，要进行两次以上消毒，每次消毒后，再用热水处理。处理程序是：清扫粪便污物，用热水将车厢彻底清洗干净后，用10%漂白粉或20%石灰乳、5%来苏儿液、3%苛性钠等消毒。各种用具也应同时消毒。消毒后经2～4h再用热水洗刷一遍，即可使用。清除的粪便经发酵后利用，发生过恶性传染病的车船内的粪便应集中烧毁。

（二）运输检疫监督的组织和方法

1. 起运前检疫监督的组织　按照运输检疫监督的要求，凡托运的动物到车站、码头后，应先休息2~3h，然后进行检疫。全部检疫过程，应自到达时起至装车时止，争取在6h以内完成。进行检疫时，先验讫押运员携带的检疫证明。凡检疫证明在3d内填发者，车站、码头动检人员只进行抽查或复查，不必详细检查。若交不出检疫证明，或畜禽数目、日期与检疫证明不符又未注明原因，或畜禽来自疫区，或到站后发现有可疑传染病病畜、死禽时，车站、码头动检人员必须彻底查清，实施补检，认为安全后出具检疫证明，准予启运。

车站、码头检疫因有时间限制，所以必须以简便迅速的方法进行。检查牛体温可采用分组测温法，每头牛测温尽可能在10min以内完成。猪、羊的检疫最好利用窄廊，窄廊一般长10~15m、高0.6~0.7m、宽0.35~0.45m，两侧用圆木或木板构成，两端设有活门，中间留有适当的空隙，以便检查和测温。检查中发现有病畜，按规定要求处理。

2. 运输途中检疫监督的组织　检查点最好设在预定供水的车站、码头。检疫时除查验有关检疫证明文件外，还应深入车、船仔细检查畜群。

3. 到达目的地后检疫监督的组织　动物运到卸载地时，动检人员应对动物重新予以检查。首先验讫有关检疫证明文件，再深入车、船仔细观察畜群健康情况，查对畜禽数目。发现病畜或畜禽数目不符，禁止卸载。待查清原因后，先卸健畜，再卸病畜或死畜。在未判明疾病性质或死畜死亡原因之前，应将与病畜或尸体接触过的家畜进行隔离检疫。有时尽管押运人员报告死畜是踩压致死，但也不可疏忽大意，因为途中被踩死的家畜，往往是由于患了某些急性传染病。

三、运输检疫监督的处理

（一）准运、放行或准卸

对持有合法有效检疫证明，动物佩戴有农业农村部规定的畜禽标识或动物产品附有检疫标志，证物相符，动物或动物产品无异常的，应准运或放行。

经检疫合格的动物、动物产品在规定时间内到达目的地，证明齐全，证物相符，动物经检查未发现病、死的，动物产品未发现异常的，应准卸。

（二）重检、补检

发现动物、动物产品异常的，隔离（封存）留验；检查发现畜禽标识、检疫标志、检疫证明等不全或不符合要求的，要依法补检或重检。

重检、补检后确系无疫病的畜禽及产品进行换（签）发动物检疫合格证明、动物产品检疫合格证明，对运载工具进行消毒，确认合格后予以准运或放行。

（三）处理、处罚

在检疫过程中检出病畜禽及其产品时，应根据疫病的性质，分别采取隔离、禁运、移交、通报等防控措施和无害化处理，并做好详细记录。

对于省外运入县（市）境内的动物及其产品的运载工具，应选用高效低毒的消毒药品进行严格消毒；县（市）境内如发生疫情，对运载工具封锁期内通过该疫区的，应进行严格的消毒。

对涂改、伪造、转让检疫证明的，依照《中华人民共和国动物防疫法》等有关规定予以处理、处罚。

第四节　市场检疫监督

一、市场检疫监督的概念、分类和要求

（一）市场检疫监督的概念

市场检疫监督是指进入市场的动物、动物产品在交易过程中进行的检疫。

市场检疫监督是政府行为，是由农牧部门的畜禽防疫监督机构对进入牲畜交易市场、集贸市场等进行交易的动物、动物产品所实施的监督检查，以验证、查物为主。进入市场的动物及其产品由动物检疫员逐头检疫，确定健康并取得检疫证明后进场交易，对肉品加盖验讫章，可疑病、死肉禁止销售。

市场检疫监督目的是发现依法应当检疫而未经检疫或检疫不合格的动物、动物产品，发现患病畜禽和病害肉尸及其他染疫动物产品。从而保护人类健康，促进贸易，防止疫病扩散。

（二）市场检疫监督的分类

市场检疫监督包含以下几种不同的情况。

1. **农贸集市市场检疫监督**　在集镇市场上对出售的动物、动物产品进行的检疫称为农贸集市市场检疫。农村集市多是定期的，如隔日一集、三日一集等，亦有传统的庙会。活畜交易主要在农村集市。

2. **城市农贸市场检疫监督**　对城市农副产品市场各经营摊点经营的动物、动物产品进行检疫。城市农贸市场多是常年性的，活禽的交易主要在城市农贸市场。

3. **边境集贸市场检疫监督**　对我国边民与邻国边民在我国边境正式开放的口岸市场交易的动物、动物产品进行检疫。目前，我国许多边境省（自治区）正式开放的口岸市场，动物、动物产品交易量逐年增多，在促进当地经济发展的同时，畜禽疫病亦会传入我国，必须重视和加强边境集贸市场检疫监督，防止动物疫病的传入和传出。

除此，据上市交易的动物、动物产品种类不同，有宠物市场检疫监督、牲畜交易市场检疫监督。牲畜交易市场检疫监督是指在省、市或县区较大的牲畜交易市场或地方传统的牲畜交易大会上对交易的动物进行检疫，还有专一性经营的肉类市场检疫监督、皮毛市场检疫监督等。

（三）市场检疫监督的要求

1. **要有检疫证明**　进入交易市场出售的家畜和畜禽产品，畜主或货主必须持有检疫证明、预防注射证明，接受市场管理人员和检疫人员的验证检查，无证不准进入市场。当地农牧部门有权进行监督检查。

家畜出售前，必须经当地农牧部门的畜禽防检机构或其委托的单位，按规定的检疫对象进行检疫，并出具检疫证明。凡无检疫证明或检疫证明过期或证物不符者，由动物检疫人员补检、补注、重检，并补发证明后才可进行交易。凡出售的肉，出售者必须凭有效期内的检疫合格证明、

肉品品质检验合格证和胴体加盖的合格验讫印章上市，无证、无章者不准出售。

2. 市场上禁止出售下列动物、动物产品

（1）封锁疫点、疫区内与所发生动物疫病有关的动物、动物产品。

（2）疫点、疫区内易感染的动物。

（3）染疫的动物、动物产品。

（4）病死、毒死或死因不明的动物及其产品。

（5）依法应当检疫而未经检疫或检疫不合格的动物、动物产品。

（6）腐败、变质、霉变、生虫或污秽不洁、混有异物和其他感官性状不良的肉类及其他动物产品。

3. 在指定地点进行交易　凡进行交易的动物、动物产品应在有关单位指定的地点进行交易，特别是农村集市上活畜的交易。交易市场在交易前、交易后要进行清扫、消毒，保持清洁卫生。对粪便、垫草、污物要采取堆积发酵等方法进行处理，防止疫源扩散。

4. 建立检疫检验报告制度　任何市场检疫监督，都要建立检疫检验报告制度，按期向辖区内动物卫生监督机构报告检疫情况。

5. 检疫人员要坚守岗位，秉公执法　市场检疫监督，对检疫员除着装整洁等基本要求外，必须坚守岗位，做到秉公执法，不漏检。

二、市场检疫监督的程序和方法

（一）市场检疫监督的程序

市场检疫监督的一般程序是验证查物：①合格的→准予交易；②不合格的→检疫→处理。

（二）市场检疫监督的方法

1. 验证　向畜主、货主索验检疫证明及有关证件。核实交易的动物、动物产品是否经过检疫，检疫证明是否处在有效期内。县境内交易的动物、动物产品须核查《动物检疫合格证明（动物B）》和《动物检疫合格证明（产品B）》。出县境交易的动物、动物产品须核查《动物检疫合格证明（动物A）》和《动物检疫合格证明（产品A）》，胴体还需查验讫印章。

对长年在集贸市场上经营肉类的固定摊点，经营者首先应具备四证，即《动物防疫合格证》《食品卫生合格证》《营业执照》以及本人的《健康检查合格证》。经营的肉类必须有检疫证明。

2. 查物　即检查动物、动物产品的种类和数量，检查肉尸上的检验刀痕，检查动物的自然表现。核实证物是否相符。

3. 结果　通过查证验物，对持有有效期内的检疫证明及胴体上加盖有验讫印章，且动物、动物产品符合检疫要求的，准许畜主、货主在市场交易。对没有检疫证明、证物不符、证明过期或验讫标志不清或动物、动物产品不符合检疫要求的，责令其停止经营，没收违法所得，对未售出的动物、动物产品依法进行补检和重检。

（三）补检和重检

在市场检疫监督中如发现需要对动物、动物产品进行补检和重检时，其检疫的方法和检疫的内容如下：

1. 检疫的方法　力求快速准确，以感官观察为主，活畜禽结合疫情调查和测体温；鲜肉类视检结合剖检，必要时进行实验室检验。

2. 检疫的内容

（1）活畜禽的检疫　向畜主询问产地疫情，确定动物是否来自非疫区；了解免疫情况；观察畜禽全身状态，如体格、营养、精神、姿势等，确定动物是否健康，是否患有检疫对象。

（2）动物产品的检疫　动物产品因种类不同各有侧重。骨、蹄、角多带有外包装要观察外包装是否完整、有无霉变等现象；皮毛、羽绒同样观察毛包、皮捆是否捆扎完好；皮张是否有"死皮"；对于鲜肉类重点检查病、死畜禽肉，尤其注意一类检疫对象的查出，检查肉的新鲜度，检查三腺摘除情况。

三、市场检疫监督发现问题的处理

（1）对补检和重检合格的动物、动物产品准许交易。

（2）对补检和重检后不合格的动物、动物产品进行隔离、封存，再根据具体情况，由货主在动物检疫员监督下进行消毒和无害化处理。

（3）在整个检疫过程中，发现经营禁止经营的动物、动物产品的，要立即采取措施，收回已售出的动物、动物产品，对未出售的动物、动物产品予以销毁，并据情节对畜、货主采取其他处理办法。

第四章
进出境动物及动物产品检疫

进出境动物及动物产品检疫又称国境检疫，可分为入（进）境检疫、出境检疫、过境检疫和国际运输工具检疫等。进出境动物检疫有一定的范围，而动物及其产品入境有明确的条件。

第一节　进出境动物检疫的范围和动物及其产品入境条件

一、进出境动物检疫的范围

根据《中华人民共和国进出境动植物检疫法》及《中华人民共和国进出境动植物检疫法实施条例》的规定，进出境动物实施检疫的范围，包括以下几方面：

（1）进境、出境、过境的动物、动物产品和其他检疫物；

（2）装载动物、动物产品和其他检疫物的装载容器、包装物、铺垫材料；

（3）来自动物疫区的运输工具；

（4）进境拆解的废旧船舶；

（5）有关法律、行政法规、国际条约规定或者贸易合同约定应当实施进出境动物检疫的其他货物、物品。

二、动物及其动物产品入境条件

（一）动物和动物繁殖材料入境的条件

1. 输入动物应有签订的"双边动物检疫协定"或"进口动物的检疫和卫生条件"（通常简称为"检疫条款"），即输入（过境）动物应有我国与输出国或地区签订的"检疫系统"。

如果输出国尚未与我国签订"检疫条款"，则进口单位或公民须正式提出申请，由国家检验检疫机关与输出国签订"临时检疫条款"后，方可引进。

2. 在签订输入动物合同或协议前，已向审批机构提出申请并取得《进境动物及动物产品检疫许可证》（简称《检疫许可证》）。

3. 有输出国或地区政府兽医检疫机构出具的检疫证书和动物健康证书。

（1）经输出国官方确认未发生过哪些动物传染病、寄生虫病；已消灭了哪些动物传染病、寄生虫病。

（2）输出的动物经临床检查证明是健康的。

（3）以输出动物的饲养场（所）为中心，半径在若干千米的范围内，过去多长时间未发生过哪些动物传染病，或未发现过哪些动物疫病的临床症状。

（4）输出动物在原饲养场隔离饲养期间，按"检疫条款"规定，实施的临床检查和实验室检查结果。

（5）动物输出前，在输出国官方指定的隔离场隔离检疫时，期间按"检疫条款"规定的方法进行了哪些疫病的检验，结果如何。

（6）供输出的动物已经或尚未进行哪些疫病的免疫接种，注明疫苗名称、剂量、生产厂家、接种时间。

（7）在隔离检疫期间，是否已按"检疫条款"中规定，使用输出国或地区官方批准的有效药物驱除动物体内外的寄生虫。

（8）装运动物的运输工具和装载容器，是否使用输出国官方认可的有效消毒剂进行消毒。

4. 具有合法的动物隔离检疫场　即输入动物启运前，入境口岸检验检疫机关已经安排了指定的隔离场所或临时隔离检疫场。

5. 输入动物前，国家检验检疫机关可以派兽医到输出国或地区进行产地检疫，与输出国兽医共同检疫、检验。

（二）动物产品入境的条件

1. 输入动物产品的法人，在贸易合同或协议签订前，向审批机构提出申请并取得《动物检疫许可证》。

2. 具有输出国官方兽医检疫机关出具的兽医卫生证书。

（1）输出的动物产品是来自非疫区的健康动物。

（2）输出的动物产品没有染疫或腐败变质。

（3）输出的动物产品检疫符合中国官方兽医卫生的要求。

（4）装载容器使用输出国官方认可的有效消毒剂进行消毒。

3. 外包装箱（袋）无破损、有明显的产地标记、唛头标志。

第二节　进境动物、动物产品检疫步骤

进境检疫是指从国外引进动物及其胚胎、精液、受精卵等时必须按规定履行的入境检疫手续。

根据《进出境动植物检疫法实施条例》和《国家质量监督检验检疫总局进境动植物检疫审批管理办法》的规定，对输入（进境）动物、动物产品和其他检疫物的检疫包括检疫审批、报检、检疫出证等步骤（图4-1）。

一、检疫审批

根据《进境动植物检疫审批管理办法》规定，入境动物（含过境动物）、动物产品和需要特许审批的禁止入境物，以及《农业转基因生物安全管理条例》规定的过境转基因产品需要办理检疫审批（也称检疫许可）。

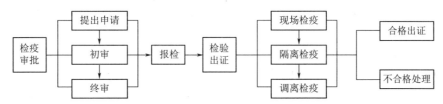

图4-1　进境动物、动物产品检疫步骤

办理检疫审批手续，必须符合下列条件：

（1）输出国家或地区无重大动物疫情；

（2）符合中国有关动物检疫法律、法规、规章的规定；

（3）符合中国与输出国家和地区签订的有关双边检疫协定（含检疫协议、备忘录等）。

检疫审批包括初审和终审，由申请办理检疫审批手续的单位（简称申请单位）提出申请。

检疫审批过程包括：提出申请、初审、终审。具体内容如下：

（一）提出申请

申请单位必须是具有独立法人资格并直接对外签订贸易合同或协议的单位。

申请单位应在签订贸易合同或协议前，向审批机构提出申请，并取得《中华人民共和国进境动物检疫许可证》（简称《检疫许可证》）。

申请单位首先按规定填写并向初审机构（指各直属出入境口岸检验检疫机构）提交《中华人民共和国进境动物检疫许可证申请表》（简称《检疫许可证申请表》），同时提供以下材料：

1. 申请单位法人资格证明文件（复印件）。

2. 填写与提交《进境动物临时隔离检疫场许可证申请表》。这是指输入动物需要在临时隔离场检疫的才填写许可证申请表。

3. 提供与定点企业签订的生产、加工、存放合同。

这是指输入动物肉类、脏器、肠衣、原毛（含羽毛）、原皮、生的骨、角、蹄，蚕茧和水产品等，在国家检验检疫机关公布的定点企业加工、生产、存放的，才提供与定点企业签订合同。

4. 提交《中华人民共和国进境动物检疫许可证》（含核销表）。按照规定可核销的入境动物产品，同一申请单位第二次申请时，要附上一次的《中华人民共和国进境动物检疫许可证》。

5. 需要提供的其他材料。如果因科学研究等特殊需要，必须引进《中华人民共和国进出境动植物检疫法》第五条第一款所列禁止进境物的，例如，动物病原体（包括菌种、毒种等）、动物疫情流行的国家和地区的有关动物、动物产品和其他检疫物、动物尸体等，须提交书面申请，说明其数量、用途、引进方式、进境后的防疫措施、科学研究的立项报告及相关主管部门的批准立项证明文件。

（二）初审

由入境口岸初审机构负责进行初审。加工、使用地不在入境口岸初审机构所辖地区内的货物，必要时还须由使用地初审机构初审。初审内容包括：

1. 申请单位提交的材料（指申请单位申请时提供的材料），是否齐全、符合规定；

2. 输出和途经国家或地区有无相关的动物疫情；

3. 是否符合中国有关动物检疫法律法规和部门规章的规定；

4. 是否符合中国与输出国家或地区签订的双边检疫协定（包括检疫协议、议定书、备忘录等）；

5. 入境后需要对生产、加工过程实施检疫监督的动物及其动物产品，审查其运输、生产、加工、存放及处理等环节是否符合检疫防疫及监督条件，根据生产、加工企业的加工能力核定其入境数量；

6. 可以核销的入境动物产品，应按照有关规定审核其上一次审批的《中华人民共和国进境动物检疫许可证》的使用、核销情况。

初审合格的，由初审机构签署初审意见，同时对考核合格的动物临时隔离检疫物出具《进境动物临时隔离检疫场许可证》；对需要实施检疫监督的进境动物产品，必要时出具对其生产、加工、存放单位的考核报告；初审机构将所有材料上报国家质检总局审核。

初审不合格的，将申请材料退回申请单位。

（三）终审

中国海关总署或其授权的其他审批机构（简称审批机构）负责终审，在收到初审机构送来的材料后进行审核，一般自收到初审机构提交的初审材料之日起30个工作日内签发《中华人民共和国进境动物检疫许可证》或《中华人民共和国进境动物检疫许可证申请未获批准通知单》（简称进境动物检疫许可证申请未获批准通知单）。

属于农业转基因生物在中华人民共和国过境的，中国海关总署应当在规定期限内做出批准或不批准的决定，并通知申请单位。

二、报检

货主或代理人在货物到达口岸前或到达时，向入境口岸检验检疫机关报检（也称检疫申报）。报验时要做以下工作：

（一）填写报检单

由报检员逐项填写《中华人民共和国进境货物检验检疫报检单》，并加盖报检单位公章。

（二）提供单证

报检时，必须提供输出国家或地区政府出具的检疫证书（正本）、入境动物或动物产品检疫审批单、提货单、贸易合同、发货票、装箱单等单证。

（三）提前报检

凡是输入种畜、禽及其精液、胚胎的，应当在进境前30d报检；输入其他动物的，应当在进境前15d报检。

口岸检验检疫机关，经审核有关单证无误后，接受报检。

三、检疫出证

口岸检验检疫机关接受报检后，按照中国的国家标准、行业标准以及国家动植物检疫局的有关规定在进境口岸实施检疫。根据输入动物、动物产品的具体情况，入境口岸动物检疫人员对报检动物或动物产品分别进行现场检疫、隔离检疫和调离检疫。

（一）现场检疫

进境动物和动物产品运抵入境口岸时，口岸动物检疫人员要登车、登船、登机对入境动物进行临床检查，对动物产品要查验外包装是否完整，有无污染情况发生；查验货物有关单证，如检验检疫机构批准的《检疫许可证》《进境货物检验检疫报检单》、输出国家或地区官方动物检疫机关签发的动物检疫证书、动物健康证书、兽医卫生证书、动物产品检疫证书、熏蒸消毒证书及其他相关证书；对运输工具和动物污染的场地进行防疫消毒处理。

现场检疫未发现进境动物出现疫病症状的，经检疫消毒后，由口岸检验检疫机关出具《调离通知单》，将进境动物、动物遗传物质调离到口岸检验检疫机关指定的隔离场做隔离检疫；对动物产品外包装良好或无其他异常情况的，签发《入境货物调离通知单》，调往指定的场所，并通知到达地所辖口岸检验检疫机关做进一步检疫、监管。

（二）隔离检疫

1. 隔离检疫的操作步骤

（1）隔离场地　入境动物必须在口岸检验检疫机关认可和指定的动物隔离场或临时隔离场实施隔离检疫。输入马、牛、羊、猪等种用或饲养动物，必须在国家检验检疫机关设立的北京、天津、上海、广州的入境动物隔离场进行隔离检疫。

（2）隔离期　一般情况下，牛、羊、猪等大中型动物隔离期45d，其他动物隔离期30d。

（3）临床检查　隔离期间，口岸动物检疫员对入境动物进行详细的临床检查，并做记录。

（4）实验室检验　对入境动物，动物遗传物质按有关规定采样，并根据我国与输出国签订的双边检疫议定书或我国的有关规定进行实验室检验。

2. 检疫处理　动物经检验合格的，口岸检验检疫机关出具《动物检疫证书》或签发《检疫放行通知单》或在报关单上加盖印章，海关可以验放，准许入境。

动物经检疫不合格的，签发《检验检疫处理通知单》，通知货主或者其代理人，并在口岸检验检疫机关的监督下，按要求进行除害、退回或销毁处理。如果检出《中华人民共和国进境动物一、二类传染病、寄生虫病名录》（简称名录）中的一类疫病的，全群动物或动物遗传物质禁止入境，做退回或销毁处理；检出《名录》中二类疫病的阳性动物禁止入境，做退回或销毁处理，同群的其他动物放行，并进行隔离观察；阳性的动物遗传物质禁止入境，做退回或销毁处理。

（三）调离检疫

根据检疫需要，动物检疫员可在入境现场或指定的隔离场、仓库采取入境动物产品样品做实验室检验。采取样品的采样人员应出具《采样凭证》，如实填写被采样品的品名、数量、重量等。

经检疫合格的签发《检验检疫放行单》。

经检疫不合格的，口岸检验检疫机关签发《检验检疫处理通知单》，通知货主或代理人进行除害、退回或销毁处理，货主或代理人可执此单向海关核销入境数量。

海关对输入（进境）的动物、动物产品和其他检疫物，凭口岸检验检疫机关在报关单上加盖的印章或签发的《检疫放行通知单》验放。

第三节　出境动物、动物产品检疫步骤

出境检疫是指对输出到其他国家和地区的动物及其相关产品出境前实施的检疫。

出境动物产品检疫是指对输出到其他国家和地区的、未经加工或虽经加工但仍然有可能传播疫病的动物产品实施的检疫。

出境动物及动物产品检疫包括报检、实施产地检疫、运输工具消毒、离境口岸查验换证等步骤（图4-2），现介绍如下：

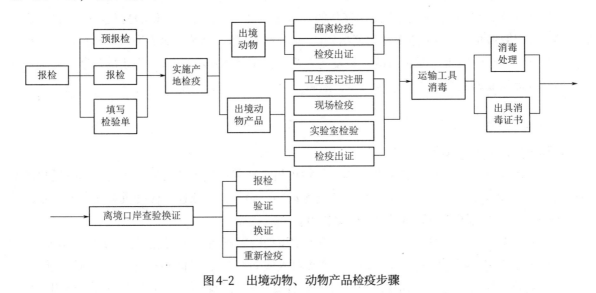

图4-2　出境动物、动物产品检疫步骤

一、报检

根据《中华人民共和国进出境动植物检疫法》第二十条规定，货主或代理人在动物、动物产品出境前，必须向口岸检验检疫机关报检。对输出动物要向出境口岸检验检疫机关进行预报检。在办理报检手续时，应当提供贸易合同或协议等单证。

（一）预报检

货主或代理人应在动物计划离境前60d向出境口岸检验检疫机关预报检，提交与该批动物有关的资料，并在出境隔离检疫前一周报检。

输出动物如果是良种家畜，还应到农业部办理品种审批手续，是野生动物到林业部国家濒危动物物种管理办公室办理审批手续，是实验动物到国家科技部办理审批手续。

（二）报检

货主或代理人根据检疫需要提前向口岸检验检疫机关报检。

凡是肉脏类、动物水产品、蛋类、奶制品、蜂蜜及其他须经加工的动物产品，在加工前向加工企业所在地的口岸检验检疫机关报检；其他动物产品出境，按口岸检验检疫机关规定地点和期限向口岸检验检疫机关报检；对不需要进行加工的原毛类动物产品，货主或者其代理人可在出境前向口岸检验检疫机关报检。

（三）填写报检单

货主或者代理人填写《出境货物检验检疫报检单》，同时提交贸易合同或有关协议、信用证、出口食品卫生注册或登记证及其他有关单证。

如有以下情况，口岸检验检疫机关不接受报检：

1. 有关单证不全；

2. 动物、动物产品来自疫区；

3. 原产地疫情不明；

4. 出境产品的生产、加工、存放的兽医卫生条件达不到要求。

二、实施产地检疫

口岸检验检疫机关接受报检后，对出境动物、动物产品的产地进行疫情调查，确认出境动物的健康状况和出境动物产品的生产、加工等兽医卫生条件是否满足输入国的要求。

实施检疫时，依照我国与国外签订的动物检疫及动物卫生协定、议定书、协议及有关检疫要求进行检疫。

（一）出境动物的产地检疫

主要进行确定隔离场、隔离检疫、检疫出证等方面工作。具体内容如下：

1. **确定隔离场**　在接受报检后，对进行出境前隔离检疫的动物，由口岸检验检疫机关审查确认隔离场。

2. **隔离检疫**　由出境口岸检验检疫机构派出检疫人员进隔离场负责检疫的各项工作，包括：按照两国政府签订的检疫协议、条款或输入国的检疫要求，对出境动物进行临床检查和实验室检验工作。对输入国无检疫条款和检疫要求的，按我国有关规定实施检疫。

3. **检疫出证**　经检疫合格的动物，在启运前由国家检验检疫局授权的兽医签发《动物检疫证书》。出境动物的检疫有效期为7d（从动物检疫证书填写的检疫日期至动物出境日期止）。在有效期7d内运抵离境口岸，并出境，超过7d有效期的，在离境时，口岸要重新检疫、签证。

海关凭口岸动物检验检疫机关签发的检疫证书或在报关单上加盖的印章验放。

4. **消毒处理与押运**　口岸出入境检验检疫机构对装运动物出境的运输工具、装运场地进行消毒处理。必要时，出入境检验检疫机构还可派员随押运人员一起了解运输途中的有关情况。

（二）出境动物产品的产地检疫

主要进行卫生登记注册、现场检疫、实验室检验、检疫出证等方面工作，具体内容如下：

1. **卫生登记注册**　对输出肉类产品，其生产、加工、存放企业应在检验检疫机关实行卫生登记注册。

2. **现场检疫**　口岸检验检疫机关派出动物检疫人员到出境动物产品生产、加工、存放的工厂和仓库进行现场检疫。

3. 实验室检验　对出境动物产品生产、加工过程进行检疫监督，并进行必要的实验室检验。

4. 检疫出证　经检疫合格的出具《兽医卫生证书》。

三、运输工具消毒

主要进行运输工具的消毒处理，并出具消毒证书等方面工作，具体内容如下：

1. 消毒处理　装载出境动物、动物产品的运输工具应当保持清洁、卫生。装载肉类、蛋类、奶制品、动物水产品等的运输工具、集装箱须有良好的冷冻、冷藏能力，在口岸检验检疫机关或其委托检疫人员的监督下，使用国家检验检疫机关批准或认可的消毒药物，对出境动物、动物产品及运输工具、装载容器、外包装、装卸工具和现场进行消毒处理。

2. 出具消毒证书　经消毒处理后，要根据消毒处理情况，出具消毒证书，如出具《熏蒸/消毒证书》《运输工具消毒证书》。

四、离境口岸查验换证

主要进行报检、验证、换证、重新检疫等方面工作，具体内容如下：

1. 报检　在出境动物、动物产品抵达离境口岸前，货主或代理人应当向离境口岸检验检疫机关申报，并提交有关单证。

2. 验证　离境口岸检验检疫机关对原运输工具装运出境的，要查验报检单、动物检疫证书、兽医卫生证书、口岸换证凭单等单证，并核对货物种类、数量、重量、产地、包装、唛头标志等，如证货相符即放行。

3. 换证　如果需要改变运输工具的，须在离境口岸检验检疫机关办理换证手续。

4. 重新检疫　对货证不符的或不具备有效检疫证书，由口岸检验检疫机关视情况实施重新检疫和检疫处理。

经检疫合格的出境动物、动物产品应当在离境口岸检验检疫机关或授权的人员监督下装运，限期离境。

出境动物经检疫不合格或出境动物产品经检疫不合格又无有效方法做除害处理的，不准出境。

第四节　过境动物、动物产品检疫步骤

过境检疫是指对经某国国境运输的动物、动物产品、其他检疫物及装载动物和动物产品的运输工具、装载容器等实施的检疫。过境动物、动物产品检疫步骤包括：申请、填写过境检疫申请表及相关单证、办理动物过境检疫许可证、报检、检疫和处理等。

一、过境动物检疫许可证办理的原则

1. 详细了解产地国及进入过境国前所有途经国家动物的疫情状况，如果这些国家发生或流行法定的一类（或A类）动物疫病、新发现的疫病或其他严重威胁畜牧业生产和人类健康的疫病时，全群动物不准过境。

2.要求过境的动物必须经出口国检疫机关检疫，并证明健康无病。

3.要求运输途经的下一个国家检疫机关出具动物进境检疫许可证或动物接收证明，以避免动物滞留过境国。

4.同意动物过境时，由检疫机关签发《动物过境检疫许可证》。

二、过境动物、动物产品检疫步骤

（一）过境申请

承运人要求运输动物过境时，应提前向过境国家提出过境检疫申请。

（二）填写过境检疫申请表及出示相关单证

承运人填写过境检疫申请表，并同时出示输出国家或地区动物检疫机关出具的检疫证书。

（三）办理动物过境检疫许可证

要求运输途经的下一个国家检疫机关出具动物进境检疫许可证或动物接收证明，如同意动物过境，由检疫机关签发《动物过境检疫许可证》。

（四）报检

承运人应向过境口岸检疫机关报检，填写报检单，加盖报检单位公章，同时提供相关单证，如输出国家或地区出具的检疫证书（正本）、动物过境许可证、货运单等。

（五）检疫

过境动物运达进境口岸时，由进境口岸动物检疫机关实施检疫，检疫内容主要包括：①运输工具、容器外表、接近动物及动物产品的人员及被污染场地的消毒处理。②查验动物健康证明和临床检查。

（六）处理

1.经检疫合格的，准予过境。

2.经检疫不合格的，可采取扑杀、销毁、除害、退回和不准出境等强制性处理措施。例如检疫发现法定的一、二类动物疫病、寄生虫病时，全群动物不得过境；又如过境动物的饲料受病虫害污染的，做除害、不准过境或者销毁处理；再如运输工具或者包装发现"名录"中所列病虫害的，做除害处理或不准过境。

3.过境的动物尸体、排泄物、铺垫材料及其他废弃物，必须按检疫机关的规定处理，不得擅自抛弃。

第五节 携带、邮寄进出境动物及动物产品检疫

一、禁止携带、邮寄进境的检疫物名录及有关规定

(一) 禁止携带、邮寄进境的检疫物名录

农业部2012年1月发布的《中华人民共和国禁止携带、邮寄进境的动植物及其产品名录》中包括动物及动物产品类、植物及植物产品类和其他检疫物类。表4-1所列为动物及动物产品类和其他检疫物类,详见表4-1。

表4-1 中华人民共和国禁止携带、邮寄进境的动物用动物产品和其他检疫物名录

类别	名 称
活动物	所有的哺乳动物、鸟类、鱼类、两栖类、爬行类、昆虫类和其他无脊椎动物,动物遗传物质
动物产品	(生或熟) 肉类 (含脏器类) 及其制品;水生动物产品。动物源性奶及奶制品,包括生奶、鲜奶、酸奶,动物源性的奶油、黄油、奶酪及其他未经高温处理的奶类产品。蛋及其制品,包括鲜蛋、皮蛋、咸蛋、蛋液、蛋壳、蛋黄酱及其他未经热处理的蛋源产品等。燕窝 (罐头装燕窝除外)。油脂类,皮张、毛类,蹄、骨、角类及其制品。动物源性饲料 (乳清粉、血粉等)、动物源性中药材、动物源性肥料
其他检疫物	动物尸体、动物标本、动物源性废弃物。菌种、毒种等动植物病原体,害虫及其他有害生物,细胞、器官组织、血液及其制品等生物材料。转基因生物材料。国家禁止进境的其他动植物、动植物产品和其他检疫物

(二) 携带伴侣动物入境的有关规定

携带者携带伴侣动物入境须持有输出国家或地区官方兽医检疫机关出具的动物检疫证书、动物免疫注射证等证书。

入境时向入境口岸检验检疫机构报检,并接受检疫。无动物检疫证书和动物免疫注射证的伴侣动物做退回或扑杀处理。

携带者携带犬、猫等宠物入境,每人只限一只。

二、入境携带动物和动物产品的检疫步骤

入境人员携带动物和动物产品的检疫步骤包括:申报、提供相关单证、检疫及处理等。

(一) 申报

入境人员携带动物、动物产品或其他检疫物入境时,应主动向海关申报,并在海关申报单上填报动物检疫内容;或直接向口岸出入境检验检疫机关报检。

(二) 提供相关单证

入境人员携带动物入境,须提供输出国家或地区官方兽医检疫机关出具的检疫证书和动物免

疫注射证书。

（三）检疫与处理

凡携带有国家禁止携带进境物名录中的动物和动物产品入境的，做退回或销毁处理。但经过国家出入境检验检疫局特许的，并具有输出国或地区官方出具的检疫证书的动物，不受禁止名录的限制。凡携带名录以外的动物、动物产品入境的，必须持有输出动物的国家或地区政府检验检疫机构出具的检疫证书。

入境携带动物、动物产品检疫进行隔离检疫和现场检疫，并做出检疫处理。

1. 隔离检疫　对携带进境的动物由动物检疫人员在现场进行临床检查，观察动物有无疫病（传染病和寄生虫病）的临床症状。如果未发现疫病症状，则签发《调离通知单》，将入境动物调入口岸出入境检验检疫机构指定的隔离场所进行隔离检疫。在隔离场所进行隔离检疫期间，主要对隔离的动物进行临床检查和有关的实验室检验。经检疫合格的，隔离期满准予入境。大中动物隔离期为45d，小动物为30d。

2. 现场检疫　对旅客携带的动物产品，由入境口岸检验检疫机构进行现场检疫，不合格的做退回或销毁处理；须进一步检疫的，应截留检疫物并签发《进出境旅客携带物留检/处理凭证》。留检合格的，签发《检验检疫放行单》，予以放行并限期领取；留检不合格的，作销毁处理，并签发《进出境旅客携带物留检/处理凭证》，通知处理结果。

三、出境携带物检疫

出境携带动物或动物产品和其他检疫物检疫包括报检、检疫出证等步骤。

（一）报检

凡携带动物、动物产品和其他检疫物出境，须向口岸检验检疫机关报检。旅客携带伴侣动物出境，报检时，要提供狂犬病免疫接种证明。

（二）检疫出证

对携带出境的动物产品和其他检疫物，经现场检疫合格，则出具《检验检疫放行单》，予以放行。携带犬、猫等宠物出境的，由出境口岸检验检疫机构根据输入国或地区的要求，对申报的伴侣动物实施检疫，检疫合格的，出具《动物健康证书》，准予出境。

四、进出境邮寄物检疫

（一）入境邮寄物检疫

邮寄入境的动物产品和其他检疫物的检疫，由入境口岸检验检疫机构在国际邮件互换局（含国际邮件快递公司及其他经营国际邮件的单位，以下简称邮局）结合邮局、海关工作程序执行。经现场检疫合格的，在邮件上加盖检疫放行单，交邮局运递。

需要实验室检验或隔离检疫的，由检疫人员向邮局办理交接手续。检疫合格的，加盖检疫放行单，交邮局运递；检疫不合格的，做除害处理，并签发《检疫处理通知单》，写明处理原因和处理方法，随同邮包由邮局交收件人。无法做除害处理的，在邮包外贴退回标签，注明退回原因，交邮局退回寄件人。

（二）出境邮寄物检疫

邮寄出境的动物、动物产品和其他检疫物，物主有检疫要求的，向口岸出入境检验检疫机构报检，检疫合格的，签发检疫证书。

第六节　国际运输工具检疫

鉴于装载动物、动物产品的运输工具常在国际间不同国家或地区间运行，容易成为动物疫病病原体携带媒介。因此除对装载动物、动物产品及其他检疫物进境、出境、过境的运输工具进行动物检疫外，《中华人民共和国进出境动植物检疫法》还规定对来自动物疫区的船舶、飞机、火车及进境车辆等也实施检疫。国际运输工具检疫步骤包括：申报、检疫及处理等。

一、申报

在申报时除要报告运输工具抵达时间、停泊地点、靠泊移泊计划等外，还须提交总申报单、物品申报单、货物申报单或载货清单。

二、检疫

检疫机关对来自动物疫区的船舶、飞机、火车，可以登船、登机、登车实施现场检疫。重点检查生活区、货（客）舱、厨房、食品仓、冷藏室和动物性废弃物、泔水存放场所及容器等。

三、检疫处理

1. 当发现有我国规定禁止或者限制进境的动物、动物产品或其他检疫物时，检疫机关有权施加封识或截留销毁处理；对进境运输工具上的泔水、动物性废弃物及其存放场所、容器等应在口岸检疫机关的监督下进行无害化处理；所有进境车辆由检疫机关进行防疫消毒处理。

2. 来自动物疫区的进境运输工具经检疫或经消毒处理合格后，如运输工具负责人或者代理人要求出证的，由口岸动物检疫机关签发《运输工具消毒证书》或《运输工具检疫证书》。

第二篇
动物疫病检疫

第五章
一类动物疫病检疫

第一节　口　蹄　疫

口蹄疫（foot and mouth disease，FMD）俗名口疮、蹄癀、脱靴，是由口蹄疫病毒引起的偶蹄动物共患的一种急性、热性、高度接触性传染病，其特征是在口腔黏膜、舌面、唇面、鼻腔、蹄部和乳房皮肤发生水疱，并溃烂形成烂斑。OIE将其列为必须通报的动物疫病，我国列为一类动物疫病。

［病原特性］

本病病原为口蹄疫病毒（*foot and mouth disease virus*，FMDV），属于微核糖核酸病毒目（*Picornavirales*）微核糖核酸病毒科（*Picornaviridae*）口蹄疫病毒属（*Aphthovirus*）成员。

口蹄疫病毒粒子整个外形呈球形，直径23～25nm，无囊膜，由"假"二十面体对称的衣壳和病毒核酸所构成。病毒衣壳由60个不对称亚单位组成，每个亚单位各含一个VP1蛋白、VP2蛋白、VP3蛋白和VP4蛋白。VP4蛋白位于病毒颗粒内部，其余3种结构蛋白参与组成衣壳表面，其中5个VP1蛋白分子连接在一起形成五邻粒，VP2蛋白和VP3蛋白交叉分布形成六邻粒。口蹄疫病毒基因组RNA全长约8.5kb，为单股正链RNA。

口蹄疫病毒可在原代牛甲状腺细胞、猪、犊牛和羔羊原代肾细胞内增殖，并引起细胞病变（CPE），以细胞圆缩和核致密化为主要特征，其中犊牛甲状腺细胞对口蹄疫病毒极为敏感，并能产生极高的病毒滴度，特别适用于从病料中分离病毒，传代细胞系如幼仓鼠肾细胞（BHK-21）、猪肾细胞（IBRS-2、PK-15）等也广泛用于口蹄疫病毒的增殖。

口蹄疫病毒目前有7个血清型，即O型（O）、A型（A）、C型（C）、南非1型（SAT 1）、南非2型（SAT 2）、南非3型（SAT 3）和亚洲1型（Asia 1），以O型最常见，占83.3%，每一个型又可分为若干亚型，现已有70多个亚型。但因抗原不断发生漂移，亚型一般不易准确区分。各血清型之间不能产生交叉免疫保护，感染了某型病毒后的康复动物或免疫某型病毒疫苗后的动物，仍可感染其他型病毒。

根据毒株基因序列和区域进化关系分析，口蹄疫病毒可分为若干个遗传拓扑型（Topotype），如O型口蹄疫病毒目前分8个拓扑型，即Cathay（古典中国型）、ME-SA（中东-南亚型）、SEA（东南亚型）、Euro-SA（欧洲-南美型）、ISA-1（印度尼西亚-1型）、ISA-2（印度尼西亚-2型）、

EA（东非型）和WA（西非型），其中ISA-1、ISA-2被认为已经灭绝。通常流行的O型毒株都属于ME-SA拓扑型，人们熟知的泛亚株（Pan Asia strain）属于ME-SA（中东-南亚型）。又如C型口蹄疫病毒可分为8个拓扑型，即Euro-SA（欧洲-南美型）、Angola、Philippines、ME-SA（中东-南亚型）、Sri Lancka、EA（东非型）和Tasjikistan。

口蹄疫病毒可感染多种动物，以牛、猪、羊、骆驼、鹿、麝等偶蹄动物为主，也可以感染人。患病动物在急性期和亚急性期大多数组织液内含有高滴度的病毒，可随分泌物和排泄物排出，水疱皮和水疱液内的病毒滴度最高，通常于急性期后1～3周再不能在感染组织内发现病毒，但口蹄疫病毒可能以潜伏状态存在于软腭、咽、扁桃体长达15个月以上。

易感动物感染口蹄疫病毒或接种疫苗后，机体会诱导产生以体液免疫为主的特异性免疫反应，其中起主要保护作用的是中和抗体，动物的抗感染能力与所产生的中和抗体的亲和力、滴度以及介导吞噬细胞的活性相关。此外，细胞免疫在抗口蹄疫病毒感染中也起着一定作用，黏膜免疫也起着重要的作用。

口蹄疫病毒对热敏感，在4℃较稳定，在−20℃以下（尤其是−70～−50℃）十分稳定，可保存几年之久，但不耐高温（37℃ 48h或58℃ 40min可使病毒灭活）和阳光直射（50℃以上逐渐失活）；对酸碱敏感（pH＜6.0或＞9.0时可失活，在2% NaOH、4% NaHCO$_3$和20%柠檬酸下失活），对石炭酸、酒精、乙醚、氯仿等有机溶剂类消毒剂不敏感；在污染的饲料和环境中可存活1个月以上。

［分布与危害］

1. 分布　早在1544年，Hieronymus和Fractastorius在意大利发现本病并做了描述。之后，17世纪、18世纪、19世纪相继出现有关此病的报告。口蹄疫已广泛分布于欧洲、非洲、南美洲和亚洲，尤其亚洲、非洲和南美洲等发展中国家和地区发病更为严重。目前北美洲和澳洲还没有此病的报道。

我国也发生过口蹄疫，1902年甘肃酒泉一带口蹄疫大流行，相继在新疆、青海、江苏、安徽、河北等地发生，1997年我国台湾也发生过，1999年5月在海南、福建、西藏等地个别地区也有发生，分离的病毒为O型。

2. 危害　口蹄疫直接危害表现为患病动物发生死亡，成年动物死亡率低于5%，但幼畜因心肌炎可导致死亡率高达50%以上。

康复动物生产能力和动物产品质量降低。间接损失表现为流行地区的易感动物及其产品被禁止销售，发病动物及其接触动物被强制扑杀，动物及其产品出口受阻，严重影响了畜牧业生产的发展，甚至可给牧业的生产造成毁灭性打击。

口蹄疫是一种人兽共患病，防治口蹄疫发生具有重要的公共卫生意义。

［传播与流行］

1. 传播　偶蹄动物中最为易感的是牛科动物（牛、瘤牛、水牛、牦牛）、猪、羊（绵羊、山羊）以及野生偶蹄动物（如鹿、羚羊、野牛和野猪）；易感性较低的是驼科动物，如双峰骆驼、单峰骆驼、美洲驼、美洲骆马；人也能被感染。

传染源是潜伏期、急性期感染动物及病毒携带者。感染急性期，发病动物所有分泌物、排泄物和呼出的气体均含病毒。从急性期转入恢复期时，发病动物分泌物、排泄物中的病毒含量减少并逐渐消失，但从某些感染牛、羊等反刍动物的咽喉刮取物（OP液）中能分离到病毒。

病毒携带者（或称持续感染者）为感染后咽喉带毒超过28d的动物。携带者可将病毒传递给与之接触的易感动物，传播机制尚不清楚。目前学术界主流观点认为，猪不是病毒携带者；牛的带毒期常不超过6个月，少数可长达3年，非洲水牛有的可带毒5年；水牛、绵羊和山羊，携带病毒常不超过数月。

本病主要的传播方式为接触性传染和气源性（含有病毒的空气）传播，接触传播又可分为直接接触和间接接触两种传播方式。在大放牧群和密集饲养群中，直接接触传播最为常见；在群与群之间、不同地域之间，间接接触传播是最主要的传播方式。

传染途径是消化道、呼吸道、生殖道和伤口感染病毒。牛是通过呼吸道，猪易通过消化道感染。患病动物的分泌物、排泄物、动物产品以及被污染的饲草饲料、水源、用具、车船、人流、飞鸟等都是重要的传播媒介；空气也是很重要的传播媒介。传播快和跳跃式传播是口蹄疫最大的特点。

口蹄疫对成年动物的死亡率通常在5%以下，但幼畜因心肌炎的死亡率有时高达50%以上。

2. 流行　本病流行特点是传播快、流行广、发病率高，在同一时期内，牛、羊、猪往往可一起发病；发生季节随地区而异，牧区常表现为秋末开始，冬季加剧，春季减轻，夏季平息；而农区季节性不明显。本病的暴发流行有周期性的特点，在有口蹄疫的地区一般每隔1～2年或3～5年就会暴发流行一次。

［临床症状与病理变化］

1. 临床症状　潜伏期2～14d，OIE《陆生动物卫生法典》定为14d。

典型口蹄疫症状是发热，口腔（舌、唇、颊和齿龈部）黏膜、蹄部皮肤和母畜乳房上出现特征性水疱或溃疡，表现程度与动物种类、品种、免疫状态和病毒毒力有关。幼畜常因心肌炎死亡。

（1）牛　潜伏期2～5d，体温40～41℃，精神沉郁、食欲减退，反刍减少，口流涎，呈白色泡沫状，继而（1～2d后）在唇内间、齿龈、舌面和颊部黏膜发生蚕豆至核桃大的水疱，疱内液体开始淡黄色透明，然后变为混浊灰白色。水疱破裂，形成浅表的、边缘整齐的红色烂斑。在口腔发生水疱的同时或稍后，趾间和蹄冠也发生水疱，并很快破裂形成烂斑，如果继发感染化脓，烂斑部可能化脓，形成坏疽，甚至引起蹄壳脱落。母畜乳头皮肤可出现水疱。成年牛一般呈良性经过，1周可愈，严重的2～3周。奶牛产奶量显著减少，甚至停止泌乳。乳犊牛感染水疱不明显，主要表现为出血性肠炎和心肌麻痹，突然死亡，病死率很高。

骆驼和鹿等野生动物的临床症状与牛相似。

（2）羊　潜伏期7d左右，感染率较低，症状比牛稍轻；在齿龈、硬腭和舌面出现水疱，严重者跛行。一般绵羊蹄部水疱明显，口腔黏膜变化轻微；山羊多见口腔呈糜烂性口炎，蹄部病变较轻；羔羊多因出血性肠炎和心肌炎而死亡。

（3）猪　潜伏期1～2d，病猪体温40～41℃，食欲减少或废绝，以蹄部水疱症状为主要特征，在蹄踵、蹄冠及副蹄等处可见水疱、烂斑（图5-1），走路跛行，严重者跪行或爬行。如发生继发感染易引起蹄匣脱落。有的病猪在鼻盘（图5-2）、鼻道前部、唇部皮肤，母猪的乳头，个别的在乳房上可见水疱、烂斑。

哺乳仔猪最敏感，常因发生急性胃肠炎和心肌炎而突然死亡，死亡率可达60%～80%。

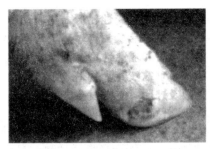
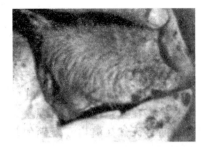

图5-1　猪口蹄疫蹄部破溃　　　　　　图5-2　鼻镜边缘水疱

（引自毕玉霞,《动物防疫与检疫技术》, 化学工业出版社, 2009）

2. 病理变化　除口腔、蹄部的水疱和烂斑外, 在咽喉、气管、支气管和前胃黏膜有时可发生圆形烂斑和溃疡, 上盖有黑棕色痂块。真胃和大小肠黏膜可见出血炎症。心肌病变为心包膜上有弥散性及点状出血, 切面有灰白色或淡黄色斑点或条纹, 好像老虎身上的斑纹, 故称"虎斑心", 具有重要诊断意义的病变。

［诊断与检疫技术］

1. 初诊　根据典型的临床症状, 结合流行病学和病理变化可以做出初步的诊断。如果要进行毒型鉴定或与类似疫病, 如水疱性口炎、猪水疱疹、猪水疱病等进行鉴别, 还需要通过实验室检测。因此本病确诊必须依靠实验室检测。

2. 实验室检测　在国际贸易中指定检测方法包括病毒中和试验（VN）、固相竞争酶联免疫吸附试验（C-ELISA）和液相阻断酶联免疫吸附试验（B-ELISA）。替代方法是补体结合试验（CF）。

被检材料的采集: 供检测的患病材料样品应采取水疱液或水疱上皮组织。最好选择未破裂或新破裂的水疱皮, 通常从舌、口腔黏膜或蹄部采取, 采样量至少应采1g, 立即置于pH7.2～7.4运输保存液中, 冷藏或冷冻保存并送检。

对不能采集到水疱皮的, 如处于发病前期或转归期, 或无临床症状的疑似感染动物, 反刍动物可用食管探杯采集食管/咽（OP）黏液, 猪可采集喉拭子样品, 立即加入2mL运输液, 并置-40℃的干冰或液氮容器保存运输。

病毒血症期动物可采集血清样品, 用于反转录聚合酶链式反应（RT-PCR）检测或病毒分离。

（1）病毒分离鉴定　口蹄疫病毒可在犊牛甲状腺原代细胞和猪、犊牛或羔羊肾原代细胞以及幼仓鼠肾（BHK-21）、IB-RS-2等细胞培养中增殖, 并常引起细胞病变。原代细胞为敏感的培养细胞, 而BHK-21和IB-RS-2细胞系对低量感染检出敏感性不如原代细胞, IBRS-2细胞系有助于鉴别猪水疱病病毒与口蹄疫病毒, 也通常用于分离嗜猪毒株, 如O型Cathay口蹄疫毒株。

①病毒分离: 取水疱皮和水疱液常规处理后接种犊牛甲状腺原代细胞和猪、犊牛或羔羊肾原代细胞或BHK-21、IB-RS-2等细胞培养, 48h后检查细胞病变, 如果检查不到CPE, 则将细胞冷冻解冻, 再接种细胞, 培养48h后检查CPE。一般在接种后36～48h即可出现比较明显的CPE。病变细胞以圆缩和核致密化为特征。吸出感染细胞培养液置-20℃保存或做病毒鉴定。

②病毒鉴定: 用电子显微镜、血清学检验（酶联免疫吸附试验、补体结合试验）、分子生物学检验、动物回归试验等鉴定病毒, 包括型的鉴定和核苷酸序列分析。

（2）血清学试验　采用病毒中和试验、酶联免疫吸附试验、补体结合试验等。

口蹄疫血清学检测分病毒结构蛋白（SP）抗体检测和病毒非结构蛋白（NSPs）抗体检测两类。

①病毒结构蛋白抗体检测：此法具有型特异性，可检出免疫或感染诱导的抗体。具体方法有病毒中和试验、固相竞争酶联免疫吸附试验和液相阻断酶联免疫吸附试验，这些试验的型特异性和敏感性均很高，但试验用的病毒或抗原须与野外流行毒株匹配。

病毒中和试验、固相竞争酶联免疫吸附试验和液相阻断酶联免疫吸附试验均为国际贸易指定试验，适用于野外非免疫动物既往或目前感染情况的确诊，以及免疫接种动物的免疫水平监测。其中VN需要病毒培养设施，采用活病毒进行试验，2～3d才能出结果。而C-ELISA和B-ELISA均采用血清型特异单克隆或多克隆抗体，不使用活病毒，不需要病毒培养设施，易操作，结果快捷，但血清抗体滴度低时存在假阳性反应。联合采用ELISA和VN，即以ELISA进行筛检，阳性者再以VN复检，可最大限度地降低假阳性结果。

②病毒非结构蛋白（NSPs）抗体检测：此法可鉴定任何口蹄疫血清型既往或目前感染情况，或鉴定动物是否实施过免疫。常用于疑似病例确诊，病毒活动状况检测或畜群无疫认证。用于动物贸易检疫时，此法对未知血清型口蹄疫感染检测优于结构蛋白（SP）检测方法。

对重组表达的口蹄疫病毒非结构蛋白抗体，可用各种酶联免疫吸附试验或免疫印迹法（IB）检测。酶联免疫吸附试验或用纯化抗原直接吸附到微孔板，或用多克隆、单克隆抗体从半纯化物中捕获特异抗原，具体方法有间接酶联免疫吸附试验（I-ELISA）和酶联免疫电转移印迹试验（EITB）。

（3）分子生物学检测　主要是反转录聚合酶链式反应，用于扩增诊断材料中的口蹄疫病毒基因片段，可直接检测病毒。适用于水疱皮、乳、血清和OP液等样品的诊断检测。实时反转录聚合酶链式反应（rtRT-PCR）敏感性高于病毒分离，且自动化程序提高了样品检测吞吐量。原位杂交技术（ISH）适用于检测组织样品中口蹄疫病毒的RNA，但须在专门的实验室进行。

（4）生物学试验　取水疱皮等病料常规处理后接种乳鼠或豚鼠，观察其症状和病变，但必须有可靠的防止病原扩散的试验条件，否则不能进行生物学试验。

3. 鉴别诊断　与口蹄疫的临床症状易混淆的疫病是：水疱性口炎、猪水疱疹、猪水疱病。其他应鉴别的疫病是：牛瘟、牛传染性鼻气管炎、蓝舌病、牛乳房炎、牛丘疹性口炎、牛病毒性腹泻/黏膜病。

［防治与处理］

1. 防治　可采取以下一些措施。

（1）平时加强对家畜的检疫，特别对集市、收购、屠宰等环节的检疫工作。

（2）常发地区要定期进行预防接种。牛可用矿物油和氢氧化铝佐剂灭活疫苗，猪可用油佐剂灭活疫苗，一般使用灭活苗较为安全。免疫保护率为80%～90%，接种后10d产生免疫力，免疫持续期为6个月。注射方法、用量及注意事项按照疫苗说明执行。免疫所用疫苗的毒型必须与流行的口蹄疫毒型一致，否则无效。

（3）对边境地区进行预防注射，建立免疫带，加强联防，防境外传入。

（4）做好经常性的消毒灭源及严禁从疫区引进家畜及其产品。

2. 处理　发生口蹄疫时，必须按《中华人民共和国动物防疫法》及有关规定，采取紧急、强制性、综合性的控制和扑灭措施，包括实施封锁、隔离、消毒、扑杀及无害化处理等。具体处理措施有以下几方面。

（1）查明疫情并立即上报　发生家畜口蹄疫时，要及时查明疫情，包括发病家畜种类、发病数、死亡数、发病地点及范围，临床症状和实验室检验结果，并立即（24h以内）向当地动物防疫监督机构报告疫情，同时逐级上报至国务院畜牧兽医行政主管部门。

（2）划定疫点、疫区，采取封锁、隔离、消毒、扑杀与无害化处理等措施　①当地畜牧兽医行政主管部门接到疫情报告后应立即划定疫点、疫区、受威胁区，由发病地县级以上人民政府发布封锁令，对疫区实行封锁。同时向上一级人民政府备案。②禁止疫区内相关动物及其产品的流动，关闭疫情区内的相关动物及其产品的交易市场。③疫区内可疑疫畜要严格隔离，不得随便移动，并指定专人护理、固定专人饲养。④在疫点的出入口和出入疫区的主要交通路口设置消毒点（坑），对出入疫点、疫区的人员、车辆进行检查和消毒。⑤扑杀并无害化处理所有病畜和同群畜及其产品（应按GB 16548—1996《畜禽病害肉尸及其产品无害化处理规程》规定处理）。消毒栏舍、场地及所有受污染物体（如器具、车辆、衣物等）；污水、污物和粪便等必须严格消毒和无害化处理。

对污染物场地、畜舍、用具消毒可选用1%～2%烧碱、10%石灰乳溶液，2%甲醛溶液、0.1%～0.5%过氧乙酸、5%氨水、0.5%～1%次氯酸钠、强消毒灵等消毒药；对毛、皮张可用环氧乙烷、甲醛和高锰酸钾溶液熏蒸消毒；肉品可用2%乳酸溶液或自然后熟产酸处理；粪便可用堆积发酵处理。

（3）实行免疫接种　经毒型鉴定后，对封锁区内健康动物实行紧急免疫接种，并对受威胁区的易感动物实行免疫接种，建立免疫带。免疫接种的疫苗一般采用灭活苗，效果既好又安全。

（4）解除封锁时间是在封锁的疫点、疫区最后一头病畜死亡或扑杀后14d，并经过彻底消毒和清扫，由县级以上畜牧兽医主管部门检查合格后，报发布封锁令的人民政府解除封锁。

第二节　猪水疱病

猪水疱病（swine vesicular disease，SVD）又称猪传染性水疱病，由猪水疱病病毒引起猪的一种急性、高度接触性传染病。以蹄冠、蹄叉以及偶见唇、舌、鼻镜和乳头等部位皮肤或黏膜上发生水疱为特征。我国列为一类动物疫病。

[病原特性]

病原为猪水疱病病毒（*Swine vesicular disease virus*，SVDV），属于微RNA病毒目（*Picornavirales*）微RNA病毒科（*Picornaviridae*）肠病毒属（*Enterovirus*）成员。与同属的人类柯萨奇病毒（*Human coxsackie virus*）B5型生物学特性十分相似，通常认为是人类柯萨奇病毒B5（CVB5）的猪变异体。

病毒粒子呈球形，直径为22～30nm，无囊膜，由裸露的二十面立体对称的衣壳和含有单股RNA的核心组成。在负染标本中，可见衣壳有许多空的圆筒形壳粒构成。在感染细胞的胞质内，成熟的病毒粒子常呈晶格状排列，在发生病变的细胞胞质空泡膜内凹陷处形成特异的环形串珠状排列，SVDV粒子的衣壳由4种结构蛋白构成，即1A（VP4）、1B（VP2）、1C（VP3）和1D（VP1），1A为紧靠病毒核酸的内壳蛋白，1B、1C、1D为外壳蛋白。

SVDV在猪肾原代细胞或传代细胞（PK-15、IB-RS-2）上易增殖，接毒6h后即可看到细胞出现病变（CPE），细胞质内出现颗粒，变圆、缩小，24h后完全崩解，48h细胞单层全部脱落。不同的毒株在IB-RS-2细胞单层上可见到大小不等、分布不均的蚀斑，大斑直径可达4～5mm。不能凝集家兔、豚鼠、牛、绵羊、鸡、鸽等动物及人的红细胞。

目前，SVDV只有一个血清型，但是在不同分离株之间存在抗原变异性。应用人肠道病毒A-H血清与猪水疱病病毒做中和试验，只有与柯萨奇B5有关的C和E两组血清能中和猪水疱病病毒。

SVDV在pH2.5～12.0内稳定，50℃ 30min仍不丧失感染力，但在56℃ 1h可以灭活，60℃ 30min和80℃ 1min即可灭活，在低温下可长期保存。病毒对消毒药有较强的抵抗力，在有机物存在下，可被1% NaOH加去污剂灭活；在无有机物存在下，可用氧化剂、碘伏、酸等消毒剂加去污剂消毒。病毒对环境有很强的抵抗力，腌、熏加工不能使其灭活。如在火腿中可存活180d，在香肠和加工的肠衣中可分别存活1年和2年以上。病毒在污染的猪舍内可存活4周以上。

［分布与危害］

1. 分布　本病1966年在意大利被首次发现，1971年在香港地区发生，随后相继在英国、奥地利、法国、波兰、比利时、德国、日本、瑞士、匈牙利、罗马尼亚、马耳他、保加利亚等发生流行。我国已有多年未见报道。1973年1月在罗马召开的猪水疱病和口蹄疫会议上，正式采用了猪水疱病这一病名。

2. 危害　本病除可引起初生仔猪死亡外，成年猪感染后如无继发感染情况下，一般死亡率很低。本病对猪的危害主要是影响健康和生产性能。但由于该病传播快、发病率很高（可达100%），严重危害养猪事业及进出口贸易活动。

［传播与流行］

1. 传播　在自然感染中仅猪发病（猪为唯一的自然宿主），不同年龄、性别、品种均可感染。牛、羊接触本病可感染但不发病，牛可短期带毒，绵羊从咽部、乳汁和粪便中也可分离到病毒。

传染源为病猪、潜伏期猪和病愈带毒猪，通过粪、尿、水疱液、乳汁排毒。感染猪的肉屑及淋水；污染的圈舍、车辆、工具、饲料及运动场地都是危险的传染源。在感染猪临床症状出现48h前，病毒可经口、鼻及粪便排出；感染后前7d病毒排出量最高，一般2周后病毒停止从口鼻排出，但从粪便排毒可达3个月之久。

本病主要通过消化道传播，也可通过呼吸道黏膜和眼结膜感染。此外，还可通过受伤的蹄部、鼻端皮肤感染。尚无垂直传播证据。

2. 流行　本病一年四季均可发生，但多见于冬、春两季。散养发病率低，集中圈养发病率高，因此在饲养密度高、调运频繁下，极易造成本病的流行。除新生仔猪外，若无其他感染，一般不引起死亡。

本病传播没有口蹄疫快，流行较缓慢。

［临床症状与病理变化］

1. 临床症状　潜伏期为2～7d，有的可更长，OIE《陆生动物卫生法典》规定为28d。

根据病毒株、感染途径、感染量及饲养条件的不同，本病表现为典型型（严重水疱型）、温和型和隐性型（亚临床型）。

典型型（严重水疱型）：病猪呈暂时热，体温升高至41℃（水疱破溃后即降至正常）；随后蹄冠出现水疱，尤以蹄叉最典型，严重者波及整个蹄冠，致使蹄匣脱落。水疱也可现于鼻吻部（尤其是鼻吻背侧）、唇、舌及乳头上，但极少见，膝也可见浅在烂斑。无并发疾病时，发病猪极少死亡，通常在2～3周内完全恢复，但因蹄冠生长时暂时受阻而留下一条黑色横线，为愈后能看到的唯一感染迹象。

病猪在出现水疱后，约有2%的猪只可出现中枢神经系统紊乱的症状，表现为前冲、转圈，用鼻摩擦或咬啮猪舍用具，眼球转动，有时出现强直性痉挛。

温和型：只有少数猪只出现水疱，传播缓慢，症状轻微，不易察觉。

隐性型：不表现临床症状，但可以排毒，造成同群猪的隐性感染。感染猪体内可产生高滴度的中和抗体。

2. 病理变化　病理解剖的病猪除口腔、鼻端和蹄部有水疱及水疱破溃后形成溃疡灶外，内脏无明显可见的变化，仅是个别猪的心内膜有条状出血斑。

病理组织学变化表现为非化脓性脑膜炎和脑脊髓炎病变，大脑中部较背部病变更严重，脑膜含有大量的淋巴细胞，血管袖套样变，多为网状组织细胞，少数为淋巴细胞和嗜伊红细胞。在脑灰质和白质出现软化病灶，在血管套细胞内及神经束细胞内可发现呈酸碱两性染色的核内包涵体。

［诊断和检疫技术］

1. 初诊　由于本病症状上与口蹄疫极为相似，与水疱性口炎也相似，所以仅从本病临床症状和病理剖解变化不能作为诊断的依据，确诊需进行实验室检测。

2. 实验室检测　在国际贸易中，指定诊断方法是病毒中和试验，替代方法是酶联免疫吸附试验。

被检材料的采集：病猪初期的舌、鼻盘、唇的水疱皮、水疱液或病死猪的心肌、扁桃体、脑干等病料（至少1g）置于pH7.2～7.4、50%甘油PBS中，抗凝全血样品（在发病期采取）和粪样。用于血清试验可采集发病猪及同群猪的血清样品（1～2mL）。供检测使用。

（1）病毒分离鉴定

①病毒分离：将病料接种适当的细胞，如猪肾细胞及猪肾传代细胞（PK15、IB-RS-2等）进行细胞培养。

②病毒鉴定：以电子显微镜、间接夹心酶联免疫吸附试验（IS-ELISA）、反转录聚合酶链式反应（RT-PCR）、动物回归试验等鉴定。

（2）血清学试验　通常用于疫情确诊、血清学监测和猪只出口认证。猪水疱病病毒抗体检测方法有病毒中和试验、酶联免疫吸附试验（ELISA）、双向免疫扩散试验（DID）、放射免疫扩散试验（RID）、对流免疫电泳试验（CIE）等方法，其中以VN和ELISA试验最常用。

①病毒中和试验：为国际贸易指定试验。将已灭活的被检血清做2倍系列稀释后，加入已接种SVDV的IB-RS-2细胞中，37℃培养48h后，用显微镜观察判定结果，根据细胞产生病变的情况，计算被检血清中和滴度。

②酶联免疫吸附试验：目前广泛应用的是液相阻断ELISA。其特点是操作简便、快速，一

般只要3h即可得出结果，重复性及特异性好，并且与中和试验有良好的对应关系。阴性和阳性之间的交叉区也比中和试验约小1/4，是唯一能取代中和试验的方法。此外，还有单克隆抗体竞争酶联免疫吸附试验（monoclonal antibody based competitive ELISA, MAC-ELISA）和同型特异性酶联免疫吸附试验（isotype-specific ELISA, I-ELISA）两种方法，用于SVDV抗体检测，使用MAC-ELISA方法来诊断猪水疱病，可以用于猪水疱病与口蹄疫、水疱性口炎的鉴别诊断，用同型特异性ELISA对SVDV感染后早期检测，实验性感染第3天就可以检测到抗体。

ELISA试验结果快捷，但检测未接触过SVDV病毒的猪血清时，存在少量的假阳性反应。5B7单克隆抗体竞争酶联免疫吸附试验（MAC-ELISA）检测SVDV抗体技术可靠，结果与其他ELISA试验类似，假阳性比例为0.25%～0.45%；阳性者以VN试验复检，约50%仍可检出阳性。

经ELISA检测阳性，但VN复检阴性的动物应判为未感染。两种试验结果均为阳性的，应对原猪只以及其同群猪重新采样检测。重检时，若某阳性动物仍检出SVDV抗体阳性（滴度与先前相当或呈下降趋势），但其同群动物却未检出SVDV抗体的，应判为"孤阳性（SR）"。导致"孤阳性"的原因目前尚不清楚。出现SVDV血清学交叉反应，有可能存在其他未知微RNA病毒感染或血清中含非特异性因子，此时通过鉴定阳性血清中的同型抗体非常有用，因SVD感染猪血清只含IgG特异抗体，或同时含有IgG和IgM抗体，而"孤阳性"血清只有IgM抗体而无IgG抗体。当SVD感染时，可用IgG/IgM同型特异性酶联免疫吸附试验检测感染猪只或其感染栏舍同群动物，若只出现IgM抗体或者IgG、IgM抗体同时出现，表明动物为新感染，而且正向外排毒；若只检出IgG抗体，则表明动物以前曾接触过SVDV。

（3）分子生物学检测　采用反转录PCR（RT-PCR）、反转录巢式（RT-nPCR）、实时荧光定量PCR等分子生物学方法检测病毒。

RT-PCR、RT-nPCR这两种方法均可以用于SVDV RNA检测，并可以与其他肠道病毒进行鉴别诊断，可对上皮组织或粪便中的SVDV做检测。RT-PCR和RT-nPCR检出限分别为$100 \times TCID_{50}/100\mu L$和$0.1 \times TCID_{50}/100\mu L$，后者的灵敏度比前者提高了近1 000倍。

以实时荧光定量PCR诊断猪水疱病，参照我国2008年发布实施的《猪水疱病病毒荧光RT-PCR检测方法》国家标准（GB/T 22917—2008）执行。

（4）生物学试验　此方法可以区别猪水疱病和口蹄疫。将采取未破溃或破溃的水疱皮，洗净、称重并研磨后，用生理盐水或PBS液制成1：（5～10）悬液，置4℃浸出一夜或在室温浸出4h。振荡混合后，离心沉淀（3 000r/min）10min，其上清液即为待检病毒液。以此上清液分别给1～2日龄乳鼠和7～9日龄乳鼠颈部皮下各接种0.1mL，观察7d，若1～2日龄乳鼠在接种后24～96h死亡，死前有强直麻痹状态，而7～9日龄乳鼠不死，则可认为是猪水疱病病毒。若被接种病料的两组乳鼠均死亡，则可认为是口蹄疫病毒。试验中要严格防止病原扩散。

3. 鉴别诊断　本病应与口蹄疫、水疱性口炎、猪水疱疹和猪水疱病鉴别。可从流行病学和病原学进行鉴别，口蹄疫除猪外，还能引起牛、羊、骆驼等偶蹄动物发病；水疱性口炎除牛、羊、猪外，还能传播马；猪水疱病只感染猪。病原学鉴别要依靠实验室检测来确诊。口蹄疫是口蹄疫病毒（口蹄疫病毒属），水疱性口炎是水疱性口炎病毒（水疱病毒属）。猪水疱病是猪水疱疹病毒（嵌杯样病毒属），猪水疱病是猪水疱病病毒（肠道病毒属）。

[防治与处理]

1. 防治　可采取以下一些措施：①平时加强对交易的动物及其产品的检疫工作，以及环境和猪舍的卫生消毒。常用消毒液有0.1%～0.5%过氧乙酸，1∶（60～100）的菌毒敌，5%的氨水，0.5%～1%的次氯酸钠，抗毒威、强消毒灵等。②对常发病地区的猪只，做好免疫预防接种。灭活疫苗安全可靠，保护率达80%以上，免疫期在4个月以上。

2. 处理　发生疫病要及时上报疫情，同时采取紧急、强制性的控制和扑灭措施，可参照口蹄疫处理办法。有研究指出，人可以感染SVDV，临床症状与柯萨奇B5病毒感染类似，会表现不同程度的神经系统损害，因此实验人员和从业者应加强自我防护。

第三节　猪　　瘟

猪瘟（classical swine fever, CSF）在欧洲称为古典猪瘟，在我国有人称为烂肠瘟，是由猪瘟病毒引起猪的一种高度接触性、症状差异极大的传染病。典型急性猪瘟是以高热、沉郁、出血、高发病率和高死亡率为主要特点，其特征是小血管壁的变性、导致内脏器官中的多发性出血、坏死和梗死。OIE将其列为必须通报的动物疫病，我国列为一类动物疫病。

[病原特性]

病原为猪瘟病毒（*Classical swine fever virus*，CSFV），属于黄病毒科（*Flaviridae*）瘟病毒属（*Pestivirus*）成员。

CSFV病毒粒子较小，呈球状，直径为40～50nm，平均为44nm，有囊膜和纤突，核衣壳为二十面体对称。

CSFV只有一个血清型。国际上以E2糖蛋白编码基因、3′端聚合酶基因（*NS5B*）及5′端非编码区基因（*5′ NTR*）可对CSFV进行基因分群。通常以E2糖蛋白编码基因进行基因组分类，可将CSFV分为3个基因群，每个群又分为3～4个亚群，即1.1、1.2、1.3、2.1、2.2、2.3、3.1、3.2、3.3、3.4亚群。其中在欧洲分离的毒株多属基因2群，以2.2或2.3亚群为主；南美和俄罗斯的毒株多属基因1群；3群的分离株分布于亚洲（如韩国、泰国和中国台湾）。我国大陆流行的毒株以基因2群为主，与欧洲流行的基因2群毒株遗传关系较近，基因1群毒株占次要地位，作为参考株的石门系强毒株于1945年在我国分离，属于基因1群。

猪瘟病毒能在猪源的原代细胞和传代细胞上生长。这些细胞包括骨髓、淋巴结、肺、白细胞、肾、睾丸、脾等组织细胞以及PK-15、IB-RS-2等传代细胞，但不能使细胞产生病变。在不能使细胞产生病变的情况下，却能在细胞中长时间存活，并不断地复制。因猪瘟病毒不能使细胞产生病变，通常用免疫荧光技术检查病毒在细胞内的复制。

本病毒对外界抵抗力较强，可在冻肉中存活四年之久，在熏肉、火腿中可存活2周，腌肉中可存活1个月。但不耐热，血液中的病毒在56℃ 56min或60℃ 10min可灭活，35℃ 15d可死亡，在pH5～10条件下稳定，pH<3.0或pH>11.0可迅速灭活。

本病毒对消毒剂、碱等一系列去污剂敏感，乙醚、氯仿、β-丙烯内酯等脂溶剂可使病毒迅速灭活。2%氢氧化钠是最适宜的消毒剂。30%的草木灰水能杀死病毒。粪尿中病毒经堆积发酵即可被杀死。

[分布与危害]

1. 分布　本病呈世界性分布，虽经过努力使本病发生流行有所控制，但到20世纪80年代后在亚洲大部分国家和地区、南美洲、非洲及部分欧洲国家又发生流行。根据目前各大洲和地区猪的饲养量、猪与猪肉制品的国际贸易量以及本病的流行程度，可将猪瘟分为东南亚、南美洲和欧洲三大流行区。其中东南亚属于老疫区，因控制不力疫情仍然较重；南美洲属疫情稳定区，流行逐年减少；欧洲（特别西欧）属流行活跃区，仍经常暴发疫情，是近年来猪瘟流行中心。

我国在20世纪50年代中期之前，此病流行普遍严重，经采取包括预防免疫接种等措施后，得到了有效控制。但近年发病又有所增加，全国呈散发态势；发病日龄小，带毒现象严重，发病猪主要集中在3月龄以下，特别是断奶前后的仔猪，发病率和死亡率都很高。而成年猪的带毒率较高且呈隐形带毒情况，持续地向外排毒，危害极大；协同感染、混合感染普遍存在，病情更加复杂，严重影响了猪群的免疫系统；免疫力低下，在饲养环境较差以及受到其他病原的威胁时，免疫系统无法发挥有效的免疫保护作用，很容易发病和引起继发感染。

2. 危害　本病发病率和死亡率都很高，可以给养猪业生产带来巨大损失，同时将严重影响国家或地区间猪肉制品贸易，国际上将其作为重要的检疫对象。

[传播与流行]

1. 传播　在自然条件下，猪（包括野猪）是猪瘟病毒的唯一宿主，只对猪有致病性，不同年龄、性别和品种的猪均易感，但幼猪发病及死亡程度常高于成年猪。其他动物对本病有抵抗力。

传染源是病猪、愈后带毒和潜伏期带毒猪及其污染物。传播途径主要经消化道、呼吸道感染；也可经眼结膜、伤口、输精感染；还可通过子宫胎盘垂直传播。传播方式主要是直接接触传播，通过感染猪的分泌物、排泄物、精液、血液等直接接触感染；还通过污染的肉制品、饲料、垫草、运输工具、兽医器械、药品、用具及饲养员、防疫员等媒介间接传播；用未煮沸的泔水喂猪也可导致传播。由于本病可通过贸易进行远距离传播，规模化猪场引进带毒猪是暴发猪瘟的原因。

2. 流行　本病一年四季都可发生，开始发病由一头或几头，以后逐渐增多，1～3周达高峰。发病率80%～100%，常呈流行性或地方流行性，死亡率极高，可达90%以上。

[临床症状与病理变化]

1. 临床症状　根据病毒毒力的不同猪瘟的潜伏期为2～14d。根据临床症状，猪瘟可分为急性型、亚急性型、慢性型和持续感染型。

（1）急性型　由猪瘟强毒株引起，也即典型猪瘟，高热稽留（41～42℃），食欲减退或废绝，偶见呕吐。体温上升的同时白细胞数减少，约为9 000个/mm³，甚至低至3 000个/mm³。嗜睡，扎堆。呼吸困难、咳嗽。眼结膜发炎，两眼有脓性分泌物。全身皮肤黏膜广泛性充血、出血，皮肤发绀，尤其以耳、尾、腹部、四肢、内侧及口鼻部最为显著，指压不褪色。病猪初便秘，后腹泻，排灰黄色稀粪。公猪包皮内积尿，可挤压出混浊恶臭液体。常见有磨牙、麻痹、惊厥、肌肉僵直、四肢划动等神经症状。大多在感染后1~3周内死亡，仔猪病死率可达100%。

（2）亚急性型　又称温和型猪瘟或非典型猪瘟，是由中、低毒力的猪瘟病毒引起的，病情较为温和，其潜伏期更长，发病症状和病变不典型，通常呈现低热和较低的致病性。绝大部分的猪病程较长，病死率低，死亡的多是仔猪，成年猪一般可以耐过。体温通常缓慢上升，最高到达40.5~41.1℃。猪喜欢扎堆但是仍可以站起、进食和喝水，食欲下降。行走时猪会呈现轻微的蹒跚，但是不会出现抽搐的症状。猪呈现轻微的便秘，发热一般持续2~3周，有轻微的颤抖，只有少量的猪呈现轻微的腹泻。猪可能会有结膜炎，体重轻微减少，皮肤一般没有出血斑。有些猪会因为后期继发感染肠道致病菌而突然死亡。猪在恢复之后表现正常，体重恢复，但是增重缓慢。有些猪在受到应激时会呈现高热和猝死。若阳性母猪或母猪于妊娠期感染猪瘟，可导致死胎、滞留胎、弱仔或木乃伊胎。

（3）慢性型　也称迟发型猪瘟，是由一些较低毒力的毒株引起，除了会导致猪1~2周40~40.5℃的发热外，没有其他的明显症状。这些猪通常会康复并成为病原携带者。

（4）持续感染型　该型猪瘟近年来在我国普遍存在，感染猪持续带毒。一旦病毒携带者的抵抗力下降，就会引起新一轮的感染和流行。其症状较轻，且不典型，多为慢性，无发热或仅出现轻微发热，体温一般不超过40℃。很少见到典型猪瘟病猪的皮肤和黏膜出血点、眼睛脓性分泌物和公猪阴茎包囊积尿等症状。少数病猪耳、尾和四肢末端有皮肤坏死，发育停滞。到后期则站立、步态不稳，部分病猪关节肿大。从这类病猪分离到的病毒毒力较弱，但连续感染易感猪几代后，毒力可增强。带毒母猪也会出现受胎率下降、流产增加、产仔率低，产出死胎、木乃伊胎和畸形胎等。即使仔猪幸存下来，也会出现先天性震颤、抽搐，存活率低。

2.病理变化

（1）急性型　强毒力毒株引起的典型猪瘟通常造成的病理变化都有广泛的组织趋向性。其广泛感染多个组织，如内皮组织、上皮组织、淋巴结、内分泌组织。内皮组织的感染会导致在肾皮质、肠道、喉、肺、膀胱和皮肤的黏膜出现出血斑。上皮组织的感染有可能发生在整个消化道，扁桃体上皮的感染，并会造成坏死和脓肿。小肠和大肠的病理变化包括黏液性渗出物、出血、溃疡，其在长期的感染中更加容易形成溃疡。淋巴结的症状最为典型，下颌淋巴结、肠系膜淋巴结以及胃、肝、肾会出现肿大、坏死、出血。脾梗死可以作为判定猪瘟的依据之一。

（2）亚急性型　中等毒力的毒株造成的温和型猪瘟通常病理变化较为轻微，表现为有限的病理变化及其特定组织的趋向性。其通常只感染上皮组织和淋巴组织。发病时有可能在胃、肝、下颌淋巴结出现出血点。少量的猪可能因为肠炎而死亡，病理变化表现为盲肠扁桃体或结肠的溃疡（纽扣样溃疡）。在一些情况下，继发的肠道细菌扩散到肺部会导致死亡。肠系膜淋巴结可能会出现焦样坏死和出血。

（3）慢性型　该型猪瘟通常不会在仔猪产生较大的病理变化，而母猪通常会出现流产、死胎、木乃伊胎等一系列繁殖功能障碍。

［诊断与检疫技术］

1. 初诊　猪瘟症状差异极大，典型猪瘟虽有明显的临床症状和病理变化，可做出初步诊断，但确诊仍需要进行实验室检测；而非典型猪瘟仅靠临床症状和病理变化无法做出诊断，必须通过采集病料送实验室进行确诊。

2. 实验室检测　主要进行病毒检测，病毒核酸或病毒抗原检测，以及特异性抗体检测。在国际贸易中，指定诊断方法有过氧化物酶联中和试验（NPLA）、荧光抗体病毒中和试验（FAVN）、酶联免疫吸附试验（ELISA），无替代诊断方法。

被检材料的采集：用于鉴定病原应采取扁桃体（为最合适的病料）、咽和肠系膜淋巴结、脾脏、肾脏、活病猪血液（经肝素钠或乙二胺四乙酸抗凝，即EDTA抗凝）。以上病料采取后在冷藏条件下（但不能冻结）尽快送至实验室。用于血清学试验（抗体检测）的血清病料可从恢复期病猪（疑似康复猪）中采集，因为康复猪终生携带猪瘟病毒抗体；也可以从曾与猪瘟病猪接触超过3周的猪群中采集，样品以普通试管收集，不宜用肝素钠抗凝。

（1）病原鉴定

1）免疫学方法　可采用荧光抗体试验（FAT）、单克隆抗体免疫过氧化物酶试验和抗原捕获试验等免疫学方法。

①荧光抗体试验：可快速从病猪的扁桃体、脾、肾、淋巴结和远端回肠等组织样品（冰冻切片）中检出猪瘟病毒抗原。方法是：采集病猪病料（如扁桃体、脾、肾、远端回肠等）经冰冻切片，然后以异硫氰酸荧光素（FITC）标记的抗猪瘟免疫球蛋白直接染色，或以FITC标记的第二抗体间接染色，置荧光显微镜下观察。猪瘟阳性者，切片细胞呈亮绿色荧光。如扁桃体切片荧光尤以隐窝上皮明显；肾脏切片荧光集中于肾皮质近端小管和远端小管，以及肾髓质集合管中；脾切片荧光较分散，多集中在血管周围淋巴鞘（PALS）的淋巴细胞上；回肠切片荧光以肠腺（又称李氏腺）上皮细胞最明显。对于亚急性或慢性病例，回肠切片常呈阳性反应，有时是唯一显示荧光反应的组织。若FAT结果是阴性，则不能完全排除猪瘟感染，须进一步采样品进行细胞培养，以猪肾细胞（PK-15）或其他无猪瘟病毒污染的敏感猪源细胞培养分离病毒。

采用荧光抗体试验检测猪瘟病毒抗原时要注意以下几点：一是荧光抗体试验使用的抗猪瘟免疫球蛋白由猪瘟病毒多克隆抗体制备，因而不能区分各类瘟病毒抗原。二是疫苗免疫猪只，接种2周后扁桃体出现FAT检测阳性，如何鉴别兔化猪瘟毒株和猪瘟野毒株，通常以兔静脉内接种予以区别，兔化猪瘟毒株可引起兔发热并诱导免疫反应，而猪瘟野毒株不能引起家兔发热但可使家兔产生免疫力。如有条件的实验室可直接以核苷酸序列分析鉴别猪瘟病毒疫苗株和野毒株。三是感染反刍动物瘟病毒的猪，存在FAT检测假阳性问题。可通过采集母猪和同窝仔猪血清，或其他接触过FAT检测阳性仔猪的动物血清，与各种已知病毒进行中和反应来鉴别猪瘟病毒或反刍动物瘟病毒感染；如果分离到病毒，或检出病毒核酸，可采用反转录聚合酶链式反应（RT-PCR），随后进行基因测序，此法可快速准确鉴别猪瘟病毒或反刍动物瘟病毒；也可以将疑似动物样品制成悬液，接种于血清阴性仔猪，4周之后采集被接种动物血清，以中和试验（VN）检测其抗体来进行鉴别。

②单克隆抗体免疫过氧化物酶试验：常用于鉴别猪瘟病毒野毒株、疫苗株以及其他瘟病属成员。

此法采用以辣根过氧化物酶（HRPO）、异硫氰酸荧光素或抗鼠标记物标记的一组（三种）特异性单克隆抗体，既可鉴别猪瘟病毒疫苗株和野毒株，也可鉴别猪瘟病毒与其他瘟病毒成员；前提条件是抗猪瘟病毒单克隆抗体能够识别所有野毒株，抗疫苗单克隆抗体能够识别国内已使用的所有疫苗株；目前还没有一种能够识别所有反刍动物瘟病毒的单克隆抗体。在非免疫区，区分疫苗株的单克隆抗体也可以不用。检测时，应当设立以辣根过氧化物酶（HRPO）标记的多克隆抗猪瘟免疫球蛋白的阳性对照组。

③抗原捕获试验：或称抗原捕获酶联免疫吸附试验（AC-ELISA），能对活猪进行猪瘟的快速

诊断，用于新近感染疑似猪群的快速排查。但不适合于单个动物的猪瘟诊断。

此法采用双抗体夹心法，通过单克隆和/或多克隆抗体，能够检测血清、白细胞碎片或抗凝全血中的各种病毒蛋白，有的试剂盒还可检测组织匀浆物离心上清中的病毒蛋白。

此法如果同病毒分离试验相比，敏感性偏低，不适用于成年病猪和温和型或亚临床型病猪的检测。但挑选有发热症状的疑似猪群检测可弥补其敏感性低的缺点。

2）病毒分离　采病猪病料（扁桃体、淋巴结、脾等）常规处理后接种PK-15等细胞培养进行病毒分离，然后结合荧光抗体试验（FAT）或过氧化物酶联中和试验（NPLA）检测病毒，以单克隆抗体确诊鉴定。此法为猪瘟诊断的金标准。

3）反转录聚合酶链式反应　目前已建立和正在开发的RT-PCR方法很多。RT-PCR可用于检测单份血样或混合血样，以及组织器官样品。特别适合于前临床期感染动物的诊断，可用于普查以筛检疑似病例，已被国际广泛接受。

此方法从感染的PK-15细胞培养物中抽提猪瘟病毒RNA，以RT-PCR扩增5′端非编码区（5′NCR）或E2基因中的靶基因，或同时扩增5′NCR和E2基因中的靶基因，将扩增产物进行基因序列分析，然后与数据库中保存的序列进行比较，确定流行毒株的基因亚群和变异规律。

与抗原捕获酶联免疫吸附试验和病毒分离实验相比，RT-PCR具有更快速、更敏感的优点，但也有不足之处，可因实验室污染而出现假阳性结果，或样品中含抑制剂而出现假阴性结果，因此每批试验都应设置足量的阴性和阳性对照。

（2）抗体检测　由于感染猪在发病后第3周即可检测到猪瘟抗体，康复猪终生携带猪瘟病毒抗体，可通过对猪只进行抗体检测而确诊本病。此外，在种猪群中，反刍动物瘟病毒感染较普遍，因此选择的检测方法应能够区分猪瘟抗体与牛病毒性腹泻病毒（BVDV）抗体或边界病毒（BDV）抗体。常用血清学检测方法有过氧化物酶联中和试验、荧光抗体病毒中和试验、酶联免疫吸附试验、病毒中和试验、琼脂免疫扩散试验等。

1）氧化物酶联中和试验　为国际贸易指定诊断试验。此法在平底微量平板上进行，血清需先以56℃ 30min灭活。在国际贸易检疫中，血清的起始稀释度最好为1/5（终稀释度为1/10）；在国家疫病监测计划中，1/10的筛检稀释度即可。每批试验应设对照组，以确保试验的敏感性和特异性。

2）荧光抗体病毒中和试验　为国际贸易指定诊断试验。可在莱顿（Leighton）管中进行，也可在微量平板上进行。

3）酶联免疫吸附试验　分别有竞争ELISA、阻断ELISA和间接ELISA法，均为国际贸易指定诊断方法。

（3）生物学试验　有SPF猪接种试验和兔体交互免疫试验。此法结果可靠，但费时。

3. 鉴别诊断　本病要与非洲猪瘟、牛病毒性腹泻病毒感染、败血型沙门氏菌病、猪丹毒、急性型巴氏杆菌病、其他病毒性脑脊髓炎、败血性链球菌病、钩端螺旋体病、弓形虫病、黄曲霉毒素中毒和香豆素中毒等病区别。同时还要将猪瘟病毒与牛病毒性腹泻病毒和边界病病毒等其他瘟病毒属成员相鉴别（可通过分子诊断技术进行鉴别诊断）。

[防治与处理]

1. 防治　本病防治必须从传染源、传播媒介、易感动物、生态环境等多个环节采取综合性的防治措施。可采取以下一些措施：

（1）重在预防，严格按照免疫程序进行疫苗的预防注射。常发地区采用超前免疫（仔猪出生后吃初奶前注射疫苗）和断奶后加强注射一次。

（2）把好引种关，防止将带毒猪及持续感染病猪（指无临床症状，但长期带毒和排毒，还可通过胎盘垂直感染胎儿）引入猪场。

（3）加强集市、交通、港口等检疫。严格屠宰检疫及死猪的无害化处理。

（4）通过严格检疫和淘汰带毒猪，建立健康繁殖母猪群，坚持自繁自养方针。

（5）加强饲养管理，平时坚持清洁卫生和预防消毒工作。利用食堂泔水或屠宰场下脚料时应煮沸消毒后再喂。常用消毒剂有2%碱水、10%石灰乳、5%漂白粉等。

2. 处理

（1）发生猪瘟的地区或猪场，应按《中华人民共和国动物防疫法》规定采取紧急、强制性的控制和扑灭措施。

（2）发生猪瘟疫情后应立即上报当地动物防疫监督机构，并逐级上报至国务院畜牧兽医主管部门。

（3）划定疫点、疫区、受威胁区，并由县级以上人民政府发布封锁令。对疫区实行封锁，控制疫区内猪及其产品的流动。

（4）扑杀病猪及同群猪，并进行无害化处理。同时，严格消毒场地、圈舍、用具等，对污水、污物要进行消毒和无害化处理。

（5）疫区、受威胁区的健康猪采取猪瘟苗进行紧急免疫接种，免疫剂量可适当增大到3～5头份，不得应用二联苗或三联苗。每接种一头要更换一个针头。

（6）开展流行病学调查，对疫区及周边地区进行监督。

（7）解除封锁，必须在最后一头病猪死亡或扑杀后，经过一个潜伏期的观察，并经彻底消毒后，由原发布封锁令的政府宣布解除封锁。

第四节　非洲猪瘟

非洲猪瘟（African swine fever，ASF）是由非洲猪瘟病毒（*African swine fever virus*，ASFV）引起家猪和野猪的一种急性、高度接触性传染病。急性型以高热、白细胞减少、皮肤点状出血、内脏器官广泛严重出血及高死亡率（几乎100%）为特征。OIE将其列为必须通报的动物疫病，我国将其列为一类动物疫病。

[**病原特征**]

病原为非洲猪瘟病毒，属于非洲猪瘟病毒科（*Asfarviridae*）非洲猪瘟病毒属（*Asfivirus*）的唯一成员，过去曾划归虹彩病毒科（*Iridoviridae*）虹彩病毒属（*Iridovirus*）。

ASFV有囊膜，呈复杂的二十面体结构，具虹彩病毒和痘病毒的许多共同特征。细胞内的病毒粒子至少有28种结构蛋白；在感染的猪巨噬细胞中检出100多种感染蛋白，其中能中和感染猪或康复猪血清的至少有50种。病毒基因组为双股DNA（dsDNA），大小在170～192kb，内有中央保守区（约125kb）和末端可变区；这些可变区通过编码5个多基因族而直接参与ASFV基因变异。

ASFV以抗体检测目前只有一种血清型。以VP72（B646L）部分基因测序，可将ASFV毒株分为22种不同的基因型。

ASFV主要在感染猪体内免疫细胞（单核细胞、巨噬细胞及网状内皮细胞）的细胞质内增殖。可在某些软蜱体内复制，主要是非洲钝缘蜱和游走性钝缘蜱。目前该病毒已适应在Vero细胞系中生长。本病毒与猪瘟病毒之间无交互免疫性。

本病毒能耐低温，在冷冻保存的感染肉类中可存活数月，对高温较敏感，60℃ 20min、55℃ 30min均可灭活。能在很广的pH范围中存活，只有在pH<3.9或pH>11.5的无血清介质中能被灭活。对乙醚、氯仿敏感。0.8%的氢氧化钠30min，含2.3%有效氯的次氯酸盐30min、0.3%的福尔马林30min、3%正苯基苯酚，以及碘化合物都能将其灭活。病毒在粪便中至少存活11d，在冷却猪肉中至少存活15周，在骨髓中可存活150d，在鲜肉和腌制的干肉制品中可存活140d，在未经烧煮或高温烟熏的火腿和香肠中可存活3～6个月。

［分布与危害］

1. 分布　本病于1921年在肯尼亚发现以来，曾在非洲、欧洲的多个国家发生流行。我国2018年发生此病。

2. 危害　由于其死亡率可高达100%，给养猪生产和出口贸易造成严重的经济损失。

［传播与流行］

1. 传播　猪是本病的自然宿主，此外，疣猪、薮猪、林猪、野猪等也具有易感性。

病猪在发热前1～2d从鼻、咽部排毒，隐性带毒猪、康复猪可终生带毒。病毒可分布于急性型病猪的各种组织、体液、分泌物和排泄物中。

患病猪、康复猪及隐性感染猪为本病主要传染源。非洲和西班牙的几种软蜱（钝缘蜱属）是本病毒的贮藏宿主和传播媒介，因此也是传染源。

传播方式有健康猪与病猪的直接接触传染或通过饲喂污染的饲料、泔水、剩菜、肉屑和污染的栏舍、车辆、器具、衣物以及钝缘蜱属、软蜱等生物媒介等的间接传染。

传播途径是经口和上呼吸道感染以及在短距离内经空气传播。

2. 流行　不同品种和年龄的家猪均有易感性。

［临床症状和病理变化］

1. 临床症状　本病临床症状与猪瘟很相似。潜伏期3～15d，OIE《陆生动物卫生法典》定为15d。

由于病毒的毒力、感染剂量和感染途径的因素，其临床症状表现可分为最急性型、急性型、亚急性型和慢性型。

（1）最急性型　无明显症状而突然死亡。

（2）急性型　突然高热达41～42℃，食欲废绝，耳朵、腹部及后肢皮肤呈紫红色或点状出血，呼吸次数增加、困难和咳嗽，腹泻或血痢，眼、鼻有浆液性或脓性分泌物，早期（48～72h）的细胞及血小板减少、白细胞总数下降至正常的40%～50%。怀孕母猪可发生流产。发病后6～13d死亡，有的可达20多天。死亡率通常可达100%。未死者可终生带毒。

（3）亚急性型　症状较急性型轻，主要以呼吸道症状、流产和低死亡率为特征。一般病程较长，发病后15～45d死亡，死亡率在30%～70%，恢复猪多带毒。

（4）慢性型　主要以肺炎、心包炎、关节炎为主，表现不规则波浪热、呼吸困难、皮肤可见坏死、溃疡，尤其在耳、关节、尾和鼻、唇等部位。关节呈无痛性软性肿胀。病程可达2～15个月，病死率低。

2. 病理变化

（1）急性型　皮肤与内脏器官广泛出血。淋巴结肿胀，边缘呈红色，尤以肾、肠系膜等淋巴结出血严重，呈紫红色。脾脏肿大呈黑色，增大3～5倍，切开脾髓呈紫黑色。喉头、膀胱黏膜及心、肾表面点状出血。心包积液（黄色或红褐色），胸水和腹水增多。肺小叶水肿，肺充血和肿大（呼吸困难死亡的病例）。此外，肠系膜也有水肿。

（2）慢性型　主要为干酪样肺坏疽和肺叶的钙化。淋巴结、脾、肝窦的网状上皮组织增生（是本病最显著特征之一）。此外可见纤维素性心包炎和胸膜炎。

［诊断与检疫技术］

1. 初诊　根据特征性的临床症状和病理变化具有一定的诊断意义，但与猪瘟等其他出血性疾病很难区分，因此，本病的确诊必须依靠实验室诊断。

2. 实验室检测　实验室诊断程序有两类：一类是病原检测；另一类是抗体检测。检测方法的选择取决于疫情情况和实验室诊断能力。对无非洲猪瘟国家在怀疑本病存在时，应侧重实验室诊断，同时接种猪白细胞和猪骨髓细胞以培养分离病毒；以荧光抗体试验（FAT）检测组织涂片或冰冻切片中的抗原，或以聚合酶链式反应（PCR）检测病毒DNA。本病尚无疫苗预防，如果猪体中出现非洲猪瘟病毒抗体（在感染后第7～10天出现并长期存在）则表明有既往感染。抗体的早期出现和长期存在，使得ELISA、免疫印迹（IB）和间接荧光抗体试验（IFA）等抗体检测技术，非常适合于亚急性型和慢性型非洲猪瘟的诊断。

在国际贸易中，检测的指定诊断方法有ELISA。替代诊断方法有IFA。

被检材料的采集：用于病原鉴定可采取血液（应发热初期采集，并用肝素按10IU/mL或EDTA按0.5%添加抗凝）、脾脏、扁桃体、肾脏、淋巴结等，各采集2～5g，置2～4℃非冰冻条件下保存送检，如不具备冷藏条件可将样品浸泡于甘油生理盐水中送检（但对病毒的鉴定稍有影响）。样品送达实验室后，如不及时检验，应于－70℃冰箱中保存。

用于血清学试验检测应采集血清，以感染后8～12d，处在恢复期猪的血清为佳。

（1）病原鉴定　可应用以下几种方法。

①血细胞吸附试验（HAD）：原理是猪红细胞能吸附于感染ASFV的猪单核细胞或巨噬细胞表面，绝大多数ASFV分离株都能产生猪红细胞吸附现象。如果HAD检测阳性，即可对ASF做出确诊。目前也分离到极少数"无血细胞吸附力"毒株，其中多数为非致病株，但也有一些能引起急性型ASF典型症状。本试验以疑似猪的血液或组织样品制取悬液，通过接种猪白细胞或猪肺泡巨噬细胞培养物进行。白细胞培养液也可从试验攻毒猪或田间疑似猪采集血液制取，每采集100mL去纤维血或肝素抗凝血可制备300份试管培养物。

HAD试验可在原代白细胞培养物中进行，也可以感染猪的外周血白细胞进行"自动花环"试验。其中后者比前者快捷，能快速检出阳性病例，适合于病毒学常规检测设备不齐全的实验室，但缺点是检测结果不易判读，已逐步被PCR取代。

②猪接种试验：将采取病料分别对猪瘟免疫猪和未免疫猪进行接种，以区分猪瘟与非洲猪瘟。因为非洲猪瘟病毒与猪瘟病毒之间无交互免疫性。通常用此种方法验证无非洲猪瘟地区的初次暴发。

③荧光抗体试验（FAT）：FAT可用于检测田间疑似猪或试验攻毒猪的脾、淋巴结等组织压片和冰冻切片中的ASFV抗原，如果FAT结果阳性，综合临床症状和病理变化即可做出初步诊断。FAT也可用于检测白细胞培养物中的ASFV抗原，尤其用于HAD阴性结果的复检，因而用于鉴定"无血细胞吸附"毒株。FAT还可区分由非洲猪瘟病毒（ASFV）和其他病毒（如伪狂犬病病毒）或细胞毒引起细胞病变（CPE）。当用于亚急性和慢性型非洲猪瘟病例检测时，FAT的敏感性显著下降（仅为40%），原因可能是此类病猪的组织中含有抗原抗体复合物，阻断了ASFV抗原与ASF标记物之间的反应，故此法仅作为诊断ASFV的辅助检测方法。

④聚合酶链式反应（PCR）：PCR技术是通过以ASFV高度保守区的基因设计引物，用于检出和鉴定各种已知基因型的病毒分离株，包括"无血细胞吸附"毒株和低毒力毒株。PCR技术还适合检测那些因腐败而不能用于病毒分离和抗原检测的病料，以及从感染早期采集的组织、EDTA抗凝血和血清等病料。

世界动物卫生组织推荐了普通PCR方法和荧光PCR方法及引物、探针序列，可供采用。

（2）血清学试验　由于病猪体内IgG的维持时间长，无疫苗抗体存在，因此在该病的消灭过程中可用血清学试验检测亚急性和慢性型病例。目前，有以下常用的检测方法。

①酶联免疫吸附试验（ELISA）：此法为国际贸易指定诊断方法。直接ELISA有较高的敏感性和特异性，可用于低毒力或中等毒力ASFV感染猪的血清抗体检测。也可采用间接酶联吸附试验（I-ELISA），但此法需制备可溶性抗原。

如果ELISA检测结果可疑，或检测结果阳性但怀疑血清保存不当的，应以免疫印迹试验（IB）或间接荧光抗体试验（IFA）进行验证。

②间接荧光抗体试验：在非洲猪瘟流行区，应以此法对ELISA无法判定的样品进行确诊；在无非洲猪瘟流行区，应以此法对血清样品和ELISA检测阳性样品进行确诊。

③免疫印迹试验：应作为IFA替代方法，用于可疑结果的确诊。此法特异性高，易操作，判读结果客观，尤其适用于弱阳性样品的确诊。

④对流免疫电泳试验（CIE）：此法结果快速，30min可检出血清中的特异性抗体。但因敏感性低，只适用于猪群普查，不宜用于个体诊断。

3. 鉴别诊断　应与猪瘟、猪丹毒、猪沙门氏菌病、猪巴氏杆菌病鉴别。

本病与猪瘟区别，可将病料接种于猪瘟免疫猪与猪瘟易感猪（未免疫猪）。如果两组猪均不发病，则可排除猪瘟和非洲猪瘟；如果免疫猪不发病，而易感猪发病，则为猪瘟；如果猪瘟免疫猪与易感猪均发病，则为非洲猪瘟。与猪丹毒、猪沙门氏菌病、猪巴氏杆菌病区别，主要以病原检查鉴别。

［防治与处理］

1. 防治　目前尚无疫苗预防该病，也无有效的治疗方法，因此，在无本病的国家首先应加强国境检疫，防止非洲猪瘟的传入，严格控制从发生过本病的国家引进活猪、猪源产品和猪源生物制品；禁止邮寄或旅客携带未经煮熟的生肉类和腊肉、香肠、大腿、熏肉等动物性产品入境。

2. 处理

（1）我国一旦发现可疑疫情，立即上报，并将病料严密包装送检。同时按《中华人民共和国动物防疫法》规定，采取紧急、强制性的控制和扑灭等措施。

（2）封锁疫区。控制疫区生猪移动，同时迅速扑杀疫区内所有生猪，无害化处理动物尸体（包括患病和死亡猪）及相关动物产品。对栏舍、场地、用具等进行全面清扫及消毒。

（3）详细进行流行病学调查，并对疫区周围猪群进行细致的血清学检查，排除隐性感染猪的存在。

第五节　高致病性猪蓝耳病

高致病猪蓝耳病（highly pathogenic porcine reproductive and respiratory syndrome, HPPRRS）是由猪繁殖与呼吸综合征（俗称蓝耳病）病毒变异株引起猪的一种高度易感性传染病。母猪以发情滞后、坐胎率低、怀孕后期流产、死胎和弱胎为特征，流产率可达30%以上，乳猪和断乳仔猪以严重呼吸道疾病和高死亡为特征，发病率可达100%，死亡率可达50%以上；育肥和成年猪也可发病死亡。我国列为一类动物疫病。

［病原特性］

病原为猪繁殖与呼吸综合征病毒（PRRSV）美洲型变异株（NVDC-JXA1），属于套式病毒目（*Nidovirales*）动脉炎病毒科（*Arteriviridae*）动脉炎病毒属（*Arterivirus*）成员。病毒粒子有囊膜，呈球形，直径50～65nm，表面相对平滑，立方形核衣壳，核心直径25～35nm。病毒基因组为不分节段的单股正链RNA病毒。

PRRSV与马动脉炎病毒（EAV）等其他动脉炎病毒的基因组结构相似，基因组约15kb，有8个开放性阅读框架（ORF）编码特异性病毒蛋白，其中ORF1a和ORF1b编码复制酶和聚合蛋白，ORF2～ORF7编码7种PRRSV结构蛋白；ORF7编码核衣壳蛋白（N蛋白），ORF6编码非糖基化膜蛋白（M蛋白），ORF2～ORF5分别编码GP2a、GP3、GP4、GP5 4种糖基化囊膜蛋白以及最新发现的GP2b蛋白；GP5、N蛋白是PRRSV主要的结构蛋白。PRRSV易发生变异，其中GP5、NSP2是最易发生变异的蛋白。

根据抗原和基因差异，PRRSV可分为北美（NA）株（VR-2332）和欧洲（EU）株（Lelystadt virus, LV）两个基因型，但因PRRSV遗传复制误差率高以及毒株间的基因重组，两个基因型毒株之间的差异还在加大。目前，欧洲发现类NA毒株，而北美发现类EU毒株，它们之间的抗原差异模糊复杂。南美及亚洲大多数PRRSV毒株属类NA株，病毒有可能通过生猪及猪精液贸易传播。

我国于2006年分离到一株高致病性PRRSV（NVDC-JXA1株），通过基因测序分析，该毒株NSP2蛋白第481位、532～560位氨基酸缺失，与美洲标准株（VR-2332）的同源性为89.6%，与之前我国已经分离到的美洲型PRRSV HB-1（sh）同源性达89.5%～97.0%，与欧洲标准株LV的同源性为54.7%，由此认为NVDC-JXA1株属美洲型变异株。

PRRSV无血凝活性，易在猪原代肺泡巨噬细胞上增殖，在CL2 621、MA104、Marc-145等传代细胞上也能增殖，产生细胞病变（CPE）。在pH7.5的培养基中，PRRSV欧洲株的半数存活期为21℃ 20h、37℃ 3h、56℃ 6min。

PRRSV对环境因素的抵抗力较弱，但在特定的温度、湿度和pH条件下，病毒可长期保持感染性。PRRSV在低温下能保持稳定的感染性，如在-20℃时长期稳定；20℃室温条件下感染性可持续1~6d；4℃时一周内病毒感染性丧失90%，但是在一个月内仍可检测到低滴度的感染性病毒。病毒在温度较高时很快灭活，如37℃时3~24h、56℃时6~20min完全灭活。潮湿有利于PRRSV存活，干燥条件下迅速灭活。在pH6.5~7.5环境中稳定，但是在pH低于6和高于7.5时，其感染性很快丧失。PRRSV对低浓度去污剂敏感，氯仿、乙醚等可使其快速灭活。

［分布与危害］

1. 分布　PRRS于1979年在加拿大首次发现，之后迅速传播北美。20世纪90年代初，PRRS在欧洲快速流行，但致病病原与北美株有较大的遗传差异。目前，除澳大利亚、新西兰、瑞典、挪威和芬兰外，本病已在全球大多数猪群中呈地方流行。

1995年，我国北京地区首次从加拿大进口种猪中分离到PRRSV，之后本病从华北流向全国，于1996—1998年出现暴发高峰。2006—2007年本病再次暴发，但其传播速度之快、流行范围之广和死亡率之高特征明显不同以往，后经证实为一株高致病性的美洲型变异株（NVDC-JXA1株）。

2. 危害　高致病性猪蓝耳病不仅引起猪群发生原发性病原感染，更为严重的是易混合感染其他传染病和寄生虫病，致使猪群发病率高、死亡率高、治愈率低，防治十分困难，给养猪业生产造成巨大的经济损失。

［传播与流行］

1. 传播　易感动物仅见于猪（包括家猪和野猪），不同年龄、性别和品种猪均可感染，尤其是繁殖母猪与仔猪感染率高，但感染后临床症状差别很大。仔猪发病率可达100%、死亡率可达50%以上，母猪流产率可达30%以上，育成猪也可发病死亡。大多感染病猪可长期带毒达6个月，而耐过猪可长期带毒。试验表明，野鸭也可感染PRRSV，并可通过粪便向外界排毒。

传染源主要是病猪和带毒猪，猪感染后可从唾液、尿、精液和乳汁排毒，可通过水平和胎盘垂直传播，猪场内和猪场间猪只移动是最常见的传播方式。禽类也参与此病的传播。

2. 流行　本病初发地区呈暴发流行，发病无明显季节性，多发生于温暖季节（经典蓝耳病在冬、春季节偏多），且对不同年龄、品种和性别的猪感染性差异相对不大，猪群密度越大，传播越快。其流行特点：①高致病性蓝耳病病毒变异株（NVDC-JXA1）免疫抑制性作用强于经典毒株。②混合感染和继发感染相当严重，是本病导致猪恶性死亡的主要原因；在临床上常见与猪瘟病毒或伪狂犬病病毒或圆环病毒2型或肺炎支原体或猪流感病毒等混合感染。常继发的病原有副猪嗜血杆菌、附红细胞体、链球菌、巴氏杆菌、沙门氏菌等。单一病原引发较少，而双重感染或多重感染引发较多。③流行变异毒株对组织的侵害性更广泛。经典蓝耳病病毒株主要对呼吸系统、生殖系统和免疫器官侵害较大。但高致病性蓝耳病变异毒株对消化系统损害严重（如临床剖检以胃肠道充血、出血、胃溃疡多见）；对脑组织也有损害（临床表现神经症状，从脑组织中分离和检测到蓝耳病病毒）；繁殖障碍明显（流产后第二胎配不上种，返情率达70%~80%）。④病毒会继续变异，而且同一猪群可能有不同的亚群。给控制疫病的发生、流行增加了难度。

由于本病的变异毒株破坏猪的肺泡巨噬细胞，抑制猪的免疫功能，使猪容易继发感染其他细菌、病毒及寄生虫，包括猪瘟病毒、猪流感病毒、伪狂犬病病毒、猪圆环病毒、猪附红细胞体、副猪嗜血杆菌等。此外，一些诱发因素有利本病发生，如厩内积粪厚，阴暗潮湿，高温高湿，饲养密度过大，卫生条件差，饲养管理不良。猪源流动性大，忽视了原产地检疫、运输检疫。养猪户忽视猪场保健、免疫程序，对母猪产前和产后、仔猪断奶前后的定期投药和消毒、驱虫等。

[临床症状与病理变化]

1. 临床症状　本病潜伏期一般为3～10d。病猪高热，体温为40.0～42℃，精神沉郁，食欲减少或废绝，眼结膜炎，眼睑水肿，咳嗽、气喘或呼吸困难，严重时呈腹式呼吸；病猪皮肤发红，耳部发绀，腹下和四肢末梢等多处皮肤呈紫红色斑块状；粪便干，尿黄色或呈浓茶色。部分病猪后期出现后躯无力，不能站立或共济失调等神经症状。病程5～10d，仔猪发病率达100%，死亡率达50%以上，架子猪、种猪发病以高热、不食为特征。部分母猪在怀孕后期出现流产，产死胎、产弱仔和木乃伊胎，母猪流产率达30%以上，严重的可达70%，甚至80%；哺乳母猪严重缺奶，甚至无奶汁。

2. 病理变化　剖检可见胸、腹腔有大量黄色积液和纤维素性渗出物，呈多发性、浆液性胸膜炎、腹膜炎。肺水肿、间质增宽，肺前叶、尖叶呈斑块状至褐色大理石样病变。淋巴结肿大、充血，切面发黄或发紫。肾脏稍肿，呈土黄色，表面可见针尖至小米粒大出血斑。脾稍肿大、质脆，边缘或表面出现梗死灶。皮下、扁桃体、心脏、膀胱、肝脏和肠道均可见出血点和出血斑。部分病例可见胃肠道出血、溃疡、坏死及脑膜充血。

[诊断与检疫技术]

1. 初诊　根据流行特点、临床症状及病理变化可做出疑似诊断。但确诊需要进行实验室检测。

根据《高致病性猪蓝耳病防治技术规范》的诊断指标，其中临床指标是：体温明显升高，可达41℃以上；眼结膜炎、眼睑水肿；咳嗽、气喘等呼吸道症状；部分猪后躯无力、不能站立或共济失调等神经症状；仔猪发病率可达100%、死亡率可达50%以上，母猪流产率可达30%以上，成年猪也可发病死亡。病理指标是：可见脾脏边缘或表面出现梗死灶，显微镜下见出血性梗死；肾脏呈土黄色，表面可见针尖至小米粒大出血点斑，皮下、扁桃体、心脏、膀胱、肝脏和肠道均可见出血点和出血斑。显微镜下见肾间质性炎，心脏、肝脏和膀胱出血性、渗出性炎等病变；部分病例可见胃肠道出血、溃疡、坏死。

如果临床指标和病理指标均符合诊断指标，可判定为疑似高致病性猪蓝耳病。但确诊要进行实验室检测，这是因为本病不易与猪伪狂犬病、猪瘟、猪细小病毒病、圆环病毒病和乙型脑炎感染相区分。只有通过病毒分离与鉴定为阳性，或反转录聚合酶链式反应（RT-PCR）检测为阳性时，方可最终判定为高致病性猪蓝耳病。

2. 实验室检测　主要进行病毒分离鉴定和反转录聚合酶链式反应检测。

被检材料的采集：采集濒死猪的脑、肺、脾脏、肝脏、扁桃体、淋巴结、血液等，及时冷藏送检，如当天不能送检的要冷冻保存，以供检测用。

（1）病毒分离鉴定　取病猪肺脏、脑、脾等组织进行高致病性猪蓝耳病病毒的分离鉴定，如果病毒分离与鉴定为阳性，又符合临床诊断指标和病理诊断指标，即可判定为高致病性猪蓝耳病。

（2）反转录聚合酶链式反应　RT-PCR具有高度特异性，能检测出在细胞培养物中或精液中30个感染单位（TCID）的PRRSV。我国已成功研制出能够鉴别高致病性猪蓝耳病病毒的RT-PCR诊断试剂。如果高致病性猪蓝耳病病毒RT-PCR检测阳性，又符合临床诊断指标和病理诊断指标，即可判定为高致病性猪蓝耳病。

3. 鉴别诊断　高致病性猪蓝耳病及经典蓝耳病均与猪瘟、附红细胞体病、巴氏杆菌病、链球菌病、猪传染性胸膜肺炎等在临床症状有相似之处，均有高热、厌食、呼吸困难、共济失调症状，在临床诊断时易与其他疾病混淆。同时，高致病性猪蓝耳病为一种免疫抑制病，易继发和并发猪瘟、伪狂犬病、圆环病毒病、副猪嗜血杆菌病、附红细胞体病、巴氏杆菌病、沙门氏菌病等。因此，可从病料中分离出多种病原，诊断时要加以鉴别。

[防治与处理]

1. 防治　预防高致病性猪蓝耳病必须从科学养殖入手，改善饲养环境，加强综合管理，采用合理的免疫程序。主要采取以下一些措施。

（1）加强饲养管理　采用"全进全出"的养殖模式。冬天既要注意猪舍的保暖，又要注意通风。在高热季节，做好猪舍的通风和防暑降温，提供充足的清洁饮水。保持猪舍干燥，保持合理的饲养密度，降低应激因素。不使用霉变和劣质的饲料，保证充足的营养，增强猪群抗病能力。杜绝猪、鸡、鸭等动物混养。农户散养的猪要实行圈养。

（2）对猪群实行科学免疫　目前，国内有弱毒苗、传统灭活苗和高致病性变异株灭活苗3种。弱毒苗只适用于已污染的猪场和仔猪，因为此苗在特定环境下存在返强的可能性。有报道，弱毒苗接种后引起PRRSV的持续感染，有些猪群出现急性PRRSV综合征，妊娠母猪导致活仔数减少、死胎增多。蓝耳病阳性猪场可将弱毒苗和灭活苗（传统和高致病性）联合使用。灭活苗因不存在返强和散毒危险，可用于任何猪场和20日龄猪群。但高致病性变异株（NVDC-JXA1株）灭活苗只对高致病性猪蓝耳病有效。免疫程序：任何猪场（含阳性群）未发病的猪群均可采用高致病性灭活苗经耳根肌内注射。商品仔猪断奶后，首次免疫剂量为2mL；在高致病性猪蓝耳病流行地区首免后1个月，相同剂量加强免1次。后备母猪、后备公猪70日龄前接种程序同商品仔猪，以后母猪在每次分娩前1个月、公猪每隔6个月均加强免疫1次，剂量均为4mL。接种疫苗的同时每头猪肌内注射1mL猪用转移因子，增强免疫功能，减少免疫抑制和免疫麻痹的发生比例。疫苗应使用农业农村部批准厂家生产的疫苗，对同一猪群尽量使用同一厂家、同一批号的疫苗。使用前从冰箱取出后放置2~3h恢复至室温，充分摇匀。在认真做好高致病性猪蓝耳病预防的同时，还必须做好其他疫病（如猪瘟、猪链球菌病、口蹄疫等）的预防工作。规模化猪场要加强猪群免疫抗体的监测，有效保护抗体水平低下时应及时补免。

（3）采用药物预防防止细菌性继发感染　蓝耳病可使猪免疫功能受损，易引发细菌性继发感染。因此，在妊娠母猪产前与产后各一周，哺乳仔猪断奶前与断奶后各一周，育肥猪转群后10d三个阶段适当在日粮或饮水中添加一些抗菌药物，可防止细菌性继发感染，有利于控制蓝耳病疫情，降低发病率和死亡率。预防方案有：①阿奇霉素粉（含阿奇霉素、氟苯尼考、克林霉素）100g，拌入150kg料中，连续饲喂14d（母猪用）。②利高霉素1.2kg，加阿莫西林200g，拌入1t料中，连续饲喂14d（育肥猪和母猪用）。③头孢拉啶粉100g，加水200kg混匀，连饮10d。④支原净120g，加多西环素160g，拌入1t料中，连续饲喂14d，同时于1t水中加入阿莫西林粉200g，连续饮用14d（仔猪用）。断奶仔猪使用上述其他方案预防时，可适当减量。

（4）严格执行消毒制度　搞好环境卫生，及时清除猪舍粪便及排泄物，对各种污染物品进行无害化处理。对饲养场、猪舍内及周边环境增加消毒次数（平时一周消毒1次，发病时1d消毒2次）。消毒药液有2%烧碱、2%戊二醛、0.5%过氧乙酸、3%漂白粉、5%次氯酸钠等。对舍外场地每天用2%~3%烧碱水、生石灰等消毒，要注意消毒药物交替使用。同时禁止外来车辆与人员进入猪舍。养殖户最好不要到发病的猪场去，以防带毒回场。

（5）严格检疫、规范补栏　要从没有疫情的地方购进仔猪，同时，购入前要查看检疫证明，购入后向兽医相关部门报检，并隔离饲养一周以上，体温正常再混群饲养。引进的种猪应隔离饲养观察2个月，临床观察确为健康后方可混群饲养。

（6）建立疫情报告制度，发现病猪立即隔离　发生疫情要立即报告当地畜牧兽医部门，要在兽医的指导下按有关规定处理，病猪要立即隔离，病死猪及其粪便、垫料等要深埋。有条件的地方，将病死猪及其污染物集中进行无害化处理。

（7）严格对病死猪采取"四不准一处理"处置措施　按照《中华人民共和国动物防疫法》和国家有关规定，对病死猪不准宰杀、不准食用、不准出售、不准转运，对死猪必须进行无害化处理。

2. 处理　猪发生本病，一定要按规定上报疫情，同时依据《中华人民共和国动物防疫法》《重大动物疫情应急条例》和《国家突发重大动物疫情应急预案》及有关的法律法规进行处理，包括划定疫点、疫区、受威胁区，封锁疫区等。对发病场/户实施隔离、监控，禁止生猪及其产品和有关物品移动，并对其内、外环境实施严格的消毒措施。对病死猪、污染物或可疑污染物进行无害化处理。必要时，对发病猪和同群猪进行扑杀并无害化处理。

第六节　非洲马瘟

非洲马瘟（African horse sickness，AHS）是由非洲马瘟病毒引起马属动物的一种非接触性、虫媒传播疾病。以发热、皮下结缔组织水肿、肺水肿和部分脏器出血为特征。马对此病易感性最高，死亡率可达95%，只能通过昆虫传播，我国无此病发生。OIE将其列为必须通报的动物疫病，我国列为一类动物疫病。

［病原特性］

病原为非洲马瘟病毒（*African horse sicknes virus*，AHSV），属于呼肠孤病毒科（*Reoviridae*）光滑呼肠孤病毒亚科（*Sedoreovirinae*）环状病毒属（*Orbivius*）成员。

环状病毒属成员均为虫媒传播病毒，其成员还有蓝舌病毒（BTV）和流行性出血病病毒（EHDV）等。

AHSV病毒粒子为无囊膜，呈球形RNA，大小约70nm，病毒衣壳直径为50nm，呈两层对称二十面体，由32个壳粒组成。病毒基因由10个双股RNA片段组成，编码7种结构蛋白（VP1、VP2、VP3、VP4、VP5、VP6、VP7）和4种非结构蛋白（NS1、NS2、NS3和NS3A）。病毒粒子外衣壳由VP2和VP5蛋白构成；内衣壳主要有VP3和VP7蛋白构成，少数有VP1、VP4和VP6蛋白构成；其中VP2和NS3蛋白最易变异，AHSV血清型主要由VP2决定，病毒中和特性由VP2与VP5共同决定。

通过病毒中和试验，可将AHSV分为9个血清型，其中1型与2型、3型与7型、5型与8型、6型与9型之间存在交叉反应，但与蓝舌病毒等其他环状病毒属成员之间不存在交叉反应。

AHSV可在马肾、绵羊羔肾、鸡胚肾等原代细胞及非洲绿猴肾细胞（Vero）、猴肾细胞（MS）、幼仓鼠肾细胞（BHK-21）等细胞系内增殖，并出现大型的胞质内包涵体。MS和BHK-21是最理想的传代细胞，可使细胞出现明显的细胞病变。在MS细胞内增殖最快，滴度更高，并呈特征性的细胞病变，因此可用以测定病毒的滴度和做中和试验，也适于观察蚀斑的形成。

本病毒对酸敏感，对碱具有抵抗力，在pH6～10稳定，在pH3.0时迅速灭活。对热抵抗力强，45℃下可以存活6d，37℃下可存活37d，但60℃ 15min可灭活。在冷冻干燥状态下的病毒可以长期保存。能被0.1%福尔马林48h灭活，能被乙醚及0.4%β-丙内酯灭活，以及被石炭酸和碘伏灭活。

[分布与危害]

1. 分布　14世纪起在非洲和阿拉伯地区发现本病。1959年以伊朗、巴基斯坦等中东与近东为中心流行，以后印度、土耳其、塞浦路斯等发生。1965年阿尔及利亚和摩洛哥、1966年突尼斯和西班牙以及1989年葡萄牙均发生非洲马瘟。

本病主要流行于非洲大陆中部热带地区，并传播到南部非洲，有时也传播到北部美洲。我国尚无本病发生。

2. 危害　本病不仅马可以患病，而且骡、驴、斑马也能感染，死亡率很高（95%），造成大批马匹死亡，产生严重经济损失，同时也严重影响马匹贸易活动。

[传播与流行]

1. 传播　本病病毒的贮藏宿主，目前尚未研究清楚。马、骡、驴、斑马是病毒易感宿主。马（尤其是幼龄马）最为易感，骡、驴依次降低。此外，大象、野驴、骆驼、犬等动物因接触感染的血及马肉也偶可感染。

本病的主要传染源是病马、带毒马及其血液、内脏、精液、尿、分泌物和所有脱落组织。马的病毒血症期一般持续4～8d，长的达18d；斑马、驴病毒血症期可持续28d以上。

本病传播方式不能由病马直接接触传播感染，而是通过媒介昆虫吸血传播，本病媒介昆虫主要是库蠓、伊蚊和库蚊等。

2. 流行　本病发生有明显的季节性和地域性，多见温热潮湿的夏季、秋季以及沼泽地，常呈地方性流行或暴发流行，而且传播迅速。新疫区病马死亡率高，老疫区多呈隐性感染而带毒。病死率变动幅度很大，最低在10%～25%，最高可达90%～95%，骡病死亡率为50%～70%，驴病死率为10%。耐过本病的马对同一型病毒的再感染有一定的免疫力。

本病主要流行于非洲东部和南部，所有9种血清型均有流行。而非洲西部仅有血清4型和血清9型流行，并从这里传播到地中海周边国家。

[临床症状与病理变化]

1. 临床症状　本病根据发生部位，表现的临床症状及病程的长短，可分为四个典型类型：肺型（最急性型）、心型（又称亚急性型或水肿型）、肺心型（又称混合型或急性型）和发热型（温和型）。潜伏期随病型不同而异，其中肺型最短，3～5d；心型7～14d；肺心型5～7d；发热型5～14d。OIE《陆生动物卫生法典》中，非洲马瘟的感染期为40d。

（1）肺型　又称最急性型，多发生于非洲马瘟病毒高度易感的、感染非洲马瘟病毒强毒株的和发热期仍在使役的动物，以呼吸高度困难和渐进性呼吸变化为特征。病初呈急性发热，体温40～41℃，持续1～2d。随后呼吸困难，呼吸频率达60次/min，甚至75次/min。病畜前腿又立，引颈伸头，鼻孔扩张，常大汗淋漓。最后出现痉挛性咳嗽，鼻腔流出大量泡沫样液体。病程较短，多在数小时内死亡，死亡率高达95%以上。

（2）心型　又称亚急性型或水肿型，常见于低毒株感染动物、变异株感染的免疫动物。病初发热明显，体温39～41℃，持续3～6d。退烧前出现特征性水肿症状，先见于颞窝或眶上窦和眼睑，随后可扩展到唇、颊、舌、下颌间隙和咽喉区，有时可延伸至颈部，严重的病例胸部和肩部也出现水肿，但一般不会波及四肢。晚期可见结膜和舌腹面点状出血，病畜疝痛，最后因心力衰竭而死。病畜常在出现发热后4～8d内死亡，死亡率约50%。而耐过动物于3～8d水肿逐渐消失。

（3）肺心型　又称急性型或混合型，是马、驴常见的病型。病畜在发热出现3～6d内，死亡率可达70%左右。肺心型又有两种症型：一种是病初肺部症状相对较轻，随后头颈明显水肿，最后死于心力衰竭；另一种是先出现心型典型症状（如水肿），随后出现肺型典型症状（如实然呼吸困难）。

（4）发热型　又称温和型，多见于免疫保护不全的动物，或驴、斑马等对本病有抵抗力的动物。病畜发热，体温39～40℃，呈弛张热型，通常早上低下午高，持续5～8d。除发热外，其他症状罕见。有时可见结膜轻微充血，眶上窦水肿，脉搏稍快，精神沉郁，食欲缺乏等症状。

2. 病理变化　肺型病变为肺水肿。胸膜下、肺间质和胸淋巴结水肿，心包点状瘀血，胸腔有大量黄色透明的积液。

心型病变为皮下和肌间组织出现大量的黄色胶样水肿（常见于眼上窝、眼睑、颈部、肩部等）。心包内充满黄色或红褐色液体，心肌发炎，心脏内外膜有点状或斑状出血。胃炎性出血。

［诊断与检疫技术］

1. 初诊　根据临床症状和病理变化可做出初步诊断。但确诊要依靠实验室检测。

2. 实验室检测　在国际贸易中，检测的指定诊断方法有补体结合试验（CF）、酶联免疫吸附试验（ELISA），替代诊断方法有病毒中和试验（VN）。

被检材料的采集：用于病原分离的应采取发热期病畜全血，用O.P.G液（即50%甘油水溶液+0.5%草酸钠溶液+0.5%石炭酸溶液）或肝素（按10IU/mL添加）抗凝，于4℃下保存或送检；或采取刚死亡动物的脾、肺和淋巴结（取2～4g小块），置10%甘油缓冲液，于4℃下保存或送检。

用于血清学试验应采取血清，最好采双份血清，分别在急性期和康复期，或相隔21d采取，置于−20℃下冰箱保存。

（1）病毒分离　可采用乳鼠接种或细胞培养。

乳鼠接种：取血液或脾、肺、淋巴结等组织材料的灭菌上清，脑内接种1～3日龄乳鼠，观察3～15d，如果出现神经症状，则需要在小鼠脑内继代接种。即取病鼠脑组织，匀浆，经脑内再接种6只以上1～3日龄乳鼠进行二次传代；二次传代潜伏期缩短至2～5d，感染率达100%。取病鼠脑直接以传统中和试验进行病毒定型，或抽提病毒RNA进行测序。

细胞培养：将感染组织处理后的上清液、红细胞裂解液接种仓鼠肾细胞（BHK-21）、马肾细胞及鸡胚细胞或接种在非洲绿猴肾细胞（Vero）、猴稳定细胞（MS）等哺乳细胞系进行病毒培养，观察细胞病变（CPE）或进行荧光抗体染色检查。也可以库蠓、蚊子等昆虫细胞系培养分离。

哺乳细胞系感染AHSV后，2～10d即可出现CPE，只有经盲传三代仍无CPE，才可判为阴性。昆虫细胞系感染AHSV后不出现CPE，但将感染的昆虫细胞接种到哺乳动物细胞7～10d后，可观察到病毒存在。

（2）病毒鉴定及血清型鉴定　病毒鉴定常用夹心酶联免疫吸附试验（S-ELISA）、聚合酶链式反应（PCR）等方法检测感染组织中的病原。AHSV血清型鉴定常用病毒中和试验和型特异性

RT-PCR等方法检测。

①S-ELISA：至少有两种血清群特异性S-ELISA检测技术，可用于田间AHSV抗原的检测，检测样品可以是田间样品，也可以是试验感染组织培养物。其中一种采用抗非洲马瘟病毒（AHSV）多克隆抗体；另一种以血清型中较保守的VP7蛋白制取单克隆抗体进行。

采用鸡IgY的双抗夹心ELISA可以检测AHSV所有血清型。

②PCR：采用反转录聚合酶链式反应（RT-PCR）和实时反转录聚合酶链式反应。

RT-PCR特异性好，能够检出EDTA抗凝血、马或鼠组织匀浆物或细胞培养物中的病毒RNA，引物以RNA第7片段的5′端（1～21核苷酸）和3′端（1 160～1 179核苷酸）设计，能够扩增第7片段的全部基因组。

实时反转录聚合酶链式反应敏感性较高，可实现非洲马瘟（AHS）快速诊断，引物以RNA第7片段的高度保守区设计。

反转录聚合酶链式反应（RT-PCR）和实时反转录聚合酶链式反应也可用于9种AHSV血清型的鉴定。

③VN：采用型特异性抗血清对分离的野毒株进行定型。至今仍是AHSV血清定型的首选和"金"标准，此法缺点是时间长，需5d或更长时间才能出结果。

④型特异性RT-PCR：以病毒基因第2片段设计引物，9种血清型需设计9对引物。可直接用组织样品进行AHSV鉴定，数小时内出结果。此法能够鉴别非洲马瘟病毒9种血清型。

（3）血清学试验　病畜康复可产生血清中和、补体结合、血凝抑制和免疫扩散抗体。一般血清中和抗体在7～8d出现，并以较高的滴度水平维持较长时间，故常用ELISA、补体结合试验（CF）以及免疫印迹来诊断本病。具体操作方法见有关诊断技术规程。

①间接酶联免疫吸附试验（I-ELISA）：为国际贸易指定试验，敏感性和特异性高。采用VP7重组蛋白作为抗原检测AHSV抗体，具抗原稳定性和不具传染性等优点。

②NS3酶联免疫吸附试验（NS3-ELISA）：采用重组NS3蛋白为抗原的间接酶联免疫吸附试验，方用于区分AHSV感染马和AHSV-4型灭活疫苗免疫马。

③免疫印迹试验（IB）：以电泳分离病毒蛋白，再转移到硝酸纤维素膜上，然后与抗体结合。此法用于检测非洲马瘟病毒抗体。

④补体结合试验：为国际贸易指定试验，过去曾广泛运用，但因某些血清具抗补体作用，目前已逐步被ELISA方法取代。CF试验常用于检测AHSV群特异性抗体，采用的抗原以鼠脑经蔗糖/丙酮抽提。

⑤中和试验：用于检测血清型特异性抗体和流行病学监测及病毒传播研究，特别适用于多种血清型交错的流行区的监测和研究。

3. 鉴别诊断　应与马传染性贫血（EIA）、马麻疹病毒性肺炎（EMP）、马病毒性动脉炎（EVA）、马巴贝斯虫病、出血性紫癜等病相鉴别。可以根据媒介昆虫特殊的发病季节和地理环境、典型的临床症状和病理变化，以及病畜体内是否有菌体、虫体的存在等，不难与上述几种疫病区别。此外，可用血清学试验与马病毒性动脉炎相区别。

［防治与处理］

1. 防治

（1）由于本病尚无有效药物治疗，因此感染区应对未感染马进行免疫接种，如多价苗、单价苗。对妊娠7~8个月的马接种疫苗，其所生的幼驹可以借助初乳母源抗体被动获得免疫6个月。

（2）平时做好防蚊灭蚊（库蠓、伊蚊和库蚊）工作，可用杀虫剂、驱虫剂或筛网捕捉等控制媒介昆虫。

（3）我国尚未发现此病，为防止从国外传入，必须禁止从发病国家或地区进口易感动物。

2. 处理

（1）发生可疑病例时，按《中华人民共和国动物防疫法》规定，采取紧急、强制性的控制和扑灭措施。

（2）确诊病原及血清型。扑杀病马及同群马，尸体进行焚烧销毁或深埋处理。周围环境进行严格消毒处理。

（3）对受威胁区的易感动物严禁移动，并进行紧急预防接种。

第七节　牛　瘟

牛瘟（rinderpest, RP）俗称烂肠瘟或胆胀瘟，是由牛瘟病毒引起牛的一种急性、热性、败血性、高度接触性传染病。以黏膜特别是以消化道黏膜出血性炎症、坏死为主要特征。病程短，死亡率高。OIE将其列为必须通报的动物疫病，我国列为一类动物疫病。

［病原特性］

病原为牛瘟病毒（rinderpest virus, RPV），属于单负链病毒目（Mononegavirales）副黏病毒科（Paramyxoviridae）副黏病毒亚科（Paramyxovirinae）麻疹病毒属（Morbillivirus）成员。本病毒在结构上和麻疹、犬瘟热、鸡新城疫以及其他副黏病毒极为相似，电镜下观察，其形态几乎一样，病毒颗粒呈圆形，有囊膜，直径120~300nm，为单股负链RNA病毒。病毒可刺激机体产生中和抗体、补体结合抗体和沉淀抗体。没有红细胞凝集和吸附作用。病毒不同毒株的致病性有差异，但只有一个血清型，抗原性稳定，与本属其他成员有交叉反应。

根据基因序列分析，牛瘟病毒可分为三个基因谱系，其中基因谱系1和2仅记载于非洲，基因谱系1曾分布于埃及至苏丹南部，东至埃塞俄比亚、肯尼亚西部和北部，基因谱系2仅记载于东非、西非，也曾一度分布于整个非洲大陆的撒哈拉南部区域。基因谱系3（也称亚洲谱系）仅记载于阿富汗、印度、伊朗、伊拉克、科威特、阿曼、巴基斯坦、沙特阿拉伯、土耳其、斯里兰卡和也门共和国等。

目前报道某些牛瘟病毒已演变成温和的、对牛非致死性的毒株，但所有牛瘟病毒毒株仍保留两个最危险的属性，即毒力返强能力和感染野生动物的能力，能引起野牛、大羚羊、长颈鹿、小旋角羚和疣猪急性感染，并引起较高的死亡率。

本病毒比较脆弱，对外界环境因素抵抗力不强，高温、日光（紫外线）、超声波、冻融、冻干等极易使病毒失去活力，但在肉内可存活3~5d，甚至长达12d。56℃或60℃ 30min能被灭活。病牛皮在日光下曝晒48h后病毒灭活。阴暗潮湿环境有利病毒生存。本病毒在低温下相当稳定，如在冰冻组织中可保存一年以上。本病毒对酸碱、脂溶剂、去污剂、氧化剂和普通消毒药（如石炭酸、甲酚、氢氧化钠）都很敏感。

[分布与危害]

1. 分布　牛瘟是一种古老的病毒性传染病，在公元4世纪就有记载，欧洲学者认为牛瘟起源于亚洲。本病曾广泛流行于欧洲、美洲、亚洲及西亚，但澳大利亚、新西兰及美洲一直没有出现过大面积流行。通过采取严厉防治措施，欧洲和美洲已消灭了本病。但在赤道非洲、东北非洲的许多国家和亚洲的阿富汗、巴基斯坦、印度、斯里兰卡、阿拉伯半岛及其附近至今仍有流行。

我国在1949年前，本病遍及全国。1956年，全国范围内消灭了牛瘟，2008年获OIE无牛瘟感染认证，至今再未发生。

2. 危害　本病曾给世界养牛业造成毁灭性的打击。目前由于该病仍在少数国家发生，对世界各国是一个严重的威胁，特别是南亚次大陆和西边的阿富汗对我国威胁很大，需要高度警惕。

本病没有明确的公共卫生学意义。

[传播与流行]

1. 传播　本病毒对黄牛、水牛、牦牛、瘤牛以及野生动物（如非洲水牛、非洲大羚羊、大弯角羚、角马、各种羚羊、豪猪、疣猪、长颈鹿）等，不分年龄和性别均易感，尤以牦牛最易感，犏牛次之，黄牛和水牛又次之。其他动物，如绵羊、山羊、鹿和猪也易感。亚洲猪不仅比欧洲、非洲猪易感，而且还可将RP感染猪传染给牛，欧洲猪感染RPV后极少出现严重症状；骆驼科动物极少感染。

传染源主要是病牛和无症状的带毒畜。病牛通过其分泌物和排泄物排出大量病毒，亚临床感染的羊、猪及野生动物也能将病毒传染给牛。

主要的传播方式是病牛与健康牛的直接接触而感染，此外，还可通过污染物等非生物媒介传播以及通过吸血昆虫进行机械传播。

主要的传播途径是消化道，也可以通过呼吸道、眼结膜、上皮组织、子宫而感染。

2. 流行　本病流行有明显的周期性和季节性，多发生于冬季12月到次年的4月。流行期间疫情可随交通运输线路蔓延。本病发病率和死亡率都很高，发病率近100%，死亡率高达90%以上，一般为25%~50%。不同品种间有所差异，但性别、年龄差异不明显。耐过的病牛可获得坚强免疫力。

[临床症状与病理变化]

1. 临床症状　潜伏期3~15d。《陆生动物卫生法典》描述，牛瘟的潜伏期为21d。

本病在新疫区与老疫区的病牛表现有差异，在新疫区病例多表现为典型（急性型）症状，而老疫区病例多表现为非典型症状。

经典型：为典型牛瘟，临床以急性发热为特征，感染畜发热达40~41.5℃，并伴有轻微厌食、便秘、可视黏膜（如眼结膜、鼻、口腔、性器官黏膜）充血潮红、流泪流涕、鼻镜干燥和精神沉郁。后期病畜厌食严重，鼻镜完全干燥，精神极度沉郁，呼出恶臭气体，眼鼻流黏脓性分泌物。

在病畜发热后第3~4天，口腔出现坏死性病变的特征（可作为牛瘟的临床初步诊断），表现为口腔黏膜（齿龈、唇内侧、舌腹面）潮红，迅速发生大量灰黄色粟粒大突起，状如撒层麸皮，互相融合形成灰黄色假膜，脱落后露出糜烂或坏死，呈现形状不规则、边缘不整齐、底部深红色的烂斑，俗称地图样烂斑。坏死也可见于鼻腔、母畜阴户和阴道、公畜包皮。

在病畜口腔病变出现后1~2d，病畜发生腹泻（牛瘟典型特征），起初排大量水样便，后期便带黏液、血液和上皮脱落物，恶臭异常，严重病例伴有里急后重。尿频，色呈黄红或黑红。一般在腹泻出现后，病情急剧恶化，病畜脱水、消瘦和衰竭，不久死亡。病畜死亡率变化不一，早期在10%～20%，至病程晚期，病畜躺倒后24～48h内死亡。

温和型：病牛仅呈短暂的轻微发热、腹泻和口腔病变，死亡率低，多见于地方流行区内。

以基因谱系2毒株引起的温和型牛瘟为例，病畜表现短暂发热（3～4d），体温为38～40℃；精神、食欲正常，腹泻轻微且不常见；可现黏膜有轻微充血，下齿龈呈点状突起，上皮呈白色样坏死；有的眼、鼻有轻微的浆性分泌物，但一般不会发展到出现脓性分泌物阶段。

隐性型及其他：某些基因谱系2毒株，在感染牛后通常不表现症状而呈隐性经过；但对野生动物具有高度传染性，尤其是野水牛、长颈鹿、大羚羊和小旋角羚等高度易感动物，可引起发热、流鼻涕、糜烂性口炎和胃肠炎，甚至死亡。

野水牛感染基因谱系2毒株后，还表现外周淋巴结肿大，皮肤蚀斑状角化病变和角膜结膜炎。小旋角羚病变与野水牛类似，但由角膜结膜炎引起的瞎眼症状很普遍，腹泻症状不常见。大羚羊可见口腔黏膜坏死和糜烂，脱水和消瘦。

山羊、绵羊、骆驼发病后，症状轻微，与牛相似，但死亡率低。猪大多呈隐性经过，也有出现症状的，主要为高热、不食和腹泻。

2. 病理变化　经典型牛瘟病例尸体外观呈脱水、消瘦、污秽和恶臭，鼻、颊附有黏脓性分泌物。剖检特征性病理变化是整个消化道黏膜呈现糜烂和纤维素性坏死等变化，口腔黏膜（除舌背前部）、咽部、食管均可见充血烂斑，尤其是口腔、第四胃、大肠黏膜损害最为显著。口腔可见坏死性上皮广泛脱落，通常与邻近的健康黏膜界限明显，病变常延伸到软腭，甚至咽部和喉部上端。第四胃黏膜，特别是幽门附近病变严重，胃黏膜肿胀，常散在鲜红色至暗红色斑点和条纹，胃底黏膜下层广泛水肿，黏膜增厚，切面呈胶冻样，胃壁上散在糜烂区和附着纤维素假膜的溃疡，严重时可见大片上皮脱落，形成紫色或灰黑色烂斑。瘤胃、网胃和瓣胃通常无病变，但有时可在瘤胃柱上皮见到坏死斑。小肠黏膜皱襞的顶部可见到出血条纹，严重的有糜烂区。集合淋巴滤泡常呈黑色，组织坏死，结痂脱落后形成溃疡。大肠在回肠、结肠联结部和直肠中有显著病变，可见回盲瓣黏膜肿胀出血（是牛瘟特征性变化之一），肠黏膜有出血点或烂斑，形成特征性的"斑马条纹"。肠系膜淋巴结显著肿胀，暗红色，呈出血性淋巴结炎变化。

此外，胆囊显著肿大，充含胆汁，黏膜有不同程度的充血、出血和糜烂。肾盂和膀胱黏膜呈卡他性肿胀，有时有小点出血。呼吸道黏膜潮红肿胀，有点状和条状出血，鼻腔、喉头和气管黏膜上覆有假膜，假膜下有烂斑或黏液性脓性渗出物。肝脏、脾脏和肺脏一般无变化。

[诊断与检疫技术]

1. 初诊　根据临床症状和病理变化，可以做出初步诊断，确诊需依靠实验室检测。

2. 实验室检测　在国际贸易中，检测的指定诊断方法是酶联免疫吸附试验（ELISA），替代诊断方法是病毒中和试验（VN）。

被检材料的采集：用于病原分离鉴定应采取全血，加肝素（按10IU/mL添加）或EDTA（按0.5mg/mL添加）抗凝，置冰上（但不能冻结）送检；或刚死亡动物的脾、肩前或肠系膜淋巴结，置于0℃以下保存待检；眼、鼻分泌物拭子（在前驱期或糜烂期采集）。采取血清用于血清学试验。

（1）病毒分离鉴定　取发病初期的抗凝血（10～20mL）分离白细胞或用5%脾淋巴结混合乳剂悬液稍加沉淀，然后把白细胞或组织悬液接种在原代犊牛肾细胞、B95a绒猴类淋巴母细胞或非洲绿猴肾（Vero）细胞，旋转培养观察细胞病变效应（CPE），经培养3d后可观察到单层细胞边缘出现特征性的细胞病变（即有折射性、细胞变圆、皱缩、胞质拉长或形成巨细胞和合胞体形成），然后对分离物进行系统的病毒学鉴定，可使用免疫过氧化物酶染色（染色前应先将组织中内源性过氧化物酶灭活）或特异性血清进行中和试验。还可采用反转录聚合酶链式反应（RT-PCR）进行病毒基因谱系鉴定。

若绵羊或山羊群中同时存在牛瘟和小反刍兽疫时，可应用免疫捕获ELISA鉴别试验进行快速鉴别牛瘟病毒（RPV）和小反刍兽疫病毒（PPRV）。而更为准确的鉴别诊断必须使用实时定量PCR检测方法。

（2）血清学试验　可用琼脂扩散试验、反向对流免疫电泳试验、竞争酶联免疫吸附试验（C-ELISA）、病毒中和试验（VN）。

①琼脂扩散试验、反向对流免疫电泳试验：可用于检测患病动物眼分泌物中的沉淀抗原。

②C-ELISA：为国际贸易指定诊断方法，适用于检测任何接触过牛瘟病毒感染动物的血清抗体。其原理是，阳性被检血清与抗牛瘟病毒H蛋白单克隆抗体（mAb）竞争RPV抗原。如果被检样品中存在抗体，则会阻断mAb与RPV抗原结合，当加入经酶标记的抗小鼠IgG结合物和底物/显色溶液后，显色反应会低于期望值。该试验为固相法，试验中洗涤程序以确保除去未反应的试剂，有较好的特异性。

试验中采用的牛瘟抗原，可用Kabete'O'株感染Madin-Darby牛肾细胞（MDBK）培养，取感染细胞反复超声和离心抽提制取。mAb由高免的小鼠脾细胞与小鼠骨髓瘤细胞融合获得，针对牛瘟H蛋白，特异性好。

当阳性/阴性阈值降低至40%或更低时，该试验的敏感性将会提高，但因假阳性结果比例增加，其特异性将不可避免地受到影响。根据国际牛瘟扑灭计划实践证明，当阈值在50%时，试验的敏感性至少可达70%，而特异性在99%以上。在血清学检测中，制订采样方案应将检测敏感性考虑在内。

③VN：为国际贸易替代诊断方法，在犊牛代肾原代细胞转管培养基中进行病毒中和试验，但普查试验多采用微量平板法。

（3）生物学方法　应用本动物接种试验、兔体中和试验等。

①动物接种试验：选用测试健康和未接种过牛瘟疫苗的易感小牛（6～12月龄）2～3头，将病牛血液10～20mL或用淋巴结、脾制成10倍乳剂滤过，或加抗生素处理（应无菌和无原虫）进行皮下注射。3～5d后，发热41～42℃，稽留热型。接着口腔黏膜出现小结节，形成糜烂区，一般10d内死亡。剖检可见牛瘟特征性病理变化。

②兔体中和试验：取痊愈牛血清，可将血清10～100倍稀释，加入一定量的冻干牛瘟兔化弱毒（100个最小发病量），10℃下中和3h，用1mL接种兔的耳静脉。如兔不发病，证明血清中有牛瘟抗体存在，即可判断为牛瘟；如兔发病，可判断不是牛瘟。但要注意，若该牛早先感染过牛瘟或曾进行过牛瘟免疫，则此法就不能确诊牛瘟病。

（4）分子生物学技术　采用一种简单的实时RT-PCR法进行牛瘟病毒（RPV）的诊断，此法对感染组织培养物上清和试验感染牛临床样品检测高度敏感，能够检出所有已知病毒谱系的代表分离株，并能明确区分小反刍兽疫病毒（PPRV）和其他引起类似症状的病毒，如口蹄疫病毒（FMDV）、牛病毒性腹泻病毒（BVDV）、牛疱疹病毒（BHV）和水疱性口炎病毒（VSV）。

3.鉴别诊断　应注意与口蹄疫、牛病毒性腹泻/黏膜病、牛传染性鼻气管炎、恶性卡他热、水疱性口炎、蓝舌病、牛巴氏杆菌病鉴别。在小反刍动物方面，应注意与小反刍兽疫区别。可以从典型临床症状、病理剖解的特征性变化以及病原检测等方面加以鉴别。

［防治与处理］

1. 防治

（1）疫区和受威胁区可采用细胞培养弱毒疫苗进行免疫，也可采用牛瘟/牛传染性胸膜肺炎联苗进行免疫。

（2）加强检疫，禁止从有牛瘟的国家或地区进口有关动物（家养和野生的反刍动物和猪）及其产品等。

2. 处理

（1）一旦发生牛瘟，立即上报疫情，并按《中华人民共和国动物防疫法》规定，采取紧急、强制性的控制和扑灭措施。

（2）扑杀病畜及同群畜，无害化处理动物尸体。消毒污染的器物及环境。

（3）受威胁区紧急接种疫苗，建立免疫带。

第八节　牛传染性胸膜肺炎

牛传染性胸膜肺炎（contagious bovine pleuropneumonia，CBPP）又称牛肺疫，是由丝状支原体丝状亚种小型菌落引起牛的一种高度接触性传染病。临床表现为厌食、发热和呼吸困难、急促、咳嗽与流涕；病变以渗出性纤维素性肺炎和浆液性纤维素性胸膜肺炎为特征。OIE将其列为必须通报的动物疫病，我国将其列为一类动物疫病。

［病原特性］

病原为丝状支原体丝状亚种小型菌落（*Mycoplasma mycoides* ssp.*Mycoides SC*，MmmSC），属于支原体目（Mycoplasmatales）支原体科（Mycoplasmataceae）支原体属（*Mycoplasma*）成员，是丝状支原体（*Mycoplasma mycoides*）的一个亚种。该菌无细胞壁，具有3层结构的细胞膜。菌体呈多形性，如弧形弯曲细丝状（或S状）、球状、环状、星状、半月状、球杆状等。用Hela细胞、鸡胚成纤维细胞、人结膜细胞和牛肾细胞进行组织培养生长较好，常规的支原体培养基上生长良好。

病原体对外界环境的抵抗力甚弱，在直射阳光下几个小时即失去毒力，干燥、高温迅速死亡，55℃ 15min、60℃ 5min灭活。对寒冷有抵抗力，在冻结的病肺和淋巴结可存活1年以上。真空冻干后−20℃可存活3～12年。酸性或碱性pH下可灭活。0.01%升汞、0.25%来苏儿、2%石炭酸、10%石灰乳、5%漂白粉、0.5%福尔马林等均能在几分钟内灭活。

［分布与危害］

1. 分布　本病最早于1693年在德国和瑞士发现，英国1753年报道。美国、澳大利亚、南非于1861年发生。在20世纪初传入印度，20世纪90年代曾流行的有：安哥拉、几内亚、尼日利亚、纳米比亚、加纳、尼日尔、科特迪、贝宁、埃塞俄比亚、塞内加尔、西班牙、葡萄牙和意大利等。

我国最早发现本病是1910年在内蒙古西林河上游一带，系由俄国西伯利亚贝加宁地区传来，此后在我国一些地区时有发生和流行。1949年后，采取严格的综合防控措施，1996年1月16日宣布在全国范围内消灭了此病。

目前本病在非洲、欧洲南部、中东及亚洲部分地区仍有流行。

已经根除本病的有美国、英国、南非、澳大利亚、日本和中国等。

2. 危害　本病发病率在60%～70%，是OIE规定的重大传染病之一，发生疫情后，相关国际贸易将严重受阻。

本病没有明显的公共卫生意义。

［传播与流行］

1. 传播　自然条件下易感动物主要是牛类，包括牦牛、奶牛、黄牛、水牛、瘤牛及羚羊。野牛可抵抗，绵羊、山羊和骆驼不易感染。其他动物和人不感染。

传染源是病牛、隐性带菌牛和康复牛（康复牛长期带菌达2～3年），隐性带菌牛是主要传染源。

传播方式和途径主要是直接接触传染，病菌经咳嗽、唾液排出，通过空气经呼吸道传播。也可通过尿液、乳汁及分娩母牛的子宫分泌物散播，病原污染饲料、饮水后经口传染。如成年牛可通过被尿污染的干草而经口感染，也可经胎盘传染。

2. 流行　本病通过空气经呼吸道传播，在适宜的环境气候下，在新疫区发病率可达60%～70%，病死率为30%～50%，老疫区因牛对本病具有不同程度的抵抗力，发病缓慢，通常呈亚急性或慢性经过，往往呈散发性。此外，饲养管理条件差、养殖密度过大等可促进该病的流行。

［临床症状与病理变化］

1. 临床症状　在自然感染下，一般潜伏期为2～4周，最短为7d，最长可达8个月。OIE《陆生动物卫生法典》规定为6个月。

按病程可分为急性型、亚急性型和慢性型。由于亚急性型症状与急性型相似，但病程较长，症状较轻，且不如急性型明显、典型，本文仅对急性型和慢性型的症状进行介绍。本病临床以厌食、发热以及呼吸道症状（呼吸困难、急促、咳嗽和流鼻涕）为特征。

急性型：临床症状明显而典型。病初体温高达40～42℃，呈稽留热型。精神沉郁，食欲缺乏。病畜频繁干咳，呼吸急迫，鼻孔开张，呈腹式呼吸，呼吸困难。可听到呻吟声，按压肋间有疼痛表现。叩诊胸部患侧肩胛骨后有浊音或实音区。听诊肺部有湿性啰音，肺泡音减弱或消失，心音微弱。眼结膜潮红，并有脓性分泌物。鼻腔流出浆液性或脓性分泌物。

病的后期心脏衰弱，因胸腔积液，只能听到微弱心音，甚至听不到。重症可见胸前、腹下和垂肉发生水肿，尿量减少，便秘与腹泻交替发生。奶牛产奶减少，幼龄牛常并发多发性关节炎，病畜眼球下陷、呼吸极度困难，体温下降，最后窒息死亡。急性病程15～30d。

慢性型：多数由急性转化而来，也有少数一开始就是慢性经过。病畜逐渐消瘦，不时有干性短咳，叩诊胸部可能有实音区，且敏感。体温时高时低，消化机能紊乱，食欲时好时坏。但有的病例不表现临床症状，可长期带菌、排菌。

2. 病理变化　典型的牛肺疫剖解病变为大理石样肺炎和浆液性纤维素性胸膜肺炎。胸腔积液呈无色或淡黄色，内含絮状纤维素物。按病程可分为初期、中期和末期的病理变化。

初期肺脏炎症以小叶性支气管肺炎为特征，病灶充血、水肿，呈鲜红色或紫红色。中期呈纤维素性肺炎和浆液性纤维素性胸膜肺炎，肺实质有紫红色、红色、灰红色、黄色、灰色等不同时期的肝样病变区，被肿大呈白色的肺间质分隔，形成大理石样外观。末期常见肺部病灶被结缔组织包围，有的因坏死、液化而形成脓腔、空洞；有的被增生的结缔组织取代，形成瘢痕；有的钙化或形成肉样变。

此外，心膜变厚，常与肺或纵隔粘连，心包积水。胸腔淋巴结呈炎性水肿。脾脏肿大。

病理组织学变化，初期为细支气管周围肺泡炎性渗出，中期渗出严重弥漫，间质坏死，末期以血管和支气管周围机化灶为特征。

[诊断与检疫技术]

1. 初诊　依据流行病学、典型的临床症状和病理变化可做出初步诊断。确诊需依靠实验室检测。

2. 实验室检测　在国际贸易中，检测的指定诊断方法是补体结合试验（CF），替代诊断方法是酶联免疫吸附试验（ELISA）。

被检材料的采集：用于病原鉴定可采取活病畜的鼻腔拭子、支气管肺泡冲洗物或胸腔穿刺液及病死畜的肺病灶、肺门淋巴结、胸腔液等，冰冻保存待检。急性型和康复期动物的血清用于血清学试验。

（1）病原菌分离和鉴定　将上述采取的病料（任何一种）接种在支原体培养基上，观察有无丝状支原体生长。如接种在固体培养基上培养1～2周后，可见到菲薄透明的露滴状圆形菌落，中央有乳头状突起，即可判定；如接种在液体培养基（马丁汤培养基）中，经培养后（7～10d）可产生轻微的混浊或呈白点丝状生长，以后逐渐均匀、混浊，半透明稍带乳光，不产生菌膜或沉淀。然后进行染色镜检，用姬姆萨或瑞氏染色较好。方法是：取马丁汤培养物涂薄膜、干燥，用5%铬酸固定2～3min，水洗，浸入1∶30的姬姆萨液，放入冰箱染色，过夜后水洗镜检。在高倍镜下可见菌体呈多形性，以球点形最常见。最后病原菌鉴定可采用间接荧光抗体试验（IFA）、荧光抗体试验（FAT）、琼脂免疫扩散试验（AGID）、圆片生长抑制试验（DGIT）以及PCR等方法鉴定。

（2）血清学检测　CBPP血清学检测仅适合群体普查，不适用于个体确诊。其原因，一是疾病早期，特异性抗体尚未发生；二是慢性CBPP，血清阳性动物很少。血清学检测方法有补体结合试验（CF）、竞争酶联免疫吸附试验（C-ELISA）、免疫印迹试验（IB）和其他检测试验（包括玻片凝集试验和乳胶凝集试验）等。

①CF：为国际贸易指定试验，是目前最可靠的方法，适用于无疫认证，进行群体检测。此法特异性高，但存在假阳性。存在假阳性的一个重要原因是与其他支原体，尤其与丝状支原体中其他成员发生血清学交叉反应。因此，CF结果须通过剖检和细菌学检测，以及在屠宰时采血进行血清学检测验证。

急性病牛的补体结合试验与病理剖检诊断的阳性符合率达92%～98%，但对亚急性或慢性病牛检疫时，由于病程不同，血清中补体结合物质的出现及存留时间和病理变化不完全一致，所以在实际应用中会出现两者不相符的特殊例子，在大批检疫中也可能有占全牛数的1%～2%出现非特异性反应。

接种过牛肺疫苗的牛群，有一部分会出现阳性或疑似反应，一般可持续3个月左右。所以在此期间内做补体结合试验是没有诊断意义的。

鉴于以上情况，在检疫过程中，要用几种诊断方法进行综合诊断，必要时对被检动物隔离观察一定时间后再重复试验，这样才能收到良好效果。

②C-ELISA：为国际贸易指定试验，适用于无疫认证。此法与CF相比，敏感性相当，但特异性较高。检测一个感染畜群的抗体时，CF试验检出阳性后，CELISA也能立刻检出，但C-ELISA抗体维持时间要比CF抗体长。

③IB：此法敏感性和特异性均超过CF试验，主要用于其他试验结果的确认，凡CF阴性疑似结果均应以IB试验复核。

④其他检测试验：包括玻片凝集试验（SAT）和乳胶凝集试验（LAT）。其中，SAT是以染色支原体浓缩液为抗原，与全血或血清中的特异性凝集素发生凝集反应，此法敏感性低，只适用发病初期（如急性期）动物群体普查。LAT的结果判读比SAT容易。

总之，血清学检测的方法中，CF和各种ELISA试验均可用于CBPP普查和根除计划，特异性较高的IB试验应作为确诊方法，而不适用群体普查，因标化困难IB试验只能由参考实验室承担。

3. 鉴别诊断　急性型应与东海岸热、牛出血性败血症等疫病区别。慢性型应与结核病、包虫病区别。可以从病原、病理变化等方面进行鉴别。

[防治与处理]

1. 防治

（1）加强国境检疫，禁止从疫区输入牛。我国已消灭了牛传染性胸膜肺炎，一定要加强国境检疫，防止从有该病的国家或地区输入牛。

（2）对疫区和受威胁区6月龄以上的牛，每年接种1次牛肺疫兔化弱毒菌苗。

2. 处理

（1）如发现病畜或可疑病畜，要尽快确诊，上报疫情，划定疫点、疫区和受威胁区。对疫区实行封锁，并按《中华人民共和国动物防疫法》规定，采取紧急、强制性的控制和扑灭措施。

（2）扑杀患病牛，对同群牛隔离观察，进行预防性治疗。

（3）彻底消毒场地、圈舍、用具。

（4）无害化处理污水、污物和粪便等。

第九节　牛海绵状脑病

牛海绵状脑病（bovine spongiform encephalopathy，BSE），俗称"疯牛病"（mad cow disease），是由朊毒体引起成年牛的一种渐进性、食源性、消耗性、致死性神经疾病。临床以精神失常、共济失调、视触听三觉过敏为特征的人兽共患病，组织病理学以大脑灰质呈海绵状水肿和神经元空泡变性为特征，病牛最终死亡。OIE将其列为必须通报的动物疫病，我国将其列为一类动物疫病。

[病原特性]

病原是一种无核酸的蛋白性侵染颗粒，简称朊毒体（*Prion*）或朊粒，是由宿主神经细胞表面的正常糖蛋白（P_rP^C）经变构后形成以β折叠为主的异常蛋白（P_rP^{BSE}），具有传染性，因此，此类疾病也称为蛋白构象病。本病的病原是与绵羊痒病朊毒体蛋白（P_rP^{SC}）相类似的一种朊毒体。

P_rP^{BSE}可发生凝聚，从而形成直径4～6nm的螺旋杆状纤维，即所谓的痒病相关纤维（SAF），也可形成较大的蛋白聚集颗粒，能够抵抗蛋白酶K的消化，而正常的P_rP^C则不能。

朊毒体不是传统意义上的病毒，它没有核酸，是具有传染性的蛋白质颗粒，但又与常规病毒具有许多共同特性，能通过滤膜（25～100nm孔径）；用易感动物可滴定其感染滴度；感染宿主后先在脾脏和网状内皮系统内复制，然后侵入脑，并在脑内复制达很高滴度（10^8～10^{12}/g）。

朊毒体具有不同生物学特性，能在细胞培养物内增殖，并能产生细胞融合作用。朊毒体的增殖周期长，如在仓鼠和小鼠脑内需要5.2d，可引起组织变性，包括空泡变性、淀粉样变和神经胶质增生，但不形成炎性反应。疾病过程不破坏宿主B细胞和T细胞的免疫功能，也不引起宿主的免疫反应。

BSE朊毒体在病牛体内的分布仅局限于病牛脑、颈部脊髓、脊髓末端和视网膜等处。

已知由朊毒体引起的人和动物致死性神经系统疾病有10多种，如人的克-雅氏病（CJD）、库鲁病（kuru disease）、格-斯综合征（GSSD）和致死性家族性失眠症（FFI），绵羊和山羊的痒病（scrapie）、牛海绵状脑病（BSE）、传染性雪貂白质脑病（TME）、鹿慢性消耗性疾病和猫海绵状脑病（FSE）等。

朊毒体可低温或冷冻保存。134～138℃高压蒸汽18min，可使大部分病原灭活，360℃干热条件下，可存活1h，焚烧是最可靠的杀灭办法。在pH2.1～10.5内稳定。用含2%有效氯的次氯酸钠及2.0mol/L的氢氧化钠，在20℃下作用1h以上用于表面消毒，用于设备消毒则需作用一夜；但在干燥和有机物保护之下，或经福尔马林固定的组织中的病原，不能被上述消毒剂灭活。动物组织中的病原，经过油脂提炼后仍有部分存活。病原在土壤中可存活3年。紫外线、放射线不能灭活。乙醇、福尔马林、过氧化氢、酚等不能灭活。对乙醚、丙酮、环氧乙烷中度敏感，氯仿和甲醇能使其感染性稍微降低。

［分布与危害］

1. 分布　本病于1985年4月首次在英国苏格兰发现，并在1986年11月定名为牛海绵状脑病，随后由于英国BSE感染牛或骨粉的出口，将本病传给其他国家。至2008年年底，已有英国、奥地利、比利时、丹麦、芬兰、法国、德国、爱尔兰、意大利、卢森堡、荷兰、波兰、葡萄牙、斯洛伐克、斯洛文尼亚、西班牙、瑞士、捷克、列支敦士登、希腊、美国、加拿大、日本、以色列和瑞典等发生BSE。至目前，我国尚未发现BSE病例。

2. 危害　因本病感染宿主范围广，最终归于死亡，因此给许多国家和地区的奶牛业和畜牧业造成了严重的经济损失，同时也可能危害到人类健康。

本病具有十分重要的公共卫生意义，受到世界各国的高度关注。

［传播与流行］

1. 传播　本病自然感染、试验感染的宿主范围很广。易感动物为牛科动物，包括家牛、非洲林羚、大羚羊以及暷羚、白羚、金牛羚、弯月角羚和美欧野牛等。易感性与品种、性别、遗传等因素无关，发病以4～6岁牛多见，2岁以下牛罕见，6岁以上牛明显减少，奶牛比肉牛易感。绵羊、山羊、水貂、鹿等都能感染发病。试验可感染大鼠、小鼠和猪。家猫、虎、豹和狮等动物也易感。

也可传染给人。

本病传染源是病牛、带毒牛以及患痒病的绵羊。朊毒体在病牛体内局限于脑、脊髓和视网膜。

本病传播途径是经消化道感染，即动物摄入痒病病羊或疯牛病尸体加工成的骨肉粉后通过消化道感染。

本病尚无水平传播和垂直传播证据，也未发现本病通过精液、乳或胚胎传播。

2.流行　本病多呈地方性散发，无明显季节性。

本病发生流行需要两个要素：一是本国存在大量绵羊且有痒病流行或从国外进口了被TSEs（传染性海绵状脑病）污染的动物产品；二是用来自感染的反刍动物（牛或羊）肉骨粉喂牛。

本病发生与牛的品种、性别、繁殖周期及饲养管理等因素无关。

［临床症状与病理变化］

1. 临床症状　潜伏期很长，一般超过一年，平均4～5年，发病呈渐进性发展和致死性经过，病程一般为14～180d。

本病具潜伏期长、起病潜隐和病程缓慢特征，其病程在理论上可分为生物学发病期、临床前期、临床期和转归期四个阶段。生物学发病期，指牛受到BSE因子感染侵袭后，导致相关器官组织生物学变化（如分子细胞水平或组织学等微观变化），但以目前检测手段很难发现；此阶段通常长达数年，绝大多数病牛尤其是肉牛，尚未进入下一阶段就已经被宰杀或因其他原因死亡了。临床前期，部分饲养期较长的患牛，随病变器官组织损害加重，出现了临床前期变化，通过某些实验室检测手段可做出早期诊断。临床期，指患牛病变器官组织损害更加严重，出现了明显的临床症状或行为变化。转归期，指疾病终末阶段，BSE患牛通常以死亡转归。

临床期BSE患牛表现为精神异常、运动障碍和感觉障碍。

精神异常：主要表现为烦躁不安、神志恍惚、磨牙、恐惧、狂暴（故称为"疯牛病"）和神经质。当有人靠近或追逼时往往出现攻击性行为。

运动障碍：主要表现为共济失调、后躯摇晃、步幅变短、转弯困难，常乱踢乱蹬、站立困难而常倒地，以至终日卧地。两耳对称性活动困难，常一只耳伸向前，另一只耳向后或保持正常。

感觉障碍：最常见的是对触摸、声音和光过分敏感。这是BSE病牛很重要的临床诊断特征。用手触摸或用钝器触压牛的颈部和肋部，病牛会异常紧张颤抖，用扫帚轻碰后蹄，也会出现紧张的踢腿反应；病牛听到敲击金属器械的声音，会出现震惊和颤抖反应；病牛在黑暗环境中，对突然打开的灯光，会出现惊吓和颤抖反应。

此外，病牛有不明显的瘙痒，因不断摩擦臀部，致使皮肤破损、脱毛。病牛食欲正常，粪便坚硬，体温偏高，产乳量下降，呼吸频率增加，最后常极度消瘦而死亡。

2. 病理变化　病牛剖检无明显肉眼可见的病理变化，但组织病理学变化具有明显的特征性，大多数病例以脑组织呈海绵状空泡变性为特征，具有诊断意义。组织病理学变化主要表现为如下几方面：①在神经元的突起部和神经元胞体中形成空泡，前者在灰质神经纤维网中形成小囊形空泡（即海绵状变化），后者则形成大的空泡并充满整个神经元的细胞核周围。②常规HE染色可见神经胶质增生，胶质细胞肥大。③神经元变性、消失。④大脑淀粉样变性，用偏振光观察可见稀疏的嗜刚果染料的空斑。空泡主要发现于延脑、中脑的中央灰质部分、下丘脑的室旁核区以及丘脑及其中隔区，而在小脑、海马回、大脑皮层和基底神经节等处通常很少发现。

[诊断与检疫技术]

1. 初诊　根据临床症状和流行病学只能做出疑似诊断。确保需依靠实验室检测。

2. 实验室检测　有脑组织病理学检查、致病型PrP检测和电镜检查。定性诊断目前以大脑组织病理学检查为主。

被检材料的采集：组织病理学检查，在病牛死后立即取整个大脑以及脑干或延脑送检，或经10%福尔马林固定后送检。

（1）脑组织病理学检查　组织病理学方法是对BSE感染的脑制作超薄切片，HE染色，随后进行电子显微镜观察BSE特征性病理变化，从而确诊BSE疾病的一种方法。本法是最可靠的诊断方法，确诊率可达90%，但需在牛死后才能确诊，且检查需要较高的专业水平和丰富的神经病理学观察经验。具体操作方法是：通常在第四脑室尾侧，常规采取脑部横切面，包括延脑、脑桥和中脑进行切片检查，若发现比较一致的病理组织学变化，即神经纤维网的海绵状变化和胞质内空泡变性，可做出诊断。空泡变性在延髓三叉神经单束神经核和棘束神经核的发生频率非常高，故取延髓脑闩处脑髓制作一张切片检查，与临床诊断的符合率可达到99.6%。

（2）致病型PrP检测　有免疫组织化学法（IHC）、蛋白质印迹技术（WB）和酶联免疫吸附试验（ELISA）等。

①IHC：检查脑部迷走神经核群及周围灰质区的特异性PrP^{SC}的蓄积，此法特异性高，成本低。免疫组织化学检测是利用标记的特异性抗体直接显示组织切片上的PrP^{SC}，其基本步骤是：将甲醛固定或石蜡包埋的组织标本经一系列预处理后，依次与特异性抗体和酶标记第二抗体反应，最后加底物显色，显微镜下观察。此法已成为传染性海绵状脑病的标准检测法。由于可以对PrP^{SC}的蓄积进行精确的解剖学定位，为临床病理学诊断提供翔实的客观依据，因此具有很高的临床诊断价值。

②WB：可用于新鲜（未经固定）组织抽提物中特异性PrP异构体检测，此法特异性高，时间短，但成本较高。基本步骤是：将待检组织标本匀浆、离心、蛋白酶K消化等一系列处理后，在12.5%SDS-聚丙烯酰胺凝胶上电泳，随后将蛋白质转印至硝酸纤维素膜（NC膜）或PVDF膜上，封闭，以多克隆抗体TI对经蛋白酶K消化的脑组织提取物进行免疫反应，根据消化后的样品中是否含有抗蛋白酶K的PrP^{SC}存在及其分子质量的大小，就可以检测机体是否被BSE所感染。此法不受组织自溶的影响，能在组织病理学结果阴性或含糊的情况下检出PrP^{SC}，具有早期确诊价值，目前已成为朊毒体研究中最常用的检测方法之一。

③ELISA：以新鲜病料，经蛋白酶K消化后，提取PrP进行检测，此法非常适用大批量BSE样品的普查筛检工作。根据研究方法不同可将检测朊毒体的ELISA方法分为间接酶免疫测定法、双抗体夹心法和酶标抗原竞争法。双抗体夹心法检测限为100～500pg/mL，用羊重组PrP做出的标准曲线可检出低于100pg/mL的PrP。

另外，目前国外已有商品化的快速检测试纸条，可用于筛选，但价格较高。

（3）电镜检查　检测痒病相关纤维蛋白类似物（SAF）。方法：以冰冻保存的脑或脊髓作为被检材料制备匀浆，然后将抽提物超速离心，最终沉淀物以蛋白酶K处理，重悬于蒸馏水进行负染电镜检查。

3. 鉴别诊断　本病在临床上应与有机磷农药中毒、低镁血症、神经性酮病、李氏杆菌病、狂犬病、伪狂犬病及脑灰质软化或脑皮质坏死、脑内肿瘤、脑内寄生虫病等区别。

有机磷农药中毒有明显中毒史，发病突然，且病程短；低镁血症、神经性酮病可通过血液生化检查和治疗性诊断来确诊；神经性酮病可通过血液生化检查和治疗性诊断确诊；李氏杆菌病引起的脑病，表现为病程短、有季节性、一般冬春两季多发，且脑组织中有大量单核细胞浸润；狂犬病有狂犬咬伤史，病程短，且脑组织有内基氏小体；伪狂犬病可通过抗体检查而得到确诊；脑灰质软化或脑皮质坏死、脑内肿瘤、脑内寄生虫病等，可以通过脑部大体解剖变化进行区别。

［防治与处理］

1. 防治　本病尚无有效治疗方法，可采取以下措施，以减少本病病原在动物中的传播。

（1）依据OIE《陆生动物卫生法典》建议，建立牛海绵状脑病（BSE）的持续监测和强制性报告制度。

（2）禁止用反刍动物肉骨粉饲喂反刍动物。

（3）禁止从BSE发病国或高风险国进口活牛、牛胚胎和精液、脂肪、肉骨粉或含肉骨粉的饲料、牛肉、牛内脏及有关制品。

我国尚未发现牛海绵状脑病，除采取上述措施外，要加强国境检疫，从而防止本病传入国内。

2. 处理　一旦发生本病，必须在做好疫情报告的同时，采取强制性扑杀和焚烧患病动物及可疑动物，甚至整个牛群；禁止可疑病牛的内脏销售和食用。

第十节　痒　病

痒病（scrapie）又称"摇摆病""震颤病"或"瘙痒病"，是由朊病毒侵害绵羊和山羊中枢神经系统引起的神经退行性疾病。临床以剧痒、肌肉震颤、运动失调和高致死率为特征。OIE将其列为必须通报的动物疫病，我国将其列为一类动物疫病。

［病原特性］

痒病与牛海绵状脑病的病原类似，均为朊病毒（*Prion*），有人译为朊粒或朊蛋白。它是动物体内一种正常蛋白（PrP^C）发生异常改变而生成的一类具有传染性的蛋白颗粒（PrP^{SC}）。朊病毒是一种特殊传染因子，它没有核酸，而是一种传染性的特殊糖蛋白。

PrP^{SC}（致病性朊病毒蛋白）大小为20~50nm，因与正常机体细胞膜成分结合在一起，不易被机体免疫系统所识别，因而用一般的抗原-抗体反应很难检测出来。

PrP^{SC}单个无侵袭力，3个相结合后才具有侵袭力，在脑组织中大约1 000个PrP^{SC}可形成100~200nm大小的纤维状物，即痒病相关纤维（scrapie associated fibrils, SAF），在电镜下可检出。SAF发现于自然感染和人工感染痒病的绵羊脑组织内，也见于牛海绵状脑病和人类克-雅氏病的脑组织内，因其具有一定的特异性，因此可作为各种海绵状脑病的病理学诊断指标。

朊病毒是一种弱抗原物质，不诱导免疫应答，也不能进行免疫预防；对福尔马林和121℃高热有耐受性，在室温放置18h，或加入10%福尔马林，在室温放置6~28个月，仍保持活性；在pH2.5~10的溶液中稳定，能耐受2mol/L的氢氧化钠达2h，可被丙酮、石炭酸、次氯酸盐、高锰酸钾、偏碘酸钠灭活；发病羊的脑、脊髓、脾脏、淋巴结、血液和胎盘等组织中均可检出朊病毒，其中以脑内含量最高。

[分布与危害]

1. **分布** 本病最早于18世纪发生于英格兰，随后陆续传入比利时、法国、德国、西班牙、南非、印度、冰岛、澳大利亚、新西兰、加拿大和美国。

我国于1983年从英国进口的边区莱斯特羊群中发现疑似病例，经采取根除措施，已扑灭了疫情。

2. **危害** 由于本病发病率较高，死亡率可达100%，一旦羊群发生将造成很大经济损失，同时影响国际绵羊贸易活动。

据1967年国外报道，痒病病原体可能使人致病，因此防治痒病发生具有公共卫生意义。

[传播与流行]

1. **传播** 不同性别、不同品种的羊均可发生痒病，但不同品种和品系的绵羊易感性不同。2～5岁的成年绵羊最易感，1.5岁以下幼龄绵羊极少表现临床症状。

传染源是病羊和带毒动物，传播方式在自然感染是通过病羊与健羊的直接接触或间接接触感染，还可以通过感染母羊胎盘垂直传播。病羊脑组织滤液接种脑内、皮下、皮内可使绵山羊发病，接种小鼠、大鼠、水貂和猴也可引起痒病。

2. **流行** 本病在羊群中传播缓慢，首发痒病地区发病率一般在5%～20%或更高一些，死亡率极高，可达100%，在已受感染羊群中，以散发为主。发病无明显的季节性。

[临床症状与病理变化]

1. **临床症状** 自然感染的潜伏期较长，一般为1～5年或以上。以瘙痒和共济失调为临床特征。患羊不发热，病初不安，耳朵颤动，做点头或倒转运动，经1～2月后，表现共济失调，后肢软弱，伸颈低头，驱赶时呈"雄鸡步"姿势，常常跌倒。后期后躯麻痹、卧地不起、消瘦和虚弱，多数病羊在出现神经症状同时，因皮肤过敏表现瘙痒，啃咬尾根、臀部、股部和前腿，向墙壁、围栏或其他物体摩擦头部及发痒皮肤，从而造成皮肤掉毛、损伤、溃烂和产生结痂。当触动发痒皮肤时，病羊表现头部和尾部的颤动，咬唇与舔舌运动，最后因全身衰竭而死亡。母羊可能引起流产。

2. **病理变化** 羊尸体除消瘦、掉毛、皮肤损伤外，内脏器官缺乏肉眼可见的病变。而病理组织学上脑干和脊髓变化具有诊断意义，其特点是神经元的树突和轴突内形成大空泡，其空泡的数量比健康羊明显增多，健康羊每显微视野平均为0～1.05个空泡，病羊空泡在初期8～55个，后期达22～108个，且空泡的形成较为一致，以脑干和延脑中大空泡最多。同时星状胶质细胞肿胀增生，最终导致灰质的海绵状变性。

[诊断与检疫技术]

1. **初诊** 根据临床症状，如潜伏期长、发展缓慢、剧痒、唇和舌反射性咬舔运动及共济失调等症状可以做出初步诊断。但确诊仍需依靠实验室的检测。

2. **实验室检测** 在国际贸易中，尚未指定诊断方法，主要通过病理组织学检查来确诊。但在新疫区或新发病群，为确诊还必须进行有关的实验室诊断，如动物感染试验、PrP^{SC}的免疫学检测和痒病相关纤维（SAF）检查等。

被检材料的采集：在羊只死后立即取整个大脑以及脑干或延脑，经10%福尔马林溶液固定送检。

（1）病理组织学检查　将病羊脑组织进行切片检查。如果发现脑组织神经细胞变性和形成空泡，脑组织呈海绵状变化，胶质细胞增生，轻度脑脊髓炎变化，可以确诊为本病。

（2）PrP^{SC}的免疫学检测　有免疫组织化学法（IHC）、蛋白质印迹技术（WB）和酶联免疫吸附试验（ELISA）等。

（3）痒病相关纤维（SAF）检查　以冰冻保存的脑或脊髓作为被检材料制备匀浆，然后将抽提物超速离心，最终沉淀物以蛋白酶K处理，重悬于蒸馏水进行负染电镜检查。

3. 鉴别诊断　本病应与螨病、虱病、梅迪－维斯纳病相区别。前两种病可表现擦痒、脱毛及皮肤损伤，但不表现脑炎症状，其病原分别是螨与虱。后一种病与痒病具有相似的脑炎症状和缓慢发展过程，但缺乏瘙痒的表现，且可通过血清学试验区别。

[防治与处理]

1. 防治　本病目前尚无有效疫苗和治疗药物，因此防治措施是严禁从存在痒病的国家或地区引进羊只。

2. 处理

（1）一旦发现病羊或疑似病羊，应迅速确诊，立即扑杀全群羊，并进行深埋或焚烧销毁等无害化处理。

（2）禁止用病羊肉（尸）加工成肉骨粉作为饲料或喂猫、水貂等动物。

第十一节　蓝舌病

蓝舌病（blue tongue, BT）是由蓝舌病毒引起绵羊、山羊、牛、水牛和鹿等家养和野生反刍动物的一种非接触性虫媒传播疾病，以高热，口腔、鼻腔、胃肠道黏膜溃疡性炎症变化为特征。OIE将其列为必须通报的动物疫病，我国列为一类动物疫病。

[病原特性]

病原为蓝舌病毒（*Bluetongue virus*，BTV），属于呼肠孤病毒科（*Reoviridae*）光滑呼肠孤病毒亚科（*Sedoreovirinae*）环状病毒属（*Orbivirus*）成员。

环状病毒属目前已知有20位成员，均属虫媒传播病毒。除蓝舌病毒（BTV）外，常见的还有流行性出血病病毒（EHDV）和非洲马瘟病毒（AHSV）。

完整的BTV粒子呈二十面体对称，无囊膜，具有双层核衣壳。病毒基因组为双股RNA，核酸分10个节段。基因组分别编码7种结构多肽（VP1、VP2、VP3、VP4、VP5、VP6、VP7）和4种非结构多肽（NS1、NS2、NS3a、NS3b）。病毒颗粒外层衣壳由VP2和VP5两种蛋白构成，其中VP2是主要的中和抗原和血清型特异性决定簇；核心衣壳由VP3、VP7两种主要蛋白和VP1、VP4和VP6三种次要蛋白构成，其中VP7是血清型特异性的主要决定簇和竞争酶联免疫吸附试验（C-ELISA）检测BTV抗体的抗原表位，VP7还可介导BTV吸附昆虫细胞。

BTV病毒有24个血清型（BTV 1～24），不同血清型之间无免疫交叉反应，但蓝舌病毒与流行性出血病病毒之间存在明显的免疫交叉反应。不同地区存在不同的血清型，经鉴定我国有1、2、3、4、9、15、16和23等血清型存在，但以1型和16型居多。

BTV病毒有血凝素，能凝集绵羊和人O型红细胞，且该血凝特性不受pH、温度、缓冲系统和红细胞种类的影响。病毒可在鸡胚、初生哺乳期小鼠和仓鼠体内增殖。

蓝舌病毒初次分离株在细胞培养上不敏感，能适应在羊胚肾细胞或肺细胞、牛肾细胞、仓鼠肾原代细胞和继代细胞BHK-21、Vero细胞、鸡胚原代细胞及L细胞等细胞培养物中增殖，并产生蚀斑或细胞病变。一般在1～3d内开始出现细胞病变，最后整个细胞单层变性脱落。此外，可用人的某些细胞系，如张氏肺细胞、Hela细胞、羊膜细胞等进行培养。蓝舌病毒不能在猪、犬和猫等动物的肾细胞培养物内增殖。

病毒对乙醚、氯仿、0.1%脱氧胆酸钠有耐受力，对胰蛋白酶敏感；可被3%福尔马林、70%乙醇、3%氢氧化钠溶液、2%过氧乙酸灭活；在pH 5.6～8.0稳定，但pH 3.0以下被迅速灭活；不耐热，60℃ 30min以上灭活；在干燥的血液、血清中和腐败的肉、下水中，可长期生存。

［分布与危害］

1. 分布　本病最早在1876年发生于南非的绵羊。1906年Theiler定名为蓝舌病。1934年发现牛也患本病。1949年后，在全世界50多个国家或地区陆续发生，以撒哈拉以南非洲、中东和南亚最为严重。

我国于1979年在云南省曾经发生此病。

2. 危害　由于本病导致羊群，尤其是羔羊群全部死亡，母羊流产、死胎和胎儿先天异常，羔羊患病长期发育不良，同时，也严重影响肉品和羊毛品质及产量，因此，蓝舌病严重影响养羊业的发展，造成巨大经济损失，制约相关国际贸易。OIE规定其为重点检疫对象之一。

蓝舌病不感染人，无明显的公共卫生学意义。

［传播与流行］

1. 传播　绵羊、山羊、牛、水牛、鹿和非洲羚羊等家养和野生反刍动物，以及骆驼等其他偶蹄动物对蓝舌病毒易感，但以绵羊最易感。各品种、性别和年龄的绵羊都可以感染发病，其中1～1.5岁青年羊最敏感，哺乳羔羊有一定的抵抗力，牛、山羊、鹿及羚羊等反刍动物可以感染，但易感性相对较低，感染后可长期带病毒，成为本病的主要储藏宿主。一些肉食动物、猫科动物、犀牛和大象可检出蓝舌病毒抗体，有的可检出病毒抗原。

本病的重要传染源是患病动物和病毒携带者（包括储藏宿主）。在感染动物血液、各器官、分泌物、精液、排泄物中都含有病毒，康复动物带毒时间可达4～5个月。

本病的传播主要是通过某些蠓类（如库蠓）叮咬传播，即库蠓吸吮病畜的带毒血液后，病毒在库蠓唾液腺中繁殖6～8d，随后再通过库蠓叮咬传播给其他反刍动物。此外，羊虱、羊蜱蝇、蚊、虻等和其他叮咬昆虫也可作为传播媒介。病畜与健畜直接接触不传染，但是胎儿在母畜子宫内可被垂直感染。

2. 流行　本病流行与地理、气候以及库蠓的分布、习性、生活史等因素密切相关，具有明显的地区性和季节性，一般发生于5—10月，在池塘、河流多的低洼地区及多雨季节多发，在湿热的晚春、夏季和早秋多发。总之在热带要比亚热带多发，亚热带比温带多发。

近年来，蓝舌病出现一些新的流行特点，一是在全球范围内有"北移"的趋势，如北欧国家发生疫情，这与全球气候变暖、昆虫活性增强有关；二是BTV8型病毒变异，其毒力增强，对牛有致病性。

[临床症状与病理变化]

1. 临床症状 潜伏期3～8d，最长达20d。OIE《陆生动物卫生法典》确定蓝舌病的感染期（病毒血症期）60d。

绵羊蓝舌病多呈急性、亚急性经过。典型病例临床表现为，病初绵羊体温高达40.5～41.5℃，稽留2～5d，有的可长达11d。病羊精神委顿、厌食、口流涎，上唇水肿，并蔓延至面部、耳根和颈部。口腔黏膜、舌头、齿龈充血、肿大，严重的病例舌头发绀呈青紫色，表现出蓝舌病的特征性症状。数天后口腔黏膜形成糜烂或溃疡，口腔恶臭，吞咽困难，鼻流黏性分泌物，干后结痂，引发呼吸困难和鼾声。有的病羊蹄冠、蹄叶发炎呈现跛行或卧地不起，后期蹄壳脱落，被毛易拆及脱毛，局限于下肢或体躯两侧大片脱落。皮肤有针尖大小的出血点或出血斑，并以尾根、肘后、股内侧等无毛部位更为明显。病羊消瘦、衰弱，便秘或腹泻，有时便中带血。有的孕羊发生流产、死产、胎儿脑积水或先天畸形。常因继发细菌性肺炎或胃肠炎而死亡。病程6～14d，发病率为30%～40%，病死率为20%～30%。

山羊和牛蓝舌病多为隐性感染或出现轻微症状。山羊症状与绵羊相似，但症状轻微。牛一般不出现症状，约有5%病例有轻微症状，表现颊黏膜和舌部肿胀、舌呈蓝色发绀，然后舌上形成溃疡。由于舌上溃疡，易与口蹄疫混淆，故又称伪口蹄疫。

2. 病理变化 绵羊的病变取决于BTV毒株、个体差异和品种易感性以及环境因素如应激。明显的病变是口腔黏膜发绀、充血、出血、水肿，尤其以舌颊、乳头尖端明显。上颌有白色假膜附着，刮去覆盖物，有不规则的糜烂面。口腔黏膜糜烂、溃疡，硬腭黏膜充血，隆起部出血。咽喉黏膜充血、瘀血和有少量点状出血。周围肌肉水肿，脂肪胶样浸润。气管黏膜瘀血，肺瘀血稍肿大，且有肺炎病变，肺动脉基底部出血是本病特征性病变。心脏外膜有出血点，内膜有出血斑，心肌色泽不均，心冠脂肪胶样萎缩。胃浆膜下有散在出血点，瘤胃黏膜乳头出血，陈旧出血点呈黑芝麻样，网胃黏膜中隔出血，前胃黏膜充血、瘀血，易脱落。小肠黏膜脱落出血。皮肤上有出血点，结缔组织有胶冻样渗出物。蹄冠处皮肤形成线状充血带。感染胎儿出现水脑畸形、空洞脑、发育不全。

山羊和牛的病变与绵羊差异极大，主要病变在皮肤、口腔、蹄。皮肤病变有重度水肿、有折叠，有浆液性渗出，后期聚集、变干，形成疱状疹。口腔出现小疱、溃疡、灰色坏死灶，以颊部黏膜、齿龈较多见，但不发生在舌面。颊、淋巴结、脾、肺动脉及胎儿相应器官有不同程度出血，流产胎儿皮肤充血、出血、眼球突出、后肢较粗。肝肿大，腹腔积水。其余病变与绵羊相似。

[诊断与检疫技术]

1. 初诊 依据临床症状和病理变化特点，结合库蠓分布状况和活动规律可以做出初步诊断，但确诊需依靠实验室检测。

2. 实验室检测 在国际贸易中，指定诊断方法是病原鉴定、琼脂凝胶免疫扩散试验、酶联免疫吸附试验和聚合酶链式反应。替代诊断方法是病毒中和试验。

被检材料的采集：用于病毒分离鉴定应采取全血（加2IU/mL的肝素抗凝），动物病毒血症期的肝、脾、肾、淋巴结、精液（置冷藏容器保存，24h内送到实验室处理）或捕获采集库蠓样品。

（1）病原鉴定　病毒的分离鉴定是国际贸易中规定的诊断本病的主要方法之一。

①病毒分离：病毒分离方法有很多种，常用的有鸡胚（ECE）分离法、细胞培养分离法和绵羊接种分离，其中鸡胚（ECE）分离法是最敏感实用的病毒分离方法。

最好采取高热期绵羊血液常规处理后接种鸡胚（静脉接种10～12日龄鸡胚或卵黄囊接种8日龄鸡胚）培养分离病毒，或接种非洲绿猴肾细胞（Vero）、乳仓鼠肾细胞（BHK-21）和C6/36白纹伊蚊克隆系（AA）培养分离病毒。通常该病毒可形成细胞病变或致鸡胚死亡，出现这些变化可采用血清中和试验鉴定病毒分离物或其抗原型。也可取病死绵羊肝、脾、淋巴结、骨髓等作为分离病毒的病料，然后将分离病毒再做血清型鉴定。绵羊接种分离是指将病料处理后给绵羊皮下或静脉接种，分离病毒最好用静脉接种法。

②病毒鉴定：须进行病毒血清群鉴定和病毒中和试验鉴定血清型。

常用于鉴别病毒血清群的方法有免疫荧光试验（IFT）、抗原捕获酶联免疫吸附试验（AC-ELISA）和免疫斑点试验。

中和试验对目前24种已知BTV血清型具有型特异性，能够鉴定分离毒株的血清型，或经改良可用于判定血清中抗体的特异性。面对一株未定型的分离株，一般先将其地区分布特征的BTV血清型排除，而不必以所有24种抗血清逐一进行中和试验，对那些已完成地方流行血清型鉴定的尤应如此。

目前，有许多组织培养方法可用于检测抗BTV中和抗体，常用的细胞株有BHK、Vero和L929（小鼠成纤维细胞）。以豚鼠和兔制备的BTV血清型特异抗血清，与以牛或绵羊制备的相比，其血清型交叉反应少。试验时必须设抗血清对照。鉴定BTV血清型的4种常用方法是蚀斑减数试验、蚀斑抑制试验、微量中和试验和荧光抑制试验。这里仅介绍蚀斑减数试验和荧光抑制试验。

蚀斑减数试验：将待检病毒稀释至约100个蚀斑形成单位（PFU），分别加入不同稀释度的一组已知血清型的标准血清，对照组不加任何抗血清，孵育。然后将病毒/血清混合物接种到细胞单层，待吸附后除去多余的接种物，以PFU数量达到固定点（如90%）的血清稀释度倒数作为中和抗体滴度。试验中，标准血清与被检病毒平行且中和结果类似，则可判定两者属同一血清型。

荧光抑制试验：此中和试验快速、简单，待检病毒需稀释成各种浓度，并需采用标准浓度的参考抗血清。先将细胞培养扩增的病毒做系列稀释，在腔室玻片反应孔中与参考抗血清混合，1h后再加入细胞，孵育16h后，将细胞固定，以BTV血清群特异单抗按免疫荧光程序进行检测。能引起荧光细胞减数最多的特异抗血清，即为待检病毒的血清型。

（2）血清学试验　检测感染动物抗BTV抗体的血清学方法有很多种，其敏感性和特异性也千差万别。动物感染后会产生血清群特异和血清型特异的两类抗体，如果该动物此前未接触过其他BTV，则只会产生本次感染病毒血清型特异的中和抗体。多重BTV血清型感染过的动物，其体内抗体能够中和从未接触过的病毒血清型。

血清学检测方法有琼脂扩散试验（AGID）、竞争酶联免疫吸附试验（C-ELISA）、病毒中和试验（VN）、荧光抗体试验（FAT）、补体结合试验（CF）等。其中AGID、CF、FAT具有群特异性，VN具有型特异性。

CF目前已被琼脂扩散试验（AGID）取代，使用此法国家不多。AGID为国际贸易指定试验，用于检测抗BTC抗体。优点是使用抗原易获得，操作简单；缺点是特异性差，会检出其他环状病毒抗体，特别是流行性出血病病毒（EHDV）血清群抗体。因此，AGID阳性血清还必须用BTV血清群特异检测法重检，如采用抗BTV抗体检测特异的ELISA方法（C-ELISA为首选）。C-ELISA为国际贸易指定试验。C-ELISA和阻断酶联免疫吸附试验（B-ELISA）都只能检出BTV特异性抗体，而不会检出与其他环状病毒交叉反应的抗体。试验的特异性源于采用了BTV群特异性单克隆抗体，如MAb3-17-A3、Mab 20E9或MAb 6C5F4D7，这些单抗随生产实验室不同而异，但都能与主要核蛋白VP7的N端区结合。C-ELISA检测原理是被检血清中的抗体与单克隆抗体竞争能够结合的抗原。

（3）分子生物学技术　可应用DNA探针的分子杂交技术和RT-PCR技术用于检测病毒。

反转录聚合酶链式反应（RT-PCR）为国际贸易指定试验。通过RT-PCR能快速识别感染动物血液和其他组织中的BTV核酸，但检出病毒特异核酸并不一定表明有感染性病毒粒子存在，因此采用RT-PCR诊断技术时，结果解释应慎重。RT-PCR可用于环状病毒分群鉴定和BTV血清型定型，接到样品（如血样）数天内就可出结果。

寡核苷酸引物以RNA7（*VP7*基因）、RNA6（*NS1*基因）、RNA3（*VP3*基因）、RNA10（*NS3*基因）或RNA2（*VP2*基因）设计，扩增片段一般很短，通常为几百个核苷酸，也可以是基因全长序列。以高度保守基因如*VP3*、*VP7*、*NS1*设计的引物，可用于鉴定血清群，能与所有BTV血清群成员反应；以*VP2*基因序列设计的引物，可用于BTV血清型鉴定。

3. 鉴别诊断　本病应与羊传染性脓疱病、绵羊痘、口蹄疫、牛病毒性腹泻/黏膜病、牛恶性卡他热、茨城病、赤羽病等进行鉴别。

［防治与处理］

1. 防治

（1）非疫区地区　①加强检疫，禁止从疫区引进易感动物。②在邻近疫区地带，应避免在媒介昆虫活跃时间内放牧。③加强防虫、杀虫措施和防止媒介昆虫侵袭易感动物。④避免畜群到低洼潮湿地区放牧和过宿。

（2）疫区地区　①做好消灭媒介昆虫。②必要时进行免疫接种，可用于鸡胚化弱毒蓝舌病单价或多价苗。由于蓝舌病毒的多型性，在免疫接种前应确定当地流行的病毒血清型，选用相应血清型的疫苗进行免疫接种。如果一个地区有几个血清型，可选用相应的二价或多价疫苗。

一般在每年昆虫开始活动前1个月注射疫苗，母羊在配种前，或妊娠3个月后接种，羔羊在出生后3个月再接种，弱毒苗免疫期达1年。

2. 处理　由于本病无特异的治疗方法，一旦有本病传入，应按《中华人民共和国动物防疫法》规定，采取紧急、强制性的控制和扑灭措施，扑杀所有感染动物，并进行无害化处理，彻底消毒被病畜污染的环境。疫区及受威胁区的动物进行紧急预防接种。

第十二节　小反刍兽疫

小反刍兽疫（peste des petits ruminants, PPR）俗称"羊瘟"，是由小反刍兽疫病毒引起小反刍动物的一种急性、接触性传染病，以发病急剧、高热稽留、口腔糜烂、眼鼻分泌物增多、腹泻和肺炎为特征，病死率随病毒毒力及动物品种、营养状况不同而差异显著，严重暴发时可达100%。由于该病临床表现与牛瘟相似，也被称为"伪牛瘟"（pseudorinderpest）。OIE将其列为必须通报的动物疫病，我国将其列为一类动物疫病。

[病原特性]

病原为小反刍兽疫病毒（*Peste des petits ruminants virus*，PPRV），属于单负链病毒目（*Mononegavirales*）副黏病毒科（*Paramyxoviridac*）副黏病毒亚科（*Paramyxovirinae*）麻疹病毒属（*Morbillivirus*）的成员。根据PPRV仅有一种血清型，但依据基因序列的差异，可以分为四个基因谱系，其中Ⅰ、Ⅱ、Ⅲ系分离于非洲地区，Ⅳ系主要分离于亚洲。

PPRV与同属的牛瘟病毒（RPV）、犬瘟热病毒（CDV）和麻疹病毒（MV）在结构、理化及免疫学特性方面均相似，基因组为不分节段的单股负链RNA病毒，编码六种结构蛋白：①核衣壳蛋白（N），用于包裹病毒基因组RNA。②磷蛋白（P），与聚合酶蛋白有关。③聚合酶蛋白，又称大蛋白（L）。④基质蛋白（M），与病毒囊膜内侧面密切相关，连接核衣壳与病毒外膜糖蛋白（H和F）。⑤融合蛋白（F），负责侵入感染细胞。⑥血凝素蛋白（H），与黏附感染细胞有关。另外，*P*基因还编码两种非结构蛋白C和V。

PPRV呈多型性，多为圆形或椭圆形，通常为粗糙的球形，直径为130～390nm，病毒颗粒较牛瘟病毒大。核衣壳为螺旋中空杆状并有特征性的亚单位，有囊膜，囊膜上有8～15nm长的纤突。

病毒可在羔羊原代肾细胞、胎羊及新生羊的睾丸细胞、非洲绿猴肾细胞（Vero）上增殖，并一般在5d内产生细胞病变（CPE），即细胞变圆、聚集，最终形成合胞体。合胞体的细胞核以环状排列呈"钟表面"样外观。

PPRV对外界环境抵抗力很弱，病毒悬液在37℃的半衰期为2h，50℃ 60min即可被完全灭活。对酸、碱、日光、乙醚、氯仿等敏感。

[分布与危害]

1. 分布　本病1942年首次发生于象牙海岸的科特迪瓦，现分布在非洲、中东和阿拉伯半岛等地。我国于2007年7月在西藏首次暴发了山羊的PPR疫情。

2. 危害　由于该病在易感动物中发病率可达100%，严重暴发时致死率高达100%，中度暴发也可达50%，而且动物隐性带毒，将严重威胁和危害畜牧业生产和国际贸易活动。本病是OIE规定的必须通报的重大动物传染病之一，在我国被列为一类动物疫病，自2017年起对全国范围内的羊施行小反刍兽疫的强制免疫。

本病尚未有明显的公共卫生意义。

[传播与流行]

1. 传播　自然感染主要感染山羊、绵羊、羚羊、白尾鹿等小反刍动物，山羊高度易感且症状更加严重。牛、猪也可以感染，但通常为亚临床经过。

传染源主要是患病动物和隐性感染动物，处于亚临床状态的羊尤为危险，其各种组织、分泌物、排泄物及飞沫均可向外排毒。

主要传播途径是通过直接接触，经口、鼻而进入动物体内，也可通过污染物等媒介而间接传播。另外，呼吸道飞沫传播也是一种重要的传播方式。

2. 流行　本病一年四季均可发生，但以雨季和寒冷季节为主，有一定的品种和年龄差异，以小型品种及5～8月龄山羊最易感，表现严重，幼年动物发病率和死亡率都很高。本病传入新疫区可引起暴发流行，且之后往往有5～6年缓和期。老疫区常零星散发，只有在易感动物增加时，才可发生流行。

[临床症状与病理变化]

1. 临床症状　潜伏期一般4～6d，最长21d，OIE《陆生动物卫生法典》规定为21d。

自然发病主要见于山羊和绵羊，其症状与牛瘟相似。临床表现发病急剧、高热41℃以上，稽留3～5d，初期精神沉郁，食欲减退，鼻镜干燥、口鼻腔流黏液脓性分泌物，呼出恶臭气体。齿龈充血，口腔黏膜溃疡、坏死，重者坏死灶扩散到腭、颊、舌及乳头等处，大量流涎。后期带血样水泻，严重脱水、消瘦，有咳嗽，胸部啰音及腹式呼吸，死前体温下降。母畜常发生阴道炎，流黏液性、脓性分泌物，有的妊娠母羊流产。

有些动物急性感染后，转为亚急性或慢性，其口鼻周围和下颌部出现特有的结节和脓疱。

2. 病理变化　剖检变化与牛瘟相似，但PPR感染时沿外唇有明显结痂，并有严重的间质性肺炎。可见结膜炎、坏死性口炎等肉眼病变。在黏膜口腔黏膜出现烂斑，咽喉、食管条状糜烂。真胃有糜烂，而瘤胃、网胃、瓣胃少见病变。肠道糜烂或出血，尤其是直肠和结肠有特征性的线状出血或斑马样条纹。淋巴结肿大，脾脏出现坏死病变。在鼻甲、喉、气管等处有出血斑。

[诊断与检疫技术]

1. 初诊　依据流行病学、临床症状和病理变化可以做出初步诊断，但确诊需依靠实验室检测。

2. 实验室检测　在国际贸易中，指定诊断方法为病毒中和试验（VN），替代诊断方法为酶联免疫吸附试验（ELISA）。本病实验室诊断通常包括病原学检测、血清抗体检测和分子生物学检测。

被检材料的采集：用于病毒分离可用棉拭子无菌采取活畜的眼睑下结膜分泌物和鼻腔、颊部黏膜，以及疫病暴发初期加有抗凝剂的全血，或死畜的肠系膜淋巴结、支气管淋巴结、脾脏、大肠和肺脏等，冷藏运至实验室；采集的上述死畜组织样品可同时用于组织病理学检查，置于10%福尔马林溶液中保存送检；须在疫情的各个阶段尤其是末期，采集血样做血清学诊断。

（1）病原学检测

①病毒分离：PPRV可用羔羊原代肾/肺细胞或非洲绿猴肾细胞（Vero）培养分离，但有时须盲传。细胞长成单层后，接种可疑活畜病料（眼结膜与鼻腔分泌物、颊及直肠黏膜、血液白细胞层）或死畜病料（肠系膜淋巴结、脾脏等制成10%组织悬液），每天观察细胞病变（CPE）。PPRV感染后5d内可出现CPE，在羔羊原代肾细胞中表现为细胞圆化、聚集并形成合胞体；而在Vero细胞中，很难见到合胞体，即使有也极小，但对感染的Vero细胞进行苏木精-伊红染色后，可观察到小的合胞体。合胞体核呈环状排列，似"钟表面"外观。也有些感染细胞可能在胞质和核内出现包涵体。当细胞培养物出现CPE或形成合胞体时，表明病料中存在病毒，然后选用标记抗体、电镜或PCR方法鉴定。

②琼脂凝胶免疫扩散试验（AGID）：用于检测PPRV抗原，此方法简单而廉价，可在实验室或田间进行。标准PPRV抗原制备是取肠系膜或支气管淋巴结、脾或肺组织病料样品，加生理盐水研磨制成1/3（w/v）悬浮液，以500g离心10～20min，取上清，分装，于-20℃下储存备用。

棉拭子样品以手术刀取下棉头，置1.0mL注射针管内，以0.2mL磷酸盐缓冲液反复抽吸，提取样品，置－20℃下储存备用。阴性对照抗原以正常动物的肠系膜或支气管淋巴结、脾或肺等组织提取。标准抗血清以高免绵羊制取，即以1.0mL滴度为10^4 $TCID_{50}$/mL的PPRV接种绵羊，每周一次，连免4周，于最后一次免疫5～7d后放血制备抗血清。

简要试验步骤如下：

ⅰ）将加热熔化的1%琼脂凝胶倒入平皿中，每个直径5cm的平皿约需6mL。

ⅱ）将琼脂凝胶板按中央1孔、周边6孔的六角形状进行打孔，孔径5mm，孔距5mm。

ⅲ）中央孔加阳性抗血清，周边1个孔加阴性抗原，3个孔加阳性抗原，另2个孔加待检抗原，要求3种抗原交替排列。

ⅳ）室温下作用18～24h，可见抗原与血清孔之间出现1～3条沉淀线。血清和抗原之间会形成1～3条沉淀线。如沉淀线与阳性对照抗原相同，则为阳性反应。

此试验在24h内可获得结果，但对检测温和型PPR灵敏度不够高（因病毒抗原含量低）。

③对流免疫电泳试验（CIE）：是检测PPRV抗原最快速的方法。用一合适的水平电泳槽，电泳槽由桥连接的两个部分组成。电泳仪连接到高压电源上。用0.025mol/L的巴比妥乙酸缓冲液配制成1%～2%（w/v）琼脂或琼脂糖，并倾倒在载玻片上，每块载玻片3mL，琼脂凝固后，打6～9对孔。采用试剂与AGID相同。电泳槽内加0.1mol/L的巴比妥乙酸缓冲液。载玻片每对孔加入反应物，血清加在阳极孔内，抗原加在阴极孔内，载玻片放置在连接桥上，末端用湿的多孔纸与电泳槽内的缓冲液连接起来，盖好电泳仪通电，以每个载玻片10～12mA电泳30～60min。电泳结束，关闭电源，将玻片置强光下观察，每对孔间出现1～3条沉淀线的可判为阳性，孔间无反应为阴性。

④免疫捕获酶联免疫吸附试验（IC-ELISA）：OIE PPR参考实验室提供了有关IC-ELISA使用和应用方面的建议。该方法使用2种抗N蛋白的单克隆抗体（mAb），可用于快速鉴定PPRV。样品先与检测单抗（mAb）反应，再以ELISA平板上吸附的第二种单抗（mAb）捕获免疫复合物。该试验特异性和敏感性高，PPRV检出可达到$10^{0.6}$ $TCID_{50}$/孔，2h内可出结果。

⑤免疫荧光试验（IFA）：是以PPRV的特异性单抗或多抗，检测PPRV感染发病早期及晚期病料中的病毒抗原。可以取结膜涂片或组织病料，用冷丙酮或甲醛固定后进行检测。

（2）血清抗体检测　山羊和绵羊感染PPRV后会产生抗体，检测抗体有助于证实抗原检测的诊断结果，常规血清学试验有病毒中和试验（VN）、竞争酶联免疫吸附试验（C-ELISA）；而其他试验，如对流免疫电泳（CIE）、琼脂凝胶免疫扩散（AGID）、间接荧光抗体试验（IFA）都有过介绍，但与VN和C-ELISA相比其重要性较差。

①VN：为国际贸易指定试验，特点是敏感、特异，但耗时。标准的中和试验推荐在96孔板上进行，也可转管培养。首选Vero细胞，也可用羔羊原代肾细胞替代。当测定的中和滴度大于10判为PPRV抗体阳性。

②C-ELISA：C-ELISA的检测方法有多种，有的以抗N蛋白单抗为基础，抗原采用杆状病毒表达的重组N蛋白；还有的以抗H蛋白的单抗为基础，抗原采用纯化或部分纯化的PPRV。当待测血清中存在能识别PPRV的抗体，均可竞争性地阻止单抗与抗原的结合。

（3）分子生物学检测　目前，基于扩增PPRV特异性基因片段的RT-PCR技术已广泛用于PPR的诊断。近年来，实时定量RT-PCR的使用显著改进了基于PPR核酸扩增的诊断方法，该法比常规RT-PCR的特异性和敏感性更强，且能有效降低污染风险。另外，反转录环介导等温扩增技术（RT-LAMP）也被应用于PPR的诊断，其操作简便，无需PCR仪，且可直接用肉眼观察反应结果。

3. 鉴别诊断　应注意与蓝舌病、口蹄疫、羊支原体肺炎、羊传染性脓疱、羊巴氏杆菌病相鉴别。

[防治与处理]

1. 防治　主要包括疫苗接种、检疫监管、生物安全和应急预案等方面进行综合防控。

（1）严格执行强制PPR免疫制度。

（2）加强检验检疫，尤其是对隐性感染动物。

（3）注重养殖环节的生物安全。

（4）建立快速有效的疫情诊断方法。

（5）一旦发生本病，按照"早、快、严、小"原则，采取紧急、强制性的控制和扑灭措施。对受威胁区动物进行紧急预防接种。

2. 处理　发生疫情时，严格按照《中华人民共和国动物防疫法》《重大动物疫情应急管理条例》《小反刍兽疫防治技术规范》等法律法规和要求，进行扑杀、隔离、封锁、紧急免疫等科学处置。

第十三节　绵羊痘和山羊痘

绵羊痘和山羊痘（sheep pox and goat pox, SGP）是由山羊痘病毒属成员引起的绵羊和山羊的两种热性、接触性传染病。绵羊痘和山羊痘两者临床症状和病理变化相似，以发热、全身痘疹或结节、内脏病变和死亡为特征。OIE将其列为必须通报的动物疫病，我国将其列为一类动物疫病。

[病原特性]

绵羊痘病原为绵羊痘病毒（*Sheeppox virus*, SPV），山羊痘病原为山羊痘病毒（*Goatpox virus*, GPV）。这两种病毒均属于痘病毒科（*Poxviridae*）脊椎动物痘病毒亚科（*Chordopoxvirinae*）山羊痘病毒属（*Capripoxvirus*）成员。

绵羊痘和山羊痘的病毒粒子呈砖形或椭圆形，基因组为单一分子的双股DNA。绵羊痘病毒是一种亲上皮性的病毒，大量存在于病羊的皮肤、黏膜的丘疹、脓疱及痂皮内。鼻黏膜分泌物和发病初期血液中也有病毒存在。

绵羊痘病毒可在绵羊、山羊、犊牛等睾丸细胞和肾细胞以及幼仓鼠肾细胞内增殖（以绵羊睾丸细胞最适合），并产生细胞病变（CPE）；也可经绒毛尿囊膜途径接种于发育的鸡胚内增殖。通常可于增殖细胞内产生包涵体。

山羊痘病毒能在山羊羔和绵羊羔的睾丸细胞、肾细胞及犊牛睾丸细胞上生长并致明显的细胞病变（CPE），可在胞质内形成包涵体。在发育鸡胚绒毛尿囊膜上产生痘斑。

这两种痘病毒对热的抵抗力不强，55℃ 20min或37℃ 24h均可使病毒灭活；病毒对寒冷及干燥的抵抗力较强，冻干的至少可保存3个月以上，在羊毛中保持活力达2个月，在开放羊圈中达半年；病毒在3%石炭酸、5%甲醛、2%～3%盐酸或硫酸、10%高锰酸钾、0.1%升汞及0.01%碘溶液中经数分钟即可灭活。但对10%漂白粉和2%硫酸锌溶液有抵抗能力，对许多抗生素和化学剂作用也没有敏感性。

[分布与危害]

1. 分布　本病流行于欧洲、非洲及亚洲许多国家，先后在英国（1275年）、法国（1460年）、意大利（1691年）、德国（1698年）出现绵羊痘的最初报道。本病发生的国家有摩洛哥、阿尔及利亚、突尼斯、苏丹、西班牙、葡萄牙、塞浦路斯、缅甸、尼泊尔等。我国1949年前曾发生过此病，1949年后已控制或消灭了。

2. 危害　羊痘呈流行性，病羊死亡率很高，往往引起妊娠羊流产，多数绵羊在发生严重羊痘后丧失生产力，使养羊业遭受巨大的损失，同是也影响国际贸易活动。

[传播与流行]

1. 传播　在自然条件下，绵羊痘仅发生于绵羊，不传给山羊或其他家畜；山羊痘一般只发生于山羊，仅有少数毒株能使绵羊发病。

不同品种、性别和年龄的羊均可感染，但细毛羊要比粗毛羊、羔羊要比成年羊、本土羊要比外来羊更易感，感染羊只全身症状严重，死亡率高。

传染源主要是潜伏期病羊或带病毒羊。

传播途径可直接接触（病、健羊之间）和间接接触（污染病毒的饲料、垫草、皮毛产品、饲养人员、用具和寄生虫、螫蝇、家蝇等为传播媒介），通过呼吸道感染及通过损伤的皮肤或黏膜侵入机体。也有发现通过胎盘感染的。

2. 流行　羊痘广泛流行于养羊地区，传播快、发病率高，死亡率成年羊可达25%以上，羔羊可达50%～100%。

本病一年四季可发生，但以冬末春初是主要流行季节。此外，气候严寒、雨雪、霜冻、枯草和饲养管理不良等因素，都可促进发病和加重病情。

[临床症状与病理变化]

1. 临床症状　潜伏期平均为6～8d。OIE《陆生动物卫生法典》定为21d。

典型羊痘：临床表现为前驱期、发痘期和结痂期。前驱期病羊体温升高达41～42℃，呼吸加快，结膜潮红肿胀，流黏液性鼻汁。经1～4d进入发痘期，在眼睑、嘴唇、鼻部、腋下、尾根及公羊阴茎、母羊阴唇等处，先呈现圆形的红斑（直径1.0～1.5cm），1～2d后形成丘疹，突出皮肤表面，又经2～3d丘疹表面变为白色形成水疱（内有清亮透明的浆液，即痘浆）。此时体温略有下降，再经2～3d后，水疱变为脓疱（由于白细胞集聚和化脓菌的侵入，水疱内容物发生混浊，继之变为脓性）。此时体温再度上升，可持续2～3d。脓疱破溃后逐渐干燥，形成痂皮，即为结痂期，痂皮脱落后痊愈。

欧洲某些品种的绵羊在皮肤出现病变前可发生急性死亡；欧洲某些品种的山羊可见大面积出血性痘疹，丘疹相连接继而造成覆盖在整个体表（大面积丘疹），引起死亡。

非典型羊痘：不呈现上述典型临床症状或经过，仅出现体温升高、呼吸道和眼结膜死亡卡他性炎症，不出现或仅出现少量痘疹，或痘疹出现硬结状，在几天内干燥脱落，不形成水水疱和脓疱，俗称"石痘"。此为良性经过，即所谓的顿挫型羊痘病。也有严重病例痘疹出血形成黑色痘疹（黑痘），或继发细菌感染导致痘疹化脓（臭痘）、坏疽形成较深的恶臭溃疡（坏疽痘），病死率达20%～50%。

羊痘往往由于继发性病原菌的作用而发生各种并发症，如肺炎（特别羔羊多发）、胃肠炎以及蹄内壁、关节炎和淋巴结发生化脓性炎等。病羊大部分死于败血症和脓毒症。妊娠母羊患病常发生流产，泌乳羊可停止泌乳或泌乳量减少。

典型羊痘的病程一般是3～4周，若继发各种并发症，病程可能延长或迅速死亡。

2. 病理变化　剖解的特征性病变是在咽喉、气管、肺和第四胃等部位出现痘疹。在消化道的嘴唇、食管、胃肠等黏膜上出现大小不同的扁平的灰白色痘疹，其中有些表面破溃形成糜烂和溃疡，特别是唇黏膜与胃黏膜表面，气管黏膜、肺及心脏、肾脏等器官的黏膜或包膜下则形成灰白色扁平或半球形的结节，多发生在肺的表面，切面质地均匀，但很坚硬，数量不定，性状则一致，与腺瘤很相似。在这些病灶的周围有时可见充血和水肿等炎症反应的变化。

除上述器官的特异性变化外，在有并发症时，全身淋巴结肿大、浆膜、黏膜及其他广泛性的渗出炎症或出血的变化，实质器官（肝、肾、心等）呈混浊肿胀和脂肪变性等。

［诊断与检疫技术］

1. 初诊　典型羊痘可根据临床症状很容易做出初步诊断，而非典型羊痘根据临床症状难做出诊断，确诊需依靠实验室诊断。

2. 实验室检测　在国际贸易中，尚无指定诊断方法，替代诊断方法是病毒中和试验。实验室检测通常有病原学鉴定、血清学检测和聚合酶链式反应检测。

被检材料的采集：病毒分离和抗原检测病料，宜采取（活体或剖检尸体）皮肤痘疹、肺部病变或淋巴结。用于病毒分离和以ELISA检测抗原的病料，应在临床症状出现第一周内，中和抗体出现前采集；而以PCR进行病料的基因检测，即是有中和抗体也可以取样。病料应置冰上、4℃下或－20℃下保存待检。

组织学检测病料宜包括病灶周边组织，并立即置于10倍体积10%的甲醛溶液保存待检。

（1）病原学鉴定

①病毒分离鉴定：包括进行细胞培养、电镜检查和生物学试验。

细胞培养：将采取的病料接种原代或次代羔羊睾丸细胞（LT）和羔羊肾细胞（LK）中（尤以绵羊LT或LK为佳），每天观察细胞病变（CPE），要持续观察7～14d，期间培养基如混浊应更换。感染细胞出现的特征性CPE为：细胞膜收缩，同周围细胞分离；最终细胞圆缩，核染色质边集。细胞病变有时在感染后第4天即可见到，在此后的4～6d中，CPE迅速扩展到整个细胞层。如果在感染后第7天仍未见到CPE，将细胞培养物反复冻融3次，取澄清上清重新接种LT或LK细胞，一旦培养瓶见到CPE，或使用多个感染盖玻片，可早一点取出一块盖玻片，以丙酮固定，以苏木精-伊红染色。若在胞质内见到大小不等的嗜酸性包涵体（大的约有半个细胞核大小），包涵体周围有清晰的晕环，则对痘病毒有诊断意义，但山羊痘病毒感染时不一定形成合胞体。

在山羊痘病毒感染的培养基中，如果加入特异的抗山羊痘病毒血清，阻止或延缓了CPE的出现，表明存在抗原，此方法可用于山羊痘病毒的初步鉴定。尽管某些山羊痘病毒株已适应在非洲绿猴肾细胞（Vero）中生长，但初代分离最好用羊源原代或次代细胞。

电镜检查（EM）：在电子显微镜下观察病毒形态。山羊痘病毒粒子呈砖形，表面有短管状物覆盖，大小约290mm×270mm。有些病毒粒子周围有宿主细胞膜包裹，应尽可能反复观察这样的病毒，以证实其外形。

生物学试验（敏感同种动物接种）：将活体皮肤痘疹病料经处理后，取上清皮内或静脉注射方法接种易感健康羔羊，每天观察羔羊的皮肤反应，如在接种部位或全身发生痘疹时，即可确诊本病。

②病毒抗原检测：可选用荧光抗体试验（FAT）、琼脂凝胶免疫扩散试验（AGID）和酶联免疫吸附试验（ELISA）等进行检测。

FAT：可检测感染盖玻片或载玻片培养基中的病毒抗原。方法为将感染盖玻片或载玻片冲洗，风干，用冷丙酮固定10min；以绵羊或山羊免疫血清间接检测，背景呈深色，无特异反应；直接结合物可用康复期绵羊或山羊血清，或经山羊痘纯化病毒高免的兔血清制备。以未感染的组织培养物作为阴性对照，以避免抗体与培养细胞抗原之间的交叉反应。FAT实验也适用于冷冻切片检测。

AGID：用于检测山羊痘病毒沉淀抗原，但不能区分副痘病毒抗原，也不能鉴别山羊痘感染与接触传染性脓疱皮炎（即羊口疮）。

ELISA：以山羊痘纯化病毒接种家兔制备高免兔血清包被ELISA板，可结合活体组织病料或组织培养上清制备中的羊痘抗原，该抗原可被抗羊痘病毒群特异结构蛋白P32的豚鼠血清识别，再加入市售辣根过氧化物酶标记的兔抗豚鼠免疫球蛋白，以及显色剂/底物溶液，进行检测。

（2）血清学检测　有病毒中和试验（VN）、间接荧光抗体试验（IFA）、蛋白质印迹试验（WB）和酶联免疫吸附试验等，其中，VN是国际贸易替代诊断方法。

①VN：可用连续稀释待检血清和固定羊痘病毒（$100TCID_{50}$，50%组织感染量）方法测定血清滴度，也可用连续稀释标准病毒测定待检血清的中和指数。由于组织培养细胞对羊痘病毒的敏感性可发生变化，而又很难确保使用$100TCID_{50}$抗原量，测定中和指数是首选方法，尽管需要大量待检血清。

该试验可用平底96孔组织培养微量板进行，也可用组织培养管，但用量要适当改变，且后者较难读出终点。据报道，以非洲绿猴肾细胞（Vero）进行中和试验所得的结果较为一致。

②IFA：可检测盖玻片或组织培养显微镜载玻片上的感染组织样品。在试验中应设未感染培养细胞、阳性血清和阴性血清对照。将感染组和对照组细胞培养基置−20℃丙酮液中固定10min，于4℃保存。待检血清从1/5开始用PBS稀释，以异硫氰酸荧光素标记的抗绵羊γ-球蛋白检测。

此试验的不足之处是，与羊口疮病毒、牛脓疱性口炎病毒及其他痘病毒存在交叉反应。

③WB：优点是敏感性和特异性好，不足是难操作，费用高。

④ELISA：以表达的山羊痘病毒结构蛋白P32和由P32蛋白制备的单克隆抗体（mAb）建立山羊痘病毒抗体ELISA方法。

（3）聚合酶链式反应（PCR）可用于检测活体或组织培养样品中的山羊痘病毒基因组。以病毒黏附蛋白基因和病毒融合蛋白基因设计的引物设计针对山羊痘病毒的特异引物，用限制性内切酶识别位点法分析PCR产物的特异性。

3.鉴别诊断　应注意与羊传染性脓疱鉴别，与丘疹性湿疹和螨病区别。

与羊传染性脓疱鉴别。本病血疹水疱、脓疱主要发生在嘴唇和鼻周围，很少发生在全身，而羊痘可发生在全身。

与丘疹性湿疹和螨病区别。湿疹不是传染病，不发热，也没有痘疹的红斑、丘疹、水疱、脓疹和痂皮五个阶段表现。螨病的痂皮多为黄色麦皮样，与痘疹的黑褐色硬痂不同，并且从疥癣皮肤患处和痂皮可以找到螨，足以区别。

[防治与处理]

1. 防治

（1）由于本病无药物治疗，可用羊痘鸡胚化弱毒疫苗进行预防接种。特别是常发地区每年要定期预防注射，直到疫源消灭为止。

（2）平时加强饲养管理，特别是冬春季节要适当补饲，注意防寒过冬。圈舍经常清扫，定期消毒。

（3）加强检疫，禁止从发病国家或地区输入羊只。

2. 处理

（1）一旦发现病羊，应立即上报疫情，按《中华人民共和国动物防疫法》规定，采取紧急、强制性控制和扑灭措施。

（2）扑杀病羊，深埋尸体或焚烧。畜舍、饲养用具等进行严格消毒，污水、污物、粪便无害化处理。

（3）健康羊群实施紧急免疫预防接种。

第十四节　高致病性禽流感

高致病性禽流感（highly pathogenic avian influenza，HPAI）是由正黏病毒科A型流感病毒属的某些血清亚型中的部分毒株引起的禽类急性、高度致死性传染病。以呼吸道症状、头颈水肿、发绀和腹泻为特征。OIE将其列为必须通报的动物疫病，我国将其列为一类动物疫病。

[病原特性]

病原为正黏病毒科（*Orthomyxoviridae*）A型流感病毒属（*Influenza A virus*）的某些血清亚型（H5和H7）中的部分毒株。病毒基因组为分阶段的单股负链RNA。根据国际病毒分类委员会（ICTV）第8次报告，正黏病毒科有5个病毒属，即甲型流感病毒属（*Influenza virus A*）、乙型流感病毒属（*Influenza virus B*）、丙型流感病毒属（*Influenza virus C*）、托高土病毒属（*Thogoto virus*）和传染性鲑贫血病毒属（*Isavirus*）。目前已知感染禽类的流感病毒均为A型，A型流感病毒也见于人、猪、马，偶见于水貂、海豹和鲸等其他哺乳动物；B型流感病毒只感染人类，引起人类疫病的主要病原；C型流感病毒主要感染人和猪。

目前，分离的禽流感病毒（AIV），根据其表面糖蛋白血凝素（Hemagglutination，HA）和神经氨酸酶（Neuraminidae，NA）的结构和基因特性的不同可分为16个HA亚型（分别以H1～H16命名）和10个NA亚型（分别以N1～N10命名）。在自然界中，可以形成160种HA和NA的亚型组合。如H5N1、H5N2、H7N1、H9N2等，其中部分H5和H7亚型毒株为高致病性毒株，以H5N1、H7N7和H7N9为代表；H9亚型为低致病性毒株，以H9N2为代表。

A型流感病毒粒子呈多形性，直径20～120nm，也有呈丝状者。病毒的囊膜上有呈辐射状密集排列的两种穗状突起物（纤突），一种是血凝素（HA），可使病毒吸附于易感细胞的表面受体上，诱导病毒囊膜与细胞膜融合；另一种是神经氨酸酶（NA），可以将吸附在细胞表面上的病毒粒子释放下来。纤突的一端镶嵌在病毒的脂质囊膜中，囊膜下面有一层蛋白膜，紧紧地包裹着呈螺旋对称的核衣壳，其直径为9～15nm，由RNA、核蛋白（NP）及三个多聚酶（PB2、PB1、PA）所组成。

流感病毒（AIV）的核蛋白（NP）、膜蛋白（M）、HA及NA均有抗原性。核蛋白具有型的特异性，可用琼脂扩散试验、酶联免疫吸附试验和补体结合试验等方法进行鉴定，借此将流感病毒分为A、B、C（或称甲、乙、丙）三个型，它们在体内产生的抗体，对病毒的感染只有极微弱的抵抗力。HA是流感病毒最重要的保护性抗原，可用血凝（HA）试验和血凝抑制（HI）试验检测。NA是另外一种重要的表面抗原，具有免疫原性，可用神经氨酸酶抑制试验检测其活性。

A型流感病毒是分节段的RNA病毒，8个基因可编码至少17个蛋白。流感病毒基因组片段具有共同的特点：具有高度保守的5′和3′末端。每个RNA片段的5′末端均由13个高度保守的核苷酸组成，3′末端由12个核苷酸组成。基因组编码的蛋白包括聚合酶，由三种蛋白质组成，分别为PB2、PB1和PA；血凝素HA；核蛋白NP；神经氨酸酶NA；基质蛋白M（又分为M1和M2）；非结构蛋白NS（又分为NS11和NS2）以及其他辅助蛋白PB1-N40、PB1-F2、M42、NS3、PA-X、PA-N155、PA-N182。

禽流感病毒很容易变异，变异主要发生在HA和NA上，增加了疫苗防控禽流感的难度。禽流感病毒的抗原性改变的机制主要有2种，点突变的积累（抗原漂移）或基因重组（抗原转变）。由编码表面抗原（H、N）基因的累积突变导致了抗原位点的改变，称为抗原漂移，这时只产生新的毒株，而不形成新的亚型。当发生基因重组或动物源性抗原转换时，此时突变的幅度较大时称为抗原转换，如由H1变为H2或由N1变为N3等，这时会产生新的亚型。变异涉及的抗原数量和变异幅度的大小，直接影响流行的规模。

禽流感病毒能在9～11日龄鸡胚中生长。高致病性毒株接种鸡胚尿囊腔后可使鸡胚死亡，并引起鸡胚的皮肤和肌肉充血、出血。多数毒株能在鸡肾细胞和鸡胚成纤维细胞等细胞培养物上生长，产生细胞病变。鸡胚成纤维细胞是最常用的原代细胞培养物，而犬肾传代细胞系（MDCK）是最常用的传代细胞系。

目前，已证明禽流感病毒的强毒株具有在不添加胰酶的各种培养液中形成蚀斑的能力，而弱毒株则必须添加胰酶。

禽流感病毒能凝集20多种（哺乳动物和禽类）红细胞，其中最为常用的是鸡、豚鼠和人O型红细胞，尤其是鸡红细胞最常用。

根据1994年美国动物保健协会的规定，禽流感病毒分为三类。一类是高致病性禽流感病毒（对鸡的致病性试验中，8只死6只以上的病毒，死亡率≥75%）；一类是低致病性禽流感病毒（对鸡的致病性试验中，8只鸡引起1～5只死亡的病毒）；还有一类是非致病性禽流感病毒（对鸡的致病性试验中，不能引起鸡发病和死亡的病毒）。

禽流感病毒抵抗力弱，对热敏感，56℃ 30min可灭活。4～40℃条件下不稳定，感染性易消失；−70℃稳定，冻干后可保存数年，反复冻融易灭活。最适pH为7.0～8.0；在pH 3.0以下和pH 10.0以上感染力迅速被破坏。紫外线照射可灭活。禽流感病毒因带囊膜，对乙醚、氯仿、丙酮等有机溶剂均敏感。用20%乙醚4℃处理过夜，病毒失去感染力。0.1%高锰酸钾、0.1%升汞处理3min、75%酒精5min、0.1%碘酒和1%盐酸3min、0.1%甲醛30min等均可将病毒灭活。乳酸、醋酸、三乙烯甘醇等也可将病毒灭活。

[分布与危害]

1. 分布　禽流感于1878年由Perroncito首先在意大利报道，1955年由Schafer首次证明病原是A型流感病毒。第一次世界大战期间，广泛流行于欧洲许多国家，随后又发生于美洲、非洲、亚洲的一些国家。引起禽流感大暴发，造成巨大经济损失的多为H5或H7亚型禽流感病毒。1959年以来，H5或H7亚型高致病性禽流感先后在苏格兰、英格兰、加拿大、澳大利亚、德国、美国、爱尔兰、墨西哥、巴基斯坦、中国香港、意大利、智利、荷兰、比利时、韩国、越南、日本、中国台湾、泰国、柬埔寨、印度尼西亚、老挝、马来西亚、南非、俄罗斯、哈萨克斯坦、蒙古和土耳其等相继暴发。中国于1996年分离到H5N1亚型高致病性禽流感病毒。2004年中国16个地区先后发生50起H5N1高致病性禽流感。高致病性禽流感疫情暴发时分离到禽流感病毒的宿主种类包括鸡、火鸡、鸭、鹅、鸽、孔雀、喜鹊、乌鸦、鸵鸟、隼、鹰、天鹅、大雁、斑头雁、棕头鸥、赤麻鸭、鱼鸥、鸬鹚、猪、猫、老虎等。中国于2013年首次发现人和禽感染新型的低致病性H7N9禽流感病毒病例，于2016年发现人和禽感染高致病性H7N9病例。目前，H7N9禽流感病毒广泛存在于中国的多个省份和地区，给养禽业和公共卫生安全带来了双重隐患。

2. 危害　高致病性禽流感可引起各种日龄的鸡发病死亡，给养禽业造成巨大的经济损失。例如，1983—1984年美国H5N2亚型禽流感暴发，其淘汰1700万羽家禽，政府支出3.49亿美元用于补贴生产者的损失；1994—1995年墨西哥H5N2亚型禽流感，淘汰1800万羽鸡，3200万羽鸡被封锁，1.3亿羽鸡紧急接种疫苗，直接经济损失10亿美元；2003年荷兰H7N7亚型禽流感，淘汰2500万只家禽，几乎占荷兰整个养禽业总量的1/4。2003年H5N1亚型高致病性禽流感在亚洲暴发以来，发生疫情的国家和地区累计扑杀各类家禽达1.4亿只。

H5、H7和H9亚型禽流感病毒株均能感染人，导致人发病，甚至死亡。因此又具有十分重要的公共卫生意义。例如，1997年中国香港禽流感事件，共有18人感染H5N1亚型高致病性禽流感，6人死亡，这是世界上首次证实禽甲型流感病毒H5N1感染人。之后相继有H9N2、H7N7亚型感染人和H5N1再次感染人的报道。2003年初，荷兰暴发H7N7亚型高致病性禽流感，引起人发病、死亡。2003年年底以来，越南、泰国、印度尼西亚、中国、柬埔寨、阿塞拜疆、伊拉克、土耳其等国家先后确诊人感染H5N1亚型高致病性禽流感228例，死亡130例。2007年1月22日，世界卫生组织（WHO）报道全球经实验室确诊的H5N1禽流感患者269例，其中死亡163例。1999年，郭元吉等证实H9N2亚型禽流感也可以直接感染人，引起人感染的症状似普通流感。2013年3月，中国大陆出现了首例H7N9亚型禽流感病毒感染人事件，截至2018年7月20号，已报道人感染H7N9病例1625例，死亡623例。

[传播与流行]

1. 传播　许多家禽、野禽和鸟类都对禽流感病毒敏感，并能从其体内分离出病毒。家禽中以火鸡、鸡、鸭和鹅为最易感染，而火鸡、鸡病死率高于鸭、鹅及其他禽类。其他家禽、野禽及各种鸟类，如鹌鹑、鸽子、孔雀、珍珠鸡、石鸡、雉、鸥鸪、鹦鹉、麻雀、乌鸦、燕子、野鸭、天鹅、鹭、矶鹬、赤翻石鹬、燕鸥、鹱、海鹦、海鸠、苍鹭、椋鸟等都可作为禽流感病毒的天然宿主。国外报道已发现带毒的鸟类有88种。此外，也有从鸵鸟、海豹、鲸、貂、虎、猪、马和人分离到禽源流感病毒的报道。

禽流感的宿主广泛，各种家禽和野禽均可感染。一般认为，鸡感染病毒后其发病率和死亡率要比水禽高。水禽感染后多为隐性感染，但近年也见有发病和死亡报道。

各种日龄的鸡和火鸡均易感，但以40日龄左右的肉鸡、产蛋高峰期的种鸡和商品鸡较常发生。高致病性禽流感病毒感染后，各种日龄的鸡都可发病死亡，而水禽中则雏鸭、雏鹅死亡率较高。

病禽（野鸟）和带毒禽（野生水禽）是主要的传染源。鸭、鹅和野生水禽在本病传播中起重要作用，候鸟也可能起一定作用。

传播途径主要是水平传播，尚无证据表明禽流感可以垂直传播。高致病性禽流感的传播主要以粪-口以及口-口传播途径为主，传播速度较慢。

潜伏期几个小时到4d，潜伏期的长短与病毒的剂量，感染途径，被感染禽类的种类相关。

2. 流行　本病多发生于天气骤变的晚秋、早春以及寒冷的冬季。饲养管理不当、鸡群状况不良及环境应激因素的存在，都可促进病的发生和流行，并发感染可使死亡率升高。由H5N1亚型引起的高致病性禽流感，发病或带毒水禽造成水源和环境污染，对扩散本病有特别重要的意义。

［临床症状与病理变化］

1. 临床症状　由高致病性的H5或H7亚型禽流感病毒感染未经免疫的家禽，可出现急性型禽流感，潜伏期短，发病急、发病率和死亡率均高。

鸡和火鸡：通常不产生显著临床症状，多呈急性发病，突然暴发，但不同毒株存在差异，鸡群和火鸡群死亡率均可高达100%，具有典型的高致病性禽流感症状，潜伏期3～5d，体温迅速升高达41.5℃以上，主要表现为拒食，冠与肉髯常有淡色的皮肤坏死区，瘀血、发绀、呈紫黑色，有时有坏死，尤其在鸡冠的尖部表现明显。头部和脸部高度水肿，眼结膜发炎，眼、鼻腔有较多浆液性或黏液性或脓性分泌物。头颈震颤，流泪，呼吸困难，叫声嘶哑，角弓反张等。脚鳞出血，腿部皮下水肿、出血、变色。鸡舍异常安静。病鸡很快陷于昏睡状态，常于症状出现后数小时内死亡，病死率接近100%。产蛋期感染群均表现产蛋下降。

鸭：各种日龄鸭均可感染，但一般10～70日龄的番鸭、蛋鸭和肉鸭均有较高的发病率和死亡率。雏番鸭发病率可达100%，死亡率达90%以上；其他日龄的番鸭和半番鸭发病率达60%～95%，死亡率达40%～80%；绍鸭、麻鸭、樱桃谷鸭等成年鸭主要引起产蛋下降、死亡率低，雏鸭和幼年鸭死亡率达10%～60%。鸭表现各种神经症状，绝大多数鸭除有间歇性转圈运动；有的不断左右摇摆、尾部上翘；有的嘴不断抖动；有的头颈部不断做点头动作；有的出现歪头、勾头等。病鸭咳嗽或气喘，排白色或黄绿色稀粪。种鸭和蛋鸭产蛋量突然下降（从95%高峰期降至10%以下）或停产。出现畸形蛋和小型蛋。

鹅：感染高致性禽流感病毒后，雏鹅发病率达100%，死亡率达90%以上，尤其7日龄以内的雏鹅发病率和死亡率均高达100%，其他日龄鹅群发病率达80%～100%，死亡率为40%～80%。病鹅表现屈颈斜头、左右摇摆等神经症状、雏鹅尤其明显。体温升高，食欲减退或废绝，排白色或黄绿色水样稀便。部分病鹅头颈部肿大、皮下水肿，眼睛潮红或出血、流泪、眼周围羽毛黏着褐黑色分泌物，严重者瞎眼。脚蹼出血。种鹅和蛋鹅产蛋量大幅度下降，甚至停产。

2. 病理变化 以浆膜、黏膜、内脏器官、肌肉、脂肪广泛性出血为特征。头部颜面、鸡冠、肉垂和颈部皮下水肿，并伴有窦炎和肉垂、冠发绀、充血和出血。内脏变化差异较大，有的毒株引发肝、脾、肾的坏死灶，有的毒株引起浆膜及黏膜面的小点出血，十二指肠和心外膜出血，尤其是肌胃和腺胃交接处的乳头及黏膜出血严重，可见带状出血，腺胃黏液增多，肠黏膜出血更为广泛和明显，肠系膜出血；心外膜、心冠脂肪出血，心肌局灶性坏死；有时在胸骨内侧、胸肌出血或瘀血斑；肝、脾、肾和肺多发性出血和坏死；气管黏液增多，气管黏膜严重出血；输卵管中部可见乳白色分泌物或凝块；卵泡充血、出血、萎缩、破裂，有的可见卵黄性腹膜炎，胸腺多数萎缩。

[诊断与检疫技术]

1. 初诊 根据流行特点、临床症状和病理变化可做出初步诊断，确诊需进一步做实验室检测。

2. 实验室检测 在国际贸易中，尚无指定诊断方法，替代诊断方法为琼脂凝胶免疫扩散试验和血凝抑制试验。

实验室检测主要进行病毒分离与鉴定、血清学诊断、分子生物学诊断等方法。

被检材料的采集：采取发热期和发病初期活禽的喉头气管拭子或泄殖腔拭子。小珍禽可采集新鲜粪便。病死禽可采集气管、脾、肺、肝、肾和脑等组织样品。将采集的样品装在含有pH 7.0～7.4的PBS容器中。在PBS中应加入抗生素，如是组织和喉头气管拭子，则选用青霉素（2 000IU/mL）、链霉素（2mg/mL）、庆大霉素（50μg/mL）、制霉菌素（1 000IU/mL）。如是粪便和泄殖腔拭子，则上述几种抗生素的浓度应提高5倍。在PBS中加入所有的抗生素后调整pH至7.0～7.4。样品应密封于塑料袋或瓶中，置于有制冷剂的容器中运输。若24h内能送到实验室，则选用冷藏运输；若24h内不能送达实验室，则选用冷冻运输。如果样品暂时不用，应−70℃以下冷冻保存。

（1）病毒分离与鉴定

1）病毒分离 接种前将棉拭子捻动、拧干后，弃去拭子；粪便、研碎的组织（肝、脾、肾、肺）用含抗生素的pH 7.0～7.4的等渗PBS配成10%～20%的悬液。样品液经1 000r/min离心10min，取上清液作为接种材料。接种时以每个胚0.2mL的量经尿囊腔途径接种9～11日龄SPF鸡胚，每个样品接种5个胚，在35～37℃孵化箱内孵育，每24h观察鸡胚死亡情况。收获时无菌收取24h以后的死胚，测血凝活性，阳性反应说明可能含有病毒；若无血凝活性或血凝价很低，则用尿囊液继续传2代，若仍为阴性，则认为病毒分离阴性。

2）病毒鉴定 病毒分离阳性后进行病毒鉴定，病毒鉴定的试验方法主要有琼脂凝胶免疫扩散（AGID）试验、血凝（HA）−血凝抑制（HI）试验、神经氨酸酶抑制（NI）试验、反转录−聚合酶链式反应（RT-PCR）以及致病力测定试验等。

①AGID：A型流感病毒都有抗原性相似的核衣壳和基质抗原。用已知禽流感AGID标准血清可以检测是否有A型流感病毒的存在，一般在鉴定所分离的病毒是否是A型禽流感病毒（AIV）时常用，此时的抗原需要试验者自己用分离的病毒制备；利用AGID标准抗原，可以检测所有A型流感病毒产生的各个亚型的禽流感抗体，通常在禽流感监测时使用，可作为非免疫鸡和火鸡群感染的证据，其标准抗原和阳性血清均可由国家指定单位提供。流感病毒感染后不是所有的禽种都能产生沉淀抗体。

在进行分离毒株的鉴定时，需要自制抗原，制备方法有2种。第一种方法是用含丰富病毒核衣壳的尿囊膜制备。从尿囊液呈血凝素（HA）阳性的感染鸡胚中提取绒毛尿囊膜，将尿囊膜匀浆或研碎，然后反复冻融3次，经1 000r/min离心10min，取上清液用0.1%福尔马林或1%β-丙内酯灭活后作为抗原。第二种方法是用感染的尿囊液将病毒浓缩制备。将含毒尿囊液以超速离心或在酸性条件下进行沉淀以浓缩病毒。酸性沉淀法是将1.0mol/L HCl加入含毒尿囊液中，调pH到4.0，将混合物置于冰溶中作用1h，经1 000r/min，4℃离心10min，弃去上清液，将病毒沉淀物悬于甘氨-肌氨酸缓冲液中（含1%十二烷酰肌氨酸缓冲液，用0.5mol/L甘氨酸调pH至9.0）。沉淀物中含有核衣壳蛋白和基质蛋白。

琼脂凝胶免疫扩散（AGID）的具体操作步骤已经被纳入国家标准，可按抗原的使用说明书中的详细描述进行。

②HA-HI试验：可用已知亚型的禽流感标准阳性血清检测样品中是否含有该亚型的禽流感病毒，常用于病毒H亚型的鉴定；也可用于检测血清中是否含有与已知的血凝素抗原相一致的抗体及相应的抗体滴度，常用于未免疫禽群抗体的监测以及免疫后抗体效价的检测。

HA-HI试验是目前OIE和WHO推荐的、进行人流感和动物流感监测所普遍采用的试验方法。优点：可用来鉴定所有的流感病毒分离株，可用来检测禽血清中的感染后产生的或免疫后产生的抗体。缺点：只有当抗原和抗体HA亚型相一致时才能出现HI现象，各亚型间无明显交叉反应；除鸡血清外，用鸡红细胞检测哺乳动物和水禽的血清时需要除去存在于血清中的非特异性凝集（血细胞吸附）或非特异性抑制（RDE或高碘酸钾溶液处理），对于其他禽种，也可考虑选用在调查研究中的禽种红细胞；另外，还需要在每次试验时进行抗原的标准化。红细胞悬液要始终符合标准，使用时随时振荡。孵育时间要严格控制，红细胞对照完全沉淀时要迅速判读，一些病毒可发生解凝现象，如果有这种情况发生，要提前判定结果或4℃下孵育。同一亚型的禽流感病毒制成的抗原，如果毒株来源不同，也可能会存在抗原性差异，从而使检测同一血清的结果有差别。一般来讲，疫苗种毒株如果与抗原所用毒株相同时，则所测得的HI效价一般较高。

HA-HI试验的具体操作步骤可按抗原使用说明书中详细描述进行。

③NI试验：可用于分离株NA亚型的鉴定，也可用于血清中NI抗体的定性测定。在进行病毒NA亚型鉴定时，当已知的标准NA分型抗血清与病毒NA亚型一致时，抗血清将NA中和，从而减少或避免了胎球蛋白释放唾液酸，最后不出现化学反应，即看不到粉红色出现，则表明血清对NA抑制阳性。操作方法如下：

将N1～N9标准阳性血清和阴性血清分别按原液、10倍、100倍稀释，并分别加入标记好的相应试管中；将待检鸡胚尿囊液稀释至HA价为16～32倍，每管均加入0.05mL，混匀后37℃水浴1h；每管加入胎球蛋白溶液（50mg/mL）0.1mL，混匀，拧上盖后37℃水浴16～18h；室温冷却后，每管加入0.1mL过碘酸盐溶液（4.28g过碘酸钠+38mL无离子水+62mL浓磷酸，充分混合，棕色瓶存放）混匀，室温静置20min；每管加入1mL砷试剂（10g亚砷酸钠+7.1g无水硫酸钠+100mL无离子水+0.3mL浓硫酸），振荡至棕色消失乳白色出现；每管加入2.5mL硫代巴比妥酸试剂（1.2g硫代巴比妥酸+14.2g无水硫酸钠+200mL无离子水，煮沸溶解，使用期1周），将试管置煮沸的水浴中15min，不出现粉红色的为神经氨酸酶抑制阳性，即待检病毒的神经氨酸酶亚型与加入管中的标准神经氨酸酶分型血清亚型一致。

④禽流感病毒致病性测定：高致病性禽流感是指由强毒引起的感染，所分离到的高致病性病

毒株均为H5或H7亚型，但大多数H5或H7亚型仍为弱毒株，因此评价分离株是否为高致病性或是潜在的高致病性毒株具有重要意义。

欧洲国家对高致病性AIV的判定标准是：病毒接种6周龄的SPF鸡，其静脉接种指数（IVPI）大于1.2或HA的核苷酸序列在血凝素裂解位点处有一系列的连续碱性氨基酸的H5或H7亚型流感病毒，这两种情况均判定为高致病力病毒。

静脉接种指数（IVPI）测定的方法是：将感染病毒的SPF鸡胚尿囊液（血凝价大于1：16，即大于2^4）用灭菌生理盐水稀释10倍（切忌使用抗生素），将此稀释病毒液以每羽0.1mL静脉接种10只6周龄SPF鸡，另外2只鸡接种0.1mL稀释液，作为对照（对照鸡不应发病）。每隔24h检查鸡群1次，共观察10d。根据每只鸡的症状用数字方法每天进行记录：正常鸡记为0，病鸡记为1，重病鸡记为2，死鸡记为3（病鸡和重病鸡的判断主要依据临床症状表现。一般而言，"病鸡"表现有下述一种症状，而"重病鸡"则表现下述多个症状，如呼吸症状、沉郁、腹泻、鸡冠和/或肉髯发绀、脸和/或头部肿胀、神经症状。死亡鸡在其死后的每次观察都记为3），见表5-1。

IVPI＝每只鸡在10d内所有数字之和/（10只鸡×10d），如IVPI为3.00，说明所有鸡24h内死亡；IVPI为0.00，说明在10d的观察期内没有任何鸡表现出了临床症状。当IVPI大于1.2时，判定分离株为高致病性禽流感病毒（HPAIV）。

表5-1　IVPI测定举例（数字表示在特定日期表现出临床症状的鸡只数量）

临床症状	D1	D2	D3	D4	D5	D6	D7	D8	D9	D10	总计	数值
正常	10	10	0	0	0	0	0	0	0	0	20×0	＝0
发病	0	0	3	0	0	0	0	0	0	0	3×1	＝3
麻痹	0	0	4	5	1	0	0	0	0	0	10×2	＝20
死亡	0	0	3	5	9	10	10	10	10	10	67×3	＝201
											总计	＝224

上述例子中的IVPI为：224/100＝2.24＞1.2，因此，判定为高致病性禽流感病毒株。

OIE对高致病性AIV的分类标准是：

A. 取HA滴度大于1：16的无菌感染流感病毒的鸡胚尿囊液用等渗生理盐水1：10稀释，以每羽0.2mL的剂量翅静脉接种8只4～8周龄的SPF鸡，在接种10d内，如果病毒能导致6～8只鸡死亡，则判定该毒株为高致病性AIV株。

B. IVPI大于1.2的任何病毒。

C. 如分离物能使1～5只鸡致死，但病毒不是H5或H7亚型，则应进行下列试验：将病毒接种在细胞培养物上，观察其在胰蛋白酶缺乏时是否引起细胞病变或形成蚀斑。如果病毒不能在细胞上生长，则分离物应被考虑为非高致病性AIV。

D. 所有低致病性的H5和H7毒株和其他病毒，在缺乏胰蛋白酶的细胞上能够生长时，则应对与血凝素有关的肽键的氨基酸序列进行分析，如果分析结果同其他高致病性流感病毒相似，这种被检验的分离物应被考虑为高致病性AIV。

（2）血清学诊断　目前常用的禽流感病毒检测技术有琼脂凝胶免疫扩散试验（特异性高、技术要求低、适用大范围普查）、血凝抑制试验。其他方法还有免疫荧光技术、酶联免疫吸附试验（ELISA）和Dot-ELISA（简便、快速、敏感、特异、用肉眼判定，适用口岸检查疫病监测和早期快速诊断)。

取发病初期和康复期禽类的双份血清,用血凝抑制试验测定抗体滴度的变化做出诊断,如果后者抗体滴度比前者高出4倍以上,即可确诊。

(3) 分子生物学诊断　主要有反转录-聚合酶链式反应(RT-PCR)、AIV通用荧光定量RT-PCR检测方法、AIV基于核酸序列的扩增技术等。

①RT-PCR:适用于检测禽组织、分泌物、排泄物和鸡胚尿囊液中AIV核酸。利用RT-PCR的通用引物可以检测是否有A型流感病毒的存在,亚型特异性引物则可进行病毒的分型。此外,H5和H7亚型AIV分子分型诊断技术在特异地检出H5或H7亚型AIV感染的同时,还可用特异引物经RT-PCR扩增出的H5和H7包括裂解位点在内的HA基因氨基酸序列,从而判断病毒的致病性。该方法可应用于禽流感感染的早期快速诊断,具有敏感、特异、快速的特点。因RT-PCR诊断技术已纳入行业标准,且已有试剂盒出售,按说明书进行操作。

②AIV通用荧光定量RT-PCR检测方法:为近几年发展起来的荧光定量RT-PCR分子诊断技术,配合荧光定量PCR仪可从基因水平检测禽流感RNA,具有高度的敏感性和特异性,并可大大缩短对AIV的检出时间,克服了传统的禽流感诊断技术包括病毒分离鉴定试验周期长的缺点,为禽流感早期快速诊断提供了敏感、快速、实用的检测方法。该方法已纳入行业标准,并有商品化的试剂盒和仪器。

③AIV基于核酸序列扩增技术(NASBA):NASBA是一项连续、等温、基于酶反应的核酸扩增技术。NASBA检测AIV的敏感性与经典的鸡胚病原分离方法相近,并具有检测速度快、特异性强、易于操作的特点。该方法已被纳入行业标准,目前已经有商品化的试剂盒和仪器。

对高致病性禽流感的诊断指标主要包括以下几个方面。

临床诊断指标:急性发病死亡,脚鳞出血,鸡冠出血或发绀、头部水肿;浆膜、黏膜、肌肉和组织器官广泛严重出血,可初步怀疑为高致病性禽流感。

血清学诊断指标:琼脂扩散试验阳性(水禽除外),H5或H7亚型血凝抑制价在1:16以上。

病原学诊断指标:H5或H7亚型病原分离阳性;H5或H7分子生物学诊断阳性;任何亚型病毒静脉内接种致病指数(IVPI)大于1.2。

3. 鉴别诊断　应与鸡新城疫、传染性喉气管炎区别,雏鸭禽流感应与雏鸭病毒性肝炎区别,雏鹅禽流感应与小鹅瘟等相区别,主要从病毒分离与鉴定或血清学方法区别。

[防治与处理]

1. 防治　预防和控制禽流感应采取综合的防治措施。我国政府先后发布了一系列与高致病性禽流感有关的文件和行业标准,如《高致病性禽流感防治技术规范》《全国高致病性禽流感应急预案》《高致病性禽流感疫情处置技术规范(试行)》和《重大动物疫情应急条例》等。这些文件和行业标准为预防和控制禽流感提供了行动指南和法律上的保障。

(1) 加强管理,提高环境控制水平,防止病原传入。养禽场在饲养、生产、经营场所等方面必须符合动物防疫条件,取得动物防疫合格证。实行全进全出的饲养方式,控制人员出入,严格执行清洁和消毒程序。杜绝陆禽与水禽、甚至与猪等混合饲养,养鸡场与水禽场应间隔3km以上,且不得共用同一水源。同时养禽场要有良好的防止禽鸟(包括水禽)进入饲养区的设施,并有健全的灭鼠设施和措施。另外,鸡场周围尽量避免饲养水禽。

(2) 做好消毒工作,及时有效消灭病原。消毒工作是消灭病原、切断传播途径、预防家禽传染病的一项重要措施。各个饲养场、屠宰厂（场）、动物防疫监督检查站等要建立严格的卫生消毒管理制度。消毒可分为预防消毒、紧急消毒和终末消毒。鸡舍内的带鸡消毒可采用气雾消毒法；鸡舍和种蛋的消毒可采用熏蒸消毒法；金属设施设备消毒可用火焰、熏蒸等方式消毒；圈舍、场地、车辆等可采用消毒液清洗、喷洒等方式消毒；养禽场的饲料、垫料等可采取堆积发酵处理或焚烧处理等方式消毒；粪便可采取堆积密封处理或焚烧处理等方式消毒；饲养、管理等人员可采取淋浴消毒；衣、帽、鞋等可能被污染的物品可采取消毒液浸泡、高压灭菌等方式消毒；疫区范围内办公、饲养人员的宿舍、公共食堂等场所可用喷洒的方式消毒；屠宰加工、贮藏等场所以及区域内池塘等水域的消毒可采取相应方式进行。

（3）做好疫苗免疫工作。疫苗免疫是控制禽流感暴发和流行的关键环节、主动措施。疫苗免疫接种应选择相同亚型的禽流感疫苗，且按免疫程序对家禽进行预防接种。目前研究与使用的有禽流感灭活疫苗（H5N2亚型、H5N1亚型、H9亚型）、禽流感（H5N2+H9N2）二价灭活疫苗、重组禽流感病毒灭活疫苗（H5亚型、Re系列疫苗）和禽流感-新城疫重组二联活疫苗（rL-H5株）、禽流感-鸡痘重组二联活疫苗（rFPV-H5株）。推荐的免疫程序是：对产蛋鸡，20～30日龄首免，剂量为0.3～0.5mL，颈部皮下注射；开产前20d二免，剂量为0.5mL，胸肌注射。种鸡及禽流感高发地区，在300日龄三免；或在雏鸡10～12日龄用禽流感-新城疫重组二联活疫苗（rL-H5株）滴鼻首免，以后可选择活苗或灭活苗免疫。对商品肉仔鸡，要根据需要确定是否接种。同时还要注意免疫监测，当抗体滴度大于 $5\log_2$ 时鸡群才能得到保护。

（4）严密疫情监测，掌握禽流感流行和病毒存在情况。对禽流感进行严密监测，可了解禽流感的流行动态，掌握禽流感病毒存在的情况，是预防和控制禽流感的主动措施之一。由县级以上动物防疫监督机构组织实施。对未经免疫区域，以流行病学调查、血清学监督为主（包括琼脂扩散试验、血凝抑制试验等方法），结合病原分离和毒型鉴定、毒力鉴定进行监测；对免疫区域，以病原学监测为主，结合血清学监测。

2. 处理　一旦发生或疑似致病性禽流感，应采取以下扑灭措施。

（1）按规定及程序及时上报疫情，正确诊断，追踪调查，立即采取隔离、限制移动等措施，划定疫点、疫区和受威胁区，严格封锁。

（2）对疫点、疫区（指以疫点为中心，半径3km范围内区域）内所有的禽只以不放血方式扑杀，并对所有病死禽、被扑杀禽、禽类产品、排泄物、被污染饲料、垫料、污水等按国家规定标准进行无害化处理。

（3）对疫点、疫区实行严格隔离、封锁。对疫点内禽舍、场地以及所有运载工具、饮水用具必须进行严格彻底消毒，对受威胁区（疫区外延5km范围内的区域）内所有易感禽类采用国家批准使用的疫苗进行紧急强制免疫接种，建立禽流感免疫带。特别要杜绝所有易感动物和可疑污染物流出、流入隔离封锁区，防止疫情蔓延扩散。适当使用抗生素等药物，防止细菌病的发生。

（4）做好直接接触人员的防护工作，以防止对人的感染。

（5）疫点所有禽类及其产品按规定处理后，并在动物防疫监督机构的监督指导下，对有关场所和物品进行彻底消毒，待最后一只禽扑杀21d后，经检疫部门审验合格后，由当地畜牧兽医行政管理部门向原发布封锁令的同级人民政府申请发布解除封锁令。疫区解除封锁后要继续对该区域进行疫情监测，6个月后如未发现新的病例，即可宣布该次疫情被扑灭。

第十五节　新　城　疫

新城疫（newcastle disease，ND）又称亚洲鸡瘟或伪鸡瘟，我国一般俗称为鸡瘟，是由新城疫病毒强毒株引起禽类的一种急性、热性、败血性、高度接触性传染病。以高热、呼吸困难、腹泻、神经紊乱、黏膜和浆膜出血为特征，具有很高的发病率和病死率。

OIE基于国际贸易和疫病控制政策、措施考虑，将新城疫定义如下："新城疫是由符合毒力标准的血清Ⅰ型禽副黏病毒（APMV-1）引起的一种禽类传染病。该APMV-1在毒力上应符合下列两项标准中的一个：①1日龄雏鸡脑内接种致病指数（ICPI）大于或等于0.7。②该病毒F_2蛋白C端有多个碱性氨基酸残基，F_1蛋白N端，即第117位残基是苯丙氨酸（F），如果毒株未出现上述氨基酸特征序列，则需以ICPI试验鉴定。"

在上述定义中的"多个碱性氨基酸残基"是指在113～116位残基间至少有3个是精氨酸（R）或赖氨酸（K）。氨基酸残基序位从F_0蛋白的N端起排序，相应的113～116残基裂解位点位于F_2蛋白倒数第4至倒数第1位。

OIE将新城疫（ND）列为必须通报的动物疫病，我国列为一类动物疫病。

162

［病原特性］

病原为新城疫病毒（*Newcastle disease virus*，NDV），属于单股负链病毒目（*Mononegavirales*）副黏病毒科（*Paramyxoviridae*）副黏病毒亚科（*Paramyxovirinae*）禽腮腺类病毒属（*Avulavirus*）成员。

经血清学检测，禽类副黏病毒有12种血清型（APMV-1～APMV-12），其中新城疫病毒（NDV）被命名为APMV-1。

NDV是单股负链RNA（ssRNA）病毒，有包膜。病毒颗粒具多形性，有圆形、椭圆形和长杆状等。成熟的病毒粒子直径100～500nm。包膜为双层结构膜，由宿主细胞外膜的脂类与病毒糖蛋白结合衍生而来。包膜表面有长12～15nm的刺突，具有血凝素、神经氨酸酶和溶血素。病毒的中心是ssRNA分子及附在其上的蛋白质衣壳粒，缠绕成螺旋对称的核衣壳，直径约18nm。

NDV基因组为不分节段的单股负链RNA，基因组长度有15 186、15 192和15 198个核苷酸。NDV有6种基因，编码8种蛋白：①L蛋白是与核衣壳有关的RNA依赖的RNA聚合酶（RdRP）。②HN蛋白具血凝素和神经氨酸酶活性，构成病毒粒子表面两种纤突中的大纤突。③融合蛋白（F）构成病毒粒子表面的小纤突。④核衣壳蛋白（Np）。⑤磷蛋白（P）为磷酸化的核衣壳相关蛋白，P蛋白基因存在RNA编辑现象，可形成不同的阅读框架。⑥基质蛋白（M）。另外P蛋白在基因编辑过程中可产生W和V两种蛋白。在病毒基因组上，这些蛋白基因的排列顺序为3′ Np-P-M-F（F_1-F_2）-HN-L 5′。宿主肌动蛋白也被合并到病毒粒子中。

NDV病毒粒子在复制过程中，以前体糖蛋白（F_0）产物出现，F_0裂解为F_1和F_2之后，病毒粒子才具感染性。F_0蛋白裂解受宿主细胞蛋白酶调节，胰酶能够裂解所有NDV毒株的F_0蛋白。

NDV强毒株F_0蛋白能被宿主多种组织细胞中的蛋白酶裂解，从而导致全身感染和损伤。弱毒株F_0蛋白只能被少数特定的蛋白酶裂解，因而病毒只能在有限的宿主细胞中增殖。

大多数致病性NDV的F_2蛋白C端氨基酸序列为^{112}R/K-R-Q-K/R-R^{116}，F_1蛋白N端第117位残基为苯丙氨酸；而低毒力株相同区域序列为^{112}G/E-K/R-Q-G/E-R^{116}和^{117}L（亮氨酸）；某些鸽源变异毒株序列为^{112}G-R-Q-K-R-F^{117}，但ICPI值很高。因此，鸡NDV强毒株条件是，113残基为碱性氨基酸（K/R），115～116残基间至少有一对碱性氨基酸，117位残基为苯丙氨酸。

NDV强毒可存于病禽的所有组织器官、体液、分泌物和排泄物中，以脑、脾、肺含毒量最高，以骨髓含毒时间最长。因此，分离病毒时多采用脾、肺或脑乳剂为接种材料。

NDV有一种血凝素，可与红细胞表面受体连接，使红细胞凝集。鸡、火鸡、鸭、鹅、鸽等禽类以及哺乳动物中豚鼠、小鼠和人的红细胞都能被凝集。这种凝集红细胞的特性可被慢性病鸡、病愈鸡和人工免疫鸡血清中的血凝抑制抗体所抑制。因此，可用血凝抑制（HI）试验鉴定分离出的病毒，并用于诊断或进行流行病学调查。此外，NDV具有溶血素，在高浓度时还能溶解它所凝集的红细胞。

由于NDV毒株对鸡的致病性差异很大，根据不同毒力毒株感染鸡表现的不同，一般将其分为三种致病型：①强毒型或速发型毒株（包括嗜内脏型、嗜神经型和嗜肺型），在各种年龄易感鸡引起急性致死性感染。②中毒型或中发型毒株，仅在易感的幼龄鸡造成致死性感染。③弱毒型即缓发型或无毒型毒株，表现为轻微的呼吸道感染或无症状肠道感染。速发型病毒株多属于地方流行的野毒株及用于人工感染的标准毒株；中发型病毒株和缓发型病毒株多用为疫苗毒株。

大多数NDV毒株能在多种细胞中增殖，其中最常用的是鸡胚成纤维细胞、鸡胚肾细胞和乳仓鼠肾细胞，新城疫病毒能在细胞培养物中形成蚀斑。

NDV在低温条件下抵抗力强，在4℃可存活1～2年，－20℃能存活10年以上，真空冻干病毒在30℃可保存30d，15℃可保存230d。但不同毒株对热的稳定性有较大的差异。

NDV的感染性可被热、辐射（包括光和紫外线）、氧化作用、pH和各种化学品等物化因素破坏；但感染率跟毒株、病毒量、接触时间、悬浮介质特性以及处理时的相互作用有关。单一处理不能保证杀灭所有病毒，但可以降低感染病毒的概率。

NDV对消毒剂、日光及高温抵抗力不强；对乙醚、氯仿敏感；对pH稳定，pH3～10不被破坏。病毒在60℃ 30min失去活力，在直射阳光下，病毒经30min死亡。常用的消毒剂如2%氢氧化钠、5%漂白粉、70%酒精在20min即可将NDV杀死。

[分布与危害]

1. 分布　1926年在印度尼西亚爪哇岛发生本病，为世界上首次报道，同年在英国新城（Newcastle）发现，1927年Doyle首次分离到病原，并将该病命名为新城疫。本病在世界上绝大多数国家都有流行报道，包括亚洲、欧洲以及大洋洲和非洲许多国家。

我国曾在1935年有鸡瘟报道，1946年我国首次在发病鸡群中分离到新城疫病毒，之后本病广泛流行于养鸡地区。20世纪90年代后期我国水禽大面积暴发了ND。

2. 危害　新城疫发病率和死亡率都很高，是危害禽类养殖业最严重的疫病之一，造成很大的经济损失。

本病病毒也可感染人，引起结膜炎、发热、头痛等症状。

[传播与流行]

1. 传播 在自然条件下，鸡、野鸡、火鸡、珍珠鸡、鹌鹑易感，其中以鸡最易感，野鸡次之，不同年龄的鸡易感性存在差异，幼雏和中雏易感性最高。水禽（如鸭、鹅等）也能感染本病，并从中分离到病毒，且可将病毒传给陆生家禽。此外，鸽、斑鸠、乌鸦、麻雀、八哥、老鹰、燕子及其他的鸟类，大部分也能自然感染本病或伴有临床症状或隐性经过。

传染源主要是病禽和带毒禽。感染鸡在出现症状前24h，其口、鼻分泌物和粪便中已开始排出病毒，污染饲料、饮水、垫草、用具和地面等环境。潜伏期的病鸡所生的蛋，大部分也含有病毒。痊愈鸡在症状消失后5～7d停止排毒，少数病愈鸡在恢复后2周，甚至到2～3个月后还能从蛋中分离到病毒。在流行停止后的带毒鸡，常有精神不振、咳嗽和轻度神经症状。这些鸡也都是传染源。病鸡和带毒鸡也从呼吸道向空气中排毒。野禽、鹦鹉等鸟类常为远距离的传播媒介。

传播途径主要是消化道、呼吸道和眼结膜。也可经创伤和交配传染。

2. 流行 本病一年四季均可发生，但以冬春寒冷季节流行较多，常呈毁灭性流行。鸡场内一旦发生本病，4～5d内可波及全群。发病率和死亡率可达95%以上。但20世纪90年代以来在免疫鸡群中常发非典型新城疫，其发病率和死亡率略低。

[临床症状与病理变化]

1. 临床症状 潜伏期2～15d或更长，平均为5～6d。OIE《陆生动物卫生法典》规定为21d。

（1）国际上依据新城疫临床症状表现，一般将本病分为五个致病型，即速发性嗜内脏型、速发性嗜肺脑型、温和型、缓发型和无症状肠道型。

①速发性嗜内脏型新城疫：又称Doyle氏型新城疫或称亚洲型新城疫，1926年首先发现。是由某些速发型毒株所致，可致所有日龄鸡均呈急性、致死性感染，以消化道出血为主，死亡率高。

鸡发病突然，有时不见任何症状而死亡。病初鸡倦怠，呼吸增加，虚弱，常见眼及喉部周围组织水肿，排绿色稀粪（有时带血），死前衰竭，一般在4～8d内死亡。有幸存活的鸡则出现阵发性痉挛，肌肉震颤，颈部扭转，角弓反张，面部麻痹，偶然翅膀麻痹。死亡率可达90%以上。

②速发性嗜神经型新城疫或速发性嗜肺脑型新城疫：又称Beach氏型新城疫，1942年首次发现，也是由某些速发型毒株所致，可致所有日龄鸡均呈急性、致死性感染，以呼吸道和神经症状为主，死亡率高。

表现为突然发病，传播迅速。病鸡可见明显的呼吸困难、咳嗽和气喘。有时听到"咯咯"的喘鸣声或突然的怪叫声，继之呈昏睡状态。食欲减退，垂头缩颈，产蛋减少或停止。1～2d内或稍后会出现神经症状，翅膀或腿麻痹和颈部扭转。死亡率不定，成鸡常见为10%（有些病例可达50%）；未成年鸡可高达90%；火鸡死亡率达41.6%，而鹌鹑的死亡率仅为10%。

③温和型新城疫：又称Beaudette氏型新城疫，1946年首次发现，由一些温和型毒株所致，以呼吸道症状为主，偶有神经症状，死亡率低（死亡仅见于青年鸡）。

主要表现为成年鸡的急性呼吸系统病状，以咳嗽为特征，但极少喘气。病鸡食欲减退，产蛋减少并可能停止产蛋。中止产蛋可能延续1～3周，有时病鸡不能恢复正常产量，蛋的质量也会受影响。

④缓发型新城疫：又称Hitchner氏型新城疫，1948年首次报道，由缓发型病毒株所致，以一种轻度的或不明显的呼吸道症状为特征。

在成年鸡中症状可能不明显，可由毒力较弱的毒株所致，使鸡呈现一种轻度的或无症状的呼吸道感染。各种年龄的鸡很少死亡，但在雏鸡并发其他传染病时，致死率可达30%。

⑤无症状肠道型或缓发嗜肠型新城疫：由缓发型病毒引起，以不明显的肠道感染症状为特征。

（2）我国根据临床症状表现和病程长短把新城疫分为最急性型、急性型和慢性型，或根据临床发病特点分为典型新城疫和非典型新城疫两种病型。

①典型新城疫：在非免疫或免疫力较低的鸡群中感染强毒株所引起的最急性型和急性型新城疫，发病率和死亡率都很高。各种年龄的鸡都可发生，但以30～50d龄的鸡群多发。感染鸡群可能突然发病，无特征性症状而迅速死亡。往往头天晚饮食活动正常，而第二天早晨就发现死亡（最急性型新城疫表现）。随后鸡群中可出现急性型的典型症状，如精神萎靡、体温升高、食欲减退或废绝，呼吸困难，张口呼吸，发出"咯咯"的喘鸣声，嗜睡，垂头缩颈，翅翼下垂，鸡冠和肉髯呈暗红色或紫色，嗉囊积液有波动感，倒提病鸡时有大量酸臭液体从口流出，病鸡腹泻，粪便呈黄绿色或黄白色。产蛋鸡迅速减产，软壳蛋增多。后期可见震颤、转圈、腿和翅膀麻痹，头颈扭转，仰头呈观星状等神经症状。鹅发生新城疫时精神不振、食欲减退并有腹泻，排出带血色或白绿色粪便，部分病鹅出现神经症状。其他家禽感染NDV强毒后一般与鸡相同，主要表现为腹泻、呼吸困难和神经症状。

②非典型新城疫：多发生于有一定抗体水平的免疫鸡群，病情比较缓和，发病率和死亡率都不高，表现为一种慢性型新城疫，临床表现以呼吸道症状为主，如病鸡张口呼吸，有明显的"呼噜"声，病程稍长的，则出现站立不稳、头颈歪斜、转圈、仰头呈观星状等神经症状，食欲减退或废绝，排黄绿色稀粪，产蛋下降10%～30%，畸形蛋、软壳蛋、糙皮蛋增多。

2. 病理变化 由于病毒侵害心血管系统，造成血液循环高度障碍而引起全身性炎性出血、水肿。在患病后期，病毒侵入中枢神经系统，常引起非化脓性脑炎变化，导致神经症状。

消化道病变以腺胃、小肠和盲肠最具特征。可见腺胃乳头肿胀、出血或溃疡，尤以在与食管或肌胃交界处最明显（常有条状或不规则的出血斑点，这是比较特征性的病变）。肌胃角质层下也常见有出血点。小肠黏膜出血或溃疡，有时可见到"岛屿状或枣核状溃疡灶"，表面有黄色或灰绿色纤维素膜覆盖。盲肠扁桃体肿大、出血和坏死。

呼吸道以卡他性炎症和气管充血、出血为主。鼻道、喉、气管中有浆液性或卡他性渗出物。弱毒株感染、慢性或非典型性病例可见到气囊炎，囊壁增厚，有卡他性或干酪样渗出。

产蛋鸡常有卵黄泄漏到腹腔形成卵黄性腹膜炎，卵巢滤泡松软变性，其他生殖器官出血或褪色。

淋巴器官中脾脏坏死，表面出现针尖状的白色坏死点，胸腺出血。

[诊断与检疫技术]

1. 初诊 根据本病的流行病学、临床症状和病理变化的特征，对典型新城疫可以做初步诊断，但非典型新城疫通常现场难以做出判断，确诊需依靠实验室检测。

2. 实验室检测 常用检测方法为病毒分离鉴定、血清学试验和分子生物学检测技术。

被检材料的采集：用于病毒分离，可从病死或濒死禽取脑、肺、脾、肝、心、肾、肠（包括内容物）或口鼻拭子，除肠内容物需单独处理外，上述样品材料可单独采集或者混合；或从活禽取气管和泄殖腔拭子，雏禽或珍禽采取拭子易造成损伤，可收取新鲜粪便代替。上述样品材料采取后应立即送实验室处理或于4℃保存待检（不得超过4d）或－30℃保存待检。

用于血清学试验，采集在鸡群暴发疑似新城疫急性期（10d内）及康复后期的双份血清。如果长时间待检应放在－20℃下冷冻保存。

（1）病毒分离鉴定　包括病毒分离培养、病毒鉴定和毒力测定。

①病毒分离培养：采取病、死鸡的呼吸道分泌物、脾、肺、脑等组织用磷酸盐缓冲液（PBS）做成1:（5～10）悬液，每毫升加青霉素（2 000U）、链霉素（2mg）、卡那霉素（50μg）、制霉菌素（1 000U）。粪便和泄殖腔拭子保存液中，抗生素的浓度应为组织样品的5倍。样品在室温下作用1～2h后，应尽快处理。取粪便或组织悬液离心沉淀，取其上清液经尿囊腔接种9～11日龄的SPF或非免疫鸡胚，剂量为0.1～0.2mL，在35～37℃孵育4～7d。每天照蛋检查死亡情况，24h内死胚弃去，其后死亡鸡胚检查病变，收集尿囊液和羊水（透明无菌者）。取尿囊液检测病毒血凝（HA）活性（可用1%鸡红细胞悬液与尿囊液进行血凝试验）；凡检测阴性者，应用初次分离的尿囊液，继续盲传两代，若仍为阴性，则认为无NDV感染。

②病毒鉴定：由于其他病毒（如禽流感病毒）也具有血凝活性，因此凡尿囊液病毒血凝（HA）阳性的，需用已知特异抗新城疫血清（抗体）进行血凝抑制试验（HI）以确诊NDV的存在。

在血凝抑制试验（HI）中，NDV与其他APMV血清型，尤其与APMV-3和APMV-7血清存在交叉反应，可通过采用合适的抗原并设立抗血清对照组来解决该问题。

③毒力测定：由于各种NDV分离株毒力的差异极大，以及新城疫活苗的广泛使用，仅凭从临床症状病禽中分离出NDV毒株并不能做出确诊，还需要鉴定分离毒株的毒力。

毒力测定方法一般进行最小致死量致死鸡胚的平均死亡时间（MDT）、1日龄雏鸡脑内接种致病指数（ICPI）及6周龄鸡静脉接种致病指数（IVPI）等指标的测定，然后根据测得的结果，可将NDV毒株分为强毒型、中毒型和弱毒型，但目前OIE规定采用ICPI和分子生物学对NDV进行毒力评估。

超强毒株ICPI接近2.0，而缓发型和无症状肠型毒株ICPI值接近0。分子生物学主要通过PCR扩增F蛋白裂解位点的序列，经测序符合强毒序列特征的定为强毒株。

具体方法应按国家新城疫诊断技术标准进行。

（2）血清学试验　有血凝抑制试验（HI）、酶联免疫吸附试验（ELISA）、免疫荧光技术（IFA）、病毒中和试验（VN）等方法。常用血凝抑制试验（HI）试验和ELISA进行血清学检测。

①HI：是一种快速准确的传统方法，至今仍广泛采用。它是国际贸易中的替代诊断方法。按常规先用已知病毒做血凝试验（HA），测定病毒的血凝价，再做血凝抑制试验（HI），检测血清的凝集抑制抗体的效价。HI试验中NDV与APMV-3和APMV-7之间存在交叉反应，在检测过程中应减少此类交叉反应的影响。

②ELISA：ELISA检测NDV抗体的方法有很多，如间接法（I-ELISA）、夹心法（S-ELISA）、阻断法（B-ELISA）以及采用一种或多种单克隆抗体（mAb）竞争ELISA法（C-ELISA）。

ELISA方法重复性好、敏感性和特异性高，与HI试验具良好的相关性。ELISA和HI都可检测不同抗原的抗体，但ELISA可检测多种抗原蛋白诱导的抗体，而HI仅局限于HN蛋白诱导的抗体。

（3）分子生物学方法　使用最广泛的是反转录聚合酶链式反应（RT-PCR），可用于直接检测NDV。直接检测临床样品尤以气管或口咽拭子最佳，但对某些组织样品特别是粪便检测敏感性低。

3. **鉴别诊断**　应注意与禽流感、鸡传染性喉气管炎、传染性支气管炎和禽霍乱鉴别。主要从临床症状特点、病理剖检的特征性病变及病原等加以鉴别。

［防治与处理］

1. **防治**　由于本病无治疗药物，为预防和消灭该病，必须采取综合防治措施。

（1）制定严格的卫生防疫制度，加强卫生管理，定期消毒，防止病原侵入鸡群。包括鸡舍和运动场要定期清扫消毒；新购进的鸡必须是经严格隔离饲养半个月以上，确认无病方可与原有鸡合群饲养；鸡场出入口应设置消毒池；防猫、犬及野鸟、野兽进入鸡场；加强市场出售鸡的检疫；宰禽场应严格执行兽医卫生检查制度；所有病鸡的产品未经无害化处理都不准运出场外等。

（2）定期预防接种。要正确选择有效的疫苗，执行合理的免疫程序，确保免疫效果。

2. **处理**

（1）鸡群一旦发病，应按《中华人民共和国动物防疫法》及有关规定，采取紧急措施，防止疫情扩大。包括紧急消毒、分群隔离等措施。

（2）扑杀病禽和同群禽，深埋或焚烧尸体，以消灭传染源。

（3）对受污染的用具、物品和圈舍，场地等环境要彻底消毒。

（4）对疫区、受威胁区的健康鸡立即进行紧急接种疫苗，如对疫区内全场雏鸡、产蛋鸡用2～4倍量的 IV 苗紧急接种，育成鸡用 I 系苗2倍量紧急注射（可能加速一部分感染鸡的死亡，但鸡群在7～10d后可停止死亡），I 系苗 Mukteswar 株为中强毒，ICPI 为1.4左右，绝大多数国家已禁止使用该疫苗。

第十六节　鲤春病毒血症

鲤春病毒血症（spring viraemia of carp，SVC）曾称鲤鳔炎症（SBI）、急性传染性腹水、鲤传染性腹水症、春季病毒病等，是由鲤春病毒血症病毒（SVCV）引起鲤科鱼类的一种急性、出血性病毒传染病。通常于春季暴发，引起幼鱼和成鱼死亡。以全身出血、水肿及腹水，发病急、死亡率高为特征。OIE 将其列为必须通报的动物疫病，我国列为一类动物疫病。

［病原特性］

病原为鲤春病毒血症病毒（*Spring viraemia of carp virus*，SVCV），又称鲤弹状病毒（*Rhabdovirus carpio*），属于单负链病毒目（*Mononegavirales*）弹状病毒科（*Rhabdoviridae*）水疱性口炎病毒属（*Vesiculovirus*）成员。目前仅有一个血清型，存在有不同毒力的分离株。

SVCV 粒子呈子弹状（图5-3），一端为圆弧形，另一端较平坦，病毒粒子长90～180nm，宽60～90nm，病毒内核衣壳直径为50nm、呈螺旋对称。SVCV 在 CsCl 中的浮密度为1.195～1.200g/mL。

病毒基因组为不分节段的单股负链RNA，线状，长11 019个核苷酸，主要包含5个开放阅读框（ORF），分别编码核蛋白（Nucleaprotein, N）、磷蛋白（Phosphoprotein, P）、基质蛋白（Matrix protein, M）、糖蛋白（Glycoprotein, G）和RNA聚合酶（RNA polymerase, L），蛋白排列次序为3′-N-P-M-G-L-5′。表面糖蛋白是病毒最主要的抗原，决定了病毒的血清学特征。根据毒株部分糖蛋白基因序列和系统进化树分析，可将SVCV分为Ia、Ib、Ic和Id四个亚组，而且亚洲株和欧洲株的基因型存在差异。

病毒能在鲤卵巢初代细胞、云斑鮰、黑头软口鲦（FHM）细胞及虹鳟性腺细胞（RTG-2）中繁殖并出现病变。在猪肾、牛胚和鸡原代细胞、人和某些哺乳动物的细胞系（如BHK-2、Vero、Hep-2、WI-38等）生长、繁殖，病变细胞出现颗粒化、细胞圆缩，核内染色质在核的边缘，核膜增厚、胞质萎缩、溶解、脱落。病毒在pH 7～10中稳定，最适生长温度为17℃。

病毒在10℃的河水中可存活5周，在4℃和10℃泥池中分别可存活6周以上和4周。在低温下非常稳定，－20℃下可保藏1个月，或－30℃或－74℃下可保藏6个月毒力不减。加热60℃ 30min、pH12下10min和pH3下3h均可将病毒灭活。3%福尔马林5min、2%氢氧化钠10min、氯（540mg/L）20min、200～250mg/kg碘复合物30min、100mg/kg苯扎氯胺20min、100mg/kg葡萄糖酸氯己定20min和200mg/kg甲酚20min等消毒剂均可有效杀灭病毒。此外，各种氧化剂、十二烷基硫酸钠、非离子去污剂和脂溶剂也均可有效杀灭病毒。

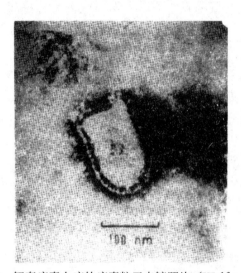

图5-3　鲤春病毒血症的病毒粒子电镜照片（Wolf, 1988）
（引自孟庆显，余开康，《鱼虾蟹贝疾病诊断和防治》，1996）

［分布与危害］

1. 分布　1971年南斯拉夫的Fijan等从急性病鱼分离出水肿病毒。由于本病发生于春季，故称为鲤春病毒血症，本病早期流行于东欧和中欧国家，逐步扩散到欧洲大部分地区。目前还在奥地利、波斯尼亚、塞尔维亚、保加利亚、克罗地亚、捷克、法国、德国、英国、匈牙利、意大利、以色列、波兰、罗马尼亚、斯洛伐克、西班牙以及俄罗斯等多个国家发病与流行。近年来已扩散到美洲和亚洲，中国也分离到SVCV，已是鱼类口岸检疫的第一类检疫对象。

2. 危害　由于本病发病急，死亡率高，严重危害鲤的生产。

［传播与流行］

1. 传播　病毒的宿主范围很广，能感染各种鲤科鱼类，包括鲤、锦鲤、鳙、草鱼、鲢、鲫和欧鲶等，其中鲤是最敏感的宿主，可引起鲤和锦鲤大批发病和死亡。各年龄鱼均可感染发病，但鱼年龄越小对病毒越敏感。病毒感染后的潜伏期与水温及鱼体自身状况有关，如水温越适宜、鱼体健康状况越差，则越容易感染。

传染源为病鱼、死鱼和带毒鱼。病鱼和带毒鱼经粪、体液排出病毒，精液和鱼卵中也有病毒。

外伤是重要传播因素。传播途径主要是通过水传播（即水中病毒经鳃和肠道感染），也可能垂直传播（即通过鲤精液和卵中的病毒垂直感染）。某些水生吸血寄生虫（鲺、尺蠖、鱼蛭等）能机械传播病毒。病毒能在被感染的鲤血液中保持11周，在水温10～15℃时潜伏期约20d，期间为呈现持续性的病毒血症时期。

2. 流行　由于本病发生与水温密切相关，在春季水温8～20℃，尤其是在13～15℃时是本病流行季节，这是因为春季水温低于15℃时鲤越冬消耗了大量的脂肪，同时长期的低水温降低了鲤的免疫力，故成会易发病流行季节。当水温超过22℃就不再发病。

[临床症状与病理变化]

1. 临床症状　潜伏期1～60d，本病暴发的早期信号为感染病毒鱼类常聚集在池塘的进水口，呼吸困难，活力下降，并伴有死亡。病鱼对外界刺激反应迟钝，游动速度逐步下降。发病后期病鱼几乎停止游动，身体失去平衡，有些死于池底，有些在池塘边缘无方向性的游动或无意识漂游。

病鱼体色发黑；体表（皮肤、鳍条、口腔）和鳃充血，并伴有瘀血；眼球突出，眼部可能出现出血；腹部膨大，肛门红肿、外突，从肛门处拖一细长、黏稠、粪便样的"假粪"（是由肠黏膜炎症产物与排泄物混合后脱落于肛门而形成的），但拖假粪不是唯一的特征性现象；病鱼捞出水时，可见腹水从肛门中自动流出。

2. 病理变化　病鱼以全身出血、水肿及腹水为主要特征。皮肤、肌肉、鳃、脑、心包上有瘀斑，尤以鳃的内壁最常见。脾肿大，肝、肾、腹膜、骨骼肌有点状出血。消化道出血，腹腔内积有浆液性或带血的腹水。

组织学变化可见肝脏从血管周边的淋巴细胞和组织细胞出现水肿、血管壁完全坏死、肝脏实质组织有多个病灶坏死及充血；胰脏可见到炎症和多个坏死病灶；脾脏可见充血、内膜网状组织明显增多；肾小管堵塞，出现空泡和透明化；鳃的上皮脱离，黏膜下层管壁加宽，出血明显；心包膜有多处炎症；在腹膜的腔壁和内脏浆膜中，有明显的炎症；肠血管周边出现炎症、上皮脱落、绒毛肥大；淋巴管极度扩大、肿胀。

[诊断与检疫技术]

1. 初诊　根据流行特点、临床症状及病理变化可做出初步诊断，确诊需进一步做实验室检测。

2. 实验室检测　主要进行病毒分离与鉴定、血清学试验等，以血清学诊断为常用。

被检材料的采集：采集病鱼10尾，取病鱼肝、肾、脾、鳃、脑等组织器官（其中小鱼应取肾、脑等组织，较大的鱼应取肝、肾、脾和脑组织），以供检测用。最好在发病3周内采取病鱼的肝、肾、脾、鳃、脑等病料，因为发病3周后病毒开始消失。此外，病鱼的血液、脑病毒滴度不高，但持续时间最长。鳃、血液和肠道中存在干扰物，可少或不采集这部分病料。

OIE《水生动物疾病诊断手册》规定，幼鱼宜采集肾和脑病料为佳，较大鱼应采集肝、肾、脾和脑组织为佳。

（1）病毒分离与鉴定　取病鱼肾脏用生理盐水制成1∶10悬液，离心取上清液，接种在鲤上皮乳头瘤细胞系（EPC）、草鱼卵巢细胞系（CO）或胖头鲹肌肉细胞系（FHM）培养分离病毒，培养液pH7.3～7.6，在20℃条件下培养，观察7～10d，感染细胞接种2～3d，呈圆形、崩解等细胞病变（CPE）。然后将分离的病毒用病毒中和试验（VN）、免疫荧光试验（IFT）、酶联免疫吸附试验（ELISA）或聚合酶链式反应（PCR）等方法中的一种鉴定以确诊。此方法还可用于无症状染疫鱼的检测。也可以采用免疫荧光试验（IFT）、酶联免疫吸附试验（ELISA）或PCR等方法直接检测病料中的病原，但确诊需通过培养法分离病毒，以防假阳性。检测时温度应控制在10～20℃，否则可能出现假阴性结果。

我国主要是用反转录聚合酶链式反应（RT-PCR）方法对鲤春病毒血症病毒进行分离和鉴定，具体操作依照标准《鱼类检疫方法第5部分：鲤春病毒血症病毒（SVCV）》（GB/T15805.5—2008）方法进行。常用该病毒的糖蛋白基因作为PCR的模板，进行RT-PCR检测，确定是否存在病毒。

接种细胞和盲传后均没有出现细胞病变（CPE），判定为阴性；有临床症状，经细胞培养出现细胞病变，PCR试验为阳性者，直接判定为鲤春病毒血症；若无临床症状，出现细胞病变且PCR试验为阳性者，判定为病毒携带者。

PCR扩增检测样品后，在相应的位置上出现714bp DNA条带，并且RT-PCR扩增后出现606bp的条带，可判定为病毒阳性。经PCR扩增检测样品无714bp DNA条带，RT-PCR扩增后出现606bp的条带，也判定为病毒阳性。另外仅在PCR扩增后出现714bp DNA条带，但RT-PCR试验重复两次仍未出现606bp的条带，则判定为病毒阴性。

（2）血清学试验　主要有血清中和试验、直接免疫荧光试验。

①血清中和试验：A.用0.025mL的稀释液将各血清连续2倍稀释。每孔留下0.025mL稀释的血清。B.每孔加入0.025mL病毒液（含500TCID$_{50}$）。C.将微量板在室温下放置30min，使血清与病毒相互作用。D.每孔加入0.025mL细胞悬液（约含10 000个细胞）。E.加完血清病毒孔后，多加几孔作为对照（由0.025mL细胞悬液和0.025mL稀释液组成）。F.每孔再加入0.05mL矿物油封孔。G.将平板加盖密封后，放于湿空气的35℃温箱中培养。经过48h培养后，观察细胞发育情况。

结果判定：如果无病毒或病毒中和的各孔长出细胞单层，可判为阳性（+），而病毒未被中和的各孔细胞退化，产生细胞病变（CPE），可判为阴性（-）。用倒置显微镜观察结果，并将所得结果列表，按固定病毒稀释血清法中和试验所介绍的公式计算血清中和效价。

②直接免疫荧光试验：取病鱼的内脏（最好是肾脏），切成10mm×5mm×3mm小块，浸入正乙烷、异烷或液氮中，使其很快冻结，马上用切片机切成4μm以下的切片，放于玻片上，在100%丙酮或95%乙醇中固定，然后用荧光抗体染色，最后在荧光显微镜下观察。

结果判定：在阳性标本的胞质内出现黄绿色荧光颗粒，阴性标本不出现荧光的条件下，被检样品在荧光显微镜下出现特异荧光，可判为阳性（+），不出现荧光为阴性（-）。

3. 鉴别诊断　SVC在自然情况下通常易与细菌性病原并发或继发感染，如何进行鉴别，主要看病鱼体表是否出现明显的开放性病灶。如果鱼单独患有SVC，通常病鱼体表无开放性病灶；如果病鱼体表出现明显的开放性病灶，则表明有细菌混合感染。

［防治与处理］

1. 防治　目前尚无有效的治疗药物，可采取以下措施：①建立定期的检疫制度，要求水源、引入饲养的鱼卵和鱼体不带病毒。②控制好水温，可将水温提高到22℃以上，这样可预防本病的发生。③选育对SVC有抵抗力的品种。

2. 处理　发现患病鱼或疑似患病鱼必须销毁，同时对养鱼设施进行消毒。

3. 划区管理　根据水域和流域的自然隔离情况划区，并实施划区管理。

第十七节 白斑综合征

白斑综合征（white spot syndrome，WSS）又称白斑病（white spot disease，WSD），是由白斑综合征病毒（*White spot syndrome virus*，WSSV）引起对虾的严重传染性疫病，具有发病急、死亡率高、死亡速度快等特点。其特征是部分濒死虾甲壳出现白色斑点，头胸甲处尤其明显，白斑综合征因此得名，但亦可不出现白斑而虾体变红。OIE将其列为必须通报的动物疫病，我国将其列为一类动物疫病。

[病原特性]

病原为白斑综合征病毒（*White spot syndrome virus*，WSSV），属于线头病毒科（*Nimaviridae*）白斑病毒属（*Whispovirus*）唯一成员。

白斑综合征病毒颗粒呈球杆状，外观如一个线团，一端露出线头，线头病毒科因此而得名。病毒粒子具有囊膜和独特的尾状物，直径120～150nm，长279～290nm，基因组为环状双股DNA，大小约300 kb，有VP28、VP19、VP26、VP15、VP24五种主要囊膜蛋白和VP281、VP35、VP466等次要结构蛋白。病毒在细胞核内复制和组装，核衣壳为15圈螺旋对称的圆柱体结构。

WSSV侵染的主要组织为鳃、血淋巴组织、表皮、中肠及肝胰腺组织。WSSV在50℃120min或60℃1min即可失去活性，在养殖池中可存活3～4d，对去垢剂敏感。在含有活性氧的水中，WSSV的感染活性降低。WSSV在UV照射下60min完全失活，在pH 1和pH12环境中10min完全失活。WSSV在虾组织中−20℃保存1年仍具有感染力，但冻融后囊膜易脱落。

[分布与危害]

1. 分布　从1992年开始在我国和东南亚对虾养殖地区普遍发生。我国福建省1992年首先发生，1993年蔓延到广东，以后迅速沿海岸向北发展，一直到辽宁省，几乎遍及全国各养虾地区。本病已从中国、日本、泰国、朝鲜等国家传播到美洲的对虾养殖国家。

2. 危害　本病发生的对虾有中国对虾、日本对虾、斑节对虾、长毛对虾和墨吉对虾等，是危害极大的一种急性流行的传染病，感染性强，发病快，死亡率极高，不但能感染所有养殖对虾，还能感染多种其他虾、蟹及小型浮游生物等，因此是当前常见的对虾暴发性流行病之一。自20世纪90年代以来一直严重威胁着全世界对虾的养殖安全。

[传播与流行]

1. 传播　WSSV的宿主范围非常广泛。中国对虾（*Fenneropenaeus chinensis*）、斑节对虾（*Penaeus monodon*）、凡纳滨对虾（*Litopenaeus vannamei*）、日本对虾（*Marsupenaeus japonicus*）、墨吉对虾（*F. merguiensis*）、长毛对虾（*F. penicillatus*）、印度对虾（*F. indicus*）、桃红对虾（*Farfantepenaeus duorarum*）、细角对虾（*F. stylirostris*）、白对虾（*F. setiferus*）、褐对虾（*F. aztecus*）、刀额新对虾（*Metapenaeus ensis*）等均可引起感染及致病。另外，罗氏沼

虾（*Macrobrachium rosenbergii*）、海南沼虾（*M. hainanense*）、埃氏沼虾、蓝氏沼虾、脊尾白虾（*Exopalaemon carinicauda*）、鼓虾（*Alpheus* spp.）、克氏原螯虾（*Procambarus clarkii*）、哈氏美人虾（*Callianassa harmandi*）、龙虾（*Jasus edwardsii*）、虾蛄（*Erugosquilla massavens*）、三疣梭子蟹（*Neptunus triuberculatus*）、锯缘青蟹（*Scylla serrata*）、中华绒螯蟹（*Eriocheir sinensis*）、天津厚蟹（*Helice tridens tientsinensis*）、肉球近方蟹（*Hemigrapsus sanguineus*）、日本大眼蟹（*Macrophtalmus japonicus*）、鲎等也可感染致病或成为病毒携带者。某些甲壳类动物及一些水生昆虫在感染后可能并不表现出相关的表观症状或病理变化，如藤壶、轮虫等。

在多种对虾中，尤其是1月龄左右的幼虾，在感染3～10d内可大量死亡，死亡率高达80%～90%。一般虾池发病后2～3d，最多不足一周时间可全池死亡。

传染源主要是病虾及带病毒的食物，传播方式主要是水平传播，也可能通过污染的受精卵而造成垂直传播（因在发病对虾精巢、卵巢中都能检测到病毒），或在幼体期发生经口感染使虾苗携带病毒。但经口感染是病毒传播的主要途径，即由于病虾把带毒的粪便排入水体中，污染了水体或饵料，健康虾吞食后被感染，或健康虾吞食病虾、死虾后感染，或使用发病池塘排出的污水而感染。

WSSV在感染的新鲜动物尸体中具有感染性，水中游离状态的WSSV不能通过体表感染健康对虾，但水中这种游离状态的WSSV较高浓度时也可能通过污染饲料引起经口感染。

2. 流行　本病主要发生在6—8月。北方夏初、秋季以及南方在水温较低的养殖第一、第三批虾期间易发病。病虾死亡进程随着体长的增大而缩短，虾越大死亡越快。环境条件恶化，如天气闷热、连续阴天、暴雨、池中浮游藻类大量死亡、水变清、池底质恶化等均可诱导本病暴发，水温20～26℃时易急性暴发。本病也常引发弧菌病，使病虾死亡更加迅速，死亡率更高。

[临床症状与病理变化]

1. 临床症状　发病初期，病虾厌食，离群，活力下降，行动迟缓，偶尔浮出水面。发病中期病虾在池边独游或潜伏池底；病虾在甲壳的内侧有直径数毫米的白色圆点，以头胸甲处最为显著，严重者白点连成白斑，在显微镜下观察呈重瓣的花朵状，外围较透明，花纹清楚，中部不透明，花纹看不清。发病后期典型症状为体色稍变红或灰白。通常几天内便可大量死亡（在3～8d内出现80%～100%的死亡率）。

患病中国对虾、凡纳滨对虾、日本对虾体色发红，而患病斑节对虾在濒临死亡时则显示变蓝。

2. 病理变化　病虾血淋巴混浊、不凝固，血淋巴细胞减少，肝、胰肿大，呈淡黄色或灰白色。在甲壳下上皮组织、造血器官等组织的细胞核肿大，核内HE染色着色深且均匀，染色质与核仁消失，严重者核膜破裂，病毒粒子分散在细胞质中，细胞形态模糊不清。组织结构松散，呈现组织坏死状态。

[诊断与检疫技术]

1. 初诊　根据流行特点（发病快、死亡率高，不仅感染对虾，还感染多种其他虾、蟹及小型浮游生物），临床症状（外观头胸部出现白斑等）及病理变化可做出初诊，确诊需进一步做实验室检测。

2. 实验室检测　有组织及病理诊断、病毒分离鉴定以及以抗体为基础的抗原检测法。

被检材料的采集：采集150尾虾，按不同的大小或感染期取不同组织病料样品，其中，对虾幼体、子虾取完整个体，幼虾和成虾取虾的头胸部；非对虾的甲壳类动物参照对虾的方法取样品，非生物样品取0.1～0.5g。样品采集的要求按《斑节对虾杆状病毒诊断规程 第1部分：压片显微镜检查法》（SC/T 7202.1—2007）中的附录B规定或按照OIE《水生动物疾病诊断手册》中的列表要求采样，以供检测用。

（1）组织及病理诊断可采用新鲜组织的快速染色法、组织病理学及电镜诊断

①新鲜组织的快速染色法：取病虾组织，经HE染色组织涂片，检查受感染细胞的典型变化。此法适用于在现场或实验室对濒死的对虾子虾、幼虾或成虾进行快速诊断。

②组织病理学诊断：取病虾组织，经HE染色后，可观察到各种不同组织结构的病理变化。此法适用于发病对虾或其他敏感宿主的初诊和对怀疑染病宿主的诊断，不适于非感染性携带病毒样品的病毒检测。

③电镜诊断：将采取的病虾鳃、胃、淋巴器官、皮下组织等制作电镜切片，通过负染，在电镜下可观察到上述组织的细胞核内有完整的病毒粒子或无囊膜的核衣壳，从而进行确诊。

（2）病毒分离鉴定 可采用生物诊断法、DNA探针法（核酸探针斑点杂交、原位杂交法）及PCR检测法。

①生物诊断法：是采用白斑综合征病毒指示器——SPF凡纳滨对虾幼虾进行试验。将采集的可疑虾附肢或虾头尖与TN缓冲液混合匀浆，离心上清液用2%无菌盐水按1：10的比例稀释，对虾进行肌内注射，然后进行临床观察和大体病理、组织病理学诊断。

②分子检测技术——DNA探针法：是采用非放射性的地高辛标记cDNA探针进行，其敏感性高于传统的病理组织学诊断法。核酸探针斑点杂交适用于对虾的成虾、幼虾、仔虾、幼体和受精卵的活体、冰鲜或冰冻产品和其他对白斑综合征病毒敏感的甲壳类生物白斑综合征病毒的筛查、临床病症的确诊；原位杂交法适用于对虾及白斑综合征的其他敏感宿主组织细胞的感染程度及病毒扩增状况的评估和疾病的确诊。

③PCR检测法：是通过PCR来检测特定基因。此法适用于对虾各种样品、环境生物和饵料生物的各种样品以及其他非生物样品中白斑综合征病原带毒情况的定性检测，具有高度灵敏性，以用于病原筛查和疾病确诊。

可采用国家海洋局第三海洋研究所开发的对虾白斑病毒PCR检测试剂盒，进行病原检测。该法可检测到10^2～10^3病毒粒子。一般借助PCR仪等仪器，可在0.5d完成样品检测。

（3）以抗体为基础的抗原检测法 应用单克隆抗体（简称单抗），采用斑点免疫印迹、免疫荧光抗体和酶联免疫吸附试验等方法进行诊断。

3.鉴别诊断 本病应与桃拉综合征、细菌性白斑相区别，主要从病原来鉴别。

[防治与处理]

1.防治 可采取以下一些措施：①在无疫病区内禁止引入WSSV检疫阳性的亲虾和苗种。②加强饲养管理，科学投饲，少食多餐，使用无污染和不带病原的水源，同时投喂优质高效的配合饲料。③虾池在养虾前要彻底清塘消毒，可用生石灰或含氯消毒剂均匀泼洒全池，消毒后应暴晒1周左右，然后进水。④平时要加强疫病监测与检疫，掌握流行病学情况。⑤培养健康虾苗，选择健康虾作为亲虾。方法：受精卵用含氯漂粉精或碘伏浸洗或用过滤海水并经紫外线消毒后冲洗5min。育苗用水应过滤和消毒，育苗期间切忌温度过高和滥用药物。⑥放养密度要合理，可根据当地水源、海域环境、虾池结构和设备、生产技术、管理经验、虾苗规格、饲料质量等条件

而定。同时做好合理用水、培好水色、保持优良水质。例如，可在养虾池中可适当混养一些浮游生物或底栖藻类的鱼或贝类，这有利于防止水质过肥，起净化水质的作用。在养虾池中接种和培养光合细菌可净化水质，防止虾病。⑦保持虾池环境的相对稳定，不滥用药物，同时加强巡塘，经常开启增氧机，发现池水变化，要及时调控，遇到疾病流行，要停止换水。⑧为防止细菌性疾病、寄生虫疾病的发生，可采取相应药物进行防治。目前常用的防治途径之一是投喂能提高对虾细胞免疫力的中草药和免疫促进剂。

2. 处理　①发生本病，对发病虾体要及时进行无害化处理，发病池塘要严格清塘消毒。②新疫区繁殖场白斑综合征病毒检疫阳性的亲虾和苗种应全部捕杀；而老疫区检疫阳性的亲虾应隔离，检疫阳性苗种控制在本地使用，禁止用于繁殖育苗、放流或直接作为水产饵料使用。

3. 划区管理　根据水域和流域的自然隔离情况划区，并实施划区管理。

第六章
二类动物疫病检疫

第一节　多种动物共患病

一、狂犬病

狂犬病（rabies）又称恐水病（因见到水表现恐惧而称之），是由狂犬病病毒（*Rabies virus*, RABV）引起的人兽共患的急性接触性传染病。病毒主要侵害中枢神经系统，临床特征呈现狂躁不安和意识紊乱，最后麻痹而死。OIE将其列为必须通报的动物疫病，我国列为二类动物疫病。

[病原特性]

病原为狂犬病病毒（*Rabies virus*, RABV），属于单负链病毒目（*Mononegavirales*）弹状病毒科（*Rhabdoviridae*）狂犬病病毒属（*Lyssavirus*）成员。

狂犬病病毒呈子弹状或杆状，一端呈圆锥形，另一端扁平，长180～250nm，直径75nm。基因组为单股负链RNA，由11 928～11 932个核苷酸组成。病毒含有5个结构基因，分别编码核蛋白（N）、磷酸化蛋白（P）、基质蛋白（M）、糖蛋白（G）和转录酶大蛋白（L），由3′端至5′端依次排列着N、P、M、G和L。G蛋白是一种跨膜糖蛋白，构成病毒表面的纤突，是狂犬病病毒与细胞受体结合的结构，在狂犬病病毒致病与免疫中起着关键作用。N蛋白是诱导狂犬病细胞免疫的主要成分，因其更为稳定且高效表达，常用于狂犬病病毒的诊断、分类和流行病学研究。病毒由囊膜和被其包围着的核衣壳所组成。被膜的最外层是由糖蛋白构成的纤突。

根据交叉保护试验和分子生物学分析，狂犬病病毒属成员可分为7大基因谱系，①古典狂犬病病毒（RABV），又称基因1型或血清1型。②拉格斯蝙蝠病毒（LBV），又称基因2型或血清2型。③莫科拉病毒（MOKV），又称基因3型或血清3型。④杜文黑基病毒（DUVV），又称基因4型或血清4型。⑤欧洲蝙蝠狂犬病病毒（EBLV），分为EBLV1（又称基因5型）和EBLV2（又称基因6型）两种生物型。⑥澳大利亚蝙蝠狂犬病病毒（ABLV），又称基因7型，但未做血清分类。除古典狂犬病病毒（RABV）外，血清型2～4、EBLV和ABLV又称狂犬病相关病毒。除此之外，目前从欧亚大陆蝙蝠中又分离到4株新的狂犬病相关毒株，即阿拉万病毒（ARAV）、苦盏病毒（KHUV）、伊尔库特病毒（IRKV）和西高加索蝙蝠病毒（WCBV），它们有可能是狂犬病病毒新种。

狂犬病病毒存在两个致病性和免疫原性不同的进化种群，其中RABV、DUVV、EBLV和ABLV的表面糖蛋白抗原保守位点，能够通过狂犬病疫苗接种诱发产生交叉中和反应和交叉免疫保护；而接种狂犬病疫苗很少或根本不能诱发抗MOKV和LBV感染的交叉免疫保护，大多数抗狂犬病病毒抗血清也不能中和这两类狂犬病病毒。

狂犬病病毒主要存在于病畜的中枢神经系统、唾液腺及唾液内，其他脏器、血液和乳汁中也存有少量病毒。病毒在中枢神经组织（尤其是在大脑的海马角）中形成嗜酸性包涵体（称内基氏小体）。本病毒可在家兔、小鼠、大鼠等脑组织中生长，也可在BHK-21细胞和Neuro-2a小鼠脑神经瘤等多种细胞上生长，观察蚀斑。本病毒可感染所有的温血类脊髓动物。狂犬病病毒对低温和干燥环境有较强的抵抗力，不耐湿热，50℃ 15min或100℃ 2min可被灭活，反复冻融、紫外线或阳光照射以及常用的5%石炭酸、0.1%升汞、5%福尔马林溶液、70%乙酸溶液等消毒剂可迅速杀死病毒。病毒在冰冻下可长期存活，在50%甘油缓冲液中于低温下可存活数月至数年。

［分布与危害］

1. 分布 狂犬病属自然疫源性疾病，广泛分布于全世界。目前，除瑞典、芬兰、爱尔兰、葡萄牙、新西兰、澳大利亚、日本、美国和英国等国家外，其他国家均有本病发生，其中以东南亚国家为最多见。据世界卫生组织（WHO）统计1976—1977年至少有62个国家发病，到20世纪80年代本病的发生遍及世界五大洲。至今本病仍在亚洲、非洲和拉丁美洲等一些发展中国家中流行，而发达国家已消灭或控制。我国各地均有不同程的狂犬病发生，为世界高发区之一。

2. 危害 狂犬病是人类最古老的疫病之一，曾经给人和动物的生命安全造成极大威胁，由于在发展中国家还经常发生，因此具有重要的公共卫生意义。

［传播与流行］

1. 传播 人及所有的温血哺乳动物均易感。自然界许多野生动物（犬科、猫科）都可以感染，尤其是犬科野生动物（如野犬、狐和狼等）更易感染，是携带和传播狂犬病病毒的主要传染源。此外，吸血蝙蝠和某些食虫及食果的蝙蝠也可成为本病毒的自然宿主。

传染源主要是患病动物和带毒野生动物（犬科、猫科），传播方式主要通过咬伤而感染，尤其是犬，通过咬伤传播是主要途径，在少数情况下也可由病犬、病猫舔舐健康动物伤口而感染。狐狸、浣熊、蝙蝠是重要的储存宿主，南美的吸血蝙蝠是造成人畜狂犬病的重要原因。

2. 流行 本病多呈散发，无明显季节性，但一般春夏两季较秋冬两季多发。

［临床症状与病理变化］

1. 临床症状 潜伏期长短不一，可从10d到数月或1年以上，这与动物的易感性、伤口与中枢神经系统的距离、侵入病毒的毒力和数量有关。犬、猫、狼、羊及猪平均为20～60d，牛、马为30～90d。人的潜伏期为10～30d，也可能达半年甚至更长。

OIE《陆生动物卫生法典》规定，狂犬病潜伏期为6个月。

各种动物的临床表现相似，主要表现神经症状，病畜狂躁不安，意识紊乱，最后麻痹死亡。一般可分为狂暴型（兴奋型）和沉郁型（麻痹型）。

犬与猫：临床有狂暴型和沉郁型。狂暴型临床表现为狂躁不安，厌食，大量流涎，常攻击人畜或自咬，最后因全身衰竭和呼吸麻痹而死。沉郁型临床表现短期兴奋，随后共济失调，下颌下垂，舌脱出口外，流涎显著，最后全身衰竭和呼吸麻痹死亡。

牛、羊、鹿：表现为狂暴型。咬伤部位奇痒，阵发性兴奋和冲击动作，可出现攻击人畜或抵撞墙壁等现象。嚎叫、磨牙，大量流涎，最后麻痹死亡。

马：多为沉郁型。初期啃咬或摩擦被咬伤的皮肤，有恐惧表情，口角流出带泡沫唾液，兴奋时可能攻击人和动物，最后全身衰竭和麻痹而死亡。

猪：表现为狂暴型。病猪兴奋不安，无目的乱跑，横冲直撞，攻击人畜，叫声嘶哑，大量流涎，安静时常钻入垫草中，一旦听到响声，立即跃起而乱跑，最后麻痹而死亡。

2. 病理变化　体表有伤痕，口腔和咽喉黏膜充血或糜烂，胃内空虚或有异物（如石头、木片、铁器、玻璃等），胃肠黏膜充血或出血。脑组织可见软脑膜的小血管扩张充血，轻度水肿。脑灰质和白质的小血管充血，并伴有小点出血。

病理组织学检查，可见脑组织表现为非化脓性脑炎变化。在大脑海马角及小脑和延脑的神经细胞胞质内出现嗜酸性包涵体。其直径3～20μm，呈梭形、圆形或卵圆形，在其内常见到染成蓝色嗜碱性小颗粒。

[**诊断与检疫技术**]

1. 初诊　根据明显的临床症状，结合病史和病理变化综合分析，可做出初步诊断，但确诊需进行实验室检测。

2. 实验室检测　在国际贸易中，指定诊断方法有荧光抗体病毒中和试验（FAVN）、快速荧光斑点抑制试验（RFFIT）和酶联免疫吸附试验（ELISA）。

实验室检测有病原鉴定和血清学检测。

被检材料的采集：取可疑动物的头，用吸水性材料包裹，置低温下坚固防漏容器中送检，航空运输须遵守《国际航空运输协会（IATA）危险材料运输规定》。因狂犬病病毒极易失活，采集的样品必须在低温环境下尽快送往实验室诊断。

以不打开头颅的方法，如枕骨大孔采集法或反向眶窝采集法等方法采集脑组织（海马角、延脑和小脑组织）。严禁在野外或由未经专门培训人员打开动物头颅采取脑样品。

（1）病原鉴定

1）内基小体（狂犬病病毒包涵体）检测

①脑组织触片镜检：将脑组织（海马角或延脑组织）触片（干燥后甲醇固定2min），浸于塞勒氏染色剂中染色1～5s，水洗，干燥后进行镜检，检测内基小体。若为阳性时，发现内基小体被染成樱桃红色（图6-1），组织细胞呈深蓝色，神经细胞呈蓝紫色，此方法简单但敏感性极低，一般不建议使用。

②脑组织切片镜检：将上述脑组织制作切片（冷冻或石蜡包埋），用苏木精－伊红染色，镜检，内基小体呈红褐色。

脑组织触片或切片，无论采用何种染色方法，只有检出胞质内的内基小体才可确诊。因为不是所有的病例都能见到内基小体，如犬脑阳性检出率为70%～90%，猫脑为75%，人脑为70%。如出现阴性，应采用其他方

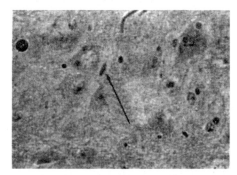

图6-1　狂犬病病毒包涵体
（引自毕玉霞，《动物防疫与检疫技术》，2009）

法检查。

2）免疫化学法鉴定病毒抗原

①荧光抗体试验（FAT）：此法是WHO和OIE共同推荐的，且是使用最广泛的方法。可直接检测病料涂片，也可用于检测细胞培养物或接种小鼠脑组织中的RABV抗原。新鲜病料数小时内可出结果，检测可靠性达95%～99%。FAT的敏感性取决于样品（如组织的自溶程度及采样部位是否正确）、狂犬病病毒类型和诊断人员的熟练程度。对采自免疫动物的样品，FAT方法敏感性低，因其抗原仅局限在脑干部。

采用FAT诊断时，取脑组织（包括脑干）混合样品触片，以高质量的100%冷丙酮固定至少20min，风干后用一滴特异的标记物染色，如抗狂犬病荧光标记物、对所有病毒血清型特异的多克隆抗体标记物、对狂犬病病毒核蛋白特异的单克隆抗体标记物或以各种单克隆制备的混合标记物。FAT阳性样品，可经荧光显示病毒核衣壳蛋白的特异性聚集。另外，试验前应对抗狂犬病病毒荧光抗体标记物进行检测，以观察其对本地优势病毒变异株的敏感性和特异性。

FAT也适用于检测甘油保存后经冲洗的样品；而经福尔马林保存的样品，需先经蛋白水解酶处理后才能检测；然而，与新鲜样品相比，FAT对福尔马林固定和消化的样品，检测可靠性很低，且操作麻烦。

②免疫化学检测：免疫过氧化物酶法可直接诊断狂犬病，其敏感性与荧光抗体试验（FAT）类似，但比FAT多一步温育过程。此试验存在非特异的假阳性结果风险，通过加强对检测人员培训可明显减少此类风险。

以免疫组化试验（IHC）检测福尔马林固定的组织切片时，可采用过氧化物酶标记物。

3）病毒复制检测　用于检测实验动物组织悬液或细胞培养液的感染性，FAT结果不确定或结果阴性的接触者应以此法复检。

①细胞培养试验：神经母细胞瘤系常用于狂犬病常规诊断，如美国标准菌种收藏中心（ATCC）保存的CCL-131细胞系。将细胞接种于含5%胎牛血清（FCS）的达尔伯克改良伊格尔培养基（DMEM）上，置36℃、5% CO_2培养箱中培养；以FAT检测繁殖的狂犬病病毒；检测结果最快需要一个病毒繁殖周期（18d），一般需要48h，有的长达4d。乳仓鼠肾细胞（BHK-21）对街毒分离株敏感且无需适应过程，但使用前应检测其对本地优势病毒变异株的易感性。

此试验敏感性与小鼠接种试验相同，且费用少、结果快。有条件的实验室可用细胞培养试验替代小鼠接种试验，但狂犬病病毒感染人时，每份样品最好采用一种以上的方法检测。

②小鼠接种试验：接种物用含抗生素的等渗缓冲液制备的10%～20%的患病动物脑组织（包括脑干如皮层、海马角、丘脑和延脑）匀浆液上清。选用5～10只3～4周龄（体重12～14g）的小鼠，或一窝2日龄的乳鼠，经脑内接种。接种时可先将小鼠麻醉以减少疼痛。

接种后，每天对接种小鼠进行观察，连续28d，一般小鼠经9～11d发病，出现沉郁、松毛、流涎、麻痹死亡，所有死亡鼠均以荧光抗体试验（FAT）检测狂犬病病毒。也可以对乳鼠进行快速检测，即在接种后第5、7、9和11天，取乳鼠脑组织样品以FAT检测狂犬病病毒。凡在接种4d内死亡的小鼠，均视为非特异反应，可能是应激或细菌感染所致。

此试验的优点是技术简单易操作，一旦接种成功，一只鼠脑即可收获大量病毒，有利于毒株的鉴定。缺点是因使用SPF鼠成本很高、结果慢，也不利于动物福利。

4）酶联免疫吸附试验（ELISA）　为改良的免疫组化试验（IHC），可检测狂犬病病毒抗原，适用于大规模的流行病学调查。但此法需经各实验室以大量样品验证后才能使用，试验前应检测抗狂犬病病毒酶标记物对本地优势病毒变异株的特异性和敏感性。

此试验通常与FAT或病毒分离等确诊试验结合使用。

5）病毒定型　需在专门的实验室（如国家参考实验室）中进行。这类技术先采用单克隆抗体（mAb）、核酸探针或聚合酶链式反应（PCR），随后对病毒DNA基因区测序进行定型。病毒序列特征能够区分疫苗株和野毒株，还可区分野毒株的地理来源。

（2）血清学检测　血清学检测很少用于流行病学调查，因患病动物血清转阳慢、死亡率高，很难检出感染抗体，其主要用途是确定免疫接种状况，应用于国际运输前家养犬或经口服免疫的野生动物中。口服免疫跟踪监测，最好在细胞培养基中进行病毒中和试验（VN），但此法对细胞毒素敏感，对质量差的血清样品检测有可能出现假阳性，因此，对质量差的血清样品宜采用以狂犬病病毒糖蛋白包被的酶标板进行间接酶联免疫吸附试验（I-ELISA），此法与细胞培养病毒中和试验同样敏感和特异。血清学检测方法有以下几种。

①FAVN：为国际贸易中指定的试验，VN在细胞培养物中进行。其操作方法为在适应细胞培养的狂犬病病毒攻毒毒株CVS接种易感细胞（幼仓鼠肾细胞BHK-21 C13）之前，通过体外中和试验将一定量的病毒中和。

血清稀释度以半数孔的病毒能被完全（100%）中和为标准，并在同一试验条件下与OIE犬源标准血清的中和稀释度进行比对，滴度单位以IU/mL表示。

②RF-FIT：可用于测定狂犬病病毒中和抗体，也是国际贸易中指定的试验。

③小鼠病毒中和试验：已不再是世界卫生组织（WHO）和世界动物卫生组织（OIE）指定方法，应停止使用。

④ELISA：为国际贸易指定试验。间接酶联免疫吸附试验（I-ELISA）能定性检测免疫猫、犬血清中的狂犬病抗体。根据WHO标准，抵抗狂犬病病毒感染的最低抗体检出量应为0.5IU/mL血清。此法快捷（4h内出结果），不需采用活毒就能测定猫、犬免疫后血清转化情况。同时此法还可用于野生动物种群免疫后的监测。

[防治与处理]

1. 防治　可采取以下措施：①加强动物检疫，防止从国外引进带毒动物和国内转移发病和带毒动物。②建立和实施疫情监测体系，及时发现和扑杀患病动物。③认真执行包括扑杀无主犬、流浪犬及野犬、野猫在内的各种有效措施。④做好对犬、猫等动物的狂犬病疫苗免疫工作。

2. 处理　鉴于目前对患病动物尚无法治愈，因此当发现患病动物或可疑动物应尽快扑杀。如果人被患病动物咬伤，应用20%肥皂水冲洗伤口，并用3%碘酊处理患部，然后迅速接种狂犬病疫苗，以保证在发病之前建立主动免疫力，如伤口距离中枢神经系统较近或者伤口多，应紧急注射免疫血清进行治疗。如果家畜被狂犬病或疑似狂犬病患畜咬伤，在咬伤后未超过8d且未发现狂犬病症状者，可准予屠宰，其肉尸、内脏经高温处理后出场。超过8d不准屠宰，应采取不放血的方法捕杀后用于工业或销毁。

二、布鲁氏菌病

布鲁氏菌病（brucellosis，BR）又名布鲁菌病或布氏杆菌病，是由布鲁氏菌（或称布氏杆菌）

引起的一种人兽共患传染病。患病动物临床以流产、不孕、关节炎、睾丸炎、附睾炎等一种或多种症状为特征。OIE将其列为必须通报的动物疫病，我国将其列为二类动物疫病。

[病原特性]

病原包括马耳他布鲁氏菌（*Brucella melitensis*）、流产布鲁氏菌（*B.abortus*）、猪布鲁氏菌（*B.suis*）、绵羊布鲁氏菌（*B.ovis*）、沙林鼠布鲁氏菌（*B.neotomae*）和犬布鲁氏菌（*B.canis*），这些均属于布鲁氏菌科（Brucellaceae）布鲁氏菌属（Brucella）成员。

布鲁氏菌属所有成员关系密切。根据主要变种对宿主的偏好、流行病学差异以及基因组变异分子生物学差异，可将布鲁氏菌属分为6个种：流产布鲁氏菌、马耳他布鲁氏菌、猪布鲁氏菌、绵羊布鲁氏菌、沙林鼠布鲁氏菌和犬布鲁氏菌；根据培养和血清学特征，猪布鲁氏菌又可分为5个生物型（1～5型）、流产布鲁氏菌可分为7个生物型（1～6型，9型）、马耳他布鲁氏菌可分为3个生物型（1～3型）；最近10年又从海洋哺乳动物中分离到不同于上述分类的布鲁氏菌，暂被列为2个新种，即海豚布鲁氏菌（*B.ceti*）和海豹布鲁氏菌（*B.pinnipedialis*）。详见表6-1。

表6-1 布鲁氏菌偏好宿主

菌种	偏好宿主	备注	菌种	偏好宿主	备注
马耳他布鲁氏菌	山羊、绵羊		猪布鲁氏菌(1型、3型)	猪	全世界广泛分布
流产布鲁氏菌	牛、野牛、麋鹿		猪布鲁氏菌(2型)	猪、欧洲兔	见于欧洲，对人不致病
沙林鼠布鲁氏菌	沙林鼠		猪布鲁氏菌(4型)	麋鹿、北美驯鹿、人	在西伯利亚、阿拉斯加和加拿大鹿群中呈地方流行，对猪不致病，但对人致病
绵羊布鲁氏菌	绵羊		猪布鲁氏菌(5型)	野生啮齿类动物	
犬布鲁氏菌	犬				
海豚布鲁氏菌	海豚、大西洋鼠海豚、小须鲸				
海豹布鲁氏菌	海豹				

注：引自《一二三类动物疫病释义》，2011。

病原的形态呈球形、卵圆形，有的呈短杆形，长0.6～1.5μm，宽0.5～0.7μm，两端圆形，多单独存在，很少成对或成团。不形成芽孢和荚膜，无鞭毛，不运动，革兰氏阴性，改良姜-尼氏（Ziehl-Neelsen）或改良Koster染色成红色。

布鲁氏菌细胞膜为三层膜结构，最外层膜称外膜，中间层膜称外周胞质膜，最内层膜称细胞质膜；外膜与肽聚糖（PG）层紧密结合组成细胞壁，外膜含有脂多糖（LPS）、蛋白质和磷脂层。根据脂多糖是否含有O链，将布鲁氏菌分为光滑型（S型）和粗糙型（R型）2种，光滑型布鲁氏菌脂多糖含有O链，而粗糙型布鲁氏菌脂多糖缺少O链，O链是光滑型布鲁氏菌表面的重要抗原成分。马耳他布鲁氏菌、流产布鲁氏菌和猪布鲁氏菌以R型和S型2种形式存在，而犬布鲁氏菌和沙林鼠布鲁氏菌是2种天然的R型。外膜的蛋白质也称外膜蛋白（OMPs），S型布鲁氏菌表面因受脂多糖覆盖，外膜蛋白不能充分暴露，而R型布鲁氏菌表面缺少O链，外膜蛋白能够充分暴露。此外，从脂多糖中分离到的多糖B（polyB）和半抗原多糖（NH），也被认为是布鲁氏菌表面抗原成分。

布鲁氏菌在自然界环境中生命力较强，如在患病动物的分泌物、排泄物及病死动物的脏器中可生存4个月左右，在食品中可生存2个月，在低温下可存活1个月左右。布鲁氏菌对各种物理和化学因子较敏感，如巴氏消毒可杀死本菌，加热60℃ 30min、70℃ 10min或阳光下曝晒10~20min均可被杀死，高压消毒瞬间死亡；对消毒剂较敏感，如2%来苏儿3min可杀死；采用3%有效氯的漂白粉溶液、石灰乳（1∶5）、苛性钠溶液等进行消毒很有效。

[分布与危害]

1. 分布　1887年由David Bruce从死于地中海热病人的脾中分离出布鲁氏菌（被命名为马耳他布鲁氏菌），1905年Zammit从该岛上自然发病山羊的奶中分离到布鲁氏菌，1897年丹麦Bang从流产牛胎中分离到布鲁氏菌（被命名为流产布鲁氏菌），1910年Dubois从绵羊中分离到此菌，1914年又从流产猪胎中分离到本菌，以后1957年从沙鼠和1967年从犬中也发现了布鲁氏菌。本病已流行世界各地，全世界已有123个国家存在布鲁氏菌病流行现象。我国1949年初期在内蒙古、西北和东北养羊业发达地区普遍流行该病，此后牛布鲁氏菌病和猪布鲁氏菌病也相继在奶牛场和猪场中流行。经过多年努力，实行菌苗接种与兽医卫生措施后，已基本控制本病的流行，发病率逐渐下降。

2. 危害　由于本病广泛分布于全世界，引起羊、牛、猪等动物流产，给畜牧业生产造成极大的经济损失，同时流产布鲁氏菌、马耳他布鲁氏菌和猪布鲁氏菌又感染人，具有很强的致病性，严重影响人的健康，因此具有重要的公共卫生意义。

[传播与流行]

1. 传播　本病可感染多种动物，包括家畜、野生动物、鸟类、两栖类及人类等，不同种的布鲁氏菌虽有其自然宿主但也可感染其他动物，如马耳他布鲁氏菌的自然宿主为绵羊和山羊，但也可感染牛、人等。家畜的感染总体上可分为单一感染型和交叉感染型两种类型。如山羊和绵羊对羊种布鲁氏菌最易感；牛对牛种菌易感，但也可感染羊种菌和猪种菌；猪对猪种菌和羊种菌均易感；马和犬对羊、牛、猪三种布鲁氏菌都有易感性；鹿对牛种菌和羊种菌易感；人类对流产布鲁氏菌、马耳他布鲁氏菌和猪布鲁氏菌高度易感。

传染源是发病动物和带菌动物，最危险的传染源是流产母畜。病菌存在于流产的胎儿、胎衣、羊水及阴道分泌物中。病畜乳汁或精液中也有病菌存在。感染动物首先在同种动物间传播，造成发病或带菌，随后波及人类。各种布鲁氏菌在各种动物间有转移现象，如羊布鲁氏菌可能转移到牛、猪；反之亦可。

传播途径主要经消化道感染，也可经皮肤、黏膜（眼结膜和生殖器黏膜）、伤口、呼吸道及苍蝇携带和吸血昆虫叮咬等感染。

2. 流行　本病一年四季均可发生，但有明显的季节性，以产仔季节为多发，如羊种布鲁氏菌病春季开始，夏季达高峰，秋季下降；牛种布鲁氏菌病以夏季和秋季发病率较高。发病率牧区明显高于农区。流行区在发病高峰季节（春末夏初），可呈点状暴发。

[临床症状与病理变化]

1. 临床症状　本病潜伏期长短不一，临床以流产、胎衣不下、不孕、关节炎、睾丸炎、附睾炎等一种或多种症状为特征。

牛布鲁氏菌病潜伏期的长短视病原菌的毒力、感染量及感染时母牛的妊娠期而定，一般为14～120d，多为隐性感染。非怀孕母牛通常无症状。怀孕母牛主要表现为流产，可发生在妊娠的任何时期，但以5—9月孕期流产较为多见。流产后多见胎衣滞留和子宫内膜炎，失去生育能力。公牛多见睾丸炎和附睾炎，睾丸肿大，有痛感；有的发生关节炎、黏液囊炎和跛行。

羊布鲁氏菌病常引起绵羊和山羊流产和乳房炎。怀孕母羊易感染，常发生胎盘炎，引起流产和死胎。流产发生于妊娠后的3～4个月。母山羊常连续发生2～3次流产。流产前，体温升高，食欲减退，精神不振，阴道排出黏液或带有血样分泌物。流产后出现慢性子宫炎，致使病羊不孕。公山羊生殖道感染则发生睾丸炎。有的病羊出现跛行、咳嗽。绵羊附睾种布鲁氏菌病的症状局限于附睾，常引起附睾肿大和硬结。非怀孕母羊也可感染，但一般是一过性的。

猪感染布鲁氏菌病后大多为隐性感染，少数有典型症状，表现为母猪流产，不孕，公猪睾丸炎（图6-2）以及后肢麻痹及跛行，短暂发热或无热，很少发生死亡。

犬可感染牛种、羊种和猪种布鲁氏菌，但多为隐性感染，呈散发性，少数出现发热。感染犬种布鲁氏菌的母犬，妊娠40～50d发生流产，产死胎和出现不育症，淋巴结肿大。公犬常发生副睾炎、前列腺炎和菌血症。

马可感染布鲁氏菌的各个种，尤其对牛种和猪种菌最易感。多呈隐性感染，有的发生化脓性滑液囊炎，尤其在头部和肩部，常见"马肩瘘管"或"马颈背疮"。

人感染布鲁氏菌病后，引起急性发热（波状热）症状，随后可发展为慢性病，也可引起肌肉骨骼系统、心血管系统和中枢神经系统严重的并发症。

图6-2 公猪一侧睾丸肿大
（引自毕玉霞，《动物防疫与检疫技术》，2009）

2. 病理变化　牛布鲁氏菌病的病理变化主要在子宫内部的变化，子宫绒毛膜间隙有灰色或黄色胶样渗出物，绒毛膜有坏死灶，表面覆以黄色的坏死物，胎膜水肿肥厚，表面覆以纤维素和脓液。胎儿病变主要为败血症的病变，浆膜和黏膜有出血点和出血斑，皮下结缔组织发生浆液出血性炎症，脾和淋巴结肿大，肺常有支气管肺炎。另外，还常见有输卵管炎、卵巢炎或乳房炎，肝脓肿也常见到。病情严重还可出现关节炎、腱鞘炎和滑液囊炎，公牛可发生化脓性、坏死性睾丸炎和附睾丸，睾丸显著肿大，被膜与外层的浆膜相粘连，切面可见坏死灶与化脓灶。在慢性病例中，阴茎可发生红肿，黏膜上出现小而硬的结节。

羊布鲁氏菌病的病理变化与牛的大致相似。

猪布鲁氏菌病的病理变化与牛、羊的有许多不同之处，流产后子宫的黏膜很少发生化脓-卡他性病变，但是有许多呈粟粒状的脓肿，切开可见脓液或干酪样物质，胎膜布满出血点，表面有黄色渗出物覆盖。公猪睾丸、附睾、前列腺等处也有脓肿。

[诊断与检疫技术]

1. 初诊　根据临床症状及病理剖解变化可以做出初步诊断，确诊需进一步做实验室检测。

2. 实验室检测　因为布鲁氏菌易传染人，处理培养物和严重感染样品应在生物安全Ⅲ级或以上级别实验室中进行。在国际贸易中，指定诊断方法为缓冲布鲁氏菌抗原试验（BBAT）、补体结合试验（CF）、酶联免疫吸附试验（ELISA）和荧光偏振试验（FPA）。

实验室检测进行病原鉴定和血清学检测。

被检材料的采集：以培养法进行诊断时，通常根据观察到的临床症状来选择应要采集的样品。最有诊断价值的样品有流产胎儿（胃内容物、脾和肺）、胎膜、阴道分泌物（拭子）、乳汁、精液、关节液或水囊肿液等。用于培养的尸体组织样品，最好采集网状内皮组织（如头、乳腺、生殖器淋巴结和脾）、怀孕后期或产后早期的子宫和乳房。

采集的样品应在冷藏条件下尽快送检。乳和组织等样品应置冷冻条件下保存待检。

（1）病原鉴定　通常采用流产胎儿、胎膜、阴道分泌物或乳汁做病原菌的鉴定。

1）涂片染色镜检　在病畜的胎盘绒毛膜表面及水肿区的边缘，含有大量布鲁氏菌，取这些组织制成触片，加热或酒精固定后，用改良萋-尼氏法染色，在蓝色背景下可见红色的布鲁氏菌菌体；也可用荧光素或过氧化物酶标记的抗体结合物染色，细胞内出现弱抗酸性布鲁氏菌形态的细菌或免疫特异性着色的细菌，即可初步诊断为布鲁氏菌。

此法对奶、乳制品检测不敏感，是因为此类样品中含菌量少，且脂肪颗粒会影响结果诠释。

由于其他病原［如流产亲衣原体（CPA）或贝氏柯克斯体（Cb）］也会引起流产，且与布鲁氏菌难以鉴别，因此当染色出现阳性时，结果诠释应谨慎。无论阴性或阳性染色结果，都应以细菌分离病原进行确诊。

也可用DNA探针或聚合酶链式反应（PCR）检测各种生物样品中的病原。

2）细菌分离培养　一般通过基础培养基、选择培养基进行分离培养。

①基础培养基：常用固体培养基直接培养布鲁氏菌，优点是生长的菌落清晰可辨，且易分离，但缺点是不利于非光滑型变异菌种生长，且易被杂菌污染。

当样品量大或以增菌为目的时，宜采用液体培养基，如布鲁氏菌基础培养基、胰蛋白（或胰酶）大豆琼脂（TSA）；某些菌株，如流产布鲁氏菌血清2型，还必须添加2%～5%的牛血清或马血清，添加了血清的基础培养基，如血琼脂基础培养基，培养效果更佳；其他合适的培养基还有血清葡萄糖琼脂（SDA）、甘油葡萄糖琼脂；SDA常用于菌落形态观察。

②选择培养基：选择培养基通过适量的抗生素抑制布鲁氏菌之外的其他杂菌生长，上述基础培养基在添加某些成分后即可制备成选择培养基，如Farrell培养基、改良Thayer-Martin培养基等。

Farrell培养基是最常用的选择培养基，由基础培养基添加6种抗生素制备而成，即在每升琼脂中添加多黏菌素B硫酸盐0.5万U（5mg）、杆菌肽2.5万U（25mg）、纳他霉素50mg、萘啶酸5mg、制霉菌素1万U、万古霉素20mg。

改良Thayer-Martin培养基，由GC基础培养基38mg/L，并添加血红蛋白10g/L、多黏安乃近7.5mg/L、万古霉素3mg/L、呋喃妥因10mg/L、制霉菌素1万IU/L（约17.7mg/L）、两性霉素B 2.5mg/L制备而成。

当萘啶酸和杆菌肽达到Farrell培养基的常用浓度时，又会抑制某些流产布鲁氏菌和马耳他布鲁氏菌菌株的生长，而同时采用Farrell培养基和改良Thayer-Martin培养基可明显提高马耳他布鲁氏菌的分离敏感性。与流产布鲁氏菌的几种生物型相比，马耳他布鲁氏菌不需依赖5%～10%CO_2。

乳、初乳和某些组织样品中因病原较少，宜进行增菌培养。增菌培养基可采用添加两性霉素B（1μg/mL）和万古霉素（20μg/mL）混合物的血清葡萄糖肉汤、胰蛋白（或胰酶）大豆肉汤（TSA）或布氏肉汤，接种后置37℃含5%～10%（v/v）CO_2培养箱中培养6周，每周取培养液接种于固体选择培养基中进行继代培养。最好在同一培养瓶中采用固体和液体双相培养基，这样可减少继代培养次数。

在合适的固体培养基上，经2～3d可见到布鲁氏菌菌落，4d后菌落呈圆形，直径1～2mm，边缘光滑。在日光下通过透明培养基仰看，菌落呈浅黄色半透明状，俯看菌落隆起，呈白色。随后，菌落逐渐变大，其颜色也稍变暗。

光滑型（S）布鲁氏菌在继代培养中易发生变异而形成粗糙型（R），此类菌落透明度低，表面呈颗粒状，颜色暗淡；在折射光或透射光下，边缘呈暗白或黄色。用结晶紫染色粗糙型菌落呈红色，而光滑型菌落呈浅黄色，以此很容易判别菌落是否发生变异。菌落形态变化与细菌毒力、血清学特性和噬菌体敏感性有关。

对光滑型（S）菌落，应用光滑型流产布鲁氏菌抗血清，或最好用A和M表面抗原特异的单价抗血清进行检测；对非光滑型菌落，应用抗布鲁氏菌R抗原的抗血清进行检测。如果与布鲁氏菌抗血清出现凝集阳性反应，则可推定该分离物为布鲁氏菌，但全面系统的鉴定最好在参考实验室中进行。

3）鉴定与分型　凡布鲁氏菌形态菌落均应以革兰染色或Stamp染色进行检查。由于布鲁氏菌血清学特性、染色及噬菌体敏感性通常会在非光滑期发生变化，所以注意菌落形态是布鲁氏菌菌株分型试验的最基本要求，菌落形态检查可采用Henry斜光折射法、Braun和Bonestell描述的吖啶黄试验、White和Wilson的菌落结晶紫染色法。

布鲁氏菌鉴定可采用以下方法联合进行：菌体形态和革兰染色或Stamp染色，菌落形态，生长特性，氧化酶和过氧化氢酶检测，与抗布鲁氏菌多抗血清进行玻板凝集试验。

布鲁氏菌种及其生物型鉴定更加复杂，如噬菌体溶解试验，与A、M或R特异性抗血清进行凝集试验等，一般需在参考实验室由专门技术人员进行。熟练人员通过噬菌体分型系统，可同时以Tbilissi（Tb）、Weybridge（Wb）、Izatnagar（Iz）和R/C等多种噬菌体，对光滑型和粗糙型布鲁氏菌进行鉴定。而对几种常规性试验，如CO_2生长需求试验、产H_2S试验（用醋酸铅试纸测定）、氧化酶试验、在碱性品红和硫堇（终浓度20μg/mL）中的生长情况等，也可在具有一定设备的非专业实验室中进行。

布鲁氏菌株分型应选择光滑型菌落，送参考实验室进行鉴定。

4）核酸鉴别试验　目前已建立聚合酶链式反应（PCR），可作为布鲁氏菌检测和鉴定的辅助工具。PCR可用于布鲁氏菌生物型以及疫苗株的鉴别，但不适宜用于布鲁氏菌病诊断。

尽管布鲁氏菌属各成员DNA同源程度很高，但一些分子生物学方法，如PCR、限制片段长度多态性（RFLP）分析和Southern印迹法（SB），在一定程度上仍能鉴别布鲁氏菌种及其生物型之间的差异；脉冲场凝胶电泳（PEGE）则可鉴别某些布鲁氏菌菌种。

目前还建立了鉴别布鲁氏菌的种特异性多重PCR（m-PCR）方法，如布鲁氏菌（流产/马耳他/羊种/猪种）种特异性聚合酶链式反应（AMOS-PCR）和流产布鲁氏菌种特异性聚合酶链式反应（BaSS PCR）。AMOS-PCR和BaSS PCR均属于单管多重PCR法，两者的操作程序基本相同，唯一区别是引物不同。

AMOS-PCR以布鲁氏菌染色体中插入序列IS711的种特异位点多形性为基础，采用5条寡核苷酸引物，可鉴别流产布鲁氏菌（血清1型、2型和4型）、马耳他布鲁氏菌、绵羊布鲁氏菌和猪布鲁氏菌（血清1型）。BaSS PCR增加了株特异性引物，可以鉴别流产布鲁氏菌疫苗株S10、S19和RB51。两种方法均不能检测流产布鲁氏菌血清3型、5型、6型和9型，猪布鲁氏菌血清2型、3型、4型和5型，犬布鲁氏菌，沙林鼠布鲁氏菌，鲸类布鲁氏菌和鳍脚类布鲁氏菌。

最新核酸鉴别试验还有指纹试验（HOOF-Prints），又称多位点可变数量串联重复序列分析（MLVA），此试验可按已有的分类系统完善常规分型方法，在流行病学研究中具有应用前景。

（2）血清学检测　在布鲁氏菌进入动物机体后不断刺激机体先后产生凝集素、调理素、补体结合素和沉淀素等抗体。在动物感染布鲁氏菌后5～7d，血液中即可出现凝集素，一般在流产7～15d血清中凝集价最高，经一定时期逐渐下降。血清中的补体结合抗体出现晚于凝集素，一般在感染后2周左右，但持续时间长，在凝集试验滴度降低至疑似阳性或阴性时，而补体仍为阳性反应。另外变态反应出现较晚，但其持续时间较长。

检测血清中的抗体是检测本病的主要手段，诊断迅速又可分析患病动物病情动态。但无论哪种血清学试验都有局限，不可能适用于各种流行病学情况，尤其不适合用于个体筛检。

血清学检测方法有很多种，国际贸易指定试验有缓冲布鲁氏菌抗原试验（BBAT）、补体结合试验（CF）、酶联免疫吸附试验（ELISA）、荧光偏振试验（FPA）等，其他检测方法有血清凝集试验（SAT）、布鲁氏菌素皮肤超敏试验（BST）、全乳间接酶联免疫吸附试验（I-ELISA）、全乳环状试验（MRT）、半抗原多糖（NH）和多聚糖B（PolyB）检测、γ干扰素检测试验（IGT）等。

在制订国家或地区布鲁氏菌病控制计划时，虎红平板试验（RBT）和缓冲平板凝集试验（BPAT）等缓冲布鲁氏菌抗原试验（BBAT），以及酶联免疫吸附试验（ELISA）和荧光偏振试验（FPA）都适合用于普查方法，但阳性结果需以适当的确诊方法进行复查。

1）国际贸易中常用的四种指定试验检测方法

①BBAT：为国际贸易指定试验，又分为虎红平板试验（RBT）和缓冲平板凝集试验（BPAT）。BBAT适用于普查方法，但阳性结果需以适当的确诊方法进行复查。

虎红平板试验（RBT）：属简单的凝集试验，此试验采用虎红染色抗原和低pH缓冲液，pH一般是3.65±0.05。虎红平板试验非常敏感，但与其他所有血清学试验一样，阳性结果有时源自S19疫苗免疫，或者因假阳性血清学反应（FPSR），因此阳性结果应以适当确诊方法进行复查，包括进行流行病调查。虎红平板试验极少出现假阴性结果，如有也多由前带现象所致，前带现象是指抗体过剩导致反应信号弱化的一种现象，通过对血清样品进行稀释，或4～6周后重检可消除假阴性问题。RBT对感染畜群的检出或对无布鲁氏菌病畜群的验证，都是一种适宜的普查方法。

缓冲平板凝集试验（BPAT）：使用的抗原由流产布鲁氏菌S1119-3制备，需使用亮绿（2g/100mL）和结晶紫（1g/100mL）两种染色液。缓冲平板凝集试验也非常敏感，尤其可检出免疫诱导的抗体。但阳性结果需以确证试验复查；假阴性结果通常由前带现象引起，对血清进行稀释或隔一段时间后复查可消除该问题。

②CF：为国际贸易指定试验，特异性高，操作繁琐。CF方法繁多，但以微量平板操作最方便。CF诊断特异性要高于血清凝集试验（SAT）。

血清、抗原和补体孵育可采用热结合法或冷结合法。热结合法以37℃孵育30min，冷结合法以4℃孵育14～18h。热或冷结合方法选择随影响因素而异，质量差的血清样品只有采用冷结合法，其抗补体活性才更明显；而热结合法会增加前带现象的频率和强度，这也是每份样品检测前进行系列稀释的原因。

CF采用2%、2.5%或3%的绵羊红细胞（SRBC）悬液，以等量兔抗绵羊红细胞血清（溶血素）致敏，致敏前兔抗绵羊红细胞血清先做数倍稀释（通常以最小浓度的2～5倍稀释，最小浓度指在豚鼠补体某滴度下，能使100%绵羊红细胞溶解的最小兔抗绵羊红细胞血清浓度）。补体应在有抗原或无抗原条件下单独滴定，以确定使1单位体积标准悬液中50%或100%致敏红细胞溶解所需要的补体量，分别称为50%和100%补体溶血单位（用$C'H_{50}$和$C'H_{100}$表示），或称50%和100%最小溶血剂量（用MHD_{50}和MHD_{100}表示）；每批试验前补体滴度都应进行测定，常量法最好采用某$C'H_{50}$最佳浓度；试验中通常采用$1.25\sim2\ C'H_{100}$或$5\sim6\ C'H_{50}$。

补体结合试验（CF）与其他所有血清学试验一样，阳性结果有时源于S19疫苗免疫，或者因假阳性血清学反应（FPSR），因此阳性结果应以适合确诊方法进行复查。在3～6月龄期间曾以流产布鲁氏菌S19免疫的母畜，如果在其18月龄或以上采血检测，血清滴度达每毫升30ICFTU（国际补体结合试验单位）或更高，则应判为阳性。

③ELISA：为国际贸易指定试验，又分间接酶联免疫吸附试验（I-ELISA）和竞争酶联免疫吸附试验（C-ELISA）。其诊断性能与CF相当，甚至更好，操作简单，结果稳定，应优先采用。

间接酶联免疫吸附试验（I-ELISA）：随抗原制备、抗球蛋白酶结合物和底物/显色剂不同而异。为确保试验的一致性，I-ELISA需用世界动物卫生组织（OIE）强阳性、弱阳性和阴性3种ELISA标准血清进行测试或校正。

I-ELISA虽高度敏感，但有时不能鉴定S19疫苗抗体、假阳性血清学反应（FPSR）和致病布鲁氏菌株诱导的抗体。因此在检测免疫牛或受FPSR影响牛群时，应将I-ELISA作为普查方法而不是确诊方法。

在I-ELISA中，采用粗糙型脂多糖（rLPS）抗原、细胞溶质抗原或离液剂（如硫氰酸钾）可消除部分FPSR问题。大多数FPSR都是因与光滑型脂多糖（sLPS）中O型多糖（OPS）交叉反应的结果，而与LPS核心糖交叉反应很少。

在用I-ELISA进行普查时，应采用富含光滑型脂多糖（sLPS）的制备物作为抗原。

竞争酶联免疫吸附试验（C-ELISA）：采用牛布鲁氏菌O型多糖（OPS）表位之一特异的单克隆抗体，其特异性比I-ELISA更高。C-ELISA可消除部分由细菌交叉反应引起的假阳性血清学反应（FPSR），也可消除许多因S19疫苗免疫接种产生的残留抗体反应。

C-ELISA的方法有多种，为确保试验的一致性，C-ELISA需用世界动物卫生组织（OIE）强阳性、弱阳性和阴性3种ELISA标准血清进行测试或校正。

对感染牛，C-ELISA诊断敏感性与缓冲布鲁氏菌抗原凝集试验（BBAT）和I-ELISA相当；对未免疫牛和受假阳性血清学反应影响牛群，C-ELISA诊断特异性相当于或高于补体结合试验（CF）和I-ELISA；而对S19疫苗免疫动物检测，C-ELISA诊断特异性超过补体结合试验（CF）和I-ELISA。

④FPA：为国际贸易指定试验，是检测抗原/抗体反应的一种简便技术。此试验属匀相测定法，目标检测物不需分离，故检测非常快捷。

FPA用于布鲁氏菌病诊断时，将流产布鲁氏菌1119-3株光滑脂多糖（sLPS）中O型多糖（OPS）小分子片断（平均22kD）以异硫氰荧光素（FITC）标记后作为抗原，然后加入到稀释血清或全血中，2min（血清）或15s（全血）后即可以荧光偏振分析仪测出抗体含量。

FPA可在玻管或96孔平板中进行。牛血清按1/100（玻管试验）或1/10（平板试验）稀释，如果使用EDTA抗凝血，则按1/50（玻管试验）或1/5（平板试验）稀释，而使用肝素抗凝血会增加试验的不确定性。

FPA用于牛布鲁氏菌诊断，其特异性和敏感性与C-ELISA几乎相同；对新近S19疫苗免疫牛的诊断特异性超过99%。

2）其他检测试验

①血清凝集试验（SAT）：不是国际贸易指定试验或替代试验，但多年来在牛布鲁氏菌病的监测和控制计划中常应用。

SAT的抗原为溶于石炭酸生理盐水的菌悬液，如果在抗原悬液中加入EDTA，则可显著提高其试验的特异性，减少假阳性结果。

血清凝集试验可在玻管或96孔平板上进行。抗原和稀释血清混合后，置37℃孵育16～24h；如果在微量平板中进行，孵育时间只需要6h。血清样品每份至少准备3个稀释度，以防前带性阴性反应（血清浓度过高导致的假阴性）；疑似血清稀释应以中间管（孔）检测读数处在阳性检测限范围内为宜。

血清布鲁氏菌凝集程度用IU/mL表示，如果达到或超30IU/mL应判为阳性。

②布鲁氏菌素皮肤超敏试验（BST）：BST是一种免疫学试验，习惯又称变态反应试验（利用布鲁氏菌素对动物进行皮肤变态反应试验）。此试验不适用于早期诊断，但对慢性病例有诊断价值，特异性高，尤其对羊布鲁氏菌病检出率较高。由于敏感性低，不能单独作为正式的诊断试验，只适用于流行病学调查。

BST如果采用纯化（无sLPS）且标化的抗原制品，如布鲁氏菌素INRA（由马耳他布鲁氏菌粗糙株制备而成），则可用于普查未免牛群；如果抗原不纯，含有sLPS，则会引起非特异性炎性反应，或干扰随后的血清学检测。

本试验特异性很高，凡血清学阴性而布鲁氏菌素皮肤超敏试验阳性的未免疫畜均应视为感染畜；布鲁氏菌素皮肤超敏试验结果也有助于解释细菌交叉反应引起的假阳性血清学反应（FPSR），尤其是在无布鲁氏菌病地区。由于感染动物并不都是布鲁氏菌素皮肤超敏试验阳性，因此布鲁氏菌素皮肤超敏试验在国际贸易中不能单独作为诊断方法，需以可靠的血清学方法复检验证。

鉴于皮内接种布鲁氏菌素能导致细胞免疫暂时不应答，所以同一动物两次检测时间应间隔6周以上。对免疫过RB_{51}疫苗的犊牛，以RB_{51}同源布鲁氏菌素进行皮试时，会产生记忆性体液免疫反应，而联合采用RB_{51}布鲁氏菌素皮试和RB_{51}补体结合试验（RB_{51}-CF），则能够对RB_{51}疫苗免疫动物个体进行识别。

③半抗原多糖（NH）和多聚糖B（PolyB）检测：作为确诊试验，半抗原多糖和多聚糖B检测与普查试验虎红平板试验（RBT）联合，已在布鲁氏菌病根除计划中成功应用。以血清经多聚糖高渗凝胶扩散的反向放射免疫扩散（RRID）试验敏感性最佳；也可采用双层凝胶扩散法。

④全乳间接酶联免疫吸附试验（I-ELISA）：适用于乳样的检测，从集乳罐取奶检测是奶牛群普查的有效方法。如果检出阳性，则该批乳源奶牛都应采血进行检测。全乳间接酶联免疫吸附试验检测敏感、特异，尤其适合于大畜群普查。

全乳I-ELISA有多种方法供采用，为确保试验的一致性，全乳I-ELISA需用OIE强阳性、弱阳性和阴性3种ELISA标准血清进行测试或校正。

⑤全乳环状试验（MRT）：适用乳样的检测，是全乳I-ELISA的一种合适的替代方法。全乳环状试验可用于产奶牛群布鲁氏菌病普查，但当检测超过100头的大型产乳牛群时，因受某些稀释因子影响，全乳环状试验敏感不是很可靠，可通过增加检测量来改善其敏感性，即150头奶牛以下取乳样1mL，150～450头奶牛取乳样2mL，451～700头奶牛取乳样3mL。如果存在免疫

未满4个月，患乳房炎奶牛或乳样含非正常乳（如初乳），均可能导致假阳性结果。此外加工处理后的牛乳、腐败变质和冻结过的乳不能使用全乳环状试验检测。对于较小型奶牛场不宜采用全乳环状试验检测。

⑥γ干扰素检测试验（IGT）：以适当的抗原（如布鲁氏菌素）刺激全血中淋巴细胞产生γ干扰素，然后以捕获酶联免疫吸附试验进行检测。γ干扰素检测试验尤其适用于猪、羊布鲁氏菌病的假阳性检测结果（FPSR）验证。

3. 鉴别诊断　本病应与弯杆菌病、沙门氏菌病、钩端螺旋体病、乙型脑炎、衣原体病和弓形虫病等有流产症状的疫病相区别。主要通过病原分离鉴定和特异性抗体的检测来鉴别。

［防治与处理］

1. 防治

（1）布鲁氏菌病非疫区要加强动物检疫，防止带菌动物引入该区，如要引进种畜，必须检疫2次，确定健康畜才能混群；不从疫区引进被本病菌污染的饲草、饲料和动物产品；防止动物进入疫区。

（2）布鲁氏菌病疫区，对易感动物群每2～3个月进行一次检疫，检出阳性动物及时清除淘汰，直至全群获得两次阴性结果为止。如动物群经多次检疫并将患病动物淘汰后仍有阳性动物不断出现，则可用菌苗进行预防注射。常用猪布鲁氏菌2号弱毒活苗，按说明口服或皮下肌内注射，免疫期牛、羊2年，猪1年。

（3）接触患布鲁氏菌病的动物及其产品的工作人员（如兽医、接羔人员、屠宰加工人员）要做好防护，最好对他们从事工作前1个月进行预防接种，且需年年进行。

2. 处理

（1）对布鲁氏菌病阳性动物应扑杀做无害化处理；病畜的分泌物、排泄物等也应无害化处理或消毒深埋。

（2）被布鲁氏菌病污染的畜舍、场地、饲槽、水槽等要用10%石灰乳或5%热碱水严格消毒。

（3）屠宰场在宰前动物有症状或宰后发现有病变，则其肉尸、内脏高温处理后出场或腌制60h后出场，其余（生殖器、乳房）用于工业或销毁，毛皮盐渍60d后出场，胎儿毛皮盐渍3个月后出场，内分泌腺和血液不作药用或食用；如果宰前动物检疫阳性而无症状，宰后检验无病变，其肉尸、内脏高温处理后出场，而生殖器官和乳房用于工业或销毁。

三、炭疽

炭疽（anthrax）是由炭疽芽孢杆菌引起各种家畜、野生动物和人共患的一种急性、热性、败血性传染病。本病主要感染草食动物，以突然高热和死亡，可视黏膜发绀和天然孔流出煤焦油样血液，血凝不良，尸僵不全，皮下、浆膜下组织出血性浆液浸润为特征。OIE将其列为必须通报的动物疫病，我国列为二类动物疫病。

［病原特性］

病原为炭疽芽孢杆菌（*Bacillus anthracis*），习惯称炭疽杆菌，属于芽孢杆菌目（Bacillales）芽孢杆菌科（Bacillaceae）芽孢杆菌属（*Bacillus*）蜡样芽孢杆菌群（Bacillus cereus group）

成员。

本菌是一种大杆菌，菌体长而粗，大小为（3～5）μm×（1.0～1.2）μm，无鞭毛，不能运动，革兰氏染色阳性。在病料中的炭疽杆菌常单个存在或2～3个菌体连成短链，呈竹节状，菌体周围有荚膜。在腐败组织中则往往不见菌体只见荚膜的阴影轮廓。患病动物体内的菌体通常不形成芽孢，但当该细菌或其病料暴露于空气（含有充足的氧气）时，并在适当温度（25～30℃）下可形成具有强大抵抗力的炭疽芽孢。芽孢呈卵圆形，并位于菌体中央。

炭疽杆菌是兼性需氧菌，其繁殖体对外界理化因素的抵抗力不强，在尸体内经24～96h腐败作用而死亡，加热60℃ 30～50min，75℃ 5～15min，煮沸2～5min均可杀死。一般浓度的常用消毒药都可在短时间内将其杀死。但炭疽芽孢有极强的抵抗力，煮沸15min后才能杀死，在干燥的土壤中可存活数十年。强氧化剂对芽孢具有较强的杀灭作用，临床上常用0.5%过氧乙酸、0.1%碘溶液、20%漂白粉作为消毒剂。

[分布与危害]

1. 分布　本病分布于世界各国。自然发病区域主要分布在热带和亚热带。因为这些区域有利于炭疽杆菌在体外的适宜条件下形成芽孢和继续繁殖，故成为炭疽的自然疫源地。

2. 危害　本病在草食动物中易感染，死亡率也很高，同时炭疽杆菌也可感染人，引起皮肤炭疽、肺炭疽和肠炭疽。炭疽杆菌芽孢可作为生物武器，具有重要的公共卫生意义。

[传播与流行]

1. 传播　各种家畜、野生动物都有不同程度的易感性，草食动物最易感，其次是肉食动物。其中以绵羊和牛易感性最强，山羊、驴、马、水牛、骆驼和鹿次之，猪、犬、猫感染性低，自然情况下，家禽一般不感染。野生动物（如黑猩猩、鹿、斑马、狼、狐、豺、貉、獾、豹、狮等）都易感。人可感染，但易感性较低，主要发生与动物及其产品接触机会多的人员。

传染源主要是患病动物和因本病死亡的动物尸体。病畜的分泌物和排泄物、死亡动物由天然孔流出的血液及尸体本身都含有大量的病原菌，当尸体处理不当时，形成大量具有强大抵抗力的芽孢污染土壤、水源和放牧地，成为长久的疫源地。

传播途径主要是通过消化道（被污染的饲料、饲草及饮水）、皮肤黏膜（皮肤伤口，以及被叮咬过患病动物或尸体的吸血昆虫叮咬）及呼吸道（吸入混有炭疽芽孢的灰尘）等途径感染易感动物。其中以消化道感染为最主要途径，呼吸道感染较少见。

2. 流行　炭疽的发生有一定的季节性，常在夏季放牧时期流行或暴发，秋季、冬季、春季少发，且以散发为主。干旱、洪涝灾害是促进本病暴发的因素。被炭疽芽孢污染的土壤、放牧地可成为持久疫源地，造成本病常在一定的地区内流行。

[临床症状与病理变化]

1. 临床症状　潜伏期1～3d，最长可达14d。OIE《陆生动物卫生法典》规定，炭疽的潜伏期为20d。根据临床表现可分为最急性型、急性型、亚急性型和慢性型4种病型。

最急性型：以绵羊、山羊发病较多，偶见牛、马。病畜呈败血型症状，常突然发病，呼吸困难，体表可视黏膜呈蓝紫色，天然孔（口、鼻、肛门、阴门等）出血流出带泡沫血样液体，血凝固不良，全身痉挛，多于病后1h内倒地而死，有的病畜在放牧中突然倒地死亡。死后病畜尸僵不

189

第二篇　动物疫病检疫

全。最急性型死亡率为100%。

急性型：以牛、马、骡等发病较多，猪罕见。病初体温高达40℃以上，精神不振，寒战、呼吸困难。体表可视黏膜呈蓝紫色，或有小点出血。食欲减退至废绝。初便秘后腹泻，粪内带血，尿呈黄红色有时带血。母畜泌乳停止，孕畜可流产。濒死前体温下降，出现痉挛，一般1~2d死亡，死亡率为80%以上。

亚急性型：多见牛、马及家养或野生的猪、犬、猫等动物。与急性型症状相似，但较缓和些，患病动物表现高热、呼吸加快、腹痛、腹泻、便血。常在体表皮肤各部位或口腔黏膜上出现炭疽痈，如常在咽喉、颈部、肩胛、胸前、腹下、外阴部等处发生暗红色或黑红色圆形隆起的炭疽痈。猪还具有严重的咽炎（一般占猪炭疽病的90%），造成局部组织水肿，阻塞呼吸道窒息而死亡。肉食动物发病可见严重胃肠炎，咽炎，在唇、舌及硬腭等处黏膜发生痈性肿胀，但多数能恢复，很少死亡。

慢性型：此型临床少见，无明显症状，表现为局灶性肿胀，屠宰后发现病变。例如，猪对炭疽抵抗力较强，常呈慢性过程，多呈局部（咽型或肠型）症状，其中咽型炭疽表现体温升高，咽喉部和附近淋巴结明显肿胀，甚至波及颈部、胸部，吞咽及呼吸困难，常因窒息而死；肠型炭疽引起消化系统紊乱，表现便秘或腹泻，轻者可恢复，重者死亡。犬及其他肉食动物对炭疽有较强的抵抗力，常以慢性型经过。

2. 病理变化　急性炭疽的病变主要表现为败血症变化（组织及脏器水肿、炎症、出血或坏死）。尸体腹胀明显，尸僵不全，天然孔出血，呈黑色血液，血液凝固不良，皮下出血性胶样浸润。内脏（十二指肠及空肠）常见出血和坏死，或见肠炭疽，实质器官变性，全身淋巴结肿大，呈黑色或黑红色，脾脏显著肿大，典型病例脾肿大2~5倍，脾软化如糊状，切面呈樱桃红色。

猪的病变多局限咽和喉部，咽、喉及前颈部淋巴结肿胀出血，扁桃体出血坏死，呈灰黑色。

［诊断与检疫技术］

1. 初诊　根据典型临床症状和病理变化可做出初步诊断，确诊需进一步做实验室检测。

2. 实验室检测　在国际贸易中，尚无指定和替代诊断方法。

实验室检测的常规方法包括抹片染色镜检、细菌分离培养、动物接种试验等。辅助诊断包括Ascoli氏反应、青霉素抑制试验和青霉素串珠试验、噬菌体裂解试验、琼脂扩散试验、间接血凝试验、PCR检测和酶联免疫吸附试验等，此外还可进行毒力鉴定。

被检材料的采集：在未排除炭疽前不得解剖死亡动物，以防炭疽杆菌遇空气后形成芽孢。生前可采取耳静脉或肢静脉的血液；如是痈型炭疽，可抽取水肿液；是肠炭疽时，可采取带血粪便，必要时再局部切口采取小块脾脏，放入装有30%甘油生理盐水的试管中，用蜡密封管口，然后将切口用浸透0.2%升汞的棉花或纱布堵塞；已腐败的尸体，可将耳根部用细绳结扎两次，由中间割下耳朵，用浸过5%石炭酸的纱布包裹，或装于广口瓶中，也可采集长骨（因炭疽杆菌在长骨中生存时间较长），用浸过5%石炭酸的纱布包裹，再包以油纸，需寄送的待检材料，应装入湿盒或木箱中的严密容器中。

（1）病原检查　新鲜病料可直接触片染色镜检或培养增菌后进行细菌学检查，或进行噬菌体敏感性试验、串珠试验；陈旧腐败病料、处理过的材料、环境（土壤）样品可先采用选择性培养基，以解决样品污染，或进行Ascoli氏试验、免疫荧光试验等。

1）直接涂片染色镜检　取濒死期末梢血液或炭疽痈穿刺液制成涂片和脾脏或淋巴结压印片，

自然干燥，经火焰固定后，在10%甲醛液中浸泡10~15min，晾干，然后滴加3%沙黄水溶液，微加温（不要起泡沸腾，放干），经3~5min，轻轻水洗后，干燥镜检。如果见到红色粗大杆菌或短链竹节状杆菌，周围有黄色肥厚荚膜，结合临床毒理，可诊断为炭疽。

2）细菌分离培养　采取血液、渗出液、水肿液或脾及淋巴组织等样品，进行炭疽杆菌分离培养，可直接接种于普通琼脂平板及肉汤培养基中，37℃培养18~24h，观察有无表面粗糙、边缘卷发状的典型菌落生长。如有可再移植于肉汤中培养24h观察。肉汤上部澄清、管底有细绒毛状或者絮状生长物，轻摇不散，涂片镜检，为革兰氏阳性大杆菌。

如被检材料已腐败或污染时，可将血液或组织乳剂先放入肉汤中加温至60℃ 30min，杀死无芽孢的细菌，然后取0.5mL接种于琼脂平板上进行分离培养。

如皮、皮毛、骨粉、土壤、饲料等被检材料，可用倾注培养法，即将约1g的被检材料放在灭菌平皿中，然后倾入琼脂培养基，摇匀，待琼脂凝固后培养24h。也可将这些材料浸于适量肉汤中，经80℃水浴15min，再在37℃培养。此法检出率较高，在琼脂深层生长的炭疽杆菌菌落呈中心致密的毛球样，易与其他细菌的菌落相区别。

对纯培养物进行涂片做革兰氏染色镜检，并观察炭疽杆菌在半固体琼脂穿刺培养中有无动力和下部是否向外生长呈倒松树状。必要时可以进行以下的鉴别试验。

①青霉素串珠试验：由于炭疽杆菌在微量青霉素的培养基中生长时，可膨大成圆球状，均匀排列成串，称青霉素串珠试验。

试验方法：一种方法是可将被检物涂布于含青霉素0.05~0.5IU/mL薄的琼脂片上，涂布面不超过琼脂片的1/2，37℃培养（湿皿中）2~4h后，加盖玻片，400倍显微镜下观察。另一种方法或可将待检菌接种于2mL肉汤中，37℃培养3~18h，按0.05~0.1IU/mL加入青霉素溶液，混匀，再培养90~120min，取出后轻微振动，用接种环制作涂片，革兰氏染色，用高倍镜观察。若为炭疽杆菌，这两种方法都可看到"串珠状菌链"。试验时应设阴性对照。

②噬菌体裂解试验：必须用能裂解炭疽杆菌的噬菌体，进行炭疽杆菌与类似菌的鉴别。试验方法：将被检的脏器乳剂或分离菌的肉汤培养物均匀涂布于普通琼脂平板上，待表面干后，于其中心部滴加诊断用炭疽杆菌噬菌体（兰州生物制品所生产）一滴，37℃培养8~16h，然后对光观察。如是炭疽杆菌，中心部有噬菌体产生的空斑（无细菌生长），周围由于细菌生长呈轻度的灰白色。试验时最好同时以人用炭疽杆菌苗株作为阳性对照。

③青霉素抑制试验：取一接种环肉汤培养物涂布在含有青霉素10IU/mL的琼脂平板上，培养18~24h，观察有无细菌生长。炭疽杆菌一般不生长或仅轻微生长，多数类炭疽杆菌生长良好，少数其他需氧芽孢杆菌也有被抑制的，故本试验仅可作排除之用。为节省材料，缩短时间，可同时联合进行青霉素串珠试验与青霉素抑制试验，具体操作如下：将适当浓度的新鲜菌液0.1mL均匀涂布在兔血清琼脂平板上，待干后以无菌镊子夹取青霉素药敏纸片（青霉素100IU/mL）一张贴在平板上。如同时鉴定3~4个菌种，琼脂平板可分为3~4格，纸片贴在其中心部位。然后37℃培养2~3h，取出平板，去盖，低倍镜下检查，可见纸片周围形成三个圈：第一圈紧靠纸片，此圈因青霉素浓度高，无炭疽杆菌生长（或仅见个别菌体残骸），为抑菌圈；第二圈围绕第一圈，此圈青霉素浓度降低，炭疽杆菌生长，但形态改变，菌体肿大呈串珠状，为串珠形成圈；第三圈为第二圈之外的平板，青霉素已无作用，炭疽杆菌正常生长，为细菌生长圈。观察后再将琼脂平板37℃培养8~12h，测量抑菌圈大小。一般炭疽杆菌抑菌圈约20mm，其他需氧芽孢杆菌多无抑菌圈，少数菌种有大小不等的抑菌圈。

（2）血清学试验　有 Ascoli 沉淀反应、荧光抗体染色法、炭疽凝集反应、琼脂扩散试验、间接血凝试验和酶联免疫吸附试验（ELISA）等方法。

Ascoli 沉淀反应虽诊断快速，但因组织中存在炭疽的菌体多糖，它与蜡状芽孢杆菌的菌体多糖相同，故此法不是特异性的，其结果还需进一步的验证。荧光抗体染色法（包括荚膜荧光抗体染色、串珠荧光抗体染色）可用来鉴定炭疽杆菌，但亦存在类属反应问题。炭疽凝集反应有时也可出现类属反应。

血清学检查对炭疽的诊断通常意义不太大，但为了评价疫苗的免疫效果，可以使用琼脂扩散试验、间接血凝试验和酶联免疫吸附试验等方法进行动物血清的检验。

（3）毒力鉴定　可采用分子生物学技术对分离出的炭疽芽孢杆菌进行毒力鉴定。常用的分子生物学技术有基因探针、聚合酶链式反应（PCR）、质粒电泳检测等。

①基因探针：是从分子遗传学角度对强毒炭疽杆菌做检测的一种技术。Hotson 提出对携带完整 PA 基因序列的大肠杆菌 HB101（pPA26）的重组质粒的 pag 基因用 Acc I 和 Hind III 进行双酶切，得到 1.9kb pag 片断，制成 PA 基因探针。检测结果证实，制备的这种基因探针对强毒炭疽芽孢杆菌非常特异、高度敏感。因此，可采用基因探针鉴定炭疽芽孢杆菌的毒力。

②聚合酶链式反应（PCR）：Turnbull 等对炭疽芽孢杆菌的保护性抗原、多糖荚膜和致死因子的基因，设计了 3 对引物，用 3 对引物同时进行 PCR 扩增，结果很准确地检出了强毒炭疽芽孢杆菌。因此，可采用 PCR 鉴定炭疽芽孢杆菌的毒力。

③质粒电泳检测：参照 Kado-Liu 法将被检菌接种于 LB 培养基中，37℃水浴振荡培养 8h，再转种到新鲜 LB 培养基中，水浴振荡过夜培养，经裂解处理后，以酚－氯仿抽提 3 次，乙醇沉淀，TE 溶解，用 0.5% 琼脂凝胶电泳，染色，紫外灯下观察。结果可检出强毒炭疽芽孢杆菌 pX01 和 pX02 两种质粒，分子质量分别为 $110\,000\times10^3$u 和 $60\,000\times10^3$u；而弱毒株只能检出 pX02 一种质粒，pX01 质粒则不能检出。因此，可采用质粒电泳检测鉴别是强毒株或弱毒株的炭疽芽孢杆菌。

3. 鉴别诊断　炭疽最急性型和急性型应与巴氏杆菌病和恶性水肿相区别。主要从病原学上进行鉴别。

［防治与处理］

1. 防治　对易感动物每年定期进行预防接种，这是预防炭疽的根本措施。常用的疫苗有无毒炭疽芽孢苗和炭疽第二号芽孢苗，每年注射一次，14d 产生免疫力，可获得 1 年以上的坚强保护。但对瘦弱、患病动物及 1 月龄幼畜、临产前 2 个月的母畜均不宜接种。

2. 处理　一旦发生炭疽病时，首先将病畜严格隔离进行治疗，可用抗生素（如青霉素、链霉素、磺胺嘧啶等）进行治疗。在早期也可用抗炭疽血清治疗，效果较好。对同群或与病畜接触过的假定健康动物应紧急注射炭疽疫苗，同时应立即上报疫情、划定疫区，封锁发病场所，禁止动物、动物产品和草料进入疫区，禁止食用患病动物乳、肉等产品，病死家畜的尸体严禁解剖，必须销毁（如焚烧），其分泌物、排泄物、污染的场所、用具及尸体运输工具等以 20% 漂白粉、10% 苛性钠或升汞溶液消毒。工作人员做好防护（应事先进行人用炭疽活菌苗的预防接种），有外伤人员不得接触上述炭疽病的处理工作。解除封锁因在最后一头动物死亡或痊愈 14h 后，若无新病例出现时报请有关部门批准，并经终末消毒后方可解除封锁。

在屠宰场宰前检出炭疽病畜和可疑病畜，严禁急宰。病畜以不放血方式捕杀、销毁。可疑病畜隔离，做进一步确诊；宰后检出炭疽病畜，应立即停止生产，封锁现场，进行细菌学和血清学检验；炭疽病毒的胴体、内脏、皮毛、血及一切副产品，均以不漏水工具迅速运往指定地点化制或销毁；被炭疽污染或可疑污染胴体、内脏等应在6h内高温处理后出厂，如超过6h，应送去化制或销毁；对与炭疽病畜同群的屠畜进行测温，正常动物在指定地点急宰，不正常动物观察14h，或注射有效药物后观察3d，无异常动物方可屠宰，检出炭疽病的现场、工具，应进行彻底消毒，所有消毒工作必须在发现炭疽后6h内完成。

四、伪狂犬病

伪狂犬病（pseudorabies，PR），是由伪狂犬病病毒引起家畜和野生动物的急性传染病。以发热、奇痒（猪除外）及脑脊髓炎为特征。OIE将其列为必须通报的动物疫病，我国列为二类动物疫病。

[病原特性]

病原为伪狂犬病病毒（*Pseudorabies virus*，PRV），学名猪疱疹病毒1型（*Suid herpesvirus 1*，PRV），属于疱疹病毒目（*Herpesvirales*）疱疹病毒科（*Herpesviridae*）甲型疱疹病毒亚科（*Alphaherpesvirinae*）水痘病毒属（*Varicellovirus*）成员。

通过同源蛋白质氨基酸序列比较，伪狂犬病病毒与牛疱疹病毒1型（BHV-1）、马疱疹病毒1型（EHV-1）和水痘-带状疱疹病毒（VZV）关系密切。

PRV病毒粒子呈准球形，直径为150～180nm，具典型的疱疹病毒结构。其结构为：①核蛋白核心，内含病毒基因组。②核衣壳，二十面体对称，覆盖有162颗壳粒。③蛋白壳皮，是最复杂的亚病毒结构，包裹20个左右的病毒编码蛋白、许多宿主蛋白和mRNA。④脂质双层膜，源自高尔基体转运区的囊泡内膜，含11种病毒编码糖蛋白（gB、gC、gD、gE、gG、gH、gI、gK、gL、gM和gN），除gG糖蛋白外，其余10种均为病毒囊膜成分。

PRV基因组为线性双股DNA，约150kb，由独特长区（UL）和独特短区（US）组成。

PRV毒力由几种基因协同控制，分别编码病毒囊膜糖蛋白、病毒编码酶和非必需衣壳蛋白。病毒编码酶参与病毒核酸代谢，是PRV毒力的主要决定因子。囊膜糖蛋白又可分为必需糖蛋白（gB、gD、gH、gK和gL）和非必需糖蛋白（gC、gE、gG、gI和gN）；gE缺失会使PRV毒力显著下降，该蛋白对PRV在神经系统内经三叉神经和嗅觉神经通路传播中起关键作用，因此，gE缺失株不能入侵神经系统。

PRV能在多种哺乳动物细胞上生长繁殖，如在猪肾细胞、兔肾细胞、牛睾丸细胞、鸡胚成纤维等原代细胞以及PK-15、Vero、BHK-21等传代细胞中都能很好地增殖，通过免疫荧光、免疫过氧化物酶或特异性抗血清中和试验对特征性细胞病变加以鉴定。此外，还可用PCR鉴定病毒的DNA，目前，实时定量PCR鉴定技术已比较成熟。

PRV只有一种血清型，世界各地分离的毒株呈现一致的血清学反应，但毒力却有一定差异。

PRV对外界环境的抵抗力较强，如44℃经5h仍有28%的存活，但55～60℃ 30～50min、70℃ 10～15min、80℃ 3min可灭活、100℃时可立刻灭活。在4～37℃、pH4.3～9.7的环境中1～7d可失活；在干燥条件下，有直射阳光存在时，病毒很快失活。病毒对各种化学消毒剂敏感，如乙醚、氯仿，可被γ射线、X射线或紫外线灭活。纯酒精作用30min、0.5%石灰乳或0.5%苏打

1min、2%福尔马林作用20min能迅速灭活。病毒在低温潮湿的环境下，pH6～8时最为稳定，-70℃适合于病毒培养物的保存，冻干的培养物可保存数年。

［分布与危害］

1. 分布　1813年在美国牛群中发生伪狂犬病，由于其临床症状表现与狂犬病类似，故称为伪狂犬病。1902年Aujeszky证明本病病原为非细菌性致病因子，随后经实验确定病原为病毒，因而本病又称为奥耶斯基病。

本病在世界多数地区流行，但美国、加拿大、新西兰和许多欧盟成员已成功灭除该病。我国最早于1948年首例报道猫发生伪狂犬病，以后陆续有猪、牛、羊、貂、狐等发生此病的报道。即使使用疫苗免疫控制，2011年以来，PR再次在中国出现，对猪和其他动物的发病率和死亡率上升。近几年，PRV强毒株出现，并引起生长猪高死亡率。

2. 危害　伪狂犬病病毒的动物感染谱非常广，绝大多数的哺乳动物都易感，这些动物感染后均以死亡而告终，给畜牧生产带来严重的威胁。亚临床或潜伏感染的动物不死亡，出现呼吸道症状或母猪繁殖障碍，并不断排毒感染其他动物，导致畜群病毒阳性率居高不下。

［传播与流行］

1. 传播　该病毒感染人和无尾猿以外的其他大多数哺乳动物（如猪、牛、羊、犬、猫、兔、水貂、银狐等）。病毒主要感染其自然宿主猪，且猪康复后仍有潜伏感染。猪还是有效感染后唯一可康复的动物，并由此成为该病毒的储存宿主。实验动物（如兔、小鼠、豚鼠等）人工接种可发生感染并引起典型发病症状，此外，猴、鸡、鸭、鹅、鸽、驴、马也可通过人工接种而感染。

传染源主要是带毒猪及鼠类。猪是本病毒的储存宿主，病猪、隐性感染猪或康复猪，均长期带毒。

本病主要的传播方式经伤口、上呼吸道和消化道感染，通过空气飞沫传播也是重要途径。也可通过交配、精液、胎盘传播，发病的母猪可通过流产胎儿、分泌物传播本病，本病还可通过吸血昆虫叮咬而传播。

2. 流行　伪狂犬病发生多在寒冷季节，其他季节也有发生。绵羊、山羊、猫和犬感染本病是致死性的，未见有产生抗体的康复动物；牛的感染致死性也很高，见有个别母牛患病后康复报道；猪具有较强的抵抗力，哺乳仔猪感染后发病率和死亡率较高，甚至达100%，但随着日龄增长，发病率和死亡率下降，断奶猪少发病，成年猪多呈隐性感染。感染种猪和所生仔猪可长期带毒，是本病长期流行、很难根除的重要原因。

［临床症状与病理变化］

1. 临床症状　伪狂犬病潜伏期通常为2～6d，短的36h，长的可达10d。临床症状随动物种类、年龄和病毒株的毒力不同而有变化。

猪：临床症状的严重程度取决于猪的年龄、感染途径、毒株毒力和被感染动物的免疫状态。哺乳仔猪对PRV高度易感，病死率可高达100%。发病仔猪表现高热和严重的神经功能障碍：躯体震颤、平衡异常、共济失调、眼球震颤、角弓反张、严重的癫痫样痉挛。

2月龄以上猪感染PRV后以呼吸症状为主，表现为高热、厌食和轻重不等的呼吸道症状，如伴有喷嚏和鼻涕的鼻炎，可能发展为肺炎。怀孕母猪可发生流产或产死胎或产木乃伊胎。公猪常出现睾丸肿胀、萎缩、性功能下降、失去种用能力。

牛：各种年龄牛都易感，呈致死性，以体表皮肤奇痒为主要特征。病牛表现狂躁不安，用嘴不停舔或用力摩擦患部（多在鼻、乳房、后肢和后肢间的皮肤），体温升高达40℃以上，流涎、磨牙、吼叫，痉挛而死，病程为2～3d，犊牛更短。

绵羊和山羊：以体温升高、震颤、流涎、奇痒为特征，病程急，绵羊多在发病后1～2d死亡，山羊病程稍长一些。

犬和猫：以局部皮肤奇痒为特征，患病动物啃咬局部并发出悲惨叫声，下颌和咽部麻痹，口腔分泌物增多，病程很短促，一般在24～36h内死亡，死亡率达100%。猫在出现奇痒症状前就会引起死亡。

2. 病理变化　由于病毒首先在上呼吸道增殖，然后侵入中枢神经系统，其特征病变为上呼吸道和中枢神经系统炎性变化。上呼吸道可见鼻、咽喉、气管及扁桃体炎性出血、水肿，严重的有肺水肿。中枢神经系统可见脑膜充血、出血、水肿，脑脊髓液增量。

猪：一般缺乏特征性眼观病变。但经常可见浆液性到纤维性坏死性鼻炎、坏死性扁桃体炎及口腔和上呼吸道局部淋巴结肿胀或出血。有时可见肺水肿及肺脏表面有小坏死灶、出血点或肺炎灶。

其他动物：主要是体表皮肤局部擦伤、皮肤撕裂、皮下水肿，肺充血、水肿，心外膜出血，心包积水。

组织学变化特征主要是分布于灰质部和白质部的非化脓性脑膜脑炎和神经节炎。病变部的胶质细胞、神经细胞、神经节细胞出现嗜酸性核内包涵体。在肺、肾、肾上腺及扁桃体等组织器官具有坏死病灶，其病变部周围细胞也可见嗜酸性核内包涵体。

[诊断与检疫技术]

1. 初诊　根据患病动物典型的临床症状和病理变化可做出初步诊断，但若只表现呼吸道症状，或者感染只局限于育肥猪和成年猪则较难做出诊断而易被误诊，因此确诊需进一步做实验室检测。

2. 实验室检测　在国际贸易中指定检测方法是酶联免疫吸附试验（ELISA）和病毒中和试验（VN），无替代诊断方法。实验室检测有病毒分离和聚合酶链式反应鉴定病毒、血清学试验。

被检材料的采集：用于病毒分离样品，活猪宜采咽液、鼻液（拭子）或扁桃体拭子；有临床症状的病死或剖检畜，宜采集脑、扁桃体和肺；对隐性感染猪宜采取三叉神经（病毒含量最高）。牛宜采集瘙痒部位对应的脊髓节段样品；食草或食肉动物宜采集脑炎病变部位样品。上述样品在冷藏下送实验室检测。

用于血清学检查，应采集感染动物血清。

（1）病毒分离鉴定

①病毒分离：将样品处理后接种猪肾细胞系（PK-15细胞）或幼仓鼠肾单层细胞（BHK-21细胞），连续培养5～6d，通常多在24～72h内诱导产生细胞病变（CPE）；细胞单层出现折光性增强，并逐渐累积，随后完全脱落；还可形成外观、大小各异的合胞体。如果CPE不明显，则建议盲传一代继续培养。

或将感染的盖玻片培养物取出，以苏木精-伊红染色，观察疱疹病毒特有的嗜酸性核内包含体和染色质边缘化等特征性变化。

如果无条件进行细胞培养时，可用动物接种试验，即用疑似病料皮下注射家兔，伪狂犬病病毒可引起注射部位的瘙痒，并在2～5d后死亡。

②聚合酶链式反应（PCR）鉴定PRV：可检测分泌物或组织样品中的PRV核酸。许多实验室都已经建立了这种有效的检测方法，但目前尚未建立国际通用的标准方法。

此法可快速诊断，且敏感性很高。1d之内即完成鉴定和确诊全过程，但应防范外源性DNA污染检测样品或实验室环境。

（2）血清学试验　血清学方法需对OIE标准参考血清有足够的敏感性，而应用于国际贸易检测的试验，其敏感性应足以能检出经过一倍稀释的OIE标准参考血清。

血清学检测有病毒中和试验（VN）和酶联免疫吸附试验（ELISA）。其中VN是目前认可的血清学检测标准方法，但是因ELISA具有高通量检测优势而往往替代VN。ELISA可检测多种材料，如血清、全血和乳等，尤其适用于血清样品的检测。

①VN：为国际贸易指定试验，但此试验不能鉴别疫苗株和野毒株产生的抗体。

根据病毒-血清混合物的孵育时间（如37℃ 1h或4℃ 24h）和补体有无，在病毒培养基进行中和试验可分为多种方法。多数实验室采用无补体、37℃孵育1h的方法，优点是快速、简易。但增加孵育时间可提高检测敏感性，4℃孵育24h方法能检出比37℃孵育1h检出水平低10～15倍的抗体水平。用于国际贸易检测时，该试验敏感性需通过验证，以便能足以检出经2倍稀释（1/2）的OIE标准参考血清。

②ELISA：为国际贸易指定试验，检测的方法有很多种，如各种间接ELISA或竞争ELISA法等，其共同优点是能够迅速检测大量样品。

ELISA敏感性通常比37℃ 1h中和试验检测无补体血清的要高，但某些弱阳性血清，采用4℃ 24h中和试验比较可靠，而其他样品采用ELISA方法更好。

3. 鉴别诊断　本病应与李氏杆菌病、猪乙型脑炎、猪脑脊髓炎、狂犬病、猪水肿病等进行区别。一般从临床症状和病原分离鉴定这两方面容易区别上述疫病。

[防治与处理]

1. 防治　由于本病尚无有效疗法，可采取以下一些措施：①消灭鼠类，控制犬、猫、鸟类及其他禽类进入猪场。②禁止牛、羊和猪混养。③从无本病的猪群引进种猪，并经严格的隔离检疫。对健康种猪场应每3个月进行一次血清学检查，抽查母猪总数应不少于25%。④建立严格消毒制度，消灭吸血昆虫等传播媒介。⑤在有疫情地区，牛、羊用氢氧化铝甲醛灭活苗，猪用灭活疫苗和基因缺失弱毒苗（在同一群体中不能使用不同的基因缺失苗进行免疫）。⑥根除措施通常可选择全群扑杀——重新建群的方法，即扑杀感染猪群的所有猪只，重新引入无伪狂犬病病毒感染的猪群。

2. 处理　一旦发现本病一方面要按规定上报疫情，同时依据《中华人民共和国动物防疫法》及有关规定进行处理，即阳性者进行扑杀、销毁处理，用群猪在隔离场或其他指定地点隔离观察。

五、魏氏梭菌病

魏氏梭菌病（clostridium perfringens infections）应称产气荚膜梭菌感染，亦称梭菌病或梭菌感染，是由产气荚膜梭菌（旧称魏氏梭菌）引起多种动物感染的一类细菌性传染病的总称，主要包括猪梭菌性肠炎、羊猝狙、羔羊痢疾、羊肠毒血症、兔产气荚膜梭菌感染。在我国被列为二类动物疫病。

梭菌病（或称魏氏梭菌病）的病原为产气荚膜梭菌（*Clostridium perfringens*），旧名魏氏梭菌（*C.welchii*）或产气荚膜梭菌（*C.perfringens*），属于梭菌目（Clostridiales）梭菌科（Clostridiaceae）梭菌属（*Clostridium*）成员。

产气荚膜梭菌菌体是两端钝圆的直杆状，大小（0.6～2.4）μm×（1.3～19.0）μm，单在或成双排列，革兰氏染色阳性，无鞭毛，不运动。芽孢大而呈卵圆，位于菌体中央或近端，使菌体膨胀呈梭状，多数菌株可形成荚膜，最适培养温度为37℃，普通培养基上均易生长，是专性厌氧菌。

产气荚膜梭菌可产生具有致病作用的外毒素，到目前为止，已发现的外毒素至少有12种，即α、β、γ、δ、ε、η、θ、τ、k、λ、μ和ν，主要致死毒素为α、β、ε、τ 4种，并可据此将该菌分为A、B、C、D、E 5个毒素型（表6-2）。此外，A型、C型和D型的某些菌株可产生产气荚膜梭菌肠毒素。

表6-2　各型产气荚膜梭菌所致疾病及其分泌的主要毒素

毒素型	所致的主要疾病	主要毒素
A	食物中毒，禽坏死性肠炎，羔羊肠毒血症，新生仔猪坏死性结肠炎，犊牛出血性肠炎	α
B	羔羊痢疾，绵羊慢性肠炎，牛/马出血性肠炎	α、β、ε
C	禽坏死性肠炎，仔猪、羔羊、犊牛、山羊或马驹出血性或坏死性肠炎，成年绵羊急性肠毒血症(羊猝狙)	α、β
D	绵羊肠毒血症，山羊结肠炎，犊牛及灰鼠肠毒血症	α、ε
E	犊牛肠毒血症	α、τ

注：引自《一二三类动物疫病释义》，2011。

α毒素是产气荚膜梭菌最重要的毒素之一，各型（A、B、C、D和E型）产气荚膜梭菌均产生。它是一种依赖于锌离子的多功能性金属酶，具有磷脂酶C（PLC）和鞘磷脂酶（Smase）两种酶活性，能破坏细胞膜结构的完整性从而导致细胞裂解。α毒素具有细胞毒性、溶血活性、致死性、皮肤坏死性、血小板聚集和增加血管渗透性等特性。

β毒素是由产气荚膜梭菌B型和C型菌株产生，是一种坏死、致死性毒素，可引起人和动物的坏死性肠炎。β毒素分为β1、β2毒素，β1毒素为一种强毒素，具有细胞毒性、致死性；β2毒素由C型产气荚膜梭菌产生，是近年发现的一种新毒素，对CHO、小肠黏膜上皮细胞（1407）具有很强的细胞毒性，研究表明其与家畜的梭菌性胃肠道疾病有关。

ε毒素是由产气荚膜梭菌B型和D型菌株产生，为D型菌的主要致病因子，能引起家畜的致死性肠毒血症，又称肉性肾病。经动物试验发现，ε毒素发挥作用时首先可使大脑、肾脏和小肠中的血管通透性增高，多种组织器官发生充血和水肿，死于肠毒血症的羔羊可发生肾脏坏死。

τ毒素是由产气荚膜梭菌E型菌株产生，它是一种由酶部分（Ia）和结合部分（Ib）两个部分组成的二元毒素。Ia是一种ADP-核糖转移酶，分子质量约47ku；Ib是一种细胞结合蛋白，分子质量约81ku。Ib低聚体在细胞膜形成后，能诱导细胞内吞作用。

一般消毒药均易杀死产气荚膜梭菌的繁殖体，但芽孢抵抗力较强，90℃ 30min、100℃ 5min才能将其杀死，食物中毒型菌株的芽孢需煮沸1～3h；环境消毒时，可用20%漂白粉、3%～5%

氢氧化钠溶液等毒力消毒剂。

产气荚膜梭菌在自然界分布极为广泛，如土壤、污水、饲料、食物、粪便及人畜肠道中均存在。该菌群属典型的条件致病菌，宿主广泛，可侵害人、马、牛、羊、猪、鸡和兔等多种动物。主要通过消化道感染，也可经伤口感染引起家畜的恶性水肿和人的气性坏疽。

（一）猪梭菌性肠炎

猪梭菌性肠炎（clostridial enteritis of piglets）又称仔猪传染性坏死性肠炎（infectious necrotic enteritis），俗称仔猪红痢，是由C型产气荚膜梭菌引起的新生仔猪一种高度致死性肠毒血症，以排红色粪便、肠黏膜坏死、病程短、病死率高为特征。

［病原特性］

病原为C型产气荚膜梭菌（*Clostridium perfringens* type C），属于梭菌目（Clostridiales）梭菌科（Clostridiaceae）梭菌属（*Clostridium*）成员。在自然界分布很广，猪舍土壤和垫草中常有本菌存在，也常见于部分母猪肠道中。

本菌为梭菌属中菌体较大的细菌，长2～4.8μm，宽1.0～1.5μm，菌体粗短，两端钝圆，散在或成对排列，有时成短链。在感染的机体内形成明显荚膜。革兰氏染色阳性，但在陈旧培养物可变为阴性。无鞭毛，不能运动。芽孢呈卵圆形，位于菌体中心或偏向一侧，但不易观察。

本菌为专性厌氧菌，但厌氧要求不严格。在牛乳培养基中能迅速分解糖产酸，凝固酪蛋白，产生大量气体，并将凝固的酪蛋白迅速冲散，呈海绵状碎块，称为"暴烈发酵"，这是本菌的特征。在葡萄糖血液琼脂上培养24h，形成直径为3～5mm的灰白色、半透明、表面光滑、边缘整齐、半凸起圆形菌落；菌落周围形成透明的β型溶血环，其外围绕着一圈较宽的不完全溶血区。在葡萄糖琼脂表面上经厌氧培养生长的菌落，在25℃以上的温度中，与空气接触后变成绿色，是本菌的又一特征。

本菌能产生毒力很强的α和β等毒素，是引起动物疾病的重要因素。最近发现了一种新的毒素，即β2毒素（CPB2），其编码基因*cpb2*位于质粒pCP13上，研究表明，产β2毒素的产气荚膜梭菌与仔猪腹泻有密切关系。

［分布与危害］

1. 分布 1955年由英国Field和Gibson首次报道了C型产气荚膜梭菌引起仔猪的坏死性肠炎，随后匈牙利、丹麦、美国、德国、荷兰、加拿大、日本也相继报道了本病的发生。世界上大多数养猪国家和地区均有本病的报道。中国（1964年）也发生过，北京、湖北、江西、广西、河南、黑龙江、上海等地均有本病的报道。

2. 危害 可引起新生仔猪的肠毒血症，且病程短、死亡率高（一般在20%～70%，最高可达100%），给养猪业生产造成较大损失。

［传播与流行］

1. 传播 哺乳仔猪最易感，尤其是1～3日龄仔猪。还可感染绵羊、马、牛、鸡、兔、骆驼和鹿等。

传染源是病猪和带菌的人或畜，特别是肠道带菌的母猪。由于存在于人畜肠道、土壤、下水道和尘埃中的病原，特别是发病母猪肠道中的病原，可随粪便排出；污染哺乳母猪的乳头及垫料，当初生仔猪吮吸母猪乳头或吞入污物时可被感染。

经消化道感染。猪场一旦发生本病，常顽固存在，不易清除。

2. 流行　本病主要侵害1～3日龄的仔猪，一周以上仔猪很少发病。同一猪群不同窝的发病率不同，最高可达100%，病死率一般为20%～70%。

［临床症状与病理变化］

1. 临床症状　C型产气荚膜梭菌引起的坏死性肠炎可分为最急性型、急性型、亚急性型和慢性型，各型的临床症状通常在仔猪出生后的2～3d表现。

最急性型：仔猪出生后，10h内较正常，随后排出血便或昏倒而突然死亡。没有明显症状，多数仔猪在当天或次日死亡。濒死前或死后胀气。

急性型：病猪以排水样稀粪为特征，体温一般不升高，排出大量泡沫，夹有少量灰色坏死组织碎片的红褐色稀粪，有特殊腥臭味。有的病仔猪出现呕吐或发出尖叫。一般发病3d后死亡。

亚急性型：病猪呈持续性腹泻，病初排出黄色软粪，以后变成液状，内含有坏死组织碎片。病猪食欲缺乏，极度消瘦和脱水，一般在出生后5～7d死亡。

慢性型：病猪呈间歇性或持续性腹泻达一周以上，粪便呈灰黄色，黏液样，病猪肛门及尾部附着干的稀粪。病程2周至数周，而后死亡或因无饲养价值被淘汰。

2. 病理变化　C型产气荚膜梭菌引起的肠炎病变局限于小肠和肠系膜淋巴结，以空肠病变最严重，最具特征，有时可波及回肠，但十二指肠一般不受损害。

最急性型病例的空肠出血病变严重（黏膜层和黏膜下层弥漫出血），外观呈暗红色，肠内充满含血的内容物，肠系膜淋巴结呈鲜红色。

急性型病例的空肠出血病变较轻，以坏死性炎症变化为主，表现为肠壁变厚，黏膜附有黄色或灰色坏死性假膜，易剥离，肠管内可见坏死组织碎片，肠系膜及肠系膜淋巴结可见有大量小气泡形成。

亚急性型病例的空肠或回肠病变较重，易碎，以紧贴的坏死性假膜取代黏膜，从肠浆膜外面看去可见到小肠内壁有几条浅灰黄色的纵带。

慢性型病例的空肠可见其肠浆膜面的外观正常，但检查黏膜却有多个线状坏死区。

除空肠有上述特征变化外，还可见到病猪皮下胶样浸润，胸、腹腔、心包腔有樱桃红色积液；心肌苍白、外膜有出血点；肾脏呈灰白色，表面有较多针尖大小不等的出血点，脾边缘有小点出血，膀胱黏膜小点出血。

［诊断与检疫技术］

1. 初诊　根据临床症状和病理变化可做出初步诊断，确诊需进一步做实验室检测。

2. 实验室检测　主要进行病原菌检查、毒素检查、分子生物学检测和酶联免疫吸附试验（ELISA）诊断。

被检材料的采集：无菌采集濒死或死亡不久的仔猪空肠、回肠器官，以及空肠内容物，封装后冷冻送检。

（1）病原菌检查

①涂片镜检：将采集的空肠内容物病料制作切片，革兰氏染色镜检，可见到革兰氏染色阳性、

两端钝圆的单个或成双杆菌时，可作为诊断依据。

②细菌分离：将空肠内容物先接种在厌气肉肝汤中，80℃水浴加热15～20min，然后置于37℃培养，待细菌生长后，移植于葡萄糖血液琼脂平板上，在厌氧条件下培养，能形成双层溶血环的菌落，内层透明，外围有一层不完全的溶血区，接触空气后菌落变绿，为C型产气荚膜梭菌的特征。

③细菌鉴定：分离到细菌后，可进行生化试验，该菌能分解葡萄糖、蔗糖、乳糖、麦芽糖，还原硝酸盐，产生硫化氢，不分解杨苷，不产生靛基质，暴烈发酵牛乳。同时应将分离到的细菌接种在肉肝胃酶消化汤中做毒素试验。取16～20h的肉肝胃酶消化汤培养物，离心，取上清液注射小鼠。如小鼠迅速死亡，证明培养物中含有毒素，再进行中和试验鉴定细菌血清型。如证明所分离的细菌为C型产气荚膜梭菌，即可确诊。

也可采用多重PCR方法鉴定所分离的产气荚膜梭菌血清型。

（2）毒素检查　取刚死亡的急性病猪空肠内容物，加等量灭菌生理盐水搅拌均匀，3 000r/min离心30min后，取上清液经细菌滤器过滤，取滤液0.2～0.5mL腹腔注射16～20g体重的小鼠数只，如在24h内死亡，可证明内容物中含有毒素。为进一步明确所含毒素是否为C型产气荚膜梭菌所产生，可取含毒素的上清液，分别与C型和D型细菌抗毒素做中和试验。如注射与C型细菌抗毒素混合物的小鼠存活，而注射与D型细菌抗毒素混合物的小鼠死亡，则可证明上清液中含有的毒素为C型细菌产生，可据此做出诊断。

（3）分子生物学检测　采用聚合酶链式反应（PCR）诊断和随机扩增多态性DNA（RAPD）技术进行检测。

①PCR诊断：目前已有多重PCR鉴定不同毒素型的产气荚膜梭菌，根据产气荚膜梭菌α、β、ε、τ毒素基因cpa、cpb、etx及iA序列合成了针对4种毒素基因的特异引物，是一种简单的用于产气荚膜梭菌定型的菌落多重PCR方法。

②RAPD技术：不同血清型细菌的RAPD指纹图谱不同，采用RAPD技术对产气荚膜梭菌进行PCR扩增，产气荚膜梭菌A、B、C、D4个型之间的条带差别明显。可以用于产气荚膜梭菌鉴定分型，也可用此方法确定某地区某一微生物的感染情况及其感染源，也可用于发现新的流行菌株，以便及时采取有效的防治措施。

（4）酶联免疫吸附试验（ELISA）诊断　根据产气荚膜梭菌产生的毒素已建立了酶联免疫吸附试验（ELISA）方法、间接酶联免疫吸附试验（I-ELISA）和斑点酶联免疫吸附试验（DOT-ELISA）方法，其中DOT-ELISA方法更适用于现场应用。

3. 鉴别诊断　猪梭菌性肠炎应与仔猪黄痢、仔猪白痢、猪伪狂犬病、猪传染性胃肠炎和猪流行性腹泻病相鉴别。主要从病原分离鉴定进行区别。

［防治与处理］

1. 防治　①给怀孕母猪注射C型产气荚膜梭菌灭活苗，这是预防本病最有效办法。方法：第1胎和第2胎怀孕母猪分别于产前1个月和半个月各注射一次，剂量5～10mL，第3胎怀孕母猪在产前半个月注射一次，剂量3～5mL。②在本病暴发时，对非免疫母猪所产仔猪及早用C型产气荚膜梭菌抗毒素进行被动免疫，可预防本病发生。③加强对猪舍、场地和环境的清洁卫生和消毒工作，特别是对产房和母猪乳头的消毒，可减少本病的发生和传播。

2. 处理　由于本病发病迅速，仔猪日龄太小，病程又短，发病后用药注射效果不佳。当然必要时可用抗生素或磺胺类药物治疗。例如，链霉素5万～8万U肌内注射，每日一次，连用3d；新霉素10万IU肌内注射，每日一次，连用2～3d。

（二）羊猝狙

羊猝狙（struck）是由C型产气荚膜梭菌引起羊的一种传染病，以急性死亡、腹膜炎和溃疡性肠炎为特征。

［病原特性］

病原是C型产气荚膜梭菌（*Clostridium perfringens* type C），属于梭菌目（Clostridiales）梭菌科（Clostridiaceae）梭菌属（*Clostridium*）成员。

本菌为两端略呈切状粗杆菌。菌体单个或2～3个相连或呈短链状。细菌基因组全长为3 085 740nt，有2 849个基因。在培养基中呈多形性，在无糖、镁、钾的培养基中出现丝状。无鞭毛，不运动，革兰氏染色阳性。在肠内容物中易见芽孢，但动物体内极少见。芽孢比菌体略大，为椭圆形，位于菌体中央或偏端。本菌在动物体内有时带荚膜，在加糖类、牛奶或血清的培养基中可形成荚膜。

本菌厌氧不严格，但厌氧下生长迅速。在马丁绵羊血液琼脂培养基上的菌落生长良好，其周围有透明的溶血环（由α毒素所致），环外围绕有部分溶血环（由δ毒素所致）。

本菌滤液中含有C型菌毒素，可致动物死亡及引起组织坏死，毒素毒力强弱与培养基种类、pH及培养条件有关。芽孢在100℃加热5min可失去活力。

［分布与危害］

1. 分布　1929年McEwen和Robert在英国发现本病，之后美国等国家发生该病，1953年我国内蒙古东部地区也曾发生本病流行。

2. 危害　本病发生于成年绵羊，特别1～2岁多见，病程短促，未见症状突然死亡，呈地方流行性，对羊的危害大。

［传播与流行］

1. 传播　本病主要发生于绵羊，山羊较少，尤以2～12月龄膘情好的羊最易发病。不分年龄、品种、性别均可感染，但6个月至2岁的羊比其他年龄的羊发病率更高。

传染源是被C型产气荚膜梭菌污染的牧草、饲料和水源。

传播方式是通过动物采食和饮水，由消化道感染。病菌在肠道中生长繁殖并产生毒素，致使动物形成毒血症而死亡。

2. 流行　多发于冬季和春季，常流行于低洼、沼泽区，并呈地方流行性。

［临床症状与病理变化］

1. 临床症状　病羊的病程很短，一般为3～6h，常未见到症状即急性突然死亡。有时发现病羊放牧中掉群、卧地，剧烈痉挛、咬牙、惊厥，在数小时内死亡。

2. 病理变化　病变主要见于消化道和循环系统。可见第四胃及肠道发炎，十二指肠和空肠黏膜严重充血、糜烂及大小不等的溃疡。大肠壁血管怒张、出血。胸腔、腹腔和心包大量积液，暴露空气后可形成纤维素絮状。心外膜有小点出血，肾变性。死亡后骨骼肌出现气肿和严重出血。

[诊断与检疫技术]

1. 诊断　根据临床症状及病理变化可做出初步诊断，但确诊需进一步做实验室检测。

2. 实验室检测　主要进行病原菌检查、毒素检查、分子生物学检测和酶联免疫吸附试验（ELISA）诊断。

被检材料的采集：无菌采取死亡不久的羊胸腔、腹腔及心包积液，十二指肠和空肠器官，封装后冷冻送检。

（1）病原菌检查　取肠内容物或黏膜坏死部分制作涂片镜检，可见到大量C型产气荚膜梭菌；或取上述样品做细菌分离，并做细菌生化特性试验确定本菌。

（2）毒素检查　取上述样品（肠内容物）离心后，取上清液静脉接种小鼠检测毒素。可用C型和D型产气荚膜梭菌定型血清进行中和试验，可以确定C型菌产生的β毒素。

（3）分子生物学检测

①PCR诊断：用PCR扩增编码细菌毒素的DNA来检测该病原菌，方法参见猪梭菌性肠炎。

②随机扩增多态性DNA（RAPD）技术：可以用于产气荚膜梭菌鉴定分型，方法参见猪梭菌性肠炎。

（4）酶联免疫吸附试验诊断　可用酶联免疫吸附试验检测菌体产生的毒素。方法参见猪梭菌性肠炎。

3. 鉴别诊断　本病应与羊快疫、羊肠毒血症、羊黑疫和羊炭疽相鉴别。鉴别要点见表6-3。

表6-3　羊快疫、肠毒血症、羊猝狙、羊黑疫、羊炭疽的鉴别要点

鉴别要点	羊快疫	羊肠毒血症	羊猝狙	羊黑疫	羊炭疽
发病年龄	6~18月龄多发	2~12月龄多发	1~2岁多发	2~4岁多发	成年羊多发
营养状况	膘情好的多发	膘情好的多发	膘情好的多发	膘情好的多发	膘情差的多发
发病季节	秋季、冬季和早春	牧区：春夏之交（抢青），秋季（草籽成熟时）。农区：夏收、秋收季节	冬季和春季	春季和夏季	夏秋多发
发病原因	多见阴洼潮湿地区；气候骤变，阴雨连绵，风雨交加，吃了冰冻草料	吃了过量谷类或青嫩多汁和富含蛋白质的草料	不完全明了，多见阴洼、沼泽地区	多见阴洼潮湿地区，与感染肝片吸虫有关	气温高，雨水多，吸血昆虫活跃
真胃出血性炎症	很显著，弥漫性或斑块状	非特征性变化	轻微	非特征性变化	较显著，小点状
小肠溃疡性炎症	无	无	有	无	无
肝凝固性坏死灶	无	无	无	有	无
骨骼肌气肿、出血	无	无	死后8h内出现	无	无
肾脏软化	少有	死亡较久者多见	少有	少有	一般无
急性脾肿	无	无	无	无	有
抹片镜检	肝被膜触片常有无关节长丝状的腐败梭菌	血液和脏器组织可见D型产气荚膜梭菌	体腔渗出液和脾脏抹片中可见C型产气荚膜梭菌	肝坏死灶涂片可见两端钝圆、粗大的B型诺维氏梭菌	血液与脏器涂片见有荚膜的炭疽杆菌

[防治与处理]

1. 防治 ①每年定期注射疫苗预防本病，如"羊快疫-猝狙-肠毒血症"三联苗或"羊快疫-猝狙-肠毒血症-羔羊痢疾-黑疫"五联苗。这样可以预防本病发生，尤其在常发地区更要做好防疫工作。②由于病菌广泛存在于自然界，应加强饲养管理，保持环境卫生，尽可能避免因饲料等因素诱发疾病，因此在初春时不能多喂青草和带有冰雪的饲草，放牧时尽可能到高坡地，而尽量少到低洼地。

2. 处理 ①发生本病后要隔离病羊，对病程较长的病羊可用抗生素（如青霉素、磺胺嘧啶）进行治疗。②对未发病羊，应立即转移到高处干燥地区放牧，加强饲养管理，可少喂青饲料，多喂粗饲料，同时进行三联苗或五联苗紧急接种。

（三）羔羊痢疾

厌氧菌羔羊痢疾主要是由B型产气荚膜梭菌引起，有时由D型或C型产气荚膜梭菌引起；非厌氧菌羔羊痢疾主要是由大肠杆菌引起，有时由肠球菌和沙门氏菌引起。混合感染也常有发生。

羔羊痢疾（lamb dysentery）是由B型产气荚膜梭菌引起初生羔羊的急性毒血症，以剧烈腹泻和小肠发生溃疡为特征。

[病原特性]

病原是B型产气荚膜梭菌（*Clostridium perfringens* type B），属于梭菌目（Clostridiales）梭菌科（Clostridiaceae）梭菌属（*Clostridium*）成员。

本菌属短粗杆菌，两端平截或微突，单个或成对排列，也可成丛或呈长链。无鞭毛、不运动。在动物体内形成荚膜，但在普通培养基中不形成荚膜，在脑培养基中培养10d可形成芽孢。细菌基因组全长为3 085 740nt，有2 849个基因。

本菌厌氧要求不严。在含有血液的葡萄糖琼脂平板上，厌氧培养可长出圆形灰白色中央突起的菌落。菌落周围有溶血环，有的菌落可产生双环溶血，内层完全溶血，外层部分溶血。

本菌在培养基中生长17h左右产生的毒素量最高。毒素在60℃ 30min即可破坏，以B型抗毒素血清做中和试验，不能中和A、C、D各型毒素，但对本型（B型）菌中和力最强。

本菌的芽孢在土壤中能存活4年。本菌繁殖体对一般消毒药品抵抗力较弱，有效的消毒药为5%克辽林和6%～10%漂白粉。

[分布与危害]

1. 分布 1923年在英国首先由Dalling报道了B型产气荚膜梭菌能引起本病，而后德国、挪威、希腊、美国等国家也曾流行，现在世界范围养羊的国家都有发生。我国也曾发生过本病，注射三联苗后，疫情逐渐减少。

2. 危害 本病潜伏期短，经过急剧，纯种羔羊发病率一般在50%～80%，甚至可高达90%以上，致死率为30%～50%，给养羊业生产造成严重的经济损失。

[传播与流行]

1. 传播 本病主要发生7日龄以内的羔羊，尤以2～3日龄羔羊发病最多，4～5日龄较少，7

日龄以上罕见。

传染源为病羔羊排出的粪便及其被粪便污染的母羊体表与乳房以及周围环境，病原菌经口进入消化道而感染，也可通过脐带或创伤感染。

本病的发生与外界环境因素、母羊及羔羊机体的内在因素有着密切关系。当母羊孕期营养不良，羔羊体质瘦弱，加之气候骤变，寒冷袭击，哺乳不当，饥饱不均或卫生不良时容易发生。

2. 流行　本病呈地方性流行。

[临床症状与病理变化]

1. 临床症状　分为腹泻型和神经型两类。

腹泻型：自然感染的潜伏期为1～2d。发病羔羊初期精神委顿，低头拱背，不想吃奶，呼吸急促。随后发生持续性腹泻，排出带有充泡的稀粪，粪便恶臭，有的稠如面糊，有的稀薄如水。后期呈水样腹泻，直至排血便，肛门失禁，眼窝下陷，病羊此时极度虚弱，卧地不起，体温下降，常虚脱死亡，病程一般为2～3d。只有少数病轻的，可能自愈。

神经型：发病羔羊表现四肢瘫痪，卧地不起，呼吸急促，口流白沫，最后昏迷，头向后仰或弯向一侧（呈角弓反张），体温降至常温以下。病情严重，且病程很短，如不加紧救治，常在数小时到十几小时内死亡。

2. 病理变化　尸体严重脱水，尾部沾有稀粪。第四胃内有未消化的乳凝块。小肠（特别是回肠）黏膜充血发红，常可见直径为1～2mm的溃疡，其周围有一出血带环绕，肠道中充满血样物。此外，肠系膜淋巴结肿胀、充血或间有出血。心包积液，心内膜有出血点。肺有充血斑和瘀斑。

[诊断与检疫技术]

1. 诊断　根据临床症状和病理剖检变化可做出初步诊断。确诊需进一步做实验室检测。

2. 实验室检测　主要进行病原菌检查、毒素检查、分子生物学检测和酶联免疫吸附试验（ELISA）诊断。

被检材料的采集：生前可采集粪便，死后无菌采取肝脏、脾脏及小肠内容物，封装后冷冻送检。

（1）病原检查　采取肠内容物或病变部肠黏膜涂片染色镜检，可见到B型产气荚膜梭菌。同时进行细菌分离培养。取内容物接种厌气肉肝汤，在80℃水浴中加热15～20min，然后在37℃下培养24h，再将生长的菌液涂于葡萄糖血液琼脂平板上，放在厌氧中培养24h，挑选菌落做生化特性鉴定。

（2）毒素检查　取肠内容物离心，过滤除菌后，取上清液0.1～0.3mL静脉注射小鼠，如小鼠迅速死亡，证明有毒素存在。再用B、C、D型产气荚膜梭菌定型血清做中和试验，如B型血清能中和毒素，则小鼠存活；而C、D型不能中和，小鼠死亡。可以认定是B型菌所产生的毒素。

（3）分子生物学检测

①PCR诊断：用多重聚合酶链式反应（PCR）扩增编码细菌毒素的DNA来检测该病原菌，方法参见猪梭菌性肠炎。

②随机扩增多态性DNA（RAPD）技术：可以用于产气荚膜梭菌鉴定分型，方法参见猪梭菌性肠炎。

（4）酶联免疫吸附试验诊断　可用酶联免疫吸附试验检测菌体产生的毒素。方法参见猪梭菌性肠炎。

3. 鉴定诊断　本病应与沙门氏菌、大肠杆菌和肠球菌所引起的初生羔羊下痢相区别。主要从病原菌的分离与鉴定来区别。

[防治与处理]

1. 防治　①加强饲养管理，增强孕羊体质，同时产羔季节注意保暖，做好卫生消毒隔离工作，及时给羔羊哺以新鲜、清洁的初乳。②每年秋季可给母羊免疫羔羊痢疾菌苗或五联苗，一般在产前14～21d再接种一次，这样可提高母羊的抗体水平，使新生羔羊获得足够的母源抗体。③羔羊在出生后12h内可灌服抗菌药物，每日一次，连用3d，有一定预防效果。

2. 处理　对发病的羔羊可用土霉素、磺胺类药、痢特灵等药物给予治疗，同时采取对症治疗可利于缓解症状。

（四）肠毒血症

肠毒血症（enterotoxaemia）又称"软肾病"，是由D型产气荚膜梭菌引起绵羊的一种急性毒血症。以发病急、病程短、肾软化为特征。

[病原特性]

病原是D型产气荚膜梭菌（*Clostridium perfringens* type D），属于梭菌目（Clostridiales）梭菌科（Clostridiaceae）梭菌属（*Clostridium*）成员。多存在于土壤及病羊的肠道和粪便中，在健康动物的肠道内亦可发现。

本菌为两端呈方形或圆形，短粗大杆菌，单在或成双排列，无鞭毛，不运动。形成芽孢，多呈卵圆形，位于菌体中心或偏一端，使菌体膨胀。革兰氏染色阳性。细菌基因组全长为3 085 740nt，有2 849个基因。

本菌为厌氧菌，但对厌氧要求不严格。在被感染的动物组织渗出物中可见到荚膜，而普通培养基内不易形成，在组织内不形成芽孢，而在肠道内可看到芽孢存在。能产生大量的ε毒素和少量的α毒素，不产生β毒素、γ毒素、δ毒素。

本菌繁殖体在60℃ 15min可杀死，而有芽孢的菌液100℃ 20min才可杀死。用0.1%升汞、3%福尔马林液在30min内可杀死芽孢。

[分布与危害]

1. 分布　世界上大多数养羊地区常有发生，最早发现于澳大利亚，以后新西兰、美国、英国、法国、希腊、巴基斯坦、土耳其、保加利亚、罗马尼亚以及我国东北、西北、华北等都发生过本病。

2. 危害　本病由于发生突然，且很快死亡，对养羊业生产发展带来较大的危害和损失。

[传播与流行]

1. 传播　易感动物为羊，不同品种、年龄的羊都可感染，但主要发生于绵羊，山羊较少，尤其是2～12月龄膘情好的羊最易发病。另外，鹿也可感染。

传染源为病羊和带菌羊，以及被病原菌芽孢污染的饲料、饮水、土壤等。经口感染。

2. 流行　本病流行有明显的季节性，多在春季开始至秋末终止。牧区多以春夏之交，青草萌芽和秋季牧草结籽后的时期；农区发生于秋收季节或收菜时期，因采食了过量谷物或菜根、菜叶而发生。

本病以散发为主，一个疫群内流行多为30～50d。开始较猛烈，连续死亡几天，停几天后又继续发生，到后期病情逐渐缓和，最后自然停止发生。

[临床症状与病理变化]

1. 临床症状　本病潜伏期短，突然发生，很快死亡，很少见到临床症状。人工感染潜伏期只有24h。

最急型：病羊死亡很快。在个别情况下，呈现疝痛症状，步态不稳，呼吸困难，有时磨牙，流涎，短时间内即倒地、痉挛而死。

急性型：病羊食欲消失，粪便带有恶臭味，并混合有血液及黏液。意识不清，常呈昏迷状态，经1～3d死亡。成年绵羊的病程有时可能延长，其表现为有时兴奋，有时沉郁，黏膜有黄疸或贫血。

2. 病理变化　尸体可见腹部膨大，胃内充满食物及气体。大小肠道（尤其是小肠）黏膜充血或出血，腹腔积液呈琥珀色，肾脏充血，肿大，但随着时间的延长，留在未剖开尸体内的肾脏发生进行性的变软。有时在幼羊的肾脏内呈血色乳糜状，故有髓样肾病之称。大羊的肾脏常变软（称为软肾病），肾的这些变化在死后6h最为明显。肝肿大，胆囊肿大。胸腔积有深黄色胸水，心包液增多与心内膜下部溢血。肺气肿，呈紫红色，气管积有泡沫性黏液。硬脑膜有小点出血。全身淋巴结肿大，呈急性淋巴结炎。

[诊断与检疫技术]

1. 初诊　根据临床症状和病理变化做出初步诊断，特别应注意个别羔羊突然死亡的病例。剖检时可见心包扩大，肾脏变软或呈乳糜状；尿检时含糖量明显增加，可做出初步诊断。确诊需进一步做实验室检测病原菌及其毒素。

2. 实验室检测　主要进行病原菌检查、毒素检查、分子生物学检测和酶联免疫吸附试验（ELISA）诊断。

被检材料的采集：从刚死病羊采取有出血点的小肠黏膜及小肠内容物、实质器官及腹腔渗出液，封装后冷冻送检。

（1）病原菌检查　采用肠内容物直接抹片镜检和细菌分离培养与鉴定。

①抹片镜检：将采集的有出血点小肠黏膜或小肠内容物抹片，革兰氏染色镜检，可见大量的产气荚膜梭菌，具有一定诊断意义。

②细菌分离培养与鉴定：将少量肠内容物接种于厌气肉肝汤内，80℃水浴中加热15～30min后置37℃培养24h，再用葡萄糖血液琼脂培养基分离细菌。选取双环溶血，接触空气后变为绿色的菌落。分离后按细菌生化特性进行鉴定。取纯菌厌气肉肝汤培养物离心上清液，加胰酶活化后静脉注射小鼠测定毒素。

（2）毒素检查　将细菌学检验的样品，再与C型和D型产气荚膜梭菌定型血清做中和试验。C型血清无中和作用，小鼠死亡，D型血清中和毒素，小鼠存活，则证明为D型菌产生的毒素。

（3）分子生物学检测

①PCR诊断：用多重聚合酶链式反应（PCR）扩增编码细菌毒素的DNA来检测该病原菌，

方法参见猪梭菌性肠炎。

②随机扩增多态性DNA（RAPD）技术：可以用于产气荚膜梭菌鉴定分型，方法参见猪梭菌性肠炎。

（4）酶联免疫吸附试验（ELISA）诊断　可用酶联免疫吸附试验（ELISA）检测菌体产生的毒素。方法参见猪梭菌性肠炎。

3. 鉴别诊断　本病应与羊的快疫、猝狙、黑疫和炭疽等病相区别。可以通过病原菌的检查和毒素试验来鉴别。

[防治与处理]

1. 防治　①常发地区定期注射三联苗或五联苗。②由于病原菌广泛存在于自然界，平时应加强饲养管理，尤其是农区、牧区在春夏之交避免多喂青草、秋季避免吃过量的结籽饲草，注意合理搭配精饲料、粗饲料和青饲料的比例；放牧时要尽量避免到低洼地，而应到高坡地放牧。

2. 处理　①发病时将病羊隔离，病程稍长的病羊可用抗菌药物治疗或对症治疗。②尚未发病羊转移放牧地，到干燥牧地放牧，同时用菌苗对未发病羊进行紧急免疫。③对病死羊要及时做好无害化处理，并对环境进行彻底消毒，防止病原扩散。

（五）兔产气荚膜梭菌病

兔产气荚膜梭菌病（clostridial disease for rabbit）是由A型产气荚膜梭菌及其毒素引起兔的一种急性肠道传染病，少数为E型产气荚膜梭菌引起。以急剧腹泻、排泄物水样或血样腥臭粪便、病兔迅速死亡为特征。

[病原特性]

病原是A型产气荚膜梭菌（*Clostridium perfringens* type A），为梭菌目（Clostridiales）梭菌科（Clostridiaceae）梭菌属（*Clostridium*）成员。

本菌为粗大杆菌，呈单个或双链，无鞭毛，不能运动。革兰氏染色阳性。在动物体内能形成荚膜。易形成芽孢，呈卵圆形，位于菌体中央或亚中央，但不大于菌体。能产生多种毒素，其中α毒素是其最为主要的毒力因子。

本菌为厌氧菌，但要求不严格。在Zeissler血液琼脂平皿培养基上形成圆形、隆起、光滑、灰白色的纽扣状不透明菌落，多数菌落周围有溶血双环，内环透明的为β溶血，外环较暗为α溶血，好似靶状。在牛乳培养基上产酸，凝固酪蛋白、产气、呈暴烈发酵为海绵状凝固。

[分布与危害]

1. 分布　我国自1980年在江苏首次报道本病以来，目前在不少地区陆续发生。
2. 危害　由于本病发病突然，迅速死亡，给养兔业造成严重的危害。

[传播与流行]

1. 传播　除哺乳仔兔外，不同年龄、品种、性别的家兔对该病原菌均有易感性，毛用兔及獭兔最易发病，1～3月龄幼兔发病率最高。

传染源主要是病兔，但由于A型产气荚膜梭菌广泛存在于土壤、污水、饲料、粪便和动物的肠道内，因此也发生内源性感染。传播途径主要是消化道，其次是皮肤和黏膜损伤感染。

产气荚膜梭菌为条件致病菌，在正常情况下不致病，但在卫生条件差，饲养管理不当，青饲料短缺，粗纤维含量低，饲喂高蛋白饲料或长途运输、气候骤变等条件下可诱发，使家兔肠道内环境发生改变，肠道正常菌群被破坏，有害产气荚膜梭菌大量繁殖，并产生毒素，使兔中毒死亡。

2. 流行　本病一年四季均可以发生，但以冬季和春季多发。

[临床症状与病理变化]

1. 临床症状　潜伏期2～3d，长的可达10d。临床显著特征为急剧腹泻，临死前水泻。

急性病例表现为突然发作，急剧腹泻，很快死亡。有的病兔精神沉郁，食欲减退或不食，粪便不成形，并很快变成带血色、胶冻样、黑色或褐色、腥臭味稀粪，污染后躯。病兔严重脱水，肠内充满气体，四肢无力，呈现昏迷状态，逐渐死亡。发病率为90%，病死率几乎达100%。

2. 病理变化　尸体脱水、消瘦，剖检时腹腔有腥臭气味，胃内积有食物和气体，胃底部黏膜脱落，有出血和大小不一的黑色溃疡。肠壁弥漫性充血或出血，小肠充满气体和稀薄的内容物，肠壁薄而透明。大肠特别是盲肠浆膜黏膜上有鲜红色的出血斑，肠内充满褐色或黑绿色的粪水或带血色粪及气体。膀胱多充满茶色尿液。心外膜血管怒张，呈树枝状。肝质地变脆，脾呈深褐色。肾、淋巴结多数无变化。

[诊断与检疫技术]

1. 初诊　根据临床症状和病理变化可以做出初步诊断，确诊需进一步做实验室检测病原菌及其毒素。

2. 实验室检测　主要进行病原菌检查、毒素检查、分子生物学检测和酶联免疫吸附试验（ELISA）诊断。

被检材料的采集：采取空肠、回肠和盲肠内容物，封装后冷冻送检。

（1）病原检查　进行抹片镜检、细菌分离培养和鉴定。

①抹片染色镜检：取空肠或回肠内容物抹片，革兰氏染色镜检，或肝、脾触片，革兰氏染色镜检，可见大量的革兰氏阳性、两端钝圆的大杆菌，单个或成双排列，有荚膜。

②细菌分离培养与鉴定：取空肠内容物80℃加热10min，2 000r/min离心5min，将上清液接种厌氧肉肝物中培养5～6h，可见培养液混浊，并产生大量气体。另外取肝、脾、心血或肉肝物培养液接种血平板，厌氧培养24h后可见菌落呈正圆形、边缘整齐、表面光滑隆起，直径约2mm，菌落周围出现双重溶血环。然后做进一步的生化试验和血清学定型。

（2）毒素检查　取空肠或回肠内容物，用生理盐水以1∶3稀释，以3 000r/min离心10min，将上清液经Seitz滤器E、K滤板过滤，取滤液注射体重18～22g的小鼠腹腔，每只剂量为0.1～0.5mL。如果小鼠在24h内死亡，则证明有毒素存在。

也可用标准的A型产气荚膜梭菌抗毒素做中和试验以进一步确诊。方法是：取其滤液测定对小鼠的最小致死量后，分别与本菌的A、B、C、D定型血清，各以1∶1混合37℃中和1h。腹腔注射16～20g的小鼠，每只1MLD，观察1周均健活。对照组，取其滤液与灭菌生理盐水1∶1混合37℃下放置1h，腹腔注射16～20g小鼠，每只1MLD。对照组第2天全部死亡。

（3）分子生物学检测

①PCR诊断：用多重聚合酶链式反应（PCR）扩增编码细菌毒素的DNA来检测该病原菌，

方法参见猪梭菌性肠炎。

②随机扩增多态性DNA（RAPD）技术：可以用于产气荚膜梭菌鉴定分型，方法参见猪梭菌性肠炎。

（4）酶联免疫吸附试验（ELISA）诊断　可用酶联免疫吸附试验（ELISA）检测菌体产生的毒素。方法参见猪梭菌性肠炎。

（5）胶体金技术　免疫胶体金试纸条检测魏氏梭菌病可以现场操作，直接取喉气管、泄殖腔棉拭子以及脏器等进行检测，无需仪器设备，操作简单，20min内即可初步判断是否有产气荚膜梭菌存在，可广泛用于产气荚膜梭菌的早期诊断。

3. 鉴别诊断　本病应与兔球虫病、兔巴氏杆菌病、沙门氏菌病和泰泽病等相鉴别，可以从病理剖检变化及病原菌检查来鉴别。如兔球虫病剖检可见肠黏膜或肝表面有淡黄色结节，取结节、肠黏膜或粪便压片镜检，可见球虫卵囊；兔巴氏杆菌病（败血症）由病料涂片经瑞氏或姬姆萨染色镜检可见明显的呈两极浓染的卵圆形杆菌；沙门氏菌病可见肝脏有散在弥漫性针尖大小灰白色坏死灶，蚓突黏膜有弥漫性灰白色粟粒大的小结节，肠淋巴结水肿，从病料中可分离出沙门氏菌；泰泽病剖检肝门静脉附近可见肝小叶和心肌有灰白色针头大或条状坏死灶，病料涂片姬姆萨染色镜检可见成丛的毛发状芽孢杆菌。

［防治与处理］

1. 防治　①有本病史的兔场用A型产气荚膜梭菌苗预防接种。②加强饲养管理、消除诱发因素，精粗饲料要合理搭配，严格执行各项兽医卫生防疫措施。

2. 处理　①发生本病应立即隔离或淘汰病兔，对兔舍、兔笼及用具要进行严格消毒。②病死兔及其分泌物、排泄物一律深埋或烧毁。③对隔离病兔可采用抗血清配合抗菌药物（如庆大霉素、卡那霉素）治疗和对症治疗，剂量：抗血清2～3mL/kg，皮下或肌内注射，一日2次，连用2～3d；庆大霉素口服，每次4万IU，一日2次，连用5d。对症治疗可用5%葡萄糖生理盐水腹腔注射，剂量为每只50～70mL，内服食母生，剂量为每只5～8g和胃蛋白酶，剂量为每只1～2g。

六、副结核病

副结核病（paratuberculosis, PTB）又称约内病（JD）或副结核性肠炎，是由禽分支杆菌副结核亚种引起反刍动物的一种慢性消耗性传染病。以顽固性腹泻、进行性消瘦、肠黏膜增厚并形成皱襞为特征。OIE将其列为必须通报的动物疫病，我国将其列为二类动物疫病。

［病原特性］

病原为禽分支杆菌副结核亚种（*Mycobacterium avium* ssp.*Paratuberculosis*, MAP），又称副结核分支杆菌（*Mycobacterium paratuberculosis*），属于放线菌目（Actinomycetales）棒杆菌亚目（Corynebacterineae）分支杆菌科（Mycobacteriaceae）分支杆菌属（*Mycobacterium*）禽分支杆菌复合体（*Mycobacterium avium complex*, MAC）成员，是禽分支杆菌种（*Mycobacterium avium*）的一个亚种。

本菌为短杆菌，大小（0.5～1.5）μm×（0.2～0.5）μm，无鞭毛，不形成荚膜和芽孢，在病料和培养基上成丛排列。革兰氏染色阳性，姜-尼氏（Ziehl Neelson）抗酸染色阳性，呈红色。

本菌对热和消毒药的抵抗力较强，在污染的牧场、厩肥中可存活数月至一年，直射阳光下可存活9个月，但对湿热的抵抗力弱，60℃ 30min、80℃ 15min即可杀灭。此外，3%～5%苯酚溶液、5%来苏儿溶液、4%福尔马林溶液10min可将其灭活，10%～20%漂白粉乳剂20min、5%氢氧化钠溶液2h也可将其杀灭。

[分布与危害]

1. 分布　本病在1826年就有记载，但到1895年由德国学者Johne和Frothingham最早从病牛组织中发现副结核分支杆菌。1906年丹麦学者Bang人工成功感染犊牛并将其命名为副结核病，也称约内病。目前，本病已广泛流行于世界各国，特别是奶牛饲养规模较大、数量较多的一些国家均有发生。1953年我国首次报道了本病的发生，自1972年以来有些省、自治区、直辖市的种牛场、牧场和奶牛场均有本病发生。

2. 危害　本病主要发生于牛，偶见羊、骆驼、猪、马、鹿。其中以奶牛业和肉牛业发达的国家和地区受害最为严重。

[传播与流行]

1. 传播　本病主要侵害牛（家养牛和野牛），尤其是乳牛、幼牛最易感，但临床症状最早见于青年牛；其次是侵害绵羊和山羊。马、猪、鹿、羊驼、兔、黄鼬和鼬鼠等也有感染病例报道。

传染源主要是病牛和带菌畜，病畜和隐性感染畜均能向外排菌。病菌主要随粪便排出，污染周围环境（如饲料、饮水、用具等）；也可通过乳汁、精液和尿排菌。自然条件下，动物通过采食污染的饲料、饮水等，经消化道被感染；该菌也可通过胎盘垂直感染胎儿；幼畜多通过染疫母畜乳汁或污染乳汁被感染。

2. 流行　本病无明显季节性，但常发生于春季和秋季。主要呈散发，有时可呈地方性流行。感染牛群的死亡率一般为2%～10%，严重时也可高达25%。

[临床症状与病理变化]

1. 临床症状　潜伏期很长，可达6～12个月，更甚可长至数年。

本病为典型的慢性传染病，临床以慢性进程、体温不升高，顽固性腹泻、高度消瘦为特征。病牛起初为间歇性腹泻，以后逐渐发展为经常顽固性腹泻。粪便稀薄恶臭，带泡沫、黏液或血液凝块。随着病程的进展，病畜消瘦，高度营养不良，最后因全身衰弱而死亡（一般经过3～4个月）。

绵羊和山羊的症状相似。病羊呈间歇性腹泻，排泄物软。体重减轻，体温一般正常或略有升高，发病数月后，病羊消瘦、衰弱、脱毛、卧地不起，在病的末期往往并发肺炎，最终死亡。

2. 病理变化　病牛尸体极度消瘦，主要病变在消化道（空肠、回肠、结肠前段）和肠系膜淋巴结。可见肠黏膜增厚达3～20倍，并形成明显的弯曲皱褶，如大脑回纹，黏膜呈黄色或灰黄色。肠系膜淋巴结显著肿大变软，切面湿润，上有黄白色病灶。

绵羊和山羊增厚的肠黏膜多光滑，间或见到无法抹平的轻微皱襞（在小肠的后段更为显著）。

组织学变化可见小肠黏膜（有时也见大肠黏膜）中巨噬细胞高度增生，绒毛胀大而展平，在巨噬细胞中能找到大量的耐酸杆菌。固有层中腺体的数目常减少。晚期病例，在黏膜下层、肌肉层和浆膜下层中也有同种浸润。肠系膜淋巴结中除类上皮细胞的聚集外，还可见到坏死和钙化。

其他器官特别是肝脏的检查常有由巨噬细胞构成的小肉芽肿。

[诊断与检疫技术]

1. 初诊　根据流行病学，一般为散发或地方性流行；临床症状出现持续性腹泻、进行性消瘦等，可疑为本病，但有些疾病也表现类似症状，因此，确诊需进一步做实验室检测。

对个体动物，尤其是先前从未诊断出本病的农场，临床初步诊断应通过实验室检测确证。

2. 实验室检测　临床可疑个体诊断，可通过粪便涂片、粪便和组织培养、DNA探针、血清学检测、剖检和组织学检查等实验室方法。凡检出大体病变并触片检出抗酸性微生物，或者发现特征性显微病变，且培养分离到禽分支杆菌副结核亚种（MAP），即可确诊副结核病（PTB）。

在国际贸易中尚无指定诊断方法，替代诊断方法有补体结合试验（CF）、迟缓型过敏试验（DTH）和酶联免疫吸附试验（ELISA）。

被检材料的采集：采取粪便、直肠黏膜及其刮取物，或病死牛的回肠末端及附近的肠系膜淋巴结进行病原检查和血清学试验。

（1）病原检查　可采取抹片镜检、细菌分离培养

①抹片染色镜检：将带有黏膜及血凝块的粪便，加入4～5倍量的生理盐水搅匀，用纱布网滤过，取滤液离心，然后取沉淀物制作涂片或用肠黏膜或肠系膜淋巴结制成涂片，经萋-尼氏抗酸染色法染色后镜检，如果见到3个或3个以上强抗酸性菌丛（菌体呈玫瑰红色），即可初步诊断为副结核病。但要注意与肠道中非病原性抗酸菌区别（此菌也染成红色，但较粗大、不成团或成丛排列）；若无菌丛仅发现单个抗酸菌时，应判为疑似。

抹片染色镜检不能区分其他分支杆菌，只有很少比例的病例能以粪便检查得出初步诊断结果。

②细菌分离培养：从动物体内分离到MAP菌株即可做出确诊。

粪便培养是活动性副结核病诊断最方便的方法，粪便培养法对临床期内病牛检测敏感性达100%，对临床症状前6个月左右的感染牛也可检出，但对感染早期动物检出率很低。

采用组织病料（牛和山羊）培养法检测MAP的感染率要高于组织病理学检查。

MAP分离培养通常以添加J分支菌素的特殊培养基进行培养，因为以粪便和小肠样品接种培养时，常有其他细菌或真菌疯长，需采取净化措施以灭活此类微生物。目前，分离培养MAP的固体培养基有罗-琼氏培养基（添加草酸和氢氧化钠净化除菌）和海洛德氏（Herrolds's）蛋黄培养基（添加十六烷基氯化吡啶净化除杂菌），两种培养基均含有分支菌素。分离培养MAP的液体培养基有添加蛋黄和分支菌素的BACTEC™ 12B（Middlebrook 7H12）培养基，对绵羊和牛MAP菌株检测比传统的固体培养基敏感性高。

细菌分离培养方法是：将采取的病料接种在海洛德氏卵黄培养基或改良杜博氏培养基，经5～14周观察副结核分支杆菌的菌落生成。如在海洛德氏培养基上形成无色、透明，呈半球状，边缘圆而平，表面光滑，直径1mm的初始菌落；当继续培养时，菌落颜色变暗、表面粗糙，外观呈乳头状，直径为4～5mm。然后用抗酸染色法染色镜检可见菌体呈玫瑰红色的细小杆菌。

（2）分子生物学检测　采用DNA探针与PCR技术进行检测。

①DNA探针：采用DNA探针能够直接检出病料样品中的MAP，此法也可用于MAP分离菌株快速定型，并对MAP及其他分支杆菌进行鉴别。

②聚合酶链式反应（PCR）：通过采用MAP独特的ISMav2、f57和ISMap02序列，可用于

MAP快速鉴定。通过对禽分支杆菌和MAP的共同序列IS1 311进行酶切分析，可以区别此类菌株，并能对绵羊、牛和野牛MAP菌株进行定型。

（3）血清学试验 有补体结合试验（CF）、酶联免疫吸附试验（ELISA）和琼脂凝胶扩散试验（AGID）等方法。牛副结核病血清学检测常用CF和ELISA，并以AGID检测体液免疫，以γ干扰素试验检测细胞免疫。

①CF：为国际贸易中的替代诊断方法。CF是最早用于本病诊断的血清学方法，一直是检测牛副结核病的标准试验，敏感性和特异性可达90%左右。但此试验对于亚临床感染动物（尤其1～2岁青年动物）的诊断价值有限。CF仅适用于检测临床可疑病畜，但因特异性不够而不能用于群体检测。

②ELISA：为国际贸易中的替代诊断方法，ELISA是检测牛血清MAP抗体最敏感和最特异的方法。对临床病例检测，ELISA与CF敏感性相当，但对亚临床感染的带菌动物检测，ELISA敏感性优于CF。血清经草分支杆菌（*M.phlei*）吸附后，可明显提高ELISA的特异性，减少假阳性的发生。

③AGID：可用于临床疑似牛、绵羊和山羊的副结核病确诊。

（4）细胞介导免疫检测 有γ干扰素试验和迟发型过敏反应（DTH）。

①γ干扰素试验：此试验的原理是以特异抗原（如禽纯化蛋白衍生物结核菌素、牛PPD结核菌素或副结核菌素）致敏的淋巴细胞，孵育18～36h后能产生γ干扰素；牛γ干扰素可通过以两株抗γ干扰素单克隆抗体的夹心ELISA进行定量检测。

②DTH：是副结核皮内变态反应，为国际贸易中的替代诊断方法。一般使用提纯副结核菌素（PPD）或提纯禽结核菌素，进行皮内注射。试验方法为：菌素效价为25 000IU/0.5mg，对牛、山羊、绵羊均于颈部中1/3处皮内注射0.1mL。注射后分别于48h及72h观察2次，于72h进行判定结果：皮厚差为4.0mm以上，并有红、肿、热、痛的炎性肿胀者，判为阳性反应；皮厚差为2.1～3.9mm，有轻度炎性肿胀者，判为疑似反应；对疑似反应者在30d后再做1次皮内变态反应，如第2次出现阳性或疑似者判为阳性反应，出现阴性者判为阴性反应；皮厚差为2.0mm以下，并无炎性肿胀者，判为阴性反应。鹿DTH阳性反应可能为弥漫性斑点，而非明显肿胀，因而结果判定较困难，但只要出现肿胀就应判为阳性。

部分亚临床感染携带者，早期可检出DTH，但随着病情发展，DTH减弱；临床病例可能无DTH。

迟发型过敏反应现在只能用于控制计划开始前的预备试验，仅能用于群体试验，揭示有被致敏的动物。

［防治与处理］

1. 防治 ①加强饲养管理，搞好环境卫生和消毒工作。②严禁从疫区引进种牛和种羊。③定期检疫，对疫区的牛每年定期进行4次（间隔3个月）变态反应或ELISA检疫，连续3次检疫为阴性牛，可视为健康牛群。

2. 处理

（1）变态反应阳性牛可按照不同状况采取不同方法处理

①有明显临床症状的开放性病牛或细菌学检查阳性的病牛应及时捕杀处理。但对妊娠后期母牛可在严格隔离，保证不扩散病菌下于产犊后3d捕杀处理。

②对变态反应阳性牛，采取集中隔离，分批淘汰。在隔离期内要加强临床检查和细菌学检查，发现有临床症状或细菌学检查阳性牛，应及时捕杀处理。

③对变态反应疑似牛，每隔15～30d检疫一次，连续3次检疫为疑似的牛，可酌情处理。

（2）消毒　对病牛用过的用具、饲槽、圈舍、栏杆、运动场地等，要进行严格消毒，可用生石灰、来苏儿、氢氧化钠、漂白粉、石炭酸等消毒药进行喷雾、浸泡或冲洗。病畜粪便要用堆积高温发酵处理后才可用作肥料。

七、弓形虫病

弓形虫病（toxoplasmosis，TP）又称弓形体病，是由刚地弓形虫引起多种哺乳动物和人共患的寄生虫病。本病多为隐性感染，显性感染临床症状复杂。主要表现为发热、腹泻、呼吸困难和中枢神经系统疾病，怀孕母猪可能流产、产弱胎或死胎，剖检以肺间质、淋巴结水肿为特征。我国列为二类动物疫病。

[病原特性]

病原为刚地弓形虫（*Toxoplasma gondii*，TG），属于顶复门（Apicomplexa）球虫纲（Coccidia）真球虫目（Eucoccidiorida）肉孢子虫科（Sarcocystidae）弓形虫属（*Toxoplasma*）成员。

多数学者认为刚地弓形虫只有一个种和一个血清型，但根据地域、宿主、毒力、生活史及发育时间差异，可分为不同的虫株。从基因水平上，可将刚地弓形虫分为Ⅰ型、Ⅱ型和Ⅲ型3个基因型，其中以Ⅰ型致病力最强。

刚地弓形虫为专性细胞内寄生虫，生活史可分为两个阶段：无性繁殖阶段和有性繁殖阶段。无性繁殖阶段在中间宿主（温血动物，包括猫）中进行；有性繁殖阶段在终末宿主（猫科动物）中进行。

无性繁殖阶段虫体又可分为速殖子（tachyzoite）和缓殖子（bradyzoite）。急性感染期，速殖子钻入宿主细胞中快速增殖，致使细胞破裂，虫体被释放到周围组织或进入血液；当宿主产生免疫力时，虫体转入缓殖子阶段，在包囊内缓慢增殖，造成持续感染。包囊最常见于脑和骨骼肌中，是人的重要感染源。急性感染动物在腹水、肺触片以及肝脏和其他感染器官病理切片中可观察到速殖子。

有性繁殖在终末宿主猫的肠道上皮细胞中进行，并在此处形成卵囊。原发感染猫经粪便排卵囊数天。卵囊在环境中经1～5d发育形成具有感染性的孢子化卵囊，孢子化形成取决于湿度和温度等。

速殖子又称滋养体（trophozoite），呈香蕉形或半月形，一端较尖，另一端钝圆；一边扁平，另一边较膨隆；大小为（4～7）μm×（2～4）μm，平均为1.5μm×5.0μm。经姬氏或瑞氏染色后，胞质呈蓝色，胞核呈紫红色，位于虫体中央。见于急性病例腹水、血液或组织内。

包囊（cyst）或称组织囊（tissue cyst），见于慢性病例的脑、骨骼肌、心肌和视网膜等处。包囊呈卵圆形或椭圆形，直径5～100μm，具有一层富有弹性的坚韧囊壁，内含数个至数千个虫体。囊内的虫体称缓殖子，缓殖子形态与速殖子相似，但虫体较小，核稍偏后。

卵囊呈椭圆形或类圆形，近乎无色，囊壁薄，大小为长11～14μm，宽9～11μm，见于猫科动物（家猫、野猫及某些野生猫科动物）粪便中。孢子化后每个卵囊内含2个孢子囊，每个孢子囊含4个子孢子。孢子化卵囊被易感动物摄入后，释放出子孢子，子孢子进入细胞而形成感染。孢子化卵囊抵抗力很强，在环境中一年或更长时间内仍具感染性。

总之，刚地弓形虫发育需以猫及其他猫科动物为终末宿主。人、畜、禽及许多野生动物为中间宿主。当中间宿主吃下包囊、速殖子或卵囊均可感染，虫体进入宿主有核细胞内进行无性繁殖。

［分布与危害］

1. 分布 1908年尼科尔（Nicolle）和曼西厄克斯（Manceaux）从北非的一种小啮齿动物——刚地梳趾鼠的肝、脾中见到这种寄生虫。1909年将其定名为刚地弓形虫。以后陆续在世界各地多种哺乳动物（包括人）及鸟粪中发现了弓形虫。流行非常广泛，为世界性人畜共患寄生虫病。

2. 危害 弓形虫病的显性感染多发于胎儿及年幼动物，且症状严重，死亡率高，给畜牧业生产带来严重的威胁，同时可感染人，具有重要的公共卫生学意义。

［传播与流行］

1. 传播 在自然界，猫科动物和鼠是天然疫源。所有温血动物均可感染弓形虫，包括猪、牛、羊、鸡等，且多为隐性感染。在我国猪弓形虫感染率在4%～71.4%。家兔、小鼠、豚鼠均易感。已经证明，至少有200种哺乳动物可被弓形虫感染。动物感染率相当高，有的地区可达到80%以上。

患弓形虫病的动物是最重要的传染源，几乎所有温血动物都可能成为人弓形虫病的感染来源。其中，猫科动物通过粪便排出卵囊，是人弓形虫感染的重要传染源。被卵囊污染的饲料、水源、食品或蔬菜等如被动物或人摄入即造成感染；病畜和带虫动物，其血液、肉、乳汁、内脏以及多种分泌液中都可能有弓形虫，均可成为人和其他动物的传染源。

传播途径可通过被感染的孕畜或孕妇的胎盘传给后代；也可通过乳汁感染幼畜；在输血和脏器移植时也可传播本病。还可通过食粪甲虫、蟑螂、蝇和蚯蚓等机械性传播卵囊，以及通过吸血昆虫和蜱等传播本病（表6-4）。

表6-4 弓形虫感染的主要感染来源和感染途径

	感染来源	不同发育阶段虫体	入侵途径	感染动物
先天感染	母体感染	速殖子	胎盘	所有温血动物
后天感染	感染动物肉	包囊	口、皮肤创伤	人、肉食动物
	感染猫类	卵囊	口	所有温血动物
	感染动物的分泌及排泄物	速殖子	皮肤创伤、眼黏膜	所有温血动物

2. 流行 本病无明显的季节性，但一般秋天较多。寒冷、运输、环境突变、妊娠、寄生虫侵袭和继发感染等均可成为应激因素而诱发本病。

［临床症状和病理变化］

1. 临床症状

（1）猪 散发或暴发，断奶后的仔猪感染后易发病，潜伏期3～7d，常表现为急性，表现体温升高（40～42℃），呈稽留热，精神沉郁、食欲减退或废绝。多便秘。呼吸困难，咳嗽和流涕。

体表淋巴结肿胀，尤其是腹股沟淋巴结明显肿大，耳、下腹及下肢等处皮肤发绀。后躯麻痹，共济失调，站立困难。病程7～15d。如果不死可转为慢性或逐渐康复。

慢性病猪呈发育不良及腹泻，并有失明和神经症状。

妊娠母猪感染后，发生死胎、流产及初生仔猪急性死亡、衰弱或畸形。

（2）绵羊　病羊发热，肌肉强直，呼吸困难，有鼻液，妊娠母羊早期感染可引起流产，晚期感染引起新生羔羊死亡或发育不正常。

（3）牛　本病较少见，犊牛呈现呼吸困难，咳嗽，发热，精神沉郁，腹泻带血便，虚弱，常于2～6d死亡。成年牛在病初极度兴奋，其他症状与犊牛相似。母牛表现不一，有的可发生流产；有的发热，呼吸困难，乳房炎，腹泻和神经症状；有的无任何症状，但在乳汁中发现弓形虫虫体。

（4）猫　急性表现为高热，厌食，嗜睡，黄疸，死前呼吸困难；慢性表现为厌食，中枢神经障碍，流产及死胎。

（5）犬　常发于母犬及幼犬，表现为发热，沉郁，厌食，咳嗽、呼吸困难，战栗，共济失调，早产及流产。

（6）兔　急性表现为发热，厌食，呼吸频繁，眼鼻有分泌物，随后出现神经症状及后躯麻痹；慢性表现为厌食、消瘦、贫血及后躯麻痹，大多可逐渐康复。

2. 病理变化　感染弓形虫后，虫体经血液移行到全身各脏器组织，形成活动性病灶而呈急性发病经过，常可引起死亡；亚急性或慢性经过时，弓形虫局限于脑和肌肉内形成包囊。急性发病动物均可见到比较特征性的病理变化，全身淋巴结肿大，充血、出血，或坏死（尤以胃、肝门、肺门及肠系膜淋巴结更为显著）；肺出血，有不同程度的间质水肿，并可见出血点；肝有点状出血和灰白色或灰黄色坏死灶；脾有丘状出血点；胃底部出血，有溃疡；肾脏有出血点和坏死灶；大小肠均有出血点；心包、胸腹腔有积液；体表出现紫斑；常有纤维素性胸膜炎、胸水和腹水。

病理组织学的特征性变化为各脏器组织网状内皮细胞活化，常有变性坏死灶。坏死灶界限明显，周围可见弓形虫速殖子。淋巴结的坏死灶较大，其他实质脏器的坏死灶较小且数量较多。

[诊断与检疫技术]

1. 初诊　根据临床症状和病理变化，可做出初步诊断，确诊需进一步做实验室检测。

2. 实验室检测　有病原学（虫体）检查和血清学检查。

被检材料的采集：生前检查可采取病人、病畜发热期的血液、脑脊液、眼房水、尿、唾液以及淋巴结穿刺液；死后采取心血、心、肝、脾、肺、脑、淋巴结及胸、腹水等；流产病例无菌采取胎儿和胎膜。此外，猫还应收集粪便，以检查是否有卵囊存在。

（1）病原检查

①涂片染色镜检：将采取的病变组织肝、肺、脾或淋巴结（胃、肝门、肺门、肠系膜）制成切面压印片，胸、腹水材料（用1 500～2 000r/min离心5min）以沉淀物做涂片，然后用姬姆萨、过碘酸复红、瑞氏或荧光抗体（FA）等染色，400倍以镜检虫体。一般用姬姆萨、过碘酸复红染色较好。也可用吖啶橙染色后，用荧光显微镜检查。如动物生前用过磺胺药治疗，则在涂片中不易找到虫体。

荧光抗体染色法：将被检组织压印片，用冷丙酮（4℃）固定10min，以pH 8.0的0.01mol/L磷酸盐缓冲液（PBS）稀释荧光抗体（预先制备好后分装置－20℃保存备用），工作浓度为1∶16，将已稀释的荧光抗体滴于固定的压印片上，以盖满组织为宜，置37℃湿盒内30min。用自来水洗去玻片上的荧光抗体，以0.01%伊文思蓝对比染色（滴加后立即洗去），加缓冲甘油封片，以高倍明视野镜检。阳性标本可见到月牙形，核不显色的黄绿色虫体。

②虫体分离：以无菌操作方法采取胸、腹水离心沉淀物的生理盐水悬浮液或血液0.5~1mL接种小鼠腹腔，或可采取约10g肝、脾、肺及淋巴结等脏器，磨碎后加生理盐水10~20mL制成乳剂（如果内脏已腐败可采取脑材料），然后用一层纱布滤过，并以2 000r/min离心5~10min，弃去上清，沉淀物用5mL生理盐水悬浮，每只小鼠腹腔注射1mL。每只小鼠的接种材料中可加入青霉素2 000IU及链霉素4mg。接种后观察小鼠一个月，一般接种后10~20d发病，食欲减少，腹水增加，这时可取小鼠腹水、肺、脾及肝等检查虫体。结果为阴性时，可将小鼠内脏盲传代（2~3代）。如小鼠不发病，可在30~40d后将其扑杀，镜检脑组织压片中的包囊，并收集血液做血清学检验。

对疑似病料，通过小鼠盲传3代后不发病，血清学检验为阴性，在脑组织中也没有发现包囊时，判为阴性。

对隐性感染动物，一般采取横膈肌或脑10g，磨碎后加入10倍的0.25%~0.5%胰酶盐水，室温中消化60min，纱布过滤，离心，收集沉淀物，以生理盐水洗涤一次后，5mL生理盐水悬浮，每只小鼠腹腔注射1mL用于后续分离虫体。

③核酸鉴定：检测刚地弓形虫DNA聚合酶链式反应（PCR）有多种，如实时聚合酶链式反应（rtPCR）、套式聚合酶链式反应（n-PCR）等。

rtPCR：常用于扩增并定量刚地弓形虫 *B1* 基因，可用于确定组织和体液中寄生虫数量。rtPCR优点是高度敏感特异，但需专业检测设备。

n-PCR：可扩增刚地弓形虫DNA中B1重复序列。刚地弓形虫DNA可从胎盘中枢神经、心脏和骨骼肌等组织中抽提和纯化。

④卵囊检查：猫粪如干硬，可加水软化后再将水倒掉，加入10倍量的蔗糖溶液（砂糖53g，加水100mL，加入0.8%的酚防腐，相对密度1.15）作成粪汁，用两层纱布过滤，将滤液以1 000~3 000r/min离心5~10min，吸取最表层液1~2滴置于载玻片上，加盖玻片，静置5min后镜检。弓形虫卵囊约为红细胞的2倍，约为猫等孢球虫卵囊的1/4或猫蛔虫卵的1/8~1/6。

对弓形虫卵囊的确诊应做小鼠接种。方法：取上述分离的上层液0.5mL，加入2%硫酸液5mL，在室温内放置1周以上，待卵囊成熟，以0.1%酚红作为指示剂，用3.3%氢氧化钠液中和硫酸后，腹腔接种小鼠，接种后的观察同虫体分离。

（2）血清学检查　检测刚地弓形虫抗体的血清学方法有染色试验（DT）和免疫荧光试验（IFT），直接凝集试验（DAT），间接血凝试验（IHA）和乳胶凝集试验（LAT），酶联免疫吸附试验（ELISA）等。现介绍5种方法。

①DT：是人血清刚地弓形虫（TG）抗体检测的"金标准"血清学试验。其原理是用新鲜细胞外的弓形虫速殖子在辅助因子（AF）存在下，与抗血清作用后可引起虫体细胞变性，导致对亚甲蓝（或碱性美蓝）不着色。

DT方法为：取刚地弓形虫活速殖子，加补体辅助因子（AF）和待检血清，置37℃孵育1h，然后以亚甲蓝染色。当有特异抗体（阳性血清）存在时，寄生虫膜通透性增加，胞质流出，速殖子不能与染料结合而呈无色；当无特异抗体（如阴性血清）存在时，速殖子能吸附染料而呈蓝色。DT所需的速殖子应尽可能以组织培养法而不以鼠腹膜接种繁殖。

此试验对人血清具有特异性和敏感性，但对其他动物检测不一定可靠。此外，DT需要活的虫体和含有辅助因子的正常人血清，因而不便于普及推广。

②IFT：以灭活完整的速殖子与被检稀释血清一起孵育，然后添加适量的荧光标记抗血清，在荧光显微镜下观察结果。

此试验虽简便、应用广泛，但存在不足之处：一是以肉眼判读，结果存在因人而异的问题；二是某些特异的标记物不易找到；三是与类风湿因子和抗核抗体存在交叉反应。

③DAT：将福尔马林处理的速殖子置U形微量板孔中，然后加入稀释的待检血清样品。阳性样品将出现凝集反应，而阴性样品则在孔底部形成纽扣状的速殖子沉淀。

此试验既敏感、特异，又易于操作，但需较多的抗原。

DAT和乳胶凝集试验（LAT）一样，不存在种特异性，故适合所有刚地弓形虫（TG）虫种检测。

④IHA：是采用96孔V形微量血凝反应板，孔底为90°，为排除被检血清与绵羊红细胞产生非特异性凝集（异嗜性凝集），每份被检血清滴2行，一行作为测定血凝效价，另一行滴对照红细胞。此法常用。

⑤ELISA：是依据底物颜色变化程度界定溶液中的特异性抗体的含量。

最初的ELISA方法是：采用弓形虫RH株速殖子制备可溶性抗原；取抗原置微量平板孔中，加入待检血清，再滴加种抗酶标记物（如辣根过氧化酶标记的抗绵羊IgG）；种抗酶可引起底物变色，而底物与待检抗体量直接相关，以特定光谱的分光光度计判读进而对待检抗体进行定性或定量分析。

目前已建立了动态ELISA（KELA）方法，可以测量标记酶与底物溶液间的反应速率。ELISA与KELA关联度非常高，均是诊断本病的优良方法。

另外，对猪弓形虫病检测用皮内变态反应试验。

3. 鉴别诊断　刚地弓形虫（TG）可引起绵羊和山羊流产，应与绵羊地方性流产、Q热、胎儿弯曲杆菌病、沙门氏菌病、边区病、蓝舌病、赤羽病和韦塞尔斯布朗病（WD，又称绵羊肌痛症）相鉴别。同时刚地弓形虫（TG）可引起猪流产，应与猪布鲁氏菌病相鉴别。

［防治与处理］

1. 防治　①畜舍保持清洁，定期消毒。②严格防控猫及其排泄物对畜舍、饲料和饮水等的污染。③消灭鼠类。④严禁将被病畜污染的物品饲喂猫和其他肉食动物。

2. 处理　①将屠宰场检出的肉尸和内脏用于工业或销毁。②对死于本病和可疑的畜尸按照《畜禽病害肉尸及其产品无害化处理规程》（GB16548—1996）规定处理。

八、棘球蚴病

棘球蚴病（echinococcosis/hydatidosis，E/H）又名包虫病，是由带科、棘球属绦虫幼虫寄生于牛、羊、猪及人等多种哺乳动物的肝、肺及其他内脏器官内所引起的人畜共患寄生虫病。成虫寄生于犬科动物的小肠中，幼虫主要寄生于肝、肺等处。家畜以绵羊和牛受害最重。OIE将其列为必须通报的动物疫病，我国列为二类动物疫病。

［病原特性及生活史］

病原为细粒棘球绦虫（*Echinococcus granulosus*）、多房棘球绦虫（*E. multilocularis*）、少节棘

球绦虫（*E. oligarthrus*）、伏氏棘球绦虫（*E. vogeli*）、石渠棘球绦虫（*E. shiquicus*）5个种，它们均隶属于扁形动物门（Platyhelminthes）绦虫纲（Cestoda）真绦虫亚纲（Eucestoda）圆叶目（Cyclophyllidea）带科（Taeniidae）棘球属（*Echinococcus*）成员。棘球属绦虫主要鉴别特征见表6-5。我国引起动物和人棘球蚴病的病原是细粒棘球绦虫和多房棘球绦虫的棘球蚴，其中又以细粒棘球绦虫为多见。

表6-5　棘球绦虫虫种特征

项目	细粒棘球绦虫	多房棘球绦虫	少节棘球绦虫	伏氏棘球绦虫	石渠棘球绦虫
分布	世界性分布	北半球区域	新热带区	新热带区	西藏高原
终末宿主	犬	狐	野生猫科动物	丛林犬	藏狐
中间宿主	偶蹄动物	田鼠类	新热带鼠	新热带鼠	高原鼠兔
成虫体长(mm)	2.0～11.0	1.2～4.5	2.2～2.9	3.9～5.5	1.3～1.7
成虫节片数	2～7	2～6	3	3	2～3
大成虫大钩长（μm）	25.0～49.0	24.9～34.0	43.0～60.0	49.0～57.0	20.0～23.0
小成虫小钩长（μm）	17.0～31.0	20.4～31.0	28.0～45.0	30.0～47.0	16.0～17.0
成虫睾丸数	25～80	16～35	15～46	50～67	12～20
成虫生殖孔位置（成节）	近中	中前	中前	中后	近上端
成虫生殖孔位置（孕节）	中后	中前	近中	中后	中前
成虫孕卵子宫	分支，有侧囊	囊状	囊状	管状	囊状
成虫中绦期及出现部位	单房囊，内脏	多房囊，内脏	多房囊，肌肉	多房囊，内脏	单房囊，内脏

注：引自《一二三类动物疫病释义》，2011。

1. **细粒棘球绦虫**　成虫体长2～11mm，有2～7个节片（平均3～4个节片）；倒数第二节片为成熟节片，成熟节片生殖孔位于中间，最末节片为孕卵节片（长度超过全虫长度的1/2），孕卵节片生殖孔位于中后方；头节顶突上有两圈大小不一的小钩，外圈钩长25～49μm，内圈钩长17～31μm；孕卵子宫发育良好，子宫侧支12～15对，充满虫卵（500～800枚或更多），虫卵大小为（32～36）μm×（25～30）μm。

幼虫期（或称中绦期，即细粒棘球蚴）为单囊或包囊，大小不一，小至豆粒，大至人头（单囊直径可达30cm）。囊内含无色或微黄色透明液体，囊壁分两层，外层角质层，内层生发层（或称胚层），在内面的胚层上长出许多原头蚴（即头节），原头蚴可转化为子囊。子囊的构造与母囊一致，以同样的方式在内壁上长出原头蚴和孙囊。细粒棘球蚴通常寄生在绵羊、山羊、黄牛、水牛、牦牛、骆驼、猪、马及多种野生动物和人的肝脏、肺脏中，也可寄生在其他内脏器官，该阶段感染称为囊型棘球蚴病（CE）。

根据基因型差异，可将细粒棘球绦虫分为G1～G10不同基因型，即犬/绵羊株（G1）、塔斯马尼亚绵羊株（G2）、犬/水牛株（G3）、犬/马株（G4）、犬/牛株（G5）、犬/骆驼株（G6）、犬/猪株（G7）、犬或狼/驯鹿株（G8）、猪株（G9）、麋鹿株（G10）。除G4外，其他基因型均可感染人（表6-6）。

2. **多房棘球绦虫**　成虫体长1.2～4.5mm，有2～6个节片（平均3～4个节片）；倒数第二节片为典型性成熟节片，成熟节片和孕卵节片生殖孔均位于中前方，孕卵子宫呈囊状；吻部有两排大小不一的钩，外排（大钩）长24.9～34.0μm，内排（小钩）长20.4～31.0μm。

表6-6　细粒棘球绦虫不同虫株（基因型）的宿主和地理分布

虫株/基因型	中间宿主和异常宿主	终末宿主	地理分布
犬/绵羊株（G1）	绵羊、牛、猪、骆驼、山羊、人	犬、狐狸、澳洲野犬、狐狼、土狼	澳大利亚大陆、欧洲、美国、新西兰、非洲、中国、中亚、南美、俄罗斯
塔斯马尼亚绵羊株（G2）	绵羊、人、牛	犬、狐狸	塔斯马尼亚、阿根廷
犬/水牛株（G3）	水牛、牛、人	犬、狐狸	亚洲
犬/马株（G4）	马、其他马属动物	犬	欧洲、中东、南非、新西兰、美国
犬/牛株（G5）	牛、人	犬	欧洲、南非、印度、斯里兰卡、俄罗斯
犬/骆驼株（G6）	骆驼、山羊、牛、人（未确定）	犬	中东、非洲、中国、阿根廷、加拿大
犬/猪株（G7）	猪、人（未确定）	犬	欧洲、俄罗斯、南非、南美
犬或狼/驯鹿株（G8）	麋、鹿、驯鹿、人（未确定）	狼、犬	南美、欧亚大陆、加拿大
猪株（G9）	猪、人（未确定）	犬（未确定）	波兰、加拿大
麋鹿株（G10）	麋、人（未确定）	狼、犬	加拿大
狮/斑马株	斑马、羚羊、疣猪、南非野猪、水牛、长颈鹿、河马（未确定）	狮	非洲

注：引自《一二三类动物疫病释义》，2011。

中绦期（多房棘球蚴）为多房囊结构，由直径不到几毫米的小泡集聚而成。囊蚴与细粒棘球蚴不同，基质常为半固体而非液体。囊蚴以外出芽方式增殖，常致使组织浸润，通常寄生在田鼠等啮齿动物和人的肝脏；也可寄生在牛、绵羊、猪等动物，但不能发育至感染阶段。该阶段感染一般称为泡型棘球蚴病（AE），亦称"虫癌"。

虽目前尚缺乏划分虫株或基因型的明显证据，但有人按地理差异将多房棘球绦虫分为欧洲、阿拉斯加、北美和北海道4个地理分离株。

3. 少节棘球绦虫　成虫体长2.2～2.9mm，有3个节片，倒数第二节片为成熟节片，成熟节片生殖孔位于中前方，孕卵节片生殖孔靠近中部，孕卵子宫呈囊状。

中绦期（少头棘球蚴）呈多囊性，各室分隔并充满液体；原头节上吻钩长25.9～37.9μm，平均33.4～37μm；多寄生在内脏器官和肌肉部位。

4. 伏氏棘球绦虫　成虫体长2.9～5.5mm，一般有3个节片，倒数第二节片为成熟节片，成熟节片和孕卵节片的生殖孔均位于中后方，孕卵子宫相对较长呈管状，无侧囊。

中绦期（伏氏棘球蚴）呈多囊性，各室分隔并充满液体，其形态与少头棘球蚴形态相似，伏氏棘球蚴吻钩长19.1～43.9μm（平均41.64μm），大小吻钩长30.4～36.5μm（平均33.65μm）；而少头棘球蚴吻钩长25.9～37.9μm（平均33.4～37μm），大小吻钩长22.6～29.5μm（平均25.45μm）；钩鞘与钩的比例，伏氏棘球蚴为30：70，而少头棘球绦虫为50：50。通过上述的原头节吻钩大小和比例，可将伏氏棘球蚴与少头棘球蚴两者相鉴别。伏氏棘球蚴多寄生在内脏器官。

伏氏棘球绦虫为人畜共患病病原，其幼虫引起的感染常称为多囊棘球蚴病（PE）。

5. 石渠棘球绦虫　成虫体长1.3～1.7mm，形态与多房棘球绦虫相似，但吻钩较小，节片较少，体节只有2个节片，孕卵节片直接与未成熟节片相连（这是该寄生虫的独特特征，而其他4种棘球绦虫，其孕卵节片均与成熟节片相连），生殖孔位于未成熟节片上端，孕卵节片中卵较少。

中绦期（石渠棘球蚴）呈单房微囊结构，内含发育完全的育囊，但囊内无子囊出现（这一点可与细粒棘球绦虫鉴别），通常寄生在肝脏。

棘球绦虫的生活史需要2个哺乳动物作为宿主才能完成。其终末宿主均为肉食动物，如犬、狼、狐狸、猫等。中间宿主的范围广泛，细粒棘球绦虫的中间宿主为猪、牛、绵羊、马等家畜及多种野生动物和人；多房棘球绦虫的中间宿主为田鼠、麝鼠、旅鼠、大沙鼠、小鼠等啮齿类和牛、绵羊、猪以及人；少节棘球绦虫的中间宿主为毛臀刺鼠和斑豚鼠等大型啮齿动物；伏氏棘球绦虫的中间宿主为斑豚鼠等大型啮齿动物；石渠少节棘球绦虫的中间宿主为高原鼠兔。当含卵体节和虫卵随终末宿主粪便排到体外，中间宿主由于吞食了感染性虫卵而引起感染。虫卵进入胃和小肠后，六钩蚴孵出，钻进肠壁，经静脉管，随血流达肝、肺等其他器官和组织，在此经6～12个月发育为棘球蚴（幼虫）。棘球蚴刚开始发育时体积很小，以后逐渐长大，约需5个月才形成生发囊和原头蚴。含有生发囊和原头蚴的棘球蚴被终末宿主，如犬、狼、狐狸等吞食后，在胃蛋白酶和十二指肠pH的改变以及胆汁的作用下，原头蚴顶突外翻，感染后4～6周便在小肠肠壁隐窝内发育为成虫（在犬体内发育为成虫时间，细粒棘球绦虫最短约1个月，最长要3个月）。

绦虫虫卵在外界环境中，对理化因素有很强的抵抗力，如酸碱和一般常用消毒液（70%酒精、10%甲醛及0.4%来苏儿等）均不能将其杀死。虫卵对低温的耐受力很强，但在高温和干燥中很快死亡。

［分布与危害］

1. 分布　本病为世界性分布，尤以放牧羊、牛的地区为多。其中，细粒棘球蚴病呈全球性分布，尤以犬/绵羊株（G1）流行范围最广，分布于地中海地区、南美、非洲、中东及黎凡特地区、俄罗斯、中亚、中国、大洋洲以及英国；多房棘球蚴病分布于北半球区域，我国新疆、青海、宁夏、甘肃、内蒙古、四川和西藏等地流行；少节棘球蚴病和伏氏棘球蚴病分布于新热带区；石渠棘球蚴病分布于西藏高原。

2. 危害　本病严重影响动物的生长发育，导致乳、肉、毛的产量和质量降低，甚至引起动物死亡。近年发病人群显著增加，因此不仅引起畜牧业经济巨大损失，而且严重影响人类健康，具有重要的公共卫生学意义。

［传播与流行］

1. 传播　细粒棘球绦虫主要在家养犬与偶蹄动物间传播，以犬-绵羊循环最为重要。狼或鹿等也可成为终末宿主或中间宿主。据报道，该虫种可在50多种哺乳动物体内寄生，尤以绵羊、牛、猪及人易感，其中绵羊是最适宜的中间宿主。此外，马、兔、鼠类等哺乳动物也可感染。在我国有绵羊、山羊、牦牛、黄牛、犏牛、水牛、骆驼、马、驴、骡及猪等家畜对本病比其他动物易感。该虫种主要寄生于动物的内脏器官中，多寄生于肝脏和肺。

多房棘球绦虫主要在野生终末宿主（如赤狐、藏狐、沙狐、北极狐和草原狼）与小型啮齿类（田鼠和旅鼠）之间传播。丛林狼、貉、狐、野猫、家犬和家猫充当终末宿主，而猪、马、灵长类和人可被感染，并成为中间宿主。在我国多房棘球绦虫以沙狐、红狐、狼及犬等为终末宿主；布氏田鼠、长爪沙鼠、黄鼠及中华鼢鼠等啮齿类和人易感，并成为中间宿主。此外，在牛、绵羊和猪肝脏内也发现有多房棘球蚴寄生，但不能发育至感染阶段。

少节棘球绦虫以新热带野猫，如美洲狮和细腰猫，为典型终末宿主。大型啮齿动物，如毛臀刺鼠和斑豚鼠，为中间宿主。该寄生虫一般不感染人，虫体在犬体内几乎不能发育成熟。

伏氏棘球绦虫以南美丛林犬为典型野生终末宿主，但家犬也易感，大型啮齿动物，如斑豚鼠，为中间宿主。

石渠棘球绦虫以藏狐为终末宿主，高原鼠兔为中间宿主。

传染源是有棘球绦虫寄生的犬、狼、狐、猫（较少见）等肉食动物，以犬为主，其次为狼、豺等。终末宿主将虫卵及孕节排出体外，污染饲料、饮水及放牧场地；有时体节遗留在犬肛门周围的皱褶内，因体节伸缩活动，犬瘙痒不安，到处摩擦，或以嘴啃舐，致使犬鼻部和脸部粘染虫卵，虫卵随犬活动而散播，从而增加了人和家畜感染棘球蚴的机会。此外，虫卵可借助风力散布，也可通过鸟类、蝇、甲虫和蚂蚁等搬运宿主传播。

传播方式有直接传播和间接传播两种方式，直接传播主要是由于与犬密切接触，其皮毛上虫卵污染人的手指后经口感染；间接传播是由于犬粪中虫卵污染蔬菜或水源，人和动物误食了被污染的蔬菜或共饮同一污染水源而感染。感染途径主要是经消化道感染，即虫卵进入胃和小肠后，卵内六钩蚴破壳而出钻入寄主肠壁，随血液或淋巴循环到肝、肺等内脏器官发育成棘球蚴。在干旱多风地区，虫卵随风飘扬，也有经呼吸道感染的可能性。

2. 流行　本病一年四季均可发生，但动物的死亡多发于冬季和春季。本病为世界性分布，但以牧区为多见。

[临床症状与病理变化]

1. 临床症状　轻度感染或初期感染无症状，只有严重感染时，才有临床症状出现。其症状随棘球蚴寄生部位不同而表现各异。当肝、肺寄生囊蚴数量多且大时，导致实质器官受压迫而高度萎缩，引起患病动物死亡。囊蚴数量少且小时，则呈现消化障碍、呼吸困难、咳嗽、腹水、营养不良、逐渐消瘦等症状，最终可窒息死亡。

绵羊对细粒棘球蚴敏感，死亡率较高，严重时表现为消瘦、被毛逆立、脱毛、咳嗽，倒地不起。

牛严重感染细粒棘球蚴时，表现为消瘦、衰弱、呼吸困难或轻度咳嗽，剧烈运动时导致症状加剧，母牛产奶量下降。

感染动物都可因囊泡破裂而产生严重的过敏反应，导致休克，突然死亡。

绵羊较牛易感，且死亡率较高；猪、骆驼感染后，不如牛、羊症状明显，通常伴有带虫免疫现象。此外，成虫对犬等的致病作用不明显，一般无明显的临床表现。但严重感染时，患犬可表现食欲缺乏，消化功能障碍，有时甚至引起死亡。

2. 病理变化　尸体消瘦，剖检可见受感染动物肝、肺表面凹凸不平，切开肝、肺可见到大小不等的球形囊泡——棘球蚴寄生，由粟粒至足球大小不等，且周围组织萎缩。有时也可在脾、肾、肌肉、皮下、脑等处发现囊泡。此种囊泡多为细粒棘球蚴，切开此棘球蚴有液体流出，将此液体沉淀后可用肉眼或解剖镜看到许多生发囊与原头蚴，有时肉眼也可见液体中的子囊，甚至孙囊。肝表面呈灰白色小结节，被膜与周围组织界限不清，切面有无数小囊腔，似蜂窝状，囊内有胶冻黏稠物，类似豆渣样碎屑，周围组织变性，坏死的则多数为多房棘球蚴。

[诊断与检疫技术]

1. 初诊　患病动物生前诊断较困难，应根据流行病学资料和临床症状，采用实验室检测方法确诊。

2.实验室检测　有病原学检查、血清学检测和皮内试验（变态反应）。

被检材料的采集：采集粪便样品和土壤样品用于虫卵检测；采取中间宿主的肝、肺病变组织用于棘球蚴检查；采集终末宿主小肠样品做棘球绦虫检查。

（1）病原虫体检查与鉴定　中间宿主进行棘球蚴检查，终末宿主进行虫卵和棘球绦虫成虫检查。

1）棘球蚴检查　取中间宿主病变肝、肺等处的球形囊泡，切开后流出液体，将此液体沉淀后可用肉眼或解剖镜下观察，如果见到许多生发囊和原头蚴，可确诊为细粒棘头蚴。如肝表面灰白色小结节，切开后有无数小囊腔，似蜂窝状，囊内有胶冻黏稠物，类似豆渣样碎屑，则为多房棘球蚴。需要注意的是，猪、牛、绵羊和山羊也可感染水泡带绦虫幼虫，当这两类幼虫都寄生在肝脏中时，一般很难将它们区别开来。野生反刍动物和啮齿类等还可能有其他绦虫幼虫寄生，应注意鉴别。

棘球蚴检查也可在屠宰场进行，采集组织样品以4%福尔马林固定，或置−20℃冷冻待检。福尔马林固定样品可采用常规组织学染色检测。结缔组织下有过碘酸雪夫氏（PAS）阳性的无细胞堆积层，以及有或无内细胞的核化生发膜，即可视为中绦期棘球绦虫的特征。育囊内或棘球砂中出现原头节也是该属的诊断特征。从冷冻、冷藏或90%乙醇保存的原头节或幼虫组织中提取DNA，可用于细粒棘球绦虫或多房棘球绦虫基因分型。

2）虫卵检测　包括粪便样品检测和土壤样品检测。

①粪便样品检测：采用饱和溶液集卵法检测粪便虫卵。具体方法为：取粪样0.5～2g放入10～15mL的试管中，加水或含0.3%吐温20的1%福尔马林溶液混匀，以1 000g 10min离心1～2次（以上清液澄清为准）。取沉淀物与33%硫酸锌（相对密度1.18）混合，或与蔗糖溶液（相对密度1.27）混合，以1 000g离心5～10min。然后以相应溶液补齐至试管顶部（以液面略微凸起，能接触盖玻片为宜），盖上盖玻片，2～16h后取盖玻片于显微镜下观察。

通过粪便检测不能鉴别棘球绦虫卵和其他带科绦虫卵，目前可采用聚合酶链式反应（PCR）来鉴别细粒棘球绦虫卵与多房棘球绦虫卵，以及其他带科绦虫卵。

②土壤样品检测：具体方法为：取土样20g放入50mL锥形试管中，加40mL终浓度为0.05%的吐温80，不断搅动，以100μm沙网过滤。取滤液以1 000g离心5min，弃上清。其余程序与粪便集卵法相同。

3）棘球绦虫检查

①剖检检查：野生动物和犬科动物通常以剖检方法检查棘球绦虫。动物处死后，立即采集新鲜小肠样品，分成数段（4～6段），且两端结扎，浸泡于37℃盐水中待检，如果小肠样品不能立即检测，应置冷冻或用4%～10%福尔马林固定（注意：福尔马林不会杀死虫卵），否则24h内虫体会被消化。细粒棘球绦虫多见于犬小肠前1/3段，而多房棘球绦虫多见于犬小肠中后段。附着在肠壁上的虫体可直接用放大镜观察计数。如果需精确计数，可将4～6段的新鲜小肠样品切开浸于37℃盐水中30min，以释放虫体。然后用冲洗法或刮片刮取法将肠内容物和肠壁上虫体刮下，置另一容器中待检。检查前将所有病料煮沸，以灭活感染性，并以网筛冲洗法除去颗粒物，将滤网上的内容物和碎屑置于暗背景中，用放大镜和光学显微镜进行虫体计数。

需要注意的是，在进行剖检检查前，终末宿主尸体或小肠样品应置−80～−70℃下3～7d杀灭虫卵。

②定量检测：终末宿主小肠多房棘球绦虫的定量检测方法有沉淀计数法（SCT）、刮肠法（IST）和摇管法（SVT）3种，以沉淀计数法（SCT）视为"金标准"，其敏感性和特异性都优于刮肠法（IST）和摇管法（SVT）。

A.槟榔碱试验：曾用于犬群绦虫成虫感染监测，既能定性，又能定量，一般用于细粒棘球绦虫摸底调查，是犬带科绦虫感染流行病学调查最有效方法。槟榔碱既可增加犬肠蠕动，促进排便，又可直接作用于虫体，使虫体麻痹而脱离肠壁，但不致死虫体。被驱下的虫体还可用于形态学鉴定。但槟榔碱的不足表现是对15%～25%的犬无排便效果。

犬服用槟榔碱后，在排便时，先排粪，后排黏液，只收集黏液进行检查，如果需要进行粪中抗原检测，也可收集粪便。将收集的黏液样品约取4mL，然后用100mL自来水稀释，液面上覆盖1mL煤油（或石蜡）薄层，煮沸5min后检查。覆盖煤油薄层目的是避免起沫，减少气味。

B.粪抗原（CA）检测：粪抗原检测抗体的夹心酶联免疫吸附试验敏感性为70%，特异性为98%，可替代槟榔碱试验检测法。犬群在感染初期（10～14d）即可检出粪抗原，但到后期（虫体排出阶段），粪抗原水平快速下降。在犬群细粒棘球绦虫检测中，粪抗原检测费效比要高于槟榔碱试验。

C.DNA鉴别试验：DNA鉴别试验的方法包括PCR、RFLP-PCR、RAPD-PCR和序列测定等，如利用不同引物扩增线粒体12S rRNA和NADH脱氢酶亚单位1基因片段等，可对犬科动物粪便样品中带科绦虫不同属、棘球属不同种以及细粒棘球绦虫不同基因型进行鉴别。这些方法不仅特异性高，而且敏感性也高。随着一些专门用于粪样中DNA提取的试剂盒的商品化，粪样DNA检测法已得到广泛应用。

这些方法在实际应用中，可先用粪抗原检测法进行初筛，然后再应用DNA检测法对粪抗原检测阳性的样品进行确诊。粪样中虫体和虫卵DNA检测的目标基因包括rDNA（18S rRNA、ITS1、ITS2），mtDNA（CO1、ND1、12S rDNA），高度重复序列等。

此外，一些新方法如环介导等温扩增技术（LAMP）已逐渐用于宿主粪便、土壤和水源等寄生虫DNA检测，其快速、简便、灵敏，适用于现场大规模流行病学调查，具有良好应用潜力。

（2）血清学检测　有补体结合试验（CF）、间接血凝试验（IHA）及酶联免疫吸附试验（ELISA）等，均可用于棘球蚴病的辅助诊断。

对中间宿主进行检测时，免疫学试验对人棘球绦虫病检测非常有用，但对牲畜检测的敏感性和特异性较差，目前还不能取代病原学检测。

对终末宿主进行检测时，如检测感染犬血清中的六钩蚴和原头蚴特异性抗体，目前血清学检测方法尚未进入应用阶段，不足之处在于不能区分既往和新近感染，对带科绦虫感染检测存在假阳性。

（3）皮内试验　此法由卡松尼（Casoni）发明，故名Casoni试验。其操作简便、敏感高，是一种速发过敏反应。不足之处易产生假阳性（18%～67%），只能作为辅助性诊断，现已少用。

皮内试验的方法：采用棘球蚴囊液作为抗原，进行动物颈部皮内注射，剂量为0.1～0.2mL。注射后5～10min内观察，如皮肤出现红肿，直径为0.5～2cm，15～20min后成暗红色，可判定为阳性；迟缓型于24h内出现反应；24～48h不出现反应者为阴性。此法只有70%的准确率，易与其他绦虫病发生交叉反应。

需要注意的是，为了避免检测调查人员发生感染风险，应采取以下一些防范措施：一是检测调查人员应穿连体工作服、靴子，戴一次性手套和口罩。对使用过的口罩、一次性手套及防护围裙应焚烧处理；连体工作服用后应煮沸消毒，靴子用10%次氯酸钠溶液消毒。二是采集的样品应尽快煮沸，以消除感染性。三是检测犬初次排便后2h内仍可能排出成虫、节片和虫卵，应拴好并提供充足饮水。四是试验结束后，犬停留区域应以煤油喷洒，并火焰消毒。

[防治与处理]

1. 防治　本病尚无特效药，以预防为主，可采取以下措施。

（1）禁止犬吃生的家畜内脏和下水，尤其是已感染棘球蚴的家畜肝、肺等组织器官，如要喂犬可将其煮熟后饲喂。

（2）对留用的犬要定期驱虫，特别是流行区内的所有犬至少每年驱虫8～9次（最好每个月都驱虫），可用吡喹酮驱虫，剂量为5mg/kg，一次口服，也可用阿苯达唑、盐酸丁奈脒片和依昔苯酮等。驱虫后排出的粪便及虫体应彻底焚烧或集中深埋。

（3）平日应保持饲料、饮水和畜舍的清洁卫生，严禁犬、猫进入畜舍，管理好犬粪，防止犬粪污染环境、饲料和饮水。

（4）与犬等肉食动物接触人员，应注意个人防护，不吃被犬粪污染的蔬菜和水果。

2. 处理　①患严重棘球蚴病家畜，全部器官用于工业或销毁。②轻者将患部用于工业或销毁，其他部分不受限制出场。③在肌肉组织中发现棘球蚴时，患部用于工业或销毁，其他部分不受限制出场。

九、钩端螺旋体病

钩端螺旋体病（leptospirosis），简称钩体病，是致病性钩端螺旋体（简称钩体）所引起的一种自然疫源性人畜共患传染病。大多数动物都呈隐性感染，无明显临床表现，急性病例临床以短期发热、贫血、黄疸、血红蛋白尿、黏膜及皮肤坏死为特征。我国将其列为二类动物疫病。

[病原特性]

病原为致病钩端螺旋体，属于螺旋体目（Spirochaetales）钩端螺旋体科（Leptospiraceae）钩端螺旋体属（*Leptospira*）成员。

以前将钩端螺旋体属分为问号钩端螺旋体（*L. interrogaus*）和双曲钩端螺旋体（*L. biflexa*）两个种，所有致病钩端螺旋体均为问号钩端螺旋体种。目前将致病钩端螺旋体分为17个命名种和4个基因种，已发现23个血清群共200多个血清型。动物中流行的主要是波摩那群、犬热群、秋季热群、黄疸出血群、流感伤寒群及爪哇钩端螺旋体（原为群），其中波摩那群分布最广。不同的型或群对动物致病性也不同，其中毒力最强的是黄疸出血群、犬热群、澳洲群。

致病钩端螺旋体菌体呈纤细的圆柱形，至少有18个弯曲细密、规则的螺旋（图6-3），能以直线或旋转方式活泼运动。老龄培养物则呈球状或细小的链珠状且无运动性。革兰氏染色阴

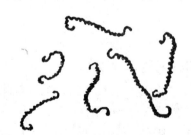

图6-3　钩端螺旋体
（引自王天有，刘保国，赵恒章，《猪传染病现代诊断与防治技术》，2012）

性，不易被普通染料着色，常用镀银法染色，呈棕黑色；或用姬姆萨液染色，呈淡紫红色。观察未染色的菌体需用暗视野或相差显微镜，在暗视野检查时菌体似细长的串珠样形态，菌体一端或两端弯曲呈钩状。

致病钩端螺旋体在宿主体内主要分布于肾脏、尿液和脊髓液中，但急性发热期可广泛分布在血液和各内脏器官中，本菌严格需氧，培养温度28~30℃。常用液体或半固体培养基，如柯索夫培养基和希夫纳培养基。

致病钩端螺旋体对外界环境有一定的抵抗力。在河水、池塘水和湿土中可存活数个月，尿液中可存活2d。在低温下可存活更长时间。对酸、碱、热均敏感，一般消毒剂和常用消毒方法都可将其杀灭，如常用漂白粉消毒污染水源。对链霉素和四环素药物较敏感。

［分布与危害］

1. 分布　本病广泛分布于世界各地，尤以热带、亚热带地区多见。我国28个地区均发现有人和动物感染，以长江流域及其以南各省区最为常见。

2. 危害　由于本病可感染近百种动物，其中对猪、牛、犬和人危害最大，急性型病死率很高，具有重要公共卫生学意义。

［传播与流行］

1. 传播　易感动物近百种（含几乎所有的温血动物及爬行类、两栖类和节肢动物），鼠类是最重要的贮存宿主，是本病自然疫源的主体。家畜中主要发生于猪、牛、犬、马、羊及家禽等，其中以猪、牛和鸭的感染率最高。各种年龄动物均可感染本病，但以幼畜发病较多。

传染源主要是发病和带菌动物（猪、马、牛、羊带菌期为半年左右，犬为2年左右），病原体随动物的尿、乳汁和唾液排出污染环境（土壤、水源、饲料、用具等），人感染后也可长期由尿排菌。此外，鼠类和蛙类作为本菌的自然贮存宿主，通过不断尿液排菌，污染周围环境。

传播方式可分为直接和间接两种方式，主要途径是皮肤，其次为消化道、呼吸道及生殖道黏膜。另外，吸血昆虫叮咬、人工授精及交配等也可传播本病。

2. 流行　本病一年四季均可发生，但以夏、秋多雨时期、洪水泛滥季节为流行高峰期。一般为散发或地方性流行。饲养管理不当，导致机体抵抗力下降的各种因素都可促使本病发生，其中幼畜较成年动物更易感且病情严重。

［临床症状与病理变化］

1. 临床症状　潜伏期2~20d，多为急性感染，长期排菌，由于不同血清型的钩端螺旋体对各种动物的致病性有差异，因此各种动物感染本菌后的临床表现多种多样。总体来说本病感染率高，发病率低，症状轻的多、重的少；但急性型病例多表现为高热、尿呈茶色或血尿，黏膜发黄等症状，死亡率极高；而亚急性或慢性型病例多发生于幼年动物，体温有不同程度的升高，尿液变黄，黏膜发黄，食欲下降，死亡率不高。怀孕母猪和母牛可发生流产。猪、牛、羊、马等家畜具体临床表现如下。

猪：目前从病猪中已分离出14个血清型的钩端螺旋体，其中最重要的有波摩那群、犬热群、黄疸出血群，大多数无明显的临床表现。

急性型表现发热（39.8~41℃），厌食，全身皮肤和可视黏膜黄染，皮肤干燥缺乏弹性，后期可出现坏死，尿浓茶样或血尿，病死率很高，母猪感染后14～30d可出现流产和死胎，常产后不久死亡。

亚急性和慢性型多发于断奶和30kg以下的小猪，病初有不同程度的体温升高，食欲减退，几天后眼结膜潮红，而后黄染或苍白浮肿。皮肤轻度黄染，尿液变黄或呈茶色，血红蛋白尿甚至血尿，有的在上颌、头部、颈部甚至全身表现水肿，俗称"大头瘟"。病程有十几天到1个多月，病死率50%～90%，小猪恢复可成为"僵猪"。

牛：在我国从牛分离出9个型的钩端螺旋体，以波摩那群为主，黄疸出血群次之，常缺乏典型症状，仅见消瘦、腹泻。急性型多见犊牛，常突发高热（40.5～41℃），可视黏膜发黄，血红蛋白尿和贫血常在口腔黏膜、耳、头、乳房及外生殖器等部位发生皮肤坏死。病程3～7d，死亡率5%～15%。妊娠母牛感染可见流产。

亚急性型病例常见奶牛，表现体温升高，食欲减少，可见黏膜黄染，产奶量下降或停止，奶色泛黄，常有血块。病牛很少死亡，2周后可好转。孕牛可流产。

慢性病例呈间歇热，病牛逐渐消瘦，黄疸及血红蛋白尿时隐时现。

羊：临床症状与牛相似，但发病率较低。

马：大多为隐性感染，急性病例较少。

急性病马症状表现与牛相似，主要表现为高热滞留，厌食，皮肤干裂、坏死，结膜炎，可视黏膜黄染，尿黏稠呈黄红色豆油样，妊娠马流产，血红蛋白量减少，白细胞数增加，中性粒细胞增多，核左移。病程1～2周，病死率50%左右。

亚急性则表现发热，消瘦，贫血，皮肤和黏膜黄染。有的发生周期性眼炎，导致失明。病程2～4周，病死率15%左右。

2.病理变化　各种动物的病理变化基本相似。

主要表现皮肤有坏死灶，可视黏膜、皮下组织黄染。肝脏肿大，呈黄褐色至红褐色。肾脏肿大，有出血点和散在的灰白色坏死灶。脾脏稍肿或不肿大。淋巴结尤其是肠系膜淋巴结明显肿胀，呈浆液性或增生性淋巴结炎。肺脏有出血点或出血斑。心内膜出血，心肌切面横纹消失。

［诊断与检疫技术］

1.初诊　根据临床症状和病理变化特征可做出初步诊断，但由于本病的症状多种多样，病原血清型众多，因此，确诊必须做进一步实验室检测。

如果临床表现突发性无乳（成年奶牛和绵羊）；黄疸和血红蛋白尿，特别是仔畜；脑膜炎；急性肾衰和黄疸（犬）可怀疑为急性钩端螺旋体病。如果临床出现流产、死胎、产弱仔或早产；不孕；慢性肾衰或慢性活动性肝炎（犬）；周期性眼炎（马）可考虑为慢性钩端螺旋体病。

2.实验室检测　进行病原检查、血清学检查以及聚合酶链式反应（PCR）检测。

被检材料的采集：急性发病而死亡的动物肝、肺、肾、脑及血液、乳汁、脑脊液、胸水、腹水等，慢性感染母畜的流产胎儿，带菌动物的肾、尿道或生殖道。

所采集的病料为未经抗生素治疗的病畜或尸体，病料不得加入防腐剂。所采集的病料可进行预处理，如血液，一半加抗凝剂以用于镜检；另一半不加抗凝剂，以分离血清检测抗体用。尿液要调pH至7.0左右，以3 000r/min离心1h，取沉淀物镜检和培养；组织病料（肝、肺、肾），要用生理盐水制成1∶10悬液，以3 000r/min离心10min，取上清液镜检和培养。

（1）病原检查　包括直接镜检法、病原体的分离培养法和实验动物接种法。

①直接镜检：有悬滴片镜检和组织触片染色镜检。

悬滴片镜检：取经离心浓缩的病料液体制成悬滴片，用暗视野显微镜直接检查菌体及其运动。若发现一长条细小珍珠状排列的发光细链，一端或两端弯曲呈钩状，菌体回转、扭曲或波浪式向前运动，可做出初步诊断。

组织触片染色镜检：将肝组织做触片，用镀银染色或姬姆萨染色后进行镜检，可见到棕黑色（镀银法染色）或淡紫红色（姬姆萨液染色）的菌体，可做出初诊。

②病原体分离培养和血清型鉴定。

病原体分离培养：将已预处理的组织病料的上清液接种柯索夫培养基或费莱彻半固体培养基，置28～30℃温箱内培养，每5～7d观察一次。一般在培养5～7d后可见培养基呈乳白色混浊，取培养物做暗视野镜检，可见有多量的典型钩体形态菌体。如连续四周未检出钩体者，则判为阴性。

血清型鉴定：在分离培养后，需用标准阳性血清定型。常用国内通用的4群15型标准菌株的免疫血清与分离株做凝集反应，并确定菌株的血清型。

③实验动物接种试验：用采取的抗凝血2～3mL、尿原液15mL或10%组织悬液2～3mL，接种金黄地鼠（50～60g）或幼龄豚鼠（体重在150～200g）。如果病料中有钩端螺旋体，接种的实验动物在1～2周内出现体温升高和体重减轻；剖检实验动物，取肾和肝组织按上述方法直接镜检和病原体分离培养，同时观察实验动物的病变特征。如果接种后实验动物2～3周仍不发病，可取病畜肾组织悬液继续接种实验动物盲传2～3代，在盲传2～3代后，实验动物仍不发病，则可判为阴性。

（2）血清学检查　通常用于病例确诊、群流行率判定和流行病学研究。钩端螺旋体抗体在病初几天内出现，一般维持数周或数月，有的可达数年；但慢性感染动物抗体水平在检出限以下，可通过尿液或生殖道敏感检测方法替代。

血清学试验种类繁多如凝集溶解试验、微量补体结合试验、炭凝集试验、间接血凝试验、酶联免疫吸附试验（ELISA）和多价苗紧急接种试验等，且血清群和血清型特异性程度不一，其中凝集溶解试验和ELISA可作为诊断方法。

①凝集溶解试验：也称为纤维凝集试验（microscopicaggulation test，MAT），为诊断钩端螺旋体病的标准方法，主要用于群体筛查，每次检验动物应在10头或群体的10%以上；对个体诊断，如果群体效价升高4倍以上，则表明有本病发生。钩端螺旋体可以与相应的抗体产生凝集溶解反应，抗体浓度高时可发生溶解现象（暗视野显微镜下检查不到菌体），抗体浓度低时可发生凝集现象（菌体凝集成菊花样）。检查时先以被检血清做低倍稀释，并与各个血清群的标准活菌抗原做初筛试验（或称定性试验），查明被检血清是否有抗体存在，同时判定群别。若有反应，再进一步进行稀释，与已查出的群别各型抗原做定量试验，测定其型别的凝集效价，以判定属于何种血清型抗体。

②补体结合试验：在本病的诊断上只有群的特异性，不能用来鉴定血清型。但此试验一次可以完成大批血清样品的检查，常用来进行流行病血清学调查或普查。

③炭凝集试验：将已知的钩端螺旋体抗原吸附在活性炭颗粒上作为炭抗原，检查未知血清中的抗体；也可将已知的抗体吸附在炭颗粒上制成免疫炭血清，用以检测未知抗原。本试验具有群特异性，可广泛用于检疫，方法较简便，适用于早期诊断或基层使用。

④间接血凝试验：本试验具有属的特异性，比凝集溶解试验更敏感，能检出血清中的微量抗体。可作为本病的早期诊断法，适宜基层应用。

⑤ELISA：本试验具有属的特异性，用于早期诊断。ELISA方法有很多，包括平板试验和浸液试片试验（DST）。一般来说，ELISA敏感性较好，但血清型特异性要比MAT差。

⑥多价苗紧急接种试验：在动物中怀疑有钩端螺旋体病时，可立即用钩端螺旋体人用5价或3价苗做紧急接种，如果接种后2周后不再有新病例出现，且疫情得到平息，则可诊断为动物中有钩端螺旋体病。本试验一般在患钩端螺旋体病动物中接种后5～7d，即有明显效果。

关于几种诊断钩端螺旋体病最适方法的选择，见表6-7。

表6-7　几种诊断钩端螺旋体病最适方法选择

检查方法	病　　期	检　查　材　料				
		血液	脑脊髓液	尿	肝	肾
直接镜检	发病8d内	+	+	−	+	+
	发病8d后	−	−	+	−	+
动物接种	发病8d内	+	+	−	+	+
	发病8d后	−	−	+	−	+
直接培养	发病8d内	+	+	−	+	+
	发病8d后	−	−	+	−	+
血清反应	发病8d内	(+)	(+)	−	−	−
	发病8d后	+	+	−	−	−

注：+表示适于送检和检查；（+）表示多数呈阴性，用于与以后检查结果相比较；−表示不适于送检和检查。引自《动物检疫》第二版，1986。

（3）PCR检测　可用于检测组织或体液样品中的病原体遗传物质，但不能鉴别感染的血清型。

3. 鉴别诊断　本病应与血孢子虫病、产后血红蛋白尿、细菌性血红蛋白尿、马传染性贫血以及其他病原所致的黄疸、流产等相区别。

[防治与处理]

1. 防治　预防本病发生要做好综合性防疫措施，主要包括：①平时做好鼠类和野犬消灭工作。②不从疫区引进家畜，如要引进时，要进行隔离检疫。③加强饲养管理，猪、牛要分开饲养，不能共用运动场地或牧地。④平时做好卫生消毒工作，防止钩端螺旋体污染环境。对污染场所和用具可用1%石炭酸或0.1%升汞或0.5%福尔马林消毒。⑤本病常发病地区，可接种钩端螺旋体菌苗，常用人钩端螺旋体5价或3价苗。一旦病原体定型后，可接种单价菌苗。⑥严防人感染本病，在本病高发地应给人定期进行免疫接种，发现病人要及时治疗。

2. 处理　①对发病动物可进行隔离治疗，常用抗生素治疗，如土霉素、青霉素等，并结合对症处理，可收到较好疗效；对慢性病例或全群治疗时，可在饲料中添加土霉素，疗程为7d。同时注意加强水源、环境、用具等的消毒措施。②对于发病动物污染的环境，要及时做好消毒工作，对于受威胁动物可利用钩端螺旋体多价苗进行紧急预防接种。③检疫出的患病动物，如宰前处于急性期高热状态和高度衰弱时要禁止屠宰。宰后发现黄疸的肉尸应按照《畜禽病害肉尸及其产品无害化处理规程》（GB 16548—2006）规定处理。毛皮经消毒后出场。④因本病而死亡的动物尸体要进行无害化处理。

第二节 牛 病

一、牛结核病

牛结核病（bovine tuberculosis, TB）是由牛分支杆菌引起的一种人畜共患的慢性衰竭性传染病。以多种组织器官的结核结节性肉芽肿和干酪样、钙化的坏死病灶为特征。OIE将其列为必须通报的动物疫病，我国列为二类动物疫病。

［病原特性］

病原为牛分支杆菌（*Mycobacterium bovis*, MB），属于放线菌目（Actinomycetales）棒杆菌亚目（Corynebacterineae）分支杆菌科（mycobacteriaceae）分支杆菌属（*Mycobacterium*）结核分支杆菌复合群（mycobacterium tuberc-ulosis complex, MTC）成员。

牛分支杆菌（MB）较短而粗，无荚膜和芽孢，不能运动，革兰氏染色阳性（但受细胞壁特殊糖脂的影响而着色不均），用姜-尼氏（Ziehl-Neelsen）抗酸染色，菌体呈红色，菌体颗粒状分布，有时呈条索状或短链状分布。

依据地区差异序列（RDs），可将MB分为3个主要群/簇，即缺失RD7、RD8、RD9、RD10的牛分支杆菌为第一簇；缺失RD5、RD7、RD8、RD9、RD10的牛分支杆菌为第二簇；缺失RD5、RD7、RD8、RD10、RD12、RD13的牛分支杆菌为第三簇。

牛分支杆菌为专性需氧菌，对营养要严格，生长最适pH为5.9～6.9，最适温度为37～38℃。初代分离可用劳文斯坦-杰森氏（劳杰二氏，Lowenstain-Jensen, LJ）培养基培养，半个月左右可长出粗糙型菌落，有的菌初代分离需要2个多月。在培养基中加入适量的全蛋、蛋黄或蛋白及动物血清均有利于此菌快速生长。

牛分支杆菌对外界的抵抗力很强，在土壤中可生存7个月，粪便内可生存5个月，病变中可生存2～7个月或更久，牛奶中可存活90d；对直射阳光和湿热的抵抗力较弱，0℃可存活4～5个月。60～70℃经10～15min、100℃水中可立即杀死；对紫外线敏感，波长265nm的紫外线杀菌力最强；常用消毒药经4h即可被杀死，70%酒精和10%漂白粉溶液中很快被杀死，氯胺、石炭酸以及甲醛等均有很好的杀菌作用；对磺胺药、青霉素和其他广谱抗生素均不敏感，但对链霉素、异烟肼、利福平、乙胺丁醇、卡那霉素、对氨基水杨酸、环丝氨酸等药物有不同程度的敏感性，但长期使用这些药物治疗本病易产生抗药菌株。

［分布与危害］

1. 分布 最早由Koch（1882）发现牛结核病中的病原菌。结核病曾广泛流行于世界各国，目前一些国家已有效控制或消灭了本病，但也有些国家和地区仍呈地区性散发和流行，我国也普遍存在，经努力有效控制了本病。

2. 危害 结核病广泛流行，使奶牛寿命短，产奶量显著减少，不孕，给养牛业带来巨大的经济损失，同时由于牛结核病又能感染人，是一种人畜共患的传染病，具有重要公共卫生学意义。

[传播与流行]

1. 传播　牛对牛分支杆菌（MB）易感，其中奶牛最易感，次之为水牛、黄牛和牦牛；猪、鹿、猴也可感染；马、绵羊、山羊少见；人也能感染，且与牛互相传染。MB可通过牛奶及其产品传染人，引起人肺结核。

已报道发生结核病或分离到MB的动物有：水牛、野牛、绵羊、山羊、马、骆驼、猪、野猪、鹿、羚羊、犬、猫、狐狸、貂、獾、雪貂、大鼠、灵长类、美洲驼、貘、麋、驼鹿、大象、瞪羚、旋角羚、大角斑羚、直角大羚、犀牛、负鼠、地松鼠、水獭、海豹、野兔、鼹鼠、浣熊、丛林狼、狮子、老虎、猎豹、猞猁、类鹦鹉鸟、石鸽、北美洲乌鸦等，以及20多种禽类。

传染源主要是结核病牛（向外排毒的开放性结核病牛），病菌分布在病牛的各个器官的病灶内，可通过粪便、乳汁、尿及气管分泌物排出病菌，污染周围环境而散布传染。獾、野猪以及其他一些野生动物能终生携带牛分支杆菌，野生宿主是牛、鹿和其他牲畜的传染源。

传染途径主要经呼吸道和消化道，气雾传播是牛感染的主要途径。也可经胎盘传播，或交配感染。

2. 流行　本病一年四季都可以发生，但饲养管理不良、牛舍拥挤、通风不良、阴暗、潮湿、污秽不洁以及过度使役和挤乳等均可促进本病发生和传播。

[临床症状和病理变化]

1. 临床症状　潜伏期一般为10～15d，有时可达数月以上。

牛感染后病程呈慢性衰竭性经过，主要临床表现为进行性消瘦、咳嗽（短而干），呼吸次数增多或气喘，体温一般正常（病情恶化时可见体温升高达40℃以上，呈弛张热或稽留热）。

由于病菌侵入机体后，侵害器官不同，症状亦不一样，在牛中本菌多侵肺部、乳房、肠和淋巴结等，因此，形成肺结核、乳房结核、淋巴结核、肠结核、生殖器官结核和神经结核，其症状表现如下。

肺结核：病牛呈进行性消瘦，贫血。病初有短促干咳、渐变为湿性咳嗽，鼻流黏性鼻液，呈灰黄色，呼出腐臭味气体，咳出淡黄色黏液，随着病情发展，咳嗽加重，频率增加，出现气喘。叩诊肺区有实音，且有痛感。听诊肺部有啰音，如胸膜也有结核时可听到摩擦音。

乳房结核：乳房淋巴结硬肿，继而后方乳腺区发生局限性或弥漫性硬结，但无热又无痛。乳量渐少或停乳，乳汁稀薄，有时混有脓块。

淋巴结核：可见于结核病的各个病型，因此不是一个独立病型，主要表现淋巴结肿大、无热痛，常见于肩前、腹前、胸腹股沟、下颌、咽及颈淋巴结等。当咽部淋巴结肿大时出现咽喉压迫、呼吸声音粗厉；若肩前和股后淋巴结肿大出现前后跛行症状；纵隔淋巴结肿大出现瘤胃臌气症状。

肠结核：以便秘与腹泻交替出现或顽固性腹泻为特征，病牛迅速消瘦。此型多见犊牛。

生殖器官结核：性机能紊乱，发情频繁且表现性欲亢进，孕牛流产，公牛附睾及睾丸肿大，阴茎前部可发生结节、糜烂等。

神经结核：在脑和脑膜可发生粟粒状或干酪样结核，常引起神经症状，如癫痫样发作，或运动障碍等。

2. 病理变化　以受侵害组织器官出现结核结节为病变特征。MB可引起全身组织病变，最常见于淋巴结（尤其是支气管、纵隔、咽后、肺门淋巴结），肺、肝、脾以及体腔表面也常有结核结节。

在肺脏或其他器官常有很多突起的白色或黄色结节，呈粟粒大至豌豆大，多散在。胸膜和腹膜形成密集的结核结节，俗称"珍珠病"。病期较久的，结节中心发生干酪样坏死或钙化（刀切有沙砾感），或坏死组织溶解和软化排出后形成脓腔和空洞。

结节组织学观察，牛分支杆菌感染性结核结节通常含菌很少，因此不明病原的淋巴腺炎，即使未检出抗酸性菌也不能排除结核病。某些非结核性肉芽肿在肉眼上很难与结核性肉芽肿相区别。

［诊断与检疫技术］

1. 初诊　根据临床症状和病理变化，可以做出初步诊断，确诊需进一步实验室检测。

2. 实验室检测　在国际贸易中，指定诊断方法为结核菌素试验，无替代诊断方法。本病实验室检测有病原检查、迟发型过敏试验（结核菌素试验和结核菌素皮内接种比较试验）和血液检测试验。

被检材料的采集：采取患病牛的痰、尿、腹水、乳以及病变的淋巴（如肺、咽后、支气管、纵隔、肝、乳房及肠系膜淋巴结）和病变组织（肝、肺、脾）。采集的样品应及时送检；待检样品应冷藏或冷冻，以保护该分支杆菌并抑制污染菌生长；无冷藏条件，可添加0.5%硼酸（w/v，终浓度）作为抑菌剂，但以此法保存的病料不得超过一周。

血液检测要采集新鲜血样，并立即送检，前一天采集的血样不宜用于γ干扰素试验。

被检材料的处理：被检材料做抹片镜检和分离培养前，需经酸或碱处理，并进行浓集。方法是：先将病变组织磨碎制成乳剂，痰、腹水和乳要无菌采集。取组织乳剂或液状病料（痰或腹水或乳）2～4mL，加入等量的4%氢氧化钠溶液，摇动5～10min或摇至发生液化为止。液化后，以3 000r/min离心15～30min，除去上清液，加1滴酚红指示剂于沉渣中，用适量盐酸中和，至发生淡红色为止，取沉渣做抹片，接种培养基或注射动物。病料也可用6%硫酸或3%盐酸处理，用适量氢氧化钠溶液中和，或组织制成乳剂后加入5% NaOH与之混合，室温作用5～10min，用灭菌生理盐水反复离心洗涤沉淀两次后，沉淀物用于分离培养。

实验室检测的注意事项是，因MB属风险3群病原微生物，检测时要采取适当防护措施，所有试验程序包括病原菌分离培养均应在生物安全柜里进行，以防人被感染。

（1）病原检查

1）抹片镜检　取经处理后的沉渣做抹片，在酒精灯火焰上固定，用Ziehl-Neelsen氏法抗酸染色，镜检呈红色的细菌为抗酸菌，其他细菌为蓝色。

2）细菌分离培养　取患病牛的病料（痰、尿、腹水、乳等），接种于劳杰二氏培养基中，培养管加塞后在37℃培养最少8～10周，每周检查细菌生长情况。牛型菌可形成白色、湿润、微粗糙及易碎的菌落。可取典型菌落进行抗酸染色和培养特性与生化试验等鉴定。也可将处理后的组织沉淀物用于分离培养。

3）动物接种试验　阳性检出率比直接培养法高。通常用豚鼠做动物试验，将被检材料做皮下接种，剂量为1～1.5mL，每份病料接种2～3只豚鼠。在豚鼠接种病料经3～4周后，可用哺乳动物型（人型和牛型均可）和禽型结核菌素分别给豚鼠进行皮内注射（做皮肤变态反应比较试验），哺乳型和禽型菌素均用1：25稀释液，注射量均为0.1mL。注射后，如果豚鼠感染牛型或人型结核菌，将对哺乳型结核菌素发生强烈反应，注射部位的红肿经过72h仍不消失；而对禽型结核菌素仅有轻微反应，经过24～48h就消失。如果豚鼠感染禽型结核菌，将对禽型结核菌素发生强烈反应，而对哺乳型结核菌素仅有轻微反应或无反应，采用动物接种试验，有助于早期诊断，并有助于鉴别是牛型菌感染还是禽型菌感染。

接种后经过4～6周如果不死亡，将豚鼠剖杀，观察病理变化。如果是感染牛型或人型结核菌后，肝、脾和局部淋巴结将出现结核病灶。肺脏是在发病后期才被感染的，肾脏通常不出现病灶；如果是感染禽型结核菌，主要在注射部位形成脓肿和在靠近接种部位的淋巴结出现病灶。

如果被检材料疑为禽型结核菌，最好接种鸡和家兔。鸡和家兔接种后一般在10周内死亡，病灶主要在肝及脾脏。

剖检时，取病变组织直接接种在劳杰二氏培养基斜面上，做分离培养。这是分离结核菌最可靠的方法。

4）核酸识别试验　有聚合酶链式反应（PCR）、DNA指纹技术（DNA-FP）、间隔区寡核苷酸定型技术（Spoligotyping）以及限制性内切酶分析（REA）、限制性片段长度多态性分析（RFLP）和分支杆菌散在分布重复单位（MIRU）-可变数目串联重复（VNTR）定型技术。

①PCR：采用牛结核病复合群DNA探针，或寻靶16S～23S rRNA，IS6110和IS1081插入序列，以及肺结核复合群M特异蛋白编码基因（如MPB70和38kD的b抗原）的聚合酶链式反应，可快速鉴定结核分支杆菌复合群（MTC）分离株；采用寻靶 $oxyR$ 基因285核苷酸突变位点，$pncA$ 基因169核苷酸突变位点，$gyrB$ 基因675、756、1311、1410和1450核苷酸突变位点，以及有无区域差异序列（RDs）的聚合酶链式反应，可特异性鉴定牛分支杆菌分离株。

PCR用于MB检测时，应以细菌培养作为平行试验进行确诊。PCR扩增产物以杂交探针或凝胶电泳方法分析。

②DNA-FP：目前已开发出许多鉴别MTC分离株的DNA-FP技术，这些技术可区分各种MB菌株，并可描绘出MB起源、传播及其扩散图。DNA-FP技术主要用于流行病学研究。

③Spoligotyping：以PCR为基础建立的结核分支杆菌DNA指纹技术，能够鉴别MTC各成员菌种（如MB）内的不同毒株，也可鉴别MB和结核分支杆菌（MT）。

④RFLP：RFLP采用IS6110（尤其是分离株中超过3～4个拷贝的IS6110区域）、直接重复（DR）区探针、多形性GC重复序列（PGRS）探针以及pUCD探针。

⑤MIRU-VNTR定型技术：可提高对MTC成员种的鉴别，并能够最大限度地鉴别各分离株。

（2）迟发型过敏试验（DHT）　有结核菌素试验（TT）和结核菌素皮内接种比较试验（CITT）。

①TT：是检测牛结核的标准方法，也是国际贸易指定试验。TT是迟发型过敏试验（皮内变态反应），就是用牛结核菌素纯化蛋白衍生物（PPD）给牛颈侧中部上1/3处进行皮内注射，于72h后测量注射部位的肿胀程度。阳性反应：注射局部有炎症反应，皮厚差≥4mm（进口动物检疫时皮厚差＞2mm应判为阳性）；可疑反应：注射局部炎症反应不明显，皮厚差2.1～3.9mm；阴性反应：注射局部无炎症反应，皮厚差≤2mm。

TT仅适用于新近（疑似）感染动物的检测，感染3～6周后的动物，以及具严重病变的慢性感染动物通常不出现迟发型过敏反应。TT敏感性小于100%，而且迟发型过敏反应（DHT）对牛科和鹿科之外的大多数其他动物检测效果不确切。

②CITT：是分支杆菌种及相关属间的抗原交叉反应，通常用于鉴别MB感染动物以及其他分支杆菌接触动物。此法通常在同侧颈部的不同部位接种牛结核菌素和禽结核菌素，于72h后测量

注射部位的肿胀程度。

（3）血液检测试验　除传统的结核菌素皮试外，也可采用血液检测方法，但通常只作为辅助试验（平行试验），以最大限度检出感染动物；或作为确诊试验（系列试验），用于验证皮试结果。血液检测试验有 γ 干扰素试验、淋巴细胞增生试验（LPA）和酶联免疫吸附试验（ELISA）。其中 γ 干扰素试验和 LPA 可检测细胞免疫性，ELISA 可检测体液免疫性（用于检测特异性抗体，是目前较好的方法）。

① γ 干扰素试验：为国际贸易替代试验，可测定全血培养基中淋巴因子 γ 干扰素的释放量。试验原理是，经 16～24h 孵育的淋巴细胞以特异抗原（PPD 结核菌素）被致敏可释放 γ 干扰素。此试验以禽型和牛型结核菌素分别刺激淋巴细胞，然后比较 γ 干扰素产生量。牛型 γ 干扰素以夹心酶联免疫吸附试验（S-ELISA）检测，S-ELISA 采用两种抗牛型 γ 干扰素单克隆抗体。

γ 干扰素试验可检测出早期感染动物，越来越多地用于检测牛以及山羊、水牛等其他结核病动物。已被美国、新西兰和澳大利亚等国纳入国家结核控制计划。

② LPA：主要是通过体外试验比较外周血淋巴细胞对牛型结核菌素（PPD-B）和禽型结核菌素（PPD-A）的反应性，可用于检测外周全血或纯化淋巴细胞样品。如果先除去可与"非特异"抗原或非致病性分支杆菌交叉反应相关抗原敏感的淋巴细胞，可提高 LPA 特异性。

LPA 结果通常以 PPD-B 和 PPD-A 反应值的差进行评价；B-A 差值应高于拐点，拐点随诊断敏感性或特异性的最大化而调整改变。

LPA 不适用于常规诊断，只适用于野生动物和公园动物检测。如果 LPA 和 ELISA 组成血液联合试验，对鹿 MB 感染诊断具有很高的敏感性和特异性。

③ ELISA：适合检测抗体，可作为补充但不能取代细胞免疫的试验。此试验有助于检测无免疫应答反应的牛或鹿，以及 MB 感染的野生动物。

MB 感染动物以结核菌素皮试后具记忆性，因此，在皮试 2～8 周后进行 ELISA 检测效果更好。

［防治与处理］

1. 防治

（1）引进牛时应严格的隔离检疫，经结核菌素试验确认为阴性时才可解除隔离，混群饲养。

（2）定期对牛群进行多次普检，可每隔 3 个月进行一次检疫，如连续 3 次检疫均为阴性牛，可视为健康牛群。

水牛在出生后 1 个月、6 个月、7.5 个月进行三次检疫，凡呈阴性可视为健康犊牛。如牛群中已检出阳性牛，则所在的牛群应定期进行检疫和临床检查，必要时进行细菌学检查，以发现可能被感染的病牛。

（3）重视消毒工作。每年定期大消毒 2～4 次。常用的消毒药有 20% 石灰水或 20% 漂白粉。牧场及牛舍出入口处设置消毒池，饲养用具每月定期消毒一次，检出病牛时，要临时消毒，粪便经发酵后利用。

2. 处理

（1）每次检疫出的阳性牛（包括奶牛）应立即淘汰处理，按照《畜禽病害肉尸及其产品无害化处理规程》进行无害化处理。

（2）有临床症状的病牛应按《中华人民共和国动物防疫法》及有关规定，采取严格扑杀措施，防止扩散。对病牛不提倡治疗。发现病牛后按照《动物疫情报告管理办法》及时上报。

二、牛传染性鼻气管炎

牛传染性鼻气管炎（infectious bovine rhinotracheitis，IBR），又称牛疱疹病毒Ⅰ型感染或牛传染性坏死性鼻炎、红鼻病，是由牛疱疹病毒Ⅰ型引起牛的一种急性、接触性传染病。具有上呼吸道及气管黏膜发炎，出现高热，呼吸困难，咳嗽，有鼻炎、鼻窦炎、流鼻涕、气管炎等临床特征。有时还可出现脑膜脑炎、结膜炎、流产、外阴阴道炎、龟头包皮炎等多种症状，是由一种病原引起的多种病状的传染病。本病多呈亚临床症状经过，继发细菌感染可发生较严重的呼吸道疾病。OIE将其列为必须通报的动物疫病，我国列为二类动物疫病。

［病原特性］

病原为牛疱疹病毒Ⅰ型（*Bovine herpesvirus*，BHV-1），俗名牛传染性鼻气管炎病毒（*Infectious bovine rhinotracheitis virus*，IBRV），属于疱疹病毒目（*Herpesvirales*）疱疹病毒科（*Herpesviridae*）甲型疱疹病毒亚科（*Alphaherpesvirinae*）水痘病毒属（*Varicellovirus*）成员。

牛疱疹病毒Ⅰ型（BHV-1）病毒粒子呈球形，直径为150～220nm，主要由囊膜、衣壳和核心组成，基因组为双股DNA，复制不需经过RNA阶段；可编码约70种蛋白，其中结构蛋白33种，非结构蛋白达15种以上。病毒糖蛋白位于病毒粒子表面囊膜中，在致病性和免疫性方面发挥着重要作用。

BHV可分为1.1、1.2a、1.2b和1.3四个亚型，其中1.3亚型为神经致病型病原，最近被归入牛疱疹病毒5型（BHV-5），1.1亚型毒力强于1.2型。

BHV-1可在牛肾、睾丸、肺、肾上腺、胸腺等细胞培养物上生长，并形成核内包涵体。在牛肾单层细胞培养上形成蚀斑。病毒不能在鸡胚上生长。

BHV-1对乙醚、氯仿、丙酮敏感。病毒在pH6.9～9.0时稳定，在pH4.5～5.0下可被灭活。病毒对外界环境的抵抗力较强，4℃下可存活30d，－70℃可存活数年；对热敏感，63℃以上数秒内可被灭活，对一般常用消毒药敏感，如0.5%氢氧化钠、0.01%氯化汞、1%漂白粉、1%酚衍生物和1%季铵盐在数秒内灭活，5%甲醛溶液1min内灭活。

［分布与危害］

1. 分布　本病于1955年首次在美国报道。澳大利亚、新西兰、日本等国家均有发生流行。目前已呈世界性分布，但丹麦和瑞士已消灭了本病。我国于1980年从新西兰进口奶牛中首次发现本病，并分离到本病毒。在我国一些地区的牛群已发现血清学阳性的牛，一些牛群有较高血清学阳性率。

2. 危害　由于本病可延缓肥育牛群的生长和增重，并使患病奶牛产奶量明显减少甚至停乳，引起母牛流产或死胎，种公牛精液带病毒，且该病毒感染力强，能在牛体内形成潜伏感染，给养牛业造成很大的经济损失。

［传播与流行］

1. 传播　本病主要感染牛，尤以肉牛多见，其次奶牛。各种年龄和品种的牛均易感，其中以20～60日龄的犊牛最易感，病死率也较高。其他家畜（绵羊、山羊、马、猪）和实验动物（犬、猫、豚鼠、小鼠等）都有抵抗性。

传染源主要是病牛和带毒牛，感染牛可从鼻、眼、阴道分泌物及流产胎儿向外排毒。传播方式可通过空气、飞沫、物体和病牛直接接触、交配，经呼吸道黏膜、生殖道黏膜、眼结膜传染，但主要由飞沫经呼吸道传播。吸血昆虫（软壳蜱等）也可传播本病。

2. 流行　本病在秋季和寒冷的冬季较易发生流行。牛群过分拥挤、密切接触更易迅速传播。此外，该病的发病率还与卫生条件、应激因素、发情、分娩、运输等密切相关，一般发病率在20%～100%，死亡率在1%～12%。

[临床症状和病理变化]

1. 临床症状　自然感染潜伏期为4～6d。OIE《陆生动物卫生法典》描述为21d。

临床可分为呼吸道型、生殖道型、流产型、脑膜脑炎型和眼结膜炎型5种类型。

（1）呼吸道型　临床最为常见。病初高热（40～42℃），不食，流出大量黏液脓性鼻液，鼻黏膜高度充血呈火红色（故称为红鼻病），并出现浅溃疡，鼻翼和鼻镜部坏死，呼吸高度困难，甚至张口呼吸，呼出气体恶臭，呼吸增数，咳嗽，有时排血便。

（2）生殖道型　母牛表现外阴阴道炎，又称传染性化脓性阴户阴道炎（IPV）。

外阴黏膜上出现白色小脓疱，阴道黏膜充血潮红，阴道壁上附着淡黄色渗出物。重症病例在阴道底面上有黏稠无臭的黏液性分泌物，大量小脓疱使阴户前庭及阴道壁形成广泛的灰色坏死膜，孕牛很少发生流产。一般经10～14d痊愈，但阴道内渗出物可持续排出数周。

公牛表现为龟头包皮炎，重病例在包皮、阴茎上形成脓疱，脓疱破溃，形成溃疡，故称为传染性脓疱性龟头包皮炎，病程一般为10～14d，随后开始恢复。公牛可不表现临床症状而带毒，并通过精液排毒。

（3）流产型　一般多见初产母牛，可在怀孕的任何时期发生，但多发生在妊娠第5～8个月。有时也可发生于经产牛。胎儿感染常为急性过程，经7～10d死亡。

（4）脑膜脑炎型　易发生于4～6月龄犊牛，表现脑炎症状，高热（40℃以上），沉郁，随后兴奋、惊厥，口吐白沫，最后倒地，角弓反张。病程短促，发病率低，但病死率高达50%以上。

（5）眼结膜炎型　引起角膜炎和结膜炎，一般角膜无溃疡。多数病例无明显的全身反应。主要表现角膜下水肿，其上形成灰色坏死膜，呈颗粒状外观，角膜轻度混浊。眼、鼻流黏液性或脓性分泌物，本型有时与呼吸道型同时出现，很少引起死亡。

2. 病理变化　呼吸道型特征性的病变是呼吸道黏膜的高度炎症，鼻腔、喉头、气管及支气管黏膜充血、出血、坏死，有大量腐臭的黏性化脓性分泌物。

此外，可见化脓性肺炎，脾脏脓肿，肝表面和肾包膜下有灰白色或灰黄色的坏死灶，第四胃黏膜发炎及溃疡，大小肠为卡他性炎症。

生殖道型病变为外阴、阴道、宫颈黏膜、包皮、阴茎黏膜的炎症。

脑膜脑炎型病变为脑非化脓性炎症变化。

[诊断与检疫技术]

1. 初诊　根据临床症状及病理变化并结合流行病学调查可做出初步诊断，确诊需进一步做实验室检测。

2. 实验室检测　在国际贸易中，指定诊断方法为精液病毒分离鉴定、实时定量聚合酶链式反应（qPT-PCR）、病毒中和试验（VN）和酶联免疫吸附试验（ELISA），无替代诊断方法。

完整的诊断程序应包括检出致病病毒（或病毒成分）和特异性抗体。如果从某头动物中分离出牛疱疹病毒Ⅰ型（BHV-1），则并不能说明本病毒就是疾病暴发的原因，这也许是在应激条件下被激活的潜在病毒。实验室确诊必须以一群动物进行，而且必须伴有BHV-1血清抗体由阴性转阳性，或者抗体滴度上升4倍或更高。采集过鼻拭子的牛，还必须进行二次采血（采血间隔2～3周），双份血清样品需用同一血清学试验检测特异性抗体。

被检材料的采集：鼻拭子采集病料样品宜选择5～10头发热并流清涕的早期感染牛（从流黏脓涕或血涕感染牛的样品，检测结果通常为阴性）；对外阴阴道炎或龟头包皮炎病例，应采取生殖道拭子（拭子要在黏膜表面上用力刮取）或用生理盐水冲洗包皮，收集洗液样品。所采样品置于运输培养基中（运输培养基为含抗生素和2%～10%犊牛血清的细胞培养基，以保护病毒不被灭活），4℃保存快速送检。

病死牛剖检应采集呼吸道黏膜、部分扁桃体、肺和支气管淋巴结等病料样品。对流产的病例，还可收集胎儿肝、肺、脾、肾以及胎盘子叶等病料样品。此类样品应置冰上保存，并尽快送检。

以精液进行病毒分离时，病料需特殊处理，因精液中的酶和其他因子对细胞有毒性，并会抑制病毒繁殖。

（1）病原检查

①病毒分离：国际贸易指定试验为从精液中分离病毒。一次吸取0.5mL稀释精液或0.02mL原精液，在细胞培养基中进行两次传代。稀释精液效价应保证与0.05mL新鲜精液效价相当。原精液通常具细胞毒性，接种前应先做稀释处理，稀释精液有时也会出现类似情况。

病毒分离：分离BHV-1的最常用细胞有牛肾、肺或睾丸的原代和次代细胞、胎牛肺或气管继代细胞以及牛肾传代细胞系MDBK。培养器皿可用玻璃或塑料管、塑料板或培养皿。如果采用24孔塑料板时，每孔接种100～200μL病料上清，吸附1h，清洗并加入维持液（维持液中的血清补充物应无BHV-1抗体）。每天观察细胞培养情况，通常在接种后3d内可见到细胞病变（CPE）。起初呈局灶性，细胞变圆、变暗，在向四周扩展的同时，中心部细胞逐渐脱落，周围聚集葡萄串状的圆缩细胞，有时可见到多个细胞核的巨大细胞，3～4d后细胞单层基本全部脱落。如果接种后7d之内不出现细胞病变，则必须进行盲传一代，将细胞培养物冻融，离心，取上清接种新的单层细胞。

BHV-1鉴定：待出现CPE后取培养物上清，与BHV-1单因子特异抗血清或单克隆抗体（mAb）进行中和试验。将待检培养物上清以10倍做系列稀释，每个稀释度分别加单特异BHV-1抗血清或阴性对照血清，混合，置37℃下孵育1h，再将混合物接种到细胞培养基中，3～5d后计算中和指数。中和指数以阴性血清对照组与单特异抗血清组的病毒效价（以log10表示）之差表示，若中和指数超过1.5，则判定分离株为BHV-1。

也可以结合单特异抗血清单克隆抗体（mAb）的免疫荧光试验（IFT），或免疫过氧化物酶试验（IPT），直接显示CPE周围细胞中的BHV-1抗原来鉴定病毒。

②病毒抗原检测：有直接或间接免疫荧光抗体试验检测、IFT或免疫组化试验（IHC）检测以及酶联免疫吸附试验（ELISA）检测等。

直接或间接免疫荧光抗体试验检测：采集病料样品（鼻、眼或生殖道拭子）直接涂片或经离心后取细胞沉淀涂片，待自然干燥后，应在24h内用丙酮固定，然后用直接或间接免疫荧光抗体试验检测BHV-1抗原。其中，直接免疫荧光试验（DIF）以异硫氰荧光素标记单特异抗血清，间接免疫荧光试验（IIF）以异硫氰荧光素标记第二抗体——抗种免疫球蛋白。每批试验均应设阴性和阳性对照。病料样品应从发热、流浆液性鼻汁的牛群中采集，不建议采集流脓性或血样鼻汁的牛群（因该样品检测多为阴性）。

采用直接或间接免疫荧光抗体试验检测，虽可在当天做出诊断，但其敏感性低于病毒分离。

IFT或IHC检测：死后剖检采集的组织可制成冰冻切片，然后用IFT或IHC检测BHV-1抗原，可确定抗原存在的部位。目前多采用各种单克隆抗体（mAb）检测BHV-1抗原，此类试验特异性高，但采用的mAb经制备筛选，必须具有针对所有BHV-1分离株的保守表位。

ELISA检测：ELISA通过包埋于固相（微量平板孔）中的mAb或多克隆抗体（pAb）捕获抗原。当样品中BHV-1抗原浓度达$10^4 \sim 10^5$TCID$_{50}$时，ELISA敏感性好，阳性检出率高。感染BHV-1的牛，$3 \sim 5$d后其鼻液的病毒效价可达$10^8 \sim 10^{10}$TCID$_{50}$/mL，此时采样检测效果最好；低抗原样品也可通过扩增方法提高检测敏感性。ELISA可直接、快速检出病毒抗原。

总之，抗原检测与病毒分离相比，具有无需细胞培养设施、能在1d之内做出诊断的优点，缺点是直接检测抗原敏感性较低，如果要对分离株进一步研究，则仍需进行病毒分离。

③病毒核酸检测：可以用核酸探针杂交试验（DNA-DNA杂交试验）和聚合酶链式反应（PCR）等方法检测临床样品中的病毒DNA。

与病毒分离相比，PCR优点不仅更加敏感和快速，而且还可检出感觉神经节中潜伏感染的病毒DNA。但PCR的缺点是易受污染而导致假阳性结果。如果采用定量实时聚合酶链式反应（rtPCR）或定量聚合酶链式反应（QPCR）等，可显著降低污染风险。

至目前，PCR多用于检测精液样品中的BHV-1 DNA。PCR扩增靶区应具备保守核苷酸序列，并能代表所有BHV-1毒株，通常以胸苷激酶基因（TK），糖蛋白B、C、D和E的基因（*gB*、*gC*、*gD*和*gE*）作为PCR扩增靶基因。检测gE序列的PCR方法可用于鉴别野毒株和*gE*基因缺失疫苗株；但PCR技术不能识别强毒株或其他致弱毒株感染；有的PCR方法还可鉴别BHV-1和BHV-5。

实时聚合酶链式反应（rtPCR），为国际贸易指定试验，用于检测贸易牛稀释精液中的BHV-1。rtPCR能检测牛稀释精液中所有BHV-1毒株DNA，还可选择性扩增*gB*基因中第97对碱基序列。

④BHV-1亚型及相关病毒鉴别：采用单克隆抗体（mAb）和免疫荧光试验（IFT），放射免疫沉淀试验（RIP），免疫过氧化物酶试验（IP）或免疫印迹试验（IB）可鉴别1.1和1.2b亚型。采用限制性*Hind* III内切酶分析可区分1.1、1.2a和1.2b亚型。三条DNA相关片段（I、K和L）的分子质量是鉴别的基础。

采用单克隆抗体的改良方法可鉴别抗原和基因上相关的甲型疱疹病毒（BHV-1和BHV-5），山羊疱疹病毒（CpHV）以及鹿疱疹病毒（CvHV-1和CvHV-2）。

（2）血清学检测　血清学试验主要用于急性感染诊断、无疫确认、判定流行率、根除计划及后续监测支撑、免疫和攻毒后抗体水平的评价等。常用病毒中和试验（VN）和各种酶联免疫吸附试验（ELISA）检测血清中BHV-1抗体。此外，还有免疫荧光试验、琼脂免疫扩散试验、间接血凝试验等。

BHV-1血清学检测通常可分为常规法和试剂盒法，常规方法有病毒中和试验（VN）、各种BHV-1抗体阻断酶联免疫吸附试验（B-ELISA）和间接酶联免疫吸附试验（I-ELISA），而目前出售的血清学试剂盒只有BHV-IgE抗体阻断酶联免疫吸附试验（B-ELISA）。

①VN：为国际贸易指定试验，对检测血清抗体非常敏感。此试验因采用的毒株、血清起

始稀释度、病毒/血清孵育期（1～24h）、采用的细胞类型、最终判读日期和终点判读（50%或100%）不同而异。在这些变量中，病毒/血清孵育期对抗体滴度的影响最大。孵育24h的抗体滴度可能是孵育1h的16倍，国际贸易等一般要求达到最大敏感度。各类牛源细胞或细胞系，如次代牛肾细胞或睾丸细胞、牛肺或气管细胞株或MDBK细胞系等均适用于病毒中和试验。但病毒中和试验正逐步被检测BHV-1抗体的各种ELISA方法所取代。

②ELISA：为国际贸易指定试验，各种BHV-1抗体特异ELISA法对检测血清抗体非常敏感，而各种间接酶联免疫吸附试验（I-ELISA）对检测乳样抗体非常敏感。目前一些ELISA方法已经商品化，如各种间接和阻断ELISA方法，有的还适合检测乳样抗体。

各种ELISA方法，包括gE-ELISA，可用于大桶奶样（混样）抗体检测。但仅根据大桶奶样或混样检测阴性并不能证明或宣布整个牛群无BHV-1感染，还必须对所有牛采血进行检测。在进行普通监测时，可采用大桶奶检测估计某群、某区或整个国家BHV-1流行率，并从非产奶牛采集血样（个样或混样）检测作为补充。

检测BHV-1抗体的各种ELISA方法的应用，也可采用VN试验。

3.鉴别诊断　本病应与巴氏杆菌病和犊牛白喉区别。可从病原检查来鉴别。

［防治与处理］

1.防治　本病无特效药物，需综合防治，可采取以下措施：①防止从有病地区或国家引进牛和其精液，如要引进则应严格检疫，证明未被感染或精液未被污染方可使用。引入的牛只必须经过一段时间的隔离饲养。②平时定期对牛群进行血清学监测，一旦检出阳性者，则采取封锁、隔离、消毒并剖杀病牛和感染牛等措施净化本病。③疫区或受威胁牛群可对未被感染牛进行弱毒疫苗或油佐剂灭活疫苗的免疫接种。在免疫母牛后代血清中的母源抗体有时可持续4个月，对主动免疫力的产生有干扰作用。犊牛一般在半岁时进行疫苗接种，免疫期为半年以上。病愈康复牛可获得坚强免疫力。

2.处理　检疫出的病牛捕杀、销毁，同群动物应在指定地点隔离观察，由于目前尚无有效的药物治疗方法，对病牛可采取淘汰处理。

三、牛恶性卡他热

牛恶性卡他热（malignant catarrhal fever，MCF）又称恶性卡他或坏疽性鼻卡他，是由狷羚疱疹病毒1型和绵羊疱疹病毒2型引起牛以及其他许多偶蹄动物的一种急性、全身性、通常为致死性的传染病。以脉管炎，淋巴器官T淋巴细胞增生，以及非淋巴器官淋巴样细胞聚集为特征。我国列为二类动物疫病。

［病原特性］

病原为狷羚疱疹病毒1型（Alcelaphine herpesvirus 1，AlHV-1）和绵羊疱疹病毒2型（Ovine herpesvirus 2，OvHV-2）。狷羚疱疹病毒1型（AlHV-1）曾称恶性卡他热病毒（Malignant catarrhal fever virus，MCFV），绵羊疱疹病毒2型（OvHV-2）曾称绵羊相关恶性卡他热病毒（SA-MCFV），两者均属于疱疹病毒目（Herpesvirales）疱疹病毒科（Herpesviridae）丙型疱疹病毒亚科（Gammaherpesvirinae）恶性卡他热病毒属（Macavirus）成员。

狷羚疱疹病毒1型（AlHV-1）和绵羊疱疹病毒2型（OvHV-2）与反刍动物猴病毒属成员（RRVs）关系密切，RRVs可感染牛科中狷羚、马羚和山羊三个亚科动物，且都可能引起典型的牛恶性卡他热（MCF），但是否为MCF病原尚未得到鉴定。

狷羚疱疹病毒1型（AlHV-1）在牛羚（包括黑尾牛羚、白须牛羚和角马等）中呈无症状持续感染，是非洲地区牛群和世界野生动物保护区中反刍动物MCF的疫源；该病型又称牛羚相关恶性卡他热（WA-MCF）。

绵羊疱疹病毒2型（OvHV-2）在各种家养绵羊中呈亚临床感染，是世界大多数地区MCF的疫源；该病型又称绵羊相关恶性卡他热（SA-MCF）。

绵羊疱疹病毒2型（OvHV-2）目前无法从临床病例中分离出一致的致病病毒，但采用聚合酶链式反应（PCR）可以检测到此病毒的DNA。

狷羚疱疹病毒1型（AlHV-1）病毒粒子有囊膜，直径175nm，核衣壳呈二十面体对称，病毒核酸为线性双股DNA，在细胞核内复制，基因组全长为130 608nt，（G+C）mol%为46，编码区占79%。绵羊疱疹病毒2型（OvHV-2）基因组全长为135bp，（G+C）mol%为52，编码区占76%。

病毒容易在犊牛的甲状腺或肾上腺细胞培养增殖，并形成合胞体和Cowdry A型核内包涵体。用甲状腺细胞传至20～30代时，病毒可释放到培养液中。在犊牛肾、甲状腺和睾丸细胞，狷羚和家兔的肾细胞以及绵羊甲状腺细胞上培养易增殖并出现细胞病变（CPE）。病毒适应于鸡胚卵黄囊。

病毒对外界环境的抵抗力不强，不能抵抗冷冻和干燥，含病毒的血液在室温中24h即失去活力，4℃条件下可保存2周，冰点以下温度可使其失去感染性。一般对病毒的保存，可在感染细胞混悬液中加入20%～40%血清和10%甘油，于－70℃保存，至少在15个月内稳定；用枸橼酸抗凝的含病毒血液保存在5℃环境中或将病毒接种鸡胚卵黄囊（－10℃保存），至少8个月内稳定。病毒对乙醚和氯仿敏感。

病畜恢复后，体内可产生中和、补体结合及沉淀抗体。

［分布与危害］

1. 分布　本病呈世界性分布，最早18世纪在欧洲发现本病，接着19世纪中叶在南非、20世纪初在北美、20世纪中叶在亚洲均发生本病。目前欧洲的奥地利、丹麦、芬兰、法国、希腊、匈牙利、冰岛、爱尔兰、荷兰、挪威、波兰，非洲的博茨瓦纳、喀麦隆、摩洛哥、南非、突尼斯，美洲的加拿大、圭亚那、墨西哥、美国、乌拉圭，大洋洲及太平洋的新西兰、澳大利亚，亚洲的印度尼西亚、伊朗、日本、马来西亚、叙利亚、东帝汶和中国等都有该病的报告。

2. 危害　本病虽以散发为主，发病率低，但病死率很高，可达60%～90%，对养牛业可造成一定的损失。

［传播与流行］

1. 传播　牛羚是狷羚疱疹病毒1型（AlHV-1）的自然宿主，感染后通常不表现临床症状，仅传播病毒。所有野生牛羚（黑尾牛羚、白须牛羚和角马）几乎都在6月龄左右感染AlHV-1，且在围产期集中流行并扩散；动物园（保护区）中大多数牛羚也呈持续感染。故AlHV-1型牛恶性卡他热（也称牛羚相关恶性卡他热）流行于牛羚出没的非洲地区和世界各地动物园。

绵羊是绵羊疱疹病毒2型（OvHV-2）的自然宿主，自然感染后也无任何临床变化，仅传播病毒，但对易感绵羊用大剂量攻毒感染，可出现牛恶性卡他热（MCF）临床症状。以巴厘牛和麋鹿对OvHV-2最易感，北美野牛、水牛以及大多数鹿类较易感，而黄牛和瘤牛抵抗力相对较强。挪威等一些国家报道猪也能感染，其症状与急性型感染牛极其相似。故OvHV-2型牛恶性卡他热（也称绵羊相关恶性卡他热）发生于世界各地绵羊饲养区。

牛羚相关恶性卡他热（WA-MCF）和绵羊相关恶性卡他热（SA-MCF）均可表现一系列迥异的临床症状，但两种病型的病理组织学变化极其相似。

传染源是自然宿主牛羚或绵羊，而不是WA-MCF和SA-MCF的临床病畜。传播方式是牛与隐性感染的绵羊、角马直接接触而感染，特别是与角马、山羊、绵羊胎盘或胎儿接触的牛群最易发生。感染牛与健康牛之间不能进行传播。因此，感染牛为终末宿主。

发病多见2～5岁的牛（水牛、黄牛、奶牛），老龄牛及1岁以下牛发病较少。另外山羊和羚羊也有感染发病的报道。实验动物兔和小鼠人工接种可发病，出现与牛相同症状和病变。

2. 流行　本病一年四季均可发生，但以冬季和早春多发。在非洲多呈地方性流行，在欧洲及其他地区多以散发为主，发病率低，但病死率很高，可达60%～90%，病愈牛多无抵抗再被传染的能力。

［临床症状与病理变化］

1. 临床症状　自然感染潜伏期平均21～56d，最长可达9个月。人工感染为14～90d。

牛恶性卡他热（MCF）临床表现从最急性到慢性，症状差异极大。大量的动物感染后不表现任何临床症状，而较顽固性病例才见最明显的症状。

最急性型一般无临床症状，或死前12～24h出现腹泻和痢疾，随后沉郁。

病畜病初高热（40～42℃），稽留热，精神沉郁，食欲减少，流浆液性眼泪和鼻液，随后转为脓性分泌物；病畜两侧眼角膜由边缘向中心逐渐混浊（是本病特征性症状）；有些病例出现皮肤病变，以溃疡和渗出为特征，可形成皮肤坏死性硬痂，多见于会阴、乳房和乳头等处；早期还可出现充血性流涎，并逐步发展为舌、硬腭和齿龈糜烂，尤以颊乳头尖最典型；浅表淋巴结肿大（特别是头部各处淋巴结），四肢关节肿胀。

神经症状表现为感觉过敏、运动失调、眼球震颤和颅压增高等。此神经症状可单独出现或只是牛恶性卡他热（MCF）广泛特征性症候群之一。

OvHV-2型牛恶性卡他热（MCF）临床症状差异很大，急性型死前很少出现症状，大多数病例以高热、双侧角膜混浊、眼鼻卡他性分泌物增多、口腔上皮溃疡为特征。

2. 病理变化

（1）肉眼变化　黏膜的病灶最明显。鼻黏膜充血水肿、有脓性分泌物，咽喉黏膜充血、肿胀和溃疡，气管和支气管黏膜充血、点状出血和溃疡。食管黏膜充血、糜烂并形成假膜，第四胃充血水肿、斑状出血及溃疡，小肠充血、出血，膀胱上皮层瘀血性出血，肾皮质有许多突起的直径为1～5mm白色病灶（是本病的特征性病变），肝脏略肿大、有粟粒大小的白色病灶，脾肿大，心外膜有点状出血。淋巴结出血、肿大，体积可增大2～10倍，尤以头颈部淋巴结充血和水肿最显著。脑膜充血，呈非化脓性脑炎变化。

（2）组织学变化　组织学病变是确诊牛恶性卡他热（MCF）的依据，而AlHV-1型和OvHV-2型牛恶性卡他热（MCF）病理组织学特征是基本一致的。

本病组织学病变的特征是：①以淋巴器官上皮变性、脉管炎、增生甚至坏死，非淋巴器官间质淋巴细胞广泛性浸润为特征；所有上皮表面以溃疡和糜烂为特征，常伴有上皮下及上皮内淋巴细胞浸润（可能与脉管炎症和出血有关）。②大脑常有明显的脉管炎，以血管外膜和介质淋巴细胞浸润为特征，通常有纤维素样变性；血管腔内可见淋巴细胞"附壁"，严重病例因内皮损伤和内皮下淋巴细胞集聚，有时可导致血管堵塞。③淋巴结增生以副皮质区淋巴样干细胞膨胀为特征，常伴有空泡状退行性病变，水肿及淋巴性炎症常波及淋巴结周围组织。④非淋巴组织以间质淋巴样细胞聚集为特征，尤以肾皮质和肝门静脉区明显；脑内可见非化脓脑膜脑炎，并伴有淋巴细胞围管现象（LPC）及脑脊髓液细胞密度明显增加。⑤病变角膜表现为淋巴样细胞浸润，从角膜边缘向中心发展，晚期伴有水肿和坏死，也可出现脉管炎、眼前房积脓和虹膜睫状体炎。

[诊断与检疫技术]

1. 初诊　根据临床症状和病理变化（特别是组织学病变特征），可做出初步诊断，确诊需进一步做实验室检测。

2. 实验室检测　主要进行病原鉴定和血清学检测。

被检材料的采集：AlHV-1具有严格的细胞结合性，病毒分离宜采集感染动物外周血（分离淋巴细胞）、淋巴结或其他感染组织等病料。OvHV-2型MCF因临床症状和病理剖检差异极大，仅凭临床症状和病理剖检不能做出诊断，采集各种组织（最好是肾、肝、膀胱、口腔上皮、角膜结膜和脑等病料），进行组织学检查是本病诊断唯一可靠方法。

上述病料样品采集后，在冷藏下迅速送检。

首先，介绍对AlHV-1进行实验室检测：

AlHV-1型MCF大多数实验室检测依靠致弱毒株WC11传代来制取病毒抗原和DNA。强毒低代毒株C500全核苷酸序列公开，又为AlHV-1病毒研究提供了条件。

（1）病原鉴定

①临床感染动物病原鉴定：鉴于AlHV-1型MCF在病灶内无可检出的病毒抗原或无疱疹病毒特异的细胞病变，感染确诊只有通过病毒分离。

病毒分离：将采取的病料（外周血液白细胞、淋巴结或其他感染组织）制成悬液（浓度约每毫升5×10^6个细胞），接种于牛甲状腺细胞、牛睾丸或牛胚肾原代细胞的单层细胞培养物上，每培养36～48h更换培养基。以40倍显微镜观察细胞病变（CPE），通常需经21d可出现CPE，而7d内很少能观察到CPE。CPE特征为单层细胞出现多核灶，并逐渐收缩形成具细胞质突的致密体，随着单层细胞的正常再生，致密体将脱落。因该病毒为细胞结合性病毒，被结合细胞一旦死亡，则病毒很快死亡，若继续传代或贮存则必须选择能保持细胞活性的方法。分离的病毒株特异性可采用特异抗血清或各种单克隆抗体的荧光法或免疫细胞化学试验（ICC）鉴定。

病毒DNA鉴定：由于在感染组织中病毒DNA含量极低，必须先以常规培养或聚合酶链式反应（PCR）扩增后测序。由于C500分离株全序列数据发布，从基因保守区设计PCR引物进行PCR检测。目前聚合酶基因序列已经用于AlHV-1及其相关病毒谱系比较。

②自然宿主病原鉴定：通过组织培养可从外观正常动物中分离到病毒，目前，已从成年动物肾和甲状腺细胞培养单层中分离到病毒。

（2）血清学试验

①临床感染动物血清学检测：由于临床发病动物抗体反应有限，以病毒中和试验（VN）检测

不到中和抗体（因临床发病动物不产生VN抗体）；但以免疫荧光试验（IFT）或免疫过氧化物酶试验（IPT）可持续检出抗体；竞争抑制酶联免疫吸附试验（CI-ELISA）采用针对所有MCF病毒保守表位的单克隆抗体（15-A），可检出抗OvHV-2抗体，也可检测AlHV-1感染动物。

②自然宿主血清学检测：可采用病毒中和试验（VN）、间接荧光抗体试验（IFA）、免疫过氧化物酶试验（IPT）、竞争抑制酶联免疫吸附试验（CI-ELISA）等进行检测。

VN：有两种VN试验，一种是采用非细胞结合型病毒WC11株，另一种是采用羚羊分离株（AlHV-2），AlHV-1和AlHV-2有交叉反应抗体，试验时可任意使用其中一株，这两种VN试验均可检测自然感染宿主抗AlHV-1抗体。但VN试验不能作为诊断试验，原因是临床发病动物不产生VN抗体。

IFA：通常用于检测AlHV-1感染细胞单层中几种"早期"和"晚期"抗原。IFA特异性不如病毒中和试验（VN）。

IPT：是将牛鼻甲（BT）细胞培养的AlHV-1培养物，以胰酶刚消化BT细胞悬液稀释成约$10^3 TCID_{50}$浓度，接种于内置盖玻片的莱顿试管内，每管1.6mL；或接种于四格腔室玻片中，每格1.0mL。观察细胞病变（CPE），在开始出现CPE（4～6d）时，用丙酮将培养物固定，置−70℃保存待检。

CI-ELISA：用于检测野生和家养反刍动物血清抗体以及一些致病病毒抗体，如AlHV-1、AlHV-2、OvHV-2、CpHV-2（山羊疱疹病毒2型）等。CI-ELISA与IFA和IPT相比，其结果快速且效率又高。

绵羊疱疹病毒2型（OvHV-2）实验室检测如下。

OvHV-2型MCF因临床症状和病理剖检差异极大，考虑无分离OvHV-2的试验手段，进行组织学检查是本病诊断的唯一较可靠方法。

（1）病原鉴定

①临床感染动物病原鉴定。

A. 病毒分离：无法从临床病例中分离出致病病毒。从感染牛和鹿中分离的淋巴样母细胞系（LBCL），接种实验动物后，有的能传播MCF。此类LBCL含有与ALHV-1 DNA克隆株杂交的病毒序列。

B. 病毒DNA鉴定：可采用聚合酶链式反应（PCR）检测OvHV-2型MCF临床感染动物和自然宿主外周血白细胞、新鲜或石蜡包埋组织样品中的DNA。PCR不仅敏感性高，而且特异性强。

此外，检测OvHV-2的PCR方法还有定量荧光聚合酶链式反应（QF-PCR）和半套式聚合酶链式反应（sn-PCR），而sn-PCR被视为金标准。

②自然宿主病原鉴定：家养绵羊是绵羊疱疹病毒2型（OvHV-2）自然宿主，感染OvHV-2的绵羊可能无任何临床症状。此外，家养山羊和其他山羊亚科动物均存在与绵羊血清类似的、与AlHV-1反应的抗体，说明此类动物也感染了类似于OvHV-2的病毒。因此，可用PCR方法进行检测自然宿主中病毒的DNA。

（2）血清学检测　OvHV-2抗体只能用AlHV-1抗原检测。70%～80%感染牛可用间接荧光抗体试验（IFA）和免疫过氧化物酶试验（IPT）检出AlHV-1抗体，但感染的鹿和其他急性、最急性感染动物不产生AlHV-1抗体。

OvHV-2抗体检测方法有间接荧光抗体试验（IFA）、免疫过氧化物酶试验（IPT）和竞争抑制酶联免疫吸附试验（CI-ELISA）等。

IFA：此试验采用AlHV-1感染的组织培养物为抗原，可检测OvHV-2抗体。当玻片上生长的单层细胞10%～50%出现细胞病变（CPE）时，收获，冲洗，用丙酮固定后待检。将待检玻片置显微镜玻片上（有细胞的一面朝上），以DPX固定，并用10%正常马血清处理，然后进行IFA常规检测。

IPT：程序与AlHV-1检测相同。用牛疱疹病毒4型（BHV-4）感染细胞单层设阴性对照（因BHV-4是唯一与AlHV-1有交叉反应的病毒）。如果AlHV-1感染细胞中出现特征性病灶（抗原分布在细胞核内，而细胞质内极少或不着色），而BHV-4感染细胞无任何反应，则可将被检血清判为阳性；如果被检血清能与这两种病毒抗原反应，则应判为不确定。

CI-ELISA：此试验是采用明尼苏达MCF病毒株生产的单克隆抗体（A-15），可检测抗OvHV-2抗体，特别适用于野生和家养反刍动物检测。

3. 鉴别诊断　本病应与牛瘟、口蹄疫、蓝舌病、牛病毒性腹泻/黏膜病、牛传染性鼻气管炎、牛传染性角结膜炎、丘疹性口炎等相区别，可从病原检查来鉴别。

[防治与处理]

1. 防治　目前对本病尚无有效的治疗方法，主要通过隔离易感动物与自然宿主接触，隔离范围视涉及的动物种类而定。

（1）对AlHV-1型MCF可采取以下措施进行防治　①由于自然宿主（牛羚）是传染源，牛羚能把AlHV-1传染给绝大多数其他反刍动物，而染疫动物很少或不传播本病，因此需把反刍动物与牛羚分开饲养。②在牧区，应保证做到牛羊牧场与附近的牛羚牧场或牛羚刚经过的牧场完全隔离，特别是在犊牛羚出生季节更应做好隔离措施。

（2）对OvHV-2型MCF可采取以下措施进行防治　①采取和做好涉及的易感动物种类与绵羊隔离的措施。麋鹿与巴厘牛要分开饲养，严格隔离避免经呼吸道飞沫传播；绵羊和鹿群也要分开饲养。②虽然牛很少发生绵羊相关恶性卡他热（SA-MCF），与绵羊混养不会传播本病，但当出现病例时，应尽量使羊群远离牛群，因为羊群有可能成为传染源，此时也可考虑扑杀羊群。

2. 处理　发现本病后，按《中华人民共和国动物防疫法》及有关规定，采取严格的控制、扑灭措施，防止扩散，对病畜应隔离扑杀和销毁，污染场所及用具等可用卤素类消毒药物进行严格消毒。

四、牛白血病

牛白血病（enzootic bovine leukosis，EBL）又称地方流行性牛白血病、牛淋巴瘤病、牛恶性淋巴瘤和牛淋巴肉瘤，是由牛白血病病毒引起牛的一种慢性肿瘤性疾病。所有年龄牛（包括胚胎期）都可感染，但典型肿瘤（淋巴肉瘤）症状多见3岁以上成年牛。以淋巴细胞恶性增生、进行性恶病质变化和全身淋巴结肿大以及高度的病死率为特征。OIE将其列为必须通报的动物疫病，我国将其列为二类动物疫病。

[病原特性]

病原为牛白血病病毒（*Bovine leukemia virus*，BLV），属于反转录病毒科（*Retroviridae*）正反转录病毒亚科（*Orthorovirinae*）丁型反转录病毒属（*Deltaretrovirus*）成员。

BLV为外源性反转录病毒，其主要靶细胞是B淋巴细胞。病毒呈二十面体球形，直径80～120nm，核心直径60～90nm，外包双层囊膜，膜上有11nm长的纤突。病毒粒子由单股RNA、核蛋白p12、衣壳蛋白p24、跨膜糖蛋白gp30、囊膜糖蛋白gp51和反转录酶等酶组成。病毒基因组通过反转录形成前病毒DNA，后者再与宿主细胞DNA随机整合，因而在宿主细胞内源源不断复制病毒后代。病毒囊膜糖蛋白gp51和衣壳蛋白p24抗原活性最高，可作为抗原进行血清学试验，可以检出特异性抗体，其中gp51抗体在动物体内产生早、滴度高，并具有中和与沉淀活性；p24抗体产生晚、滴度低，只有沉淀活性。病毒在动物体内呈持续性感染，病毒和抗体共存。本病毒具有凝集绵羊和鼠红细胞的作用。

本病毒可以在牛源和羊源的原代细胞内生长并传代，将感染本病毒的细胞与牛、羊、犬、人、猴细胞共同培养时，可使后者形成合胞体。目前在胎羊肾细胞（FLK）和蝙蝠肺细胞（Tb 1Lu）建立了长期持续感染细胞系。

本病毒对外界的抵抗力较弱。在试验中超速离心或一次冻融等常规处理都能使病毒的毒力大大减弱。将细胞培养的牛白血病病毒置于73℃ 1min或56℃ 30min可灭活，牛奶中的病毒经巴氏消毒可灭活，病毒对各种有机溶剂也敏感。本病毒在试验中无法采用冻干保存。

[分布与危害]

1. **分布**　本病1871年就有流行记载，在欧洲和北美广大地区广泛传播，目前在美国、德国、法国、意大利、荷兰、丹麦、挪威、瑞典、比利时、日本等国都发生流行。我国1978年以来已在国内很多省份发病，并有不断蔓延趋势。可以说，本病已呈世界性分布，几乎遍及所有养牛的国家和地区。

2. **危害**　由于本病有高度的死亡率，加之全球性分布，给养牛业生产造成了很大的经济损失。

[传播与流行]

1. **传播**　自然条件下仅感染牛和水豚，其中奶牛、黄牛、水牛和瘤牛均易感。各种年龄牛包括胚胎期都可感染，但成年牛（3岁以上）最多发，尤以4～8岁的牛最常见，2岁以下的牛发病率很低。30%～70%的感染牛可持续出现淋巴细胞增多症，0.1%～10%的感染牛可出现内脏器官淋巴肉瘤（肿瘤）。人工接种绵羊、山羊和小鼠都能发病，而猪不能发病。

感染牛终生带毒并持续产生抗体，最早可在感染后3～16周内检出抗体；母源抗体可持续6～7个月。

传染源是病畜或隐性感染牛。病毒在外周血淋巴细胞和肿瘤细胞中，以前病毒方式结合在细胞DNA中；病毒也见于各种体液（鼻液及气管液、唾液、乳）的细胞碎片中。

自然传播的主要方式是肿瘤期的妊娠母牛经胎盘将肿瘤细胞或感染细胞转移给胎儿；也可通过污染的针头、外科器械和直肠检查手套等人工传播；还可通过吸血昆虫（虻、蝇、蚊、蜱、蠓）叮咬传播。

2. **流行**　牛感染后，不立即出现临床症状，多数为隐性感染而成为传染源。在自然条件下，本病主要通过吸血昆虫传播，潜伏期长，牛群感染后一般要4年左右才出现肿瘤症状，本病多发3岁以上成年牛，以4～8岁发病率最高，一般为亚临床经过，有5%～10%表现为急性病程，无前驱症状即死亡。奶牛发病率高于肉牛，大群牛发病率高于小群牛，种牛发病率高于一般牛。

[临床症状和病理变化]

1. 临床症状　潜伏期一般为4～5年。本病有亚临床型和临床型两种表现。

亚临床型：无瘤的形成，表现为淋巴细胞增生，可持续多年或终身。对牛的健康无明显影响。但有可能转化为临床型。

临床型：由亚临床型转化而来。表现为病牛生长缓慢，体重减轻，体温一般正常，有时略有升高。从体表或经直肠检查可摸到某些淋巴结呈一侧或对称性肿大。体表淋巴结常显著肿大，如腮淋巴结、肩前淋巴结或股前淋巴结显著肿大且坚硬，触摸时可移动。当一侧肩前淋巴结肿大，则病牛的头、颈可向对侧偏斜；当眶后淋巴结肿大，因挤压眼球，可引起眼球突出。

2. 病理变化　尸体消瘦贫血，全身广泛性的淋巴肿瘤，如腮淋巴结、肩前淋巴结、股前淋巴结、乳房上淋巴结和腰下淋巴结肿大，呈灰色、柔软切面外翻。各脏器、组织形成大小不等的结节性或弥散性肉芽肿病灶，如脾脏结节状肿大，肾脏表面布满大小不等的白色结节，瓣胃浆膜部出现白色肿瘤，空肠系膜脂肪部形成肿瘤块，膀胱黏膜出现肿瘤块，心肌出现界限不明显的白色斑状病灶等。

组织学检查，各脏器都可见肿瘤细胞浸润和增生。

血液学检查可见白细胞总数增加，淋巴细胞尤其是未成熟的淋巴细胞比例升高，淋巴细胞可增加75%以上，未成熟的淋巴细胞可增加25%以上。血液学变化在病程早期最明显，随着病程的进展血象转归正常。

[诊断与检疫技术]

1. 初诊　根据典型临床症状和病理变化，可做出初步诊断，确诊需辅助以实验室检测（尤其是亚临床病例）。

2. 实验室检测　在国际贸易中，指定诊断方法是琼脂凝胶免疫扩散试验（AGID）和酶联免疫吸附试验（ELISA）。替代诊断方法是聚合酶链式反应（PCR）。传统检测方法还有中和试验、补体结合试验和间接免疫荧光技术等。

被检材料的采集：采取病牛外周血液（分离淋巴细胞），以供检测应用。

（1）病原鉴定

①病毒分离：取EDTA抗凝血1.5mL以聚蔗糖-泛影酸钠密度梯度离心（DCG）分离单核细胞，然后用2×10^6胎牛肺（FBL）细胞培养，随后在40mL含20%胎牛血清的最小必需培养基（MEM）生长3～4d，病毒在FBL细胞单层上可产生合胞体。也可用无FBL细胞的短期培养基（3d）在24孔塑料板中培养单核细胞。

取培养物上清，用放射免疫分析（RIA）、酶联免疫吸附试验（ELISA）、免疫印迹（IB）或琼脂免疫扩散试验（AGID）检测p24和gp51抗原，或用电镜检测病毒粒子。

②病毒核酸检测：牛白血病病毒（BLV）在感染动物中，以前病毒DNA的形式存在，可用聚合酶链式反应（PCR）技术检测BLV前病毒，引物主要从*gag*、*pol*和*env*基因区构建。

目前，最快速敏感的方法是凝胶电泳加套式PCR（n-PCR），此方法以编码gp51的*env*基因设计引物。*env*基因和gp51抗原存在于所有BLV感染动物中。

n-PCR适用于BLV感染个体检测，如尚未产生BLV抗体的新感染病例；带初乳抗体的犊牛；ELISA检测弱阳性或结果不确定病例；肿瘤病例，以鉴别散发性和传染性淋巴瘤；从屠宰场采集的疑似肿瘤组织；用于生产疫苗的牛，以确保无BLV；在转入人工授精中心（AIC）之前，进入后裔鉴定站（PTS）进行系统普查的牛。

PCR不适用于群体检测，但可作为血清学确诊试验的辅助方法。

此外，用核酸杂交技术可以检测淋巴细胞和肿瘤组织中的前病毒DNA。

（2）血清学检查　牛感染病毒后可引起持续性感染，可用抗体确定感染动物。血清学检查可采用琼脂凝胶免疫扩散试验（AGID）、酶联免疫吸附试验（ELISA）、间接免疫荧光试验、补体结合试验及中和试验等方法检测血清中的抗体。常用AGID和ELISA试剂盒进行检测。

AGID：为国际贸易指定试验。此法简便、特异，但不很敏感，适用于个体血清样本抗体检测，不适用于奶样（初乳除外）抗体检测。

ELISA：为国际贸易指定试验。有间接酶联免疫吸附试验（I-ELISA）和阻断酶联免疫吸附试验（B-ELISA），其中I-ELISA适用于检测奶样（个样或混样），B-ELISA适用于检测血清样品（个样或混样）。

［防治与处理］

1.防治　因本病目前尚无特效疗法，可采取以下措施。

①严格执行检疫制度：对牛群每年进行2～4次检疫，尤其是老疫区牛群要定期通过血液学或血清学方法对牛群进行普查，发现病牛及时处理。对引进的种牛或其精液、受精卵进行严格的检疫。

②实行分群隔离饲养：根据检疫结果将牛群分为健康群、假定健康群、血清阳性群。各群隔离舍间距离在1km以上。放牧地也应分区划开。阴性群（健康牛群）不得与阳性群混放。

③做好卫生消毒工作：保持牛场内清洁卫生，加强对牛场的防疫消毒制度，防止病毒扩散，同时要积极消灭吸血昆虫及其滋生地。

2.处理　对临床有症状的病牛、血液学检查或血清学方法检测阳性牛，要进行及时淘汰扑杀。

五、牛出血性败血病

牛出血性败血病（haemorrhagic septicaemia，HS），又称牛巴氏杆菌病，俗称"锁喉""喉风"，是由多杀性巴氏杆菌6∶B和6∶E等特异血清亚型引起牛和水牛的一种急性热性、高度致死的传染病。以高热、肺炎、急性胃肠炎及内脏器官广泛出血为特征。本病多见于犊牛。OIE将其列为必须通报的动物疫病，我国列为二类动物疫病。

［病原特性］

病原为6∶B和6∶E等特异血清亚型多杀性巴氏杆菌（*Pasteurella multocida*，PM），属于巴氏杆菌目（Pasteurellales）巴氏杆菌科（Pasteurell-aceae）巴氏杆菌属（*Pasteurella*）成员。

PM是革兰氏阴性、两端钝圆、中央微凸的球杆菌或短杆菌，不形成芽孢，无鞭毛，不能运动。新分离的强毒菌株具有荚膜。常单在，有时成双排列。病料组织或体液涂片用瑞氏、姬姆萨或亚甲蓝染色时，菌体多呈卵圆形，两极着色深，似两个并列的球菌。

PM以荚膜抗原可分为A～F 6个血清型，以菌体抗原区分至少有16个血清型（用阿拉伯数字表示）。血清型命名有三类系统：一是荚膜分型命名系统（采用Carter氏IHA试验或AGID试验分型）；二是菌体分型命名系统（采用Namioka & Murata法与Heddleston法分型）；三是菌体分型与荚膜分型相结合的分类系统（又称Namioka-Carter分类命名系统）。

引起牛HS的PM主要血清型，以Namioka-Carter分类系统命名为6：B和6：E。而以菌体分型系统命名为B：2（亚洲型）和E：2（非洲型）。野生动物HS以B：2和B：5血清型占主导。A：1和A：3等其他血清型，曾在印度牛和水牛中引起HS疾病。

PM抵抗力低，在干燥空气中2～3d死亡，在血液、排泄物和分泌物中能生存6～10d，直射阳光下数分钟死亡，一般消毒药在数分钟内均可将其杀死，如5%生石灰和1%漂白粉1min可杀死，1%石炭酸在3min内杀死；50%酒精1min内可杀死。

[分布与危害]

1. 分布　本病分布广，世界各地均有发生，但常见于热带地区，我国使用牛巴氏杆菌苗，加强防疫措施，迅速控制了疫情发生和流行。

2. 危害　本病多由内源性传染而引起，为一种高度致死性的疾病，对养牛业的发展产生严重威胁。

[传播与流行]

1. 传播　本病动物感染谱很广，人类、家畜、家禽和野生动物都可感染。家畜以牛（黄牛、牦牛、水牛、奶牛和犏牛）、猪、兔、绵羊发病较多，而水牛要比其他牛更易感且症状严重；山羊、鹿、骆驼、马、驴、犬和水貂也可感染，但发病报道较少；禽类以鸡、火鸡和鸭最易感，鹅、鸽次之。

传染源是病畜排泄物、分泌物和带菌动物（包括健康带菌动物和病愈后带菌动物）。本病多由内源性传染而引起，病畜排出大量病菌使其他健康动物感染。外源性传染多经消化道，次为呼吸道，偶尔也可经皮肤、黏膜的损伤或吸血昆虫的叮咬而传播。

2. 流行　一般散发或呈地方流行，同种动物能相互传染，一般不同种动物间不易互相传染。大流行可见于地方流行区和非地方流行区，近年研究发现本病为牛和水牛口蹄疫发生后的一种继发性感染，如果感染初始阶段治疗未及时，则病死率可达100%。

发病无明显季节性，但以冷热交替、气候剧变、闷热、潮湿、多雨的时期多发。由于本菌存在于健康牛的上呼吸道和消化道中，饲养管理不当、气候骤变、圈舍通风不良、长途运输、饲料突变、营养缺乏等可诱发本病，导致内源性传染。

[临床症状和病理变化]

1. 临床症状　潜伏期2～5d。OIE《陆生动物卫生法典》规定为90d。

典型症状为败血症，其中，B：2和E：2型牛出血性败血病典型症状为发烧、呼吸窘迫及流涕、口吐白沫、倒地死亡；而A：1和A：3型感染以肺炎和死亡为主。

根据临床表现，可分为败血型、肺炎型和水肿型三种。

败血型：病初高热（41～42℃），继而精神沉郁，低头拱背，脉搏加快，肌肉震颤，皮温不稳，结膜潮红，鼻镜干燥，食欲废绝，初便秘后腹泻，粪便恶臭并混有黏液、脱落的黏膜及血液，后期体温下降迅速死亡。病程在12～24d。此型多见于水牛。

肺炎型：主要表现为急性纤维素性胸膜炎、肺炎症状。病牛呼吸高度困难，干咳且痛，可视黏膜呈蓝紫色，流泡沫样鼻液，后为脓性鼻漏。胸部叩诊有痛感和实音区，听诊有湿啰音，有时有摩擦音。病初便秘后腹泻，粪便带血或黏膜、恶臭。病牛衰竭虚脱死亡。病程一般为3d或一周。此型最常见。

水肿型：主要表现头、颈及胸前皮下结缔组织出现炎性水肿，严重者可波及下腹部。肿胀部初热、痛且坚硬，后变冷而疼痛减轻。舌、咽、高度肿胀，口流涎，舌呈蓝红色，眼流泪、红肿，可视黏膜发绀，呼吸困难。常因窒息死亡或腹泻虚脱致死。病程一般为12～36h。此型多见于牦牛。

在实际病例中，水肿型和肺炎型常是混合发生的。

2. **病理变化** 本病典型病变为颈部肿胀，切开有大量的血色水肿液；全身大多组织器官，尤其是浆膜呈大面积点状出血；胸腔、心包腔和腹腔有血清样液体；肺充血并明显水肿。显微镜下可见间质肺炎，多数组织具有中性粒细胞和巨噬细胞浸润灶。

败血型：呈败血症变化，内脏器官充血，在黏膜、浆膜以及肺、舌、皮下组织和肌肉都有出血点，淋巴结显著充血肿胀，肝和肾实质变性，脾无变化或有小出血点，胸腹腔内有大量渗出液。

肺炎型：表现为纤维素性肺炎和胸膜炎，胸腔中有大量浆液性纤维素性渗出液（蛋花样液体），肺脏和胸膜上有小出血点，并盖有一层纤维薄膜。肺脏有不同程度的肝变区，切面呈大理石样变。

水肿型：主要为肿胀部（如头颈部、咽部、腹下等）皮下结缔组织呈胶样浸润，切开流出黄色透明液体。淋巴结肿大。此外，其他组织器官也有不同程度的败血症变化。

[诊断与检疫技术]

1. 初诊 根据临床症状，可以做出初步诊断。确诊需进一步做实验室检测。

2. 实验室检测 在国际贸易中，尚无指定诊断方法，替代诊断方法为病原鉴定。

被检材料的采集：因HS败血症状出现于病程末期，从濒死动物或更早时间采集的血样有可能分离不到病原，所以病原分离宜从数小时内死亡动物心脏采集血液或血液拭子。

病死时间长的动物，最好采集除去组织的长骨骨髓送检。

血样应置运输培养基中在冷藏条件下送检。

（1）病原鉴定

1）涂片镜检 取采集的血液制成涂片，用革兰氏、利什曼或亚甲蓝染色，PM为革兰氏阴性、两极着染的短杆菌，以利什曼或亚甲蓝染色两极着色明显。仅依靠涂片直接镜检一般不能确诊。

2）分离培养及生化鉴定 通常以鼠血培养基或小鼠接种分离培养纯PM。小鼠接种分离培养纯PM方法是：取0.2mL血液拭子洗液或生理盐水悬浮的骨髓样品，皮下或肌肉接种小鼠。如果存在PM，则小鼠一般在接种后24～36h内死亡，以鼠血涂片可见到纯生长的PM。然后将分离到的微生物通过形态特征、培养特性、生化反应和血清学试验进行鉴定。

巴氏杆菌生长的适宜培养基为5%犊牛血酪蛋白蔗糖酵母（CSY）琼脂培养基。在血琼脂中培养分离的PM新鲜菌落为光滑、灰色、有光泽、半透明，直径约1.0mm；在CSY琼脂培养基上生长的PM菌落较大；PM在麦康凯培养基上不生长。

牛出血性败血病病原菌生化反应为能产氧化酶、过氧化氢酶和吲哚，能还原硝酸盐；不产硫化氢或尿素酶；不能利用柠檬酸盐或液化明胶；能发酵葡萄糖和蔗糖，产酸；多数菌株可发酵山梨醇；有些菌株发酵阿拉伯糖、木糖及麦芽糖，但几乎不发酵水杨苷及乳糖。产透明质酸酶是HS

病原菌的生化特性之一，以此可对其做出特异性鉴定，但B、E血清型中，除B：2（或6：B）外，其他血清型不产透明质酸酶。

3）原菌的血清型鉴定　血清型鉴定方法有以下几种，可选用一种或多种血清学方法对分离到的多杀性巴氏杆菌进行特异血清型的鉴定。

①快速玻片凝集试验（RSAT）：用于荚膜的分型。取一单菌落与一滴生理盐水在玻片上混合，然后加一滴抗血清，并缓慢加热。在半分钟内可出现粗的絮状凝集。老龄培养物则出现细的粒状凝集，且时间较长。

②间接血凝试验（IHA）：用于荚膜的分型。此法原采用抗原致敏的人O型红细胞（RBC），现多采用绵羊红细胞。

③琼脂凝胶免疫扩散试验（AGID）：用于荚膜或菌体抗原分型。此法一般采用双向琼脂凝胶免疫扩散技术，在固体琼脂凝胶上打一个中央孔和六个周边孔，然后通过使用不同抗原和抗血清，进行荚膜或菌体抗原分型。

④对流免疫电泳试验（CIE）：能快速鉴定荚膜B和E型培养物。

⑤凝集试验（AT）：用于菌体抗原分型。

动物中常见的多杀性巴氏杆菌血清型见表6-8。

表6-8　在动物中常见的多杀巴氏杆菌血清型

宿主	疾病	常见的血清型
牛和水牛	肺炎	A：1，A：3
牛和水牛	出血性败血症	B：2
鸟类	出血性败血症	A：1
鹅	禽霍乱	A：1，A：3，A：3，4，（5）和A：4，5
鸡	禽霍乱	5：A，8：A
火鸡	禽霍乱	9：A
猪	肺炎	1：A，3：A，5：A，7：A，1：D
绵羊	肺炎	1：D，4：D
羊驼	肺炎	A：10，A：11，A：12，A：15

4）核酸鉴定　有以下一些方法。

多杀性巴氏杆菌特异性PCR试验：此法检测快速，且灵敏。

多杀性巴氏杆菌多重荚膜PCR分型试验：此法鉴定参与多杀性巴氏杆菌A：1与B：2多糖荚膜合成的基因，为确定其余三个亚群（D、E和F）的合成区提供必要信息。

B型特异出血性败血症PCR试验：此法通过PCR扩增，对出血性败血症B型多杀性巴氏杆菌进行初步鉴定。

A型特异多杀性巴氏杆菌PCR试验：此法可检测培养物、细胞溶解物和感染组织。

分离株基因型鉴别：在完成初步鉴定后，用基因型指纹图谱法对分离菌株进一步鉴别。

5）抗生素敏感试验（AST）　通过AST识别抗常用抗生素的多杀性巴氏杆菌。

琼脂圆片扩散试验（ADD）：此法用于鉴定快速生长的常见细菌，适用于多杀性巴氏杆菌的鉴定。通过ADD，在最小抑菌浓度（MIC）下测量抑菌圈直径，判定细菌的临床易感性和抗药类型等。

（2）血清学检查　上述所提出的血清学试验等方法只用于对分离到的病原菌进行特异血清型的检测鉴定，一般不用于临床诊断。例如，间接血凝抑制试验（IHA）只用于检测血清型特异性抗体，不宜用于疫病诊断。

3. 鉴别诊断　本病应与牛炭疽、气肿疽、运输热等相区别，可从病理变化和病原检查来鉴别。牛炭疽由炭疽芽孢杆菌引起；气肿疽由气肿疽梭菌引起；运输热由溶血曼海姆菌引起，且无败血症状，也不引起多系统点状出血。

[防治与处理]

1. 防治　①加强饲养管理，增强机体抵抗力，尽量防止诱发本病的应激因素，如注意畜舍的通风换气、防暑防寒、过度拥挤，定期开展畜舍和运动场地的卫生消毒等工作。②坚持自繁自养，若必须外购时，对新引进的牛要隔离观察（一个月以上），无病时可混群饲养。③每年定期接种牛出血性败血病菌苗。

2. 处理　①发生本病时，应立即将病牛隔离治疗，可用抗生素（青霉素、链霉素等）治疗，有一定疗效，同时要消毒其污染的场所。②对周围的假定健康牛及时进行紧急的预防接种（注意被接种牛必须在接种前后至少一周内不得使用抗生素药物），或药物预防。③对肉尸、内脏、血液和皮毛处理应视病变程度而定，如内脏及病变显著的肉尸销毁，如无病变或病变轻微且被割除的肉尸，可高温处理后出场，血液用于工业，皮毛经消毒后出场。

六、牛梨形虫病（牛焦虫病）

牛梨形虫病（piroplasmosis）包括牛巴贝斯虫病和泰勒虫病两种。由蜱传播，一般呈急性经过。巴贝斯虫病以高热、贫血、黄疸、血红蛋白尿和急性死亡为主要特征；泰勒虫病以高热、黄疸、体表淋巴结肿大为典型特征。OIE将牛巴贝斯虫病和泰勒虫病列为必须通报的动物疫病，我国列为二类动物疫病。

（一）牛巴贝斯虫病

牛巴贝斯虫病（bovine babesiosis），旧称牛焦虫病，是由巴贝斯属原虫寄生于牛红细胞的一类蜱传播性寄生虫病。临床以高热、贫血、黄疸和血红蛋白尿为特征。

[病原特性]

病原有牛巴贝斯虫（*Babesia bovis*）、双芽巴贝斯虫（*B. bigemina*）、分歧巴贝斯虫（*B. divergens*）、大巴贝斯虫（*B. major*）和卵形巴贝斯虫（*B. ovata*）等，属于顶复门（Apicomplexa）无类锥体纲（Aconoidasida）梨形虫目（Piroplasmida）巴贝斯科（Babesiidae）巴贝斯属（*Babesia*）成员。其中双芽巴贝斯虫分布较广泛，而牛巴贝斯虫致病性强于双芽巴贝斯虫或分歧巴贝斯虫。

牛巴贝斯虫寄生于黄牛、水牛（偶见于人）的红细胞内；虫体较小，长度小于红细胞半径，1.8～2.8μm，宽0.8～1.2μm；梨籽形虫体通常成对出现，相互间构成钝角，位于红细胞中央。在急性期，牛巴贝斯虫的红细胞染虫率很少超过1%，但双芽巴贝斯虫和分歧巴贝斯虫的红细胞染虫率较高。

双芽巴贝斯虫寄生于黄牛、水牛的红细胞内；虫体较大，长度大于红细胞半径，3～4.5μm，宽1.5～2μm；虫体外观呈典型梨籽形（图6-4），通常成对出现，相互间构成锐角，但也有其他形状的单虫体存在，如环形、椭圆形、变形虫样等，虫体多位于红细胞中央：成对排列的虫体各有两个不连贯的红染点（牛巴贝斯虫和分歧巴贝斯虫往往只有一个红染点）。

分歧巴贝斯虫，也是小型虫体，形态与牛巴贝斯虫极其相似；虫体通常成对出现，相互间构成钝角，位于红细胞边缘。

卵形巴贝斯虫寄生于黄牛的红细胞内，淋巴细胞也有寄生；是一种大型虫体，长2.3～3.9μm，宽1.1～2.1μm；虫体呈圆形、卵圆形及梨籽形，每个虫体含有1～2团染色质，核外逸现象较常见，中央往往形成空泡。

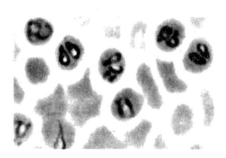

图6-4　巴贝斯虫梨籽样虫体

（引自毕玉霞，《动物防疫与检疫技术》，2009）

巴贝斯虫的中间宿主是牛，在牛的红细胞内进行无性生殖，以出芽生殖方式形成2个或4个虫体。当带虫红细胞破裂时，虫体释出，然后又侵入新的红细胞内以出芽生殖方式繁殖。

巴贝斯虫的终末宿主是蜱，当蜱食入带虫的牛血液后，虫体进入蜱肠管内进行有性生殖。虫体可移行到雌蜱卵巢进一步复分裂，同时侵入蜱卵传给下代，在幼蜱组织中继续繁殖，当幼蜱吸血时虫体迅速进入唾液腺内形成感染性子孢子而感染牛。双芽巴贝斯虫、牛巴贝斯虫和卵形巴贝斯虫均可经卵传播。

［分布与危害］

1. 分布　本病在世界上许多地区发生和流行，其中，牛巴贝斯虫和双芽巴贝斯虫分布最广泛，见于非洲、亚洲、澳大利亚以及中、南美洲；双芽巴贝斯虫见于欧洲某些国家。我国东北、西北、华中等地区也有此病发生。目前，我国已报道牛的巴贝斯虫有4种：双芽巴贝斯虫、牛巴贝斯虫、大巴贝斯虫和卵形巴贝斯虫，双芽巴贝斯虫和牛巴贝斯虫流行广泛，且危害较大。大巴贝斯虫主要分布在新疆；卵形巴贝斯虫已在河南、河北、甘肃、四川等省报道。

2. 危害　本病对牛造成严重的影响，引起消瘦、贫血、奶牛停乳、病死率高，严重危害养牛业。

［传播与流行］

1. 传播　本病对黄牛、水牛易感，一般当地牛易感性低，良种牛和外地牛易感性较高，症状也严重。

传染源主要是患牛和带虫牛。病牛愈病后3个月或更长时期（可能在病后10～20年）后血中仍可带虫。耐过牛或治愈牛均产生带虫免疫。带虫牛可因饲养管理不当、使役过度或发生其他疾病导致免疫力或抗病力下降而引起本病复发。

蜱是巴贝斯虫的传播媒介。牛巴贝斯虫和双芽巴贝斯虫的主要传播媒介是微小牛蜱（*Boophilus*），此蜱广泛分布在热带和亚热带；双芽巴贝斯虫的传播媒介还有蓖籽硬蜱（*Ixodes ricinus*）；分歧巴贝斯虫的主要传播媒介是蓖籽硬蜱；大巴贝斯虫的传播媒介是刻点血蜱（*Haemaphysalis punctata*）；卵形巴贝斯虫的传播媒介是长角血蜱（*H. longicornis*）。其他重要的传播媒介还有血蜱（*Haemaphysalis*）、扇头蜱（*Rhipicephalus*）和其他牛蜱属（*Boophilus*）成员。现已查明微小牛蜱是一宿主蜱，主要寄生于牛体，每年可繁殖2～3代，每代所需时间约2个月。虫体在蜱体内可保持传递3个世代之久，以经卵传递方式，由次代幼蜱传播，次代若蜱和成蜱阶段无传播能力。牛巴贝斯虫也可经胎盘感染胎儿。

2. 流行　牛巴贝斯虫病的发生，因各地气候不同而具有地区性和季节性，一年之内可暴发2～3次，以春季和秋季多发，呈散发，我国南方多发生于6—9月。2岁以下的犊牛发病率高，但症状轻微、死亡率低；而成年牛发病率低，但症状较重，死亡率高，尤其老年瘦弱及劳役过重的牛，病情更为严重。

［临床症状和病理变化］

1. 临床症状　潜伏期为7～14d。

病牛初期体温升高为40～42℃，呈稽留热，精神沉郁，喜卧，食欲减退或消失，反刍迟缓或停止，便秘或腹泻交替出现，有的粪便带黏液、恶臭。呼吸脉搏加快，母牛产奶减少或停止。随着病情发展，患牛迅速消瘦、呻吟、贫血，黏膜苍白黄染；血红蛋白尿，尿的颜色由淡红色变为棕红色至黑色；血液稀薄，红细胞数显著下降（可降至300万以下），血红蛋白量减少到25%，红细胞大小不均，着色淡，有时可见幼稚型红细胞。重症时可在2～6d内死亡。

慢性病例，体温常波动在40℃左右，维持数周，渐进型贫血消瘦，需经数周或数月才能康复。

2岁以下的病牛，仅表现为数日的中度发热，食欲减少，心跳略快，黏膜苍白或微黄，热退后很快康复。

2. 病理变化　尸体消瘦，尸僵明显。可视黏膜贫血或黄疸。母牛阴门部有红色尿迹。血液稀薄，凝固不全。胸腹皮下组织充血、黄染、水肿。内脏各浆膜有出血点，脾脏肿大2～3倍，脾髓软化，呈暗红色，切面可见小梁突出呈颗粒状。肝肿大，呈黄棕色，被膜上有少量出血点。胆囊扩张，胆汁浓稠，色暗。肾肿胀不明显。膀胱充血或点状溢血，内有粉红色到深红色尿液。真胃和大小肠黏膜水肿有出血点。

［诊断与检疫技术］

1. 初诊　根据流行病学的调查、临床症状和病理变化，可做出初步诊断，确诊需进一步做实验室检测。

2. 实验室检测　病原学鉴定和血清学试验。

被检材料的采集：感染活畜最好从耳静脉或尾静脉处采血并涂片，或从颈静脉采集血样。血样应加乙二胺四乙酸（EDTA）抗凝（不宜采用肝素钠抗凝，会影响染色质量），置冷藏条件下（5℃为宜）保存并在数小时内尽快检测。薄血涂片风干后，以无水甲醇固定1min，然后用10%姬姆萨染色20～30min；厚血涂片（取一小滴血液，约50μm，涂于干净玻片上）风干，以80℃加热固定5min，用10%姬姆萨染色15～20min。血液涂片风干后尽快固定染色，可保证较好染色质量。未染色的血液涂片不宜用福尔马林溶液保存，以免影响染色质量。

病死畜可采集血液涂片，以及大脑皮层、肾、肝、脾和骨髓等样品制作触片。待涂片和触片风干后，用无水甲醇固定5min，再用10%姬姆萨染色20～30min。

厚血涂片和组织触片最适用于红细胞染虫率低的牛巴贝斯虫检测。

（1）病原鉴定

①血液涂片镜检：为传统的病原检测方法，适用于急性感染动物检测，但不适用于检测红细胞染虫率很低的携带者。方法是：采取耳静脉血制作成涂片（可采用厚或薄血涂片），干燥后甲醇固定，用姬姆萨染色、镜检（检查红细胞中的虫体），若发现虫体原浆染成淡蓝色，核染成红色，虫体较大或较小，呈梨籽形或圆形，成对的巴贝斯虫体，其相互间构成锐角或钝角，即可确诊。如果用吖啶黄替代姬姆萨染色，可提高虫体检测和鉴定效果。

此法检测敏感性可达每10^6个红细胞有1个虫体。虫种鉴别以薄血涂片较好，但敏感性以厚血涂片为优。

血液涂片镜检并非每次都能找到，特别是在隐性感染或痊愈后带虫的牛更难找到，因此可采用虫体浓集法来进行涂片镜检，检出率较高。虫体浓集法的操作方法是：取中试管加2%的枸橼酸钠生理盐水3～5mL（黄牛需5mL），采牛血液至10mL，混匀后静置1～2h（黄牛2～3h），或装离心管内，先以1 000r/min离心5min，使细胞沉淀，弃去红细胞层以上的血浆，补充生理盐水，混匀，再以2 500r/min离心10min，取浅层红细胞制作涂片（因被梨形虫寄生的红细胞的密度稍小于未被寄生的红细胞），然后用姬姆萨氏染色镜检。

②血沉棕黄层定量分析法（QBC）：原理是感染红细胞轻于正常红细胞，但比白细胞略重，离心分层后，虫体集中分布于正常红细胞层上部，经吖啶黄染色后，用荧光显微镜观察毛细管内虫体。

此方法适用于低巴贝斯虫血症检测，不适用虫种鉴别。

③聚合酶链式反应（PCR）：用于巴贝斯虫带虫动物检测和虫种鉴别，尤其对牛巴贝斯虫和双芽巴贝斯虫带虫牛的检测非常敏感。PCR既可作为确诊试验，亦可作为某些病例的常规检测方法，但目前还不能用于大面积检测。

PCR酶联免疫吸附试验（PCR-ELISA）：可用于牛巴贝斯虫检测，其敏感性比血液涂片检测高1 000倍以上。

④反向线性杂交技术（RLB）：是将PCR产物与膜结合的巴贝斯虫种特异寡核苷酸探针杂交，可同时检测多个虫种，甚至带虫动物的感染状况。

⑤体外培养（IVC）：用于巴贝斯虫带虫感染检测和牛巴贝斯虫克隆。此法非常敏感，检出率最低可达10^{-10}，特异性可达100%。

⑥动物试验：用于疑似带虫动物确诊。方法是：从疑似动物颈静脉抽取约500mL血液，然后输入到已知无巴贝斯虫感染的除蜱犊牛静脉内，随后监测该犊牛感染情况。以蒙古沙鼠试验可诊断分歧巴贝斯虫感染。动物试验方法不适用常规诊断，原因是方法复杂、成本高。

（2）血清学试验　可用补体结合试验（CF）、间接荧光抗体试验（IFA）、酶联免疫吸附试验（ELISA）等试验来诊断本病。

①CF：可用于检测抗牛巴贝斯虫与抗双芽巴贝斯虫抗体，一些国家常用CF对进口动物进行认证检测。

②IFA：已广泛用于巴贝斯虫属抗体检测，但对双芽巴贝斯虫抗体检测特异性差。由于牛巴贝斯虫与双芽巴贝斯虫之间存在IFA抗体交叉反应，因此对同时流行这两种寄生虫的区域不宜采用此法检测。

③ELISA：具体有牛巴贝斯虫酶联免疫吸附试验，此法采用全裂殖体抗原；双芽巴贝斯虫酶联免疫吸附试验；竞争酶联免疫吸附试验（C-ELISA），此法采用牛巴贝斯虫裂殖体表面抗原和棒

状体相关重组抗原，但目前未获广泛认证。

此外，还有其他血清学试验，如斑点酶联免疫吸附试验（DOT-ELISA）、玻片酶联免疫吸附试验、胶乳凝集试验（LAT）和卡片凝集试验（CAT）等，对牛巴贝斯虫检测敏感性和特异性较理想，而斑点酶联免疫吸附试验（DOT-ELISA）还可用于双芽巴贝斯虫检测，但这类试验均未用于常规诊断。

[防治与处理]

1. 防治

（1）在春季和夏季蜱活动季节，做好牛体和舍内灭蜱，可每周对牛体喷洒或药浴一次。如5%氯氰菊酯配成100倍的稀释液，喷洒畜体。

（2）尽量避免到蜱大量滋生和繁殖的牧场放牧，必要时可改为舍饲。

（3）调进或调出牛时应对牛体做药物灭蜱处理。可用20%碘硝酚注射液20～30mg，皮下注射，效果可达100%。

（4）疫区牛可在发病季节来临前，用三氮脒预防注射，剂量为2mg/kg，每隔15d注射一次；或用咪唑苯脲预防效果更好。

2. 处理　①对病牛可用锥黄素、三氮脒、硫酸喹啉脲、咪唑苯脲等药物治疗。②病牛屠宰后的内脏全部用于工业或销毁，肉尸高温处理后出场。如肉尸消瘦，并有明显病变时，则肉和内脏一律用于工业或销毁。

（二）泰勒虫病

泰勒虫病（theileriosis）是由泰勒属原虫寄生于牛、羊和其他野生动物巨噬细胞、淋巴细胞和红细胞内所引起的疾病的总称。临床以高热稽留、贫血和体表淋巴结肿大为特征。

[病原特性]

病原为环形泰勒虫（Theileria annulata）、瑟氏泰勒虫（T. sergenti）、小泰勒虫（T. parva）等，属于顶复门（Apicomplexa）无类锥体纲（Aconoidasida）梨形虫目（Piroplasmida）泰勒科（Theileriidae）泰勒属（Theileria）成员。

泰勒虫是专性细胞内寄生原虫，由硬蜱传播，生活史复杂，脊椎和非脊椎动物均可成为其宿主。

经鉴定有6种泰勒虫可感染牛，其中以环形泰勒虫和小泰勒虫致病性强，可造成养殖场严重的经济损失。斑羚泰勒虫（T. taurotragi）和突变泰勒虫（T. mutans）通常不致病或引起轻微疾病，附膜泰勒虫（T. velifera）无致病性，这三种寄生虫主要见于非洲，且感染区重叠，致使牛泰勒虫流行病学复杂化。目前认为瑟氏（T. sergenti）/水牛（T. buffeli）/东方（T. orientalis）泰勒虫复合群由两个虫种构成，即瑟氏泰勒虫（流行于远东）和水牛/东方泰勒虫（也称水牛泰勒虫，分布在全球）。

我国危害牛群的泰勒虫主要是环形泰勒虫、瑟氏泰勒虫和中华泰勒虫。其中，环形泰勒虫危害较大，尤其在我国北方流行广泛；瑟氏泰勒虫引起发病较少，且死亡率较低，症状与环形泰勒虫病相似，但症状和缓，病程较长，传播媒介是血蜱属蜱，我国已发现有长角血蜱和青海血蜱；中华泰勒虫主要感染牦牛，也可感染黄牛，分布于我国的西部地区，传播媒介是长角血蜱和青海血蜱。

关于环形泰勒虫、瑟氏泰勒虫和小泰勒虫的一些特征如下。

环形泰勒虫：虫体形态多样化，寄生在牛的红细胞和网状内皮系统的细胞内。红细胞内的虫体又称为血液型虫体，有环形虫体、椭圆形虫体、逗点形虫体、杆状虫体。用姬姆萨染色后，虫体原生质呈淡蓝色，染色质呈红色。一个红细胞内的虫体数有1～12个，但常见的为1～3个。各种形态的虫体可同时出现在一个红细胞内。红细胞染虫率一般在10%～25%，病重者可达90%以上。网状内皮系统细胞内的虫体又称石榴体（柯赫氏兰体），是虫体在淋巴细胞、组织细胞中进行裂殖生殖时形成的裂殖体。淋巴结、肝、脾等组织的病料涂片经姬姆萨染色，可以看到淋巴细胞或单核细胞的核被挤到一边，细胞质中的石榴体是由许多着色微红的颗粒组成的卵圆形集团。环形泰勒虫裂殖体期、虫体期和红内期（即红细胞内期）都可致病，但虫体期和红内期致病力较弱。

瑟氏泰勒虫：虫体寄生于红细胞内。寄生在红细胞中的虫体形态也具有多形性，有杆形、梨籽形、圆环形、卵圆形、逗点形、圆点形、"十"字形和三叶形等。其形态和大小与环形泰勒虫相似，但这些不同形态中，以杆形和梨籽形为主，占67%～90%。瑟氏泰勒虫裂殖体期短暂，虫体期和红内期具致病性。

小泰勒虫：小泰勒虫裂殖体期具致病性，虫体期和红内期致病力较弱。

另外，突变泰勒虫和瑟氏/水牛/东方泰勒虫复合群，裂殖体期短暂，红内期具致病性。

［分布与危害］

1. 分布　本病在世界上许多地区发生和流行。其中，环形泰勒虫流行于北非地中海沿岸大部分地区，以及苏丹以北、欧洲南部和东南部、近东和中东、印度、中国和中亚等地；瑟氏泰勒虫流行于远东及中国；水牛/东方泰勒虫分布在全球；小泰勒虫流行于撒哈拉以南非洲13个国家。

2. 危害　本病对牛造成严重的影响，引起消瘦、贫血、奶牛停乳、高病死率，对养牛业产生很大威胁。

［传播与流行］

1. 传播　环形泰勒虫传播媒介为璃眼蜱属成员，在我国主要为残缘璃眼蜱。该蜱的幼蜱或若蜱在病牛体上吸血时，吸入带有泰勒虫虫体的红细胞，泰勒虫就在蜱体内进行繁殖，当蜱发育为成蜱后可通过吸血将泰勒虫传染给牛。环形泰勒虫不能经卵传递。由于璃眼蜱为圈舍蜱，因而环形泰勒虫病主要在圈舍条件下发生。

瑟氏泰勒虫传播媒介是血蜱属的蜱。我国已发现有长角血蜱和青海血蜱（是青海牦牛瑟氏泰勒虫病的传播媒介）。长角血蜱为三宿主蜱，幼蜱或若蜱吸食带虫的牛血液后，瑟氏泰勒虫在蜱体内发育繁殖，当蜱的下一个发育阶段（若蜱或成蜱）吸血时即可传播此病。瑟氏泰勒虫不能经卵传递。由于长角血蜱生活在山野或农区，故瑟氏泰勒虫病主要在放牧条件下发生。

小泰勒虫病传染源是小泰勒虫带虫动物（因小泰勒虫大多数虫种能使康复牛处于带虫状态），可通过蜱自然传播。小泰勒虫可引起东海岸热（ECF）、科立多病（CD）和一月病。ECF严重程度取决于虫株毒力、蜱体内子孢子感染率以及感染动物遗传背景等多种因素。在ECF地方流行区内，本地牛通常呈亚临床型或温和型经过，而引进牛或外来牛常严重发病。

2. 流行 环形泰勒虫病，我国内蒙古和西北地区主要在5—8月流行，而陕西关中地区4月就有本病发生。在流行地区多发生于1～3岁牛，患过本病的牛可获得很强免疫力，可持续2.5～6年不再发病。而新引进牛易发生，且病情严重。纯种牛和改良牛即使红细胞染虫率只有2%，仍可出现明显的临床症状。

瑟氏泰勒虫病多发生在5—10月，6—7月为发病高峰期。

[临床症状与病理变化]

1. 临床症状

(1) 环形泰勒虫病 潜伏期为14～20d，病牛高热（40～42℃）稽留，精神沉郁，体表肩前和腹股沟淋巴结肿大，有痛感。呼吸加快（80～110次/min）、咳嗽，脉搏弱而频（80～120次/min），减食或废绝，可视黏膜、肛门周围、尾根、阴囊等皮肤处有出血点或溢血斑。病牛迅速消瘦，严重贫血，红细胞减少至200万/mm³，血红蛋白降至大约20%，血沉加快，红细胞染虫率随病程延长而增高，红细胞大小不均，出现异形红细胞。可视黏膜轻微黄染，病牛磨牙、流涎，排少量干黑、带有黏液或血丝的粪便，最后病牛卧地不起，多在发病后1～2周死亡。耐过的牛成为带虫牛。

(2) 瑟氏泰勒虫病 症状与环形泰勒虫病基本相类似。但病程较长（一般为10d以上，个别可达数10d），症状缓和，死亡率较低，只有在过度使役、长途运输及饲养管理不当等条件下，可促使病情恶化。

(3) 小泰勒虫病 起初引起淋巴组织增生，然后引起淋巴细胞破坏性疾病。感染动物表现出淋巴结肿大、发热、呼吸频率逐渐加快、呼吸困难和腹泻。

2. 病理变化 死后剖检主要变化是全身皮下、肌肉、黏膜和浆膜上均有大量的出血点和出血斑。全身淋巴结肿大。真胃黏膜肿胀，并有许多尖头大到黄豆大的暗红色或黄白色的结节，当结节部上皮细胞坏死后形成中央凹陷、边缘稍隆起的溃疡病灶，黏膜脱落（泰勒虫病的特征病理变化）。脾、肝和肾均肿大，肺有水肿和气肿。

组织学变化为肺、肾、脑、肝、脾和淋巴结有未成熟淋巴细胞浸润。组织触片可发现裂殖体寄生细胞，特别是肺、脾、肾和淋巴结的触片最易检出裂殖体。久病病例，肾组织中淋巴细胞浸润灶犹如梗死灶。

此外，在小泰勒虫地方流行区域，有时可观察到的一种称为"转头病"神经综合征，可能因血管内、外聚集着裂殖体感染淋巴细胞，致使血栓形成和局部缺血性坏死。

[诊断与检疫技术]

1. 初诊 根据流行病学、临床症状和典型病理变化可做出初步诊断，确诊需要进行实验室的病原学检测。

2. 实验室检测 在国际贸易中，指定诊断方法为病原鉴定和间接荧光抗体试验（IFA），无替代诊断方法。

被检材料的采集：采取淋巴结、肝、脾穿刺液和耳静脉血液供涂片染色镜检用。

(1) 病原鉴定 环形泰勒虫和小泰勒虫感染，如果在白细胞中发现裂殖体或在红细胞中发现虫体即可诊断。急性感染的诊断特征是可在淋巴细胞内、外发现多核的裂殖体（石榴体）。

大多数泰勒虫种能在康复动物中持续数月或数年，在随后的检查中时隐时现，因此，血液涂片检查阴性时并不能排除潜在感染。

①组织穿刺液检查法：本法在发病早期进行淋巴结穿刺涂片镜检，可发现石榴体。操作方法是：采取病牛淋巴结（或肝、脾的组织）穿刺液，制成涂片、干燥后甲醇固定，姬姆萨染色镜检，可发现淋巴细胞内和巨噬细胞内的石榴体（柯赫氏兰体），这是泰勒虫在淋巴细胞和巨噬细胞中进行裂殖生殖时形成的裂殖体。

当在淋巴细胞中发现泰勒虫的石榴体后，然后采取血液进行涂片染色镜检。在红细胞内检查虫体以确诊。

②血液检查法：采取牛的耳静脉血制作成涂片，干燥后甲醇固定，姬姆萨染色镜检，可发现虫体较小，圆形、卵圆形、不规则形或杆形等形状，核在一端，染成红色，胞质染成淡蓝色，边缘较深的泰勒虫即可确诊。

通过血液红细胞内虫体检查，进行红细胞染虫率计算，这对泰勒虫病的发展和转归有很重要的诊断意义。如果红细胞内染虫率不断上升，临床症状将会日益加剧，则预后不良；如果红细胞内染虫率不断下降，临床牛的食欲恢复，则预示病牛治疗效果好，转归良好。

③虫体浓集法检查：如果血液涂片染色镜检未找到虫体，还可用虫体浓集法来检查。操作方法同牛巴贝斯虫病的虫体浓集法。取浅层红细胞制成涂片，然后染色镜检，较易找到泰勒虫体，检出率要高些。

（2）血清学试验　可用间接荧光抗体试验（IFA）来诊断本病。IFA为国际贸易指定试验。

[防治与处理]

1. 防治　①关键做好灭蜱。环形泰勒虫病的传播媒介是残缘璃眼蜱，是一种圈舍蜱，每年3—4月和11月向圈舍内，尤其是墙缝等处喷洒药物灭蜱，同时做好牛体的灭蜱工作；瑟氏泰勒虫病的传播媒介是血蜱（我国是长角血蜱），是一种农区或山野生活的蜱，常在牛放牧时发生，重点在平时检查牛体上有否蜱存在，特别在每年的5—10月，尤其是6—7月要认真检查牛体表的蜱，做好灭蜱工作。灭蜱药物参照牛巴贝斯虫病。②泰勒虫病流行区域，可应用裂殖体感染细胞系致弱疫苗免疫接种（如环形泰勒虫裂殖体胶冻细胞苗对牛群进行预防接种）。接种后20d可产生免疫力，持续时间1年以上。③小泰勒虫病在东非、中非和南非等许多国家采用"感染加治疗"方式防控小泰勒虫感染，即以蜱源子孢子感染，并用四环素治疗。

2. 处理　①对环形泰勒虫、瑟氏泰勒虫和小泰勒虫感染的病牛可采用药物治疗，如帕伐醌（pparvaquone）、布帕伐醌（buparvaquone）和溴氟喹嗪酮（halofuqinone）等化学药物，但此类药物不能根除感染，宿主仍处于带虫状态。此外，也可选用磷酸伯氨喹啉、三氮脒（贝尼尔）、新鲜的黄花青蒿灌服治疗。②屠宰的病牛处理同牛巴贝斯虫病。

七、牛锥虫病

我国的牛锥虫病（trypanosomosis）实际指牛伊氏锥虫病，又称苏拉病（Surra病），俗名"肿脚病"，是由锥虫属伊氏锥虫寄生在牛血浆和造血器官内所引起的一种血液原虫病（内容详见伊氏锥虫病）。

世界动物卫生组织（OIE）疫病名录所列的牛锥虫病，通常指由采采蝇传播的锥虫病，也称"那加那"病（非洲）或采采蝇病（南非），是由锥虫属几种寄生原虫引起牛等哺乳动物的一种综合征，主要是由舌蝇属（采采蝇）循环传播。OIE将其列为必须通报的动物疫病，我国列为二类动物疫病。

本节所述牛锥虫病，仅指由采采蝇传播的锥虫病，目前在我国境内尚未发现。

[病原特性]

病原主要为刚果锥虫（*Trypanosoma congolense*）和活跃锥虫（*T. vivax*），其次为布氏锥虫（*T. brucei*）和猿猴锥虫（*T. simioe*），均属于眼虫门（Euglenozoa）动体目（Kinetoplastida）锥虫科（Trypanosomatidae）锥虫属（*Trypanosoma*）成员。

（1）刚果锥虫　虫体小，长8～25μm，波动膜不明显，无游离鞭毛，后端圆，动基体中等大小，位于末端一侧。刚果锥虫为单形态，但有时也可见到其他形态。

刚果锥虫存在萨凡纳（savannah）、森林（forest）、卡尔菲（kilif）等多种型或亚群，致病性不一，只能通过聚合酶链式反应（PCR）鉴别。

（2）活跃锥虫　虫体长20～27μm，波动膜不明显，游离鞭毛自前端长出，后端圆，动基体大，位于末端。

（3）布氏锥虫　该虫种可分为布氏锥虫亚种（*T. brucei brucei*）、布氏罗得西亚锥虫（*T. brucei rhodesiense*）和布氏冈比亚锥虫（*T. brucei gambiense*），其中危害牛的主要是布氏锥虫亚种。

虫体呈多形，可明显区分出细长型和短粗型两种形态，也可见到具有细长型和粗短型特征的中间型形态。细胞质通常含有嗜碱性颗粒。

细长型虫体长17～30μm，宽约2.8μm，波动膜明显，游离鞭毛自前端长出，后端尖，动基体小，位于近末端。

短粗型虫体长17～22μm，宽约3.5μm，波动膜明显，无游离鞭毛，后端尖，动基体小，位于近末端。

[分布与危害]

1. 分布　本病分布在绝大多数的非洲国家，目前我国尚未发现。

2. 危害　本病可感染所有哺乳动物，但从经济学角度看对牛危害最严重。

[传播与流行]

1. 传播　本病对牛等所有哺乳动物易感，主要由舌蝇属（采采蝇）循环传播。活跃锥虫也可由叮蝇机械传播，其中虻和厩螫蝇可能是两种最重要的传播者。

人也可感染采采蝇传播的锥虫，如布氏罗得西亚锥虫或布氏冈比亚锥虫，引起瞌睡病，而感染动物的锥虫极少直接感染人，但大量野生和家养动物可充当感染人锥虫病的贮存宿主。

2. 流行　本病主要由舌蝇属（采采蝇）循环传播，本病发生和流行地区与采采蝇出现时间和活动范围密切相关。目前采来蝇在全球影响范围约达1 000万km²，受影响的国家达37个，其中绝大多数为非洲国家。

[临床症状与病理变化]

1. 临床症状　主要表现为间歇热、水肿、流产、生育力下降和消瘦。感染动物常出现贫血，随后体质及产能下降，常以死亡转归。

2. 病理变化　剖检可见淋巴结肿大、肝脏肿大、脾脏肿大、体液渗出和点状出血。而慢性死亡动物，淋巴结不肿大，但通常有严重的心肌炎。

［诊断与检疫技术］

1. 初诊　由于本病的临床症状和病理剖检变化都不具特征性，故诊断必须依靠实验室检测（采用显微镜观察虫体的直接确诊技术，或采用血清学和聚合酶链式反应等间接技术）。

2. 实验室检测　进行病原鉴定和血清学检测。

本病诊断方法繁多，特异性和敏感性各异，选择时应考虑技术的经济性、可获得性，尤其应切合诊断要求。最终确诊可通过诊断方法适当组合，结果准确与否取决于检测效力，以及合适样本的选择/采集、样本大小和采用的诊断方法。

被检材料的采集：用于病原鉴定的血液样品通常从耳静脉、颈静脉或尾静脉采集。

一些集中技术主要依靠活虫体的运动性进行检测，由于血液离体后虫体很快失去活性，甚至死亡，所以血样采集后最好在2h内检测，采集到血样的毛细管应置阴凉处，避免采用过热离心机离心或过热的显微镜检查。

（1）病原鉴定　虫体检测法种类繁多，共同点是特异性高，敏感性较低（假阴性比例高）。检测敏感性随感染病程而异：感染早期检测敏感性高，因虫体在血液中繁殖活跃；感染慢性期检测敏感性低，因宿主免疫反应，虫体偏少，在血液中极难见到；对健康带虫者检测敏感性几乎为零。

病原鉴定方法有直接法、集虫法、动物接种及DNA扩增试验。

1）直接法　以鲜血进行湿涂片、厚涂片或薄涂片镜检是最简便直接的方法，其中薄涂片镜检相对特异性较高，但敏感性较低。直接法有湿血压片法（WBF）、厚血涂片法（TBF）和薄血涂片法（TBS）。

①WBF：取一滴鲜血（约2μL）滴于清洁载玻片上，加盖22mm×22mm盖玻片，置聚焦显微镜、相差显微镜下放大400倍观察。检查50～100个视野，阳性样品可见到红细胞间移动的锥虫。根据虫体大小和运动性可做出初步诊断，但虫种鉴定需进一步染色镜检。

此法结果直接，但敏感性通常较低，取决于虫血症水平和操作人员经验。检查前采用十二烷基硫酸钠（SDS）等溶血剂将红细胞溶解，可明显提高检测敏感性。

②TBF：取一滴鲜血（5～10μL）滴于一清洁载玻片上，用另一载玻片一边将血液摊开（直径约2cm区域），血液厚度以风干后透过片子能看清手表表盘数字为宜。置快速通风条件下风干，然后浸于蒸馏水中数秒，随后干燥。干燥好的应置干燥、防尘、防热、防虫蝇污染环境下保存待检。用pH7.2磷酸盐缓冲液稀释的4%姬姆萨染色液染色30min，然后用缓冲液冲洗，置显微镜下放大500～1 000倍镜检。

此法方便识别虫体一般形态，但因染色过程中有时可能损坏虫体形态，而不利于虫体鉴定。

③TBS：以微量红细胞压积毛细管取一滴血（约5μL），滴于洁净载玻片一端距边缘20mm处，取另一玻片作为推片，推片与载血玻片以30°夹角与血滴接触，待血滴沿推片接触边缘到达两边后，将推片快速平稳地推向载血玻片的另一端，使之形成薄血膜。理想的涂片为红细胞之间相对紧凑但不重叠。将涂片风干，用甲醇溶液固定3min，以pH7.2磷酸盐缓冲液稀释的4%姬姆萨染色液染色30min，冲洗，干燥，以50～100倍油镜检查50～100个视野。当检出某种锥虫阳性后，然后再检查20个视野，以判定是否存在其他种类锥虫混合感染。

淋巴结穿刺样品也可采用薄涂片法（TBS）检测。

通常将某样品同时采用厚涂片和薄涂片两种方法检测，厚涂片用血量多，因此敏感性相对较高，但薄涂片有利于锥虫虫种鉴定。

2）集虫法 锥虫检出率很大程度上取决于检测的血样量及其虫血症感染水平。增加被检血样量和锥虫集虫措施可提高检测敏感性。集虫法常采用微量红细胞压积技术（MHCT）、暗视野/相差血沉棕黄层技术（BCT）、阴离子交换法（AE）、体外培养（IVC）等方法。

①MHCT：又称Woo氏法，在动物锥虫病检测中广泛应用。其原理是根据血样成分比重差异进行分离。MHCT比直接检测法更敏感，但不适用于锥虫虫种鉴定。

在活跃锥虫感染病例检测中，当虫血症每毫升血液中超过700个虫体时，MHCT敏感性接近100%；当虫血症每毫升血液中有60～300个虫体时，MHCT敏感性下降到50%；当虫血症每毫升血液中有低于60个虫体时，MHCT很难检出虫体。

刚果锥虫密度与红细胞相近，虫体多见于棕黄层下的红细胞层中，要将红细胞与刚果锥虫分开，并提高检测的敏感性，可通过添加甘油来增加红细胞密度实现。

定量血沉棕黄层法（QBC）为改良的MHCT，用于布氏冈比亚锥虫感染诊断，但作为动物锥虫病大范围常规普查时，此法很昂贵。

②BCT：又称Murray法，为改良的锥虫检测技术，并得到广泛应用。此法以砂轮片切下毛细管血沉棕黄层以下包括红细胞顶层1mm部分，将内容物置洁净载片上，盖上盖玻片（22mm×22mm），置暗视野或相差显微镜下放大40倍观察，约需检查200个视野，发现活动虫体时按以下标准鉴定。

活跃锥虫：虫体大，极其活跃，在整个视野内快速穿梭，偶尔停顿。

布氏锥虫：虫体大小不一，在局部范围内快速移动；波动膜将光捕获到沿机体运动的"口袋"中。

刚果锥虫：虫体小，活动迟钝，虫体前端黏附在红细胞上。

泰勒锥虫：虫体清晰可见，大小超过致病锥虫的两倍，多做旋转运动，虫体后端长而尖。

采用血沉棕黄层两次离心技术，可提高BCT敏感性，即取血1 500～2 000μL，离心，提取棕黄层于微量血细胞毛细管内，再次离心，取棕黄层进行检测。但因提取棕黄层是一项精细活，结果有时会因人而异。

BCT要比直接法更敏感，结果直接，可用于大规模普查。但需专门的设备和电源，成本较高。与MHCT相比，BCT的优点是制备物可进行固定并染色，用于虫种的进一步精确鉴定并长期保存。

③AE：微型阴离子交换色谱技术（m-AECT）已广泛应用于布氏冈比亚锥虫引起的人瞌睡病检测。方法是先以磷酸盐缓冲液（PBS）平衡二乙氨乙基葡聚糖（DEAE）纤维柱，使其离子强度与受检动物血液匹配，然后让受检血液通过DEAE纤维柱。红细胞因携带负电荷强于锥虫虫体，因此前者（红细胞）被留在柱中，后者（锥虫虫体）随洗脱液流出，收集洗脱液离心，取沉淀物镜检。

此法优点是分析的血样量大，因而敏感性高，不足之处是因操作繁琐，费时费钱，故不适于大批动物检测。

④体外培养（IVC）：KIVI为体外培养锥虫的试剂盒，能分离并扩增感染人的布氏锥虫，用于人家养动物和观赏动物检测。由于IVC以培养锥虫的前循环型为基础，故不能用于虫种鉴别。

培养法是检测虻传播泰勒锥虫的高效敏感方法。在混合感染培养中，泰勒锥虫疯长，容易压制布氏锥虫生长。

3）动物接种 用待检血样接种啮齿类动物（通常接种小鼠或大鼠），对查出隐性患者特别有效。方法：取新鲜采集的血液，给小鼠或大鼠腹腔注射，每只0.2～5mL（视大小而定）。每周采血3次，用湿血压片法（WBF）检查虫体，连续检查2个月以上。用药物处理等人工方法抑制接种动物免疫机能，可明显提高虫体的分离效果。

动物接种对布氏锥虫检测敏感性好，但对刚果锥虫某些株检测不敏感，而活跃锥虫则几乎不能感染啮齿类实验动物。

动物接种要比湿血压片法（WBF）更敏感，但不实用，结果慢，费用高。

4）DNA扩增试验　在非洲，聚合酶链式反应（PCR）已成为人和动物（包括采采蝇）锥虫感染的诊断工具。通过扩增，目前已获得活跃锥虫和3种刚果锥虫亚种的核DNA特异重复序列。但现有引物还不能扩增活跃锥虫中某些基因型，而检测3种布氏锥虫亚种可采用一组共同引物。

目前已开发出PCR限制性片段长度多态性试验（RFLP）和核糖体DNA第一内转录间隔区（ITSI）扩增试验，只需一次试验就可鉴定出单感染或混感染动物中所有的锥虫种类。

DNA扩增试验非常敏感，但样品受到其他DNA污染后易导致假阳性结果。当虫血症很低时（每毫升血液中＜1个虫体），会出现假阴性（常出现于慢性感染动物检测中）；当引物的特异性太高时，也会出现假阴性现象。

（2）血清学检测　检测锥虫抗原特异性抗体，常用检测方法有间接荧光抗体试验（IFA）和虫体抗体检测酶联免疫吸附试验（ELISA），但敏感性和特异性各异。

①IFA：锥虫抗原采用新技术制备，包括用80%冷丙酮和0.25%福尔马林的生理盐水混合物固定活锥虫。IFA具有较高的敏感性和种特异性。

②ELISA：标准抗原以血流型（BF）锥虫制取。可取锥虫感染鼠全血，用DEAE阴离子交换色谱法纯化锥虫体，然后反复冻融7次以裂解虫体，以10 000g离心30min，取可溶性部分制备抗原即可。抗原也可以体外培养的前循环型锥虫制备。将制备好的可溶性抗原分别置−20℃或−80℃下短期或长期保存，也可冻干后置室温下保存。

改进的ELISA可适用于大范围牛锥虫病监测，具有较高的敏感性和种特异性。

3. 鉴别诊断　本病病原应与泰勒锥虫（*T. theileri*）相区别。泰勒锥虫虫体大，长19～120μm，典型虫体长60～70μm，波动膜明显，游离鞭毛长，虫体后端尖，动基体大，位于近核处。泰勒锥虫一般无致病性。

本病易与巴贝斯虫病、无浆体病、泰勒虫病、血矛线虫病、埃里希体病、狂犬病和植物中毒相混淆，应注意鉴别。

［防治与处理］

1. 防治　本病目前尚无疫苗预防，尽量消灭本病的传播媒介采采蝇。疫区开展检疫，发现病牛，进行隔离观察处理。

2. 处理　检出的病牛可用药物进行隔离治疗，常用药物有拜耳205和血虫净，交替应用疗效会更好。

八、日本血吸虫病

日本血吸虫病（schistosomiasis japonica）是由日本血吸虫引起的一种人畜共患的寄生虫

病。家畜中牛、羊感染为主，其次猪、犬、马、骡、驴、猫等也能感染。以腹泻、便血、消瘦、实质脏器散布虫卵结节等为特征。我国列为二类动物疫病。

[病原特性]

病原为日本血吸虫（*Schistosoma japonicum*），又称日本分体吸虫，属于扁形动物门（Platyhelminthes）吸虫纲（Trematoda）复殖目（Digenea）分体科（Schistosomatidae）分体属（*Schistosoma*）成员。

成虫雌雄异体，虫体呈圆柱形。口、腹吸盘位于虫体前端。雄虫较粗短，为乳白色，长10～20mm，宽0.5～0.55mm，自腹吸盘以下虫体两侧向腹面卷曲，形成抱雌沟。雌虫细小，呈圆柱形，前细后粗，虫体长12～28mm，宽0.1～0.3mm，腹吸盘不及雄虫明显，因肠管内含较多的红细胞消化后残留的物质，故虫体呈黑褐色。雌虫常居雄虫的抱雌沟内，呈合抱状态，交配产卵。成熟虫卵大小平均为89μm×67μm，呈短椭圆形，淡黄色，卵壳薄，有一钩形侧刺，成熟虫卵内含毛蚴。

日本血吸虫生活史包括虫卵、毛蚴、母胞蚴、子胞蚴、尾蚴、童虫和成虫7个发育阶段，中间宿主为钉螺（*Oncomelania*）。成虫寄生在终末宿主（人或哺乳动物）的门静脉和肠系膜静脉，雌虫在此产卵（一条雌虫每天可产卵1 000个左右），虫卵随血流进入并沉积在肝脏和肠壁等组织。成熟卵内毛蚴的分泌物引起虫卵周围组织细胞浸润，并逐渐形成肉芽肿（虫卵结节），血管壁发炎坏死。在血流的压力、肠蠕动等作用下，虫卵随破溃的组织落入肠腔，并随宿主粪便排出体外。虫卵在有水环境中孵出毛蚴（如在温度25～30℃、pH7.4～7.8时，经几小时即可孵出毛蚴），毛蚴感染中间宿主钉螺并经母胞蚴、子胞蚴发育成尾蚴，人和动物通过接触含有尾蚴的疫水而感染血吸虫病。尾蚴通过皮肤侵入终末宿主，经童虫发育为成虫。成虫在动物体内的寿命一般为3～4年，也可能达20～30年，或更长。

[分布与危害]

1. 分布　1904年发现犬、猫的日本血吸虫病，1909年先后发现牛、马的日本血吸虫病。日本血吸虫分布于中国、日本、菲律宾和印度尼西亚。

我国的日本血吸虫病流行区域相当大，据调查，我国长江流域以南12个地区流行，有血吸虫病人达1 160万人，病畜达120万头，经过多年防治，目前流行得到控制。

2. 危害　由于本病可造成成年家畜日渐消瘦，全身虚脱，严重者可死亡；幼畜生长发育受阻，对畜牧业生产发展产生严重威胁。同时，本病可以感染人，影响人的身体，是一种人畜共患寄生虫病，具有重要的公共卫生学意义。

[传播与流行]

1. 传播　本病属人与动物共患寄生虫病，终末宿主包括人和40余种家畜及野生动物。家畜以牛（黄牛感染高于水牛）、羊感染为主，其次猪、犬、马、骡、驴、猫等也能感染。还有家兔、大鼠、小鼠等也可感染。动物的感染与年龄、性别无关，只要接触含尾蚴的水都能感染。犊牛比成年牛易感，黄牛、山羊、绵羊、兔和小鼠的感染率比猪、大鼠高。黄牛、犬等动物感染尾蚴后，虫体发育率高，粪便中排卵时间长，而在水牛和马中虫体发育率低，粪便中排出时间短。虫体在水牛体内寿命较短，一般只有2～3年，但在黄牛体内寿命可达10多年。

传染源主要是带虫的哺乳动物和人，病牛是最重要的传染源。传播途径主要经皮肤感染，还可通过口腔黏膜或怀孕母畜通过胎盘感染胎儿。

2. 流行　本病流行需要有中间宿主钉螺，无钉螺地方，均不流行本病。此钉螺属于湖北钉螺，只分布在淮河以南地区，因此，本病发生有地方性流行，同时由于钉螺活动和尾蚴逸出受温度影响，本病感染有明显的季节性，一般在每年的5—10月为感染期，冬季常不发生自然感染。

影响血吸虫病流行的因素包括自然因素和社会因素。自然因素指地理、生态环境、气温、雨量、水质、土壤、植被等，社会因素指经济发展水平、住地居民、村民的文化素质、生产方式和生活习惯等。

［临床症状与病理变化］

1. 临床症状　动物日本血吸虫病以犊牛、羊症状较重，猪较轻，马、驴一般不出现明显症状。黄牛和奶牛症状较水牛明显，犊牛症状较成年牛明显。牛感染日本血吸虫后，可表现为急性型和慢性型，但以慢性型最常见。

急性型：黄牛或犊水牛大量感染时，常呈急性症状，表现为体温升高40～41℃，呈不规则的间歇热；精神委顿，食欲减退；行动缓慢，呆立不动，以后严重贫血，因衰竭而死亡。

慢性型：病畜表现为食欲不正常，精神不振；腹泻，粪便含黏液、血液，甚至块状黏膜，有腥恶臭和里急后重现象，甚至发生脱肛；肝硬化，腹水；日渐消瘦，贫血；役用牛使役能力下降，奶牛产乳量下降，母牛不发情、不受孕，妊娠牛流产；犊牛生长发育缓慢，往往成为侏儒牛。

2. 病理变化　特征性病理变化是因虫卵沉积的组织中产生虫卵结节，尤其是大肠和肝脏组织。剖检可见病畜尸体消瘦，皮下脂肪萎缩，肝脏表面和切面可见粟粒大到高粱米大的灰白色或灰黄色的虫卵结节。感染初期肝脏肿大，晚期多萎缩硬变。肠道各段也有淡黄色黄豆样结节，尤以直肠最为严重。肠黏膜肿胀和小溃疡，肠壁区域性肥厚。肠系膜和大网膜也可见到虫卵结节。门静脉血管肥厚，在其内可能找到虫卵。

［诊断与检疫技术］

1. 初诊　根据相关流行病学因素（是否接触过疫水等）的查询、临床症状和典型病理变化可做出初步诊断，确诊需进一步做实验室检测。

2. 实验室检测　国内先后建立了直肠黏膜检查法、沉淀集卵和尼龙绢袋集卵涂片检查法、粪便虫卵毛蚴孵化法、尼龙绢袋集卵孵化法等家畜日本血吸虫病病原诊断技术，以及检测特异性抗体的皮内试验、间接血凝试验、环卵沉淀试验、酶联免疫吸附试验、胶乳凝集试验、胶体金试纸条法、检测循环抗原和免疫复合物的双夹心-酶联免疫吸附试验、单抗-斑点酶联免疫吸附试验等血清学诊断技术，其中粪便虫卵毛蚴孵化法和间接血凝试验已被列为国家家畜日本血吸虫病诊断技术标准（GB/T 18640—2002）。

被检材料的采集：可采集患病畜的粪便以及肝脏病变组织。如进行血清学诊断还要采取病畜血液等。

（1）病原虫体检查

①粪便虫卵毛蚴孵化法：取新鲜粪便100g左右，反复洗涤沉淀或尼龙筛兜内清洗后，将粪渣放在22～26℃的条件下孵化数小时，用放大镜观察水中有无游动的毛蚴。按操作的具体方法和使用工具可分为沉淀法、淘洗法、湿育法、顶管法和孵集器法等几种方法，可供采用。

此法已被列为国家家畜日本血吸虫病诊断技术标准（GB/T18640—2002）。

②肝脏或粪便虫卵检查法：取肝脏病灶制作压片检查，发现虫卵即可确诊；或用反复水洗沉淀法，镜检粪便中的虫卵，或刮取直肠黏膜溃疡部位，压片镜检虫卵，发现虫卵即确诊。

（2）血清学试验　常用环卵沉淀试验、絮状沉淀试验、间接血凝试验、酶联免疫吸附试验等。

①环卵沉淀试验：将病畜的血液分离出血清，取血清一滴置载玻片上，再加入冻干血吸虫卵100个，用盖玻片盖上并以蜡封好，置37℃温箱中培养48h，取出置显微镜下观察并记录结果。凡虫卵周围出现块状或索状的虫卵为阳性反应卵。阳性反应卵占全片虫卵的2%以上时，则该血清判为阳性。具体的操作和判定方法如下。

先在载玻片上用石蜡划两条平行线，线间距离24mm。取被检血清2滴滴于平行线中间部分，用针挑取冻干虫卵100个（±20）加入血清中，充分混匀，加盖玻片并用蜡将盖玻片四周封住，置37℃温箱中培养48h，取出在显微镜下顺序观察全片，并记录结果。凡卵周围有周缘界限光滑明显、折光均匀的块状或索状沉淀物者，即应观察其大小，当块状沉淀物的大小超过虫卵面积1/8（直径约$10\mu m$）、索状沉淀物长度超过虫卵长径1/3者即为阳性反应卵。阳性反应卵按反应物大小分别以"+""++"及"+++"表示。

"+"虫卵外周块状沉淀物面积＞虫卵面积1/8＜虫卵面积1/2，或索状沉淀物长度＞虫卵长径1/3＜虫卵长径1/2。

"++"块状沉淀物面积≥1/2＜整个卵面积，或索状沉淀物长度≥虫卵长径1/2＜整个虫卵长径。

"+++"块状沉淀物面积≥整个虫卵面积，或索状沉淀物长度≥整个卵长径。

需对全部虫卵的观察记录做简单的统计处理，即计算其环沉率（%）和平均"+"。

$$环沉率＝（阳性反应卵数/标本内总虫卵数）×100\%$$

$$平均"+"数＝[（1×"+"卵数）+（2×"++"卵数）+（3×"+++"卵数）]/阳性反应卵数$$

凡是环沉率在2.1%以上者即报告为阳性。环沉率为1.0%～2.1%或在1.0%以下，但平均"+"大于1者报告为可疑。环沉率在1.0%以下平均"+"≤1者报告为阴性。对可疑者需再做一次环卵沉淀试验，如环沉率达到2.1%以上者仍报告为阳性。如环沉率在1.0%以下，平均"+"≤1者报告为阴性。否则仍为可疑，可用其他诊断方法复诊。

②间接血凝试验：采用微孔型反应板，用冻干血凝抗原，被检血清以生理盐水做1：10、1：20稀释，每孔加被检稀释血清0.05mL，再加已致敏的红细胞抗原液一滴（按5号注射针头粗细取一滴），将抗原与血清充分混匀，静置室温中40～60min后观察结果。凡见红细胞全部下沉孔底，形成紧密小圆点，周围很整齐清晰者为阴性反应。如红细胞呈颗粒凝集（不论是全部或部分）均为阳性反应。当1：20血清稀释度产生阳性反应时被检牛即可报告为阳性。操作时应注意每次试验需同时做强阳性兔血清、阴性兔血清和生理盐水对照，前者应出现全部凝集反应，后二者应全部不产生凝集反应。

此试验已被列为国家家畜日本血吸虫病诊断技术标准（GB/T 18640—2002）。

③酶联免疫吸附试验：此试验检出率均在95%以上，假阳性率在5%以下。

［防治与处理］

1. 防治　①严格管理好人畜粪便，防止新鲜粪便落入有水的地方，畜粪经堆积发酵后才能使用。②消灭钉螺，最常用的化学药物是砷酸钙或亚砷酸钙混合液喷洒河岸，5～10g/m²效果好。其他药物，如氯硝柳胺、五氯酚钠、氯乙酰胺、石灰氮等，或用土埋、围垦来灭螺。③在疫区，要严禁家畜与疫水接触。要选择没有钉螺的地方放牧。④目前已开展应用抗血吸虫病疫苗，但效果有待提高，根据在黄牛、水牛中应用仅获得50%～70%的减虫率。

2. 处理 ①发现病畜，可以集中隔离用药物治疗。常用药物有：吡喹酮（8440），剂量：牛为30mg/kg，一次口服（最大药量黄牛以300kg、水牛以400kg体重为限）；山羊为20mg/kg，一次口服。硝硫氰胺（7505），剂量：牛、羊均为60mg/kg，一次口服（最大药量黄牛以300kg、水牛以400kg体重为限，山羊按实际体量给药）。②检疫时，对检出的血吸虫病牛除肝、肠系膜、大网膜等病变脏器用于工业或销毁外，其肉尸和皮张可不受限制出场。

第三节 绵羊和山羊病

一、山羊关节炎－脑炎

山羊关节炎－脑炎（caprine arthritis-encephalitis，CAE）是由山羊关节炎/脑脊髓炎病毒引起的山羊持续性感染，是一种慢病毒传染病。临床症状以山羊羔脑脊髓炎和成年山羊发生多发性关节炎为特征。OIE将其列为必须通报的动物疫病，我国将其列为二类动物疫病。

[病原特性]

病原为山羊关节炎－脑炎病毒（*Caprine arthritis-encephalitis virus*，CAEV），属于反转录病毒科（*Retroviridae*）正反转录病毒亚科（*Orthorovirinae*）慢病毒属（*Lentivirus*）绵羊/山羊慢病毒群（*Ovine/caprine lentivirus* group）的成员。

从分析比较山羊关节炎－脑炎病毒（CAEV）和梅迪－维斯纳病毒（MVV）的核苷酸序列，证明两者为关系最密切的慢病毒属成员。CAEV和MVV在山羊和绵羊之间存在流行病学意义上的跨物种传播，但还无证据证明其中一种起源于另一种。CAEV和MVV长期存在于宿主单核细胞和巨噬细胞中，使宿主持续性感染，且从感染到诱发机体产生能检出的病毒抗体反应的时间长短不一。

CAEV病毒粒子呈球形，直径70～110nm，有囊膜，为单股RNA病毒。

CAEV不感染鸡胚、小鼠、豚鼠和家兔等。山羊胎儿滑膜细胞常用于病毒的分离鉴定及琼脂扩散抗原的制备。山羊关节滑液接种山羊胎儿滑膜单层细胞7～10d，可出现合胞体。

本病毒对外界环境的抵抗力不强，56℃ 30min可被灭活。对多种常用消毒剂（如甲醛、苯酚、乙醇溶液等）敏感。

[分布与危害]

1. 分布 本病最早于1964年发生于瑞士，随后传播到多个国家，与奶山羊欧洲品种在国际间工业化国家的引种有关。我国于1987年从进口萨能奶山羊中检出病毒，以后在国内多个省区引进的山羊中也检出阳性反应羊。目前本病已分布于世界许多国家。

2. 危害 由于本病不仅病死率高、病程较长，而且可导致山羊生长受阻、生产性能下降，给山羊养殖生产造成损失并对其发展带来严重影响。

[传播与流行]

1. 传播 易感动物为山羊，易感性无年龄、性别和品系差异。自然条件下不感染绵羊，但试验接种CAEV可感染绵羊。

传染源主要是病山羊和带毒山羊（隐性感染山羊）。传播方式主要通过初乳和乳汁传播，其次是感染羊排泄物（如阴道分泌物、呼吸道分泌物、唾液和粪便等）传播，经消化道感染。群内水平传播需相互接触12个月以上。

2. 流行 本病呈地方流行性。隐性感染羊，在不良条件下（如气候骤变、圈舍环境差、长途运输、营养不良或体内寄生虫感染等应激因素）可造成羊只抵抗力下降，诱发其临床症状。

[临床症状和病理变化]

1. 临床症状 CAEV感染的主要临床表现为慢性多发性关节炎，并伴有滑膜炎和黏液囊炎；母畜可见硬结性乳腺炎。临床可分为三型，即脑脊髓炎型、关节炎型、间质肺炎型。各病型常独立发生，但少数有交叉。

（1）脑脊髓炎型（神经型） 潜伏期53～151d，主要发生于2～6月龄羔羊，具有明显季节性，多发于春季产羔和羔羊育肥期（3—8月）。病羊精神沉郁、跛行、后肢不收，进而四肢僵硬、共济失调、一肢或数肢麻痹、横卧不起、四肢划动。有的病羔眼球震颤、惊恐、角弓反张。有的头颈歪斜和转圈运动。病程半月到一年后死亡。耐过羊多留有后遗症。

（2）关节炎型 主要发生1周岁以上的成年山羊，典型症状是关节肿大（跗关节和膝关节）和跛行，即所谓"大膝病"。病初关节周围软组织水肿、湿热、波动、疼痛及轻重不一的跛行，进而关节肿大如拳头、活动受限，常见前肢跪地行走。有时病羊肩前淋巴结肿大。个别病例环枕关节囊和脊椎关节囊高度扩张。长期倒卧病羊多由于继发感染（皮炎、肿胀、溃烂、骨髓炎）而死亡，病程1～3年。

（3）间质肺炎型 比较少见，无年龄差异。病羊表现为进行性消瘦、咳嗽、呼吸困难，听诊肺部有湿啰音，叩诊有浊音。病程3～6个月。

2. 病理变化 主要病变见于肺、脑和脊髓、乳房、肾和四肢关节。

（1）神经病变 中枢神经的病变主要是小脑和脊髓的灰质，偶见外脑，当从前庭核部位将小脑和延脑横断，常见一侧脑白质中有棕红色病灶。镜检病灶区血管周围淋巴细胞、单核细胞和网状纤维增生形成管套，管套外周星状胶质细胞增生，神经纤维有不同程度的脱髓鞘变化，神经细胞有不同程度的变性和坏死。

（2）关节病变 关节及周围软组织肿胀，有波动，皮下浆液渗出，关节囊肥厚，滑膜常与关节软骨粘连，关节腔扩大，充满黄色或粉红色液体，内有纤维蛋白条或血凝块。滑膜表面光滑，或滑膜增厚呈浅棕色，严重者，滑膜及周围组织发生纤维蛋白性坏死、钙化和纤维化，镜检滑膜绒毛增生折叠，淋巴细胞、浆细胞及单核细胞灶状聚集。

（3）肺脏病变 肺轻度肿大，质地坚硬呈灰白色，表面有针尖大小到小米粒大的灰白色结节，切面可见大叶性或斑块状突变区，支气管周围淋巴结及纵隔淋巴结肿大。镜检可见肺泡和细支气管出现中性粒细胞和巨噬细胞浸润，支气管和毛细血管周围有淋巴细胞聚集。

（4）乳腺病变 除乳房炎外，乳房大体结构正常，镜检可见血管、乳导管周围及腺叶间有大量淋巴细胞、单核细胞的渗出，间质常发生灶状坏死。

（5）肾脏病变　少数病例肾表面有1～2mm的灰白小点。镜检见广泛性的肾小球肾炎。

［诊断与检疫技术］

1. 初诊　根据本病的病史、临床症状和病理变化可做出初步诊断，确诊需进一步做实验室检测（需进行血清学检查和必要的病理组织学检测）。

2. 实验室检测　OIE推荐的诊断方法是琼脂凝胶免疫扩散试验（AGID）和酶联免疫吸附试验（ELISA）。

被检材料的采集：从感染活畜采取病料，用于病毒分离时，宜无菌条件下采取外周血、泌乳母畜乳汁或抽取关节液（用于制备白细胞）。

可疑病死畜，宜无菌采取病变组织（如肺、滑膜、乳腺等）置于灭菌Hank's平衡盐溶液（HBSS）或细胞培养液中待用，以及无菌取周围的血或刚挤下的新鲜奶或抽出关节液，立即送检。

（1）病原鉴定　常规诊断不必采用病原分离鉴定，因感染畜终生带毒，血清学检测如果查出阳性抗体即可判为病毒携带者，但因感染后血清阳转慢，感染动物初期可能呈血清学阴性。

①病毒分离：从活动物中分离病毒。方法是：取有临床或亚临床症状病羊的外周血、乳汁或关节液样品提取白细胞，接种在山羊滑膜（GSM）细胞（为指示细胞）中，置37℃、5%CO_2条件下培养，检查细胞病变（CPE）。CPE特征为出现折光性树枝状星状细胞，并伴有合胞体形成。CPE疑似培养物，应用免疫杂交（IB）、间接荧光抗体试验（IFA）或间接免疫过氧化物酶试验（IIP）检测病毒抗原。此外，也可将CPE疑似细胞单层离心沉淀，取沉淀物置透射电子显微镜（TEM）下观察特征性慢病毒颗粒。如果从培养物上清检出反转录酶，也可证明有反转录病毒存在。

也可从尸检组织中分离病毒，方法是：取新鲜组织样品置盛有无菌HBSS或细胞培养液的培养皿中，用手术刀切成碎块；用巴斯德吸管把病料碎块移入25mm^{2}细颈培养瓶中，每瓶为20～30块，将生长液小心滴在病料上，每块一滴；置37℃下5%CO_2保湿空气中，静置数天，待移植块贴壁后，小心加入新鲜培养液；随后移植块中逐渐长出大量细胞，待细胞长满后，用胰蛋白酶消化使之形成细胞单层，然后检查细胞病变（CPE）。如果CPE疑似的，可与山羊滑膜（GSM）细胞进行混合培养确诊。或以肺冲洗液进行巨噬细胞培养，用血清学、电镜或反转录酶试验检查病毒复制情况，用巨噬细胞与山羊滑膜（GSM）细胞混合培养进行病毒分离。

②病毒抗原鉴定：可用琼脂免疫扩散试验、酶联免疫吸附试验、直接免疫荧光试验检测病毒抗原，出现阳性时可确诊；或用电镜观察病毒粒子。

③病毒核酸检测：可用聚合酶链式反应（PCR）检测细胞培养物或山羊外周血白细胞中的前病毒DNA，同时应设严格的对照，以免产生假阳性反应。

（2）血清学试验　因山羊和绵羊感染慢病毒后可终身带毒，故检测血清抗体是识别病毒携带者的有效方法。但由于山羊关节炎脑炎病毒（CAEV）与梅迪维斯纳病毒（MVV）抗原关系密切，一些血清学方法无法通过异源抗体检测进行鉴别。

小反刍兽慢病毒感染血清学诊断方法有琼脂凝胶免疫扩散试验（AGID）、酶联免疫吸附试验（ELISA）、核酸印迹法（SB）和放射免疫沉淀试验（RIP）以及乳汁抗体测定试验等。其中最常用的方法是AGID和ELISA。在确诊时需要结合临床诊断的结果进行综合分析。

①AGID：特异性、重复性好，易操作。采用的MV和CAE病毒抗原主要有两种：一种是病

毒囊膜糖蛋白，通常称SU或gp135；另一种是核衣壳蛋白，称CA或p28。两种抗原都用感染细胞培养物提取，经聚乙二醇浓缩50倍并透析获得。

②ELISA：可定量并能实现自动化操作，适合大规模血清普查。分间接酶联免疫吸附试验（I-ELISA）和竞争酶联免疫吸附试验（C-ELISA），常用I-ELISA。

3. 鉴别诊断　本病中羔羊脑脊髓炎型应与绵羊李斯特菌病、羔羊链球菌感染及脑多头蚴感染等进行区别，可从病原学检查进行鉴别。

[防治与处理]

1. 防治　本病尚无疫苗和有效疗法，防治工作应采取以下一些措施。

（1）对引进羊只要严格检疫，尤其是从国外引进种山羊时还要单独隔离观察，经复检确诊是健康种羊才能使用。

（2）对种羊场及集约化饲养物应提倡自繁自养，定期检疫，发现血清学试验阳性羊要及时淘汰处理。

（3）平时加强饲养管理，减少各种应激因素，从而减少本病发生。

2. 处理　①对检出的阳性羊和患病羊按《中华人民共和国动物防疫法》及有关规定处理，扑杀病羊，销毁处理。②对同群的其他羊在指定的隔离地点进行隔离观察至少一年以上，在此期间进行两次实验室的检测，证明为阴性羊时，方可解除隔离检疫期。

二、梅迪-维斯纳病

梅迪-维斯纳病（Maedi-Visna，MV）又称绵羊进行性肺炎（OPP），是由梅迪-维斯纳病毒引起成年绵羊的一种慢性进行性、接触性传染病。以潜伏期长，发病缓慢，病程长，进行性消瘦，并伴有致死性间质性肺炎和脑膜炎为特征。OIE将其列为必须通报的动物疫病，我国列为二类动物疫病。

[病原特性]

病原为梅迪-维斯纳病毒（*Maedi-Visna virus*，MVV），又名绵羊进行性肺炎病毒（Ovine progressive pneumonia virus，OPPV），属于反转录病毒科（*Retrovirdae*）正反转录病毒亚科（*Orthorovirinae*）慢病毒属（*Lentivirus*）绵羊/山羊慢病毒群（Ovine/caprine lentivirus group）的成员。

MVV病毒粒子呈球形或卵圆形，直径90～100nm，有囊膜，其表面有8～10nm的纤突。为单股RNA病毒。病毒能在绵羊脉络丛、肺、脾、腹膜、心、小脑、睾丸、肾和肾上腺、唾液腺、牛胚的气管细胞中培养增殖，并能产生特征性的细胞病变（CPE），这种病变可扩展至整个单层培养物并产生大量的多核巨细胞，每个巨细胞的中心有2～20个细胞核，随后发生细胞变性。本病病毒主要存在于病羊的脑脊髓液和肺脏中，在脾脏、淋巴结、白细胞中均可检出病毒。

本病毒对外界的抵抗力较弱，紫外线照射和56℃ 30min可灭活。在pH 7.2～9.2稳定，pH 4.2时于10min内灭活，在4℃下可存活4个月。对一般消毒剂敏感，可被0.04%甲醛、4%石炭酸及50%乙醇灭活。对乙醚、甲基高碘酸盐和胰蛋白酶敏感。

[分布与危害]

1. 分布　梅迪-维斯纳病是用来命名1933年在冰岛发现的两种绵羊疾病（梅迪病和维斯纳病），目前已知是同一种病毒引起。本病早在1915年Mitchell在南非首次对绵羊进行了描述。早期主要分布在欧洲的许多国家，如冰岛、丹麦、荷兰等，美洲的加拿大以及亚洲的以色列、塞浦路斯等。根据OIE公布的疾病分布信息，近些年该病在美洲特别是美国和墨西哥、俄罗斯和欧洲西部的部分国家流行严重。中国1966年从国外引进种羊而传入本病。

2. 危害　由于本病导致羊消瘦，并有很高的病死率，对养羊业生产，尤其是对种羊养殖业带来重大的损失。

[传播与流行]

1. 传播　本病以绵羊最易感，各种年龄、性别、品种的绵羊均易感，但多发生于2岁以上的绵羊。山羊可通过试验感染梅迪-维斯纳病毒。大多数染疫绵羊或山羊虽不表现临床症状，但可长期带毒并向外界排出病毒。

传染源主要是病羊和带毒羊。病羊、潜伏期带毒羊的脑、脑脊髓液、肺、唾液腺、乳腺、白细胞和公畜精液均带病毒。可长期排毒，并不断污染环境。

本病可通过多种途径传播，自然感染是病健羊同居接触或经呼吸道、消化道水平传播，还可通过胎盘垂直传播和羔羊吮乳（病羊的初乳和乳汁）感染。另外吸血昆虫也可能成为传染媒介。

2. 流行　本病一年四季均可发生，多呈缓慢式散发，发病率仅为4%左右，但病死率可达100%。我国新疆、内蒙古、甘肃等地均有此病。

[临床症状和病理变化]

1. 临床症状　潜伏期长，通常为2年或更长。临床上分为梅迪病（呼吸道型）和维斯纳病（神经型），其共同特点是发病十分缓慢，病程长达数月或数年，伴有进行性体重减轻，全身消瘦，最终归于死亡。

梅迪病（呼吸道型）：又称进行性肺炎，多发生于3~4岁绵羊。病羊表现慢性、进行性间质肺炎。呼吸困难，鼻孔扩张，头高仰，张口呼吸，有咳嗽。听诊肺部有啰音，叩诊有实音。体温一般正常，病羊消瘦、衰弱，最终因肺功能衰竭导致缺氧而死亡。病程长达数月或数年。

维斯纳病（神经型）：多发于2岁以上绵羊，病羊表现病初头姿势异常和唇颤抖，后肢跛行，运动失调，常掉群，随着病情加重，后肢麻痹或轻瘫，最后全瘫而死亡。病程长达数月或一年以上。

2. 病理变化

（1）梅迪病（呼吸道型）　病变主要见于肺和肺淋巴结。打开胸腔肺不塌陷，各叶之间以及肺和胸壁粘连。肺显著膨大，重量增加，呈淡灰黄色或暗红色，触之坚实呈橡皮状，切面干燥。支气管淋巴结肿大，切面间质发白。

组织学变化主要为慢性间质性炎症。肺泡壁有单核细胞浸润、增厚，肺小叶间和小叶内淋巴滤泡增生。支气管和血管周围出现淋巴细胞的浸润，细支气管上皮增生。

（2）维斯纳病（神经型）　病期短的肉眼变化不显著，病期很长的可见后肢肌肉萎缩，少数病例的脑膜充血，白质切面有黄色小斑点。

组织学变化主要为非间质性炎症。脑膜下和脑室膜下出现淋巴细胞和神经胶质细胞浸润和增生。重病的脑、脑干、桥脑、延脑和脊髓的白质广泛遭受损害，由胶质细胞构成的小浸润灶可融合成大片浸润区，并趋于形成坏死和空洞。由于细胞浸润，脑膜和脊髓白质出现脱髓鞘现象。肺泡间隔淋巴样细胞增生，支气管和血管周围的淋巴样细胞浸润。

[诊断与检疫技术]

1. 初诊　根据流行病学、临床症状和病理变化可做出初步诊断，确诊需进一步做实验室检测。

2. 实验室检测　OIE常用的诊断方法为琼脂凝胶免疫扩散试验（AGID）和酶联免疫吸附试验（ELISA）。

被检材料的采集：无菌采取活体羊的外周血或刚挤出的新鲜奶或抽出关节液，立即进行试验。以无菌采取病死羊的肺、滑膜、乳腺等病变组织，置于无菌HBSS或细胞培养液中待用。

（1）病原鉴定　常规诊断不必采用病原分离鉴定，因感染畜终生带毒，血清学检测如果查出阳性抗体即可判为病毒携带者，但因感染后血清阳转慢，感染动物初期可能呈血清学阴性。

①病毒分离：从活动物中分离病毒。方法是：由于MVV前病毒DNA存在循环血液单核细胞和组织巨噬细胞中，可取有临床或亚临床症状病羊的外周血或乳汁样品提取白细胞，接种在绵羊脉络丛（SCP）细胞（为指示细胞）中，置37℃、5%CO_2条件下培养，检查细胞病变（CPE）。CPE特征为出现折光性树枝状星状细胞，并伴有合胞体形成。CPE疑似培养物，应用免疫杂交（IB）、间接荧光抗体试验（IFA）或间接免疫过氧化物酶试验（IIP）检测病毒抗原。此外，也可将CPE疑似细胞单层离心沉淀，取沉淀物置透射电子显微镜下观察特征性慢病毒颗粒。如果从培养物上清检出反转录酶，也可证明有反转录病毒存在。

也可从尸检组织中分离病毒，方法是：取新鲜组织样品置盛有无菌HBSS或细胞培养液的培养皿中，用手术刀切成碎块；用巴斯德吸管把病料碎块移入25cm^{2}细颈培养瓶中，每瓶为20~30块，将生长液小心滴在病料上，每块一滴；置37℃、5%CO_2条件下静置数天，待移植块贴壁后，小心加入新鲜培养液；随后移植块中逐渐长出大量细胞，待细胞长满后，用胰蛋白酶消化使之形成细胞单层，然后检查细胞病变（CPE）。如果CPE疑似的，可与SCP细胞进行混合培养确诊；或以肺冲洗液进行巨噬细胞培养，用血清学、电镜或反转录酶试验检查病毒复制情况，用巨噬细胞与SCP细胞混合培养进行病毒分离。

②病毒抗原鉴定：可用琼脂免疫扩散试验、酶联免疫吸附试验、直接免疫荧光试验检测病毒抗原，出现阳性时可确诊；或用电镜观察病毒粒子。

③病毒核酸检测：可用聚合酶链式反应（PCR）检测细胞培养物或绵羊外周血白细胞中的前病毒DNA，同时应设严格的对照，以免产生假阳性反应。

（2）血清学试验　因绵羊和山羊感染慢病毒后可终身带毒，故检测血清抗体是识别病毒携带者的有效方法。但由于梅迪-维斯纳病毒与山羊关节炎脑炎病毒抗原关系密切，一些血清学方法无法通过异源抗体检测进行鉴别。

小反刍兽慢病毒感染血清学诊断方法有琼脂凝胶免疫扩散试验（AGID）、酶联免疫吸附试验（ELISA）、核酸印迹法（SB）和放射免疫沉淀试验（RIP）以及奶抗体测定试验等。其中最常用的方法是AGID和ELISA。在确诊时需要结合临床诊断的结果进行综合分析。

①AGID：此试验特异性、重复性好，易操作。采用的MV和CAE病毒抗原主要有两种：一种是病毒囊膜糖蛋白，通常称SU或gp135；另一种是核衣壳蛋白，称CA或p28。两种抗原都用

感染细胞培养物提取，经聚乙二醇浓缩50倍并透析获得。

用于AGID的凝胶培养基为pH 7.2、含8.0%NaCl的0.05mmol/L Tris配制成的0.7%~1%琼脂糖。孔的设计位置多种多样，通常是中间有孔的六边形，例如，周围大孔（直径5mm）和小孔（直径3mm）交替排列，孔距2mm，中央孔直径3mm，与周围孔距2mm。周围大孔加被试血清，小孔加标准血清。每个试验应有弱阳性对照。平皿置湿盒内20~25℃过夜孵育，检查沉淀线。如需要，可再孵育24h加强沉淀线。

②ELISA：此试验可定量并能实现自动化操作，适合大规模血清普查。分间接酶联免疫吸附试验（I-ELISA）和竞争酶联免疫吸附试验（C-ELISA），常用I-ELISA。

3. 鉴别诊断　本病应与绵羊肺腺瘤病、肺线虫病、副结核病和支原体性胸膜肺炎等疫病相区别，可从病原学检查来鉴别。

[防治与处理]

1. 防治　由于本病目前尚未有疫苗和有效疗法，防治措施主要是加强对引进羊的严格检疫，可采取血清学试验进行检测。对检出阳性羊及时隔离淘汰处理。不从疫区引进种羊。防止健康羊与病羊接触。利用病原阴性的健康母羊繁殖后代，建立健康群。

2. 处理　对病羊和检出的阳性羊按《中华人民共和国动物防疫法》及有关规定处理，扑杀病羊，销毁处理。做好圈舍、用具的彻底消毒，可用2%氢氧化钠进行消毒。污染的牧区应停止放牧一个月以上。

第四节　猪　　病

一、猪繁殖与呼吸综合征（经典猪蓝耳病）

猪繁殖与呼吸综合征（porcine reproductive and respiratory syndrome，PRRS）俗称蓝耳病（即经典猪蓝耳病），是由猪繁殖与呼吸综合征病毒引起的一种猪高度易感的传染病。以母猪发情滞后，怀孕概率低，怀孕后期发生流产、死胎和弱胎；乳猪和断奶仔猪出现严重呼吸道疾病和高死亡率为特征。某些染疫猪群也可呈无症状经过。OIE将其列为必须通报的动物疫病，我国列将其为二类动物疫病。

[病原特性]

病原为猪繁殖与呼吸综合征病毒（*Porcine reproductive and respiratory syndrome virus*，PRRSV），属于套式病毒目（*Nidovirales*）动脉炎病毒科（*Arteriviridae*）动脉炎病毒属（*Arterivirus*）成员。

病毒粒子呈球形，有囊膜，直径为50~65nm，二十面体对称。核衣壳直径为30~35nm。病毒基因组为不分节段的单股正链RNA。

猪繁殖与呼吸综合征病毒（PRRSV）与马动脉炎病毒（EAV）等其他动脉炎病毒的基因组结构相似，具体见高致病性猪繁殖与呼吸综合征（高致病性猪蓝耳病）。

根据抗原和基因差异，PRRSV可分为两个基因型，具体见高致病性猪繁殖与呼吸综合征（高致病性猪蓝耳病）。

PRRSV对肺泡巨噬细胞（PAM细胞）亲嗜性最高，但是不同流行毒株对细胞的亲嗜性存在差异，1型毒株一般仅能适应于PAM细胞，并产生细胞病变（CPE），只有细胞适应的分离毒株才能适应Marc-145细胞。2型毒株则可适应PAM细胞、CL2621、MA104及Marc-145等传代细胞系，并产生CPE。病猪的肺脏中病毒含量最高，而且出现病毒血症。血清中病毒及其抗体同时存在。病猪扁桃体和淋巴结中病毒存在的时间较长。

PRRSV抵抗力具体见高致病性猪繁殖与呼吸综合征。

[分布与危害]

1. 分布 本病于1979年在加拿大首次发现。1990年起先后在美洲、欧洲、大洋洲与太平洋岛屿以及亚洲等地发生和流行，目前除澳大利亚、新西兰、瑞典、瑞士、挪威和芬兰外，该病已在全球大多数猪群中呈地方流行。因部分病猪耳朵发紫，又称猪蓝耳病。1991年荷兰首先分离获得病毒，1991年在召开国际会议上，被正式命名为猪繁殖和呼吸道综合征（PRRS）。1992年世界动物卫生组织（OIE）决定采用PRRS这一名称。

我国于1995年北京地区首次从加拿大进口种猪中分离到PRRSV，1996年由郭宝清等第一次在暴发流产的胎儿中分离到PRRSV，现已成为我国重要猪传染病病原之一。

2. 危害 目前世界上主要生猪生产国均发生了本病，造成流产、死产、哺乳期前后猪死亡以及饲料利用率低下，劳动力费用增加等，从而给世界养猪业造成极大的经济损失。

[传播与流行]

1. 传播 易感动物仅见于猪（包括家猪和野猪），不同年龄、性别和品种猪均可感染，但以孕猪（特别是怀孕90日龄后）和初生仔猪最易感，症状较严重，母猪主要表现繁殖障碍，仔猪可见呼吸系统症状，严重者死亡。试验表明野鸭也可感染PRRSV，并可通过粪便向外界排毒。

传染源主要是病猪和带毒猪。病毒可通过唾液、鼻液、尿液、粪便、精液和乳腺分泌物排出，通过唾液、尿液和精液的排毒期分别为42d、14d和43d。耐过猪可长期带毒和排毒。

传播途径主要是因猪场之间的移动而造成直接接触和空气（风）传播，经呼吸道感染。也可经血液（包括断尾、剪耳、肌内注射经针头）传播。因感染猪唾液内持续数周排毒，故猪之间互相攻击时发生的撕咬、伤口、刮擦和/或擦伤均可导致感染。媒介昆虫、鸟类、野生动物和运输工具也可机械性传播本病。感染初期（病毒血症期）可通过公猪的精液传播，还可经怀孕畜垂直传播。

猪感染PRRSV后表现为慢性的持续感染，病毒在感染猪敏感细胞内复制几个月而不表现出临床症状，这是PRRSV感染最为重要的流行病学特征。

2. 流行 仅见猪发生，新疫区呈地方性流行，老疫区多为散发性。猪群一旦感染本病，可迅速传播全群，为一种高度接触性传播，2～3个月内猪的血清阳性率可达85%～95%，并可保持16个月以上。

PRRSV感染受宿主及病毒双方的影响。不同分离株的毒力和致病性不同，发病的严重程度也不同。猪群的抵抗力、环境、管理、猪群密度以及细菌、病毒混合感染等对病情的严重程度有影响。

近几年，本病有一些新的流行特点，感染后的临床表现出现多样化，混合感染也日趋严重，病毒的毒力有增强的趋势。

［临床症状与病理变化］

1. 临床症状　潜伏期一般为7～14d。由于猪群的年龄、性别和机体的免疫状态、病毒毒力强弱、猪场管理水平及气候条件等因素的不同，感染猪的临床症状表现差别很大。

繁殖母猪：高热（40～41℃）、精神沉郁，嗜睡，厌食，呼吸急促呈腹式呼吸或过度呼吸。少数母猪（1%～5%）的耳朵、乳头、外阴、尾部和腿出现发绀，尤以耳部最明显（俗称蓝耳病）。妊娠后期（107～112d）发生流产、早产、死胎、弱仔和木乃伊胎。

仔猪：以2～28日龄仔猪感染后症状最明显，初感染群死亡率可达50%以上。临床表现出典型呼吸道症状，咳嗽、喘、呼吸困难（腹式呼吸），部分猪可见肌肉震颤、共济失调。刚出生仔猪，耳朵、鼻端乃至肢端皮肤发绀。耐过仔猪因体质弱或易继发感染而不易饲养。

育肥猪：发病率低，约2%，有时可达10%。表现为发烧、结膜炎、咳嗽、气喘、腹泻。

公猪：感染后主要表现为食欲缺乏，咳嗽，呼吸加快，运动障碍，性欲减弱，精子质量严重下降，精子出现畸形，精液可带毒。

2. 病理变化　PRRSV感染病变仅出现于呼吸系统和淋巴组织中。新生的死亡弱仔主要表现为肾脏、肠系膜水肿、胸腔积水和腹水。脐带部位的大面积出血具有诊断意义。剖检死产、弱仔和发病仔猪常能观察到肺炎病变。患病哺乳仔猪肺脏出现肺部轻度水肿，弥漫性间质性肺炎，这对本病诊断具有一定的意义。其他内脏器官无明显变化。

组织学变化是新生仔猪和哺乳猪纵隔内出现明显的单核细胞浸润及细胞的灶状坏死，肺泡间质增生而呈现特征性间质性肺炎的表现，有时可在肺泡腔内观察到合胞体细胞和多核巨细胞。

［诊断与检疫技术］

1. 初诊　根据流行病学、临床症状和病理变化可做出初步诊断，确诊需进一步做实验室检测。

2. 实验室检测　进行病原鉴定和血清学试验。

被检材料的采集：取流产的死胎，急性期病母猪的血清、血浆、外周血白细胞，病死猪的肺脏、扁桃体、淋巴结等，也可取新生仔猪的肺脏、扁桃体、外周血白细胞、胸腺等病料用作病毒分离。

（1）病原鉴定　可采用病毒分离、核酸和病毒蛋白检测。

①病毒分离：采集病猪的血清、胸腔液或流产胎儿的组织器官（肺、扁桃体、淋巴结等）进行分离病毒。病料要事先处理，方法是：无菌采集的血清和胸腔液加入双抗（青霉素、链霉素）后，经0.45μm微孔滤膜过滤，分装，−20℃保存备用；死产或流产胎儿的肺、扁桃体、淋巴结等制成悬液，加入双抗后在4℃下5 000～10 000r/min离心20min，取上清，用0.45μm微孔滤膜过滤，分离，−20℃保存备用。将已处理好的病料接种于猪肺泡巨噬细胞（PAM）或CL-2 621细胞。如果接种后培养6～8d无细胞病变，要盲传2～3代。如病料中存在PRRSV，PAM细胞一般在接种后24～48h可产生细胞病变（CPE），表现为细胞膨胀、溶解和细胞脱落。当细胞出现50%～80% CPE时，冻融1～2次，1 000g离心10min，上清分装，−20℃保存，以进行病毒鉴定。

可采用特异性抗血清免疫染色法来鉴定病毒。如果当滴加阴性血清孔的细胞质中无特异性荧光时，滴加阳性血清或单克隆抗体孔的细胞质中有特异性荧光，则该孔被检病料中含有PRRSV，否则无PRRSV存在。

②病毒核酸检测：有聚合酶链式反应（PCR）、原位杂交以及特定基因序列分析等方法。

PCR：包括反转录聚合酶链式反应（RT-PCR）、套式反转录聚合酶链式反应（nRT-PCR）、实时反转录聚合酶链式反应（rtRT-PCR）、多重聚合酶链式反应（m-PCR）以及对PCR扩增产物进行限制性片段长度多态性分析（RFLP）等方法。这些方法通常适用于检测组织（包括不易分离到病毒的精液或受热分解的组织样品）和血清样品中的PRRSV核酸。m-PCR可用于区分NA株和EU株，RFLP可用于区分疫苗株和野毒株。

原位杂交：此方法直接检测经福尔马林固定的组织样品，可用于鉴定并区分北美（NA）株和欧洲（EU）株。

特定基因序列分析：可用于分子流行病学研究。

（2）血清学试验　检测PRRSV抗体，常用的有免疫过氧化物酶单层试验（IPMA）、间接免疫荧光试验（IFA）、酶联免疫吸附试验（ELISA）等。

IPMA：IPMA反应灵敏，易于操作，最为常用，抗体一般在感染后7～14d出现，可用以区别欧洲毒株和美洲毒株。

IFA：IFA诊断快速，简易易行，抗体在感染后5～7d出现，效价达1∶20以上可判为阳性，可用于群体检测。

ELISA：ELISA灵敏度高，特异性强，具体有间接酶联免疫吸附试验（I-ELISA）、阻断酶联免疫吸附试验（B-ELISA），以及ELISA商品试剂盒，适用于大规模普查，无论欧洲毒株或美洲毒株感染均可检测。

3.鉴别诊断　本病应与猪细小病毒病、猪传染性脑心肌炎、猪伪狂犬病、钩端螺旋体病、猪流感、猪日本乙型脑炎等疫病相区别；哺乳仔猪出现呼吸道症状则应与猪脑心肌炎、伪狂犬病、猪呼吸道冠状病毒感染、猪副流感病毒感染、猪流感、猪血凝性脑脊髓炎等相区别。主要通过病原学检查来鉴别。

［防治与处理］

1.防治　本病无特效方法，一般可采取下防治措施。

（1）加强检疫，防止本病传入，尤其口岸部门应对进口种猪进行严格检疫，杜绝从国外传入本病。国内猪场需从场外引进猪只时，要从无本病的猪场引进，并应隔离饲养1个月以上，经抗体检测为阴性后才可混群。

（2）猪场加强饲养管理和环境卫生消毒，如暴发流行时，育成猪可采取"全进全出"。母猪及仔猪不能留作种用，应淘汰为商品猪。有条件的种猪场可通过清群及重新建群净化本病。

（3）对发病猪场和受威胁猪群，可接种疫苗控制疫情。灭活疫苗为预防本病的首选疫苗，适合种猪和健康猪使用。对于正在流行或流行过本病的商品猪场可用弱毒疫苗紧急预防接种或免疫预防。后备母猪在配种前进行2次免疫，首免在配种前2个月，间隔1个月进行第二次免疫。仔猪在母源抗体消失前首免，母源抗体消失后进行再次免疫。公猪和妊娠母猪不能接种弱毒疫苗。

应注意，国际上能够使用的普通蓝耳病疫苗，对高致病性猪蓝耳病预防无作用。我国研制出了高致病性猪蓝耳病灭活疫苗，并已投入使用。按照《高致病性猪蓝耳病防治技术规范》和《猪病免疫推荐方案》落实各项防控措施。

2.处理　①检疫时一旦检出本病，阳性猪应进行捕杀、销毁处理，同群猪隔离观察。②发现病猪按《中华人民共和国动物防疫法》及有关规定立即上报疫情，采取严格控制扑灭措施，防止扩散，杜绝传染。

二、猪乙型脑炎

猪乙型脑炎（Japanese encephalitis, JE）应称日本脑炎，又称流行性乙型脑炎，是由日本脑炎病毒引起的一种急性、人畜共患、蚊媒性的自然疫源性传染病，人和多种动物均可感染。猪群感染最为普遍，商品猪大多不表现临床症状，母猪以高热、流产、死胎和木乃伊胎，公猪以睾丸炎为特征。OIE将其列为必须通报的动物疫病，我国将其列为二类动物疫病。

[病原特性]

病原为日本脑炎病毒（*Japanese encephalitis virus*, JEV），又名乙型脑炎病毒，属于黄病毒科（*Flaviviridae*）黄病毒属（*Flavivirus*）日本脑炎病毒群（*Japanese encephalitis virus* group）成员。

黄病毒属成员多为人畜共患病原，根据基因组及中和试验可分蚊媒脑炎、蜱媒病毒等复合群。日本脑炎病毒、圣路易斯脑炎病毒、墨累山谷脑炎病毒和西尼罗河病毒同属蚊媒脑炎复合群，病毒需经蚊-脊椎动物-蚊循环才可以传代，三带喙库蚊是主要传播媒介。

JEV病毒粒子呈球形，直径为30～40nm，有囊膜，核衣壳呈二十面体对称，为单股正链RNA。

JEV首先在动物血液中繁殖，并引起病毒血症，但存留时间短，主要存于中枢神经系统。JEV毒株仅有一个血清型。通过对病毒前膜（prM）区240个核苷酸序列分析，可分为4个基因型。按病毒囊膜（E）基因进化树分析可将JEV毒株分为5个基因型。

JEV适宜在5～7日龄鸡胚卵黄囊内增殖，也可在多种宿主细胞培养系统内复制并产生细胞病变和蚀斑。如在鸡胚成纤维原代细胞或幼仓鼠肾细胞（BHK-21）、猪肾细胞（PK-15）、绿猴肾细胞Vero）和L-M鼠成纤维细胞等传代细胞中生长；来源于蚊的细胞，如C6/36细胞系也常用于本病毒的分离和鉴定。

本病毒对外界环境的抵抗力弱，对乙醚、氯仿和胰酶敏感，稳定的pH为7～9，pH＞10.0或＜7.0病毒活性迅速下降。常用消毒药物，如2%烧碱、2%戊二醛、3%来苏儿可杀死病毒。病毒能耐低温和干燥，用冷冻干燥法在4℃可保存数年。

[分布与危害]

1. 分布　本病起源日本，主要分布限于亚洲地区，如日本、韩国、印度、越南、菲律宾、泰国、缅甸和印度尼西亚等，我国也已发生。

2. 危害　本病不仅危害家畜，引起发病死亡，更为严重的是通过蚊媒传播给人群，引起人感染发病，通常表现为高热头痛、昏迷呕吐、抽搐、口吐白沫、共济失调、颈部强直等症状，尤其是儿童发病率、死亡率较高，幸存者留有神经系统的后遗症，因此具有重要的公共卫生学意义。

[传播与流行]

1. 传播　自然条件下，马属动物、猪、牛、羊、鸡和野鸟都可感染，其中马尤其是幼驹最易感，猪不分品种和性别均易感染，发病年龄多与性成熟期吻合。人亦易感。除人、马和猪外，其他动物多为隐性感染。

传染源是带毒动物，其中猪和马是最重要增殖宿主和传染源，由于猪群感染率几乎可达100%，是JEV的放大器、最主要的扩散宿主，而马驹是JEV的天然宿主。此外，鸟也可参与JEV传播。

传播途径主要通过蚊子（库蚊、伊蚊、按蚊等）叮咬传播，其中三带喙库蚊是主要传播媒介。越冬蚊可以隔年传播病毒，病毒还可能经蚊虫卵传递至下一代。病毒的传播循环是在越冬动物及易感动物间通过蚊虫叮咬反复进行的。猪还可经胎盘垂直传播给胎儿。

2. 流行　本病在猪群中流行特点是感染率高，发病率低，绝大多数在病愈后不再复发。本病在热带地区可长年发生。在亚热带和温带地区本病有明显的季节性，多发生于7—9月蚊虫滋生繁殖和活动旺盛季节。

［临床症状和病理变化］

1. 临床症状　猪人工感染潜伏期一般为3～4d。自然感染为2～4d。不同日龄的猪都可感染，但多数呈隐性感染状态，少数猪发病后表现的临床症状主要为突然发病，体温升高至40～41℃，呈稽留热，精神沉郁，食欲减少或废绝，但有渴感，结膜潮红，粪便干燥，尿深黄色，有的病猪后肢呈轻度麻痹，关节肿大，步态不稳。个别表现为神经症状，视力障碍，摆头，横冲直撞，最后后肢麻痹，倒地死亡。

妊娠母猪在怀孕早期，胚胎感染死亡会被母体吸收，母猪会出现返情；在怀孕后期多发生流产、死胎。流产胎儿有的木乃伊化，有的全身水肿，有的生后几天痉挛而死，有的存活，生长良莠不齐。母猪在发生流产后，体温恢复正常，症状很快减轻。少数母猪流产后从阴道留出红褐色乃至灰褐色黏液，胎衣不下。

公猪发病后表现为睾丸炎，通常为单侧性，具有证病意义。阴囊发热，指压睾丸有痛感，数日后睾丸肿胀消退，萎缩变硬，丧失形成精子功能，且精液带毒。如一侧萎缩，尚有配种能力。

2. 病理变化　主要病理变化在脑、脊髓、睾丸和子宫。可见脑脊髓腔积液增多，脑膜和脑实质充血，出血，水肿。睾丸肿大、充血、出血或有许多小颗粒状坏死灶，有的睾丸萎缩硬化。流产胎儿常见脑水肿，严重的发生液化，皮下有血样浸润；有的有胸腔、腹腔积液，淋巴结充血，肝、脾有坏死灶。有的表现为小脑发育不全。全身肌肉褪色，似煮熟样，胎儿大小不等，有的呈木乃伊化。

组织学变化主要是脑组织的非化脓性脑炎。

［诊断与检疫技术］

1. 初诊　根据流行病学、临床症状和病理变化可做出初步诊断，确诊后进一步做实验室检测。

2. 实验室检测　主要进行病原鉴定和血清学试验。

被检材料的采集：病毒分离可采取临床有脑炎症状的感染或病死猪的脑组织、血液或脑脊髓液。血清学诊断应在急性期和恢复期采集双份血清进行检测。

（1）病原鉴定

①病毒分离和鉴定：采取发热期的猪血液或病程不超过2～3d死亡猪的脑脊髓液或脑组织（大脑皮层、海马角和丘脑等）接种5～7日龄鸡胚卵黄囊或脑内接种1～5日龄乳鼠（硬脑膜下），

也可以将上述病料接种鸡胚原代细胞、幼仓鼠肾细胞（BHK-21）或由白纹伊蚊C6/36细胞系以进行病毒分离。如果所采集的病料不能立即进行病毒分离，则需置于−70℃下保存。

病毒分离后可通过血清中和试验进行鉴定或采用间接荧光抗体试验（IFA）鉴定。IFA通常采用特异的JEV或其他黄病毒属病毒单克隆抗体鉴定病毒。

②病毒核酸检测：可采用反转录聚合酶链式反应（RT-PCR）鉴定临床病料或细胞培养液中的病毒。

（2）血清学试验　常用于检测群体流行率、病毒地理分布以及免疫动物的抗体水平。

确诊本病常用酶联免疫吸附试验（ELISA）、病毒中和试验（VN）、血凝抑制试验（HI）等血清学诊断方法。通常采取发病初期和后期血清各一份，应用ELISA试验、VN试验或HI试验，测定病毒特异性抗体的滴度，以比较分析感染的状况。感染后2～4d出现抗体，2～5周或更长抗体滴度达最高峰，当抗体滴度升高4倍以上，即可做出诊断。在早期也可通过检查血清中特异性IgM，以做出快速诊断。

［防治与处理］

1.防治

①控制传播媒介：做好灭蚊、防蚊工作，以切断传播的途径。例如，在蚊虫活动季节注意饲养场环境卫生，铲除蚊虫滋生地，同时采用药物灭蚊。

②免疫接种：对后备和生产种公猪和母猪进行乙型脑炎弱毒疫苗或油乳剂灭活苗的免疫接种。每年在蚊虫活动前1～2个月进行；注意母源抗体的干扰。

2.处理　一旦发生猪乙型脑炎，必须按照《中华人民共和国动物防疫法》及有关规定，对病猪采取扑杀并进行无害化处理，对死猪、流产胎儿、胎衣、羊水等也同样进行无害化处理。污染场所及用具要彻底消毒，防止疫情扩散。

三、猪细小病毒病

猪细小病毒病（porcine parvovirus disease，PPD）是由猪细小病毒引起猪的一种繁殖障碍性疾病。主要危害初产母猪和血清学阴性的经产母猪，以胚胎和胎儿感染死亡为特征，怀孕母猪除流产、死产、产木乃伊胎外，无其他临床症状。我国列为二类动物疫病。

［病原特性］

病原为猪细小病毒（*Porcine parvovirus*，PPV），属于细小病毒科（*Parvovidae*）细小病毒亚科（*Parvovirinae*）细小病毒属（*Parvovius*）成员。

病毒粒子呈圆形或六边形，二十面体立体对称，衣壳由32个壳粒组成，无囊膜，核酸为单链线状DNA。能凝集人、猴、豚鼠、猪、鸡、大鼠和小鼠的红细胞，通常使用豚鼠的红细胞进行血凝试验检测PPV抗原。

病毒可在猪肾、猪睾丸原代细胞以及猪源传代细胞（如PK-15、ST、IBRS-2等）上生长繁殖，可使细胞变圆、固缩和裂解等，即产生细胞病变（CPE），并出现散在的核内包涵体。初次分离时可能无细胞病变或不典型，需要连续盲传几代后才能观察到。

病毒对热、脂溶剂和一般消毒药的抵抗力很强。56℃ 48h、70℃ 2h、80℃ 5min才能使感染性和血凝活性均丧失。病毒在4℃极为稳定。在pH3.0～9.0稳定，在pH9.0的甘油缓冲盐水中或－20℃以下毒力能保存一年以上。病毒能抵抗乙醚、氯仿等脂溶剂。0.5%漂白粉和1%～1.5%氢氧化钠5min、2%戊二醛20min能杀灭病毒，但甲醛蒸气和紫外线需相当长的时间才能杀灭。

[分布与危害]

1. 分布　1967年首先在英国发现，目前已分布于世界各个国家，我国在20世纪80年代已发生此病。

2. 危害　由于母猪早期感染后，造成胚胎、胎猪死亡率达80%～100%，给养猪业造成相当大的损失。

[传播与流行]

1. 传播　各种家猪和野猪均易感，且无年龄和性别差异。

传染源主要来自感染细小病毒的母猪、公猪和持续性感染的外表健康猪。感染母猪所产的死胎、仔猪及子宫内的排泄物中含有很高滴度的病毒，感染种公猪的精液、精索、附睾、副性腺中也含有高滴度的病毒。

公猪、育肥猪和母猪主要通过污染的饲料、环境经呼吸道和消化道感染；也可通过胎盘和交配垂直感染。鼠类也能传播本病。

2. 流行　本病多发生在春、夏季或母猪产仔和交配季节。一般呈地方流行性或散发。母猪怀孕早期发生感染，其胚胎、胎猪的死亡率可达80%～100%。

[临床症状和病理变化]

1. 临床症状　猪细小病毒感染一般均表现亚临床症状，除了母猪出现繁殖障碍外，无其他明显的特征表现。

母猪表现的繁殖障碍随感染PPV的时期不同而有所差异。母猪在怀孕初期30d感染，将导致胚胎的死亡和重吸收，母猪可能不孕或无规律发情；在妊娠中期，即30～70d感染，将导致胎儿的死亡和木乃伊化，母猪在分娩时产程延长，发生流产、死胎；在妊娠后期70d后感染，胎儿不死亡，并能产生抗体，但仔猪一出生就带毒并排毒。

2. 病理变化　本病缺乏特异性的眼观病变，仅见母猪子宫有轻微炎症，主要病变在胎儿，可见感染胎儿充血、水肿、出血、体腔积液、脱水（木乃伊化）及坏死等病变。

[诊断与检疫技术]

1. 初诊　根据流行病学、临床症状和病理变化可做出初步诊断，确诊需进一步做实验室检测。

2. 实验室检测　进行病原鉴定和血清学试验。

被检材料的采集：采取较小的流产胎儿或死产仔猪的肾、睾丸、肺、肝和肠系膜淋巴结（肝和肠系膜淋巴结分离率最高）或母猪胎盘、阴道分泌物。制成无菌悬液，备用，其处理方法是将病料经研磨制成5～10倍悬液，将离心后的上清液加入青霉素和链霉素。

（1）病原鉴定

①病毒分离：采取妊娠70d前流产的木乃伊化胎儿或胎儿的肺脏，但不能采取妊娠70d后的木乃伊化胎儿，死产仔猪和初生仔猪，可能含有干扰检测的抗体。将此病料按上述方法处理后，

接种原代猪肾细胞或SK细胞，接种后16～36h检查细胞核内包涵体，接种后5d出现细胞病变，呈圆聚、固缩或溶解。同时设不接种病料的空白对照。只有空白对照培养物正常，接种病料的培养物出现细胞病变时，才能判为病毒分离阳性。

病毒鉴定可用标准阳性血清做血清学试验，因本病毒只有一个血清型，与其他病毒未见交叉反应。由于本病毒能凝集多种动物的红细胞，故可用血凝和血凝抑制试验鉴定分离物中病毒，也可用血清中和试验。

②病毒抗原检测：应用免疫荧光试验（IFA）直接检查单层细胞培养物或直接检查新鲜病料触片或切片中的病毒抗原，既可靠、敏感，又快速、准确。

此外，还可用聚合酶链式反应（PCR）检测病毒基因；或通过原位杂交（ISH）试验检测PPV的某段基因。

（2）血清学试验　抗体检查法常用方法有血清中和试验、血凝抑制试验（HI）、乳胶凝集试验、酶联免疫吸附试验（ELISA）、琼脂扩散试验、改良的间接补体结合试验和免疫荧光抗体试验等，其中最常用方法是乳酸凝集试验和血凝抑制试验。

待检血清样品采集时，应根据免疫接种情况，采集发病母猪和健康母猪血清同时检测，或对发病期和发病后10～14d的相同病猪采血检测。

微量滴定板进行血凝抑制试验的操作方法：待检血清先经56℃ 30min灭活，再用50%豚鼠红细胞和高岭土去除血清中非特异性凝集素及非抗体抑制物，以生理盐水做倍比稀释。然后每个稀释液中加入等量血凝抗原（含4个血凝单位），混匀后保温作用1h，加入等量1%豚鼠红细胞悬液，混匀，在4℃下经4～6h判定。同时设已知的阴性血清、阳性血清对照。滴度1：8以上判为阳性（感染猪产生的血凝抑制抗体高者可达4 000倍以上）。

3.鉴别诊断　本病应与猪乙型脑炎、衣原体感染、猪繁殖和呼吸综合征、迟发性猪瘟、猪伪狂犬病和猪布鲁氏菌病等相区别，可通过病原检查来鉴别。

[防治与处理]

1.防治　本病尚无有效治疗方法，可采取以下措施做好防治工作。

（1）坚持自繁自养，从场外引进猪时，要选自非疫区的健康猪，进场后要进行定期隔离检疫，特别种猪更要加强检疫（可用血清学或病原检查），确证健康猪方可混群饲养或配种。

（2）加强种猪群，特别是后备种猪的免疫接种。可用猪细小病毒弱毒苗和油佐剂灭活苗，一般在配种前1个月左右进行接种。

（3）做好发病猪的排泄物、分泌物和产出的胎儿及其污染的场所和环境的卫生消毒处理，可选用福尔马林、氨水和氧化剂类消毒剂等进行消毒。

2.处理　①发生疫情，先隔离疑似发病猪，并尽快确诊。对污染场地、猪舍的卫生消毒；病死猪的尸体、粪便及其他废弃物深埋或高温消毒处理。②检疫时，查出的阳性猪应扑杀、销毁处理；同群猪应隔离观察。

四、猪丹毒

猪丹毒（swine erysipelas, SE）又称"钻石皮肤病"（diamond skin disease）或"红热病"（red fever,）是由猪丹毒杆菌引起的一种急性、热性传染病。临床表现为急性败血型、亚急性疹块型和慢性非化脓性关节炎或增生性心内膜炎型。我国将其列为二类动物疫病。

[病原特性]

病原为猪丹毒杆菌（*Erysipeothrix rhusiopathiae*）也称丹毒丝菌或红斑丹毒丝菌，属于丹毒丝菌目（Erysipelotrichales）丹毒丝菌科（Erysipelotrichaceae）丹毒丝菌属（*Erysipelothrix*）的唯一成员。

本菌是一种革兰氏阳性菌、纤细、平直或稍弯的杆菌，大小（0.2～0.4）μm×（0.8～2.5）μm，无鞭毛，不运动，不产生芽孢，有荚膜。在病料的组织触片或血涂片中多单在、成对或成丛排列。从心脏瓣膜疣状物中分离的猪丹毒杆菌常呈不分支的长丝，或呈中等长度的链状。在人工培养物上经过传代，多呈长丝状；在老龄培养物中菌体着色能力较差，常呈球状或棒状。

本菌为微需氧菌，在普通培养基上能生长，如加入适量的血液或血清培养生长更佳。在固体培养基上培养24h长出的菌落可分为光滑（S）型、粗糙（R）型和中间（I）型，三者可互变。S型，毒力强，由急性病例中分离的菌株；R型，毒力较弱，由慢性病猪和带菌猪中分离的菌株，或久经人工培养的菌株；I型，毒力介于S型与R型之间。本菌明胶穿刺培养呈试管刷状生长，但不液化明胶。

根据菌体肽聚糖的抗原性，可分为25个血清型（1a、1b、2～23及N型）。其中1、2两型与Dedie（1949）的A、B型相等同（即1a、1b为A型，2a、2b为B型）。从急性败血症分离的菌株多为1a型，从亚急性和慢性型病例分离的菌株多为2型。1型菌株毒力较强，2型菌株毒力较弱但免疫原性好。将不具有型特异性抗原的菌株统称N型。

本菌对腐败和干燥有较强的抵抗力，耐酸性亦较强，如在冻肉、腐尸、血痂及鱼粉中可长期存活，在火腿中存活数月。对0.2%石炭酸溶液、0.5%砷化钾溶液、0.001%结晶紫溶液、0.1%叠氮钠溶液有抵抗力。本菌对热和直射光抵抗力较弱，如肉汤培养物50℃ 15min及70℃ 5min可杀死，15cm厚的肉块煮沸2～3h，可灭菌。常用消毒药能迅速将其杀死，如1%的漂白粉、5%的烧碱、10%的生石灰乳及含2%烧碱的3%生石灰混合液等，均可在5～10min内杀死本菌。本菌对抗生素敏感有差异，其中对青霉素、四环素等很敏感；对氯霉素、链霉素和磺胺类药物不敏感。

[分布与危害]

1. 分布　本病于1882—1883年Pasteur和Thuillier首先发现，以后呈世界性分布，是欧洲、美洲、亚洲和澳洲的重要疫病之一，目前本病已基本得到控制。

2. 危害　本病不仅对养猪业造成很大危害，同时又引起绵羊和羔羊的多发性关节炎以及火鸡大批死亡；对人也有危害，人感染猪丹毒后可发病，称类丹毒，此病是一种职业病，特别是从事兽医、屠宰场工人和肉食品加工人员都曾有发病病例报道。因此具有一定的公共卫生学意义。

[传播与流行]

1. 传播　猪是易感动物，不同品种和不同年龄猪均易感，但架子猪（3～6月龄青年猪）多发，其他动物（如牛、羊、马、犬）以及家禽、鸟类也有病例报道，人也可感染。

传染源主要是病猪和带菌猪。带菌的其他动物（如牛、羊、马、禽、犬）是潜在的传染源，养殖场常见的啮齿动物是本病的间接传染源。

传染途径主要是病猪、带菌猪以及其他带菌动物通过分泌物、排泄物等污染饲料、饮水、土壤、用具和猪舍，经消化道引起感染。其次可通过破损皮肤感染，此外还可通过蚊、虱、蜱等叮咬传播。

2. 流行　本病一年四季可发生，但5—9月多发，常表现为散发性或地方流行性，近年来也见于冬、春季暴发性流行。

[临床症状和病理变化]

1. 临床症状　潜伏期一般为3～5d（最短1～2d，最长7d），临床上可分为急性型、亚急性型和慢性型。

急性败血型：多见于流行初期，以突然暴发急性经过和高病死率为特征。病猪体温高达42～43℃，呈稽留热，结膜充血，眼睛清亮有神。初期粪便干燥，附有黏液，后期腹泻。部分病猪在耳根、颈下、胸前、腹下、四肢内侧等部位的皮肤发生潮红（指压褪色），继而发紫。哺乳仔猪和刚断奶仔猪一般突然发病，表现神经症状，抽搐，倒地而死。病程多不超过1d。其他猪病程一般3～4d，死亡率80%左右。

亚急性疹块型：俗称"打火印"或"鬼打印"。以病猪皮肤表面出现疹块为特征。病猪体温高达41℃，常于发病后2～3d在胸、腹、背、肩、四肢等部位的皮肤发生疹块，呈方块形、菱形或圆形，稍凸于皮肤表面。初期疹块充血，指压褪色，后期瘀血，压之不褪。疹块出现后，体温逐渐下降，病猪多自行康复。病程为1～2周。

慢性型：多由急性型、亚急性型转化而来，临床以关节炎（多见于腕、跗关节）或心内膜炎或两者并发为主要症状。少数病猪呈皮肤坏死症状，多发生于背、耳、肩、蹄、尾等处。发生关节炎的猪表现四肢关节肿胀、疼痛、病腿僵硬，跛行或卧地不起，食欲正常、生长缓慢。发生心内膜炎的猪表现消瘦、贫血、全身衰弱，听诊心脏有杂音、心跳加快、心律不齐，通常因心脏麻痹而突然死亡。发生皮肤坏死的猪表现局部皮肤肿胀、隆起、黑色、干硬，似皮革，2～3个月坏死皮肤脱落，遗留一片无毛的疤痕。如有继发感染，则病情复杂，病程延长。

2. 病理变化

（1）急性型　以全身急性败血症变化和体表皮肤出现丹毒红斑为特征。全身淋巴结肿大，呈浆液性出血性炎症。脾肿大呈樱桃红色，切面外翻，脾髓暗红，易于刮下，脾小梁和滤泡的结构模糊，典型的败血脾（是区别于猪瘟和猪肺疫的特征变化之一）。肾常见急性出血性肾小球肾炎症变化，明显肿大瘀血，俗称大红肾。胃肠黏膜呈急性浆液性或出血性变化，尤以胃底部和十二指肠最为严重。

（2）亚急性型　以皮肤疹块为特征病变。疹块内血管扩张，皮肤及皮下组织水肿浸润，压迫血管，使疹块中央变为白色，仅周围呈红色。

（3）慢性型　发生增生性关节炎，关节腔内淡黄色液体增多，并混有纤维素凝块，关节囊增厚，关节变形，尤以腕关节、跗关节等处多见。慢性心内膜炎常有菜花样疣状赘生物（由肉芽组织和纤维素性凝块形成），多见于二尖瓣处，其次是主动脉瓣处。

[诊断与检疫技术]

1. 初诊　根据典型的临床症状和病理变化可做出初步诊断，确诊需进一步做实验室诊断。

2. 实验室检测　进行病原学诊断和血清学检测。

被检材料的采集：急性型病猪采集耳静脉血，死后采集心血、肝、肾、脾、淋巴结等；亚急性型病猪采集疹块边缘的皮肤血；慢性型病猪采取心内膜组织和患病的关节液，以供检测用。

（1）病原学诊断

①直接涂片染色镜检：将上述采集的新鲜病料，制作涂片，自然干燥后，用甲醇固定3～5min后，用革兰氏染色液染色镜检，或用丙酮固定，用荧光抗体染色做快速诊断。

②细菌分离和鉴定：取急性死亡猪的心血、肝、脾、肾等病料，也可取亚急性型病猪采集疹块边缘的皮肤血，接种在血清或鲜血琼脂平板进行细菌的分离培养，37℃培养24～48h。如病料接种于鲜血琼脂上，长出针尖大小的菌落，菌落表面光滑、边缘整齐、发微蓝色，菌落周围形成狭窄的绿色溶血环。然后将此菌落进行生化、病原和血清型鉴定。

血清型鉴定常用琼脂凝胶双扩散沉淀试验，方法是以菌体加热处理抽提细胞壁的水溶性物质作为抗原，与相应的抗血清进行测试。目前已被证实有可分为25个血清型（1a、1b、2～23及N型）。我国主要为1a型和2型。

③实验动物致病力试验：将培养鉴定的细菌制成悬液，分别给小鼠和鸽子注射，小鼠每只皮下注射0.2mL，鸽子每只肌内注射1.0mL，注射后一般在2～5d内死亡。豚鼠对猪丹毒杆菌有一定的抵抗力。

④聚合酶链式反应（PCR）：对可疑的菌落采用PCR进行检测，该方法特异性高，快速简便。

（2）血清学检测　血清学诊断方法有平板和试管凝集试验、琼脂扩散试验、间接免疫荧光试验（IFA）、酶联免疫吸附试验（ELISA）等。

平板和试管凝集试验可以测定血清中的抗体凝集价，凝集价与抗体免疫水平有相关性，可用于本病的检测和血清抗体水平的评价。

3. 鉴别诊断　本病的急性败血型应与猪瘟、猪肺疫、猪副伤寒及败血性猪链球菌病等相区别，可通过病原学检查而鉴别。

[防治与处理]

1. 防治　①坚持每年注射猪丹毒菌苗。有灭活疫苗和弱毒疫苗。如猪丹毒氢氧化铝甲醛苗、猪丹毒GC42或C4T10弱毒苗、二联苗（猪丹毒、猪肺疫）灭活苗、三联苗（猪瘟、猪丹毒、猪肺疫）活疫苗等。春、秋季各免疫一次，同时结合初生仔猪断奶后接种免疫，如仔猪应在断乳后进行。特别要注意活疫苗接种前至少3d和接种后至少7d内，不能给猪应用抗生素药物及饲喂含抗生素的饲料，否则会造成免疫失败。②平时要加强饲养管理和搞好环境卫生。猪舍、用具等要经常保持清洁，并定期消毒。

2. 处理　①检疫出可疑病猪或发现病猪要立即进行隔离治疗，可用抗生素治疗，或血清疗法（用抗猪丹毒血清作为紧急治疗）。对病猪同群未发病猪用青霉素连续注射3～4d。必要时可考虑紧急接种预防。慢性病猪（心内膜炎或关节炎）及早淘汰。同时对猪圈、运动场、饲槽及用具等要进行消毒，对可能污染的地方及用具也应彻底消毒。②对病死猪、急宰猪的尸体和内脏器官进行无害化处理或化制。

五、猪肺疫

猪肺疫（swine pneumonic pasteurellosis）又称猪巴氏杆菌病（swine pasteurellosis）

或猪出血性败血症，是由多杀性巴氏杆菌引起猪的一种急性、热性传染病，特征是最急性型呈败血症和咽喉肿胀；急性型呈纤维素性胸膜肺炎；慢性型少见，表现为慢性肺炎或慢性胃肠炎。我国列为二类动物疫病。

［病原特性］

病原为多杀性巴氏杆菌（*Pasteurella multocida*），属于巴氏杆菌目（Pasteurellales）巴氏杆菌科（Pasteurellaceae）巴氏杆菌属（*Pasteurella*）成员。

本菌为革兰氏染色阴性菌，两端钝圆，中央微凸的球杆菌或短杆菌。不形成芽孢，无鞭毛，不运动，新分离的强毒菌株有荚膜，常单在，有时成双排列。病料组织涂片，用瑞氏、姬姆萨或美蓝染色，菌体多呈卵圆形，典型的两极着色。

本菌是需氧及兼性厌氧，在血清琼脂上生长的菌落，呈蓝绿色带金光，边缘有窄的红黄光带，称为 F_g 型；菌落呈橘红色带金光，边缘或有乳白色带，称为 F_o 型；菌落不带荧光的称为 N_f 型。F_g 型毒力较强，F_o 型毒力较弱，N_f 型一般无毒力或毒力较弱，但仍具有抗原性。

本菌可分为A、B、D、E和F五种荚膜抗原血清型，其中已报道猪中存在A、B和D型。以菌体抗原区分本菌至少有16个血清型（用阿拉伯数字表示）。肺炎猪多数由3∶A、5∶A和3∶D等血清型引起；而在我国，猪肺疫多数由5∶A血清型和6∶B血清型引起，其次为8∶A血清型和2∶D血清型。

本菌对理化因素和外界抵抗力均不强。在直射阳光下曝晒10min，或在56℃ 15min、60℃ 10min可被杀死。在干燥空气中2～3d可死亡。3%石炭酸、3%福尔马林、10%石灰乳、2%来苏儿、0.5%～1%氢氧化钠等消毒药5min均可杀死本菌。但在腐败的尸体中可生存1～3个月。

［分布与危害］

1. 分布　本菌最早由Loeffer（1882）发现，称为猪出血性败血性巴氏杆菌。Merchant（1939）将本菌和其他出血性败血性巴氏杆菌一起统称为多杀性巴氏杆菌。本病分布世界各地。

2. 危害　本病最急性型病死率可达100%，慢性型治疗不及时病死率可达60%～70%，对养猪业产生较大的威胁。

［传播与流行］

1. 传播　多杀性巴氏杆菌对多种动物和人均有致病性，家畜中以猪、牛发病最多。各年龄的猪均易感，尤以中猪、仔猪易感性更大。

传染源主要是病猪及健康带菌猪。病菌可随病猪和带菌猪的分泌物和排泄物排出，污染饲料、饮水、用具和周围环境。

传播途径主要经呼吸道和消化道传染，也可经损伤的皮肤传染。此外，健康带菌猪因某些因素特别是上呼吸道黏膜受到刺激而使机体抵抗力降低时发生内源性传染。

2. 流行　一年四季均可发生，但以冷热交替、气候剧变、多雨、潮湿、闷热的时期多发，并常与猪瘟、猪支原体肺炎等混合感染或继发。本病一般为散发性，猪有时呈地方流行性。

［临床症状与病理变化］

1. 临床症状　潜伏期1～14d，一般为2d左右。本病临床上一般分为最急性型、急性型和慢性型。

最急性型：常发病急，突然死亡。病程稍长的表现高热（41～42℃）、结膜充血、发绀。耳根、颈部、腹壁等皮肤发红斑，指压不全褪色。咽喉红、肿、热、痛，急性炎症（这是最特征的症状），严重的局部肿胀可扩展到颈部。呼吸困难，呈犬坐姿势。口鼻流血样泡沫。病程1～2d，因窒息而死，病死率极高，几乎为100%。

急性型：为最常见型。以纤维素性胸膜炎为特征。除具有败血症的一般症状外，主要表现为呼吸道症状。体温升高，达40～41℃。咳嗽，初为痉挛性干咳，后为湿咳，有脓性结膜炎。呼吸高度困难，常呈犬坐姿势，可见黏膜发绀。胸部触诊有压痛，听诊有啰音和摩擦音。初期便秘，后期腹泻。腹侧、耳根和四肢内侧皮肤出现紫斑或小出血点。最后多因窒息而死，病程5～8d，不死者转为慢性。

慢性型：多见于流行后期，主要呈现慢性肺炎或慢性胃肠炎的临床症状。病猪持续咳嗽，呼吸困难，常有腹泻，极度消瘦。有时出现痂样湿疹、关节肿胀。最后多因衰竭致死，病死率可达60%～70%，病程2～4周。

2. 病理变化

（1）最急性型　可见全身浆膜、黏膜和皮下组织大量出血点。咽喉部、颈部皮下组织出血性浆液性炎症，切开皮肤，有大量胶冻样淡黄色水肿液（为最突出的病变）。全身淋巴结肿大、出血，切面红色，尤以咽喉部淋巴结最为显著。肺充血水肿。心内外膜有出血斑点。胸、腹腔和心包内积液增多。胃肠黏膜有出血性炎症。脾出血但不肿大。

（2）急性型　除全身黏膜、浆膜、实质器官和淋巴结的出血性病变外，特征性的病变是纤维素性肺炎，肺有不同程度的肝变区，水肿、气肿和出血等病变，主要位于尖叶、心叶和膈叶前缘。病程长的肝变区内有坏死性，肺小叶切面呈大理石纹理。肺肝变部的表面有纤维素絮片，并常与胸膜粘连。胸腔及心包积液。支气管、气管内含有多量泡沫状黏液，气管黏膜有炎症变化。

（3）慢性型　主要表现为肺肝变区扩大，并有黄色或灰色坏死灶，外有结缔组织包囊，内含有干酪样物质，有的形成空洞。心包与胸腔积液增多，胸膜增厚、粗糙，上有纤维絮片，与病肺相连。肺门淋巴结高度肿胀和出血，并且常发生坏死。

[诊断与检疫技术]

1. 初诊　根据临床症状和病理变化可做出初步诊断，确诊需要进一步做实验室检测。

2. 实验室检测　进行病原学诊断，包括直接染色镜检、细菌分离和血清型鉴定。目前尚无有效的血清学诊断方法。

被检材料的采集：败血症病例可采集病猪的肝、脾、淋巴结、体液、分泌液及局部病变组织等。棉拭子样品应立即置适当的运输培养基（如Stuart's培养基）中保存，其他样品冷藏保存，不宜冰冻。

（1）直接染色镜检　对最急性型和急性型病例，采取心血（或血液）、局部水肿液、胸腔渗出液、肝、脾、肿胀的淋巴结做组织触片或涂片，用革兰氏染液、瑞氏染液或美蓝染液进行染色、镜检，如见到典型的两端着色的小杆菌，有时可能见到荚膜可做出诊断。

（2）细菌分离鉴定　用病料接种在5%鲜血琼脂平板或血清平板置37℃培养24h，可见菌落为灰白色的露珠状小菌落，表面光滑，边缘整齐。多杀性巴氏杆菌菌落不溶血，而溶血巴氏杆菌在平板上可出现溶血。在血清平板上可显示不同的荧光菌落，如F_g型菌落为露珠样并有蓝绿色带金光，F。型菌落为露珠样并有橘红色带金光。必要时可进一步做生化特性鉴定。挑取可疑菌落进行克隆、纯化培养。用纯化的可疑培养物做生化试验鉴定，多杀性巴氏杆菌在48h可分解葡萄糖、果糖、水杨苷和肌醇，可以产生硫化氢、能形成靛基质，MR和VP试验均为阴性；接触酶和氧化酶试验均为阳性。多杀性巴氏杆菌有五种荚膜抗原血清型（即A、B、D、E和F荚膜血清型）和菌体抗原至少有16个血清型，可用标准血清进行血清型鉴定。常采用间接血凝试验确定荚膜抗原类型，用凝集试验确定菌体抗原类型。

（3）动物试验 将病料用灭菌生理盐水制作成1∶10悬液，取上清液或用24h细菌肉汤纯培养物经皮下注射小鼠或家兔。小鼠每只注射0.2mL、家兔0.5mL。一般强毒株多杀性巴氏杆菌，能在接种后24～48h内致死小鼠（呈败血症死亡），但对家兔无致病力。小鼠死亡后立即剖检，用血或脏器涂片染色镜检或培养，见大量两极浓染的细菌即可确诊。

（4）PCR检测 既可从病料中直接检测多杀性巴氏杆菌，也可对分离物进行鉴定。

3. 鉴别诊断 本病应与猪瘟、猪丹毒、猪副伤寒、猪败血型链球菌病、猪放线杆菌性胸膜肺炎和猪萎缩性鼻炎等相区别。可通过病原检查来鉴别。

［防治与处理］

1. 防治 ①定期接种菌苗。猪肺疫氢氧化铝灭活苗、猪肺疫口服弱毒苗、猪丹毒-猪肺疫氢氧化铝二联灭活苗、猪瘟-猪丹毒-猪肺疫三联灭活苗免疫，种猪配种前免疫，仔猪50～60日龄免疫。免疫期均在半年以上。②平时加强饲养管理，注意圈舍通风换气和防暑防寒，定期进行圈舍的消毒，搞好清洁卫生。消除可能降低机体抵抗力的各种应激因素。③新引进的猪要隔离观察一个月以上，证明无病时，方可混群饲养。

2. 处理 ①发生本病时，应立即采取隔离、消毒和紧急预防接种（可用血清进行紧急预防和治疗），同时还可用抗生素进行紧急预防和治疗。对周围的假定健康猪群应及时进行紧急预防接种（注意猪接种前后至少一周内不得使用抗菌药物）或药物预防。②检疫时，如发现可疑病猪，应立即隔离，及早治疗，同时对猪圈、运动场、饲槽及用具等进行消毒。对检出的病猪的肉尸和内脏应按《畜禽病害肉尸及其产品无害化处理规程》（GB 16548—1996）规定处理。

六、猪链球菌病

猪链球菌病（swine streptococcosis）是由数种不同血清群的链球菌引起的不同临床类型传染病的总称。主要有败血型、脑膜炎型、淋巴结脓肿型和关节炎型等类型。我国列为二类动物疫病。

［病原特性］

病原主要有猪链球菌（*Streptococcus suis*，SS）、马链球菌兽疫亚种（*S. equi* ssp.*zooepidemicus*）和马链球菌马亚种（*S. equi* ssp.*equisimilis*）等，属于乳杆菌目（Lactobacillales）链球菌科（Streptococcaceae）链球菌属（*Streptococcus*）成员。

本菌呈球形或卵圆形，不形成芽孢，无鞭毛，有些菌株可形成荚膜，常为长短不一的链状或成双排列，为革兰氏染色阳性。需氧或兼性厌氧菌。在含有血液、血清及腹水的培养基上37℃培养24h，形成灰白色、光滑、透明、露珠状的细小菌落，直径0.5～1.0mm。链球菌的致病因子主要有溶血毒素、红斑毒素、透明质酸酶等。多数致病菌株能形成β型溶血，菌落周围出现完全透明的溶血环。个别菌株不溶血。

根据荚膜抗原差异，猪链球菌分为33血清型（1～31型、33型和1/2型），已确定1型、2型、7型、9型等对猪有致病性。而2型最常见，也可感染人而致死。

本菌对高热和一般消毒药抵抗力不强。60℃ 30min可被灭活，3%漂白粉和75%酒精均在5min内将其杀死。对青霉素及磺胺类药敏感。在组织或脓汁中的菌体，在干燥条件下可存活数周，在室温下可存活6d，0～4℃可存活150d以上。

［分布与危害］

1. 分布　猪链球菌病最早是由荷兰的Jansen和Van Dorssen报道的，此后，世界许多国家均有本病发生，如英国、美国、法国、日本、俄罗斯、印度、丹麦、荷兰、澳大利亚、加拿大等。我国在20世纪60年代初开始流行，至70年代以来已遍及全国大部分省区。

2. 危害　由于本病已成为规模化养猪中最常见的重要细菌性疾病之一，其急性败血型病死率可达80%～90%。

［传播与流行］

1. 传播　猪不分年龄、品种和性别均易感，但对仔猪、怀孕母猪及保育猪更易感染。已知猪链球菌2型可感染人并致死。

传染源主要是病猪和带菌猪。仔猪多由母猪传染而引起。病原菌存在于病猪的各组织器官、血液、关节和分泌物及排泄物中。病死猪的内脏和废弃物以及被污染的运输工具等是传播病原菌的重要因素。传播途径主要是经呼吸道、消化道和损伤的皮肤及黏膜感染。

2. 流行　本病一年四季均可发生，但以夏、秋季节多发，一般呈地方性流行，但新疫区呈暴发流行，发病率和死亡率很高。在老疫区多呈散发，发病率和死亡率均较低。

［临床症状与病理变化］

1. 临床症状　本病潜伏期一般为1～3d，长的可达6d以上。临床上可分为败血型链球菌病、脑膜炎型链球菌病、淋巴结脓肿型链球菌和关节炎型链球菌病等类型。

（1）败血型链球菌病　临床上多为最急性或急性型。

最急性型：发病急、病程短，多在不见异常表现下突然死亡；或突然减食或废绝，体温高达41～43℃，卧地不起，呼吸急促，多在24h内死于败血症。

急性型：突然发病，体温高达40～43℃，呈稽留热，鼻镜干燥，流出浆液性或脓性鼻涕，结膜潮红、流泪、颈部、耳郭、腹下及四肢下端皮肤呈紫红色，并有出血点，多在3～5d内，因心力衰竭而死亡。

（2）脑膜炎型链球菌病　以脑膜炎为主，多见于哺乳仔猪和断奶仔猪。主要表现为神经症状，如磨牙、口吐白沫、转圈运动。抽搐、倒地四肢划动似游泳状，最后麻痹而死。

（3）关节炎型链球菌病　以关节等处形成脓肿为特征。表现为多发性关节炎，关节肿脓，跛行或瘫痪，最后因衰弱、麻痹致死。

（4）淋巴结脓肿型链球菌　以颌下、咽部、颈部等处淋巴结化脓和形成脓肿为特征。

2. 病理变化　死于败血型的猪，以全身各组织器官呈现败血症变化。表现为鼻黏膜紫红色、充血及出血，喉头及气管黏膜充血，常有大量泡沫。肺充血肿胀。全身淋巴结有不同程度的肿大、充血和出血。脾肿大1～3倍，呈暗红色，边缘有黑红色出血性梗死区。肾肿大、充血和出血。胃及小肠黏膜有不同程度的充血和出血。脑膜充血和出血，有的脑切面可见针尖大的出血点。

脑膜炎型主要表现脑膜充血、出血甚至溢血，个别脑膜下积液，脑组织切面有点状出血，其他病变与败血型相同。

慢性病例可见关节腔内有黄色胶冻样或纤维素性、脓性渗出物，淋巴结脓肿，有些病例心瓣膜上有菜花样赘生物。

［诊断与检疫技术］

1. 初诊　根据临床症状和病理变化，结合流行病学特点可做出初步诊断，确诊需进一步做实验室检测。

2. 实验室检测　主要进行病原学诊断。因常用血清学方法不能鉴别感染与非感染猪，所以不能用于常规诊断。

被检材料的采集：根据不同的病型采取不同的病料，如肝、脾、肾、血液，关节液，脑脊髓液及脑组织等装入灭菌容器，冷藏保存待检。

（1）直接染色镜检　可取病猪或死猪的肝、脾、淋巴结、血液、关节液等任选2～3种制成涂片或组织触片，干燥、固定、染色、镜检。可见有革兰氏染色阳性、球形或椭圆形，直径为0.5～1.0mm，成对或3～5个菌体排列成短链的链球菌。

（2）细菌分离培养与鉴定　取上述病料划线接种于血液琼脂平板，置37℃培养24h或更长时间。可见在鲜血琼脂上生长成灰白色、半透明、湿润黏稠、露珠状小菌落。菌落周围出现β型溶血环。可挑选典型菌落做纯培养，进一步做生化鉴定。可通过淀粉酶阳性和VP试验阴性进行鉴定，大多数分离株发酵海藻糖、水杨苷并产酸。可进一步进行血清型鉴定，通常采用凝集试验。但应注意交叉反应，如1/2血清型分离株与血清1型和2型抗血清，血清1型分离株与血清14型抗血清之间存在着交叉反应。

（3）动物接种　选取上述病料，接种于马丁肉汤培养基，经24h培养，取培养物注射实验动物或本种动物，小鼠皮下注射0.1～0.2mL或家兔皮下或腹腔注射0.1～1mL，应与2～3d死于败血症，并应从实质脏器中分离出链球菌。

（4）基因检测技术　可用于猪链球菌分离株的鉴别。

3. 鉴别诊断　本病应与李氏杆菌病、猪丹毒、副伤寒和猪瘟相区别。李氏杆菌虽也有神经症状，但主要发生于仔猪，一般无关节炎和淋巴结脓肿，且很少群发。猪丹毒虽也有关节炎、神经症状及皮肤发红变化，但一般只发生于大猪，且以亚急性疹块型为主。副伤寒早期虽有耳尖、四肢末端、腹下等处皮肤发紫，个别或伴有神经症状，但发病率高，多以腹泻为主，且常见于断奶前后的猪，其他猪很少发病。猪瘟由病毒引起，大小猪均可发生，便秘、腹泻均明显，且无关节炎和淋巴结脓肿。除临床症状外，主要可从病原菌上进行区别。

［防治与处理］

1. 防治　①加强饲养管理，搞好平时卫生消毒。②坚持自繁自养和全进全出制度，严格执行检疫隔离制度以及淘汰带菌母猪等措施对预防本病的发生有重要作用。③该病流行的猪场及受威胁的猪场，用菌苗进行预防接种。目前国内有猪链球菌弱毒活苗和灭活苗，也可应用当地菌株制备疫苗进行预防，每头猪不论大小均皮下注射弱毒苗1头份或口服2亿个活菌，免疫后7d产生保护力，保护期半年。灭活苗则不论大小猪均肌肉或皮下注射5mL，注射后14d产生免疫力，免疫期半年。

2. 处理　发生疫情，采取紧急防治措施，①尽快做出确诊，划定疫点、疫区，隔离病猪，封锁疫区，禁止病猪上市。②对猪栏、场地消毒、粪便和褥草堆积发酵。③对全群猪进行检疫，发现体温高和有临床症状的猪，进行隔离治疗（可用青霉素或磺胺类药物）或淘汰。④对病死猪要无害化处理，严格禁止擅自宰杀和自行处理。

七、猪传染性萎缩性鼻炎

猪传染性萎缩性鼻炎（swine infectious atrophic rhinitis）是猪的一种慢性接触性呼吸道传染病，由产毒性多杀性巴氏杆菌、支气管败血波氏杆菌单独或联合引起，其中进行性萎缩性鼻炎由产毒性多杀性巴氏杆菌（多为D型，少为A型）单独或与支气管败血波氏杆菌共同引起，而非进行性萎缩性鼻炎仅由支气管败血波氏杆菌引起。本病以生长迟缓、鼻炎（鼻腔有脓性分泌物）、鼻甲骨萎缩和鼻中隔扭曲为特征。我国列为二类动物疫病。

［病原特性］

病原为支气管败血波氏杆菌（*Bordetella bronchiseptica*）和产毒素多杀性巴氏杆菌（*Toxigenic Pasteurella multocida*）。支气管败血波氏杆菌属于伯氏菌目（Burkholderiales）产碱杆菌科（Alcaligenaceae）波氏菌属（*Bordetella*）成员；产毒素多杀性巴氏杆菌属于巴氏杆菌目（Pasteurellales）巴氏杆菌科（Pasteurellaceae）巴氏杆菌属（*Pasteurella*）成员。

支气管败血波氏杆菌为革兰氏阴性球杆菌，两极着染，有运动性，但不形成芽孢，为严格需氧菌。本菌在鲜血琼脂中能产生β型溶血，可使马铃菌培养基变黑，而菌落呈黄棕色或微带绿色。本菌有三个菌相，Ⅰ相菌毒力较强，Ⅱ相、Ⅲ相菌毒力较弱。本菌对外界环境的抵抗力弱，常规消毒药即可达到杀菌目的。

多杀性巴氏杆菌为革兰氏阴性，两端钝圆，中央微凸的球杆菌或短杆菌。不形成芽孢、无鞭毛，不能运动，新分离的细菌有荚膜，产生毒素，常单在，有时成双排列。病料涂片以瑞氏、姬姆萨或美蓝染色时，菌体呈两极着色。本菌的抵抗力不强，一般消毒药均可将其杀死。

两种菌的致病特点不同，支气管败血波氏杆菌仅对幼龄猪感染有致病变作用，对成年猪感染仅引起轻微的病变或者呈无症状经过，引起鼻甲骨损伤，但在生长过程中鼻甲骨又能再生修复。而产毒性多杀性巴氏杆菌可引起各年龄阶段的猪发生鼻甲骨萎缩等病变，可导致猪鼻甲骨产生不可逆转的损伤。

［分布与危害］

1. 分布　本病最早于1830年在德国发现，现在广泛分布于世界各地的猪群密集饲养地区，是一种很普遍的传染病。据文献记载，美国约有50%、英国有45%的猪有明显的鼻甲骨萎缩。据病原检索结果，美国有70%、荷兰有80%、法国有58%、英国有91%受检猪分离到病原菌。血清学调查结果表明，抗体阳性率比检菌阳性率更高，几乎可高达100%。本病在我国有较高的感染率。

2. 危害　由于猪传染性萎缩性鼻炎流行十分广泛，世界各地均有发生，是养猪业世界性五大疫病之一。猪群中暴发萎缩性鼻炎时，猪的生长发育明显受阻，生长迟缓，迟滞率一般为5%～20%，严重的可达30%或更高，有些猪成为僵猪。

[传播与流行]

1. 传播　易感动物为猪，任何年龄的猪均可发生感染，尤以幼龄猪易感。如犬、猫、牛、马、鸡、兔、鼠以及人，也能引起鼻炎和支气管肺炎。

传染源主要是病猪和带菌猪，传播途径为呼吸道感染，主要通过飞沫或气溶胶经口、鼻感染猪，也可通过呼吸道分泌物、污染的媒介物接触传播。

2. 流行　本病传播较缓慢，多为散发性或地方流行性。存在明显的年龄相关性，即猪龄越小感染率越高，临床症状亦越严重。不同的品种和品系以及饲养密度大、卫生条件差、通风不良可促使发病。

[临床症状与病理变化]

1. 临床症状　初期症状病猪鼻炎、打喷嚏、流鼻涕和吸气困难。由于鼻黏膜炎症刺激，病猪表现不安，搔抓或摩擦鼻部。病猪流泪，因与尘土沾积在眼眶下形成半月形"泪斑"，呈褐色或黑色斑痕，故有"黑斑眼"之称。

特征性临床症状是鼻甲骨萎缩导致鼻梁和面部变形。若两侧鼻腔损害程度一致时，则造成"鼻上撅"，即鼻腔变小缩短，向上翘起，下颌相对较长，下门齿突出于上门齿之外，不能正常咬合，若一侧鼻腔病变严重，则可造成鼻子歪向一侧，表现为"歪鼻子"。

病猪体温一般正常，血液和生化指标无特征性变化，生长发育受阻，甚至形成僵猪。

2. 病理变化　一般局限于鼻腔及其周围组织。特征病变为鼻甲骨不同程度萎缩。通常下鼻甲骨的下卷曲萎缩最严重，有的鼻甲骨的上下卷曲都萎缩，甚至鼻甲骨完全消失。有时可见鼻中隔部分或完全弯曲。鼻黏膜充血水肿，鼻窦内常积聚多量黏性、脓性或干酪样渗出物。若波及肺脏，可见支气管肺炎变化。

[诊断与检疫技术]

1. 初诊　根据典型临床症状和病理变化可做出初步诊断，确诊需进一步做实验室检测。

2. 实验室检测　主要进行病原鉴定，尚无有效的血清学检测方法。通过X线检查活体猪鼻甲骨萎缩病变可做出诊断，但不能判断是否为带菌猪。

被检材料的采集：分离支气管败血波氏杆菌，宜采集鼻腔拭子（活体猪鼻腔黏液或死后猪鼻甲骨卷曲部位或筛骨迷路部位的黏液）。分离多杀性巴氏杆菌，宜采集扁桃体拭子。

（1）病原鉴定

①病原分离与鉴定：活体可用灭菌棉拭子探进鼻腔，轻轻转动数次，取出后立即放入装无菌的磷酸盐缓冲液或生理盐水中，4℃冷藏，迅速送实验室进行细菌分离培养。死后可锯开鼻骨采取鼻甲骨卷曲或筛骨迷路部位的黏液进行培养、分离细菌。初次分离可用含1%葡萄糖的麦康凯琼脂培养基，或用血红素呋喃唑酮改良麦康凯琼脂，于37℃培养40～72h，菌落不变红，直径1～2mm，圆整、光滑、隆起、透明，略呈茶色，较大的菌落中心较厚呈茶黄色，对光观察呈浅蓝色。用支气管败血波氏杆菌O-K抗血清做活菌平板凝集反应呈迅速的典型凝集。

若将上述病料用于分离产毒性多杀性巴氏杆菌，为防止共生菌群的过量生长，常用含抗生素的选择性培养基以提高成功率，如加有克林霉素、杆菌肽、庆大霉素、两性霉素的牛血琼脂，或先将病料接种小鼠，发病后从脏器中进行分离。分离的可疑菌株要进行多杀性巴氏杆菌荚膜定型、菌体抗原定型试验和毒素检测等方面的鉴定。

多杀性巴氏杆菌荚膜定型：可使用产毒性多杀性巴氏杆菌的荚膜血清（A型和D型），通过间接凝集试验等方法确定菌株的型别。

多杀性巴氏杆菌菌体抗原定型试验：可通过琼脂扩散沉淀试验，来区分多杀性巴氏杆菌16个抗原型。

多杀性巴氏杆菌毒素检测：可取细菌培养上清，接种非洲绿猴肾细胞（Vero），检测细胞病变效应（CPE）；也用相应的单克隆抗体，通过酶联免疫吸附试验（ELISA）检测细菌毒素。

②核酸鉴定试验：采用DNA探针或聚合酶链式反应（PCR）检测多杀性巴氏杆菌或波氏杆菌毒。

多重聚合酶链式反应（m-PCR），可用于多杀性巴氏杆菌荚膜定型，提供的结果比表型方法更可靠。

各种DNA指纹技术包括限制性内切酶分析（REA）、核糖体基因分型（Riboprinter）、脉冲场凝胶电泳分型（PFGE）和各种聚合酶链式反应，用于鉴别多杀性巴氏杆菌分离株。

（2）血清学检测　虽然本病尚无有效的血清学检测方法，但凝集试验对确定支气管败血波氏杆菌的感染而引发的本病还是有一定的价值。因为猪在感染本病后14～28d，血清中即能出现凝集抗体，有的在12周龄以后才出现，至少保持4个月。采用试管血清凝集法，将待检血清作系列稀释，然后加入等量抗原，充分振荡，放37℃24h，判定结果，1∶80以上为阳性。

（3）X线检查　此检查可准确反映活体猪鼻甲骨萎缩病变，检查时以拍摄猪鼻背腹位胶片为主，必要时也可拍摄侧位片作补充。健康猪鼻背腹位胶片显示鼻中隔笔直，其两侧总鼻道呈均匀的透明狭隙，两侧鼻甲表现为较致密的对称的梭形结构，显示出三四条鼻甲骨卷曲的致密条影及相同的透明间隙，排列均匀。猪传染性萎缩性鼻炎的X线特征有三点：一是鼻中隔弯曲变形，可向一侧弯曲或呈S状弯曲，也可保持正常；二是总鼻道增宽，两侧透明狭隙超过1倍以上，或两侧不对称；三是鼻甲骨萎缩，结构密度降低，卷曲的条影结构不完整或明显减少，严重萎缩可见鼻甲骨卷曲部分或大部分消失，或形成无结构的透明大空洞。

根据X线检查所见也可做出诊断，但不能判断是否为带菌猪。

[防治与处理]

1. 防治　对未发生本病的猪场，可采取以下综合防治措施：①引进种猪时，应进行严格的检疫，严禁从疫区引进猪只，如从非疫区引进猪只，也需进行隔离检疫，确定健康后方可混群饲养。②猪场应有良好的饲养管理条件和兽医卫生措施，对断奶仔猪实行"全出全进"制，避免刚断奶仔猪与育成猪或疑有本病感染的猪群接触。对猪舍和运动场要保持清洁、干燥，定期消毒，扑灭鼠类。③适时进行疫苗免疫接种，降低猪群的发病率。目前有两种疫苗，一种是支气管败血波氏杆菌Ⅰ相菌油佐剂灭活菌苗（单苗），另一种是支气管败血波氏杆菌Ⅰ相菌株和产毒素D型多杀性巴氏杆制备的油佐剂二联灭活菌苗（二联苗）。应用单苗时，为提高仔猪的母源抗体水平，母猪可于产前2个月和1个月分别接种1次；无母源抗体的仔猪可分别在1～2周龄和3～4周龄分别接种1次。应用二联苗时，要求妊娠母猪在产前1个月接种；有母源抗体仔猪分别在4周龄和8周龄时各注射1次；无母源抗体仔猪分别在1周龄、4周龄和8周龄时各注射1次。单苗和二联苗相比，以二联苗效果较好。④药物防治，为了控制仔猪母源传染，应在母猪妊娠最后一个月内给予预防性药物。每吨饲料中常加磺胺嘧啶100g和土霉素400g。仔猪在出生3周内最好注射敏感的抗生素，每周1~2次，每鼻孔0.5mL，直到断奶为止。育成猪也可用磺胺药或抗生素防治，连用4~5周，育肥猪宰前应停药。预防性投药可在一定程度上达到预防或治疗的目的。

2. 处理　已被本病污染的猪群，应在严格隔离条件下，全部育肥、屠宰、肉用，以控制传播。病猪的头胸全部高温处理。对污染的环境彻底消毒。

八、猪支原体肺炎

猪支原体肺炎（mycoplasmal pneumonia of swine）又称猪气喘病、猪地方流行性肺炎、猪霉形体肺炎，是由猪肺炎支原体引起猪的一种慢性呼吸道传染病。主要症状为咳嗽和气喘，病变的特征是融合性支气管肺炎。我国列为二类动物疫病。

猪肺炎支原体常与多杀性巴氏杆菌、副猪嗜血杆菌或胸膜肺炎放线杆菌等病原协同引起猪地方性肺炎；还常与猪繁殖与呼吸综合征病毒（PRRSV）、猪圆环病毒2型（PCV-2）或猪流感病毒共同致病，引起猪呼吸道综合征（PRDC），对养猪业危害甚大。

［病原特性］

病原为猪肺炎支原（*Mycoplasma hyopneumoniae*，MPS），属于支原体目（Mycoplasmatales）支原体科（Mycoplasmataceae）支原体属（*Mycoplasma*）成员。

猪肺炎支原体菌体直径为300~800nm，存在于病猪的呼吸道（咽喉、气管、肺组织）、肺门淋巴结和纵隔淋巴结中，具有多形性（因缺乏细胞壁），其中常见的有球状、环状、椭圆形。姬姆萨或瑞氏染色良好。

猪肺炎支原体能在无细胞的人工液体和固体培养基上生长，但生长条件要求十分苛刻，尤其在初次分离培养十分困难。各种液体培养基通常主要由含水解乳蛋白的组织缓冲液、酵母浸液和猪血清等组成。目前使用江苏Ⅱ号培养基可以提高猪肺炎支原体的分离率。固体培养难以获得满意的菌落，故很少用于初次分离。

猪肺炎支原体能在猪肺单层细胞上生长、繁殖，并对细胞有致病作用，也能在鸡胚卵黄囊中生长。

猪肺炎支原体对温热、日光、腐败和消毒剂的抵抗力不强。一般常用的化学消毒剂和常用的消毒方法均能达到消毒的目的。例如，圈舍、饲槽、管理用具上的支原体，一般在2~3d即失去活力。病料悬液中的支原体15~20℃放置36h，即丧失致病力，60℃数分钟内即被杀死。1%~2%苛性钠、0.5%福尔马林、1%石炭酸和0.1%升汞均能在10min内杀死，对20%石灰乳和20%草木灰也很敏感。

猪肺炎支原体不同分离株之间可能存在毒力差异。其天然宿主仅限于猪，人工接种可适应于乳兔、仓鼠和鸡胚。例如，通过乳兔传至600代后，毒力减弱，并仍保持良好的免疫原性。

［分布与危害］

1. 分布　本病直至1965年由Mare、Switzer和Goodwin等证实病原是肺炎支原体，并建议将本病定名为"猪地方流行性肺炎"或"猪支原体肺炎"。我国于1973年由上海市畜牧兽医研究所首次分离到致病性支原体。本病广泛流行于欧洲、亚洲、美洲、非洲以及大洋洲等主要养猪国家和地区。

2. **危害** 由于本病分布范围广泛，病死率一般不高，但容易导致继发性感染，可造成严重死亡，是造成养猪业经济损失的重要疾病之一。

[传播与流行]

1. **传播** 本病的自然病例仅见于猪，不同年龄、性别、品种和用途的猪均可感染。但以哺乳猪和断奶的仔猪易感，其次是妊娠后期及哺乳期母猪。成年猪及空怀母猪多呈慢性和隐性感染。

传染源主要是病猪和隐性感染猪。病菌存在于病猪的呼吸器官内，随咳嗽、气喘和喷嚏排出，形成飞沫浮游于空气中被健康猪吸入，经呼吸道传染。

2. **流行** 本病一年四季均可发生，但以寒冷、多雨、潮湿或气候骤变时较为多见。本病在新发病猪群常为暴发呈急性经过，发病率及死亡率均高；老疫区则多呈慢性经过，发病率及死亡率均较低，并且多是仔猪发病。饲养管理、气候条件、卫生条件、继发感染及其他应激因素（如长途运输），是引起本病的发生和加重病情的主要因素。在自然感染情况下，继发感染是引起病势加剧和病猪死亡的主要原因之一，最常见的继发性病原体有多杀性巴氏杆菌、链球菌、沙门氏菌、副猪嗜血杆菌，以及各种化脓性细菌等。

[临床症状与病理变化]

1. **临床症状** 潜伏期一般为11～16d，最短的为3～5d，最长可达1个月以上。主要临床症状为咳嗽和气喘。根据本病的临床经过，大致可分为急性型、慢性型和隐性型三种类型。

急性型：常见于新发病猪群，尤以怀孕母猪（妊娠后期到临产前的母猪）、仔猪（断奶仔猪）多见。病初精神不振，呼吸加快，可达60～120次/min，呈明显的腹式呼吸或犬坐姿势。严重时张口喘气，发出哮鸣声，似拉风箱，口、鼻流出泡沫。咳嗽次数少而低沉，有时会发生痉挛性咳嗽。体温一般正常（伴有继发感染时可升至40℃以上）。此型病程短、症状重、病死率高，一般经1～2周，多因窒息而死亡。耐过猪转为慢性。

慢性型：常见于老疫区的猪群，尤以架子猪、育肥猪和后备母猪等多见。一般由急性病例转变而来，主要症状是咳嗽，尤以早、晚吃食后或运动时发生咳嗽，严重的连续痉挛性咳嗽。咳嗽时，猪站立不动，背拱起，颈伸直，头下垂，直至咳出分泌物咽下为止。随着病程的发展，常出现不同程度的呼吸困难，表现呼吸次数增加和腹式呼吸（喘气）。体温一般仍属正常，体态消瘦，发育迟缓。此型病程长，大多拖至2～3个月，甚至长达半年以上。但病死率不高。

隐性型：在老疫区猪群中的比例较大，可由急性或慢性转变而来。通常无明显的临床表现，偶尔在夜间或驱赶跑动后，有轻度咳嗽和气喘，体温、食欲、大小便常无变化，生长发育几乎正常，只有用X线检查或剖检后才见到肺炎的病理变化。有的甚至肉眼见不到病变，仅在组织学检查时发现病理改变和在检查病原时发现肺炎支原体。此型猪常为人们所忽视而成为危险的传染源。

2. **病理变化** 主要病变在肺、肺门淋巴结和纵隔淋巴结。肺尖叶、心叶、中间叶、膈叶的前缘，形成左右对称的淡红色或灰红色、半透明状、界限明显、似鲜嫩肌肉样病变，俗称"肉变"。随病情加重，病变色泽转为浅红色、灰白色或灰红，坚韧度增加，外观半透明状态变弱，俗称"胰变"或"虾肉样变"。肺门和纵隔淋巴结显著肿大，呈灰白色、水肿，切面湿润稍外翻，边缘有时可见轻度充血。如无继发感染，其他内脏器官多无明显病变。

组织学变化主要是早期以间质性肺炎为主，以后则演变为支气管性肺炎。主要表现为支气管和细支气管上皮细胞纤毛数量减少，小支气管周围的肺泡扩大，肺泡间组织出现淋巴细胞浸润，肺泡腔内充满多量炎性渗出物。

[诊断与检疫技术]

1. 初诊　对于急性型和慢性型，可根据流行病学、临床症状和病理剖检进行初诊，确诊需进一步做实验室检测。对于隐性型依靠实验室方法或结合使用X线透视胸部进行诊断。

2. 实验室检测　进行病原鉴定、血清学检测、X线检查等。

被检材料的采集：对活体病料宜用棉拭子深插病猪的喉头或鼻腔，采集呼吸道分泌物。对死后病料宜无菌操作采集具有特征的病肺和健肺连接处的组织。血清学检测宜采集血液样品。

（1）病原鉴定

①病原培养分离：由于猪肺炎支原体对营养要求苛刻，生长又缓慢，尽管许多实验室已具备了分离这种支原体的能力，但分离培养诊断方法在大多数情况下是不可行的。故病原培养分离方法一般不用于常规诊断。

②聚合酶链式反应（PCR）：利用PCR可以快速、特异直接检测肺和其他器官组织样品中的病菌抗原。通常采用两套引物的套式聚合酶链式反应（n-PCR），其敏感性更高，且数小时可出结果。

也可采用荧光抗体试验（FAT）、免疫组化试验（IHC）或原位杂交（ISH）等检测方法。

（2）血清学检测　血清学检测是猪肺炎支原体最常用的诊断方法，常用于感染群的筛查和畜群免疫水平的评估。比较有效的血清学诊断方法包括间接血凝抑制（IHA）试验、微量补体结合试验（CFT）以及间接酶联免疫吸附试验（I-ELISA）等。另外还有凝集试验、乳胶凝集试验及间接免疫荧光试验等。

间接酶联免疫吸附试验（I-ELISA）用于猪肺炎支原体抗体的检测要比微量补体结合试验（CFT）更敏感快捷，目前已取代CFT。

下面介绍微量间接血凝试验和试管乳胶凝集试验的操作及判断标准：

①微量间接血凝试验。

操作方法：首先对血清进行前处理，取被检血清0.2mL于无菌小试管中，56℃水浴30min灭活，冷却后加入0.3mL 2%戊二醛红细胞悬液，摇匀，置37℃水浴30min，离心后吸出血清供检验用。阴、阳性血清处理方法相同。在96孔微量反应板上，吸取稀释液25μL加入第1至6孔中，每份血清占一排孔，然后取被检血清25μL于第1孔中，以后做对倍稀释至第6孔，第6孔遗弃25μL。每孔中滴加25μL 2%致敏红细胞。同时各设一排阴性猪血清、阳性猪血清和抗原致敏红细胞对照。放置于微型振荡器30s后，室温中（最适温度范围18～25℃，夏天宜放置4～8℃冰箱）静置2h，观察记录。

判断标准：如果抗原致敏红细胞对照样无自凝现象、阳性猪血清抗体价＞1∶20（++），阴性对照猪血清抗体价＜1∶5，表明反应正常进行。

被检测血清抗体效价≥1∶10（++）者，判为阳性；被检血清抗体价＜1∶5者，判为阴性；被检血清抗体价介于二者之间者，判为可疑。

注意事项：为提高阳性检出率或准确率，凡是第一次检出的阳性、可疑和具有临床症状，第二次血清学检查为阳性的猪只应予隔离，间隔4周后重新检验1次，根据重检结果进行最后判定。

②试管乳胶凝集试验。

操作方法：取标准血清、待检血清和生理盐水与猪肺炎支原体培养物混匀，放置37℃培养24～48h，Wright氏染色，1 000倍显微镜下观察结果。

判断标准：菌体出现凝集反应，判断为阳性；菌体不出现凝集反应，判断为阴性。

注意事项：一定要设立阳性及阴性对照。

（3）X线检查　X线检查对诊断本病有重要价值，尤其对隐性或可疑患猪通过X线透视可做出诊断。病猪以直立背胸位为主，侧位或斜位为辅，可见病猪肺叶的内侧区及心膈角区呈现不规则的云絮状渗出性阴影，密度中等，边缘模糊。根据不同病期，病变阴影表现特点各异。对阴性猪应隔2～3个月后再复检1次。

3. 鉴别诊断　猪肺炎支原体常单独或与多杀性巴氏杆菌、副猪嗜血杆菌、胸膜肺炎放线杆菌、猪繁殖与呼吸综合征病毒、猪圆环病毒2型或猪流感病毒共同致病，应注意并鉴别。

［防治与处理］

1. 防治

（1）未发病猪场或地区，应采取以下一些措施：①坚持自繁自养，不从有病地区引进猪，如必须从外地引入种猪时，应严格隔离和检疫，在3个月内用X线透视2～3次，证明无本病方可混群。②坚持贯彻经常性的环境卫生制度，做好定期消毒。③加强种猪繁育体系建设，控制传染源，切断传播途径。推广人工授精，实行"三固定"，即种猪固定圈、固定饲养人员、固定工具。

（2）发病猪场或地区，应采取以下一些措施：①猪群一旦有了本病，为防止其蔓延和扩散，应通过严格检疫淘汰所有的感染和患病猪，同时做好环境的严格消毒。②免疫预防可对猪群接种猪气喘病弱毒疫苗。由中国兽医药品监察所生产的猪气喘病弱毒苗对猪的攻毒保护率为79%，免疫期8个月，江苏省农业科学院生产的猪气喘病弱毒苗，攻毒保护率为84%，免疫期6个月。③药物防治。根据本猪场情况，选用泰妙菌素、泰乐菌素、林可霉素、壮观霉素、卡那霉素、环丙沙星、恩诺沙星和土霉素碱油等防治。④建立健康猪群。对种猪场必须采取检疫、淘汰、净化等措施，尽可能建立无喘气病猪群，在疫区采取的措施包括：一是自然分娩或剖腹取胎，以人工哺乳或健康母猪寄养法培育健康仔猪，配合消毒切断传播因素。二是仔猪按窝隔离，防止窜栏。育肥猪、育成猪和断奶仔猪分舍饲养。三是利用各种检疫方法清除病猪和可疑病猪，逐步扩大健康猪群。

2. 处理　发现本病，应按《中华人民共和国动物防疫法》等有关规定，采取严格控制、扑灭措施、防止扩散。发现猪群有咳嗽、气喘可疑病猪，立即隔离，用X线检查确诊，病猪应淘汰处理。

九、猪旋毛虫病

猪旋毛虫病（trichinellosis）是旋毛虫属寄生虫寄生于动物体内所引起的一种人畜共患寄生虫病，目前已发现至少有150种动物可被感染，如人、猪、鼠、熊、海象、马，以及许多肉食动物，某些鸟类和爬行类等；成虫寄生于宿主小肠内，生命期较短（不到2个月），可引起暂时性胃肠炎等轻微症状；而幼虫移行于全身和寄生于随意肌（如舌肌、膈肌、咬肌、喉部肌、眼肌、肋间肌等）时，可引发严重症状。

鉴于本病的危害性，世界动物卫生组织（OIE）将旋毛虫病列为屠宰生猪强制性必须检验的人畜共患病病种，近期欧盟将马肉的旋毛虫病也列入了必须检验的项目。OIE将其列为必须通报的动物疫病，我国列为二类动物疫病。

[病原特性]

病原为旋毛虫属成员，属于假体腔动物门（Pseudocoelomata）线虫纲（Nematoda）、嘴刺亚纲（Enoplea）毛首目（Trichocephalida）毛首科（Trichinellidae）旋毛虫属（*Trichinella*）成员。

旋毛虫属目前鉴定有8个种和4个尚未明确的基因型，均可感染人类而使人致病。详见如下：

（1）旋毛线虫（*Trichinella spiralis*，TS），简称T1基因型，在温带地区广泛分布，通常与家猪相关。家猪、野猪、小鼠和大鼠高度易感，也可从其他食肉哺乳动物中检出。

（2）北方旋毛虫（*T. nativa*），简称T2基因型，因抗寒能力强而得名，主要分布在北极和次北极区域的食肉哺乳动物中。

（3）布氏旋毛虫（*T. britovi*），简称T3基因型，主要感染野生动物，偶尔感染猪或马，分布在亚洲、北美、欧洲和澳大利亚等温带地区。

（4）伪旋毛虫（*T. pseudospiralis*），简称T4基因型，呈世界性分布，在亚洲、北美、欧洲和澳大利亚等地的猛禽、野生肉食动物以及鼠类、有袋类等杂食动物体内均发现有虫体；T4基因型在宿主肌肉内不能形成胶原包囊，这一点和其他大多数旋毛虫不一样。

（5）米氏旋毛虫（*T. murrelli*），简称T5基因型，见于北美哺乳类食肉动物中。对家猪的感染性低，但对猎取野味的人存在风险。

（6）T6基因型（*Trichinella* sp. T6），属寒带适应虫种，只感染猪，与北美北部的北方旋毛虫都具有高度的抗冻性，两者关系密切。

（7）南方（纳氏）旋毛虫（*T. nelsoni*），简称T7基因型，主要感染从东非肯尼亚至南非地区的野生食肉动物，偶尔感染野猪。

（8）T8基因型（*Trichinella* sp. T8），分布在纳米比和东非哺乳类食肉动物中。T8分别具T3和T5的某些中间特性。

（9）T9基因型（*Trichinella* sp. T9），分布日本哺乳类食肉动物中。T9分别具T3和T5的某些中间特性。

（10）巴布亚毛形线虫（*T. papuae*），简称T10基因型，在巴布亚新几内亚猪、野猪、农场鳄鱼以及人类中均有病例报道。与T4一样，T10在宿主肌肉内不能形成胶原包囊。

（11）津巴布韦旋毛虫（*T. zimbawensis*），简称T11基因型，见于津巴布韦、埃塞俄比亚和莫桑比克农场和野生鳄鱼中，以及津巴布韦的蜥蜴中。与T4和T10一样，T11在宿主肌肉内不能形成胶原包囊。

（12）T12基因型（*Trichinella* sp. T12），T12是最近在巴塔哥尼亚地区（南美大陆南部）的美洲狮体内发现的一个新的有包囊的基因型。两个非编码序列和一个编码序列的分子结构与其他11个当前认证的旋毛虫种/基因型是不同的。

从当前所搜集虫株的鉴定结果来看，我国至少存在旋毛线虫（T1）和北方旋毛虫（T2）2个虫种，其中T1呈全国性分布，T2主要分布在东北地区。

旋毛虫营直接型生活史（不需要中间宿主），感染肉类经宿主消化后数小时内，肌肉一期幼虫（L1）被释放出来，钻入小肠绒毛中快速发育为成虫；雄虫长约1.8mm，雌虫长约3.7mm，雌雄交尾后，雄虫死亡，雌虫通过卵胎生方式产出新生幼虫（NBL），NBL经小静脉和淋巴系统进入血液大循环，分布全身，然后侵入横纹肌。旋毛虫肌幼虫具一定的肌肉群偏好寄生嗜性，猪通常以猪舌含量最高，其次是膈肌；而马通常以马舌含量最高，其次是咬肌；偏好部位随宿主种类而异，一般来说，舌、咬肌和膈肌是检疫和采样的最佳部位；严重病例，绝大多数骨骼肌含有大量幼虫。

大多数种类的旋毛虫幼虫能在肌肉中被胶原包埋形成包囊（包囊长轴与肌纤维平行，并呈梭形或长椭圆形），幼虫在包囊内呈螺旋状盘曲，一般一个包囊内含有一条幼虫，但多的可达6～7条，此时的幼虫已具感染性。包囊形成后6～7个月就开始钙化，但幼虫在钙化的包囊内仍能存活很久，可保持感染能力数年，甚至25年之久。

猪肉内的旋毛虫对热的抵抗力不高，当肉温达到80℃左右即可杀死旋毛虫，达到无害处理；对低温抵抗力随着温度下降，抵抗力越差，−18℃ 10d死亡，−30℃ 24h死亡，−33℃ 10h死亡，−34℃ 14min死亡。而犬肉旋毛虫对低温抵抗力强，−22℃ 168h、−32℃ 72h才全部死亡。

［分布与危害］

1. 分布 本病为世界分布，以欧洲和美洲的发病率为高。我国流行较广，在东北、华北、西北、西南、华东、华中等地区，猪、犬、猫、鼠及人等都有旋毛虫病发生。

2. 危害 是一种人畜共患、危害严重的寄生虫病。人因吃生的或半生不熟的含有旋毛虫的猪肉、犬肉而暴发此病，常可致死。犬旋毛虫病我国以东北三省感染率最高，因此，旋毛虫病已列入我国1992年颁布的畜禽防疫条例实施细则之中，本病在兽医公共卫生上有着重要的地位，不可忽视。

［传播与流行］

1. 传播 旋毛虫病作为一种自然疫源性疾病，分布于世界各地。现至少有150种动物在自然条件下可以被感染，宿主包括人、猪、鼠、熊、海象、马，以及其他众多食肉类哺乳动物（如犬、猫、狐、狼、貂、黄鼠狼等），某些鸟类和爬行类。旋毛虫可在宿主体内长期寄生，被感染者常终生带虫。

传染源是患有旋毛虫病的动物，传播途径通过消化道感染，动物因吃了染疫肉而发病。其感染过程如下：当宿主吃了有旋毛虫肌幼虫的染疫肉后，经胃消化后释放出肌肉一期幼虫（L1），然后L1钻入小肠绒毛中快速发育成性成熟的成虫，雄虫交配后死亡，受精后的雌虫通过卵胎生方式产出新生幼虫（NBL），一条雌虫一生能产1 000～10 000条幼虫，产完幼虫后雌虫死亡。雌虫产出的NBL钻入肠壁并经小静脉和淋巴系统进入血液大循环，分布全身，然后侵入横纹肌（如舌肌、膈肌、咬肌、肋间肌等）中继续发育。幼虫进入肌肉后，大多数种类的旋毛虫幼虫能在肌肉中被胶原包埋形成包囊，囊内可有1～3条甚至6～7条幼虫，包囊长轴与肌纤维平行，被侵害的肌纤维变性，囊内幼虫保持感染性达数年之久。此幼虫如不再被另一动物吞食，则不能继续发育，而以全部钙化死亡而告终。

2. 流行 几乎所有动物都可感染本病，目前至少有150种动物被感染患病，尤其以肉食动物为重，在家畜中，猪患病率最高。人也感染，是一种人畜共患的寄生虫病。

[临床症状与病理变化]

1. 临床症状　猪自然感染本病，多不表现症状，仅在宰后检验时发现。若猪大量感染时，可表现出临床症状，感染后3～7d有食欲减退、呕吐和腹泻症状。感染后14d幼虫进入肌肉引起肌炎，可见疼痛或麻痹、运动障碍、声音嘶哑、咀嚼与吞咽障碍，并伴有体温升高和消瘦等症状。死亡较少，多于4～6周康复。

人旋毛虫病通常表现为原因不明的常年肌肉酸痛和无力（类风湿），重者丧失劳动能力。急性期患者主要表现为发烧、面部水肿、肌痛、腹泻；症状可持续数周，从而造成机体严重衰竭，重度感染者可造成严重的心肌及大脑损伤，从而导致死亡。国外报道，病死率可达6%～30%，国内现有资料的病死率约在3%。病程为3周至2个月。

2. 病理变化　成虫引起肠黏膜损伤，造成黏膜出血，黏液增多。幼虫引起肌纤维纺锤状扩展，随着幼虫发育和生长，有的可逐渐形成包囊，而后钙化。若对肉尸进行肉眼检查时，可在肌纤维内发现长0.25～0.5mm，呈梭形，其长轴与肌纤维平行，如针尖大小者，即为旋毛虫幼虫形成的包囊。未钙化的包囊呈露滴状、半透明、色泽较肌肉的淡。随着包囊形成时间增长，其色泽逐渐变成乳白色、灰白色或黄白色。肉眼检查时应查左右膈肌脚，因为轻度感染病变常局限于一侧。猪体内旋毛虫幼虫密度最大的部位为膈肌、舌肌、腹肌、腓肠肌、肩胛肌、肋间肌、颈肌、臀肌等。其中膈肌、舌肌感染率为最高，多聚集在肌肉近筋腱处，其包囊与肌纤维有明显界限。

[诊断与检疫技术]

1. 初诊　旋毛虫病生前仅凭临床症状不易诊断，而自然感染的病猪又无明显症状，生前诊断最为困难。确诊需进行实验室检测。

猪或其他动物旋毛虫感染的检查方法有两种：一是直接法（压片镜检法、集样消化法），直接检出组织样品中的虫体；二是间接法，采用免疫学方法检测血液、血清或组织液样品中旋毛虫特异性抗体，进而间接证明虫体存在。两种方法可任选一种进行实验室检测，从而确诊是否有旋毛虫的感染。

2. 实验室检测　国际贸易指定试验为病原鉴定和酶联免疫吸附试验。

被检材料的采集：包括直接法的样品采集和血清学检测的样品采集。

直接法的样品采集：肌肉样品从旋毛虫偏好部位采集，猪可采集膈肌脚或舌头，而马和其他动物通常采集舌头或咬肌。

压片镜检法：取膈肌脚各一块，剪下24个似米粒大小的肉（总量不少于0.5g），并列夹在两片玻璃板中，将肉块压薄后，可供低倍显微镜检查，可见有包囊或无包囊的旋毛虫肌幼虫。

集样消化法：在非疫区需用最少1.0g，如猪源自疫区，则需用不少于5.0g样品进行检验。马肉的旋毛虫病检验只能采用消化或集样消化法，国际旋毛虫病委员会（ICT）建议马肉在采用消化法检验时，若采集舌头或咬肌，样品量不得少于5.0g（建议最佳用量为10g），但若采集膈肌或膈肌脚，样品量可相应减少至1/2或1/3。在大量进食马肉的地区，样品量可加大至100g，按每头动物取1个肉样（100g），再从每个肉样上剪取1.0g小样，集中100个小样（个别旋毛虫病高发地区以15～20个小样为一组）进行检验。样本大小随情况而异。

血清学检测的样品采集：可采集动物血清样品，猪宜采集感染3～5周后的血清样品为好，高质量的血清样品是降低假阴性反应的关键之一。

（1）病原鉴定

1）肉品直接检测法　包括镜检法、消化法和双层分液漏斗法（DSF）。消化法是目前欧盟肉类旋毛虫检验的唯一推荐方法。

①镜检法（Trichinoscopy）：将肌肉组织块置于（压迫显微镜）两玻片之间，通过挤压使肉块呈半透明状，然后进行观察，如发现虫体包囊即可确诊。对无包囊的T4型、T10型和T11型旋毛虫，用此法很难发现肌肉外未卷曲的虫体。所以欧盟不建议将此法以及类似的压片法作为常规检查。

镜检法敏感性不如消化法，虽增加检测样本可得到弥补，但费时又费力，不适用于大批量动物检测。

②消化法：可采用国际旋毛虫病委员会（ICT）推荐的消化法，因欧盟、美国或加拿大已将ICT推荐方法纳入标准。

当消化1g样品时，现有的人工消化检测法敏感性大约达每克组织3个幼虫；而消化5g样品时，敏感性可增加到每克组织1个幼虫；当有大量样品（＞100g）消化时，试验敏感性将进一步增加。

经消化从肌肉中释放出来的一期幼虫（L1），长约1mm，宽0.03mm。旋毛虫幼虫最显著的特征是呈杆状体，由一系列位于食管内侧的圆盘状细胞组成，占据着整个虫体的前半部。旋毛虫幼虫冷时卷曲，热时运动活跃，死后呈C形。

对疑似虫体应置高倍镜下观察，并进一步取样检查，如果虫体密度高，应适当稀释后检查。

③双层分液漏斗法（DSF）：DSF包括旋转棒消化技术，以系列分液漏斗分离沉淀幼虫。此法已广泛用于猪肉和马肉检测。

DSF可替代普遍采用的消化法，被欧盟许可用于出口检测。

2）聚合酶链式反应（PCR）　PCR对旋毛虫进行种/型鉴定、了解旋毛虫病流行病学、评估人接触感染相关风险以及追溯感染源（农场）等方面都有重要意义。但此法敏感性低，不能用于常规检测。

3）免疫学方法　用于家养和野生动物旋毛虫病检测的方法有免疫荧光试验（IFT）、蛋白印迹试验（WB）、酶免疫组织化学试验（EIHC）和酶联免疫吸附试验。除酶联免疫吸附试验外，其他试验尚未标准化，也无常规诊断试剂。

（2）血清学检测　酶联免疫吸附试验（ELISA）敏感性高，感染猪检出水平可达1个幼虫/100g组织，适用于农场持续感染传播检测。缺点是有少部分动物出现假阴性结果，主要原因是动物感染幼虫后免疫反应滞后。由于猪在感染后3～5周内抗体水平常达不到检测阈，建议用于群体检测，不宜用于个体诊断。

马在感染一两个月后，血清抗体浓度就开始下降，因此马血清抗体通常低于诊断检测阈值以下，血清学检测对马无实际意义。

[防治与处理]

1. 防治　①加强对旋毛虫病知识的卫生宣传教育，提倡熟食，勿吃各种生肉或半生不熟的肉类，做到切生食、熟食用的砧板分开。②本病流行地区不得用混有生肉屑的泔水喂猪。③猪要圈养，猪场要灭鼠，并加强饲养管理和环境卫生。④严禁随意抛弃动物尸体和内脏喂犬。⑤加强猪屠宰检疫工作，严格执行肉品卫生检验，完全合乎检验要求的才能出售。

2. 处理

（1）确诊猪场有旋毛虫病，病猪可进行治疗或淘汰。对猪旋毛虫病治疗可用丙硫咪唑，剂量按每千克饲料中加入0.3g丙硫咪唑，连续喂10d；对犬旋毛虫病丙硫咪唑用量按每日25～40mg/kg，分2～3d口服，5～7d为一疗程。

（2）屠宰检疫发现本病时，应将肉尸及其内脏等一律销毁或无害化处理，同时消毒屠宰场地和一切用具、工具等。具体处理方法如下：

①在24个肉片标本内，发现包囊或钙化的旋毛虫不超过5个者，横纹肌和心肌需经高温处理后出汤，超过5个以上者，肌肉用于工业或销毁。上述两种情况的皮下及肌肉间脂肪可炼食油，体腔脂肪可不受限制出场。肠可供作肠衣用，其他内脏不受限出场。

②在处理过程中，要注意肌肉内的旋毛虫对热的抵抗力不高，当肉温达到80℃左右，即可达到无害处理。但因肉的传热力不强，因此在调制大块肉时，要求加热一定要充分。

③猪肉内的旋毛虫对低温的抵抗力，随着温度下降，抵抗力越差，经急冻后又在-15℃冷库中冷藏20d，可以完全杀死。

十、猪囊尾蚴病

猪囊尾蚴病（cysticercosis cellulosae）又称为猪囊虫病，是由猪带绦虫的幼虫——猪囊尾蚴寄生于猪和人等中间宿主而引起的人兽共患寄生虫病。猪带绦虫成虫寄生于人小肠内。OIE将其列为必须通报的动物疫病，我国将其列为二类动物疫病。

[病原特性]

病原为猪带绦虫（*Taenia solium*）的幼虫。在分类学上，猪带绦虫属于扁形动物门（Platyhelminthes）绦虫纲（Cestoda）真绦虫亚纲（Eucestoda）圆叶目（Cyclophyllidea）带科（Taeniidae）带属（*Taenia*）成员。

成虫又称链状带绦虫，或有沟绦虫，寄生于人小肠内，背腹扁平腰带状，分节（由700～1 000个节片组成），全长3～5m。整个虫体分头节、颈节和体节三部分。头节位于虫体前端，近似球形，直径0.6～1mm，其上有四个肌肉吸盘和1个顶突，顶突上也有两圈小钩，是虫体的吸附器官。颈节窄而短，位于头节之后，是虫体节片的生发区。体节根据生殖器官的发育程度又分为未成熟节片、成熟节片和妊娠（孕卵）节片。未成熟节片位于颈节之后，随后为具有生殖能力的成熟节片，最后为充满卵的孕卵节片。在每个成熟节片中，都含有一组生殖器官。睾丸呈泡状，数目150～200个，分散于节片的背侧。卵巢除分两叶外，还有一个副叶。孕节子宫有7～16个（少于17个）侧枝，侧枝再分次生侧枝。孕节一般不会自动迁移出宿主体外，但可随粪便多节片成链状被动排出体外。

幼虫在中间宿主体内的发育阶段称中绦期。中绦期幼虫称猪囊尾蚴（*Cysticercus cellulosae*）或猪囊虫，寄生于猪，偶尔寄生于熊和犬科动物肌肉和中枢神经系统中，以及人肌肉、皮下组织和中枢神经系统。寄生于猪肌肉中时俗称"米猪肉"或"豆猪肉"。猪囊尾蚴为充满液体的包囊，囊壁上内嵌一个头节。头节上有带小钩的顶突，小钩形态与成虫上的小钩类似。囊尾蚴常寄生于人的脑中，可形成2cm或更大的无头节葡萄状包囊。

虫卵呈圆形，直径30～40μm，内有一个带三对小钩的六钩蚴，卵壳分为两层，内层较厚，浅褐色，有放射状纹理，称胚膜。外层为卵圆形膜，构成真正的卵壳，易脱落。

猪带绦虫（有钩绦虫）寄生在人的小肠内，以头节上的吸盘和顶突上的小钩吸附在肠壁黏膜上，体节游离在小肠腔内，孕卵节片从虫体脱落，随人的粪便排出，节片破裂后散布虫卵。被猪或人吃了而感染。六钩蚴从卵内逸出，钻入肠壁血管，随血液带到猪体各部，在咬肌、心肌、舌肌及肋间肌等全身肌肉形成囊状幼虫。严重感染时，各部肌肉甚至脑部肌肉都有寄生，经2～4个月发育成囊尾蚴。猪囊尾蚴为白色、半透明的囊包，椭圆形，约黄豆大小，囊内充满液体，囊壁上有一乳白色的头节。囊尾蚴在猪体内可活数年，后钙化而死亡。

人生食或半生食含猪囊尾蚴的肉（主要是猪肉）而感染，猪囊尾蚴进入消化道，在胃液和胆汁作用下，翻出头节，以头节上的吸盘和顶突上的小钩吸附在肠壁黏膜上，吸收营养，生长发育，一般经5～12周发育为成虫。猪带绦虫在人的小肠内可存活数年或数十年，有人认为可存活25年以上。人体内通常只寄生一条，偶尔多至4条，成虫在人体内可存活25年之久。

猪囊尾蚴在肉尸中，2℃可生存52d，虫体在肌肉深层经−12℃ 96h可杀死。虫体从肌肉中摘出，加热至48～49℃，可杀死，肉中虫体经加温至80℃，可全部杀死。

［分布与危害］

1. 分布　猪囊尾蚴病和人囊尾蚴病呈全球性分布，但主要流行于墨西哥、中南美洲、非洲撒哈拉南部和亚洲非伊斯兰国家（包括印度和中国）。

猪囊尾蚴病在我国绝大部分省（自治区、直辖市）都有报道，除东北、华北和西北地区及云南与广西部分地区常发外，其余地区均为散发，长江以南地区较少发生。

2. 危害　猪囊尾蚴病流行较广，给养猪业造成重大经济损失，严重威胁人体健康，是全国重点防治的人畜共患寄生虫病之一。

［传播与流行］

1. 传播　猪囊尾蚴主要感染猪和人，犬、猫、骆驼、牛、兔等也可感染。猪与野猪是最主要的中间宿主，犬、骆驼、猫及人也可作为中间宿主；人是猪带绦虫唯一的终末宿主。

猪囊尾蚴的唯一传染来源是猪带绦虫病患者。因为他们每天向外界排出孕节和虫卵，而且可持续数年甚至20余年。

传播途径通过消化道感染，猪吞食由病人排出的猪带绦虫的虫卵或孕节所污染的饲料和饮水而感染。猪还可通过其食粪（绦虫病人粪便）习性而受感染。

人感染猪囊尾蚴的途径与方式有两种：一是外源性感染（异体感染）途径，通过被虫卵污染的蔬菜、食物和饮水或被粪便污染的手，经粪-口途径感染；二是内源性感染（自体感染）途径，即通过猪带绦虫患者自身感染。自体感染又分为自体体外重复感染（即因患者如厕未洗手或手抓瘙痒肛门，自体粪便中或肛门周围虫卵经手传入口中而感染）和自体体内重复感染（即因患者呕吐反胃等原因）致使肠道逆蠕动，脱落的孕节、虫卵随肠道内容物返流入胃或十二指肠中，卵壳经消化液消化后，六钩蚴逸出，钻入肠黏膜，经血液循环到达人体的各组织器官中发育成囊尾蚴，常见的寄生部位是骨骼肌、脑、眼肌、心肌及皮下组织等。

2. 流行　本病一年四季均可发生。常发生于存在有绦虫病人的地区，卫生条件差和猪散放的地区常呈地方流行。

[临床症状与病理变化]

1. 临床症状 感染囊尾蚴的猪大多无临床症状，若猪感染大量虫体时，可导致营养不良、生长受阻、贫血、水肿和衰竭等。某些器官严重感染时可出现相应症状，如囊尾蚴寄生于与呼吸有关肌肉群、肺和喉头时，可出现呼吸困难、声音嘶哑和吞咽困难等症状；如寄生于舌部，会引起麻痹而影响采食；如寄生于眼，可出现视觉障碍，甚至失明；如寄生于大脑，可出现癫痫和急性脑炎症状甚至死亡。从外观看，病猪因肩、腿、臀部不正常的肥胖，腰则细，猪体呈哑铃状。

人感染猪囊尾蚴后，常引起神经系统囊尾蚴病（NCC），常见症状癫痫并伴发头痛，根据感染囊虫的数量、位置、活力或变性程度（活囊、过老性死亡、钙化囊尾蚴），可表现出呕吐、精神异常等一系列症状。寄生于脑时，可引起癫痫发作，间或有头痛、眩晕、恶心、呕吐、记忆力减退和消失，严重的可死亡。寄生于眼内可导致视力减弱，甚至失明。寄生于肌肉和皮下组织，可使局部肌肉酸痛无力。

2. 病理变化 猪囊尾蚴病主要检验咬肌、深腰肌、心肌、膈肌、舌肌、肩胛肌、股内侧肌和臀肌。严重感染的病猪，肌肉苍白而湿润，切开肌肉可找到囊尾蚴。此外，在脑、肝、脾、肺等部位发现囊尾蚴。

[诊断与检疫技术]

1. 猪囊尾蚴病诊断检查 本病按照《猪囊尾蚴病诊断技术》（GB/T 18644—2002）进行。在肉品检验或尸检时，通常根据囊尾蚴在猪的寄生部位进行诊断，一般在偏好部位发现囊尾蚴即可确诊。但现行的肉品肉眼检验法，检出率20%～50%，且轻度感染者漏检率高。

本病生前诊断比较困难，严重感染的猪，可出现一些症状，如病猪喘气粗，叫声嘶哑；肩胛、颜面部肌肉宽松肥大，眼球突出，整个猪体呈哑铃形；触摸舌根或舌的腹面常可发现囊尾蚴引起的结节。确诊需进行病原（囊尾蚴）诊断检查，包括触诊检查、肉眼观察检查、镜下检查、免疫学诊断等。

被检材料的采集：中绦期样品可采集猪的咬肌、舌肌、内腰肌、膈肌、肋间肌、肩胛肌等；亦可采集脑、心脏、肝脏、肺脏。采集的样品可分别放入装有5%福尔马林、70%甘油酒精、双抗生理盐水或TE保存剂的容器中，以便用于不同方法的检验。

（1）触诊检查 病猪生前触诊检查舌部、眼结膜和股内侧肌，可触摸到颗粒样硬结节。舌触诊对猪囊尾蚴重度感染动物诊断具有一定价值。寄生于皮下的囊尾蚴可见患部皮肤隆起，呈圆形或椭圆形黄豆大的结节，大小相似，手指触摸感觉有弹性并能滑动，无粘连、无压痛，可疑为囊尾蚴结节，手术取出结节做活检，经眼观、解剖镜观察，如见到囊尾蚴的形态特征即可确诊。

（2）肉眼观察检查 对病死猪尸检时，切开咬肌、心肌或舌肌等，可找到囊尾蚴，囊包如豆粒或米粒大，椭圆形，白色半透明，囊内含有半透明的液体和一个米粒至高粱粒大小的白色头节。

目前肉品检验发现的大多数虫体，85%甚至100%为死亡的囊尾蚴。

（3）镜下检查 囊尾蚴镜检可采集猪的舌肌、内腰肌、膈肌或心脏、肝脏、肺脏等部位寄生的囊尾蚴，用手术刀和镊子剖离后，以生理盐水洗净，并用滤纸吸干，用剪刀剪开囊壁，取出完整的头节，于两张载玻片间加入1～2滴生理盐水后置于显微镜下镜检。以低倍镜（物镜8倍、目镜5倍）观察囊尾蚴头节的完整性。

也可将病料组织切成薄片镜检，幼囊多被一层炎性细胞（以单核细胞和嗜酸性粒细胞为主）包裹，感染后期虫体退化，但此时虫体具备逃避免疫反应的能力。当虫体成熟时，周围很少有炎性细胞出现，肌肉中的囊尾蚴被致密的纤维组织化囊包裹。

（4）免疫学诊断　可采用酶联免疫吸附试验、间接血凝试验、环状沉淀试验、补体结合试验、变态反应等免疫学检测方法进行诊断。生前免疫学诊断最常用的方法是酶联免疫吸附试验和间接血凝试验。

猪囊尾蚴病酶联免疫吸附试验的检测，其原理、材料、方法同一般酶联免疫吸附试验，唯抗原及判定标准不同。抗原以囊液纯抗原为最好，制作方法是：囊液于4℃下以3 000r/min离心30min，取上清液，再以5 000r/min离心60min的上清液即为诊断液。判定标准是：样品均值超过0.134为阳性，低于0.134为阴性。

此外，还有抗原酶联免疫吸附试验、抗体酶联免疫吸附试验和酶联免疫电转印迹。这些方法对乡村猪囊尾蚴低水平自然感染猪检测敏感性低，而对无猪囊尾蚴感染的商品化猪场以及经实验感染的猪检测具较高特异性和敏感性。

2. 人感染囊尾蚴病的诊断检查　绦虫感染的终末宿主（人）可根据其体内成虫形态及粪便中节片或虫卵检测进行确诊。

被检材料的采集：成虫样品采集可用催泻法采样，即给绦虫病患者先服抗蠕虫药，然后用盐类催泻将成虫驱出，或用槟榔碱泻下法驱虫，对驱出虫体进行形态学鉴定。采集猪带绦虫疑似病人的粪便样品，供虫卵检查。

（1）成虫诊断检查　采用Loos-Frank染色方法鉴定。

（2）中绦期诊断检查　对寄生于深层肌肉、内脏以及脑内的囊尾蚴，除根据临床症状外，可以应用免疫学方法、CT（计算机断层扫描）扫描或MRI（核磁共振成像）技术检查。CT扫描和MRI技术能检出囊尾蚴或多头蚴的准确位置和活力，是目前人类囊尾蚴感染最有效的诊断方法。其中CT扫描适用于检测钙化囊尾蚴，而MRI技术可检测出实质内和实质外囊尾蚴，并能跟踪病灶转归。钙化囊尾蚴也可以用放射线照相术检测。

对人神经系统脑囊尾蚴病通常采用计算机断层扫描或核磁共振成像技术结合临床症状进行确诊，也可用血清学方法检测。

此外，聚合酶链式反应对准确鉴定囊尾蚴也很有价值。PCR已广泛用于人类带属绦虫成虫的鉴别诊断。

（3）虫卵检查　当孕节片自虫体末端脱落时，一些虫卵被释放到宿主小肠内，可通过粪便检查发现虫卵。

虫卵检查有乙酸乙酯抽提法和漂浮法等多种方法。漂浮法中可采用定性或定量漂浮法，或Wisconsin改良法（经水稀释的粪样，过筛并离心，沉淀物以糖溶液或Sheather's溶液悬浮，300g离心4min）等离心漂浮法。以盖玻片将虫卵黏附于表面，置显微镜下观察。

通过虫卵形态学检查并不能确定绦虫的种类，但可采用DNA探针、聚合酶链式反应和PCR限制片段长度多态性分析进行鉴定。此类方法目前已广泛用于粪便中猪带绦虫、牛带绦虫和亚洲带绦虫虫卵鉴定。

3. 鉴别诊断　除带属绦虫外，人还可感染裂头属（*Diphyllobothrium*）和膜壳属（*Hymenolepis*）

绦虫，带科其他属的绦虫偶尔也可感染人。但此类绦虫可通过其虫卵或节片形态与带属绦虫区别。

[防治与处理]

1. 防治　本病流行地区可采取以下措施：①加强卫生工作，做到人有厕所猪有圈，防止猪吃人粪。②做好城乡肉品卫生检验工作，人不要吃生的或未煮熟的猪肉。③发现病人，及时进行驱虫，杜绝感染来源。④做好对疫苗预防接种。可用猪囊尾蚴疫苗，该苗适用于8～10日龄仔猪和产前母猪，一次肌内注射剂量：仔猪2mL/头，母猪5mL/头，免疫期为6个月，现已推广应用。猪囊虫油剂苗，免疫期为5个月，保护率为100%。

2. 处理

（1）确诊猪场有猪囊虫病，对病猪可进行治疗，常用丙硫咪唑和吡喹酮。丙硫咪唑的剂量为65mg/kg，一次口服，每隔2d服一次，连服3次；或以橄榄油（或豆油）配成6%悬液肌内注射，剂量为20mg/kg。吡喹酮的剂量为50mg/kg，每天一次，连服3d。由于治疗后囊虫出现膨胀现象，故重症猪应减少剂量或多次给药。

（2）屠宰检疫发现本病时，应按照肉品卫生检疫规定严格处理。具体处理方法如下：

①在规定的检验部位上的40cm²肉样内，发现囊尾蚴和钙化的虫体在3个及以下的，整个肉尸必须经冷冻或盐腌等无害化处理后出场；4～5个的，高温处理出场；6～7个的，用于工业或销毁，如能将虫体全部消除，可作复制品原料；11个以上的，全部销毁。若国家有新标准出台，则按新标准处理。

②胃、肠、皮张不受限制出场，其他内脏经检查无囊尾蚴的，不受限制出场。

③皮下脂肪炼油食用或作其他加工原料。体腔内脂肪经检查无虫体的，不受限制出场。

④高温处理肉块，其重量不得超过2kg，厚度不得超过8cm，肉中的虫体须煮沸到深部肌肉完全变白时（肉中温度达到80℃时），才能全部被杀死；盐腌处理不得低于21d，而食盐量不少于肉重的12%。

十一、猪圆环病毒病

猪圆环病毒病（porcine circovirus disease）又称猪圆环病毒相关病，是与猪圆环病毒2型引起猪的相关疾病的统称，包括断乳仔猪多系统衰竭综合征（postweaning multisystemic wasting syndrome, PMWS）、猪皮炎和肾病综合征（porcine dermatitis and nephropathy syndrome, PDNS）、猪呼吸疾病综合征（porcine respiratory disease complex, PRDC）和猪圆环病毒2型繁殖障碍等。其中，PMWS以生长迟缓、消瘦、贫血、黄疸、呼吸困难和全身淋巴结水肿和肾脏坏死为特征；PDNS以皮肤病变和肾肿大为特征；PRDC以发热、咳嗽和呼吸困难为特征；猪圆环病毒2型繁殖障碍以怀孕后期流产、死产以及胎儿心肌炎为特征。我国将其列为二类动物疫病。

[病原特性]

病原为猪圆环病毒2型（Porcine circovirus 2, PCV2），属于圆环病毒科（Circoviridae）圆环病毒属（Circovirus）中的成员。该病毒以滚环方式复制，病毒颗粒无囊膜，球形，直径为17nm，呈二十面体对称。病毒基因组为单股负链环状DNA。

根据猪圆环病毒（PCV）的致病性、抗原性及核苷酸序列可将PCV分为两个基因型：PCV1和PCV2。其中，PCV2具有致病性；PCV1无致病性，而广泛存在猪体内及猪源传代细胞系中。二者间没有血清学交叉反应，核苷酸序列的同源性为68%～76%。PCV1基因组大小为1 759nt，包含7个阅读框架。PCV2基因组分两种，一种为1 767nt，另一种为1 768nt。PCV2基因组含有11个阅读框架，即ORF1—ORF11，各阅读框架大小相差悬殊，其中研究较深入的为ORF1和ORF2。ORF2编码该病毒重要的结构蛋白-核衣壳蛋白（Cap蛋白），在临床上是诊断PCV2的理想抗原。

PCV在原代胎猪肾细胞、恒河猴肾细胞、BHK-21细胞上不能生长，在猪肾细胞系PK-15中生长良好，但不引起细胞病变。但感染的PK-15细胞内含有许多胞质内包涵体，少数感染细胞内含有核内包涵体。

对PCV生物及理化特性了解不多。PCV1在氯化铯（CsCl）中的浮密度为1.37g/mL，不凝集牛、羊、猪、鸡等多种动物和人的红细胞，能抵抗pH为3的环境，并能耐受氯仿，70℃ 15min不被灭活。PCV2可能也具备上述特性，在室温下接触洗必泰、甲醛、碘和酒精等，10min可使PCV2滴度下降。

[分布与危害]

1. **分布**　本病的猪圆环病毒于1974年首次从猪肾细胞系PK-15中作为一种污染物分离出来。随后加拿大学者Ellis等从PMWS患猪中分离到一种新病毒，该病毒与PK-15细胞中分离的猪圆环病毒很类似。以后美国、西班牙、加拿大等国家也相继从猪病料中分离圆环病毒。我国学者朗洪武于2001年在河北某猪场中也分离到2株圆环病毒。Allan将从病料中分离到的环状病毒称为猪圆环病毒2型（PCV2），而从传代细胞系PK-15中的污染物中分离到的圆环病毒称为猪圆环病毒1型（PCV1）。我国猪群检测，其中1～2月龄的断奶仔猪阳性率为16.5%、后备母猪为42.3%、经产母猪为85.6%、育肥猪为51%。

2. **危害**　本病引起猪病死率为10%～20%，而且该病易与其他病原（如猪细小病毒、猪繁殖与呼吸综合征病毒等）发生混合感染，因此在全球范围被看成是造成猪场经济损失的重要原因之一。

[传播与流行]

1. **传播**　PCV2在自然界广泛存在，家猪和野猪是自然宿主，而非猪科动物不易感。PCV2对猪具有较强的易感性，各种年龄大小均可感染，但仔猪感染后发病严重，呈现多种临床表现。

本病传染源主要是病猪及带毒猪。病猪可从鼻液、粪便等排出病毒，并污染环境。病猪与健康猪相互接触，以及通过被污染的环境、饲料、饮水、设备及饲养人员衣服等进行水平传播，或通过患病母猪胎盘垂直传播，公猪有可能通过精液传播。传播途径主要是经口腔、呼吸道感染不同年龄的猪。

PCV1对猪无致病性，但能产生血清抗体，在猪群中普遍存在。

2. **流行**　流行于猪群的PCV主要是PCV2型。PCV在全世界范围内流行。在德国和加拿大，猪群中PCV抗体阳性率分别高达95%和55%，而英国和爱尔兰，分别高达86%和92%。从2000年发现PCV2抗体开始，我国各地猪场陆续开展了猪圆环病毒的血清学监测，PCV2的血清阳性率平均可达42.9%～76.8%。其中，断奶仔猪阳性率最低，其次是育肥猪，母猪和种猪阳性率最高。

[临床症状与病理变化]

1. 临床症状　根据猪发病的不同表现，主要有断乳仔猪多系统衰竭综合征（PMWS）、猪皮炎和肾病综合征（PDNS）、猪呼吸疾病综合征（PRDC）、PCV2相关性繁殖障碍、PCV2相关性先天性震颤和PCV2相关性肉芽肿性肠炎等。现介绍如下：

（1）断乳仔猪多系统衰竭综合征（PMWS）　仔猪在断奶后易发病，一般在5～18周龄内，特别是6～12周龄较常见。发病率和病死率受猪场和猪舍条件影响较大，感染猪发病率一般为4%～20%（有时达50%～60%），死亡率达4%～20%。

临床可见渐进性消瘦、体表浅淋巴结肿大、腹泻和黄疸皮肤苍白，呼吸困难，可视黏膜黄疸。如并发感染加剧死亡，不死的则变为僵猪。

上述症状在发病猪群中可见到，但个体发病猪可能见不到上述所有临床表现。

PMWS不同猪场所表现的临床症状也有所不同。除主要病原为PCV2外，还有其他一些因素的影响，如病原体混合感染［猪繁殖与呼吸综合征病毒（PRRSV）、猪细小病毒（PPV）、猪流感病毒（SIV）和其他病毒及肺炎支原体、胸膜肺炎放线杆菌、副猪嗜血杆菌、链球菌等细菌］，免疫刺激（疫苗及佐剂），环境因素（氨气、霉菌毒素、细菌内毒素），应激因素（断奶、合群、转群、运输等），宿主遗传易感性差异，以及饲养管理水平差等，这些因素会使病情明显加重。

（2）猪皮炎和肾病综合征（PDNS）　常发生于8～18周龄猪，一般发病率为0.15%～2%，有时达7%。临床上可分为急性型和慢性型。

急性型：表现为猪的皮肤损伤，出现圆形或不规则的红紫斑和丘疹，中央形成黑色病灶，有时相互融合形成片状形斑块，逐渐结痂，偶尔成疤。常分布在会阴部和四肢部位，很少全身表现病变。

慢性型：皮肤只有轻微的损伤，发热，触诊敏感，一般不治疗可自愈。但严重感染时则表现为厌食，发烧，步态僵直，不愿走动，体重下降，呼吸急促且困难，皮下水肿，因肾脏损伤，出现肾小球肾炎，引起尿毒症、血尿、肌酸尿，病猪几天即死亡。

一般情况下，临床上PDNS不单独发生，在一个发病猪群中，往往能同时见到PMWS、PDNS以及其他与圆环病毒有关的病症。

（3）猪呼吸疾病综合征（PRDC）　PRDC主要危害6～14周龄育成猪和16～22周龄育肥猪，主要表现为生长缓慢、厌食、精神沉郁、发热、咳嗽和呼吸困难。6～14周龄猪发病率可达2%～30%，死亡率为4%～10%。

（4）PCV2相关性繁殖障碍　PCV2感染可造成繁殖障碍，导致母猪返情率增加、产木乃伊胎、流产以及死产和产弱仔等。

（5）PCV2相关性肉芽肿性肠炎　主要发生于40～70日龄的猪，其发病率为10%～20%，死亡率为50%～60%，主要表现为腹泻，开始排黄色粪便，后来排黑色粪便，生长迟缓。所有病例抗生素治疗都无效。

（6）PCV2相关性先天性震颤　PCV2可能与先天性震颤有关。患有先天性震颤的猪发生脑和脊髓的神经脱髓鞘，以不同程度的阵缩为特征，严重程度随时间下降，通常到4周龄自愈。感染猪的死亡率可高达50%，不能哺乳。

2.病理变化

（1）断乳仔猪多系统衰竭综合征（PMWS） 特征性病变体现在淋巴结和肾脏。全身淋巴结肿大，特别是腹股沟浅淋巴结、纵隔淋巴结、肺门淋巴结和肠系膜淋巴结和下颌淋巴结尤为明显，可为正常的5～10倍，切面浸润呈土黄色，有的淋巴结皮质出血，使淋巴结呈紫红色外观。肾肿胀，灰白色，皮质与髓质交界处出血。剖检可见肺斑点状出血，呈弥散性、间接性肺炎变化，质地硬如橡皮，表面呈灰褐色的实变区。脾脏、肝脏轻度肿大。

（2）猪皮炎和肾病综合征（PDNS） 病变一般发生于皮肤和肾脏。急性型病例可见肾肿大，皮质表面细颗粒状、皮肤有点状出血和坏死，肾盂水肿。表现为出血性坏死性皮炎、动脉炎、渗出性肾小球性肾炎和间质性肾炎。慢性型病例主要表现为慢性肾小球肾炎。肾脏的变化可作为诊断的主要依据。

（3）猪呼吸疾病综合征（PRDC） 眼观病变为弥漫性间质性肺炎，颜色灰红色。这种间质性肺炎主要由病毒和细菌的混合感染引起，如PCV2、猪繁殖与呼吸道综合征病毒（PRRSV）、猪流感病毒（SIV）、肺炎衣原体、胸膜肺炎放线杆菌和多杀性巴氏杆菌。

（4）PCV2相关性繁殖障碍 研究发现，后期流产的胎儿和产死猪肺脏出现了微观的病变。出现的病灶多为轻到中度病变。肺炎以肺泡中出现单核细胞浸润为特征。大面积心肌变性坏死，伴有水肿和轻度的纤维化，还有中度的淋巴细胞和巨噬细胞浸润。

（5）PCV2相关性肉芽肿性肠炎 病理组织学变化为大肠和小肠的淋巴集结中出现肉芽肿性炎症和淋巴细胞缺失，肉芽肿性炎症的特点是上皮细胞和多核巨细胞浸润，并在组织细胞和多核巨细胞的细胞质中出现大的、嗜酸性或嗜碱性梭状的包涵体。

［诊断与检疫技术］

猪圆环病毒病在临床上有多种疾病，但以断奶仔猪多系统衰竭综合征（PMWS）最为常见。由于多种因素影响该病发生，正确诊断该病必须同时满足3个条件：临床表现、病理变化和病毒检测。诊断标准如下：

判定PMWS感染的标准为：①生长迟缓和消瘦，经常出现呼吸困难和腹股沟淋巴结肿大，有时出现黄疸。②淋巴组织中可见中等到严重的组织病理损害特征。③病猪淋巴结和其他组织病灶中含中等至大量的PCV2。本病常与其他疾病混感，即使符合上述标准也无法排除混感情况。

判定PDNS感染的标准为：①后肢及阴门周围出现出血性和坏死性皮肤病变，肾肿大苍白，整个皮质呈针尖状出血。②全身坏死性脉管炎以及坏死性和纤维素性肾小球肾炎。

判定PCV2繁殖障碍的标准为：①后期流产或死胎，有时可见胎儿明显的心肌肥大。②心脏以广泛的纤维素性或坏死性心肌炎为特征。③心肌炎病灶及胎儿其他组织中含大量的PCV2。

1.初诊 根据临床症状（多发于5～12周龄仔猪，病猪出现进行性消瘦、皮肤苍白、行动迟缓、呼吸困难、黄疸等特征，有的猪有腹泻症状。发病率和死亡率随饲养条件、暴发的阶段不同而不同，总体上来说，致死率可达10%～30%）和病理变化（患猪消瘦，皮肤苍白，有时有黄疸；淋巴结异常肿胀，切面为均匀的白色而无出血；肺肿胀，坚硬似橡皮样；肾肿胀，发黄，被膜下有坏死灶。组织学检查特征为淋巴细胞数明显减少，并有单核和巨噬细胞浸润，有时散布有大量的多核巨细胞和包涵体）可做出初步诊断，确诊需进一步做实验室检测。

2.实验室检测 进行病原鉴定和血清学检测。

被检材料的采集：采取病猪的淋巴结（腹股沟浅淋巴结、纵隔淋巴结、肺门淋巴结、肠系膜淋巴结和下颌淋巴结）、肾、肺、脾脏等组织，以供检测用。

（1）病原鉴定 病原学诊断包括病毒分离鉴定、电镜检查、聚合酶链式反应（PCR）、核酸探针杂交及原位杂交试验（ISH）、免疫组化试验（IHC）等。

① 病毒分离鉴定：将采集的组织样品用PBS按1:10的比例进行稀释，研磨成匀浆，或取病猪的抗凝血，反复冻融3次后，4 500r/min 离心15min，取上清液，经微孔滤膜过滤除菌，接种在无PCV感染的正常PK-15细胞单层上，感染1h，倾尽接种液，加入含2%胎牛血清的MEM培养液（含100IU/mL的青霉素和100μg/mL的链霉素），37℃继续培养24h，弃上清液，加入300mmol/L的D-氨基葡萄糖0.5mL，作用30min，倾去，PBS洗涤，再加入含2%胎牛血清的MEM培养液（含100IU/mL的青霉素和100μg/mL的链霉素），继续培养24h～48h。PCV2感染PK-15细胞后不产生明显的细胞病变效应，故需采用免疫荧光试验（IFA）或聚合酶链式反应（PCR）等方法做进一步的鉴定。

②电镜检查：取病猪支气管淋巴结提取物，负染后在电镜下观察，可见到呈二十面体对称，无囊膜的圆环病毒颗粒，在超薄切片中可见到包涵体。

③聚合酶链式反应（PCR）：此法应用较多，为一种简便、快速、特异的方法。采用PCV2型特异的或群特异的引物从病猪的组织、鼻腔分泌物和粪便进行基因扩增，根据扩增产物的限制酶切图谱和碱基序列，确认PCV感染，并可对PCV1和PCV2定型；或根据Kim建立的复合PCR方法（multiplex PCR）针对猪圆环病毒（PCV）和猪细小病毒（PPV）进行鉴别诊断。

需要指出的是，非定量聚合酶链式反应不能用于猪圆环病毒病诊断，因PCV2感染到处存在，致使阳性结果非常普遍。

④核酸探针杂交及原位杂交试验（ISH）：运用核酸探针杂交及原位杂交试验对病猪的组织切片进行PCV核酸检测，不仅检出率很高，而且可以精确定位PCV在组织器官中的部位，可以用于检测临床病料和病理分析。

在PMWS诊断中，以原位杂交（ISH）和免疫组化试验（IHC）应用最广泛。

（2）血清学检测 检测PCV2抗体的血清学方法有酶联免疫吸附试验（ELISA）、竞争性酶联免疫吸附试验（C-ELISA）、免疫荧光试验（IFA）、琼脂扩散试验（AGP）等。

①酶联免疫吸附试验（ELISA）：按照常规ELISA方法进行检测病猪中PCV2抗体。如加拿大研制的PCV2检测试剂盒以重组抗原包被，按ELISA常规方法进行试验检测PCV2抗体，该检测试剂盒灵敏度较高。

②竞争性酶联免疫吸附试验（C-ELISA）：以PCV2细胞培养物作为包被抗原，以PCV-2单抗作为竞争抗体，该试剂盒特异性及敏感性分别为97.1%和99.58%，还有捕获ELISA，可以区别临床及亚临床感染。

③免疫荧光试验（IFA）：这是通过检测血清中病毒抗体确定PCV2感染情况。用异硫氰酸荧光标记二抗，镜检，与阴性PK-15细胞对照，出现荧光染色则判定为阳性，此法检出率为97.14%。

需要指出的是，虽然检测PCV2抗体的血清学方法有多种，但都不能用于猪圆环病毒病诊断，因为PCV2无处不在，PMWS和非PMWS感染猪，其血清转换形式完全类似。

3. 鉴别诊断 本病呼吸型应与猪繁殖与呼吸综合征（PRRS）相鉴别；猪皮炎和肾病综合征（PDNS）应与猪瘟、非洲猪瘟等相鉴别；PCV2相关性繁殖障碍应与其他引起后期流产和死产的猪病相鉴别。

[防治与处理]

1. 防治　目前虽有商品化的重组衣壳蛋白和全病毒灭活疫苗应用，但并不能完全控制PCV2感染。可以采取以下一些措施：①加强饲养管理，确保饲料品质，增强猪的抵抗力，同时使用抗生素控制继发感染。②实行"全进全出"的饲养制度，保持猪舍良好的卫生和通风状况，减少环境刺激因子。③避免从疫区引进猪，严格控制外来人员、物品、车辆等任意进入猪场（群）。④对混合感染的病原体做适当的主动免疫和被动免疫，有明显效果，如猪繁殖与呼吸综合征（PRRS）、细小病毒、猪支原体病等，但有时可能会刺激PCV2增殖，因此，需根据不同的可能病原和不同的疫苗对母猪实施合理的程序免疫。⑤对于本病严重的猪场，采用自家组织灭活疫苗有一定预防效果。

2. 处理　对发病猪及时淘汰、扑杀，同时对被污染的环境进行彻底消毒。

十二、副猪嗜血杆菌病

副猪嗜血杆菌病（haemophilus parasuis），也称革拉斯病（glässer's disease），是由副猪嗜血杆菌引起猪的浆液性或纤维素性多发性浆膜炎和关节炎和脑膜炎。我国将其列为二类动物疫病。

[病原特性]

病原为副猪嗜血杆菌（*Haemophilus parasuis*），属于巴氏杆菌目（Pasteurellales）巴氏杆菌科（Pasteurellaceae）嗜血杆菌属（*Haemophilus*）成员。

本菌多为短杆状，也有呈球状、杆状或长丝状；无鞭毛，不运动，无芽孢，通常可见荚膜，但体外培养时受影响；革兰氏染色阴性，美蓝染色两极浓染。

本菌需氧，最适生长温度37℃，最适pH7.2～7.4，因酶系统不全，生长严格需要烟酰胺腺嘌呤二核苷酸（NAD或V因子），一般条件下难以分离培养。若用鲜血琼脂培养，必须与金黄色葡萄球菌交叉接种（先将副猪嗜血杆菌水平划线接种于绵羊、马或牛鲜血琼脂平扳上，再挑取金黄色葡萄球菌垂直于水平线划线），37℃经24～48h培养后，副猪嗜血杆菌在金黄色葡萄球菌菌苔的周边充分生长，形成所谓"卫星"现象（即越靠近金黄色葡萄球菌菌落生长的副猪嗜血杆菌菌落越大，越远的越小，甚至不见菌落生长）。在加入NAD的胰蛋白大豆琼脂（TSA）固体培养基上培养24～48h后，可见针尖大或针头大的无色透明菌落，继续延长培养时间菌落变成灰白色。本菌尿酶试验和氧化酶试验均为阴性，接触酶试验阳性，可发酵葡萄糖、蔗糖、果糖、半乳糖、D-核糖、麦芽糖等。

本菌的血清型复杂多样，根据琼脂扩散血清分型，目前至少分15个血清型，其中1型、5型、10型、12型、13型和14型为高毒力，2型、4型、8型和15型为中毒力，其他血清型（3型、6型、7型、9型和11型毒力较弱；各血清型之间交叉保护率低；在加拿大、美国、澳大利亚、日本、德国和丹麦主要流行血清4、5和13型，我国当前分离的多为4型和5型毒株。

本菌非常脆弱，对外界的抵抗力不强。在体外，常用消毒剂易杀死本菌。

1. 分布　本病于1910年由德国学者Glasser首先报道，呈世界性分布。我国从2002年以来，在北京、黑龙江、辽宁、河南、湖南、宁夏、湖北等地都有副猪嗜血杆菌病发生以及副猪嗜血杆菌分离鉴定的报道。

2. 危害　本病已成为全球范围内影响养猪业的典型细菌性疾病之一。虽然新的生产技术提高了畜群整体的健康水平，但新型呼吸道综合征的发生，使该病日趋流行，死亡率较高，该病目前给我国猪群同样带来较大威胁。

[传播与流行]

1. 传播　副猪嗜血杆菌只感染猪，猪是本菌的天然宿主，从2周龄到4月龄的猪均易感，主要在断奶前后和保育阶段发病，但以5～8周龄的猪最为多见。

传染源主要是病猪、临床康复的猪和隐性感染猪，病菌主要寄生于鼻腔等上呼吸道黏膜内。主要的传播途径是呼吸道在机体抗病力降低的情况下而发病。

2. 流行　本病虽无明显季节性，但以早春和深秋天气变化比较大的时候发生。常呈地方性流行，发病率在10%～15%，严重时病死率可达50%。

本病发生与副猪嗜血杆菌本身的毒力或致病力相关，有些菌株会引起全身性致病，而有些菌株则为上呼吸道的共栖菌。同时又与一些诱发因素相关，常于恶劣环境条件下多发，尤其是一些呼吸道疾病是继发本病和加剧猪病危害的重要因素，如本病常在支原体肺炎、猪蓝耳病、猪流感、猪呼吸道冠状病毒感染、伪狂犬病等发生时继发，也常与猪圆环病毒、猪细小病毒、传染性胸膜肺炎放线杆菌、巴氏杆菌、链球菌等混合感染。此外，还有猪群中引入新饲养的种猪、混养、转群、并栏、频繁调栏、仔猪断奶后母源抗体逐渐下降、饲料营养失调、卫生条件恶劣、饲养密度过大、舍内通风不良、氨气浓重、高温高湿或阴冷潮湿等诱因，使保育猪极易发生副猪嗜血杆菌病。

[临床症状与病理变化]

1. 临床症状　临床以咳嗽、呼吸困难、跛行、消瘦和被毛粗乱为主要特征。

急性感染：多见膘情和体况良好的猪。病猪体温升高（40.5～42℃或更高），精神沉郁，反应迟钝，食欲减退。接着出现短促咳嗽（每次2～3声），呼吸困难，腹式呼吸，心跳加快，皮肤发红或苍白，耳稍发紫，眼睑皮下水肿，行走缓慢或不愿站立，腕关节、跗关节肿大，共济失调，临死前侧卧或四肢呈划水样。有时会无明显症状突然死亡。急性感染后可能留下后遗症，即母猪流产、公猪慢性跛行。

慢性感染：多见于保育猪和育肥猪。主要是食欲下降，生长不良，咳嗽，呼吸困难，被毛粗乱，消瘦衰弱；四肢无力或跛行，关节肿胀，多见于腕关节和跗关节，发热和疼痛；个别还会出现轻微脑膜炎症状，也可发生突然死亡；有时鼻孔有黏液性或浆液性分泌物。后备母猪常表现为跛行、僵直、关节和肌腱处轻微肿胀；母猪跛行可能引起性行为极端弱化。

2. 病理变化　以浆液性、纤维素性炎性渗出（严重的呈豆腐渣样）为特征。典型病变为多发性浆膜炎，如胸膜、腹膜、心包膜、肝脏和肠浆膜，也可能波及脑膜及关节表面（尤其是跗关节和腕关节）以浆液性、化脓性纤维蛋白炎性渗出（严重的呈豆腐渣样）为特征，以致在胸腔、腹腔、关节腔等部位有不等量的黄色或淡红色液体，有的呈胶冻状。

其他眼观病变表现为肺瘀血水肿，间质增宽，边缘变纯，肺胸膜粗糙。心冠脂肪胶冻样，心外膜出血，表面粗糙。肝瘀血肿大，质地变脆，切面外翻，表面被覆纤维素性渗出物。肾被膜混浊，肾乳头出血。全身淋巴结肿胀，以肺门淋巴结、腹股沟淋巴结最严重。

组织学病理变化的特点是渗出物中可见纤维蛋白、并伴有许多中性粒细胞和少量的巨噬细胞浸润。

［诊断与检疫技术］

1. 初诊　根据流行特点、临床症状及病理变化可做出初步诊断，确诊需进一步做实验室检测。

2. 实验室检测　进行病原鉴定和血清学诊断。

被检材料的采集：采集病料时应选择发病典型且未进行抗生素治疗的猪。可采取病猪脑脊液（离心沉淀物）、心脏血液、浆膜表面及其渗出物等新鲜样品，并在12h内送检。

（1）病原鉴定　副猪嗜血杆菌生长脆弱及条件苛刻，一般不易成功，但病原分离培养是诊断本病的必要步骤。

①病原分离鉴定：将采集的病料接种TSA培养基进行分离培养，或将病料在绵羊、马或牛鲜血琼脂平板上与金黄色葡萄球菌做交叉划线接种进行分离培养，细菌鉴定可用生化试验和聚合酶链式反应（PCR）方法或琼脂扩散试验（AGD）。

②聚合酶链式反应（PCR）：PCR可直接检测临床病料和分离细菌的鉴定，如果病原分离不成功时可用此法进行诊断。按照副猪嗜血杆菌PCR检测方法的行业标准（NY/T 2417—2013），可对本病做出迅速诊断。

③血清型或基因型鉴定：传统的血清型分型方法是以热稳定性可溶性抗原进行琼脂扩散试验（GD）；或以肠杆菌基因间重复序列聚合酶链式反应（ERIC-PCR）进行基因指纹图谱分析，鉴定分离株或血清群之间的基因型差异；或以全细胞和外膜（OM）蛋白进行十二烷基硫酸钠聚丙烯酰胺凝胶电泳（SDS-PAGE），鉴定分离株之间的表型差异。

④毒力鉴定：通过无特定病原猪（SPF猪）或剖腹产出不喂初乳的仔猪和豚鼠接种试验，鉴定分离株的毒力或各血清型之间的毒力差异。其中豚鼠接种试验较为实用，而且与仔猪的试验结果有可比性；或以差异显示反转录聚合酶链式反应（DDRT-PCR）检测毒力相关基因。

（2）血清学诊断

①间接血凝试验：主要采用超声波破碎的细菌或煮沸的细菌作为包被抗原致敏绵羊红细胞，在检测副猪嗜血杆菌抗体方面有较高的特异性和敏感性，具有操作简单、耗时少，且直接测出抗体效价；不需要复杂的仪器设备和熟练的技术人员等优点，有良好推广和应用价值。

②酶联免疫吸附试验：此方法使用煮沸的细菌菌液上清或经过透析的热酚水提取物（脂多糖，LPS）或细菌外膜蛋白作为包被抗原，用于测定抗体。但此方法结果不稳定，易出现假阴性结果。

3. 鉴别诊断　本病应与猪链球菌病、猪丹毒、猪传染性胸膜肺炎、猪霍乱沙门氏菌、滑液支原体感染及大肠杆菌感染相鉴别。

［防治与处理］

1. 防治　可采取以下一些措施。

（1）综合性预防　对本病的控制和预防，主要通过免疫母猪群保护仔猪，加强饲养管理，以减少和预防其他呼吸道疾病，尽量消除各种发病诱因，减少运输等应激因素，杜绝猪的生产各阶段的混养状况等。同时在引进新的种群时，应当隔离饲养，并维持一个足够长的适应期，以使那些没有免疫接种但有感染条件饲养的猪群建立起保护性免疫力，并应用血清学方法及时检出并淘汰阳性猪，以净化猪场。

控制畜群中副猪嗜血杆菌病的另外一种方法是控制与病原菌的接触。当仔猪仍受母源抗体保护时，接触低剂量与猪群死亡有关的副猪嗜血杆菌菌株，可使仔猪产生自然免疫力。尽管这种方法能有效地减少哺乳母猪的死亡率，但是应该关注仔猪接种活的有毒性的副猪嗜血杆菌的安全性，母猪接种疫苗后可降低仔猪全身感染的危险。

（2）免疫预防　疫苗接种或使用菌株特异性灭活菌苗，可成功控制本病的发生。含有欧洲商业上使用的血清5型的副猪嗜血杆菌的灭活苗对血清型为1、12、13和15的菌株具有交叉保护。由于副猪嗜血杆菌具有多种血清型且具有明显的地方性特征，不同血清型菌株间的交叉保护性较低，以及当前对保护性抗原和毒力因子研究尚不深入，目前还不可能有一种灭活菌苗同时对所有的致病菌株产生交叉保护力。因此，可采用当地分离的菌株制备灭活苗，以有效控制副猪嗜血杆菌病的发生。目前我国市场有多种灭活苗，对控制本病发生均有一定效果。

（3）药物预防与治疗　根据大多数副猪嗜血杆菌菌株在体外药敏试验，对氨苄青霉素、头孢噻呋、环丙沙星、恩诺沙星、红霉素、氟苯尼考、庆大霉素、壮观霉素、泰妙菌素、替米考星和增效磺胺类药物敏感。在一些地区，大多数菌株对四环素、红霉素、链霉素、卡那霉素、庆大霉素、磺胺类药物和林可胺类抗生素有较强的抵抗力。

对于严重的副猪嗜血杆菌暴发，靠使用抗生素预防或口服药物治疗可能效果不大。如果副猪嗜血杆菌病在未发生明显症状时，可选用氟苯尼考、替米考星、头孢拉啶、泰妙菌素、阿莫西林及磺胺类药物添加于饲料或饮水中进行预防，有一定的效果，最好是配伍使用。同时，饮水中添加电解多维，增强抗应激能力。如果一旦临床症状已经出现，则应对整个猪群所有猪进行大剂量的抗生素注射治疗，而不只是对那些表现症状的猪用药，可以选用青霉素治疗。治疗前须做药敏试验。同时，根据本病菌易于产生耐药性的特点，采取及早用药、联合用药和中西药相结合的治疗原则。

2. 处理　猪场发生疫情一旦确诊为本病后，应采取：①隔离病猪。将病猪和没有临床症状的猪隔离。转移到远离猪群的栏舍内关养，并指定专人护理，不得串栏，工具专用。②严格消毒。被病猪污染了的原栏，彻底冲洗干净后，用"五毒灭"消毒药水带猪严格消毒，每天1～2次。③淘汰病危猪，进行无害化处理。症状严重的垂危病猪应果断淘汰。连同死猪严格进行无害化处理，防止病原扩散。

第五节　马　病

一、马传染性贫血

马传染性贫血（equine infectious anaemia，EIA），简称马传贫，是由马传染性贫血病毒引起马属动物的一种持续性病毒传染病。临床以反复发热、贫血、迅速消瘦和身体下部浮肿（多见四肢下端、胸前、腹下、阴囊、包皮及乳房等处）为特征。病理变化主要为肝、脾及淋巴结等网状内皮细胞变性、增生和铁代谢障碍等。马传染性贫血在北美多发生于潮湿沼泽地带，故称之为沼泽热（swamp fever）。OIE将其列为必须通报的动物疫病，我国将其列为二类动物疫病。

[病原特性]

病原为马传染性贫血病毒（*Equine infectious anemia virus*，EIAV），属于反转录病毒科（*Retroviridae*）正反转录病毒亚科（*Orthorovirinae*）慢病毒属（*Lentivirus*）成员。病毒粒子呈球形，有囊膜，其直径为90～120nm，囊膜厚约9nm，囊膜外有小的表面纤突。病毒粒子中心有一直径为40～60nm的类核体，呈锥形。病毒核酸为单股正链RNA。

根据核酸序列分析表明，EIAV与牛免疫缺陷病毒（BIV）、山羊关节炎脑炎病毒（CAEV）、猫免疫缺陷病毒（FIV）、人类免疫缺陷病毒1型（HIV-1）、人类免疫缺陷病毒2型（HIV-2）和梅迪-维斯纳病毒（MVV）等具明显的相关性。

EIAV前病毒基因组全长8 235bp，基因组两端为316bp的长末端重复序列（LTR），其中U3区197bp，R区80bp，U5区39bp；前病毒基因组有三个较长的开放阅读框架（ORF），分别是*gag*基因、*pol*基因和*env*基因；此外，前病毒还有三个小的ORF，即*S1*基因、*S2*基因和S3基因。

EIAV的不同毒株都具有两种抗原，即群特异性抗原和型特异性抗原。群特异性抗原是可溶性，因其抗原性保守而被用于大多数的诊断试验中，如补体结合试验及沉淀反应等。型特异性抗原属中和性抗原，不同毒株之间该抗原的差别很大，目前至少有14个型。该病毒极易变异，在病毒持续感染期间，病马体内病毒抗原性均可发生改变，即出现抗原漂移现象。

EIAV主要存在病马体内，尤其是发热期病马的血液及各脏器（主要在肝、脾）中病毒含量最高；不发热期，病毒含量降低或消失。

EIAV在体外培养较困难，在马属动物的白细胞、骨髓细胞和胎组织（脾、肺、皮肤、胸腺等）传代细胞上培养时可以复制，在马白细胞培养中生长，出现细胞病变（CPE）。此外，在犬源和猫源细胞培养物也可以培养EIAV。EIAV能凝集鸡、蛙、豚鼠和人O型红细胞。

EIAV对外界的抵抗力较强。在粪便中能生存2.5个月，将粪便堆积发酵时，经30d可死亡，在−20℃的环境中病毒保持毒力可达6个月至2年。日光照射经1～4h死亡。病毒在2%～4%苛性钠溶液中经5～10min死亡。3%来苏儿溶液中经20min死亡。病毒对热的抵抗力较弱，煮沸立即死亡，血清中的病毒经60℃处理60min，可完全失去感染力。

[分布与危害]

1. 分布　本病于1843年发现于法国，并由Lignee首先认定为一种独立疾病。第二次世界大战后，传播于世界各养马国家。20世纪30年代，本病随日本军马进入我国，我国在1954年和1958年引进的种马中先后暴发了本病，并传播到东北、华北及内蒙古等地区。1975年我国首次研制成功了马传染性贫血驴细胞弱毒疫苗，目前该病在我国已得到控制，疫区逐渐消失。

2. 危害　由于本病几乎流行于全世界，因此曾给世界养马业带来重大经济损失。

[传播与流行]

1. 传播　易感动物只限于马属动物，其中以马易感性最强，驴、骡次之，且没有品种、年龄和性别差异。其他家畜及野生动物均无自然感染的报道。

传染源是病马和带毒马，尤其是发热期的病马。其血液、肝、脾、淋巴结等均有病毒存在，发热期病马的分泌物和排泄物也含有病毒。

传播途径主要通过吸血昆虫（虻类、蚊类、刺蝇及蠓类等）叮咬而传染，特别是大型和中型虻是主要传播媒介。通过病毒污染的器械（采血针头、注射针头、胃管、刷马用具等）亦可散播传染。也可经消化道、呼吸道、交配、胎盘传染。

2. 流行　本病发生没有严格的季节性，但在吸血昆虫活动的夏秋季节（7—9月）及森林、沼泽地带多发。主要呈地方性流行或散发。新疫区多呈急性经过，老疫区主要呈慢性或隐性感染。

[临床症状与病理变化]

1. 临床症状　自然感染的潜伏期一般为20～40d。人工感染试验平均为10～30d，最短的5d，最长的90d。

临床上一般将本病分为急性、亚急性、慢性及隐性四种类型。

（1）各种类型马传染性贫血的共同症状

①发热：发热类型主要有稽留热、间歇热和不规则热。稽留热表现为体温升高40℃以上，稽留3～5d，有时达10d以上，直到死亡。间歇热表现为有热期与无热期交替出现，多见于亚急性型及部分慢性型病例。慢性型病例多出现不规则热，且常有上午体温高、下午体温低的逆温差现象。

②贫血、黄疸和出血：发热初期，可视黏膜出现潮红、充血及黄疸。随着病程的进展，贫血逐渐加重，可视黏膜变为黄白至苍白色。与此同时，眼结膜、鼻翼、齿龈、阴道等黏膜，特别是舌下黏膜，常出现大小不一的出血点。新鲜的出血点呈鲜红色，陈旧的呈暗红色，以后逐渐消失，但可于再度发热时重新出现。

③心脏机能紊乱：主要表现为心悸亢进，第一心音增强、混浊或心音分裂，心律不齐，缩期杂音，脉搏增数，可达60～100次/min。

④浮肿：常见于四肢下端、胸前、腹下、阴囊、包皮及乳房等处出现无热、无痛的浮肿。

⑤血液学变化：红细胞显著减少至500万个/mm³，严重时可减少至300万个/mm³，血红蛋白降低，血沉加快。白细胞减少，丙种球蛋白增高，外周血液中出现吞铁细胞。在发热期，嗜酸性粒细胞减少或消失，退热后，淋巴细胞增多。

⑥全身症状：病的中、后期表现后躯无力，步态不稳，尾力减退或消失。

（2）各型马传染性贫血的临床特点

①急性型：多见于新疫区的流行初期，或老疫区突然暴发的病畜。病程较短，由3～5d或至2周，极少病例可延到1个月。主要呈高热稽留，或经短暂间歇重新发热，一直稽留到病死。临床症状及血液学变化均很明显，病死率达70%～80%。

②亚急性型：多见于流行中期，病程为1～2个月，表现为反复发作的间歇热，有的还出现逆温差现象。临床症状及血液学变化有规律地伴随体温的升降而变化。其中有些病畜有热期较长，无热期较短，多迅速趋向死亡。另一些病畜有热期越来越短，而无热期越来越长，而可能转化为慢性型。

③慢性型：常见于老疫区。病程较长，可达数月或数年。其特点与亚急性型基本相似，呈现

反复发作的间歇热或不规则热，逆温差现象更为明显。有热期的临床症状及血液学变化均较亚急性型轻微。某些无热期甚长的慢性型病畜临床症状很不明显，甚至无法辨认。

④隐性型：本型无任何可见临床症状，而体内却长期带毒。这些病畜在某些不良因素（如过劳、应激反应、其他病毒感染等）作用下，可能转化为有临床症状的类型。

上述各种类型只是一种人为的划分，实际上马传染性贫血的病情常随着环境变化和抗体抵抗力的增强或减弱而相互转化。

2. **病理变化**　马传染性贫血的病理变化特征为全身性败血症、贫血以及肝、脾、淋巴结等网状内皮系统变性、增生和铁代谢障碍。急性型主要呈败血性变化，亚急性及慢性型的败血变化较轻，而贫血及网状内皮系统的增生性反应明显。

解剖学变化见于急性型、亚急性型及慢性型，而隐性型不见变化。各型剖检变化如下。

①急性型：呈现全身败血变化。在舌下、鼻翼、第三眼睑、阴道、胸腔、腹腔、膀胱、输尿管以及盲肠和大肠等处的黏膜及浆膜表面出现出血点或出血斑。淋巴结肿大，切面充血、出血、水肿。脾脏肿大，呈暗红色或紫红色，红髓软化，白髓增生，切面呈颗粒状。肝肿大，呈黄褐色或紫红色，切面小叶明显，呈槟榔状花纹，故有"槟榔肝"之称。肾肿大，肾实质和肾盂黏膜有出血点。心脏脆弱，呈灰白色煮熟肉样，心内外膜有出血点。

②亚急性型：具有败血症变化与网状内皮系统增生反应同时存在的特点。它与急性型不同的是贫血较严重，可视黏膜苍白，黏膜及浆膜出血点较少，而且新旧出血点并存。脾肿大，质地坚实，脾小梁显著增生肿胀，使脾表面及切面呈颗粒状突出，切面色泽变淡。肝显著肿大，呈暗红色或铁锈色，切面有明显的槟榔样花纹。全身淋巴结肿大，坚硬，切面呈灰白色，淋巴小结增生呈颗粒状。肾轻度肿大，呈灰黄色，肾小球明显，呈慢性间质性肾炎的变化。心脏脆弱呈煮熟状。管状骨有明显的红色骨髓增生灶。

组织学变化主要表现为肝、脾、淋巴结和骨髓等组织器官内的网状内皮细胞明显肿胀和增长，其中急性型主要为组织细胞增生，亚急性型及慢性型为淋巴细胞增长，在增生的组织细胞内常有吞噬的铁血黄素。

③慢性型：尸体消瘦，严重贫血，可视黏膜呈灰白色。脾脏稍肿，呈灰青色，质地坚实，脾小梁肿大，呈灰白色，切面呈颗粒状隆突，脾髓色泽变淡，呈樱桃红色。长期无热病例，通常脾脏不见肿大或稍有萎缩。肝稍肿大，质地坚实，呈淡红褐色，切面小叶相明显，呈现花纹致密的槟榔肝。淋巴结呈髓样肿胀，切面干燥，淋巴小结增生呈颗粒状。管状骨的骨髓常呈胶冻样。

［诊断与检疫技术］

1. *初诊*　采取临床综合诊断，即根据流行病学调查、临床和血液学检查及病理学检查的结果进行综合分析和判断的一种诊断方法。这种方法要求必须系统和认真按时测温、检查和收集临床症状、血液变化、吞铁细胞及活体组织学检查的资料，以便进行综合分析，在做好鉴别诊断的前提下进行诊断。通过临床综合诊断为阳性结果，即可做出初步诊断，为本病进一步的诊断提供线索。EIA确诊通常不需要分离病毒，但可采用血清学和分子学诊断等实验室方法。

临床综合诊断内容包括：

（1）流行病学调查　要着重了解病马的以往病史，如发病的时间、有无发热病史、是否曾与马传染性贫血的患畜有过接触、抗菌药物治疗效果如何等。其次要调查当地或附近马骡疫病的流行情况，如疫病的流行特点、发病的季节性，有无马梨形虫病及伊氏锥虫病等。倘若患畜有无名高热，经抗生素等药物治疗无效，排除了马梨形虫及伊氏锥虫的感染，又来自疫区，发病于蚊虻活动季节，即可怀疑为马传染性贫血。

（2）临床和血液学检查　马传染性贫血患畜的临床症状和血液学变化，有随体温变化而变化的规律，有热期症状及血液学变化明显，无热期则减轻或不明显。因此，被检动物应连续测温1个月以上（每日早晚各1次），在有热期每隔2～3d，无热期每隔7～10d进行1次临床和血液学检查，以观察临床症状、血液学变化与发热的关系。检查项目包括全身状态、可视黏膜、心脏机能、浮肿、红细胞数、血沉及吞铁细胞。必要时，可做白细胞计数、白细胞相等检查，以便进行鉴别诊断。

（3）活体组织学检查　对某些必要的病例，可直接采取肝脏组织做组织学检查，以便取得有参考价值的资料。

（4）病理学检查　对自然死亡的患畜或在发热期及退热后不久扑杀的患畜进行病理学检查，常可见到相当特征的变化，对综合分析和判断有相当大的参考价值。但对长期处于无热状态的慢性患畜和隐性患畜，由于它们的病理变化轻微或已消失或根本未出现，因此，在诊断上的意义不大。

临床综合诊断患畜的判定标准：在排除类似疾病后，凡符合下列条件之一者，即可判定为马传染性贫血患畜。

①体温在39℃以上（1岁内幼驹39.5℃以上），呈稽留热或间歇热，并具有明显临床症状和血液学变化者。

②体温在38.6℃以上（1岁内幼驹39℃以上），呈稽留热、间歇热或不规则热，临床和血液学变化不够明显，但吞铁细胞在2/10 000以上，或连续两次在1/10 000以上，或活体组织学检查有明显反应者。

③病史中体温记载不全，但系统检查具有明显的临床症状和血液学变化，吞铁细胞在2/10 000以上，或连续两次在1/10 000以上者。

④可疑马传染性贫血患畜死亡后，根据生前资料，结合病理剖检和病理组织学检查，其病变符合马传染性贫血变化者。

2. 实验室检测　在国际贸易中，指定诊断方法为琼脂凝胶免疫扩散试验（AGID），替代诊断方法为酶联免疫吸附试验（ELISA）。

实验室检测进行病原鉴定和血清学诊断。

被检材料的采集：采取可疑马的血液备用，以供检测用。

（1）病原鉴定

①病原分离鉴定：取可疑马的血液样品，接种到用无马传染性贫血的马匹制取的白细胞培养物中，进行病毒分离。分离病毒或分离物中的EIA特异抗原可用酶联免疫吸附试验（ELISA）、免疫荧光试验（IFT）、分子试验或易感马接种进行鉴定。但以马白细胞分离EIAV一般不易成功。

②动物接种：当马匹感染状况无法准确判定时，可采用易感马接种试验检测。在接种前，易感马必须经抗体检测为阴性，然后取疑似马全血静脉接种到易感马体内，接种量一般为1～25mL全血就足以感染，但有时需多达250mL全血或需这么多血液提取白细胞接种物。接种后要观察易感马匹的临床状况和检测其抗体水平。试验期至少为45d。

③聚合酶链式反应（PCR）检测：采用PCR检测EIAV感染马。具体有套式聚合酶链式反应

（n-PCR）和实时反转录聚合酶链式反应（rtRT-PCR）。其中n-PCR是用前病毒 *gag* 基因区序列设计引物，可检测马外周白细胞中EIAV前病毒DNA。n-PCR对EIAV野毒株检测敏感，最低检测限（LLD）约10个靶DNA基因拷贝。

PCR通常在下列情况下采用：①血清学检测结果矛盾；②疑似感染，但血清学结果阴性或不确定；③作为血清学阳性结果确诊的补充试验；④早期感染（在血清抗体产生前）确诊；⑤对抗血清和疫苗生产，以及血液供体等所用马匹进行无疫确认；⑥感染母马所生马驹状况确诊。

建议每份诊断样品进行重复检测，以确认试验是否具有高敏感性。为避免交叉污染，试验时应严格遵照试验程序。

（2）血清学诊断　由于感染马终生带毒，因此只要检出其血清EIAV抗体，就可确诊为EIAV感染。但年龄低于6个月马应确认是否源自母源抗体。血清学诊断方法有补体结合反应（CF），琼脂免疫扩散试验（AGID）、免疫荧光技术、酶联免疫吸附试验（ELISA）、斑点酶联免疫吸附试验（Dot-ELISA）等。其中琼脂免疫扩散试验（AGID）为国际贸易指定试验，酶联免疫吸附试验（ELISA）为替代试验。

除感染初期马和感染母马所生马驹之外，AGID和各种ELISA试验是检测EIA的准确、可靠方法。

①补体结合反应（CF）：具有较高的特异性和敏感性，对隐性感染马和慢性病马也有很大的诊断价值，具体操作参照《动物检疫规程》。

②琼脂免疫扩散试验（AGID）：具有很高的特异性，对慢性及隐性病马检出率为96.88%，对急性、亚急性病马检出率为88.15%。此外，该方法可用于检测幼驹体内的母源抗体，它是一种简便、易于推广使用的检测方法。

③免疫荧光技术：分为直接法和间接法两种。直接法用于对抗原的检验，间接法主要用于检查抗体，都具有很高的敏感性和特异性。

④酶联免疫吸附试验（ELISA）：具有敏感度高，特异性强，用于马传染性贫血的检疫、定性和疫场净化。用ELISA检测阳性的，需经AGID验证。

⑤斑点酶联免疫吸附试验（Dot-ELISA）：主要用于马传染性贫血驴白细胞弱毒疫苗接种马的检测，以便与马传染性贫血感染马进行鉴别诊断。

3. 鉴别诊断　本病应注意与马梨形虫病、马伊氏锥虫病、马钩端螺旋体病、营养性贫血鉴别。可采用血清学方法进行鉴别诊断。

［防治与处理］

1. 防治　必须贯彻执行《马传染性贫血防治试行办法》等有关法规文件的规定，切实做好养（饲养）、防（防疫）、检（检疫）、隔（隔离）、封（封锁）、消（消毒）、处（处理）等综合性防治措施。具体做好以下几点：

（1）加强饲养管理，增强马匹体质，提高抗病能力。

（2）搞好马厩及其周围的环境卫生，消灭蚊、虻等及防止其侵袭马匹。可用0.5%二溴磷或0.1%敌敌畏溶液喷洒。

（3）不从疫区购进马匹，对新购的马、骡及驴必须隔离观察1个月以上，经过临床综合诊断和两次血液学检查（间隔20～30d），确认无马传染性贫血后，方可混群。

（4）外出时要自带饲槽、水桶等用具，禁止与其他马群混喂、混饮和混牧。

（5）经检疫健康马、假定健康马，紧急接种马传染性贫血驴白细胞弱毒疫苗。

2. 处理　发现病马或检疫出病马，应立即上报疫情，划定疫点、疫区，并对疫区实行封锁，对疫区内病马、可疑马进行隔离，并对病马污染的厩舍、场地、用具等彻底消毒，可用2%～4%热氢氧化钠溶液消毒，粪便进行发酵处理3个月以上。病马要按规定集中扑杀处理，对扑杀或自然死亡病马尸体进行焚烧或深埋，或在化制厂进行无害处理加工为饲料。

二、马流行性淋巴管炎

流行性淋巴管炎（epizootic lymphangitis, EL）又称假性皮疽（pseudofarcy），是由荚膜组织胞质菌皮疽变种引起马属动物（偶尔也感染骆驼）的一种慢性、接触传染性真菌病。以皮下淋巴管及其邻近淋巴结发炎，并形成脓肿、溃疡和肉芽肿结节为特征。我国将其列为二类动物疫病。

［病原特性］

病原为荚膜组织胞质菌皮疽变种（*Histoplasma capsulatum* var.*farciminosum*, HCF），属于爪甲团囊菌目（Onygenales）组织胞质菌科（Ajellomycetaceae）组织胞质菌属（*Ajellomyces*）荚膜组织胞质菌（*Ajellomyces capsulatus*）成员。

荚膜组织胞质菌有3个变种：一是荚膜变种（HCC），危害人类；二是杜氏变种（HCD），危害人类；三是皮疽变种（HCF），危害马属动物。对四种独立蛋白编码基因DNA序列差异分析，荚膜组织胞质菌至少有8个分支，即北美1型和2型、南美A群和B群、澳大利亚型、荷兰型、欧洲型和非洲型。HCF在进化关系上，与HCC南美A群H60～H64、H67、H71和H74～H76型分支关系密切；在抗原上，HCF与HCC无法区别。

HCF在形态上与丝状型和酵母型真菌关系密切，为双相型真菌，在土壤中呈丝状型，而酵母型通常见于病灶中。菌丝型HCF可产生各种分生孢子，如厚膜孢子、节孢子和某些芽生分生孢子，但不产生HCC丝状型常见的圆形双壁大型分生孢子。酵母型HCF为革兰氏阳性，形态多样，呈卵圆形至球形结构，直径为2～5μm，常单在或成丛，可见于巨噬细胞内或细胞外，菌体周围常有晕环（未着色的荚膜）。

HCF在动物体内寄生阶段以孢子繁殖为主，在培养基上生长阶段以菌丝繁殖为主。病畜脓汁中的病菌呈圆形或卵圆形，或一端钝圆而另一端稍尖，呈瓜子形。在脓汁压滴标本上的菌体多散在或2～3个相连，偶尔可见短链状排列。用龙胆紫加温染色、姬姆萨染色或革兰氏染色检查时，可见菌体边缘着染明显，内膜淡染或不着色，小颗粒浓染，在固体培养基上生长时，可形成蚕豆大小、淡黄褐色、类似爆玉米花样菌落。在液体培养上形成淡黄色的多皱褶菌膜，液体保持透明。

HCF为需氧菌，培养困难，发育缓慢，培养适温为22～28℃,pH5.0～9.0。常用培养基有2%葡萄糖甘油琼脂、沙保培养基及4%甘油葡萄糖肉汤等。

HCF对外界因素抵抗力顽强。病变部位的病原菌在直射阳光作用下能耐受5d，60℃能存活30min，80℃仅几分钟即可被杀死。0.2%升汞要60min才能杀死，5%～20%漂白粉中要1～3h才能死亡，5%石炭酸要1～5h才能死亡。在0.25%石炭酸、0.1%盐酸溶液中能存活数周。在1个大气压的热压消毒器中10min即可杀死。在干燥的培养基上可生存1年，在密封的培养基能存活1年以上。病畜厩舍污染本菌经6个月仍能存活。

在培养基上生长的本病原菌在日光直接作用下能存活5d，60℃加热能抵抗1h，80℃几分钟即可杀死。0.2%升汞、5%石炭酸、1%甲醛溶液、5%石灰乳1～5h可杀死本菌，在5%～20%漂白粉中要1～3h才能杀死本菌。

[分布与危害]

1. 分布　本病在14世纪首次报道，19世纪中期已广泛流行地中海地区，以后传播到更多地区，如意大利、埃及、南非、苏丹、伊朗、土耳其、希腊、德国、法国、秘鲁、日本、中国、印度、巴基斯坦、印度尼西亚、缅甸、越南、泰国等都有发生本病的报道。在北非、东非和部分亚洲国家呈地方流行。

2. 危害　由于本病流行于世界许多国家和地区，呈地方性流行，且感染发病很难清除，至今未能探索出安全有效的全身药物疗法，患病后马逐渐消瘦，运动障碍，给养马业造成较大经济损失。

[传播与流行]

1. 传播　马、驴、骡易感，骆驼和水牛也可偶然感染。有报道人也可感染。

传染源主要是患畜病灶的排出物，含有本菌的泥土也是传染源。

传播途径是通过与病畜脓性分泌物直接接触时，经受伤的皮肤和黏膜等途径传染；或通过受污染的物体（厩舍、用具、马具、垫草、土壤及管理人员工作服和医疗器械）间接地传播。也可通过昆虫（蝇、蚊及虻）在患畜与健畜间频繁吮吸和叮咬造成机械传播或经呼吸道吸入等途径传播。一般认为结膜型EL是由家蝇属或螫蝇属传播的；肺型EL可能经呼吸道吸入传播，但该病型不常见。本病不能经消化道传染。

2. 流行　本病无明显季节性，但以秋末及冬初多发。潮湿地区、洪水泛滥后多发。发病与年龄无关，但以2～6岁的马属动物发病率较高。

[临床症状与病理变化]

1. 临床症状　本病潜伏期从3周至2个月，多为40～50d。其长短常取决于病菌的毒力、感染次数和机体的抵抗力。人工感染为30～60d。

临床主要表现为皮肤、皮下组织及黏膜发生结节、脓肿、溃疡，淋巴管索状肿及串珠状结节。

皮肤（皮下组织）结节、脓肿和溃疡：常见于四肢、头部（尤其是唇部），其次为颈、背、腰、胸侧和腹侧。初为硬性无痛结节，随之软化形成脓肿，破溃后流出黄白色混有血液的脓汁，形成溃疡。继而愈合或形成瘘管。

黏膜结节：常侵害鼻腔黏膜，可见鼻腔流出少量黏液脓性鼻汁，鼻黏膜上有大小不等黄白色圆形或椭圆形扁平隆起的结节，表面光滑干燥，边缘整齐，周围无红晕。结节逐渐破溃，遗留散的或融合的高低不平的溃疡面。下颌淋巴结也多同时肿大，甚至化脓破溃；口唇、眼结膜及生殖道黏膜，公畜的包皮、阴囊、阴茎和母畜的阴唇、会阴、乳房等处也可发生结节和溃疡。

淋巴管索状肿及串珠状结节：病菌引起淋巴管内膜炎和淋巴管周围炎，使之变粗变硬呈索状。因淋巴管瓣膜栓塞，在索状肿胀的淋巴管上形成许多串珠状结节，呈长时间硬肿，而后变软化脓，破溃后流出黄白色或淡红色脓液，形成蘑菇状溃疡。

本病常呈慢性经过，体温一般不升高，全身症状不明显。

2. 病理变化　剖检时可见皮下和皮下组织有大小不等的化脓性病灶，局部淋巴管内充满脓性分泌物和纤维蛋白凝块；单个结节是由灰白色柔软的肉芽组织构成，其中散布着微红色病灶；局部淋巴结通常肿大并含有大小不等的化脓病灶，陈旧者被坚韧的结缔组织所包围。鼻黏膜表面有扁豆大的扁平突起、灰白色小结节或边缘隆起的溃疡。有些病例的肺和脑组织可见小化脓病灶；四肢关节含有浆液性脓性渗出物，周围的组织中有化脓性病灶。

［诊断与检疫技术］

1. 初诊　根据典型临床症状和病理变化可做出初步诊断，确诊需进一步做实验室检测。

2. 实验室检测　进行病原鉴定和血清学检查。

本病确诊主要依靠荚膜组织胞质菌皮疽变种（HCF）病原鉴定。由于血清抗体通常在临床症状出现时或稍后出现，所以血清抗体检测对本病的诊断意义不大。

被检材料的采集与保存：病料直接从未破裂的化脓结节和病变淋巴结采集，用于病原分离的，要将病料放入含有抗生素的液体营养培养基中冷藏保存待检。用于病理组织学检查的，要将病料置10%中性福尔马林缓冲液中保存待检。

（1）病原鉴定

1）直接镜检

①压滴标本或涂片镜检：可将少许脓汁置于载玻片上，以少量10%氢氧化钠或生理盐水稀释，盖上盖玻片，制成压滴标本，然后在400～500倍显微镜下检查；或将脓汁直接涂片后，用革兰氏染色镜检，可见到典型的酵母型菌体（酵母型HCF为革兰氏阳性，形态多样，呈卵圆形至球形结构，直径为2～5μm，常单在或成丛，菌体周围常有晕环）

②组织切片镜检：病料组织切片用苏木精伊红（HE）染色，可观察典型的病理变化，即肉芽肿性炎症并伴有纤维组织增生。病料组织切片采用苏木精伊红（HE）、过碘酸雪夫（PAS）和戈莫里六胺银（GMS）染色，均可在巨噬细胞或多核巨细胞（MGC）内、外发现大量菌体，菌体直径2～5μm，嗜碱性，形态多样，常大量聚集似柠檬状；用HE染色或革兰氏染色，菌体周边有"晕"。

③电镜检查（EM）：采取1.5～2.0mm活检皮肤样品，立即置2%戊二醛磷酸盐缓冲溶液中于4℃下预固定，然后再用1%四氧化锇溶液固定，超薄切片，用乙酸双氧铀（UA）和柠檬酸铅（LA）染色，于电子显微镜下观察HCF细微结构，如细胞被膜（CE）、细胞质膜（PM）、细胞壁、荚膜以及细胞内部结构。

2）病原分离培养　病原分离培养可采用真菌琼脂（MBA）、含2.5%甘油的沙保葡萄琼脂（SDA）、含10%马血的心脑浸液琼脂（BHIA）或类胸膜肺炎菌（PPLO）营养琼脂等培养基。建议在培养基中添加放线菌酮（0.5g/L）和氯霉素（0.5g/L）等抗生素，也可采用庆大霉素（0.5mg/L）和青霉素G（6×10^6IU/L）等。将采集的病料接种在上述培养基上，置26℃下培养2～8周后，可观察到灰白、粒状、干燥皱缩的菌丝型菌落，老龄菌落呈棕色；也可形成气生型菌丝，但罕见。

酵母型HCF确诊检查：可取部分菌丝型菌体接种到5%马血BHIA或单独用Pine's培养基置5%二氧化碳35～37℃条件下进行诱导培养。酵母型菌落扁平，隆起、皱褶，白色至灰褐色，糊状；要获得完全转化的酵母型菌落，则需每8d更换一次新鲜培养基，需更换4～5次。

3）动物接种　小鼠、豚鼠或家兔可通过实验接种感染荚膜组织胞质菌皮疽变种（HCF），其中以免疫抑制小鼠高度易感，可用于HCF诊断。

如果病原检查阴性而临床上可疑的病畜，应进行皮肤过敏反应试验（SHA）。

（2）血清学检查　血清抗体检测方法有以下几种。

1）荧光抗体试验（FAT）　可采用间接荧光抗体试验（IFA）和直接荧光抗体试验（DFA）。

2）间接酶联免疫吸附试验（I-ELISA）　菌丝型菌体用试管沙保劳葡萄琼脂（SDA）置26℃下培养4周产生。

3）被动血凝试验（PHA）　也称间接血凝试验（IHA）。

4）皮肤过敏反应试验（SHA）　SHA可用于本病诊断，不仅特异性强，而且检出率高。本病诊断用的特异性过敏反应原有两种：一种是用固体培养基上的菌体制备而成，另一种是用液体培养物的滤过液制备而成。这两种过敏反应原使用方法和判定标准均不相同。

3. 鉴别诊断　本病应与鼻疽、溃疡性淋巴管炎、孢子丝菌病和组织胞质菌病相鉴别。

[防治与处理]

1. 防治　①经常刷拭马体，保持动物体表的清洁卫生，消除一切可导致外伤的因素。②动物体表发生外伤后，应及时治疗。③对动物体表出现可疑的小脓肿及久治不愈的瘘管，要进行相应的检查。④对新购进的马、骡，应做细致的体表检查，注意有无结节和脓肿，防止带入病马。

2. 处理　①马群中发生本病时，应按《中华人民共和国动物防疫法》规定，采取严格控制、扑灭措施，防止扩散。病马应及时隔离、治疗（手术疗法和药物疗法，两性霉素是治疗本病的首选药物）。患病严重的马予以扑杀。病死马尸体应深埋或焚烧。②被污染的厩舍、马场以及饲养用具，应以10%热氢氧化钠或20%漂白粉液消毒，每10～15d 1次，刷拭用具及鞍具等应以5%甲醛液消毒。粪便经发酵处理。③治愈马应继续隔离观察2.5个月后，方可混群。④在马群中有本病传播流行趋势时，应及时接种T21～71弱毒疫苗，一次颈部皮下接种4mL，保护率为84%。

三、马鼻疽

马鼻疽（glanders）俗称皮疽，是由鼻疽伯氏菌引起的主要感染单蹄动物的一种人畜共患性细菌疾病。主要在马、骡、驴等马属动物中流行，以在鼻腔、喉头、气管黏膜或皮肤上形成特异性鼻疽结节、溃疡或斑痕，在肺、淋巴结或其他实质器官发生鼻疽性结节为特征。人也可感染。OIE将其列为必须通报的动物疫病，我国将其列为二类动物疫病。

[病原特性]

病原为鼻疽伯氏菌（*Burkholderia mallei*，Bm），属于伯氏菌目（Burkholderiales）伯氏菌科（Burkholderiaceae）伯氏菌属（*Burkholderia*）类鼻疽群（Pseudomallei group）成员。以前称鼻疽假单胞菌（*Pseudomonas mallei*），曾隶属于假单胞菌科假单胞菌属。由于伯氏菌属成员均可经气溶胶传播，故生物安全风险大。

Bm为无芽孢、无荚膜（但有荚膜样被膜）、无鞭毛、不能运动的两端钝圆、中等大小的杆菌，菌体长2～5μm，宽0.3～0.8μm。幼龄培养物大半是形态一致呈交叉状排列的杆菌，老龄培养物中呈明显的多形态性，如棒状和长丝状等，易被苯胺染料着色，革兰氏染色阴性。如用美蓝染色后再用碘液处理老龄菌体时可见其内部有着色不均的颗粒或菌体两端浓染现象。

Bm为需氧菌，当有硝酸盐存在时为兼性厌氧菌，最适宜在37℃下生长，最适pH为

6.4～6.8。在普通培养基上生长良好，但缓慢（一般需培养72h），而富含甘油培养基有利Bm生长。在甘油琼脂培养基中培养几天后，生长物融合成片，稍带奶油色，且光滑、湿润、黏稠，继续培养时，生长物增厚变硬，呈暗棕色；在甘油土豆琼脂和甘油肉汤培养基中Bm生长良好，呈黏性菌膜型。但在普通营养琼脂上生长不佳，在明胶上生长更差。

鼻疽伯氏菌（Bm）与类鼻疽伯氏菌（Bp）关系密切，但后者一端有鞭毛，能运动。

在血清学上Bm有两种抗原：一种是特异性抗原，另一种是与类鼻疽伯氏菌在凝集试验、补体结合试验及变态反应试验中均有交叉反应的抗原。

Bm对外界抵抗力不强。日光照射24h死亡，加热80℃ 5min将其杀死，5%漂白粉、2%福尔马林、3%来苏儿、10%石灰乳、1%氢氧化钠和0.01%升汞等消毒剂经过1h均可将其杀死，但0.1%升汞则仅需1～2min即可杀死。次氯酸钠（500mg/L有效氯）、碘、氯化汞乙醇溶液和高锰酸钾等是杀灭本菌的高效消毒药。

Bm在腐败的污水中能生存2～3周，在潮湿的厩舍中能生存20～30d，在自来水中能生存6个月。对金霉素、四环素、土霉素、新霉素及磺胺嘧啶等敏感，但对青霉素、红霉素、呋喃西林等不敏感。

［分布与危害］

1. 分布　本病的病原在1882年首先由Loeffler和Schuts分离，当时称为鼻疽杆菌，现命名为鼻疽伯氏菌。本病已广泛流行于世界各国，在亚洲、非洲或南美部分国家长期流行。我国广大马群中曾有过长期的流行传播，1949年后，由于采取了一系列综合防治措施，目前已基本控制了本病的发生。

2. 危害　鼻疽为人畜共患传染病。马多呈慢性经过，驴、骡呈急性，人感染后也多呈急性，对养马业的威胁很大。

［传播与流行］

1. 传播　以马、驴、骡为易感，尤以驴、骡最易感，感染后常呈急性经过，但感染率比马低，马感染后多呈慢性经过，也有呈急性经过。不同性别、不同年龄马对鼻疽的感受性无显著差异。野生或动物园饲养的猫科动物、骆驼、熊、狼和犬也可感染，食肉动物通过撕食感染性肉类而发病。牛和猪可抵抗本病，小反刍兽通过密切接触鼻疽马也可发病。人也能感染，且多呈急性经过。

传染源主要为鼻疽病马，尤以开放性鼻疽马最危险；慢性和亚临床病例可长期或间歇性向外排菌，也是危险的传染源。病菌存在于鼻疽结节和溃疡中。主要随着鼻涕、皮肤的溃疡分泌物等排出体外，污染饲养环境中的用具、草料、饮水、厩舍等。

本病传播途径主要是消化道和呼吸道，通过摄入或吸入污染物（如污染的饲料、饮水）而发病；也可经损伤的皮肤、黏膜传染。人主要是通过直接接触发病动物或污染物而感染（主要经创伤的皮肤和黏膜感染，经食物和饮水感染的罕见）。

2. 流行　本病一年四季均可发生。新发地区常呈暴发流行，且多呈急性经过；常发地区，多呈慢性经过。

［临床症状与病理变化］

1. 临床症状　潜伏期长短不一，主要取决于病菌毒力、数量及感染途径。自然感染的潜伏期约4周，或更长时间，人工感染为2～5d。OIE《陆生动物卫生法典》规定为6个月。

按病程可分为急性型和慢性型两类，驴和骡常呈急性经过，通常在数天内死亡；马一般呈慢性经过，感染马可存活数年。

根据病菌侵害部位，本病又可分为肺鼻疽、鼻腔鼻疽、皮肤鼻疽三种病型。鼻腔鼻疽和皮肤鼻疽经常向外排菌，故又称开放性鼻疽。这三种鼻疽可相互转化：一般以肺鼻疽开始，后继发鼻腔鼻疽或皮肤鼻疽。

（1）急性鼻疽　多见纯种马、驴及骡。体温升高（39～41℃），呈弛张热型，可见黏膜潮红，脉搏加快（60～80次/min），呼吸促迫，下颌淋巴结肿大疼痛（常为一侧性），表面凹凸不平。

当肺部出现大量病变时，称为肺鼻疽。除发生上述全身症状外，肺鼻疽主要表现干咳，流鼻液，呼吸增数，呈腹式呼吸。病重时叩诊肺部有浊音或破壶音，听诊有湿啰音和支气管呼吸音。

当鼻疽病变侵害鼻腔时，称为鼻腔鼻疽。多由肺鼻疽转移而来。最初表现为鼻黏膜红肿，一侧或两侧鼻孔流出浆液-黏液性鼻汁。随后，鼻腔黏膜出现粟粒大至高粱米粒大的、边缘呈红色的透明小结节。结节迅速由中心坏死、崩溃，形成大小不等的溃疡。溃疡的边缘稍隆起，底部呈灰色或黄色，并不断排出黏液脓性或混有血液的分泌物。随着病情发展，重者可致鼻中隔和鼻甲壁黏膜坏死脱落，甚至鼻中隔穿孔。这时鼻孔流出大量混有血液的脓鼻汁。最后可能在极度衰竭状态下死亡。

当鼻疽病变侵害皮肤时，称为皮鼻疽。多由肺鼻疽转移而来。除具有全身症状外，常于四肢、胸侧和腹下等处发生局部热痛肿胀，继而形成硬固的大小不一的结节（小的如黄豆，大的如胡桃、鸡蛋）。不久结节化脓软化而破溃，排出灰黄色或红色黏稠的脓汁，形成边缘不整的溃疡，迟迟不能愈合。病灶附近淋巴结呈索状肿胀。沿索状肿有许多念珠的结节，结节破溃又形成新的溃疡。发生于后肢的皮肤鼻疽病变，由于病灶的扩大蔓延、淋巴管肿胀和皮下组织增生，导致皮肤高度肥厚，使后肢变粗如大象腿一样，而称为"象皮病"或"厚皮病"。急性经过的皮鼻疽，最后多在出现鼻腔鼻疽的情况下死亡。

（2）慢性鼻疽　最为常见，占鼻疽患马的80%～90%。病程较长，可持续数月至数年。这种患马又可分为两种类型：一种是病变仅局限于侵入的门户——咽部和某些脏器，临床上没有任何可疑病状，只有在变态反应诊断时出现阳性反应；另一种在感染初期，曾一度出现某些全身症状，后来逐渐消失，而转化为慢性鼻疽，但其中有些患马仍残留某些症状，最常见的是鼻腔内的慢性鼻腔溃疡和流出呈油样的黏液-脓性鼻汁。这种病马被称为慢性开放性鼻疽马，具有强大的传染力，为主要的传染源。如外环境恶劣和抵抗力下降的情况下，可恶化而转变为急性经过，迅速衰竭死亡。

2. 病理变化　鼻疽的特异性病变，多见于肺脏，占95%以上，其次见于肝脏、脾脏、淋巴结、鼻腔和皮肤等处。在鼻腔、喉头、气管等黏膜及皮肤上可见到鼻疽结节、溃疡或疤痕；有时可见鼻中隔穿孔。肺脏的鼻疽病变主要是鼻疽结节和鼻疽性支气管肺炎的病理变化。肝脏和脾脏的鼻疽病变主要为鼻疽性结节的病变。

本病主要为急性渗出性和增生性变化。渗出性为主的鼻疽病变见于急性鼻疽或慢性鼻疽的恶化过程中。增生性为主的鼻疽病变见于慢性鼻疽。

在本病的早期，各器官（肺、肝、脾等）的鼻疽结节以渗出性鼻疽结节为主，结节大小不一，从粟粒大到核桃大小，并伴有充血和出血变化；随着病情的发展，可转化为增生性结节，即结节中心坏死、化脓、干酪化、周围有增生性组织形成的红晕包裹。病的后期，结节性病灶可能被机体吸收或被钙化。此外，可见淋巴管化脓并形成糜烂性溃疡，全身淋巴结出现髓样肿胀，进而化脓形成干酪样的结节。

肺鼻疽：鼻疽结节大小如粟粒、高粱米及黄豆大，常发生在肺膜面下层，呈半球状隆起于表面，有的散布在肺深部组织，也有的密布于全肺，呈暗红色、灰色或干酪样。

鼻腔鼻疽：鼻中隔多有典型的溃疡变化。边缘不整，中央像喷火口，底面不平呈颗粒状；溃疡数量不一，散在或成群。鼻腔内结节为粟粒状或绿豆样大小，呈黄白色，周围有红晕环绕；鼻疽瘢痕呈放射状。

皮肤鼻疽：常在前躯及四肢发现串珠状结节和特征性溃疡。溃疡边缘凹陷，呈堤状突起，底部覆盖油脂样物质。

[诊断与检疫技术]

由于鼻疽的病情复杂，需用临床、细菌学、变态反应、血清学及流行病学等综合诊断。但在大规模鼻疽检疫或对个别可疑鼻疽马诊断时，通常以临床检查和鼻疽菌素点眼为主，配合进行补体结合反应进行诊断。至于病理学诊断只在必要时进行。

细菌学检查确实可靠，但实际检疫工作中很少应用。只限于某些可疑的开放性鼻疽患畜或扑杀及死亡的尸体，有时为了与其他类似疾病进行鉴别，采取溃疡的分泌物、脓肿的脓汁或器官的结节进行细菌学检查。

1. 初诊　根据急性型鼻疽的临床症状，流行特点及病理学检查可做出初步诊断。但对该病的确诊或对慢性型病例的诊断则需要进行实验室检测。

2. 实验室检测　在国际贸易中，指定诊断方法为马来因试验（Mallein试验）和补体结合试验（CF），无替代诊断方法。

被检材料的采集：细菌分离最好从未开放、未污染的病灶采集病料。若是污染样品应采用青霉素预处理（1 000IU/mL，37℃作用3h）。送检样品应安全包装、冷藏并严格按生物安全材料运输规定送检。

病料处理和试验操作应在生物安全三级实验室进行。

处理疑似或已知感染动物或污染物时，应严格采取防范措施，以防感染人或其他马匹动物。

（1）病原鉴定

①病原形态镜检：取新鲜病灶涂片，用亚甲蓝或革兰氏染色镜检，可见到大量菌体，主要存在于细胞外，而陈旧病灶菌体稀少。鼻疽伯氏菌（Bm）在电镜下，可观察到荚膜样被膜，该被膜由中性碳水化合物组成，可保护细菌免受不利环境影响。

在组织切片中，Bm成串株状外观，但不易观察到。

在培养基中，Bm形态多样，随培养基类型和培养时间而异。在老龄培养基Bm呈多形性，在肉汤培养基表面Bm成丝状分支型。

②病原分离培养与生化鉴定：可用灭菌棉拭子采取鼻汁、溃疡分泌物及脓肿的脓汁，将拭子插入灭菌试管中或含500IU/mL青霉素生理盐水或甘油肉汤中，以备做直接分离培养或动物感染试验。直接分离培养所用的培养基需添加革兰氏阳性菌生长抑制物质（如结晶紫、原黄素），也可采用选择性培养基培养（其配方是每100mL营养琼脂中含甘油4%、驴或马血清10%、绵羊血红蛋白或胰蛋白胨0.1%、多黏菌素E 1 000单位、杆菌肽250单位和放线酮0.25mg）。

初代分离时，如使用不加血液或色素的选择琼脂平板，培养42～48h的菌落，于45°折射光线下扩大10倍观察，呈现特殊荧光性和刻纹结构，易于识别，再以特异性抗血清做活菌玻片凝集试验，可做出初步鉴定。为了确诊，可再进行生化性状鉴定和动物接种试验。

Bm生化性状鉴定：由于Bm在体外培养后某些特征可能发生变化，因此需要挑取新鲜的分离物进行生化鉴定。Bm可使石蕊牛奶轻度变酸，长时间培养可使牛乳凝固；能降解硝酸盐；可发酵葡萄糖，但缓慢且不稳定；如选用合适的培养基和指示剂，除葡萄糖外，Bm还可发酵阿拉伯糖、果糖、半乳糖和甘露醇等；Bm不产生吲哚和可溶性色素，不溶解马血。

③实验动物接种：必要时可用豚鼠、仓鼠或猫接种试验进行细菌分离。取可疑病料（如病料样品被严重污染，则应增加去污或抑杂菌措施）给250g公豚鼠腹腔接种，由于该试验敏感性仅为20%，故接种数量应在5只以上。注射后3～5d，阳性反应者可引起腹膜炎和睾丸炎，即施特劳斯（Strauss）反应。然后扑杀，收集感染睾丸进行细菌学检查，以确诊该反应的特异性（因为施特劳斯反应不是鼻疽特异的，其他细菌也可诱发）。若可疑病料给仓鼠皮下注射，感染后常于3～7d死亡，然后取脾和肝进行细菌学检查。若可疑病料给猫后脑部皮下注射，感染猫在注射后8～15d死于败血症，通常在出现症状后即可扑杀，取心血和内脏进行细菌学检查。

④聚合酶链式反应（PCR）：目前多种普通PCR和实时PCR方法，可用于病原鉴定。

⑤分子定型技术：有PCR限制性片段长度多态性分析（RFLP）和脉冲场凝胶电泳（PFGE），可用于Bm分离株进一步分析。

多位点序列分型技术（MLST），通过纯化DNA进行菌株分型，可免去反复培养病原或菌株保存维护麻烦。

（2）马来因（Mallein）试验　马在感染鼻疽后2～3周，即可出现变态反应。这种变态反应可长时间保持，有的可达10年以上，甚至终生。有些患马的变态反应可出现波动，少数患马自愈后，经过一段时间后阳性反应可以消失。另有一些患马因病情恶化，陷于极度衰竭时，也可以出现阳性反应的消失。对马是否感染鼻疽可用马来因试验（鼻疽菌素试验）进行诊断。

马来因试验为国际贸易指定试验，具体有鼻疽菌素点眼试验、鼻疽菌素眼睑皮内试验和鼻疽菌素皮下试验三种方式。常用鼻疽菌素点眼试验，具体操作见下面：介绍鼻疽菌素点眼试验的检验方法及判定标准。

鼻疽菌素点眼试验操作简便易行，特异性和检出率均较高，无论对急性、开放性或慢性鼻疽马，都有较高的诊断价值，适合于大批马、骡的检疫，尤其是以5～6d的间隔反复点眼时，检出率更高。

（3）血清学试验　马鼻疽检疫中应用的血清学方法有以下几种。

①补体结合试验（CF）：为国际贸易指定试验，是最常用的方法。在鼻疽菌素点眼试验的同时，常用补体结合试验作为辅助诊断方法，并认为可用来区分鼻疽菌素阳性马的类型，可检出大多数活动性患畜。CF不足之处是敏感性不如马来因试验。

②酶联免疫吸附试验（ELISA）：有平板酶联免疫吸附试验、膜（阻断）酶联免疫吸附试验和竞争酶联免疫吸附试验（C-ELISA）。

③其他血清学试验：如生物素-亲和素斑点酶联免疫吸附试验、玫瑰苯平板凝集试验（RBT）。

3. 鉴别诊断　在临床检查时，本病应与其他鼻黏膜或鼻窦慢性感染、马腺疫、流行性淋巴管炎、溃疡性淋巴管炎、伪结核杆菌病和孢子丝菌病相鉴别。

［防治与处理］

1. 防治　由于目前既没有人工免疫方法，又没有对反应性鼻疽病畜彻底治愈的有效疗法。世界各国所采取的措施大致有两种方式：一种是实行定期鼻疽菌素检疫，对阳性者，不论有无临床症状，一律扑杀。如英国、法国、德国及意大利均用此法，迅速消灭了鼻疽。另一种是对开放性及活动性鼻疽马全部扑杀，对非活动性的鼻疽菌素阳性马（无临床症状，补体结合试验阴性）不予宰杀，实行集中隔离，并将它们所产的幼驹，通过一系列检疫、淘汰等措施后，培育出健康幼驹，以更新马群，达到消灭鼻疽的目的。我国采取的措施与后者相类似。综合防控本病的措施如下：

（1）加强饲养管理，提高马匹的抗病能力，做好厩舍及环境卫生，固定饲槽、水桶及使役用具，并定期进行厩舍消毒。

（2）异地调运马属动物，必须来自非疫区。出售马属动物的单位和个人，应在出售前按规定报检，经当地动物防疫监督机构检疫，证明马属动物装运之日无马鼻疽症状，装运前6个月内原产地无马鼻疽病例，装运前15d经鼻疽菌素试验或鼻疽补体结合反应试验，结果为阴性，并签发产地检疫证明，方可启运。

调入的马属动物必须在当地隔离观察30d以上，经当地动物防疫监督机构连续两次（间隔5～6d）鼻疽菌素试验检查，确认健康无病方可混群饲养。

运出县境马属动物，运输部门要凭当地动物防疫监督机构出具的运输检疫证明承运，证明随畜同行。运输途中发生疑似马鼻疽时，畜主及承运者应及时向就近的动物防疫监督机构报告，经确诊后，动物防疫监督机构就地监督畜主实施扑杀等处理措施。

（3）引入马属动物精液应满足以下条件：供精马属动物无马鼻疽临床症状；供精马属动物经马鼻疽实验室病原学或血清学检测，结果呈阴性。

（4）做好稳定控制区和消灭区的监测工作。对稳定控制区，每年每县抽查200匹（不足200匹的全检），进行鼻疽菌素试验检查，如检出阳性反应的，则按控制区标准采取相应措施。对消灭区，每县每年鼻疽菌素试验抽查马属动物100匹（不足100匹的全检）。

2. 处理　①发现疑似患病马属动物后，应立即隔离患病马属动物，同时立即向当地动物防疫监督机构报告。动物防疫监督机构接到报告后，应及时派人员到现场进行诊断，并采取病料进行实验室诊断。确诊为马鼻疽病畜后，采取隔离、扑杀、销毁、消毒等措施，并通报毗邻地区。划定疫点、疫区、受威胁区，调查疫源，及时报请同级人民政府对疫区实行封锁，并将疫情逐级上报国务院畜牧兽医行政管理部门。疫区封锁解除必须从最后一匹患病马属动物扑杀处理后，经过半年时间采用变态反应试验逐匹检查，未检出阳性马属动物的，方可解除封锁。②对检疫中发现的急性鼻疽马和开放性鼻疽马，一律扑杀后深埋；对慢性反应性鼻疽马进行集中隔离，划定地区控制使役，并做好在患马的右侧臀部烙X样火印，对不具备集中隔离条件者，则扑杀处理。

四、马巴贝斯虫病

马巴贝斯虫病（equine babesiosis，EB）属马梨形虫病（equine piroplasmosis，EP）之一。马梨形虫病是由马泰勒虫和驽巴贝斯虫经蜱传播，寄生在马、驴、鹿和斑马红细胞而引起的血液原虫病。临床症状以高热、贫血和黄疸为主要特征。OIE将其列为必须通报的动物疫病，我国将其列为二类动物疫病。

[病原特性]

马梨形虫病（EP）病原为驽巴贝斯虫（*Babesia caballi*）和马泰勒虫（*Theileria equi*），两者隶属于顶复门（Apicomplexa）无类锥体纲（Aconoidasida）梨形虫目（Piroplasmida），前者为巴贝斯科（Babesiidae）巴贝斯属（*Babesia*）成员；后者为泰勒科（Theileriidae）泰勒属（*Theileria*）成员。

驽巴贝斯虫裂殖子在红细胞中呈梨形，长度1.8～3.6μm，宽度0.9～2.1μm；成对裂殖子后端相连，是驽巴贝斯虫感染的诊断特征。驽巴贝斯虫生活周期是，孢子体侵入红细胞后转化为滋养体；滋养体生长分裂成2个圆形、卵圆形或梨形裂殖子；裂殖子成熟后侵入新的红细胞，然后重复上述过程。

马泰勒虫裂殖子较小，长度不到2～3μm，呈梨形、圆形或卵形；其特征是4个裂殖子排列在一起，形成称为"马耳他十字"的四联体。马泰勒虫通过蜱叮咬传染，其孢子体先侵入淋巴细胞，并在其胞质中发育形成孢子体，最后形成泰勒虫样裂殖体，裂殖体进入红细胞后释放出裂殖子。

[分布与危害]

1. 分布　本病在欧洲南部、亚洲、非洲、美洲中部和南部，以及美国南部等地区流行。澳大利亚原只有马泰勒虫分布，但目前认为驽巴贝斯虫也呈广泛分布。本病在我国北方大部分省份流行。

2. 危害　本病引起马匹迅速消瘦和虚弱，失去役用价值，给养马业造成一定的经济损失。

[传播与流行]

1. 传播　媒介蜱分属于革蜱属（*Dermacentor*）、扇头蜱属（*Rhipicephalus*）和璃眼蜱属（*Hyalomma*）的12种硬蜱，经证实可传播马泰勒虫和（或）驽巴贝斯虫，其中能经卵传递驽巴贝斯虫的硬蜱有8种。

我国已查明的驽巴贝斯虫的传播媒介蜱有草原革蜱（*Dermacentor nuttalli*）、森林革蜱（*D. silvarum*）、银盾革蜱（*D. niveus*）和中华革蜱（*D. sinicus*）。

感染动物血液长期带虫，是媒介蜱感染的源头。

蜱传播本病是经卵传递，也可经蜱变态过程传递，染病母马也可经胎盘传递给驹。虫体侵入马体后在红细胞内以二分裂法或出芽生殖法繁殖。

2. 流行　本病与蜱的种类、分布的地区性和活动的季节性有关，因此其发生和流行具有地区性和季节性。

[临床症状与病理变化]

1. 临床症状　本病的潜伏期为10～21d。临床可分为最急性型、急性型、亚急型和慢性型四型。

最急性型：罕见，待发现时病马已死亡或濒临死亡。

急性型：最常见，临床特征为高热（通常超过40℃），食欲减退，精神不适，呼吸加快，脉搏频数，黏膜充血，粪球较平常小且干燥。

亚急性型：临床症状与急性型类似。此外，病马体重减轻，有时间歇发热，可视黏膜呈淡粉红色到粉红色，或淡黄色至亮黄色，有时可见瘀血斑，肠蠕动轻微减弱，有轻微疝痛，有时四肢末端轻度水肿。

慢性型：通常表现非特征性症状，如轻度食欲不振，动作迟缓，体重下降，直肠检查常可发现脾肿大。

2. 病理变化　尸体消瘦、黄疸、贫血和水肿。剖解可见心包和体腔积水；脂肪变为胶冻样，并黄染；脾脏肿大，软化，髓质呈暗红色；淋巴结肿大；肝脏肿大，充血，呈褐黄色，肝小叶尖呈黄色，边缘带黄绿色；肾呈黄白色，有时有溢血；肠黏膜和胃黏膜有红色条纹。

[诊断与检疫技术]

1. 初诊　根据临床症状、流行病学和病理变化可做出初步诊断。确诊需进一步做实验室检测。

2. 实验室检测　在国际贸易中，指定诊断方法为间接荧光抗体试验和酶联免疫吸附试验，无替代诊断方法。

被检材料的采集：最好选择急性感染期病畜，从耳静脉或尾静脉等表皮静脉采取血液。血清学检测宜静脉采集马血清。

（1）病原鉴定

①直接镜检：在病马体温升高的当日或第2日采取静脉血做涂片、染色镜检，在红细胞内可发现虫体，即可确诊。但驽巴贝斯虫感染后，即使在急性期也很少出现虫血症，对此可采用厚血涂片检测。

②体外培养：可作为病原鉴定的补充方法。

③分子检测技术：有以下分子生物学检测方法。

种特异的聚合酶链式反应：主要检测18s rRNA。

套式聚合酶链式反应（n-PCR）和环介导等温基因扩增试验（LAMP）：敏感性高。

反向线性杂交技术（RLB）和多重聚合酶链式反应（m-PCR）：不仅敏感性高，而且可同时检测并鉴定驽巴斯虫和马泰勒虫。

（2）血清学试验　在进口马属动物时，出口国虽未发生马梨形虫病，但存在蜱媒时，应首选血清学方法检测。如果直接镜检很难对带虫动物做出诊断时，也可选用血清学方法检测。

①间接荧光抗体试验：为国际贸易指定试验，可用于驽巴贝斯虫和马泰勒虫感染鉴别诊断。

②酶联免疫吸附试验：为国际贸易指定试验，有间接酶联免疫吸附试验（I-ELISA）和竞争抑制酶联免疫吸附试验（C-ELISA）。

间接酶联免疫吸附试验：采用EMA-2和BC48检测病马血清中的抗体，敏感性和特异性高。

竞争抑制酶联免疫吸附试验：采用EMA-1和针对裂殖子表面蛋白表位的特异单克隆抗体，检测马泰勒虫的抗体。

③补体结合试验（CF）：曾为国际贸易指定试验，一些国家曾将其作为进口马检疫的首选试验，目前已被间接荧光抗体试验和酶联免疫吸附试验取代，原因是补体结合试验不能鉴定所有感染动物，尤其是哪些经药物治疗的、具抗补体反应的或者其免疫球蛋白抗体不能结合豚鼠补体的动物。

[防治与处理]

1. 防治 可采取以下一些措施：①搞好环境卫生，做好灭蜱工作，并采取有效的卫生防疫措施防止蜱等传播媒介与马属动物直接接触。例如，可采取杀灭马体上的蜱、杀灭厩舍内的蜱、防止通过饲料和用具将蜱带入厩舍等措施。②从异地调入马属动物时应满足以下条件：装运之日及装运前30d，无马梨形虫病临床症状；装运前30d，在官方报告无马梨形虫病的养殖场隔离饲养，且饲养期间无马梨形虫病例报告，并经马梨形虫病（马泰勒虫和驽巴贝斯虫）诊断试验，结果为阴性；装运前30d，对动物进行驱蜱处理。③有治疗价值的患病马属动物，可隔离治疗，常用三氮脒、咪唑苯脲、台盼蓝、盐酸吖啶黄等药物治疗。

2. 处理 严重病例扑杀，肉和内脏一律作工业用或销毁。

五、伊氏锥虫病

伊氏锥虫病（trypanosoma evansi infection），又称为苏拉病，是由伊氏锥虫引起的马属动物、牛、骆驼的一种血液原虫病，临床以高热、进行性消瘦、贫血和躯体下部水肿为特征。OIE将其列为必须通报的动物疫病，我国将其列为二类动物疫病。

[病原特性及生活史]

病原为伊氏锥虫（*Trypanosoma evansi*，图6-5），属于眼虫门（Euglenozoa）动体目（Kinetoplastida）锥体亚目（Trypanosomatina）锥虫科（Trypanosomatidae）锥虫属（*Trypanosoma*）成员。

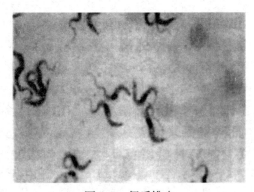

图6-5 伊氏锥虫
（引自毕玉霞，《动物防疫与检疫技术》，化学工业出版社，2009）

虫体呈细长稍卷曲的柳叶状，长为15～34μm，宽为1.5～2.5μm，平均长为25μm，宽为2μm。前端尖细，中部有一椭圆形核，后端稍钝，有一个点状的动基体（也称运动体或运动核）。动基体由生毛体（位于前方）和副基体（位于后方）两部分组成。鞭毛从生毛体长出，并沿虫体表面螺旋式地向前延伸为游离鞭毛，鞭毛与虫体之间有薄膜相连，虫体运动时鞭毛旋转，此膜也随着波动，故称为波动膜。

姬姆萨染色的血片中，虫体细胞核和动基体呈深红色，鞭毛呈红色，波动膜呈粉红色，原生质呈淡天蓝色。

伊氏锥虫在宿主血浆（包括淋巴液）内寄生并通过纵二分裂法繁殖。分裂时先从动基体开始分裂为二，并从其中一个产生新的鞭毛；继而核分裂，新鞭毛继续增长，以致成为两个核和两根鞭毛；最后胞质沿体长轴由前端向后端分裂成两个新虫体，即由1个分裂为2个。虫体靠渗透作用吸收营养。

伊氏锥虫对外界环境的抵抗力很弱。干燥、日光照射时很快死亡，消毒药或常水能使虫体立即崩解，50℃ 5min即死亡。抗凝血中可生存5～6h，在−2～4℃条件下可存活1～4d。

[分布与危害]

1. 分布　本病最早发现于印度，当地人称之为苏拉病。1880年，格莱菲思首先在印度骆驼血液中检出虫体。1886年，由申克定名为伊氏锥虫。目前，本病流行于亚洲、非洲和美洲中部与南部等热带和亚热带地区。我国南方各省，如云南、贵州、广东、广西、福建、台湾、江西、安徽、湖南、湖北、江苏、浙江等省（自治区）均有报道。

2. 危害　对马属动物（马、骡、驴）以及牛（水牛、黄牛）等大家畜危害较严重。其中病马死亡率很高，造成较大经济损失。

[传播与流行]

1. 传播　本病感染宿主广泛，且随地区而异，主要有马属动物（马、骡、驴）、水牛、黄牛、骆驼、犬、猫、猪、啮齿动物和野生动物等。

传染源是各种带虫动物，包括急性感染、隐性感染和临床治愈的动物，特别是隐性感染和临床治愈的动物，其血液中常保存有活泼的锥虫，有的可带虫5年之久，成为最主要的传染源。

传播途径主要通过虻属、麻蝇属、螫蝇属、角蝇属和血蝇属等传播媒介机械性传播。伊氏锥虫在这些昆虫体内不发育繁殖，只能短时间生存（在虻体内能生活22～24h，在厩蝇体内能生活22h）。吸血昆虫吸食了病畜或带虫动物的血液，又去咬健畜时，把锥虫传给健康动物。此外，本病还可以经胎盘感染，食肉动物采食带虫动物生肉时也可感染。对疫区家畜采血或注射时，如消毒不严也可人为传播本病。

2. 流行　本病具有季节性和地区性，发生季节和流行地区与吸血昆虫的出现时间和活动范围相一致。我国南方各省以夏、秋季发病最多，每年7—9月发生流行。

[临床症状与病理变化]

1. 临床症状　本病潜伏期为5～11d，临床以高热（稽留热或弛张热，发热周期与虫血症相关）、进行性消瘦、贫血和躯体下部水肿为特征。

（1）马属动物　患马常呈急性经过，体温突然升高到40℃以上，呈稽留热或弛张热，数天后恢复常温，间隔短期（3～6d）后再度高热。经数次反复高热，病马消瘦，食欲减退，被毛粗乱，渐进性贫血（随着体温多次升高，贫血日趋严重），眼结膜苍白或黄染，且在结膜、瞬膜上可见有米粒大到黄豆大的出血斑，眼内常附有浆液性至脓性分泌物。病马体躯下部水肿，先发生于腹下和包皮，然后波及胸下，以后唇部、眼睑、下颌及四肢相继出现水肿。体表淋巴结轻度肿胀。严重者常出现神经症状，主要表现为反应迟钝、圆圈运动、步态不稳、后躯麻痹等，最后心机能衰竭而死。发热初期，血中可检出虫体，检出率与体温升高较一致，且有虫期长。

骡和驴的抵抗力比马强，尤其是驴，多呈慢性，即使体内带虫也不表现任何临床症状，且常可自愈。

（2）牛　绝大多数患牛呈慢性经过或不出现症状，只保持带虫状态，成为带虫宿主。仅有少数患牛呈急性或亚急性经过。

①急性型：多见春耕和夏收期间的壮年牛，临床表现为体温突然升高到40℃以上，呼吸困难，眼球突出，口吐白沫，心律不齐，外周血液内出现大量锥虫体，可在数小时内死亡。

②亚急性型：体温升高到39℃以上，持续1～2d或不到24h，间歇一段时间后体温再度升高，

但间歇期通常极不规则。

③慢性型：患牛呈间歇热，精神沉郁，嗜睡，食欲减少，瘤胃蠕动减弱，粪便秘结，贫血，结膜稍黄染，呈进行性消瘦，皮肤干裂，最后干燥坏死。四肢下部、前胸及腹下水肿，起卧困难，甚至卧地不起。病牛的耳、尾发生坏死，不断流出黄色液体，甚至完全干涸，只剩下耳根和尾根。

（3）骆驼 骆驼伊氏锥虫病又称为"驼蝇疫"。大多数患病骆驼呈慢性经过，成为带虫者而长期传播病原。典型病例可见到发热、贫血、出血、浮肿等症状。

2. 病理变化 皮下水肿和胶样浸润为本病的显著病理变化之一，多在胸前、腹下、四肢下部及生殖器官等部位。淋巴结肿大、充血。胸、腹腔内积大量液体。各脏器浆膜面有小点出血。急性病例脾脏显著肿大，髓质呈软泥样；慢性病例脾较硬，色淡，包膜下有出血点。肝脏肿大、瘀血、脆弱，切面呈淡红褐色，小叶明显。肾脏肿大，有出血点。心外膜有出血点或斑，冠状沟及纵沟有胶样浸润并有出血点，心肌变性，心室扩张，心包液增多。

[诊断与检疫技术]

1. 初诊 在疫区，根据流行病学及临床症状可做出初步诊断，确诊需进行实验室检测。

2. 实验室检测 主要进行病原鉴定和血清学检测。

被检材料的采集：同时采集外周血（可从耳静脉和尾静脉采取）和深部血样（因虫体喜欢寄生于深部血液中，外周血虫体检出率常低于50%，低虫血症期动物检出率更低）。

也可选择肩前或股前淋巴结进行活体采样。

（1）病原鉴定 有直接法和间接法两种。直接法包括常用的现场检测法、集虫法、动物接种试验和重组DNA探针法。

间接法指检测虫体对宿主的影响，而不是检测虫体本身。可通过血液学检查获得检测结果（因贫血是锥虫感染的特征性指标，而贫血可通过血液离心后的血细胞压积来检测）。此法缺点是轻临床感染者有可能不出现贫血性虫血症。

下面介绍直接法的几种病原虫体检查方法：

1）常用的现场检测法 有鲜血压滴检查、薄血涂片染色检查、厚血涂片染色检查、淋巴结活组织检查。

①鲜血压滴检查（全血压滴标本检查）：在洁净的载玻片上滴病畜血液一小滴，与放在载玻上的一滴生理盐水混合后，覆以盖玻片，用400～600倍显微镜观察，如有锥虫，多在血细胞间活泼地运动。但每次镜检必须观察100～200个视野。冬季室内温度过低时，锥虫活动力减弱不易观察到，可将玻片放在酒精灯上稍稍加温，以增强锥虫的活动力。一般在患畜发热期检查，较易发现锥虫。此外，全血压滴标本要避免日光照射，并在1～2h内检查完毕。此法在血内虫体较少时，往往不易发现虫体，观察时视野应放暗些。该方法简单易行，但虫体较少时不易检出。

②薄血涂片染色检查（血液涂片染色标本检查）：从耳静脉采血，至少做两张以上涂片，染色后镜检有无虫体。如用姬姆萨染色后，镜检虫体，可见虫体原生质染成淡蓝色，细胞核和鞭毛染成淡红紫色。本法可看到清晰的锥虫形态，也可做血象检查。在动物发病初期体温升高时，采血做涂片，容易得到阳性结果。

③厚血涂片染色检查（血液厚滴涂片染色标本检查）：取血一大滴放在载玻片中央处，用另一玻片角将血液推成直径约1cm的涂面，在空气中自然干燥，然后用冰醋酸1mL、福尔马林2mL，

加蒸馏水100mL配成的液体处理数分钟，将红细胞全部溶解后，再使涂片干燥。以甲醇固定后，再用姬姆萨染液染色镜检。具有集虫效果，可提高检出率，但会破坏虫体形态，也不适用于混合感染的虫体检测。

④淋巴结活组织检查：可采取组织液压滴检查，薄涂片或触片染色检查，厚涂片染色检查。

2）集虫法　由于轻微或亚临床症状动物常呈低虫血症，宜采用集虫法检测，从而提高虫体的检出率。具体方法有血液离心法、溶血法和微型阴离子交换离心法。

①血液离心法：将抗凝血样置试管或毛细管离心，取血清与红细胞之间的棕黄层直接镜检，或采用暗视野/相差技术检测。具体介绍如下：

试管血液离心法（试管集虫检查）：自颈静脉采血约5mL，盛在预先装有枸橼酸钠（每毫升血约用5mg）的沉淀管内，塞住管口倒转沉淀管数次，使血液与枸橼酸钠充分混合以防凝固。以1 500r/min离心3～5min，此时红细胞沉于管底，白细胞在红细胞层上面。由于虫体比重与白细胞相近，故虫体集中于白细胞层（即棕黄层）中，用吸管吸取白细胞层（棕黄层）做成压滴标本镜检，可以提高虫体的检出率。

毛细管血液离心法（毛细管集虫检查）：选用内径0.8mm，长12cm的毛细管，先将毛细管以肝素处理，吸入病畜血液插入橡皮泥中，以3 000r/min离心5min，而后将毛细管平放于载玻片上，检查毛细管中红细胞沉淀层的表层，即可见有活动的虫体。

②溶血法：用十二烷基硫酸钠（SDS）溶解血液红细胞后，采用鲜血膜澄清（沉降或过滤）法和溶血离心法检查虫体。鲜血膜澄清法，使部分红细胞溶解，以检查活动虫体。溶血离心法，使所有红细胞溶解，离心后取沉淀物检查。

③微型阴离子交换离心法：用于低虫血症检测。取血离心，取棕黄层检测，其敏感性要比全血检测高近10倍。

3）动物接种试验　用于亚临床虫血症动物检测，检出率较高。具体方法：采取可疑动物的血液0.2～0.5mL，接种于小鼠、天竺鼠、家兔等实验动物的腹腔或皮下。接种后第3天开始用压滴法检查尾血中是否有虫体出现，小鼠和天竺鼠每隔1～2d采血检查一次，家兔每隔3～5d检查一次，至少要持续检查观察1个月（小鼠半个月），如1个月后未发现虫体，可以不再检查，判为阴性。

4）重组DNA探针法　特异的DNA探针可用于检测感染血液或组织中伊氏锥虫，但一般不常用。

（2）血清学检测　常用方法有以下几种：

①酶联免疫吸附试验（ELISA）：通过聚苯乙烯固相平板包埋可溶性抗原后，以酶联抗免疫球蛋白检测锥虫特异性抗体。

②卡片凝集试验（CAT）：以不同地区各种锥虫株能够共同表达某些主要变异抗原型（VATs）为依据，检测待检血清中的抗体。

③乳胶凝集试验（LAT）：以冻干的包埋有伊氏锥虫变异抗原的乳胶悬液，检测待检血清中的抗体，阳性者产生胶乳凝集。

此外，还可用间接血凝试验（此法操作简单、敏感性高）、对流免疫电泳等。

[防治与处理]

1. 防治　①定期喷洒杀虫药，尽量消灭吸血昆虫；②在疫区要及早发现病畜和带虫动物，并进隔离，采用萘磺苯酰脲、喹嘧胺、三氮脒、氯化氮胺菲啶盐酸盐等药物治疗。③凡新购入或调出的家畜都要经过健康检查，阴性时才可调运。

2. 处理　在本病即将流行或流行的初期，可用安锥赛预防盐进行预防，注射一次有效期3.5个月。因本病死亡的动物尸体，须经消毒处理才可利用，不能食用的要深埋或烧毁。

第六节　禽　病

一、鸡传染性喉气管炎

鸡传染性喉气管炎（infectious laryngotracheitis, ILT）是由鸡疱疹病毒1型引起鸡的一种急性接触性上呼吸道传染病，以咳嗽、气喘、流涕，喉部、气管黏膜肿胀、出血和糜烂为特征。OIE将其列为必须通报的动物疫病，我国将其列为二类动物疫病。

［病原特性］

病原为鸡疱疹病毒1型（*Gallid herpesvirus* 1，GaHV-1），俗名传染性喉气管炎病毒（Infectious laryngotracheitis virus，ILTV），属于疱疹病毒目（*Herpesvirales*）、疱疹病毒科（*Herpesviridae*）、α疱疹病毒亚科（*Alphaherpesvirinae*）、传染性喉气管炎病毒属（*Iltovirus*）。

病毒粒子近似球形，有囊膜，囊膜上有纤突，核衣壳为20面体对称，上有162个中空的长壳粒，中心部分由线性双股DNA组成。病毒主要存在于病鸡的气管组织及其渗出物中，肝、脾和血液中较少见。

GaHV-1与其他疱疹病毒不同，具有高度的宿主特异性，只能在鸡胚及鸡胚的细胞培养物内良好增殖，目前鸡胚接种仍是最常用的病毒培养方法。通常，经尿囊腔或绒毛尿囊膜途径接种GaHV-1 48h后，会出现绒毛尿囊膜增生和坏死，形成边缘凸起、中央凹陷、灰白色不透明的痘斑（特征性病灶），接种后2～12d鸡胚死亡。在实验室中多用鸡肾细胞（CK）和鸡胚肝细胞（CEL）进行本病毒的培养，可以在病变细胞中观察到多核巨细胞、核内包涵体。

GaHV-1不同毒株的致病性存在明显差异，但目前认为只有一个血清型。

GaHV-1对外界环境的抵抗力很弱。对乙醚、氯仿等脂溶剂、热及各种消毒剂均敏感。在55℃经10～15min、38℃经48h即被灭活，煮沸立即死亡，但于-60～-20℃可长期存活。常用消毒剂如3%来苏儿或3%甲醛或1%氢氧化钠溶液在1min可使病毒迅速灭活。

［分布与危害］

1. 分布　本病于1925年首次在美国报道，1930年证明其病原为病毒，1931年美国兽医协会将该病命名为传染性喉气管炎。目前，本病在美国、加拿大、英国、澳大利亚、新西兰、德国、荷兰、瑞典、波兰、保加利亚、南非、马来西亚等国家均有发生和流行。我国在20世纪50—60年代即有该病的发生，迄今在许多地区的一些鸡场中仍时有发生，呈地方流行性。

2. 危害　一般多发生于成年鸡，但近年来的研究表明，较小日龄的鸡也能感染该病毒。感染率可达90%～100%，病死率为5%～70%，平均为20%左右；另外，温和型GaHV-1感染后，虽然不会引起鸡群的大量死亡，但产蛋量明显下降，并可导致生长迟缓，同样给养鸡业造成严重的经济损失。

[传播与流行]

1. 传播　鸡是主要的自然宿主，各种品种、性别、年龄的鸡均易感，但以成年鸡表现的症状最具特征性。野鸡、山鸡和孔雀也可感染，火鸡、珍珠鸡、鹌鹑、燕子、八哥和乌鸦以及大鼠、小鼠、豚鼠、家兔等均有抵抗力。

传染源主要是病鸡和康复后的带毒鸡（约有2%康复鸡可带毒，时间长达2年）。与其他疱疹病毒类似，GaHV-1主要在三叉神经节部位形成潜伏感染，当受到应激时，感染鸡体内潜伏的病毒即可被激活，并大量复制和排出，成为危险的传染源。自然感染途径为呼吸道，病毒主要存在于病鸡的气管组织及其渗出物中，以水平传播方式经上呼吸道和眼结膜感染，但亦能通过消化道侵入。传染方式是病健鸡的直接接触。使用被病毒污染的设施与垫料能引起机械性传播。目前还未证实蛋内或蛋壳上的病毒能经蛋传播。

2. 流行　因康复带毒鸡和无症状带毒鸡的存在，该病难以扑灭，多呈地方流行性。一年四季均可发生，但多流行于秋、冬和早春季节，夏季少发（因病毒对高温的抵抗力弱）。

[临床症状与病理变化]

1. 临床症状　本病的潜伏期：自然感染为6～12d，人工气管内接种2～4d。OIE《陆生动物卫生法典》规定为14d。

临床以咳嗽、气喘和流涕为特征，分最急性型、亚急性型、慢性或温和型三型。

最急性型：发病突然，传播快速，发病率高，病鸡体况良好，常突然死亡，死亡率超过50%。特征症状为呼吸困难，病鸡伸颈张口，呼吸啰音或"咔咔"声，病重者剧烈咳嗽，常咳出带血的黏液或血块。

亚急性型：病程稍缓，发病率高，但死亡率稍低（10%～30%）。病鸡死前几天仍可见有呼吸症状。

慢性或温和型：见于疫情本身比较温和，或上述两型的耐过鸡。鸡群发病率为1%～2%，多数感染鸡因窒息而死。症状为突发咳嗽和气喘，并伴有口鼻流涎和产蛋下降。

2. 病理变化　本病的病变主要发生于呼吸道（尤以喉部和气管处明显）和眼结膜。

急性型：病变见于上呼吸道。喉和气管黏膜炎性充血和出血，充满带血黏液或血块；黏液性鼻炎。

亚急性型：上呼吸道病变较轻。气管充满黏液或带血黏液，气管上部和喉头有黄色干酪样伪膜覆盖，易剥离。

慢性或温和型：病死鸡剖检可见气管、喉和口腔内有白喉样或干酪样坏死斑和阻塞物。大部分病鸡仅见结膜炎、窦炎和黏液性气管炎。

特征性病理组织学变化是呼吸道黏膜的纤维上皮细胞、杯状细胞及基底细胞等上皮细胞出现核内嗜酸性包涵体，有时出现含有几个或数十个细胞核的合胞体，而每一个细胞核内均含有核内包涵体，有的包涵体在细胞核的中央，与核模之间可见到明亮的区带，有的包涵体占满全核，与核膜之间无区带。

[诊断与检疫技术]

1. 初诊　根据临床症状和病理变化可做出初步诊断，确诊需进一步进行实验室检测。

2. 实验室检测　在国际贸易中，尚无指定诊断方法，替代诊断方法有琼脂凝胶免疫扩散试验、病毒中和试验和酶联免疫吸附试验。

被检材料的采集：病毒分离，可采集活病鸡的气管、咽喉或结膜拭子（通常气管拭子更优），置含抗生素的运输液中保存待检。

对慢性温和型疫情，分离病毒不宜从病程长且窒息的死鸡中采取病料，而应该选择感染早期的活鸡经扑杀采取病料（用巴比妥盐或其他药物进行注射扑杀法采取的样品质量要好于断颈扑杀法）。可取病鸡的整个头颈部或仅取气管和喉头送检。

用于病毒分离的气管病料，应置含抗生素的培养液内待检；而用于电镜观察的材料，则应将病料置于湿的包装纸中送检；如要长期保存，应置-70℃或以下保存，并尽量避免反复冻融。

（1）病原鉴定

①病毒分离与鉴定：用鸡胚肝细胞、鸡胚肾细胞或鸡肾细胞进行病毒分离，其中以单层鸡胚肝细胞最敏感。也可接种10～12日龄的SPF鸡胚绒毛尿囊膜（CAM）来分离病毒。分离物通过中和试验、荧光抗体染色、聚合酶链式反应（PCR）等进一步鉴定。

这里介绍采用CAM途径接种SPF鸡胚进行病毒分离的方法：将病鸡的喉头、气管黏膜和分泌物，经无菌处理后，取0.1～0.2mL上清液，经CAM途径接种鸡胚，37℃孵育，4～5d后观察CAM上有无痘斑形成。有痘斑者可见CAM增厚，有灰白色坏死斑，胚体气管黏膜有少量出血点，肺瘀血并有少量出血点。组织学检查，可见绒毛尿囊膜细胞、鸡胚气管和支气管上皮细胞内有嗜酸性核内包涵体。无痘斑者，亦取出CAM，无菌研磨，反复冻融、离心后，再以CAM盲传3代以上，如仍无病变，则判为鸡传染性喉气管炎阴性。

②电镜观察：取气管分泌物或上皮组织，涂于载玻片上，经处理后置电镜下观察疱疹病毒颗粒。

③病毒抗原检测：可采用免疫荧光试验（IFA）、琼脂免疫扩散试验（AGID）、酶联免疫吸附试验（ELISA）等检测病料中的病毒抗原。

免疫荧光试验（IFA）：取刮取的气管上皮细胞制成触片，或将气管经液氮冷冻后制成冰冻切片，按试验要求进行，以检测病料中的病毒抗原。

琼脂免疫扩散试验（AGID）：用传染性喉气管炎病毒抗血清检测气管分泌物、感染的鸡胚绒毛尿囊膜和细胞培养物中的病毒抗原。

酶联免疫吸附试验（ELISA）：通常采用针对传染性喉气管炎病毒的特异性单克隆抗体进行ELISA检测病毒抗原。

④组织病理学检测：观察气管病料中典型的疱疹病毒核内包涵体。

⑤分子生物学检测：可采用聚合酶链式反应（PCR）、实时荧光定量PCR（RT-PCR）、限制性片段长度多态性分析（RFLP）等技术对传染性喉气管炎进行诊断。

聚合酶链式反应（PCR）：用于病毒DNA分子检测，其敏感性高于病毒分离，特别适用于有腺病毒等其他病毒污染的样品。对感染中、后期采集的样品检测，PCR的敏感性与病毒分离相当，但对恢复期采集的样品检测，PCR的敏感性要高于病毒分离。

实时荧光定量PCR（RT-PCR）：用于检测病料中的病毒DNA，其敏感性相对于普通PCR

更高。

限制性片段长度多态性分析（RFLP）：以传染性喉气管炎病毒的PCR产物进行RFLP分析，可以采用一系列限制性内切酶（RE）和病毒基因组的ICP4、TK（胸苷激酶）、UL15、UL47、糖蛋白G和ORF-BTK基因。

（2）血清学检测　常用病毒中和试验（VN）、琼脂免疫扩散试验（AGID）、间接免疫荧光试验（IFA）和酶联免疫吸附试验（ELISA）等。

①病毒中和试验（VN）：可以在孵化9～11d的鸡胚绒毛尿囊膜上进行，当病毒被特异性的抗体中和后，便不能产生痘斑；或在细胞培养物上进行，病毒被特异性的抗体中和后，则不能引起细胞病变（CPE）。

②琼脂免疫扩散试验（AGID）：用病毒感染的鸡胚绒毛尿囊膜或细胞培养物制备检测抗原，按常规的琼脂免疫扩散试验方法，来检测血清中的抗体（鸡感染GaHV-1后2周可出现沉淀抗体）。AGID简单、易操作，但敏感性低，适用于鸡群筛选。

③间接免疫荧光试验（IFA）：此试验的敏感性要高于琼脂免疫扩散试验（AGID），但试验结果判读有一定主观性。

④酶联免疫吸附试验（ELISA）：ELISA高度敏感，适合于疫病监测。此试验比病毒中和试验快速、准确；也较病毒分离法更快速。

[防治与处理]

1. 防治　①加强饲养管理，坚持"全进全出"的饲养制度。②引进鸡时，要隔离观察2周，确认健康后方可混群饲养。③改善鸡舍通风，注意环境卫生，定期进行严格消毒，防止该病侵入鸡群。④在本病流行地区和受威胁区，可接种疫苗（弱毒疫苗点眼或滴鼻免疫）进行预防，但必须注意将接种疫苗鸡或康复鸡与易感鸡严格分开饲养。

2. 处理　①发现病鸡，应按照《中华人民共和国动物防疫法》的规定，采取严格隔离、封锁、扑灭措施，防止扩散。②病鸡应扑杀淘汰，无害化处理（方法参见GB16548—2006），被病鸡污染的鸡场地、用具等应严格消毒。

二、鸡传染性支气管炎

鸡传染性支气管炎（avian infectious bronchitis，AIB）是由传染性支气管炎病毒引起鸡的一种急性、高度接触性呼吸道传染病。呼吸型传染性支气管炎临床以气管啰音、咳嗽、打喷嚏等为特征；肾病变型还会出现肾脏肿胀，伴有肾小管和输尿管内尿酸盐沉积等病理变化。雏鸡通常表现喘气、咳嗽、流鼻涕等呼吸道症状；产蛋鸡表现为产蛋量减少和蛋品质下降。OIE将其列为必须通报的动物疫病，我国列为二类动物疫病。

[病原特性]

病原为传染性支气管炎病毒（Infectious bronchitis virus，IBV），属于套式病毒目（Nidovirales）冠状病毒科（Coronaviridae）冠状病毒属（Coronavirus）成员。

病毒粒子为多形性，但大多数略呈圆形，有囊膜，直径为80～120nm。基因组为单股正链不分节段RNA，长为27.6kb。病毒粒子带有囊膜和纤突。病毒包括4种主要结构蛋白，分别是纤突蛋白（S）、膜蛋白（M）、核衣壳蛋白（N）和小膜蛋白（E）。S蛋白是一种糖基化蛋白，位于病毒粒子囊膜上，在病毒粒子与细胞表面受体结合后通过膜融合侵入宿主细胞和感染宿主体内介导中和抗体产生的过程中发挥重要生物学作用。S蛋白由2种糖多肽S1和S2构成，各有2～3个拷贝，血凝抑制（HI）抗体和多数病毒中和（VN）抗体是由S1所诱发。

IBV是一种较容易发生变异的病毒。目前，我国流行IBV毒株的血清型众多，有Massachusetts型、D41型、Holte型、T型和Ark型。根据IBV对组织的亲嗜性及其引起的临床表现，可分为呼吸型、肾型、肠型和肌肉型。一般认为要有效防控IB，需确定本地区IBV的血清型，选择保护率高的疫苗。

IBV本身不能直接凝集鸡的红细胞，但经1%胰酶或磷脂酶C处理后，可具有血凝活性，这一活性能被特异性抗血清所抑制。目前已利用这一特性，有些实验室已经建立了鉴定IBV毒株或监测抗体水平的间接血凝抑制试验，但该方法目前尚缺乏规范标准。IBV能在10～11日龄的鸡胚中生长，可引起鸡胚发育受阻，胚体萎缩成小丸形，羊膜增厚，紧贴胚体，卵黄囊缩小，尿囊液增多等特征性变化。病毒还能在鸡胚肾细胞、肝细胞及鸡肾细胞上生长。其中，以鸡胚肾细胞最常用，多次传代（6～10代）后可产生细胞病变，使细胞出现蚀斑，表现为胞质融合，形成合胞体以及细胞死亡。多数IBV野毒不需要适应就可在气管环组织培养物上生长，并引起纤毛运动停止，据此建立的鸡气管环培养法（TOC）已成为分离IBV、测定病毒毒价和对血清型分型的有效方法。

IBV的抵抗力不强，对普通消毒剂敏感，在1%来苏儿溶液、1%福尔马林溶液、0.01%高锰酸钾溶液、2%氢氧化钠溶液中3～5min即被灭活。多数的毒株于56℃ 15min及45℃ 90min即可灭活。

［分布与危害］

1. **分布**　本病于1931年首先由Schalk和Hawn报道于美国。此后加拿大、英国、意大利、澳大利亚、日本、比利时、印度等都有相关报道。1936年由Beach和Hudson确定本病的病原为病毒。我国于1972年由邝荣禄教授在广东省首先发现IB的存在，以后在杭州、上海、北京相继报道，我国大部分地区有此病蔓延。至今本病在世界范围内已广泛流行。

2. **危害**　由于本病在世界范围内广泛流行。雏鸡发病率高达90%，死亡率25%～40%，成年鸡常低于5%，而产蛋鸡引起产蛋量减少，严重的可达30%～50%，蛋品质下降，甚至丧失产蛋能力，给养鸡业造成巨大的经济损失，带来严重的危害。

［传播与流行］

1. **传播**　本病只感染鸡，其他家禽均不感染。不同年龄、品种的鸡都可感染，但以雏鸡和产蛋鸡发病较多，尤其40日龄以内的雏鸡发病最为严重，病死率也高。本病传播迅速，鸡群中一旦感染，数日内即可波及全群。发病率和死亡率与毒株的毒力和环境因素（如气温、通风、饲养密度、健康状况、日粮配合、应激等）有很大关系。

传染源主要是病鸡和带毒鸡。主要通过呼吸道和泄殖腔排毒，经空气或污染的饲料、饮水等媒介进行传播。IBV传染性强，潜伏期也短。易感鸡可在24～48h内出现症状，病鸡带毒时间长，康复后仍可排毒。病毒主要存在于病鸡呼吸道和肺中，也可在肾、法氏囊内大量繁殖，在肝、脾及血液中也能发现病毒。

2. 流行　本病一年四季均可发病，但以冬春寒冷季节多发。过热、拥挤、温度过低或通风不良等因素都可促进本病的发生。

[临床症状与病理变化]

1. 临床症状　潜伏期人工感染一般为18～36h，自然感染约需36d或更长些。OIE《陆生动物卫生法典》规定为50d。

呼吸型：代表株有M41株、Beaudette株和Connecticut株等。主要表现为喘气、张口呼吸、咳嗽、打喷嚏和呼吸啰音等症状。2周龄以内的雏鸡，还可见鼻窦肿胀、流鼻液及甩头等。病情严重时，病鸡精神沉郁、食欲废绝、羽毛蓬乱、体温升高和怕冷扎堆，甚至引起死亡。6周龄以上的鸡和成年鸡的发病症状和幼年鸡相似，但较少见到流鼻液的现象。成年鸡感染IBV后的呼吸道症状较轻微，相比之下产蛋性能的变化更为明显。主要表现为开产期推迟，产蛋量明显下降，降幅在25%～50%，可持续6～8周，同时畸形蛋、软壳蛋和粗壳蛋增多。蛋品质下降，蛋清稀薄如水，蛋黄与蛋清分离。康复后的蛋鸡产蛋量难以恢复到患病前的水平。

肾型：代表毒株有T株、Holte株和Gray株。肾炎型传染性支气管炎主要发生于2～6周龄的雏鸡。最初表现短期的轻微呼吸道症状，包括啰音、喷嚏和咳嗽等，但只有在夜间才明显。呼吸道症状消失后不久，鸡群会突然大量发病，出现厌食、口渴、精神不振和拱背扎堆等症状，同时排出水样白色稀粪，内含大量尿酸盐，肛门周围羽毛污浊。病鸡因脱水而体重减轻，胸肌发绀，重者鸡冠、面部及全身皮肤颜色发暗。雏鸡死亡率10%～30%。6周龄以上鸡死亡率0.5%～1%。

腺胃型：发病日龄为35～90日龄，发病率为30%～50%，死亡率为30%。呈渐进性消瘦，部分耐过鸡表现为严重营养不良，发育迟缓，体型明显偏小。

胃肠型：代表株G株。病鸡主要表现脱水、剧烈水泻，还可以出现呼吸道症状。对产蛋鸡致病力因毒株而异，产蛋鸡症状从仅见蛋壳颜色变化而无产蛋下降到产蛋量下降至10%～50%。病毒在消化道中存在的时间较长，可导致肠炎病变。

肌肉型：代表株有793/B（4/91）株。主要危害肉种鸡和蛋鸡，临床与呼吸型相似，传统疫苗无效。感染肉种鸡表现为深部胸肌苍白、肿胀，偶尔可见肌肉表面出血并有一层胶冻样水肿。感染产蛋鸡可出现产蛋下降，幅度为10%～30%，持续时间10～30d，产软壳蛋、小型蛋、褐色蛋。饮食欲和粪便正常。

2. 病理变化　主要表现为鸡的喉、鼻腔、鼻窦、气管、支气管黏膜充血，内充有浆液性、卡他性或干酪样（后期）渗出物。有的气囊混浊增厚，黏液增加。

呼吸型：气管、支气管、鼻腔和窦内有浆液性、卡他性和干酪样渗出物。气囊可能混浊或含有黄色干酪样渗出物。在死亡鸡的后段气管或支气管中可能有一种干酪性的栓子。病理组织学变化可见上皮细胞变性，固有层和黏膜下层水肿，有淋巴细胞和浆细胞浸润。幼龄母鸡可多见输卵管发育不全（输卵管短、狭小、闭塞、部分缺损或囊泡化），腹腔浆膜沉积黄色脂肪，腹腔内常出现混浊的黄色腹水或凝固的卵黄物质。产蛋鸡的卵巢内可见软卵泡，卵泡充血、出血，卵泡血肿、破裂或坠落。

肾型：病死鸡可见肾脏褪色，肿大数倍，输尿管扩张变粗，内有尿酸盐沉积呈点状或网眼状白色外观，又称花斑肾。严重的病例心包膜、心外膜、肝外膜、腹膜、气囊等处也出现不同程度的尿酸盐沉积，成为内脏型痛风。

腺胃型：腺胃肿大如球状，腺胃壁极度增厚，腺胃黏膜出血和溃疡，黏膜水肿，乳头扁平，可挤出白色脓性分泌物，组织学变化可见腺细胞坏死、脱落，充满管腔。

胃肠型：除造成气管、肾脏和生殖道病变外，对肠道有较大的损伤。

肌肉型：可致肉鸡，特别是6周龄以上育成鸡的后期死亡。剖检结果显示，病鸡体况良好，主要可见深部肌组织苍白和胶冻样水肿，使胴体表现"湿润"外观；其次是广泛的组织充血（包括卵巢）和气管黏膜充血发炎。

［诊断与检疫技术］

1. 初诊　根据典型临床症状和病理变化可做出初步诊断，确诊需进一步做实验室检测。

2. 实验室检测　IB确诊主要基于病毒分离，并辅以血清学或分子生物学方法来进行确诊。

被检材料的采集与保存：对于急性呼吸型的病鸡，应采取气管拭子或采取刚扑杀的病鸡的支气管和肺组织，将病料放在含有青霉素（10 000IU/mL）和链霉素（10mg/mL）的运输培养基内，置冰上后冷冻送至实验室。对于肾型和产蛋下降型的病鸡，除采集呼吸系统样本外，还应从发病鸡的肾脏和输卵管采样。

血清学分析：宜采集急性期和恢复期双份血清送检。

（1）病原鉴定

1）病毒分离　从有急性呼吸道症状的病鸡中采集气管和肺组织，或从疑似肾型和产蛋下降型病例中采取肾脏、输卵管、盲肠扁桃体等作为病毒分离材料。按20%比例加入每毫升含有青霉素1万单位、链霉素10mg的磷酸盐缓冲液（pH 7.2）研磨制成组织悬液，室温下放置30min，离心（3 000～5 000r/min）10min，取上清液经孔径为0.3～0.65μm的滤膜过滤，收取滤液以供鸡胚接种。

取上述滤液0.2mL接种于9～11日龄鸡胚尿囊腔或气管环组织培养物（TOC）中，48～72h后分别收获培养液，至少盲传4代，根据引起鸡胚特征性矮小化（呈僵化胚或侏儒胚）、死亡或气管纤毛运动停止，即可证明有病毒存在。

2）病原鉴定　有以下一些方法。

①反转录聚合酶链式反应（RT-PCR）或采用反转录聚合酶链式反应产物进行限制性片段长度多态性分析（RT-PCR-RFLP）：通常用于IBV分离株的鉴定。

②反转录聚合酶链式反应扩增试验或采用DNA探针的斑点杂交试验：用于检测感染尿囊液中的病毒。

③直接免疫荧光试验（DIF）：用于检测感染的气管环组织培养物（TOC）中的病毒。

④荧光抗体试验（FAT）：可用于检测感染鸡胚尿囊液中的病毒抗原。

3）血清型鉴定　由于传染性支管炎病毒抗原经常发生变异，故目前尚无统一的分类系统。可采用以下方法对分离株和毒株进行血清型鉴定。

①血凝抑制试验（HI）或病毒中和试验（VN）：可用于鸡胚、气管环组织和细胞培养物的分离株和毒株血清型鉴定。

最常用方法是病毒中和试验。即用已知抗IBV的血清与新分离毒株在鸡胚尿囊腔或鸡胚气管组织培养物上进行中和试验，出现中和反应即可证实其同一性，不出现中和反应，说明是不同血清型的IBV或不是IBV。

②酶联免疫吸附试验（ELISA）：常用单克隆抗体进行毒株血清型鉴别和定群。但需要解决的问题是，必须要有与不断出现的传染性支管炎病毒变异株血清型相匹配的单克隆抗体。

4）基因型鉴定　可采用反转录聚合酶链式反应（RT-PCR）对毒株进行基因定型，常选择的靶基因是纤突蛋白编码基因（S基因）的S1部分。

（2）血清学检测　有病毒中和试验（VN）、血凝抑制试验（HI）、间接血凝试验、荧光抗体试验（FAT）、酶联免疫吸附试验（ELISA）、琼脂免疫扩散试验（AGID）等。其中以琼脂扩散试验应用得较普遍，荧光抗体试验和酶联免疫吸附试验两种方法快速、灵敏、可靠、准确。

1）VN　用于常规血清学检测。VN一般用已知的病毒来检测被检血清，可以固定病毒稀释血清，也可稀释病毒固定血清。此试验可以在鸡胚、鸡胚肾细胞培养物或气管组织培养物上进行。当进行流行病学调查时，被检血清可以中和1 000半数鸡胚感染剂量（EID_{50}），即可认为该鸡群患过传染性支气管炎或接种过本病疫苗。如果要确定新近发生的呼吸道病是否为本病，则必须比较感染初期与感染2～3周后的双份血清，同时测定2份血清对本病病毒的中和抗体。如果第2次（康复期）血清中和抗体效价高于第1次血样的4倍以上，即可确认为本病。由于存在着多个病毒血清型，所以必须准备多个标准病毒分别与被检血清做中和反应，才能获得更可靠的结果。

2）AGID　AGID可用于诊断，但敏感性差。常用已知病毒检测未知的血清，当抗原〔由感染鸡胚的绒毛尿囊膜（CAM）匀浆制成〕与被检血清间出现沉淀线时，就可以证明鸡群曾经接种过本病疫苗或患过本病。要确定新近发生的呼吸道病是否为本病，则应分别检查感染初期及感染2～3周后双份血清，查看沉淀线有无明显增粗现象（病后至少7d血清中才出现沉淀抗体，可持续20～94d，早期和晚期的血清样品之间的沉淀素的增量，有诊断意义），如沉淀线明显增粗，则可判定新近发生的呼吸道病为本病，亦可根据效价升高来判断。琼脂免疫扩散试验不能用于鉴别病毒的血清型。

3）FAT　可用于本病病毒的快速诊断，用于检测急性病鸡气管上皮涂片中的本病病毒。本试验不能用于鉴别病毒的血清型。

4）HI　适合常规血清学检测，可以提供鸡群血清型特异抗体的状况。常用于评估疫苗的免疫效果。

5）ELISA　适合常规血清学检测。ELISA用以检测病鸡血清中的IBV抗体，其灵敏度为中和试验的2.3倍，琼脂免疫扩散试验的188倍，但缺乏型或株特异性。

［防治与处理］

1.防治　对本病的预防控制，我国一直采用以疫苗免疫为主的手段，但由于本病的血清型众多，有时免疫效果不理想。本病的预防应主要从改善饲养管理和兽医卫生条件，减少对鸡群不利应激因素，以及加强免疫接种等综合措施方面入手：①严格饲养管理措施，搞好环境卫生，加强消毒，提高鸡舍温度，减少拥挤，避免各种应激因素。②做好鸡群免疫接种工作。由于IBV的血清型多样，且不同血清型之间交叉保护性弱，最好是分离当地毒株制备多价灭活苗，才能使本病得到有效控制。目前临床上使用最多的一种是弱毒疫苗，如H120、H52，其中H120适用于5～7日龄雏鸡首免，免疫原性较弱，免疫期短，使用弱毒苗应与NDV弱毒苗同时或在其后10d，以免发生干扰作用；H52毒力稍强，适用于1月龄以上的鸡进行二免。另一种是油乳剂灭活苗，多价疫苗——M41、T型、Gray、Hotle、变异株。用于120～140d种鸡免疫和预防肾型传染性支气管炎。用于8～16周龄鸡效果良好。弱毒疫苗和油乳剂灭活苗的免疫程序是：4～10日龄鸡用H120疫苗滴鼻免疫，25～30日龄鸡用H52疫苗滴鼻或饮水，以后2～3个月用H52疫苗饮水一次。

蛋鸡开产前肌内注射呼吸型-肾型二联油乳剂灭活苗。对于肾型传染性支气管炎病鸡群，使用肾型传染性支气管炎疫苗紧急接种，配合使用肾肿解毒药，添加抗生素，可降低死亡率，并能中止疾病的流行。

2. 处理　发生本病时，应按《中华人民共和国动物防疫法》的规定，采取严格控制、扑灭措施，防止扩散。扑杀病鸡和同群鸡，并进行无害化处理（方法参见国家标准GB16548—2006），其他健康鸡紧急预防接种疫苗。污染场地、用具等彻底消毒后，方能重新引进建立新鸡群。

三、鸡传染性法氏囊病

鸡传染性法氏囊病（infectious bursal disease，IBD），又称法氏囊病、甘布罗病，是由传染性法氏囊病病毒引起鸡的一种急性、高度接触性和免疫抑制性的传染病。以突然发病、病程短、发病率高、法氏囊损伤和体液免疫抑制为特征。OIE将其列为必须通报的动物疫病，我国将其列为二类动物疫病。

［病原特性］

病原为传染性法氏囊病病毒（*Infectious bursal disease virus*，IBDV），属于双RNA病毒科（*Birnaviridae*）禽双RNA病毒属（*Avibirnavirus*）的唯一成员。

病毒粒子核壳体为二十面体对称结构，直径为55～65nm，无囊膜，病毒感染细胞后，呈晶格状排列（图6-6）。完整的病毒外廓为六角形。基因组由两个片段的双股RNA构成。

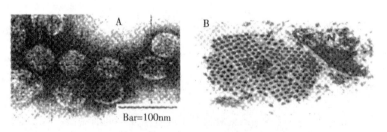

图6-6　IBDV病毒粒子电镜照片

A.电镜下的病毒粒子　B.病毒粒子感染细胞后呈晶格状排列

（引自崔治中，《兽医全攻略鸡病》，中国农业出版社，2009）

IBDV有两个血清型，分别是血清Ⅰ型（属于鸡源型）和血清Ⅱ型（属于火鸡源型）。血清Ⅰ型对鸡有致病性，可致10周龄以内鸡发病，成年鸡通常不表现临床症状，鸵鸟、火鸡和鸭也可感染。血清Ⅱ型未发现有致病性，血清Ⅱ型抗体在火鸡中广泛存在，有时也见于鸡和鸭。两个血清型之间的交叉保护率达30%。

IBDV损害禽类的法氏囊，导致B细胞免疫抑制。IBDV按其毒力的强弱大体可分为四个型：弱毒株、中等毒力毒株、强毒株和超强毒株（vvIBDV），其中超强毒株的毒力最强，能使鸡的法氏囊严重损伤，而且可以突破一些常见的弱毒疫苗和中等毒力疫苗所产生的免疫抗体的保护，使免疫失败，其死亡率可高达90%以上。相反，弱毒株对鸡的致病性就相对弱得多，只是引起轻微的炎症，死亡率很低。病毒毒力出现差异的原因主要是由于基因组VP2高变区的氨基酸残基发生了不同程度的突变，即位于限制性内切酶*Acc*Ⅰ～*Spe*Ⅰ之间的152个氨基酸残基。该区域内存在两个亲水区（h1、h2）和一个7肽区（hp）。第一亲水区在212～224位，起到决定结构抗原的稳定性作用；第二亲水区为314～324位，主要是中和抗体的识别区域。而7肽区（326～332位）则是决定病毒毒力的关键区域，一旦该区段的基因发生了突变，就有可能导致病毒毒力的改变，使病毒逃脱了中和抗体的中和作用而导致免疫失败。

IBDV可在9～11日龄鸡胚内增殖，经3～7d致鸡胚死亡。病毒在适应鸡胚后可在鸡胚成纤维细胞上培养并产生细胞病变。病毒也可在火鸡和鸭的卵胚细胞、兔肾细胞（RK-13）、猴肾细胞（Vero）和幼猴肾细胞（BGM-70）中增殖。

IBDV在外界环境中非常稳定，在鸡舍中可存活4个月以上，在饲料中可存活7周左右。56℃ 5h或60℃ 1h病毒仍有活力，但70℃ 30min可使病毒灭活。对乙醚和氯仿不敏感。耐酸不耐碱，但对甲醛、过氧化氢、氯胺、复合碘胺类消毒液敏感，如在0.5%氯化铵中作用10min能杀死病毒，0.5%福尔马林中6h，其感染力明显下降。

[分布与危害]

1. 分布　本病在1957年首次暴发于美国特拉华州的甘布罗（Gumboro）地区，故也叫甘布罗病。1965年传入欧洲，同年日本也发生。1979年先后在我国北京、广州等地也发现本病。目前已在欧洲、南美洲、亚洲的许多国家广泛流行。目前我国普遍存在vvIBDV。

2. 危害　由于本病在世界许多国家流行，引起雏鸡大批发病死亡和雏鸡感染后出现严重的免疫抑制，造成养鸡业的巨大经济损失，已被认为是仅次于新城疫和马立克病的鸡第三大传染病。

[传播与流行]

1. 传播　病毒主要感染鸡和火鸡，但火鸡呈隐性感染。鸽、鹌鹑、鹅不感染。各种品种的鸡都能感染，主要发生于2～15周龄的鸡，尤以3～6周龄的鸡最易感。但也有1周龄和138日龄鸡发病的报道。成年鸡一般呈隐性经过。

传染源主要是病鸡和隐性感染鸡，可直接接触传播，也可经污染的饲料、饮水、空气、用具等间接接触传播。传播途径主要经消化道、呼吸道及眼结膜感染。但尚无垂直传播的证据。

2. 流行　本病发生无季节性，只要有易感染鸡群存在，并暴露于污染环境中，任何时候均可发生。本病传播快，感染率和发病率高。发病急、病程短，一般发病后3～4d为死亡高峰，经5～7d死亡停止，典型的呈一过性尖锋式死亡曲线。如病鸡不死亡，多在1周左右康复。饲养管理不当、卫生条件差、消毒不严格、疫苗接种程序和方法不合理、鸡群有其他疾病等，均可促使和加重本病的流行。

[临床症状与病理变化]

1. 临床症状　潜伏期2～3d，OIE《陆生动物卫生法典》规定为7d。病鸡委顿，羽毛蓬松，采食和饮水减少或废绝，畏寒，常拥挤在一起，腹泻，排白色水样粪便，因肛门周围羽毛被污染而常出现啄肛，严重的病鸡垂头、闭眼呈昏睡状态。病后期体温低于正常，严重脱水，极度衰竭而死亡。耐过鸡往往发育不良，消瘦、贫血，生长缓慢。

鸡场最初几次暴发多呈最急性和急性经过。以后再发生，病势通常缓和，病鸡常不表现明显的临床症状。不满1周龄的雏鸡感染时因母源抗体的影响，则呈亚临床经过，导致严重的、持久性免疫抑制。

2. 病理变化 病死鸡尸体脱水，胸肌、腿肌和翼部肌肉有条状或斑状出血。腺胃乳头周围出血，尤以腺胃和肌胃交界处明显。肾肿大，灰白色，输尿管内有白色尿酸盐沉积。法氏囊的特征性变化是：先肿胀，后萎缩，在感染后2～3d高度水肿和充血，体积增大2～3倍，质量增加，外观由白色变为灰白色，覆有一层胶冻样黄色渗出物。出血严重的病例，法氏囊呈紫葡萄样，有的囊内含有纤维素样或干酪样物。感染后第5天恢复到正常质量，体积相继变小，第8天只相当于原质量的1/3。萎缩的囊壁变薄，呈灰色或蜡黄色，黏膜皱褶不清或消失。如果是被Ⅰ型变异株感染的鸡，法氏囊在48h内萎缩。

病理组织学变化主要表现为法氏囊、胸腺和盲肠扁桃体等淋巴样组织内的淋巴细胞变性和坏死，替代以巨噬细胞和网状内皮细胞。

［诊断与检疫技术］

1. 初诊 根据突然出现大批鸡发病和一过性尖峰式死亡曲线，结合病理剖检所见的特征性变化可做出初步诊断。确诊需要进一步做实验室检测。

2. 实验室检测 在国际贸易中，尚无指定诊断方法，替代诊断方法为琼脂凝胶免疫扩散试验（AGID）和酶联免疫吸附试验（ELISA）。实验室检测进行病原鉴定和血清学检测。

被检材料的采集：病原鉴定或血清学检测，宜无菌采集感染鸡发病早期的法氏囊。

血清学检测宜采集双份血清，即在发病早期采集鸡血清，间隔3周再采集一次。因病毒传播极快，每群选择少部分鸡采血，一般采集20份血样。

（1）病原鉴定

1）病毒分离鉴定 可采用鸡胚或鸡接种分离。

鸡胚接种分离：采用SPF鸡胚，进行绒毛尿囊膜（CAM）接种。方法是，采取病鸡的法氏囊，将其用加有抗生素的胰蛋白胨肉汤少量制备成浆悬液，离心后取上清液，－20℃冻结备用。取样品0.2mL经鸡胚绒毛尿囊膜接种于9～11日龄SPF鸡胚，受感染鸡胚常在3～7d死亡（标准株）。可见胚体腹部水肿，皮肤充血、出血，尤以颈部和趾部最为严重。肝脏有斑点状坏死和出血斑，肾充血并有少量斑状坏死，肺高度充血，脾脏肿大、苍白，绒毛尿囊膜增厚，有小出血点，鸡胚的法氏囊无明显变化。如是变异株接种鸡胚，一般不致死鸡胚，接种后5～6d剖检，可见鸡胚大脑和腹部皮下水肿、发育迟缓，呈灰白色或奶油色，肝脏有胆汁着色或坏死，脾脏通常肿大2～3倍，但颜色无明显变化。

获得的IBDV经鸡胚成纤维细胞培养并盲传一定代次，观察到细胞病变后，用已知IBD抗血清在组织培养物中做病毒中和试验（VN）或AGID检测分离的病毒，做出鉴定。

鸡体分离病毒：分别取5只3～7周龄的易感鸡（试验组）和IBD免疫鸡（对照组），通过滴眼接种，经72～80h后扑杀，取法氏囊检测。

2）病毒抗原检测 有以下方法可直接检测法氏囊病料中的病毒抗原。

①AGID：可用于检测法氏囊病料中的病毒抗原。

②IFT：可用于检测法氏囊病料中的病毒抗原。

③抗原捕获酶联免疫吸附试验（AC-ELISA）：此试验酶标板以特异性的抗体包被。捕获抗体可以是鼠抗IBDV单克隆抗体，或几种单克隆抗体的混合物，或从发病鸡中采集的IBDV多克隆抗体。但采用多克隆抗体进行抗原捕获酶联免疫吸附试验的敏感性更高。

3）分子生物学检测 有核酸探针和反转录聚合酶链式反应（RT-PCR）等，与常规的诊断方法相比，具有特异性更强、灵敏性更高的特点。

核酸探针技术可对传染性法氏囊病病毒RT-PCR扩增产物进行检测，也可以检测病鸡血液里的传染性法氏囊病病毒。

反转录聚合酶链式反应技术特别适合于含毒量极少的感染组织诊断，包括早期感染的诊断。

（2）血清学检测　血清学检测方法常用琼脂免疫扩散试验（AGID）、病毒中和试验（VN）和酶联免疫吸附试验（ELISA）。其中AGID最常用。

1）AGID　此法是血清学检测中最有用的方法，可用于检测血清中特异性抗体，也可用于检测法氏囊组织中的病毒抗原或抗体。具体操作见下面附：介绍琼脂免疫扩散试验对鸡传染性法氏囊病的检测。

2）VN　通过细胞培养进行，检出抗体的敏感性很高。这种敏感性对常规诊断不需要，但对评价疫苗免疫反应非常有用。

VN的敏感性要高于AGID。如经AGID检测为阴性的，用VN往往能检测出滴度。

3）ELISA　此法用于检测病毒抗体。常用于检测IBDV群特异性抗体做血清流行病学调查，但此法不能区分不同的血清型。ELISA要比VN和AGID出结果快，且省事，但试剂较贵。

此外，对流免疫电泳试验、免疫荧光抗体试验等也可用于IBD的诊断。

［防治与处理］

1. 防治　①平时加强饲养管理，搞好卫生和严格消毒。饲养鸡最好采取全进全出的饲养方式，在每次进雏前彻底清除舍内积粪、垫草，舍内墙壁、地面、饲养用具清洗后消毒，可用0.2%过氧乙酸、0.5%次氯酸钠等喷洒消毒。②严防携带病毒污染的饲料（含包装袋）、运输车辆、生产工具和人员（含衣物）以及其他禽类和动物进入鸡舍。③做好鸡群的免疫接种工作，特别应做好种鸡的免疫，以保障有足够高的母源抗体水平保护雏鸡。疫苗种类目前有弱毒苗（一类毒力很弱，如国产的A80、AEO，进口的D78等，另一类为中等毒力，如国产的B87、BJ836等）和油剂灭活苗，以及囊组织灭活苗。其中以囊组织苗效果最好。严格按照各类疫苗的免疫程序进行免疫接种。

2. 处理　发现病鸡，应按《中华人民共和国动物防疫法》的规定，采取严格控制、扑灭措施，防止扩散。扑杀病鸡和同群鸡，深埋或焚烧病死鸡尸体。被污染的场地、鸡舍、用具等严格消毒，粪便等污水、污物实行无害化处理。

四、鸡马立克病

鸡马立克病（Marek's disease, MD）是由鸡感染禽疱疹病毒2型所致的一种淋巴瘤性疾病。以病鸡的外周神经、性腺、虹膜、各种内脏器官、肌肉和皮肤发生单核细胞浸润，形成淋巴肿瘤为特征。我国列为二类动物疫病。

［病原特性］

病原为禽疱疹病毒2型（Gallid herpesvirus 2, GHV-2），又名马立克病病毒（Marek's disease virus, MDV），属于疱疹病毒目（Herpesvirales）疱疹病毒科（Herpesviridae）甲型疱疹病毒亚科（Alphaherpesvirinae）马立克病病毒属（Mardivirus）成员。

MDV为细胞结合性疱疹病毒，具有丙型疱疹病毒类似的嗜淋巴特性，但其分子结构及基因组类似于甲型疱疹病毒，因而归类于后者。

在感染的组织培养细胞的细胞核（偶尔在胞质）中或细胞外液中，可见直径为85～100nm的六边形裸露颗粒或称核衣壳。偶尔可见直径为150～160nm有囊膜的粒子。通过对溶解了的羽毛囊上皮进行负染色，可见直径为273～400nm带囊膜病毒粒子，表现为不定形结构。病毒在鸡体组织内以两种形式存在，一种是无囊膜的裸露颗粒，另一种是有囊膜的成熟病毒粒子。

根据抗原性不同，MDV可分为三个血清型，即血清1型、2型和3型。一般所说马立克病病毒系指血清1型（GHV-2），即致瘤病毒；血清2型（禽疱疹病毒3型，GHV-3），为非致瘤病毒；血清3型，为火鸡疱疹病毒（HVT），对火鸡可致产卵下降，而对鸡无致病性。

根据病毒毒力，血清1型又分4个致病型，即温和型（mMDV）、强毒型（vMDV）、超强毒型（vvMDV）和超超强毒型（vv⁺MDV）。

用病鸡的白细胞、肿瘤细胞、胰酶消化的肾细胞或血液，接种于鸭胚成纤维细胞或鸡肾细胞（CK），可分离出病毒。常在接种后5～14周出现典型的MD疱疹病毒空斑，大小不超过1mm，由圆形变性的、有折光性的细胞和含有A型核内包涵体的多形核白细胞组成。

MDV对理化因素的抵抗力较强，从羽囊上皮细胞来的无细胞病毒污染的垫料在室温中经4～8个月仍有感染力，在4℃至少保存10年。但常用的化学消毒剂以及温热（60℃）可在10min内使其灭活，pH 4.0以下或10.0以上能迅速将其灭活。

[分布与危害]

1. 分布　1907年匈牙利学者Marek首先报道本病。1914年美国也暴发了此病，以后在荷兰、英国和其他许多国家也发现了本病。现在本病已广泛流行于世界各个养禽国家。我国于20世纪70年代初发现了本病，在一些养鸡地区，尤其是机械化养鸡场有MD流行。

2. 危害　由于本病具有高度接触传染性，其发病率为5%～60%，死亡率为25%～30%，最高可达60%。对孵化程度高的鸡群威胁性更大，所造成的经济损失随着养鸡集约化程度的增高而增大。

[传播与流行]

1. 传播　本病主要感染鸡，不同品系的鸡均可感染，幼龄鸡比成年鸡易感，母鸡易感性高于公鸡。此外，火鸡、野鸡、鹌鹑、鹧鸪也可自然感染，但发病极少，偶见鸵鸟、高地鹅、鸭和猫头鹰病例报告。各种哺乳动物（包括仓鼠、大鼠和猴等）都能抵抗MDV的感染。

传染源为病鸡和带毒鸡（感染马立克病的鸡，大部分为终生带毒），其脱落的羽毛囊上皮、皮屑和鸡舍中的灰尘是最重要的传染源。此外，病鸡和带毒鸡的分泌物、排泄物（如唾液、鼻分泌物和粪便）也有传染性。

本病具有高度接触传染性，直接或间接接触都可传染。传播途径是病毒主要随着空气经呼吸道进入体内，其次是消化道。

2. 流行　病毒一旦侵入易感鸡群，其感染率几乎可达100%，但发病率差异很大，可从出现少数到70%～80%。本病发生与鸡的年龄有关，年龄越小，易感性越高，1日龄最易感。本病多发于5～8周龄鸡，发病高峰多在12～20周龄，我国地方品种鸡较易感。病鸡除极少数可康复外，几乎都以死亡为转归。

各种环境因素和存在应激（长途运输、注射疫苗、捕捉、更换饲料等）、并发感染其他疾病（感染传染性法氏囊病、传染性贫血病和禽网状内皮组织增殖病以及淋巴细胞性白血病和球虫病等）和饲养管理因素（饲养密度大，感染机会越多）等，都可使本病的发病率和死亡率升高。

[临床症状与病理变化]

1. 临床症状　自然感染的潜伏期受病毒的毒力、感染剂量、鸡年龄与品种等多种因素影响，一般短的为3～4周，长的达几个月。OIE《陆生动物卫生法典》规定为4个月，人工感染1日龄雏鸡，2～3周龄开始排毒，3～4周龄出现症状。

鸡马立克病临床表现与病毒的毒力有关，一般可分为神经型（古典型）、急性型（内脏肿瘤型）、眼型和皮肤型4种，有时可混合发生。

（1）神经型（古典型）　由毒力较弱的毒株侵害神经系统所引起的。病鸡表现为步态不稳，共济失调，一侧或两侧腿麻痹（图6-7、6-8），严重时瘫痪不起。典型症状是一腿向前伸，另一腿向后伸的"大劈叉"姿势（图6-9）。翅膀麻痹下垂（俗称"穿大褂"）。颈部麻痹致使头颈歪斜，嗉囊因麻痹而扩大（俗称"大嗉子"）。病鸡呼吸困难、腹泻、消瘦、贫血。本型病程较长，最后因采食困难、饥饿、消瘦、衰弱而死亡。

图6-7　患鸡一肢不全麻痹　　　图6-8　患鸡两肢完全麻痹　　　图6-9　病鸡劈叉姿势

（引自毕玉霞，《动物防疫与检疫技术》，化学工业出版社，2009）

（2）急性型（内脏肿瘤型）　由强毒力的病毒引起的，常侵害幼龄鸡，尤其是40～60日龄的鸡群，死亡率高。病初鸡精神委顿，食欲减退，毛粗乱，有的病鸡离群呆立一边，头颈收缩呈企鹅样站立姿势。经数天后，部分病鸡表现共济失调，蹲卧，接着出现腿或翅一侧性（或两侧性）轻瘫或麻痹。某些在内脏器官发生较大肿瘤的病鸡，腹部触诊可发现腹腔明显增大，往往发病半个月左右死亡。有的病鸡不表现明显的症状就死亡。

（3）眼型　主要侵害虹膜，一眼或两眼同时发病，轻者对光反应迟钝，重者失明。可见虹膜正常色素消失，呈混浊的淡灰色，俗称"灰眼"或"银眼"。瞳孔边缘不整齐，严重时瞳孔只留下针尖大的小孔。有的可在眼部形成肿瘤，这一情况仅发生在6月龄以上的火鸡，特别是1年以上的老鸡中。

（4）皮肤型　较少见，多在屠杀时发现，特征是皮肤毛囊形成小结节或瘤状物（是由于淋巴细胞性肿瘤增生所致），在颈部、翅膀、大腿外侧多见。肿瘤结节呈灰黄色，突出皮肤表面，有时破溃。

2. 病理变化

（1）肉眼病变最常见于外周神经和内脏

神经型的病鸡：一般都可见到神经病变，受害神经表现为肿胀变粗，有的可增粗2～3倍，呈灰白色或灰黄色，横纹消失。病变多发生于一侧。最多见受侵害的神经有坐骨神经、臂神经丛、腹腔神经丛和肠系膜神经丛。

内脏肿瘤型的病鸡：大多以内脏病变为主，常可在病鸡的一种或一种以上的内脏器官中见到淋巴细胞性肿瘤。最常侵害的内脏器官是性腺（尤其是卵巢），其次是肾、脾、肝、心、肺、胰、腺胃、肌肉等组织。

在这些组织（卵巢、睾丸、肾、脾、肝、心、肺、胰、腺胃等脏器）中出现广泛的结节性或弥漫性灰白色的淋巴细胞性肿瘤，质地坚硬而致密。若与原有组织的色彩相间存在，则整个组织呈大理石样花纹。肌肉，尤以胸肌最常见，有大小不等的灰白色细纹结节状肿瘤，肌纤维失去光泽，呈灰白色或明显的橙黄色。病鸡的法氏囊表现萎缩，偶尔发生肿瘤，呈弥散性增厚。

眼型的病鸡：虹膜增生褪色，呈混浊的淡灰色，瞳孔收缩，边缘不整呈锯齿状。

皮肤型的病鸡：皮肤病变可见呈灰白色的结节或瘤状物，有时呈淡褐色的痂皮。

（2）具有诊断意义的组织学变化多见于外周神经、淋巴样器官和出现肿瘤的脏器　外周神经的组织学变化主要表现为淋巴样细胞增生，可见到活化了的原始网状细胞、成淋巴细胞、小型和中型淋巴细胞，其中还有一些"马立克病细胞"，即一种退行变性的成淋巴细胞（胚）型细胞，胞质有强嗜碱性和嗜哌咯宁性，并有空泡，没有或极少有胞核结构，这种细胞最常见于神经型的MD中，用电镜观察时在其胞核内含有疱疹病毒粒子，这是示病的一种特征性细胞。这种变化可局灶性，也可弥散到整个神经，但囊膜很少受侵害。严重者还可见到髓鞘完全剥离、髓轴受到破坏以及许旺细胞增大。也有的表现为炎症性变化，以炎性水肿、许旺细胞增生肥大、散有小淋巴细胞和浆细胞为特征，并可出现巨噬细胞和增粗的胶质纤维。

脏器中肿瘤的组织学变化与外周神经的组织学变化相似，由弥散增生的小型和中型淋巴细胞、成淋巴细胞、马立克病细胞以及活化了的原始网状细胞所组成。在生长较慢的肿瘤中，细胞形态为多样；在生长较快的肿瘤中，以成熟的细胞占优势。

淋巴样器官（法氏囊、脾脏和胸腺）中，法氏囊出现皮质、髓质的萎缩，坏死，滤泡间淋巴细胞浸润。脾脏在急性病例中常见淋巴瘤样变化。胸腺常见萎缩，但有些病例可见淋巴样细胞增生区。

眼型病变是虹膜的单核细胞浸润，有时出现骨髓样变细胞，病变部浸润细胞有小淋巴细胞、中淋巴细胞、浆细胞及淋巴母细胞等多种细胞混合。

皮肤型病变是毛囊肿大，有大量单核细胞浸润，真皮血管周围有淋巴细胞、浆细胞等增生。

[诊断与检疫技术]

1. 初诊　根据流行特点、典型临床症状和病理变化综合分析可做出诊断。如果难以确诊，需进行实验室检测。

2. 实验室检测　在国际贸易中，尚无指定诊断方法，替代诊断方法为琼脂免疫扩散试验（AGID）。实验室检测进行病原鉴定和血清学检测。

被检材料的采集与处理：用于分离病毒的材料应选择肿瘤细胞、肾细胞、脾或外周血液中的白细胞，也可采用羽根作为鸡马立克病病毒诊断和分离的材料。处理方法如下：

病鸡血液的处理：在采血时应加肝素抗凝，一般用全血或白细胞分离病毒。

肿瘤组织的处理：无菌采取肿瘤结节，剪碎，用磷酸盐缓冲液冲洗，去红细胞，然后消化制成单细胞悬液，离心沉淀细胞，再以磷酸盐缓冲液或细胞培养液悬浮，调整细胞浓度为每0.2mL含有10^6个，进行病毒的检测。

羽囊和皮肤的处理：感染鸡的羽囊和皮肤用于游离病毒的分离。其处理方法是：用SPGA-EDTA缓冲液（蔗糖7.462g，磷酸二氢钾0.052g，磷酸氢二钾0.125g，L-谷氨酰胺0.083g，牛血清白蛋白1.0g，乙二胺四乙酸钠0.2g，用蒸馏水配制成100mL）冲洗，溶解并稀释成1：5（质量体积比），超声波裂解2～3min，然后经650g离心至悬液清亮，再用经小牛血清处理的滤膜（0.45μm）过滤。

（1）病毒鉴定

1）病毒分离与鉴定　病毒分离可采用雏鸡接种、细胞培养和鸡胚接种等方法获取病毒。

①雏鸡接种：用病死鸡的肿瘤细胞、血淋巴细胞或单核淋巴细胞制成悬液，取其0.2mL，经腹腔注射1日龄雏鸡（如美国的7系或康奈尔S系），2～10周后检查鸡的神经（迷走神经、臂神经丛及坐骨神经）和内脏，如肉眼或显微镜下见有马立克病病毒引起的特征性病变，即可证实有马立克病毒存在。

②细胞培养：如果是细胞结合性病毒材料的分离，可用鸡肾细胞和鸡胚成纤维细胞，其方法是：将鸡肾细胞和鸡胚或纤维细胞长成单层后，接种上述处理好的待检病料，24h后更换培养液，以后每隔日更换一次，6～8d后计算空斑数。如果是游离性病毒材料的分离，可采用鸡肾细胞增殖，其方法是：将培养24～48h的原代鸡肾细胞的培养液弃去，接种处理好的待检病料，每瓶0.2mL，37℃培养30min，然后再加培养液，以后每隔48h更换一次液体。接种6～8d后计算病毒的蚀斑形成单位/mL。

③鸡胚接种：将处理好的待检病料0.2mL接种于4日龄鸡胚的卵黄囊内，37℃卵育14d，然后检查鸡胚的绒毛尿囊膜（CAM）上产生的痘斑。如果整个CAM上均匀地散有10个以上痘斑时，即可收获病毒做进一步的鉴定。

病毒分离株的鉴定，可用荧光抗体试验（FAT）或特异性的单克隆抗体试验进行鉴定。FAT以特异性的荧光抗体检测鸡肾细胞培养物中马立克病病毒感染斑或火鸡疱疹病毒感染斑；单克隆抗体试验用于区分血清型。

2）聚合酶链式反应（PCR）　可用于本病诊断；也可用于鉴别MDV血清1型的某些致瘤或非致瘤毒株，以及血清2型和3型疫苗株；或鉴别血液或羽髓中的马立克病病毒或火鸡疱疹病毒。

（2）血清学检测　采用血清学试验检出马立克病毒抗体时，只有4周龄以上的未免疫鸡才可诊断为感染，而4周龄以下的鸡因有母源抗体存在，不能判为感染。

血清学检测方法有AGID、直接或间接免疫荧光试验、ELISA、病毒中和试验（VN）等，其中以AGID最常用。

AGID：虽不是国际贸易指定试验，但却是抗体检测最常用的方法。它既可用于马立克病毒抗原的检出，也可用于马立克病毒抗体的检出，一般在马立克病病毒感染14～24d后检出病毒抗原，抗体的检出一般在病毒感染3周后。具体操作见检测实训十二。

3. 鉴别诊断　马立克病病毒往往与禽白血病病毒同时存在，内脏肿瘤型马立克病易与禽白血病和禽网状内皮组织增殖病相混淆，应注意鉴别。

内脏肿瘤型鸡马立克病与鸡淋巴细胞性白血病的区别是：MDV常侵害外周神经、眼、皮肤及肌肉，法氏囊被侵害时常见萎缩，肿瘤组织中的细胞成分是小型和中型淋巴细胞、成淋巴细胞、马立克细胞以及活化了的原始网状细胞。而淋巴细胞性白血病的肿瘤组织主要由成淋巴细胞组成。此外，淋巴细胞性白血病的肿瘤几乎全部由B淋巴细胞组成，而马立克病的肿瘤主要由T淋巴细胞组成（60%～90%），B淋巴细胞只占3%～25%。另外，两者的肿瘤抗原也不相同。

［防治与处理］

1. 防治　本病尚无有效的治疗药物，只有采取综合性防疫措施减少本病发生，可采取以下一些措施：

（1）重点防止出雏和育雏期的早期感染。为此应将孵化场或孵化室远离鸡舍，育雏室也应远离鸡舍。同时做好孵化场（室）和育雏室的定期消毒工作。对孵化场（室）可用福尔马林熏蒸消毒。育雏室可用常规消毒液消毒。育雏室在雏鸡进入前一定要彻底清扫和消毒。

（2）肉鸡群应采取全进全出制，每批鸡出售后进行彻底清洗消毒，并空舍7～10d，然后再饲养下一批鸡。引进种鸡应经隔离检疫，证明未被MDV感染方可合群。有条件的鸡场可选用抗病鸡种。

（3）对鸡群应按免疫程序预防接种马立克病疫苗以防止疫病发生。如出雏后立即注射马立克病疫苗；雏鸡可进行第二次马立克病疫苗的免疫（二次免疫时间以7～10日龄为宜）。

2. 处理　发生本病时，应按《中华人民共和国动物防疫法》的规定，采取严格控制、扑灭措施，防止扩散。对病鸡和同群鸡应全部扑杀并无害化处理。对污染的环境及设备如场地、鸡舍、用具及粪便等严格消毒。

五、鸡产蛋下降综合征

鸡产蛋下降综合征（egg drop syndrome，EDS）是由鸭腺病毒1型引起鸡的一种传染病。以产蛋鸡产蛋率下降，产变色蛋、软皮蛋、无壳蛋及畸形蛋为特征。我国将其列为二类动物疫病。

［病原特性］

病原为鸭A型腺胸腺病毒（*Duck adenovirus* A），别名产蛋下降综合征病毒（EDSV）或EDSV-1976，曾作为禽腺病毒血清Ⅲ群的代表，属于腺病毒科（*Adenoviridae*）腺胸腺病毒属（*Atadenovirus*）成员。

病毒无囊膜，基因组为双股DNA（dsDNA）。病毒粒子大小为70～80nm，呈二十面体对称。具有血凝性，能凝集鸡、鸭、火鸡、鹅、鸽和孔雀的红细胞，不能凝集大鼠、家兔、马、牛、绵羊、山羊、猪等的红细胞。

目前分离到的毒株均属同一血清型。病毒易在鸭肾细胞、鸭胚肝细胞和鸭成纤维细胞中生长，也可在鸡胚肝细胞中生长，但在鸡胚、鸡胚肾细胞、鸡胚成纤维细胞上生长不良。病毒在体外培养可出现细胞病变和核内包涵体。

病毒对外界环境的抵抗力较强，对pH适应范围广（pH 3～10）。甲醛、强碱对病毒有较好的消毒效果。病毒对热有一定的耐受性，56℃ 3h仍可存活。

[分布与危害]

1. 分布　1976年荷兰Van Eck首先报道本病，之后在北爱尔兰、英国也发生。20世纪80年代末我国首次在肉用种鸡中发现，随后在许多地区均有发生。目前本病流行于世界各地，已成为产蛋鸡和种鸡的主要传染病之一。

2. 危害　病鸡产蛋率下降，同时产出大量软皮蛋、无壳蛋、畸形蛋，严重影响了蛋的品质，对养鸡业危害较大，造成一定的经济损失。

[传播与流行]

1. 传播　不同年龄的鸡均易感。鸭和鹅可能是EDSV的自然宿主。火鸡、野鸡、珍珠鸡和鹌鹑也可感染。

传染源是病鸡和带毒鸡。传播途径主要通过被感染的精液和种蛋垂直传染，也可以水平传播，多通过被病毒污染的蛋盘、粪便、饮用水、免疫用针头传播，但水平传播的速度较慢，且有时呈间断性。

2. 流行　本病发生多见于26～32周龄的产蛋鸡，35周龄以上的蛋鸡则少见，笼养鸡比平养鸡传播快，肉鸡和产褐壳蛋的鸡较产白壳蛋的鸡传播快。幼龄鸡不表现临床症状，蛋鸡群表现产蛋率突然下降，每天可下降2%～4%，连续2～3周，下降幅度最高可达30%～50%，以后可逐渐恢复，但一般不易恢复到正常水平。

[临床症状与病理变化]

1. 临床症状　潜伏期为7～9d。病毒侵入鸡体后，在性成熟前幼龄鸡不表现致病性，无临床症状出现，在产蛋初期由于应激反应致使病毒活化而使产蛋鸡发病，表现产蛋率突然下降，并持续数周，产出蛋有大量软皮蛋、褪色蛋、薄壳或无壳蛋。

2. 病理变化　本病无特征性病变，肉眼病变不明显，有时可见输卵管和子宫黏膜水肿、肥厚，子宫腔内有白色渗出物或干酪样物。有时还可见卵巢萎缩变小，卵泡稀少或软化。

组织学变化表现为输卵管和子宫黏膜明显水肿，腺体萎缩，并有淋巴细胞、浆细胞和异嗜性白细胞浸润，在血管周围形成管套现象；上皮细胞变性坏死，在上皮细胞中可见嗜伊红的核内包含体；子宫内渗出物中混有大量变性坏死的上皮细胞和异嗜性白细胞。

[诊断与检疫技术]

1. 初诊　根据流行特点、临床症状及病理变化可做出初步诊断，确诊需进一步做实验室检测。

2. 实验室检测　进行病原鉴定和血清学检测。

被检材料的采集与处理：选择刚开始产异常蛋的母鸡，采取输卵管狭窄部蛋壳分泌腺分离病毒，也可采集病鸡泄殖腔棉拭子，或发病15d以内的软皮蛋蛋清等分离病毒。病料采集后冰冻保存待检。检测时将病料加2～5倍的pH 7.2 0.1mol/L磷酸盐缓冲液（PBS），研磨制成悬液，冻融2～3次，以3 000r/min离心20min，取上清液，加入青霉素（使最终浓度为1 000IU/mL）、链霉素（使最终浓度为1 000μg/mL），37℃处理1h，离心，取上清液。泄殖腔棉拭子浸入含有青霉素、链霉素的磷酸盐缓冲液（PBS）中充分挤压后取出拭子，将溶液冻融2～3次，离心取上清液。蛋清则加入适量的含有青霉素、链霉素的磷酸盐缓冲液（以可畅通吸入注射器为准可），37℃处理

30min。

血清学检测可采集产异常蛋的蛋鸡血液样品。

（1）病原鉴定

①病毒分离：病毒分离以接种鸭胚或鹅胚，或鸭、鹅细胞培养最敏感，也可接种鸡细胞培养（以鸡胚肝细胞最敏感，但鸡胚肾细胞和鸡胚成纤维细胞不敏感），鸡胚不适宜本病毒分离。接种后观察胚胎死亡或细胞病变，或采取尿囊液或感染细胞上清液，与鸡红细胞进行血凝试验。

接种鸭胚分离病毒：取常规处理后的样品上清液0.2mL经绒毛尿囊腔接种10～12日龄的无鸡产蛋下降综合征抗体的健康鸭胚，同时用等量的PBS接种鸭胚，作为对照，37℃孵育，弃去48h以内死亡的鸭胚，收获48～120h死亡和存活的鸭胚尿囊液。用1%鸡红细胞悬液测其血凝性，若接种样品的鸭胚尿囊液能凝集鸡红细胞，而接种PBS的鸭胚尿囊液不凝集鸡红细胞，则进行分离物鉴定；若样品接种鸭胚尿囊液不凝集鸡红细胞，则用尿囊液接种鸭胚盲传，样品连续盲传三代仍不凝集鸡红细胞者可判为病毒分离阴性。

也可用鸭源细胞培养分离病毒。

②病毒鉴定：采用血凝与血凝抑制试验方法。如果被检尿囊液能凝集鸡红细胞，且这种血凝活性又能够被标准阳性血清抑制，则分离物含有EDSV。

细胞培养物中的病毒抗原可用免疫荧光试验（IFT）检测，即采用标记的EDSV抗血清进行病毒抗原检测。

也可采用抗原捕获酶联免疫吸附试验（AC-ELISA）或聚合酶链式反应检测病毒。

（2）血清学检测 血清学检测方法有血凝抑制试验（HI）、血清中和试验（SN）、双向免疫扩散试验（DID）、免疫荧光试验（IFT）及酶联免疫吸附试验（ELISA）等，这些试验敏感性类似。其中应用最广泛的是血凝抑制试验（HI）。

血凝抑制试验：仅适用于检测与鸡产蛋下降综合征有关的腺病毒感染，对其他腺病毒则不适用。如果血清中存在非特异性血凝素，可用10%红细胞悬液进行吸附并将其除掉。血凝与血凝抑制试验的具体操作见下面附：介绍血凝与血凝抑制试验的操作方法。

需要注意的是，当鸡受到多种血清型腺病毒感染并产生高水平腺病毒抗体时，在ELISA或IFT呈阳性反应，而在HI或SN中则为阴性。

［防治与处理］

1. 防治 本病尚无特效治疗药物，必须加强卫生管理措施，可采取以下措施：①不能使用来自感染鸡群的种蛋。②从非疫区鸡群中引种，引进的种鸡群要严格隔离饲养，产蛋后须经血凝抑制试验检测，如检测为阴性，方可留作种鸡用。③在鸡场和孵化场（室）要严格执行消毒工作，对日粮要注意氨基酸和维生素的平衡。④在鸡110～130日龄（或开产前2～4周）使用油佐剂灭活苗进行免疫接种，可保护一个产蛋周期。

2. 处理 对检测为阳性的产蛋母鸡进行淘汰处理，目的是防止本病通过种蛋垂直传播。

六、禽白血病

禽白血病（avian leukosis，AL）又称为禽白细胞增生病（avian leukosis），是由禽白血病/肉瘤病毒群成员引起禽的各种传染性良性肿瘤和恶性肿瘤的统称。它包括白血病（淋巴细胞性白血病、成红细胞白血病、成髓细胞性白血病、骨髓细胞瘤）、结缔组织瘤（纤维瘤与纤维肉瘤、黏液瘤与黏液肉瘤、组织细胞肉瘤、软骨瘤与软骨肉瘤、骨瘤与骨肉瘤）、上皮瘤（肾胚细胞瘤、肾瘤、肝癌、胰腺癌、卵泡膜瘤、粒层细胞癌、精原细胞瘤、鳞状细胞癌）、内皮瘤（血管瘤、血管肉瘤、间皮瘤）及其他肿瘤（骨硬化病、脑膜瘤、神经胶质瘤）。在自然条件下，以淋巴细胞性白血病（LL）最常见。我国将其列为二类动物疫病。

[病原特性]

病原为禽白血病/肉瘤病毒群（*Avian leukosis/sarcoma virus group*，ALV/ASV），属于反转录病毒科（*Retroviridae*）、正反转录病毒亚科（*Orthoretrovirinae*）、α反转录病毒属（*Alpharetrovirus*），禽白血病病毒（ALV）是其中的典型种。

病毒粒子近似球形，直径为80～120nm，平均为90nm，有囊膜，衣壳呈二十面体对称。病毒基因组为单股正链RNA的二倍体。

ALV可分外源性病毒和内源性病毒两种。能以感染性病毒粒子进行传播的，称为外源性病毒；正常鸡基因组中含有的通过染色体传递的反转录病毒样物质，称为内源性病毒。

目前根据病毒囊膜糖蛋白的差异，ALV可分为A～J等亚群。以鸡为宿主的至少有A、B、C、D、E和J六个亚群，除E亚群是内源性病毒外，其余均为外源性病毒。A和B亚群主要引起淋巴细胞瘤；J亚群主要导致髓细胞瘤。六个亚群中，每个亚群由几种不同种类的抗原型组成，同一个亚群的病毒具有不同程度的交叉中和反应，但除了B亚群和D亚群外，不同亚群之间没有交叉反应。其他禽类中还分离到其他亚群ALV，F和G亚群宿主是雉，H和I亚群宿主分别是斑鸠和鹌鹑，它们均为内源性病毒。

外源性病毒又分完全复制型和复制缺陷型两种。完全复制型具有完整的*gag*、*pol*及*env*基因，对大多数鸡不诱发肿瘤，但少部分鸡能终生感染并致淋巴细胞性白血病。某些外源性病毒可获得肿瘤基因（*c-onc*），从而能致急性、亚急性肿瘤，但同时也会失去*env*基因而成为复制缺陷型，需要带*env*基因的ALV作为其辅助病毒才能复制。

病毒一般抵抗力不强，对脂溶剂和去污剂敏感，乙醚、氯仿和十二烷基硫酸钠可破坏病毒，使其失去感染性，不耐高温，在56℃ 30min失去活性。只有在低于−60℃下才能保存数年而不丧失感染力。

[分布与危害]

1. 分布　本病自1868年首次报道以来，在世界各国均有存在，一些养鸡业发达的国家大多数鸡群均感染本病。但由于20世纪70年代和90年代分别在蛋种鸡群和肉种鸡群实施消灭计划，目前商业种鸡群中外源性ALV的流行率已有所降低。我国的肉鸡群和商品蛋鸡群中均存在该病，尤其随着J亚群白血病的出现与暴发，国内的养鸡业受到了严重威胁。

2. 危害　本病一般呈散在性发病，但可直接造成感染鸡死亡，引起产蛋鸡群和肉鸡严重的经济损失，同时该病的亚临床感染（非肿瘤性综合征）可造成鸡群的性成熟推迟，产蛋率和蛋品质下降，受精率和孵化率下降以及感染鸡群的免疫抑制。

[传播与流行]

1. 传播　鸡是禽白血病/肉瘤病毒群的自然宿主，除雉、斑鸠、鹌鹑外，还未从其他禽类中分离到该群病毒。但在试验条件下，有些病毒的宿主范围较广泛，如劳斯肉瘤病毒（RSV）可引起鸡、雉、珍珠鸡、鸭、鸽、日本鹌鹑、火鸡和石鸡肿瘤。

本病以鸡最易感，ALV在肉鸡群中普遍存在。随着日龄增长，鸡发生肿瘤的风险随之增加，以性成熟时发病率最高。在自然病例中，淋巴细胞性白血病和成髓细胞性白血病多见于4月龄以上的鸡（但在肉鸡中，发病日龄可提前至5周龄）。

在ALV感染鸡群中，不同个体的感染状况可分为4类：①无病毒血症无抗体型（V-A-）；②无病毒血症有抗体型（V-A+）；③有病毒血症无抗体型（V+A-）；④有病毒血症有抗体型（V+A+）。无疫禽群和基因抗性禽属于无病毒血症无抗体型（V-A-）；感染群中遗传易感鸡属于其他三类中任意一类，其中大多数属于无病毒血症有抗体型（V-A+），少数（通常不到10%）属于有病毒血症无抗体型（V+A-）或有病毒血症有抗体型（V+A+）。

J亚群禽白血病自然发生于肉用型鸡，主要是肉用型种鸡，主要引起髓细胞瘤，而不是淋巴细胞性白血病。一般来说，在开产前后（18～22周）鸡群死亡率开始升高，多持续很长时间而不降低，该病最早也可发生于5～6周龄的后备种鸡或商品代肉鸡。近年，我国蛋用型鸡、地方品种的鸡因ALV-J自然感染而发病的也不少见。

传染源为病鸡和带毒鸡。通常，外源性ALV有2种传播途径：一是经卵由母鸡垂直传递给后代。少数有病毒血症有抗体型（V+A+）或有病毒血症无抗体型（V+A-）母鸡具先天传播性，可间歇传播病毒，而有病毒血症无抗体型（V+A-）母鸡传染给后代的比率相对较高。二是通过鸡与鸡的直接或间接接触（如污染的粪便、飞沫、脱落的皮肤等通过消化道使鸡感染）进行水平传播。但陆续有报道指出污染的弱毒疫苗的使用已成为ALV感染的另一重要途径，致使大面积人为传播此病。

2. 流行　本病感染虽然很广泛，但临床病例的发生率相当低，一般多为散发。常多发生于16周龄以上的鸡，一般母鸡感染性比公鸡高，呈慢性经过，病死率为5%～6%。饲料中维生素缺乏、内分泌失调等因素可促进本病的发生。

[临床症状与病理变化]

1. 临床症状　禽白血病潜伏期长短不一，传播缓慢，发病持续时间长，无发病高峰。一般情况下，病鸡无特异的临床症状或不表现临床症状，感染率高的鸡群产蛋量很低。

对养禽业危害较大、流行较广的禽白血病类型包括淋巴细胞性白血病、成红细胞性白血病、成髓细胞性白血病、骨髓细胞瘤、血管瘤、肾瘤和肾胚细胞瘤、肝癌、纤维肉瘤、骨硬化病等。各病型的表现有差异。下面介绍几种主要疾病的症状：

（1）淋巴细胞性白血病（lymphoid leukosis，LL）　最常见，自然病例多见于4月龄以上的鸡，发病高峰一般在性成熟期前后。临床可见鸡冠苍白、皱缩，间或发绀。腹泻，消瘦，腹部膨大，羽毛有时有尿酸盐和胆色素污染的斑点。触诊时，常可触摸到肝、法氏囊和/或肾肿大。最后病鸡衰竭死亡。

（2）成红细胞性白血病（erythroblastosis）　较少见，自然病例常发生于4～6月龄鸡。临床上分为两种病型，即增生型和贫血型。以增生型较常见，主要特征是血液中存在大量的成红细胞，贫血型在血液中仅有少量未成熟细胞。两种类型的早期症状为全身虚弱、嗜睡，鸡冠稍苍白或发绀。病鸡消瘦和腹泻，羽毛囊出血。病程从12d到几个月不等。

（3）成髓细胞性白血病（myeloblastosis）　自然病例不常见，通常发生于成年鸡。临床表现为嗜睡、贫血、衰弱、消瘦和腹泻，羽毛囊出血。病程比成红细胞性白血病长。

（4）骨髓细胞瘤病（myelocytomatosis）　自然病例极少见，多发生于未性成熟的鸡。临床症状与成髓细胞性白血病相似。由于骨髓细胞在骨骼上生长，可导致头骨、胸骨和腿骨出现隆凸。病程长短不定，一般为长期。

（5）血管瘤（hemangioma）　常发生于各月龄鸡的皮肤和内脏器官。皮肤血管瘤可见于皮肤表面，外观呈"血疱"状（因血管腔高度扩大形成"血疱"），破裂可致出血，引起病鸡严重失血而死亡。

（6）骨硬化病（osteopetrosis）　常发生于腿长骨上，长骨或干骺端呈均匀或不规则肿大，病变区体温通常较高，严重者胫骨呈"靴样"特征。病鸡生长缓慢、苍白、步态蹒跚或跛行。

2. 病理变化　同一鸡群甚至同一只鸡，尤其是J亚群ALV感染鸡，常发生一种或数种肿瘤。

（1）非肿瘤性疾病　外源性病毒感染引起的临床症状各异。鸡群中的一些鸡，尤其是病毒血症耐过鸡，可能出现各种临床症状，如体重下降、生产性能降低等，但最容易发生肿瘤。

（2）淋巴细胞性白血病　肉眼可见的肿瘤见于在16周龄以后的鸡，主要见于肝、脾和法氏囊，其他器官如肾、肺、性腺、心、骨髓及肠系膜等都可发生。肿瘤多呈结节状（针尖至鸡蛋大）、粟粒状（直径不到2mm的小结节）或弥散性生长。结节状肿瘤质软、光滑、有光泽，切面呈灰白色或灰黄色，大小不一，以单个或大量出现。粟粒状肿瘤多见于肝脏，均匀分布于肝的实质内，肝发生弥散性肿瘤时，呈均匀肿大，外观颜色为灰白色，俗称"大肝病"。脾脏肿瘤呈大理石花纹状。

组织学变化可见肿瘤结节，由原始发育阶段的大淋巴细胞样细胞组成，细胞膜界限不清，胞质呈嗜碱性。多数肿瘤细胞的胞质中含有大量的RNA，用甲基绿-派洛宁染色呈红色。肝脏肿瘤结节周围通常有一条成纤维细胞样细胞带（残留窦状隙的内皮细胞）。

（3）成红细胞性白血病　增生型和贫血型两种病型都表现为全身性贫血，皮下、肌肉和内脏有点状出血。增生型以血液中出现大量成红细胞（占全部红细胞的90%～95%）为特点。剖检特征病变以肝、脾、肾弥散性肿大，呈樱桃红色或暗红色，且质地软易脆，有的剖面可见灰白色肿瘤结节。骨髓增生、软化或呈水样，色呈暗红色或樱桃红色。贫血型以血液中成红细胞减少，血液淡红色，显著贫血为特点。剖检可见内脏器官（尤其是脾）萎缩，骨髓质地坚实，色淡呈胶状，髓空隙大多被海绵状骨质所代替。

组织学变化主要特征是骨髓和肝脏的突状隙及毛细血管内有大量成红细胞积聚，同时发生贫血时，可见成红细胞的数量减少。

（4）成髓细胞性白血病　骨髓质地坚硬，呈红灰至灰色，常见贫血，实质器官增大而质脆，肝脏中可见灰色弥散性肿瘤结节，晚期病例的肝、脾及肾出现灰色弥散性浸润，呈现斑驳状或颗粒状外观。

组织学变化见于血管内、外，尤其在肝小叶窦状隙外面和门管束周围有大量成髓细胞（占血细胞总数的75%）。

（5）骨髓细胞瘤病　剖检特征病变是骨骼上长有暗黄白色、柔软、脆弱或呈干酪状的骨髓细胞瘤，通常发生于肋骨与肋软骨连接处、胸骨后部、下颌骨和鼻腔软骨处，也见于头骨的扁骨，常见多个肿瘤，一般两侧对称。

在J亚群禽白血病病例中，髓细胞浸润除导致骨骼肿瘤外，还常引起肝、脾等器官肿大，有时也发生髓细胞性白血病。

组织学变化是肿瘤细胞核较大，有空泡，常有一个明显的核仁；胞质内充盈嗜酸性粒细胞。在肝脏内可见骨髓细胞拥挤在窦状隙，并侵入肝索中，破坏和取代肝细胞，常见多个且双侧对称的肿瘤。

(6) 血管瘤　血管瘤常发生于各月龄鸡的皮肤和内脏器官。外观似充满血液的囊肿（血疱），或内皮细胞旁排列着多个实体瘤，其间充满血液，或呈多细胞增生性损害。通常多个发生，易破，可引起致死性出血。

(7) 肾瘤和肾胚细胞瘤　有两种类型的肾瘤：肾胚细胞瘤和腺瘤或癌。

肾胚细胞瘤外观不一，从埋于肾实质的粉红色小结节，到取代大部分肾组织的黄灰色分叶状肿块。肿瘤通常有蒂，靠一细小的纤维血管柄与肾相连。大肿瘤成囊泡状，常波及两侧肾脏。

腺瘤或癌大小、形态各异，与肾胚细胞瘤类似，常多个发生，呈囊泡状。

(8) 纤维肉瘤及其他结缔组织瘤　自然条件下，各种良性和恶性结缔组织瘤常散发于青年鸡和成年鸡中。这些肿瘤有纤维瘤与纤维肉瘤、黏液瘤与黏液肉瘤、组织细胞肉瘤、骨瘤与骨肉瘤、软骨瘤与软骨肉瘤。J亚群禽白血病可见中枢神经肉瘤。良性瘤呈局灶性，生长缓慢，不浸润周围组织。恶性瘤生长迅速，可浸润周围组织并转移。

纤维瘤与纤维肉瘤：呈硬纤维肿块，附着于皮肤、皮下组织和肌肉，偶见于其他组织。附着于皮肤的，可形成溃疡。

黏液瘤与黏液肉瘤：肿瘤质地较软，内含韧性黏滑物，多发生于皮肤和肌肉中。

组织细胞肉瘤：肉样肿瘤，质地坚实，常发生于内脏中。

骨瘤与骨肉瘤：肿瘤质地坚硬，可发生于任何骨骼的骨膜中。此型肿瘤不常见。

软骨瘤与软骨肉瘤：发生于软骨中，有时出现于纤维肉瘤和黏液肉瘤间。此型肿瘤极少见。

(9) 骨硬化病　也称骨石化症，病变先出现在胫骨和跗跖骨，随后见于其他长骨、盆骨、肩胛骨和肋骨中，但趾骨不出现病变。

病变一般为双侧对称，起初在灰白色透明的正常骨上出现明显的浅黄色病灶，骨膜增厚；异常骨呈海绵状，早期易被切开。病变环绕骨干向干骺端发展，呈梭状外观。

病变程度不一，从轻微的外生骨疣到巨大的不对称性肿大，几乎完全堵塞骨髓腔。病程较长的，骨膜不如初期厚；除去骨膜可见表面多孔而不规则、质地坚硬的石化骨。

发病早期，脾脏稍肿，之后严重萎缩。未成熟法氏囊和胸腺也萎缩。

骨硬化病病禽常出现淋巴细胞性白血病。

[诊断与检疫技术]

1. 初诊　根据流行病学和病理变化可做出初步诊断，特别是病鸡的剖检与组织学变化在诊断上有重要价值，确诊需进一步做实验室检测。

2. 实验室检测　进行病理检测、分离病毒、接种易感鸡或鸡胚试验、免疫检测。

被检材料的采集：用于病毒分离，可采集病鸡的口腔冲洗物、血浆、血清、肿瘤、感染母鸡新产蛋的蛋清或其产出孵化至10日龄的鸡胚、羽髓、精液等。病料采集后置于冰上或在-70℃下保存待检。用于病毒gs抗原检测的病料应置-20℃下保存。

(1) 病理检测　病理解剖学和病理组织学在禽白血病的诊断上有重要价值，因为各病型均出现特殊的肿瘤细胞及性质不同的肿瘤，它们之间无相同之处，也不见于其他疾病。

病理检测方法是：将采集的病鸡肿瘤制作石蜡切片，进行HE染色，然后用光镜观察，一般可见大小一致的淋巴肿瘤细胞浸润。

（2）分离病毒　从病鸡的血浆、血清或形成的肿瘤组织可以分离出ALV，目前普遍采用细胞培养法分离病毒，但ALV对不同品系的鸡胚成纤维细胞的敏感性不同，所以病毒的分离和生物学检测工作较费时和费力，目前还只适合于实验室研究，对临床检测意义不大，但该法却是建立无禽白血病种鸡群所必需的。

分离病毒方法是：劳斯肉瘤病毒（RSV）和其他肉瘤病毒，以鸡胚成纤维细胞单层培养，观察细胞分散群或转化细胞灶，或通过琼脂进行病毒分析。

在鸡胚成纤维细胞培养中，大多数ALV（B和D亚群ALV除外）不产生明显的细胞病变（CPE）。可用聚合酶链式反应（PCR）或反转录聚合酶链式反应（RT-PCR）检测*gag*、*pol*和*env*基因编码的特异性蛋白或糖蛋白，或检测特异性病毒DNA或病毒RNA序列，以判定ALV的存在与否。

（3）接种易感鸡或鸡胚试验

1）接种易感鸡试验　对劳斯肉瘤病毒（RSV）和其他肉瘤病毒，可采用翅部皮下、肌肉或腹腔接种易感鸡来分离肉瘤病毒；对禽白血病病毒（ALV），可接种1日龄易感雏鸡，观察肿瘤反应；对成髓细胞白血病病毒（AMV），可通过静脉接种1～3日龄易感雏鸡进行检测，或以三磷酸腺苷活性试验检测鸡血浆中的AMV，此法可用于常规研究或大规模检测；某些毒株的骨化石诱导活性，可采用1日龄雏鸡静脉或肌肉接种试验，珍珠鸡对AMV-2（O）引起的骨硬化病特别敏感，故可用于试验。

2）接种鸡胚试验　通过接种鸡胚，观察病变。对劳斯肉瘤病毒（RSV）和其他肉瘤病毒，以尿囊绒毛膜途径接种11日龄易感鸡胚，观察痘斑并计数；对禽白血病病毒（ALV），以尿囊腔途径接种11日龄易感鸡胚，观察雏鸡肿瘤发生情况；对成髓细胞白血病病毒（AMV），以尿囊腔途径接种敏感鸡胚，观察孵出雏鸡的成髓细胞性白血病反应。

（4）免疫检测　目前有J亚群禽白血病病毒抗体检测试剂盒和禽白血病病毒抗原检测试剂盒，供检测用。

J亚群禽白血病病毒抗体检测试剂盒，可用于10周龄及以上鸡群血清样品的抗体监测。

禽白血病病毒抗原检测试剂盒，是国外开发的ELISA试剂盒，可用于检测p27蛋白。该蛋白是一种存在于ALV所有亚群的共同抗原（包括内源性病毒）。推荐的样品类型是蛋清和泄殖腔拭子。使用血清样品来检测ALV抗原被证实也是有效的，但不推荐作为检测外源性病毒的样品，因为存在来自潜在的内源性序列的干扰。

3. 鉴别诊断　注意与马立克病、禽网状内皮组织增殖病相鉴别。此外，禽白血病引起的髓细胞瘤应与禽结核、鸡白痢和霉菌感染造成的炎性病灶相区分；禽白血病引起的血管瘤与创伤、羽毛囊出血和啄癖相鉴别；禽白血病引起的内脏血管瘤应与出血和肉瘤相鉴别；禽白血病引起的肾瘤应与血肿、LL和尿酸盐沉积等其他原因引起的肾肿大相鉴别。

［防治与处理］

1. 防治　由于本病尚无切实可行的治疗方法，也无有效的疫苗，并且垂直传播在本病的传播中起着重要作用，因此防治的理想措施是培育无禽白血病的种鸡群。外源性ALV可以从鸡群中根除，其主要依赖于阻断病毒从亲代到子代的垂直传播。具体措施如下：

（1）通过种群净化，逐步建立起无禽白血病（AL）鸡群。首先对母鸡用酶联免疫吸附试验检测其蛋清中的群特异性（gs）抗原，选择阴性母鸡的种蛋孵化，然后对孵出的仔鸡检测其泄殖腔拭子中的gs抗原。将检查阴性的仔鸡分成小群隔离饲养，至2月龄时再用ELISA检测ALV抗体。淘汰抗体阳性鸡，集中抗体阴性鸡于洁净的环境中饲养，并在生长期中以及性成熟时，再进行所有亚群病毒和抗体的检测，连续进行4代，可以逐步建立起无禽白血病鸡群。

（2）选择和培育具有遗传抵抗力的品系。在某些品系，抗性等位基因的频率可通过人工选择而增高。目前，有希望通过转基因技术建立抗性鸡群，使控制ALV感染成为可能。

（3）加强饲养管理，防止水平传播。在采取有效措施，切断垂直传播的同时，为防止水平传播，应经常或定期对孵化间、鸡舍、鸡笼和所有用具进行严格消毒。在肉鸡饲养场中要密切注意J亚群禽白血病的发生和流行，消灭主要传染源，避免肿瘤的发生。

（4）对白羽肉种鸡或蛋用型祖代鸡的进口，要加强入关检疫，防止此病引入我国祖代鸡群。

2. 处理　对病死鸡及检测阳性的禽白血病病鸡进行淘汰处理。当疫情散发时，须对发病禽群进行扑杀和无害化处理（方法参照国家标准GB 16548—2006）。同时对禽舍和周围环境进行消毒，对受威胁禽群进行观察。

七、禽痘

禽痘（fowlpox）是禽痘病毒属的多种禽类痘病毒引起禽类的一种高度接触性传染病。临床以体表无毛处皮肤发生痘疹（皮肤型），或上呼吸道、口腔和食管部黏膜的纤维素性坏死形成假膜（白喉型）为特征。我国将其列为二类动物疫病。

［病原特性］

禽痘病毒属于痘病毒科（Poxviridae）脊椎动物痘病毒亚科（Chordopoxvirinae）禽痘病毒属（Avipoxvirus）成员，有鸡痘病毒（Fowlpox virus）、鸽痘病毒（Pigeonpox virus）、火鸡痘病毒（Turkeypox virus）、金丝雀痘病毒（Canarypox virus）、鹌鹑痘病毒（Quailpox virus）、麻雀痘病毒（Sparrow pox virus）、鹊痘病毒（Magpiepox virus）和燕八哥痘病毒（Starlingpox virus）等，代表种为鸡痘病毒。鸡痘病毒成熟病毒粒子（原生小体）呈砖形，具有痘病毒的典型结构，大小为258nm×354nm。在被感染鸡的皮肤病变细胞或感染的鸡胚绒毛尿囊膜上皮细胞的胞质内形成圆形或卵圆形的包涵体，其直径为5～30μm，比细胞核稍大。鸡痘病毒具有血凝性，常以马的红细胞用于血凝或血凝抑制试验。

禽痘病毒中的成员彼此间在抗原性上有一定区别，但存在不同程度的交叉反应性。

病毒繁殖的主要场所是鸡的皮肤、毛囊和黏膜的上皮细胞，以及鸡胚的外胚层细胞，并在其中形成典型的胞质内包涵体。禽痘病毒可在鸡胚绒毛尿囊膜上增殖，产生致密的增生性痘斑，呈局灶性或弥漫性分布。

病毒对干燥有强大的抵抗力，这是禽痘病毒的一个特征。上皮细胞中的病毒，经干燥和阳光照射数周仍保持活力；60℃加热3h才被杀死，−15℃可存活3年。但对消毒药的抵抗力不强，1%氢氧化钠、1%醋酸或0.1%升汞在5min内可将其杀死，在腐败环境中病毒迅速死亡。

［分布与危害］

1. 分布　本病呈世界性分布，在大型鸡场中时常流行。

2.危害 雏鸡发病往往可引起大批死亡。

［传播与流行］

1.传播 鸡易感性最高，不分年龄、性别和品种均可感染，其次是鸭、火鸡、鸽。此外，鹅以及金丝鸟、麻雀、鹌鹑也可感染。

传染源主要是病鸡和带毒鸡，常由病鸡与健康鸡直接接触传染。脱落和碎散的痘痂是禽痘病毒散布的主要形式。一般需经有损伤的皮肤和黏膜感染。蚊子及体表寄生虫的叮咬可传播本病，是本病重要的传播媒介。蚊子带毒的时间可达10～30d。

2.流行 本病一年四季均可发生，但以春秋两季和蚊虫活跃季节最易流行。一般秋季和冬初发生皮肤型鸡痘较多，冬季发生白喉型鸡痘为多。饲养管理不当，会使病情加重，如发生并发病，可造成大批死亡。

［临床症状与病理变化］

1.临床症状 潜伏期在鸡、火鸡和鸽为4～10d，金丝雀为4d。根据鸡个体和侵害部位不同，可分为皮肤型、黏膜型、混合型和败血型。

皮肤型：又称痘疹型，最常见，临床上以头部（鸡冠、肉髯、口角和眼眶）皮肤，有时见翅内侧、腿、胸腹部及泄殖腔周围形成一种特殊的痘疹为特征。最初为轻度隆起微红色小斑点，迅速长成灰白色小结节，随后增大变为灰黄色，呈干而硬突出表皮的结节。多个结节融合产生大块厚痂。痘痂经3～4周逐渐脱落。一般无明显全身症状，常见体重减轻，蛋鸡产蛋减少或停止。

黏膜型：又称白喉型，多发生于幼鸡。在口腔和咽喉部的黏膜上发生痘疹，最初为灰白色小结节，之后增大融合，形成一层黄白色干酪样、不易剥离的假膜，故称白喉。假膜强行撕脱可露出易出血的溃疡面，严重的眼、鼻和眶下窦也受侵害（眼鼻型鸡痘）。死亡率较高，可达50%以上。

混合型：皮肤和黏膜均被侵害，病情较严重，死亡率高。

败血型：极少见，以严重的全身症状开始，继而发生肠炎，病鸡多为迅速死亡，或转为慢性腹泻而死。

2.病理变化 剖检病变主要限于上述的皮肤和黏膜，但有时口腔黏膜的病变可蔓延到气管、食管和肠。组织学变化是病变部位的上皮细胞肥大增生，细胞变大，并有炎症变化和特征性的嗜伊红A型细胞质包涵体。包涵体可占据几乎整个细胞质，并有细胞坏死。

［诊断与检疫技术］

1.初诊 根据典型的临床症状和病理变化可做出初诊。如皮肤型和混合型从临床症状和肉眼观察病变较易诊断。而黏膜型易与传染性鼻炎、传染性喉气管炎等混淆。需进行病毒分离鉴定，因此确诊本病需进一步做实验室检测，特别是病毒分离鉴定。

2.实验室检测 进行病原鉴定和血清学检查。

被检材料的采集：用无菌的剪刀或镊子取病鸡病变部位的痂皮（深达上皮组织），以新形成的痘疹最好，或取口腔、气管表面的假膜。

（1）病原鉴定

①禽痘涂片镜检：按要求取少许痘疹皮肤或白喉组织样品压成薄片，染色镜检，观察原生

小体。

②病原分离与鉴定：病毒分离方法有鸡胚接种、细胞培养和易感雏鸡接种等。

鸡胚接种：将病料用生理盐水制成1∶5的悬液，离心取上清液加抗生素后，接种于9～12日龄鸡胚的绒毛尿囊膜（CAM），37℃孵育5～7d，可见绒毛尿囊膜上有白色灶状痘斑或增厚；或以组织学检查绒毛尿囊膜病变，用HE染色，可见嗜酸性的细胞质内包涵体。

细胞培养：将病料处理后接种鸡胚成纤维细胞（CEF）、鸡胚肾细胞（CEK）、鸡胚真皮细胞（CED）或鹌鹑传代细胞系QT-35，观察蚀斑形成。

易感雏鸡接种：将采集的病变材料（痂皮或假膜）用生理盐水制成1∶5的悬液，给3～6月龄鸡鸡冠、肉髯或拔毛后毛囊上皮进行划痕接种（也可皮下、肌内或静脉接种），经5～7d在接种局部出现白色小结节，并迅速增大，其上覆盖一层黄色痂皮，其下为混浊的渗出物（即出现典型的皮肤痘疹），然后涂片镜检，如发现胞质内包涵体，即可确诊。

病毒分离株可用琼脂免疫扩散试验、血清中和试验、免疫荧光试验等方法来鉴定。

③分子生物学鉴定：可采用核酸探针、聚合酶链式反应（PCR）及限制片段长度多态性分析（RFLP）等方法进行病原鉴定。

核酸探针：以克隆的痘病毒基因片段作为探针，可用于诊断本病。

聚合酶链式反应：如果采集病料样品中的病毒DNA量特别少时，采用此法非常有用。

限制性内切酶片段长度多态性分析（RFLP）：此法通常用于比较禽痘病毒野毒株和疫苗株。

（2）血清学检查　用来诊断禽痘的血清学方法有多种，一般选用琼脂免疫扩散试验（AGID）、被动血凝试验（PHA）、病毒中和试验（VN）、荧光抗体试验（FAT）和酶联免疫吸附试验（ELISA）等检测本病。

①AGID：通过检测血清与病毒抗原之间的反应，可以检出沉淀抗体。此试验敏感性不如酶联免疫吸附试验（ELISA）和被动血凝试验（PHA）。

②PHA：又称间接血凝试验（IHA），此试验比琼脂免疫扩散试验（AGID）敏感，但各禽痘病毒间存在交叉反应。

③VN：在病毒与血清作用后，以鸡胚或细胞培养来测定残余病毒活性。此试验因技术要求高，不适用于常规诊断。

④FAT：以直接或间接免疫荧光抗体法，检测感染细胞质内的特异性荧光，其中以间接免疫荧光抗体试验较常用。

⑤ELISA：可用于检测痘病毒抗体，家禽感染禽痘病毒后7～10d即可检出抗体。

3. 鉴别诊断　本病中黏膜型（白喉型）鸡痘应与传染性鼻炎、传染性喉气管炎等鉴别。可通过病理组织学检测和病毒分离鉴定进行区别。鸡传染性鼻炎病原是鸡副嗜血杆菌，鸡传染性喉气管炎病原是疱疹病毒，而黏膜型鸡痘病原是鸡痘病毒。

此外，还要与念珠菌病、毛滴虫病、泛酸缺乏症和生物素缺乏症等相鉴别。

［防治与处理］

1. 防治　可采取以下措施：①平时做好卫生消毒和环境中灭蚊工作，做好鸡笼的整修，避免鸡体皮肤和黏膜损伤。②对新引进的鸡要进行隔离观察，必要时可进行血清学试验，证明阴性时方可合群。③对往年发生过本病的地区，可采用鸡痘疫苗进行预防接种。目前国内的鸡痘弱毒疫苗包括鸡胚化弱毒疫苗、鹌鹑化弱毒疫苗、鸽痘原鸡痘蛋白筋胶弱毒疫苗和组织培养弱毒疫苗。

根据本地禽痘流行特点，建立相应的免疫程序，特别是对易感幼禽进行接种。免疫接种通常每年2次。对前一年发生过鸡痘的鸡群，应对所有的雏鸡接种疫苗，如每年养几批的，对每批鸡都要接种。

2. 处理　①发现本病，按《中华人民共和国动物防疫法》规定，采取严格控制、扑灭措施，防止扩散。②对病鸡进行隔离，轻者治疗，重者扑杀并无害化处理（方法参见国家标准GB 16548—2006），其他健康鸡进行紧急免疫接种。③鸡舍、场地、用具等要严格消毒，粪便要堆积发酵处理。

八、鸭瘟

鸭瘟（duck plague，DP），又名鸭病毒性肠炎（duck virus enteritis，DVE），是由鸭疱疹病毒1型引起鸭、鹅和天鹅的一种急性、热性、败血性、接触性传染病。以高热，血管损伤致使组织、体腔出血，消化道黏膜的疹性损害，淋巴器官病变和实质器官退行性变化为特征。我国列为二类动物疫病。

［病原特性］

病原为鸭疱疹病毒1型（*Anatid herpesvirus* 1，AHV-1），又名鸭瘟病毒（DPV）或鸭肠炎病毒（DEV），属于疱疹病毒目（*Herpesvirales*）疱疹病毒科（*Herpesviridae*）甲疱疹病毒亚科（*Alphaberpesvirinae*）马立克病毒属（*Mardivirus*）成员。

病毒只有一个血清型，但毒力有差异。病毒能在9～14日龄鸭胚绒毛尿囊膜（CAM）上生长，致使鸭胚死亡，绒毛膜出现灰白色坏死灶；还能在鸭胚成纤维细胞上生长，形成核内包涵体；此外，在鸡胚或鸡胚成纤维细胞上经适应后也可生长，并可引起细胞病变（CPE）。

病毒对外界环境抵抗力不强，夏季阳光直射9h灭活；50℃ 90～120min、56℃ 10min、60℃ 15min、80℃ 5min能破坏病毒感染性；在22℃室温条件下，病毒感染力在30d后丧失，−7～−5℃可存活3个月，−20～−10℃ 1年仍有致病力；在pH 5.5～9.0环境中较稳定，经6h其毒力不降低，在pH 3.0或pH 11.0环境中很快被灭活。对常用消毒剂较敏感，如75%酒精5～30min、0.5%石炭酸60min、0.5%漂白粉及5%石灰乳30min对病毒有致弱和杀灭作用。

［分布与危害］

1. 分布　本病1923年首次报道发生于荷兰，以后在法国、比利时和印度相继发生，1967年美洲大陆暴发，英国于1972年也发生。我国1957年在广州首次报道本病流行，先后在湖北、上海、浙江、广西、江苏、湖南、福建及东北各省发生，目前在水禽中发病率不高，南方地区时有散发。

2. 危害　由于本病传播迅速，发病率和病死率都很高，鸭群感染后往往引起大批死亡，给养鸭业造成较大经济损失。

［传播与流行］

1. 传播　自然感染动物仅限于雁形目的鸭科成员（鸭、鹅、天鹅）。本病主要发生于鸭，各种年龄、性别和品种的鸭都有易感性（以麻鸭、绍鸭、番鸭、绵鸭为较高，北京鸭次之），1月龄以下的雏鸭发病较少。

传染源为病鸭或带毒禽（野鸭、野鹅）。病毒分布于病鸭各内脏器官、血液、分泌物和排泄物中，尤以肝、肺、脑含毒量最高。一定比例临床健康鸭三叉神经潜伏有DEV，抵抗力下降时发病成为传染源。

自然条件下，传播途径主要通过消化道感染，但也可通过呼吸道、交配、眼结膜感染，通常经病禽与健康禽直接接触传染，或通过与污染的水源、饲料、栏舍、用具等的间接接触传染。此外，由于本病呈病毒血症，吸血昆虫也是传染媒介之一。

2. 流行　本病流行没有明显的季节性，一年四季均可发生，在我国南方地区，春夏之交和夏秋季流行最为严重。北方地区少发。

[临床症状与病理变化]

1. 临床症状　在自然条件下，潜伏期鸭一般为2～5d（鹅3～5d）。

临床上表现体温升高43℃以上，并稽留到中后期。精神委顿，头颈缩起，饮水增加，食欲减少或停食，两翅下垂，腿麻痹无力，卧地不愿走动，强行驱赶时以翅扑地前行。流泪，有浆液性到黏液性以至脓性分泌物。眼睑水肿甚至外翻，黏膜充血或有小出血点，有些病鸭眼睑粘连。鼻腔有浆液性或黏液性分泌物，部分病鸭头颈部水肿，故有"大头瘟"之称。病鸭下痢，粪便腥臭，呈草绿色，泄殖腔黏膜充血、水肿、外翻，上覆有绿色假膜，剥离后留下溃疡，公鸭有时可见阴茎脱垂。

2. 病理变化　剖检时可见到一般败血症的病理变化，表现为全身的皮肤、黏膜和浆膜出血，皮下组织弥漫性炎性水肿，实质器官严重变性，特别是消化道黏膜的出血、炎症和坏死，尤以咽喉部、食管、盲肠和泄殖腔的假膜最为特征。这些特征具有诊断意义。

头颈部水肿的病鸭，切开头颈皮肤流出淡黄色透明液体。咽喉部、食管黏膜覆有淡黄色或黄绿色假膜。腺胃黏膜斑点状出血，有时在与食管膨大部交界处出现一条灰黄色坏死带或出血带。肌胃角质膜下层充血或出血。肠系膜充血出血，尤以十二指肠和直肠为严重，肠道淋巴结集处肿胀，呈环状出血。泄殖腔黏膜病变与食管相似（具有特征性），表现为不同程度充血、出血、水肿坏死，坏死部呈灰绿色或绿色，并有类似角质层的较硬的痂状物质。法氏囊黏膜充血，有针尖大黄色小点，后期囊壁变薄，内充满白色凝固的渗出物。

肝表面和切面有大小不等的灰黄色或灰白色的坏死点，胆囊肿大，充满浓稠黑绿色胆汁。胰腺有散在出血点。肾轻度充血，偶见小出血点。脾一般不肿大，质软色较深，表面和切面有大小不等的灰黄色或灰白色坏死点，心脏内外膜上有出血斑点，心冠沟内密集出血点，呈红色油漆状。产蛋母鸭卵巢滤泡增大，充血和出血，有时卵泡发生破裂引起腹膜炎。胸腺（约90%病例）表面和切面有大量出血点和黄色病灶区。

组织学变化以血管壁损伤为主，小静脉和微血管明显受损，管壁内皮破裂。肝细胞发生明显肿胀和脂肪变性，肝索结构破坏，中央静脉红细胞崩解，血管周围有凝固性坏死，肝细胞具有核内包涵体。脾窦充满红细胞，血管周围有凝固性坏死。食管和泄殖腔黏膜上皮细胞坏死脱落，黏膜下层疏松、水肿，有淋巴细胞浸润。胃肠道黏膜上皮细胞可见核内包涵体。

[诊断与检疫技术]

1. 初诊　根据流行特点、临床症状及病理变化可以做出初步诊断，确诊需进一步做实验室检测。

2. **实验室检测** 进行病原鉴定和血清学检测。

被检材料的采集与处理：无菌采集病死禽的肝、脾或肾，用磷酸缓冲液（PBS）制成1：10的组织悬液，加青霉素（1 000IU/mL）、链霉素（2 000μg/mL）、两性霉素B（5μg/mL），放在4～8℃冰箱过夜，然后以3 000r/min离心20min，取上清液作为待检病料，用于病毒分离。

（1）病原鉴定

1）病毒分离鉴定

①病毒分离：可用细胞培养、禽胚培养和雏鸭接种等方法进行病毒分离。

细胞培养：可用原代鸭胚成纤维细胞（DEF），最好采用原代番鸭胚成纤维细胞（MDEF）培养，原代番鸭胚肝细胞（MDEL）也较敏感。

方法是：将上述处理好的待检病料接种于鸭胚成纤维细胞单层上，根据致细胞病变效应或空斑的产生做出初步诊断。

禽胚培养：接种9～14日龄鸭胚的绒毛尿囊膜，观察出血性变化。鸡胚对鸭瘟野毒株不易感，北京鸭胚的易感性随鸭瘟野毒株不同而异。

方法是：将上述处理好的待检病料接种于9～14日龄鸭胚的绒毛尿囊膜和8～13日龄鸡胚，如在鸭胚中生长繁殖，而在鸡胚中不能生长繁殖，可用鸭胚液接种1日龄的雏番鸭，能引起特征性病变和死亡时，即可初步认为是鸭瘟病毒。

雏鸭接种：取病料肌肉接种1日龄易感雏鸭进行观察，雏番鸭要比北京雏鸭易感。

②病毒鉴定：可采用病毒中和试验、蚀斑分析、微量滴定分析、直接或间接荧光抗体试验、反向被动血凝试验（RPHA）等免疫学试验。

病毒中和试验：可用于鉴别鸡胚或细胞培养物中的鸭瘟病毒。方法是：用已知抗鸭瘟血清与分离的病毒做中和试验。中和试验可选用雏鸭接种或细胞培养。试验方法如下：取1：100稀释的分离株病毒液0.2mL，与已知抗鸭瘟血清0.2mL充分混匀，置室温感作30min后，将混合液接种入鸭胚成纤维细胞培养管内，每管滴入0.05mL，置37℃继续培养，并设不加抗鸭瘟血清的对照管，观察4d。若前者不出现细胞病变而后者出现细胞病变，则认为是鸭瘟病毒。或者将未知病毒与已知抗鸭瘟血清的混合物接种于雏鸭，每只鸭肌内注射0.1mL，观察1周，如试验鸭均存活也证明是鸭瘟病毒。试验时应设对照组。

需要注意的事项是，在病毒分离与鉴定过程中，鸭胚和用于中和试验的雏鸭应不含抗鸭瘟病毒的母源抗体。

蚀斑分析：鉴定鸭胚细胞培养物中的鸭瘟病毒。

微量滴定分析：鉴定原代番鸭鸭胚成纤维细胞或原代番鸭鸭胚肝细胞培养物中的鸭瘟病毒。

直接或间接荧光抗体试验：鉴定原代鸭胚成纤维细胞、原代番鸭鸭胚成纤维细胞或原代番鸭鸭胚肝细胞培养物中的鸭瘟病毒，需采用高滴度的高免抗血清。

RPHA：可用于病毒检测，但敏感性不如荧光抗体试验和蚀斑分析。

2）病毒抗原检测 可用亲和素-生物素-过氧化物酶试验，来检测肝、脾组织中的鸭瘟病毒抗原。

3）核酸识别试验 聚合酶链式反应（PCR），可用于病毒DNA分子检测，以引物扩增病料或培养物中的鸭瘟病毒DNA。

（2）血清学检测　血清学检测鸭瘟常用方法有血清中和试验（SN）、微量血清中和试验（MSN）。但血清学检测对急性鸭瘟感染诊断毫无意义，因为自然感染诱发的体液免疫通常较低，且抗体持续时间短。

1）血清中和试验　可选用易感的雏鸭或鸭胚。雏鸭肌内注射混合液0.1mL，观察7d；鸭胚经绒毛尿囊膜接种，然后每天观察胚胎存活情况。适用于鸭瘟病毒的测定。

2）微量血清中和试验　采用固定病毒稀释血清法，在鸭胚单层成纤维细胞进行。适用于鸭的血清抗体测定或病毒测定，特异性和敏感性良好。

[防治与处理]

1. 防治　尚无有效药物治疗，防治上可采取以下措施：①坚持自繁自养，不从疫区引进苗鸭、种鸭和种蛋。②购入的鸭要隔离观察2周，证明健康者方可合群饲养。③加强饲养管理，搞好卫生消毒工作。栏舍及运动场应勤消毒，可选用10%～20%石灰水或2%烧碱。④定期注射鸭瘟鸡胚化弱毒苗。此苗对20日龄以上的小鸭安全有效，肉鸭接种1次，种鸭每年接种2次，产蛋鸭宜在停产期接种。

2. 处理　发现本病，按《中华人民共和国动物防疫法》规定，采取严格控制、扑灭措施，防止扩散。同时对病鸭和同群鸭进行扑杀和无害化处理（方法参见国家标准GB 16548—2006）。对被污染的鸭舍、场地、用具可用石灰水或碱水彻底消毒，粪便可采取堆积发酵处理。对假定健康鸭、可疑鸭及受威胁区内的全部鸭和鹅，实施紧急疫苗接种。

九、鸭病毒性肝炎

鸭病毒性肝炎（duck virus hepatitis，DVH）是由病毒感染雏鸭的一种急性接触性、高度致死性传染病。临床上以发病急、传播快、死亡率高，剖检肝脏有明显出血点和出血斑为特征。OIE将其列为必须通报的动物疫病，我国将其列为二类动物疫病。

[病原特性]

病原至少有两类：一类为鸭甲肝病毒（*Duck hepatitis A virus*，DHAV），另一类为鸭星状病毒（*Duck astrovirus*，DAstV）。鸭甲肝病毒属于微RNA病毒目（*Picornavirales*）微RNA病毒科（*Picornaviridae*）禽肝炎病毒属（*Avihepatovirus*）成员。鸭星状病毒（*DAstV*）属于禽星状病毒科（*Astroviridae*）禽星状病毒属（*Avastrovirus*），分为鸭星状病毒1型（DAstV-1）和2型（DAstV-2）。

鸭甲肝病毒（DHAV）又进一步分为3个基因型：DHAV-1、DHAV-2和DHAV-3等，其中DHAV-1曾称鸭肝炎病毒1型（*Duck hepatitis virus* 1，DHV-1），致病力最强，分布于全世界，而2007年在中国台北和韩国发现的两种鸭肝炎病毒新血清型分别归类于DHAV-2和DHAV-3基因型。

DAstV-1曾称血清2型鸭肝炎病毒（DHV-2），最早见于英国；DAstV-2曾称血清3型鸭肝炎病毒（DHV-3），最早见于美国。

我国雏鸭病毒性肝炎病原长期以来一直以DHAV-1流行为主，但近年来DHAV-3也普遍流行，此外，已有学者从雏鸭病毒性肝炎病变的肝组织检出了鸭星状病毒（DAstV）。

本病病毒对外界环境的抵抗力较强，在污染的育雏室内能生存10周以上，在潮湿的粪便中可存活5周以上，-20℃冻结状态下可保存9年，37℃可存活3周，而62℃ 30min可彻底灭活。对消毒剂有明显抵抗力，2%来苏儿37℃ 60min、1%福尔马林37℃ 8h均不能完全灭活。

[分布与危害]

1. 分布　本病由Levine和Fabricant于1949年首次在美国长岛白色北京鸭群中发现。1953年后其他国家如英国、加拿大、德国、意大利、印度、法国等陆续报道此病的流行。我国黄均建等于1963年曾报道上海地区某些鸭场于1958年秋季和1962年春季发生此病，1980年在北京地区分离到鸭肝炎病毒，目前我国北京、上海、江苏、浙江、广东、广西、福建、四川等均有本病的发生。

2. 危害　由于本病传播迅速，雏鸭发病率可达100%，病程短，病死率高（新疫区高达90%以上），已对养鸭业造成严重威胁。

[传播与流行]

1. 传播　感染动物为鸭，自然暴发仅见雏鸭，成年鸭不发病，自然条件下，鸡和火鸡有抵抗力。

DHAV-1和DHAV-2常以6周龄以下的鸭，尤其是3周龄以下的鸭易感，日龄越小，易感性越强，可引起番鸭胰腺炎和脑炎。

传染源为病鸭和带毒禽。传播途径：雏鸭主要经消化道和呼吸道感染。本病不能通过种蛋垂直传播。病后康复鸭可不再发生感染，但可随粪便排毒1～2个月。

2. 流行　本病一年四季都可发生，但主要在雏鸭孵化季节，南方地区在2—5月和9—10月，北方多在4—8月发生，但肉鸭在舍饲条件下，可常年发生，无明显季节性。

[临床症状与病理变化]

1. 临床症状　自然感染潜伏期仅为18～24h，也有长达5d的，OIE《陆生动物卫生法典》规定为7d。

本病呈急性高度接触性传播，表现为发病急、传播快、病程短、死亡快，病鸭一般在1～2h内死亡，发病后第2天达到死亡高峰，3～4d内可导致全群覆没。临床以昏睡和共济失调为特征。

病初表现为精神委顿，缩颈，翅下垂，不能随群走动，眼半闭，嗜睡，食欲废绝。随后，病鸭发生全身性抽搐，身体倒向一侧，两腿痉挛性后踢，头向后背，呈角弓反张姿势，俗称"背脖病"。有的排出灰白色或绿色水样粪便，数小时后发生死亡。

2. 病理变化　最急性病例见不到明显的器官病变。急性病例的主要病变见于肝脏。表现为肝肿大，有点状或瘀斑状出血，肝颜色变淡呈黄红色，表面斑驳状。有时可见脾脏肿大，并有出血斑点（呈斑驳状）。许多病例有肾肿大及肾血管充血。其他器官没有明显变化。

组织学变化，急性病例肝细胞感染初期呈现空泡化，后期坏死，其间有大量红细胞。幸存的耐过鸭可见肝实质和胆管的广泛增生，粒细胞和淋巴细胞浸润。中枢神经系统可见套管现象。

[诊断与检疫技术]

1. 初诊　根据流行特点、临床症状和病理变化可做出初步诊断，确诊需要进一步做实验室检测。

2. 实验室检测　进行病原鉴定和血清学试验。

被检材料的采集与处理：无菌采取病死鸭肝脏，研磨后用磷酸盐缓冲液（PBS）制成1∶5的组织悬液，低速离心后取上清液加入5%～10%氯仿，室温轻轻搅拌10～15min，经3 000r/min离心10min后，吸取上清液吹打数次以使残留的氯仿挥发，然后加入青霉素（1 000IU/mL）、链霉素（1 000μg/mL）制成悬液备用，以供病毒分离与鉴定用。

（1）病原鉴定

1）鸭甲肝病毒分离鉴定　DHAV很容易从病鸭肝组织中分离到。通常以雏鸭接种、鸭（鸡）胚接种或细胞培养等一种或多种方法确诊鸭甲肝病毒。

①DHAV分离：

雏鸭接种：取上述制成的肝组织悬液经皮下或肌肉接种1～7日龄无母源抗体的易感雏鸭，接种24h后，出现鸭病毒性肝炎的典型症状，30～48h后死亡，病变与自然病例相同，并可自肝脏中重新分离到鸭甲肝病毒。

鸭（鸡）胚接种：取上述制成的肝组织悬液0.2mL经尿囊接种10～14日龄鸭胚或8～10日龄SPF鸡胚，鸭胚在接种后24～72h出现死亡，而接种鸡胚反应差异很大，通常在接种后5～8d内死亡；胚胎的大体病变为发育受阻，全身皮下出血，并伴有水肿（尤其是腹部和后肢部位），胚肝肿胀呈红黄色，并有坏死灶；接种后较长时间才死亡的胚胎，尿囊明显变绿，肝脏病变和发育受阻症状更明显。从尿囊液中可分离到病毒。

细胞培养：以接种原代鸭胚细胞（DEL）尤其敏感。方法是：以含DHAV的肝组织悬液接原代鸭胚细胞，可见特征性细胞病变为细胞圆缩坏死。当覆盖有1%琼脂糖维持液时，CPE形成直径约1mm的蚀斑。

②DHAV鉴定：可采用病毒中和试验，但此类试验尚未广泛应用于DHAV常规诊断。

将1～7日龄DHAV易感雏鸭分为免疫组和非免疫对照组，前者以1～2cm特异高免血清或特异卵黄抗体经皮下接种。24h后，用至少$10^{3.0}$$LD_{50}$的病毒分离物，对两组雏鸭进行肌肉或皮下接种攻毒。如果被动免疫组雏鸭80%～100%存活，而对照组雏鸭80%～100%死亡，即可确诊。

根据DHAV母源抗体的有无，将1～7日龄易感雏鸭分为两组，用至少$10^{3.0}$$LD_{50}$的病毒分离物，对两组雏鸭进行肌肉或皮下接种攻毒。如果有母源抗体组雏鸭80%～100%存活，而无母源抗体组雏鸭80%～100%死亡，即可确诊。

将病毒分离物10倍连续稀释，与等量的1∶5至1∶10稀释的DHAV型特异性高免血清混合后，置室温下作用1h。然后取0.2cm经皮下接种易感雏鸭，经尿囊腔接种鸭胚或接种原代鸭胚肝细胞单层培养物。对照组以病毒分离物与对照血清混合后按上述程序进行。

③核酸识别试验：常用反转录聚合酶链式反应（RT-PCR），检测鸭肝和尿囊液中的DHAV病毒核酸。

2）鸭星状病毒分离鉴定

①DAstV分离：可采用雏鸭接种方法分离鸭星状病毒。即：取上述制成的肝组织悬液经皮下或肌肉接种1～7日龄无母源抗体的易感雏鸭数只。接种后2～4日龄雏鸭死亡率可超过20%，大体病变与田间病例类似。DAstV与DHAV相比，其毒力较弱，致病效果较缓。

②DAstV鉴定：可用DHAV鉴定所述的方法，用DAstV特异性高免血清对分离的病毒进行鉴定。

（2）血清学试验　主要是中和试验，如鸭（鸡）胚中和试验，雏鸭中和试验及微量血清中和试验等，这些方法常用于病毒鉴定、免疫应答及进行血清流行病学调查。此外，还有ELISA、琼脂扩散试验、直接免疫荧光试验等。

3. 鉴别诊断　注意与鸭肝炎乙型病毒病、嗜肝DNA病毒病、巴氏杆菌病、大肠杆菌病、雏鸭副伤寒、曲霉菌病等鉴别。

[防治与处理]

1. 防治　可采取以下措施：①实行自繁自养，不从疫区购进种蛋、雏鸭或种鸭；②孵化和育雏室以及饲喂和饮水用具应每日清洗和定期消毒（用1%复合酚消毒剂消毒）。③对雏鸭进行疫苗免疫，种鸭在产蛋前2～4周肌内注射鸭病毒性肝炎病毒弱毒活苗。

2. 处理　发生本病后，按《中华人民共和国动物防疫法》规定，采取严格控制、扑灭措施，防止扩散。扑杀病鸭和同群鸭，并采取焚烧或深埋等无害化处理。对受威胁的雏鸭或假定健康鸭除在饲料中添加矿物质、维生素外，可用高免卵黄（或高免血清）或康复鸭血清肌内注射，每只0.5mL，10d后再肌内注射鸭病毒性肝炎疫苗。对污染的鸡舍、运动场、料槽、水槽等应用百毒杀、碘制剂进行彻底消毒。

十、鸭浆膜炎

鸭浆膜炎（riemerella anatipestifer lnfection），又名鸭疫综合征、鸭败血症，是由鸭疫里氏杆菌引起的家鸭、鹅、火鸡以及其他各种家养和野生鸟类的一种接触性传染性疾病。以纤维素性心包炎、纤维素性肝周炎、纤维素性气囊炎、干酪性输卵管炎和髓膜炎等急性或慢性败血症为特征。鹅里氏杆菌感染曾称鹅流感或鹅渗出性败血症。我国将鸭浆膜炎列为二类动物疫病。

[病原特性]

病原为鸭疫里氏杆菌（*Riemerella anatipestifer*，RA），又称里默杆菌，属于黄杆菌目（Flavobacteriales）黄杆菌科（Flavobacteriaceae）里氏杆菌属（*Riemerella*）。

RA为革兰氏阴性，不运动，有荚膜，不形成芽孢的小杆菌，菌体宽0.2～0.4μm，长1～5μm，印度墨汁染色可显现荚膜，瑞氏染色呈两极浓染。菌体多单个存在，少数成对或偶尔呈链状排列。初次分离对CO_2的依赖性较强，需在含5%～10% CO_2的条件下进行培养。在胰蛋白酶大豆琼脂（TSA）或巧克力琼脂平板上生成的菌落呈灰白色，表面光滑、半透明、圆形微凸起。不能在普通琼脂或麦康凯琼脂上生长，血琼脂平板上无溶血现象。

RA不发酵葡萄糖和蔗糖（此有别于多杀性巴氏杆菌），生化试验多为阴性，不水解尿素，不产生硫化氢和靛基质，不还原硝酸盐，不利用柠檬酸，VP试验和MR试验均为阴性，接触酶试验呈阳性。

根据菌体表面多糖抗原的差异，采用凝集试验和琼脂扩散试验（AGD）进行分型，目前已鉴定出21个血清型（即1～21）。据报道，1、2、3型的毒力较强，不同血清型之间几乎没有交叉保护。我国自20世纪80—90年代以来，已经分离鉴定的血清型包括1～8、10～15、17型共15种，目前的优势血清型主要为1、2、6、10型。

RA对热较敏感，在37℃或室温条件下，大多数菌株在固体培养基中存活不超过3～4d；肉汤培养物贮存于4℃，则可以存活2～3周，但在55℃下作用12～16h，细菌全部失活。据有关报道称，在自来水和垫料中可存活13d和27d。本菌对多数抗生素敏感，如红霉素、新霉素、盐酸林可霉素等较敏感，但对卡那霉素和多黏菌素不敏感，对庆大毒素有一定抗性。

［分布与危害］

1. **分布** 1904年，Riemere最先描述"鹅渗出性败血症"。1932年，Hendrickson和Hibert首次报道美国纽约长岛三个鸭场的北京鸭中发生本病，当时称为"新鸭病"，1955年由Dougherty根据病理特征改称为"鸭传染性浆膜炎"（duck infectious serositis），该病目前已呈全球性流行。在我国，1975年由邝荣禄等在广州地区首次报道本病，1982年郭玉璞等报道从北京郊区鸭场中首次分离到病原，此后江苏、广西、上海、浙江、安徽、四川、河南、山东等全国大部分地区均陆续报道了本病。

2. **危害** 本病可引起雏鸭的大批死亡和发育迟缓，导致鸭群高病死率和淘汰率，给养鸭业造成较大的经济损失。

［传播与流行］

1. **传播** 本病主要侵害家鸭和鹅，火鸡也可自然感染。而鸡、鸽、兔和小鼠对鸭疫里氏杆菌有抵抗力。

以1～8周龄的雏鸭最易感，尤以2～3周龄多见，5周龄以下雏鸭一般在出现症状后1～2d死亡。在种鸭中本病少见。

传染源主要为病鸭和带菌鸭。病菌排出污染环境，经呼吸道、消化道或通过皮肤伤口（尤其是脚蹼部皮肤）传染。

2. **流行** 本病全年均可发生，鸭群感染后，传播迅速，常呈地方流行性。低温阴雨和潮湿寒冷的育雏季节易促使本病的发生。

［临床症状与病理变化］

1. **临床症状** 潜伏期一般为2～5d。人工感染（皮下、静脉或眶下窦接种）的雏鸭在24h内可出现临床症状并死亡。

病鸭最常见的临床症状为精神倦怠、厌食，缩颈闭眼，眼及鼻有浆液性或黏液性分泌物，鼻孔常因分泌物干涸而堵塞，引起咳嗽和打喷嚏，眼周围羽毛黏结形成"眼圈"；腹泻，粪便呈淡黄白色、绿色或黄绿色，肛门周围常污染粪便；病鸭出现共济失调、头颈颤抖或歪头斜颈等神经症状；有的病鸭出现跗关节肿胀；多数病鸭死前可见抽搐，死后常呈角弓反张姿势。耐过鸭生长受阻，饲料报酬显著下降。

2. **病理变化** 特征性病变是全身浆膜淡黄色、黄色纤维素性渗出，以心包、肝脏表面和气囊最明显。

纤维素性渗出首先在心包液中，呈白色絮状，然后凝积被覆于心包膜，使心包膜增厚、心外膜变粗糙、与胸壁发生粘连。肝表面包有一层灰白色或黄色纤维素性膜，极易剥离。气囊壁混浊增厚，有纤维素性（有的干酪或钙化）渗出物黏附。腹腔积水，有时混有血液。中枢神经感染可见纤维素性脑膜炎。脾肿大，呈斑驳状，鼻窦内有黏液性脓性渗泌物，输卵管内有干酪样渗出物。

慢性局灶感染常见于皮肤，偶见于关节。皮肤病变表现为坏死性皮炎，见于腹背部或肛门周围，在皮肤和脂肪层间有黄色渗出物，类似蜂窝织炎变化。关节病变常见胫跗关节及跗关节肿胀，切开见关节液增多。

[诊断与检疫技术]

1. 初诊　根据流行特点、临床症状和病理剖检变化可做出初步诊断，确诊需进一步做实验室检测。

2. 实验室检测　进行病原鉴定和血清学检测。

被检材料的采集：无菌采取病死鸭的肝、脾、心血、脑、气囊和渗出物等病料，以供检测用。

（1）病原鉴定

①涂片染色镜检：取濒死期病鸭心血，制成涂片，分别用革兰氏和瑞氏液染色镜检，可见到典型的革兰氏阴性菌，瑞氏染色可见呈两极着染。

②病原分离鉴定：病原分离时可取病料接种于血琼脂，或含0.05%酵母提取物的大豆琼脂，置烛缸中37℃培养24h；对受污染样品，培养基中还应添加5%的新生牛血清和庆大霉素（5mg，以1 000mL计）。然后挑选单个菌落接种于鉴别培养基进行生化特性鉴定。

也可取病死鸭脑、心血、肝、脾接种在巧克力琼脂平板和麦康凯琼脂平板，置于37℃烛缸内（或含5% CO_2的条件下）培养，另接种一管厌氧肉肝汤，置37℃温箱培养24～48h后，在巧克力琼脂平板上可见典型的圆形、光滑、突起的奶油状菌落，而在麦康凯琼脂上不生长（但大肠杆菌可生长形成红色菌落）。肉肝肠培养可见均匀混浊。将分离所得的细菌应用生化试验和动物致病力试验来鉴定。

生化试验：本菌发酵糖的能力弱，大多数菌株不能发酵葡萄糖、乳糖、麦芽糖、甘露醇、蔗糖，VP试验、MR试验、吲哚试验和硝酸盐还原试验等生化试验均为阴性，不产生硫化氢；50%菌株尿素酶试验阳性；液化明胶（需培养7d以上）和过氧化氢酶试验阳性。

动物致病力试验：以肉肝汤培养物给10～15日龄健康雏鸭进行肌内注射1mL，接种后第2～3天开始发病，随后相继死亡，其出现的症状和剖检变化与自然发病鸭一致，并从死雏鸭中能分离到鸭疫里氏杆菌。

③免疫荧光试验检测：IFA可用于检测病禽组织或渗出物中的病原。

④血清型鉴定：分离菌株血清型鉴定可应用特异性抗血清进行凝集试验和/或琼脂扩散试验。

⑤分子生物学鉴定：可采用限制性内切酶指纹图谱、重复序列聚合酶链式反应、基于16S rRNA、OmpA、gyrB等保守基因的PCR快速检测方法等对RA菌株进行鉴别。

（2）血清学检测　可采用凝集试验和酶联免疫吸附试验检测血清抗体。

凝集试验：常采用快速平板凝集试验，可鉴定病鸭血清抗体的血清型。

酶联免疫吸附试验：可检测病鸭中的血清抗体。此法要比凝集试验更敏感，但不具血清型特异性。

3. 鉴别诊断　应与大肠杆菌病、沙门氏菌病、巴氏杆菌病、粪链球菌病、鸭支原体病、鸭考诺尼亚菌（Coenonia anatina）病等引起的败血性疾病相鉴别。

[防治与处理]

1. 防治　可采取以下措施：①鸭场饲养可采用"全进全出"制度，并彻底消毒，以防止交叉感染。②改善育雏室的卫生条件，注意通风、干燥、防寒以及勤换垫草，同时控制好饲养密度。③对鸭群进行疫苗的预防接种工作。现阶段国内仍以免疫灭活疫苗为主，弱毒活疫苗及亚单位或基因工程疫苗仍处于研发阶段。由于流行的RA血清型多样，实际生产中以针对流行菌株的血清型来制备的疫苗对控制当地的鸭疫里氏杆菌病显得更为有效。对1～7日龄雏鸭或产蛋前2～4周的种鸭进行皮下注射灭活疫苗，可以取得较好的免疫保护效果。④平时在饲料中给一些磺胺药，以预防本病的发生，如在饲料或饮水中添加0.2%～0.25%的磺胺二甲基嘧啶，或在饲料中添加0.025%～0.05%的磺胺喹噁啉。

2. 处理　鸭群中发生本病后，发病初期可应用庆大霉素和其他多种抗生素（林可霉素、壮观霉素、青霉素、环丙沙星等）进行药物治疗，以有效控制雏鸭的发病和死亡。在选用抗生素时，要事先进行药敏试验，以便筛选出敏感药物，同时要交叉用药，以防止产生抗药性。对发病的鸭舍及其用具要进行全面彻底清洗消毒。对病死鸭要无害化处理。另外，保持禽舍的干燥通风、改善育雏条件、减少应激因素等综合性管理措施也利于该病的控制。

十一、小鹅瘟

小鹅瘟（goose parvovirus infection，GPI）又称Derzsy氏病、鹅细小病毒感染、鹅流感等，是由鹅细小病毒引起雏鹅和番鸭的一种高度接触性传染病。我国列为二类动物疫病。

［病原特性］

病原为鹅细小病毒（*Goose parvovirus*，GPV），雏番鸭还可能由番鸭细小病毒（*muscovyduck parvovirus*，MDPV）引起，二者均属于细小病毒科（*Parvovidae*）细小病毒亚科（*Parvoviridae*）依赖细小病毒属（*Dependoparvovirus*）成员。

GPV病毒粒子呈球形或六角形，直径为20～22nm，无囊膜，二十面体对称，核酸为单链DNA。病毒结构多肽有3种：VP1、VP2、VP3，其中VP3为主要结构多肽。GPV只有一个血清型，不凝集红细胞（与哺乳动物细小病毒不同），但可凝集黄牛精子。GPV在感染细胞的核内复制，病毒存在于病雏内脏组织、肠管、脑及血液中。初次分离可用鹅胚或番鸭胚或其成纤维细胞。

分子生物学研究表明，GPV与人类依赖病毒属密切相关，而与鸡及哺乳动物细小病毒无抗原相关性。

MDPV与GPV具抗原相关性，但致病性明显弱于GPV。通过交叉中和试验、限制内切酶和分子生物学分析，GPV与MDPV基因组之间差异明显。

GPV对理化因素具很强的抵抗力，经65℃ 30min，病毒滴度不受影响；在pH3.0溶液中37℃作用1h，病毒依然稳定。但病毒对2%～5%氢氧化钠、10%～20%的石灰乳敏感；病毒在－20～－15℃下可存活4年。

［分布与危害］

1. 分布　我国于1956年首次在江苏扬州地区发现本病，并分离到病原，定名为小鹅瘟病毒。1965年后，匈牙利、德国、苏联、荷兰、意大利、英国、以色列、法国、南斯拉夫、越南等国报道了本病的存在。1978年将小鹅瘟更名为鹅细小病毒感染。

2. **危害** 目前世界许多饲养鹅及番鸭地区都有本病的发生，一旦发生流行常引起雏鹅大批死亡，造成重大经济损失，给养鹅业带来严重的威胁。

[传播与流行]

1. **传播** 自然病例仅见于鹅、番鸭及某些杂交品种。所有家养鹅（如白鹅、灰鹅、狮头鹅等）都易感。其他禽类及哺乳类动物均不易感。

本病具有严格的年龄易感性，7日龄以下感染雏鹅死亡率几乎100%；而4～5周龄感染鹅死亡率极低，可以忽略不计；成年鹅常呈潜伏感染，可呈抗体阳性，但不表现临床症状，此类动物充当带毒者，并经蛋将病毒传播给易感雏鹅或雏鸭。

传染源为病雏鹅及带毒成年鹅。病毒存在于病雏鹅内脏组织、肠管、脑及血液中。传播途径主要通过易感鹅采食被污染的饲料、饮水、用具和牧草等经消化道感染。也可垂直传播。

2. **流行** 本病一年四季均可发生，但主要发生于育雏期间。尤以4～20日龄的雏鹅发生为甚，20日龄以后，一般不再出现新病例。成年鹅感染后无临床症状，但可经种蛋将此病传染给下一代。

本病的自然流行带有明显的周期性。雏鹅发病率和死亡率与日龄、母源抗体水平有关。当发生大流行后，鹅群获得了主动免疫力，翌年的雏鹅就具有了天然的被动免疫力，因此大流行之后，1～2年内一般不会再发生流行。

[临床症状与病理变化]

1. **临床症状** 潜伏期与易感鹅日龄有关。人工感染1日龄雏鹅，3～5d出现临床症状。2～3周龄鹅感染潜伏期为5～10d。

根据感染雏鹅和雏番鸭的日龄差异，临床可急性型、亚急性型和慢性型三型。

（1）急性型 多见于流行初期和1周龄以内的雏鹅，发病突然、倒地、两肢乱划，几小时后死亡，死亡率高达100%。

（2）亚急性型 发生于1～2周龄雏鹅，或由急性型转化而来。起初病鹅厌食、口渴、多饮水，全身精神委顿、无力、不愿行走、喜蹲伏。多数病鹅眼和鼻有多量分泌物，并不时甩头。尾脂腺和眼睑红肿，多数病鹅排白色稀粪。嗉囊松软，内含大量液体和气体。在此阶段，病鹅口腔和舌头表面有纤维性假膜覆盖。

（3）慢性型 多见于2周龄以上雏鹅或流行后期发病的雏鹅。病鹅表现为严重的生长停滞，背部和颈部羽绒脱落，裸露皮肤呈红色。病鹅腹部积液，呈"企鹅样"站姿。

孵化期感染的雏鹅的死亡率有时高达100%，而2～3周龄的鹅发病率虽然很高，但死亡率可能低于10%。饲养管理不善，继发细菌、真菌或其他病毒感染等可影响最终死亡率。4周龄以上的鹅很少表现临床症状。

2. **病理变化** 急性病例，病变常见于心脏，以心尖部心肌苍白为特征；肝脏、脾脏和胰腺肿大充血。

病程较长的，还可见其他病变，比较典型的是浆液-纤维素性肝周炎、心包炎，腹腔有大量淡黄色积液。还可出现肺水肿、肝萎缩和卡他性肠炎。偶尔可见腿部、胸部肌肉出血。

本病特征性的变化是小肠呈现卡他性-纤维素性坏死性肠炎。小肠中后段肠黏膜坏死脱落，与渗出物凝固形成栓子，长2～5cm，外观膨大，质地坚硬，状如腊肠。剖开或切断后可见栓子中心为深褐色干燥的肠内容物。肠壁菲薄，呈淡红色或苍白，不形成溃疡。有些病例的肠黏膜上附有散在的纤维素凝块，而不形成条带或栓子。十二指肠和结肠通常呈急性卡他性炎症。小肠的特征性病变在亚急性病例更为明显。

如有继发感染，口腔、咽部和食管可见白喉状和溃疡性病变。

组织学变化是心肌纤维有不同程度的颗粒变性和脂肪变性，肌纤维断裂，排列零乱，有散在的Cowdrey A型核内包涵体。肝脏细胞空泡变性和颗粒变性。脑膜及脑实质血管充血，并有小出血灶。血管周围有细胞浸润，神经细胞变性，甚至有小坏死灶，神经胶质细胞增生。小肠膨大处发生纤维素性坏死性肠炎。

[诊断与检疫技术]

1. 初诊　根据流行特点、临床症状和病理剖检变化特征可以做出初步诊断，确诊需进一步做实验室检测。

2. 实验室检测　进行病原鉴定和血清学检测。

被检材料的采集与处理：无菌采集病死雏鹅的肝、脾、胰等组织，剪碎、研磨，用灭菌生理盐水或灭菌的pH 7.4磷酸盐缓冲溶液（PBS）进行1∶5至1∶10稀释，经3 000r/min离心30min，取上清液加入青霉素（2 000IU/mL）和链霉素（2 000μg/mL），于37℃温箱作用30min，作为待检材料。

（1）病原鉴定

①病毒分离鉴定：取上述处理好的待检材料，分别接种12～15日龄无小鹅瘟抗体的鹅胚和10日龄鸡胚的尿囊腔内，每胚0.2mL，置37～38℃孵化箱内孵化，每天照胚2～4次，观察9d。一般经5～7d，大部分鹅胚死亡并出现病变（可见胚胎绒尿膜增厚，全身皮肤充血，翅尖、趾、胸部毛孔、颈、喙旁均有较严重的出血点，胚肝充血及边缘出血，心脏和后脑出血，头部皮下及两肋皮下水肿；接种7d以上死亡的鹅胚胚体发育停顿、胚体小），而鸡胚应一直健活。

取死亡鹅胚（72h以后死亡的鹅胚）的尿囊液对鸡、绵羊红细胞做凝集试验，应为阴性反应，或用100个半数致死量的鹅胚尿囊液与已知效价的抗血清用鹅胚做中和试验，应被特异的抗血清所中和。

也可采用鹅或番鸭胚原代细胞分离病毒，接种3～5d后可形成明显的细胞病变，甲苏木精伊红染色，可见Cowdrey A型核内包含体和合胞体。

②电镜检查（EM）：直接在电镜下检测粪便样品，或心脏、法氏囊超薄切片中的病毒粒子。

也可采用免疫电镜技术（IEM），此法通过GAV单克隆抗体，可检测到雏鹅器官或培养细胞中的病毒粒子。

③病毒抗原检测：采用免疫荧光试验（IFT）检测雏鹅、鹅胚或感染细胞中的病毒抗原。其他检测技术还有免疫过氧化物酶技术（IP）、抗原捕获酶联免疫吸附试验（AC-ELISA）和反向间接血凝试验（RIHA）。

此外，还可应用琼脂凝胶扩散试验（AGD），通过以兔抗鹅细小病毒血清来检测感染鹅胚尿囊液中细小病毒。

番鸭细小病毒（MDPV）检测鉴定可采用地高辛标记DNA探针技术。

④分子生物学鉴定：可采用各种聚合酶链式反应（PCR）技术检测鹅细小病毒（GPV）和番鸭细小病毒（MDPV）。以编码衣壳蛋白的VP1、VP2和VP3基因保守区设计引物，通过测序和

限制片段长度多态性分析（RFLP）鉴别GPV和MDPV毒株。也可采用核酸斑点印迹技术检测GPV的DNA。

（2）血清学检测　血清学检测常用于种鹅、种番鸭及其后代免疫状况的监测，以及用于雏鹅或番鸭近期暴发疫情的诊断。此外，通过禽蛋卵黄抗体检测还可以了解后代母源抗体的水平。

血清学试验有病毒中和试验（VN）、琼脂扩散试验（AGD）、酶联免疫吸附试验（ELISA）与阻断酶联免疫吸附试验（B-ELISA）、免疫印迹试验（WB）等，其他血清学试验还有精子凝集抑制试验（鹅细小病毒可凝集黄牛精子）、蚀斑减少试验（PRA）和间接免疫荧光试验（IIF）。

①VN：广泛用于鹅胚、番鸭胚或原代细胞培养物中鹅细小病毒（GPV）中和抗体的检测。鹅细小病毒（GPV）抗体和番鸭细小病毒（MDPV）抗体可采用交叉中和试验鉴别。此外，鸭胚适应GPV株也可在北京鸭胚上进行中和试验，GPV抗体滴度在1：16或以上可判为阳性。

②AGD：适用于大量血清样本的检测。此法敏感性不如病毒中和试验（VN），也不能区分鹅源或番鸭源细小病毒抗体。琼脂扩散试验具体操作方法见下面附：介绍琼脂免疫扩散试验的操作方法。

③ELISA与B-ELISA：ELISA可用于检测鹅和番鸭细小病毒抗体。B-ELISA，采用抗鹅细小病毒的鹅IgG抗体，具有结果快速、可靠和易于标化等优点，并且与病毒中和试验（VN）相关性好；同时此法也可用于检测番鸭细小病毒（MDPV）抗体。

④WB：采用纯化的水禽细小病毒衣壳蛋白抗原和非结构蛋白抗原，用于感染雏鹅和雏番鸭血清检测。

3. 鉴别诊断　应与鸭瘟、鸭病毒性肝炎、鹅出血性肾炎肠炎（HNEG）、鸭浆膜炎和巴氏杆菌病相鉴别。

[防治与处理]

1. 防治　各种抗菌药物对本病无治疗作用，但对减少继发感染和真菌感染有一定的疗效，防治本病可采取以下措施：①从无本病地区购进种蛋、种鹅苗及种鹅。②孵化场必须定期消毒（用0.5%～1%的复合酚消毒剂进行场地和用具器械等的消毒，尤其在每批雏鹅出壳后，一定要做好这方面的消毒）；种蛋入孵前须经严格消毒，并禁止同批孵化不同来源的种蛋。这样可以严防水平和垂直传播。③刚出壳的雏鹅、雏番鸭不要与新引进的种蛋和成年鹅、番鸭接触，以免感染。④做好种鹅和种番鸭免疫接种，一般在产蛋前1个月进行，可采用弱毒或灭活疫苗免疫。如种鹅在产蛋前1个月应用鹅胚化弱毒疫苗进行一次预防接种，可使其后代获得天然被动免疫。⑤做好雏鹅、雏番鸭的预防，对未免疫种鹅、番鸭所产蛋孵出的雏鹅、雏番鸭于出壳后1日龄注射小鹅瘟弱毒疫苗（如SYG61和SSG74两个减毒株制成的疫苗），且隔离饲养到7日龄；而免疫种鹅所产蛋孵出的雏鹅一般于7～10日龄时需注射小鹅瘟高免血清或高免蛋黄，每只皮下或肌内注射0.5～1.0mL。

2. 处理　在雏鹅群中发现本病，应按《中华人民共和国动物防疫法》规定，采取严格控制、扑灭措施，防止扩散。迅速扑杀病鹅和同群鹅，深埋或焚烧等无害化处理。受威胁区的雏鹅皮下注射抗小鹅瘟血清，每只0.8～1.0mL。对污染的场地、用具等应彻底消毒。严禁外调或出售发病地区的雏鹅。另外，发病地区内的鹅孵化房（鹅坊）应立即停止孵化，并将其设备、用具、房舍等进行彻底消毒，然后再孵化。对刚孵出的雏鹅全部皮下注射抗小鹅瘟血清，每只0.3～0.5mL，并注意与新进种蛋、成鹅隔离。

十二、禽霍乱

禽霍乱（fowl cholera，FC），又称禽巴氏杆菌病（avian pasteurellosis）或禽出血性败血症，是由禽多杀性巴氏杆菌引起家禽和野禽的一种急性败血性传染病。急性型以突然发病、下痢、出现急性败血症症状为特征；慢性型则以鸡冠、肉髯水肿和关节炎为特征。我国将其列为二类动物疫病。

［病原特性］

病原是多杀性巴氏杆菌（*Pasteurella multocida*），属于巴氏杆菌目（Pasteurellales）巴氏杆菌科（Pasteurellaceae）巴氏杆菌属（*Pasteurella*）成员。

巴氏杆菌为两端钝圆、中央微凸的革兰氏阴性球杆状或短杆菌，两端钝圆，大小（0.6～2.5）μm×（0.25～0.6）μm；常单个存在，不形成芽孢，无鞭毛，新分离的强毒株具有荚膜。病料涂片用瑞氏、姬姆萨或亚甲蓝染色呈明显的两极浓染，但其培养物的两极染色现象不明显。

巴氏杆菌血清型较多，以荚膜抗原可分为A～F 6个血清型，以菌体抗原（O抗原）区分至少有16个血清型（用阿拉伯数字表示）。在我国，禽霍乱多由5：A血清型引起，其次是8：A血清型和9：A血清型。

本菌对物理和化学作用抵抗力很低，直射阳光下数分钟死亡，干燥空气中2～3d死亡，在血液、排泄物和分泌物中能生存6～10d，在水浴56℃ 15min、60℃ 10min内被杀死；易被普通的消毒药数分钟内杀死，如3%石炭酸、3%福尔马林、10%石灰乳、0.5%～1%氢氧化钠，0.1%升汞及2%来苏儿经1～2min可杀死本菌。

［分布与危害］

1. 分布　18世纪的后半叶在欧洲的鸡中发生流行，1782年法国的Chabert进行研究，最先采用了禽霍乱这个名词，在1877年和1878年，意大利的Perroncito和俄国的Semmer在病鸡的组织中看到一种圆形的细菌，单个或成对出现。Toussant在1879年分离出此菌，并证明它是本病的唯一原因（根据Gray所写的历史，1913）。本病在世界各地都有发生。

2. 危害　由于本病是一种急性败血性传染病，发病率和死亡率都很高，给养禽业造成较大经济损失和带来严重的危害。

［传播与流行］

1. 传播　动物感染谱非常广，易感动物有鸡、鸭、鹅、火鸡及其他家禽，以及饲养、野生鸟类。家禽中以火鸡最为易感，鸡以产蛋鸡、育成鸡和成年鸡发病多，雏鸡有一定的抵抗力。

外源性感染，主要是病死禽及康复带毒禽、慢性感染禽。传播途径主要通过消化道（被污染的饲料和饮水）、呼吸道感染。内源性感染，主要发生在家禽抵抗力下降时，健康畜禽上呼吸道携带的细菌发生活化、毒力增强。

2. 流行　本病一年四季均可发生，但9、10、11月常见。呈地方流行或散发。多种家禽，如鸡、鸭、鹅等都能同时发病。病程短而经过急（除慢性型）。

由于本病病原是一种条件致病菌，可存在于健康禽的呼吸道中。当饲养管理不当、禽舍阴暗潮湿拥挤、长途运输、气候突变、营养不良及其他疾病发生，致使机体抵抗力下降时，可引起内源性感染。特别是当有新禽转入带菌禽群，或把带菌禽群调入健康禽群时，更易引起本病的发生。

[临床症状和病理变化]

1. 临床症状　自然感染潜伏期2～9d。OIE《陆生动物卫生法典》规定为14d。本病在临床上可分为最急性型、急性型和慢性型。

（1）最急性型　常见于流行初期，主要发生于鸡、鸭，以产蛋率高的鸡最常见。病程短，表现突然发病，迅速死亡，无明显症状，病程仅数小时。

（2）急性型　此型最常见，表现为高热（43～44℃）、口渴、缩颈闭眼、翅膀下垂、羽毛松乱，少食或不食。常有剧烈腹泻，排出灰黄甚至污绿色，有时混有血液的稀粪。呼吸困难，口鼻分泌物增多。临死前鸡冠和肉髯发紫。病程1～3d，死亡率很高。

（3）慢性型　见于流行后期，多数由急性不死转变而来，或由毒力较弱的菌株引起。以慢性肺炎、慢性呼吸道炎症和慢性胃肠炎为特点。主要症状为鼻孔有少许黏液流出，鼻窦肿大，喉头有少许分泌物，呼吸作响，食欲不振，经常腹泻，消瘦。鸡冠、肉髯苍白、肿胀（图6-10），出现干酪样变化，甚至坏死脱落。有的发生慢性关节炎，表现为关节肿胀、疼痛、跛行。病程可拖至1个月以上。患禽可能死亡，或长期保持感染状态或康复。

鸭巴氏杆菌病（俗称"摇头瘟"），不如鸡的症状明显，常以急性型为主，精神沉郁，不愿走路和下水，少食或不食，眼常半闭。鼻中流出黏液，打喷嚏和咳嗽，呼吸困难。张口摇头，企图甩出喉头部黏液。下痢，排出铜绿色或灰白色稀粪，有的粪中带血有腥臭味。病程长的易发生关节炎或瘫痪，常见掌部肿胀变硬，但50日龄以内的雏鸭以多发性关节炎为主，表现一侧或两侧跗、腕以及肩关节发热肿胀，致使跛行、翅膀下垂。

图6-10　禽霍乱肉髯肿胀
（引自毕玉霞，《动物防疫与检疫技术》，
化学工业出版社，2009）

2. 病理变化　最急性型病例剖检无特征性病变，仅见心脏冠状脂肪上有小点出血。急性型病例以败血症为主要变化。剖检变化可见皮下、腹腔浆膜和脂肪有小出血点。肝脏肿大，表面有许多针尖大或粟粒大的灰白色或黄白色坏死点。肺充血或小点出血，肺间质增宽。肌胃出血。心肌和心内膜有出血点（斑），心包积液呈淡黄色，并混有纤维蛋白，心冠脂肪有出血点。肠道尤其十二指黏膜有出血性炎症变化，黏膜红肿，有许多出血点和出血斑，黏膜覆有黄色纤维蛋白小块。产蛋鸡卵泡充血、出血、变形，呈半煮熟状。

慢性型病例常因侵害的器官不同而有差异，一般可见鼻腔、气管、支气管有多量黏性分泌物，肺质地变硬。鸡冠、肉髯肿大，内有干酪样物。有的可见关节肿大、变形，切开见有炎性渗出物或干酪样坏死物。多发性关节炎，常见关节面粗糙，关节囊增厚，内含有红色浆液或灰白色、混浊的黏稠液体。有的母鸡卵巢出血，卵黄破裂，腹腔内脏表面附有卵黄样物质。

鸭的病理变化与鸡基本相似，剖检变化可见心包囊有透明橙黄色积液，心冠沟脂肪、心包膜有小出血点。肝脂肪变性，略肿胀，表面有灰白色小坏死点。肠道充血和出血，尤以小肠前段和大肠黏膜较重。肺有出血或急性肺炎病变。雏鸭为多发性关节炎时，可见关节面粗糙，内有黄色干酪样物或肉芽组织，关节囊增厚，内有红色浆液或灰黄色混浊黏稠液体。

［诊断与检疫技术］

1. 初诊　根据流行特点、临床症状和病理剖检变化，结合治疗效果可做出初步诊断，确诊应进一步做实验室检测。

2. 实验室检测　进行病原鉴定和血清学检测。但通常不采用血清学试验来进行诊断。

被检材料的采集：用于病原鉴定，急性病禽或刚死亡禽宜采集肝、脾、心血、骨髓等病料；慢性病禽宜采集渗出性病变部位；时间较长或者已经腐败的禽尸宜采集骨髓病料。

（1）病原鉴定

1）病原分离鉴定

①直接镜检：用病料组织（肝或脾）制备触片或血液涂片，瑞氏染色（或姬姆萨染色），然后镜检，可见呈两极着色的卵圆形或短杆状的小杆菌。用印度墨汁等染料染色，可见清晰的荚膜。

②动物接种试验：无菌取病料（肝或脾）研磨，用生理盐水做成1∶5（或1∶10）的悬液，取上清液0.1～0.5mL接种小鼠、鸽或鸡，经1～2d发病死亡，然后取其病料（肝或血）做涂片染色镜检，可见到细菌的两极着色的特性。或进行鲜血琼脂平板培养，可分离到本菌。

③病原分离培养：初次分离常采用血液琼脂、胰蛋白大豆琼脂或马丁肉汤培养基。方法是，无菌操作取病料（肝或脾）接种在鲜血琼脂平板上，37℃培养24h，见到圆形、湿润、表面光滑的露珠状小菌落，然后涂片、革兰氏染色镜检。可见到革兰氏阴性小杆菌。

④生化鉴定：将分离菌株进一步做生化特性鉴定，用快速细菌鉴定仪快速鉴定。多杀性巴氏杆菌在48h内可分解葡萄糖、果糖、半乳糖蔗糖和甘露糖，产酸不产气。甲基红试验和VP试验均为阴性。接触酶和氧化酶试验均为阳性。不液化明胶。

2）抗原鉴定　包括荚膜血清群试验和菌体血清型试验。

①荚膜血清群试验：可采用被动血凝试验测定荚膜血清型，该方法可以确定A、B、D、E、F血清群。除此之外，还可以通过非血清学纸片扩散试验，区分A、D、F血清型。

②菌体血清型试验：采用琼脂免疫扩散试验，以标准血清（如禽霍乱5∶A血清型及8∶A血清型等）对分离到的病原菌进行血清型鉴定。

3）核酸鉴定　可采用限制性内切酶分析，进行多杀性巴氏杆菌DNA指纹分析。此法对禽群禽霍乱流行病学调查极有价值。

（2）血清学检测　检测特异性抗体的血清学方法一般不用禽霍乱诊断，因为本病通过病原分离和鉴定很容步确诊，通常不需要再进行血清学试验，且血清学试验无法区分野菌株感染和疫苗免疫。

血清学检测有凝集试验、琼脂免疫扩散试验、被动血凝试验和酶联免疫吸附试验等方法。

凝集试验、琼脂免疫扩散试验、被动血凝试验：多用来检测家禽血清的多杀性巴氏杆菌抗体，但敏感性均不高。

例如，采用玻片凝集反应，可用每毫升含10亿～60亿菌体的抗原，加上被检动物的血清，在5～7min内发生凝集的为阳性；不凝集的为阴性。但通常不用此法来进行诊断。

酶联免疫吸附试验：只用于监测免疫禽的血清抗体水平，不用于诊断。

3. 鉴别诊断　鸡的禽霍乱应与鸡新城疫，鸭的禽霍乱应与鸭瘟相鉴别。主要从流行特点、剖检特征性病变及病原学方面来鉴别。

鸡霍乱与鸡新城疫的区别在于：禽霍乱鸡、鸭均感染发病，剖检肝有许多针尖大小灰白色坏死点，病原是多杀性巴氏杆菌。鸡新城疫主要侵害鸡，鸭感染不发病，剖检鸡腺胃水肿，乳头出血、溃疡、坏死，病原是鸡新城疫病毒。

鸭霍乱与鸭瘟的区别在于：鸭霍乱由多杀性巴氏杆菌引起，鸭、鸡都可感染发病。鸭瘟是鸭瘟疱疹病毒引起，只有鸭易感发病，而鸡不感染。

[防治与处理]

1. 防治　该病早期采取药物治疗可获得效果，防治可采取以下措施：①平时搞好饲养卫生管理，使家禽保持较强的抵抗力。加强营养，补足各种维生素，避免饲养拥挤和禽舍潮湿。②尽量做到自繁自养，不从疫区购买种禽或幼雏。对新购进的鸡、鸭，必须隔离饲养2周，确认无病时方可混群。③常发禽霍乱的地区，应用禽霍乱菌苗进行免疫预防接种。

2. 处理　发生本病时，应按《中华人民共和国动物防疫法》规定，采取严格控制、扑灭措施，防止扩散。扑杀病禽和同群禽，采取焚烧或深埋等无害化处理。对鸡舍、鸭舍、运动场和用具等进行彻底消毒，如圈舍可用2%热碱溶液或10%～20%石灰乳消毒。对假定健康禽群进行菌苗的紧急预防接种。

十三、鸡白痢

鸡白痢（pullorum disease，PD）是由鸡白痢沙门氏菌（雏沙门氏菌）引起鸡和火鸡的一种传染病。雏鸡和雏火鸡呈急性败血性经过，以肠炎和灰白色下痢为特征。成年鸡以局部和慢性隐性感染为特征。OIE将其列为必须通报的动物疫病，我国将其列为二类动物疫病。

[病原特性]

病原为鸡白痢沙门氏菌（*Salmonella pullorum*），又称雏沙门氏菌，属于肠杆菌目（Enterobacteriales）肠杆菌科（Enterobacteriaceae）沙门氏菌属（*Salmonella*）成员。

鸡白痢沙门氏菌菌体两端钝圆、中等大小、无荚膜、无芽孢、无鞭毛、不能运动、革兰氏阴性、兼性厌氧、在普通培养基上能生长。能分解葡萄糖、甘露醇和山梨醇、产酸产气，不分解乳糖，也不产生靛基质。

按照考夫曼-怀特血清型分类法（Kauffman-White Scheme），鸡白痢沙门氏菌属于D血清群，与肠炎沙门氏菌（*S.Enteritidis*）关系密切。

鸡白痢沙门氏菌和鸡沙门氏菌均有O抗原9型和12型，也可能有O抗原1型，所不同的是，鸡白痢沙门氏菌存在变异抗原$O12_1$、$O12_2$和$O12_3$，三种变异抗原比例各异，标准株$O12_3$多于$O12_2$，而变异菌株则正好相反，而且还存在中间抗原。

鸡白痢沙门氏菌对热及直射阳光的抵抗力不强，60℃ 10min可被杀死，但在干燥的排泄物中可存活5年，土壤中存活4个月以上，粪便中存活3个月以上，水中存活200d，尸体中存活3个月以上。附着在孵化器中雏鸡绒毛上的病菌在室温条件下可存活4年，在−10℃时可存活4个月。常用的消毒药能迅速杀死鸡白痢沙门氏菌。

［分布与危害］

1. 分布　1899年Rettger发现了鸡白痢的病原。本病于1900年前在美国、加拿大早已发生，1932年以后在欧洲、日本、新西兰等先后发生，目前本病分布于世界各地，几乎全世界所有养鸡的地区都已发现本病。

2. 危害　雏鸡发生鸡白痢的发病率和死亡率都很高，严重危害雏鸡的存活率，给养鸡业带来巨大的经济损失。

［传播与流行］

1. 传播　感染动物为鸡和火鸡，不同品种、年龄、性别的鸡都有易感性，但雏鸡比成鸡，褐羽鸡、花羽鸡比白羽鸡，重型鸡比轻型鸡，母鸡比公鸡更易感。此外，珍珠鸡、雉鸡、鸭、野鸡、鹌鹑、金丝雀、麻雀和鸽也可感染。

传染源是病鸡和带菌鸡。雏鸡患病耐过或成年母鸡感染后，多成为慢性和隐性感染者，并长期带菌，这是本病的重要的传染源。带菌鸡卵巢和肠道含有大量病菌。

传播途径主要经带菌蛋垂直传播方式，也可通过消化道、呼吸道、眼结膜、交配感染。

2. 流行　本病一年四季均可发生，但以冬春育雏季节多发。雏鸡的发病率和死亡率均较高。青年鸡发病后死亡率为10%～20%，引起鸡生长发育受阻。成年鸡感染后呈慢性或隐性经过，产蛋量下降，成为长期带菌者。

［临床症状与病理变化］

1. 临床症状　本病潜伏期一般为4～5d。在雏鸡和成年鸡中表现的症状及病程有显著不同。

雏鸡：雏鸡和雏火鸡的症状相似，一般呈急性经过。出壳后感染，7～10d发病，死亡最高峰14～20d，20d后较少死亡。最急性病例无明显症状而突然死亡。急性病例可见病鸡怕冷，拥挤在一起，翅膀下垂，停食，嗜睡。以腹泻、排稀薄白色糊状粪便为特征，肛门周围的绒毛被粪便污染，干涸后封住肛门，影响排便。有的雏鸡出现失明、关节炎、跛行。病雏多因呼吸困难及心力衰竭而死亡。病程短的仅1d，一般为4～7d。4周龄以上鸡一般较少死亡，以白痢症状为主，呼吸症状较少。耐过鸡发育不良，成为慢性或带菌鸡。蛋内感染者，表现死胚或弱胚，不能出壳或出壳后3d左右死亡，一般无特殊临床症状。

青年鸡（育成鸡）：发病在50～120日龄，多见于50～80日龄鸡，以腹泻，排黄色、黄白色或绿色稀粪为特征。病程较长，可拖延20～30d，死亡率10%～20%。

成年鸡：成年鸡感染后呈慢性或隐性经过，常无明显症状。但母鸡表现产蛋量下降。极少数病鸡表现精神委顿，腹泻、排白色粪便，产蛋停止。病程长者发生卵黄炎而引起腹膜炎，而呈"垂腹"现象。

2. 病理变化　雏鸡剖检可见肝脏肿大、条纹状或斑点出血，上有针尖至小米粒大灰白色或乳白色坏死灶。病程较长的卵黄吸收不良，多呈油脂状或淡黄色豆腐渣样，有臭味。肝、肺、心肌、肌胃和盲肠有坏死灶或坏死结节。小肠黏膜充血、出血，卡他性炎症。心脏上结节增大时可使心脏显著变形。有些病例有心外膜炎，肝或有点状出血及坏死点，胆囊肿大，充满稀薄胆汁。肺充血、出血，分布淡黄色或灰白色小结节。肾充血或贫血，肾小管和输尿管扩张，充满尿酸盐，盲肠部膨大，内有干酪样物（图6-11）。肠壁增厚，常有腹膜炎。

成年的慢性带菌母鸡最常见的病变是卵巢和输卵管发炎、坏死，卵子变形、变色、变质，呈暗红色或墨绿色，有细长的蒂。变性卵子掉入腹腔，形成广泛腹膜炎。心包炎，严重时与心肌粘连。有病变的卵通常含有油脂状或干酪状的内容物，外面包有已增厚的包膜，仍附在卵巢上者，常有一延长的柄状物相连，脱落的卵子深埋在脂肪组织内。有些卵因输卵管的失调坠入腹腔，引起腹膜炎或与腹腔脏器粘连。

成年公鸡的病变限于睾丸和输精管。睾丸发炎、实质坏死，萎缩变硬，散有小脓肿。输精管增大，充满稠密的均质渗出物。

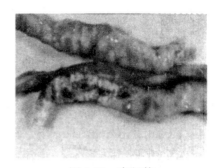

图6-11　盲肠芯
（引自毕玉霞，《动物防疫与检疫技术》，化学工业出版社，2009）

［诊断与检疫技术］

1. 初诊　根据典型的临床症状和病理变化可做出初步诊断，确诊需进一步做实验室检测，进行沙门氏菌的分离和鉴定。

2. 实验室检测　在国际贸易中，尚无指定诊断方法，替代诊断方法为凝集试验和病原鉴定。

实验室检测进行病原鉴定和血清学检测：

被检材料的采集：用于病原分离的最佳病料，应选择近2～3周没有使用抗生素治疗的病禽或带菌禽进行采集。

急性病例（仅见雏鸡），可采集几乎所有组织、器官和粪便进行分离病原。带菌成年禽通常采集卵细胞和输卵管进行病原分离，偶尔也可在其他器官组织（包括消化道）中分离到。

活禽采集病料，最好选择经证实为血清抗体为强阳性禽，可采集血液（血清）或泄殖腔拭子。也可从刚死去的禽尸体、蛋、新鲜粪便或者从禽舍、孵化器和运输箱中采集病料。但总的来讲，眼观病变的组织样品要好于粪便和环境样品。

无菌样品宜从脾、肝、肾、肺、心、卵、睾丸、膀胱、消化道或关节病灶中采集。采集部位表面先用烧红小匙杀菌，再用无菌棉拭子或灭菌环插入取样。

血清学阳性而临床正常的鸡群，可采集多只鸡的组织样品，混合（或匀浆）后取样进行细菌培养。

用于血清学检测，可采集血液或分离血清。采集的血清样品最好在72h内检测，陈旧样品的非特异性反应有可能增加。待检样品需冰冻保存。

（1）病原鉴定

1）直接镜检　病料直接涂片镜检，观察菌落形态。

2）病原分离培养　病原分离可通过选择培养基或增菌培养基进行。常用的非选择性培养基有营养琼脂培养基、血琼脂培养基；选择性培养基有麦康凯琼脂培养基、木糖赖氨酸脱氧胆盐琼脂培养基、亮绿琼脂培养基；增菌选择培养液有亚硒酸盐半胱氨酸肉汤、四硫黄酸钠亮绿增菌液、RV大豆蛋白胨肉汤。根据样品的来源应选择适当的培养基，这样可提高病原分离成功率。

①活禽泄殖腔或新鲜粪便拭子：将拭子浸于营养肉汤中，然后将棉拭子划线接种到选择性培养基上，置于增菌营养肉汤中；培养皿和肉汤置37℃培养；培养24～48h后，转接到选择性培养基上继代培养。

②胆囊内容物拭子：先以选择和非选择性琼脂划线培养，然后接种于抑制性和非抑制性的肉汤中培养，24～48h后以选择性营养琼脂上继代培养。

③器官和组织样品：先以选择和非选择性琼脂划线培养，然后接种于选择性和非选择性肉汤中培养，37℃培养24～48h后以选择性营养琼脂上继代培养。

④带菌禽样品：先将采集的卵巢和输卵管组织样品混合，以少许肉汤将组织匀浆后划线培养，并以选择和非选择性肉汤培养，37℃培养24h后再以选择性和非选择性培养基继代培养。

⑤消化道样品（含盲肠扁桃体和肠内容物）：以少许肉汤将组织匀浆，以选择性增菌肉汤培养，一般用亚硒酸盐半胱氨酸肉汤培养为佳。

⑥蛋壳样品：以10倍增菌肉汤（如亚硒酸盐半胱氨酸肉汤）培养，37℃培养24～48h后以选择性营养琼脂培养基继代培养。

⑦蛋内容物：无菌取鲜蛋内容物匀浆，与200mL缓冲蛋白胨水或营养肉汤混合，制成匀浆，37℃培养24～48h后以选择性营养琼脂培养基继代培养。

⑧鸡胚样品：取发育良好鸡胚的内脏匀浆及卵黄囊拭子，划线接种到非选择性和选择性琼脂上，1个拭子可接种在非选择性增菌肉汤（如亚硒酸盐半胱氨酸肉汤、亮绿肉汤）中，37℃培养24～48h后，以非选择性和选择性营养琼脂培养基继代培养。

⑨环境样品（包括孵房绒毛、碎屑和浸软的废蛋/雏样品、雏鸡盒内衬垫料或地板上的粪便或垃圾样品）：取样品25g与225mL增菌肉汤（如亚硒酸盐半胱氨酸肉汤、亮绿肉汤）混合培养，37℃培养24～48h后，以选择性营养琼脂培养基继代培养。

3）血清群鉴定　从非选择性培养基挑取菌落进行鉴定。鉴定步骤如下：第一步，先排除自凝性菌株，可取单个菌落在载玻片上用1滴生理盐水混匀，轻摇30～60s，如果细菌发生凝集，则该菌株可以自凝，不需再进行检查。第二步，对非自凝的菌株，用多价抗O抗原血清（A～G）进行凝集试验鉴定。鸡沙门氏菌和鸡白痢沙门氏菌能凝集多价抗O血清，但不能凝集多价鞭毛抗原（多价H抗原1相和2相）。第三步，用鸡沙门氏菌和鸡白痢沙门氏菌群特异性抗血清（O9抗血清）进行凝集试验；第四步，将群特异株送参考实验室进行血清分型。

4）分子试验　可采用核糖体分型技术和聚合酶链式反应，但不能对鸡沙门氏菌进行确诊。

（2）血清学检测　血清学试验最适用于鸡的群体检测。由于个体检测结果往往随感染阶段不同而异，故必须检测足够的个体样本才能反映鸡群的感染状况。

血清学试验有快速全血凝集试验、快速血清凝集试验、试管凝集试验、微量凝集试验以及微量抗球蛋白试验、免疫扩散试验、血凝试验、酶联免疫吸附试验等。常用以下几种：

①快速全血凝集试验：用于现场检测鸡白痢沙门氏菌，结果快捷。此法适用于所有月龄鸡的检测，但4月龄以下阳性鸡应考虑母源抗体因素。在检测火鸡时，因假阳性比例过高，故此法不适用于火鸡检测。

②快速血清凝集试验：与快速全血凝集试验相同，只是以血清替代全血。此法用于禽的出口检测，经此法检测为阳性的，还应以试管凝集试验验证。

③试管凝集试验：应用此法时，鸡、火鸡或其他鸟类鲜血清初始稀释度为1∶25（按0.04mL血清与1.0mL抗原混合），每次试验都要设阴性和阳性血清对照。

④微量凝集试验：方法同试管凝集试验，但在微量平板上操作，所需试剂更少。

⑤酶联免疫吸附试验：可用于检测鸡沙门氏菌抗体。采用脂多糖抗原的间接酶联免疫吸附试验，是最敏感和特异的沙门氏菌血清群试验，此法检测血清和卵黄抗体，比较易于操作，还可用

于抗体定量分析。

[防治与处理]

1. 防治　本病的基本防治原则是杜绝病原的传入，可采取以下措施：①坚持自繁自养，慎重引进种蛋（选择健康种鸡、种蛋），建立健康的鸡群。每年春秋两季采用全血平板凝集试验或蛋黄琼脂扩散试验对健康鸡群进行检疫，同时进行不定期的抽检。对40～60日龄以上的中雏也用本法进行检疫，淘汰阳性和可疑鸡。②做好孵化器及所有用具的消毒，可用甲醛消毒。在孵化前对种蛋用2%来苏儿喷雾消毒，拭干后入孵。对新引进的种蛋进行检疫后，应分别入蛋，分别孵化。③加强育雏的饲养卫生管理，鸡舍及新用具都要进行严格消毒，育雏室和运动场保持清洁卫生，饲槽和饮水器具每天进行一次清洗消毒，育雏室要保温通风，避免拥挤，饲养人员要保持清洁卫生。④幼雏出壳后用0.1%高锰酸钾溶液饮水1～2d。在饲料中按9%的比例添加磺胺类药物也有预防感染的效果。⑤对曾发病地区，每年对种鸡定期用全血平板凝集试验进行全面检疫淘汰阳性鸡及可疑病鸡群。

2. 处理　发现本病，应按《中华人民共和国动物防疫法》规定，采取严格控制、扑灭措施，防止扩散。扑杀病鸡并连同病死鸡一并焚烧或深埋，场地、用具、鸡舍要严格消毒，粪便等污物无害化处理。对检测呈阳性及带菌鸡，加以淘汰，不能作种用。

十四、禽伤寒

禽伤寒（fowl typhoid, FT）是由鸡沙门氏菌引起禽的一种败血性传染病。以发热、全身性败血、肝肿大呈铜绿色、有的病鸡下痢为特征。OIE将其列为必须通报的动物疫病，我国将其列为二类动物疫病。

[病原特性]

病原为鸡沙门氏菌（*Salmonella gallinarum*），又称鸡伤寒沙门氏菌，属于肠杆菌目（Enterobacteriales）肠杆菌科（Enterobacteriaceae）沙门氏菌属（*Salmonella*）成员。

鸡沙门氏菌菌体两端钝圆、中等大小（长1.0～2.0μm）、革兰氏阴性、兼性厌氧、无芽孢、无荚膜、无鞭毛、不能运动，多单个存在。

按照考夫曼-怀特血清型分类法（Kauffman-White Scheme），鸡沙门氏菌属于D血清群，与肠炎沙门氏菌（*S.Enteritidis*）关系密切。

鸡沙门氏菌和雏沙门氏菌均有O抗原9型和12型，也可能有O抗原1型，但鸡沙门氏菌不存在O12变异抗原。

本菌生长最适温度为37℃，在pH7.2的肉浸液琼脂或胰胨肉汤和其他培养基上都可生长。在浸液胰胨琼脂上形成蓝灰色、圆形、湿润、边缘整齐、半透明的小菌落。本菌可使三糖铁琼脂培养基斜面出现红色，而底部呈黄色；产生H_2S时则呈现黑色。在肉汤中生长表现混浊絮状沉淀。能在去氧胆酸盐琼脂、亚硫酸铋琼脂、浸液胰胨琼脂、SS琼脂或HE琼脂等选择培养基、四硫黄酸钠煌绿培养基、亚硒酸盐胱氨酸培养基等增菌培养基以及麦康凯培养基、远藤氏琼脂、伊红美蓝琼脂等鉴别培养基上生长。

本菌能发酵葡萄糖、卫矛醇、半乳糖、果糖、麦芽糖等，产酸不产气。不能使鸟胺酸脱羧；

不发酵乳糖、蔗糖、甘油、杨苷和山梨醇；不产生吲哚，不水解尿素。

本菌对干燥、腐败、日光等环境因素有较强的抵抗力，在水中能存活2～3周，在粪便中能存活1～2个月，在冰冻的土壤中可存活过冬，在潮湿温暖处只能存活4～6周，而在干燥处可保持8～20周的活力。放在日光下，24h即死亡，但在日光直接照射下仅能活数分钟。对热抵抗力不强，60℃ 15min即可被杀死。对各种化学消毒剂抵抗力不强，0.1%石炭酸、1%高锰酸钾在3min内灭活，1%福尔马林1min即可灭活。

[分布与危害]

1. 分布　Curtice（1902）在罗德岛对鸡的伤寒病进行了研究，并称之为"鸡伤寒"。鸡伤寒已发现于德国、匈牙利、澳大利亚、法国、荷兰、北美洲和阿尔及尔等国家和地区。Moore（1946）发现在美国也广泛存在。目前鸡伤寒分布遍及全世界。

2. 危害　禽伤寒引起禽类发病，其中以鸡最为严重，可发生于3周龄以上的鸡，12周龄的鸡最易感，直到产蛋为止均可使鸡发生死亡。Hall等（1949）认为鸡伤寒死亡率为10%～50%，或者更高。禽伤寒给养禽业造成很大经济损失。

[传播与流行]

1. 传播　本病主要感染鸡，尤以1～6月龄青年鸡以及成年鸡最易感。雏鸡也可感染发病，但与鸡白痢不易区别。火鸡、鸭、珍珠鸡、孔雀、鹌鹑、松鸡、雉鸡也可感染。鹅、鸽有抵抗力。

传染源主要是病禽和带菌禽。病禽的排泄物含有病菌，污染饲料、饮水、栏舍，而散播本病。传播途径主要经消化道感染和通过感染种蛋垂直传播，也可通过眼结膜感染，带菌的鼠类、野鸡、蝇类和其他动物也是传播病菌的媒介。

2. 流行　本病一年四季均可发生，多发于春、冬两季，一般呈散发，在饲养条件不良时，如环境污秽、潮湿、鸡群拥挤、营养不良等，更容易发生。

[临床症状与病理变化]

1. 临床症状　潜伏期为4～5d。以发热、败血、下痢为特征。

青年鸡和成年鸡的急性病例表现为突然停食、精神委顿，羽毛松乱，下痢，排出绿色或黄绿色稀粪，体温升高1～3℃，鸡冠和肉髯贫血、苍白、皱缩，个别病鸡迅速死亡，但通常5～10d死亡。病死率10%～50%或更高。亚急性和慢性病例发生贫血，渐进性消瘦，病死率较低。

雏鸡和雏鸭发病时，症状与鸡白痢相似。

2. 病理变化　急性病例常无明显病变，病程稍长的可见肝、脾和肾充血肿大。亚急性和慢性病例，以肝肿大，呈绿褐色或青铜色为特征。肝脏和心脏有粟粒状的灰白色坏死灶，心包炎。成年鸡的特征病变是十二指肠黏膜出血。母鸡可见卵巢、卵泡充血、出血、变形或变色，并常因卵子破裂引起腹膜炎。公鸡发生睾丸肿大或萎缩，组织内有小坏死灶。雏鸡的肺、心脏和肌胃上有灰白色坏死灶或小结节。雏鸭可见心包膜出血，脾轻度肿大，肺和肠呈卡他性炎症。

[诊断与检疫技术]

1. 初诊　根据流行特点、临床症状和病理变化（特别是肝肿大，呈青铜色），可做出初步诊断，确诊需进一步做实验室检测。

2. 实验室检测　在国际贸易中，尚无指定诊断方法，替代诊断方法为凝集试验（Agg）和病原鉴定。

实验室检测进行病原鉴定和血清学检测。

被检材料的采集：用于病原分离的最佳病料，应选择近2～3周没有使用抗生素治疗的病禽或带菌禽采集。

急性期病鸡，几乎所有的组织、器官和粪便均可分离到病原。但带菌禽最好采取其肝、脾及生殖道病料。

从活禽采集病料，最好选择经证实为血清强阳性的禽，可采集血液（血清）或泄殖腔拭子。也可从刚死去的禽尸体、蛋、新鲜粪便或从禽舍、孵化器和运输箱中采集病料。

无菌样品宜从肝、脾、肺、心、膀胱、肾、卵巢、睾丸、消化道或关节病灶中采取，采集部位表面先用烧红小匙杀菌，再用无菌棉拭子或灭菌环插入取样。

血清学阳性而临床正常的鸡群，可采集多只鸡的组织样品或棉拭子，混合（或匀浆）后取样进行细菌培养。

用于血清学检测，可采集血液或分离血清。采集的血清样品最好在72h内检测，如需要延迟检测，可将样品冰冻保存待检。

（1）病原鉴定

①直接涂片染色镜检：取病料（肝、脾等）直接涂片，用革兰氏染色后镜检，可见到菌体两端钝圆、短粗的杆菌，无芽孢和荚膜，无鞭毛，呈革兰氏阴性。单个或间有成对存在。可作为诊断的依据。

②细菌分离和鉴定：取病料（肝、脾、肾、心、胆囊等）接种在培养基（普通琼脂、血液琼脂）或选择培养基（麦康凯琼脂、亮绿琼脂）上，经37℃培养24～48h，挑取典型或可凝菌落在普通培养基上划线，分离出单个菌落后，再接种在普通肉汤进行纯培养。经纯培养后进行生化反应和血清群鉴定。

生化反应：通过接种在下列培养基中进行测定，即三糖铁琼脂、赖氨酸铁琼脂、尿素琼脂（按Christensen法制备）、蛋白胨/蛋白培养基（测定吲哚反应）、倒立Durham葡萄糖发酵管（测定产酸和产气的产生情况），以及用作运动性检测的卫矛醇、麦芽糖和鸟氨酸羧基固体和半固体培养基（这些生化反应有利于与鸡白痢沙门氏菌的鉴别）。各项反应的结果见表6-9。

血清群鉴定：从普通培养基上挑选单个菌落进行检查，首先需排除自凝菌株，可取单个菌落在载玻上用1滴生理盐水混匀，轻摇30～60s，如果细菌发生凝集，则该菌株可以自凝，不需再进行检查。如该菌株不自凝，则用多价抗O抗原血清（A～G）进行凝集试验鉴定，如果凝集反应为阳性，则进一步用鸡伤寒沙门氏菌的D群因子血清做凝集反应，如出现阳性即可鉴定。

表6-9　鸡白痢沙门氏菌和鸡伤寒沙门氏菌的生化试验

测定内容	鸡白痢沙门氏菌	鸡伤寒沙门氏菌
三糖铁葡萄糖（产酸）	+	+
三糖铁葡萄糖（产气）	D	-
三糖铁乳糖	-	-
三糖铁蔗糖	-	-

（续）

测定内容	鸡白痢沙门氏菌	鸡伤寒沙门氏菌
三糖铁硫化氢	D	D
葡萄糖产气（用Durham管）	+	-
分解尿素	-	-
赖氨酸脱羧作用	+	+
鸟氨酸脱羧作用	+	-
麦芽糖发酵	-或后期+	+
卫矛醇	-	+
运动性	-	-

注：+表示在1～2d 90%以上为阳性；-表示90%以上没有反应；D表示有不同的反应（引自白文彬、于康震，《动物传染病诊断学》，中国农业出版社，2002）。

（2）血清学检测　血清学试验适用于鸡的群体检测。由于个体检测结果往往会随感染阶段不同而异，故必须检测足够的个体样本才能反映鸡群的感染状况。

血清学检测方法有快速全血凝集试验、试管凝集试验、快速血清凝集试验、微量凝集试验、微量抗球蛋白试验、免疫扩散试验、血凝试验和酶联免疫吸附试验等。

①快速全血凝集试验：可用于现场检测鸡沙门氏菌和鸡白痢沙门氏菌，结果快捷，可立即确定检查结果，适用于所有月龄鸡的检测，但4月龄以下鸡可能会因为母源抗体而得出阳性结果。另外，此法检测火鸡的结果不可靠，假阳性比例很高。

具体方法是：取一干净的白瓷板，划出3cm×3cm的方格，如果没有白瓷板也可用载玻片代替。在每个划出的小方格中心滴1滴（约0.02mL）结晶紫染色抗原，然后在抗原边缘放1滴相同体积的新鲜鸡血液。用一细玻璃棒将抗原与血液混匀，轻轻晃动混合物2min。当环境温度高时，为避免液体干燥，可将抗原与血液的液滴加大一些（如用2滴约0.05mL）。处理不同样品时，须每次先将玻璃棒擦拭干净。判定结果：如果在2min内出现凝集反应者为阳性反应。此时可见抗原凝集成片状或较大的颗粒，将红细胞凝聚成许多小区，余下透明的液体，外观呈花斑状，凝集区首先发生于混合液的边缘部分。如果在2min内无凝集块者为阴性反应。每次试验都要设立已知阳性和阴性血清对照。如果出现可疑反应（即介于阳性和阴性反应之间判断为可疑反应），此时应该结合过去的检疫结果来判定。若鸡群以前为阳性群，那么可疑反应就判为阳性。

阳性反应表明鸡群已感染鸡伤寒；阴性反应表明可能是健康鸡。如果新感染的鸡没有出现阳性反应，则过一段时间（3～4周后），再重做一次检疫。

注意点：试验需在室温（20～25℃）下进行，温度达不到可在加温盒中进行；抗原需保存在冰箱中（2～8℃），取出后，待抗原升至室温后方可使用，且使用前需充分摇匀。本试验适用于产蛋母鸡和1年龄以上的公鸡，对幼龄鸡的检测因抗体滴度低而有可能发生漏检，故本试验不适用于幼龄鸡的检疫。

②试管凝集试验：将血清0.04mL与1.0mL抗原相混合，即将血清稀释成1：25的浓度。每次试验都要设阳性与阴性对照血清。按McFarland比浊法，将未染色的菌液稀释至第1管的浊度，此浓度的菌液用作抗原。将混合液置37℃下培养18～24h后判定结果。阳性反应液体中出现颗粒状白色沉淀，而且上清液清亮；阴性反应则表现为均匀一致的混浊。

③快速血清凝集试验：与快速全血凝集试验相同，只是以血清替代全血。用于禽出口检测时，经此法检测为阳性的还应以试管凝集试验（TA）验证。

④微量凝集试验：方法同试管凝集试验，是在微量平板上操作，所需试剂更少。

⑤酶联免疫吸附试验：可用于检测鸡沙门氏菌抗体。采用脂多糖抗原的间接酶联免疫吸附试验，是最敏感和特异的沙门氏菌血清群试验，该法检测血清和卵黄抗体，比较易于操作，还可用于抗体定量分析。

[防治与处理]

1. 防治　本病目前尚无有效的免疫预防方法，而药物治疗时沙门氏菌又易产生耐药性，故要采取综合措施来防止本病的发生。一般可采取以下措施：①最大限度减少外源沙门氏菌的传入，为此鸡舍要有防止飞禽的设备；要有防啮齿类动物（鼠类、兔及其他害虫）的设备；控制昆虫，尤其是防苍蝇、鸡螨与小粉虫（这些害虫为沙门氏菌的媒介）。②加强饲养管理，严禁饲喂被鸡沙门氏菌或其他沙门氏菌污染的饲料。③引进的雏鸡与雏火鸡，应是来自无禽伤寒和鸡白痢的场所。同时将雏鸡与雏火鸡放在已清理消毒的、无沙门氏菌的鸡舍中。④给鸡群使用的饮用水必须是经氯化的水。⑤对于有病鸡群，应定期反复用凝集试验进行检疫，将阳性鸡及可疑鸡全部淘汰，使鸡群净化。

2. 处理　发生本病时，应隔离病禽，选用敏感的抗菌药物治疗（可先利用现场分离的菌株进行药敏试验），焚烧或深埋尸体，严格消毒鸡舍与用具。

十五、鸡败血支原体感染

禽支原体病（avian mycoplasmosis）是由鸡毒支原体和滑液囊支原体等几种致病性支原体引起禽类感染发病的总称。其中，鸡败血支原体感染应称鸡毒支原体感染（*Mycoplasma gallisepticum* infection），又称慢性呼吸道病（CRD），是由鸡毒支原体（MG）引起鸡和火鸡的一种慢性呼吸道传染病。鸡主要表现为气管炎和气囊炎，以打喷嚏、气喘、呼吸啰音、咳嗽、鼻漏为特征；火鸡表现为气囊炎及鼻窦炎。OIE将其列为必须通报的动物疫病，我国将其列为二类动物疫病。

[病原特性]

导致家禽发病的主要病原为鸡毒支原体（*Mycoplasma gallisepticum*，MG）和滑液囊支原体（*M. synoviae*，MS），火鸡支原体（*M. meleagridis*）和依阿华支原体（*M. iowae*）也可致鸡发病。这些支原体均属于支原体目（Mycoplasmatales）支原体科（Mycoplasmataceae）支原体属（*Mycoplasma*）成员。

菌体通常为球形或卵圆形，直径0.25～0.5μm。细胞一端或两端有"小泡"极体。用姬姆萨或瑞氏染色着色良好，革兰氏染色呈弱阴性。

鸡毒支原体（MG）培养时对营养要求较高，需在pH 7.8左右的新鲜牛肉汤培养基中加10%酵母浸液的酪蛋白胰酶水解物（补充V因子），加葡萄糖和10%～15%的鸡、猪或马血清。接种7日龄鸡胚卵黄囊内能繁殖并使胚体死亡（接种后5～7d胚体死亡）和产生病变（胚体发育不良、全身水肿、肝坏死和脾肿大）。能溶解马红细胞及凝集禽类红细胞。鸡毒支原体的分离株只有一种血清型，其抗原性相同，但菌株间致病力差异很大。

支原体对外界环境的抵抗力不强，离开鸡体后很快失去活力。常用消毒药均能将其迅速杀死。对新霉素、多黏菌素、醋酸铊、磺胺类和青霉素有抵抗力；对链霉素、四环素族和红霉素较敏感。在18～20℃的室温下可存活3～6d，在20℃鸡粪中可存活1～3d，在卵黄中37℃时能存活18周、20℃时能存活6周。加热45℃ 1h、50℃ 20min即被杀死。低温条件下存活时间长，在5℃冰箱中经21d毒力丧失，−20℃下其传染性可保持3年，−30℃可保持5年之久。低温冻存的病鸡鼻甲骨中的支原体，在4℃冰箱中可存活10～14年之久，肉汤培养物−60℃保存10年之后仍可培养成功。

［分布与危害］

1. 分布　1905年在英国由Dodd最初描述火鸡发生此病，1926年在美国火鸡也发生了此病。1943年Delaplane和Stuart从患慢性呼吸道疾病的鸡中分离出本菌（鸡毒支原体）。目前本病分布于世界各国，我国在20世纪60年代初期分离出鸡毒支原体，在大型的鸡场中，有不同程度的存在。

2. 危害　由于鸡毒支原体和滑液囊支原体感染流行于全世界，尤其是鸡毒支原体，已被认为是鸡和火鸡呼吸道疾病、禽肉或禽蛋产量下降的原因之一，也是观赏禽上呼吸道疾病和家雀结膜炎的病因之一。

本病病死率不高，但导致鸡生长不良，产蛋减少，给养禽业造成重大损失。

［传播与流行］

1. 传播　感染动物主要为鸡，不同年龄的鸡和火鸡都可感染，尤以1～2月龄的雏禽最易感，成禽多呈隐性经过。鹌鹑、珍珠鸡、孔雀、鹧鸪和鸽也能感染。

传染源主要是病鸡、隐性带菌鸡和带菌种蛋。传播途径：通过空气中的尘埃或飞沫经呼吸道感染，也可通过被污染的饲料及饮水经消化道传染。但最重要的是经卵垂直传播，从而使本病能代代相传。配种和人工授精也可传播本病。

2. 流行　本病一年四季都可以发生，但以寒冷季节较严重。环境卫生条件不良、饲养密度过大、鸡舍通风不良、饲料中缺乏维生素A、长途运输及不同日龄的鸡混养等均可成为发病的诱因。另外，继发其他细菌和病毒的感染，如副鸡嗜血杆菌、多杀性巴氏杆菌、多种血清型的大肠杆菌、葡萄球菌、肺炎双球菌、多种霉菌、鸡传染性支气管炎病毒、传染性喉气管炎病毒和鸡瘟病毒等，可使隐性感染鸡暴发本病。

本病呈慢性经过，成年鸡多散发，幼鸡可成批发生，发病率10%～50%，单纯感染死亡率一般很低。

［症状与病理变化］

1. 临床症状　人工感染潜伏期4～21d，自然感染可能更长。

家禽鸡毒支原体感染可表现为亚临床或明显临床症状，以鼻炎、结膜炎或窦炎为特征。

鸡感染鸡毒支原体后，最初表现为流鼻涕、打喷嚏、咳嗽、气喘或啰音，之后出现鼻炎、结膜炎或窦炎。常因为一侧或两侧眶下窦渗出物蓄积而出现眼睑肿胀，严重时眼部突出，眼球萎缩，造成一侧或两侧失明。此外，全身症状表现为体温上升，食欲不振，生长发育迟缓，逐渐消瘦。

病程可长达1个月以上。仔鸡病死率达30%，成鸡症状较缓和，母鸡产蛋减少，孵化率下降，弱病雏增加等。

火鸡感染鸡毒支原体后，鼻孔外有带泡沫样分泌物，流泪，随后鼻侧的窦部出现肿胀，张口呼吸并发出啰音，咳嗽，呼吸困难，产卵量明显减少。

鸡滑液囊支原体感染表现为鸡冠苍白，跛行，生长迟缓，关节肿胀，排绿色稀粪，粪中含有大量尿酸盐。

2. 病理变化　单纯感染鸡毒支原体的病例，可见轻度的鼻和眶下窦炎。自然感染的病例多为混合感染，病变主要见于鼻腔、喉头、气管内。表现为黏膜水肿、充血、出血，窦内充满混浊黏液或干酪样物质。严重的可波及气囊和肺部，气囊混浊、囊壁增厚，囊腔内含有大量干酪样渗出物。如有大肠杆菌混合感染时，可发生纤维素性或化脓性心包炎，肝包膜炎。母鸡有输卵管炎。

组织学变化可见被侵害组织的黏膜显著增厚，有单核细胞浸润，黏液腺增生和黏膜下局灶性淋巴样组织增生。

[诊断与检疫技术]

1. 初诊　根据流行特点、临床症状及病理变化可做出初步诊断，确诊需进一步做实验室检测。

2. 实验室检测　在国际贸易中，尚无指定诊断方法，替代诊断方法为凝集试验和血凝抑制试验。

实验室检测进行病原鉴定和血清学检测。

被检材料的采集：用于病原鉴定，可从活禽、新鲜禽尸体或经冰冻保存的鲜禽尸体采集病料。具体采集病料样品如下：①活禽，可采取口咽、食管、气管或泄殖腔拭子；②病死禽，可从鼻腔、眶下窦、气管或肺采样，或采集眶下窦和关节腔中的渗出物；③死鸡胚或破壳后夭折的鸡雏，可从卵黄膜内表面、口咽及气囊采样。

所有样品在采取后应尽快进行检查，不能立即检测的病料应置于支原体培养基中保存待检。

用于血清学检测，可采集血液分离血清，置4℃保存待检，不宜冷冻保存。

（1）病原鉴定

1）病原分离与鉴定　无菌采取病鸡气管、气囊渗出物或鼻甲骨、肺组织等，加液体培养基（pH 7.8左右新鲜牛肉汤）磨碎做成悬液，接种在适宜的含有液体培养液的支原体培养基肉汤中或琼脂培养基斜面上，此培养物至少应在37℃培养5～7d。在初次分离时，其所用的培养基在每100mL中需加1%醋酸铊溶液0.25mL和青霉素10万IU，以抑制其他杂菌生长。如果初次分离不见生长，需每隔3～5d从培养管内吸取培养液0.5～1.0mL，盲目传代移植新管，连续2～3次后，待加有酚红指示剂的液体培养基变黄，即知有细菌生长。以此分离的细菌再进一步进行形态染色、培养菌落观察、血细胞凝集及鸡胚、雏鸡接种试验，还可将培养物制成抗原，与已知抗血清做血清学试验，或核酸鉴定，以证明是否为鸡毒支原体或滑液囊支原体。

①涂片染色镜检：用培养物制备涂片，姬姆萨染色镜检，可见有小的球状菌体，常呈丛状。

②培养菌落观察：将培养物接种于20%鸡血清琼脂平皿培养基上培养3～5d，可见到直径0.2～0.3mm的菌落。菌落呈圆形，光滑，透明。部分菌落中心有一个致密的、突起的中心点，呈"煎荷包蛋状"菌落。

③鸡胚接种试验：可取气管或气囊的渗出物（或鼻窦的渗出物）接种7日龄鸡胚卵黄囊

内, 接种后5～7d胚体死亡。如连续在卵黄囊传代, 则死亡更加规律且病变也更为明显。出现病变的胚体发育不良, 全身水肿, 肝坏死和脾肿大。在胚临死时, 卵黄与尿囊液中支原体的浓度最高。

④菌株鉴定: 可采用间接荧光抗体试验 (IFA)、间接免疫过氧化酶试验 (IIP)、生长抑制试验 (GI) 等免疫学方法进行分离菌株鉴定。也可以利用血细胞吸附抑制试验进行快速鉴定。

IFA: 此法优点是操作简单、敏感特异、结果快速, 适用于实验室分离株鉴定。缺点是一般不用于渗出物或组织等病料的直接检测, 因为对应的阴性/阳性对照试验不易判定。

IIP: 优缺点与间接荧光抗体试验 (IFA) 相同。

GI: 此法是通过特异的抗血清抑制支原体的生长, 从而进行菌种 (株) 鉴定。

2) 核酸检测　可采用DNA杂交探针、聚合酶链式反应 (PCR) 对鸡毒支原体 (MG) 或滑液囊支原体 (MS) 感染的待检样品进行病原检测, 其中PCR更常用。

其他分子学检测方法如DNA指纹图谱, 也可用于鉴定MG和MS株, 但只能在专业实验室进行。

(2) 血清学检测　常用的血清学方法有快速血清凝集试验 (RSA)、血凝抑制试验 (HI)、酶联免疫吸附试验 (ELISA) 等, 一般只建议用于禽群检测, 而不适宜个体检测确诊。

①RSA: 可用于检测血清或卵黄样品, 但卵黄样品必须预先稀释或抽提。

②HI: 因鸡毒支原体和滑液囊支原体可凝集鸡红细胞, 故可用于检测血清中特异性的抗体。可用于鸡毒支原体 (MG) 和滑液囊支原体 (MS) 的鉴别诊断。

③ELISA: 可检测血清中病原抗体, 用于禽群筛检。

3. 鉴别诊断　鸡毒支原体感染应与新城疫、鸡传染性支气管炎、鸡传染性喉气管炎及传染性鼻炎相区别。

火鸡鸡毒支原体感染应与禽肺病毒感染相区别。

[防治与处理]

1. 防治　禽支原体对泰乐菌素、北里霉素、支原净、红霉素、四环素、土霉素、多西环素、螺旋霉素、壮观霉素等敏感, 当发病时, 可选用这些药物治疗, 有较好疗效, 但症状消失后极易复发, 且支原体易产生耐药性, 因此控制本病应切断传染途径、消灭传染源, 建立无支原体病的种禽群, 这是控制禽支原体病最根本的措施。为此可采取以下措施: ①尽可能采取自繁自养, 不从感染本病的鸡场引进种鸡、种蛋和仔雏。②平时加强饲养管理, 消除引起鸡体抵抗力下降的一些因素, 鸡群饲养密度不宜太高, 鸡舍要通风良好, 防止受凉, 饲料配合要适当。③定期驱除寄生虫, 经常做好鸡舍的卫生消毒工作。④对种鸡群, 定期做血清学检查, 以确保安全。⑤种蛋必须严格消毒和处理, 尽量消除种蛋内支原体。采用抗生素处理和加热法来降低或消除种蛋内支原体。具体方法是将药物注入气室, 或将蛋放在药物溶液中, 通过加压使药物浸入。热处理法是将种蛋置于恒温45℃处理14h, 后转入正常孵化, 可有效消灭种蛋内支原体。⑥疫苗免疫预防。目前有两种疫苗, 一种是灭活疫苗, 不仅用于预防鸡毒支原体的感染, 而且按标准免疫程序接种可实现鸡群的净化; 另一种是活疫苗, 目前国内外使用的活疫苗是F株疫苗。

2. 处理　发生本病时, 应按《中华人民共和国动物防疫法》规定, 采取严格控制、扑灭措施, 防止扩散。病鸡隔离、治疗或扑杀, 病死鸡应焚烧或深埋。

十六、鸡球虫病

鸡球虫病（chicken coccidiosis）是由艾美尔属球虫寄生于肠道所引起鸡的一种常见寄生虫病，临床以消瘦、贫血、血痢、生长发育受阻为特征。我国将其列为二类动物疫病。

［病原特性及生活史］

病原有柔嫩艾美耳球虫（*Eimeria tenella*）、毒害艾美耳球虫（*E. necatrix*）、堆型艾美耳球虫（*E. acervulina*）、巨型艾美耳球虫（*E. maxima*）、布氏艾美耳球虫（*E. branetti*）、早熟艾美耳球虫（*E. praecox*）以及和缓艾美耳球虫（*E. mitis*），属顶复门（Apicomplexa）球虫纲（Coccidia）真球虫目（Eucoccidiorida）艾美耳科（Eimeriidae）艾美耳属（*Eimeria*）成员。

柔嫩艾美耳球虫：寄生于盲肠，致病力最强。卵囊为宽卵圆形，少数为椭圆形，大小为 $(19.5\sim26.0)$ μm×$(16.5\sim22.8)$ μm，平均为22.0μm×19.0μm，卵囊指数（＝卵囊长度/卵囊宽度）为1.16。原生质呈淡褐色，卵囊壁为淡绿黄色，厚度约1.0μm。孢子发育的最短时间为18h，最长为30.5h，最短潜隐期为115h。

毒害艾美耳球虫：寄生于小肠中1/3段，致病力强。卵囊中等大小，呈长卵圆形，大小为 $(13.2\sim22.7)$ μm×$(11.3\sim18.3)$ μm，平均为20.4μm×17.2μm，卵囊指数为1.19。孢子发育的最短时间为18h，最短潜隐期为138h。

堆型艾美耳球虫：寄生于小肠前段，主要在十二指肠，致病力较强。卵囊中等大小，卵圆形，大小为 $(17.7\sim20.2)$ μm×$(13.7\sim16.3)$ μm，平均为18.95μm×15.0μm。原生质无色，卵囊壁呈浅绿黄色，厚度约1.0μm。孢子发育的最短时间为17h，最短潜隐期为97h。

巨型艾美耳球虫：寄生于小肠中段，致病力较强。卵囊最大，呈卵圆形，大小为 $(21.5\sim20.7)$ μm×$(16.5\sim20.8)$ μm，平均为30.5μm×20.7μm，卵囊指数为1.47。原生质呈黄褐色，卵囊壁为浅黄色，厚度为0.75μm。孢子发育的最短时间为30h，最短潜隐期为121h。

布氏艾美耳球虫：寄生于小肠后段、直肠和盲肠近端区，致病力较强。卵囊较大，仅次于巨型艾美耳球虫，呈卵圆形，大小为 $(20.7\sim30.3)$ μm×$(18.1\sim24.2)$ μm，平均为24.6μm×18.8μm，卵囊指数为1.31。孢子发育的最短时间为18h，最短潜隐期为120h。

早熟艾美耳球虫：寄生于小肠的前1/3段，致病力弱，一般不引起明显的病变。卵囊较大，多数为卵圆形，其次为椭圆形，大小为 $(19.8\sim24.7)$ μm×$(15.7\sim19.8)$ μm，平均为21.3μm×17.1μm，卵囊指数为1.24。原生质无色，卵囊壁呈淡绿黄色，厚度约1.0μm。孢子发育的最短时间为12h，最短潜隐期为84h。

和缓艾美耳球虫：寄生于小肠前半段，致病力弱，一般不引起明显的病变。卵囊小，近于球形，大小为 $(11.7\sim18.7)$ μm×$(11.0\sim18.0)$ μm，平均为15.6μm×14.2μm，卵囊指数为1.1。原生质无色，卵囊壁呈淡绿黄色，厚度约1.0μm。孢子发育的最短时间为15h，最短潜隐期为93h。

上述7种球虫中，以柔嫩艾美耳球虫和毒害艾美耳球虫危害最大，临床上往往多种球虫混合感染。

球虫的发育可分为3个阶段：裂殖生殖、配子生殖、孢子生殖阶段。裂殖生殖和配子生殖是在宿主体内进行的，称为内生性发育；孢子生殖是在外界环境中完成的，称为外生性发育。

随宿主粪便排到自然界的是球虫的未孢子化卵囊，内含1个合子。在适宜的温度（26～30℃）和相对湿度（60%～75%）条件下，卵囊里面的合子分裂为4个孢子囊，每个孢子囊内形成2个子孢子，此时的卵囊发育成为具有感染性的孢子化卵囊，这个发育阶段称作孢子生殖阶段。当鸡啄食了孢子化卵囊之后，卵囊壁被消化液溶解，子孢子游离出来，钻进肠上皮细胞，发育为裂殖体。裂殖体又进一步发育分裂形成许多裂殖子。裂殖子继续钻入肠壁上皮细胞再发育分裂许多裂殖体。这样经过重复几次的裂殖生殖。此阶段为球虫无性繁殖阶段。裂殖生殖进行若干世代之后，某些裂殖子转化为有性的配子体，即大配子体和小配子体。1个大配子体发育为1个大配子，1个小配子体分裂成许多有活动性的小配子，大配子和小配子结合，形成1个合子，此阶段为配子生殖阶段。合子周围形成被膜，即成为卵囊，卵囊落入消化道，随粪便排到体外。

卵囊对恶劣环境和消毒药具有很强的抵抗力。在土壤中可存活4～9个月，温暖潮湿的环境有利于卵囊的发育，但低温、高温和干燥均会延迟卵囊的孢子化过程，甚至会杀死卵囊。一般消毒药不易杀灭卵囊，1%氢氧化钠溶液4h、1%～2%的甲醛溶液或1%的漂白粉3h才被灭活，生产上常用0.5%次氯酸钠溶液进行消毒。

［分布与危害］

1. **分布**　鸡球虫广泛散布于全世界。

2. **危害**　鸡球虫病对养鸡业的危害巨大，特别是规模化、集约化养鸡生产，常因暴发流行本病，造成严重的经济损失。

［传播与流行］

1. **传播**　鸡是各种鸡球虫的唯一天然宿主。各种品种、日龄的鸡都可感染。本病主要发生于3月龄以内的幼鸡，其中以15～50日龄幼鸡最易感染，14日龄之前的雏鸡发病较少，成年鸡感染后大多无症状，其增重和产蛋会受到影响。

传染源主要是病鸡和带虫鸡。卵囊随粪便排出后，污染周围环境（包括饲料、饮水、土壤或用具等），并在温暖和潮湿的环境里进行孢子发育，经1～3d发育成具有感染性的孢子化卵囊，当鸡食入孢子化卵囊而被感染。苍蝇、甲虫、鼠类等可成为本病传播流行的媒介，有时饲养人员因鞋上黏附卵囊成为传播媒介。

2. **流行**　本病多在温暖潮湿的季节流行，在我国北方，4—9月为流行季节，以7—8月最为严重。而规模化舍饲的鸡场中，一年四季均可发病。

饲养管理条件不良和营养缺乏能促使本病的发生。拥挤、潮湿或卫生条件恶劣的鸡舍最易发病。

［临床症状和病理变化］

1. **临床症状**　患球虫病的鸡，其症状和病程常因病鸡日龄、感染程度、感染种类及饲养管理条件而异。

急性型：多见于雏鸡，柔嫩艾美耳球虫寄生于盲肠引起，表现为病初精神委顿，羽毛逆立，头卷缩，食欲不振；下痢，排出血红色或棕褐色血便。病末期雏鸡昏迷或抽风，不久即死亡，死亡率可高达50%～80%。病程为3～5d。

慢性型：多见于4～6月龄鸡及成年鸡，除柔嫩艾美耳球虫以外的其他球虫引起，毒害艾美耳球虫最为常见。病鸡表现为逐渐消瘦，贫血和间歇性下痢。病程长短不一，从数周到数月。成年鸡主要表现体重增长慢或减轻，产蛋减少，也有些成年鸡为无症状型带虫者。

2. 病理变化　由于不同种球虫寄生在不同肠段，且各种球虫的致病性也不同，因此引起病理变化的严重程度不同。

柔嫩艾美耳球虫：病变主要发生在盲肠。可见盲肠高度肿胀，黏膜出血；肠腔中充满凝血块和盲肠黏膜碎片；肠腔中有干酪样物质或盲肠芯。

毒害艾美耳球虫：病变发生在小肠中段。可见小肠高度肿胀，有时可达正常体积的2倍以上；肠管显著充血，出血和坏死；肠壁增厚；肠内容物中含有多量的血液、血凝块和脱落的黏膜；在浆膜面的病灶区可见小的白斑和红瘀点。

堆型艾美耳球虫：病变主要发生在十二指肠。从浆膜面可见到，病初肠黏膜变薄，覆有横纹状的白斑，外观呈梯状；肠道苍白，含水样液体；轻度感染的病变仅局限于十二指肠肠袢，每厘米只有几个斑块。严重感染时，病变可沿小肠扩展一段距离，并可能融合成片。

巨型艾美耳球虫：病变主要发生在小肠中段，从十二指肠肠袢以下直到卵黄蒂以后，严重感染时，病变可能扩散到整个小肠。主要病变为出血性肠炎，肠壁增厚、充血和水肿，肠内容物为黏稠的液体，呈褐色或红褐色。严重感染时，肠黏膜大量崩解。

布氏艾美耳球虫：病变主要发生在小肠下段，通常在卵黄蒂至盲肠连接处。在感染的早期阶段，小肠下段的黏膜可被小的瘀点所覆盖，黏膜稍增厚和褪色。在严重感染时，出现肠道的凝固性坏死和黏液性带血的肠炎。

早熟艾美耳球虫：因球虫致病力弱，病变一般不明显。

和缓艾美耳球虫：因球虫致病力弱，病变一般不明显。

如果出现上述两种或两种以上的病变者，可疑为混合感染。

[诊断与检疫技术]

1. 初诊　根据临床症状、流行特点和病理变化可做出初诊，同时结合实验室病原体检测确诊。

2. 实验室检测　主要包括对急性病鸡的病理检查（包括肠道的病变及病灶部裂殖体、裂殖子或卵囊检查）和对慢性病鸡的病原检查（包括定性检查和定量检查）。

被检材料的采集：对急性病鸡，在肠道病灶部刮取病料，检查是否有裂殖体、裂殖子或配子阶段的虫体。对慢性病鸡或进入康复阶段的病鸡，可取粪便检查是否有大量卵囊。

（1）病理检查　主要是对急性病鸡的检查。

①病变检查：对病死鸡剖检，观察病变情况，主要检查肠道（盲肠和小肠）病变。如果见到肠道明显肿大、胀气或变形，肠浆膜面有针尖大小、鲜红色、褐色或白色的斑点或斑块；肠内充满血凝块、脱落上皮细胞、纤维蛋白黏液等，且呈暗红色、橙黄色或乳白色，多为稀薄状；肠黏膜增厚，有坏死病灶和灰白色的斑点或斑块，可疑为球虫病，进一步做球虫裂殖体、裂殖子或卵囊的检查。

②裂殖体和裂殖子检查：取病变明显的肠道，纵向剪开后用磷酸盐缓冲液（PBS）轻轻洗去黏膜表层的杂物。然后刮取少许黏膜放在载玻片上，加1～2滴磷酸盐缓冲溶液，加盖玻片镜检，在高倍镜下如见到大量球形的裂殖体（类似剥了皮的橘子）和裂殖子（如香蕉形或月牙形），即可确诊为球虫病。

③卵囊检查：将病变明显的肠道，纵向剪开后取少量内容物，放在载玻片上，加1～2滴

磷酸盐缓冲液，加盖玻片，轻轻将内容物压散，置于显微镜检查，如见到大量球虫卵囊，可确诊为球虫病。也可以取有灰白色斑点或斑块的肠道，纵向剪开后用磷酸盐缓冲溶液轻轻洗去黏膜表层的杂物。然后刮取少许有灰白色斑的黏膜，放在载玻片上，加1～2滴磷酸盐缓冲溶液，加盖玻片，轻轻将内容物压散，置于显微镜下检查，如见到大量球虫卵囊，可确诊为球虫病。

(2) 病原检查　主要对慢性病鸡或进入康复阶段的病鸡的检查。

1) 定性检查　取被检鸡（或鸡群）的新鲜粪便10g，放入50mL烧杯中，加入适量水轻轻搅匀，经60目铜丝网（或尼龙网）过滤。将滤液分别放入4支试管中，2 500r/min离心10min，倒去上清液，然后在各管沉淀物中加入少量饱和盐水，混匀。一并移入一个5mL的试管或锥形瓶中，用饱和盐水加满，盖上盖玻片（盖玻片需与液面接触），静置10min。取下盖玻片，并将其放在载玻片上置于显微镜上，用10×10或10×40的倍数进行检查有否球虫卵囊。

结果判定：①发现球虫卵囊，判为阳性，说明该鸡（或鸡群）已感染球虫，并可根据卵囊形态特征，初步确定为哪一属的球虫。②未发现球虫卵囊，需重复检查5次，若仍未见球虫卵囊，可判为阴性。只有连续检查粪便7～10d，均未发现球虫卵囊，方可确定该鸡（或鸡群）未感染球虫。

2) 定量检查　对定性检查中呈阳性的粪样，要进行定量检查。方法是：取待检粪样2g，放入50mL烧杯中，加入少量自来水搅匀，经60目钢丝网（或尼龙网）过滤，并用自来水冲洗几次滤网。将滤液2 500r/min离心10min，倒去上清液，用少量饱和盐水将沉淀物搅匀，移入100mL量杯中，加饱和盐水至60mL处，充分混匀。用吸管吸取混悬液注满麦氏虫卵计数板，静置5min，将麦氏虫卵计数板置于显微镜下，用10×10或10×40倍数进行检查数出每个刻度室（1cm×1cm×0.15cm = 0.15cm^3，含100个小方格）内的所有卵囊数，计算出平均值A。对压线的卵囊，按左、上压线计，右、下压线不计处理。每克粪便卵囊数（OPG）按下式计算：

$$OPG = (A \div 0.15) \times 60 \div 2 = A \times 200$$

对卵囊数较多的粪样，可在60mL的基础上，用饱和盐水再稀释B倍后计数，则OPG按下式计算：

$$OPG = A \times 200 \times B$$

判定标准：①OPG $> 10 \times 10^4$，为严重感染；②$10 \times 10^4 \geqslant OPG \geqslant 1 \times 10^4$，为中度感染；③OPG $< 1 \times 10^4$，为轻度感染。

[防治与处理]

1. 防治　①搞好鸡舍环境卫生，防止饲料、饮水被粪便污染。粪便应及时彻底清理，并采用堆积发酵处理，杀灭卵囊。②鸡舍和育雏室要保持通风干燥，防止潮湿，防止拥挤。对食槽和饮水器常用沸水洗净，笼、舍、地面等定期消毒与清洗。杀灭苍蝇与鼠。③药物预防。目前国内使用的抗鸡球虫药有三类，一是聚醚类离子载体抗生素，如莫能菌素、盐霉素、拉沙里菌素、马杜拉霉素等；二是化学合成药，主要有氨丙啉、尼卡巴嗪、常山酮等；三是中草药制剂。药物预防时可采用穿梭用药或轮换用药，以防止球虫产生抗药性。同时针对不同对象的鸡，合理选用抗球虫药，如肉鸡因生长周期短，可普遍使用抗球虫药；蛋鸡、种鸡生长周期长，可在饲料中加入低于肉鸡用药浓度的预防性用药；8～9周龄前的鸡群可采用在饲料或饮水内添加抗球虫药。④疫苗免疫。商品化球虫苗主要有强毒苗和弱毒苗两类，疫苗免疫时，应停止使用化学抗球虫药物，并加强饲养管理。

2. 处理　球虫病鸡的肉尸及其内脏无病变时可以出场，如有病变，则病变部位应废弃和销毁。

十七、低致病性禽流感

低致病性禽流感（low pathogenic avian influenza，LPAI）又称温和型禽流感，是指某些低致病性的禽流感病毒株（如H9亚型）感染家禽引起低死亡率和轻度的呼吸道感染或产蛋率下降等中低致病力的临床症候群。根据OIE规定，如果H5或H7亚型流感病毒对鸡不致病且HA0裂解位点处氨基酸序列与已知有毒力的毒株不同，则被认为是低致病性需通报禽流感（LPNAI）病毒。OIE将其列为必须通报的动物疫病，我国将其列为二类动物疫病。

[病原特性]

病原为禽流感病毒低致病力毒株（*Low pathogenic avian influenza virus*，LPAIV），属于正黏病毒科（*Orthomyxoviridae*）、A型流感病毒属（*Influenzavirus* A）。病毒基因组为负链单股RNA（-ssRNA），分为8个节段。

病毒粒子一般呈球状，直径为80～120nm。某些毒株，特别是初次分离时可呈多形性。病毒有囊膜，囊膜上有血凝素（HA）和神经氨酸酶（NA）活性的糖蛋白纤突。根据HA和NA的抗原特性，A型流感病毒可被分成18种特异的HA亚型（分别以H1～H18命名）和11种特异的NA亚型（分别以N1～N11命名），禽流感病毒包括其中的H1～H16和N1～N9亚型。目前，除H5和H7亚型中的部分禽流感病毒为高致病性禽流感病毒外，其余均为LPAIV且以H9N2亚型流行最广泛。

[分布与危害]

1. 分布　本病呈世界范围分布，已从许多国家和地区的病禽和表现健康的家禽、野禽及水禽体内分离到多种亚型禽流感病毒。

2. 危害　鸡群感染的发病率高、死亡率低。但H9N2、H10N8亚型等LPAIV可跨越种间障碍直接感染人，引起类似普通流感的症状，严重者甚至导致死亡，同样具有重要的公共卫生意义。

[传播与流行]

1. 传播　感染LPAIV的禽、鸟通常只表现轻微症状，甚至根本观察不到任何发病症状。家禽中的火鸡、鸡、鸭和鹅最易感。各种日龄的家禽都可发生，但临床主要多发现于蛋禽群，尤其蛋鸡、蛋鸭。高发病率和低死亡率是其典型特征；若禽群混合或继发细菌感染，死亡率会明显上升，有时可达50%。

传染源主要是病禽与病鸟、健康带毒的禽类。在禽流感的流行与传播过程中，水禽和野鸟起到了重要的作用，鸭类、鸥类、涉禽类均可作为禽流感病毒的贮存宿主，并可以通过野生鸟类的迁徙在全球范围内传播。

禽流感病毒主要通过易感禽类与感染禽类的直接接触或与病毒污染物的间接接触经呼吸道和消化道传播，也能通过气源性途径传播。

2.流行　低致病性禽流感在一年四季均可发生，尤其是秋冬、冬春交替等气候变化较大的时节。

环境温度骤变、饲养密度过大、通风不良、有害气体过多而损伤上呼吸道黏膜，都是低致病性禽流感发生的诱因，也极易造成细菌和病毒的多重感染，尤其是呼吸道病毒最易感染。

[临床症状与病理变化]

1.临床症状　感染禽一般不出现临床症状，只有在检测抗体时才易被发现。野禽感染后无明显的临床症状。产蛋禽常见产蛋率不同程度下降，蛋壳可能褪色、变薄、粗糙或畸形；在产蛋受影响时，禽群可能会伴有呼吸道症状和死亡率增加，但饲养管理条件良好并适当使用抗菌药物控制细菌感染，则不会造成重大的死亡损失。

感染鸡和火鸡较为特征性的临床症状表现为呼吸道、消化道、泌尿生殖器官的异常变化，呼吸道感染最常见的症状有咳嗽、打喷嚏、呼吸啰音和流泪。常见产蛋鸡的产蛋量突然、大幅、快速下降，甚至完全停产。产蛋下降期可维持1个月以上，并且产蛋量难以再恢复到原有水平。病鸡精神沉郁、扎堆、少动、羽毛蓬乱、食欲和饮水量下降，以及间歇性腹泻，排出黄色、绿色或浅绿色稀便。死亡率较低。如有并发或继发感染时症状加重。

部分感染鸭表现为精神沉郁，离群呆立，羽毛无光泽、蓬松，脱羽，不愿下水，下水后鸭体吃水深，上岸后羽毛难以干燥。个别鸭排暗红色稀粪，有病程稍长的鸭出现衰竭死亡。

2.病理变化　病变表现在以下三方面：

（1）呼吸道炎症变化　以出现卡他性、纤维蛋白性、浆液性、脓性或纤维素脓性的炎症为典型特征，尤其是窦的损害。喉头、气管黏膜充血水肿，偶尔出血。有时气管叉处的黄色干酪样物会引起阻塞，造成呼吸困难。显微病变主要为肺炎，严重者出现弥散性肺炎，并有毛细管肿大。嗜异性或淋巴细胞性气管炎和支气管炎较普遍。

（2）生殖系统病变　主要发生于产蛋禽，包括卵巢炎症，卵泡出血、畸形、变性和坏死，输卵管水肿，浆液性、干酪样渗出，卵黄性腹膜炎。

（3）消化系统病变　包括腺胃、肌胃出血，肠道出血及溃疡，胰腺有斑状白色坏死点。

家鸭感染后会产生呼吸道病变如窦炎、结膜炎和其他呼吸道损伤。病死鸭剖检可见气管充血、出血严重，支气管有黄白色的干酪样物堵塞。气囊混浊有干酪样物附着。肠道黏膜充血、出血。输卵管黏膜充血、水肿，卵泡充血、出血。肝脏有纤维素性渗出，心包液混浊，胰脏肿大、出血，乳脂腺有干酪样坏死。

[诊断与检疫技术]

1.初诊　根据临床症状和病理变化可做出初步诊断，确诊需进行实验室诊断。

2.实验室检测　进行病原鉴定和血清学检查。

被检材料的采集：用于病原鉴定，病死禽可采集气管、肺、肝、肾、脾、泄殖腔等组织样品。活禽可采集咽喉和泄殖腔棉拭子，咽喉拭子置于含2 000IU/mL青霉素、2mg/mL链霉素、50μg/mL庆大霉素和1 000U/mL制霉菌素、pH7.0～7.4的磷酸盐缓冲液中或Hank's液或25%～50%的甘油生理盐水，泄殖腔拭子应用5倍量上述抗生素进行处理。样品如在48h内处理可置于4℃保存，若长时间待检应放于－70℃下保存并避免反复冻融。

用于血清学检查，应采集急性期、恢复期的双份血清，置于－20℃下冷冻保存。

（1）病原鉴定

①病毒分离：可从病禽的咽喉拭子、泄殖腔拭子、组织样品和粪便中分离禽流感病毒，方法参照高致病性禽流感病原鉴定。

②分子生物学检测：目前采用高敏感的分子生物学技术可直接检测临床样品中的禽流感病毒RNA并鉴定其亚型。常用的方法有反转录聚合酶链式反应（RT-PCR）和荧光定量PCR，可以辅助本病的快速诊断。

（2）血清学检查　常用的血清学诊断方法有病毒中和试验（VN）、血凝抑制（HI）试验、神经氨酸酶抑制（NI）试验、琼脂免疫扩散试验（AGID）、免疫荧光试验（IFA）和酶联免疫吸附试验（ELISA）等。其中病毒中和试验（VN）常作为各种检测方法的金标准，血凝抑制（HI）试验多用于病毒分型和抗体调查。

3. 鉴别诊断　应与非典型鸡新城疫、传染性喉气管炎和其他呼吸道病相鉴别。

[防治与处理]

1. 防治　发病后无特效的治疗方法，只能采取综合性措施。①采用灭活疫苗免疫家禽，具有良好的免疫保护作用。可制备多价疫苗，在使用灭活疫苗时必须要有针对性。我国目前广泛应用的低致病性禽流感疫苗主要包括H9N2单价灭活疫苗、H9N2与H5N1二价灭活疫苗、H7N9与H5N1二价灭活疫苗等。②严格的生物安全，尤其是易感禽与感染禽及其分泌物、排泄物的隔离工作，是控制疫情发生的有效措施。

2. 处理　发生本病后，要隔离禽场或禽舍；严禁将病禽或可疑病禽上市；病死禽必须深埋或焚烧等无害化处理；做好禽场消毒；改善禽群的饲养管理，防治并发病。特别注意，由H5和H7亚型中的非HPAIV引起的感染，因其往往可以进一步演变为HPAI，所以必须进行报告。

十八、禽网状内皮组织增殖症

网状内皮组织增殖症（avian recticuloendotheliosis，RE）又名禽网状内皮组织增殖病（RE），是由网状内皮组织增殖病病毒引起某些禽类的一组病理综合征。其中包括矮小综合征、淋巴及其他组织慢性肿瘤、急性网状细胞瘤。我国将其列为二类动物疫病。

[病原特性]

病原为禽网状内皮组织增殖病病毒群（*Avian reticuloendotheliosis virus Group*，REV）的成员，属于反转录病毒科（*Retroviridae*）正反转录病毒亚科（*Orthorovirinae*）丙型反转录病毒属（*Gammaretrovirus*）成员。病毒粒子直径约100nm，具有链状或假螺旋结构。表面附有6nm×10nm的突起，病毒以出芽的方式从感染细胞的胞膜上释放。病毒核酸为单股RNA。

鸡合胞病毒（*Chick syncytial virus*，CSV）为禽网状内皮组织增殖病病毒群的代表株。从鸡群中分离到的病毒有禽脾坏死病毒（*Avian spleen necrosis virus*，ASNV）和脾坏死病毒（*Spleen necrosis virus*，SNV），从火鸡肿瘤中分离出T株及其辅助病毒A株。

REV病毒群分为非缺陷型病毒（完全复制型病毒）和复制缺陷型病毒两大类。CSV、ASNV和SNV为完全复制型病毒，而T株为复制缺陷型病毒。前者可在鸡、火鸡和鹌鹑的成纤维细胞培养物中复制，实验室内主要在鸡胚、火鸡胚、鸭胚及鹌鹑胚的成纤维细胞内增殖，有的毒株在鸭胚、火鸡胚和鸡胚成纤维细胞形成合胞体细胞病变。但多数毒株不产生明显的致细胞病变（CPE）。REV可在鸡胚中增殖并引起死亡，在绒毛尿囊膜上可产生痘斑。后者REV（T株）的复制则需要在REV辅助病毒A株的参与下，才能在上述细胞内进行。在活体传代或在感染的造血组织中培养T株仍保持致瘤作用，但在成纤维细胞上传代3次后，完全丧失致瘤作用。

REV对环境的抵抗力不强。不耐热，在56℃ 30min可被灭活；在4℃时病毒相当稳定，但在37℃ 20min其感染性会丧失50%、1h即可完全丧失；在−70℃保存，其毒力长期不变。在感染细胞中加入二甲基亚砜后可在−196℃下长期保存。对乙醚敏感，不耐酸（pH 3.0），5%的氯仿和1/4000福尔马林等可杀死REV。

[分布与危害]

1. 分布　1957首次在美国一患内脏淋巴瘤的火鸡体内分离到REV-T株。随后1964年Sevoian等证明REV-T株有急性致肿瘤作用，1966年Theilen等证实REV-T株对幼龄鸡、火鸡和日本鹌鹑有急性致瘤作用，根据肿瘤中的主要细胞成分，首次把这种疾病称为网状内皮组织增殖病。此后又分离到网状内皮组织增殖病相关病毒（REV-A）。

我国何宏虎等于1986年首次从生长停滞、消瘦、贫血而表现为矮小综合征的自然病例鸡中分离到REV-C45株。随后我国在不同地区对RE进行了血清流行病学调查，证实本病在我国不仅存在，而且在某些地区的感染率还较高。

目前RE在美国、澳大利亚、匈牙利、英国、德国、日本及我国均有发生，是一种世界性分布的疫病。

2. 危害　本病对禽类（火鸡、鸡、鸭、雉、鹅、鹌鹑等），尤其对火鸡、鸡和鸭危害较严重，可造成一定的经济损失。REV侵害机体的免疫系统，导致机体免疫力下降，易于继发其他疾病。本病是继鸡马立克病和淋巴细胞性白血病之后，第三种病因清楚的禽类病毒性肿瘤病。严重影响养禽业的生产发展。

[传播与流行]

1. 传播　火鸡、鸡、鸭、雉、鹅、鹌鹑、孔雀是网状内皮组织增殖病病毒（REV）的自然宿主。

传染源主要是病鸡（禽）或带毒鸡（禽）。传播方式：可以通过水平传播（经与感染的鸡、火鸡和鸭直接接触而传播，或经粪便、口腔和泄殖腔分泌物及其他分泌物和被污染的垫草等而感染）；也可垂直传播（通过病公鸡的精液和种蛋传播）。吸血昆虫（如螨、蜱、蚊）可能是本病水平传播的另一途径。有持续病毒血症的鸡、火鸡和鸭可将病毒传给其后代。

禽用疫苗（如禽痘疫苗或马立克疫苗）的REV污染造成本病传播的危害甚大，已引起世界各国的重视。此外，有些禽痘病毒野毒株基因组中整合有REV全基因组，致使禽感染禽痘的同时也感染了REV。

2. 流行　本病通常为散发。在火鸡和鸭群中危害较严重。低日龄的鸡，尤其是新孵出的雏鸡最易感，可引起免疫抑制或免疫耐受；日龄大的鸡感染后不出现症状或出现一过性病毒血症。

[临床症状与病理变化]

1. 临床症状　本病临床上常表现为：急性致死性网状细胞瘤、矮小综合征以及淋巴组织和其他组织的慢性肿瘤。

急性网状细胞瘤：主要由缺陷型REV-T株引起。人工感染后潜伏期为3d，一般接种后6～21d出现死亡，很少有特征性临床表现。以缺陷型T株接种新生雏鸡或火鸡所致急性网状细胞瘤，病程急，死亡快，很少表现临床症状，死亡率常达100%。

矮小综合征：是由完全型REV引起的几种非肿瘤疾病的总称。临床上表现为病鸡生长发育明显受阻，体型矮小，瘦弱，苍白（贫血），有些鸡羽毛发育不良，常见羽毛粗乱和稀少或秃裸。伴有体液和细胞免疫应答低下。

慢性肿瘤：是由非缺陷型REV毒株引起，可分为两种类型。第一类包括鸡和火鸡经漫长的潜伏期后发生的淋巴瘤。第二类是指那些具有较短潜伏期而引起的肿瘤，分布于各内脏器官和外周神经中。对这些淋巴瘤的特征还有待深入研究。慢性淋巴瘤鸡除在死亡前出现沉郁外，一般不表现临床症状。

REV感染虽很普遍，但本病在鸡群中的自然感染率和发病率不高。如果接种污染有REV的疫苗，则可造成大量发病，并继发其他疾病而死亡。

2. 病理变化

（1）急性网状细胞瘤　病禽死前败血症状明显。剖检可见肝脏和脾肿大，有时有局灶性灰白色肿瘤结节或弥散性浸润病变。胰腺、心脏、肌肉、小肠、肾及性腺也可见肿瘤。法氏囊萎缩。

血象变化为外周血细胞压积和异嗜性白细胞减少，淋巴细胞增多。

组织学变化通常以大型空泡状细胞（即网状内皮系统单核细胞）浸润和增生为特征。

（2）矮小综合征　剖检可见胸腺和法氏囊发育不全或萎缩。急性出血性或慢性溃疡性腺胃炎，肠炎。肝脏和脾脏肿大，有局灶性坏死。外周神经水肿，内有各型的淋巴样细胞、浆细胞或网状细胞浸润。胫骨、肋骨变形，股骨头坏死、断裂。

（3）慢性肿瘤　包括鸡法氏囊淋巴瘤、鸡非法氏囊淋巴瘤、火鸡淋巴瘤和其他禽类淋巴瘤。

①鸡法氏囊淋巴瘤：病变主要局限于肝脏和法氏囊。在病鸡法氏囊、肝脏及其他内脏器官出现结节性或弥漫性淋巴病变。有的出现肉瘤和腺癌。

②鸡非法氏囊淋巴瘤：淋巴瘤呈灶性或弥漫性淋巴浸润，常引起胸腺、肝脏和脾脏肿大，或致使心肌局灶性病变，而法氏囊不出现病变。如果伴发矮小综合征，剖检可见神经肿大。

组织学变化为肿瘤组织由均匀的未成熟淋巴网状细胞组成，缺少B细胞标志，不表达马立克肿瘤表面相关抗原（MATSA）。

③火鸡慢性淋巴瘤：火鸡慢性淋巴瘤以肝脏、小肠、脾脏及其内脏器官淋巴细胞浸润为特征。肝肿大3～4倍，有的出现脾肿大，其他器官仅见灶性病变，不表现肿大。肠管变粗，有的出现环状病变。

组织学变化为病变组织可见大量均匀的淋巴网状细胞。

④其他禽类淋巴瘤：包括鸭、鹅、珍珠鸡、草鸡、鹌鹑等禽的淋巴瘤病理变化。

鸭：表现为肝脏和脾脏肿大，呈灶性或弥漫性病变。骨骼肌、肠道、胰脏、肾脏、心脏及其他组织出现肿瘤浸润。

鹅：症状与鸭类似，偶尔可见法氏囊淋巴增生性病变。

珍珠鸡和草鸡：以头部、口腔出现溃疡病变，内脏器官结节性淋巴瘤为特征。

鹌鹑：以肝脏和脾脏肿大，或肠道病变为特征。

（4）多种综合征　同一疫情甚至同一病禽可出现不同类型的病变。例如，非缺陷型REV可引起矮小综合征，但耐过禽可发生淋巴瘤，有时伴发神经肿大。复制缺陷型的急性转化T株病毒感染鸡，尤其是耐过鸡可出现与T辅助病毒非缺陷株感染相关的病变。

[诊断与检疫技术]

1. 初诊　根据典型的剖检病变和镜检变化可以做出初步诊断，确诊需进一步做实验室检测。

2. 实验室检测　进行病原鉴定和血清学检测。

被检材料的采集：用于病原分离，宜采集病禽的病变组织、全血或血浆样品。但最好采用外周血液中的白细胞、淋巴细胞来分离病毒。

（1）病原鉴定

①病毒分离：采用以SPF鸡制取的鸡胚成纤维细胞进行培养。由于初次分离培养一般不易观察到细胞病变，需至少盲传2代，每代7d。具体方法是：可采取病鸡的组织悬液、全血等接种鸡胚的卵黄囊或绒毛尿囊膜上，可产生痘样病变，并常导致鸡胚死亡，或接种在火鸡胚成纤维细胞或鸭胚成纤维细胞。但通常使用次代鸡胚成纤维细胞进行病毒的分离培养。

也可用病鸡血液中的白细胞，淋细胞来分离病毒（REV），这是一种较好的材料，方法是：将加肝素的抗凝血进行低速离心，收集上层黄色血浆和中间层白细胞，高速离心，弃上清液，沉淀用组织培养液悬浮制备。用此悬浮制备液接种鸡胚成纤维细胞上培养，至少盲传2代，每代7d。观察细胞病变，或用免疫荧光试验、免疫过氧化物酶斑点试验测定培养物中的REV。

②病毒鉴定：对上述细胞培养物中的REV，可通过采用单克隆或多克隆抗体检出REV抗原来证实。检测方法有免疫荧光试验（IFA）、免疫过氧化物酶染色法（IP）、补体结合试验（CF）和酶免疫测定（EIA）等。其中酶免疫测定要比补体结合试验更敏感，间接免疫荧光试验要比间接免疫过氧化物酶和免疫电镜更敏感。

③病毒亚型鉴定：可用免疫荧光试验分析与单克隆抗体的反应差异可鉴定分离株的抗原亚型。

④病毒核酸检测：采用聚合酶链式反应（PCR），它是以PCR扩增REV长末端重复序列（LTR）291bp产物，检测前病毒DNA。可以检测感染鸡胚成纤维细胞培养物以及感染禽肿瘤、血液样品的REV。此法敏感性和特异性好。

（2）血清学检测　REV的感染需要检测感染鸡血清中的REV抗体。可采用以下血清学方法：

酶免疫测定：目前用于REV抗体检测的酶免疫测定试剂盒已商品化。

病毒中和试验（VN）：以血浆或血清样品与REV进行反应，然后以酶免疫测定或免疫荧光试验检测残余病毒来确定REV的中和性。此法是REV抗体检测最敏感的方法。

免疫过氧化物酶空斑试验：此法也是一种用于检测REV抗体敏感可靠的方法。

感染禽的血清或卵黄特异抗体也可用间接免疫荧光试验（IIFA）、病毒中和试验、琼脂扩散试验（AGP）、酶免疫测定和假型中和试验进行检测。这些试验可用于出口SPF种鸡及其后代的无病毒感染认证。

3. 鉴别诊断　应与马立克病（MD）、淋巴细胞性白血病（LL）相鉴别。由于RE的增生性病变与马立克病和淋巴细胞白血病肿瘤的增生性病变十分相似，故单纯依靠肉眼或光镜较难鉴别，只有通过病毒分离鉴定和抗体检测来进行鉴别诊断。

[防治与处理]

1. 防治　目前既无治疗本病的方法，又无有效的疫苗，只有通过血清学方法监测鸡群、及时淘汰阳性鸡，建立无本病的鸡群，以达到预防本病的发生。生产中可采取以下一些具体措施：①控制种鸡来源，种鸡必须来自无禽网状内皮组织增殖病病毒的种鸡场，引种后要严格跟踪监测1日龄鸡群母源抗体状况。②选用安全的禽痘或马立克病等活疫苗，以防止通过接种这些活疫苗而引入REV病原。③加强饲养管理，实行全进全出的饲养制度，加强通风、保温，降低鸡舍中灰尘、羽毛等传播媒介的数量，增加维生素和蛋氨酸等营养物质，改善家禽的抗应激能力。

2. 处理　对病鸡或通过血清学检测出的阳性鸡，全部淘汰、高温处理。

第七节　兔　　病

一、兔出血症

兔出血症（rabbit haemorrhagic disease，RHD），又称兔病毒性出血病，俗称兔瘟，是由兔病毒性出血症病毒引起兔的一种急性、热性、败血性、高度接触传播和致死性传染病。以全身实质器官出血、肝与脾肿大为主要特征。OIE将其列为必须通报的动物疫病，我国将其列为二类动物疫病。

［病原特性］

病原为兔出血症病毒（*Rabbit haemorrhagic disease virus*，RHDV），属于杯状病毒科（*Caliciviridae*）兔病毒属（*Lagovirus*）成员。

RHDV颗粒直径为32～35nm，无囊膜，核衣壳二十面体对称，衣壳表面有32个杯状凹陷。RHDV为单股正链线性RNA，全长7 437个核苷酸。本病毒仅凝集人的O型红细胞，而不凝集马、牛、羊、犬、猪、鸡、鸭、兔、大鼠、豚鼠、棕鼠和仓鼠等动物的红细胞。病毒在病兔的肝中含量最高，在脾、肾、肺及血液中有一定含量。目前本病毒尚不能在各种原代或传代细胞中繁殖。

兔出血症病毒主要有两个血清型，分为三类，第一个血清型包括两类，经典RHDV（分属于基因G1～G5型）和RHDVa（基因G6型）；第二个为血清型，新型RHDV（RHDV2或RHDVb），属于第三类。血清学试验表明，欧洲野兔群存在欧洲野兔综合征病毒（EBHSV），澳大利亚或新西兰野兔存在一种或多种兔出血症病毒样非致病病毒。这些病毒可诱导发生血清学反应，可干扰RHD的血清学诊断，使其复杂化。

本病毒在感染家兔血液中4℃ 9个月，或感染脏器组织中20℃ 3个月仍保持活性，肝脏含毒病料－20℃ 560d或室温内污染环境下135d仍有致病性，能耐pH 3.0和50℃ 40min处理，对紫外线及干燥等不良环境抵抗力较强。1%氢氧化钠溶液4h、1%～2%的甲醛溶液或1%的漂白粉悬液3h、2%农乐溶液1h可被杀死，常用0.5%次氯酸钠溶液消毒。

［分布与危害］

1. 分布　1984年，刘胜江等在我国江苏省首次发现本病，之后迅速蔓延至全国。1986年朝鲜和1988年韩国均发生本病，之后蔓延至亚洲、欧洲、美洲、中美洲、大洋洲等40多个国家。目前西非、中非以及南美乌拉圭、北美美国也有本病发生。

2. 危害　由于本病分布广，常呈暴发流行，发病率及死亡率极高，给养兔业带来严重的危害，造成巨大的经济损失。

[传播与流行]

1. 传播　自然条件下只感染家兔，品种、性别间差异不大，毛用兔比肉用兔易感，2月龄以上的青年兔和成年兔比2月龄以内的仔兔易感。2周龄以下的仔兔自然感染不发病。但RHDV2可以造成15日龄以上的哺乳仔兔的发病和死亡，能够在两种野兔物种中引起RHD样疾病：草兔和意大利野兔。

传染源为病兔和带毒兔（隐性感染和本病康复家兔）。病毒主要存在于肝、脾、肾，其次是肺、肠道及淋巴结。可通过直接或间接接触传播本病。

传播途径可经消化道、呼吸道、伤口、黏膜及生殖道传染，尚无由昆虫、啮齿动物或经胎盘传播的证据。

2. 流行　本病的流行常无明显的季节性，一年四季均可发生，北方以冬春季多发。主要侵害2月龄以上的青年兔，成年兔和哺乳母兔病死率高，哺乳期仔兔则很少发病死亡。本病发病急，病死率高，尤其是新疫区多呈暴发流行，传播迅速，一旦发病，常在2～3d内迅速传遍全群，发病率和病死率均高达90%～100%。而一般疫区病死率为78%～85%。

[临床症状与病理变化]

1. 临床症状　自然感染潜伏期为2～3d，人工感染1～3d。OIE《陆生动物卫生法典》规定，本病的感染期为60d。根据病程可分为最急性型、急性型和慢性型等3种。

（1）最急性型　多见于新疫区或流行初期。常无明显症状而突然死亡（多见夜间死亡）。死前数分钟或数小时病兔突然抽搐，剧烈冲撞笼具，角弓反张，眼球突出，咬牙或尖叫几声而死，典型病例可见鼻孔流出鲜血。

（2）急性型　体温升高41℃或更高，精神委顿，食欲少或废绝，呼吸急促，濒死时病兔瘫软，高声尖叫，鼻孔流出白色或淡红色黏液，病程1～2d。偶尔表现亚急性型，病程2～3周。

（3）慢性型　多见于老疫区或流行后期的病兔，潜伏期和病程较长，表现轻度体温反应（仅升高1℃左右），稽留1～2d，精神不振，食欲减少，迅速消瘦，衰弱而死。有的耐过，但生长迟缓，发育不良，带毒排毒。

2. 病理变化　以实质器官瘀血、出血为主要特征。可见鼻腔、喉头及气管黏膜瘀血或弥漫性出血。肺瘀血、水肿及出血。心包积液，心包膜、心肌有针尖大小出血点，尤以心房及冠状沟附近明显。肝变性、肿大，呈土黄色或有的肝瘀血呈紫红色，间质增宽，有出血点或出血斑。肾瘀血，肿大，呈暗紫色，表面有散在针尖状出血点。胆囊肿大，胆汁稀薄。部分兔脾瘀血、肿大。胸腺肿大，有出血点。胃内容物充盈，黏膜出血或脱落，十二指肠和空肠黏膜有小点出血。膀胱积尿，黏膜脱落。肠系膜淋巴结肿大、出血。脑和脑膜血管瘀血。

[诊断与检疫技术]

1. 初诊　根据流行特点、临床症状和典型的病理变化可进行初步诊断，确诊需进一步做实验室检测。

2. 实验室检测　实验室检测进行病原鉴定和血清学检测。实验室检测病原的主要方法是RNA扩增（反转录聚合酶链式反应，RT-PCR）和基于单克隆抗体（MAbs）的夹心酶联免疫试验（ELISA）。血清学检测主要是竞争ELISA。

被检材料的采集：采集病兔的肝（病毒含量最高）、脾、血液等病料，以供检测用。

（1）病原鉴定

①电镜检查（EM）：无菌采集病兔的肝组织剪碎，用磷酸盐缓冲液（PBS）做1∶10稀释，制成悬浮液，超声波处理，高速离心，收集病毒，负染色后电镜观察。可见直径25～35nm、表面有短纤突的病毒颗粒。

也可将病兔肝制成匀浆，加入青霉素、链霉素，冻融1次，3 000 r/min离心20min，吸取上清液，按剂量每2～3kg体重1mL，肌内接种易感家兔。发病兔表现出典型的病毒性出血症症状，死亡后，剖检实质器官瘀血、出血为主要特征的病理变化，然后灭菌采取肝、脾、肾材料提纯病毒，进行电镜检查，证实有本病病毒存在。

②免疫学方法：可采用ELISA、免疫染色试验和免疫印迹试验（WB）检测兔出血症病毒（RHDV）抗原。

ELISA：可采用夹心酶联免疫吸附试验（S-ELISA）和竞争酶联免疫吸附试验（C-ELISA）进行病毒检测。

免疫染色试验：此法是以10%福尔马林缓冲液固定组织并经石蜡包埋后，用生物素-亲和素复合物（ABC）过氧化物酶免疫染色。用于病毒检测。

WB：ELISA出现弱阳性结果，或怀疑样品中含有平滑兔出血症病毒粒子时，可用WB进行最终确诊。

③病毒核酸检测：可采用反转录聚合酶链式反应（RT-PCR）、多重实时反转录聚合酶链式反应检测RHDV核酸。

RT-PCR：RT-PCR是目前检测RHDV的超敏感方法，其敏感度要比ELISA高1万倍。可用于检测RHDV特异核酸，或对欧洲野兔综合征病毒（EBHSV）毒株检测和鉴定。

多重实时反转录聚合酶链式反应：用于RHDV的检测，可对实验免疫兔和兔出血症感染恢复期兔的病毒RNA进行定量。

（2）血清学检测　本病可通过特异性抗体检测进行诊断，血清学诊断方法有血凝抑制试验（HI）、酶联免疫吸附试验（ELISA）、琼脂免疫扩散试验（AGID）、对流免疫电泳、间接血凝试验、协同凝集试验等，其中最基本和常用的血清学诊断技术是血凝抑制试验（HI）、间接酶联免疫吸附试验（I-ELISA）和竞争酶联免疫吸附试验（C-ELISA）。

1）HI　为国际贸易中的替代诊断方法，主要用于检测病毒的抗体。但由于此法需要人O型红细胞，实践操作不太方便，目前酶联免疫吸附试验（ELISA）有将其取代的趋势。

2）ELISA　包括间接酶联免疫吸附试验（I-ELISA）、竞争酶联免疫吸附试验（C-ELISA）、固相竞争酶联免疫吸附试验（SP-ELISA）、夹心酶联免疫吸附试验（S-ELISA）和同型抗体酶联免疫吸附试验（isoELISAs）。其中常用的是间接酶联免疫吸附试验（I-ELISA）及竞争酶联免疫吸附试验（C-ELISA）。

①I-ELISA：适用于大量样品的检测。此法比HI更便捷，敏感性略高于C-ELISA。

②C-ELISA：适用于大量样品的检测。此法比HI更便捷。

③SP-ELISA：此法检测的抗体更广泛，敏感性高，特异性低。

④S-ELISA：可用于检测肝脾样品中的IgG和IgM，对难以检出病毒的慢性死亡动物样品，采用此法检测尤其适用。

⑤isoELISAs：能检出IgA、IgM和IgG等同型抗体。出现同型抗体的原因有：一是存在抗体交叉反应；二是幼兔具有自然抵抗力；三是存在母源抗体；四是存在既往感染抗体。

3. 鉴别诊断　应与兔巴氏杆菌病、兔产气荚膜梭菌病相鉴别。

[防治与处理]

1. 防治　可采取以下措施：①养兔做到自繁自养，引进种兔要做好检疫，并隔离观察一定时期，认为健康再混群。绝不要从本病发生的国家和地区引进感染的家兔。②加强饲养管理卫生，做好定期消毒，禁止外人进入兔场。③在疫区发病季节前用灭活兔瘟疫苗免疫，一年2次，剂量1mL，皮下注射，免疫期可达半年以上。对受威胁地区的兔做好预防接种。

2. 处理　一旦发生兔瘟，立即封锁疫点，停止调运种兔，关闭兔产品交易市场，扑杀发病兔和同群兔，并与病死兔及其分泌物、排泄物无害化处理。同时对污染的环境、兔舍、用具、饲料、垫草等用3%烧碱或2%福尔马林消毒，对污染的兔皮、兔毛用福尔马林熏蒸消毒。

二、兔黏液瘤病

兔黏液瘤病（myxomatosis）是由兔黏液瘤病毒引起的一种高度接触性、高度致死性传染病。临床以全身皮下，尤其是面部和天然孔周围皮下发生黏液瘤性肿胀为特征。OIE将其列为必须通报的动物疫病，我国将其列为二类动物疫病。

[病原特性]

病原为兔黏液瘤病毒（*Myxoma virus*，MYXV），属于痘病毒科（*Poxviridae*）脊椎动物痘病毒亚科（*Chordopoxvirinae*）兔痘病毒属（*Leporipoxvirus*）成员。

MYXV颗粒呈卵圆形或砖形，大小为280nm×250nm×110nm。负染时，病毒粒子表面呈串珠状，由线状或管状不规则排列的物质组成。

MYXV目前只有一个血清型，但不同毒株抗原性和毒力有明显差异，强毒株可造成90%以上的病死率，弱毒株引起的病死率不足30%。在已鉴定的毒株中，以南美毒株和美国加州毒株最具有代表性。MYXV在美洲的野兔（*Sylvilagus* spp.）只产生局部的良性纤维瘤，但在欧洲兔（*Oryctolagus caniculus*）则发生严重的全身性疾病，并有极高的病死率。MYXV在抗原性上与兔纤维瘤病毒关系密切，通过沉淀试验、补体结合试验、中和试验等免疫学试验可见有交叉反应，兔纤维瘤病毒可使热灭活的黏液瘤病毒重新活化。MYXV在35℃时于10～12日龄鸡胚绒毛尿囊膜上增殖并形成痘斑，痘斑的大小因病毒株的不同而有区别，可根据产生痘疱的大小对毒株做初步鉴定。病毒也可在鸡胚成纤维细胞、兔肾（原代或传代）细胞和兔睾丸细胞等兔源细胞以及多种鼠（大鼠、仓鼠、松鼠）胚肾细胞培养物上生长，并出现典型的痘病毒细胞病变。

本病毒对干燥具有较强的抵抗力，在干燥的黏液瘤结节中可存活2周，在潮湿环境中8～10℃可存活3个月以上，26～30℃可存活1～2周。对热敏感，55℃ 10min、60℃数分钟内灭活。对高锰酸钾、升汞和石炭酸有较强的抵抗力，0.5%～2%的甲醛溶液1h才能灭活。

[分布与危害]

1. 分布　1898年Sanarelli在南美的乌拉圭首先发现，不久传入巴西、阿根廷、哥伦比亚和巴拿马等国家，1930年又传入美国并呈地方性流行，1952年后又传入欧洲各国，20世纪50年代又传入非洲一些国家，已有50个国家和地区报道了本病。近年来本病有向亚洲蔓延趋势。我国目前尚未见本病的报道。

2. 危害　由于本病具有极高的致死率，常给养兔业造成毁灭性的损失。

[传播与流行]

1. 传播　自然易感动物为兔和野兔，其他动物和人无易感性。

传染源是病兔和带毒兔，病毒通过病兔的眼垢、鼻分泌物或病变部皮肤渗出物向外排毒。

直接与病兔接触或与被污染的饲料、饮水和器具等接触能引起传染，但接触传播不是主要传播方式。自然感染主要通过吸血昆虫（蚊、蚤、蜱和螨等）叮咬而机械传播。病毒也可通过呼吸道传播。

2. 流行　本病发生有明显的季节性，多发生于夏秋昆虫滋生繁衍季节。

[临床症状与病理变化]

1. 临床症状　潜伏期一般为3～10d，最长可达14d。

不同毒力毒株对不同品种、品系兔致病力有差异，强毒株感染出现肿瘤早，弱毒株晚。兔被带毒昆虫叮咬后，初期叮咬部位出现原发性肿瘤结节，然后眼睑肿胀、流泪，有黏性脓性眼垢，严重时上下眼睑可粘连。接着肿胀蔓延整个头部和耳朵皮下组织，使头部皮肤皱褶呈特征性的"狮子头"外观。肛门、生殖器、口和鼻孔周围也浮肿。随后浮肿部位出现皮下胶冻样肿瘤，尤以黏膜与皮肤交界处多见。病兔呼吸困难、摇头、喷鼻、发出呼噜声，10d左右病变部位变性、出血、坏死，病死率达100%。

感染毒力较弱毒株的兔，症状轻微，可见轻度浮肿，鼻汁、眼垢排出量也少，形成局限性小肿瘤，病死率仅为50%左右，但康复的公兔常因睾丸和外部生殖器受损而丧失受精性能。

2. 病理变化　以皮肤肿瘤结节为特征。显著病变是皮肤肿瘤，皮肤、皮下水肿，尤以面部和天然孔周围皮肤明显。有的毒株可引起皮肤出血，胃及肠道浆膜下瘀血，心内、外膜出血，肝、脾、肾、肺充血。

[诊断与检疫技术]

1. 初诊　根据典型临床症状和病理变化，结合流行特点可做出初步诊断，确诊需进一步做实验室检测。

2. 实验室检测　在国际贸易中常用PCR或病毒分离进行病原学检测，替代诊断方法有琼脂凝胶免疫扩散试验（AGID）、补体结合试验（CF）、间接荧光抗体试验（IFA）。免疫应答通过I-ELISA、C-ELISA、AGID、IFA等方法检测。

实验室检测进行病原鉴定、病理组织学诊断和血清学检测。

被检材料的采集：取病变部位组织，将表皮与真皮分开，用磷酸盐缓冲液洗涤后备用。

（1）病原鉴定　采取病变组织，用含有抗生素的磷酸盐缓冲液清洗，按1∶5或1∶10研磨制成匀浆，反复冻融3次或超声波裂解细胞，释放出病毒粒子或病毒抗原，悬液经1 500 r/min离心10min，取上清液供检测用。

①病毒分离：病毒培养常用兔肾原代细胞（RK）或RK-13细胞系培养，将病料悬液的上清液接种兔肾原代细胞（RK）或兔肾细胞（PK-13）传代细胞单层，24～48h后出现典型的细胞病变。感染细胞变圆、萎缩和核浓缩，溶解脱壁，甚至单层完全脱落。

也可将病料悬液的上清液接种11～13日龄鸡胚绒毛尿囊膜，孵育4～6d，病毒在绒毛尿囊膜上产生明显的灶性痘斑。

分离培养的病毒可用 AGID、IFA等免疫学试验进行鉴定。

②免疫学试验：采用 AGID、IFA检测细胞培养物中的病原。

AGID：用标准阳性血清检测上述细胞培养物（或病料经超声波裂解后制备的抗原）中病毒抗原。此法可在12～24h内判定结果，准确率极高，适用于口岸检疫。

IFA：用于检测细胞培养物中的病原，可检测到胞质内的病毒粒子，但此法不能区分黏液瘤病毒和纤维瘤病毒。

③电镜检查：通过电镜负染技术检测皮肤病变，可见典型的病毒颗粒形态，呈卵圆形或砖形，大小为280nm×250nm×110nm。病毒粒子表面呈串珠状，由线状或管状不规则排列的物质组成。

④动物接种试验：无菌采取新鲜病变组织，常规处理后经皮内接种家兔，观察特殊症状及致病性。

（2）病理组织学诊断　将采取的皮肤肿瘤组织，用10%中性甲醛溶液固定，石蜡包埋做切片，HE染色，显微镜检查。在黏液瘤细胞及病变部皮肤上皮细胞内可见有胞质包涵体。

（3）血清学检测　兔在感染病毒后8～13d内可产生病毒抗体，抗体滴度在20～60d时最高，然后逐渐下降6～8个月后消失。当兔体中存在病毒抗体时，可采用以下血清学试验进行诊断。

①补体结合试验：可在试管或微量平板上进行。

②琼脂免疫扩散试验：最常用，可作为定性检测方法，既用于抗体检测，也用于抗原检测。

③间接荧光抗体试验：以鸡胚或RK-13细胞培养物在平底孔微量平板上进行。

④酶联免疫吸附试验：可检出特异的黏液瘤病毒抗体。此法既敏感又特异，适用于实验动物感染的动态研究或对兔群的流行病学监测。

［防治与处理］

1. 防治　可采取以下一些措施：①我国尚未有本病的流行，要加强国境检疫，禁止血清学阳性反应或感染发病兔入境。②引进新品种时，应进行检疫，并需在无吸血昆虫的动物舍内隔离饲养14d，检疫合格的方可混群饲养。③疫区主要通过疫苗接种进行本病的预防，常用的有异源性的纤维瘤病毒苗和同源性的黏液瘤病毒疫苗，二者疫苗免疫效果均较好。

2. 处理　发生本病时，立即封锁疫点，停止调运种兔，关闭兔及其产品交易市场；扑杀病兔和同群兔，深埋或焚烧；对假定健康兔进行紧急免疫接种；被病兔污染的环境、用具等应进行彻底消毒。

三、野兔热

野兔热（tularemia），又称土拉热或土拉杆菌病，是由土拉热弗朗西斯菌引起的一种急性、人畜共患传染病。以体温升高、淋巴结肿大、脾和肝脏形成脓肿、坏死为特征。OIE将其列为必须通报的动物疫病，我国将其列为二类动物疫病。

［病原特性］

病原为土拉热弗朗西斯菌（*Francisella tularensis*），属于硫发菌目（Thiotrichales）弗朗西斯菌科（Francisellaceae）弗朗西斯菌属（*Francisella*）成员。

本菌为革兰氏阴性的球杆菌，大小为0.2～0.7μm，无鞭毛和运动性，美兰染色呈两极染色。在病料中可见到荚膜，不形成芽孢。由于本菌是一种多形性细菌，在患病动物血液中近似球形，在幼龄培养物中呈卵圆形、杆状、豆状、精子状和丝状等，在老龄培养物中近似球形。

本菌为专性需氧菌，对营养的要求很高，在普通培养基上不生长，但在含有兔血、胱氨酸、半胱氨酸、葡萄糖琼脂的培养基上生长良好，形成细小、灰白色、透明菌落，周围有绿色环。培养时必须采用特殊培养基，如弗朗西斯培养基、麦康凯与Chapin培养基、改良Thayer-Marin琼脂、含硫胺的GCA琼脂（BBL）等。在鸡胚绒毛膜上生长良好。

根据培养特性、流行病学及毒力，本菌可分A、B两个型。A型称土拉热弗朗西斯菌土拉热种，流行于北美，主要经蜱和吸血蝇传播，对人和家兔毒力极强，绝大多数菌株可发酵甘油。B型称土拉热弗朗西斯菌旧北种，流行于北美北部水生啮齿动物（海狸和香鼠）和欧亚大陆野兔及小型啮齿类中，通过水或节肢动物传播，对人和兔的毒力较弱，不能分解甘油。

本菌在外界环境中抵抗力较强。在动物尸体中室温下可生存40d，在禽类脏器中为26～40d，4℃时生存5个半月以上。在病畜毛中能生存35～45d，在织物上72d，在谷物上23d。对热和化学药物敏感，56℃经30min可杀死，煮沸立即死亡。直射阳光经30min死亡。一般消毒药物都能很快将其杀死。氨基糖苷类抗生素、链霉素、庆大霉素及卡那霉素等可杀死本菌，而四环素只具有抑菌作用。

［分布与危害］

1. 分布 1911年，Mcloy和Chapin从美国加利福尼亚州的土拉县（Tulare）首次发现本病，并于1921年从该地区的黄鼠中分离到病原菌，命名为土拉杆菌（*Bacterium tularensis*）。1914年Wherry和Lamb从死亡野兔见到典型病理变化，分离到病原菌，后认定存在人的感染。1970年国际系统细菌分类委员会巴氏杆菌属分会正式定名为土拉热弗朗西斯菌。

本病在美洲、欧洲和亚洲一些国家都有报道，本病在世界上主要分布在北半球诸多国家，如美国、加拿大、墨西哥、委内瑞拉、厄瓜多尔、哥伦比亚、挪威、瑞典、奥地利、法国、比利时、荷兰、德国、芬兰、保加利亚、阿尔巴尼亚、希腊、瑞士、意大利、南斯拉夫、苏联、泰国、日本、喀麦隆、卢旺达、布隆迪、西非诸国等。我国于1957年在内蒙古通辽县从黄鼠中首次分离到本菌，之后在黑龙江、西藏、青海、新疆等省、自治区发生本病。

2. 危害 本病对野生动物、家畜和家禽都可感染，造成严重的经济损失，人可感染发病，具有公共卫生学意义。

[传播与流行]

1. 传播 本病易感动物较多，兔形目和啮齿动物是本菌主要易感动物及自然宿主，已发现有136种啮齿动物是本菌的自然宿主。猪、牛、山羊、骆驼、马、驴、犬和猫以及各种毛皮兽均易感。人也可感染。

传染源为病畜和带菌动物，通过吸血昆虫叮咬传播，已发现83种节肢动物能传播本病，主要有蜱、螨、牛虻、蚊、虱、吸血蝇类等。被污染的饲料、饮水也是传染源。人的感染主要是由于从事狩猎、打牧草活动、饲养动物和畜产品加工等感染。有的经吸血昆虫叮咬，有的经呼吸道或皮肤伤口或黏膜而感染。

2. 流行 本病一般多见于春末、夏初季节，但也有在秋末冬初发病的，这主要与啮齿动物以及吸血昆虫繁殖活动有关。在野生啮齿动物中，常呈地方性流行，洪灾或其他自然灾害可导致大流行，家畜中以绵羊尤其是羔羊发病较严重，引起死亡，造成较大损失。

[临床症状与病理变化]

1. 临床症状 本病潜伏期野兔为1~9d，OIE《陆生动物卫生法典》规定为15d。

通常以体温升高、衰竭、麻痹和淋巴结、脾、肝肿大为主。各种动物临床差异较大。

兔：急性病例呈败血症死亡，但无明显症状。多数病例病程一般较长，可见高度消瘦和衰竭，颌下、颈下、腋下和腹股沟等体表淋巴结肿大，鼻腔黏膜发炎流出浆液性鼻液。体温升高1~5℃，白细胞增多，病程7~15d。

绵羊和山羊：以绵羊发病较多。临床可见体温升高到40.5~41℃，呼吸加快，后肢麻痹，颈部、咽部、肩胛骨及腋下淋巴结肿大，有时出现化脓灶。妊娠母羊流产、死胎或难产。羔羊还表现腹泻、黏膜苍白、后肢麻痹、兴奋不安或昏睡，不久死亡，病程1~2周。

牛：症状不明显，妊娠母牛常发生流产，犊牛呈全身虚弱、腹泻、体温升高，多为慢性经过。

马、驴：症状轻重不一，有些病例无明显症状，妊娠时母畜常发生流产（以孕期4~5个月多发），病驴体温升高、减食或消瘦。

猪：多发生于仔猪，表现体温升高、咳嗽、腹泻，很少死亡。病程7~10d。

人：病人潜伏期1~10d，突然发病，表现高热，头及全身肌肉疼痛、出汗、虚弱等。由于感染途径不同，有腺肿型、肺炎型、胃肠型、伤寒型等，一般呈良性经过。

2. 病理变化 急性死亡的动物，尸僵不全，血凝不良，无特征性病理变化。病程较长的动物，可见尸体极度消瘦，皮下少量脂肪呈污黄色，肌肉呈煮熟状。其中：

兔：淋巴结肿大，有坏死结节；肝、脾肿大充血，上有点状白色坏死灶；肺充血有局灶性纤维素性肺炎变化。

绵羊与山羊：绵羊体表淋巴结肿大，有时出现化脓灶；肝和脾常见有结节；肺呈纤维素性肺炎；心内、外膜有出血点。山羊脾肿大，肝有坏死灶；心外膜和肾上腺有小点出血。

牛：肝脏有变性和坏死灶。

马：流产马的胎盘有炎性病灶及小坏死点。

猪：淋巴结肿大、发炎和化脓，肝实质变性，支气管肺炎。

病理组织学变化：坏死灶中心有大量崩解的细胞核，干酪化病灶周围排列有上皮样浆细胞和淋巴样细胞。在增生细胞间可见到崩解的中性粒细胞。

[诊断与检疫技术]

1. 初诊　根据流行特点及典型的病理变化（淋巴结、脾、肝、肾肿大，有坏死结节等）可做出初步诊断，确诊需进一步做实验室检测。

2. 实验室检测　在国际贸易中，无指定诊断方法，替代诊断方法为病原鉴定。

实验室检测进行病原鉴定和血清学检测。

被检材料的采集：用于病原鉴定可采集动物肝、脾、肾、骨髓、肺或血液等样品。

用于血清学检测可采集血清或肺组织（提取肺抽提液）样品。

（1）病原鉴定

①压印片或触片检查：采取肝、脾、肾组织和血液在载玻片上作成压印片或触片。用Mag-Gyunwala-Giemsa和石炭酸硫堇法染色。可见到呈零散细小点状革兰氏阴性菌，无芽孢和运动性，呈两极染色形状细菌。可进一步采用直接或间接荧光抗体染色鉴定。

②组织切片检查：取病料样品制作成组织切片，然后采用荧光抗体试验（FAT）等免疫组织化学法检查。

③细菌分离鉴定：采集濒死动物的心血或肝、脾做悬液进行培养。接种在含先锋霉素（40U/mL）、多黏菌素E（100IU/mL）的半胱氨酸葡萄糖－血液琼脂平板上，经37℃培养24h，可见到细小灰白色、透明菌落，周围有绿色环。进一步用免疫荧光试验及玻片凝集试验进行鉴定。

也可采用特殊培养基，如弗朗西斯培养基、麦康凯与Chapin培养基、改良Thayer-Marin琼脂、含维生素B_1的GCA琼脂（BBL）等。进行细菌分离和鉴定。

④动物接种：可用于病原鉴定。常用豚鼠进行病原接种分离，方法是将病料悬液0.5mL皮下注射豚鼠，一般经4～10d死亡，解剖可见肝、脾等多处坏死灶。采取血液和病理组织分离细菌，连续通过2～3代后，可获得纯培养物，再用血清凝集试验或免疫荧光试验进行鉴定。

⑤分子生物学检测：可采用聚合酶链式反应或实时定量聚合酶链式反应（Real time-PCR）进行本病的诊断。

PCR技术是利用特异性引物从土拉杆菌的基因组或细菌培养物中直接扩增外膜蛋白的编码基因fopA。该方法特异性高，检出率达100CFU/mL。可应用于土拉杆菌的不同亚型的鉴定。

（2）血清学检测　采用血清学方法诊断本病，目前主要用于人土拉热病诊断，对易感动物的诊断价值不大。血清学检测包括康氏试管的凝集试验、酶联免疫吸附试验（ELISA）、免疫荧光试验和毛细管沉淀试验等。

试管凝集试验（TA）：为最常用血清学检测方法，家畜患病的第1周，血清中的凝集滴度显著升高，且长期保持，采取可疑病例发病初期及后期的双份血清做凝集试验，若后期血清滴度升高，可诊断为本病。血清凝集试验不适用于早期诊断，适用于流行病学调查。本菌与布鲁氏菌有共同抗原，能发生交叉凝集反应。但本菌抗原与布鲁氏菌血清的凝集价低而可以区别。

酶联免疫吸附试验：可用于土拉热病的早期诊断。

[防治与处理]

1. 防治　可采取以下一些措施：①预防本病主要措施是灭鼠、杀虫和驱除动物体外寄生虫，作为卫生防疫工作，经常进行动物舍及用具的消毒。②引进动物应进行隔离观察和血清凝集试验检查，阴性者方可混群饲养。③在本病流行地区，应驱除啮齿动物和吸血昆虫。④从事饲养人员、处理肉食品、皮毛的工作人员及研究人员，应注意自身的防护。⑤疫区和受威胁区可用菌苗预防接种。

2. 处理 发生本病，应按《中华人民共和国动物防疫法》规定，采取严格控制、扑灭措施，防止扩散。扑杀病畜和同群畜，并进行无害化处理，尸体及分泌物和排泄物进行深埋或烧毁，粪便堆积发酵处理。被污染的场地、用具等应彻底消毒。假定健康动物可用血清凝集反应或变态反应进行检查，对阳性动物淘汰或扑杀。

四、兔球虫病

兔球虫病（rabbit coccidiosis）是由艾美耳属的多种球虫寄生于兔的小肠或胆管上皮细胞内引起的寄生虫病，以断奶前后的幼兔腹泻、消瘦为主要特征。我国将其列为二类动物疫病。

［病原特性］

病原是艾美耳属球虫，属于顶复门（Apicomplexa）球虫纲（Coccidia）真球虫目（Eucoccidiorida）艾美耳科（Eimeriidae）艾美耳属（*Eimeria*）成员。

目前我国已发现11种：黄艾美耳球虫（*Eimeria flavescens*）、肠艾美耳球虫（*E. intestinalis*）、小型艾美耳球虫（*E. exigua*）、穿孔艾美耳球虫（*E. perforans*）、无残艾美耳球虫（*E. irresidua*）、中型艾美耳球虫（*E. media*）、维氏艾美耳球虫（*E. vejdovskyi*）、盲肠艾美耳球虫（*E. coecicola*）、大型艾美耳球虫（*E. magna*）、梨形艾美耳球虫（*E. piriformis*）和斯氏艾美耳球虫（*E. stiedai*）等，其中前10种寄生于兔肠道，最后1种寄生于兔胆管中。

兔艾美耳球虫的生活史与于鸡的艾美耳球虫生活史相同，但寄生于兔胆管的斯氏艾美耳球虫的生活史稍略不同。兔摄入斯氏艾美耳球虫的孢子化卵囊后，在十二指肠内经酶的作用而释放出子孢子，子孢子钻入肠黏膜，再经门脉循环或淋巴循环而移行到肝脏，最后钻入胆管的上皮细胞而开始裂殖增殖和配子生殖，卵囊随胆汁入肠道后随粪便排出体外。

兔球虫卵囊在25℃、55%～75%湿度的外界环境中，经2～3d即可发育成为孢子化卵囊。卵囊对化学消毒药物及低温的抵抗力很强，大多数卵囊可以越冬，但对日光和干燥很敏感，直射阳光在数小时内能杀死卵囊。

［分布与危害］

1. 分布 呈世界性分布，流行极广，我国各地均有发生。

2. 危害 4～5月龄的幼兔感染率达100%，患病幼兔死亡率可达80%左右。耐过兔生长发育受到严重影响，减重12%～27%。在规模化、集约化养兔场易引起暴发流行，给养兔业造成巨大的经济损失。

［传播与流行］

1. 传播 各品种和不同年龄的兔都可感染，但以1～5月龄的兔最易感，且发病后病情严重，死亡率高。成年兔多因幼龄时感染而具免疫力，一般发病轻微，或为带虫者，成为重要的传染源。

传染源为病兔和带虫成年兔。传播途径是经口食入含有孢子化卵囊的水或饲料。饲养人员、饲养用具、苍蝇等也可机械性携带球虫卵囊而传播本病。

2. 流行　本病多发于温暖多雨时期，如果兔舍经常保持在20℃以上，则一年四季均可发病。

[临床症状与病理变化]

1. 临床症状　本病根据发病部位，可分为肠型、肝型和混合型3种，混合型多见。肝型球虫病的潜隐期为18～21d，肠型球虫病潜隐期依寄生虫种不同在5～11d不等。

（1）肠型球虫病　多发生于20～60日龄的幼兔，多呈急性经过。主要表现为病兔不同程度的腹泻，从间歇性腹泻至混有黏液和血液的大量水泻，常因脱水、中毒及继发细菌感染而死亡。

（2）肝型球虫病　可见病兔厌食、虚弱、腹泻（尤其在病后期出现）或便秘，腹围增大和下垂（因肝肿大造成），触诊肝区疼痛。口腔、眼结膜轻度黄疸。幼兔往往出现神经症状（痉挛或麻痹），除幼兔严重感染外，很少死亡。

（3）混合型球虫病　病初食欲降低，后废绝。精神不佳，时常伏卧，虚弱，消瘦。眼、鼻分泌物增多，唾液分泌增多。腹泻或腹泻与便秘交替出现。尿频或常呈排尿姿势。腹围增大，肝区触诊疼痛。结膜苍白，有时黄染。有的病兔呈神经症状，尤其是幼兔，痉挛或麻痹，由于极度衰竭而死。多数病例则在肠炎症状之下4～8d死亡，死亡率可达90%以上。

2. 病理变化　在病死兔剖检时多数是肠球虫和肝球虫的混合感染，病变主要发生肠道和肝脏。

（1）肠型球虫病病例　可见肠壁血管充血，肠黏膜充血并有点状瘀血。小肠内充满气体和大量黏液，有时肠黏膜覆盖有微红色黏液。慢性病例肠黏膜呈淡灰色，肠黏膜上有许多小而硬的白色结节，有时可见化脓性坏死灶。

（2）肝型球虫病病例　可见肝脏肿大，肝表面及实质内有白色或淡黄色粟粒大至豌豆大的结节性病灶，沿胆小管分布。陈旧病灶，其内容物转变成粉样钙化物。慢性病例，胆管和肝小叶间部分结缔组织增生而引起肝细胞萎缩和肝体积缩小，胆囊肿大，胆汁浓稠色暗。

（3）混合型感染病例　兼具上述两型球虫病的病理变化特征。

[诊断与检疫技术]

1. 初诊　根据流行特点、临床症状和病理变化可做出初步诊断，确诊需进一步做实验室检测。

2. 实验室检测　粪便检查和病变结节压片检查。

被检材料的采集：采集病兔的粪便、刮取肠黏膜或病变结节、肝脏的白色结节等病料样品，供检测用。

（1）粪便检查法　可取粪便直接涂片检查卵囊。必要时可采取粪便用饱和盐水漂浮法检查卵囊。如果粪便中见到大量的卵囊，即可确诊。饱和盐水漂浮法操作方法与鸡球虫粪便检查方法相同。

（2）病变结节压片检查　可采取病兔肠黏膜上的淡白色结节（小斑点），或肝脏的黄白色结节进行压片镜检，如见到结节中有大量不同发育阶段的球虫即可确诊。

[防治与处理]

1. 防治　①加强兔场管理，成年兔和幼兔分开饲养，断奶后的幼兔立即分群，单独饲养。②避免饲料和饮水被粪便污染，保证饲料营养丰富和饮水清洁卫生，兔场内消灭鼠类、蝇类及其他昆虫。③每天清扫兔笼、兔箱、兔舍及运动场上的粪便，并进行定期消毒。④使用底部带网眼的铁丝笼喂养可减轻本病发生。⑤在幼兔的饲料中加入莫能霉素、氨丙林和克球多等药物预防本病，使用抗球虫药时应注意休药期。

2. 处理　发现病兔应立即隔离、治疗或扑杀。病死兔的尸体、内脏等应深埋或焚烧。兔笼、用具等严格消毒，可用开水、蒸气或火焰消毒，也可在阳光下曝晒，以杀死卵囊，兔粪用堆积发酵。在兔场内要尽快消灭鼠类、蝇类及其他昆虫。

第八节　蜜 蜂 病

一、美洲蜜蜂幼虫腐臭病

美洲蜜蜂幼虫腐臭病（American foulbrood of honey bees，AFB），又名臭子病、烂子病，是由幼虫芽孢杆菌引起的蜜蜂幼虫和蛹的一种急性、细菌性传染病。以幼虫前蛹期死亡，死亡幼虫和蛹的封盖潮湿、下陷，蛹死亡干瘪后喙向上方伸出现象为主要特征。OIE将其列为必须通报的动物疫病，我国将其列为二类动物疫病。

［病原特性］

病原为幼虫类芽孢杆菌（Paenibacillus larvae），属于芽孢杆菌目（Bacillales）类芽孢杆菌科（Paenibacillaceae）类芽孢杆菌属（Paenibaellus）成员。

本菌为兼性厌氧菌，革兰氏阳性，菌体呈直杆状或曲杆状，长2.5～5.0μm，宽0.5～0.8μm，两端平，单个或链状排列，周身具有鞭毛，能运动，可形成芽孢，芽孢位于菌体一端或中间，椭圆形，大小长为1.2～1.8μm，宽0.6～0.8μm。最适生长温度范围为35～37℃，最适pH范围为6.8～7.0。最适宜培养基为幼虫类芽孢杆菌琼脂（PLA）、MYPGP琼脂、BHIT琼脂和哥伦比亚血琼脂（CSA）。

只有芽孢可致病，每只被本菌感染的幼虫体内有10多亿个芽孢，芽孢对热和化学物质有极强的抵抗力。要杀死芽孢，在沸水中需要15min，在煮沸的蜂蜜中需经40min以上，在4%甲醛中能存活30min。病原芽孢在干燥环境至少有35年的抵抗力，经纯化的芽孢可存活70年以上。

［分布与危害］

1. 分布　本病最早发现于英国，之后蔓延到欧美各国。我国在1929—1930年由日本传入，目前全国各地仍有零星发生。

2. 危害　本病轻者影响蜂群的繁殖和采集力，重者造成全场蜂群覆灭。

［传播与流行］

1. 传播　工蜂、雄蜂、蜂王的幼虫期均易感，但在自然条件下，幼虫期雄蜂和蜂王很少感染发病。孵化后24h的易感染此病，老熟幼虫、蛹、成蜂不易患此病。西方蜜蜂比东方蜜蜂易感。中蜂至今尚未发现感染此病。

传染源主要是病死幼虫及其巢脾、被污染的饲料（主要是花粉）。病原主要通过幼虫的消化道侵入体内。

哺育蜂的饲喂活动是群内传播的主要方式。误将带菌蜂蜜、花粉喂蜂，随意调换子脾，盗蜂、迷巢蜂进入等是造成蜂群间传播的重要原因。远距离传播主要通过出售带病的蜂群、蜂蜜、蜂蜡、花粉以及引种和异地放牧引起。

2. 流行　本病暴发无明显季节性，夏、秋高温季节呈流行趋势，常造成全群或全场蜜蜂覆灭。但病群在好的蜜源大流蜜期到来时，病情减轻，甚至"自愈"。

［临床症状与病理变化］

潜伏期一般为7d左右，OIE《陆生动物卫生法典》规定为15d（冬季除外，因随国家不同而不同）。

患病幼虫多在封盖后死亡，尸体呈淡棕黄色至深褐色，腐烂成黏胶状，挑取时可拉成6～10cm的长丝，有腥臭味。之后尸体干枯变为黑褐色，呈典型的鳞片状，紧贴于巢房下侧房壁上，不易被工蜂清除。

染病子脾封盖潮湿、发暗、下陷或穿孔（常被工蜂咬破穿孔）；如蛹期发病死亡，则在蛹房顶部有蛹头突出（称蛹舌现象）是本病的典型特征。

检查巢脾可见卵、幼虫、封盖子相间的"插花子脾"。

［诊断与检疫技术］

1. 初诊　对可疑为美洲蜜蜂幼虫腐臭病的蜂群，随机取样3～5群，从中取出老熟封盖子或正在出房的封盖子脾，如发现子脾、幼虫和蛹死亡的典型症状，结合流行病学即可做出初步诊断，确诊需进一步做实验室检测。

2. 实验室检测　进行病原菌诊断（包括芽孢染色镜检、病原菌分离鉴定和牛奶凝聚试验）。目前尚无血清学检测方法。可参照《SN/T 1681—2011蜜蜂美洲幼虫腐臭病检疫技术规范》进行检验。

被检材料的采集：

①疑似或发病蜂群样品采集：选择尽可能多死幼虫或变色幼虫的子脾，切取20cm² 待检。有经验采样人员，可直接采集感染幼虫/蜂蛹无菌拭子。

显微镜检查样品，可在现场以发病的蜂幼尸体涂片，晾干后送实验室检查。

发病蜂群附近所有蜂群均视为可疑，应广泛采样进行确诊。除采集蜂幼样品外，还应采集食物储藏物（蜂蜜、花粉和皇浆）、成年工蜂和蜡屑进行检测。

为防交叉污染，可用一次性勺采取蜂蜜样品。成蜂样品可从巢箱或蜂巢继箱中扫取，置塑料或容器中待检，最好从产卵圈采集蜂子，这要比蜂巢继箱中采集的样品更可靠。

蜡屑样品可常年从蜂箱底部采取。

②检测样品采集：为防止疫病传播，应从无临床症状蜂群采集幼虫、蜂蜜、成蜂和碎屑进行检测，常规检测可结合蜂蜜采集进行。

以上样品的包装及运输，子脾样品应以纸袋、纸巾或报纸包装，置于木箱或硬纸箱中运输；幼虫残留物拭子可置适宜的试管中盖塞运输，玻片应置玻片架中运输；成蜂样品可冰冻或浸于70%酒精中待检；蜜蜂食物样品（与一次性采样勺）应置试管或适宜容器中，或以塑料袋包装送检。

（1）芽孢染色镜检　挑取可疑的死蜂尸体少许，涂抹于滴有蒸馏水的载玻片上，在室温下风干，再经酒精灯火焰固定，并滴加石炭酸复红液，加热至气腾5~8min染色。水洗后用95%酒精脱色30s，经水洗后，再用碱性美蓝对比染色30s。水洗后，置600~1 000倍显微镜下镜检。可发现大量红色椭圆形芽孢和蓝色杆菌，即可确诊。

（2）病原菌分离鉴定

病原培养：取幼虫尸体接种在含有硫胺素和数种氨基酸的半固体琼脂培养基上，置34℃下培养48~72h后可见菌落小、乳白色、圆形、表面光滑、略有突起并具有光泽的菌落。也可接种在幼虫类芽孢杆菌琼脂（PLA）、MYPGP琼脂、BHIT琼脂和哥伦比亚羊血琼脂（CSA）等最适宜培养基进行病原菌分离培养。

病原鉴定：纯培养后用染色镜检（革兰染色法、石炭酸品红染色法）和牛奶凝聚试验进行病原菌鉴定，也可用聚合酶链式反应进行病原菌鉴定。

（3）牛奶凝聚试验（生化反应）　取新鲜牛奶2~3mL，置试管中，再挑取幼虫尸体少许（或经分离培养的菌苔少许），加入试管中，充分混合均匀，置30~32℃培养1~2h。如牛奶凝聚时，则为美洲蜜蜂幼虫腐臭病。因为本病幼虫类芽孢杆菌能产生蛋白水解酶。而欧洲幼虫腐臭病不会使牛奶发生凝聚。

没有形成胶体的死虫，用牛乳凝聚试验得不到正确的结果。如果巢脾曾经用甲醛或对二氯化苯熏蒸过，这种试验可能得出阴性结果。

3. 鉴别诊断　本病应与欧洲蜜蜂幼虫腐臭病相区别。区别要点是：美洲蜜蜂幼虫腐臭病发病死亡日龄在封盖后；病尸特点是病尸腐败后有黏性能拉成丝，具有鱼腥臭味，干枯病尸不易取出；牛奶凝聚试验为阳性。而欧洲蜜蜂幼虫腐臭病发病死亡日龄在封盖前2~4日龄；病尸特点是病尸腐败后稍有黏性，但不能拉成丝，有酸臭味，干枯病尸易取出；牛奶凝聚试验为阴性。

［防治与处理］

1. 防治　可采取以下一些措施：①杜绝病原的传入，实行检疫，操作要遵守卫生规程。②严格消毒，越冬包装之前，对仓库中存放的巢脾及蜂具等都要进行一次彻底的消毒。如蜂箱、蜂具、盖布、沙盖、巢框可用火焰或碱水煮沸消毒，巢脾用6.5%次氯酸钠、二氯异氰尿酸钠或过氧乙酸溶液浸泡24h消毒，也可用环氧乙烷熏蒸^{60}Co γ射线辐射消毒。③饲料要严格选择，禁用来路不明的蜂蜜或花粉做饲料，禁止购买有病的蜂群。

2. 处理　发生本病，应立即将蜂群进行隔离治疗，可用磺胺噻唑钠、红霉素等。每500g 50%的糖浆可加入磺胺噻唑钠0.5g或加入红霉素0.1g，用来喂蜂群。每脾蜂喂25~50g，每隔1d喂1次，一个疗程可喂4次。注意严格执行休药期（大流蜜期前1个月停止喂药，同时将蜂箱中剩余的含有药物的蜜摇出，这样的蜂群可以作为生产群，继续喂药的蜂群不能作为生产群使用）。同时将蜂箱、蜂具进行单独存放和使用。对其他尚未发病的蜂群普遍用0.1%磺胺嘧啶糖浆喷脾或饲喂，以进行预防。

二、欧洲蜜蜂幼虫腐臭病

欧洲蜜蜂幼虫腐臭病（European foulbrood of honey bees，EFB），又称欧洲腐蛆病、黑幼虫病、纽约蜜蜂病，是由蜂房蜜蜂球菌引起蜜蜂幼虫的一种恶性、细菌性传染病。以3~4日龄未封盖幼虫死亡为特征。OIE将其列为必须通报的动物疫病，我国将其列为二类动物疫病。

[病原特性]

病原为蜂房蜜蜂球菌（*Melissococcus plutonius*），属于乳杆菌目（Lactobacillales）肠球菌科（Enterococcaceae）蜜蜂球菌属（*Melissococcus*）成员。

蜂房蜜蜂球菌为革兰氏阳性菌，呈披针形，单个、成对或链状排列，大小为（0.5～0.7）μm×1.0μm，无芽孢，不耐酸，不活动，为厌氧或微需氧的细菌，必须在含有5% CO_2 的条件下培养。在含有葡萄糖或果糖酵母浸膏及钠钾比＜1，pH 6.5～6.6的培养基上生长良好，最适生长温度35℃。在平皿上菌落乳白色、边缘光滑，中间透明突起，菌落直径为1mm。

蜂房蜜蜂球菌对外界环境抵抗力较强，在干燥幼虫尸体中3年仍具毒力，在巢脾或蜂蜜里可存活1年左右，在40℃下，每立方米空间含50mL福尔马林蒸气，需3h才能杀死。

[分布与危害]

1. 分布　早在1771年Schirach就描述了蜜蜂幼虫腐蛆病，但其病原菌名称直到1981年由Bailey和Collins将它定名为蜂房蜜蜂球菌（*M.pluton*）。本病世界各国都有发生。我国中蜂对本病抵抗力弱，常有发生，西方蜜蜂也有患本病的报道。

2. 危害　可使2～4日龄未封盖的幼虫发病死亡。蜂群患病后不能正常繁殖和采蜜。

[传播与流行]

1. 传播　感染动物为蜜蜂幼虫，各龄及各个品种未封盖的蜂王、工蜂、雄蜂幼虫均可感染，尤以1～2日龄幼虫最易感，成蜂不感染；东方蜜蜂比西方蜜蜂易感，在中国以中蜂发病最重。

传染源主要是被污染的蜂蜜、花粉、巢脾。蜂群内一般通过内勤蜂饲喂和清扫活动进行传播，哺育工蜂是主要传播者。蜂群间主要是通过盗蜂和迷巢蜂进行传播。养蜂人员不遵守卫生操作规程，任意调换蜜箱、蜜粉脾、子脾以及出售蜂群、蜂蜜、花粉等商业活动，导致疫病在蜂群间及地区间传播。

2. 流行　本病多发于春季，夏季少发或平息，秋季可复发，但病情较轻。此外，本病易发于蜂群群势较弱和巢温过低的蜂群，而强群很少发病，即使发病也常可自愈。

[临床症状病理变化]

本病潜伏期一般为2～3d，OIE《陆生动物卫生法典》规定为15d（冬季除外，因国家不同而不同）。

以3～4日龄未封盖的幼虫死亡为特征。刚死亡的幼虫尸体呈苍白色，以后逐渐变为黄色，最后呈深褐色，并可见白色、呈窄条状背线（发生于盘曲期幼虫，其背线呈放射状）。幼虫尸体软化，干缩于巢房底部，尸体残余物无黏性，用镊子挑取时不能拉成细丝，但有酸臭味。幼虫死亡后易被工蜂清除而留下空房，与子房相间形成"插花子脾"。

[诊断与检疫技术]

1. 初诊　从临床可疑为欧洲蜜蜂幼虫腐臭病的蜂群中，抽取2～4d的幼虫脾1～2张，细查子脾上幼虫的分布情况。如发现虫、卵交错，幼虫位置混乱，颜色呈黄白色或暗褐色、无黏性、易取出，背线明显，有酸臭味，结合流行特点，可做出初步诊断，确诊需进一步做实验室检测。

2. 实验室检测　进行病原菌诊断［包括革兰氏染色镜检、病原菌分离鉴定、半套式聚合酶链式反应（sn-PCR）检测和致病性试验］。目前尚无蜜蜂抗体检测技术。可参照《SN/T 1682—2010 蜜蜂欧洲幼虫腐臭病检疫技术规范》进行检验。

被检材料的采集：

①疑似或发病蜂群样品采集：选择尽可能多死幼虫或变色幼虫的子脾，切取20cm²待检。有经验的采样人员，可直接采集感染幼虫/蜂蛹无菌拭子。

显微镜检查样品，可在现场以发病的蜂幼尸体涂片，晾干后送实验室检查。

发病蜂群附近所有蜂群均视为可疑，应广泛采样进行确诊。除采集蜂幼样品外，还应采集食物储藏物（蜂蜜、花粉和皇浆）、成年工蜂和蜡屑进行检测。

为防交叉污染，可用一次性勺采取蜂蜜样品。成蜂样品可从巢箱或蜂巢继箱中扫取，置塑料或容器中待检，最好从产卵圈采集蜂只，这要比蜂巢继箱中采集的样品更可靠。

蜡屑样品可常年从蜂箱底部采取。

②检测样品采集：为防止疫病传播，应从无临床症状蜂群采集幼虫、蜂蜜、成蜂和碎屑进行检测，常规检测可结合蜂蜜采集进行。

以上样品的包装及运输，子脾样品应以纸袋、纸巾或报纸包装，置于木箱或硬纸箱中运输；幼虫残留物拭子可置适宜的试管中盖塞运输，玻片应置玻片架中运输；成蜂样品可冰冻或浸于70%酒精中待检；蜜蜂食物样品应（与一次性采样勺）置试管或适宜容器中，或以塑料袋包装送检。

（1）革兰氏染色镜检　挑取具有本病典型症状的病虫，解剖取中肠（或幼虫尸体少许）于载玻片上，滴加无菌水少许，用玻棒研碎、风干、火焰固定，用革兰氏染色镜检，如在视野中发现许多披针形、紫色、单个、成对或链状排列的球菌，即可初步诊断为本病。

（2）病原菌分离鉴定

病原培养：将采集的病料制成悬液，接种在含有酵母浸出液或蛋白胨、半胱氨酸或胱氨酸、葡萄糖或果糖等成分的培养基中进行病原菌分离培养。但应与蜂房类芽孢杆菌、腐败细菌和粪便球菌相鉴别。获纯培养后进行病原鉴定。

病原鉴定：可采用试管凝集试验（TA）鉴定病原，也可用聚合酶链式反应检测液体培养基培养的可疑菌落。

用试管凝集试验（TA）鉴定病原时，其抗血清的制备方法为：以洗涤的培养物与等量的弗氏不完全佐剂混合制成抗原悬液，然后取悬液1.0mL静脉或肌内注射兔子而制取。

也可用欧洲蜜蜂幼虫腐臭病病菌诊断血清检验分离获得的疑似病菌。方法是：取洁净玻片1张，用蜡笔划分为3格并注明号码，于第3格内滴加1～2滴生理盐水，第1、2格内滴加1∶10稀释的欧洲蜂幼虫腐臭病病菌诊断血清1～2滴。用接种环取可疑为欧洲蜜蜂幼虫腐臭病病原菌少许，涂匀于第3格中，再用接种环取少许涂于第1、2格中，并轻轻摇动玻片，经1～2min后，以肉眼或显微镜观察。如果1、2格内出现乳白色凝块，而第3格无凝块，即可诊断该菌为欧洲蜜蜂幼虫腐臭病病原菌。

（3）半套式聚合酶链式反应检测　可采用半套式聚合酶链式反应检测蜂蜜、花粉、幼虫及成蜂样品中的病原菌。

（4）致病性试验　将纯培养菌加无菌水混匀，用喷雾方法感染1～2d的小幼虫，如出现上述欧洲蜜蜂幼虫腐臭病的症状即可确诊。

[防治与处理]

1. 防治　①加强饲养管理，紧缩巢脾，注意早春的保温及必要营养补充，以增强蜂群的抵抗力。②严重的患病群，要进行换箱、换脾，并用下面的一种药物进行消毒，如用50mL/m³福尔马林煮沸熏蒸一昼夜；或用0.5%次氯酸钠或二氧异氰尿酸钠喷雾；或用0.5%过氧乙酸液喷雾。

2. 处理　①病轻的蜂群，周围如有良好蜜源，病情会有好转。而重病群需要治疗，先给病群换产卵力强的蜂王，大量补充卵虫脾。治疗用药及休药期注意事项可参照美洲蜂幼虫腐臭病。②患病严重的子脾焚烧、化蜡。

第九节　鱼 类 病

一、草鱼出血病

草鱼出血病（hemorrhagic disease of grass carp，HDGC）是由草鱼呼肠孤病毒引起草鱼和青鱼等淡水鱼类的一种病毒传染病。病鱼以红鳍、红鳃盖、红肠子和红肌肉等其中一种或多种症状为特征。我国将其列为二类动物疫病。

[病原特性]

病原是草鱼呼肠孤病毒（*Grass carp reovirus*，GCRV），又称草鱼出血病病毒（Grass carp hemorrhagic virus，GCHV），属于呼肠孤病毒科（*Reoviridae*）刺突病毒亚科（*Spinareovirinae*）水生呼肠孤病毒属（*Aquareovirus*）水生呼肠孤病毒C群（*Aquareovirus C*）成员。

GCRV病毒粒子呈球状，直径为70nm，有双层衣壳，无囊膜，含有11个双股RNA片段。本病毒多存在于细胞质的包涵体内。病毒在草鱼的细胞中增殖，如草鱼吻端细胞系（ZC-7901）、草鱼肾细胞系（CIK）、草鱼尾鳍细胞系（GCCF-2）、草鱼卵巢细胞系（GCO）和草鱼囊胚细胞系（GCB）等多种草鱼细胞上增殖，能引起细胞病变，在病变的细胞内颗粒明显增多，色泽变暗，出现细胞间隙和空洞。有些细胞变圆、膨大、中空、脱壁，形成大量蚀斑。生长温度20～35℃，最适温度为28℃。野生毒株开始对培养细胞感染力弱，没有细胞病变，但育传几代甚至十几代后，才能出现明显的细胞病变。

到目前为止已确定的病毒株有湖北株（GV-90/14）和湖南株（GV-87/3）等，两个毒株的核酸电泳图谱、毒力和抗原性等方面都有差别。GCRV靶器官是肾脏，病毒感染导致鱼体免疫力下降。

GCRV对酸（pH3.0）、碱（pH10.0）及热（56℃，30min）均稳定。对氯仿及乙醚不敏感。对四环素类药物也不敏感。组织中的病毒-20℃可保存2年仍有活力。未见有血凝活性。

[分布与危害]

1. 分布　本病1970年在我国湖北省溉口的养鱼场首次发现，1983年分离出病毒，定名为草鱼出血病病毒。在病原被鉴定为呼肠孤病毒后，又称为草鱼呼肠孤病毒（GCRV）。目前在我国南方各地广泛存在，如湖南、湖北、广东、广西、江苏、江西、福建、上海、四川等地均有本病的流行。越南养殖草鱼流行的红点病，其流行水温和发病症状均与本病相似，很可能是同一疾病。

2. 危害　本病严重危害草鱼和青鱼成鱼，流行面广（主要流行于长江流域和珠江流域的水产养殖区）、死亡率高，危害性大，可造成大批量草鱼鱼种或成鱼死亡，因此对草鱼的养殖业造成很大危害。

［传播与流行］

1. 传播　病毒可感染草鱼、青鱼、麦穗鱼、鲢、鳙、鲫、鲤等常见的淡水养殖品种，但主要感染体长2.5～15cm的草鱼和1足龄青鱼。2龄以上或成鱼的草鱼和青鱼发病病例极少，且症状也较轻，有的无具体的临床症状，但可携带病毒，成为传染源。

传染源是病鱼及其污染的水。传播方式可经水体水平传播；草鱼的卵带有病毒，可垂直传播；寄生虫也能传播疾病。带毒的成年草鱼及鲤、鲢和鳙为本病毒的宿主，浸泡感染也能发病，病毒可经鳃感染进入体内。

2. 流行　流行季节为6—9月，水温在25～30℃时最易发生本病，尤其是25～28℃时为流行高峰。疾病流行季节发病率达30%～40%，死亡率30%～60%，最高可达70%，每年9月下旬以后本病消失。当水质恶化、水中溶氧偏低，透明度低以及水中总氮、氨氮、亚硝酸态氮、有机物耗氧率偏高和水温变化较大、鱼体抵抗力低下、病毒量多时，易发生流行。

本病主要流行于长江中下游以南广大地区，夏季北方也有流行报道。在发病高峰季节可引起细菌继发感染，造成鱼体严重损伤和出现全身性中毒症状——败血症大量死亡，大大提高了GCRV对草鱼的死亡率。

［临床症状与病理变化］

1. 临床症状　自然感染潜伏期3～10d，而水温25℃时潜伏期约为7d，人工感染为7～10d。

病鱼表现为拒食，游动缓慢、离群，反应不敏感。病鱼体表发黑，头部最明显，眼突出。头顶、下颌、口腔、眼眶、鳃盖、鳍及鳍条基部充血、出血。剥去鱼的皮肤，可见肌肉呈点状或块状充血、出血，严重时全身肌肉呈鲜红色，肠壁充血，肠系膜及周围脂肪、鳔、胆囊、肝、脾、肾有出血点或血丝。

上述症状并非全部同时出现，根据症状不同分为3种类型：

（1）"红肌肉"型　以体长7～10cm的较小鱼种多见。表现为鱼肌肉明显充血，病重的可见全身肌肉均呈红色，鳃瓣严重失血，呈苍白色，故称"白鳃"。病鱼的外表无明显出血或仅为轻微出血。

（2）"红鳍红鳃盖"型　以体长13cm以上的草鱼种多见。表现为病鱼的鳃盖、头顶、口腔、眼眶、鳍基等充血明显，有时鳞片下充血，但肌肉充血不明显，只有充血点。

（3）"肠炎"型　各种规格的草鱼种中均可见，表现为病鱼体表及肌肉充血不明显，而肠道严重充血，肠道部分或全部呈鲜红色，肠系膜、脂肪、鳔壁等有充血点。

上述3种类型，患病鱼可出现一种症状或同时具有两种以上的症状。

2. 病理变化　剖检病死鱼，剥去鱼皮可见肌肉呈点状或环状充血和出血，严重的全身肌肉鲜红色。由于贫血严重，鳃呈白色或花鳃。内脏色变淡，肠壁、肠系膜、腹膜及脂肪组织出血。脾肿大，呈暗红色无光泽。肝、肾、脾和胆囊有点状或丝状出血，严重的有的鱼鳔和胆囊为紫红色。因病情不同，出血的部位也不一样，但多为混合型。

组织学变化可见病鱼的白细胞总数偏低，其中淋巴细胞百分率降低，单核细胞及中性粒细胞比例升高，并出现嗜碱性粒细胞。红细胞和血红蛋白量明显低于正常值。肝细胞出现坏死灶，附近的胰腺细胞变性、坏死，脾变性、坏死。黑素-巨噬细胞聚集，铁黄素沉积，红细胞大量浸润，见有血液淤滞，结构模糊。肾细胞核有时会出现以核浓缩、碎裂、消失为主要特点的变性坏死。

[诊断与检疫技术]

1. 初诊　根据流行特点（尤其在25～28℃时，草鱼、青鱼鱼苗大量死亡，而其他同塘鱼类无此现象）和临床症状（特别是病鱼出现红鳍、红鳃盖、肠壁出血、红肌肉等症状中的一种或多种），可做出初步诊断，确诊需进一步做实验室检测。

2. 实验室检测　进行病原鉴定，包括病毒分离与鉴定、电镜观察病毒、免疫学检测和分子生物学检测（RT-PCR）等。目前尚无本病检测的国家、行业标准，可参照NACA-GCRV诊断卡推荐方法进行诊断。

被检材料的采集：采集1龄以下病鱼150尾、1龄以上病鱼10尾，取肝、肾、脾、肠等病变组织，以供检测用。

（1）病毒分离与鉴定　可用草鱼吻端细胞系（ZC-7901）、草鱼肾细胞系（CIK）、草鱼尾鳍细胞系（GCCF-2）、草鱼卵巢细胞系（GCO）等对疑似病料样品进行病毒分离培养。具体方法是：取濒死鱼的病变组织，如肝、肾、脾、肠等研碎制成悬液（1∶10），3 000r/min离心30min，吸取上清液，然后用6号垂熔玻滤器或赛氏滤器过滤，用滤过液接种在草鱼吻端组织细胞株（ZC-7901）的细胞单层上（维持液不含血清）置于25～30℃条件下培养，每日观察。如果出现细胞折光力强、颗粒增多、细胞变圆或拉长，最后细胞完全脱落等，证明病毒已经生长。但来自鱼体不同组织的细胞等，对病毒的易感性不同，如吻端细胞、鱼肉细胞、鱼性腺细胞均能引起上述的病变，但在草鱼尾鳍细胞中病毒虽能繁殖，却不能引起上述病变。

分离的病毒再用ELISA或PCR鉴定，或将细胞培养后样品提取核酸后采用核酸电泳检查是否存在11条核酸带来确定是否患有草鱼呼肠孤病毒。

（2）电镜观察病毒　通过电镜观察来鉴定病毒，取细胞培养物，进行负染，然后在电镜下观察，可见病毒粒子为一种直径70nm的球状病毒，有双层衣壳，无囊膜，含有11个双链RNA片段。

（3）免疫学检测　可采用荧光抗体试验（直接法）、酶联免疫吸附试验（ELISA）、斑点酶联免疫吸附试验（dot-ELISA）、葡萄球菌A蛋白协同凝集试验（SPA-COA）等方法检测。

1）荧光抗体试验（直接法）

试验程序：采取病料，冷冻切片机切片，将切好的组织片贴于洁净的载玻片上，用风扇吹干，然后用丙酮固定。再将固定后的标本用PBS洗涤液洗3次，每次3min，最后放在蒸馏水中5～10min脱盐。再将标本放于室温中干燥或吸水纸吸干。然后在标本上滴加适量的荧光抗体液，置湿盒中，放于37℃温箱中作用30min。用PBS液将荧光抗体溶液轻轻冲洗后，将其通过3杯PBS液，用吸纸吸干。最后用磷酸甘油滴于标本上，盖上盖玻片，封片。同时，还应设阴性、阳性标本作对照。最后放于荧光显微镜上观察。

结果判定：如果对照的阳性样品细胞内产生特异性荧光，阴性样品细胞内无荧光，被检样品细胞在荧光显微镜下，能见到特异性荧光，可判为阳性（+）；被检样品细胞内无特异性荧光，可判为阴性（-）。

2）斑点酶联免疫吸附试验（dot-ELISA）　简称点酶法，此方法操作简便，不需要特殊的酶标仪；灵敏度高，比葡萄球菌A蛋白协同凝集试验（SPA-COA）的灵敏度高10倍，比常规酶联免疫吸附试验高20倍。在鱼已带毒，但尚未显症时即可检出。可用于早期诊断、检疫和病毒疫苗质量检定，是适合基层单位的快速、准确和易行的检测方法。具体方法如下：

①GCRV毒种来源及分离纯化：GCRV毒种取自典型自然发病的出血病病鱼组织，用蔗糖密度梯度离心法分离纯化，电子显微镜及紫外分光光度吸收法测定纯度，并按Farrel等（1974）的$9.1OD_{260}=1mg/mL$测定病毒含量。

②兔GCRV抗血清的制备及IgG的分离纯化：参照闵淑琴等（1986）方法免疫大白兔，琼脂双向扩散法测定抗血清效价，待滴度达到1：256左右，从颈动脉采血制备血清，经$(NH_4)_2SO_4$沉淀后用DEAE-Sephadex A50柱层析法提纯IgG，紫外分光光度法测定含量。

③被检病鱼组织材料的制备：取肝、肾、脾、肠道和肌肉等病变组织，经匀浆、离心等处理后加PBS制成10%浓度的组织液供检测。

④dot-ELISA测定：参照Berger等（1985）方法进行。将孔径0.22μm的硝酸纤维素膜（NCM）依次浸入去离子水和TBS（0.01mol/L Tris-HCl，pH7.5，0.9%NaCl）溶液各5min，然后置于带抽滤设备的点样器上，抽滤点样。被检样品用PBS倍比稀释，每样品点25μL，37℃下干燥1h后用TBS配制的5%BSA封膜15min，然后转入终浓度（5～10）μL/mL的兔抗GCRV IgG中，37℃下孵育1h，用TBS配制的0.05%NP-40洗涤3次，每次5min，然后再加入辣根过氧化物酶标记的羊抗兔IgG或辣根过氧化物酶标记的A蛋白（SPA-HRP，工作浓度1：1 000），37℃下作用1h，如上洗涤3次后加底物溶液（0.6%DAB，用0.05mL/L Tris-HCl，pH7.6配制，用之前加H_2O_2至终浓度0.01%），室温下显色。以上操作可用一完整的NCM在一平皿内进行，也可用打孔器将NCM打成直径4mm的小孔片，然后置微孔测定板内进行，检测中同时设正常鱼组织及空白PBS等做对照。

⑤观察结果：阳性结果呈鲜艳的棕褐色斑点，阴性对照为无色。

3）酶联免疫吸附试验　此方法灵敏、准确、特异，可用于做早期诊断，其灵敏度至少比不连续对流免疫电泳法高400倍。中国科学院武汉病毒研究所已制成试剂盒，可供早期诊断用。

4）葡萄球菌A蛋白协同凝集试验　此方法快速、特异、设备简单，适合基层单位检测。

（4）分子生物学检测　可用反转录聚合酶链式反应（RT-PCR）直接从鱼组织中检测病毒。RT-PCR不仅能检测到发病期明显症状病鱼中病毒的存在，还能检测发病前期及愈后病毒携带者中GCRV的存在。

RT-PCR技术是目前检测GCRV最灵敏而特异的方法，可用于本病早期诊断。

3. 鉴别诊断　本病应与草鱼细菌性肠炎或其他细菌性疾病加以区别。草鱼细菌性肠炎常有溃疡，且有肠道出血，肠壁失去弹性且多黏液，但不会出现点状出血。

［防治与处理］

1. 防治　本病目前尚无有效的治疗方法，可采取以下一些措施：①加强饲养管理，投给营养丰富的食饵，以提高鱼体的抵抗力。②保持水质优良，水温稳定。池塘定期加注清水，高温季节注满池水。③定期进行池面消毒，可撒生石灰，食物周围定期用漂白粉消毒。④严格执行检疫制度（具体检疫方法可按GB/T 15805.3—2008检疫方法执行），不要从疫区引进鱼种。⑤做好灭活或弱毒疫苗的预防工作。由于湖北株（GV-90/14）和湖南株（GV-87/3）的抗原性有差别，会影响疫苗使用效果，故在疫苗使用前应对当地流行株进行鉴别。⑥通过培育或引进抗病品种，达到提高抗病能力。⑦鱼场发病时，先用生石灰或漂白粉全池遍撒后再用大黄粉按每千克鱼体重用0.5～1.0kg计算，拌入饲料内或制成颗粒饲料投喂，每日1次，连用3～5d。或者口服植物血细胞凝集素（PHA），每千克鱼每日用量为4mg，隔日喂1次，连服2次。也可用浓度5～6mg/kg的PHA溶液洗鱼种30min。另外，也可用注射法，每千克鱼注射PHA 4～8mg。对鱼卵用碘伏进行药浴，配成含有效碘50mg/L，如水pH高可配成60～100mg/L，一般鱼苗药浴15～20min，夏花草鱼25min，或每周喂1次碘伏，每尾0.01g。

2. 处理　对患病鱼要及时销毁。

3. 划区管理　根据水域和流域情况及自然屏障进行，并对其实施区域管理。

二、传染性脾肾坏死病

传染性脾肾坏死病（infectious spleen and kidney necrosis, ISKN），俗名鳜暴发性出血病或鳜虹彩病毒病（irdovirus disease of *Siniperca chuatsi*），是由传染性脾肾坏死病毒引起淡水养殖鳜的一种病毒性传染病，传染性强，引起暴发性死亡，且死亡率高，以头部充血、口四周和眼出血、脾脏及肾脏肿大、糜烂等为特征。我国将其列为二类动物疫病。

［病原特性］

病原为虹彩病毒，现称为传染性脾肾坏死病毒（*Infectious spleen and kidney necrosis virus*, ISKNV）。属于虹彩病毒科（*Iridoviridae*）巨大细胞病毒属（*Megalocytivirus*）成员。

引起真绸虹彩病毒病的病原也是虹彩病毒，称为真鲷虹彩病毒（*Red sea bream iridovirus*, RSIV），RSIV也属于虹彩病毒科（*Iridoviridae*）巨大细胞病毒属（*Megalocytivirus*）。

针对引起真鲷虹彩病毒病的病原（RSIV）和引起鳜暴发性出血病（或鳜虹彩病毒病）的病原（ISKNV），通过分析比较两个病毒的基因全序列，显示RSIV与ISKNV有99%以上的同源性。因此，OIE《水生动物疾病诊断手册》中认为RSIV与ISKNV是同一种病原。目前在分类上，已将RSIV列为ISKNV的一个亚种。

RSIV核衣壳直径为120～130nm，有囊膜。病毒粒子在CsCl中浮密度为1.16～1.35g/mL。病毒基因组为双链线状DNA，长约为110kb，病毒DNA的复制发生在细胞质和细胞核中。主要衣壳蛋白（MCP）分子量约为50kD，占病毒粒子可溶性蛋白90%，形成病毒的二十面体，衣壳蛋白基因高度保守，与同属MCP基因的相似性在90%以上，不同属虹彩病毒的衣壳蛋白基因相似性只有40%～50%。

ISKNV为细胞质内寄生的具囊膜二十面体，直径大小为150nm的球状病毒颗粒，含有双链DNA。

ISKNV感染鳜脾、肾、肝、鳃、脑、性腺、心脏和消化道等组织器官，其中脾和肾是主要的靶器官，肝、鳃、脑、性腺、心脏和消化道不是主要靶器官。而RSIV的靶器官是海水鱼的脾、肾、心、肝和鳃。

ISKNV感染巨噬细胞致使其肿大，在细胞质内形成的包涵体，常见于脾、造血器官、鳃和消化道。脾细胞可有坏死。ISKNV可用某些鱼类细胞系培养，并产生以肿大细胞为特征的包涵体。

ISKNV不能耐受56℃ 30min、脂溶剂、pH3及紫外线处理。

[分布与危害]

1. 分布　传染性脾肾坏死病毒（ISKNV）由我国学者报道，引起在高于20℃水温中养殖的鳜死亡。1994—1997年间，本病在广东省鳜养殖水域发生大面积的暴发性流行。

真鲷虹彩病毒病（red sea bream iridovirus disease, RSIVD）20世纪90年代在日本四国真鲷养殖场首次暴发等，随后逐渐蔓延到日本西部海水养殖场，引起真鲷苗的大量死亡。我国南部和台湾西北部的养殖海水鱼中都发生过真鲷虹彩病毒病（RSIVD）。在泰国还有感染棕点石斑（Epinephelus malabaricus）的报道。韩国1998年起在许多水产养殖场都发生了真鲷虹彩病毒病（RSIVD），造成60%的鲷和鲈死亡。真鲷虹彩病毒病现已在我国台湾和东南亚等其他地区流行。世界动物卫生组织（OIE）将真鲷虹彩病毒病列为必须通报的动物疫病。

2. 危害　鳜暴发性出血病（ISKN）目前仅发现对淡水养殖鳜引起暴发流行，造成大批死亡，对鳜养殖业造成很大的威胁。而真鲷虹彩病毒病（RSIVD）是目前各国海水养殖危害最为严重的疾病之一。

[传播与流行]

1. 传播　ISKNV主要感染鳜，各种规格的鳜均易感。人工感染证明大口黑鲈对ISKNV最敏感，死亡率同鳜，草鱼感染可出现细胞肿大，但没有死亡，其他真骨鱼如幼青石斑鱼、鲑点石斑鱼、间吻鲈、金点蓝子鱼、花鲈、画眉笛鲷、黑鲷、金鲷、平鲷、尼罗罗非鱼、中国乌鳢、欧洲鲫、天使鱼、鳙、银鱼、鲮、金鱼、印鲮等不敏感。

传染源主要为病鱼及污染水体，通过水体传播。

RSIV目前已知的易感鱼类有真鲷（Pagrus major）、五条（Seriola quinqueradiata）、花鲈（Lateolabrax sp.）和条石鲷（Oplegnathus fasciatus）等。在日本还感染鲈形目、鲽形目、鲍形目的海水鱼类。

真鲷虹彩病毒病的主要传播方式是水平传播。

2. 流行　传染性脾肾坏死病（ISKN）流行于夏季。发病期为5—10月（广东省）、高峰期为7—9月，12月与次年4月不暴发流行。发病时水温在25～34℃，最适水温28～30℃，水温低于20℃较少发病。发病率在50%左右，死亡率可达50%～90%。水质恶化、气候突变时易引起病鱼大批死亡。

[临床症状与病理变化]

1. 临床症状　患病鳜头部充血，口周和眼出血。鳃发白，腹部呈"黄疸"症状。

患病海水鱼游动异常、昏睡，但没有其他外部临床症状。两个月累积死亡率可达50%～90%。

2. 病理变化　病鳜剖检为典型的脾肾坏死。脾肿大、糜烂，呈紫黑色；肾肿大，充血糜烂，呈暗红色；肝肿大，呈灰白色或土灰色或白灰相间呈花斑状，有小出血点；空胃，小肠有黄色透明流晶样物体；心脏淡红色，呈缺血状。

病海水鱼剖检可见严重贫血、鳃瘀斑、鳃丝出现大量黑斑、鳃和肝褪色、脾肿大等。

组织学变化：鳜组织最明显的是脾和肾内细胞肥大，感染细胞肿大形成巨大细胞，细胞质内含大量的病毒颗粒。核萎缩，形状不规则。HE染色，感染细胞质呈蓝色，嗜碱性，胞质均一。

海水鱼最显著的病理特征是病鱼的脾、心、肾、肝和鳃组织切片可见巨大细胞，嗜碱性细胞肿大。

[诊断与检疫技术]

1. 初诊　根据流行特点、临床症状（头部充血，口四周和眼出血）和典型的病理变化（脾肾肿大、糜烂）可做出初诊，确诊需一步做实验室检测。

2. 实验室检测　进行组织学检测和病毒检测。可参照《SN/T 1675—2011真鲷虹彩病毒检疫规范》（SN/T 1675—2005真鲷虹彩病毒聚合酶链式反应操作规程）进行检验。

被检材料的采集：取病鱼（10尾）的脾、肾等组织（尤其是脾），以供检测用。

（1）组织学检测　取病鱼的脾、肾、心、肝和鳃等组织做成组织切片，然后用显微镜观察，可见到典型、异常的巨大细胞，嗜碱性细胞肿大。同时用电镜观察，可见细胞内有大量病毒颗粒。

（2）病毒检测　将可疑样品（脾和肾）的组织液接种斜带石斑鱼鳍细胞系（GF-1），置25℃生化培养箱中培养，10d内用相差显微镜观察细胞病变（CPE）情况。7d可疑样品还未出现CPE，而对照样品已出现CPE，应立即再次传代细胞。如果仍未出现CPE，视为阴性，排除可疑。

当CPE出现后，可用免疫荧光或PCR鉴定病毒。免疫荧光检测为阳性，则可以确诊为本病。用RSIV的上游引物（5'-CGGGGGCAATGACGACTACA-3'）和下游引物（5'-CCGCCTGTGCCTTTTCTGGA-3'）进行PCR，扩增RSIV的586bp基因片段。对PCR阳性条带进行测序，与RSIV基因序列相同则可做出诊断。

也可采用PCR或免疫荧光直接检测病料组织。

3. 鉴别诊断　鳜暴发性出血病（ISKV）应与真鲷虹彩病毒病（RSIVD）相鉴别。主要根据感染对象不同加以区别。

[防治与处理]

1. 防治　目前尚无特效的治疗方法，可采取以下一些措施：①对苗种场、良种场实施防疫条件审核、苗种生产许可管理制度。②加强疫病监测与检疫，掌握流行病学情况。③通过培育或引进抗病品种，提高抗病能力。在鳜引种时，要严格进行检疫，避免从疫区调入鱼种。④加强饲养管理，减少鳜投放密度，降低单位面积产量。保持水质优良，在发病季节预防细菌及寄生虫引起并发症。⑤经常用消毒剂进行消毒，每个池塘的生产用具不要混用，在进入场地的交通工具和人员，可用碘制剂消毒。

2. 处理　发现病鱼经确诊后必须全群销毁，同时对水源和用具进行无害化处理。

3. 划区管理　根据水域和流域情况及自然隔离情况划区，并实施划区管理。

三、锦鲤疱疹病毒病

锦鲤疱疹病毒病（koi herpes virus disease, KHVD）是由锦鲤疱疹病毒引起鲤和锦鲤的一种急性、接触性传染性疾病。OIE将其列为必须通报的动物疫病，我国将其列为二类动物疫病。

[病原特性]

病原为鲤疱疹病毒3型（*Cyprinid herpesvirus* 3，CyHV-3），又名锦鲤疱疹病毒（*Koi herpes virus*，KHV），属于疱疹病毒目（*Herpesvirales*）异样疱疹病毒科（*Alloherpesviridae*）鲤疱疹病毒属（*Cyprinivirus*）成员。

鲤疱疹病毒属分鲤疱疹病毒1型、2型和3型，其中鲤疱疹病毒1型（CyHV-1），又称鲤痘疮病毒；鲤疱疹病毒2型（CyHV-2），又称金鱼造血器官坏死病毒。KHV和CyHV-1存在抗原交叉反应。

KHV是球状病毒，成熟病毒颗粒有囊膜，直径为170～230nm。核衣壳为二十面体对称，直径100～110nm，由31种病毒多肽组成，其中21种多肽分子量与鲤疱疹病毒相似，10种多肽与斑点叉尾鲴病毒（*Channel catfish virus*，CCV）相似。KHV基因组为双股DNA，大小约为277kb，比疱疹病毒科的其他病毒基因组（250kb）大。

[分布与危害]

1. 分布　1998年5月在以色列首先暴发本病，使以色列鲤和锦鲤养殖业遭受毁灭性打击。紧接着，美国和欧洲一些国家（如英国、德国、比利时、荷兰）及亚洲一些国家（如印度尼西亚、日本和韩国）养殖的锦鲤也因锦鲤疱疹病毒病而大量死亡。2004年4月我国台湾地区报道流行本病。2005年已证实在我国海南、广东检出了本病。目前流行范围已遍及欧亚美非各大洲。

2. 危害　病毒（KHV）目前虽仅感染鲤、锦鲤和剃刀鱼（包括鱼苗、幼鱼和成鱼），但其死亡率高达80%～90%，甚至100%，可造成严重的经济损失。

[传播与流行]

1. 传播　易感动物目前仅为锦鲤、鲤及剃刀鱼（*Solenostomus paradoxus*），其鱼苗、幼鱼和成鱼均可感染。金鱼、草鱼等混养的鱼不感染。

KHV发病水温为18～30℃，最适水温范围为23～28℃（低于18℃，高于30℃，不会引起死亡）。已感染KHV的鱼，养殖水温在18～27℃持续的时间越长，疾病暴发的可能性越大。鱼发病并出现症状24～48h后开始死亡，开始死亡至2～4d内死亡率可迅速达80%～100%。

传染源为病鱼和带毒鱼（暴发后幸存的鱼）。带毒鱼将病毒传染给其他健康鱼，主要通过水平传播，能否垂直传播目前尚未确定。

2. 流行　本病多发于春季和秋季，因我国跨越几个气候带，发病时期为：北部辽宁地区在5月中下旬、8月上旬至9月上旬；中部湖南、湖北地区在4月下旬至5月上旬、9月上旬至10月上旬；南方广州地区在4月下旬至5月上旬、10月中下旬至11月上旬。

[临床症状与病理变化]

1. 临床症状　潜伏期为14d。主要临床表现为：病鱼停止游泳，鱼眼凹陷，皮肤上出现苍白的块斑与水疱，类似寄生虫和细菌感染，鳃出血并有大量黏液或大小不等的白色块斑状组织坏死，鳞片有血丝，体表分泌大量黏液。

但要指出的是，临床表现的症状与病程有很大的关系，即在不同发病期，其症状表现有差异：

（1）发病初期　体表有少量出血，少量鳞片脱落，鳞片松动，鳞片上出现血丝；眼凹陷；肛门轻微红肿；鳍条尤其尾鳍充血严重；撕开皮肤，出现皮下充血和肌肉出血，出血与充血沿着肌刺激分布较多；打开鳃盖，鳃丝颜色深红色，剪去一条鳃丝，流出的血液极少，且凝集非常迅速；打开腹腔剪开心脏，出血明显比健康鲤少，且凝血迅速；肠道充血发红，未见出血点；肝水中末端有细小出血点，质脆易碎；脾有出血点，镜检内部有少量出血点，呈鲜红色；后肾肿大，镜检有出血点；胆固缩，胆汁色变深。

（2）发病中后期　病锦鲤出现精神沉郁，食欲废绝；行为上会出现无方向感的游泳，或在水中呈头下尾上的直立姿势漂浮，甚至停止游泳；皮肤上出现苍白的块斑和水疱；鳞片上出现血丝，病鱼口腔充血和出血，腹部出血，鳍条充血，尤其是尾鳍，病鱼鳃出血，并产生大量黏液或组织坏死；病鱼在1～2d内就会死亡。

本病发生时，一般表现出发病急、感染率高、死亡率高等特点，并且最先死亡的往往是个体肥满度较高的，而最后带毒存活的往往是畸形，且较瘦小的个体。

2. 病理变化　组织学变化为在病鱼的鳃、皮肤、肾、脾、肝和消化系统有明显的病灶，鳃上皮细胞出现明显的不同程度的肿胀和肥大，次级鳃丝出现融合现象。感染细胞出现细胞核肿胀，染色体边缘化，有些细胞还出现包涵体。在组织切片中观察到六角形的病毒核衣壳，大小为110nm，电镜负染观察病毒粒子直径大小为180～230nm，核衣壳直径大小为108nm，病毒的囊膜很松散。

［诊断与检疫技术］

1. 初诊　根据流行特点在水温18～30℃，尤其是25～28℃时，同池中养殖的锦鲤、鲤不同个体同时发生大量死亡，而养殖的金鱼、草鱼等不发病；患病到死亡需24～48h，且死亡率高达80%～100%。不论是否观察到类似细菌或寄生虫病，都应当高度怀疑KHV感染，结合临床表现如病鱼停止游泳，眼凹陷，皮肤上出现苍白的块斑与水疱，鳃出血有大量黏液，鳞片有血丝等，可以做出初步诊断。确诊需要进一步做实验室检测。

2. 实验室检测　目前尚无标准的检测方法，但有效的检测和诊断手段主要有：细胞分离法（病毒分离鉴定）、聚合酶链式反应（PCR）、免疫荧光、ELISA等方法诊断。可参照《SNT 1674—2011锦鲤疱疹病毒病检疫技术规范》进行检验。

被检材料的采集：取病鱼（10尾病鱼）皮肤坏死病灶和鳃、肾、脾等，以供检测用。

（1）病毒分离鉴定　通常采用细胞培养技术分离病毒，然后用PCR进行鉴定。方法是：取病变组织经处理后接种在锦鲤鳍条细胞系（koi fincell line, KF），培养适合温度为15～25℃，最适培养温度为20℃，KHV可引起细胞（KF）的病变（CPE）。但由于灵敏度低，分离病毒的可靠性下降，普遍认为不适宜作为病毒分离用。

（2）PCR　PCR检测KHV可靠性高。将病变组织经处理接种锦鲤鳍条细胞（KF），培养后收获细胞病变悬液，提取病毒DNA，采用PCR检测，若检测为阳性即可确诊。

为提高PCR检测可靠性，提出双引物检测比对的方法。世界动物卫生组织（OIE）《水生动物疾病诊断手册（2007）》提供了2个PCR引物：一是上游引物（5′-GGGTTACCTGTACGAG-3′）和下游引物（5′-CACCCAGTAGATTATGC3′）用于PCR扩增KHV的409bp基因片段，二是上游引物（5′-GACACCACATCTGCAAGGAG-3′）和下游引物（5′-GACACATGTTACAATGGTCGC-3′）用于PCR扩增KHV的292bp基因片段。

（3）酶联免疫吸附试验（ELISA） 如 ELISA 为阳性，即可确诊。

总之，对具临床症状的病鱼，用 PCR、ELISA 或电镜观察病毒等方法中的一种检测锦鲤疱疹病毒（KHV），其结果为阳性即可确诊。若无临床症状的鱼，则需用 PCR、ELISA 或电镜观察病毒等方法中不同的两种方法，其结果都为阳性才能确诊，如果其中之一为阳性，被视为可疑。

3. 鉴别诊断　应与普通细菌感染和寄生虫侵袭相区别。

[防治与处理]

1. 防治　目前无有效的药物用于治疗，也尚无商业化生产的 KHV 疫苗，但以色列用筛选出的弱毒株经射线处理后，对健康鱼进行免疫，能起到一定的保护作用。为防控本病发生可采取以下一些措施：①对苗种场、良种场实施防疫条件审核、苗种生产许可管理制度。同时加强疫病监测与检疫，掌握流行病学情况。②通过培育或引进抗病品种，提高抗病能力。③加强对鲤及锦鲤的进口检疫，严防走私苗种。④加强饲养管理，减少养殖密度，降低单位面积产量。⑤对水源、繁殖用的鱼卵和亲鱼、引进的鱼苗及相应设施等进行严格消毒，可切断传染源，减少病毒感染的概率。同时在易发病前期，对进入场地的交通工具和人员采取消毒措施，定期用碘制剂（如金维碘）进行消毒；对池埂使用金维碘进行高浓度的泼洒，以减少病原的扩散。

2. 处理　发生病情后，除向渔业主管部门上报外，可采取以下应急措施：①感染鱼池须清池，用碘制剂进行全池消毒，或用漂白粉以 $20 \times 10^{-6} \sim 30 \times 10^{-6}$ 的浓度浸泡 1d 后，再排水。池内所有鱼全部扑杀（包括病鱼），将扑杀鱼连同病死鱼，一并进行深埋处理（无害化处理）。空池须曝晒 21d。②杜绝发病池和其他水体进行水交换，可适量进水，禁止排水。③严格管制人员、车辆及器具出入鱼场；做好养殖区域人员和工具的消毒工作（用碘制剂消毒）；对池埂每日多次用碘制剂（金维碘）进行高浓度泼洒。④为控制病情发展，在鱼类发病期，可投喂控制性药物，同时用碘制剂进行全池消毒，以及使用水质改良剂。

3. 划区管理　根据水域和流域情况及自然屏障进行划区，并对其实施区域管理。

四、刺激隐核虫病

刺激隐核虫病（gryptocaryoniasis），俗称海水小瓜虫病或海水白点病，是由刺激隐核虫寄生引起海水硬骨鱼类的一种致死性寄生虫病，以病鱼皮肤、鳃和眼出现大量小白点为特征。我国将其列为二类动物疫病。

[病原特性]

病原为刺激隐核虫（*Cryptocaryon irritans*），属于前口目（Prorodontida）隐核虫科（Cryptocaryonidae）隐核虫属（*Cryptocaryon*）成员。与海水小瓜虫（*Ichrhyophthirius marinus*）是同物异名。

刺激隐核虫生活史分为 4 个阶段：滋养体、包囊前体、包囊和幼虫，以形成包囊进行繁殖。

1. 滋养体　幼虫感染宿主（鱼）后，钻入上皮内，形成滋养体。滋养体长度在 $400 \sim 500 \mu m$，呈圆形或梨形，全身表面披有均匀一致的纤毛，近于身体前端有一胞口。外部形态与多子小瓜虫相似，主要区别是隐核虫的大核分成 4 个卵圆形的串珠状团块。虫体能在宿主上皮内做旋转运动，以宿主体液、组织碎片及整体细胞为食。滋养体成长期为3～7d。滋养体成熟后，从宿主体上脱落下来进入水环境，依靠体纤毛的摆动在水中自由运动，停留在遇到的合适基质（Substrate）上，继续发育成为包囊前体。

2. 包囊前体　滋养体脱离宿主体的时间具有日周期性，多数在黎明前最黑暗的时期脱落。虫体脱离宿主，在形成包囊前，通常在水体中缓慢游动2～8h，此期虫体称为包囊前体。包囊前体最后固着于一些附着物上，脱掉纤毛，虫体表面的脊状突起变平，并形成厚的囊壁，最后形成包囊。

3. 包囊　包囊的大小随水温和鱼种不同而异，通常为（94.5～252）μm×（170～441）μm。包囊通过一系列不对称的二分裂，最终形成子代幼虫。虽然在同一鱼体上的滋养体常在相对集中的时间内（16～18h）脱离宿主，但包囊发育和幼虫的逸出则很不同步，即使在培养条件相同的情况下也是如此。

4. 幼虫　幼虫呈卵圆形或纺锤形，大小为（20～50）μm×（30～70）μm，前端稍尖，有一变形胞口，后端钝圆，全身密布纤毛。虫体因纤毛的活动而不断转动，细胞大核呈念珠状。一个包囊可孵出200～400个幼虫。幼虫能在水中快速游动，寻找和感染宿主。大多数虫株的幼虫都只能生存24h，但孵出6～8h后，幼虫的感染能力大大减弱，10～12h后则仅有少部分幼虫还具备感染能力，18h后完全丧失感染力。幼虫呈日周期性逸出，即在无光的夜间孵出。

刺激隐核虫营直接发育生活史，即不需要中间宿主，在宿主寄生期和脱离宿主期经历4个虫体变态阶段（滋养体、包囊前体、包囊和幼虫），在24～27℃需要1～2周。

刺激隐核虫的体外培养，到目前为止，还不能在体外培育这类寄生虫。

2007年，但学明、李安兴等以卵形鲳鲹（*Trachinotus ovatus*）建立感染动物模型，刺激隐核虫传代连续稳定，每代扩增100倍以上，可获得大量虫体。

［分布与危害］

1. 分布　国外普遍发生，我国几乎遍及全国各地。

2. 危害　刺激隐核虫主要寄生于海水硬骨鱼类，可导致成活率低下，给养殖者造成极大的经济损失。据调查，刺激隐核虫几乎可以感染我国南方所有海水养殖鱼类，染疫石斑鱼、大黄鱼和卵形鲳鲹的死亡率可达50%、75%和100%。

［传播与流行］

1. 传播　刺激隐核虫无寄主专一性，几乎所有的硬骨鱼类都可以被感染，但板鳃类对其具有抵抗力。在自然条件下，野生海洋鱼类可感染刺激隐核虫，但很少发病，常成为病原携带者；养殖鱼类因饲养密度大，抗应激能力差，易感染刺激隐核虫而发病，如鲆鲽类、河鲀、大黄鱼、石斑鱼、东方鲀、鲫、尖吻鲈、卵形鲳鲹等海水养殖鱼类均可感染，从鱼种到产卵亲鱼都可发病。刺激隐核虫主要寄生于海水硬骨鱼类的皮肤、鳃的上皮下。

传染源主要是病鱼、带虫鱼及被刺激隐核虫污染的水源。通过包囊及其幼虫传播。

2. 流行　刺激隐核虫最适发育水温是20～30℃，因而疾病主要发生在每年3—4月和8—9月，特别是台风过后，海区环境变化大，鱼体抵抗力差时更易暴发刺激隐核虫病。育苗室水温在25～30℃、换水不足4/5时，20日龄的鱼苗易发病。池塘养殖，在换水率低、污染严重时也易于发生流行。网箱养殖，如将网箱设置在水流动不畅、水质差、有机物含量丰富、高密度养殖的海区时最易发病，且传播迅猛，往往波及整个海湾所有养殖鱼。

[临床症状与病理变化]

1. 临床症状 由于刺激隐核虫在鱼体表上钻孔，刺激鱼体分泌大量黏液和表皮细胞增生，包裹虫体形成白色小囊包，因此在病鱼皮肤、鳃和眼部可出现大量针尖大的小白点（为刺激隐核虫生长中的滋养体）。此"小白点"在鳃上都可以清晰见到，在鱼皮肤上则深色皮肤上易看到，而浅色皮肤鱼则需将鱼放在水中才能发现小白点。

患病初期，可见鱼食欲减退，开口呼吸，频率加快，在养殖池中分布散乱、漫游不止，鱼体背部、各鳍上先出现少量白色小点，同时鱼体因受刺激发痒而时常翻转身体摩擦池底、池壁、网衣。患病后期，鱼体体表、鳃、鳍等感染部位可出现许多0.5～1.0mm的小白点。严重时鱼体表皮覆盖一层白色薄膜。鳃丝分泌大量黏液，鳃变苍白，随着病情发展，体表发生溃疡，鳍条缺损、开叉，眼角膜浑浊发白。最后因身体消瘦、运动失调、鳃组织破坏失去正常功能，从而引起衰弱、窒息死亡。

鲷科鱼类表现为不喜欢集群，或无规则独游；石斑鱼类通常趴在池底下集堆，有的喜欢停留在进水口或出水口张嘴、掀鳃盖呼吸，严重的窒息死亡。

2. 病理变化 刺激隐核虫幼虫可钻进宿主（鱼）上皮，在紧邻生发层定居下来（此侵入过程在5min内完成），幼虫穿过组织时造成肉眼不易发现的损伤。随着滋养体的生长，上皮层表面逐渐出现肉眼可见的"白点"，宿主体被中一个位点通常仅生长一个虫体，严重感染时可见2～4个虫体占据1个"腔穴"。严重感染部位可出现上皮渐迷性坏死、外层脱落；当虫体寄生在鳃丝基底膜时，可迅速被上皮细胞一层薄膜包围，持续重度感染时可出现第二层融合及层内空隙消失；当虫体感染眼部时，虫体寄生在眼角膜基底膜上，严重时可引起角膜增生、眼球浑浊。

[诊断与检疫技术]

1. 初诊 根据流行条件和临床症状表现（皮肤和鳃上出现小白点、病鱼不食等）可做出初步诊断，确诊需进一步做实验室的虫体检测。

2. 实验室检测 进行虫体镜检和套式PCR技术检测。

被检材料的采集：取有临床症状病鱼10尾，从体表白色小囊包或鳃、鳍取样，以供虫体镜检，而无症状病鱼一般不作为检测对象。

（1）虫体镜检 取病鱼鳃片，放在载玻片上，加数滴海水，在显微镜4×10下镜检，滋养体在鳃丝之间呈黑色圆形或椭圆形团块，有的还做旋转运动；另从病鱼体表或鳍条上轻轻刮拭黏液压片，同上镜检。如果从病鱼鳃、皮肤、鳍条刮拭物在显微镜下观察到持续旋动、梨形纤毛虫，即可确诊为刺激隐核虫病。

（2）PCR技术检测水体中的幼虫 取养鱼水体1 000mL，以300目滤网过滤除去杂质，然后加入$1×10^{-6}$福尔马林，以10 000r/min离心5min，取沉淀物用冻融法提取DNA，用套式PCR扩增法扩增，并用电泳检测。如果检测到阳性条带，表明水体中有大量刺激隐核虫幼虫存在。

3. 鉴别诊断 本病应与黏孢子虫病相区别。患刺激隐核虫病的鱼体体表小白点为球形、大小基本相等、比油菜籽略小，体表黏液较多，显微镜下可见到隐核虫游动。患黏孢子虫病的鱼体体表白点大小不等，有的呈块状，鱼体表黏液很少或没有，无虫体游动现象，但可见到孢子。

[防治与处理]

1. 防治　可采取以下一些措施：①加强营养，投喂全价饲料，提高鱼体抵抗力。②合理控制放养密度，因为虫体的传播速度随着鱼体的放养密度增加而加大。③在进行分苗、倒池、刷池等操作时，切忌机械损伤，以免损伤后导致虫体侵入。④对于池塘、育苗室内的养殖水体应增大换水量、改善水质、定期消毒，每月1次。⑤育苗池在育苗前要彻底洗刷，并用高浓度的漂白粉或高锰酸钾溶液消毒，以杀灭包囊。⑥换水和改变水环境。最好每日用新鲜海水交换掉50%的池水。换水时，水源要清洁、无污染，进水口需要有过滤设备。换水的目的是有助于清除包囊和幼虫，减少传染机会，还可增加池鱼的免疫力，防止继发感染。⑦经常检查，发现病鱼及时隔离、治疗。化学药物治疗的常用方法有：A.用0.25～1.0mg/L硫酸铜，浸泡4～8d。B.用0.2～0.7mg/L硫酸铜和硫酸亚铁（5∶2）合剂，浸泡4～8d。C.用100～200mg/L福尔马林溶液，浸泡2h，每晚1次，连用4～6d。D.用40～60mg/L福尔马林溶液结合抗生素药物，浸泡4～6d（用药剂量和时间要视不同鱼的忍受程度进行调整）。此外，还可用物理治疗，即采用低盐度或淡水处理，这对鱼影响不大，但对包囊影响很大，可杀死刺激隐核虫包囊。方法：用低盐度（8%～10%）浸泡3h，间隔3d，连续4次，可以在7～10d内杀死刺激隐核虫包囊；也可将水族箱中的鱼进行轮换饲养，轮换的时间按低盐度处理方法的时间安排，空置的水族箱进行干燥和清洁处理。⑧发现病死鱼要及时捞出，以免病鱼死后刺激隐核虫离开鱼体形成包囊进行增殖。⑨进行疫苗免疫预防。可采用刺激隐核虫幼虫灭活疫苗免疫，石斑鱼接种该疫苗后可达到85%的相对保护率。⑩应用生物预警法，特别是在海洋养殖区中宜采用此方法。

2. 处理　及时把病死鱼集中无害化处理，不能乱丢。

3. 划区管理　由于刺激隐核虫宿主宽泛，在海洋中开展养殖的水体与周边水体连为一体，无法隔开，故无法进行划区。而对陆基养殖场应根据流域的自然情况划区，并实施划区管理。

五、淡水鱼细菌性败血症

淡水鱼细菌性败血症（freshwater fish bacteria septicemia），又称为淡水鱼暴发病，是由致病性嗜水气单胞菌引起的一种急性传染病，主要危害鲫、鳊、链、鳙、鲤和鲮等淡水鱼类。病鱼以鳍基及鳃盖充血、肛门红肿、内脏肿大充血、肠道空泡状等为特征。我国将其列为二类动物疫病。

[病原特性]

病原为嗜水气单胞菌（*Aeromonas hydrophila*），属于气单胞菌目（Aeromonadales）气单胞菌科（Aeromonadaceae）气单胞菌属（*Aeromonas*）成员。同属的运动性气单胞菌如温和气单胞菌、凡隆气单胞菌、豚鼠气单胞菌、舒伯特气单胞菌、简达气单胞菌等也有一定的致病性。

嗜水气单胞菌为革兰氏阴性短杆菌，大小为（1.2～2.2）μm×（0.5～1.0）μm，单个或成对或短链，无芽孢、无荚膜、极端单鞭毛，能运动。

本菌为兼性厌氧，最适生长温度范围为22～28℃，除灭鲑气单胞菌外，均可在37℃生长。新分离的菌株常呈两个菌体相连。

本菌在营养琼脂和TSA上生长良好，可形成直径1～5mm的圆形乳白色、光滑湿润的微凸菌落。在R-S鉴别培养基上可形成黄色、无黑色中心的菌落，部分气单胞菌可在TCBS上生长，形成黄色菌落。在血琼脂上呈典型的溶血。

本菌氧化酶阳性，接触酶阳性，精氨酸双水解酶、赖氨酸脱羧酶阳性，鸟氨酸脱羧酶阴性，还原硝酸盐，明胶酶和DNA酶阳性，发酵葡萄糖产酸产气，大多数种能发酵麦芽糖、半乳糖和海藻糖。对弧菌抑制剂2，4-二氨基-6，7-异丙基喋啶（O/129）不敏感，区别于弧菌属其他细菌。

对南方各省分离自暴发病鱼类的嗜水气单胞菌菌株进行了血清型研究，表明上述地区的气单胞菌流行菌株存在O：9和O：97两个主要的血清型，但北方及我国西南各省的气单胞菌流行株情况不同。嗜水气单胞菌的血清型与致病性间存在一定的关系。

对嗜水气单胞菌致病机制研究，表明嗜水气单胞菌存在溶血素、胞外蛋白酶等多种生化物质，是致病因子，其中溶血素为主要的致病因子，可引起鱼血细胞溶解、肠道病变和肝、脾、肾等组织器官坏死，最终引起鱼死亡。目前，溶血素、胞外蛋白酶是判断菌株毒力的重要指标。

致病性嗜水气单胞菌菌株不同于自然水体中气单胞菌正常栖息菌株，正常栖息菌株对鱼类只有弱致病力或无致病力，为条件致病菌。而能引起鱼类细菌性败血症的气单胞菌致病菌株具有以下特性：一是具有主要外膜蛋白（OMP）、菌毛以及转铁体等，可有效逃避鱼体免疫系统，并在入侵后在鱼体内有较强的定植能力。二是菌株能分泌对鱼体组织和细胞有较强损伤作用的溶血素和胞外蛋白酶。

本菌对温度较敏感，煮沸即杀死。一般消毒剂均可杀死。对青霉素、氨苄青霉素及奈啶酮酸有较强的抗药性，但对庆大霉素、四环素、卡那霉素等均敏感。

［分布与危害］

1. 分布　自1891年国外有人报道了因嗜水气单胞菌引起的蛙红腿病，随着养殖业的发展，本菌也感染鱼类，引起败血症。20世纪80年代末本病在我国各地均出现大规模暴发流行。例如，1989—1991年在上海、江苏、浙江、安徽、广东、广西、福建、江西、湖南、湖北、河南、河北、北京、天津、陕西、山西、云南、内蒙古、山东、辽宁、吉林等20多个省（自治区、直辖市）广泛流行。

2. 危害　目前全国主要淡水鱼养殖地区均有发生。以湖南、安徽、河南、浙江、湖北、江苏、广东、福建等省危害最为严重，北方地区疾病暴发地域相对较小，发病季节也较短。本病可造成多种淡水养殖重大经济损失，目前已成为世界各国养鱼地区的主要传染病之一。

［传播与流行］

1. 传播　本病可感染除草鱼、青鱼外的大部分养殖鲤科鱼类，主要感染鲫、鳊、鲢、鳙、鲤、鲮等鲤科鱼类。其中，华东、湖南与湖北等地主要感染鲫、鳊、鲢、鳙等鱼类；广东、广西还感染鲮；北方感染以鲤、鲢、鳊、鳙等为主。非鲤科鱼类、鳖、蛙、鳗、黄鳝、河蟹、青虾等品种也可发生气单胞菌感染或败血症，但习惯上这些动物的气单胞菌败血症不属于本病范围。

人类也较多发生气单胞菌引起的肠道和体表感染，严重时可发生败血症，但目前没有证据表明鱼源嗜水气单胞菌可感染人类。有报道水貂感染嗜水气单胞菌死亡与喂食病鱼有关。

传染源为病鱼、病菌污染饵料、用具及水源等，鸟类捕食病鱼也可造成疾病在不同养殖池间传播。感染的途径是鱼的肠道和损伤的皮肤。

2. 流行　本病多在水温升高的春末夏初开始发病，流行温度为9～36℃，高峰温度为28～32℃。每年5—10月为本病发生的主要季节，其中以7—9月发病最高。北方气温突降时可引起鲤疾病暴发，病程较急，严重时1～2周内死亡率可达90%以上；水温较低时病程相应延长，造成养殖鱼类持续性死亡。一般认为水体的气单胞菌数量、水温变化、水质恶化、气候突变、鱼体免疫力等均是本病暴发的重要诱因。

[临床症状与病理变化]

1. 临床症状　本病的症状可因病程长短、病鱼种类及年龄不同表现出多样化。发病早期病鱼出现行动缓慢、离群独游等现象，病鱼的上下颌、口腔、鳃盖、眼睛、鳍基及鱼体两侧出现轻度充血。随着病情发展，出现典型病症，表现为体表严重充血、眼球突出、眼眶周围充血（鲢、鳙更明显）、肛门红肿、腹部膨大等。部分病鱼还有鳞片竖起、肌肉充血、鳔壁后室充血等症状。有时鱼体大量急性死亡时，可出现无明显症状死亡。

2. 病理变化　解剖病鱼可见腹腔内积有淡黄色透明或红色浑浊腹水；鳃、肝、肾的颜色均较淡，呈花斑状；肝、脾、肾肿大，脾呈紫黑色；胆囊肿大，肠系膜、肠壁充血，肠内无食物，有的出现肠腔积水或气泡。

组织学变化可见红细胞肿大、胞质内出现大量嗜伊红颗粒、胞质透明化；血管管壁扁平，内皮细胞肿胀、变性、坏死、解体，最终出现毛细血管破损；肝、脾、肾等实质器官出现被膜病变，间皮细胞、成纤维细胞肿胀，胶原纤维等出现坏死、肿胀、纤维素样变，最后大量弥漫性坏死；被膜也发生变性、坏死、出血；心肌纤维肿胀、颗粒变性、肌原纤维不清晰、最终心内膜基本坏死。

发病鲫腹水呈淡黄色至红色、透明或浑浊，李凡他氏蛋白质定性试验阳性，为炎症性肝性腹水；病鱼血清钠显著降低，血清肌酐、谷草转氨酶（GOT）、谷丙转氨酶（GPT）、乳酸脱氢酶（LDH）等指标显著高于健康银鲫，血清葡萄糖、总蛋白、白蛋白则显著低于健康鲫，表明严重的肝肾坏死和功能损害及其他实质器官的严重病变，属典型的细菌性败血症。

[诊断与检疫技术]

1. 初诊　根据发病鱼种类与流行特点（每年7—9月发病高峰，同池鲫、鳊、鲢、鳙等2种以上鱼同时发病，其中，南方鲫、鳊先发病，北方鲤先发病）、临床症状（病鱼口腔、上下颌、鳃盖及鱼体充血或有出血点，眼球突出，肛门红肿、腹部膨大等）、病理变化（病鱼肝、脾、肾、胆囊肿大充血，肝病变及肠腔积水或气泡等，组织学变化为典型的败血症）和濒死病鱼的肌肉、内脏或腹水压片或涂片镜检（见有大量运动的短杆状菌体）可做出初步诊断，确诊需进一步做实验室检测。

2. 实验室检测　进行病原鉴定。

被检材料的采集：采集10尾有临床症状病鱼的肾、肝、脾等组织，用于细菌分离或直接病原检测；对有发病史的池塘中无症状鱼检疫，可采集30尾，用于细菌分离。

（1）病原菌分离鉴定　取可疑、患病或濒死鱼肝、肾或血液，接种在营养琼脂（如血琼脂培养基，或添加10mg/L氨苄青霉素血液琼脂）、胰酪胨大豆琼脂（TSA）或R-S培养基做划线分离，置于25～28℃条件下培养24h，得到气单胞纯培养的典型菌落（为革兰氏阴性菌落），经接种细菌快速诊断系统API-20E或API-50E试剂盒，鉴定为气单胞菌，即可确诊。

分离的菌株也可通过显微镜检查、生化试验及鱼接种试验进行鉴定。内容如下：

显微镜检查：取培养的菌落或直接取病料涂片，革兰氏染色，镜检。可见革兰氏阴性短杆菌，单个或成对排列，大小为（1.2～2.2）μm×（0.5～1.0）μm。极端单鞭毛，有运动力。无荚膜，不产生芽孢。

生化试验：取培养的菌落进行生化试验，氧化酶试验阳性，发酵葡萄糖产酸产气，对新霉素或弧菌抑制剂0/129不敏感。生长pH5.5～9.0，多数菌株具有血凝性，在甘露糖存在的条件下，7.4℃及22℃均能凝集牛、鸡、人型及豚鼠的红细胞。

鱼接种试验：①取18h的培养物，用生理盐水洗下，稀释成不同浓度，将擦去鳞片和未擦去鳞片的鱼放于菌液中，浸泡18min，取出养在缸中，观察发病情况。②取前述稀释液，直接涂抹于擦去鳞片和未擦去鳞片的鱼体表，观察发病情况。上述两组均设对照，擦去鳞片的鱼发病快，症状与自然发病鱼相同。如果感染几次，菌株毒力会增强。

（2）病原菌的致病性检测　采用脱脂奶平板法检测分离典型气单胞菌菌落胞外蛋白酶活力，可对分离菌株致病性进行辅助判断，具体操作参看GB/T 18652—2002致病性嗜水气单胞菌检验方法。也可用聚合酶链式反应（PCR）对分离菌株的毒力基因进行检测，以了解分离菌株的致病力。

3. 鉴别诊断　注意与环境胁迫引起鱼类大量死亡相鉴别。可从两方面进行区别：一是气单胞菌感染死亡的鱼血液培养，细菌较多且多呈纯培养；而因环境胁迫死亡的鱼血液和内脏细菌较少。二是气单胞菌感染死亡的鱼内脏病症较为严重，且伴有大量腹水；而因环境胁迫死亡的鱼类无典型症状。

［防治与处理］

1. 防治　可以采取以下一些措施：①加强饲养管理，以提高鱼抗病力。可采取供给全价新鲜饲料，同时给鱼池定期灌注清水。②对鱼池要进行清淤清塘，彻底消毒。可用200mg/L生石灰或20mg/L的漂白粉进行消毒。③在发病季节，每半月施放石灰水（生石灰25～30mg/kg），或含氯消毒剂（漂白粉1mg/kg、强氯精0.3mg/kg），全池遍洒。同时内服抗生素药物（比较敏感的抗生素有甲砜霉素、喹诺酮类、庆大霉素、土霉素、四环素、链霉素），剂量为治疗量的一半，采用混饲，每日1次，连用3d。④对发病鱼可采取药物内服治疗和水体治疗。A.药物内服治疗：可用肠炎灵，剂量为每100kg鱼10g，拌料喂服，连用3d。或用五倍子2～4g/m³，研末全池遍撒。还可用金霉素，剂量为5mg/kg；或四环素，剂量为2mg/kg，采用肌内注射或腹腔注射。B.水体治疗：取含有效氯83%的鱼胺，溶于水中全池泼洒，使池水浓度达0.3～0.4mg/L；或用含有效氯60%的漂白粉精全池泼洒，使池水浓度达0.5～0.6mg/L。⑤应用嗜水气单胞菌灭活浸泡疫苗可有效预防本病，疫苗浸泡可使鱼体产生70%～75%的免疫保护率，免疫时效长过10个月。例如，我国目前生产上应用的嗜水气单胞菌灭活浸泡疫苗，通常采用优势血清型O：5和O：97作为疫苗生产菌株，制备二价疫苗。目前用作疫苗生产的菌株还有J-1、BSK-10、TPS-30、XS91-4-1和WY91-24-3等，细菌培养后用0.15%～0.3%福尔马林室温灭活制成疫苗。对本病防治采用的主要是浸泡免疫技术，通常采用疫苗+1%盐水浸泡免疫鱼，可使鱼体获得较为稳定的免疫保护。浸泡免疫通常在冬春季鱼种放养前进行，免疫鱼可较好地度过该年度的发病季节。浸泡免疫虽方便，但疫苗利用率不高，浪费较大，鱼体获得免疫力也相对较弱。

2. 处理　虽然目前未对相关疾病进行扑杀规定，但对于病死鱼还是要及时就地进行集中无害化处理，可采取加石灰深埋，不能乱丢病死鱼。

3. 划区管理　根据水域和流域的自然隔离情况划区，并实施划区管理。

六、病毒性神经坏死病

病毒性神经坏死病（viral nervous necrosis，VNN），又称为病毒性脑病和视网膜病（viral encephalopathy and Retinopathy，VER），是一种严重危害海水鱼类鱼苗的病毒性疾病。目前已从海水鱼传播到淡水鱼，从幼鱼传播到成鱼，幼鱼（仔鱼和稚鱼）病死率达90%以上。病鱼以不正常的螺旋状或旋转式游动或静止时腹部朝上等典型神经性疾病症状和中枢神经系统，特别是脑和视网膜上出现严重的坏死、空泡化为特征。我国将其列为二类动物疫病。

[病原特性]

病原为病毒性神经坏死病毒（*Viral nervous necrosis virus*，VNNV），属于野田村病毒科（*Nodaviridae*）乙型野田村病毒属（*β-nodavirus*，即β型诺达病毒）成员。

病毒颗粒直径为25～30nm，无囊膜，呈二十面体结构，衣壳由180个亚单位组成。CsCl浮密度为1.3～1.35g/mL。

病毒基因组包括两条非聚腺苷酸化的单股正链RNA（RNA1和RNA2）。RNA1长为3.0～3.2kb，编码的蛋白A为病毒依赖RNA的RNA聚合酶（RdRp），分子量为100kD；RNA2长为1.3～1.4kb，编码病毒衣壳蛋白，分子量为42kD。

根据衣壳蛋白的基因序列，乙型野田村病毒属包括条纹鲹神经坏死病毒（*Striped jack nervous necrosis virus*，SJNNV）、红点石斑鱼神经坏死病毒（*Red-spotted grouper nervous necrosis virus*，RGNNV）、虎斑东方鲀神经坏死病毒（*Tiger puffer nervous necrosis virus*，TPNNV）和条斑星鲽神经坏死病毒（*Buffer flouder nervous necrosis virus*，BFNNV）4个基因型，这4个基因型在基因序列、血清型、宿主敏感和致病性、细胞敏感性和增殖温度均不同，表明乙型野田村病毒属在敏感宿主方面的复杂性。

根据血清型差异，乙型野田村病毒属分为A（对应SJNNV）、B（对应TPNNV）、C（对应RGNNV和BFNNV）3个血清型。

病毒性神经坏死病毒（VNNV）对外界环境具有相当强的抵抗力，耐受性极强：对氯仿有相当的耐受性；在50℃下热处理，30min仍有活性，60℃失去活性；在自然干燥条件下至少可维持40d的活性；在直射阳光下曝晒8h仍有活性；在海水中至少可维持活性60d以上。

[分布与危害]

1. 分布　1988年，Bellance和Gallet de Saint-Aurin报道了在拉丁美洲马提尼克岛（Martinique）鲈幼苗体内发现一种在脑部和视网膜形成空泡的疾病，即空泡性脑-视网膜病（又称为病毒性神经坏死病）。20世纪90年代，本病在除非洲之外的几个大洲内全面暴发。Chi S C等首次报道了生活在淡水中的欧洲鳗鲡和淡水鱼类中国鲇受到病毒性神经坏死病毒（VNNV）感染，引起欧洲鳗鲡的病死率为30%，中国鲇的病死率为100%。目前本病在挪威、澳大利亚、日本等国家和我国台湾省等都有报道。因此，本病已流行于美洲和非洲以外几乎所有养殖地区。

2. 危害　多种海水鱼类受感染而发病，尤其是仔鱼和稚鱼易感染，病死率达90%以上，甚至100%，成鱼也可受害。淡水鱼类也有报道。给各国海水养殖造成巨大的损失。

［传播与流行］

1. **传播** 易感动物为多种海水鱼类，包括5个目17个科的40多种鱼类。例如，条石鲷、牙鲆、石斑鱼、大菱鲆、红鳍东方鲀、尖物鲈、石鲽、黄带拟鲹、长缟鲹、齿石鲈、松皮鲽、印度鲴和鰤等鱼。目前已发现本病至少可在11个科22种鱼中流行，常发生在尖吻鲈 (*Lates calcarifer*)、赤点石斑鱼 (*Epinephelus akaara*)、棕点石斑鱼 (*E. fuscogutatus*)、巨石斑鱼 (*E. tauvina*)、红鳍多纪鲀 (*Takifugu rubripes*)、条斑星鲽 (*Verasper moseri*)、牙鲆 (*Paralichthys olivaceus*) 和大菱鲆 (*Scophthalmus maximus*) 等海水鱼鱼苗中，最近从患病的淡水观赏孔雀鱼 (俗名孔雀花鳉，*Poecilia reticulata*)、鱼笛、七带石斑鱼的成鱼体内分离或检出VNNV，这表明VNNV已从海水鱼传播到淡水鱼，从幼鱼传播到成鱼。

鱼对病毒的敏感性与鱼龄有关。仔鱼和稚鱼易受感染，病死率可达90%以上，甚至100%，成鱼也可感染发病。

传染源为病鱼和污染的水体。传播途径主要有垂直传播（经精、卵传播）和水平传播（经污染水体、污染的运输工具、生产用具及鱼个体之间等）两种途径。

2. **流行** 大多数鱼类在仔稚鱼期易受感染，感染后死亡率极高。近年来成鱼患病后，病死率也很高。特别是狼鲈、石斑鱼、大菱鲆等鱼类。狼鲈和石斑鱼成鱼患病率与养殖温度过高有关，病死率可达100%。水温25～28℃时为发病高峰期，但鱼类不同，也有一些差异，如条石鲷多在水温22℃发病，斑石鲷育苗水温在22～25℃易发病，拟鲹常于水温17～25℃发病。褐石斑鱼在水温22～25℃发病，红鳍东方鲀在水温19～21℃时发病等。

［临床症状与病理变化］

1. **临床症状** 为一系列与神经有关的异常表现。鱼苗有不正常的螺旋状或旋转式游动或静止时腹部朝上，一旦用手触碰病鱼，病鱼会立即游动等现象。且鱼体体色异常（苍白）。不同种类的鱼临床症状不同，有的鱼苗会出现鳔过度膨胀，有的病鱼厌食、消瘦等。发病严重的鱼苗伴随着极高的死亡率。

此外，有些受病毒性神经坏死病毒（VNNV）感染的鱼未表现临床症状，但用RT-PCR检测结果呈阳性。

2. **病理变化** 组织学变化可常见中枢神经系统特别是脑和视网膜出现严重的坏死、空泡化。脑细胞胞质中还发现有嗜碱性的包涵体，其大小因不同鱼类有所不同，如庸鲽和尖吻鲈的包涵体直径大约为1μm，狼鲈的包涵体为2～5μm，而点带石斑鱼的包涵体大小不一。

未表现临床症状的幼龄庸鲽的中枢神经系统，包括脑和视网膜，发现在似巨噬细胞内含有大量病毒粒子；在整个脑和视网膜所有神经细胞层可见受感染细胞的聚集体；在受感染细胞的胞质内充满了含有病毒粒子的包涵体，有些病毒粒子沿细胞内生物膜排列形成类似"项链"样形状；视网膜受感染细胞内还含有色素颗粒，色素颗粒一般都位于包涵体内，有些围绕在病毒粒子外形成一个外壳结构，用RT-PCR检测眼、脑及腹部器官都呈阳性。

［诊断与检疫技术］

1. **初诊** 根据临床症状（漂游于水面，游泳异常、身体失去平衡等典型神经性疾病症状）和病理组织切片检查或电子显微镜观察可做出初步诊断。确诊需进一步做实验室检测。

2. 实验室检测　进行病原鉴定，包括病理组织切片检查、电子显微镜检查、病毒分离培养、免疫学方法和分子生物学方法等。目前尚无国家检疫标准。

被检材料的采集：取病鱼（10尾）的脑、脊髓或视网膜等组织，以供检测用。

（1）病理组织切片检查　将患病鱼脑和视网膜进行常规组织切片，经HE染色后在光学显微镜下观察，可见严重空泡化，特别是在前脑更明显，有时还可能在胞质内看到5μm大小的包涵体。神经组织坏死只能作为初步判断，还需用其他方法加以确认，如间接荧光抗体法（IFAT）、免疫过氧化物酶法或原位杂交、原位PCR等。也可直接用患病鱼脑组织涂片观察，再结合IFAT或免疫过氧化物酶进行诊断。此方法快速又经济。

（2）电子显微镜观察　将样品负染，用扫描电子显微镜可观察病毒粒子的大小和形态，或将样品正染色，用透射电子显微镜可更清楚观察病毒粒子的形态特征以及在组织中的分布等。此法也只能起到初步判断，无法确定病毒的分类地位。

（3）病毒分离培养　可用条纹月鳢细胞系（striped snakehead cell line，SSN-1）及其克隆细胞系（E-11）、斜带石斑鱼鳍细胞系（GF-1）分离培养乙型野田村病毒，观察病毒产生的细胞病变（CPE），其中，E-11病变更稳定、一致。不同基因型病毒的最适培养温度不同：红点石斑鱼神经坏死病毒（RGNNV）为25～30℃、条纹鲹神经坏死病毒（SJNNV）为20～25℃、虎河豚神经坏死病毒（TPNNV）为20℃、条斑星鲽神经坏死病毒（BFNNV）为15～20℃。

（4）免疫学方法　利用抗NNV的单克隆抗体或多克隆抗体可以快速、有效地进行诊断，并还可以初步鉴定病毒的血清型。常用酶联免疫吸附试验（ELISA），此方法能检测到组织中微量的病毒抗原，比间接荧光抗体法（IFAT）更灵敏、快速，适合大规模快速检测样品。此法的缺点是因ELISA的特异性常不稳定，容易出现假阳性或假阴性，故现已被分子生物学方法取代。

（5）分子生物学方法　主要用RT-PCR法，它可检测到组织中极微量的病毒RNA，是目前应用较多而又有效的诊断方法。利用RT-PCR扩增出的一段430bp左右的目的片断，已检测出鱼类的病毒性神经坏死病毒（VNNV），包括地中海分离的狼鲈神经坏死病毒（DIEV）、牙鲆神经坏死病毒（JFNNV）、赤点石斑鱼神经坏死病毒（RGNNV）、尖吻鲈脑炎病毒（LeEV）和庸鲽诺达病毒（AHNV）等。然而用这种RT-PCR方法检测不同血清型的VNNV时，灵敏度不同。如Thiery等（1999）检测患病毒性神经坏死病（VNN）的大西洋狼鲈，结果呈假阳性，因此研究者们根据病毒的不同类型设计了不同的特异性引物，以提高检测病毒的特异性。可以说，RT-PCR检测能检测病毒阳性亲鱼的后代全部患病毒性神经坏死病。

有人用套式RT-PCR检测狼鲈神经坏死病毒（DIEV）比用RT-PCR法灵敏度高10～100倍。不仅能检测到存在鱼的神经组织和卵巢分泌物中的病毒，还能检测血液和雄性生殖腺分泌物中的病毒。

3. 鉴别诊断　本病要与车轮虫病（跑马病）鉴别。车轮虫病是由车轮虫感染鱼的一种寄生虫病，鱼苗在大量感染车轮虫后，鱼成群结队地狂游，呈"跑马"症状，而患本病鱼苗虽具有异常的游动（不停地以螺旋式或旋转式游动），静止时腹部朝上，但用手触碰时病鱼会立即游动，表现为神经性症状，故依此将两者区别。此外，还可通过病原检查帮助鉴别。

[防治与处理]

1. 防治　目前尚无有效的药物治疗，以预防为主，主要采取以下一些措施：①对苗种场、良种场实施防疫条件审核、苗种生产许可管理制度。同时加强疫病监测与检疫，掌握流行病学情况。

②通过培育或引进抗病品种，提高抗病能力。③加强饲养管理，改善繁育场卫生条件，降低放养密度。④在繁殖鱼苗时，采用PCR技术检测隐性带病毒亲鱼，剔除带毒怀卵雌鱼，切断病毒垂直传播的途径。⑤以20mg/L的有效碘浸泡受精卵15min，或用50mg/L的有效碘处理5min，均可有效灭活卵表面的病毒。也可用臭氧处理过的海水洗卵3～5min。⑥对育苗室、育苗池和器具进行消毒处理。可采用的消毒剂有卤素类、乙醇类、碳酸及pH12的强碱溶液等，如用次氯酸钠50mg/L处理10min；或对育苗池水用紫外线（每平方厘米410μW强度的紫外线照射224s），或消毒剂进行消毒处理。

2.处理　养殖池塘（或网箱）一旦发现病鱼，要及时捞出死鱼深埋，并进行池水消毒。

七、流行性造血器官坏死病

流行性造血器官坏死病（epizootic haematopoietic necrosis，EHN）是由流行性造血器官坏死病毒引起刺鳍鱼类的一种全身性病毒传染病，自然宿主仅见于赤鲈和虹鳟。病鱼表现为垂死鱼运动失衡，体表发黑，鳃盖张开，头部四周充血，皮肤、鳍条和鳃损伤坏死，肝、脾、肾造血组织和其他组织坏死，鱼大量死亡。OIE将本病称为地方流行性造血器官坏死症（epizootic haematopoietic necrosis），并将其列为必须通报的疫病，我国将其列为二类动物疫病。

[病原特性]

病原为流行性造血器官坏死病毒（*Epizootic haematopoietic necrosis virus*，EHNV），属于虹彩病毒科（*Iridoviridae*）蛙病毒属（*Ranavirus*）成员。

蛙病毒属成员还有蛙病毒3型（FV3）、玻勒病毒（BIV）、欧洲鲴病毒（ECV）和大口鲈病毒（SCRV）等，它们具有共同抗原，均见于美洲、欧洲和澳大利亚健康或发病蛙、蝾螈和爬行动物中。病毒粒子较大，直径为150～180nm，二十面体对称，基因组为dsDNA，长度为150～170kb。

EHNV于1986年在澳大利亚鲴中首次发现，类似于此前发现的、导致养殖鱼类全身性坏死综合征的其他虹彩病毒，如在法国鲴中发现的欧洲鲴病毒（ECV）和在德国鲶中发现的欧洲鲶病毒（ESV）。

文献表明，ECV和ESV目前属同一病毒的两个分离株。而EHNV和ECV是两种不同的病毒，可采用基因和流行病学分析进行区分。

EHNV为无囊膜胞质型病毒，平面观察为六角形二十面体对称，病毒粒子直径148～167nm，基因组双链DNA，大小为150～170kb，病毒在细胞核和胞质内复制，并在胞质内组装。EHNV可在蓝鳃太阳鱼细胞系（bluegill fry cell line，BF-2）、大鳞大麻哈鱼胚胎细胞系（chinook salmon embryyo cell line，CHSE-214）或鲤上皮乳头瘤细胞系（epithelioma papulosum cyrini cell line，EPC）等细胞上增殖，其中以BF-2最敏感，合适温度为15～22℃，接种培养后可引起细胞病变（CPE）。

EHNV靶器官和组织为肝、肾、脾和其他薄壁组织，主要侵害肝细胞、造血细胞和内皮细胞等，病毒随感染组织和尸体分解而释放到水中。

EHNV极其耐干燥，并在水中可以存活数月。在冷冻的鱼组织中可存活2年以上。由此推测，本病毒在渔场水体、淤泥、水草和设施中可存活数月至数年。病毒的抵抗力较强，感染培养物于

23℃可存活几个月，并能耐受反复的冻融处理。置于－20℃保存病毒可存活20个月。用浓度为70%的酒精、200mg/L次氯酸钠或在60℃ 15min下可将病毒灭活。

[分布与危害]

1. 分布　流行性造血器官坏死病（EHN）最早流行于澳大利亚野生红鳍、鲈和养殖的虹鳟，Langdon于1986年在澳大利亚发现本病，随后在亚洲、欧洲和美国时有发生。本病主要流行于欧洲和澳大利亚，我国尚未见公开报道。

2. 危害　本病主要危害赤鲈和虹鳟。幼鱼、成鱼都会被感染，但幼鱼更易感染，引起全身性疾病。

[传播与流行]

1. 传播　目前仅知的两种自然感染宿主是赤鲈（Perca fluviatilis，俗称河鲈）和虹鳟（Oncorhynchus mykiss），各个年龄段的赤鲈和虹鳟均易感，但鱼苗和稚鱼的症状较成鱼明显。

EHNV对赤鲈表现为高感染率和高死亡率，但致死和流行与水温、水质恶化程度有直接关系。天然水体中的赤鲈在水温低于12℃时一般不会发病。EHNV对虹鳟的危害相对小些，只有少量群体易感。刚出生至体长125mm虹鳟均对病毒敏感，并可致死，因此表现为低感染率和高死亡率；刚孵化的稚鱼到商品鱼均可检测到低水平无症状的病毒携带者。

通过浸浴接种试验，澳大利亚河鲈（Macquaria australasica）、食蚊鱼（Gambusia affinis）、银鲈（Bidyanus bidynus）和山南乳鱼（Galaxias olidus）等其他刺鳍鱼类也易感。金鱼（Carassius auratus）和鲤（Cyprinus carpio）等可抵抗流行性造血器官坏死病毒（EHNV）。

本病传染源为病鱼、带毒鱼及污染水体。病毒随感染组织和尸体分解而释放到水中。主要经水平传播。病毒可借助污染的水、食物、鱼卵、精液、尿、粪便等媒介传播。其中，赤鲈EHN传播途径除水外，还可经活鱼运输和钓鱼饵料传播；虹鳟EHN可通过染疫鱼在渔场间传播，也可能通过运输水传播。本病目前尚未证实通过卵垂直传播病毒（因目前在卵巢中未检测到病毒）。

感染途径尚不清楚，可能通过口腔、鳃和损伤皮肤而侵入鱼体。

2. 流行　本病主要在春季和夏初时发生。自然条件下水温在11～17℃的虹鳟容易发病，红鳍鲈则在高于12℃时易发，而低于12℃时一般不发病。

以开食2个月左右的幼鱼最易感染，病程急，死亡率高达50%～100%；成鱼一般不发病，但可起携带、扩散病毒作用。

本病暴发时，首先出现稚鱼和幼鱼的死亡率突然升高，在养殖管理不良、养殖密度高、水流量不足和在污染的池塘里饲喂等情况下，容易引起自然暴发。

[临床症状与病理变化]

1. 临床症状　EHNV经鱼腹腔内接种感染发病的潜伏期，赤鲈：水温12～18℃时为10～28d，19～21℃时为10～11d；虹鳟：水温8～10℃时为14～32d，19～21℃时为3～10d。

无特征性临床症状，仅见鱼大量死亡。有的皮肤、鳍条和鳃损伤，多见于饲养密度过高、水质恶化等饲养管理不善的渔场。濒死鱼运动失衡、鳃盖张开，有的体色变暗。

2. 病理变化　皮肤、鳍和鳃无明显或特征性病理病变。少数鱼可出现肾、肝或脾肿大。坏死灶对应的肝表面可见白色或黄色小点。

组织学变化，用常规苏木精-伊红染色，可见肝、脾和肾造血组织呈急性、局灶性、多灶性或局部大量凝结性或液化性坏死，肝和肾坏死灶边缘可见少量圆形或卵圆形的嗜碱性细胞质内包含体。坏死性病变也可见于心、胰腺、胃肠道、鳃和伪鳃。

[诊断与检疫技术]

1. 初诊　由于本病无特征性临床症状，依据临床表现和病理变化难以做出初步诊断，通常需采用实验室检测。

2. 实验室检测　进行病原鉴定，包括病毒分离与鉴定、聚合酶链式反应（PCR）和酶联免疫吸附试验（ELISA）等方法。目前有我国出入境检验检疫行业标准：流行性造血器官坏死病检疫技术规范（商检行业标准）SN/T 2121—2008，可供执行。

被检材料的采集与处理：有临床症状的鱼，体长小于3cm的鱼苗取整条鱼，去头和尾；体长3～6cm的鱼苗取内脏（包括肾）；体长大于6cm的病鱼（成鱼）取肝、肾、脾和脑等。无临床症状的鱼，取肝、脾、脑等。取样数量按照GB/T 18088的规定。采样的处理：先用组织研磨器将样品匀浆成糊状，再按1∶10的最终稀释度重悬于培养液中。如果在匀浆前未用抗生素处理过样品，则须将样品匀浆后再悬浮于含有1 000IU/mL的青霉素和1 000μg/mL的链霉素培养液中，于15℃下孵育2～4h或4℃孵育6～24h。7 000r/min离心15min，收集上清液。

（1）病毒分离与鉴定　采集病鱼10尾，取肝、脾、肾制成组织匀浆上清液接种在蓝鳃太阳鱼细胞系（BF-2）或大鳞大麻哈鱼胚胎细胞系（CHSE-214）或鲤上皮乳头瘤细胞系（EPC）进行病毒分离，其中以BF-2最为敏感。如将病鱼组织匀浆上清液接种在BF-2细胞，经22℃培养24h，待细胞病变（CPE）出现后（细胞病变表现为局部区域细胞开始裂解，周围细胞收缩变圆，逐渐发展，细胞最终全部脱落）立即再用免疫荧光（间接荧光抗体试验）、ELISA等方法中的一种方法鉴定EHNV，结果为阳性，即可确诊为EHNV；或将病鱼组织直接采用免疫荧光（间接荧光抗体试验）、ELISA或PCR方法中的两种鉴定EHNV，其结果均为阳性，则可判定为EHNV；而仅一项为阳性，则可判定为EHNV疑似。病毒分离与鉴定的详细内容见检疫实训十五：流行性造血器官坏死病的实验室检测。

（2）PCR检测　目前有研制成的流行性造血器官坏死病毒（EHNV）PCR快速检测试剂盒。PCR检测的详细内容见检疫实训十五：流行性造血器官坏死病的实验室检测。

（3）ELISA检测　用于检测被检样品是否存在EHNV抗原。ELISA检测详细内容见检疫实训十五：流行性造血器官坏死病的实验室检测。

对流行性造血器官坏死病毒（EHNV）实验室检测的综合判断，即确诊为EHNV阳性的标准是，满足下列两条标准中任何一条都可以确诊为EHNV阳性：①如果鱼有临床症状，且从病鱼中分离到病毒（EHNV），并用PCR或ELISA鉴定为EHNV；或用ELISA检测病鱼的组织中有EHNV抗原，则可确认为阳性。②如果鱼没有临床症状，从样品中分离到病毒，并用PCR或ELISA鉴定为EHNV，则确认检测结果也是阳性。

3. 鉴别诊断　本病应与传染性造血器官坏死（IHN）进行鉴别。

[防治与处理]

1. 防治　本病尚无有效疫苗预防，也无有效的药物治疗，可采取以下一些措施：①对苗种场、良种场实施防疫条件审核、苗种生产许可管理制度。②通过培育或引进抗病品种，提高抗病能力。

不得引进带有病毒的鱼苗、鱼种和亲鱼。③加强疫病监测与检疫，掌握流行病学情况。要严格执行检疫制度，对鱼群进行定期检疫，采用PCR技术检测隐性带病毒亲鱼，剔除带毒怀卵雌鱼，切断病毒垂直传播的途径。④加强饲养管理，控制养殖密度，保持好水质。⑤平时采用漂白粉、碘制剂等对鱼种、设施工具等进行消毒。⑥禁止转运感染的鱼卵、鱼苗。⑦以鱼的内脏作为鱼苗、鱼种的饵料时，必须煮熟后再投放。

2. 处理　对病鱼、检测出的隐性带病毒亲鱼或疑似病鱼必须销毁，同时对养鱼设施进行彻底消毒。

3. 划区管理　根据水域和流域的自然隔离情况划区，并实施划区管理。

八、斑点叉尾鮰病毒病

斑点叉尾鮰病毒病（channel catfish virus disease，CCVD）是由疱疹病毒引起斑点叉尾鮰的一种急性传染病，幼鱼呈急性暴发性，死亡率高，可造成严重的经济损失。我国将其列为二类疫病。

[病原特性]

本病病原为鮰疱疹病毒I型（*Ictalurid herpesvirus* 1），又称为斑点叉尾鮰病毒（*Channel catfish virus*，CCV），属于疱疹病毒目（*Herpesvirales*）异样动物疱疹病毒科（*Alloherpesviridae*）鮰疱疹病毒属（*Ictalurivirus*）成员。

斑点叉尾鮰病毒（CCV）粒子有囊膜，直径为175~200nm；核衣壳为二十面体，有162个粒子，直径为90~105nm。病毒基因组为双股DNA，大小约为150kb。

用兔的抗CCV多抗血清分析不同来源的CCV抗原型，表明CCV分离株属于同一血清型，采用抗CCV单克隆抗体可发现不同毒株间存在不同的抗原决定族。不同毒力的毒株存在基因序列的差异。鮰产生抗CCV中和抗体的能力与温度有关，腹腔注射CCV的成鱼，27~28℃条件下7d即可产生抗体，9d后抗体滴度最高；自然状态感染鱼群一年后血清仍检测到中和抗体。

病毒感染后，鱼体病毒含量最高的器官是肾和脾。

CCV可以在斑点叉尾鮰卵巢细胞系（CCO）和云斑鮰细胞系（BB）中繁殖，培养最适温度范围为25~30℃，能产生细胞病变（CPE）。感染后数小时细胞固缩，出现合胞体和核内包涵体，约12h细胞脱落。

CCV对乙醚、氯仿、酸、热敏感，其中对乙醚和热最敏感，在甘油中易失去活性，反复冻融可使病毒损失活力。在−75℃或更低温条件下保存病毒最佳，在干燥的条件下，2d内病毒灭活；在25℃鱼池中，病毒的传染力仅维持2d，4℃为28d，在自来水中能存活11d。

[分布与危害]

1. 分布　本病20世纪60年代在美国发生，1968年南斯拉夫Fijan在美国分离到病毒。最后定名为斑鱼叉尾鮰疱疹病毒I型（*Ictalurid herpesvirus* I）。在北美地区、俄罗斯及洪都拉斯常发生。我国近年来大规模养殖斑点叉尾鮰，但目前还未有CCV的确切报道。

2. 危害　主要感染人工养殖场饲养的斑点叉尾鮰，1~3周的鱼苗和鱼种可暴发流行本病，病死率可达100%，3~4月龄鱼种发病率达40%~60%，残存鱼生长缓慢，给养鱼业带来严重威胁。

[传播与流行]

1. 传播　斑点叉尾鮰和其他鮰对CCV易感，不同遗传品系的斑点叉尾鮰对CCV的敏感程度不一样，杂交品种则最不敏感，而蓝尾叉尾鮰和白叉尾鮰则很敏感。鱼龄与临床感染密切相关，天然水体下病毒只感染鮰幼鱼和鱼苗，刚孵化鱼苗死亡率可达100%；14～21d到6月龄的幼鱼最易感；8月龄鮰很少感染CCV；12月龄的鮰偶然发生。CCV暴发流行与水温、养殖方式有密切关系，疾病的暴发流行最适水温范围为25～30℃，27℃时死亡率较高，温度低于18℃时死亡率明显下降，甚至停止。通过CCVD流行后，存活鱼可成为隐性无症状带毒鱼。

用注射法人工感染能使长鳍叉尾鮰、斑点叉尾鮰及长鳍叉尾鮰与斑点叉尾鮰的杂交种发生感染，但口服及浸泡则不能感染。

本病的传染源主要是发病的幼鱼和隐性无症状带毒鱼。传播方式为水平传播和垂直传播，水平传播可直接传播或通过媒介传播，其中，水是主要的非生物传播，其他生物媒介或污染物也可传播CCV，病毒经过鳃和其上皮组织浸入鱼体内，病毒释放的途径不清。垂直传播是CCV普遍的传播方式，但传播机制不详。无症状的带毒亲鱼可经卵传递，所产的后代可能发病。

2. 流行　本病主要流行于北美地区，在夏季水温较高时发生。自然暴发仅是斑点叉尾鮰的鱼苗和鱼种，尤其是体长10cm以下或体重在10g以内的鱼苗和鱼种。3～4月龄的鱼也常感染。在水温25℃以上，7～10d内的大多数鱼可暴发流行，且突然发生较高的死亡率（属急性型）。流行适温为28～30℃，水温低于20℃以下不发病。当1～3周龄的鱼苗感染时，其死亡率高达95%～100%；3～4月龄鱼种发病率达40%～60%，残存鱼生长缓慢。

高密度养殖、运输、水污染等胁迫因素及细菌感染均可诱发或引起疾病流行和大量死亡。

[临床症状与病理变化]

1. 临床症状　潜伏期因水温不同而异，20℃时潜伏期为10d；25～30℃为3d。鮰感染CCV后表现为临床症状或/和隐性带毒不同类型。

病鱼临床表现为嗜睡、打旋或垂直悬挂于水中（鱼尾向下，头浮于水面），然后沉入水中死亡；外观病鱼首先是水肿、双眼突出、表皮发黑、鳃苍白，继而出现表皮和鳍条基部充血，腹部膨大，1%的鱼嘴部和受伤背部可出现黄色坏死区域。

隐性带毒鱼往往是本病流行暴发中的存活鱼，一般无临床症状表现。这种存活鱼体内有抗体，形成很强的免疫保护力，并成为无临床症状的带毒鱼。

2. 病理变化　剖检病死鱼可见肌内出血，体腔内有黄色渗出物，肝、脾、肾出血或肿大，胃内无食物，肠道内有淡黄色黏液，后肾严重损伤。

组织学变化为肾小管和肾间组织的广泛性坏死（最显著的病变），肝肿大、出血坏死，在肝细胞内有嗜酸性包涵体。脾内红细胞增多，而淋巴细胞减少。胃肠道水肿，肠壁黏膜发生坏死、脱落。

[诊断与检疫技术]

1. 初诊　根据流行特点（流行的最佳水温范围为25～30℃，幼鱼和鱼苗暴发流行）、临床症状（幼鱼突然发病、大批死亡、水中游动异常、双眼突出、表皮和鳍条基部充血、腹部膨大）及病理变化（肝、脾、肾出血或肿大，胃内无食物，肠道内有淡黄色黏液，后肾严重损伤；肾小管和肾间组织广泛性坏死）可做出初步诊断，确诊需进一步做实验室检测。

2. 实验室检测　包括病原鉴定和血清学检查。目前我国有国家标准《鱼类检疫方法 第4部分：斑点叉尾鮰病毒（CCV）》（GB/T 15805.4—2008），可供执行。

被检材料的采集：采集病鱼10尾，取急性发病期的病鱼肾、脾、肠、血液、肌肉、脑及整条小鱼等，以供检测用。

（1）病原鉴定　对可疑样品先用敏感细胞进行病毒培养分离，在细胞出现病变（CPE）后，用中和试验、免疫荧光、酶联免疫吸附试验（ELISA）或聚合酶链式反应（PCR）中的一种鉴定CCV。但在病毒急性流行期，可采用细胞培养、中和试验、免疫荧光、ELISA或PCR中的一种。

1）病毒分离与鉴定　通过细胞培养法来分离病毒，即：采取急性发病期的病鱼肾、肝、脾、血液、肠、脑、肌肉或整条小鱼，制成组织悬液，高速离心，取上清液接种到斑点叉尾鮰卵巢细胞系（CCO）或云斑鮰细胞系（BB）中，经25～30℃，18h的培养（病毒适合培养温度为10～33℃，最适温度范围为28～30℃），病毒在接种细胞内形成核内包涵体、合胞体及细胞崩解等细胞病变（CPE），CCO出现细胞病变较快，而BB出现细胞病变较晚。为避免假阴性现象，应采用不同稀释度（1：10, 1：100, ……）接种细胞。但细胞培养法对健康带毒亲鱼分离病毒困难。

病毒鉴定：对分离的病毒，用中和试验、间接免疫荧光试验、ELISA或PCR（上游引物：5′-TCGTCCGAATCCGACAACTGA-3′，下游引物：5′-GTTTCTCCGCGATCTTGG-3′扩增CCV136bp的DNA片段）中一种方法进行鉴定CCV。

2）电子显微镜检查　将细胞培养物制成悬液，用毛细管吸取悬液加1滴于铜网上，再加1滴负染液，将铜网接触吸水纸的边缘，吸去多余的混合液，在空气中1～2min后镜检。也可将病料制成超薄切片，在电镜下观察。能看到本病的病毒粒子，其直径为175～200nm，核衣壳直径为90～105nm，有囊膜。

3）病毒抗原检测　在感染鱼的组织中，可直接用免疫学方法检测CCV抗原。常用免疫学方法如间接免疫荧光试验、酶联免疫吸附试验（ELISA）等。

4）病毒核酸检测　可采用PCR或核酸探针技术检测。此法能在病鱼或带毒的鱼体内检测到不足0.1pg的CCV的DNA。检测效果也很好，检出率为100%。

（2）血清学检查　对无临床症状的鱼感染CCV的判定是用血清学的方法，通过测定鱼体中的CCV抗体。因为感染CCV后未发病且存活的鱼会产生循环抗体，形成很强的免疫保护力。

可用血清中和试验检测无临床症状的带毒鱼体中的CCV抗体。

[防治与处理]

1. 防治　本病尚无有效的治疗方法，可采取以下一些措施：①对苗种场、良种场实施防疫条件审核、苗种生产许可管理制度。②通过培育或引进抗病品种、注射疫苗，提高抗病能力。现有CCV减毒疫苗，疫苗可使鮰鱼苗获得97%的免疫保护力。③平时加强疫病监测与检疫，特别在发现水中鱼游动异常、水面漂着死鱼时，应马上取样检测以确诊。④不要从有病地区引进鱼种。如要引进种鱼和鱼卵时，一定要进行检疫，以防本病传入。⑤发病地区，养殖对斑点叉尾鮰病毒病（CCVD）有抵抗力的长鳍叉尾鮰和斑点叉尾鮰的杂交种。⑥平时须对池埂消毒，对网具、运输工具等用5%福尔马林或4mg/L的有效氯浸泡消毒，防止病毒扩散，同时鱼池溶氧应尽量保持在4mg/L以上，避免用感染病毒的亲鱼繁殖鱼苗。⑦加强饲养管理，夏季要降低鱼苗的养殖密度，减少环境胁迫。渔场中应设置隔离带将鱼卵孵化区和刚孵化鱼苗饲养区分开，并确认与带毒鱼完全隔离。远离一切可能的带毒污染物是阻止本病暴发的有效措施。⑧发现病情后，且死鱼尚未停止时，水温在20℃以上尽可能不要拉网作业或运输苗种。

2. 处理 ①如果鱼发生了本病，可引冷水入发病池将水温降到20℃以下，这样可终止本病流行。目前尚无特效药物治疗，在本病早期可用0.2mg/L的呋喃唑酮全池或全箱泼洒，同时每天每千克鱼用100mg吗啉胍和100mg维生素C制成药饵，连续投喂10～12d，有一定疗效。②对病死鱼或疑似患病鱼要集中销毁，不能乱丢。同时对养鱼设施进行彻底消毒。

3. 划区管理 根据水域和流域的自然隔离情况划区，并实施划区管理。

九、传染性造血器官坏死病

传染性造血器官坏死病（infectious haematopoietic necrosis, IHN）是由弹状病毒引起的鱼类急性、全身性传染病。主要发生于虹鳟和大麻哈鱼，尤其是鱼苗和种鱼。病鱼临床以嗜睡、阵发性狂游、打转等行为异常为特征，病理病变为内脏器官贫血或缺血、肠壁嗜酸性粒细胞坏死。OIE将其列为必须通报的动物疫病，我国将其列为二类动物疫病。

［病原特性］

病原是传染性造血器官坏死病毒（*Infectious haematopoietic necrosis virus*, IHNV），属于单负链目（*Mononegavirales*）弹状病毒科（*Rhabdoviridae*）粒外弹状病毒属（*Novirhabdovirus*）成员。

IHNV是粒外弹状病毒属的代表种，同属成员还有牙鲆弹状病毒（*Hirame rhabdovirus*, HRV）、鳢弹状病毒（*Snakehead rhabdovirus*, SRV）和病毒性出血性败血症病毒（*Viral haemorrhagie septicaemia virus*, VHSV）。

IHNV粒子呈子弹形状，长为160～180nm，直径为70～90nm，有囊膜，囊膜厚15nm，在氯化铯中浮力密度为1.20g/mL。病毒基因组为不分节段的单股负链RNA，长度约11 000个核苷酸，可编码核蛋白（N）、磷蛋白（P）、基质蛋白（M）、糖蛋白（G）、非结构蛋白（NV）和聚合酶蛋白（L）6种蛋白基因，以3′N-P（M1）-M（M2）-G-NV-L5′顺序排列，其中，磷蛋白曾称为M1蛋白，基质蛋白曾称M2蛋白。具有非结构蛋白（NV）是粒外弹状病毒属的主要特征。

IHNV的靶器官是鱼肾、脾、脑和消化道。

兔抗血清中和试验表明，IHNV只有一个血清型。但用鼠单克隆抗体试验发现，糖蛋白上有许多中和表位，核蛋白存在非中和群表位。自然病例和人工感染试验表明，不同的IHNV毒株存在毒力和宿主偏好差异。

IHNV可以在鲤上皮乳头瘤细胞系（EPC）、蓝鳃太阳鱼细胞系（BF-2）、大鳞大麻哈鱼胚胎细胞系（CHSE-214）、胖头鳙肌肉细胞系（FHM）等细胞株上增殖，发生细胞病变（CPE）。病毒在细胞上生长的最佳温度为15℃。IHNV也可在鱼的毛细血管内皮细胞、造血组织和肾细胞上繁殖。

IHNV对热、酸和脂溶剂敏感，不能保存于甘油，干燥和普通消毒剂极易将其灭活。在含有有机质的活水中可存活1个月以上。病毒最适温度为15℃，在-20℃保存病毒，其活力不变。

［分布与危害］

1. 分布 1940年，美国对西海岸虹鳟的病毒病进行首次报道，以后又报道了大鳞大麻哈鱼的病毒病。1971年，Accain对本病进行了血清学比较试验，表明为传染性造血器官坏死病。1973年从日本北海道病死鱼中分离出病毒，确诊为本病。1985年，本病传入我国，引起有关部门重视。目前本病已流行美洲、欧洲和亚洲等一些国家，如德国、法国、奥地利、捷克、西班牙、波兰、瑞士、比利时、日本、韩国、朝鲜、中国等。

2. 危害 本病主要侵害虹鳟、大麻哈鱼鱼苗和种鱼，其死亡率可高达100%，给淡水养殖造成严重的经济损失。

[传播与流行]

1. 传播 IHNV易感宿主有虹鳟、硬头鳟（*Oncorhynchus mykiss*）和银鳟（*O. Kisutch*）、大鳞大麻哈鱼（*O. tshawystcha*）、红大麻哈鱼（*O. nerka*）、大麻哈鱼（*O. Kete*）、马苏大麻哈鱼（*O. masou*）、玫瑰大麻哈鱼（*O. rhodurus*）等大麻哈鱼，以及大西洋鲑（*Salmo salar*）等大部分鲑科鱼类。

品种、年龄和个体对IHNV的易感性存在差异。虹鳟对病毒最易感；鱼龄越小，对病毒越易感；但产卵期鱼（浆鱼）对病毒也易感，病毒可随鱼卵或精液大量排出；某些大麻哈鱼种类，IHN发生于最易感的鱼花阶段，尤以水温8～15℃时症状最明显；体况较好的鱼可抵抗病毒侵袭，但在细菌感染或应激状态下，鱼对病毒易感或发病明显。IHN康复鱼具有免疫抗体而终生保护。

本病传染源为病鱼，感染的稚鱼可向外界大量排毒。传播方式主要经水平传播，鱼通过接触被病毒污染的水、食物以及带毒鱼排泄的尿、粪便等而感染；也可经卵垂直传播。浮游等无脊椎动物也可能传播本病。

2. 流行 本病一年四季均可发生，但以早春到初夏、水温在8～15℃时常见。发病及死亡与水温有密切关系，一般水温在8～15℃时，可出现临床症状；水温在8～12℃时，为流行高峰；当水温在10℃时，死亡率最高；当高于10℃时，病情较急但死亡率较低；当低于10℃时，病情呈慢性；当水温超过15℃时，一般不出现自然发病。

[临床症状与病理变化]

1. 临床症状 潜伏期为4～6d。在水温高于10℃时，潜伏期短；水温低于10℃时，潜伏期延长。

本病暴发时，首先出现稚鱼和幼鱼的死亡率突然升高。受侵害鱼通常出现嗜睡，间或行为异常，如阵发性狂游、打转等。病鱼皮肤变暗、眼球突出、鱼鳃苍白、腹部膨大以及全身性点状出血。有的鱼在肛门处拖着一条不透明或棕褐色的假管型黏液粪便。病后幸存鱼有的脊柱变形弯曲。

2. 病理变化 尸检时，内脏器官贫血或缺血，肝脏、肾脏和脾脏苍白；鱼体腔积液；器官组织点状或斑状出血，如后肠和脂肪组织瘀斑状出血，骨骼肌上也可见病灶性出血，鳔、心包膜、腹膜上有出血斑点，刚脱卵的鱼苗，其卵黄囊出血、肿胀。

组织学变化，可见造血组织、肾、脾、肝、胰腺和消化道进行性坏死。肠壁嗜酸性细胞坏死是本病特征性病变。在幽门垂的胰细胞的细胞质内见有包涵体。

[诊断与检疫技术]

1. 初诊 根据本病流行的最佳水温范围为8～15℃的特点，结合病鱼的临床症状（嗜睡、行为异常、皮肤变暗、眼球突出、腹部膨大、有的在肛门处拖着一条不透明或棕褐色的假管型黏液粪便等）可做出初步诊断，确认需进一步做实验室检测。

2. 实验室检测　进行病原鉴定，即通过细胞培养分离病毒，然后用免疫学或分子生物学方法鉴定，这是IHNV检测"金标准"。我国有国家标准《鱼类检疫方法 第二部分：传染性造血器官坏死病毒（IHNV）》（GB/T 15805.2—2008）方法，可供执行。

被检材料的采集：采样时间选择在水温8～15℃（最好10℃）时进行，优先采集有临床症状的鱼。有临床症状的鱼可采集10尾，无临床症状的鱼可采集150尾（至少60尾以上）。

最佳病料组织为脾、肾和心或脑。产卵期也可采集卵泡液样品。不宜采集内脏和肝样品，原因是此类组织酶活性高，易使IHNV降解。

鱼苗，体长小于或等于4cm的可采集整条鱼，体长为4～6cm的可采集肾等内脏样品。

（1）病毒分离与鉴定　对有临床症状或无临床症状的鱼，可通过细胞培养分离病毒，方法是：将采集鱼组织脏器的样品（如肾、脾等）研磨，制成匀浆液接种在EPC细胞或FHM细胞上，置15℃下培养7～10d，观察是否出现细胞病变（CPE）。盲传一次后若不出现CPE，则判为阴性。若出现CPE（在培养4～5d后，感染的细胞变圆，可以见到细胞形成葡萄团样块状的CPE，蚀斑中心几乎没有崩溃细胞的残存，其边缘不整，被多量圆形细胞所包围）。此时可收集病毒，用免疫学或分子生物学方法鉴定病毒。

病毒鉴定：分离到的病毒，可采用中和试验（VN）、间接荧光抗体试验（IFA）或酶联免疫吸附试验（ELISA）等免疫学方法进行IHNV鉴定。也可采用聚合酶链式反应（PCR）、DNA探针或测序等分子生物学方法进行IHNV鉴定。

出现细胞病变及IHNV鉴定阳性者，不论鱼有无临床症状，均可确诊为IHNV感染。

（2）病毒抗原检测　对有临床症状或急性暴发期的病鱼，可采用中和试验（VN）、间接荧光抗体试验（IFA）、酶联免疫吸附试验（ELISA）等免疫学方法检测病鱼脏器印片或组织匀浆液中病毒抗原。

（3）病毒核酸检测　可采用聚合酶链式反应（PCR）、DNA探针等分子生物学方法检测鱼组织中IHNV核酸。选择IHNV的N基因中的两个片段分别作为PCR引物、RT-PCR引物。用PCR引物（上游引物：5′-TCGAGGGGGGAGTCCTCGA-3′、下游引物：5′-CACCGTACTTTGCTGCTAC-3′）扩增IHNV 786bpDNA片段，再用RT-PCR引物（上游引物：5′-TTCGCA-GATCCCAACAACAA-3′、下游引物：5′-GCGCACAGTGCCTTGGCT-3′）扩增IHNV323bpDNA片段。出现786bp、323bpDNA带为阳性；仅出现786bpDNA带，而经两次RT-PCR检测均未能检测到323bpDNA带为阴性。

3. 鉴别诊断　①传染性造血器官坏死病毒（IHNV）应与牙鲆弹状病毒（HRV）、鳟弹状病毒（SRV）和病毒性出血性败血症病毒（VHSV）进行鉴别：可用聚丙烯酰胺凝胶电泳试验方法（SDS-PAGE）来区别。②传染性造血器官坏死病（IHN）应与鱼传染性胰脏坏死病（IPN）区别：由于两病临床症状较相似，且存在混合感染情况，因此只能通过接种敏感细胞分离病毒和检测病原的方法来区别。

[防治与处理]

1. 防治　本病治疗十分困难，应以预防为主，可采取以下一些措施：①对苗种场、良种场实施防疫条件审核、苗种生产许可管理制度。②加强疫病监测与检疫，掌握疫情动态，必须建立健全检疫制度，对鱼群进行定期检疫，发现病鱼及时淘汰和预防。不得将带有本病病毒的鱼苗、鱼卵、鱼种和亲鱼引进和输出。③培育或引进抗病品种。④做好受精卵的消毒，可用50mg/L有机碘消毒鱼卵15min，消毒后的鱼卵置于无病毒污染水体中孵化和饲养。⑤鱼苗饲养场地应封闭隔离，避免与染疫或携带者接触。⑥禁止转运感染的鱼卵、鱼苗及污染的水等。⑦以鱼和内脏作为鱼苗、鱼种的饵料时，必须煮熟后再投放。⑧鱼苗孵化及苗种培育阶段将水温提高到17℃以上，这样可预防本病的发生。⑨已有报道可用IHN组织浆灭活疫苗浸泡免疫，保护率可达75%，但还处在试验阶段。⑩用大黄等中草药拌料投喂，对本病的发生有一定的预防作用。

2. 处理　发生本病，对池中病鱼或疑似病鱼要及时销毁，并用漂白粉、强氯精等含氯消毒剂消毒鱼池。有条件的地方，可通过降低水温或提高水温来控制病情发展。刚发病，以每千克体重每天投喂有效碘2g，拌饵料投喂，连用15d，可控制病情发展。

3. 划区管理　根据水域和流域的自然隔离情况划区，并实施划区管理。

十、病毒性出血性败血症

病毒性出血性败血症（viral haemorrhagie septicaemia, VHS）是由弹状病毒引起鲑、虹鳟、狗鱼和大菱鲆的一种烈性传染病，主要流行于欧洲和北美。以全身性出血、败血和高死亡率为特征。OIE将其列为必须通报的动物疫病，我国将其列为二类动物疫病。

[病原特性]

病原为病毒性出血性败血症病毒（*Viral haemorrhagie septicaemia virus*，VHSV），又称埃格维德病毒（Egtved virus），属于单负链目（*Mononegavirales*）弹状病毒科（*Rhabdoviridae*）粒外弹状病毒属（*Novirhabdovius*）成员。

VHSV粒子呈子弹状，长约为180nm，直径约为70nm，有囊膜。病毒基因组为单股负链RNA，长度约为11 000核苷酸；可编码核蛋白（N）、磷蛋白（P）、基质蛋白（M）、糖蛋白（G）、非结构蛋白（NV）和聚合酶蛋白（L）6种蛋白基因，以3'-N-P-M-G-NV-L-5'顺序排列。

根据病毒中和试验（VN），VHSV可分为3个血清型。

根据N、G和NV基因测序，VHSV可分为4个基因型（I型、II型、III型和IV型）。其中，基因I型又分为Ia、Ib两个基因亚型，Ia亚型分离自欧洲淡水养殖虹鳟类；Ib亚型分离自波罗的海、斯卡格拉克海峡、卡特加特海峡和英吉利海峡海洋动物；基因II型分离自波罗的海海洋动物；基因III型分离自北大西洋（从弗莱明海峡起到挪威海岸）、北海、斯卡格拉克海峡和卡特加特海峡的海洋动物；基因IV型分离自北美、朝鲜、日本的海洋动物，又可分为IVa、IVb两个基因亚型。

VHSV易在鱼细胞株如蓝鳃太阳鱼细胞系（BF-2）、虹鳟性腺细胞系（RTG-2）、鲤上皮乳头瘤细胞系（EPC）、大鳞大麻哈鱼胚胎细胞系（CHSE-214）、胖头鲹肌肉细胞系（FHM）上生长，发生细胞病变（CPE），生长温度4～20℃。感染病毒后的RTG-2细胞变圆，核固缩，并很快坏死崩解，在15℃培养3d能明显看到空斑。VHSV也可感染并在虹鳟、褐鳟、鮰、白鲑、白斑狗鱼和大菱鲆毛细血管内皮细胞、白细胞、造血组织和肾细胞内增殖。此外，VHSV也能在哺乳动物细胞株BHK-21、WI-38和两栖动物细胞株GL-1上生长。

VHSV的外界生存能力与水体理化条件和温度密切相关。4℃淡水中可存活28～35d，而4℃过滤淡水中1年仍具感染活性；水中若含有机物，如卵泡液或牛血清等，病毒存活时间则更长。

15℃淡水中99%病毒失活需13d；而在海水中4d内病毒即全部失活。

VHSV对酸和乙醚敏感。在pH3.0中感染率为0.01%，pH7.5时为100%，因此，病毒感染细胞及其细胞病变只在pH7.6～7.8时才能发生。脂溶剂能使病毒失去感染力，很多消毒剂都可灭活病毒，如在0.2%石炭酸、1%漂白粉、50mg/L碘、200mg/L季铵盐溶液中失去活力。病毒对热不稳定，加热60℃ 15min失去感染力，在6～8℃病毒可增殖，14℃最适宜；鱼体内病毒在-20℃可保存数周，冻干2年感染率达50%。

[分布与危害]

1. 分布　1938年德国首次发现本病，以后波兰、丹麦、法国、捷克、瑞典、美国、日本、韩国和欧洲各国均发生。本病主要流行于欧洲及北美。

2. 危害　主要侵害淡水养殖的鲑科鱼类，尤以鱼种及1龄以上的幼鱼为主，致死率极高。

[传播与流行]

1. 传播　过去曾认为VHSV仅感染虹鳟和其他少数几种水产养殖品种，近十年太平洋和大西洋的各种野生海洋鱼类都分离到VHSV，并能引起养殖大菱鲆、牙鲆大量死亡。易感鱼群各鱼龄阶段均可感染，鱼龄越小，越易发病死亡，亲鱼较少发病。随着研究深入，发现VHSV易感宿主种类正在不断增加。

传染源为病鱼、带毒鱼及其污染水。传播方式主要经水平传播，通过病鱼或无症状带毒鱼粪便、尿液和精卵液等排出病毒，在水体中扩散传播，引起疾病流行；病毒也能借助食鱼鸟类传播。此外，鱼的移动和污染的饲料也可传播本病。病毒感染途径是经鱼鳃侵入鱼体而感染。本病传染性极强，发病渔场水体每升水最高可达1 000个病毒粒子。

2. 流行　本病虽可全年流行，但发病与水温有密切关系。通常发生于春季水温上升或波动较大时，水温4～14℃时疾病易于流行；水温低于10℃时，鱼苗到1龄幼鱼都会发病；水温在1～5℃时病程较长，虽每日死亡率较低，但累计死亡率仍很高；水温在15～18℃时病程变短，呈急性大批死亡。

[临床症状与病理变化]

1. 临床症状　本病潜伏期长短随水温、病毒的毒力、寄主年龄及鱼体抵抗力而异，一般为7～15d，有时可长达25d。根据病程和临床表现，分为急性型、慢性型和神经型三种类型。

（1）急性型　见于流行初期，病鱼嗜睡，体表为暗黑色，眼球突出。鳃贫血或出血，呈苍白或斑驳状出血。眼眶、皮肤、鳍条基底部有出血斑。腹部膨大（因腹膜腔水肿所致）。发病迅速、死亡率高（鱼苗可达100%）。

（2）慢性型　见于流行中期，感染鱼呈亚临床症状（表现为鱼体发黑，眼球突出，鳃肿胀和苍白贫血，体表很少见到出血斑）或感染鱼不表现临床症状。病死率不高，病程长。

（3）神经型　多见于流行末期，以严重的行为异常为特征（因病毒侵入鱼脑而导致的神经症状）。可观察到感染鱼静止不动或沉入水底、快速窜动或螺旋转动、异常剧烈游动等神经性症状，部分鱼还可狂游甚至跳出水面。发病率及死亡率低。

2. 病理变化　全身性点状出血，多见于皮肤、肌肉和内脏器官；背部肌肉点状出血，是本病的常见病变。各型病理变化如下：

（1）急性型　剖检可见眼球内出血，肌肉和内脏有明显出血点，肝与肾水肿、变性和坏死，特别是前肾部更明显。血检白细胞数明显减少。

（2）慢性型　剖检可见全肾肿胀，呈白色。消化道内无食物。鱼体各处很少出血或不出血，常伴有腹水。肝脏变性、坏死。肾前部可见单核淋巴细胞异常增殖。

（3）神经型　剖检无肉眼可见的病变。

[诊断与检疫技术]

1. 初诊　根据流行特点（最佳水温范围为1～18℃）和病鱼的临床症状可初步诊断，确诊需进一步做实验室检测。

2. 实验室检测　进行病原鉴定，即通过细胞培养分离病毒，然后用免疫学或分子生物学方法鉴定，这是本病标准的检测方法。我国已有本病的检疫标准《鱼类检疫方法　第3部分：病毒性出血性败血症病毒（VHSV）》（GB/T 15805.3—2008）方法。可供执行。

被检材料的采集：采样时间选择水温低于14℃时进行，采集病鱼10尾或无症状鱼150尾。

最佳病料组织为脾、肾和心或脑。产卵期也可采集卵泡液样品。不宜采集内脏和肝样品，原因是此类组织酶活性高，易使VHSV降解。

体长小于或等于4cm的鱼苗可采集整条鱼做样品。

（1）病毒分离与鉴定　对无临床症状的鱼，可通过细胞培养分离病毒，然后采用免疫学或分子生物学方法鉴定病毒。

VHSV能在许多鱼细胞系中生长良好。建议采用蓝鳃太阳鱼细胞系（BF-2）培养，也可采用鲤上皮乳头瘤细胞系（EPC）、胖头鲹肌肉细胞系（FHM）或虹鳟性腺细胞系（RTG-2）培养。对VHSV基因Ⅰ型、Ⅱ型和Ⅲ型，BF-2细胞系的易感性高于EPC细胞系，但VHSV基因Ⅳ型则以EPC细胞系最易感。在病毒分离时，考虑到各细胞系对不同病毒株的易感性差异，初分离病毒时最好采用2种不同的细胞系，以提高病毒检出率。

细胞培养分离病毒的方法是：将采集鱼组织脏器的样品（如肾、脾等）研磨制成混悬液，离心，取上清液接种敏感细胞（如BF-2、EPC、FHM或RTG-2等细胞系），置15℃下培养7～10d，观察是否出现细胞病变（CPE）。若出现CPE（在接种3～4d后，感染细胞发生病变，呈颗粒状，自动脱落，产生边缘不整的圆形蚀斑，并有均匀散在的颗粒细胞），此时可收集病毒，用免疫学或分子生物学方法鉴定病毒。

病毒鉴定：分离到的病毒，可采用中和试验（VN）、间接荧光抗体试验（IFA）或酶联免疫吸附试验（ELISA）等免疫学方法进行VHSV鉴定。也可采用反转录聚合酶链式反应（RT-PCR）方法进行VHSV鉴定。

（2）病毒抗原检测　对典型临床症状或急性暴发期病鱼，也可采用免疫荧光、ELISA、酶染色等方法直接检测病鱼脏器印片或组织匀浆物中的VHSV抗原。

3. 鉴别诊断　VHSV感染后，侵袭鱼脾和胸腺，导致免疫力急剧下降，易继发水霉和细菌感染，病程加剧，因此，在甄别时，一方面要进行综合判断，另一方面可通过VHSV的分离鉴定达到鉴别。

[防治与处理]

1. 防治　本病尚无有效的治疗药物，可采取以下措施进行预防：①对苗种场、良种场实施防疫条件审核、苗种生产许可管理制度。②加强疫病监测与检疫，掌握疫情动态。坚持每天观察鱼群，如有可疑病鱼要及时检查确诊。③培育无病原种鱼，并用碘伏水溶液进行鱼卵消毒。或引进抗病品种，提高抗病能力。④对养殖水源、引种鱼卵和鱼体、设施进行彻底消毒，切断传染途径。⑤在冬末春初将养鱼池水温提高到15℃以上，可有效预防本病发生。⑥防止细菌和真菌继发感染。

2. 处理　发现病鱼或疑似患病鱼均必须及时销毁，同时要彻底消毒养鱼设施。

3. 划区管理　根据水域和流域的自然隔离情况划区，并实施划区管理。

十一、流行性溃疡综合征

流行性溃疡综合征（epizootic ulcerative syndrome，EUS）又称红点病（red spot disease，RSD）、霉菌性肉芽肿（mycotic granulomatosis MG）、溃疡性霉菌病（ulcerative mycosis，UM）或流行性肉芽肿丝囊霉菌病（Epizootic granulomatous aphanomycosis，EGA），是由丝囊霉菌引起野生及饲养的淡水和海水鱼类的一种急性传染病，以体表溃疡、骨骼肌中形成典型霉菌性肉芽肿为特征。OIE将其列为必须通报的动物疫病，我国将其列为二类动物疫病。

［病原特性］

病原为侵入丝囊霉菌（*Aphanomyces invadans*），属于水霉目（Saprolegniales）水霉科（Saprolegniaceae）丝囊霉属（*Aphanomyces*）成员。

丝囊霉属中侵袭丝囊霉菌（*A. invaderis*）、杀鱼丝囊霉菌（*A. pisecicida*）等成员也可引起溃疡综合征，根据OIE《水生动物卫生法典》，流行性溃疡综合征（EUS）仅指由侵入丝囊霉菌引起的感染。

另外，嗜水气单胞菌、温和气单胞菌等细菌及弹状病毒等可成为EUS继发感染的病原。

［分布与危害］

1. 分布　1971年日本首次报道养殖香鱼（*Plecoglossus altivelis*）发生EUS，1972年传播到澳大利亚和亚洲大部分地区。1984年在美国出现，2007年又在非洲发生，目前全球至少有24个国家发现本病，长期流行于澳洲、南亚、东南亚和西亚。

2. 危害　本病对野生及养殖的淡水和海水鱼类均有极大的危害，有很高的致死率，给水产养殖造成巨大损失。

［传播与流行］

1. 传播　在稻田、河口、湖泊和河流中，各种野生和养殖的淡水和海水鱼类对丝囊霉菌均可感染，且有很高的致死率。苗种更易感染，最高死亡率可达90%。已报道的EUS感染鱼类包括100多种淡水鱼和部分海水鱼，确诊的EUS感染鱼类有50多种，乌鳢和鲃科鱼特别易感，但罗非鱼、遮目鱼、鲤等重要养殖品种对本病有较强的抗性。

2. 流行　本病是野生及淡水与半咸水养殖鱼类的季节性流行病，多暴发于低水温期和降大雨之后。因为低温和暴雨等条件可促进丝囊霉菌孢子的形成，而且长期的低水温降低了鱼对霉菌的免疫力。

[临床症状与病理变化]

1. 临床症状　鱼发病早期表现为不吃食，鱼体发黑，病鱼漂浮水面上，有时出现不停地异常游动；中期病鱼体表、头、鳃盖和尾部可见红斑；后期出现较大的红色或灰色的浅部溃疡，并常伴有棕色的坏死，大块的损伤多发生在躯干和背部，除乌鳢和鲻外，大多数鱼在这阶段发生大量死亡。

存活的病鱼，其体表具有不同程度的坏死和溃疡灶，有的红斑呈火烧样焦黑疤痕，有的红斑呈中间红色、四周白色的溃疡灶。乌鳢等敏感鱼类虽可带着溃疡存活很长时间，病灶可逐步扩展到身体深部，病灶处可见有直径10～12μm的病原性无孢子囊真菌，这些真菌向内扩展穿透肌肉后可到肾、肝等内脏器官，甚至出现头盖骨软组织和硬组织坏死，脑部和内脏裸露。

2. 病理变化　患部形成灰白色斑块状隆起，严重时，鱼体发生坏死性溃疡，出现坏死性肉芽肿、皮炎和肌炎、头盖骨软组织和硬组织坏死。鱼肝肿大，呈橘黄色，胆汁呈墨绿色，脾呈紫红色，胃黏膜潮红，肾血管怒张。

[诊断与检疫技术]

1. 初诊　根据临床症状（体表有溃疡病灶）和病理变化（坏死性肉芽肿、皮炎和肌炎，头盖骨软组织和硬组织坏死），可做出初步诊断，确诊需进一步做实验室检测。

2. 实验室检测　目前我国尚无诊断本病的国家标准，但可参考OIE《水生动物疾病诊断手册》的EUS有关章节或检验检疫行业标准（SN/T 2120—2008流行性溃疡综合征检疫技术规范）进行诊断。OIE规定本病检测仅检测有病症的鱼，无临床症状鱼不作为检测对象。

实验室检测常用病理组织学检查，也可进行分离鉴定真菌方法。

被检材料的采集：取有损伤的活鱼或濒死鱼的皮肤和肌肉（<1cm³），包括坏死部位的边缘和四周的组织，一部分以供分离真菌，另一部分用10%的福尔马林固定，以供病理组织学检查。

（1）压片镜检　取病灶四周肌肉进行压片镜检，在发现无孢子囊、直径12～30μm的丝囊霉菌菌丝，采用苏木精-伊红（HE）染色和霉菌染色（如Grocott's染色）后，能观察到典型肉芽肿和侵入菌丝，可做出确诊。

（2）病理组织学检查　病变组织为典型真菌性肉芽肿，可见肝颗粒变性、水疱变性、脂变；脾实质细胞坏死；肾小管上皮细胞颗粒变性，间质炎性细胞浸润，肌纤维变性、坏死，炎性细胞浸润。

（3）分离鉴定真菌　从病鱼组织中分离到真菌，并经聚合酶链式反应确认为丝囊霉菌，可做出诊断。

3. 鉴别诊断　本病应与水霉病、细胞性溃疡相区别。因为三者均有类似的溃疡病灶，三者刮开损伤部位均可观察到霉菌、细菌和寄生虫的二次感染情况。但EUS与水霉病、细菌性溃疡的区别主要表现在三点：一是存在霉菌性肉芽肿；二是真菌无孢子菌丝侵入组织；三是PCR检测为阳性（丝囊霉菌）。

本病还应与嗜水单胞菌、温和气单胞菌等条件致病菌以及弹状病毒等病毒相鉴别，因为它们可成为EUS继发感染病原，区别同前述的三点，即存在霉菌性肉芽肿；真菌无孢子菌丝侵入组织；PCR检测为阳性（丝囊霉菌）。

[防治与处理]

1. **防治** 对无症状鱼不必进行病原检疫。出现疫病水域，可通过加强水体消毒，防止疾病传播。具体可采取以下一些措施：①鱼池用生石灰彻底清塘。②改善水质，注意合理的放养密度。③鱼种可用3%～5%食盐水浸洗3～4min。④在捕捞、转运和放养时，要尽量避免鱼体受伤。

2. **处理** 在小水体和封闭水体里暴发本病时，立即清除病鱼，并用石灰消毒用水，迅速加注新水，改善水质，可有效控制本病的蔓延，并降低死亡率。大水面养殖鱼类发病目前无有效控制方法。

3. **划区管理** 根据水域和流域的自然隔离情况划区，并实施划区管理。

第十节　甲壳类病

一、桃拉综合征

桃拉综合征（taurs syndrome，TS）俗称红尾病，是由桃拉综合征病毒引起对虾的一种严重传染性疾病。急性期以虾体变红（虾红素增多）、软壳为特征，过渡期以角质上皮不规则黑化为特征。OIE将其列为必须通报的动物疫病，我国将其列为二类动物疫病。

[病原特性]

病原为桃拉综合征病毒（*Taurs syndrome virus*，TSV），属于微RNA病毒目（*Picornavirales*）双顺反子病毒科（*Distroviridae*）中属分类地位未定成员。

TSV粒子直径为32nm，无囊膜，呈正二十面体结构，在氯化铯（CsCl）密度梯度中的浮力密度为1.338g/mL。病毒基因组为单股正链RNA，病毒在宿主细胞质内复制。

根据病毒衣壳蛋白VPl基因序列将TSV分为美国型、东南亚型和伯利兹型三个基因群组。中国福建株与美国型夏威夷株全基因序列同源性高达97.9%。

应用美国型参考毒株TSV USA-H194制备的单克隆抗体mAb lAl进行试验，可将病毒分为A型和非A型抗原型。根据宿主种类和毒力，将非A型分为B型和C型。A型能与mAb lAl反应，B型和C型不能与mAb lAl反应。

病毒基因组有ORF 1和ORF 2两个开放阅读框，其中ORF 1编码非结构蛋白，如解旋酶、蛋白酶和RNA依赖的RNA聚合酶（RdRp）；ORF 2编码TSV结构蛋白，包括三种主要的衣壳蛋白VP1、VP2和VP3（分子量分别为55kD、40kD和24kD）。

TSV主要在全身外骨骼的角质上皮（或皮下组织）、前肠、后肠、鳃和附肢中复制，也常在结缔组织、造血组织、淋巴器官和触角腺中复制。

[分布与危害]

1. **分布** 本病于1992年首次发现于厄瓜多尔桃拉河（Taura）地区，随后因感染仔虾和亲虾的贸易传播到厄瓜多尔、秘鲁Tumbes地区、哥伦比亚沿岸、洪都拉斯、危地马拉、萨尔瓦多、巴西东北部、尼加拉瓜、伯利兹城、墨西哥、美国等美洲各大虾类养殖区。1999年中国台北从中南美洲进口太平洋白虾凡纳对虾而传入本病。此后，随着亲虾和仔虾的贸易传播到中国大陆、泰国、马来西亚、印度尼西亚等地。我国自2000年以来已在广东、广西、海南等地发现本病。目前本病已广泛流行于美洲和东南亚对虾养殖区。

2.危害　主要侵害凡纳滨对虾和细角对虾，中国明对虾也易感染发病，一旦发病，可造成较大经济损失。

[传播与流行]

1.传播　本病主要侵害凡纳滨对虾（*Litopenaeus vannamei*）和细角对虾（*L. stylirostris*），对虾科（Penaeidae）对虾属（*Litopenaeus*）所有成员均对本病易感，中国明对虾（*Fenneropenaeus chinensis*）也对本病易感。凡纳滨对虾除受精卵和虾蚴外，仔虾（PL）、幼虾及成虾等各期均易感染发病，尤其是14～40日龄、体重0.05～5g以下的仔虾，部分稚虾或成虾也易被感染。对虾科其他属成员直接攻毒也可感染，但一般不表现症状。细角对虾选择系对TSV（基因1型或A抗原型）有抵抗力。染疫存活凡纳对虾和细角对虾可终生带毒并成为疾病传播者。

其他已报道TSV的自然感染或试验感染宿主有白对虾（*Litopenaeus setiferus*）、南方对虾（*L. schmitti*）、斑节对虾（*Penaeus monodon*）、刀额新对虾（*Metapenaeus ensis*）、中国明对虾、日本对虾（*Marsupenaeus japonicus*）、褐美对虾（*Farfantepenaeus aztecus*）和桃红美对虾（*Farfantepenaeus duorarum*）。

传染源是持续感染虾与终生带毒虾以及被病毒污染的水源。传播方式主要是水平传播，即通过健康虾摄食病虾、带病毒水源而感染发病；也可通过海鸥等海鸟、划蝽科类水生昆虫携带病毒传播。携带病毒亲虾可能经垂直途径传播给后代，但目前尚无可靠证据。

2.流行　本病可发生于整个养殖期。一般出现在虾苗放养后的10～40d期间，一旦发病可造成40%～90%的幼虾死亡。急性传播，病死率可高达60%～90%，死亡大多数发生在虾蜕皮期间或蜕皮后。环境因素可诱发病毒的原发性感染，水质恶化和虾苗带病毒是主要条件。

[临床症状与病理变化]

1.临床症状　本病潜伏期较难确定。一般发病虾池自发现病例至对虾拒食人工饲料仅5～7d，10d左右大部分对虾死亡。部分虾池采取消毒措施后转为慢性病，逐日死亡，至养成收获时成活率一般不超过20%。根据病程和症状可分为急性期、过渡期和慢性期三个阶段。

（1）急性期　因虾红素增多，虾体全身呈淡红色，尾扇及游泳足呈鲜红色，故称为"红尾病"。用10倍放大镜观察，可见游泳足或尾足边缘处上皮呈灶性坏死。急性感染虾常死于蜕皮期间，处于脱壳后期的病虾以软壳（甲壳软化）、空腹为特征。濒死虾常浮于水面或池体边缘，尤其在体重超过1g的肉眼可见虾暴发本病时，常能观看到成百上千只海鸟争相啄食的壮观场面。

（2）过渡（恢复）期　介于急性期与慢性期之间，病程极短，以病虾角质上皮多处出现不规则的黑化斑为特征。黑化斑为血淋巴细胞聚集，表明角质上皮的病灶正在消失。病虾不再出现软壳和虾红素增多的症状，虾的行为和摄食正常。

（3）慢性期　成功蜕皮的病虾，从过渡期转入慢性期，一般无明显的临床症状，但对正常的环境应激（如突然降低盐度）明显不如未染疫虾。有的因病毒在淋巴器官持续感染而成为终生带毒者。

2.病理变化　各期病理变化如下。

（1）急性期　可见到全身角质上皮、附肢、鳃、后肠、前肠（食管、前后胃室）有多处灶性坏死；有时在角皮下结缔组织细胞，以及靠近感染角质上皮的条纹肌纤维基质也可见感染病灶。严重的病例，触角腺细管上皮也遭到破坏。组织学变化可见角皮病灶感染细胞胞质中嗜酸性颗粒增加，细胞核固缩或破裂。病灶中坏死细胞的胞质残体富集，形成嗜酸性或嗜弱碱性球体，直径为1～20μm。这些球体与固缩、破裂的细胞核呈"散粗胡椒面状"或"散弹状"分布，在不同时出现淋巴器官细管薄壁细胞坏死的情况下，此病理特征对急性期桃拉综合征具有诊断意义。

（2）过渡期　角皮病灶的数量和严重程度均呈下降趋势，坏死灶中有大量血淋巴细胞浸润、聚集并黑化，进而出现不规则的黑斑，此病变为过渡期桃拉综合征的典型特征。

（3）慢性期　一般看不到大体病变。组织学变化可见大量的类淋巴器官球体（LOS），这是桃拉综合征病毒感染虾留下的唯一病理学证据。类淋巴器官球体（LOS）可能与成对淋巴器官的主体相连，或脱离形成异位的类淋巴器官体，位于血腔的局部区域，如心、鳃或皮下结缔组织中等。类淋巴器官球体（LOS）由淋巴器官细胞和血淋巴细胞呈球形堆积而成，但缺乏中心管（典型的淋巴器官小管）。从其球形特征以及缺乏中心管可与正常淋巴器官进行区别。

［诊断与检疫技术］

1. 初诊　根据流行特点（主要侵害凡纳滨对虾和细角对虾，幼虾发病迅速、死亡率高）、临床症状与病理特征（急性期病虾的虾体全身淡红色、尾扇和游泳足鲜红色，游泳足或尾足边缘处上皮呈灶性坏死，常死于蜕皮期间，表现为软壳、空腹等；过渡期病虾角质上皮多处出现不规则黑化斑，血淋巴细胞聚集，软壳及虾红素不明显；慢性期一般无明显临床症状）可做出初诊，确诊需进一步做实验室检测。

2. 实验室检测　进行组织病理学诊断、生物诊断法、免疫学检测和分子生物学检测可按SC/T 7204《对虾桃拉综合征诊断规程》检验的要求进行。该诊断规程检验分为4个部分，第1部分：外观症状诊断法；第2部分：组织病理学诊断法；第3部分：RT-PCR检测法；第4部分：指示生物检测法。

被检材料的采集：采集病虾10尾，健康虾150尾，按不同的大小或感染期取不同组织样品，其中，对虾幼体、仔虾取完整个体，幼虾和成虾取虾的头胸部，非对虾的甲壳类动物参照对虾的方法取样，非生物样品取0.1～0.5g，以供检测用。

样品采集的要求按SC/T 7202.1—2007《斑节对虾杆状病毒诊断规程》第1部分：压片显微镜检查法中的附录B的规定或按照OIE《水生动物疾病诊断手册》中的列表要求采样。

（1）组织病理学诊断　取病虾肠道组织做成组织切片镜检，急性期：可观察到呈嗜酸性或嗜弱碱性的球体（直径1～20μm），这些球体同固缩的核与破裂的核在一起形成"散粗胡椒面状"或"散弹状"。过渡期：坏死灶中有大量血淋巴细胞浸润、聚集并黑化。慢性期：可见大量的类淋巴器官球体（由淋巴器官细胞和血淋巴细胞呈球形堆积而成）。

组织病理学诊断适用于桃拉综合征的急性期、过渡期、慢性期患病对虾的确诊和对桃拉综合征的筛查。不适于对潜伏性感染或非感染性携带病毒标本进行病毒检测。

（2）生物诊断法　采用SPF凡纳滨对虾幼虾作为桃拉综合征病毒指示器，对疑似感染动物进行生物检测，具体方法有口服法和注射法两种。

1）口服法　虾随机分为两组，其中感染组以剁碎的疑似感染样品饲喂，对照组以正常饲料饲喂，然后对两组虾进行临床观察和大体病理、组织病理学诊断。

口服法较易操作，可用较小的SPF凡纳滨对虾幼虾进行试验。

2）注射法　将采集的可疑虾头或全虾样品与TN缓冲液或2%的无菌生理盐水按1∶2或1∶3混合匀浆，离心取上清作为接种物，对指示虾进行肌内注射（IM），然后进行临床观察和大体病理、组织病理学诊断。

注射法宜采用较大的指示虾进行。

如不用生物诊断法，也可采用"改良生物诊断法"对疑似感染动物进行生物检测，此法是采用"哨兵虾"进行生物诊断，具体方法是：可将SPF凡纳对虾幼虾置于网箱中，按"哨兵"监测布点要求放置于养虾池内，通过观察并检测"哨兵虾"的发病情况和病理变化等，进而对虾群进行桃拉综合征（TS）监控。

（3）免疫学检测　采用斑点酶免疫反应（DBI）、间接荧光抗体法（IFA）、免疫组化法（IHC）等免疫学检测技术，对样品进行检测，可得到确诊。

斑点酶免疫反应（DBI）：此法以感染虾或SPF虾血淋巴制取纯化病毒，作为检测抗原，加于MA-HA-N45单抗包被的反应板，干燥后，以磷酸盐缓冲液和含山羊血清与酪蛋白的吐温20进行阻断。用单抗TSV mAb lAl进行斑点酶免疫反应。如单克隆抗体（mAb）法，通常用于虾血淋巴、组织匀浆物或Davidson's AFA固定组织样品的TSV检测。TSV mAb 1A1常用于鉴别TSV变异株，或与其他毒株鉴别。单克隆抗体检测疑似结果，应结合临床症状、发病史或其他检测结果，如反转录聚合酶链式反应（RT-PCR）或原位杂交试验（ISH）等结果进行综合判断。

其他抗体检测方法：TSV mAb 1A1可应用于间接荧光抗体法（IFA）、免疫组化法（IHC）等抗体检测方法中，可用于组织印片、冰冻切片和脱蜡的固定组织样品及Davidson′s AFA固定的组织样品。

（4）分子生物学检测　采用原位杂交试验（ISH）和反转录聚合酶链式反应（RT-PCR）等分子生物学检测技术，对样品进行检测，可得到确诊。

1）原位杂交（ISH）　是采用非放射性的以地高辛标记的cDNA探针进行，此方法敏感性高于传统的组织病理学诊断法。

2）反转录聚合酶链式反应（RT-PCR）　此方法适用于对虾的各生活期、非对虾的生物和底泥等样品中桃拉综合征带毒情况的定性检测，以进行病原筛查和疾病的确诊。单独使用时不适于对病毒量、存在状态（玷污、携带和感染状态）或感染活性等的估测和宿主感染程度的评估。

3）实时反转录聚合酶链式反应（rtRT-PCR）　此方法具有快速、特异和敏感的优点，对桃拉综合征病毒（TSV）基因组目标序列检测敏感性大于100拷贝。

3. 鉴别诊断　本病急性期应与白斑综合征区别。白斑综合征部分病虾甲壳出现白色斑点，但患病的中国对虾、凡纳对虾、日本对虾体色发红，与桃拉综合征的急性期虾体全身呈淡红色相似，可以通过病原分离鉴定来鉴别，桃拉综合征的病原是桃拉综合征病毒，而白斑综合征的病原是白斑综合征病毒。

［防治与处理］

1. 防治　目前尚无疫苗和有效的治疗方法，可采取以下一些措施：①对苗种场、良种场实施防疫条件审核、苗种生产许可管理制度。②加强疫病监测与检疫，对进口的亲虾要严格检疫，禁止购买来历不明的亲虾或虾苗；对种苗进行严格病毒检测，杜绝病原从苗种带入。③做好水体消毒和彻底清塘消毒工作。水体消毒可每10～15d（特别是进水换水后）及时用漂白粉等含氯消毒剂消毒，清塘消毒可用生石灰，一次量，每667m²水体100～150kg，化水全池泼洒，彻底泼洒池底。④在养殖过程中，要定期使用水质及底质改良剂，特别是在养殖中后期应以水质和底质改良为主，其中以光合细菌、硝化细菌等微生态制剂的改良剂为好。⑤加强饲养管理，增强虾体免疫功能。要科学投饲，少吃多餐，使用无污染和不带病原的水源，投喂优质高效的配合饲料，同时在饲料中添加生物活性物质或免疫促进剂。⑥加强巡塘，经常开启增氧机，发现池水变化要及时调控，使整虾池水质平衡及稳定（pH维持在8.0～8.8，氨氮0.5mg/L以下，透明度维持在30～60cm），遇到疾病流行时要停止换水。⑦为防止细菌性疾病、寄生虫疾病的发生，可采取相应药物防治办法。

2. 处理　①一旦发生本病或检疫中发现本病，应就地隔离防治，不得调运。治疗方法可用10%聚维酮碘溶液，一次量，每立方米水体0.3～0.4mL，全池泼洒，每10d一次，连用2d。或8%溴氯海因粉，一次量，每立方米水体0.2～0.3mL，全池泼洒1次；同时用板蓝根和三黄粉，一次量，每千克饲料用上述药各1g，拌饲料投喂，每天2次，连用7d。②对病死虾和检疫阳性结果的亲虾与商品养殖虾必须进行无害化处理，禁止用于繁殖育苗、放流或直接作为水产饵料使用。

3. 划区管理　根据感染强度，将养殖区分为疫区、感染区、无病区，并实施划区管理。

二、黄头病

黄头病（yellow head disease，YHD）是由黄头病毒引起的对虾传染性疾病，急性感染后在2～4d即出现停食等症状，死亡率高，濒死虾头胸部因肝胰腺发黄而变成黄色，因此称为黄头病。OIE将其列为必须通报的动物疫病，我国列为二类动物疫病。

[病原特性]

病原为黄头病毒（*Yellow head virus*，YHV）。属于套式病毒目（*Nidovirales*）杆套病毒科（*Roniviridae*）头甲病毒属（*Okavirus*）成员。

黄头病毒属，目前已知有6个基因型。其中黄头病毒（YHV）为基因1型，鳃联病毒（GAV）为基因2型；另外4个基因型（3～6型），常见于东非、亚洲和澳大利亚的健康斑节对虾（*Penaeus monodon*）中，极少或从不引起疾病。

YHV粒子呈杆状，长150～200nm，直径40～60nm，有囊膜，上有囊膜粒突起。核衣壳呈螺旋对称。病毒粒子由3种结构蛋白构成，即核蛋白p24和囊膜蛋白gp64、gp116；病毒基因组为单股正链RNA，长约26 000nt。

YHV主要感染淋巴器官，并存在于病虾的细胞质中，通过宿主细胞的细胞膜出芽释放出来，有细胞质包涵体。

YHV在60℃下15min及0.03mg/mL氯中可灭活，在25～28℃海水中至少可存活3d。

[分布与危害]

1. 分布　本病于1990年首次在泰国东、中部斑节对虾的精养塘中发现，随后在亚洲蔓延，如中国、印度、印度尼西亚、马来西亚、菲律宾和越南等东亚和东南亚地区发生流行。在健康斑节对虾中检出鳃联病毒（GAV）和其他基因型的国家（地区）有澳大利亚、中国、印度、印度尼西亚、马来西亚、莫桑比克、菲律宾、泰国和越南。

2. **危害** 由于本病病毒毒力较强，可引起多种对虾感染发病，但主要侵害斑节对虾、凡纳对虾的幼虾和成虾，对虾被感染后3～5d内可全军覆灭。

[传播与流行]

1. **传播** 多种对虾均可感染黄头病毒，自然感染可见于斑节对虾（*Penaeus monodon*）、凡纳滨对虾（*L. vannamei*）、日本对虾（*P. japonicus*）、白香蕉虾（*P. merguiensis*）、细角对虾（*P. stylirostris*）、白对虾（*P. setiferus*）、刀额新对虾（*Metapenaeus ensis*）、糠虾（*Palaemon styliferus*）和南极磷虾（*Euphausia superba*）等。在试验条件下易感的种类还有虎纹对虾（*P. esculentus*）、棕虾（*P. aztecus*）、粉红虾（*P. duorarum*）和绿尾新对虾（*Metapenaeus bennettae*）等。易感性随虾种类不同而异，试验表明，黄头病毒可引起斑节对虾、凡纳对虾、细角对虾、棕虾和白对虾等大量死亡。

目前已报道发生黄头病疫情的有斑节对虾和凡纳对虾。尤其是斑节对虾幼体及50～70日龄虾发病感染最为严重，感染后3～5d内发病率高达100%，死亡率高达80%～90%。

传染源主要是病虾及被病毒污染的水源。传播方式主要是水平传播。鸟类也是传播媒介之一，因鸟类如海鸥等摄食患黄头病虾，并通过排泄将病毒传播到邻近的池塘中去。

2. **流行** 可引起多种对虾发病，并可与对虾白斑综合征病毒合并感染。本病急性感染在2～4d即出现停食等症状，死亡率高。

[临床症状与病理变化]

1. **临床症状** 患病虾有一个吃食量增大，然后突然停止的过程，一般2～4d内出现头胸部发黄和全身发白，肝胰腺变软并由褐色变为黄色。许多濒死虾聚集在池塘角落的水面，同时引起对虾迅速大量死亡。

2. **病理变化** 病毒主要侵染外胚层和中胚层起源的组织器官，可感染血淋巴、造血组织、鳃瓣、皮下结缔组织、肠、触角腺、生殖腺、神经束、神经节等，并致全身性细胞坏死。组织压片可见到中度到大量球形强嗜碱性细胞质包涵体；血淋巴涂片可见到中度到大量血细胞发生核固缩和破裂；组织切片可见到坏死区域有球形强嗜碱性细胞质包涵体（直径为2μm或稍小），胃皮下组织和鳃是可见特征性包涵体的最佳部位。

[诊断与检疫技术]

1. **初诊** 根据流行病学、临床症状和病理特征可做出初步诊断。确诊需进一步做实验室检测。

2. **实验室检测** 进行组织及病理诊断、分子生物学检测和免疫学检测。

被检材料的采集：采集病虾10尾，健康虾150尾，按不同的大小或感染期取不同组织样品，其中，对虾幼体、仔虾取完整个体，幼虾和成虾取虾的头胸部，非对虾的甲壳类动物参照对虾的方法取样，非生物样品取0.1～0.5g，以供检测用。

（1）组织及病理诊断 采用组织压片的快速染色法、组织病理学诊断法和电镜诊断。

1）组织压片的快速染色法 取濒死虾鳃丝或表皮用Meyer's苏木精-伊红染色可见细胞内球形强嗜碱性细胞质包涵体。

此法适用于对虾活体中的黄头病毒检测，不适于非感染性病毒携带样品的诊断及对宿主进行组织病理学评价。

2）组织病理学诊断法　取病虾组织做成组织切片，用HE染色后可观察到各种不同组织的病理变化（细胞坏死、核固缩、核破裂）和强嗜碱性细胞质包涵体。

此法适用于对虾感染黄头病毒初步诊断或未知疾病样品组织病理学评价，不适用非感染性病毒携带样品的检测。

3）电镜诊断　可对病虾鳃、淋巴器官等的病毒观察和确诊。

（2）分子生物学检测　可采用原位杂交、反转录聚合酶链式反应（RT-PCR）等分子生物学检测技术，对样品进行检测，可得到确诊。

1）原位杂交法　采用地高辛标记cDNA探针进行，敏感性比组织病理学诊断法高。

此法适用于黄头病毒敏感宿主的感染程度及病毒扩增状况的评估和疾病确诊。

2）反转录聚合酶链式反应（RT-PCR）检测法　通过RT-PCR技术，检测待定基因。

此法适用于对虾各个生活期和其他生物或底泥等样品的黄头病毒情况进行定性检测，也适合于病原筛查和疾病确诊。

（3）免疫学检测　可采用免疫印迹试验（WB）、酶联免疫吸附试验（ELISA）或免疫荧光等免疫学检测技术，鉴定样品有无黄头病毒感染，从而进行确诊。

通过制备特异性抗黄头病病毒抗体，来检测样品中的病毒抗原。可取活虾血淋巴，采用WB、ELISA或免疫荧光等免疫学方法检测样品是否有黄头病毒感染，如果检测呈阳性结果，则可确诊。

3. 鉴别诊断　本病应与桃拉综合征、白斑综合征、淋巴器官空泡化病毒等相区别。除临床症状及病理特征有区别外，主要从病原的不同而进行鉴别。

［防治与处理］

1. 防治　本病目前尚无有效的治疗方法，可用良好的管理和正确的操作来阻止本病的发生和蔓延。可采取以下一些措施：①对苗种场、良种场实施防疫条件审核、苗种生产许可管理制度。②加强疫病监测与检疫，对进口的亲虾要严格检疫，禁止购买来历不明的亲虾或虾苗；对种苗进行严格病毒检测，杜绝病原从苗种带入。③通过培育或引进抗病品种，提高抗病能力。④加强饲养管理，科学投饲，少吃多餐，使用无污染和不带病原的水源，投喂优质高效的配合饲料。⑤彻底清塘消毒，孵化设施可用聚维酮碘、二氯异氰尿酸钠、二氧化氯消毒处理。虾苗用聚维酮碘消毒处理，用量为$0.3\sim0.6g/m^3$水体浸浴30min。⑥加强巡塘，经常开启增氧机，发现池水变化要及时调控，遇到疫病流行时要停止换水。⑦保持虾池环境的相对稳定，不滥用药物。⑧为防止发生细菌性疫病和寄生虫病，可采取相应药物防治。⑨流行季节可用聚维酮碘、双链季胺盐结合碘、二氯异氰尿酸钠、二氧化氯消毒。

2. 处理　①若发生本病，要停止调运，病虾扑杀，病死虾进行无害化处理，并用二氯异氰尿酸钠、三氯异氰尿酸消毒处理。②对无疫区内，要禁止检疫阳性亲虾和苗种的引入；对新疫区内，检疫阳性的亲虾和苗种应扑杀并消毒；对老疫区内检疫阳性亲虾应隔离，检疫阳性苗种仅在本地使用，禁止用于繁殖育苗、放流或直接作为水产饵料使用。

3. 划区管理　根据水域和流域的自然隔离情况划区，并实施划区管理。

三、罗氏沼虾肌肉白浊病

罗氏沼虾肌肉白浊病（Macrobrachium rosenbergii whitish muscle disease）又称白尾

病（white tail disease，WTD）或罗氏沼虾白体病，是由罗氏沼虾野田村病毒引起的一种急性病毒性疾病，主要危害罗氏沼虾苗种（淡化苗）。以急性死亡、病虾肌肉呈白斑或白浊状为特征。OIE将其列为必须通报的动物疫病，我国将其列为二类动物疫病。

[病原特性]

病原为罗氏沼虾野田村病毒（*Macrobrachium rosenbergii Nodavirus*，MrNV），属于野田村病毒科（*Nodaviridae*）（曾译作诺达病毒科）中属地位未定的成员。

罗氏沼虾野田村病毒粒子为对称的二十面体结构，大小为26～27nm，表面光滑，无囊膜，基因组由两条正链RNA组成，线状RNA1大小为3.2kb，编码病毒RNA多聚酶，RNA2大小为1.2kb，编码43kD结构蛋白（CP-43）。罗氏沼虾野田村病毒的基因序列与甲型野田村病毒属和乙型野田村病毒属均不相同，属一类新的野田村病毒成员。

除罗氏沼虾野田村病毒外，罗氏沼虾肌肉白浊病中还发现了一种大小为14～16nm的病毒，目前称为超小病毒（XSV），为单股单链RNA，编码17kD的衣壳蛋白，需要依赖于罗氏沼虾野田村病毒，目前认为是罗氏沼虾野田村病毒的卫星病毒。

罗氏沼虾野田村病毒对氯仿不敏感。

[分布与危害]

1. 分布　本病最早报道于泰国，随后见于中国和法属圭亚那，目前已在泰国、中国、印度、越南、缅甸、澳大利亚、加勒比海地区（法属圭亚那）等国家和地区发生并流行。

本病于1994年后在我国广东省发现，2000年浙江、江苏、上海、广东、广西等地出现较大规模流行，2001年起，本病在各主要罗氏沼虾苗种场广泛流行，2002年更是呈蔓延趋势。

2. 危害　本病主要侵害罗氏沼虾，可导致虾苗在短时间内大量死亡，对罗氏沼虾养殖业造成严重的经济损失。

[传播与流行]

1. 传播　病毒的易感动物主要是罗氏沼虾（又名马来西亚大虾），而日本沼虾、秀丽白虾、克氏原螯虾等养殖品种未发现有罗氏沼虾野田村病毒的感染。病毒主要感染罗氏沼虾虾苗，疾病发生于虾苗淡化后至放养到池塘3～5周内，而虾苗淡化后3d至3周为疾病高发时期，严重时死亡率可高达90%以上，目前无有效控制措施。发病后部分苗种可存活并长至商品规格的成虾，但有发病史的虾可携带病毒，造成子代虾苗的发病。成虾及亲虾可查出病毒，但未发现MrNV感染引起的大规模流行。

传染源主要是带毒亲虾及被病毒污染的水体、饵料、工具、消毒不彻底的育苗池等。传播方式有水平传播和垂直传播，其中带毒种虾垂直传播是引起我国虾苗发病的重要原因。此外，有人报道带病毒的轮虫等生物饵料也可传播疾病。

2. 流行　本病主要流行于4月（即大棚暂养期）至7月（即虾苗初养到大水体后1个月左右）。

本病发生流行过程中需要注意的是：虾苗池缺氧、水质不良及营养因素等，也可引起虾苗的肌肉白浊，但这类白浊分布于整个腹部，无分散的白浊斑点，改用水质良好的水后虾苗的白浊可消退，而病毒感染的白浊不能消退并可在虾群中迅速传播。

［临床症状与病理变化］

1. 临床症状 发病虾苗首先在腹部出现白色或乳白色混浊块。随着时间推移，向其他部位扩展，最后除头胸部外，全身肌肉呈乳白色，所有发白之处肌肉均坏死。虾甲壳变软，不出现白斑（这一点可区别于对虾白斑综合征）。死亡前头胸部与腹部分离。病虾摄食减少，活动能力低。轻者影响生长，重者在1周左右全部沉底而死。

2. 病理变化 组织学变化为发病虾苗腹部肌纤维、肝胰腺、血细胞、心脏和鳃组织胞质内可见到嗜碱性包涵体；超微病理可发现肌纤维间线粒体肿胀、变形，肌质网变性、坏死和空泡化，表明细胞处于缺氧和钙代谢紊乱状态；肌细胞包涵体内存在大量晶格排列、无囊膜、大小为26nm的球状病毒颗粒。用病毒核酸探针或抗MrNV单抗进行免疫酶染色，可见到肌肉及组织间隙细胞内存在大量病毒颗粒。

［诊断与检疫技术］

1. 初诊 根据临床症状可见罗氏沼虾腹部出现白色或乳白色混浊块、肌肉白浊、个别虾苗腹部存在分散的白浊点，在排除水质因素引起的肌肉白浊（此种虾苗肌肉白浊在改用水质良好的水后白浊可消退，而病毒感染出现的肌肉白浊不能消退）后，可做出初步诊断。确诊需进一步进行实验室检测。

2. 实验室检测 进行病理诊断和病原鉴定。

被检材料的采集：采集病虾苗150尾以上，正常虾500尾以上，取完整个体，用于病毒核酸提取或ELISA测定；种虾10尾，用于病毒测定。

（1）病理诊断 取典型病虾做组织切片，然后用HE染色镜检，可发现虾苗腹部肌纤维、肝胰腺、鳃组织胞质内有嗜碱性包涵体，这是本病的重要特征。通过超微病理可观察到肌纤维间线粒体肿胀、变形，肌质网变性、坏死和空泡化；肌细胞包涵体内存在大量晶格排列、无囊膜、大小为26nm的球状病毒颗粒。

此病理诊断费时、观察难度较大，故诊断意义不大。

（2）病原鉴定 采用三抗体夹心ELISA法（TAS-ELISA）、反转录聚合酶链式反应（RT-PCR）检测法等方法，可检出病虾样品中病原，从而得到确诊。

1）三抗体夹心ELISA法 可直接检测病虾样品中的MrNV抗原，其过程是：兔抗MrNV抗体预包被酶标板→加样品、阳性及阴性对照，预包被抗体可捕捉样品中MrNV阳加小鼠抗MrNV单抗→加抗小鼠单抗的酶标抗体→显色，有病毒的孔可显示较深的颜色。

TAS-ELISA法，目前已有相关抗体供应。

2）反转录聚合酶链式反应检测法 用针对MrNV的引物进行RT-PCR检测，适用于对虾各种样品、环境生物和饵料生物的各种样品及其他非生物样品中的MrNV的定性检测，具有高灵敏度和高特异性。用于病原筛查和疾病确诊。已有相关方法实验室建立，但未见商品化试剂。

最近有研究者建立了基于Taq Man探针的检测MrNV和XSV的实时荧光定量RT-PCR方法，为疾病的预防和早期诊断提供了快速、灵敏的手段。该方法检测灵敏度可达到50个拷贝，并且有很好的重复性。可应用于病虾样品检测。

3. 鉴别诊断 本病应与对虾传染性肌肉坏死病（IMN）相区别。主要通过病原鉴定来鉴别。

[防治与处理]

1. 防治 可采取以下措施：①对苗种场、良种场实施防疫条件审核、苗种生产许可管理制度。②选择无病毒的亲虾，并进行精心培育。无病原体的亲虾是预防本病的重要措施，可选择没有发病史的养殖地区的罗氏沼虾作为亲虾。收购后要精心培育，以提高亲虾的体质和免疫力，可减少疾病的发生机会，以确保亲虾不带病毒。一般可通过添加复合维生素，特别是维生素C、维生素E等，目前有许多用于水产养殖的复合维生素制剂供应。这种方法在广西部分养殖场采用，成功地控制了疫病的发生。③实施严格的消毒措施。消毒措施可保证苗场不被邻近发病场传染的关键。因此要对育苗车间的所有用具进行严格消毒，同时对购买虾苗的客户应采取必要的措施，可采取生产区与供苗区分开，客户只进供苗区，或要求客户进生产区前进行消毒，最简单的是用含氯消毒剂浸洗手及鞋等。④药物预防。A.用汉宝"杀菌红"每667m²（1.0m水深）泼洒75mL，15d一次；B.用汉宝"虾康乐"1%添加于饲料中，在发病季节每7d投喂1次；C.用汉宝"对虾克毒王"以1‰～2.5‰的比例，将该药混入料制成药饵，在对虾易发病季节每隔1d用药饵一次；D.还可以用汉宝"超浓缩光合细菌"以改良水质和底质条件。⑤药物治疗。A.用汉宝"杀菌红"每667m²（1.0m水深）泼洒150mL，隔天使用一次；B.同时在每100kg饲料中均匀拌入1.5kg"虾康乐"、0.25kg"对虾克毒王"、1.0kg乳酸环丙沙星，拌匀后加入适量的水再混合拌匀，使药粉与饲料充分黏和，放置30min即可投喂，投喂5～7d；C.如果养殖池中有大量藻类，可用汉宝"藻虫清"杀藻；D.有条件的地方还可投喂"汉宝多维"以增强虾体自身免疫能力。此方法用药成本低，效果明显。

2. 处理 ①对病死虾采用无害化处理，防止病原扩散。②苗种场检疫出病毒阳性结果应停止生产，繁殖场亲虾和苗种检疫阳性结果的要全部扑杀，并按有关规定对发病养殖区、用具和种虾做无害化处理；检疫阳性虾要禁止用于繁殖育苗、放流或直接作为水产饵料。

3. 划区管理 根据水域和流域的自然隔离情况划区，并实施划区管理。

四、对虾杆状病毒病

对虾杆状病毒病（baculovirus penaei disease，BPD）是由对虾杆状病毒引起的病毒性疾病，主要危害对虾幼体、仔虾和幼虾。我国将其列为二类动物疫病。

[病原特性]

病原为对虾杆状病毒（*Baculovirus Penaei*，BP），又名PvSNPV，属于杆状病毒科（*Baculoviridae*）中属地位未定的成员。

对虾杆状病毒粒子大小为74～270nm，有囊膜，基因组为环状超螺旋双股DNA。

对虾杆状病毒主要侵害肝胰腺腺管、中肠等上皮细胞。病毒感染后可在肝胰腺和中肠上皮细胞中形成细胞核内核型多角包涵体，少量包涵体也可在粪便中游离存在。

[分布与危害]

1. 分布 本病在世界上分布广泛，如东非、中东、澳大利亚、印度洋、太平洋的许多国家都有发生，我国台湾地区与福建省都有报道。

2. 危害　本病危害斑节对虾，长毛对虾、桃红对虾、褐对虾、白对虾、万氏对虾、蓝对虾、许氏对虾、缘沟对虾、加州对虾等多种对虾的幼体、仔虾和成虾，其中对仔虾的危害最大，表现为急性死亡。随着日龄的增长，感染率和死亡率逐渐降低。

[传播与流行]

1. 传播　对虾杆状病毒的宿主范围广泛，可感染滨对虾属、美对虾属、明对虾属和沟对虾属等在内的所有对虾品种，以幼体、仔虾和早期幼虾对病毒最为敏感。

本病病毒主要感染西半球的养殖和野生对虾。目前已发现3个地方株，分别分布在东南大西洋、美国墨西哥沿岸和加勒比海、美国南、中北部太平洋沿岸及夏威夷。自然条件下，斑节对虾最易感染发病，此外，长毛对虾、桃红对虾、褐对虾、白对虾、万氏对虾、蓝对虾、许氏对虾、缘沟对虾、加州对虾等均可感染发病，其中尤以桃红对虾、褐对虾、万氏对虾和缘沟对虾受危害最大。幼体和仔虾感染发病后死亡率很高，成虾死亡率较低，亲虾常呈隐性感染。

传染源主要是病虾和带毒虾。传播途径是通过对虾相互残食和粪-口途径经口传播，即病毒经口进入消化道侵害肝胰腺和中肠上皮。亲虾产卵时排泄带病毒粪便也可使病毒传给下一代种群。此外，试验表明带病毒的轮虫和卤虫也可将病毒传给对虾幼体。

2. 流行　本病主要侵害对虾的幼体、仔虾和幼虾，尤以幼体最为严重，表现为急性死亡，通常在48h内出现90%以上的死亡率。随着日龄增长，感染率和死亡率逐渐降低。

[临床症状与病理变化]

1. 临床症状　病虾浮头，靠岸，厌食，昏睡。虾体色为蓝灰色或蓝黑色，胃附近白浊化。鳃上及体表易附着类纤毛虫、丝状细菌、藻类及污物。病虾最终侧卧池底而死亡。

2. 病理变化　剖检可见肝胰腺肿大、软化、发炎或萎缩硬化，肠道发炎等。组织学变化在肝胰腺和中肠上皮细胞内有数量不等的金字塔状包涵体。包涵体为具有明显折射性的四面体，高度约为20μm。受感染的对虾的肝胰腺小管和前中肠的上皮细胞的细胞核肥大，核内有1个至几个角锥形包涵体。核仁被挤到一边，并退化或消失，染色质分布于核的边缘，呈环状排列。

[诊断与检疫方法]

1. 初诊　根据流行特点（主要侵害对虾幼体、仔虾和幼虾）、临床症状（虾体变色呈蓝灰色或蓝黑色、昏睡）和病理变化（肝胰腺肿大、软化、发炎或萎缩硬化，肠道发炎等。在肝胰腺小管和前中肠的上皮细胞的细胞核内有角锥形包涵体）可进行出初步诊断，确诊需进一步做实验室检测。

2. 实验室检测　有组织及病理诊断和病毒的分子检测。

被检材料的采集：采集病虾10尾，健康虾150尾，按不同的大小或感染期取不同组织样品，其中，对虾幼体取完整个体，仔虾取头胸部，幼虾和成虾取小块肝胰腺或小截中肠组织。粪便样品的采集是将幼虾或成虾暂养在水族箱中，待数小时直至水族箱底部出现粪便，然后用干净的塑料虹吸管吸取排泄物注入玻璃试管中，以供检测用。

（1）组织及病理诊断　可采用压片镜检法、组织病理学诊断法和透射电镜诊断法。

1）压片镜检法　采取病虾的鲜肝胰腺和中肠组织进行湿片压片，显微镜检查发现角锥形包涵体基本可诊断。其方法是：取病虾的鲜肝胰腺组织，加1滴0.1%孔雀绿水溶液，压成薄片，用光镜检查，可见到角锥形包涵体被染成绿色，其颜色要比肝胰腺中其他球形物如核仁、脂肪滴的颜色深。若结果可疑，则根据组织病理学诊断或PCR检测结果来确认。

2）组织病理学诊断法　取病虾肝胰腺组织制作成组织切片，然后用HE染色镜检，可见肝胰腺上皮细胞核肥大，核内有角锥形（或金字塔状）包涵体，具有明显折射性的四面体，高度约为20μm。

此法适用于对虾感染对虾杆状病毒情况的初步诊断或未知疾病样品的组织病理学评价。不适用非感染性携带病毒样品的病毒检测。

3）透射电镜诊断法　制备病虾中肠腺超薄切片，用透射电镜检查，在包涵体和核质中可见到许多杆状病毒颗粒，即可确诊。

（2）病毒的分子检测　可应用原位杂交法和聚合酶链式反应（PCR）检测法。

1）原位杂交法　采用地高辛标记cDNA探针进行检测病毒，敏感性高于病理组织诊断法。

此法适用于对虾杆状病毒敏感宿主组织细胞的感染程度及病毒扩增状况的评估和疾病的确诊。

2）聚合酶链式反应检测法　通过PCR来检测病毒特定基因。

此法优点是适用于大量样品的病毒筛查和疾病确诊，可检测对活体、粪便、冰冻和冰鲜虾产品的对虾杆状病毒的筛查和疾病确诊，但不足的是单独使用不能对病毒剂量、感染活性及宿主感染程度做出评估。

3.鉴别诊断　本病应与斑节对虾杆状病毒病相区别。因为两病临床表现很相似，主要通过病原以及细胞核内形成的包涵体来鉴别。对虾杆状病毒病的病原是对虾杆状病毒（BP），在肝胰腺小管或前中肠上皮细胞核内形成角锥形包涵体；而斑节对虾杆状病毒病的病原是斑节对虾杆状病毒（MBV），在肝胰腺或中肠上皮细胞核内形成球形（或近似球形）包涵体。

［防治与处理］

1.防治　可采取以下一些措施：①对苗种场、良种场实施防疫条件审核、苗种生产许可管理制度。②平时加强对虾的疫病监测与检疫，对进口的亲虾要严格检疫，禁止购买来历不明的亲虾或虾苗；对种苗进行严格病毒检测，杜绝病原从苗种带入。③通过培育或引进抗病品种，提高抗病能力。④加强饲养管理、改善水质和采取合理养殖的密度，降低疾病发生。⑤及时消毁受病毒污染的对虾，严禁用作亲虾使用。⑥对感染病毒的场地、用具应进行彻底消毒，切断疫病传染途径。

2.处理　①无疫区内禁止引入检疫阳性的亲虾和苗种。②疫区内对发病亲虾和苗种应全部扑杀，并进行彻底消毒。检疫阳性的亲虾或苗种仅在本地使用，禁止用于繁殖育苗、放流或直接作为水产饵料使用。

3.划区管理　根据水域和流域的自然隔离情况划区，并实施划区管理。

五、传染性皮下和造血器官坏死病

传染性皮下和造血器官坏死病（infectious hypodermal & haematopoietic necrosis, IHHN）是由IHHN病毒引起的虾类疾病，该病毒主要感染细角对虾（*Litopenaeus stylirostris*）和凡纳对虾（*L.vannamei*），以出现较高死亡率和凡纳对虾呈现慢性的"矮小残缺综合征"（RDS）为主要特征。OIE将其列为必须通报的动物疫病，我国将其列为二类动物疫病。

[病原特性]

病原为传染性皮下和造血组织坏死病毒（*Infectious hypodermal and haematopoietic necrosis virus*，IHHNV），属于细小病毒科（*Parvoviridae*）浓核病毒亚科（*Densovirinae*）短浓核病毒属（*Brevidensovirus*）中的暂定种。

病毒粒子呈二十面体，大小为20～22nm，无囊膜，在氯化铯（CsCl）密度梯度中的浮力密度为1.40g/mL。病毒基因组为线状单链DNA，长度为4.1kb，衣壳由4个分子量分别为74kD、47kD、39kD和37.5kD的多肽组成。

目前已发现4个IHHNV地理株，主要分布在美国和东亚（主要是菲律宾）、东南亚、东非以及西印度洋、太平洋包括马达加斯加和毛里求斯，其中两个地理株可同时感染凡纳滨对虾和斑节对虾，而另两个地理株病毒不感染凡纳滨对虾和斑节对虾。不同地区野生和养殖对虾的带毒率各不相同，在0～100%。

IHHNV感染外胚层组织，如鳃、表皮、前后肠上皮细胞、神经索和神经节以及中胚层器官，如造血组织、触角腺、性腺、淋巴器官、结缔组织和横纹肌，在宿主细胞核内形成包涵体。病毒在同一地区非常稳定，而在不同地区可能有不同株的分布。

[分布与危害]

1. 分布　本病的病毒最早在1983年南美蓝对虾（*P. stylirostris*）暴发，随后发现可感染斑节对虾、日本对虾、短沟对虾，并从南美对虾养殖国家传播到亚洲及太平洋地区（包括夏威夷群岛、关岛和新卡里多尼亚养殖的对虾，以及太平洋东部沿岸从秘鲁到墨西哥的野生对虾），目前已在世界上广泛分布，可使多种对虾感染发病，已报道的流行地区有美国、新加坡、菲律宾、以色列及南美洲和我国台湾省。

2. 危害　主要危害细角对虾、凡纳滨对虾、斑节对虾、日本对虾等多种对虾的幼虾和成虾，使对虾的仔虾期和幼虾期引起较大死亡，成虾个体大小参差不齐，造成的损失（吃饲料、浪费水电及人工等）比虾死亡还要大。

[传播与流行]

1. 传播　易感动物为世界各地养殖和野生对虾，包括褐对虾（*P. aztecus*）、加州对虾（*P. californiensis*）、中国对虾（*P. chinensis*）、桃红对虾（*P. duorarum*）、食用对虾（*P. esculentus*）、日本对虾（*P. japonicus*）、斑节对虾（*P. monodon*）、西方对虾（*P. ocidentalis*）、南方白对虾（*P. schmitti*）、短沟对虾（*P. semisulcatus*）、白对虾（*P. setiferus*）、红额角对虾（*P. stylirostris*）、凡纳对虾（*P. vannamei*）等。

病毒可感染细角对虾、凡纳对虾、斑节对虾等大部分对虾的幼虾和成虾，但主要侵害的是细角对虾、凡纳对虾。感染后的死亡率却不同。细角对虾死亡率可达90%以上，稚虾受危害最为严重；凡纳对虾发病后呈现慢性的"矮小残缺综合征"（RDS），使病对虾生长缓慢、体型畸形，虽死亡率不高，但虾养不大。感染存活对虾终生带毒。

传染源为病幼虾、带毒成虾及被病毒污染的水体。传播方式主要是水平传播，即病毒通过带毒虾和其他甲壳类、受病毒污染水体传播疾病，以及同类健病虾残食或带毒海鸟传播疾病。此外，感染病毒（IHHNV）存活的对虾，因带毒可垂直传播疾病。

2. 流行 病毒可感染世界各地养殖对虾，但主要感染太平洋东部沿岸野生对虾、太平洋岛屿（包括夏威夷群岛、法属波利尼西亚、关岛和新卡里多尼亚）的养殖对虾，近年来又发现东南亚和中东地区的养殖和野生对虾也被感染，在我国有较高的发病率。

[临床症状与病理变化]

1. 临床症状 IHHNV感染不同的宿主具有不同的临床症状。

细角对虾感染病毒发病后表现为摄食量明显减少，外表和行为表现异常，患病对虾能缓缓上升到水面、翻转后腹部向上缓慢沉到水底，这种行为可持续数小时，直到被其他健康虾吞食。感染期细角对虾表皮上皮可在腹部背板结合处观察到白色或浅黄色斑点，斑点以后逐渐消退（这一情况可与对虾白斑综合征的白斑相区别），感染病的细角对虾和斑节对虾在濒死时体色偏蓝，腹部肌肉混浊，不透明。病虾一般在4～12h内死亡。

凡纳滨对虾感染病毒发病后表现为慢性矮小残缺综合征（RDS），患病稚虾还出现额角弯曲、变形、触角鞭毛皱起、表皮粗糙或残缺，稚虾大小差异很大。养殖的细角对虾也出现慢性矮小残缺综合征（RDS）。

凡纳滨对虾RDS的严重程度及流行范围与幼体或仔虾阶段的感染有关，可用种群变异系数（CV）来估算是否感染病毒，计算公式是：种群变异系数＝标准偏差/种群内不同组别大小的平均数。通常未患病群体的CV范围为10%～30%，而感染病毒的对虾种群的CV为30%～90%。

2. 病理变化 IHHNV主要感染起源于外胚层和中胚层的组织细胞，主要有表皮、前肠和后肠上皮、性腺、淋巴器官组织细胞，很少感染肝胰腺。组织学变化为在被病毒感染的组织中可见到典型的Cowdry A型细胞核内嗜伊红包涵体，边缘常出现无色环，包涵体可使细胞核肥大、染色质边缘分布。

[诊断与检疫技术]

1. 初诊 根据流行特点（侵害细角对虾和凡纳滨对虾，尤以稚虾受害最为严重）、临床症状（细角对虾行为表现异常，虾表皮上可在腹部背板接合处有白色或浅黄色斑点，并逐渐消退，濒死时体色偏蓝，腹肌不透明；凡纳对虾表现为慢性矮小残缺综合症）和病理特征（感染组织中可见到典型的Cowdry A型细胞核内嗜伊红包涵体，边缘出现无色环）可做出初诊，确诊需进一步做实验室检测。

2. 实验室检测 进行组织学诊断和病原的分子生物学检测。

被检材料的采集：采集病虾10尾，健康虾150尾，按不同的大小或感染期取不同组织样品，其中，对虾幼体、仔虾取完整个体，幼虾和成虾取虾的头胸部，非对虾的甲壳类动物参照对虾的方法取样，非生物样品取0.1～0.5g，以供检测用。

样品采集的要求可按SC/T 7202.1—2007《斑节对虾杆状病毒诊断规程》第1部分：压片显微镜检查中的附录B的规定或按照OIE《水生动物疾病诊断手册》中的列表要求采样。

（1）组织学诊断 采用组织压片镜检、组织病理诊断法、电镜诊断。

1）组织压片镜检 将采取的病虾新鲜组织进行压片，然后用显微镜检查，可见病变组织的细胞核肥大，核内有包涵体，可作为诊断依据。

2）组织病理诊断法 取病虾组织制备组织切片，用HE染色镜检，可见感染的细胞核内有典型的Cowdry A型细胞核内嗜伊红包涵体，边缘常出现无色环，包涵体可使细胞核肥大、染色质边缘分布。

此法适用于有症状对虾的初步诊断或未知样品的组织病理学评价，不适用于无症状带病毒标本的病毒检测。

3）电镜诊断　制备病虾组织超薄切片，然后用电镜检查，在病变组织的细胞核内可见到无囊膜的二十面体、大小为20～22nm的病毒颗粒，即可确诊。

（2）病原的分子生物学检测　采用聚合酶链式反应（PCR）检测法或分子杂交技术检测病虾血淋巴或附肢（如腹肢）样品中的IHHNV。

1）PCR检测法　通过PCR检测IHHNV特定基因。刘荭等（2002）报道了PCR检测IHHNV的方法，任聪等还建立了实时荧光定量PCR法的检测方法。

PCR检测法适用于各种对虾样品、环境生物和饵料生物样品以及其他各种非生物样品的IHHNV带毒的高灵敏度定性检测。

2）分子杂交技术（DNA探针检测）　用地高辛标记的IHHNV cDNA探针病毒检测，灵敏度高于组织病理诊断法。

此法适用于成虾、幼虾、仔虾、幼体和受精卵活体、冰鲜或冰冻产品和其他甲壳类动物的病毒筛查、有临床病症病虾的确诊。

3. 鉴别诊断　本病应与白斑综合征相区别。由于本病患病群体的个体变异系数较大，可与白斑综合征相区别。

［防治与处理］

1. 防治　可采取以下一些措施：①对苗种场、良种场实施防疫条件审核、苗种生产许可管理制度。②加强对进口对虾的检疫，避免把病原带入。③虾池放养前彻底清塘消毒，清除过多淤泥和用生石灰或漂白粉或其他杀菌消毒渔药清池消毒，杀死池水中及淤泥中的病原。对虾种苗进行严格的病毒检测。④通过培育或引进抗病品种，采用SPF亲虾进行繁育，提高抗病能力。⑤加强饲养管理，科学投饵，少吃多餐。投喂优质高效的配合饲料，使用无污染和不带病原的水源。⑥保持虾池环境的相对稳定，不滥用药物。同时加强巡塘，经常开启增氧机，保证溶氧不低于5mg/L。发现池水变化，要及时调控，遇到疾病流行，要停止换水。⑦平时采取相应药物防治细菌性疾病和寄生虫病的发生。在养殖过程中，根据不同生长时间和阶段，投喂预防病毒的药物（如庆康灵6号）或对虾抗病毒免疫增强剂（如赛英素，在饲料中添加赛英素0.3%，对提高虾体自身免疫力和抑制病毒有一定的作用）。

2. 处理　①无疫区内要禁止引入检疫阳性的亲虾和苗种。②疫区内对发病亲虾和苗种应全部扑杀，并对发病虾场及其设备进行彻底消毒。检疫阳性的亲虾或苗种仅在本地使用，禁止用于繁殖育苗、放流或直接作为水产饵料使用。

3. 划区管理　根据水域和流域的自然隔离情况划区，并实施划区管理。

六、传染性肌肉坏死病

传染性肌肉坏死病（infectious myonecrosis，IMN）是由传染性肌坏死病毒引起凡纳对虾一种疾病。病虾可出现肌肉坏死、体表烤焦状等病征。本病最早发现于巴西，目前主要在南美流行。OIE将其列为必须通报的动物疫病，我国将其列为二类动物疫病。

[病原特性]

病原为对虾传染性肌坏死病毒（*Penaeid shrimp infectious myonecrosis virus*，IMNV），通常称为传染性肌坏死病毒（Infectious myonecrosis virus，IMNV），属于单分病毒科（*Totivirus*）中属地位未定成员。

IMNV颗粒直径40nm，二十面体，无囊膜；病毒基因组为单节段双链RNA病毒（dsRNA），长度为7 560bp，有两个开放阅读框，分别编码衣壳蛋白和依赖RNA的RNA聚合酶。

IMNV的主要宿主是凡纳对虾，潜在宿主可能是巴西西北部地区的野生对虾。病毒也可人工感染细角对虾和斑节对虾。目前病毒仅可通过发病虾而获得，尚未找到培养病毒的敏感细胞系。

[分布与危害]

1. 分布　2002年首先暴发于巴西对虾养殖中，目前主要发生在巴西西北部及南美洲。印度尼西亚的爪哇岛也有发现，其他国家和地区目前尚无报道。

2004年美国亚利桑纳（Arizona）大学的Donald V.Lightner博士研究，确认为是一种新的病毒传染病害，定名为传染性肌肉坏死病毒（IMNV）。

2. 危害　本病主要侵害凡纳滨对虾（成虾、仔虾以及苗种），对60～80日龄凡纳对虾的幼虾危害较大，患病养殖种群出现持续性死亡，严重时累计死亡率可达70%～85%。

[传播与流行]

1. 传播　IMNV主要感染凡纳对虾，包括成虾、仔虾以及苗种，但主要感染60～80日龄的幼虾，通常6g以上的个体较易发病。IMNV也可通过人工感染方式感染细角对虾和斑节对虾。巴西西北部地区的野生对虾中可携带病毒。

传染源主要是病对虾和病毒污染的水体。传播方式为水平传播，病毒通过污染水体传播，也可通过健康虾残食发病虾时受到感染而传播。目前非法的跨地区移动幼苗种是疫病传播的主要原因。

2. 流行　本病发生季节较长，水温较高易发病，最适发病温度30℃左右，流行季节为每年7—9月的高温期，传染性很强。通常情况下，病毒破坏全身肌肉组织，但病程缓慢，死亡率不高，患病养殖种群可出现持续性死亡，严重时累计死亡率可高达70%～85%。

一般认为水温和盐度可影响疾病的发生，但缺乏明确的试验依据。

[临床症状与病理变化]

1. 临床症状　发病初期病对虾摄食减少或停食，反应迟钝，聚集在池塘的角落，体色发白；病虾腹节发红，尾部肌肉组织呈点状或扩散的坏死，坏死先出现在腹节末梢和尾扇，移去腹节表皮可见白色或不透明的白色组织，部分虾还可出现微红色坏死区域；在网捕、喂食等刺激下，坏死症状虾可突然增多，喂食后出现持续死亡。

2. 病理变化　病毒主要感染对虾的肌肉组织和淋巴器官，可见病虾全身肌肉组织坏死，坏死组织压片可观察到坏死和断裂的肌纤维；淋巴器官明显增大，为正常虾的3～4倍，淋巴器官压片可观察到大量圆形细胞，正常淋巴器官的管状结构减少。在淋巴器官及肌肉细胞质中常有深色嗜碱性包涵体。

[诊断与检疫技术]

1. 初诊　根据流行特点（7—9月的高温期，凡纳对虾仔虾养殖过程出现长时间持续发病死亡，且难以有效防治）和临床症状（养殖虾出现停食、反应迟钝、聚集、体色发白；病虾腹节发红，尾部肌肉组织呈点状或扩散的坏死，移去腹节表皮可见白色或不透明的白色组织，部分虾还可出现微红色坏死区域；在网捕、喂食等刺激下，坏死症状虾可突然增多，喂食后出现持续死亡等）可做出初诊，确诊需进一步做实验室检测。

2. 实验室检测　进行组织及病理诊断和病原鉴定，尚无血清学诊断。

被检材料的采集：采集病虾10尾，健康虾150尾，对虾幼体、仔虾取完整个体，幼虾和成虾取虾的肌肉，具体可按《水生动物产地检疫采样技术规范》（SC/T 7103—2008）的要求进行采集病变组织，以供检测用。

（1）组织及病理诊断　取病虾坏死肌肉压片，可见到坏死和断裂的肌纤维；取淋巴器官压片可见到大量圆形细胞；此外还见到病虾坏死肌肉区域出现血淋巴细胞聚集、血淋巴细胞浸润肌肉组织等现象。可作为诊断依据，并尽快进行病原检测而确诊。

（2）病原鉴定　可采用反转录聚合酶链式反应（RT-PCR）检测、核酸分子探针及IMNV的试剂盒检测等技术，对被检样品进行病原鉴定。

1）反转录聚合酶链式反应（RT-PCR）检测　通过RT-PCR，检测特定基因，可以做出确诊。

2）核酸分子探针　采用DNA的分子探针可对病虾进行检测病毒，敏感性高于组织及病理诊断，可对疾病做出确诊。同时利用DNA的分子探针还可检测IMNV的隐性感染，有较高灵敏度。

3）IMNV的试剂盒检测　目前，美国亚利桑那大学的水产养殖病理实验室已研发出可以准确检测IMNV的试剂盒（IQ2000TM IMNV检测试剂盒），不仅能准确地检测IMNV的感染，还可通过半定量设计可检测样品感染病毒的程度。

3. 鉴别诊断　本病应与罗氏沼虾肌肉白浊病相区别，主要从病原鉴定加以鉴别。

[防治与处理]

1. 防治　本病是新发生的疾病，目前尚未建立有效的防治方法，主要措施以预防传入和提高对虾综合免疫能力为主。可采取以下一些措施：①对苗种场、良种场实施防疫条件审核、苗种生产许可管理制度。②对引进的对虾亲虾、种苗要搞好检疫，尤其是有从南美或东南亚引种经历的养殖场，要实施严格检疫措施。可采用RT-PCR、核酸探针法等技术进行病毒检疫，避免引进带毒亲体，从而防止IMN传入我国。③通过培育或引进抗病品种，提高抗病能力。采用不带病毒的SPF苗种和种虾是唯一有效的控制方法。④要积极推广生态养殖的模式。采用生态调水技术、发展立体混养模式，通过混养和轮养等方法，减少IMNV在养虾池中大量富积的可能性。⑤确保合理的养殖密度，加强养殖管理，保持水质良好，并投喂不携带病原的高效环保饲料，提高虾类自身免疫力。⑥加强养殖过程的疾病监测和定期水质检测。⑦对养殖场所有使用的器具进行定期消毒。

2. 处理　①发生本病要及时向上级主管部门报告，做好疫情防控工作，对已经死亡的对虾进行无害化处理。②无疫区内要禁止引入检疫阳性的亲虾和苗种。③疫区内对发病亲虾和苗种应全部扑杀，并对发病虾场及其设备进行彻底消毒。检疫阳性的亲虾或苗种仅在本地使用，禁止用于繁殖育苗、放流或直接作为水产饲料使用。

3. 划区管理　根据水域和流域的自然隔离情况划区，并实施划区管理。

第七章
三类动物疫病检疫

第一节 多种动物共患病

一、大肠杆菌病

大肠杆菌病（colibacillosis）是由致病性大肠杆菌引起的动物和人广泛疾病的总称。本病易感宿主是猪、禽、牛、兔、羊和人，而胃肠道、脑脊膜和肾脏是大肠杆菌感染的主要器官。我国将其列为三类动物疫病。

大肠杆菌（*Escherichia coli*）属于肠杆菌目（Enterobacteriales）肠杆菌科（Enterbactericacae）埃希氏菌属（*Escherichia*）成员。

大肠杆菌为革兰氏阴性杆菌，两端钝圆，大小为（1.1～1.5）μm×（2.0～6.0）μm，单在或成对排列，有些菌株有荚膜或微荚膜，约有一半菌有周身鞭毛（4～6根）。许多菌有菌毛，不形成芽孢，具有不同的血凝活性。

大肠杆菌为兼性厌氧菌，包括呼吸和发酵两种类型。在普通培养基上易生长，可见到3种菌落：①光滑型（居多数）。边缘正齐、湿润，呈灰色，表面有光泽，在生理盐水中易分散。②粗糙型。常见新分离的菌株，菌落扁平、干涩、边缘不整，在生理盐水中，易发生自身凝集。③黏液型。常见于有荚膜的菌株，在培养基中含有糖类或在室温中放置易出现。在麦康凯和远藤琼脂培养基上易生长形成红色菌落（该菌能分解乳糖所致）。

大肠杆菌的所有菌株均能迅速分解葡萄糖、甘露醇，产酸产气，不分解肌醇和侧金盏花醇，能还原硝酸盐，产生靛基质，不产生硫化氢。MR试验阳性，VP试验阴性，不液化明胶，不分解尿素，不利用柠檬酸盐。70%～90%的菌株能分解蔗糖、卫矛醇、阿拉伯糖、木糖、鼠李糖、麦芽糖、乳糖、水扬苷和棉子糖。

大肠杆菌广泛分布于自然界，主要栖息于人及恒温动物肠道，是正常肠道菌群的组成部分，有维护肠腔生态平衡、生物颉颃、维生素合成等重要作用。某些原本是正常肠道菌群组的大肠杆菌，在特定条件下会成为机会致病菌。大量研究表明，某些非正常肠道菌群组的大肠杆菌，具有致病性，可引起大肠杆菌病。本病广泛存在于世界各地，给养殖业造成了严重的损失。

大肠杆菌感染引起的疾病包括：肠道感染，如腹泻、痢疾等；泌尿感染，如膀胱炎、肾盂肾炎、溶血性尿道综合征等；全身感染，如败血症、多发性浆膜炎、多发性关节炎等；局部感染，如肝炎、髓膜炎、肺炎、脐炎等。

根据菌体抗原（O）、鞭毛抗原（H）和菌毛抗原（F）的抗原差异，大肠杆菌可分为各种血清型。目前大肠杆菌血清型有近180种菌体抗原（O）、60种鞭毛抗原（H）和100种荚膜抗原（K）。但大多数血清型只以O和H抗原命名（如O157：H7），前者表示血清群，后者表示血清型。此外，在含O抗原的血清型中还发现菌毛抗原（F），此类抗原多达20种，菌毛具有黏附素，可使大肠杆菌吸附于大肠黏膜而不至于排出，菌毛黏附素主要有F4（K88）、F5（K99）、F6（987p）、F41等。近年来，菌毛抗原（F）被用于血清型鉴定。

根据致病机理，大肠杆菌通常可分为肠道内致病型和肠道外致病型两大类。肠道内致病型大肠杆菌（IPEC）包括：肠侵袭性大肠杆菌（EIEC）、产肠毒素大肠杆菌（ETEC）、肠致病性大肠杆菌（EPEC）、肠出血性大肠杆菌（EHEC）、肠聚集性大肠杆菌（EAEC）和弥散黏附性大肠杆菌（DAEC）等。肠道外致病型大肠杆菌（ExPEC）包括：禽病原性大肠杆菌（APEC）、尿道致病性大肠杆菌（UPEC）、新生儿脑脊膜炎大肠杆菌（NMEC）等。志贺毒素大肠杆菌（STEC），旧名产Vero毒素大肠杆菌（VTEC），包括在肠致病性大肠杆菌（EPEC）和肠出血性大肠杆菌（EHEC）之内。

大肠杆菌致病型及其所致疾病情况如下：

1. 肠道内致病型大肠杆菌（IPEC）

（1）产肠毒素性大肠杆菌　宿主是人、猪、绵羊、山羊、牛、马、犬和猫。所致疾病为小儿腹泻、旅行者腹泻、犊牛腹泻（0～1周龄）、犊牛出血性腹泻（1～6周龄）、新生仔猪腹泻（0～1周龄）、仔猪腹泻（2～4周龄）、断乳仔猪腹泻（4～8周龄）、仔猪出血性胃肠炎（1～8周龄）、仔猪败血症（0～4周龄）、犬猫崽腹泻。毒力因子及致病特征是含有CFA1、CFA2、K88、K99等菌毛黏附素；无侵袭能力；能产生LT和/或ST毒素；能致婴儿（幼畜）和旅行者水样腹泻；无炎症、不发热。

（2）肠致病性大肠杆菌　宿主是人、牛、猪、兔、犬、猫和马。所致疾病为犊牛出血性腹泻（1～6周龄）、断乳仔猪腹泻（4～8周龄）、犬猫崽腹泻、新生仔兔腹泻、哺乳仔兔腹泻。毒力因子及致病特征是无菌毛黏附素，通过紧密黏附素附着于宿主肠细胞；具中等侵袭能力；不产生LT或ST，但有志贺样毒素；通常引起婴儿水样腹泻，有的有炎症反应，但不发热。

（3）肠侵袭性大肠杆菌　宿主仅见于人。毒力因子及致病特征是无菌毛黏附素，可能有外膜蛋白；具侵袭能力，能进入肠上皮细胞内繁殖；不产生志贺毒素；能导致痢疾样腹泻，粪带黏膜或血液致婴儿（幼畜）和旅行者水样腹泻；无炎症、不发热。EIEC感染症状与志贺氏菌病相同，伴有高热和大量水泻。

（4）肠出血性大肠杆菌　宿主是人、牛和山羊。所致病为出血性结肠炎、溶血性尿毒综合征（HUS）。毒力因子及致病特征是无特征性黏附素，通过普通菌毛附着；具中等侵袭性；不产生LT或ST，但产生志贺毒素；致儿童腹泻，大量便血；炎症反应严重，可能伴有HUS。O157：H7是该致病型中最典型的菌株，可致血样腹泻，但不发热。EHEC可引起HUS和突然肾衰竭。

（5）志贺毒素大肠杆菌　所致病为仔猪水肿病（4～8周龄）。

（6）肠聚集性大肠杆菌　宿主仅见于人。毒力因子及致病特征是无特征性黏附素；无侵袭能力；产生ST样毒素（肠集聚耐热毒素，EAST）和溶血素；可致儿童顽固性腹泻，无炎症反应，不发热。

2.肠道外致病型大肠杆菌

(1) 尿道致病性大肠杆菌　宿主是人、犬、猫。所致病为尿路感染（UTI）。

(2) 新生儿脑脊膜炎大肠杆菌　所致病为犊牛败血症（0~1周龄）。

(3) 禽病原性大肠杆菌　所致病为禽大肠杆菌性败血症（5~10周龄）；成鸡肿头症、皮炎、蜂窝织炎。

(4) MPEC　所致病为乳腺炎（成年母牛）。

（一）猪大肠杆菌病

猪大肠杆菌病（porcine colibacillosis）是由致病性大肠杆菌引起的猪局部性或全身性、急性或慢性等一系列传染病的总称。

猪感染致病性大肠杆菌后，根据发病日龄和临床表现的不同，可分为仔猪黄痢、仔猪白痢和仔猪水肿病。

关于猪腹泻，可分为三类：一是新生仔猪腹泻，又称仔猪黄痢，常发生于刚出生不久的仔猪；二是仔猪腹泻，常发生于1周内哺乳猪；三是断奶仔猪腹泻，又称仔猪白痢。其中新生仔猪腹泻（仔猪黄痢）和断奶仔猪腹泻（仔猪白痢）的病原通常是大肠杆菌；而仔猪腹泻的病原较复杂，涉及传染性胃肠炎病毒、轮状病毒、球虫和大肠杆菌等。

新生仔猪大肠杆菌腹泻

新生仔猪大肠杆菌腹泻（neonatal escherichia coli diarrhea）简称新生仔猪腹泻，又称仔猪黄痢，是由一株或多株肠毒素型大肠杆菌（ETEC）引起的新生仔猪的胃肠道传染病。临床以水样腹泻、排黄色浆状粪便为特征，严重者出现脱水、代谢性酸中毒并死亡。

[病原特性]

病原为肠毒素型大肠杆菌（*Enterotoxins E.coli*，ETEC），属于肠杆菌目（Enterobacteriales）肠杆菌科（Enterbactericacae）埃希氏菌属（*Escherichia*）成员。

肠毒素型大肠杆菌（ETEC）通过一种或多种菌毛黏附素F4（K88）、F5（K99）、F6（987P）或F41，或通过产生一种弥散性附着黏附素（AIDA）附着新生仔猪肠黏膜，进入小肠后，产生一种或多种肠毒素，如STa（ST I）、STb（ST II）、EAST1或LT。

目前，已发现与新生仔猪腹泻有关的肠毒素型大肠杆菌（ETEC）血清型有O149、O8、O147和O157，这些血清型均含F4抗原，并可产生STb或LT肠毒素，而ETEC的O8、O9、O64和O101血清型发生呈增长趋势，这些血清型均含F5、F6和/或F41抗原，可产生STa肠毒素，通常不产生STb肠毒素。上述血清型主要引起0~6日龄仔猪腹泻，极少引起日龄较长的仔猪腹泻（表7-1）。

一些含F4抗原的肠毒素型大肠杆菌（ETEC）既可从新生仔猪中分离到，也可从断乳仔猪中分离到，含F4抗原的肠毒素型大肠杆菌多属于O149血清型，该血清型是引起断乳仔猪腹泻的主要病因。

仔猪断乳前后伴有休克症状的肠道型大肠杆菌病，通常由肠毒素型大肠杆菌血清型O149、O157和O8引起，此类血清型含F4抗原，可产生STb或LT肠毒素，有时也产生志贺毒素

（Stx2e）。致贺毒素与仔猪水肿病有关。

表7-1　引起新生仔猪腹泻的主要致病型、毒素型和O抗原血清群

致病性	毒素型	O抗原血清群
肠毒素型大肠杆菌（ETEC）	STa: F5: F41 STa: F41 STa: F6 LT: STb: EAST1: F4 LT: STb: STa: EAST1: F4 STb: EAST1: AIDA	8, 9, 20, 45, 64, 101, 138, 141, 147, 149, 157

（引自农业部兽医局，《一二三类动物疫病释义》，中国农业出版社，2011）

[分布与危害]

1. 分布　本病在我国较多的猪场都有发生。

2. 危害　本病主要侵害1周以内的仔猪，7日龄以上很少发生，发病率和死亡率都很高，是危害仔猪最为重要的传染病之一。

[传播与流行]

1. 传播　本病多发生于0～6日龄仔猪，以1～3日龄最为多见，出生后2～3h仔猪即可发病，常数头或整窝发病。1周以上的仔猪很少发生本病，育成猪、肥猪、母猪及公猪都未见发病。

传染源主要是带菌母猪，其排出的粪便带有病原菌，散布于外界，以致污染了母猪的皮肤和乳头。仔猪通过吮乳或舔母猪的皮肤时，经消化道感染而引起发病。初产母猪乳头受污染程度通常高于经产母猪，故初产母猪所生仔猪发生本病的概率要高于经产母猪。发生本病的仔猪可通过粪便排出大量细菌，污染外界环境、水、饲料及其用具，传染其他猪只，形成了新的传染源。有的猪场本无此病，经引进带菌种猪后发生此病，康复后的仔猪留做种猪导致了疫情的扩大。

2. 流行　本病的流行没有季节性，四季均可发生。在产仔季节常可使很多窝仔猪发病。一般是先由1头开始，再传染其他仔猪。本病的发病率很高，窝仔猪发病率常在90%以上，最高可达100%。死亡率也很高，甚至整窝死亡，不死者生长发育缓慢。本病一旦在猪场发生，会经久不断，随着时间的推移只是发病率和死亡率有所下降，不采取适当措施是不会自行停息的。

本病的发生与病原菌、环境条件和某些宿主因素有关，如仔猪大量感染肠毒素型大肠杆菌（ETEC）；仔猪未及时吃到初乳；环境条件差或产舍连续多年使用；产舍温度低于25℃或天气骤变等。

[临床症状与病理变化]

1. 临床症状　潜伏期短，出生后2～3h以内即可发病，长的也仅1～3d。临床以腹泻为特征，疾病严重程度与菌株毒力、仔猪日龄和免疫状况有关。严重病例可出现脱水、代谢性酸中毒并死亡；最急性的病例可不表现腹泻症状而死亡。

病仔猪轻微腹泻时，无明显脱水症状；或呈清水样腹泻。粪便颜色从清水样到白色，或深浅不一的棕色。粪便从肛门顺会阴流下，其周围大多不留粪迹，需仔细检查会阴区才可发现。

病情严重时，部分仔猪出现呕吐症状；发病仔猪精神沉郁，眼睑下垂；腹部肌肉松弛，皮肤

呈蓝灰色；仔猪脱水，体重下降30%～40%；最后因脱水和酸中毒死亡。

2. 病理变化　病变主要表现为脱水。小肠（尤以十二指肠）呈急性卡他性炎症，肠黏膜肿胀、充血或出血。胃部膨胀，内含有未消化的乳块，肠系膜淋巴结充血肿大、切面多汁。心、肝、肾有变性，严重者有出血点。

[诊断与检疫技术]

1. 初诊　根据流行病学、临床症状和病理变化可做出初步诊断，确诊需进一步做实验室检测。

2. 实验室检测　进行显微镜检查、病原鉴定、肠毒素测定和血清学试验。

被检材料的采集：采集濒死或死亡不久的仔猪小肠（前段）样品。为了避免杂菌污染，最好无菌采取肠系膜淋巴结、肝、脾、肾等实质器官做病原分离的材料，如果送检可将病料放在灭菌试管中，低温尽快送实验室检测。

（1）显微镜检查　取病死仔猪的肝、脾及肠系膜淋巴结病变部位进行涂片，革兰氏染色，在显微镜下观察，出现部分革兰氏阴性、两端钝圆的短杆菌。

（2）病原鉴定　细菌分离鉴定取病死仔猪小肠内容物，接种于麦康凯琼脂培养基上做细菌分离，挑选红色菌落，再接种三糖铁培养基进一步做纯培养，然后进行溶血试验和生化反应等鉴定工作，并用大肠杆菌因子血清鉴定分离菌株的血清型。

（3）肠毒素测定　大肠杆菌毒素的测定方法有很多种，如乳鼠试验，仔猪、兔肠段结扎试验，细菌培养，血清学试验，多重聚合酶链式反应，菌落杂交探针，基因探针，基因型分析，单克隆抗体等。

①乳鼠试验：可用于检测STa肠毒素的活性。

②仔猪、兔肠段结扎试验：可用于检测STb肠毒素的活性。

③细胞培养：可用于检测LT和Stx肠毒素活性。

④血清学试验：采用间接免疫荧光试验检测病料冰冻切片中的黏附素抗原；也可用免疫过氧化物酶试验检测病料（病料经福尔马林固定，蜡块包埋后）中的黏附素抗原。

⑤单克隆抗体：运用单克隆抗体复制并检测肠毒素STa和菌毛抗原F4、F5、F6或F41。

此法更特异和敏感，目前国际上已有此类诊断试剂盒，可直接检测感染猪粪便或肠内容物。

⑥基因型分析：常用于鉴定大肠杆菌的毒素类型。

⑦菌落杂交探针和多重聚合酶链式反应（n-PCR）：已用于检测猪肠毒素型大肠杆菌（ETEC）分离株的菌毛黏附素和肠毒素的基因编码。

（4）血清学试验　采用平板凝集试验、免疫荧光试验和采用多克隆兔抗血清的酶联免疫吸附试验等血清学方法，可检测大肠杆菌菌毛黏附素（F抗原）。

3. 鉴别诊断　本病应与仔猪红痢（产气荚膜梭菌感染引发的魏氏梭菌病）、传染性胃肠炎、轮状病毒病和球虫病相鉴别。

仔猪红痢，以排出的粪便呈现红色黏性稀粪为特征，病原为C型产气荚膜梭菌。

感染本病的仔猪（呈分泌性腹泻），其粪便pH呈碱性；而传染性胃肠炎和轮状病毒病等吸收不良性腹泻，其粪便pH呈酸性。

[防治与处理]

1. 防治　可采取以下措施：①保证新生仔猪能及时吃到初乳，哺乳仔猪舍温保持在30～

34℃。②加强分娩舍的卫生及消毒工作。③不从有病猪场引种。④可通过口服外源性蛋白酶如菠萝酶，抑制F4阳性ETEC黏附肠黏膜，达到预防本病的目的。⑤对母猪免疫接种，可提高仔猪的母源抗体水平，并获得被动免疫保护以防止发病。方法是：采用灭活的全细胞菌苗，纯化的K88、K99双价基因工程苗以及K88、K99、K987p三价基因工程苗，在母猪分娩前6周和2周进行免疫接种，或用本地（场）菌株制备疫苗预防。

2. 处理　对病仔猪进行药物治疗。在治疗病仔猪前，最好分离出肠毒素型大肠杆菌，做抗生素敏感试验，然后选用敏感抗生素口服或注射治疗。

断奶仔猪大肠杆菌腹泻与仔猪水肿病

断奶仔猪大肠杆菌腹泻（postweaning escherichia coli diarrhea，PWD）简称断奶仔猪腹泻，又称仔猪黄痢，是由肠毒素型大肠杆菌（ETEC）或肠致病型大肠杆菌（EPEC）引起的断奶仔猪胃肠道传染病。以黄色或苍白色水样、粥样腹泻，严重脱水，特殊性剖检气味为特征。

仔猪水肿病（edema disease，ED），是由志贺毒素大肠杆菌（STEC）引起的断奶仔猪传染性肠毒血症。以头部、腹部、胃下黏膜和结肠肠系膜水肿为特征。

［病原特性］

断奶仔猪大肠杆菌腹泻（PWD）病原为肠毒素型大肠杆菌（*Enterotoxins E.coli*，ETEC）和肠致病型大肠杆菌（*Enterpathogenic E.coli*，EPEC）；而仔猪水肿病（ED）病原为志贺毒素大肠杆菌（*Shiga toxin-producing E.coli*，STEC）。均属于肠杆菌目（Enterobacteriales）肠杆菌科（Enterbactericacae）埃希氏菌属（*Escherichia*）成员。

引起这两种疾病的主要致病型、毒素型和O抗原血清群见表7-2。

表7-2　断乳仔猪大肠杆菌病的主要致病型、毒素型和O抗原血清群

疾病名称	致病型	毒素型	O抗原血清群
断乳仔猪腹泻	肠毒素型大肠杆菌	LT: STb: EAST1: F4 LT: STb: STa: EAST1: F4 STa: STb: Stx2e: F18ac STa: F18ac LT: STb STb: EAST1: AIDA LT: STb: STa: EAST1: F4 AIDA: Stx2e: F18ac AIDA: F18ac	8，38，139，141，147，149，157
	肠致病型大肠杆菌（EPEC）	Eae: EAST1	45，103
仔猪水肿病	志贺毒素大肠杆菌（STEC）	Stx2e: F18ab: AIDA	138，139，141

（引自农业部兽医局，《一二三类动物疫病释义》，中国农业出版社，2011）

［分布与危害］

1. 分布　断奶仔猪大肠杆菌腹泻在我国各地猪场均有不同程度的发生。仔猪水肿病在我国较多地区有发生。

2. **危害** PWD主要侵害10～30日龄仔猪,发病率高而病死率低,影响仔猪的生长发育。ED主要侵害断奶前后的仔猪,发病率不高,但病死率很高,给后备猪的培育造成损失。这两种病对养猪业的发展有相当大的危害。

[传播与流行]

1. **传播** 断奶仔猪大肠杆菌腹泻和仔猪水肿病在流行病学上有许多共同特征。例如,PWD和ED危害的猪群日龄相同;病原菌具有某些共同毒素;一些毒株如O139和O141既可引起PWD,也可引起ED;两病既可单独发生,也可在同一次疫情或同一头猪中同时发生。

PWD和ED侵害仔猪群的主要日龄,取决于其断乳日龄。以分别含F14抗原和含F18抗原的大肠杆菌相比,前者可引起新生仔猪、断乳前和断乳后仔猪腹泻,多在断乳当天发病,但断乳时加强饲养管理,在饲料中添加动物蛋白、血浆蛋白、酸化剂和氧化锌等,通常可使腹泻高峰在断奶3周后出现,甚至在断乳6～8周后出现;而后者通常在断乳后5～14d发病,或者在猪转入育肥期时发病。哺乳期仔猪也可发生大肠杆菌腹泻和仔猪水肿病,发病的严重程度与母猪乳中的抗体滴度相关。

PWD的发生与仔猪日龄有关,主要发生于10～30日龄仔猪,以2～3周发病最多,7d以内或30d以上发病的较少(主要原因是7日龄以内的仔猪通过吸吮母猪初乳获得了母源抗体;30日龄以上的仔猪机体抵抗力增强,因而不发病或很少发病)。如果一窝仔猪有一头发病,其余仔猪同时或相继发生,同窝仔猪发病率可达30%～80%,PWD发病率高(约50%),但致死率或死亡率通常较低,未经治疗的猪群,死亡率可达26%。

ED主要发生于断乳前后的仔猪,常见于断乳后1～2周的仔猪,有时也可使几日龄至数月龄的猪发病。在一窝和一群中,体况好、生长快而肥壮的仔猪易发生本病。ED发病率不是很高,一般为10%～35%,但病死率很高,可达50%～90%,甚至超过90%。本病常突然发生,突然消失,经常在猪群间反复发生。

传染源主要为带菌母猪和感染的仔猪。由粪便排出的病原菌污染水、饲料和环境,通过消化道感染其他个体。

2. **流行** FWD一年四季都可发生,但一般以严冬、早春及炎热季节发病较多。由于FWD是由内源性感染引起,因此疾病的发生与各种应激因素有密切关系,仔猪舍卫生条件差、阴冷潮湿、气候骤变、母猪的乳汁不足或过浓,仔猪贫血等均可促进此病的发生。

ED一般多见于春季和秋季,特别是气候突变和阴雨后多发,呈地方性流行,常限于某些猪群,不广泛传播,多发生于体格健壮、生长发育较快的猪只,发生过仔猪黄痢的猪一般不发生本病。

[临床症状与病理变化]

1. 临床症状

(1)断奶仔猪腹泻 以自然感染O149无F4大肠杆菌菌株导致的PWD为例,感染猪群早期症状表现为,断乳2d后出现1头或多头仔猪突然死亡,饲料消耗明显下降,猪只出现水样或粥样腹泻,粪便呈黄色或苍白色。

病初,一些猪具典型的尾巴震颤症状。猪只腹泻、脱水、精神沉郁,但体温正常;饮食不规律,病程后期,病猪口渴,试图找水喝;多数猪鼻端、耳尖以及下腹部发绀。严重感染猪只,走路摇晃，共济失调。一般在断乳6～10d出现死亡高峰，存活猪可恢复良好。病程短的2～3d，长的1周左右。

（2）断乳仔猪腹泻与水肿复合型　病猪首先出现厌食，然后腹泻，眼睑肿胀，最后出现呼吸困难。

（3）仔猪水肿病　此病常突然发生，突然消失，且在猪群间反复发生，病程4～14d，平均不到7d，水肿是本病的特征症状。

病猪常于耳朵、前额皮下、鼻部及唇部等处出现明显的水肿，有时可波及颈部和腹部皮下。后期少数猪呈水样腹泻，粪中带有新鲜血块。

症状轻微的，除皮下水肿外，还伴有瘙痒症状。

病猪体温无明显变化，精神沉郁，食欲下降或不吃，触动时表现敏感，发生呻吟或嘶叫。神经症状明显，表现肌肉震颤，阵发性抽搐，站立不稳，步态蹒跚，盲目运动或转圈。最后发展为共济失调，麻痹和倒卧，四肢泳动。多数病猪在出现神经症状数小时或几天内死亡。

2. 病理变化

（1）断乳仔猪腹泻（PWD）　病死猪通常体况良好，但呈现以下症状：严重脱水，眼睑下垂、发绀；肺苍白、不湿润。胃膨大，内容物干燥，胃黏膜基底部不同程度充血；小肠充张，稍有水肿和充血，肠内容物水样或黏液状，气味特殊；肠系膜严重充血；大肠内容物水样或黏液样，通常呈淡绿色或黄色。

（2）仔猪水肿（ED）　病死猪大多体况良好。胃黏膜下水肿，尤其是贲门腺区最典型，比正常增厚2cm或以上，剖开水肿液呈胶冻样，靠近黏膜区有时呈血染状。严重的，水肿扩展到黏膜下基底部。结肠系膜明显水肿，有时可见胆囊水肿。胃部充满干燥、新鲜内容物，而小肠空虚。

肺呈现不同程度的水肿，以肺小叶下部呈斑驳样瘀塞为特征。有的也可见咽喉水肿。

［诊断与检疫技术］

1. 初诊　根据流行病学、临床症状和病理变化，可分别对PWD和ED做出初步诊断，确诊需进一步做实验室检测。

2. 实验室检测　进行显微镜检查、病原鉴定、肠毒素测定和血清学试验。具体方法参见新生仔猪大肠杆菌腹泻部分。

［防治与处理］

1. 防治　断乳仔猪腹泻防治：可参见新生仔猪大肠杆菌腹泻的防治措施，发病严重地区可用本地（场）菌株制备疫苗预防。

仔猪水肿病防治：①加强断乳仔猪饲养管理，不突然改变饲料和饲养方法，饲料配比要合理，适当增加饲料中维生素的含量。②可用猪水肿病多价灭活疫苗预防接种。

2. 处理　断乳仔猪腹泻：仔猪发病后应及时治疗，经药敏试验后选用敏感药物，如盐酸土霉素、多西环素、硫酸新霉素、氟苯尼考等，一般连用2～3d。同时口服鞣酸蛋白、活性炭等收敛止泻药，可提高疗效。亦可使用微生态制剂。脱水严重的个体及时补液。但应注意，无论采用何种药物和何种方法治疗，只有与改善饲养管理和消除致病因素相结合，才能收到良好效果。

仔猪水肿病：①水肿病发生时，不喂精料，只喂一些青绿饲料，可有助于降低病原菌的繁殖和毒素的产生。②对有病猪群，在断乳期间，适当投喂抗菌药物，如氟苯尼考、土霉素、磺胺类药物等进行预防。③发现病猪时可肌内注射亚硒酸钠、盐酸土霉素、硫酸新霉素等。

（二）牛大肠杆菌病

牛大肠杆菌病（cattle colibacillosis）是由致病性大肠杆菌引起的牛局部性或全身性、急性或慢性等一系列传染病的总称。这类疾病有初生犊牛腹泻、犊牛出血性腹泻、犊牛败血症和成年母牛乳腺炎等。

［病原特性］

（1）初生犊牛腹泻　病原为肠毒素大肠杆菌（ETEC），感染部位为小肠。

初生犊牛腹泻ETEC常见O抗原血清群有O8、O9、O20、O64和O101等，毒力因子有F5（K99）或F41等菌毛黏附素，以及STa肠毒素。

（2）犊牛出血性腹泻　病原为产志贺毒素大肠杆菌（STEC）或黏附与脱落大肠杆菌（AEEC），感染部位均为结肠。

犊牛出血性腹泻STEC常见O抗原血清群有O5、O8、O20、O26、O103、O111、O118和O145，毒力因子有EspC肠毒素，其他有Int、Tir、EspA、EspB、EspD、Stx1和/或Stx2。

犊牛出血性腹泻AEEC常见O抗原血清群有O5、O23、O26、O111和O118，毒力因子有Stx。AEEC犊牛出血性腹泻常见的并发病原还有冠状病毒、牛病毒性腹泻病毒、轮状病毒、隐孢子虫、沙门氏菌和ETEC。

（3）犊牛败血症　病原为肠道外大肠杆菌（ExPEC），可感染全身各部位。

犊牛败血症ExPEC常见O抗原血清群有O8、O9、O15、O26、O35、O45、O78、O86、O101、O115、O117和O137，毒力因子有P和F17菌毛素，其他有CNF1、CNF2和CDT。

（4）乳腺炎　病原为肠道外大肠杆菌（ExPEC），感染部位为乳腺。

乳腺炎ExPEC的O抗原血清群多种多样。

此外，腹泻犊牛中肠致病性大肠杆菌（EPEC）和肠出血性大肠杆菌（EHEC）也非常普遍，但它们对牛不致病，其中EHEC O157可引起人类严重疾病。

［分布与危害］

1. 分布　由于大肠杆菌分布极为广泛，凡是有饲养牛的国家和地区都时常有发生。

2. 危害　牛大肠杆菌病主要侵害犊牛（多为1～10d），可造成犊牛生长发育不良和死亡。成年母牛引起乳房炎，造成产奶量急剧下降，甚至泌乳停止。

［传播与流行］

1. 传播　牛大肠杆菌病易感动物为犊牛，主要是出生后10日龄之内的犊牛，以2～3日龄犊牛最为易感，成年母牛也可感染，引起乳房炎。

带菌牛是牛大肠杆菌病的主要传染源，带菌牛的粪便，以及所有被粪便污染的舍、栏、圈、笼、垫草、饲料、饮水、管理人员的胶靴鞋、服装等均能传播本病。

犊牛感染本病的来源，为污染的垫草、奶桶、牛栏、腹泻病犊和产犊场地。带菌母牛的乳汁和乳房及会阴部皮肤也可引起犊牛感染。

牛大肠杆菌病最常见的感染途径为消化道，也可经子宫和脐带感染。造成初生犊牛腹泻、犊牛出血性腹泻、犊牛败血症和成年母牛乳腺炎。

2. 流行　牛大肠杆菌病一年四季均可发生，犊牛常见于冬、春舍饲期间，呈地方性流行或散发，发病急、病程短、病死率高。初生犊牛腹泻以0～1周龄犊牛多发；犊牛出血性腹泻以1～6周龄犊牛多发；犊牛败血症以0～1周龄犊牛多发；乳腺炎见于成年母牛。

母牛体质瘦弱、乳房污秽不洁；饲料中维生素和蛋白质缺乏，厩舍阴冷潮湿、通风不良，犊牛未吮食初乳或哺乳不及时等可促进本病的发生和病情加重。

[临床症状与病理变化]

1. 临床症状

(1) 初生犊牛腹泻　多见0～1周犊牛，以排稀便、软便或水样便，呕吐，脱水和体重减轻为特征。

(2) 犊牛出血性腹泻　多见1～6周龄犊牛，常见体温升高，鼻镜干燥，腹痛，食欲废绝，消瘦，腹泻，排黑红色水样稀粪，恶臭，混有黏液及组织碎片。

(3) 犊牛败血症　多见0～1周龄犊牛，症状为发热，体温升高至40℃，精神沉郁，嗜睡，常于症状出现后数小时内死亡；腹泻间或有，或仅在死前出现。有些病程稍长者可出现多发性关节炎、脐炎、肺炎、脑膜炎等；病死率可达80%以上。

(4) 乳房炎　见于成年母牛，病牛发病急促，乳房的一叶或数叶肿胀、发热、疼痛、产奶量急剧下降，甚至泌乳停止，出现体温升高和食欲废绝等全身症状。

2. 病理变化　败血症病例，常无明显病理变化。但病程长的还有败血症病变，如脾肿大、肝与肾被膜下出血，心内膜有小尖出血。

腹泻病死病例，可见尸体极度消瘦，黏膜苍白，尾及后躯被恶臭的稀粪污染。消化道的病变最为明显，表现为真胃有大量凝乳块，黏膜充血、水肿，间或有出血，严重的卡他性至出血性肠炎，肠内容物呈水样，含气泡，有恶臭。肠系膜淋巴结肿大，切面多汁，有时充血。

急性乳房炎，可见乳房充血肿大，切面有明显的炎性充血、出血区。亚急性乳房炎，乳腺中可见大小不等的坏死灶。

[诊断与检疫技术]

1. 初诊　根据流行病学特点、临床症状和病理变化可做出初步诊断，确诊需进一步做实验室检测。

2. 实验室检测　进行显微镜检查、病原鉴定、肠毒素测定和血清学试验。具体方法参见新生仔猪大肠杆菌腹泻部分。

被检材料的采集：应于急性期采集犊牛粪便、血液、病死犊牛心、肝、脾、肾、淋巴结等病料。

[防治与处理]

1. 防治　可采取以下一些措施：①加强妊娠母牛和犊牛的饲养管理，保持圈舍干燥和清洁卫生，搞好母牛分娩前的环境消毒和用具消毒工作。②犊牛出生后要尽早喂给初乳。注意防寒、保暖。③妊娠母牛可使用带有K99菌毛抗原的单价或多价苗，也可用从同群母牛采取的血清进行注射预防。可以用本地菌株制备疫苗预防。

2. 处理　①发病后应及时治疗。注意早期发现，选择敏感药物（根据药敏试验选用抗菌药物），投药量初为治疗量的2倍。对腹泻严重的犊牛要进行强心补液，调整胃肠机能，防止酸中毒。②及时把病犊牛隔离饲养，用2%的氢氧化钠溶液消毒饲槽和牛舍。③急性型乳房炎可用抗生素治疗，治疗的效果显著。

（三）禽大肠杆菌病

禽大肠杆菌病（avian colibacillosis）是由禽致病性大肠杆菌（APEC）引起禽类局部性或全身性、急性或慢性等一系列传染病的总称。这类疾病有大肠杆菌性败血症、大肠杆菌性肉芽肿（又称Hjarre氏病）、气囊病（又称慢性呼吸道病）、肿头综合征（SHS）、生殖道大肠杆菌病、大肠杆菌性蜂窝组织炎、腹膜炎、输卵管炎、睾丸炎、火鸡骨髓炎复合症（TOC）、全眼球炎、脐炎/卵黄囊感染、肠炎（表7-3）。

表7-3　大肠杆菌性疾病分类表

局部感染	全身性感染
大肠杆菌性脐炎/卵黄囊感染	大肠杆菌性败血症后遗症；髓膜炎/脑炎；双侧眼球炎；骨
大肠杆菌性蜂窝组织炎（炎性期）	髓炎；脊椎炎；关节炎/多发性关节炎；滑膜炎/腱鞘炎；胸
肿头综合征（SHS）	骨黏液囊炎；慢性纤维素性腹膜炎；（生长鸡）输卵管炎；
腹泻病	大肠杆菌性肉芽肿
生殖道大肠杆菌病（急性阴道炎）	大肠杆菌性败血症；呼吸道型（气囊病；慢性呼吸道病，
（成禽）大肠杆菌性输卵管炎/腹膜炎/输卵管	CRD）；肠道型；新生雏型；蛋鸡型；鸭型
腹膜炎	
大肠杆菌性睾丸炎/附睾炎/副睾‐睾丸炎	

（引自农业部兽医局，《一二三类动物疫病释义》，中国农业出版社，2011）

［病原特性］

病原为禽致病性大肠杆菌（*Avian pathogenie E.coli*，APEC）。

其中败血症APEC常见血清型有O1、O2、O8、O15、O35、O78、O88、O109、O115等，毒力因子有F1和F11菌毛黏附素，其他毒素如aer、K1和Tsh等。

西班牙于1992—1993年从东北部Galicia发生大肠杆菌病的家禽中分离到625株病菌，引起败血症的458个分离株分属62个不同的O血清型，但458个分离株中的59%属O1、O2、O5、O8、O12、O14、O15、O18、O20、O53、O78、O81、O83、O102、O103、O115、O116和O132等18个血清型；这18个血清型也是健康鸡粪便中大肠杆菌的重要血清型，占29%。我国从江苏、广东、河南、新疆、四川、北京、黑龙江等18个省（自治区、直辖市）收集并鉴定出O血清型的440个分离株覆盖了60个血清型，但以O18、O78、O2、O88、O11、O26、O4、O1、O127和O131等10个血清型为主，其264株占定型菌株的60%。

大多数禽致病性大肠杆菌都是肠道外致病性大肠杆菌，且与哺乳动物的ExPEC具有共同特征。ExPEC均有适应肠道外生活方式的毒力特性，如黏附素、毒素、凝血前素、获铁机制和侵袭素。

某些肠道内致病性大肠杆菌，如肠致病大肠杆菌、肠毒素性大肠杆菌、肠侵袭性大肠杆菌、肠出血性大肠杆菌，具有肠道内致病型大肠杆菌的相关特性。

禽致病性大肠杆菌不经常产生肠毒素，其他毒素对禽的致病性目前尚不清楚，但志贺毒素（Stx）对鸽危害大。

［分布与危害］

1. **分布**　本病呈世界性广泛分布，我国较多养禽场都有发生。

2. **危害**　本病对家禽具有较高的发病率和死亡率，造成很大经济损失。近年来已上升为对养禽业危害最大、防治最棘手的疾病之一。

［传播与流行］

1. **传播**　大多数禽类对本病易感，临床病例报道较普遍的是鸡、火鸡和鸭。鹌鹑、雉、鸽子、珍珠鸡、水禽、鸵鸟和鸸鹋也可以自然感染。

所有日龄的禽均易感，但以幼禽（包括发育胚胎）感染最常见，发病最严重，如雏鸡发病率可达30%～60%。肉鸡比蛋鸡易感，笼养蛋鸡也可发病，大肠杆菌性输卵管炎/腹膜炎是种鸡死亡的常见原因。而在鹅群中主要侵害种鹅。

大肠杆菌在自然界分布广泛，饲料、饮水、器具以及禽舍的空气、尘埃等常被其污染。本病传染途径较复杂，包括5种途径：一是经消化道传播，鸡食入污染饲料和饮水而发病，尤以水源性传播最常见；二是经呼吸道传播，易感鸡只吸入带菌尘埃而发病；三是经蛋壳缝隙进入蛋内而传染；四是交配传播，通过患病的公、母鸡与易感鸡交配而传播；五是经蛋垂直传播，患大肠杆菌输卵管炎的母鸡，本菌在蛋的形成过程中进入蛋内而传播。

2. **流行**　本病一年四季均可发生，但以冬末春初较为多发。环境卫生差、饲养管理不当、鸡群密度过大、气候突变等因素可诱发本病。

本病常易成为其他疾病的并发症或继发病。如鸡群存在慢性呼吸道病、新城疫、传染性支气管炎、传染性囊病、葡萄球菌病、黑头（盲肠肝炎）或球虫病时，常并发或继发大肠杆菌病，其中以慢性呼吸道病并发或继发本病最为常见。

［临床症状与病理变化］

本病潜伏期随大肠杆菌引起的疾病而异。潜伏期较短的一般在1～3d，通常见于强毒菌攻毒试验。最常见的大肠杆菌性败血症通常与其他病原共感染等诱发性因素有关，如鸡传染性气管炎病毒或火鸡出血性肠炎性病毒存在时，感染后5～7d发病。

临床表现从无症状到无任何反应而急性死亡，随大肠杆菌引起的疾病类型而异，通常局部感染症状要比全身性感染症状轻。

1. **局部性大肠杆菌病**

（1）大肠杆菌性脐炎/卵黄囊感染（coliform omphalitis/yolk sac infectiong）　指幼鸡的蛋黄囊、脐部及周围组织的炎症。主要发生于孵化后期的胚胎及1～2周龄的雏鸡，死亡率为3%～10%，甚至高达40%。表现为蛋黄吸收不良，脐部闭合不全，腹部肿大、下垂等异常变化，引起本病的原因相当复杂，但以大肠杆菌导致的发病率最高。

（2）大肠杆菌性蜂窝组织炎（coliform cellulitis）　在肉鸡肛门和大腿下方的下腹部产生蜂

窝组织炎。从蜂窝组织炎病例中分离到优势菌株为大肠杆菌，当然也可分离到其他细菌。最常分离到的大肠杆菌为O78：K80，而O1和O2血清型的大肠杆菌也常分离到。

大肠杆菌性蜂窝组织炎主要是因患病部位皮下纤维蛋白性病变招致的酮体废弃和酮体降级造成的，可造成很大的经济损失。近年，此病呈现逐渐上升的趋势，并成为禽炎症性死亡的重要原因之一。

（3）肿头综合征（swollen head syndrome, SHS） SHS以肉鸡、肉种鸡和商品鸡面部、眶周出现水肿性肿胀为特征。此病最早发现于南非肉鸡群中，可能由某些病毒如冠状病毒、火鸡鼻气管炎病毒、传染性支气管炎病毒等与大肠杆菌混合感染所致。

SHS的主要病变在面部皮肤和眶周组织出现胶冻样水肿以及结膜囊、面部皮下组织和泪腺出现干酪样分泌物。

此病型感染并不累及眶下窦，但副鸡嗜血杆菌常在此形成病变。

（4）生殖道大肠杆菌病/急性阴道炎 此病是一种急性、致死性的阴道炎，母种火鸡常在首次受精后不久发病。青年母火鸡处女膜被刺破后，常出现局部严重的大肠杆菌感染，以阴道炎、泄殖腔和肠道脱垂、腹膜炎、蛋粘连和蛋产入腹腔（内产蛋）为特征。被感染的黏膜明显增厚、溃疡，上附着一层白喉状、乳酪样坏死膜，导致下生殖道堵塞。

因死亡和淘汰的禽群损失可达8%；产蛋量下降，因产小蛋致使淘蛋率上升。

除大肠杆菌外，目前尚未发现其他病原与此病有关。

（5）（成禽）大肠杆菌性输卵管炎/腹膜炎/输卵管腹膜炎 大肠杆菌性输卵管炎，可致禽类产蛋下降和禽只零星死亡。此病是商业蛋鸡和种鸡死亡最常见的原因，还可影响其他母禽，尤其是母鸭和母鹅。病禽体腔干酪样渗出物积聚，似凝固的蛋黄，因此称为"蛋腹膜炎"。输卵管炎和蛋粘连可同时发生，两者都可引起输卵管堵塞而相互混淆。

卵黄性腹膜炎，又称"蛋子瘟"，多见于产蛋中后期，为轻度至中度的腹膜炎。患病母禽排含蛋清、凝固蛋白或蛋黄的稀粪，剖检可见腹腔积有大量流动性卵巢，肠道或脏器间相互粘连。患病公禽阴茎肿大、充血。此病发病率一般为20%左右，死亡率可达15%左右。

（6）大肠杆菌性睾丸炎/附睾炎/附睾-睾丸炎 由大肠杆菌侵入雄性生殖道所致。表现为睾丸肿大、变硬、发炎、形状不规则。剖开呈马赛克样坏死。

2. 全身性大肠杆菌病

（1）大肠杆菌败血症 大肠杆菌败血症指血液中出现产毒素型大肠杆菌，可分为急性败血期、亚急性多发性浆膜炎期和慢性肉芽肿性炎症期3个阶段。大肠杆菌败血症的特征病变有以下4个方面：

①剖检组织暴露空气后逐步发生绿变，且有特殊气味，可能与该菌产生吲哚有关；腔上囊通常萎缩或发炎。

②心包炎：通常与心肌炎相关。可见心包膜浑浊、水肿，心包血管充血而竖起；剖开心包膜可见心外膜有炎性渗出物粘连，渗出物呈进行性乳酪化。

③纤维素性肝周炎：表现为肝脏不同程度肿大，表面有不同程度纤维素性渗出物，甚至整个肝脏被一层纤维素性薄膜所包裹。

④纤维素性腹膜炎。表现为腹腔有数量不等的腹水，混有纤维素性渗出物，或纤维素性渗出物充斥于腹腔肠道和脏器间。

鸭大肠杆菌败血症以心包炎、内脏器官和气囊表面有凝乳样渗出物为特征。肝肿大、变暗和染有胆汁；脾肿大、色深。从病死鸭肝、脾、血液中常可分离到O78：K80。剖检死鸭时常出现一股异味。各种年龄鸭均易感，并常在秋、冬季发病并引起损失。传染源来自鸭场，而不是孵坊。鸭疫里氏杆菌也可引起鸭的心包炎，很少累及气囊，但鼻窦、气管、肺、输卵管可见较厚渗出物，且常见脑膜炎。

（2）呼吸型大肠杆菌败血症　呼吸型大肠杆菌败血症可危害鸡和火鸡，是大肠杆菌败血症中最常见的疾病类型。大肠杆菌随血液循环，经由感染或非感染因子损坏的肺黏膜进入肺脏。这些因子中最常见的有传染性支气管炎病毒（IBV）、新城疫病毒（NDV）（包括疫苗株）、支原体以及氨。火鸡鼻气管炎病毒感染可增加火鸡大肠杆菌败血症的易感性。严重的可引起气囊炎、慢性呼吸道疾病（CRD）或多因性呼吸疾病。

气囊炎常发生于2～12周龄鸡，尤以4～9周龄鸡损失最严重。常导致生长速度和饲料利用率下降，死亡率和屠宰废弃率增加。主要表现气囊增厚，表面有干酪样渗出物，也可继发心包炎和肝周炎，从而心包膜和肝被膜上有纤维素性假膜附着。若存在新城疫病毒、传染性支气管炎病毒、支原体，或鸡舍中氨浓度高、灰尘多等诱因时，可致发病率和死亡率升高。

（3）关节炎或足垫肿　以幼、中雏感染居多。一般呈慢性经过，病鸡关节肿胀，跛行。从病鸡的关节或足垫中可分离到大肠杆菌。

（4）滑膜炎/骨膜炎　滑膜炎一般是败血症的后遗症，在禽的免疫力低下时可能发生，多数病禽可在1周左右康复，而有些病禽仍维持慢性感染，机体逐渐消瘦。

火鸡感染出血性肠炎病毒后可使大肠杆菌呈血源性扩散，导致滑膜炎、骨髓炎及肝脏变绿。

（5）大肠杆菌性脑膜炎　某些大肠杆菌突破鸡血脑屏障进入脑部，引起鸡只昏睡，神经症状和下痢，多以死亡而告终。

此病可在滑膜支原体病、败血性支原体病、传染性鼻炎和传染性喉气管炎的基础上继发或混合感染，也可独立发生。

（6）全眼球炎　患大肠杆菌性全眼球炎的病鸡，眼睛灰白色，角膜混浊，眼前房积脓，常因全眼球炎而失明。

（7）大肠杆菌性肉芽肿（Hjarre氏病）　常见于鸡或火鸡，多发生于产蛋期将要结束的母禽。以肝脏、盲肠、十二指肠和肠系膜肉芽肿为特征，但在脾脏无病变。此型病较少见，但发病后死亡率较高，个别群体死亡率可高达75%。

[诊断与检疫技术]

1. 初诊　根据流行病学、临床症状和病理变化可做出初步诊断，确认需进一步做实验室检测。

2. 实验室检测　主要进行病原鉴定，而不用血清学方法进行疫病诊断。

被检材料的采集：宜选取典型病变部位采集样品，腐败尸体宜采集骨髓样品。

（1）病原鉴定　从病变组织、器官中进行病原分离，分离出大肠杆菌后，要对分离到的大肠杆菌进行致病性鉴定，方法是将分离到的大肠杆菌给1日龄以内的易感雏鸡进行气管内、气囊或肌内注射。根据接种雏鸡的死亡率及病变程度，判定分离株的致病性。只有证明分离株是致病的，才有诊断意义。

①病原分离：将采集的病料接种在选择培养基上，如伊红美蓝琼脂（EMB）、麦康凯或tergitol-7琼脂，以及非抑制性培养基。在37℃培养24h，可形成不尽相同的菌落。例如，在普通培养基上菌落呈圆形，隆起、光滑、湿润，半透明状，中等大小；在血液培养基

上呈β型溶血，菌落周围可观察到透明溶血环；在麦康凯琼脂培养基上大肠杆菌呈边缘整齐或波状，表面光滑湿润、微隆起，粉红色或深红色的圆形菌落；在伊红美蓝琼脂培养基上大肠杆菌生长的菌落为黑色或黑红色，并带有金属光泽，如将菌落移种于三糖铁培养基上，置37℃、24h穿刺接种做纯培养，培养基底部和斜面呈红色，斜面上菌苔呈棕黑色并可见有金属光泽。

②染色镜检：以培养菌落或临床病料，制成涂片，然后革兰染色镜检。可见大肠杆菌为阴性、两端钝圆的小杆菌，多单个存在，少数成双排列。

③生化试验：将分离菌株通过糖分解试验、VP试验和动力试验等鉴别。

④抗原鉴定、毒力因子检测或指纹图谱检测：对分离菌株进行菌体抗原血清型鉴定和毒力因子（如F1和F11菌毛黏附素）检测。

采用多重聚合酶链式反应（m-PCR），不需要通过鸡胚接种或鸡只致死试验，可直接鉴别病料中的共生菌株与致病性菌株。

（2）血清学检测　血清学方法通常不用于疫病诊断。

酶联免疫吸附试验（ELISA）：本方法在攻毒试验中用于检测抗体滴度。此方法要比标准的间接血凝试验（IHA）效果好。

3. 鉴别诊断　大肠杆菌性急性败血症应与巴氏杆菌病、沙门氏菌病、链球菌病或由其他病原引起的败血病相鉴别；大肠杆菌性肉芽肿应与真杆菌属和拟杆菌属中厌氧性细菌引起的肉芽肿相鉴别；大肠杆菌性败血症也可引起腔上囊萎缩或炎症，易与传染性腔上囊病等免疫抑制性疾病混淆；鸭大肠杆菌病应注意与鸭疫巴氏杆菌病相区别。

亲衣原体、巴氏杆菌、乌杆菌、里氏杆菌、链球菌、肠道球菌也可引起腹膜炎或心囊炎；亲衣原体也可引起气囊炎；病毒、支原体和其他细菌可引起类似的滑液囊病变；应注意与大肠杆菌引起的类似症状鉴别。

此外，在鸡胚卵黄囊和鸡体中还可分离到产气杆菌、葡萄球菌、肠球菌和梭菌等各种微生物，应注意鉴别。

[防治与处理]

1. 防治　由于大肠杆菌是环境性疫病，搞好环境卫生，加强饲养管理是预防本病的关键措施。为此，可采取以下措施：①平时搞好饮水和饲料卫生，如已被大肠杆菌污染的水源应彻底更换。②禽舍的温度要适宜，过冷、严寒或潮湿容易发病，育雏期注意保温和控制饲养密度。③禽舍及用具要经常清洁和消毒，尤其要加强孵化房、孵化用具和种蛋的卫生消毒工作。④要防止粪便污染种蛋，每天收蛋应及时，蛋巢应保持干净；落入地面、破蛋以及表面有粪迹的蛋不得作种蛋；收蛋后2h内对鸡蛋熏蒸或消毒可减少大肠杆菌传播。⑤进行免疫接种，目前有各种疫苗和免疫方法。对蛋鸡可用本地（场）菌株制备的疫苗预防。被动免疫可采用抗血清进行。

2. 处理　及时发现和淘汰病禽。育雏期间或发病时，在饲料中添加抗菌药物有利于控制本病，但用药前最好先做药敏试验，选用安全、敏感的抗生素，加入饲料或饮水中治疗。肉鸡注意停药期。常用药物有甲砜霉素、氟苯尼考、氟喹诺酮类（如环丙沙星、恩诺沙星等）、阿莫西林、头孢噻呋、多西环素等，连用3～5d。也可采用中药黄连10g、黄柏10g、大黄5g，开水煮熬3次（100只成鸡用量）供鸡自由饮用，可收到良好效果。

（四）兔大肠杆菌病

兔大肠杆菌病（rabbit colibacillosis）是肠致病性大肠杆菌引起兔的一种急性传染病，临床以腹泻为特征。

[病原特性]

病原为肠致病性大肠杆菌（enterpathogenic *E.coli*，EPEC），感染部位为小肠。兔的EPEC是黏附与脱落大肠杆菌（attaching and effacing *E.coli*，AEEC）的代表，AEEC是一个引致A/E损伤的大类群，包括肠致病性大肠杆菌（EPEC）和肠出血性大肠杆菌（EHEC）等。

新生仔兔腹泻EPEC血清型有O2、O8、O15、O103和O109等，断乳前后仔兔腹泻EPEC血清型有O15、O20、O25、O103、O109、O128和O132。据报道，O157：H7可致幼兔腹泻。

兔源EPEC常带EspC毒素，其他毒素还有Int、Tir、EspA、EspB和EspD等。

[分布与危害]

1. 分布　本病广泛分布于全球，世界各国均有不同程度的发生和流行。

2. 危害　本病主要危害初生和断乳前的仔兔，可造成严重死亡，已成为危害养兔业最主要的细菌病之一。

[传播与流行]

1. 传播　本病主要发生于初生和断乳前的仔兔，常呈暴发性，造成严重死亡。成年兔很少发生，老年兔不发生或罕见。第一胎仔兔的发病率和死亡率高于其胎次的仔兔；群养兔的发病率明显高于笼养兔，高产毛用兔的发病率高于皮肉兔。

传染源主要为带菌兔、患病兔和康复兔，经消化道传染。

2. 流行　一年四季均可发生，但多见于春、秋两季。本病的发生常常是由于饲养条件和气候等环境变化导致肠道的正常菌群发生变化，继而营养物质分解、吸收以及酶的活性受到影响，最后导致腹泻。

本病常与球虫病混合感染，此时兔下痢更为严重，病死率也高。

[临床症状与病理变化]

1. 临床症状　病兔临床上主要表现腹泻和流涎。分最急性、急性和亚急性三种病型。最急性型常未见症状即突然死亡。急性型病程短，常在1～2d内死亡，很少康复。亚急性型一般经过7～8d死亡。

病兔体温正常或稍低，精神不振，食欲减退，被毛粗乱，腹部膨胀。粪便开始细小，呈串，包有透明胶冻样黏液，后期出现剧烈腹泻，排出稀薄的黄色乃至棕色水样粪便，沾污肛门周围和后肢被毛。病兔流涎、磨牙、四肢发凉，由于病兔严重脱水，体重迅速减轻、消瘦，最后发生中毒性休克，很快死亡。病程7～8d，死亡率高。

2. 病理变化　断乳前后的患病兔病变表现在消化道。胃膨大，充满多样液体和气体。十二指肠通常充满气体和染有胆汁的黏液。直肠扩张，肠腔内充满半透明胶样液体。回肠内容物呈胶样，粪球细长，两头尖，外面包有黏液，也有的包有一层灰白胶冻样分泌物。结肠扩张，有透明样黏液，回肠和结肠的病变具有特征性。有些病例盲肠内容物呈水样并有少量气味，直肠也常充满胶冻样黏液，结肠和盲肠的浆膜和黏膜充血，或有出血点（斑）。胆囊扩张，黏膜水肿。有些病例肝脏、心脏局部有小点坏死病灶。肝呈铜绿色或暗褐色。肾肿大，呈暗褐色或土黄色，表面和切面有大量出血点。肺充血或出血。

初生病兔胃内充满白色凝乳物，伴有气味。膀胱内充满尿液，极度膨大。小肠肿大，充满半透明胶样物，并伴有气泡。

［诊断与检疫技术］

1. 初诊　根据临床症状和病理变化可做出初步诊断，确诊需进一步做实验室检测。

2. 实验室检测　进行病原鉴定。

被检材料的采集：采集病死兔的脏器、心血、淋巴结，或腹泻兔的十二指肠内容物或排泄物。

（1）染色镜检　取病死兔肝、心血涂片，革兰氏染色镜检。

（2）病原分离与鉴定　取病料接种在营养琼脂平板和选择培养基上（如麦康凯琼脂和伊红美蓝琼脂），在37℃培养24h，可形成不尽相同的菌落。如在营养琼脂上，可形成圆形、隆起、表面光滑、边缘整齐、不透明的菌落；在麦康凯琼脂上，形成红色、周边透明、有光泽的菌落；在伊红美蓝琼脂上，形成带金属闪光的黑色菌落。

挑取麦康凯琼脂上的典型红色菌落，进行染色镜检和生化试验，确定为大肠杆菌菌株后再进行菌体抗原血清型鉴定和毒力因子（如EspC毒素）检测。

3. 鉴别诊断　本病应与兔副伤寒、产气荚膜梭菌性肠炎、球虫病、泰泽病、绿脓假单孢菌病相区别。

［防治与处理］

1. 防治　可采取以下一些措施：①加强饲养管理，无病兔场对断奶前后仔兔的饲料必须逐渐更换，不能骤然改变。②为预防本病，可将干燥乳酸菌按20%的比例加入颗粒状的混合饲料中，每升颗粒状饲料加1%，每5d为一个周期，周期间隔10d，可以减少仔兔和断奶兔的死亡率。③常发本病的兔场，可采取本场分离的致病性大肠杆菌制成氢氧化铝甲醛菌苗进行预防注射，一般20～30日龄的仔兔肌内注射1mL，有一定的效果。母兔妊娠早期，每只兔注射此苗1～2mL，对初生仔兔有较好的预防效果。

2. 处理　①兔场一旦发生本病应立即隔离发病兔群，对病死兔进行深埋或焚烧等无害化处理，对隔离病兔群，立即选取敏感药物进行治疗。对症治疗可应用补液、收敛等药物，以防止脱水，减轻症状。②对污染的兔舍、兔笼、饲养用具等，选用1%烧碱（氢氧化钠）溶液进行全面、彻底消毒，以消灭病原。③对假定健康兔群和断奶前后的仔兔群进行药物群防，在100kg饮水中，添加恩诺沙星5g，连用5d。同时可用发病兔场分离到的致病性大肠杆菌制成的氢氧化铝灭活菌苗进行紧急免疫注射（每只2mL）。

二、李氏杆菌病

李氏杆菌病（listeriosis）是由产单核细胞李氏杆菌引起的一种散发性人畜共患传染病。家畜和人以脑膜脑炎、败血症、流产为特征；家禽和啮齿类动物以坏死性肝炎、心肌炎及单核细胞增多症为特征。我国将其列为三类动物疫病。

[病原特性]

病原为产单核细胞李氏杆菌（*Listeria monocytogenes*，Lm），属于芽孢杆菌目（Bacillales）李氏杆菌科（Listeriaceae）李氏杆菌属（*Listeria*）成员。

李氏杆菌属有7个成员，分为两个群：第一群有产单核细胞李氏杆菌、伊氏李氏杆菌（*L. ivanovii*）、无害李氏杆菌（*L. innocua*）、韦氏李氏杆菌（*L. welshimeri*）和塞氏李氏杆菌（*L. seeligeri*）；第二群为较少见的格氏李氏杆菌（*L. grayi*）和莫氏李氏杆菌（*L. murrayi*），无溶血，被认为无致病性。

本菌为短杆形，宽为0.4～0.5μm、长为0.5～2μm，两端钝圆，多单个存在，有时2个菌体排列成V形、短链或按长轴平行并列。老龄培养物或粗糙型菌落可形成长丝状，达50～100μm。革兰染色阳性，需氧或兼性厌氧，无芽孢，不形成荚膜。在20～25℃培养可产生周鞭毛，具有运动性，37℃培养很少产生鞭毛，无运动性。最适生长温度范围为30～37℃。在普通琼脂培养基中可生长，经37℃培养20h，形成微细圆形菌落。菌落可产生光滑型和粗糙型变异，在粗糙型菌落上可见到20μm或更长的纤丝。在血琼脂上生长良好，其菌落光滑型为蓝白色、透明、圆形，直径约为0.8mm；而粗糙型则稍大，中央为颗粒状，周围有狭窄的β型溶血带。在液体培养基中培养，光滑型均匀混浊，粗糙型呈颗粒状生长。在培养基中加入0.2%～0.3%葡萄糖和2%～3%甘油，则生长更好。在亚碲酸钠胰蛋白胨琼脂平板上培养，典型菌落为中央黑色而周围呈绿色。在各种培养基上，发育初期的菌落于暗的斜射光线下观察时，呈特征淡蓝绿色光泽。

本菌能发酵葡萄糖、果糖、鼠李糖、水杨苷和麦芽糖，产酸不产气。能缓慢发酵蔗糖、乳糖、木糖和糊精，不规则产酸。不发酵阿拉伯糖、棉实糖、甘露醇、卫矛醇、肌醇、山梨醇、侧金盏醇、肝糖和淀粉。不还原硝酸盐，不形成靛基质，不产生硫化氢，不液化明胶，不分解尿素，不能利用枸橼酸盐和丙二酸盐。氧化酶试验阴性，接触酶试验阳性，甲基红试验和维培二氏试验均为阳性。β-半乳糖苷酶试验阳性，赖氨酸脱羧酶试验阳性。石蕊牛乳在24h内褪色，形成少量酸，但不凝固。

本属菌含O抗原和H抗原，根据O、H抗原组合可分16个血清型。

用凝集素吸收试验已将本菌分出15种O抗原（I～XV）和4种H抗原（A～D）。现已查明本菌有7个血清型和11个亚型。牛羊以I型和4B型较为常见，猪、禽、啮类则多为I型。

本菌的抵抗力较强，在青贮饲料、干草、干燥土壤和粪便中能长期存活。对酸和碱的耐受性强大，在pH5.0～9.6和10%盐溶液中仍能生长，在20%盐溶液中经久不死，可生长温度范围广，4℃中也能缓慢生长。对热有一定的抵抗力，100℃下15min，70℃下30min才能被杀死，常规巴氏消毒不能将其完全杀灭。3%石炭酸、70%酒精可杀死本菌。对青霉素有抵抗力，而对链霉素敏感，但易形成抗药性，对四环素类和磺胺类药物敏感。

[分布与危害]

1. 分布　本病在1910年以前，在冰岛就有羊受到很大危害的报道。1926年Murray等在英国首先从家兔及豚鼠分离到此菌，并接种家兔，发生明显的单核细胞增多，故将其命名为单核细胞增多杆菌。1933年Cill等在羊转圈病分离找到李氏杆菌病菌，目前已广泛分布于全世界各地。我国也有许多省区发生本病的报道。

2. **危害** 由于本病易感动物极其广泛（包括42种哺乳动物和22种鸟类）。虽发病率只有百分之几，但死亡率却较高，是人畜共患的传染病，具有重要的公共卫生学意义。

[**传播与流行**]

1. **传播** 动物感染谱非常广泛，已查明有42种哺乳动物和22种鸟类易感。家畜中以绵羊、猪、家兔发病多，牛、山羊次之，马、犬、猫很少发生；家禽中以鸡、火鸡、鹅较多发生，鸭极少感染；野禽、野兽和啮齿动物也易感，尤以鼠类易感性最高，是本菌的自然贮存宿主。人也能自然感染。

各种年龄的动物都可感染发病，幼龄动物比成年动物易感性高，发病也较急。

传染源为患病动物和带菌动物。患病动物的粪、尿、乳汁、精液以及眼、鼻、生殖道的分泌物都可分离到病菌。

传播途径是通过消化道、呼吸道、眼结膜及皮肤损伤时感染。而污染的饲料和饮水是主要的传染媒介。冬季缺乏青饲料、天气骤变、内寄生虫寄生和沙门氏菌感染等均可成为发病的诱因。

2. **流行** 本病为散发性，偶见地方性流行，发病率低，但致死率高。一年四季都可发生，以冬春季节多见，夏秋季节只有个别病例。

[**临床症状及病理变化**]

1. **临床症状** 自然感染的潜伏期为2～3周，有的可能仅数天，也有的长达2个月。本病以发热、神经症状、孕畜流产、幼龄动物、啮齿动物和家禽呈败血症为特征。但不同种动物临床表现不一致。

反刍兽（牛、绵羊、山羊）：病初发热，牛轻热，而羊体温升高1～2℃。舌麻痹，采食、咀嚼、吞咽困难。头颈呈一侧性麻痹，弯向对侧，常沿头的方向旋转或做圆圈运动，遇障碍物以头低靠而不动。后期角弓反张，昏迷卧于一侧，直至死亡。妊娠母牛（羊）流产，羔羊和牛常发生急性败血症而很快死亡。水牛感染病死率比其他牛高。

猪：一般不见体温升高，到后期降至常温以下。病初出现运动失调，无目的行走或后退，或做圆圈运动，或低头不动，或头颈后仰，前、后肢张开呈观星姿势。肌肉震颤、僵硬，阵发性痉挛，侧卧时四肢做游泳状。有的后肢麻痹，拖地而行。病程一般1～4d死亡，长的7～9d，个别可达1个月以上。妊娠母猪无明显症状而发生流产。仔猪以败血症为主，表现体温升高，精神沉郁，少食或废绝、口渴，有的咳嗽、呼吸困难，腹泻，耳部及腹部皮肤发绀，有的有神经症状。病程1～3d，病死率高。

马：主要表现脑脊髓炎症状，体温升高，感觉过敏，兴奋不安。四肢、下颌和喉部麻痹，视力显著减弱。病程约1个月，多能自愈。幼驹常表现轻度腹痛、不安、黄疸和血尿等症状。

兔：常不出现明显症状而迅速死亡。有的表现精神委顿，独蹲一隅，不走动。口流白沫，呈现间歇性神经症状，发作时无目的地向前冲撞或转圈运动，最后倒地，头后仰，抽搐，终于衰竭死亡。

其他啮齿动物常表现败血症症状。

家禽：表现精神沉郁、停食、下痢，多在短时间内死于败血症。病程较长的可出现痉挛、斜颈等神经症状。

毛皮兽：黑银狐、北极狐、水貂、毛丝鼠和海狸鼠均易感，尤其是幼龄毛皮动物最易感。北极狐幼兽表现精神沉郁与兴奋交替出现，共济失调、后肢麻痹，有的出现圆圈运动。常有结膜炎、角膜炎、下痢和呕吐。成年兽除上述症状外，还有咳嗽、呼吸困难。银狐的症状基本同上述，其粪便中有黏液和血液、肺有湿啰音。妊娠水貂症状为共济失调，常躲在小室内，很快死亡。毛丝鼠症状为体温升高39℃以上，失明惊厥，下痢等。

2. 病理变化　剖检病死尸体一般不见特殊的肉眼病变。

神经症状型病畜，脑膜和脑可见充血、炎症或水肿的变化，脑脊液增加，稍混浊，含细胞量增多，脑干变软，有细小脓灶，血管周围单核细胞浸润。

败血型病例可见全身性败血变化，脾肿大，心外膜下出血和肝脏有灰白色粟粒样坏死灶。家兔和其他啮齿类动物的肝有坏死灶，血液和组织中单核细胞增多。但反刍兽和马不见单核细胞增多，而常见多型核白细胞增多。家禽主要可见心包炎，心肌和肝肿大坏死，前胃的瘀斑。

流产的母畜可见到子宫内膜充血以至广泛坏死，胎盘子叶常见有出血和坏死。

[诊断与检疫技术]

1. 初诊　根据流行特点（多见于晚冬和春季，夏秋季只见个别病例）、临床症状（表现为脑膜脑炎，有特殊神经症状，有的呈现败血症，孕畜流产，血液中单核细胞增多，发病率低，病死率高）和病理变化（剖检见脑及脑膜充血、水肿，肝有小坏死灶及败血症的变化；脑组织学检查可见中性粒细胞和单核细胞灶状浸润及血管周围单核细胞管套等）可作为本病诊断的重要依据，确诊需进一步做实验室检测。

2. 实验室检测　进行病原鉴定和血清学检查。

被检材料的采集：可采集脊髓液、血液、脑组织、脾、肝、肾等实质器官作为病原分离样品，冷冻送检。

（1）病原鉴定

①涂片直接镜检：采取血、肝、脾、肾、脑脊髓液和脑的病变组织做触片或涂片，以革兰染色镜检。如果有散在的、成双的或V形排列的两端钝圆的革兰氏阳性细小杆菌，可做初步诊断。

②细菌分离培养：将上述检测样品划线接种于0.5%～1.0%葡萄糖琼脂平板（菌落可达1～3mm）或0.05%亚碲酸钠胰蛋白胨琼脂平板（本菌菌落为中央黑色，而周围呈绿色），37℃培养后，挑取典型菌落进行鉴定（如不生长，可将病理材料4℃冷藏数日或数周，然后分离培养，则易于检测）。

③生化试验：将分离到的病原菌进行生化试验，本菌能发酵葡萄糖、水杨苷，24h即产酸；甘露醇为阴性，在7d内不发酵蔗糖和乳糖，不产生硫化氢和吲哚，不还原硝酸盐，不利用枸橼酸盐，不液化明胶，不分解尿素。

④溶血试验：将羊血平板底面划为20～25个小格，挑取纯培养的单个可疑菌落刺种到血平板中，每格刺种一个菌落，并刺种对照菌，37℃培养24h，于明亮处观察在穿刺点周围是否产生狭小的透明溶血环。

⑤协同溶血试验（cAMP）：在羊血平板平行划线接种金黄色葡萄球菌和马红球菌，挑取纯培养的可疑单菌落垂直划线接种于平行线之间，菌株间相互不触及，于30℃培养24h，观察靠近金黄色葡萄球菌接种端是否存在溶血增强。

⑥动物接种试验：用病料悬液，对家兔、小鼠、幼豚鼠或幼鸽进行脑腔、腹腔、静脉注射或滴眼，观察败血症状、结膜炎、流产等症状，并取病料进行分离培养和鉴定，特别应做出本菌与红斑丹毒丝菌的鉴别才能确诊。

例如，小鼠腹腔注射病料悬液后可引起败血症死亡，在脾脏、淋巴结、肺脏、肾上腺、心肌、胃肠道中发现较小的坏死灶，取心血、肝、脾直接做抹片，镜检发现大量呈V形、呈栅栏状，也有长丝状的革兰氏阳性杆菌。兔左眼眼结膜滴入病料悬液后，3d后兔发生化脓性结膜炎。妊娠2周的动物滴眼后，常发生流产。

⑦免疫荧光试验：这是诊断李氏杆菌病的一种快速方法，具有较高的特异性。检测病料（可采用患李氏杆菌病菌血症的新生胎儿组织）用福尔马林固定后，经用二噁烷包埋后做切片或用病料（如牛脑组织或脑脊髓液）涂片，应用荧光抗体作直接法染色，李氏杆菌在组织切片内呈现具有荧光的球菌状与双球菌状形态特征。

（2）血清学检查

凝集反应：采用凝集反应来检出畜群中的感染动物。可用李氏杆菌Ⅰ、Ⅱ、Ⅲ三种O抗原作凝集反应，并结合病原检查，可以检出畜群中隐性和潜伏感染的动物，但不能检出全部受感染的动物。而且这种试验只有高于1：320的滴度时才能认为是特异性反应。但球蛋白的非特异性集结，也能影响诊断。

补体结合试验和间接血凝试验：因敏感性低，或因有非特异性而均不能应用。

3. 鉴别诊断　本病诊断中需要注意：羊应注意与多头蚴病、慢性型羔羊痢疾、软肾病、狂犬病、酮病和瘤胃酸中毒相区别；牛应注意与散发性脑脊髓炎、衣原体感染和传染性鼻气管炎病毒所致的脑炎、多头蚴病相区别；猪应与中毒、伪狂犬病及传染性脑脊髓炎相区别。可从流行特点、临床症状和病理变化加以区别，更重要的是从病原检查来区别。

［防治与处理］

1. 防治　本病无有效疫苗，目前虽有试验性菌苗应用，但未形成商品。防治主要采取加强检疫、消毒和饲养管理等综合措施，具体可采取以下一些措施：①平时须做好兽医卫生防疫和饲养管理工作，驱除鼠类和其他啮齿类动物，消灭体外寄生虫。②不要从有病地区引进畜禽。③发现可疑病畜应立即隔离治疗（早期大剂量应用抗生素和磺胺类药物治疗有效。如牛脑膜脑炎可用土霉素、四环素、链霉素；羊脑炎可用土霉素和青霉素；羔羊败血症可用青霉素与庆大霉素），同时消毒被污染的畜舍、用具。对未受感染的动物应及早移入清净场舍，可迅速终止疫情的发展。④病畜屠宰时应防止病菌扩散和注意消毒。同时要尽力查出原因，采取防治措施，如怀疑青贮饲料有问题可改用其他饲料。⑤从事与病畜禽有关的工作人员应注意防护卫生。

2. 处理　患李氏杆菌病的牲畜，不能食用，对病畜的乳、肉及动物产品必须经无害化处理后才可利用，但恢复健康的可允许宰杀。

三、类鼻疽

类鼻疽（malioidosis）又称伪鼻疽，是由伪鼻疽伯氏菌引起的一种热带亚热带地区人畜共患传染病。临床表现多样化，大多伴有多处化脓性病灶，以受侵害器官呈现化脓性炎症及特征性肉芽肿结节为特征。我国将其列为三类动物疫病。

［病原特性］

病原为伪鼻疽伯氏菌（*Burkholderia pseudomallei*，Bp），又名类鼻疽杆菌，属于伯氏菌目

（Burkholderiales）伯氏菌科（Burkhoderiacede）伯氏菌属（*Burkhoderia*）成员。

本菌为革兰氏阴性需氧菌，呈卵圆形或长链状，一端有4～6根鞭毛，能运动，不形成芽孢和荚膜，用亚甲蓝染色常见两极浓染。大小为（1.2～2.0）μm×（0.4～0.5）μm，与鼻疽杆菌同属单胞菌，两者的致病性、抗原性和噬菌体敏感性均类似。生长温度18～42℃，最适生长温度为37℃。在甘油琼脂上培养24h出现光滑型菌落，48～72h呈粗糙型有同心圆的菌落，表面有明显皱纹。在血液琼脂上生长良好，缓慢溶血。在肉汤培养基表面可形成带皱纹的厚菌膜。此菌对多种抗生素有自然耐药性。可产生2种不耐热毒素，即坏死性毒素和致死性毒素，可使豚鼠、小鼠、家兔感染而死。此菌产生的内毒素耐热、具有免疫原性，其毒素可能是一种酶的作用。类鼻疽杆菌有独特的生长方式，可产生细胞外的多糖类，在培养中细菌集落陷于大量纤维样物质中。

本菌有2种类型的抗原。1型具有耐热及不耐热抗原，主要存在于亚洲；2型仅具有不耐热抗原，主要存在于澳洲和非洲。

类鼻疽菌是一种环境性的腐生菌，其生存能力与温度、湿度、雨量、土壤和水的性状等环境因素有着密切的关系。本菌在自然环境如水和土壤中可存活1年以上，粪便中存活27d，尿液中存活17d，自来水中存活28～44d，尸体中存活8d。加热56℃ 10min可将其杀死，常用各种消毒剂也可将其迅速杀灭。伪鼻疽伯氏菌对多种抗生素有天然抗药性，对土霉素、链霉素、青霉素、红霉素、庆大霉素及先锋霉素等不敏感；对四环素、卡那霉素较敏感；对多西环素、磺胺嘧啶及三甲氧苄氨嘧啶敏感。

［分布与危害］

1. 分布　伪鼻疽伯氏菌最早在1912年由Whitmore从缅甸仰光的病人中分离得到。该菌是热带地区土壤和死水中的一种常在菌，高温高湿有利本菌的生长。因此本病主要发生于东南亚及澳大利亚北部，美洲和非洲等地区也有发生。我国海南和广西壮族自治区等地的病猪、病山羊的内脏脓肿中曾分离出本菌。我国马骡中也有类鼻疽感染。

2. 危害　本病不仅引起马、猪、绵羊与山羊、牛等家畜发病死亡，造成经济损失，而且还可使人感染发病，其中人急性败血型类鼻疽病例占60%，死亡率高达90%。因此是一种人畜共患传染病，具有公共卫生学意义。

［传播与流行］

1. 传播　伪鼻疽伯氏菌侵袭动物的范围极其广泛。野鼠、家鼠、兔、猫、犬、绵羊、猪、野山羊、家山羊、牛、马等非灵长类动物，骆驼、树袋鼠和鹦鹉都可以自然感染。家畜中以猪和羊较为易感。细菌可随感染动物的迁移而扩散，并污染环境，形成新的疫源地。人类也能感染，但其在人间的传播较为罕见。

伪鼻疽伯氏菌是热带亚热带地区水和泥土中常在菌，死水中的分离率更高。人和动物接触污染的泥和水即可感染，感染动物可将病菌携带至新的地区，污染环境形成新的疫源地。

传染途径主要通过破损的皮肤，伤口直接接触含有致病菌的水或土壤；此外，还有因吸入含有致病菌的尘土或气溶胶、食用被污染的食物以及被吸血昆虫（蚤、蚊）叮咬而感染的案例。经动物试验证明，类鼻疽杆菌能在印度客蚤和埃及伊蚊的消化道内繁殖，并保持传染性达50d之久。

2. 流行　本病的流行特点具有明显的地区性和一定的季节性，高温多雨季节多发。主要疫源地分布在南、北纬20°之间的热带地区，从美洲的巴西、秘鲁、加勒比地区，非洲中部及马达加斯加岛到亚洲的南亚、东南亚和澳洲北部均为类鼻疽疫区。我国地域广大，从华南沿海几省调查显示，类鼻疽疫源地分布于海南，广东、广西南部的边缘等热带和南亚热带地区，已超出北纬20°的范围。

［临床症状与病理变化］

1. 临床症状　本病潜伏期一般为3～5d，少数"潜伏型类鼻疽"长达数年甚至数十年。

伪鼻疽伯氏菌（Bp）可侵害各种器官，因此其临床表现往往与各种传染病相似，有急性败血症型、亚急性型、慢性及亚临床型4种表现。

猪：常呈暴发或地方流行，病死率较高。表现为病猪发热，食欲减退，咳嗽，运动失调，关节肿胀，鼻、眼流脓性分泌物，尿色黄并混有淡红色纤维蛋白样物，公猪常见睾丸肿胀。仔猪呈急性经过，病死率高；成年猪多为慢性经过。

绵羊与山羊：均表现为发热、食欲减退或废绝、咳嗽、呼吸困难，眼鼻有分泌物并伴有神经症状。有的绵羊还出现跛行，或后躯麻痹、呈现犬坐姿势。山羊多呈慢性经过，常在鼻黏膜上发生结节，流黏液、脓性鼻液，公山羊的睾丸及母山羊乳房常出现顽固性结节。

马和骡：多呈慢性或隐性感染，无明显临床症状。急性病例表现高热，食欲废绝，呼吸困难，有的呈肺炎型（咳嗽、听诊浊音或啰音）；有的呈肠炎型（腹泻、腹痛及虚脱），有的呈脑炎型（痉挛、震颤、角弓反张等神经症状）；慢性病例，鼻黏膜出现结节和溃疡。有的体表出现结节，破溃后形成溃疡。

牛：多无明显症状，当脊髓（胸、腰部）形成化脓灶和坏死时，可出现偏瘫及截瘫等症状。

犬和猫：病犬常有高热，阴囊肿、睾丸炎、附睾炎，一肢或多肢发生水肿而呈现跛行，常伴有腹泻和黄疸。病猫主要表现为呕吐和下痢等症状。

人：大多数病人临床表现为急性化脓性或慢性肉芽肿性损害的局灶性感染；脓毒症或原发性感染灶的突然播散往往导致许多皮下脓肿，胸部X线照片上的许多结节状损害，关节肿大和肌炎；长期发热，有或没有明显的感染部位。

2. 病理变化　以受侵害器官化脓性炎症和结节为特征。急性感染，可在体内各部位发现小脓肿和坏死灶；亚急性和慢性感染病变限于局部，最常见于肺脏，其次是肝、脾、淋巴结、肾、皮肤，其他如骨骼肌、关节、骨髓、睾丸、前列腺、肾上腺、脑和心肌也可见到病变。各动物主要病变如下：

猪的主要病变是在肺脏出现肺炎和结节，在肝、脾、淋巴结及睾丸出现大小不一、数量不等的结节。有的出现化脓性关节炎。

羊的主要病变是在肺脏、纵膈及其他脏器中形成脓肿和结节。

马的主要病变是在肺、肝、脾及胸腔淋巴结发生小脓肿及坏死灶。有的在延脑和脑桥部可见多发性小化脓灶；有的在鼻腔、咽喉头和气管黏膜上出现炎症；有的胃肠黏膜发生坏死灶。

牛的主要病变是在脾脏和肾脏等处形成脓肿，在延脑和脊髓部形成化脓灶或坏死灶。

病理组织学检查常见两种病理过程：一是渗出性化脓性炎症，渗出细胞初期以单核细胞为主，以后逐渐被中性粒细胞替代；二是特异性肉芽肿结节，中心呈干酪样坏死，外周由上皮样细胞、巨噬细胞和结缔组织组成，类似鼻疽和结核结节。

［诊断与检疫技术］

1. 初诊　由于本病的临床症状复杂多样，而无特征性表现，所以根据临床症状和病理变化只能做出疑似诊断，确诊需进一步做实验室检测。

2. 实验室检测　进行病原检查和血清学检查。

被检材料的采集：细菌分离自未污染的病灶中，血清学检查主要采取患病动物血液。

（1）病原检查　包括直接涂片染色镜检、细菌分离培养、动物接种试验。

①直接镜检：取病料直接涂片染色镜检，如见革兰氏阴性，形似别针或呈不规则形态，经酶标抗体或荧光抗体检测阳性，可做出诊断。

②细菌分离培养与鉴定：采取病料（脓汁、肝或血液）用含头孢霉素和多黏菌素的选择培养基培养分离（如肉汤培养基培养，在表面可形成带皱纹的厚菌膜），或选用4%甘油琼脂进行培养（培养48h后形成粗糙型有同心圆的菌落，表面有明显皱纹）。然后对培养出来的可疑菌用抗鼻疽阳性血清进行凝集试验（玻片凝集试验），或用类鼻疽单克隆抗体做间接酶联免疫吸附试验或免疫荧光抗体试验等鉴定。

③动物接种试验：取病料直接接种豚鼠（或中国仓鼠）腹腔来分离病菌。豚鼠在接种后48h开始死亡，剖检肝、脾、睾丸等器官可见典型病变，并从中分离出病原菌，然后对分离的病原菌进行鉴定。可用抗鼻疽阳性血清进行玻片凝集试验，或用免疫荧光抗体试验等鉴定。

（2）血清学检查　主要有凝集试验、间接血凝试验、补体结合试验、免疫电泳、间接荧光抗体染色和变态反应等方法。

根据我国的试验研究表明，应有鼻疽菌素、类鼻疽菌素同时点眼，并用鼻疽抗原同时进行凝集试验、间接血凝试验、补体结合试验及免疫电泳等血清学检查，再结合流行病学调查，可对感染的群体做出鉴别。

间接血凝试验，是取伪鼻疽伯氏菌的甘油琼脂48h培养物，经100℃ 2h煮沸后离心，上清中含有多糖抗原，用其适宜浓度致敏鸡或绵羊的红细胞，其冻干保存有效期达1年，该试验具有较好的特异性和敏感性，适用于人和动物的血清学调查和大量被检血清样品的筛选，是美国疫病控制中心推荐的血清学检查方法。

变态反应试验，适用于马属动物鼻疽与类鼻疽感染的鉴别诊断，也可用于羊的诊断。即应用经鼻疽抗体吸附纯化的类鼻疽特异性抗原做点眼试验，两次点眼（间隔5d），类鼻疽感染动物可全部出现阳性反应。

另外，可用聚合酶链式反应（PCR）技术检测该细菌。

3. 鉴别诊断　本病在急性期应与伤寒、疟疾、葡萄球菌败血症和葡萄球菌肺炎相鉴别。亚急性型或慢性型应与结核病相鉴别。

［防治与处理］

1. 防治　由于本病是一种自然疫源性疾病，对人和动物危害较大，而目前又尚无预防本病的有效菌苗，因此可采取以下一些措施：①加强饲料和水源管理，做好畜舍及环境卫生工作，）消灭啮齿动物。②流行地区应查清本病的地理分布和流行规律，制订相应的防控措施（包括定期检疫、患病动物隔离、治疗处理；环境消毒、灭鼠害；防水源、饲料和土壤污染等）。③非疫区要加强本病的检疫，严防引入患病和带菌动物而污染原来洁净的地区。

2. 处理　①一旦发生本病，应严格扑杀，对有治疗价值的动物可采取隔离治疗，常用药物有多西环素、卡那霉素和磺胺炎等；对无治疗价值的动物及时淘汰扑杀。②对死亡和患病动物的尸体应焚烧或高温化制处理，禁止食用。同时对被污染的场所、用具等应进行彻底消毒。

四、放线菌病

放线菌病（Actinomycosis）是由各种放线菌引起的牛、猪及其他动物和人的一种非接触性慢性传染病。以特异性肉芽肿和慢性化脓灶，脓汁中含有特殊菌块（称"硫黄颗粒"）为特征。我国将其列为三类动物疫病。

[病原特性]

病原有牛放线菌（*Actinomyces bovis*）、伊氏放线菌（*A. israelii*）、林氏放线杆菌（*A. lignieresii*）和猪放线菌（*A. suis*）等。属于放线菌目（Actinomycetales）放线菌亚目（Actinomycineae）放线菌科（Actinomycetaceae）放线菌属（*Actinomyces*）成员。

牛放线菌是牛和猪放线菌病的主要病原菌，主要侵害牛的骨骼和猪的乳房。伊氏放线菌是人放线菌病的主要病原菌。猪放线菌主要对猪、牛、马易感。林氏放线杆菌主要侵害牛、羊的软组织。

这些病原菌大多呈短杆状，个别呈棒状，可见到少数菌丝，菌丝无中隔，直径为 $0.6\sim$ $0.7\mu m$。病菌在动物病灶脓汁中呈特殊结构，形成肉眼可见的帽针尖大、黄色小菌块（称菌芝，或称"硫黄颗粒"）。如将颗粒在玻片上压碎镜检可见到本菌。组织压片经革兰染色，其中心菌体为紫色，周围辐射状的菌丝呈红色。在培养中幼龄菌颇似白喉杆菌，老龄则常见分支丝状或杆状。该类细菌是一种无芽孢、无鞭毛、不能运动的革兰氏阳性菌（菌块中央部分染成阳性，周围膨大部分为阴性）。但林氏放线杆菌为细小多形态的革兰氏阴性杆菌（菌块中央为革兰氏阴性染色），多数呈杆状，与巴氏杆菌形态相似。在动物病灶中，也形成菌芝。

本菌为兼性厌氧菌（其中林氏放线杆菌为需氧菌），在 CO_2 环境中生长良好。在心脑浸液血液琼脂上形成较大菌落，直径为 $0.5\sim1.0\mu m$，菌落呈圆形、半透明，表面光滑（S型）或呈颗粒样（R型），牛放线菌几乎全部长成S型，而伊氏放线菌则以R型为主。

各种放线菌对外界的抵抗力较低，$80℃$ 5min 即可杀死，一般消毒药均可迅速将其杀灭，放线菌对青霉素、链霉素、四环素、卡那霉素、强力环素、林可霉素和磺胺类等药物敏感。

[分布与危害]

1. 分布　放线菌病于 1877 年 Bollinger 首先描述了牛颌骨放线菌病，Harz 称该菌为牛放线菌（*Actinomyces bovis*）。1878 年 Israel 发现人的一种类似疾病，并与 Wolff（1891）共同培养出一种革兰氏阳性的厌氧性杆菌和分支菌丝，称为伊氏放线菌（*Actinomyces israelii*）。本病广泛分布于世界各国，我国各地也有散发。

2. 危害　牛放线菌可引起牛、猪、羊等动物发病，伊氏放线菌可使人感染发病，因此，对畜牧的发展危害较大，并危害人体健康。

[传播与流行]

1. 传播　易感动物为牛、羊、猪。10 岁以下的青壮年牛，尤其是 2～5 岁的牛最易感，常发生于换牙期。马和一些野生反刍动物也可发病。家兔、豚鼠等可人工感染发病。偶尔可引起人发病。

由于各种放线菌寄生于动物口腔、消化道及皮肤上，也存在于被污染的饲料和土壤中。因此，此种疾病可通过内源性或外源性经伤口（咬伤、刺伤等）直接传播。例如，牛常因食入带刺的饲料刺破口腔黏膜而感染；羊常在头部、面和口腔的创伤处发生放线菌感染。

2. 流行　无论是动物（牛、羊、猪）还是人发病，常以散发为主，偶尔呈地方流行。

[临床症状与病理变化]

1. 临床症状　由于动物不同，本病的潜伏期长短不一，多为潜伏数周后发病。

牛：多在颌骨、唇、舌、咽、齿龈、头部的皮肤和皮下组织及肺部等发病。以颌骨放线菌病最多见。常在第3、4臼齿处发生肿块，坚硬、界限明显。早期有痛感，后期无痛。破溃后流出脓汁，形成瘘管，不易愈合。在头、颈、颌下等部的软组织也常发生硬结，不热不痛，逐渐增大，突出于皮肤表面。局部皮肤增厚、脱毛，有时破溃流脓。舌感染放线菌后，通常称为"木舌病"。可见舌背面隆起，高度肿大，舌常垂于口外，并可波及咽喉部位，病牛流涎，咀嚼吞咽困难。乳房患病时，呈弥漫性肿大或有局灶性硬结，乳汁黏稠，混有脓汁。

绵羊和山羊：常在舌、唇、下颌骨、肺和乳房出现损害。病羊面部或下腹部等部位增厚的皮下组织有直径5cm单个或多发的坚硬结节，从许多瘘管中排出脓液。病羊采食困难，消瘦，常发生肺炎而倒毙。

猪：多见乳房肿大、化脓和畸形，也可见到颚骨肿、项肿等。

马：多发生于鬐甲肿或鬐甲瘘等。

2. 病理变化　因动物机体反应及病菌毒力的不同，放线菌病的病理过程不尽一致。病理变化主要是以增生性变化，或以渗出性、化脓性变化为主。

受害器官有扁豆粒至豌豆粒大小的结节样物，小结节集聚形成大结节，最后变为脓肿；结节或脓肿内常含有乳白色或乳黄色脓液，其中有放线菌或放线杆菌。当病原菌侵入骨骼（如颌骨、鼻甲骨、腭骨等）时，骨骼逐渐增大，切面状似蜂窝，其中镶有细小脓肿。也可在病变部位发现瘘管或在口腔黏膜上出现溃烂。

[诊断与检疫技术]

1. 初诊　根据典型临床症状和病理变化可做出初步诊断，确诊需进一步做实验室检测。

2. 实验室检测　进行病原检查，包括直接镜检和细菌分离培养。可按照《家畜放线菌病病原体检验方法（SB/T 10464—2008）》进行检测。

被检材料的采集：用灭菌注射器，采取未破溃脓肿部位的新鲜脓汁，供检测用。也可从瘘管取病料，特别是小瘘管不能直接采取时，可用刀片刮取瘘管上的组织，做无染色压片在镜下检查。

（1）直接镜检　取少量脓汁放入试管中，加入适量生理盐水或蒸馏水稀释，倾去上清液，再加入少量生理盐水，倒入清洁平皿中，将平皿放在黑纸上找出"硫黄颗粒"，放在载玻上加滴5%～10%氢氧化钾溶液或水，放低倍镜检，可见到排列成圆形或弯杆形的颗粒，排列成放射形、边缘透明发亮，类似孢子的菌鞘。染色检查，将"硫黄颗粒"用盖玻片压碎，固定，用革兰染色法染色为革兰氏阳性，呈V形分支菌丝。如牛放线菌的特征是中央有革兰氏阳性（紫色）的密集菌丝体，外周为革兰氏阴性（红色）的放射状菌丝，而林氏放线杆菌呈革兰氏阴性（均匀的红色）。

（2）细菌分离培养　选出"硫黄颗粒"放在灭菌盐水中洗涤3次，除去杂菌，在厌氧条件下，应用硫乙醇酸钠肉汤、葡萄糖肉汤、脑心浸液葡萄糖肉汤、脑心浸液葡萄糖、琼脂、脑心浸液血液琼脂等培养基，37℃下培养，然后取其培养物镜检，参照本菌的特征，便可确诊。

[防治与处理]

1. 防治　应避免在灌木丛和低湿地放牧，防止动物皮肤、黏膜发生损伤，同时对饲料应浸软再喂；局部损伤后及时处理、治疗可防止本病的发生。

2. 处理　发生本病后及时进行治疗。对硬结采取手术切除，若有瘘管形成要连同瘘管彻底切除，然后用磺酊纱布填塞，24～48h更换1次，直到伤口愈合，同时，肌内注射抗生素（如青霉素、红霉素、四环素、林可霉素等）。对重症病例可静脉注射10%碘化钾，牛每日50～100mL，隔日1次，共3～5次。

五、肝片吸虫病

肝片吸虫病（fascioliasis）又称片形吸虫病，是由片形属吸虫寄生在动物的肝脏胆管内引起的一种寄生虫病。以破坏动物肝脏、胆管引起急性或慢性肝炎、胆管炎为特征，严重时可造成幼畜大批死亡。我国将其列为三类动物疫病。

[病原特性]

病原在我国主要为肝片形吸虫（*Fasciola hipatica*）和大片形吸虫（*F. gigantica*），属于扁形动物门（Platyhelminthes）吸虫纲（Trematoda）复殖目（Digenea）片形科（Fasciolidae）片形属（*Fasciola*）成员。

片形吸虫成虫为雌雄同体，新鲜虫体呈棕红色，背腹扁平，口吸盘位于虫体前端，腹吸盘与口吸盘相距很近。前端突出部呈锥形，其底部突然变宽，形成"肩"。肝片形吸虫长20～40mm，宽10～13mm，后部稍尖，肩部明显。大片形吸虫长30～75mm，宽5～12mm，似竹叶状，肩不明显，后部较钝圆。虫卵呈椭圆形，黄褐色，一端有盖。肝片形吸虫虫卵长107～158μm，宽70～100μm。大片形吸虫虫卵长150～190μm，宽70～90μm。

片形吸虫的终末宿主主要为反刍动物，中间宿主为椎实螺科的淡水螺。成虫寄生于牛羊等终末宿主的肝胆管和胆囊内，虫卵随胆汁流入肠道，再随畜粪排出到体外，在水中孵出毛蚴，钻入中间宿主——椎实螺科的淡水螺（其中肝片形吸虫主要中间宿主为小土窝螺，还有椭圆萝卜螺；大片形吸虫主要中间宿主为耳萝卜螺，及不少地区证实有小土窝螺）体内育成尾蚴，离开螺体，在水生植物或水面上形成囊蚴（白色、圆形，平均长234μm、宽248μm，内含圆形虫体）。牛、羊吃草或饮水时吞入囊蚴而被感染，囊蚴的包囊在牛羊的消化道被溶解，囊蚴内的童虫（幼虫）移行到肝脏，钻进胆管，发育成为成虫。

[分布与危害]

1. 分布　肝片形吸虫呈世界性分布，在我国分布广泛，遍及全国各省。大片形吸虫主要流行于热带和亚热带地区，我国多见于南方地区。

2. 危害　本病对各种反刍动物及猪、马属动物、家兔等，尤其是幼畜和绵羊危害相当严重，可引起大批死亡，严重危害草食家畜，造成严重经济损失。

[传播与流行]

1. 传播　片形吸虫主要感染牛（黄牛、水牛）、羊（绵羊、山羊）、鹿、骆驼等反刍动物，猪、马、驴、兔及一些野生动物也可感染，但较少见，人偶尔也可感染。病畜和带虫者不断向外界排出大量虫卵，污染环境，成为本病的感染源。

2. 流行　多呈地方性流行，具有季节性。牛羊感染多在夏、秋两季。因为在春末夏初雨水多而较潮湿，气温也较适宜，淡水螺大量产卵繁殖、生长迅速，适合片形吸虫卵的发育和毛蚴的孵出，到夏秋雨季，尾蚴大量逸出，在水草上形成具有感染性的囊蚴。

另外，多沼泽低洼地比高燥地流行严重，因为多沼泽地带同样适合淡水螺的繁殖和囊蚴的散布。所以在流行区内，长期在低洼地放牧常可引起本病的大流行。

[临床症状与病理变化]

1. 临床症状　片形吸虫病一般表现为急性和慢性两型（以慢性型较为多见），其临床症状常因感染强度、动物抵抗力、年龄和饲养管理条件等不同而异。轻度感染往往不表现症状，严重感染时（感染数量多，牛约250条成虫，羊约50条成虫），可表现明显症状，但对幼畜即使轻度感染也可表现症状。

急性型：由于短时间内吃入大量囊蚴引起。可见患畜体温升高，食欲减退或消失，精神沉郁，贫血，黏膜苍白，腹胀腹泻，触诊肝区敏感。大多数几天内死亡。急性病例多见幼畜及严重感染而营养状况差的病畜。

慢性型：多由成虫寄生所导致。可见患畜逐渐消瘦，贫血，结膜与口黏膜苍白，被毛粗乱、干燥易脱断、无光泽，眼睑、颌下、胸下及腹下出现水肿，食欲减退，前胃弛缓或膨胀，便秘或腹泻。严重感染时，母畜不孕或流产，公畜生殖能力降低。如不治疗，最后因极度衰竭而死亡。

羊急性型少见，慢性型多见；牛常呈慢性经过。

2. 病理变化　其特征性的病变主要见于肝脏。大量感染囊蚴后呈急性死亡的病畜，可见到急性肝炎和大出血后的贫血，肝肿大，被膜有纤维素沉着，有2～5mm长的暗红色虫道，虫道内有凝固的血液和很小的童虫。腹腔中有血色的液体，有腹膜炎病变。

慢性病例因感染虫体后2～3个月发生慢性肝炎，后期肝脏发生萎缩，质地变硬，表面不整齐，肝小叶间纤维组织增生，胆管扩张，管壁增厚，像绳索一样突出于肝表面，胆管内因磷酸钙、磷酸镁等盐类沉着而变得粗糙和坚实，管腔内有许多虫体和污浊稠厚的黏液及黑褐色或黄褐色的块状、粒状的磷酸盐沉着。

[诊断与检疫技术]

1. 初诊　生前根据临床症状、流行特点和实验室检测结果综合判定。死后根据肝脏特征性病变和发现的大量虫体确诊。

2. 实验室检测　包括粪便虫卵检查和免疫学诊断。

被检材料的采集：病畜的粪便和血液。

（1）粪便虫卵检查　此法是确诊片形吸虫病的根据。取被检家畜的新鲜粪便20～50g，用水洗沉淀法检查虫卵，其虫卵特征为：虫卵呈长卵圆形或长椭圆形，黄褐色，卵内充满密集的卵黄细胞和一个不甚明显的胚细胞。

在虫卵鉴定时应注意与前后盘类吸虫卵相区别。前后盘类吸虫的虫卵一般小于肝片吸虫卵，呈灰白色，卵黄细胞较稀疏，卵壳内有较大空隙，胚细胞较明显。

为了便于识别肝片吸虫卵及提高检查速度，可在粪沉淀物涂片上滴加几滴5%的碘液染色，肝片吸虫卵染成橘黄色，其他杂物呈粪黄色，虫卵极易查见。

（2）免疫学诊断　采用免疫学检测有助于本病的诊断。可采用酶联免疫吸附试验（ELISA）、间接血凝试验（IHA）和间接荧光抗体试验（IFA）等免疫学方法检测患病畜血清中的特异性抗体，其诊断的敏感性均较高。此外，还可用皮内变态反应进行生前诊断。

皮内变态反应的反应原制法及试验方法：将新鲜虫体以消毒生理盐水洗净，放于37℃温箱中3d，再放干燥器内2d，虫体干枯后研成粉末，以消毒生理盐水100倍稀释，放3～13℃冰箱内3d，后以3 000r/min离心20min，取上清液，蔡氏滤器滤过，58℃水浴消毒1h，装瓶密封备用。以18G针头皮内注射肛门无毛处0.2～0.3mL，注射后5～15min有紫晕者为阳性。

［防治与处理］

1. 防治　可采取以下一些措施：①疫区每年春秋两季对家畜定期进行预防性驱虫。②加强饲养管理，注意饲料及饮水卫生，以防感染。可采取建立安全牧地和池塘，供牛、羊放牧和饮水。③畜粪经堆积发酵后再作肥料。④消灭中间宿主淡水螺，可用一般灭螺药物，或大量饲养水禽进行灭螺。药物杀灭淡水螺可用5%硫酸铜溶液（最好在溶液中加入10%的粗制盐酸）倾入水中，使水中的浓度最后含硫酸铜万分之一。或用0.03%硫酸铵、0.022%氨水、万分之一茶籽饼液等。⑤家畜不要到含有淡水螺的水边及低湿处吃草、饮水。水边的草刈后应充分晒干，尽可能放几个月后再饲喂或作青贮料，经2个月后饲喂。⑥发现病畜及时隔离治疗，可采用、三氯苯咪唑、硫双二氯酚（又称别丁）、硝氯酚、硫溴酚（又名"抗虫-349"）、血防-846、六氯乙烷等。

2. 处理　①屠宰场、肉联厂的牛、羊等家畜的肠内容物及肝、胆内有许多虫体或虫卵，应进行无害化处理。②肉尸检疫时，肝脏损害轻微者损害部分割除，其他部分不受限制出场；损害严重的整个肝脏作工业用或销毁。

六、丝虫病

丝虫病（setariosis）是严重危害动物和人类健康的慢性消耗性寄生虫病，常见的丝虫病主要包括马脑脊髓丝虫病、犬恶丝虫病、马来丝虫病和罗阿丝虫病。我国将其列为三类动物疫病。

（一）马脑脊髓丝虫病

马脑脊髓丝虫病（equime cerebrospinal setariasis）又称腰萎病，是牛腹腔的指形丝状线虫（setaria digitata）的晚期幼虫（童虫）迷路侵入马脑或脊髓的硬膜下或实质中而引起的疾病。马匹患病后，逐渐丧失使役能力，严重者长期卧地不起，发生褥疮，继发败血症而死。

［病原特性］

病原为指形丝状线虫（Setaria digitata），属于线形动物门（Nematoda）色矛纲（Chromadorea）旋尾目（Spirurida）丝虫亚目（Filarioidea）丝状科（Setariidae）丝状属（Setaria）成员。此外，鹿丝状线虫（S. cervi）也是病原之一。

指形丝状线虫成虫口孔呈圆形，口环的侧突起为三角形。背腹突起上有凹迹。雄虫长35～46mm，交合刺2根，左交合刺380～420μm，右交合刺130～140μm。雌虫长60～80mm，尾末端为一小的球形膨大，其表面光滑或稍粗糙。雌虫产带鞘的微丝蚴长249～400μm，出现于宿主的外周血液中。

指形丝状线虫通过胎生繁殖。成虫寄生在牛的腹腔。雌虫产出幼虫称为微丝蚴，微丝蚴侵入牛的血液中。当中间宿主蚊子吸食牛血时，微丝蚴随血液进入蚊体内，经12～16d发育为感染性幼虫，并移行致蚊子的口器内。当此蚊再吸食其他牛血时就可感染其他牛。蚴虫在牛体内经8～10个月在腹腔中发育为成虫。如果此蚊到马体吸血时，就会把感染性幼虫注入马体，幼虫经淋巴（血液）侵入脑脊髓表面或实质中生长发育，停留在童虫阶段。

［分布与危害］

1. 分布　本病在牛多、蚊多的地区常发生流行，如日本、以色列、印度、斯里兰卡和美国等许多国家已有报道。我国多发于长江流域和华东沿海地区，东北和华北等地亦有发生。

2. 危害　马匹患病后，逐渐丧失使役能力，严重的因继发败血症而死亡。

［传播与流行］

1. 传播　指形丝状线虫终末宿主是牛。成虫寄生于牛腹腔和肾，幼龄虫体寄生于马眼睛、脑和脊髓，微丝蚴见于牛血液中。传播本病的中间宿主蚊子有中华按蚊和雷氏按蚊等。

本病马比骡多发，驴未见报道，山羊、绵羊亦有发生。本病发生与年龄、性别、营养好坏、马匹来源无关，但往往那些训练良好、秉性温驯的辕马及新到疫区的马匹和幼龄马多发。

2. 流行　本病发生有明显的季节性，多见于夏末秋初。其发病时间常比蚊虫出现约晚1个月，一般为7、8、9月份，尤以8月发病率最高。发病率与蚊虫的滋生环境也有一定的关系，凡低湿、沼泽、水网和稻田地区一般多发，饲养在地势低洼，多蚊、距牛圈近的马匹，比饲养在与此相反条件下的马匹，其发病率之比为4∶1。

［临床症状与病理变化］

1. 临床症状　因幼虫在脑、脊髓等处移行而无特定寄生部位，引起脑脊髓炎的症状、病情轻重及潜伏期并不一致。马的症状大体可分为早期和中晚期症状。

（1）早期症状　主要表现为腰髓支配的后躯运动神经障碍。可见一后肢或两后肢提举不充分，运步时后蹄尖轻微拖地，后躯无力，后肢强拘。久立后牵引时，后肢出现鸡伸腿样动作。从腰荐部开始，出现知觉迟钝或消失。此时马低头无神、行动缓慢，对外界反应降低，有时耳根、额部出汗。

（2）中晚期症状　后期出现脑髓受损的神经症状，但并不严重。表现为精神沉郁，有的患马意识障碍，出现痴呆样，磨牙、凝视、易惊、采食异常。腰、臀、内股部针刺反应迟钝或消失。弓腰、腰硬，突然高度跛行。运步中两后肢外展、斜行，或后肢出现木脚步样。强制小跑时，步幅缩短，后躯摇摆。转弯，后退小步，甚至前蹄踩踏后蹄。急退易坐倒，起立困难。站立时后坐瞌睡，后坐到一定程度猛然立起；后坐时如臀端依靠墙柱，导致上下反复磨损尾根，导致尾根被毛脱落。随着病情加重，病马阴茎脱出下垂，尿淋漓或尿频，尿色呈乳状，重症者甚至尿闭、粪闭。

病马体温、呼吸、脉搏和食欲均无明显变化。血液检查常见嗜酸性粒细胞增多。

2. **病理变化**　指形丝状幼虫移行入脑脊髓发育为童虫过程引起出血、液化坏死性脑脊髓炎，伴有不同程度的浆液性、纤维素性炎症和胶样浸润灶及出现大小不等的红褐色、暗红色或绛红色出血灶。病灶附近可发现虫体，脑脊髓实质（尤其白质区）有大小不等的斑点状、线条状的黄褐色的破坏性病灶，以及形状大小不等的空洞和液化灶组织学检查，可见发病部位的脑脊髓呈非化脓性炎症，神经细胞变性，血管周围出血、水肿，并形成管套状变化，液化灶内往往见大型色素性细胞，经铁染色证实为吞噬细胞，是本病的特征性变化。

［诊断与检疫技术］

根据病马的临床症状和流行特点可做出初步诊断。

1. **初诊**　病马出现临床症状时，可做出诊断，但治疗为时已晚，难以治愈，因此早期实验室诊断尤为重要。

2. **实验室检测**　进行皮内反应试验，以做到早期诊断。

皮内反应试验：目前我国已制备出牛腹腔丝虫的提纯抗原，可采用牛腹腔指形丝状线虫的提纯抗原，对马匹进行皮内反应试验。马每次皮内注射0.1mL提纯抗原，注射后30min，注射部位出现卵圆形丘疹，丘疹直径在1.5cm以上的为阳性反应。此法诊断本病较敏感，但还存在某些类属反应，尚待进一步研究解决。

［防治与处理］

1. **防治**　本病治疗困难，应以预防为主，可采取以下一些措施：①控制传染源。马厩应设置在干燥、通风、远离牛舍1～1.5km处。在蚊虫出现季节尽量避免与牛接触，普查病牛并治疗。②切断传播途径。搞好马舍卫生，铲除蚊虫滋生地，用药物驱蚊、灭蚊。③药物预防。发病季节，用海群生对新马及幼龄马进行预防性注射。④加强饲养管理，增强机体抗病能力。

2. **处理**　对病马及早治疗。皮内反应阳性，尚无临床病症，或症状十分轻微（仅有后肢蹄尖轻微拖地现象）时，可用海群生口服和注射配合使用，可收到较好的效果。具体方法是：海群生按千克体重50～100mg口服和制成20%～30%注射液作肌肉多点注射，连续用药4d为一疗程。一般的马第一天肌内注射50mL，后3d每天口服10～15g，共进行3个疗程，每个疗程间隔5d，全部治疗时间为22d。

（二）犬恶丝虫病

犬恶丝虫病（dirofilariasis）又称犬心丝虫病，是由犬恶丝虫成虫寄生于犬心脏的右心室及肺动脉（少数见于胸腔、支气管）引起，以循环障碍、呼吸困难、贫血、猝死等症状为主要特征。

［病原特性］

病原为犬恶丝虫（*Dirofilaria immitis*），属于线形动物门（Nematoda）色矛纲（Chromadorea）旋尾目（Spirurida）丝虫亚目（Filarioidea）蟠尾科（onchocercidae）恶丝属（*Dirofilaria*）成员。

犬恶丝虫成虫为乳白色或黄白色，细长粉丝状，头部钝圆。雄虫体长12～18cm，尾部呈螺旋状弯曲，有尾乳突11对（肛前5对，肛后6对），交合刺2根，长短不等。雌虫体长25～30cm，尾部较直，阴门开口于食管后端，距头端约2.7mm，常纠缠成几乎无法解开的团块，有的游离或被包裹而寄生于在心室和肺动脉中，个别的寄生于肺动脉和肺组织中。幼虫微丝蚴无鞘，体长200~360μm，直径约6μm，多大量寄生于外周血液中，在新鲜血液中做蛇形或环形运动。

犬恶丝虫需犬蚤、按蚊或库蚊作为中间宿主。犬恶丝虫雌雄成虫交配产生微丝蚴，释放入患犬血液，可生存2~2.5年，被中间媒介如中华按蚊、白纹伊蚊、淡色库蚊、犬蚤等吞食后，在其体内发育成具侵袭性的幼虫，当健康犬被微丝蚴阳性蚊子叮咬时感染。侵袭性幼虫进入犬体内后，经6~7个月发育成为成虫。成虫可在右心室和肺动脉内寄生5~6年，并在此期间不断向外周血液中释放微丝蚴。

［分布与危害］

1. 分布　本病呈世界性分布，尤其是热带或亚热带地区。美国、加拿大南部、墨西哥、澳洲、日本、韩国、东南亚、非洲西南部、欧洲东南部、巴西等国家和地区都有本病的报道。我国北至沈阳、南至海南均发现本病，本病在广东的感染率很高，可达50%。

2. 危害　犬恶丝虫除感染犬外，猫、狐、狼等肉食动物也可遭侵袭。人也可感染发病，具有公共卫生学意义。

［传播与流行］

1. 传播　犬、猫、狐狸和许多哺乳动物是犬恶丝虫的天然宿主。此外，小熊猫、海狸、雪貂、猩猩、狮子等30多种野生动物及人均可作为其终末宿主。犬恶丝虫幼虫还可经胎盘感染胎儿。

2. 流行　每年蚊子最活跃的6—10月为本病的感染期。

［临床症状与病理变化］

1. 临床症状　感染后5~9个月犬恶丝虫幼虫（微丝蚴）才发育。

感染初期，多数患犬不表现临床症状。随着病情发展，患犬出现精神不振、食欲不佳等症状，偶有咳嗽，运动时加重，但没有上呼吸道感染的其他症状。患犬运动时易疲劳，随后出现心悸亢进，脉细弱并有间歇，心内有杂音。肝区触诊疼痛，肝肿大。病情持续恶化，患犬发生心性恶病质，右心功能衰竭导致腹水。患犬出现持续性的咳嗽、呼吸困难，甚至咳血。此阶段病犬常并发腔静脉症侯群，胸、腹腔积水、全身浮肿。长期感染的病例，肺源性心脏病十分严重。末期，由于全身衰弱或运动时虚脱而死亡。

患犬常伴发结节性皮肤病。有痒觉，病犬瘙痒，结节常破溃。皮肤结节为血管中心的化脓性肉芽肿炎症，在化脓性肉芽肿周围的血管内常见有微丝蚴。

人感染本病后，可在肺部或皮下组织形成结节、皮下肿块，出现胸痛、咳嗽、咳血等症状。人还可出现心脏、下腔静脉、乳房、腹腔及眼犬恶丝虫病等。

2. 病理变化　病死犬剖检可见心脏肿大，右心室扩张，心内膜肥厚、粗糙不平。肺脏贫血、扩张不全以及肝变，肺动脉内膜炎、栓塞、脓肿、坏死等。肝脏硬变及肉豆蔻肝。肾脏的实质和间质均有炎症。长期感染的病死犬后期全身贫血，各器官萎缩。

［诊断与检疫技术］

1. 初诊　根据本病的流行特点、临床症状和病理变化特点可做出初步诊断。

此外，还可通过以下一些变化，来帮助诊断：血液中嗜酸性粒细胞增多，血清尿素氮升高，肌酸肌酶升高；心电图右轴变位和肺脏P波。右心室扩张时，ST波降低和T波增高；胸部X线摄影初期可见右心房、右心室和肺动脉的扩张。肺动脉栓塞、肺水肿时，局部X线透过性降低。

2.实验室检测　进行病原鉴定、免疫学检查和分子生物学诊断。

被检材料的采集：犬血液、血清等样品。

（1）病原鉴定　采用压滴检查法、厚滴涂片检查法、浓集检查法、涂片的姬姆萨氏染色等检测犬血液内的微丝蚴，但这些方法容易出现假阴性。

改良Knott氏试验：取全血1mL加2%甲醛9mL，混合后1 000～1 500r/min，离心5～8min，去上清液，取1滴沉渣和1滴0.1%美蓝溶液混合，显微镜下检验微丝蚴。

（2）免疫学检查　采用直接凝集试验、间接血凝试验、琼脂扩散试验、补体结合试验、酶联免疫吸附试验、荧光抗体标记技术等进行血清抗体免疫学检测。其中酶联免疫吸附试验是一种特异性强、敏感性高的免疫学方法，但感染程度轻微时，检查结果有可能显示阴性。

（3）分子生物学诊断　采用聚合酶链式反应（PCR）检测本病病原，能对早期感染进行确诊，具有较高的灵敏性和特异性。

[防治与处理]

1. 防治　可采取以下一些措施：①搞好环境卫生。在蚊虫滋生季节用溴氰菊酯类等药物进行环境喷雾切断传播媒介，防止吸血昆虫叮咬。②采用药物预防。在蚊蝇活动季节可用乙胺嗪（海群生）连续内服，剂量为每千克体重2.5～3mg，在每年的5—10月份。每日或隔日投药。但对微丝蚴阳性犬，必须用药杀灭成虫和微丝蚴后才可使用海群生进行预防。

2. 处理　对患病动物可采取手术或药物治疗，我国以药物治疗为主，方法是：①驱杀微丝蚴：可用左旋咪唑口服（11mg/kg，每天1次，连用7～14d。治疗后第7天进行血检，微丝蚴阴性时，则停止用药），伊维菌素皮下注射（0.05～0.1mg/kg，一次皮下注射），或锑波芬（或锑波芬钾）连续肌内注射等。如果3～4周后仍可检出微丝蚴，证明有成虫感染。②驱杀成虫：可选用硫胂酰胺钠或盐酸二氯苯胂静脉注射或菲拉松口服等。驱杀成虫时应同时使用抗血栓药。

（三）马来丝虫病

马来丝虫病（Malayan filariasis）是由马来布鲁丝虫寄生于人和动物体内所引起的丝虫病。

[病原特性]

病原为马来布鲁丝虫（*Brugia malayi*），通常简称马来丝虫，属于线形动物门（Nematoda）色矛纲（Chromadorea）旋尾目（Spirurida）丝虫亚目（Filarioidea）蟠尾科（Onchocercidae）布鲁属（*Brugia*）成员。

成虫虫体纤细样，乳白色半透明，体表角质有纤细的环状横纹，体两端渐细，头端钝圆，略膨大成球形。雄虫长13.5～28.1mm，宽70～110μm，左交合刺较长268～401μm，外被鞘膜；右交合刺长104～136μm，全形为向腹而弯曲的槽状物。雄虫的后部为尾长的2～3倍处开始向腹面做2～6圈的蜗旋状卷曲；雌虫长40～69.1mm，宽120～220μm。

马来丝虫的主要传播媒介和中间宿主为嗜人按蚊和中华按蚊。雌雄成虫交配后，雌虫可产出微丝蚴。微丝蚴随淋巴液经胸导管进入血液循环。微丝蚴长177～230μm，宽5～6μm，外被鞘膜,虫体在鞘膜内行动自如,做蛇形运动。当蚊刺吸微丝蚴阳性的人或动物血液时,微丝蚴随吸血进入蚊胃,脱去鞘膜,穿过胃,经体腔进入胸肌,蜕皮2次,发育为第三期感染性幼虫。幼丝虫在蚊体内只发育不繁殖。马来丝虫幼虫在蚊体发育所需时间约7.5d。含感染性幼虫的蚊叮咬人或动物时,感染性幼虫自蚊下唇逸出,由蚊叮伤口侵入人或动物体内,进入附近的淋巴管,再移行至大淋巴管内,经两次蜕皮发育至成虫。

[分布与危害]

1. 分布 本病仅流行于亚洲,如朝鲜、日本、东南亚、印度、斯里兰卡、印度尼西亚、菲律宾等地,其中以东南亚一带最严重。在我国主要分布于江苏、上海、浙江、安徽、福建、江西、湖北、湖南、河南、广东、广西、四川、贵州等省,尤以长江以南严重,台湾省和山东省未见此病。

2. 危害 本病不仅侵害人,而且还侵害动物,具有公共卫生学意义。

[传播与流行]

1. 传播 人、猴、家猫、野猫、麝猫、穿山甲、犬和啮齿类动物对马来丝虫均易感。

传染源为微丝蚴阳性者(人和动物),其中猴类是最重要的传染源。在马来西亚沼泽森林地区,叶猴的感染率高达70%。

本病经蚊虫吸血传播,传播媒介主要有中华按蚊、嗜人按蚊、东方伊蚊、常型曼蚊等。

2. 流行 本病的流行有一定的地区性,一般局限于沼泽森林地区及周围中间地带。我国流行区的共同特点是地处南方农村山区,海拔多在400m以下,气候较为温和、空气湿润、有充沛降水量,多为水稻耕作区。

[临床症状与病理变化]

动物:一般为隐性感染,但能出现微丝蚴血症,成为本病的传染源。

人:初期出现全身性过敏,淋巴管和淋巴结炎,后期因虫体寄生于下肢淋巴管,使淋巴液回流受阻,出现下肢橡皮肿。

[诊断与检疫技术]

目前主要是人的诊断与检疫。

1. 初诊 根据流行特点、临床症状和病理变化特点可做出初步诊断。末梢血嗜酸粒细胞明显上升,可达20%～50%,白细胞总数可正常或稍高。确诊需进一步进行实验室检测。

2. 实验室检测 进行病原鉴定、免疫学检查和分子生物学诊断。

被检材料的采集:厚滴涂片法等需采集受试者的指尖或耳垂血;血清学检测需采集感染动物血清,聚合酶链式反应(PCR)检测法需要分离微丝蚴。

(1)病原鉴定 病原学检查常作为本病的诊断。

①微丝蚴厚滴涂片法:在21:00至次晨2:00的末梢血中可检测到微丝蚴。涂片可采取硼砂亚甲蓝染色,显微镜下检验微丝蚴。

此法不足之处是夜间采血不方便,对低密度者易漏检。

②成虫检查法:取病变组织做病理学检查,可见到成虫。

（2）免疫学检查　免疫诊断法包括皮内试验、补体结合试验、沉淀试验、间接血凝试验、间接荧光抗体试验和酶联免疫吸附试验等。这些免疫诊断法均可作为本病的辅助诊断方法，尤其适于大规模的流行病学调查。此外，多种方法联用可提高阳性检出率。

（3）分子生物学诊断

①PCR：具有较高的灵敏性和特异性，可以24h应用，能对早期感染进行确诊。

②DNA探针：特异的DNA探针已应用于检测马来丝虫病。

另外，各种重组抗原已被用来检测马来丝虫病。

[防治与处理]

1. 防治　可采取以下一些措施：①做好防蚊、灭蚊工作。②在本病流行区应对人群和与人接触密切的动物进行普查普治；流行严重地区，市售食盐中拌入少量海群生，可有明显的预防作用。

2. 处理　发生本病，可采用药物治疗，常用海群生、卡巴肿、左旋咪唑和甲苯达唑。

（四）罗阿丝虫病

罗阿丝虫病（loasis）系罗阿丝虫所致的寄生虫病，成虫寄生于皮下组织并可侵袭脑、肾、心脏，此虫常可在病人眼球中找到，曾被称为"眼虫症"或"人眼线虫症"。

[病原特性]

病原为罗阿丝虫（*Loa loa*），属于线形动物门（Nematoda）色矛纲（Chromadorea）旋尾目（Spirurida）丝虫亚目（Filarioidea）蟠尾科（Onchocercidae）罗阿属（*Loa*）成员。

罗阿丝虫雄性成虫长30～40mm，宽0.35～0.45mm；雌性成虫长50～70mm，宽0.5mm。

成虫寄生于人体背、胸、腋、腹股沟、阴茎、头皮及眼等处的皮下组织，偶可侵入内脏。传播媒介和中间宿主的是斑虻，微丝蚴的特点是白天在外周血内出现，生活史与马来丝虫基本类似。

[分布与危害]

1. 分布　本病是赤道、热带非洲严重流行的一种寄生虫病。我国外援的人员中曾经检出过此病。

2. 危害　本病既可发生于人，也可发生于动物，具有公共卫生学意义。

[传播与流行]

1. 传播　本病传播媒介为斑虻，阿罗丝虫的微丝蚴在斑虻体内发育，经7d以上发育为感染期幼虫，称为感染蚴，当带有阿罗丝虫感染蚴的斑虻叮人或动物吸血时，即传播给人或动物。

2. 流行　本病常流行于斑虻活动的赤道及热带非洲地区。

[临床症状与病理变化]

病人或患病动物自觉有异物刺激，眼球结膜下有成虫移动。成虫也常侵犯眼球前房，并在结膜下移行或横过鼻梁，引起严重的眼结膜炎，亦可导致球结膜肉芽肿、眼睑水肿及眼球突出，患者常表现出眼部奇痒。

成虫可在组织内自由活动，在移行时释放出的代谢产物可引起暂时性过敏性炎症，表现为游走性肿块（即行性肿块），及全身瘙痒，成虫离去后，肿块可自行消失，最常发生在腕部和踝部，患者有皮肤瘙痒和蚁走感症。成虫可从皮下爬出体外，也可侵入胃、肾和膀胱等器官，患者可出现蛋白尿。

病人可有发热、荨麻疹，还可引起高度嗜酸性粒细胞增多症。偶可见丝虫性心脏病、肾病、脑膜炎、视网膜出血及周围神经损害等。

[诊断与检疫技术]

目前主要是人的诊断与检疫。

1. 初诊　根据本病流行病学、临床症状和病理变化特点可做出初步诊断，确诊需进一步做实验室检测。目前本病的确诊的方法是找到丝虫，临床可应用多种方法进行诊断，以减少误诊率。

2. 实验室检测　进行病原鉴定和免疫学检查。

被检材料的采集：血涂片检查、微丝蚴培养法需采集受试者血液；血清学检测需采集感染动物血清。

（1）病原鉴定

①血涂片检查：取外周新鲜血1滴用低倍镜寻找活动于红细胞之间的微丝蚴。

罗阿丝虫在外周血出现是特异性昼现周期，在正午12点前后采血涂片镜检，但此法的不足是易出现假阴性。

②微丝蚴培养法：取静脉血5mL放入培养皿中24～48h后，制成厚血涂片，固定、染色，寻找微丝蚴、鉴定虫种。

③丝虫检查：皮下包块内寻找丝虫、鉴定虫种；在眼球结膜下组织或手术创口发现有罗阿丝虫，即可确诊。

凡有临床症状及上述检查一项以上阳性者，即诊断为罗阿丝虫病病人。

（2）免疫学检查　免疫学方法主要是检测抗原、抗体，但易出现假阳性。

[防治与处理]

1. 防治：可采取以下一些措施：①做好防斑虻、灭斑虻工作。在流行区对人群与人接触密切的动物进行普查普治。②在皮肤上涂驱避剂，如邻苯二甲酸二甲酯，可防传播媒介斑虻叮刺，从而阻断罗阿丝虫病的传播，或每月一次口服海群生预防。

2. 处理　对患者进行药物治疗。可采用海群生和呋喃嘧酮治疗，该药能有效杀死罗阿丝虫微丝蚴。由于海群生能迅速使血中的微丝蚴改变敏感性，集中到肝脏的微血管中，易被机体吞噬细胞所消灭，因此，临床疗效较佳。但治疗初期，可出现发热、头痛等症状，为药物杀死成虫后释放异性蛋白所致的过敏反应，因而在初治剂量要小，逐渐加大，必要时可应用阿斯匹林、扑尔敏等预防给药，以减少不良反应。疗程结束后复查血涂片找微丝蚴。

七、附红细胞体病

附红细胞体病（eperythrozoonsis，EPE）（简称附红体病）是附红细胞体寄生在人和动物红细胞表面、血浆及骨髓中，引起发热、贫血、黄疸、生长缓慢等为主要临床症状特征的一种人兽共患传染病。本病隐性感染率高，发病率和死亡率低，急性病例以贫血、黄疸和发热为主要特征。我国将其列为三类动物疫病。

[病原特性]

病原为附红细胞体（*Eperythrozoon*）（简称附红体），属支原体目（Mycoplasmatales）支原体科（Mycoplasmataceae）支原体属（*Mycoplasma*）成员。

现已知的附红细胞体可分为鼠球状附红细胞体（*Mycoplasma coccoides*）、绵羊附红细胞体（*M. ovis*）、牛温氏附红细胞体（*M. wenyoni*）、猪附红细胞体（*M. suis*）、人附红细胞体（*M. humanus*）等14种。

附红细胞体是一种多形态微生物，新鲜血液涂片镜检，可见附红细胞体呈单独或链状附着在红细胞表面，或游离于血浆中，呈球形、条形、哑铃形、卵圆形、星形、点状或杆状等形态，平均直径为0.2～2μm，无细胞壁，仅有单层细胞膜，无可见的细胞器或核，细胞质中可见细小颗粒。被附着的红细胞呈齿轮状、星芒状、菠萝状或不规则形状。游离于血浆中的附红细胞体，呈上升、下降、前后翻滚或扭转等不规则运动。

附红细胞体对苯胺色素易于着染，革兰氏染色阴性，姬姆萨染色呈紫红色，瑞氏染色呈淡蓝色；吖啶橙染色则呈现出两种不同的荧光，一种为较大的呈现橘红色荧光的附红细胞体，另一种为较小的呈现淡绿色荧光，表示有一定数量的DNA存在。

附红细胞体在红细胞上以二分裂方式进行增殖，但不易进行体外培养。尽管国外最早繁殖猪附红细胞体的方法是"猪脾脏切涂法"（即采用感染附红细胞体猪的抗凝全血接种脾切除猪并收集感染猪血液），但此法因费时费力，且全血中的猪附红细胞体保存时间有限，因此应用有很大局限性。随后，国内外多位研究者又进行了附红细胞体的体外培养研究，但迄今为止尚没有广泛推广应用的成熟附红细胞体体外培养方法。

附红细胞体对干燥、热和化学药品敏感。对高温较敏感，在75～100℃水浴中1min即失去活性，停止运动；对低温抵抗力较强，在0～4℃冰箱中，可存活60d仍具感染活性，90d时仍有近30%具感染活性；在冰冻组织液凝固的血液中可存活31d。一般常用消毒药可将其杀灭，如0.5%石炭酸在37℃经3h，可将其杀死。

[分布与危害]

1. 分布　本病于1928年在啮齿类动物中首次发现，但直到1950年确定猪的黄疸性贫血是由附红细胞体引起才被引起重视。目前本病呈世界性分布，已分布于30多个国家和地区。1981年我国晋希民首先在家兔中发现附红细胞体，相继在牛、羊、猪等家畜中也查到附红细胞体，以后在人群中也证实了存在附红细胞体感染。我国除青海、西藏、海南和港澳台以外，其他省（自治区、直辖市）都有报道。

2. 危害　本病不仅可引起感染动物发病，特别是猪发病严重，造成巨大的经济损失，同时人亦可感染，成为人畜共患病，具有公共卫生意义。

[传播与流行]

1. 传播　已报道感染发病动物有鼠、兔、猪、牛、山羊、绵羊、马、驴、骡、骆驼、鸡、犬、猫、小鼠、貂和狐狸等，其中绝大多数病例为猪。人也感染。

本病多呈隐性感染，具隐性感染、慢性迁移、应激发病以及自限性等特点。除猪以外，大部分动物发病率和死亡率都不高。

各种年龄的猪均可感染，但多发于断奶仔猪和阉割后不久的猪。猪发率可达15%～60%，致死率为20%～40%。

本病的传播方式主要有接触性传播、血源性传播、垂直传播及媒介昆虫传播等。

接触性传播主要指动物之间、人与动物之间长期或短期接触而发生传播。

血源性传播主要指被附红细胞体污染的注射器、针头等器具进行人、畜注射或因打耳标、剪毛、人工授精等而经血液传播。

垂直传染主要指母猪经胎盘感染仔猪。

媒介昆虫传播是指通过猪虱、蚊虫、螫蝇、蠓、蝉等吸血昆虫和节肢动物叮咬而传播。各种吸血昆虫和节肢动物可能是传播本病的重要媒介。

2. 流行　本病多发生于夏、秋或雨水较多的季节，以及气候易变的冬、春季节。而气候恶劣、饲养管理不善、疾病等应激因素均能导致病情加重，疫情传播面积扩大，经济损失增加。

[临床症状与病理变化]

1. 临床症状　动物感染附红细胞体后，多数呈隐性经过，只有在应激因素（过度拥挤，气候恶劣，圈舍卫生条件差、营养不良、转栏、换饲料、慢性疾病、动物互相殴斗等）作用下导致动物急性发作，并表现出临床症状。因动物种类不同，潜伏期也不同，一般为7d，长者可达10d以上。

本病以发热、贫血、黄疸、生长缓慢等为主要临床症状，以高隐性感染率、低发病率和死亡率为特征。病畜多伴有精神委顿、食欲不振、消瘦、腹泻等症状。病程长短不一，几天至数周不等。

猪：潜伏期6～10d，一般呈潜伏带菌状态，在应激条件下，如饲养密度过高，气候恶劣，换饲料等诱发本病。临床表现以"红皮"为特征，猪只皮肤发红，尤以耳朵、颈下、胸前、腹下、四肢内侧等部位明显，指压不褪色，称为"红皮猪"。急性型，病猪高热达42.9℃，体表有大量的出血斑，四肢及尾特别是耳郭边缘发紫（特征性症状），耳郭边缘甚至大部分耳郭可能会发生坏死，严重的酸中毒和低血糖症；贫血严重的猪厌食、反应迟钝、消化不良，急性感染后存活猪生长缓慢而成僵猪。慢性型，病猪表现为消瘦、贫血、黄疸、全身苍白、皮肤上有斑痕。母猪感染后会出现流产、死胎、弱仔增加、产仔数下降、不发情或发情不规律等繁殖障碍症状。

马属动物及牛：临床表现高热、眼结膜炎、流泪，个别还有角膜浑浊，视力减退，甚至失明；牛前胃弛缓，鼻镜干燥，口腔黏液较多，奶牛产奶量下降。慢性感染的病牛主要表现为体质下降、贫血、黄染、营养不良、消瘦、精神沉郁、大便带血及黏膜出血。

犬：病犬发热呈稽留热型，精神沉郁，食欲降低或废绝，贫血，呕吐、便秘、腹泻或便秘与腹泻交替出现。仔犬排黄色稀便，后期可见粪便带血；尿液颜色呈现棕红色甚至酱色。部分犬眼结膜炎、眼睑水肿。病母犬出现繁殖障碍症状。

鸡：病鸡表现精神委顿，食欲不振，鸡冠红紫或苍白。羽毛蓬乱，肛门羽毛有黄色稀粪，发生零星死亡。蛋鸡产蛋率迅速下降，由产蛋高峰期的80%降至20%。

人：临床表现为发热（37.5～40℃），贫血，黄疸，常出现嗜睡、疲劳、无力、恶心、淋巴结及肝脾肿大，以及红细胞数减少、血红蛋白降低、红细胞压积和血小板减少等症状。

2. 病理变化　剖检主要病变为黄疸和贫血。全身肌肉脂肪及肺、胸腔、胃、肠、膀胱等内脏器官浆膜有不同程度的黄染。血液稀薄呈水样，凝固不良。全身淋巴结肿大，切面多汁，以棕黄色居多。心包内有较多淡红色积液，包膜下有出血点。肺有较大面积的瘀血或散在出血斑，间质肺水肿，少数伴发胸膜炎。肝肿大，有不同程度的黄染。脾肿大，色黑，质地柔软。肾肿大，质地变脆，外观黄染；部分猪肾皮质有细小散在的出血点，肾髓质严重出血。有的病例出现出血性肠炎、膀胱积尿、尿色发黄、黏膜黄染。

当本病伴有并发和继发其他病原感染时，其病理变化亦有差别。

[诊断与检疫技术]

1. 初诊　根据流行特点、临床症状及病理变化可做出初步诊断，确诊需进一步做实验室检测。

2. 实验室检测　进行病原鉴定和血清学检查，而血清学检查仅供辅助诊断参考。

被检材料的采集：采取发热期患病动物的血液，以供检测用。

（1）病原鉴定　采用直接镜检方法来诊断附红细胞体病，也可采用分子生物学检测方法进行病原诊断。

1）病原镜检　包括直接涂片镜检、涂片染色镜检和电镜观察。

①直接涂片镜检（血液压片法）：从动物（如猪）耳静脉无菌采血，加等量生理盐水混合后，吸取一滴置载玻片上，加盖玻片，置400～600倍的光学显微镜下，检查有无附着在红细胞表面或游离于血浆中的病原体，病原体呈球形、逗点形、杆状或颗粒状。血浆中的虫体可做伸展、收缩、转体等运动。附着在红细胞表面的虫体绝大部分在红细胞的边缘围成一圈并不停运动，使红细胞如同一个摆动的齿轮。被感染的红细胞边缘不整齐，而呈齿轮状、星芒状或菜花状等不规则形态，而健康动物或人的红细胞形态规则。

②涂片染色镜检（血液涂片染色法）：从耳静脉或前腔静脉无菌采血，制作血涂片，用姬姆萨染色镜检。附红细胞体感染的红细胞呈波浪状，星芒状，锯齿状改变，且周围有染成紫红色的小体（图7-1）。而健康红细胞形态规则，边缘光滑，染色均匀。

上述两种镜检方法都易造成"假阳性"的结果。其原因是多种因素造成的，例如，因操作不当造成红细胞变形，从而造成"假阳性"的结果；机体自身一些潜在因素的影响也会使镜检判定结果出现"假阳性"的结果，如当猪患维生素缺乏，尤其是维生素B_1、维生素B_6缺乏时，棘形红细胞会增多；染色剂若非特异性地附着在红细胞上，也会造成虫体附着的假象，从而造成错误的判定结果；未成熟红细胞的形态与附红细胞体感染红细胞形态很相似，也易造成假阳性的判定结果。因此，在镜检判定时，要注意排除这些因素造成"假阳性"的结果。

③电镜观察：在透射电镜下，附红细胞体为大小不等的以球形小体为主的多形性小体，

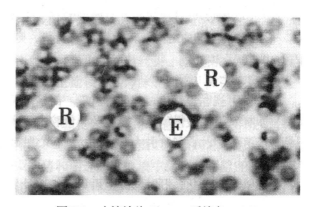

图7-1　血液涂片Giemsa氏染色×160

R.红细胞　E.附红细胞体

（引自王天有，刘保国，赵恒章，《猪传染病现代诊断与防治技术》，中国农业科学技术出版社，2012）

偶见杆状附红细胞体，可单个、多个呈小团状附着于红细胞表面，并可使附着的局部凹陷，个别甚至可使红细胞表面形成洞。附红细胞体无核、无细胞器，只有单层膜包裹，可见电子密度大的颗粒状物无规则分布在胞质内。

电镜检测技术优点是能准确诊断；缺点是操作步骤复杂，设备费用昂贵。

2）分子生物学检测　采用聚合酶链式反应（PCR）、实时荧光PCR检测以及DNA杂交试验等分子检测技术检测病料血液样品中的病原体。

①PCR：PCR主要针对附红细胞体16sRNA和新发现的功能性基因ORF2为靶基因检测，目前已建立针对感染猪、牛、羊、猫、犬等不同附红细胞体种的特异性PCR诊断方法。

由于附红细胞体的16sRNA基因与其他病原微生物如血巴尔通体亚种、边缘血孢子虫等的16sRNA基因有较高的同源性，因此，基于16sRNA基因为靶基因设计的PCR方法特异性不太好，易造成假阳性结果。但基于附红细胞体功能性基因ORF2为靶基因建立的PCR检测方法可对附红细胞体感染进行确诊。

②实时荧光PCR检测：此法是针对附红细胞体新发现的功能性基因ORF2序列为靶基因设计引物和TaqMan荧光探针建立附红细胞体TaqMan荧光定量PCR检测方法。

实时荧光PCR检测优点是特异性和敏感性要比常规PCR检测更高，检测速度更迅速，操作更简便。因此，此法适合于大量样品的快速检测，可对附红细胞体进行确诊。

③DNA杂交试验：将总DNA以〔α-^{32}P〕标记，样品DNA处理采用醇-氯仿系统和高浓度盐沉淀，抽提后通过免疫印迹转移至尼龙膜上，与标记好的DNA探针进行杂交。

此试验优点是具有良好的特异性。

（2）血清学检查　血清学方法只适用于群体检查，可作为定性依据。常用的血清学方法有免疫荧光试验（IFT）、间接血凝试验（IHA）、酶联免疫吸附试验（ELISA）、对流免疫电泳（CIE）和补体结合试验（CF）。

（3）血液学检查　动物发生本病后，可出现红细胞（RBC）减少、血红蛋白（Hb）降低、红细胞压积（HCt）下降、淋巴细胞（LC）升高等，可通过血液学检查而得知。但必须明白，血液学检测为附红细胞体非特异性检测指标，仅供辅助诊断参考。

3. 鉴别诊断　本病应与马传染性贫血、马巴贝斯虫病、马媾疫、牛梨形虫病、猪弓形体病、猪瘟、猪圆环病毒2型感染、猪繁殖与呼吸道综合征、副猪嗜血杆菌、猪增生性肠炎病、猪链球菌病、钩端螺旋体病等疾病相鉴别，还应与营养性贫血及其他因素而导致的黄疸性贫血相区别。

［防治与处理］

1. 防治　至今国内外尚没有附红细胞体病的疫苗。预防本病可采取以下一些措施：①加强饲养管理，使动物健康，并有较强抵抗力。②做好兽医卫生防疫措施，保持畜禽圈舍、环境及饲养用具清洁卫生，减少和消除各种不良应激因素。③防止动物与吸血昆虫的接触，隔绝节肢动物与猪群的接触。做好防蜱、蚊和蝇的工作，防止家畜被吸血性昆虫叮咬。④注意注射针头和手术器械的消毒，以防止机械传播病原。⑤在本病流行季节，给予预防性用药，可在饲料中添加土霉素或金霉素等对附红细胞体敏感药物。在分娩前给母猪注射土霉素可防止胎儿感染附红细胞体。

2. 处理　动物发生本病后，隔离进行治疗，可采用四环素、卡那霉素、多西环素、长效土霉素、黄色素、血虫净（贝尼尔）、氯胍、新砷凡纳明（914）等，一般认为四环素、914是首选药物。对严重贫血的如猪，可配合使用富铁力、维生素C、维生素B$_{12}$注射液，深部肌内注射；对高热不退的，可配合肌内注射或静脉滴注双黄连注射液。

由于患附红细胞体病的人畜常伴有并发和继发感染，因此临床上需酌情给予抗菌消炎、强心输液、补血等对症和支持治疗。

八、Q热

Q热（Q fever）是由贝氏柯克斯体引起人兽共患的一种急性、自然疫源性传染病。动物多呈亚临床或无临床症状，但可传染人。人类Q热有多种临床表现，以突然发生、剧烈头痛、高热，并常呈现间质性非典型肺炎为特征。OIE将其列为必须通报的动物疫病，我国将其列为三类动物疫病。

[病原特性]

病原为贝氏柯克斯体（Coxiella burnetii），曾称贝氏立克次体（Rickettsiales burnetii），属于军团菌目（Legionellales）柯克斯体科（Coxiellaceae）柯克斯体属（Coxiella）成员。

贝氏柯克斯体呈短杆状，偶呈球形、双杆状、星月形或丝状等多形体，革兰氏阴性，大小为0.4μm×（0.4～1）μm，常成对排列。姬姆萨染色呈紫色或马基维洛染色呈红色。

与立克次体不同，贝氏柯克斯体可形成小而密的芽孢样体，在环境中极其稳定，此特征对其传播具有重要意义。贝氏柯克斯体在循环传播中存在3种变异体，即大细胞变异体（LCV）、小细胞变异体（SCV）和小密集体（SDC）。而小细胞变异体和小密集体代表贝氏柯克斯体在细胞外生存的形态，类似于感染粒子。

贝氏柯克斯体有两种抗原类型，即致病1型和无毒2型。致病1型从感染动物或人中分离而得；无毒2型存在于卵中或经体外培养而得。

贝氏柯克斯体专性细胞内寄生，不能在无细胞的培养基上生长，一般多用鸡胚或组织细胞培养。本菌能在鸡胚的卵黄囊中增殖，也能在鸡胚的绒毛尿囊膜及羊水中增殖。本菌能在小鼠胚胎成纤维细胞、豚鼠肾细胞、蜱细胞、猴肾细胞以及鸡胚细胞等多种细胞单层上生长，一般可引起细胞病变，有的菌株可在鸡胚细胞上形成空斑。

贝氏柯克斯体对外界环境有很强的抵抗力，对酸、去污剂、干燥等抵抗力强。在感染动物的干燥排泄物中可长期存活。在鲜肉中4℃下可存活30d，在乳汁或水中可存活3～4年。加热60～70℃经1h才能杀死。对脂溶剂敏感。对常用消毒药抵抗力较强，0.5%福尔马林经3d、2%石炭酸在高温下经5d可以杀死，0.3%～1%来苏儿经3h可以杀死，70%酒精经1min即可杀死。

[分布与危害]

1. 分布　Derrick于1937年在澳大利亚的昆士兰发现并首先描述，因当时原因不明，故称该病为Q热，其后在美国、欧洲及日本均有发生的报道。我国于1950年、1951年首先在北京发现两例人的患者，1958年在内蒙古的牛、羊及人体也分离出Q热补体结合抗体，1962年在四川的人体中分离出Q热立克次体，至今已有吉林、云南、新疆、西藏、广西、福建、贵州等十几个省（自治区、直辖市）存在本病。目前本病已分布全世界，但以热带和亚热带地区多发。

2. 危害　Q热已成为重要人畜共患病之一，对畜牧业发展和人类健康有着较大的危害性。

［传播与流行］

1.传播　本病的病原体在节肢动物（蜱、虱、蚤、螺等）、哺乳动物和鸟类中宿主谱很广，形成自然疫源地。牛、绵羊、山羊、猪、马、犬、骆驼、水牛、鸽、鹅、鸡等畜禽都易感。感染家畜的血液、唾液、乳汁和粪尿中，尤其是胎盘、胎水和阴道分泌物中含有大量的病原体，并不断向外排出，从而污染场地、土壤和空气。

蜱在本病传播上起着重要作用，可由自然疫源地将病原体传给牛、绵羊、山羊等家畜，造成感染，形成另一个疫源。蜱通过叮咬感染宿主血液而获得病原体，并可在蜱体腔、消化道上皮细胞和唾液腺繁殖，再经叮咬或排出病原体，经破损的皮肤感染其他动物。某些蜱还可经卵传递。因此蜱不仅是传播的媒介体，也是储存宿主。

本病的传播途径有多种，除蜱的媒介作用外还可通过呼吸道、消化道和个体间接触等途径传播。

2.流行　Q热的流行常与感染家畜的移动有直接关系。感染家畜移动，不仅可引起家畜间的感染增加，储存宿主增多，而且还可引起人暴发Q热，并导致新疫源地的产生，使疫区扩大。在牧区和半牧区，Q热和布鲁氏菌病的混合流行，可引起动物和人的双重感染，需给予高度重视。

［临床症状与病理变化］

1.临床症状　家畜感染发病，绝大多数看不出带有特征性的病征，常呈无症状经过。但能产生一个菌血症期，使蜱感染。有极少数病例出现发热、食欲不振、精神委顿，间或有鼻炎、结膜炎、关节炎、乳房炎。而在绵羊和山羊，有可能并发支气管肺炎和流产；牛也可并发流产。自然感染的犬可能发生支气管肺炎和脾脏肿大。

人感染发病，潜伏期为9～26d，长的达2～3个月。表现体温升高（39～40℃），畏寒或寒战，喉痛、咽充血，干咳、有少量黏液，偶见混有少量血液。头痛、肌肉痛、关节痛和胸部疼痛。无力、失眠。食欲减退，恶心或有呕吐，个别出现腹泻。有的还发生胸膜炎。

2.病理变化　病原体经呼吸道黏膜进入人体，入血形成柯克斯体血症，波及全身各组织、器官，造成小血管、肺、肝等组织脏器病变。血管病变主要有内皮细胞肿胀，可有血栓形成。肺病变与病毒或支原体肺炎相似。小支气管肺泡中有纤维蛋白、淋巴细胞及大单核细胞组成的渗出液，严重者类似大叶性肺炎。肝有广泛的肉芽肿样浸润。心脏发生心肌炎、心肉膜炎及心包炎，并在瓣膜上形成赘生物，甚或导致主A窦破裂、瓣膜穿孔。脾、肾、睾丸也发生病变。

在家畜还未见有描述感染Q热的病理变化。

［诊断与检疫技术］

1.初诊　由于家畜发生本病临床症状不明显，多呈亚临床经过，单靠病史和临床资料难以诊断，必须进行实验室检测。

2.实验室检测　进行病原鉴定和血清学检测。由于贝氏柯克斯体对人类危害极大，实验室感染屡见不鲜，活体培养或从感染动物采集病料等，只能在生物安全三级实验室内进行。

被检材料的采集：流产或分娩畜，可采集流产胎儿、胎盘和阴道分泌物用于病原鉴定；血清学检查采集急性期和康复期的动物血清，每间隔2～4周采集一次。

（1）病原鉴定

①涂片染色镜检：取胎盘和胎儿组织、阴道排泄物等制成涂片，可选用斯坦帕、吉曼尼兹、

马基维洛、姬姆萨等染色法中一种染色（但前三种染色法效果较好），同时做革兰氏染色，染色后镜检。在细胞内、外可见有红色小球状物或球杆状物，可基本证实病原体。再用免疫荧光试验检查，即可确诊病原体。

②特异性检测方法：采用捕获酶联免疫吸附试验、免疫组织化学试验（IHC）或DNA扩增试验等方法检测病料样品中的贝氏柯克斯体病原。

聚合酶链式反应（PCR），可用于检测细胞培养物或病料中的贝氏柯克斯体病原DNA。

实时聚合酶链式反应（rtPCR），可作为检测和定量的辅助方法。

③病原分离：可采用鸡胚接种和细胞培养进行病原分离。

鸡胚接种：鸡胚卵黄囊接种方法是一种较好的方法。取病料悬液，经卵黄囊接种5日龄鸡胚，接种10～15d后采卵黄涂片镜检，或以聚合酶链式反应（PCR）分析。

细胞培养：采用病毒培养的微量细胞培养系统培养分离贝氏柯克斯体等胞内专性或兼性寄生菌。取病料悬液，接种于人胚肺成纤维细胞（HEL），用倒置显微镜观察特征性细胞病变（CPE）。经CPE观察和吉曼尼兹染色或聚合酶链式反应（PCR）检测阳性的，应取培养物上清接种Vero细胞或L929鼠成纤维细胞分离病原。

对污染严重的病料（如胎盘、阴道分泌物、粪便或乳汁）进行分离病原时，可将病料先接种小鼠或豚鼠，然后对接种小鼠或豚鼠进行抗体监测，将抗体阳性并出现发热的动物宰杀，取其脾脏接种鸡胚或培养细胞分离病原。小鼠或豚鼠动物接种试验必须在生物安全三级实验室内进行。

（2）血清学检测　血清学检测常用于群体筛检，不适用于个体诊断。原因是：由于动物急性感染后，血清阳性将维持好几年，有些动物在产生抗体之前即可排菌，具有传染风险；而有些感染动物则不出现血清阳性。要确诊动物是否感染，既要进行血清学反应，也需要进行病原鉴定。

血清学检测方法有许多种，但最常用的方法有补体结试验（CF）、间接免疫荧光试验（IFA）和酶联免疫吸附试验（ELISA）。

①CF：用冷补微量法在96孔U底微量平板上进行，可检测出血清中的补体结合型抗体。

CF与IFA和ELISA相比，具有特异性但不敏感。用CF检出发病动物的血清学转化时间要晚于IFA或ELISA，但CF抗体维持时间长，因此可用CF对流产畜群进行常规检测。

②IFA：微量免疫荧光技术已经作为人类Q热病血清学诊断的标准方法。

③ELISA：适用于大范围普查筛检，尤其适用于个体诊断，不仅敏感性高、特异性好，而且易于操作。ELISA检测各种感染动物贝氏柯克斯体抗体，结果确切可靠，目前有取代IFA和CF的趋势。

3.鉴别诊断　本病应与流感、登革热、疟疾和布鲁氏菌病等相鉴别。

［防治与处理］

1.防治　由于本病是人畜共患传染病，控制病畜是防治人畜发生Q热的关键。可以采取以下一些措施：①深入查明疫源地，做好防蜱灭鼠工作，控制家畜的感染。②非疫区应加强引进动物的检疫，防止引入隐性感染或带毒动物。③疫区可通过临床观察和血清学检查，特别在产犊、产羔季节加强血清学检测，发现阳性动物，立即隔离饲养和治疗，焚烧阳性动物分娩的胎盘、胎膜，消毒被污染的畜舍、饲料、用具及垫草等。由疫区运进的牛、羊及其产品应进行严格检疫及消毒后供使用，牛、羊应隔离21d再混群。④在疫区实行动物和人接种疫苗，做好预防工作。目前研制的卵黄囊膜灭活疫苗，可用于家畜和人。肌内注射1mL，接种3次有较好效果。另外，常用活疫苗为兰Q-6801，主要用于人，可进行划线接种或口服效果较好。

2. 处理　患病动物的奶或其他产品需经过严格的无害化处理方可使用，鲜奶可采取巴斯德高温法进行消毒。对患病羊、牛的胎盘、垫草及分泌物、排泄物污染的物质需要进行严格消毒处理或焚烧。

对感染贝氏柯克斯体的动物采用抗生素治疗效果不大，目前尚无理想的治疗方法。

第二节　牛　病

一、牛流行热

牛流行热（bovine ephemeral fever，BEF）又称牛暂时热或三日热，是由牛暂时热病毒引起牛和水牛的一种急性热性传染病。以突发高热、流泪、泡沫样流涎、鼻漏、呼吸促迫、后躯僵硬、跛行为特征。本病通常呈良性经过，发病率高，死亡率低。我国将其列为三类动物疫病。

［病原特性］

病原是牛暂时热病毒（*Bovine ephemeral fever virus*，BEFV），属于单负链病毒目（*Mononegavirales*）弹状病毒科（*Rhabdoviridae*）暂时热病毒属（*Ephemerovirus*）成员。

病毒粒子呈弹状或圆锥形，长130～220nm，宽60～70nm，有囊膜，表面有纤突，病毒粒子中央由紧密盘绕的核衣壳组成。在宿主细胞质内装配，以出芽方式释放到空泡内或细胞间隙中。出芽的形态呈锥形或弹状。病毒核酸是线性单股负链RNA，RNA占病毒粒子总量的2%。基因组全长为14 900nt，（G+C）mol%为33，编码区占95%。病毒有5种蛋白，即L（转录酶）、G（糖蛋白）、N（核衣壳蛋白）、NS（磷酸化的结构蛋白）和M（基质蛋白），另外还有类脂质等。

BEFV可在仓鼠肾传代细胞（BHK-21）、仓鼠肺细胞系、猴肾传代细胞（MS）、非洲绿猴肾细胞（Vero细胞），大鼠胚皮，牛肝、肺、睾丸等细胞培养物中生长并产生细胞病变，在Vero细胞可以产生蚀斑。

BEFV只有一个血清型。

BEFV对外界的抵抗力不强，对乙醚、氯仿和去氧胆酸盐等溶液敏感；对热敏感，56℃10min，37℃18h可以灭活；pH2.5以下或pH9以上于10min内使之灭活；对一般消毒药敏感。

［分布与危害］

1. 分布　1867年，在西非由Sohwinfuth首次报道，1946—1951年日本发生流行，1976年我国华北等地也发生流行。本病广泛流行于非洲、亚洲及大洋洲等许多国家和地区。

2. 危害　由于本病传播迅速，使大批牛发病，造成产乳量和乳质下降，耕牛丧失使役能力，部分母牛流产，给养牛业造成了一定损失。

［传播与流行］

1. 传播　本病主要侵害奶牛、黄牛，水牛感染较少。发病率，奶牛高于黄牛，青壮年牛高于老年、犊牛。自然条件下，绵羊、山羊、骆驼、鹿均不感染。

传染源主要是病牛。主要经血液传播，由吸血昆虫（库蠓、蚊、蝇等）叮咬传染，疫情发生与吸血昆虫的出没相一致。试验证明，病毒能在蚊子和库蠓体内繁殖，因此，这些吸血昆虫是重要的传播媒介。本病不能通过接触传染。

2. 流行　本病有明显的季节性和周期性，以夏末秋初，高温炎热、多雨潮湿、蚊蠓多生季节高发。近年本病流行周期由过去10～20年缩短到6～8年或3～5年，有的地方报道，两年一小流行，四年一大流行。本病传播迅速，呈流行性，有时呈跳跃式传播。发病率高，但多数为良性经过，死亡率一般在1%。

[临床症状与病理变化]

1. 临床症状　潜伏期一般为3～7d。可在临床上出现一过性高热和呼吸器官障碍，且伴有消化道以及运动器官的异常。

病畜突然发生高热，体温高达39.5～42.5℃，以持续24～48h的单相热、双相热或三相热为特征。但皮温不整，角根、耳、肢端有冷感。眼角膜充血、眼睑水肿，病牛畏光、流泪。鼻镜干燥，排出水样鼻漏。口腔发炎，口流出浆液性泡沫流涎。呼吸急促，呼吸困难时张口伸舌，喘气如拉风匣。全身肌肉和四肢关节肿胀、疼痛，步态僵硬（故名"僵直病"），跛行，后肢麻痹，卧地不起。食欲减退或废绝，反刍停止，粪便干燥，有时下痢。奶牛产奶量大减或停乳。妊娠牛流产、早产或产死胎。

2. 病理变化　剖检可见胸部、颈部和臀部肌肉间有出血斑点。胃肠道黏膜瘀血呈暗红色。胸腔积有多量暗紫红色液。肺呈间质性肺气肿，多集中在尖叶、心叶和隔叶前缘，肺实质充血、水肿和肺泡气肿，压迫有捻发音，切面流出大量的暗紫红色液体，间质增宽，内有气泡和胶冻样物浸润。气管内积有多量的泡沫状黏液，黏膜呈弥漫性红色，支气管管腔内积有絮状血凝块。肝、肾轻度肿胀，心内膜及冠状沟脂肪有出血点。全身淋巴结，尤其是肩前淋巴结、腘淋巴结、肝淋巴结肿大、发炎。

[诊断与检疫技术]

1. 初诊　根据流行特点、临床症状和病理变化可做出初步诊断，确诊需进一步做实验室检测。

2. 实验室检测　进行病原鉴定和血清学检测。

被检材料的采集：应采取病牛发热初期血液，以供检测用。

（1）病原鉴定

①病毒抗原检测：可用病牛发热初期血液（或病死牛肝、脾、肾、肺等脏器）做成涂片，用特异性荧光抗体染色和镜检。此法可快速做出诊断。

②病毒分离与鉴定：采取病牛发热初期的血液（或白细胞悬浮液）接种于乳鼠肾（BHK-21）、乳仓鼠肺（HmLu-1）或绿猴肾（Vero）等传代细胞上，在37℃培养，每隔4～5d盲传一次，如此进行2～3次，可出现明显的细胞病变。通过中和试验或免疫荧光试验进行病毒抗原的鉴定。

③动物接种试验：采取病牛发热初期血液，为防止血浆中有阻碍病毒生长的物质，应从病牛血液中收集血小板层和白细胞，作成悬浮液，并接种于生后24h以内的乳鼠、乳仓鼠或乳大鼠的脑内。1份材料接种1窝乳鼠，同时选2～3只乳鼠注射生理盐水作对照，每日观察2次。一般在接种5～7d发病，并不久死亡。但会有部分仓鼠不死，可将其处死，取其脑做成乳剂传代，继3代后仓鼠可全部死亡。然后以中和试验做病毒鉴定。

④病毒核酸检测：可用反转录聚合酶链式反应（RT-PCR）检测组织细胞培养物中的病毒RNA。

（2）血清学检测　可采用中和试验、补体结合试验（CF）、酶联免疫吸附试验（ELISA）、免疫荧光抗体技术等方法，诊断效果均很好。其中荧光抗体法可直接检测白细胞中的病毒，也可将上述白细胞悬浮液接种于伊蚊细胞系（AA，是近年发现的很适合于分离和培养病毒的细胞系），培养后再做荧光抗体检查。后者被认为是目前较好的一种诊断牛流行热的方法。此外，还可分别采高热期和康复期血清，在细胞培养中检测中和抗体滴度，根据其升高情况做出诊断。而微量血清中和试验是目前比较实用的一项快速诊断牛流行热的血清学方法。

3. 鉴别诊断　本病应与茨城病、牛传染性鼻气管炎、牛副流行性感冒、牛病毒性腹泻/黏液病、牛呼吸道合胞体病毒感染、牛鼻病毒感染等相区别（表7-4）。

表7-4　牛流行热与其类似传染病的鉴别

项目		病名 牛流行热	茨城病	牛病毒性腹泻/黏液病	牛副流行性感冒	牛传染性鼻气管炎	牛呼吸道合胞体病毒感染	牛鼻病毒感染
病原		牛流行热病毒	茨城病病毒	牛病毒性腹泻病毒	副流感病毒	牛传染性鼻气管炎病毒	牛呼吸道合胞体病毒	牛鼻病毒
流行病学	季节性	8—11月份	8—11月份	无	冬季	冬季多发	冬季	无
	地区性	有	有	无	无	无	无	无
	同居感染	—	—	+	+	+	+	+
	隐性感染	—	+++	+	+	+	+	+
临床症状特征	发热	+++	+	++（双相热）	++	+++	++	+
	呼吸促迫	+++	—	±	±	++	+++	±
	咳嗽	±	±	±	+	++	++	+
	流泪	+	+	±	±	++	++	+?
	鼻汁	+	+	±	++	++	++	+
	流涎	+	++	±	±	++	++	+?
	口腔炎症	—	++	+	—	—	—	—
	下痢	—	—	+	—	±	—	—
	吞咽障碍	—	+++	—	—	—	—	—
	跛行	+++	++	—	—	—	—	—
	溃疡	—	++	±	—	—	—	—

（引自中国农业科学院哈尔滨兽医研究所，《动物传染病学》，中国农业出版社，2008）

[防治与处理]

1. 防治　可采取以下一些措施：①非疫区加强饲养管理，注意畜禽卫生，做好消灭吸血昆虫工作，防止吸血昆虫的叮咬畜体。这是预防本病的首要措施，同时在流行季节到来之前进行免疫接种哈尔滨兽医研究所1984年研制的牛流行热的亚单位疫苗（将牛流行热病毒BHK-21细胞培养液用Triton X-100溶液裂解灭活，制成的灭活疫苗经4个省应用，效果很好）。②发生本病后，应立即隔离病牛，并进行治疗，可根据病情使用退热药及强心药，并用抗生素防止继发感染。同时对病牛的畜舍和运动场实行大消毒，可用3%～6%氢氧化钠热溶液严格消毒。对假定健康牛及附近受威胁地区的牛群，可用疫苗或高免血清进行紧急预防接种。

2. 处理　有病变的内脏作工业用或销毁，无病变的内脏经高温处理后出场。

二、牛病毒性腹泻/黏膜病

牛病毒性腹泻/黏膜病（bovine viral diarrhea/mucosal disease，BVD/MD），也称牛病毒性腹泻（bovine viral diarrhea，BVD）或黏膜病（mucosal disease，MD），是由牛病毒性腹泻病毒引起牛、羊和猪的一种接触性传染病。牛、羊以消化道黏膜糜烂、坏死，胃肠炎和腹泻为特征；猪则表现为不孕或怀孕母猪产仔数下降和流产，以及仔猪的生长迟缓和先天性震颤等。OIE将其列为必须通报的动物疫病，我国将其列为三类动物疫病。

［病原特性］

病原为牛病毒性腹泻病毒（*Bovine viral diarrhea virus*，BVDV），属于黄病毒科（*Flaviviridae*）瘟病毒属（*Pestivirus*）成员。

病毒粒子略呈球形，大小为50～80nm，有囊膜，病毒表面有明显纤突。病毒在细胞质内复制，以出芽方式成熟。病毒核酸为线性单股正链RNA。病毒按基因组序列差异可分为病毒1型和2型两个基因型。依据病毒在细胞培养物中的生长特点，1型和2型两个基因型又可分为致细胞病变型和非致细胞病变型两种生物型。

病毒可在胎牛的肾、脾、睾丸、气管、鼻甲、肺、皮肤等组织细胞中生长。常用的是胎牛肾、鼻甲的原代细胞或二倍体细胞。

目前世界上分离出的许多毒株，有人报道可分为7个不同血清型，但也有人发现在血清学上没有不同的毒株。

本病毒对外界因素抵抗力不强，对一般消毒药敏感，对乙醚、氯仿、胰酶等敏感，在pH3.0以下或56℃很快被灭活，50℃氯化镁中不稳定，但血液和组织中的病毒在低温状态下稳定，在冻干（−70℃）状态下可存活多年。

［分布与危害］

1. 分布　1946年Olafson等在美国首次报道本病，称为病毒性腹泻。1953年Ramsey和Chiver二人又观察到另一种病象，整个消化道黏膜严重糜烂、溃疡，称为黏膜病。1961年Gillespie等研究证明，这两种病毒具有共同抗原性的同种病毒。后来美国兽医学会将本病定名为牛病毒性腹泻/黏膜病。本病已在美国、澳大利亚、加拿大、法国、德国、英国、苏格兰、瑞典、丹麦、日本、印度、阿根廷等国发生，1980年我国因引进奶牛和种牛，在部分地区发生流行，目前呈世界性分布。

2. 危害　本病是世界广为传播的牛传染病，急性病牛因严重脱水衰竭死亡，犊牛病死率高达90%～100%，慢性病牛生长迟缓，消瘦，最后牛生产性能降低而淘汰，给养牛业造成一定经济损失。

［传播与流行］

1. 传播　自然情况下主要感染牛，尤以肉用牛较为多见，其次是奶牛，肉用牛群发病率有时高达75%，其中又以20～60日龄的犊牛最为易感，病死率也较高。山羊、绵羊、猪、鹿及小袋鼠也可感染。

传染源为患病及带毒动物。病畜可发生持续性的病毒血症，其血、脾、骨髓、肠淋巴结等组织和呼吸道、眼分泌物、乳汁、精液及粪便等排泄物均含有病毒。本病通过直接接触和间接接触传染，传播途径主要经消化道、呼吸道感染，也可经胎盘垂直感染，交配、人工授精也能感染。

2. 流行　本病是地方性流行，一年四季均可发生，但以冬季、初春多发。

[临床症状与病理变化]

1. 临床症状　牛潜伏期自然感染为7～10d，短的仅为2d，长的可达14d。人工感染为2～3d。临床上分为急性型（即病毒性腹泻）和慢性型（即黏膜病）。

急性型：突然发病，高热（40～42℃），持续2～3d，有的有二次升高（呈双相热型）。精神高度沉郁，厌食，鼻流浆液黏性鼻漏，咳嗽、呼吸急促，流涎、流泪，持续4～7d。病情进一步发展，口腔黏膜（常见唇内、齿龈和硬腭）和鼻黏膜糜烂或溃疡，严重者整个口腔呈被煮样，有灰白色的坏死上皮覆在深粉红色的肉面上。鼻镜也有同样的病变，其损害逐渐融合并覆以痂皮。接着发生特征性的严重腹泻，呈水样，粪便带恶臭，含有黏液及血液。此外，孕牛可引起流产或犊牛先天性缺陷，常见小脑发育不全。患犊表现程度不同的共济失调或不能起立，有的失明等。

急性型病例常见幼犊，其死亡率高于年龄较大的牛，多于15～30d死亡。

慢性型：病牛很少具有明显的发热症状，病牛被毛粗乱、消瘦和间歇性腹泻。最常见的症状是鼻镜糜烂，并在鼻镜上连成一片，眼有浆液性分泌物，口腔很少有糜烂，门齿齿龈发红。跛行（因蹄叶尖及趾间皮肤糜烂坏死所致）。皮肤呈皮屑状（在鬐甲、颈部和耳后最明显）。病程2～6个月内，有的达1年以上，多数以死亡告终。

绵羊自然感染本病后，有轻度症状。母羊在妊娠12～80d感染时，可引起胎儿死亡、流产或早产，或产出羔羊被毛过多。有些羔羊出现神经症状，摇头或全身震颤，不会站立。羔羊体轻，且数周后发生腹泻，多因并发症死亡。

猪自然感染本病后，很少出现临床症状，但怀孕母猪感染后可引起繁殖障碍，表现为不孕、产仔数减少、新生仔猪个体变小、体重减轻及流产和木乃伊胎等。

2. 病理变化　主要病变在消化道和淋巴组织。肉眼可见到鼻镜、鼻孔有糜烂及浅溃疡。齿龈、上腭、舌面两侧及颊黏膜有糜烂。重病例在咽喉头黏膜溃疡及弥散性坏死。本病特征性损害是食道黏膜糜烂，呈虫蚀样斑。病胃黏膜偶见出血和糜烂。真胃炎性水肿和糜烂，肠壁水肿增厚，肠集合淋巴结上有出血小凝块。小肠、空肠、回肠有卡他性炎症。盲肠、结肠、直肠有卡他性、出血性、溃疡性以及坏死性等不同程度炎症。流产胎儿的口腔、食管、真胃及气管内有出血斑及溃疡。运动失调的犊牛，严重的可见到小脑发育不全及两侧脑室积水。蹄部在趾间皮肤及全蹄冠有急性糜烂炎症、溃疡和坏死。

[诊断与检疫技术]

1. 初诊　根据流行特点、临床症状和特征性病变可做出初步诊断，确诊需进一步做实验室检测。

2. 实验室检测　进行病原鉴定和血清学检测。

被检材料的采集：应采集病畜的骨髓、脾、淋巴结、精液和血液，以及呼吸道、眼、鼻分泌物等，以供检测用。

（1）病原鉴定

①病毒分离与鉴定：对先天性感染，并有持续性病毒血症的动物，可采取其血液；对发病动

物可采取鼻液或眼分泌物，剖检时可采取脾、骨髓或肠系膜淋巴结等。采集的病料经适当处理后接种细胞培养物，进行病毒分离。一般来说，不论病毒有无细胞致病作用，均能在胎牛肾、脾、睾丸和气管等细胞培养物中生长、繁殖。所以将经处理后的病料接种在胎牛肾、睾丸、气管等组织原代细胞或继代细胞，在细胞培养物传3代未见细胞病变的，可用免疫荧光抗体试验鉴定，如分离病毒株有致细胞病变作用，也可用中和试验进行鉴定。

②病毒抗原检测：根据夹心酶联免疫吸附试验（S-ELISA）原理，即用一个捕获抗体结合到固相上和一个检测抗体结合到信号系统上，如辣根过氧化物酶上。单克隆和多克隆抗体系统都有。此法适用于检测持续性感染牛和外周血白细胞裂解物中的病毒抗原，其敏感性相当于病毒分离，特别适用于持续病毒血症并伴有血清学阳性的少数病例，但很少用于急性感染病例。

（2）血清学检测　可采用中和试验、酶联免疫吸附试验（ELISA）、补体结合试验（CF）、免疫荧光抗体技术、琼脂免疫扩散试验（AGID）等进行诊断。

常用的检测方法是直接免疫荧光抗体检查和微量血清中和试验。其中血清中和试验是取发病初期和后期的动物血清，前后间隔2～4周，分两次采取血样，检查血清中抗体效价。滴度升高4倍以上判为阳性。本法既可定性，又可用来定量。

3. 鉴别诊断　本病应与牛瘟、恶性卡他热、牛传染性鼻气管炎、口蹄疫、水疱性口炎、蓝舌病、牛丘疹性口炎、坏死性口炎等相鉴别（表7-5）。

表7-5　牛病毒性腹泻/黏膜病与有关疾病的鉴别

项目 病名	流行病学	临床症状	病理变化
牛病毒性腹泻黏膜病	青年牛易感，发病率低，病死率高，慢性型散发，2岁以上牛很少有临床症状	急性：弥漫性糜烂口炎、腹泻、脱水，皮肤和黏膜损害，经7～10d死亡；慢性：食欲不振，少有稀粪，间歇性瘤胃膨胀，皮肤损害不易愈合	口腔和胃黏膜糜烂、溃疡，白细胞、中性粒细胞及淋巴细胞减少
牛瘟	不分年龄、品种、性别均患病，呈暴发性，传播快，易感牛患病率高，病死率也高	呈严重性糜烂口炎，唾液带血，眼睑时有痉挛，高热，严重下痢	除临床所见病变外，还有明显的细胞减少、淋巴细胞减少，细胞核破裂
牛恶性卡他热	多散发，无年龄之别，在美洲常与绵羊接触发病，在非洲则是以狷羚或角马为媒介而发病，有不同病型	有充血性、糜烂性口炎，持续性高热，精神衰弱，结膜炎明显。角膜、巩膜混浊，血尿，淋巴结肿大，皮肤损害较显著。末期有脑炎出现，腹泻或下痢	呈坏死性脉管炎，血管周围单细胞聚集呈套管状，初期白细胞减少，中期粒细胞减少，后期白细胞增多
牛传染性鼻气管炎	新生犊牛中暴发，发病率25%～50%，牛群中初输入带毒牛病死率高达90%～100%	软腭上有灰白色针头大的小脓疱，呈鼻气管炎，结膜炎，持续性低热，常死于肺炎或继发性气管炎	在鼻甲、瘤胃及真胃中有病变
口蹄疫	传播迅速，发病率很高，病死率低，多数偶蹄动物发病	高热、精神衰弱，口腔有大水疱，乳头、蹄部有水疱，经3～5d恢复，恶性口蹄疫有死亡	口腔、乳头、蹄部、喉头、气管、食管、胃肠均有水疱病变，幼小动物发生心肌炎、虎斑心
蓝舌病	以虫媒传播，有季节性，牛的临床症状不常见	发热，强直，蹄叶炎，蹄冠炎，跛行，口腔糜烂，唇水肿、流涎，鼻眼有排出物	口腔有病变，黏膜上皮细胞变性和坏死
水疱性口炎	呈地方流行性，以虫媒传播，发病和病死率不高	低热、厌食，水疱多见于口腔，乳房及蹄少见，数日可康复	无特征性病理变化
丘疹性口炎	常见幼龄牛，发病率高，但无死亡。与线虫（奥斯特线虫）并发	在鼻镜、口腔有暗红色、圆形隆起的丘疹，4～7d愈合，对病畜无影响	无特征性病理变化

（引自费恩阁，《动物传染病学》，吉林科学技术出版社，1995）。

[防治与处理]

1. 防治　本病防控措施一方面要做好鉴别和扑杀持续感染动物，另一方面要做好免疫接种工作。目前尚无有效的治疗方法，主要是对症治疗，控制继发病，同时加强护理。为此可采取以下一些措施：①加强对引进牛的检疫和隔离观察，严防带毒牛入场。采用双份血清和病毒分离和中和试验，两者均为阴性的牛才准混群。②用疫苗进行定期预防注射，目前有弱毒疫苗和灭活疫苗。若用弱毒疫苗接种牛时，应只限于未怀孕的母牛。灭活疫苗（氮丙啶灭活疫苗和二元氮啶灭活氢氧化铝疫苗，无不良反应，效果好）在受精前给牛必须接种2次，间隔2～4周，可获得较确实的免疫效果。③疫区除做好消毒、隔离外，可定期接种疫苗。④防止猪群与牛群的直接与间接接触，禁止牛奶或屠宰牛废弃物作为猪饲料添加剂使用。此外，对患病羔羊要予以淘汰。

2. 处理　一旦发病，对发病牛、阳性牛立即隔离扑杀，整个胴体及副产品进行无害化处理。同群其他动物在隔离场或检疫机关指定的地点隔离观察。

三、牛生殖器弯曲杆菌病

牛生殖器弯曲杆菌病（bovine genital campylobacteriosis，BGC）也称牛弯曲菌性病（bovine venereal campylobacteriosis，BVC），是由胎儿弯曲菌性病亚种引起牛的一种性病，以引起牛不育、早期胚胎死亡或流产为特征。OIE将其列为必须通报的动物疫病，我国将其列为三类动物疫病。

[病原特性]

病原为胎儿弯杆菌性病亚种（*Campylobacter ferus* subsp. *venerealis*），属于弯曲菌目（Campylobacterales）弯曲菌科（Campylobacteraceae）弯曲菌属（*Campylobacter*）胎儿弯曲菌（*Campylobacter fetus*）成员。

胎儿弯曲菌可分为性病亚种（*C. fetus* ssp. *Venerealis*）和胎儿亚种（*C. fetus* ssp. *Fetus*）。性病亚种是牛生殖器弯曲菌病的致病原，导致不育；而胎儿亚种与流产有关。

胎儿弯曲菌为革兰氏阴性菌，无芽孢，无荚膜，一端或两端有鞭毛，能运动。对数生长期的菌体呈短小、S状、海鸥状、螺旋状杆菌，老年培养物呈球状，在相差显微镜下观察，细菌呈特征性的快速的螺丝锥形运动。幼龄培养物中菌体大小为（0.2～0.5）μm×（1.5～2.0）μm，老龄时8.0μm以上。微需氧，在含10%～20% CO_2 的环境中生长良好，在血液琼脂上菌落呈灰白色，不溶血。

本菌在外界环境中的存活期短，对干燥、日光直射和一般消毒药敏感，经紫外线照射5min可被灭活。对酸和热敏感，pH2～3溶解中5min或58℃ 5min可被杀死。对红霉素、四环素等敏感。

[分布与危害]

1. 分布　1913年，本病由英国的Mefadyeam及Stockmeen从大群发生流产的病牛中发现。现在世界上大部分国家或地区均有此病发生。美国、加拿大、牙买加、巴西、澳大利亚、新西兰、英国、丹麦等大部分欧洲、美洲国家以及亚洲的日本、印度、马来西亚等国家都有本病流行。我国部分地区也有散发。

2. 危害　本病常造成牛的流产和不育，因此影响养牛业发展。

[传播与流行]

1. 传播　易感动物为牛，各种年龄的公、母牛均易感，尤以成年母牛最易感。羊、犬等也可感染。偶尔引起人感染，怀孕或免疫力缺陷的人群易感，可引起系统性的多种神经和血管的并发症。

传染源是患病母牛、康复后母牛和带菌公牛。病菌主要存在于母牛生殖道、胎盘或流产胎儿组织中，公牛的精液和包皮黏膜。公牛感染后可带菌数月，有的可达6年甚至终身。公牛的带菌期限常与年龄有关，5岁以上的公牛一般带菌时间长。

传播途径主要是自然交配。也可通过人工授精或因采食污染的饲料、饮水等经消化道传播。

2. 流行　本病多呈地方流行性，也能发生大流行。

[临床症状与病理变化]

1. 临床症状　母牛表现流产（多发生妊娠后的第5～6个月，流产率为5%～20%。早期流产，胎膜常随之排出，如发生在妊娠的第5个月以后，往往有胎衣滞留现象）、不孕、不育、死胎。

公牛一般无明显症状，精液也正常，至多在包皮黏膜上发生暂时性潮红，但精液和包皮均带菌。

2. 病理变化　胎儿弯杆菌主要感染生殖道黏膜，引起子宫内膜炎、子宫颈炎和输卵管炎。肉眼可见子宫颈潮红，子宫有轻度黏液性渗出物，可扩展到阴道。流产胎儿可见皮下组织的胶样浸润，胸水、腹水增量。流产后胎盘严重瘀血、水肿、出血。

公牛生殖器官无异常病变。

[诊断与检疫技术]

1. 初诊　根据临床症状和病理变化，可做出初步诊断，确诊需进一步做实验室检测。

2. 实验室检测　在国际贸易中，指定诊断方法为病原分离鉴定。实验室检测进行病原鉴定和血清学检查。

被检材料样品的采集：

①公牛精液或包皮垢样品：精液采集：尽可能在无菌条件下进行，精液样品需用PBS稀释，然后直接涂于培养基、运输培养基或增菌培养基。包皮垢采集：以刮取或冲洗方法采集包皮垢。通常以刮取法采取包皮垢，用于病原分离，或用于免疫荧光试验（IFT）诊断。包皮垢也可从采精的假阴道中采集，以20～30mL的PBS液冲洗假阴道获得。冲洗法采集包皮垢是，一般用20～30mL pH7.2的无菌PBS液注入包皮囊内，用力按摩15～20s，然后收集注入液体于无菌瓶内，立即封口并送实验室。

②宫颈黏液（CVM）样品：以抽吸或洗涤鞘膜腔方法采集宫颈黏液样品。抽吸法的做法是：使用一张绵纸清洁母牛阴部，使用人工授精管或Cassou吸管，将其插入鞘膜腔，使吸管的前部到达子宫颈；轻轻地前后移动吸管进行抽吸；吸出液体后，可以将收集液直接涂于培养基、运输培养基或增菌培养基。洗涤法的做法是：使用注射器将20～30mL的无菌PBS注入鞘膜腔，将液体吸出再注入，重复4～5次，然后收集，将其直接涂于培养基、运输培养基或增菌培养基。

采集的宫颈黏液样品送检时需加入约5mL含1%福尔马林的PBS运输液。

③流产胎儿、胎盘样品：当发生流产时，胎盘、胎儿胃内容物、肝及肺等是病原分离的最佳

样品。样品直接接种运输增菌培养基，或加含1%福尔马林的PBS液中待检。

④血清样品：血清学检测，首次样品应在流产后早期（通常在流产后1周左右）黏液变清时采集。

样品的运输：①异地采集的样品最好使用运输培养基，将样品放在绝热集装箱中，防止阳光的照射。②培养基中需添加放线菌酮，也可以选择添加两性霉素B。

样品的处理：①生殖道样品。包皮清洗液离心浓缩后接种于培养基；非黏稠的宫颈黏液（CVM）样品直接接种或用等量的PBS稀释后接种于培养基；黏稠的宫颈黏液（CVM）样品用等量半胱氨酸溶液液化、稀释后接种于分离培养基。②其他样品。胎牛胃的内容物可直接接种于培养基；内部脏器或者脏器碎片用火焰使其表面灭菌，然后经过匀质处理接种于培养基。

（1）病原鉴定

①病原分离：目前分离弯曲菌属细菌的培养基中通常要加入抗生素（如先锋霉素）、真菌抑制剂（如放线菌酮）等。抗生素会抑制胎儿弯曲菌的生长；因放线菌酮有潜在毒性，通常采用两性霉素作为抗真菌剂。胎儿弯曲菌最好以Skirrow's选择培养基培养，也可以用非选择性的血液培养基培养。

若用非选择性的血液培养基培养分离病原，可取胎儿的新鲜病料或公牛精液、包皮黏液、母牛子宫黏液和阴道黏液等，接种血液琼脂培养基，在10% CO_2环境中37℃培养10d，如有细菌生长作染色镜检和细菌鉴定。

②菌群鉴定：通过肉眼或显微镜观察菌落或菌体形态，以生化试验和需氧试验（弯曲菌在有氧条件下不能生长）进行鉴定。

③免疫学鉴定：采用间接荧光抗体试验（IFA）可直接检测样品中的病原，或对分离的菌株进行鉴定。但此法不能对性病亚种和胎儿亚种进行区分。

④生化鉴定：主要包括：生长温度（25℃和42℃）、酶（氧化酶和过氧化氢酶）、氯化钠或甘氨酸培养基生长试验、三糖铁琼脂（TSI）或半胱氨酸培养基产硫化氢试验、先锋霉素和奈啶酸敏感性试验等。可用于鉴别性病亚种、胎儿亚种以及其他弯曲菌。

⑤分子生物学鉴定：胎儿弯曲菌亚种的分子生物学方法主要包括：16S测序、脉冲场凝胶电泳（PFGE）、扩增片段长度多态性分析（AFLP）和多基因座序列测定分型（MLST）等分子学方法。这些方法对操作技术要求高，且多数费时，设备又昂贵。

常规诊断实验室可使用单重PCR或多重PCR（m-PCR）方法，此法特异性强、敏感性好。

（2）血清学检查

①阴道黏膜凝集试验：这是最早用于检查本病的方法，为普查最佳方法，但不适合个体感染动物确诊。子宫颈阴道黏液的阳性反应大约发生在感染后60d，维持约7个月。操作方法：以纱布塞采取子宫颈黏液，用生理盐水或0.3%福尔马林盐酸缓冲液稀释，离心沉淀，取上清液再做系列稀释，各加等量抗原，于37℃作用24～40h，观察结果。凝集价达1：25者判为阳性。

②酶联免疫吸附试验（ELISA）：可检测流产母畜阴道黏液中抗原特异的IgG分泌抗体，胎儿弯曲菌性病亚种感染母畜，抗体持续时间很长，在阴道黏液中以恒定浓度维持数月。

此外，ELISA也用于检测免疫动物血清中体液IgG变化。

［防治与处理］

1. 防治　可以采取以下一些措施：①淘汰阳性公牛，选用健康的种公牛进行配种或人工授精，这是防治本病的重要措施。因为本病主要是经交配传染。②加强饲养卫生管理，做好病牛的隔离。③应用疫苗预防本病。感染牛和风险牛均应及时接种疫苗。感染牛接种疫苗后可加速病原的清除过程，提高繁育率。由于免疫诱导的抗体持续时间短，需要加强免疫，一般在配种前4周进行。在疫区，对种公牛实施免疫，免疫剂量加倍。④积极提倡人工授精，可以减少本病的发生。

2. 处理　牛群暴发本病时，应暂停配种3个月，同时用抗生素治疗病牛。病牛治疗主要采用链霉素，按每千克体重20mg治疗1～2疗程。但采取局部治疗较全身治疗效果好，方法是：流产母牛，特别是胎膜滞留的病例，可按子宫炎进行治疗，向子宫内注入链霉素和四环素等抗生素药物，连续治疗5d。病公牛可先实施硬脊膜轻度麻醉，将阴茎拉出，用含有多种抗生素的软膏或锥黄素软膏涂抹于阴茎和包皮的黏膜上，也可将链霉素溶于温水中，每日冲洗包皮1～2次，连续3～5d。精液用抗生素处理。

四、毛滴虫病

毛滴虫病（trichomonosis）又称牛性病三毛滴虫病，是由胎儿三毛滴虫寄生于牛生殖道引起的一种寄生虫性疾病。引起牛，尤其是奶牛生殖器官炎症、死胎、流产和不育，OIE将其列为必须通报的动物疫病，我国将其列为三类动物疫病。

[病原特性]

病原为胎儿三毛滴虫（*Tritrichomonas foetus*），现称为猪三毛滴虫（*T. suis*），属于副基体纲（Parabasalia）三毛滴目（Tritrichomonadida）三毛滴虫科（Tritrichomonadidae）三毛滴虫属（*Tritrichomonas*）成员。

胎儿三毛滴虫呈纺锤形、梨形，大小为（8～18）μm ×（4～9）μm。新鲜虫体呈活泼的蛇形运动。虫体的鞭毛及波动膜运动时，才可察知其存在。活动的虫体不易看出鞭毛，运动减弱时可见鞭毛。

在姬姆萨染色液染色后的涂片中，虫体前半部有核，有一个不易观察到的胞质体和副基体。有4根鞭毛，其中3根向前游离（前鞭毛），长度大约与体长相等；另1根向后沿波动膜向虫体后端延伸，并延伸出虫体后部成游离鞭毛（后鞭毛）。波动膜有3～6个弯曲。虫体中央有一条纵走的轴柱，起始于虫体前端部，沿体中线向后延伸，其末端突出于体后端。虫体前端与波动膜相对的一侧有半月状的胞口。

在姬姆萨染色标本中，原生质呈淡蓝色，细胞核和毛基体呈红色，鞭毛则呈暗红色或黑色，轴柱的颜色比原生质浅。

胎儿三毛滴虫主要存在于母牛阴道和子宫内、公牛的包皮腔、阴茎黏膜和输精管等处，胎儿的胃和体腔内、胎盘和胎液中，也有大量虫体。虫体以黏液、黏膜碎片、红细胞等为食，经胞口摄入体内，或以内渗方式吸取营养。虫体以纵二分裂方式繁殖，尚未见到有性繁殖，也无环境抵抗形态存在。

胎儿三毛滴虫对外界抵抗力较弱，对热敏感，在50～55℃经2～3min即死亡，但对冷的耐受较强，如在0℃时可存活2～18d，能耐受−12℃低温达一定时间。大部分消毒药可将其杀灭，如在3% H_2O_2中经5min、在0.1%～0.2%的福尔马林溶液内经1min、40%大蒜液内经25～40s均可被杀死。此外，胎儿三毛滴虫在20～22℃室温中的病理材料内可存活3～8d，在粪尿中存活

18d，在家蝇肠道内能存活8h。

[分布与危害]

1. 分布　本病为世界性分布，如澳大利亚的牛群感染率曾达到40%，美国大型牛场的发病率也曾达10%，我国亦有发生。通过采用人工授精技术，此病发生率已大幅度降低，我国已多年未见报道，但国外仍时有发生。

2. 危害　本病致病性强，给养牛业带来很大的经济损失。

[传播与流行]

1. 传播　本病主要感染牛，多发生于性成熟的牛，但犊牛与病牛接触时，也有感染的可能。

传染源是发病动物和带虫动物。发病公牛或带虫公牛在本病传播上起重要作用，3～4岁以上公牛感染后长期带虫，成为重要传染源。3～4岁以下公牛，多呈一过性感染。

传染途径主要通过自然交配传播（如病牛与健康牛的直接交配感染），以染病动物的精液和污染的器械人工授精也可引起传播。此外，也可通过被病畜生殖器官分泌物污染的垫草和护理用具以及家蝇搬运而散播。

2. 流行　本病多发生于配种季节。侵入母牛生殖器的胎儿三毛滴虫首先在阴道黏膜上繁殖，继而进入子宫，引起炎症，影响发情周期，并造成长期不育等繁殖机能障碍。胎儿三毛滴虫在怀孕的子宫内，繁殖迅速，以后侵入胎儿体内，导致胎儿死亡并不流产。侵入公牛生殖器内的虫体，在包皮腔和阴茎黏膜上繁殖，引起包皮和阴茎炎，继而侵入尿道、输精管、前列腺和睾丸，影响性机能，导致性欲减退，交配时不射精。

[临床症状与病理变化]

公牛感染后，发生黏液脓性包皮炎，在包皮黏膜上出现粟粒大的小结节，排黏液，有痛感，不愿交配。随着病情的发展，由急性炎症转为慢性，症状消失，但仍带虫。

母牛与病公牛配种后1～3d内，阴道发生红肿，黏膜上可见粟粒大或更大些的小结节，排出黏液性或黏液脓性分泌物。全身情况无变化，但可见尿频。多数牛只于怀孕后1～3个月发生流产。少数病例发生死胎。此时由于慢性子宫炎、子宫积液而腹围增大，状如怀孕，到预产期不见分娩，触诊有波动，但无胎动和胎音。

[诊断与检疫技术]

1. 初诊　根据临床症状和病理变化可做出初步诊断，确诊需进一步做实验室检测。

2. 实验室检测　进行病原鉴定、免疫学检测和核酸检测。

被检材料的采集：公牛的被检样品主要采集包皮腔冲洗液和精液。采集包皮腔冲洗液时，应首先将牛外生殖器洗涤干净，以防污染。样品采集后最好经过离心，然后取沉淀物作为待检样品。精液可用人工采集或取融化的冷冻精液作为待检样品。

母牛的被检样品主要采集子宫和阴道黏液或冲洗液；产仔牛、流产牛等可采集胎盘液；流产胎牛可采集胎儿第4胃内容物；病母牛可采集子宫积脓排出物。

不同情况下样品中毛滴虫数量有所不同，在流产胎儿、流产后几天和新近感染母牛子宫里均含有大量虫体，在感染后12～20d的母牛阴道黏液内也含有大量虫体。在一个发情周期内毛滴虫的数量也有所不同，发情后3～7d内毛滴虫的数量最多。因此，这些时段采集的样品可直接进行镜检。此外，受感染的公牛，其包皮黏液和阴茎腔内的虫体最多，而虫体一般并不侵入黏膜下组织。

（1）病原鉴定

1）显微镜压滴标本检查法　将1滴采集或培养的待检样品置于载玻片上，盖上盖玻片，在100倍或以上倍率的显微镜下，视野放暗，迅速进行检查。可重复进行2～3片。下面介绍病料样品采集和虫体活体检查的操作方法：

①病料样品的采集方法：如对母畜采集病料，是直接取阴道分泌的透明液体，可用一根长45cm、直径1.0cm的玻璃管，在距一端的12cm处，弯成150°角，而后消毒备用。使用时将管的"短臂"插入检畜的阴道，另一端接一橡皮管并抽吸。当少量阴道黏液吸入管内后，取出玻管，两端塞以棉球，带回实验室检查。如收集公牛包皮冲洗液时，应先准备100～150mL加温到30～35℃的生理盐水，用注射器注入包皮腔，用手指将包皮捏紧，用另一手按摩包皮后部，然后放松手指，将液体收集于广口瓶中待查。

②虫体活体检查：将收集到的上述病料，立即放在载玻片上，并防止材料干燥（如阴道黏液浓稠，可用生理盐水稀释2～3倍，羊水或包皮洗涤物最好先以2 000r/min的离心5min，以沉淀物制片检查）。未染色的标本主要检查活动的虫体，在显微镜下可见其长度略大于一般的白细胞，能清楚看到波动膜，有时尚可看到鞭毛，在虫体内部可见含有一个圆形或椭圆形的有强折光性的核（图7-2）。波动膜的发现常作为该虫与其他一些排致病性鞭虫和纤毛虫在形态上相区别的依据。

2）染色标本检查法　将采集或培养的待检样品少量置于载玻片一端，立即推制成均匀的薄膜，用姬姆萨染色液染色后在油镜下检查虫体。下面介绍用姬姆萨染法色法的步骤：

①取含虫的阴道分泌物制成抹片；②抹片尚未干时立即用20%的福尔马林蒸气固定，约需1h（即用一培养皿，皿内放些加有20%福尔马林的棉花，用两个玻棒架于棉花上，将涂片抹面向下，置玻棒上）；③取下玻片，待干后，甲醇固定2min；④用姬姆萨色法染色；⑤水洗，晾干，油镜检查。可见原生质呈淡蓝色，细胞核和毛基体呈红色，鞭毛则呈暗红色或黑色，轴柱的颜色比原生质浅。

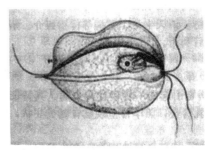

图7-2　牛胎三毛滴虫
（引自毕玉霞，《动物防疫与检疫技术》，
化学工业出版社，2009）

3）虫体培养检查　在多数情况下，因病原（胎儿三毛滴虫）数量不足难以直接检查做出阳性诊断时，通常需要进行病原培养，然后进行检查。可供选用的培养基有：CPLM（含半胱氨酸/蛋白胨/肝浸剂的麦芽糖）培养基、BGPS（含牛肉汤/葡萄糖/蛋白胨的血清）培养基、Clausen's培养基、Diamond's毛滴虫培养基、Oxoid氏毛滴虫培养基和商品化培养成套试剂盒。

将采集的样品接种在培养基中培养7d，每天取样进行显微镜压滴标本检查或染色标本检查。

病原鉴定采用OIE推荐的检查方法，其检出率不超过65%。

（2）免疫学检测　主要的免疫学检测方法有：阴道黏液凝集试验（VMA）、皮内毛滴虫素试验和免疫组织化学法（IHC）等。其中阴道黏液凝集试验（VMA）主要用于群体检测，免疫组织化学法（IHC）主要用于本病所引起流产的诊断。

上述几种免疫学检测方法为OIE推荐的替代检查法，其检出率不超过65%。

（3）核酸检测　用于胎儿三毛滴虫核酸检测的方法DNA聚合酶链式反应（PCR），是农业部公布的行业标准，检出率可达到95%以上。

[防治与处理]

1. 防治　可采取以下一些措施：①对新引进的牛，尤其是种公牛，要采取隔离检疫，无本病方可引进。②严防母牛与来历不明的公牛自然交配，在牛群中开展人工授精，并定期检查公牛精液，这是较有效的预防措施。③在尚未完全消灭本病的不安全牧场，不得输出病牛或可疑牛。

2. 处理　淘汰阳性种公牛，如不淘汰可用药物进行治疗。治疗后5～7d，镜检其精液和包皮腔冲洗液2次，未发现虫体，可使之先与健康母牛数头交配。对交配后的母牛观察15d，每隔1d检查一次阴道分泌物，如无发病迹象，证明该公牛确已治愈。治疗药可用0.2%碘液、0.1%黄色素或1%三氮咪等溶液冲洗患畜生殖道，每天1次，连用数天，效果满意。亦可结合应用甲硝达唑（又称灭滴灵），按每千克体重10mg配成5%的溶液静脉注射，每天1次，连用3d，或隔日用10%的溶液局部冲洗，3次为一疗程，效果更佳。

在治疗过程中，应禁止交配，以防影响治疗效果及传播本病。对患畜的用具及被其所污染的周围环境，应严格消毒。

五、牛皮蝇蛆病

牛皮蝇蛆病（cattle hypodermosis）是由皮蝇的幼虫寄生于黄牛和牦牛背部皮下引起的一种慢性寄生虫病。我国将其列为三类动物疫病。

[病原特性]

病原主要有牛皮蝇（*Hypoderma bovis*，图7-3）、纹皮蝇（*H. lineatum*）和中华皮蝇（*H. sinense*）的幼虫。均属于节肢动物门（Arthropoda）昆虫纲（Insecta）双翅目（Diptera）短角亚目（Brachycera）狂蝇总科（Oestroidea）狂蝇科（Oestridae）皮蝇亚科（Hypodermatinae）皮蝇属（*Hypoderma*）成员。

皮蝇属寄生虫属完全变态，都要经过卵、幼虫、蛹及成虫4个阶段，完成其整个发育过程需要1年左右。皮蝇的成虫多在夏季炎热的白天活动，雌雄交配后，雄蝇死去，雌蝇于牛体被毛上产卵后也死去。幼虫侵入牛体内寄生约10个月，进行3个发育阶段，成熟的第三期幼虫落在外界环境中变为蛹，经1～2个月羽化为皮蝇。

成蝇（成虫）外形似蜜蜂，被浅黄色至黑色的毛，长为13～15mm，头部具有不大的复眼和3个单眼，口器退化不能采食。其中牛皮蝇成虫较大（体长约为15mm），头部被有浅黄色的绒毛，胸部前端部和后端部的绒毛为淡黄色，中间为黑色；腹部的绒毛前端为白色，中间为黑

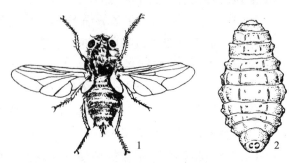

图7-3　牛皮蝇（Smart）

1. 成蝇　2. 第3期幼虫

（引自孔繁瑶，《家畜寄生虫学》，第2版，中国农业大学出版社，2010）

色，末端为橙黄色。纹皮蝇成虫较小（体长约13mm），胸部的绒毛呈淡黄色，胸背部除有灰白色的绒毛外，还有4条黑色纵纹，纹上无毛，腹部前段为灰白色，中段为黑色，后段为橙黄色。

皮蝇虫卵呈长椭圆形，淡黄色，表面光滑。

第1龄幼虫呈白色或黄白色；刚孵出时，体长约为0.6mm；各节前缘具多圈小刺。虫体前端有1对黑色口钩，形状随种类不同而异。虫体后端有一后气门，其上具有许多小孔状的气门裂。第2龄幼虫为白色或黄白色，长椭圆形，口钩退化，虫体腹面稍隆起，背面较平。各节腹面的前后缘均有较宽的棘刺带区域，棘刺顶端有2～6个尖的分支。虫体后端有1对后气门，呈肾形，气门板棕黄色或棕黑色，孔状气门裂为18～40个，其排列不围绕纽孔。第3龄幼虫体肥大，棕褐色。背平腹凸，上着生有许多明显的结节。各节的背腹面都生有小刺，前缘刺大成排；后缘刺小，密集成若干排。体前端口钩退化。体后端有1对后气门，上有许多气孔。

皮蝇的蛹为黑色，蛹的形状同三期幼虫，外壳变硬。

[分布与危害]

1. 分布　本病在世界上分布极广，目前已有蒙古、俄罗斯、日本、印度、巴基斯坦、埃及、土耳其、比利时、阿尔及利亚、摩洛哥、美国、加拿大、英国、法国、德国、丹麦、挪威、澳大利亚等18个国家发生了该病。在我国西北、西南、东北和内蒙古牧区广泛流行，且严重。

2. 危害　因皮蝇幼虫的寄生，使皮革质量降低（造成皮张利用率和价格率低30%～50%），病牛消瘦，产奶量下降，幼畜发育不良，造成经济上巨大损失。

[传播与流行]

1. 传播　牛皮蝇和纹皮蝇主要侵袭牛，中华皮蝇主要侵袭牦牛，皮蝇幼虫也偶然寄生于马、绵羊和人的皮下。我国常见的有牛皮蝇和纹皮蝇2种，有时为混合感染。此外，我国尚有中华皮蝇（*H. sinense*）、鹿皮蝇（*H. diana*）、麝皮蝇（*H. moschireri*）的报道。

成蝇出现的季节随皮蝇的种类和各地气候条件不同而有差异，在同一地区纹皮蝇出现的季节早于牛皮蝇和中华皮蝇。纹皮蝇一般在每年4—6月间出现；而牛皮蝇和中华皮蝉在6—8月出现；中华皮蝇在7月中下旬羽化最多。

成蝇羽化后，既不采食，也不叮咬动物。成蝇多在夏季晴朗、炎热、无风的白天活动，而阴雨天隐蔽在草丛树林中。当雌雄蝇飞翔交配后，雄蝇即死亡，而雌蝇体内开始发育形成虫卵，并在牛体上产卵。雌蝇产卵的部位随皮蝇种类不同而异，牛皮蝇多产卵于牛的四肢上部、腹部、乳房和体侧的被毛根部，1根毛上只黏附1枚卵；纹皮蝇多产卵于牛后腿球节附近、前胸和前腿的被毛上，1根毛上常黏附几枚甚至20多枚卵。卵为长圆形，长不到1mm，呈淡黄色，有一小柄附于牛被毛上。每一雌虫一生产卵400～800枚（牛皮蝇为500～800枚，纹皮蝇为400多枚）。雌蝇寿命仅5～6d，产完卵后死亡。卵的孵化取决于动物体表的温度和自然界的气候条件。

卵经4～7d孵出第一期幼虫，沿毛囊孔钻入皮下，在组织内移行发育，蜕化长大成第二期幼虫（牛皮蝇一期幼虫沿外围神经的外膜组织移行2个月后到椎管硬膜的脂肪组织中，停留5个月，然后从椎间孔爬出到腰背皮下；纹皮蝇一期幼虫沿疏松结缔组织走向胸、腹腔后到达咽、食管、瘤胃周围结缔组织中，在食管黏膜下停留5个月，然后移行到背部前端皮下，由食管黏膜下钻出移行至背部皮下）。到第二年春季来临时，所有二期幼虫逐渐向背部皮下集中，停留发育，并蜕化成第三期幼虫，幼虫体积增大，长可达28mm，体表有许多结节及小刺，色泽因成熟程度的不同由浅棕色到深褐色不等，末端有两个深色肾形的后气孔。此时寄生部的牛皮肤呈现一个个肿胀隆起，直径可达30mm，隆起中央有一小孔（0.1～0.2mm）。2～3个月后，幼虫成熟，自小孔蹦出，落在地面，爬行到松土或隐蔽处化为黑色的蛹，蛹的形状同三期幼虫，外壳变硬，经过1～2个月的蛹期，破蛹皮羽化为成蝇飞出。一年完成整个生活周期，幼虫在牛体内寄生约10个月。

2. 流行　皮蝇蛆病为地方流行性。

[临床症状与病理变化]

皮蝇的成虫虽不叮咬牛，但在夏季繁殖季节，成群围着牛飞翔，尤其雌蝇产卵时，发出"嗡嗡声"，引起牛只惊慌不安，表现蹴踢、狂跑等，严重影响牛的采食、休息、抓膘等。甚至引起摔伤、流产或死亡。

幼虫钻入皮肤时，引起皮肤痛痒，精神不安。幼虫在体内移行时，造成移行各处的组织损伤及炎症反应；第三期幼虫在背部皮下等处寄生时，引起寄生部位血肿或皮下蜂窝组织炎，皮肤稍隆起，变为粗糙凹凸不平，继而皮肤穿孔，如有细菌感染可引起化脓，形成瘘管，经常有脓液和浆液流出，直到成熟幼虫脱落后，瘘管逐渐愈合形成瘢痕，严重影响皮革质量；幼虫在生活过程中分泌毒素，对血液和血管壁有损害作用。严重感染时，病牛贫血、消瘦、生长缓慢，肉品质下降，产乳量下降，使役能力降低。有时幼虫进入延脑和脊髓，能引起神经症状，如后退、倒地、半身瘫痪或晕厥，重者可造成死亡。幼虫如在皮下破裂，有时可引起过敏现象，病牛吐白沫，呼吸短促、腹泻、皮肤皱缩，甚至引起死亡。

[诊断与检疫技术]

1. 初诊　本病在当地的流行特点、患牛的症状及发病季节等对诊断有重要的参考价值。但对本病的判定，只有当幼虫到达背部皮下后才有可能，即幼虫出现于背部皮下时易于诊断。

2. 虫体检查　最初可在患牛背部摸到圆形的硬结，过一段时间后可摸到瘤状肿，瘤状肿中间有一小孔，内有幼虫（三期幼虫），用力挤压，挤出虫体即可确诊。

剖检时可在相关部位找到幼虫。纹皮蝇二期幼虫在食管壁寄生时，应与肉孢子虫相区别，其幼虫是分节的。

3. 血清学检查　蝇蛆病诊断，国外报道采用的血清学方法有皮内变态反应试验、转移电泳试验、间接血凝试验、酶联免疫吸附试验（间接法、双抗夹心法、竞争法）等。国内报道采用的免疫检测技术有间接酶联免疫吸附试验（I-ELISA）方法。

[防治与处理]

对牛群主要采取以下一些措施：

（1）在成蝇活动季节，在牛体喷洒药液杀死卵内孵出的一期幼虫，可收到保护牛只，降低感染的作用。

可用溴氰菊酯万分之一的浓度、敌虫菊酯万分之二的浓度，在牛皮蝇成虫活动的季节，对牛只进行体表喷洒，每头牛平均用药500mL，每20d喷1次，一个流行季节共喷4～5次。

（2）消灭寄生于牛体内的牛皮蝇的各期幼虫，可以减少幼虫的危害，防止幼虫化蛹为成虫，对防治本病具有极重要的作用。消灭幼虫的方法有化学药物或机械方法。

①化学药物治疗法：化学药物治疗多采用有机磷杀虫药，将药液沿背线浇注。常用的有机磷

杀虫药有：蝇毒磷浓度为4%的药液，剂量为每千克体重0.3kg；倍硫磷浓度为3%的乳剂，剂量为每千克体重0.3kg；皮蝇磷浓度为8%的药液，剂量为每千克体重0.33mL，在一年中的4—11月的任何时间进行。也可用倍硫磷臀部肌内注射，剂量为每千克体重5mg，成年牛1.5～2.0mL/头，育成牛1.0～1.5mL/头，犊牛0.5～1.0mL/头。注射时间可在8—11月进行。伊维菌素或阿维菌素皮下注射对本病有良好的治疗效果，剂量为每千克体重0.2mg。但特别注意：12月至翌年3月，因幼虫在食管或脊椎，幼虫在该处死亡后可引起相应的局部严重反应，故此期间不宜用药。

对于在背部出现的三期幼虫，可用敌百虫杀灭。用20℃的温水把敌百虫配成2%药液给牛背穿孔涂擦，涂擦前应剪毛，露出孔口，每头牛用300mL药液，一般于3月中旬至5月底进行，每隔30d处理1次，共处理2～3次。

②机械治疗法：对少量在背部出现的幼虫，可用机械方法，即用手指压迫皮孔周围，将三期幼虫挤出，并将幼虫杀死，但需注意勿将虫体挤破，以免引起过敏反应。

此外，做好环境卫生工作，不给蝇类创造滋生场所。畜舍要保持清洁卫生，畜粪要及时收集，堆积发酵。

第三节　绵羊和山羊病

一、肺腺瘤病

肺腺瘤病（ovine pulmonary adenocarcinoma，OPA）又称羊肺腺癌、羊慢性进行性肺炎或"驱赶病"（Jaagsiekte），是由绵羊肺腺瘤病毒引起羊的一种接触性肺脏肿瘤病。以进行性呼吸困难、水样鼻漏及肺部肿瘤为特征。我国将其列为三类动物疫病。

［病原特性］

病原为绵羊肺腺瘤病毒（*Ovine pulmonary adenocarcinoma virus*，OPAV），学名Jaagsiekte sheep retrovirus（JSRV），属于反转录病毒科（*Retroviridae*）正反转录病毒亚科（*Orthoretrovirinae*）β型反转录病毒属（*Betaretrovirus*）成员。

病毒核酸为线性单股正链RNA，基因组全长为7.5kb。核衣壳直径为80～100nm，有囊膜。病毒在肿瘤细胞内复制，从肿瘤细胞膜出芽成熟。主要存在于感染绵羊的肺液、肿瘤、外周血单核细胞和淋巴样组织。

目前该病毒还不能通过细胞培养分离或增殖，但已从OPA肿瘤DNA和细胞中获得JSRV全长前病毒克隆，瞬时转染293T制备JRSV粒子，气管内接种新生羔羊，可诱发羔羊OPA肿瘤。

本病毒的抵抗力不强，在56℃ 30min即被灭活，对氯仿和酸性环境也很敏感，一般消毒剂容易将其灭活，但对紫外线及X线照射的抵抗力较其他病毒强。－20℃条件下，病毒在受感染的肺组织中可存活数年之久。

［分布与危害］

1. 分布　本病首先于19世纪末发现于南非，当地常以南非语"Jaagsiekte"（驱赶病）作为病名，以后传入欧洲、美洲及亚洲。目前除澳大利亚和新西兰外，世界上许多养羊国家都有本病发生。冰岛在1952年消灭了此病。我国于1951年在甘肃兰州首先发现，1955年以后在新疆、内蒙古、青海、陕西等省（自治区）也有发生本病。

2. **危害**　由于本病分布广泛和高病死率，初次发生本病的羊群可造成20%～60%的损失，因此给养羊业带来严重的危害并造成巨大的经济损失。

［传播与流行］

1. **传播**　本病主要感染绵羊，不同品种、年龄、性别的绵羊均可发病，但以美利奴绵羊的易感性最高。成年绵羊，特别是2～4岁的绵羊发病较多；母绵羊比公绵羊发病多。部分品种山羊也具有易感性，如波尔山羊。传染源是病绵羊，通过咳嗽和喘气将病毒排出，经呼吸道传播，也可通过乳汁或胎盘传播使羔羊发病。

2. **流行**　本病以散发为主，新发病地区发病率很高。冬季寒冷以及羊圈中羊只拥挤，可促进本病发生和流行。羊群长途运输或驱行、尘土刺激、细菌及寄生虫侵袭等均可引起肺源性损伤，导致本病的发生。

［临床症状与病理变化］

1. **临床症状**　自然感染潜伏期6个月至3年，人工感染潜伏期3～7个月。

病羊表现渐进性消瘦、体重减轻，呼吸困难，湿性咳嗽，驱赶时症状加重（驱赶病）。呼吸道积液，若头下垂或后躯抬高时，可见大量泡沫状黏液从鼻孔流出。听诊肺部湿性啰音，叩诊有浊音。病羊体温一般正常，但在病的后期可能继发细菌感染，引起化脓性肺炎，有时有发热性病程。本病末期，病羊衰竭、消瘦、贫血，严重呼吸困难，一般经数周到数月死亡。

2. **病理变化**　病变多局限于肺部。肺肿大，病肺重于正常肺。两侧肺叶有弥散性肿瘤结节（即腺瘤），粟粒至枣核大，稍突出于肺表面。肿瘤坚硬有光泽、半透明，呈现灰色或浅紫色，常以狭窄的气肿带与正常肺组织分开。弥散性肿瘤结节可融合成肿块，使病变部位变硬，失去原有的色泽和弹性，像煮过的肉或呈紫肝色。病变部位的肺胸膜常与胸壁及心包膜粘连。部分病羊因肿瘤转移，致使局部淋巴结增大，形成不规则的肿块。呼吸道内存在泡沫状白色液体是特征性病症。

组织学变化可见肺组织瘀血、肺泡增宽和肿瘤细胞增生。肺肿瘤由增生的立方状或圆柱状肿瘤细胞取代正常较薄的肺泡上皮细胞，有时呈乳头状突起伸入肺泡。在肺肿瘤灶之间的肺泡内，有大量肺泡巨噬细胞，被肺瘤上皮分泌的黏液连在一起，形成细胞团块。支气管上皮增生，支气管腔内可见数量不一的中性粒细胞；终末细支气管内充满炎性物质、周围有淋巴细胞增生灶和细支气管黏液分泌增强并伴有空泡变性。

［诊断与检疫技术］

1. **初诊**　本病诊断主要依靠临床病史、病理剖检和组织学变化做出初步诊断，确诊需进一步做实验室检测。

2. **实验室检测**　被检材料的采集：可采集病羊的肿瘤、淋巴结引流物和外周血（分离单核细胞）等样品。

（1）病原鉴定　病毒在羔羊肿瘤细胞培养物中可短期复制，但目前尚无支持绵羊肺腺瘤病毒繁殖的细胞培养系统，因此不采用病毒分离方法来确定病原。

①病毒核酸鉴定试验：采用PCR检测样品中的病毒核酸，在绵羊出现临床症状之前，可用PCR检测血液中的病毒，同时还可以检测感染羊肺肿瘤和淋巴器官中的病毒。

②动物接种：除绵羊外，本病毒尚不能感染其他实验动物。最好接种1～6月龄羔羊，很高比例的羔羊将出现OPA的临诊症状和病理损伤；若接种成年羊，往往需要几个月或几年才会出现临床症状。

（2）血清学检测　目前尚无血清学检测方法。一些高敏分析方法如免疫印迹或酶联免疫吸附试验也检测不到感染绵羊血清中的病毒抗体。

3. 鉴别诊断　应与绵羊梅迪病、绵羊巴氏杆菌病等鉴别。

绵羊梅迪病一般不流鼻液，咳嗽多为干性，病理组织学变化特征是肺泡壁因单核细胞浸润而增强，淋巴滤泡增生。

绵羊巴氏杆菌病多为急性经过，体温高，呈败血症状，肺脏呈现大叶性肺炎变化，病料镜检可见两端浓染的巴氏杆菌。

[防治与处理]

1. 防治　本病目前尚无疫苗及有效的治疗方法。防治可以采取以下一些措施：①建立无病羊群，可从非疫区的国家和地区引进绵羊和山羊。对新引进的羊，还须严格检疫后隔离，进行长时间观察，并作定期临床检查。如无异状再行混群。②在疫区，应采取全进全出的方式，将全群包括临床发病羊与外表健康羊全部屠宰、淘汰。同时圈舍和草场进行消毒，并空闲一定时间，重新使用。③加强饲养管理，改善环境卫生，消除和减少诱发本病的各种因素，防止疫病的发生。

2. 处理　羊群中一旦发现病羊应予以扑杀，同时与病羊接触过的可疑感染羊应隔离饲养，检疫淘汰。

二、羊传染性脓疱皮炎

羊传染性脓疱皮炎（contagious pustular dermertitis）又称羊传染性脓疱（contagious ecthyma），俗称羊口疮（Orf），是由传染性脓疱病毒引起绵羊和山羊的急性接触性传染病。以口、唇、舌、乳房等部位的皮肤和黏膜丘疹、水疱、脓疱、溃疡并结成疣状厚痂为特征。我国将其列为三类动物疫病。

[病原特性]

病原为传染性脓疱病毒，又称羊口疮病毒，属于痘病毒科（*Poxviridae*）脊椎动物痘病毒亚科（*Chordopoxvirinae*）副痘病毒属（*Parapoxvirus*）成员。

病毒核酸为线性双股DNA，基因组全长为138 kb，G+C含量占64%，高于其他痘病毒。病毒粒子通常呈砖形，有囊膜，表面有特征性的管状条索斜形交叉成线团样组织。

病毒可在牛、绵羊、山羊的肾细胞以及犊牛和羔羊的睾丸细胞上生长，在猴肾细胞、鸡和鸭胚成纤维细胞和人羊膜细胞上也可生长，并产生细胞病变。

病毒对外界抵抗力较强，在干燥气候环境条件下最长可存活17年，干痂在夏季阳光下暴露30～60d方能丧失传染性。病毒对高温较为敏感，55～60℃ 30min和64℃ 2min可灭活；低温冷冻可保存数年之久。病毒对氯仿、乙醚、石炭酸等敏感，对pH 3.0无耐受力，2%福尔马林溶液浸泡20min，紫外线照射10min均可灭活病毒。常用消毒剂为2%氢氧化钠溶液和10%石灰乳。

[分布与危害]

1. 分布　1787年Stteb曾描述过本病，1920年Zeller用病羊痂皮复制病例成功，1923年Aynaud确定本病病原为病毒。目前本病在世界上所有养羊的国家和地区都有发生，属全球性分布。在我国，新疆、甘肃、青海、内蒙古以及东北的主要养羊地区均有本病发生和流行的报道。

2. 危害　由于本病在哺乳羔羊、育肥羔羊中经常发生，引起羔羊生长发育缓慢和体重下降，给养羊业造成较大的经济损失。同时本病可感染与病羊直接接触过的人，故在公共卫生上也有一定的意义。

[传播与流行]

1. 传播　本病主要感染绵羊、山羊，尤以3～6月龄的羔羊最易感。人、骆驼、犬和猫也可感染。

传染源为病羊及隐性感染羊。传播方式是通过直接与间接接触传染，病毒经擦伤和创伤的皮肤和黏膜感染。健康羊接触病羊以及受污染的器具、栏舍、牧场、饮水等均可感染，其中病羊的痂皮带毒时间长，是最危险的感染来源。

2. 流行　本病无明显的季节性，但以春夏多发，在牧草枯黄、草质粗硬时节，或采食有刺植物，羊只口腔黏膜和唇部皮肤遭受损伤的机会增多，可能都对本病的发生有促进作用。一旦发生，呈群发性流行；成年羊发病较少，为散发性。

由于病毒抵抗力较强，羊群一旦被侵入则不易清除，可连续危害多年。

[临床症状与病理变化]

本病潜伏期4～7d。临床上根据发生部位可分为头型、蹄型、乳房型与外阴型，也可见混合型感染病例。

头型：为常见病型。病羊在唇、口角、鼻和眼睑出现小而散在的红斑，很快形成芝麻大的结节，继而成为水疱和脓疱。破溃后结成黄色或棕褐色的疣状硬痂，经10～14d脱落而痊愈。

口腔黏膜也常受侵害，产生水疱、脓疱和烂斑，使病羊采食、咀嚼和吞咽困难。如继发感染可形成溃疡，发生深部组织坏死，少数病例可因继发细菌性肺炎而死亡。

蹄型：病羊多见一肢患病，但也可能同时或相继侵害多数甚至全部蹄端。通常在蹄叉、蹄冠和系部皮肤上形成丘疹、水疱、脓疱、溃疡，若有继发性细菌感染即成腐蹄病。病羊跛行、长期卧地，严重病例因衰弱或败血症而死亡。

乳房型：母羊乳头和乳房的皮肤上发生丘疹、水疱、脓疱、烂斑和痂垢，有时还会发生乳房炎。

外阴型：此型病例少见。母羊在肿胀的阴唇及附近皮肤上发生溃疡，从阴道中流出黏性或脓性的分泌物；公羊阴鞘肿胀，阴鞘和阴茎上发生小脓疱和溃疡。

[诊断与检疫技术]

1. 初诊　根据流行特点、临床症状和病理变化可做出初步诊断，确诊需进一步做实验室检测。

2. 实验室检测　进行病原检查和血清学检查。

被检材料的采集：采取水疱液、水疱皮、脓疱皮和溃疡面组织。

（1）病原检查

①电子显微镜检查：采取样品制成悬浮液，离心后取上清液作磷钨酸负染，其沉淀物作快速包埋切片，在电子显微镜下观察病毒粒子特征，如在病毒表面见有绳索结构，相互交叉排列，呈现线团样外观，可确定为本病毒。

②病毒核酸检测：可用PCR检测病毒的DNA。

③病毒分离鉴定：可接种牛、羊睾丸细胞和肾细胞等原代细胞及MDOK、MDBK、Vero等传代细胞进行分离培养。初次培养不易形成细胞病变，传代后产生细胞变圆、团聚和脱壁等细胞病变。

（2）血清学检查　采用间接免疫荧光试验、酶联免疫吸附试验检测本病血清抗体，有较高诊断价值。由于病毒产生的中和抗体水平低，一般不推荐使用中和试验进行诊断。本病毒与其他副痘病毒成员之间存在明显的抗原交叉反应，因此不能用血清学方法区分本属各成员。

3. 鉴别诊断　本病应与羊痘、溃疡性皮炎、坏死杆菌病、蓝舌病等进行鉴别。

［防治与处理］

1. 防治　可采取以下一些措施：①加强饲养管理，严格执行检疫、消毒和隔离等防疫措施；②防止羊只黏膜、皮肤发生损伤，可采取加喂适量食盐，以减少羊只啃土啃墙，在羔羊出牙期喂给嫩草，拣出垫草中的芒刺等措施；③不要从疫区引进羊只和购买畜产品。新购羊只应隔离检疫饲养观察21d。④本病流行地区可接种羊口疮弱毒疫苗进行预防。但所使用的疫苗株毒型应与当地流行毒株相同，对未发病羊尾根无毛部进行划痕接种，10d后即可产生免疫力，免疫持续期可达1年左右。

2. 处理　发生本病时，对病羊进行隔离治疗或淘汰处理。对被污染的环境，尤其是厩舍、用具、病羊体表和患部，要进行严格的消毒。对头型、乳房型和外阴型病羊，可用0.1%～0.2%高锰酸钾溶液冲洗创面，然后涂以3%龙胆紫、碘油或土霉素、青霉素软膏，每日1～2次。对蹄型病羊，可将病蹄浸泡在5%～10%福尔马林溶液中1min，连续浸泡3次，或每隔3d用3%龙胆紫、1%苦味酸、10%硫酸锌酒精溶液反复涂擦。重病例可给予支持疗法。为防继发感染，可注射抗生素等药物。

三、肠毒血症

肠毒血症（enterotoxaemia）又称"软肾病"，是由D型产气荚膜梭菌引起绵羊的一种急性毒血症。以发病急、病程短、肾组织软化为特征。

（详见魏氏梭菌病一节：四、肠毒血症）

四、干酪性淋巴结炎

干酪性淋巴结炎（caseous lymphadenitis）又称伪结核病（pseudotuberculosis），是由伪结核棒状杆菌引起山羊和绵羊的一种慢性接触性传染病。以受害淋巴结肿大、干酪性坏死为特征。我国将其列为三类动物疫病。

[病原特性]

病原是伪结核棒状杆菌（*Corynebacterium pseudotuberculosis*），属于放线菌目（Actinomycetales）棒状杆菌亚目（Corynebacterineae）棒状杆菌科（Corynebacteriaceae）棒状杆菌属（*Corynebacterium*）成员。

本菌为多形态细菌，呈球状、杆状，一端或两端膨大呈棒状。在局部化脓灶中的细菌呈球杆状及纤细丝状，着色不均匀。在固体培养基上，可见有细小的球杆菌集合成丛，而成对或单个存在者少见。在老龄培养基内，常常呈多形性。革兰氏染色阳性，抗酸染色阴性，不能运动，无荚膜，不形成芽孢。本菌是兼性厌氧菌。在普通营养琼脂上生长缓慢、贫瘠，在鲜血琼脂平板和血清琼脂平板上生长良好。可在琼脂和凝固血清上形成灰色或赤白色菌落，菌落呈鳞片状。在肉汤中培养，管底能形成小团块，表面产生灰白色干硬菌膜，其后沉底。

本菌对干燥的抵抗力极强，如无日光照射，在冻肉和粪便中能存活数月。对其他因素抵抗力不强，日光照射、加热90℃和各种消毒剂均能迅速将其杀死。

[分布与危害]

1. 分布　1891年Preisz从绵羊类似结核的病变中分离出一种病原菌，被称为假结核棒状杆菌，并确定是羊伪结核病的病原菌。本病在南美、澳大利亚及新西兰的绵羊中较多发生，德国、法国、保加利亚及波兰均有发生报道。我国也有发生，多发生于山羊。

2. 危害　本病可引起羊只逐渐消瘦，羊毛产量减少、产奶量下降以及繁殖障碍，严重的也可因陷于恶病质而死亡，一旦侵入羊群则很难彻底清除，对养羊业产生一定的威胁。

[传播与流行]

1. 传播　易感动物为绵羊和山羊，羔羊不易感。在我国主要侵害山羊，尤以2～4岁的山羊多发，马、骆驼、鹿和骡等也可感染。

传染源是病羊和带菌羊。本病主要通过皮肤创伤感染。去势、拔毛、打号、刺伤以及吸血昆虫的叮咬，均有利本菌感染。也可因摄食污染的饲料经消化道感染。

2. 流行　本病以散发为主，偶尔也有地方性流行。该病可常年发生，但雨水少的年份发病率高。

[临床症状与病理变化]

1. 临床症状　潜伏期长短不一，依细菌侵入途径和动物年龄而异。

患羊最初感染时表现局部炎症，形成局灶性脓肿，逐渐波及邻近淋巴结，触摸无痛、有坚韧感。以后淋巴结慢慢肿大至卵黄或核桃大甚至如拳大。绵羊常发生于肩前、股前淋巴结等体表淋巴结；山羊常发生于腮淋巴结、颈部和肩前淋巴结。一般病例没有全身症状，有些病例的体内淋巴结或内脏受到波及时，表现逐渐消瘦、衰弱、呼吸加快，有时咳嗽。后期除发生贫血症状外，还出现肩部和腹下水肿，最后陷于恶病质而死亡。有的发生于乳房，导致乳房肿大及凹凸不平，挤出的乳汁中常有少量黄红色的屑粒。

2. 病理变化　剖检病变常仅局限于淋巴结，主要是胸腔淋巴结和体表淋巴结，而肠系膜淋巴结则很少出现病变。受侵害的淋巴结肿大、化脓，并变成干酪样团块，或为含有大小不等的无臭味的干酪化病灶。病灶切面呈灰绿色，黏滞如油脂状，切面常表现为同心圆状。如是较陈旧的病灶，因钙质沉淀，使干酪块呈灰沙状。肺脏中见有大小不等的灰色或灰绿色干酪状或胶泥状结节。肝、肾、乳房及睾丸等也可能有干酪化或钙化的病灶。

[诊断与检疫技术]

1. 初诊　根据特殊的临床症状和病理变化，可做出初步诊断，确诊需进一步做实验室检测。

对某些缺乏明显临床症状的病例，宰杀后见到淋巴结肿大、化脓，脓汁呈干酪样等，即可做出初步诊断。确诊仍需要做实验室检测。

2. 实验室检测　进行病原检查。

被检材料的采集：用灭菌的注射器及针头，采取病羊未破溃脓肿中的脓汁。

（1）脓汁涂片染色镜检　取脓汁制成涂片，然后染色镜检，可发现典型的伪结核棒状杆菌。

（2）细菌分离培养与鉴定　取脓汁接种在血液琼脂平板上，作细菌分离培养，如见有干燥、鳞片状及溶血的凝似菌落生长，纯培养后进行生化特性试验及病原菌革兰氏染色镜检。

如果要对羊群进行检疫，可将分离到的病原菌作为抗原，针对伪结核棒状杆菌自家凝集的特性，运用菌体凝集抑制试验对血清进行检测，以达到把羊群中的已感染羊只检查出来的目的。

[防治与处理]

1. 防治　可采取以下一些措施：①避免从疫区引进羊，定期检查。②平时要注意防止羊只的皮肤发生外伤，特别是剪毛时防止外伤，一旦发生外伤要及时进行外科处理。③本病发生与啮齿类动物的存在和活动有着密切关系，注意消灭圈舍的鼠类。

2. 处理　羊群中一旦发现有本病时，立即隔离治疗，使用青霉素、链霉素等疗效较好。对羊只的伤口及羔羊的脐带都要严格消毒处理，同时对羊舍要彻底消毒。

五、绵羊疥癣

绵羊疥癣（sheep mange scabies）又称为绵羊螨病，是由多种螨（疥螨、痒螨和足螨）引起绵羊的一种高度传染性、慢性、寄生虫性皮肤病。以剧痒、湿疹性皮炎、脱毛、患部逐渐向周围扩散为特征。我国将其列为三类动物疫病。

[病原特性]

病原有三种：疥螨（*Sarcoptes scabiei*）、绵羊痒螨（*Psoroptes ovis*）和绵羊足螨（*Chorioptes ovis*），以疥螨和绵羊痒螨最为常见，危害最严重。三种病原均属于（幼虫）节肢动物门（Arthropoda）蛛形纲（Arachnida）蜱螨亚纲（Acari）真螨总目（Acariformes）疥螨目（Sarcoptiformes）疥螨总科（Sarcoptoidea）成员。其中，疥螨隶属于疥螨科（Sarcoptidae）疥螨属（*Sarcoptes*）；绵羊痒螨隶属于痒螨科（Psoroptidae）痒螨属（*Psoroptes*）；绵羊足螨隶属于痒螨科（Psoroptidae）足螨属（*Chorioptes*）。

疥螨：疥螨体型小，成螨为卵圆形或龟形，呈乳白色或浅黄色，背面隆起，腹面扁平，身体上有横、斜的皱纹。有四对足，很短，呈圆锥形，两对向前，向后的两对在腹下，末端不露于体外。雌螨大小为（0.30～0.50）mm ×（0.25～0.40）mm，雄螨大小为（0.20～0.30）mm ×（0.15～0.20）mm。雌螨和雄螨前2对足的末端均有具不分节长柄的钟形吸盘，雌螨后2对足的末端均为长刚毛，而雄螨的第4对足末端具吸盘。幼螨仅有3对足，若螨具有4对足，但无生殖孔。卵呈圆形或椭圆形，淡黄色，壳薄，大小约为0.18mm×0.80mm，内含有不均匀的卵胚或已形成的幼螨。

绵羊痒螨：绵羊痒螨成螨要比疥螨大，呈椭圆形，大小为（0.50～0.90）mm ×（0.20～0.52）mm，有4对细长的足，2对前足特别粗大。雄螨的前3对足都有吸盘，吸盘长在一个分三节的柄上，第4对足特别短，没有吸盘和刚毛。雌螨的第1、2、4对足都有吸盘，第3对足上各有两根长刚毛。躯体末端有两个大结节，其上各有长刚毛数根；腹面后部两个吸盘；生殖器居于第4基节之间，躯体腹面前部有一个宽阔的生殖孔，后端有纵裂的阴道，阴道背侧为肛门。卵与疥螨卵相似。

螨的生长发育均在宿主身上，不完全变态发育，经过卵、幼螨（幼虫）、若螨（若虫）和成螨（成虫）4个阶段。从卵发育为成螨约需2周。疥螨的口器为咀嚼式，在宿主表皮挖凿隧道，以角质层组织和渗出的淋巴液为食，在隧道内进行发育和繁殖。在隧道中每隔一段距离即有小孔与外界相通，以通空气和作为幼螨出入的孔道。雌螨在隧道内产卵，一生可产40～50个卵，卵经3～8d孵化出幼螨，幼螨3对足，蜕化变成若螨。若螨4对足，但生殖器尚未发育充分。若螨的雄虫经1次蜕化、雌虫经2次蜕化变为成螨。雌雄虫交配后不久，雄虫即死亡，雌虫的寿命为4～5周。疥螨整个发育过程为8～22d，平均15d。疥螨病通常始于皮肤薄、被毛短而稀的部位，这与它的形态特点和生活习性有关，以后病灶逐渐扩大，虫体总是在病灶边缘活动，可波及全身皮肤。痒螨的口器为刺吸式，寄生于宿主皮肤表面，不挖隧道，以口器穿刺皮肤，吸吮皮下的淋巴液和血液为食。整个发育过程都在体表进行。雌螨一生可产约40个卵，寿命约42d，整个发育过程需14～21d。痒螨病通常始于被毛长而稠密之处，以后蔓延至全身。绵羊足螨寄生于皮肤表面，采食脱落的上皮细胞，如屑皮、痂皮等，其生活史与痒螨相似。

螨对外界环境有一定的抵抗力。疥螨在18～20℃和空气湿度为65%时经2～3d死亡，而在7～8℃经15～18d死亡。卵在离开宿主10～30d仍保持发育能力。痒螨对不利因素的抵抗力超过疥螨，如6～8℃和85%～100%空气湿度下能存活2个月，在牧场上能存活35d，在-12～-2℃经4d死亡，-25℃时约6h死亡。

[分布与危害]

1. 分布　本病分布很广，世界上养羊的国家和地区均有发生，在绵羊群中以痒螨病为严重。

2. 危害　本病可使绵羊大批发病，造成毛的产量和质量大大下降。冬季因脱毛过多导致受冻，引起大批死亡，给养羊业带来巨大经济损失。

[传播与流行]

1. 传播　羔羊易遭受螨侵害，发病也较严重，随着年龄的增长，抵抗力随之增强。体质瘦弱、抵抗力差的羊易受感染，体质健壮、抵抗力强的羊则不易感染。但成年体质健壮羊的"带螨现象"往往成为本病的感染源。

病羊、带虫羊和外界活螨是本病的主要传染源。传播方式主要通过病羊和健康羊直接接触而感染；其次是通过被病羊污染的羊舍、羊栏、场地及饲养用具等，有的还可通过工作人员的衣服和手，把病原体间接接触传播给健康羊而引起感染。

2. 流行　本病发生和流行有季节性，多发于秋末、冬季和春初。羊群饲养管理不良、营养状况不好、饲养密度过高会增加羊的感染率和发病率。

[临床症状与病理变化]

绵羊疥癣病的特征症状是皮肤剧痒、结痂、脱毛和皮肤变厚以及消瘦。剧痒是本病全过程的主要症状。病情越重，痒觉越剧烈。

患羊感染初期局部皮肤上出现小结节，继而发生小水疱，有痒感，尤以夜间温暖厩舍中更明显，以致摩擦和啃咬患部，局部脱毛，皮肤损伤破裂，流出淋巴液，形成痂皮，皮肤变厚，皱褶、龟裂，病区逐渐扩大。

由于皮肤发痒、摩擦和烦躁不安，影响采食和休息，并使胃肠消化、吸收机能降低，病羊日渐消瘦，有时继发感染，严重时甚至死亡。

若是绵羊感染疥螨，主要在头部明显，嘴唇周围、口角两侧、鼻子边缘和耳根下面。在发病后期病变部形成白色坚硬胶皮样痂皮，农牧民称为"石灰头"病。

若是绵羊感染痒螨，多发于毛密部位，如背部、臀部，羊毛结成束，体躯下部泥泞不洁，零散的毛丛悬垂在羊体上，好像披着棉絮，继而全身被毛脱光。患部皮肤湿润，形成浅黄色痂皮。

[诊断与检疫技术]

1. 初诊　根据发病季节和临床症状以及接触感染、大面积发生等特点可做出初步诊断。确诊需进一步做实验室检测。

2. 实验室检测　进行病原检查。

被检材料的采集：选病变皮肤与健康皮肤的交界处，用小刀或刮勺蘸取甘油水，刮取皮屑及皮肤组织至微出血为止，将刮勺中的刮取物放入一次性塑料手套指端部，做好标记后，带回实验室供镜检虫体。

（1）检查活螨的方法

①直接检查法：将皮屑直接放载玻片上，加1滴甘油水溶液或液体石蜡，在低倍显微镜下进行检查，可以找到活螨。或者将刮取物直接倒在1张黑纸上，放在阳光下晒或放在炉子旁、酒精灯旁加热。片刻，用肉眼或放大镜检查，可看到从病料中爬出的螨在黑纸上慢慢爬动。

②温水检查法：即用幼虫分离法装置，将刮取物放在盛有40℃左右温水的漏斗铜筛中，经0.5～1h，螨由于经温热作用，从痂皮中爬出，集成小团沉于管底，取沉淀物进行镜检。

③检查痒螨时，还可把刮取的皮屑握在手里，不久，会有虫体爬动的感觉。

（2）检查死螨的方法　将刮取物放在5%～10%氢氧化钠（钾）溶液中浸泡2h或加热煮沸。待固形物大部分溶解后，静置20min或离心，自管底吸取沉渣物滴在载玻片上进行镜检。

[防治与处理]

1. 防治　可采取以下一些措施：①加强畜舍卫生。羊舍应建在地势较高处，保持舍内干燥、透光及良好通风，并经常打扫，定期消毒。②引入羊时应事先了解有无螨病存在，引入后应隔离一段时间，详细观察，并做螨病检查，必要时进行灭螨处理后再合群。③定期进行羊群检查和灭螨处理。在每年的夏秋季节，绵羊剪毛后要进行药浴，以杀灭在羊体上潜伏的螨虫。药浴一般采用0.025%的螨净（二嗪农）、0.05%双甲脒、0.005%倍特等，药液温度保持在36～38℃。大批羊只药浴时，应随时补充药液。

2. 处理 ①发现病羊应及时隔离治疗，治疗螨病药物可选用螨净、双甲脒、伊维菌素注射液、虫克星注射液等，首选伊维菌素注射液（每千克体重0.02mL的剂量一次皮下注射）或浇泼剂。②从病羊身上清除下来的污物，包括毛、痂皮等要集中销毁，治疗器械、工具要彻底消毒，接触病羊的人员手臂、衣物等也要消毒，防止病原的扩散。

六、绵羊地方性流产

绵羊地方性流产（ovine enzootic abortion, OEA）又称母羊地方性流产（enzootic abortion of ewes, EAE）或绵羊衣原体病（ovine chlamydiosis），是由流产亲衣原体引起以发热、流产、死产和产弱羔为特征的传染病。OIE将其列为必须通报的动物疫病，我国将其列为三类动物疫病。

[病原特性]

病原为流产亲衣原体（*Chlamydophila abortus*），属于衣原体目（Chlamydiales）衣原体科（Chlamydiaceae）亲衣原体属（*Chlamydophila*）成员。

根据16s和23s RNA基因序列分析，衣原体科分为2个属9个种。衣原体属（*Chlamydia*）有沙眼衣原体（*C. trachomatis*）、猪衣原体（*C. suis*）和鼠衣原体（*C. muridarum*）；亲衣原体属有鹦鹉热亲衣原体（*Cp. Psittaci*）、猫亲衣原体（*Cp.Felis*）、流产亲衣原体（*Cp. abortus*）、豚鼠亲衣原体（*Cp. Caviae*）、牛羊亲衣原体（*Cp. pecorum*）和肺炎亲衣原体（*Cp. pneumoniae*）。这些种在宿主范围、疫病症状和毒力上具有很高的相关性。

流产亲衣原体呈球形或卵圆形，有细胞壁，含有DNA和RNA，革兰氏染色阴性。专性细胞内寄生，在宿主细胞内生长繁殖有独特的发育周期，有始体和原体两种形态。始体为繁殖型，直径为0.2～1.5μm；而原体为感染型，直径为0.2～0.5μm。原体进入细胞质后，发育增大变成始体。始体通过二分裂方式反复分裂，在宿主细胞质内形成包涵体，继续分裂变成大量的新的原体。原体发育成熟，导致宿主细胞破裂，新的原体从细胞质内释放出来，再感染其他细胞。在被感染的细胞内可看到由原体形成的多形态的包涵体，对本病具有诊断意义。

流产亲衣原体可通过鸡胚培养，将衣原体接种6～8日龄鸡胚卵黄囊中，经36～37℃孵育5～6d鸡胚死亡，胚胎和卵黄囊表现出血或充血。在卵黄囊膜涂片中可见多量的衣原体，有时可在细胞质中见到包涵体。也可在McCoy细胞、布法罗绿猴细胞（BGM）和乳仓鼠肾细胞（BHK）等细胞上培养，并能产生细胞病变。

流产亲衣原体对理化因素抵抗力不强，对热敏感，－70℃下可长期保存。常用消毒剂如75%乙醇0.5min或2%的来苏儿5min可将其杀死。

[分布与危害]

1. 分布 绵羊地方流行性流产于1949年由Stamp等在苏格兰发现。1950年以后又有许多国家先后报道此病发生。本病呈世界性分布。在美洲、欧洲、亚洲及中东和澳大利亚都有不同程度的发生和流行。我国在新疆、内蒙古等一些地区也有发生。

2. 危害　本病使母羊群发生大量的流产、死产，对养羊业造成严重的损失。同时也可以感染人，引起亚临床感染、急性流感样疾病、胎盘炎和流产，具有公共卫生意义。

[传播与流行]

1. 传播　流产亲衣原体的动物感染谱非常广泛，可感染17种哺乳动物和140多种禽类，其中羊、牛、猪、鹦鹉和鸽子比较易感。

传染源主要是病羊和带菌羊。病原体随分泌物、排泄物以及流产胎儿等排出体外，污染饲草、饲料及饮水等，经消化道、呼吸道传染。也可通过病羊与健康羊交配或病公羊的精液经人工授精而传播。

2. 流行　本病的发生无明显的季节性，多呈地方性流行。主要发生于分娩和流产的时候，在怀孕30～120d的感染母羊可导致胎盘炎、胎儿损害和流产。对于羔羊、未妊娠母羊和妊娠后期（分娩前1个月）的母羊感染后，呈隐性感染，直到下一次妊娠时发生流产。封闭而密集的饲养、运输途中拥挤、营养不良等应激因素均可促进本病的发生。

[临床症状与病理变化]

1. 临床症状　潜伏期较长，可达50～90d。

通常在妊娠的中后期发生流产，观察不到前期症状，临床表现主要为流产、死产或产下生命力不强的弱羔羊。流产后可见胎衣滞留，阴道排出分泌物达数天之久，有些病羊可因继发感染细菌性子宫内膜炎而死亡。在山羊流产的后期，偶见角膜炎及关节炎。羊群第一次暴发本病时，流产率可达20%～30%。耐过康复母羊生殖能力不受影响。公羊患睾丸炎及附睾炎。

2. 病理变化　流产胎儿皮下胶冻样浸润，皮肤有出血斑，腹腔有血色渗出物，血管充血，气管有出血斑点。流产母羊胎膜水肿，绒毛叶有不同程度的坏死，子叶的颜色呈暗红色、粉红色或土黄色。绒毛膜由于水肿而整个或部分增厚。

组织学变化主要表现为胎儿各脏器和骨骼肌的血管扩张、充血和出血，在组织切片中的细胞质内可见有衣原体。

[诊断与检疫技术]

1. 初诊　根据流行特点、临床症状和病理变化可做出初步诊断，确诊需进一步做实验室检测。
2. 实验室检测　进行病原鉴定检查和血清学检测。

被检材料的采集：用于病原分离的组织样品，可采集病变胎膜、绒毛叶、胎肺、胎肝和母羊阴道拭子等，置运输培养基中送检。用于血清学检测可采集病羊血液。

（1）病原鉴定

①涂片镜检：将胎膜、绒毛膜绒毛进行涂片，可选用姬姆萨法、改良马基维罗法、布鲁氏菌染色鉴别法、改良萋-尼抗酸染色法进行染色，然后镜检，发现衣原体可判定阳性，如用姬姆萨法染色涂片，病菌的着色随发育周期而异，形态较小有传染性的原体染成紫色，形态较大的繁殖型始体则染成蓝色。

病料触片可以采用特异抗血清或单克隆抗体的荧光抗体试验检测，此法可用于流产亲衣原体的鉴定。

②抗原检测：可采用酶联免疫吸附试验（ELISA）和荧抗体试验进行抗原性鉴定。

③DNA检测：以PCR或实时荧光PCR扩增样品中的病原DNA，此法高度敏感，但应注意样品之间的交叉污染风险。

④组织切片检查：取病料制作成组织切片，用姬姆萨染色检查细胞内衣原体形成的包含体；或采用直接免疫过氧化物酶法；或用负染后电镜检查，鉴别衣原体和贝氏柯克斯体（*C.burnetii*）。

⑤病原的分离：流产亲衣原体可通过鸡胚接种或细胞培养分离。

将上述采取的病料先用含链霉素、庆大霉素和卡那霉素各1mg/mL的无菌肉汤制成20%～40%病料悬液，在4℃条件下处理一定时间，离心取上清液使用。鸡胚卵黄囊接种：取上述悬液0.2mL接种于6～8日龄鸡胚卵黄囊中，36～37℃孵育，如鸡胚于4～12d死亡，取卵黄囊膜涂片染色镜检，可发现大量衣原体。如鸡胚不死，可在接种后6～7d用鸡胚卵黄囊传3代，如果仍不死可判为阴性。

细胞培养：将上述悬液接种McCoy细胞、BGM细胞或BHK细胞等在盖玻片形成的单层细胞上，培养2～3d后，用甲醇固定单层细胞，姬姆萨染色观察胞质内包涵体，或用荧光抗体试验检测。

（2）血清学检测　血清学检测有补体结合试验、间接微量免疫荧光试验、酶联免疫吸附试验等方法。

①补体结合试验：使用最为广泛，可用于检测免疫或感染动物。

动物在感染衣原体后7～10d出现补体结合抗体，15～20d达到高峰，抗体一般可持续3～6个月。个体诊断时，需要双份血清（流产发生时及3周后），如抗体滴度增高4倍以上，即可认定为衣原体感染。

②间接微量免疫荧光试验：可以检测流产亲衣原体和牛羊亲衣原体感染引起血清学反应，但作为常规诊断，此法太费时。

③酶联免疫吸附试验：采用单克隆技术的竞争酶联免疫吸附试验，以及采用重组抗原技术的间接酶联免疫吸附试验，用于鉴别流产亲衣原体和牛羊亲衣原体感染动物，要比补体结合试验更敏感和特异。

3. 鉴别诊断　本病应与刚地弓形体病、布鲁氏菌病、羊Q热、弯曲菌病、李氏杆菌病和沙门氏菌病相鉴别。

［防治与处理］

1. 防治　可采取以下一些措施：①对引进的羊只，必须在隔离条件下进行严格检疫。②在羊群产羔前3～4周注射抗生素一次，2周后重复注射一次，可预防流产的发生。③配种前3周可对繁殖母羊用灭活疫苗或减毒活疫苗进行免疫接种，可产生良好的保护作用。④实行科学饲养管理。消除应激因素，保持合适的饲养密度，保持羊舍通风良好；集约化饲养的羊舍实行"全进全出"饲养方法，防止新老羊群接触；对羊舍彻底消毒后才能进新的羊群。⑤定期用2%苛性钠、2%漂白粉或5%福尔马林溶液消毒圈舍。

2. 处理　①发生本病时应及时隔离，淘汰流产母羊和羔羊，同时还要淘汰检测阳性羊。②对感染羊群进行疫苗的紧急预防接种。③病死羊、流产与死产胎儿以及污染物进行无害化处理（深埋或焚烧），同时对污染场地进行彻底消毒。④对病羊可选用青霉素等抗生素类药物治疗，效果较好，同时应配合对症疗法。

第四节 马 病

一、马流行性感冒

马流行性感冒（equine influenza，EI）（简称马流感），是由A（甲）型流感病毒引起马属动物的一种急性、高度接触性传染病。以发热、咳嗽、流浆液性鼻液为特征。OIE将其列为必须通报的动物疫病。我国将其列为三类动物疫病。

［病原特性］

病原为马流感病毒（*Equine influenza virus*，EIV），属于正黏病毒科（*orthomyxoviridae*）甲型流感病毒属（*Influenzavirus A*）成员。

主要由H7N7（以前称马流感1型）和H3N8（以前称马流感2型）两个血清亚型引起。两个马流感亚型的补体结合抗原性相同，但在血凝抑制试验及中和试验中则有区别。

病毒有囊膜，呈多形性球形或丝状形，直径为80～120nm，具有分节的单股RNA基因组。囊膜表面有对红细胞呈凝集作用的棒状纤突（即血凝素）以及有解脱细胞表面病毒粒子作用的蘑菇状纤突（即神经氨酸酶），囊膜下有一层蛋白包裹着呈螺旋对称的核衣壳。

病毒可在鸡胚成纤维细胞、仓鼠细胞、猴肾细胞和牛肾、犬肾、仓鼠肺的传代细胞系培养物内增殖，其中以鸡胚细胞培养物为最好，常用于马流感病毒的分离培养。病毒对马、驴、猪、羊、牛、鸡、鸽、豚鼠及人的红细胞有凝集作用。

A型流感病毒对乙醚、氯仿、丙酮等有机溶剂均敏感。常用消毒药容易将其灭活，如甲醛氧化剂稀酸卤素化合物（如漂白粉和碘剂）等都能迅速破坏其传染性。流感病毒对热比较敏感，56℃加热30min、60℃加热10min、65～70℃加热数分钟即丧失活性。病毒对低温抵抗力较强，在有甘油保护的情况下活力可保持1年以上。

［分布与危害］

1. 分布　1956年Sovinova等在东欧的捷克布拉格首次从马流行性呼吸道感染的病例中分离出一株病毒，经鉴定为甲型流行性感冒病毒，命名为甲型流感病毒/马/布拉格/1/56（H7N7），又名马流感病毒1型（马甲1型），1963年Waddell等在美国东部的迈阿密州，从马流行性呼吸道感染病中又分离出一株在抗原性上与马甲1型不同的流感病毒，命名为甲型流感病毒/迈阿密/1/63（H3N8），又名马流感病毒2型（马甲2型）。马流感广泛分布于世界各地。我国1974—1975年在一些省份的马群中曾暴发流行，病毒为马甲1型。1988年又在某些地区马流感中分离出马甲2型病毒。

2. 危害　由于本病在新发区传播快、猛烈，尽管病死率不高（低于5%），但发病较高（60%～80%），给养马业带来严重的威胁。

［传播与流行］

1. 传播　感染动物仅为马属动物，各种年龄、品种及性别的马都易感。

传染源主要是患马。康复马和阴性感染马在一定时间内也能带毒排毒。接触感染在本病传播中起重要作用，健康马通过呼吸道吸入患马鼻液及咳嗽喷出含病毒的气溶胶样悬滴而感染，也可通过患马的分泌物或排泄物污染的饲料及饮水等经消化道感染。此外，因康复马的精液中长期存在病毒（可带毒1~6年），也可通过交配感染。

2. 流行　马甲1型流感分布于全世界，几乎每年都有一些马群发生，马甲2型初发美国，后曾流行欧洲，常呈波浪式散播。在新发区传播迅速，流行猛烈，发病率可达60%~80%，病死率低于5%。以秋末至初春多发。

[临床症状与病理变化]

1. 临床症状　潜伏期为1~3d，最短为12h左右，最长可达15d。OIE《陆生动物卫生法典》规定，马流感感染期为21d。

一般马流感在临床上都有较一致的发热、咳嗽和浆液性鼻汁等特征性症状，但由于感染的毒株不同，其症状的严重程度稍有差异，感染H7N7（马甲1型）所致疾病较温和，而感染H3N8（马甲2型）所致疾病较严重。

轻症型：病马体温稍高或正常，轻度咳嗽，流水样或浆液性鼻汁，眼结膜微潮红，呼吸、脉搏、精神及食欲均无明显变化，经过1周即康复。

重症型：病马体温升高（39℃左右），稍留1~2d或3~4d，阵发性咳嗽，初为干咳，后为湿咳。病初流浆液性或黏液性的鼻汁，以后变为灰白色的黏液脓性鼻汁，个别病马出现黄白色脓性鼻汁，鼻黏膜潮红，眼结膜充血肿胀、流泪，分泌物增加。呼吸数增加，脉搏加快（60~80次/min），少数出现心律不齐。四肢端或腹下发生浮肿，病马精神委顿，食欲减退。

2. 病理变化　一般病例病变主要以上呼吸道（鼻、喉、气管及支气管）黏膜卡他性、充血性炎症变化为主。致死性病例可见化脓性支气管肺炎、间质性肺炎及胸膜炎病变，颈部及肺门淋巴结肿大或化脓，肺脏有充血及水肿，肠卡他性、出血性炎症，心包和胸腔积液，心肌变性，肝、肾肿大变性。

[诊断与检疫技术]

1. 初诊　根据临床症状和病理变化可做出初步诊断，确诊需进一步做实验室检测。

2. 实验室检测　在国际贸易中，尚无指定诊断方法，替代诊断方法为血凝抑制试验。实验室检测进行病原鉴定和血清学检测。

被检材料的采集：本病在临床症状出现后立即采集病料，样品包括血液、鼻咽拭子或鼻、气管冲洗物。

（1）病原鉴定

①病原分离：应同时采用鸡胚和犬肾细胞（MDCK）培养分离马流感病毒。原因是一些毒株只有通过MDCK分离，而不能以鸡胚分离。具体方法：

取病马发热初期的血液、鼻汁及气管内分泌物，经青霉素处理1~2h，再以1 500r/min，离心15min，取上清液，接种于10~11日龄鸡胚的尿囊腔和羊膜腔，置35℃温箱孵育3~4d，分别收集羊水和尿囊液，用鸡或豚鼠的红细胞进行红细胞凝集（HA）试验检查病毒。并同时将样品接种犬肾细胞（MDCK），取培养物做红细胞吸附（HAD）试验检查病毒。

如HA或HAD阳性时，则可再用已知型特异性血清做红细胞凝集抑制（HI）试验来定型。

若实验室缺乏培养设施时，可用抗原捕获酶联免疫吸附试验（AC-ELISA）检测鼻液样品中的病毒抗原。

②病毒定型：有血凝素定型和神经氨酸酶定型。

血凝素定型：新分离的马流感病毒毒株，可采用H7N7和H3N8特异抗血清进行血凝抑制试验（HI）定型。分离毒株应以吐温80/乙醚处理，以破坏病毒感染性并降低交叉污染风险。

神经氨酸酶定型：需要特异性抗血清，且目前无可用的常规技术。神经氨酸酶定型可采用聚合酶链式反应（PCR）技术。

③病毒核酸鉴定：可采用聚合酶链式反应（PCR）、实时反转录聚合酶链式反应（rtRT-PCR）、酶联免疫吸附试验（ELISA）进行病毒核酸鉴定。

PCR：可直接鉴定临床病料中的马流感病毒，也可用于分子流行病学研究。尽管PCR可以分析分离株的基因序列，但要检测新毒株的抗原特性和抗原漂移，仍需要对病毒株进行分离。

rtRT-PCR：rtRT-PCR更敏感，病毒检测优于鸡胚培养。

酶联免疫吸附试验（ELISA）：ELISA用于检测病毒核蛋白。

（2）血清学检测　感染血清学检测应以双份血清进行，目的以观察抗体升降水平，减少试验误差。不管病毒分离结果如何，都应进行血清学检测。

血清学检测方法有血凝抑制试验（HI）、单向扩散溶血试验（SRH）和补体结合试验（CF）。其中以HI和SRH这两种方法应用最为广泛，既简单，效果又相当；而CF不常用。

①HI：可在微量平板上进行。尤其在检测H3N8病毒时，抗原应先以吐温80/乙醚处理，以增加检测敏感性。

方法：采集患马临床症状出现时和2周后的双份血清，进行HI试验，如HI试验中2周后的血清抗体滴度升高4倍或4倍以上，即可确诊为马流感。

②SRH：可采用特制的免疫扩散平板，也可在简单的培养皿中进行。在SRH试验中，病毒抗原与混悬在豚鼠补体琼脂糖中的固定红细胞结合，当待检血清中存在马流感病毒抗体时，抗体和补体能使抗原包被的红细胞溶解，在孔的周围出现清晰的溶血环，环的大小与血清样品中株特异性抗体水平直接相关。

方法：采集患马临床症状出现时和2周后的双份血清，进行SRH试验，如SRH试验中双份血清的溶血带直径差为2倍或2倍以上时，即可确诊为马流感。

3. 鉴别诊断　应与马传染性鼻肺炎、马病毒性动脉炎及马传染性支气管炎等相区别。主要从流行特点、临床症状上注意鉴别。

马传染性鼻肺炎虽与马流感有相似的发热、咳嗽及上呼吸道症状，但马传染性鼻肺炎主要流行于1～2岁的幼龄马，成年马极少发病；而马流感没有年龄差异，幼龄、壮龄或老龄马均可同样发病。

马病毒性动脉炎的临床症状比马流感严重得多。常表现高热、眼结膜发炎、黄染、眼睑水肿、羞明流泪、鼻黏膜充血及出血、有大量浆液性鼻汁流出，呼吸困难，四肢出现浮肿，怀孕马在病盛期有部分发生流产。

马传染性支气管炎临床症状表现剧烈咳嗽，体温稍升高，眼结膜、鼻黏膜及消化道均无明显变化。

［防治与处理］

1. 防治　可以采取以下一些措施：①平时做好疫苗的预防接种。可用马流感双价疫苗进行预防接种，以达到控制本病的发生。原中国人民解放军农牧大学研究所研制出的马流感二联苗，第一年以3个月间隔接种2次，以后每年接种1次。国外报道采用马甲1型和马甲2型二联氢氧化铝疫苗，取得满意的预防效果。②加强饲养管理，保持厩舍内的清洁卫生，必要时可进行药物预防，可用食醋在厩舍内熏蒸或用大蒜汁滴鼻。③从异地调入马属动物时应满足以下条件：装运之日无临床症状；装运前21d，在官方报告无本病的养殖场隔离饲养，且饲养期间无本病病例报告；马属动物来源于非免疫无疫病区。

2. 处理　发生本病，严格封锁，直至疫马群中最后病例康复4周后才可解除封锁。同时将病马隔离，进行治疗。对较严重病例可用清热解毒中草药投服，如有细菌继发感染时，可选用磺胺炎药物及抗生素类进行治疗。

二、马腺疫

马腺疫（equine strangles）俗称喷喉、槽结、喉骨胀，是由马链球菌马亚种引起马属动物的一种急性传染病。以发热、上呼吸道（鼻和咽喉）黏膜发炎、颌下淋巴结肿胀、化脓为特征。我国将其列为三类动物疫病。

[病原特性]

病原是马链球菌马亚种（*Streptococcus equi* ssp.*Equi*），旧称马腺疫链球菌（*Streptococcus equi*），属于乳杆菌目（Lactobacillales）链球菌科（Streptococcaceae）链球菌属（*Streptococcus*）停乳链球菌群（S.dysgalactiae group）成员，是马链球菌（*Streptococcus equi*）的一个亚种。

本菌菌体呈球形或椭圆形，大小不一，直径为0.5～1.0μm，无运动性，不形成芽孢，但可形成荚膜。革兰氏染色阳性。在病灶（脓汁、渗出物）及液体培养基中呈长链状，几十个甚至几百个菌体相互连接呈串珠状；在鼻汁中为短链，短的只有几个，甚至两个菌相连。

本菌为需氧或兼性厌氧菌，初次分离培养需在培养基内加入血液、血清等。在血平板上可形成透明、闪光、微隆起、黏稠的露珠状菌落，并产生明显的β型溶血，溶血环直径可达2.0～3.0mm。强毒株的菌落表面常呈颗粒状的构造。能发酵葡萄糖，不发酵乳糖、山梨糖及蕈糖等特性在种的鉴别上有重要意义。

本菌对外界环境抵抗力较强，在水中可存活6～9d，脓汁中的细菌在干燥条件下可生存数周。低温如在冰箱内保存的培养物可长时间保持毒力。对热的抵抗力较弱，煮沸可立即杀死，在发酵粪堆经4周则完全死亡。对一般消毒药敏感，3%～5%石炭酸或来苏儿10～15min、0.05%洗必泰、0.1%度米芬、消毒净、新洁尔灭5min均可杀死本菌。对青霉素、磺胺类药物、龙胆紫及结晶紫均较敏感。

[分布与危害]

1. 分布　本病呈世界性分布，其病原在1888年首先由Schutz等从患马的鼻液及淋巴结脓肿的脓汁中分离出来。我国的牧区和农区的幼驹中几乎每年都有不同程度的发生。

2. 危害　本病多呈散发性，偶尔呈地方流行性，在我国的牧区和农区几乎年年都有发生，影响幼驹的生长发育，给养马业造成一定的损失。

[传播与流行]

1. 传播　易感动物为马属动物，以马最易感，骡及驴次之。4个月至4岁的马最易感，尤其1～2岁幼龄马发病最多，1～2个月的幼驹和5岁以上的马感染性较低。

传染源主要是病马，有时健康马的扁桃体和上呼吸道也存在本菌。病马淋巴结脓肿内的脓汁和鼻汁中含有大量病菌，排出后污染周围环境。主要通过污染的饲料、饮水、用具等经消化道感染，也可通过飞沫经呼吸道感染，还可通过创伤和交配感染。

2. 流行　本病一年四季均可发生，但多发于春、秋季节，一般在9月份开始，至次年3—4月份，5月份后逐渐减少或消失。

本病的发生与流行，常与外界不良因素有关，如长途运输、气候骤变、过劳、厩舍卫生差等可使畜体抵抗力下降，给传播本病创造有利条件。

[临床症状与病理变化]

1. 临床症状　潜伏期为1～8d，根据临床表现可分为一过型腺疫、典型腺疫和恶性腺疫等3种类型。

一过型腺疫：患马表现鼻黏膜炎性卡他，流浆液性或黏液性鼻汁，体温稍高。颌下淋巴结轻度肿胀。在良好饲养管理条件下，增强体质，症状逐渐消失而自愈。多见于流行的后期。

典型腺疫：绝大多数患马属于此型。临床主要特征是发热、鼻黏膜急性卡他和颌下淋巴结急性炎性肿胀及化脓。病初，体温突然升高（39～41℃），精神不振，食欲减退，呼吸脉搏增效，鼻黏膜潮红、干燥、发热，流出水样浆液性鼻汁，后变为黏液性，3～4d后又变为黄白色脓性鼻汁。颌下淋巴结急性炎性肿胀，如鸡蛋或拳头大，起初较硬，触之有热痛感，之后化脓变软，破溃后流出大量黄白色黏稠脓汁。当炎症波及咽喉时，则咽喉部感觉过敏，按压时有疼痛感。如果颌下淋巴结脓肿自然破溃或人工切开排出脓汁后，患畜体温下降，炎性肿胀消退，不久愈合，鼻黏膜卡他也同时减轻或消失。典型腺疫经过良好，一般在2～3周内完全康复。尿检时可见尿蓝姆增多。

恶性腺疫：病原菌由颌下淋巴结的化脓灶经淋巴管或血液转移到其他淋巴结。比较常见的转移病灶有咽淋巴结化脓、颈前淋巴结化脓和肠系膜淋巴结化脓，有时甚至转移到肺和脑等器官，发生脓肿。咽部淋巴结脓肿位于深部，触摸不到，破溃后，由鼻腔排脓，可以流入喉囊，继发喉囊炎，引起喉囊蓄脓，低头时，由鼻孔流出大量脓汁；颈前淋巴结肿大时，可由喉部两侧摸到，破溃后，常于颈部皮下或肌间蓄脓，甚至继发皮下组织的弥漫性化脓性炎症；肠系膜淋巴结肿大化脓时，病马消化不良，有时轻度腹痛，直肠检查，可在肠系膜根部触摸到肿大部。此型病马病程长短不定，体温多稽留不降，如治疗不及时或不当，则逐渐消瘦、贫血，黄染加重，常因极度衰弱或继发脓毒败血症而死亡。

2. 病理变化　一过型腺疫常见的是鼻黏膜和淋巴结的急性化脓型炎症，黏膜、咽黏膜呈卡他性化脓性炎症，黏膜上有多数出血点或斑，并覆盖有黏液性、脓性分泌物。

典型腺疫淋巴结肿大、化脓灶，成大脓肿，其中以颈下和咽淋巴结为最常见。

恶性腺疫可见到脓毒败血症的病变，在肺、肾、脾、心、乳房、肌肉和脑等处，见有大小不一的化脓灶和出血点，并有化脓性心包炎、胸膜炎和腹膜炎。

[诊断与检疫技术]

1. 初诊　根据流行特点、临床症状和病理变化一般可以做出诊断，但确诊需做实验室检测。

2. 实验室检测　主要是进行病原检查。

被检材料的采集：用灭菌注射器抽取未破溃淋巴结中的脓汁或病死马的器官及淋巴结脓肿中的脓汁，以供检测用。用于镜检、培养的病料均应在使用抗菌药物之前采集。

（1）涂片镜检　取淋巴结的脓汁制作涂片，以骆氏美蓝液或革兰氏染色法染色，如发现有长链锁状球菌时，结合病史，即可确诊。

（2）细菌培养鉴定　将病料接种于10%血清肉汤、5%～10%血清琼脂平板或5%绵羊血液琼脂平板培养48h后，做菌体菌落形态特征检查；必要时，挑选纯培养物作生化试验鉴定。

（3）小鼠感染试验　将纯培养物（或把无污染的脓汁用肉汤稀释后），经小鼠皮下或腹腔注射0.5mL，接种后1周左右发生脓毒败血症而死亡，可从其脾脏或心脏检出链球菌。借此可以评价分离物的毒力。

3. 鉴别诊断　本病应与鼻腔鼻疽、马传染性贫血和鼻炎相区别。主要通过病原学检查来鉴别。

[防治与处理]

1. 防治　可采取以下一些措施：①平时应加强饲养管理，搞好环境卫生，减少应激因素刺激，避免接触传染源。②常发地区可以制备马腺疫自家灭活疫苗进行注射预防，或注射腺疫抗毒素。

马腺疫自家灭活疫苗制作与注射方法：为当地新分离的菌株制成的多价灭活苗，一般将新分离的马腺疫链球菌接种在含有2%葡萄糖及3%灭能马血清的肉汤（pH 7.6～7.8）培养48h后，按0.5%～0.6%的比例加入石炭酸，在37℃放置24h，证明灭菌后，即为灭活疫苗。然后经小鼠安全试验及效力试验证明合格后方可使用。用法：分两次皮下注射，第1次5mL，间隔1周，再第2次注射10mL。免疫期约半年。

腺疫抗毒素注射方法：在腺疫流行初期使用。1岁以下的病驹皮下注射50mL；1岁以上的病驹皮下注射100mL。

2. 处理　发生本病时，首先对病马隔离治疗，方法有外科疗法、特异疗法和药物疗法。①外科疗法：对进入化脓期的可采取切开排脓；对硬固肿胀的淋巴结可进行热湿敷或涂擦刺激剂，促进脓肿成熟，以便切开排脓。②特异疗法：指对病马使用腺疫抗毒素及抗腺疫血清。腺疫抗毒素疗法剂量是：1岁以下病马皮下注射50mL，1岁以上的为100mL。如效果不明显可隔5～6d，再以同样剂量注射1次。可达到淋巴结消肿，阻止化脓。抗腺疫血清疗法剂量是：3岁以下的病马皮下注射或静脉注射100～150mL；3岁以上的为150～200mL，必要时可重复注射。③药物疗法：可用磺胺嘧啶，剂量为20～25g/d，分两次经口投服，或混于饲料中喂饲，连续用药1周。也可用土霉素盐酸盐（或四环素盐酸盐），剂量为2～3g/d，以5%葡萄糖盐水制成1%土霉素注射液，一次静脉注射，连续用药1周。亦可用青霉素，剂量为每千克体重2 000～3 000IU，每日2次肌内注射。

其次，对被污染的厩舍、运动物及用具等要进行彻底的消毒，可用3.5%来苏儿溶液、5%石炭酸溶液、消毒净等。

再次，对未发病的幼驹可用自家血或抗菌药物预防。

三、马鼻腔肺炎

马鼻腔肺炎（equine rhinopneumonitis，ER）又称马鼻肺炎，是由马疱疹病毒1型和4型引起马属动物的几种高度接触传染临床疾病的统称。

马疱疹病毒1型或4型感染均可引起程度不一的原发性呼吸道疾病，以发热、呼吸道卡他、白细胞减少为特征；马疱疹病毒1型还可引起流产、新生驹肺炎或脑脊髓炎等疾病。OIE将其列为必须通报的动物疫病。我国将其列为三类动物疫病。

[病原特性]

病原是马疱疹病毒1型和4型（*Equid herpesvirus* 1 and 4，EHV-1，EHV-4），4型曾称马鼻肺炎病毒（*Equine rhinopneumonitis*），属于疱疹病毒目（*Herpesvirales*）疱疹病毒科（*Herpesviridae*）甲型疱疹病毒亚科（*Alphaherpesvirinae*）水痘病毒属（*Varicellovirus*）成员。

马疱疹病毒1型与4型（EHV-1/4）是马群中两个关系密切的疱疹病毒甲亚科病毒，其单个同源基因中的核苷酸序列同源性为55%～84%，氨基酸序列同源性为55%～96%。EHV-1/4密切相关又有所不同：一方面，EHV-1/4在遗传、抗原、致病性上的关系密切，有许多共同的流行病学、临床和病理特征；另一方面，EHV-1/4在抗原性、致病性、限制性内切图谱、宿主范围等存在重要的生物学差异。

EHV-1原称EHV-1亚型1或马流产病毒（*Equine abortion virus*），主要导致妊娠母马流产，还可引起呼吸道症状、马驹死亡和神经症状以及最急性噬肺脉管炎；EHV-4原称EHV-1亚型2或马鼻肺炎病毒（*Equine rhinopneumonitis virus*），主要导致呼吸道症状，偶尔可引起流产。

本病原不仅能在马属动物的组织细胞内增殖，还能在一些异种动物的组织细胞内生长。但初代分离培养时以马、猪和仓鼠肾等原代细胞最为敏感，在出现细胞病变的同时，感染细胞内可形成核内包涵体。

本病原对外界环境抵抗力较弱，不能在宿主体外长时间存活，对乙醚、氯仿、胰蛋白酶等都敏感，能被很多表面活性剂灭活，0.35%的甲醛溶可迅速将其灭活。冷冻保存时以−70℃以下为最佳。

[分布与危害]

1. 分布　20世纪30年代在美国发现本病以后，目前已分布于世界各地，许多国家和地区都证明本病的存在。1980年我国由解放军兽医大学从东北两个马场的流产胎儿中首次分离到马疱疹病毒，目前在我国马群中已广泛存在。

2. 危害　由于本病不仅引起鼻肺炎，而且还使妊娠母马发生继发性流产，常给养马业带来严重损失。

[传播与流行]

1. 传播　只感染马属动物，其他动物不感染。主要发生于2月龄以上和断奶的幼驹。在疫区以1～2岁马多发，3岁以上马呈隐性感染。

传染源为病马和带病毒马。病毒存在于病马的鼻液、血液及发热期的粪便中。流产马的胎膜、胎衣和胎儿组织内也含有大量的病毒。传播途径主要通过呼吸道，也可通过消化道传染。一般是健康马由于吸入病马咳嗽所喷出的气溶胶样悬滴，或摄食病马鼻液所污染的饲料、饮水而感染。

2. 流行 本病在易感马群中有高度传染性，一般常呈地方流行性。多发生下于秋冬和早春季节。暴发流行多在幼驹和育成马群中出现，约1周，几乎全部幼驹和育成马都发病。

[临床症状与病理变化]

1. 临床症状 潜伏期为2～10d。

病畜表现为发热，呼吸道卡他，流鼻液，结膜充血、水肿。无继发感染1～2周可痊愈。有的继发肺炎、咽炎、肠炎、屈腱炎及腱鞘炎。临床可分为两型：

鼻腔肺炎型：多发生于幼龄马，潜伏期为2～3d。病驹表现为发热（39～40℃），结膜充血、浮肿，下颌淋巴结肿大，流鼻液，伴有中性粒细胞减少，食欲减退。如无继发感染，则病程短且转归良好，经1周可痊愈。如果并发肺炎、咽炎、肠炎等，可引起病马死亡。

流产型：见于妊娠母马，潜伏期长。妊娠母马多在感染1～4个月后发生流产；少数足月生下的幼驹，多因异常衰弱、重度呼吸困难及黄疸，于2～3d内死亡。

2. 病理变化 鼻腔肺炎患驹上呼吸道黏膜炎性充血和糜烂。肺充血水肿，肝、肾及心实质变性，脾及淋巴结肿胀、出血。

流产病例，流产胎儿以可视黏膜黄染、肝包膜下散在针尖大到粟粒大灰黄色坏死灶和检出细胞内典型疱疹病毒包涵体为主要病理特征。胎儿体表外观新鲜，皮下常有不同程度的水肿和出血，可视黏膜黄染。心肌出血，肺水肿和胸水、腹水增量。肝包膜下散在针尖大到粟粒大灰黄色坏死灶。经组织学检查，可在肝坏死灶周围细胞、小叶间胆管上皮细胞和肺细支气管上皮细胞内有典型的嗜酸性的疱疹病毒包涵体。肺泡上皮细胞内也有包涵体，脱落的支气管上皮细胞使很多细支气管堵塞。脾淋巴组织呈现以细胞核破裂为特征的坏死，类似变化也见于淋巴结和胸腺。

神经性（脑脊髓炎）病例，脑或脊髓小血管出现变性血栓性脉管炎，血管周围炎性细胞浸润形成管套状，内皮增生、坏死，形成血栓。

[诊断与检疫技术]

1. 初诊 根据流行特点、临床症状和病理变化可做出初步诊断，确诊需进一步做实验室检测。

2. 实验室检测 在国际贸易中，尚无指定诊断方法，替代诊断方法有病毒中和试验（VN）。实验室检测进行病原鉴定和血清学检测。

被检材料的采集：病毒分离的样品：①呼吸疾病病例，用鼻拭子在病马发热期采集鼻咽分泌物，置于冷的（非冻结的）液态运输培养基（含抗生素的无血清基础培养基）中送检，为延长病毒的感染性，也可在培养基中加0.1%的牛血清白蛋白或明胶；②流产病例，可采集流产胎儿的肝、肺、胸腺和脾，于4℃保存及时送检，对不能尽快处理的样品应置−70℃保存；③神经性（脑脊髓炎）病例，可采集急性感染期动物（脑脊髓炎早期）血液（分离白细胞）样品分离病毒，不宜采集鼻咽部的分泌物样品，因一般不易分离到病毒。无菌采取血液20mL，加柠檬酸或肝素抗凝（禁用乙二胺四乙酸抗凝，因为会影响细胞培养），抗凝血应在冷藏（非冷冻）条件下立即送检。神经性（脑脊髓炎）病例也可采集脑和脊髓样品用于聚合酶链式反应（PCR）检测，但此样品分离病毒成功率极低。

血清学检查用的血样需采取双份，第一份血样于发病初期（急性期）采集；第二份血样于发病后3～4周（恢复期）采集。通过双份血清检测均出现效价增高，才能说明该马群感染了本病。

神经性（脑脊髓炎）病例也可采集双份脑脊髓液样品，进行血清学检查，采集时间同血清样品。流产型病例可采集胎儿心血、脐带血或其他体液，进行血清学抗体检测。

（1）病原鉴定

①病原分离与鉴定：从呼吸疾病病例样品中分离出马疱疹病毒4型，必须用马源细胞培养物；从鼻咽样品中分离出马疱疹病毒1型和4型病毒，可用原代马胎肾细胞或以马真皮、肺组织的成纤维细胞株培养；从流产胎儿或神经性（脑脊髓炎）病例样品中分离出马疱疹病毒1型，应首选兔肾细胞（RK-13），其他适宜细胞有乳仓鼠肾细胞（BHK-21）、Madin-Darby牛肾细胞（MDBK）、猪肾细胞（PK-15）等，但以马源原代细胞最敏感。

病毒分离：用鼻拭子（灭菌棉拭子）采取发病初期的马鼻分泌物，接种于感受性最高的原代马胎肾单层细胞，当病毒增殖形成病变后，检查培养细胞的核内包涵体。另取感染细胞做病毒血清学鉴定，以鉴定疱疹病毒分离株是1型或4型。

病毒血清学鉴定：采用免疫荧光试验（FAT）来鉴定疱疹病毒的分离株型。FAT以型特异性单克隆抗体（mAb）检测感染细胞培养物中的病毒抗原，可用于马疱疹病毒1型或4型分离株的鉴定，此法快速简便。

②病毒抗原检测：可采用直接免疫荧光试验（DIF）、免疫过氧化物酶染色等方法检测样品中病毒抗原。

DIF：可直接检测流产马胎儿样品中的马疱疹病毒1型病毒抗原，此法是快速初步诊断疱疹病毒流产疾病的一种不可缺少的方法。方法是：取流产胎儿肺、肝、脾、胸腺等组织，冷冻切片，将切好的薄膜贴于洁净的载玻片上，用风扇吹干。然后用丙酮固定，再用PBS洗涤3次，每次3min，最后放在蒸馏水中5～10min脱盐。再将玻片放于室温干燥或用吸纸吸干。然后进行荧光抗体染色，在样本上滴加适量的荧光抗体，放于湿盒中在37℃条件下作用30min。再用PBS液将荧光抗体轻轻冲洗后，再将标本通过3杯PBS液，用吸纸吸干。最后将磷酸甘油滴于玻片上，盖上盖，封片。同时，设立阴性和阳性血清对照。最后放在荧光显微镜下观察。结果判定，如阳性标本细胞内产生特异性荧光，阴性标本细胞内无荧光，被检样品细胞内出现特异性荧光，可判为阳性（+），被检样品细胞内不产生特异性荧光，可判为阴性（-）。

免疫过氧化物酶染色：以酶免疫组化试验（EIHC）检测经石蜡包埋的马流产胎儿组织或神经性（脑脊髓炎）病例样品中的马疱疹病毒1型抗原。

③病毒核酸检测：可采用聚合酶链式反应（PCR）、多重聚合酶链式反应（m-PCR）、套式聚合酶链式反应（n-PCR）等方法检测样品中病毒核酸。

PCR：可快速扩增并检测临床样品、石蜡包埋保存的组织样品以及细胞培养物中的马疱疹病毒1型和4型病毒核酸。此法诊断马鼻腔肺炎快速敏感，对病料中的病毒活性无特殊要求。

m-PCR：可同时检测马疱疹病毒1型和4型病毒，特别适合于成年马淋巴结和三叉神经节样品的检测，因这些样品中有大量潜在的马疱疹病毒1型和4型病毒DNA。

n-PCR：可用于检测临床或病理病料（鼻液、血液白细胞、脑及脊髓、胎儿组织等）中的马疱疹病毒1型和4型病毒。

④组织病原学检查：这是实验室诊断流产病例和神经性（脑脊髓炎）病例的马鼻肺炎基本方

法。方法是：取流产胎儿或神经性（脑脊髓炎）病例组织，经福尔马林固定、石蜡包埋、切片，然后进行病理组织学检查。流产病例，在肝坏死灶周围细胞和肺细支气管上皮细胞内可见典型的疱疹病毒包涵体。神经性（脑脊髓炎）病例，在脑或脊髓小血管可见变性血栓性脉管炎，以管套状炎性细胞浸润和血栓为特征。

（2）血清学检测　由于1岁以上的马，以前几乎可以肯定都有过感染而保有可测性抗体，故必须分期采集双份血清（第一份血样于发病初期采集，第二份血样于发病后3～4周采集）。双份血清中的抗体滴度出现明显升高才有诊断意义。

一般认为，临床发病期马血清的抗体水平超过恢复期水平的4倍或更高，即认为该马感染了马疱疹病毒1型或4型。

血清中马疱疹病毒1型或4型抗体水平，可通过酶联免疫吸附试验（ELISA）、病毒中和试验（VN）或CF检测，但缺乏国际认可的试剂和检测标准，而且上述血清学试验均存在马疱疹病毒1型与4型交叉反应问题。

ELISA和CF：其优点是结果快捷，不需要进行病毒培养。

VN：是一种广泛应用且敏感的血清学检测方法，可用于马疱疹病毒1型或4型血清抗体水平检测。

3. 鉴别诊断　本病应与马腺疫、马流行性感冒、马病毒性动脉炎相区别。

马腺疫：颌下淋巴结肿大，且化脓，而马鼻肺炎颌下淋巴结虽肿，但不化脓。

马流行性感冒：发生没有年龄上差异，无论幼龄、壮龄或老龄马均可同样患病，而马鼻肺炎主要发生大批幼驹，而成年马极少发生。

马病毒性动脉炎：眼睑水肿及四肢浮肿，病理组织学上见有肌肉小动脉管中层变性及坏死，而马鼻肺炎不出现四肢浮肿。

［防治与处理］

1. 防治　可以采取以下一些措施：①加强饲养管理，严格执行兽医卫生防疫措施，尤其加强妊娠马的饲养管理。②不与流产母马、胎儿和鼻肺炎病畜接触。③从异地调入马属动物时应满足以下条件：装运之日无马鼻腔肺炎（ER）临床症状；装运前21d，在官方报告无ER的养殖场饲养，且饲养期间无ER病理报告。

2. 处理　本病发生时，要立即隔离病马（至少6周），不准调动，不让其接触孕马。对被污染的垫草、饮水及吃剩的饲料予以销毁。污染的厩舍、运动物、用具、工作服等要严格消毒。孕马流产后，产房和用具应彻底消毒，烧毁垫草，对流产后的分泌物、排泄物、胎儿等进行严格消毒、深埋处置。

单纯的鼻肺炎无需治疗，如继发肺炎感染或长期发热，可用抗生素药物治疗。继发胎衣停滞者按产科常规方法处置。

四、溃疡性淋巴管炎

溃疡性淋巴管炎（equine ulcerative lymphangitis）是由伪结核棒状杆菌引起马属动物的一种慢性传染病。以皮下淋巴管发炎，形成结节和溃疡为特征。我国将其列为三类动物疫病。

[病原特性]

病原是伪结核棒状杆菌（*Corynebacterium pseudotuberculosis*），又称绵羊棒状杆菌（*C. ovis*），属于放线菌目（Actinomycetales）棒状杆菌亚目（Corynebacterineae）棒状杆菌科（Corynebacteriaceae）棒状杆菌属（*Corynebacterium*）成员。

本菌是一种大小（0.5～0.6）μm×（1.0～3.0）μm，革兰氏染色阳性而非抗酸的多形性杆状菌，多呈棒状或梨状，不能运动，无荚膜，不形成芽孢。它分布很广，通常栖居于肥料、土壤和肠道内，也存在于皮肤上，以及感染器官（特别是淋巴结）中。在局部化脓灶中的细菌呈球杆状及纤细丝状，着色不均匀，在固体培养基上，可见细小的球杆状集合丛，在老龄培养基内常呈多形性。在血清琼脂平皿或鲜血琼脂平皿上生长良好，呈现针尖大小、透明、隆起的小菌落，菌落呈乳白色，干燥、扁平。

本菌对干燥的抵抗力极强，在无日光照射的冻肉和粪便中能存活数月。但对热敏感，加热60℃和普通消毒药能迅速被杀死。

[分布与危害]

1. 分布　第一次世界大战期间，本病曾流行于欧洲国家，以后逐渐减少，但在欧洲大陆、英国及北美仍有散在发生。

2. 危害　本病经过缓慢，病变多发于马的后肢，在一定程度上影响了马的使用效率。

[传播与流行]

1. 传播　感染动物为马属动物，多发生于马、骡、驴，也可感染羊、骆驼。

病畜是本病的传染源，病菌存在于污染的肥料、土壤、垫草和动物皮肤上，以及感染器官（特别是淋巴结）中。通过皮肤（多半是后肢系部球节部的皮肤）伤口进入真皮和皮下淋巴间隙而引起感染，很少见到由病畜直接传染给健康畜。病原菌在组织中缓慢繁殖，沿淋巴管逐渐扩散。

2. 流行　本病多呈散发，病程缓慢，一般呈良性经过，在热带，感染的驴多呈恶性经过。

[临床症状与病理变化]

1. 临床症状　首先在一侧或两侧后肢的系部或其近处的皮肤发生界限明显、疼痛小结节。后来，结节化脓破溃，成为圆形或不规则的溃疡，溃疡底部呈灰白色或灰黄色，边缘不整，呈虫蚀状。起初有稠厚、带绿色、常染有血液的脓汁排出，后变稀，并逐渐新生肉芽组织，结成结节状疤痕。但局部淋巴管又发炎肿起如索，沿索条发生新的结节、脓肿和溃疡。溃疡局部的淋巴结不受侵害，可能有些肿胀，但不发生硬结或化脓。病程达数月，甚至到数年。严重病例，病变波及躯干、颈部、前肢、头部，甚至转移到内脏，特别是肺脏和肾脏，发生转移性化脓灶，使病情恶化而死亡。

在发病时，体温可能有些升高，以傍晚时多见。本病经过缓慢，在温带地区，尽管出现多数结节和溃疡，一般能痊愈。但在热带多为恶性，尤其是驴。

2. 病理变化　死亡的病例，可见内脏，尤其是肺、肾有转移性脓肿。病变附近的淋巴结可能肿大，但不变硬、不化脓。

[诊断与检疫技术]

1. 初诊　根据临床症状和病理变化，如溃疡所排出不黏稠的脓汁，溃疡的肉芽组织有明显愈合趋势，不侵害其附近淋巴结，鼻腔无病变等特点，即可做出初步诊断，确诊需进一步做实验室检测。

2. 实验室检测　进行病原菌检查。

被检材料的采集：采取未溃疡脓肿的脓汁，以供检测用。

细菌分离与鉴定：由未破溃的脓肿采取脓汁，分离细菌，进行鉴定，可做出确实的诊断。但有时还检查出链球菌、葡萄球菌或其他细菌，这些细菌可能是脓肿破溃后混入的，因此诊断时要注意。

3. 鉴别诊断　本病应与皮鼻疽、流行性淋巴管炎鉴别。

皮鼻疽：淋巴管呈念珠状索肿，淋巴结可由硬固而形成脓肿和溃疡，溃疡呈喷火口状，有黏稠的脓汁，溃疡底湿润呈油脂状。

流行性淋巴管炎：溃疡面的肉芽组织赘生，凸出于周围皮肤而呈蘑菇状，不易愈合，脓汁中可检出皮疽组织胞质菌。

[防治与处理]

1. 防治　加强饲养管理，搞好厩舍、运动场的环境卫生，消除一切可导致畜体表外伤的因素，对体表出现的损伤，要及时采取消毒措施。

2. 处理　发生本病，要及时治疗，对结节、溃疡在清洗消毒后，可涂碘酊或其他消毒药，并配合应用青霉素等全身治疗，可提高疗效。同时在治疗过程中，要保持给予营养丰富的饲料，保证病畜充分休息，有利促进其治愈。

五、马媾疫

马媾疫（dourine）是马媾疫锥虫引起马属动物的一种急性或慢性接触性、经交配传播的寄生虫病。以外生殖器炎症、水肿，皮肤轮状丘疹和后躯麻痹为特征。OIE将其列为必须通报的动物疫病。我国将其列为三类动物疫病。

[病原特性]

病原为马媾疫锥虫（*Trypanosoma equiperdum*），为一种鞭毛虫，属于眼虫门（Euglenozoa）动体目（Kinetoplastida）锥虫科（Trypanosomatidae）锥虫属（*Trypanosoma*）锥虫亚属（*Trypanozoon*）成员。

马媾疫锥虫在形态上与伊氏锥虫无明显区别，但其生物学特性则彼此不同。虫体为细长柳叶形，大小（18～34）μm×（1～2）μm，前端比后端尖，有一根鞭毛。细胞核位于虫体中央，椭圆形。马媾疫锥虫主要在组织（如生殖器官黏膜）寄生，而很少在血液中寄生，这是与其他锥虫属成员的最大区别。虫体寄生于雄性感染动物的精液、阴茎和包皮黏液性分泌物，以及雌性动物的阴道黏液中。虫体起初游离于黏膜表面或上皮细胞间，随后侵入生殖道组织，引起水肿性斑疹，之后虫体可经血液侵入机体其他部位，以无性分裂法进行繁殖。

[分布与危害]

1. 分布 早年曾广泛流行于美洲、东欧、亚洲、非洲。我国的内蒙古、陕西、河南、安徽、河北等地也有发生，经大力防控，目前已很少发生。

2. 危害 本病使马生殖器官炎症，造成公马精液质量降低，母马不孕或妊娠后易流产。病马在后期出现后躯麻痹不能站立，极度衰竭而死亡，对养马业带来危害和损失。

[传播与流行]

1. 传播 仅马属动物易感，除此之外尚无其他自然寄生宿主。骡和驴具较强的抵抗力。马媾疫锥虫侵入马体后，如马抵抗力强，则不出现临床症状，而成为带虫者。

马媾疫是唯一不经脊椎动物媒介传播的锥虫病。传染源主要是带虫马，通过病马与健康马交配感染，可由公马传给母马，也可由母马传给公马，但以公马传给母马最常见。也可垂直传播，母畜可将病原经黏膜、结膜传给仔畜，或通过母乳传播。此外，也可因人工授精时所用各种器械消毒不严格而造成感染。

2. 流行 本病是健康马与病马交配时发生感染，所以多发生在配种季节之后。

[临床症状与病理变化]

1. 临床症状 本病潜伏期8～28d，少数达3个月。其严重性和病程迥异，如在南非，常呈慢性，通常是温和经过，病程长达几年；而在北非、南美等其他地区，常呈较急性经过，病程仅1～2个月，个别仅1周。

马媾疫锥虫侵入公马尿道或母马阴道黏膜后，在黏膜上进行繁殖，产生毒素，引起局部炎症，侵入血液及各器官后出现一系列临床症状。临床可分为恶化、耐过和复发三个明显阶段，在动物死亡或康复前，随病程长短，这三个阶段可反复一次或多次。

临床上通常首先出现生殖器官的水肿，然后出现皮肤轮状丘疹，最后出现某些运动神经麻痹，具体症状表现如下：

生殖器官症状：主要表现为生殖器官的水肿。公马一般先从包皮前端开始发生水肿，并逐渐蔓延到阴囊、包皮、腹下及股内侧。触诊水肿部无热、无痛、呈面团状硬度，牵遛后也不消失。尿道黏膜潮红肿胀，尿道口外翻，常排出少量混浊的黄色液体。阴茎、阴囊、会阴等部位皮肤相继出现结节、水疱、溃疡及缺乏色素的白斑。有的病马阴茎脱出或半脱出，性欲亢进，精液质量降低。母马阴唇肿胀，逐渐波及乳房、下腹部和腹内侧。阴道黏膜潮红、肿胀、外翻，不时排出少量脓性分泌物，频频排尿，呈现发情状态。不久在阴门、阴道黏膜上出现小结节乃至水疱，破溃后成为糜烂面，很快愈合，在患部遗留缺乏色素的白斑。母马屡配不孕或妊娠后容易流产。

皮肤轮状丘疹：在生殖器官出现急性炎症后的1个月，病马颈肋上部、胸、腹、臀部的皮肤出现无热、无痛的扁平水肿斑疹，俗称"银元疹"。丘疹直径5～8cm、厚度为1cm，内含浆液，呈圆形、椭圆或马蹄形，中央凹陷，周边隆起，界限明显，一般可持续3～7d。轮状丘疹时而出现，时而消失，出现或消失通常无规律，但每一次反复，组织增厚和硬化加剧，为马媾疫所特有症状之一。

神经症状：本病的后期，随全身症状的加剧，病马某些运动神经被侵害，表现为体表的某一区域知觉过敏，有压痛，然后则发生麻痹症状。腰神经与后肢神经麻痹后表现为步样强拘，后躯摇晃和跛行等。这些症状时轻时重，反复发作，易误诊为风湿病。少数病马有面神经麻痹，如嘴唇歪斜，一侧耳及眼睑下垂等。

全身症状：病初体温稍高，精神、食欲无明显变化。随着病势加重，反复出现短期发热，逐渐贫血、消瘦，精神沉郁，食欲减退。最后，后躯麻痹不能站立，因极度衰竭而死亡。

2. 病理变化　剖检可见皮下有胶冻样渗出物。公马阴囊、包皮和睾丸被膜增厚浸润，有时睾丸被坚硬的硬化组织包裹而无法辨认。母马阴户、阴道黏膜、子宫、膀胱和乳腺呈胶样浸润、增厚，淋巴结特别是腹腔淋巴结肿大变软，有的出血。后躯麻痹患马，脊髓常软化变色，呈浆糊状，尤以腰荐部明显。

[诊断与检疫技术]

1. 初诊　根据特征性临床症状、病理变化以及试用治疗伊氏锥虫病的药物进行治疗性诊断可做出初步诊断，确诊需进一步做实验室检测。

2. 实验室检测　实验室检测进行病原鉴定和血清学检测。

被检材料的采集：用于实验室诊断的样品有血液或病料。可通过洗涤或刮取包皮、阴道的方法采集病料。也可采集新发疹斑液状内容物，采集时应先将疹斑周围皮肤清洗并刮毛，然后用注射器吸取疹内液体内容物。

（1）病原鉴定　采取尿道或阴道黏膜刮取物做压滴标本和涂片标本（用姬姆萨液染色），进行虫体检查。马媾疫锥虫形态与伊氏锥虫无明显区别。

或将上述病料注射于兔睾丸实质内，家兔接种后出现阴囊和阴茎浮肿、发炎及睾丸实质炎和眼结膜炎。从兔睾丸穿刺液、浮肿液和眼泪中可以发现马媾疫锥虫。

（2）血清学检测　无论感染动物是否出现临床症状，均有抗体存在。

血清学检测有补体结合试验（CF）、间接荧光抗体试验（IFA）、酶联免疫吸附试验（ELISA）、放射免疫分析（RIA）、对流免疫电泳分析（CIE）、琼脂免疫扩散试验（AGID）、免疫印迹试验（IB）和卡片凝集试验（CAT）等方法。其中补体结合试验（CF）为国际贸易指定诊断试验。

①CF：可确诊临床病例并发现隐性感染动物。但对未感染的马属动物，尤其是骡和驴，因血清中存在抗补体成分，常导致补体结合试验结果不一致或出现非特异性反应，此时宜采用间接荧光抗体（IFA）试验。

②IFA：可用于CF疑似结果的确诊。

③ELISA：可用于检测马媾疫锥虫抗体。

④AGID：常用于阳性结果确认，或用于含抗补体成分的血清检测。

⑤IB：可同时检测诊断马梨形虫病、马鼻疽和马媾疫。

[防治与处理]

1. 防治　目前，我国虽基本消灭本病，但为了防止发生，可采取以下一些措施：①未发生过本病的马场，对新调入的种公马和繁殖母马，要严格进行隔离检疫，每隔1个月1次，共3次。阴性者方可调入。②疫区马场，为了检出新感染的病马，在7—9月进行1次检疫，采血3次，做血清学诊断，每次间隔20d。配种季节前，应对公马和繁殖母马进行一次检疫，包括临床检查和血清学检查，对阳性或可疑母马进行治疗。发病公马一律阉割或淘汰。对健康马和采精用的公马，在配种前可用喹密胺进行预防注射。③大力开展人工授精，用具和工作人员的手及手套应注意消毒，杜绝感染机会。人工授精的精液应符合下列要求：供精种马在采集精液前6个月一直饲养在无马媾疫病例的场所或人工授精中心；供精马属动物无马媾疫临床症状；供精马属动物经马媾疫病原学或血清学诊断，结果阴性。④1岁龄以上或阉割不久的公马，应与母马分开饲养。没有种用价值的公马，应尽早阉割。⑤从异地调入马属动物时应满足以下条件：装运之日无马媾疫临床症状；装运前6个月，一直饲养在官方报告无马媾疫的饲养场，且饲养期间无马媾疫病例报告；装运前15d，经马媾疫病原学或血清学诊断，结果阴性。

2. 处理　发现病马，除特别名贵的种马可隔离治疗外，应采取淘汰处理。经过治疗的马要观察1年，即在治疗后10～12个月用各种诊断方法检查3次而无复发征象时，方可认为已治愈。治疗常用药物为贝尼尔，马剂量为每千克体重3.5～3.8mg，配成5%的溶液，深部肌内注射，每天1次，连用3次，疗效很好。或用锥虫胺，马剂量为每千克体重0.05g，内服，连用2次，也有很好疗效。

第五节　猪　　病

一、猪传染性胃肠炎

猪传染性胃肠炎（transmissible gastroenteritis，TGE）是由猪传染性胃肠炎病毒引起猪的一种高度接触性消化道传染病。以呕吐、水样腹泻和脱水为特征。OIE将其列为必须通报的动物疫病，我国将其列为三类动物疫病。

[病原特性]

病原为猪传染性胃肠炎病毒（*Transmissible gastroenteritis virus*，TGEV），属于套式病毒目（*Nidovirales*）冠状病毒科（*Coronaviridae*）冠状病毒亚科（*Coronavirinae*）甲型冠状病毒属（*Alphacoronavirus*）成员。

病毒颗粒为球形或椭球形，直径为90～160nm，有囊膜，核衣壳螺旋对称。病毒基因组为正链单股RNA。

病毒能在猪肾、猪甲状腺、猪睾丸等细胞上很好增殖，并可在这些细胞培养物中形成细胞病变。病毒的成熟发生于细胞质中，通过内质网出芽，在细胞质的空泡中常可见到病毒粒子。

病毒对乙醚、氯仿、去氧胆酸钠、次氯酸盐、氢氧化钠、甲醛、碘、碳酸以及季铵化合物等敏感；不耐光照，粪便中的病毒在阳光下6h失去活性，病毒细胞培养物在紫外线照射下30min即可灭活。病毒对热敏感，56℃ 45min即灭活，37℃条件下，存放4d丧失毒力，但在低温下可长期保存，液氮中存放3年毒力无明显下降。细胞培养病毒在−20℃、−40℃、−80℃条件下储存1年，病毒的滴度无明显下降。病毒对胆汁有抵抗力，耐酸，弱毒株在pH=3时活力不减，强毒在pH=2时仍然相当稳定；在经过乳酸发酵的肉制品里病毒仍能存活。

[分布与危害]

1. 分布　本病于1945年最早在美国被发现，由美国学者Doyle和Hutchings于1946年首次报道本病，以后日本及欧洲各国陆续发生了本病。目前本病分布于世界许多养猪国家，其猪群的血清抗体阳性率为19%～100%。我国最早于1956年在广州揭阳、惠州和汕头市的几个猪场中发现本病。1958年我国台湾地区也首次报道了本病。

2. **危害** 本病传染性强，仔猪的病死率较高，因此，对养猪业是一种严重的威胁，给养猪生产造成较大的经济损失。由于多年坚持免疫接种，本病目前在我国呈逐年下降和稳定趋势。

［传播与流行］

1. **传播** 感染动物为猪，各种年龄的猪都易感，但以10日龄以内的仔猪发病率和病死率最高（可达100%）。

传染源为发病猪、带毒猪以及其他带毒动物。病毒存在于病猪和带毒猪的粪便、乳汁及鼻分泌物中，病猪康复后可长时间带毒，有的可带毒长达10周之久。此外，犬、猫、狐狸等可带毒排毒，但不发病。目前已证实持续性感染TGEV的犬所排病毒对猪有感染性。

病毒的传播可通过猪的直接接触，经消化道、呼吸道传播。感染母猪可通过乳汁排毒感染哺乳仔猪。有研究报道，野鸟和猪场室内的苍蝇成为传播本病的媒介。

2. **流行** 本病发生和流行有明显的季节性，多见于冬季和初春，疫区多呈地方流行性，新发区可暴发流行。本病常可与产毒素的大肠杆菌、猪流行性腹泻病毒或猪轮状病毒发生混合感染。

［临床症状与病理变化］

1. **临床症状** 潜伏期仔猪为12～72h，成年猪为2～4d。

临床表现因猪龄大小而异，仔猪的典型症状是呕吐，水样腹泻，粪便呈黄色、绿色或白色，常含有未消化的凝乳块。随即脱水，体量迅速下降，10日龄以内哺乳仔猪2～7d死亡。3周龄以上的哺乳仔猪多数可存活，但生长缓慢。

育肥猪或成年猪临床症状较轻，表现减食，腹泻较轻，消瘦，偶有呕吐，哺乳母猪泌乳减少，很少发生死亡。

地方流行性猪传染性胃肠炎的猪场发生猪传染性胃肠炎时，由于猪群中相当一部分猪有过该病病史或亚临床感染，已有不同程度的抗猪传染性胃肠炎的感染能力，因此发生本病时，发病率和死亡率相对较低，临床症状相对较轻。

2. **病理变化** 本病主要病理变化在小肠和胃，从胃到直肠呈现卡他性炎症为特征。剖检时可见胃肠充满凝乳块。小肠充满黄绿色泡沫样液体，肠壁变薄，呈半透明状。空肠黏膜可见肠绒毛萎缩心、肺、肾一般无明显病变。

组织学变化主要以空肠为主，特征是肠绒毛萎缩变短，回肠变化稍轻微。

电子显微镜观察，可见小肠上皮细胞的微绒毛、线粒体、内质网以及其他细胞器发生变化。在细胞质空泡内有病毒粒子存在。

［诊断与检疫技术］

1. **初诊** 根据临床症状及病理变化可做出初步诊断，确诊需进一步做实验室检测。

2. **实验室检测** 在国际贸易中，尚无指定诊断方法，替代诊断方法有病毒中和试验（VN）、酶联免疫吸附试验（ELISA）。

实验室检测进行病原鉴定和血清学检测。

被检材料的采集：通常采取粪便或小肠。病变小肠是分离病毒的首选样品，采集时应先将小肠两端扎住以保留小肠中的内容物，或以肠腔表面黏膜触片采样。因病毒对热敏感，样品应选择刚死亡的仔猪采集，待检样品应新鲜或冷藏保存。

血清学诊断可采集病猪的急性期（发病初期）和恢复期的双份血清。

（1）病原鉴定　可通过组织培养、荧光抗体试验（FAT）、间接血凝试验（RPHA）、酶链免疫吸附试验（ELISA）、放射免疫试验（RIA）、DNA探针杂交、电镜观察和特异性病毒RNA检测等方法分离和鉴定病毒。

①病毒分离鉴定：用于本病毒分离的细胞是原代或继代（二代）猪肾细胞、猪甲状腺细胞、猪睾丸细胞（ST）。初代培养物未必产生细胞病变（CPE），须连续盲传几代次才有可能出现较明显的细胞病变。

细胞培养物分离到的病毒可用血清中和试验鉴定；也可用免疫荧光试验或免疫电镜（IEM）或常规电镜（EM）方法检查病毒抗原；还可用反转录聚合酶链式反应（RT-PCR）或特异性cDNA探针鉴别分离株。如果使用单克隆抗体则可同时将TGEV与其他肠道病毒鉴别开来。

②病毒抗原检测：应用间接或直接免疫荧光试验或免疫组织化学法可以检查小肠上皮细胞中的TGEV抗原。

方法是：取腹泻早期的病猪空肠和回肠的刮取物作涂片或以这段肠管做冰冻切片，进行直接或间接荧光染色，然后用缓冲甘油封裱，在荧光显微镜下检查，见上皮细胞及沿着绒毛的胞质膜上呈现荧光者为阳性。此法快速，可在2～3h内报告结果。采取猪只扁桃体组织，做成冷冻切片，进行直接免疫荧光法检测TGE病毒抗原，可以迅速做出判断，已应用于疫病普查和口岸检疫。

也可用酶链免疫吸附试验（ELISA）检测粪便样品中的病毒抗原。即采用捕获单克隆抗体和多克隆酶标抗体等双抗夹心法。其原理是以三种单克隆抗体捕获粪便样品的病毒抗原，其中两种对S蛋白（A、D抗原位点）特异，另一种对核蛋白N特异。

③病毒核酸鉴别试验：可采用原位杂交试验（ISH）和反转录聚合酶链式反应（RT-PCR）直接检测临床样品中的TGEV，还可鉴别猪呼吸道冠状病毒（PRCV）。两轮套式聚合酶链式反应可显著提高敏感性。以限制性内切酶法或基因测序法分析PCR产物，可以鉴别不同的TGEV毒株。双重反转录聚合酶链式反应（dRT-PCR）可同时检测TGEV和猪流行性腹泻病毒（PEDV）。

④电子显微镜检查：取感染猪的肠内容物、粪便，直接利用负染法观察病毒粒子形态。另外，也可用免疫电镜（IEM）技术，即用抗血清与被检抗原作用一定时间后，离心，取沉淀进行负染观察。此方法检测的敏感性更高，与免疫荧光试验方法相当。采用免疫电镜（IEM）比常规电镜（EM）法更准确，把血清学和形态学结合在一起，结果更可靠。

（2）血清学检测　当一个猪群需要检验其是否流行TGE时，可取2～6月龄猪的血清样品检测其抗体，因为处于此日龄段的猪只母源抗体已经消失，血清检测阳性则提示有TGEV流行。

猪只感染TGEV或PRCV，6～7d后即可检出血清抗体，该抗体可维持数月。病毒中和试验（VN）不适用于鉴别TGEV与PRCV感染，因为两者的中和抗体完全相同，但由于PRCV缺少一些TGEV所具有抗原决定簇，因此它们之间的非中和抗体存在着特异性差异。竞争酶链免疫吸附试验（C-ELISA）采用抗TGEV特异性抗原决定簇的单克隆抗体，可以检测血清中特异性抗TGEV抗体。在出口动物检验中，可采用单克隆抗体的ELISA方法鉴别TGEV或PRCV感染。

[防治与处理]

1. 防治　可采取以下一些措施：①坚持自繁自养、全进全出和多点式饲养，是控制本病的有效措施。②加强检疫，防止将潜伏期病猪或病毒携带者引入健康猪群，需要时可从无TGE或血清检测阴性的猪场引入，引入后要隔离、观察2～4周，证明无异常方可混群。对猪群加强饲养管理，注意防止猫、犬和狐狸等动物出入猪场；冬季避免成群留鸟在猪舍采食饲料；平时加强猪场的消毒卫生工作，严格控制外来人员进入猪场。③及时进行TGE疫苗免疫接种，目的是为了保护仔猪。通常对妊娠母猪于产前20～40d进行接种，仔猪出生后，从乳汁中获得保护性抗体。本疫苗用于主动免疫时，主要用于未接种TGE疫苗且受本病威胁猪群的仔猪，生后1～2日龄的仔猪即可进行口服接种，接种后4～5d产生免疫力。TGE疫苗有德国的IB-300疫苗株、匈牙利的CKP弱毒苗、美国的TGE-Vac株及日本的羽田株、H-5株和TO163弱毒株等。我国哈尔滨兽医研究所也培育成功了华毒株弱毒疫苗，同时又研制出了猪传染性胃肠炎与猪流行性腹泻二联疫苗（包括灭活疫苗和弱毒疫苗）。

2. 处理　猪场发生本病，应及时淘汰病猪，死猪要进行无害化处理，同时可用生石灰、碱性消毒剂或火焰对被污染的猪舍、场地、用具进行严格彻底消毒。封锁或限制人员来往。对那些尚未感染的妊娠母猪或青年母猪，可用弱毒疫苗实施紧急预防接种，以保护即将出生的仔猪免受威胁。

二、猪流行性感冒

猪流行性感冒（swine influenza, SI）简称猪流感，是由猪流感病毒引起猪的一种急性、高度接触性传染病。以突然发病、迅速蔓延和迅速康复为特征，临床表现为咳嗽、打喷嚏、流鼻涕、发热、嗜睡、和食欲减退。我国将其列为三类动物疫病。

[病原特性]

病原为猪流感病毒（Swine influenza virus, SIV），属于正黏病毒科（Orthomyxoviridae），甲型流感病毒属（Influenza virus A）成员。

典型病毒粒子呈球状，直径为80～120nm，平均为100nm。有囊膜，囊膜上分布有突起的纤突样糖蛋白血凝素（HA）和神经氨酸酶（NA）。病毒基因组为单股负链RNA，分8个节段。病毒的特异抗原主要为核蛋白（NP）、血凝素和神经氨酸酶，其中，NP为型特异抗原，只有A型流感病毒作为猪流感的病原具有临床诊断意义，而HA和NA则可以区分病毒亚型。抗原特征是病毒亚型划分和命名的依据。

该病毒根据其血凝素和神经氨酸酶蛋白可进一步分成许多亚型，在猪中最常分离到的有古典和类禽H1N1亚型，H3N2和H1N2重组亚型；其他血清亚型有H1N7、H3N1重组亚型，类禽H4N6、H3N3和H9N2亚型。

猪流感病毒主要存在猪上呼吸道的分泌物中，如鼻液、气管及支气管渗出物、肺和肺部淋巴结。

猪流感病毒对干燥和冰冻抵抗能力强，病料中的病毒在－70℃稳定，冻干可保存数年，60℃加热20min灭活，一般消毒剂，如碘溶液、酚、乙醚、福尔马林等均可将其灭活。

[分布与危害]

1. 分布　1918年在美国中北部地区发生本病流行，同年报道了该病的存在，并被认为与

1918—1919年的人类流感流行有关。1931年Shope首先分离到该病病原，并命名为猪流感病毒。随后，猪流感在世界范围内蔓延开来。1969年我国台湾省分离到猪流感A0型病毒，1981年德国发现由H1N1亚型病毒引起的猪流感。

2. 危害　由于本病发病急，传播快，发病高，几乎100%，而死亡很低，不足1%，但与人类流感有密切关系，故具有重大的公共卫生意义。

[传播与流行]

1. 传播　各个年龄、性别和品种的猪对猪流感病毒都有易感性。

传染源主要是病猪和带毒猪。猪流感病毒可通过隐性感染或慢性感染的猪在猪群中长期保留，当外界因素改变引起猪体应激时，可导致猪流感的暴发和流行，且在该猪场中很难从猪群中清除本病。

传播途径主要是经呼吸道感染，即猪只吸入被病毒污染的飞沫和粉尘颗粒而感染；也可与病猪或带毒猪直接接触，或接触其分泌物和渗出物而感染。

2. 流行　一年四季均可发生流行，但多发生于天气突变的晚秋、初冬和早春季节。发生猪流感时，分离到的病毒最常见的是H1N1、H1N2和H3N2亚型。它们在全世界的猪群中广泛流行。

此外，由于猪对禽源和人源流感病毒均易感，故猪称为生产新型流感病毒的"混合器"，猪、禽和人的流感病毒在猪体内得到重组。因此，通过基因重排，产生一种可以在人群中传播的新型流感病毒，例如，1918年暴发的世界性人类流感的大流行。

[临床症状与病理变化]

1. 临床症状　潜伏期较短，自然发病平均4d，人工感染为24～48h。发病急促，常突然发生，迅速波及全群（在第一头猪发病后的24h，猪群中多数猪只同时出现症状），病猪体温突然升高达40～41.5℃有时高达42℃、食欲减退或不食、扎堆、肌肉和关节疼痛、常卧地不愿起立。呼吸急促、腹式呼吸明显、常夹阵发性痉挛性咳嗽。眼流出水样泪液、流鼻涕。粪便干燥。如无继发感染，则病程短，2～6d可以完全康复。如果并发纤维素性出血性肺炎或肠炎等，病死率增加。

2. 病理变化　剖检可见喉、气管及支气管充满含有气泡的黏液，黏膜充血、肿胀，时而混有血液；肺部主要表现为间质增宽，常发生于尖叶和心叶；支气管淋巴结和纵隔淋巴结肿大、充血；脾轻度肿大；胃肠黏膜有卡他性炎症。

[诊断与检疫技术]

1. 初诊　根据流行特点、临床症状和病理变化，可做出初步诊断，确诊需进一步做实验室检测。

2. 实验室检测　进行病原鉴定和血清学试验。

被检材料的采集：分离病毒宜采集急性病猪的肺组织或出现临诊症状后24～72h病猪的鼻分泌物或咽部黏液拭子样品，置冷藏（非冻结）条件下送检。

（1）病原鉴定　由于猪流感病毒（SIV）是人类的潜在病原，因此操作感染组织和棉拭子样品、接种鸡胚和培养细胞等均应在二级生物安全柜中进行。

①病原培养。病原培养可采用细胞培养或鸡胚接种。

细胞培养：以Madin-Darby犬肾细胞（MDCK）为首选细胞系，亦可用原代猪肾细胞、猪睾丸细胞、猪肺细胞或猪气管细胞培养。

鸡胚接种：选10～11日龄鸡胚经尿囊腔或羊膜腔接种。方法是：采取的病料如系脏器（急性期肺组织），应选用pH在7.0～7.4的PBS［含青霉素（2 000IU/mL）、链霉素（2mg/mL）、庆大霉素（50μg/mL）和制霉菌素（1 000IU/mL）］，制成10%～20%（g/mL）的悬液；如系棉拭子样品（鼻部或咽部的黏液），置于含上述抗生素的PBS中。肺组织和拭子材料在4℃经1 500～1 900g离心15～30min，吸取上清液，收集上清液置于4℃保存直至接种，如上清液在24h内不用于接种，应置于−70℃保存。按尿囊腔和羊膜腔0.1～0.3mL接种，每个样品一般接种3～4枚胚。然后置35～37℃孵育72～96h，每天照胚，弃去24h内死亡的胚。冻存24h以后死亡的胚，收集尿囊液和羊水，在4℃以1 500～1 900g离心10～20min，用血凝试验判定是否有猪流感病毒存在。如为阴性，可再次盲传。如果盲传3代，仍检测不到血凝活性，则判为阴性，如果有血凝活性可进行分离病毒的鉴定，以分离病毒作为抗原用已知的各亚型毒株的免疫血清进行血凝抑制试验（HI），对分离病毒进行分型。

②定型试验：对细胞培养或鸡胚接种分离到的病毒株进行定型试验，可采用血凝抑制试验（HI）和神经氨酸酶抑制试验（NI）对分离株定型。

③免疫学试验：常采用以下一些方法：

荧光抗体试验（FAT）：此试验用于组织切片样品、玻片样品或以96孔平板培养的感染细胞单层样品检测。

免疫组化试验（IHC）：此试验用于检测经福尔马林固定、石蜡包埋肺组织切片样品中的猪流感病毒。

抗原捕获酶联免疫吸附试验（AC-ELISA）：此试验用于检测肺组织和鼻拭子样品中的猪流感病毒。

反转录聚合酶链式反应（RT-PCR）：可用于猪流感诊断。

（2）血清学试验　猪流感病毒抗体检测主要血清学试验有血凝抑制试验（HI）。疑似猪应隔10～21d进行两次（急性期和恢复期）采血，分离出血清抗体进行检测，当第二次血清抗体滴度超过第一次血清抗体滴度的4倍或4倍以上时，即可判为猪流感病毒感染。HI试验一般选用鸡和豚鼠的红细胞，在进行HI试验时应注意排除被检血清中非特异抑制因子的干扰。

此外，还有病毒中和试验（VN）、琼脂免疫扩散试验（AGID）、酶联免疫吸附试验（ELISA）等，用于检测猪流感病毒的抗体，但不常用。其中AGID对大范围的流行病学调查较实用。

3. 鉴别诊断　本病应与猪繁殖与呼吸综合征、猪伪狂犬病、猪呼吸道冠状病毒感染、猪传染性胸膜肺炎和猪支原体病相鉴别。

［防治与处理］

1. 防治　可采取以下一些措施：①防止易感猪与感染流感的禽类、鸟类等动物或患有流感的饲养人员接触。②加强饲养管理，补充含有维生素的饲料，保持新鲜清洁的饮水。注意防寒保暖，圈舍保持清洁、干燥，猪舍进行定期消毒，对铺垫的干草，可用5%～10%火碱水定期消毒。③不要在寒冷多雨的季节长途运输猪群。④对疫区，确诊猪流感病毒亚型后，可选用与流行株属于同一亚型的流感疫苗进行预防接种。目前市场上的疫苗主要是含H1N1和/或H3N2的灭活全病毒疫苗和裂解疫苗，此苗接种后，对同一血清型的猪流感病毒感染有较好的预防作用。一般用猪流感疫苗对猪进行二次接种。

2. 处理　发生本病时，应立即隔离治疗，一般选择对症治疗药物和控制继发感染的药物来控制本病。

三、猪副伤寒

猪副伤寒（paratyphus swine）又称猪沙门氏菌病（swine salmonellosis），是由沙门氏菌属细菌引起猪的一种传染病，主要表现为败血症和肠炎，有时发生脑膜炎、卡他性或干酪性肺炎、关节炎。我国将其列为三类动物疫病。

[病原特性]

病原主要有猪霍乱沙门氏菌（*S. choleraesuis*）和鼠伤寒沙门氏菌（*S. typhimurium*），均属于肠杆菌科（Enterobacteriaceae）沙门氏菌属（*Salmonella*）成员。

其他病原菌还有猪伤寒沙门氏菌（*S. typhisuis*）、肠炎沙门氏菌（*S. enteritidis*）等。

沙门氏菌为革兰氏阴性菌，呈直杆状，不形成芽孢，大部分有鞭毛，能运动。在普通培养基上能生长。沙门氏菌能分解葡萄糖、麦芽糖、甘露醇、山梨醇，产酸产气，不分解乳糖。猪伤寒沙门氏菌不发酵甘露糖，猪霍乱沙门氏菌不发酵阿拉伯糖和海藻糖。

沙门氏菌具有O、H、K（又称Vi）和菌毛4种抗原。其中O和H抗原是其主要抗原，依据不同的O和K抗原和H抗原分为不同血清型。其中O抗原又是每个菌株必有的成分。目前已发现的沙门氏菌有A、B、$C_1 \sim C_4$、$D_1 \sim D_3$、$E_1 \sim E_4$、F、$G_1 \sim G_2$、H～Z和$O_{51} \sim O_{63}$及$O_{65} \sim O_{67}$共计51个O群，58种O抗原，63种H抗原。用已知沙门氏菌O和H单因子血清做玻板凝集试验，可确定一个沙门氏菌分离株的血清型。血清型表示方法是O抗原：第1相H抗原：第2相H抗原。例如，猪霍乱沙门氏菌血清型为6,7：c：1,5，即表示该菌具有O抗原6和7，第1相H抗原为C，第2相H抗原为1和5。目前，本菌至少有2 500个血清型。

本菌可以在感染动物的粪便中长期存活。尽管在潮湿、堆积的粪便中沙门氏菌的死亡速度会随着升温而加快，但仍可存活3～4个月。猪霍乱沙门氏菌在干燥粪便中至少存活13个月。粪水曝气是消灭沙门氏菌的有效方法，曝气2d可杀灭90%的沙门氏菌。沙门氏菌在污染的土壤中可存活30d至1年左右。对各种化学消毒剂的抵抗力也不强，常规消毒药及其常用浓度均能达到消毒的目的。

[分布与危害]

1. 分布　早在1886年Salmon和Smith两人分离出猪霍乱沙门氏菌，1888年Gaertner发现了肠炎沙门氏菌，1892年Loefler发现了鼠伤寒沙门氏菌。世界各国的猪场都有不同程度的分布。

2. 危害　该病原多种血清型属于人兽共患病原菌，对动物和人的健康构成了严重的威胁，不仅能引起猪生产性能下降或死亡，而且因人食用污染的食品，可导致食物中毒和相应的食源性疾病。所以对人类食品安全也造成一定的威胁。

[传播与流行]

1. 传播　本病主要侵害6月龄以下仔猪，尤以6～12周龄的断奶仔猪易发。6月龄以上仔猪很少发病。

传染源主要是病猪和带菌猪。病猪从粪、尿、乳汁以及流产的胎儿、胎衣和羊水排菌。传播途径主要经消化道感染，交配或人工授精也可感染，在子宫内也可能感染。

另据报道，健康畜带菌（特别是鼠伤寒沙门氏菌）相当普遍，当受外界不良因素影响以及动物抵抗力下降时，常导致内源性感染。

2. 流行　本病一年四季均可发生，多雨潮湿季节更易发。在猪群中一般散发或呈地方流行。环境污秽、潮湿、棚舍拥挤、粪便堆积、饲料和饮水供应不及时等应激因素易促进本病的发生。

［临床症状与病理变化］

1. 临床症状　在临床上，分为败血性沙门氏菌病和结肠炎型沙门氏菌病。

（1）猪霍乱沙门氏菌病　本病主要危害5月龄内的断奶仔猪，偶尔见于哺乳仔猪、育肥猪和出栏猪。通常由猪霍乱沙门氏菌引起。

潜伏期短的为数天，长的可达数月，与猪体抵抗力及细菌的数量、毒力有关。

临床上可分为急性型、亚急性型和慢性型。

急性型：又称败血型，病猪体温体温突然升高（41～42℃），精神沉郁，厌食，下痢，呼吸困难，耳根、胸前和腹下皮肤有紫斑（图7-4）。有时出现临床症状后24h内死亡。多数病程1～4d。

亚急性和慢性型：为常见病型，病猪体温升高（40.5～41.5℃），寒战，喜钻垫草。眼有黏性或脓性分泌物。初便秘后腹泻，排灰绿色或淡黄色恶臭粪便。病猪消瘦，被毛粗乱，皮肤有弥漫性湿疹。病程持续可达数周，终至死亡或成为僵猪。

（2）鼠伤寒沙门氏菌病　本病最常在断奶后至大约4月龄猪发生，临床上有急性的或慢性的。通常由鼠伤寒沙门氏菌引起。

以腹泻为主要特征。初期症状为黄色水样腹泻，不含血液或黏液。几天之内同群中多数发病，可在几周内复发2～3次。有时粪便带血。采食减少，并出现与腹泻的严重程度和持续时间对应的脱水。病猪的死亡率一般较低。纯系种猪群有时可发生异常高的死亡率。多数猪在临床上完全康复，成为带菌猪能间歇性排菌达5个月。少数猪可能成为僵猪。

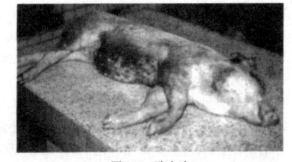

图7-4　败血症
（引自毕玉霞，《动物防疫与检疫技术》，化学工业出版社，2009）

2. 病理变化

（1）猪霍乱沙门氏菌病

①急性型：以败血症的病理变化为特征。全身浆膜、黏膜（喉头、膀胱等处）有出血斑。脾肿大，坚硬似橡皮，切面呈蓝红色，脾髓质不软化。肺变硬，具弹性，弥漫性充血，常伴有小叶间水肿及出血。肠系膜淋巴结索状肿大，全身其他淋巴结也不同程度肿大，切面呈大理石样。肝、肾有不同程度肿大、充血和出血。肝实质可见到坏死灶。胃肠黏膜可见急性卡他性炎症。

②亚急性和慢性型：以坏死性肠炎为特征，多见盲肠、结肠，有时波及回肠后段。肠黏膜上覆有一层灰黄色腐乳状物，强行剥离则底部露出红色、边缘不整的溃疡面。如滤泡周围黏膜坏死，常形成同心轮状溃疡面。肠系膜淋巴结索状肿，有的有干酪样坏死。脾稍肿大，呈网状组织增殖。肝有时可见灰黄色坏死点。

（2）鼠伤寒沙门氏菌病　腹泻的猪，特征性病变为局部或弥散性坏死性小肠炎、结肠炎和盲肠炎。盲肠、结肠有时波及回肠后段，肠壁增厚，黏膜上覆盖一层弥漫性、坏死性灰黄色细胞残骸。结肠和盲肠内容物被少量胆汁所染色，混有黑色或沙子样坚硬物质。淋巴结特别是回盲淋巴结高度肿胀、湿润。

[诊断与检疫技术]

1.初诊　根据流行特点、临床症状和病理变化可做出初步诊断，确诊需进一步做实验室检测。

2.实验室检测　进行病原检查、血清学检查和分子生物学检测。

被检材料的采集：采取病畜的脾、肝、心血或骨髓，以供检测用。

（1）病原检查　采取脾或肝脏和心血以及骨髓作细菌分离鉴定。血液应先接种胆汁肉汤增菌；其他样品可直接接种选择性培养基。37℃经18～24h培养后，挑选无色半透明的不发酵乳糖的菌落制作涂片、染色、镜检，并接种双糖含铁或三糖含铁培养基。疑为沙门氏菌时，做生化反应和用特异抗血清进行玻片凝集试验鉴定。主要沙门氏菌生化特性见表7-6。

表7-6　主要沙门氏菌的生物特性

菌落	葡萄糖	乳糖	麦芽糖	甘露醇	蔗糖	硫化氢	鼠李糖	吲哚	MR	VP	枸橼酸盐	卫矛醇	赖脱氨羧酸酶	鸟脱氢羧酸酶	木糖	阿拉伯糖
伤寒杆菌	+	-	+	+	-	-/+	-	-	+		+/-	+	-		+/-	+/-
甲型副伤寒杆菌	⊕	-	⊕	⊕	-	-/+	⊕	-	+		-	⊕	-	+	-	⊕
乙型副伤寒杆菌	⊕	-	⊕	⊕	-	+++	⊕	-	+		+/-	⊕	+	+	⊕	⊕
丙型副伤寒杆菌	⊕	-	⊕	⊕	-	+	⊕	-	+		+	⊕	+	+	⊕	⊕
鼠伤寒杆菌	⊕	-	⊕	⊕	-	+++	⊕/-	-	+		+	⊕	+	+	⊕/-	⊕
肠炎杆菌	⊕	-	⊕	⊕	-	+++	⊕	-	+		+	-	+	+	⊕	⊕
猪霍乱杆菌	⊕	-	⊕	⊕	-	+/-	⊕	-	+		⊕/-	+	+	+	-	-

（引自中国农业科学院哈尔滨兽医研究所，《动物传染病学》，中国农业出版社，2008）

（2）血清学检查　有凝集试验和酶联免疫吸附试验（ELISA）。

①凝集试验：取一张洁净玻片，取一滴沙门氏菌多价O血清（95%以上的沙门氏菌分离株属于A～F群）至玻片上，用接种环挑取疑似为沙门氏菌的纯培养物少许，与玻片上的多价O血清混匀，再稍动玻片，若在2min内出现凝集现象，即可初步确定该菌为沙门氏菌。

②ELISA：该技术有较高的灵敏度，样品经增菌后可在较短时间内检出。主要原理是包被已知的抗体或抗原，通过抗原-抗体反应以及通过酶标记技术将不可见的反应转换为可测定的数据，可用于目的抗原或抗体的直接检测。抗沙门氏菌各种O抗原、H抗原的单抗技术的成熟发展，可取代常规因子血清进行血清学鉴定。以此基础，应用沙门氏菌属特异性单克隆抗体建立了检测沙门氏菌的直接ELISA方法。大量试验数据表明，单抗直接法灵敏度高、特异性强，可避免人为因素造成的假阴性，且能在短时间内快速筛除大量的阴性样品，检测周期短，且不需要昂贵仪器，

易于操作，适于临床使用。

（3）分子生物学检测　有PCR和核酸探针检测技术，可用于沙门氏菌的快速检测。

①PCR检测技术：PCR检测技术检测沙门氏菌的特异性，取决于所选择的扩增靶序列是否为沙门氏菌高度保守区域。而靶序列的选择和引物的设计对于能否特异的检测至关重要。目前报道的沙门氏菌PCR检测很多，例如，*rfbS*基因用于S群和A群沙门氏菌O抗原的检测，*rfbJ*基因用于B群和C2群沙门氏菌O抗原的检测，*rfbE*基因用于伤寒沙门氏菌O抗原的检测，*ViaB*基因用于沙门氏菌Vi抗原的检测等。

②核酸探针：目前检测沙门氏菌的属特异探针已从鼠伤寒沙门氏菌E23 566菌株染色体DNA克隆成功，并用于检测食品中的沙门氏菌。

［防治与处理］

1. 防治　可采取以下一些措施：①平时坚持自繁自养，严防传染源的侵入。②加强饲养卫生管理，消除发病原因，喂给全价优质饲料，防止突然更换饲料。不可宰杀病猪食用，以免污染环境和引起食物中毒。对饮水、饲料等要严格兽医卫生管理。③对仔猪实施免疫。一般应用本群和当地分离的菌株制成的单价灭活疫苗效果好，而用灭活多价苗其效果多不理想。现在多用猪霍乱沙门氏菌C500弱毒冻干疫苗口服效果较好。

2. 处理　发生本病后，病猪应隔离治疗。可用抗生素药物（最好进行药敏试验，选择敏感药物）。早期治疗效果好，治疗目的在于控制其临床症状降到最低程度。对同群猪应紧急预防注射疫苗或进行药物预防。同时猪舍及运动场和用具要进行消毒，防止猪的移动。治愈的猪，有很多为带菌者，不要和无病猪群放在一起。

慢性病猪，愈后多发育不良，且有传播疾病风险，在集约化养猪场应淘汰处理。

病死猪要进行无害化处理，不可食用，以防食物中毒。

四、猪密螺旋体病

猪密螺旋体病（swine dysentery，SD）根据病原应称为猪短螺旋体痢疾，又称猪痢疾、猪血痢、黑痢、黏液出血性腹泻，是由致病性猪痢短螺旋体引起猪的一种危害严重的肠道传染病。临床表现为消瘦、腹泻、黏液性或出血性腹泻。病理学特征为大肠黏膜发生卡他性出血性炎症，有的发展为纤维素性坏死性炎症。我国将其列为三类动物疫病。

［病原特性］

病原是猪痢短螺旋体（*Brachyspira hyodysenteriae*），属于螺旋体目（Spirochaetales）短螺旋体科（Brachyspiraceae）短螺旋体属（*Brachyspira*）成员。此前，该病原曾先后归类于蜜螺旋体属和蛇形螺旋体属。

猪痢短螺旋体呈疏松、规则的螺旋形，长6～8.5μm，直径为0.32～0.38μm，多为4～6个弯曲，两端尖锐，形如双燕翅状。革兰氏染色呈阴性，苯胺染料和姬姆萨染液着色良好，组织切片一般常用镀银染色法染色。新鲜病料中的细菌在暗视野显微镜下可见活泼的螺旋体活动。

猪痢短螺旋体的培养条件比一般细菌苛刻。常用胰酶大豆琼脂或含5%～10%脱纤血（通常为绵羊血或牛血）胰酶大豆琼脂平板，在固体培养基上，菌落细小，中心较干燥，呈半透明的扁平状，有时周围亦可呈云雾状。在38℃于鲜血琼脂上培养4～6d，有明显的β型溶血环。

猪痢短螺旋体的菌体有两种抗原成分，一种是蛋白质抗原，为种特异性抗原，可与猪痢疾短螺旋体的抗体发生沉淀反应；另一种是脂多糖（LPS）抗原，为型特异性抗原。根据LPS差异可将猪痢疾短螺旋体分离株分为9个血清群，每一群可能含有几个不同的血清型。到目前为止，未见不同血清型之间有毒力差异的报道。

猪痢短螺旋体对外界的抵抗力较强，在粪便中5℃时可存活61d，25℃能存活7d，在土壤中4℃能存活102d，－80℃能存活10年以上。对热和干燥敏感。对消毒剂抵抗力不强，可被普通浓度的过氧乙酸、克辽林、来苏儿和氢氧化钠迅速杀死。

［分布与危害］

1. **分布**　1921年，Whiting等首次报道后，直到1971年才明确本病的病原为猪痢疾短螺旋体。目前已遍及世界主要养猪国家。我国自1978年10月在进口的美国种猪中首次确诊了本病。1979—1985年，先后在山东、宁夏、福建等省（自治区）发生，本病在我国已较为普遍存在，到目前为止已有20余个省份发生。

2. **危害**　本病在猪群中发病率和病死率较高。一般发病率约75%，病死率5%～25%，已成为猪的重要传播病之一。病猪生长发育受阻，耗料增加，给养猪业造成较大经济损失。

［传播与流行］

1. **传播**　猪和野鼠为本菌的贮主。传染源主要是病猪和带菌猪。该病仅引起猪发病，各种品种和年龄的猪均易感染，但以7～12周龄猪发病较多。本菌存在于感染猪的病变肠段黏膜、肠内容物及粪便中。无症状的带菌猪可经粪排菌3个月之久。本菌随粪便排出污染周围环境，经口传染，污染的饲料、饮水、用具、人员、动物及环境等间接传染。猪场的犬可因食猪粪而传播本菌。

2. **流行**　本病流行无明显季节性。流行经过比较缓慢，持续时间长，一旦传入可持续反复发生，不易根除，可长期危害猪群。各种应激因素（饲养管理不当、饲料不足、阴雨潮湿、气候多变、拥挤、饥饿等）可促进本病的发生和流行。

［临床症状与病理变化］

1. **临床症状**　潜伏期为3d至3个月左右，自然感染平均为1～2周。暴发初期多呈最急性型，随后以急性和慢性为主。

最急性型：剧烈腹泻，排便失禁，迅速脱水，消瘦而死亡。

急性型：病猪体温升高达40～40.5℃，食欲减少，粪便变软，表面附有条状黏液。以后迅速腹泻，粪便黄色柔软或水样。较严重者粪便充满血液和黏液。病猪拱背，有时呈现腹痛症状。随着病程的发展，病猪脱水、渴欲增加，消瘦，起立无力，衰弱，最后死亡。病程1周左右。

慢性型：病情较轻，下痢、粪带黏液及坏死组织碎片较多，血液较少，病程较长。进行性消瘦，生长发育不良，病死率低，部分康复猪过一段时间还可复发。病程在1个月以上。

2. **病理变化**　剖检明显的特征是，病变主要在大肠和回盲结合部。急性期的典型变化是卡他性出血性肠炎，大肠壁和肠系膜充血和水肿，肠系膜淋巴结可能肿大，浆膜上出现白色或稍凸起的病灶。病程稍长时，大肠黏膜肿胀，皱褶基本消失，进一步坏死，被黏液和带有血液的纤维素覆盖，形成假膜。剥去假膜则露出浅表糜烂面。其他脏器无明显变化。

组织病理学变化表现在早期肠黏膜上皮与固有层分离，露出微血管形成出血灶，其周围有大量嗜中性白细胞积聚。晚期，病损黏膜表层发生坏死，黏膜完整性受到不同程度的破坏，形成伪膜。在黏膜表面和腺窝内可见到数量不一的猪痢疾短螺旋体。

［诊断与检疫技术］

1. 初诊　根据流行特点、临床症状和病理变化可做出初步诊断，确诊需进一步做实验室检测。

2. 实验室检测　进行病原鉴定和血清学检测。

被检材料的采集：诊断样品宜采取未治疗的急性病例结肠黏膜和粪便。

慢性或亚临床猪，需采集大量粪便样品或直肠拭子进行群体诊断。

屠宰猪可采集血清样品进行抗体诊断。

（1）病原鉴定

①抹片直接镜检：取急性病猪的新鲜粪便（含黏液）或直肠拭子，或刮取病变的结肠黏膜直接抹片，干燥，火焰固定，用结晶紫或稀释碱性复红染色3～5min，水洗吸干，镜检时每份样品应制作2张，油镜或暗视野显微镜检查，每片最少观察10个视野，如发现多量猪痢疾短螺旋体（≥3条/视野）。可作为诊断依据。此镜检法对急性病例后期、慢性型、隐性型及用药后的病例检出率低。

②组织切片镜检：按常规将病变大肠段（盲肠、结肠和直肠前段）制成石蜡切片，用结晶紫或姬姆萨染色镜检。若在黏膜表面特别是在结肠腺窝内见到聚集不同数量的类似猪痢疾短螺旋体，多时密集如网状，可作初步判断。

③病原分离和鉴定：采集新鲜粪便、直肠拭子可置于0.5mL（0.01moL/L pH7.2）灭菌的磷酸盐缓冲液中，密封后0～4℃保存，3d内进行分离培养检验。对于病死猪或扑杀猪，可将大肠（盲肠、结肠和直肠前段）分段两头结扎（每段10cm），分离取出，样品置4℃保存不超过5～7d。分离培养基多采用特殊的选择性分离培养基，即含壮观霉素（400μg/mL）和5%～10%牛或马血的胰胨大豆琼脂。常用直接划线或稀释接种法，置厌氧容器内（一个标准大气压条件下），H_2和CO_2的比例为80：20（以冷钯为触媒），在38～42℃中培养24～48h，每隔2d检查一次，最长培养要达到6d。当培养基上出现无菌落的β型溶血区时，即表明可能有猪痢短螺旋体生长，从β型溶血环中选择菌落检查，确定为螺旋体后，再进行纯培养，一般经2～4代后即可纯化。

进一步鉴定可作肠致病性试验（口服感染试验猪和结肠结扎试验）。选用口服感染试验猪方法是：将分离纯化的菌株（需用10代以内的菌株，因10代以上的菌株毒力逐渐减弱）按25亿～50亿/头胃管投服预先禁食48h的10～12周龄健康仔猪，连服2d，每天1次，观察30d，若有50%的感染猪发病，即表示该菌株有致病性。本试验也可选用小鼠或豚鼠试验。结肠结扎试验，此方法是：选用10～12周龄猪2头，停食48h后，用外科方法暴露结肠袢，将空肠内容物排空后，每隔5～10cm将结肠作一双重结扎，共计8～12段。每一段肠内可注入一种待检菌悬液5mL（内含5亿个菌株），其中一段为生理盐水对照。将另一头猪结肠作反方向注射，接种完毕后闭合腹壁，禁食，经3d扑杀，检查各肠段反应。如肠段内渗出液增多（3～70mL），内含黏液、纤维素和血液，黏膜肿胀、充血、出血，抹片镜检有大量的短螺旋体，则为致病菌株，非致病性菌株肠段和对照肠段无上述变化。也可用PCR的方法进行病原体的快速鉴定。

由于猪痢短螺旋体的非致病性菌株以及无害短螺旋体（*B. innocens*）（以前称为 *Treponema*

innocens 或 *S. innocens*，即无害密螺旋体或无害蛇形螺旋体）的存在，使本病的确诊复杂化，应注意加以区别（表7-7）。

表7-7　致病性螺旋体与非致病性螺旋体的主要区别

区别项目 螺旋体	溶血类型	致病性	发酵果粮	产生靛基质	与特异性抗血清反应	
					抗无害短螺旋体	抗猪痢疾短螺旋体
猪痢疾短螺旋体 （*B. hyodysenteriae*）	强β型	有	—	+	—	+
无害短螺旋体 （*B. innocens*）	弱β型	无	+	—	+	—

（引自中国农业科学院哈尔滨兽医研究所，《动物传染病学》，中国农业出版社，2008）

（2）血清学检测　血清学检测有凝集试验（试管法、玻片法、微量凝集），免疫荧光试验、间接血凝试验、酶联免疫吸附试验。其中以凝集试验和酶联免疫吸附试验具有较好的应用价值，主要用于猪群检疫和综合诊断。这些方法一般采用全细菌蛋白和脂多糖作为抗原，但全细菌蛋白抗原容易造成假阳性，而脂多糖则容易出现假阴性。

①凝集试验：生产实践中常用的凝集试验为显微凝集试验和微量凝集试验。

显微凝集试验方法：将被检血清灭活，做8～256倍系列稀释，分别加入等量灭活抗原，于22～37℃感作2h，在显微镜下观察时，出现50%凝集的血清最高稀释度大于或等于32倍为阳性。

微量凝集试验方法：先将被检血清用含有1%兔（或胎牛）血清的磷酸盐缓冲液作10倍稀释，于56℃灭能30min。然后在微量板上每排第1、2孔每孔加入10倍稀释被检血清50μL，第2至6孔每孔加入磷酸缓冲液50μL。从第2孔开始血清作倍比稀释至第5孔（稀释倍数为160倍），最后弃去50μL混合液。每孔加50μL抗原。第6孔为抗原对照。设阴、阳性血清对照。轻微振荡后，置38℃中，经18～24h后观察结果。结果判定：根据反应板底部凝集（呈盾状）或不凝集（呈圆点状）判定凝集滴度。血清效价判定，以引起50%菌体凝集的血清最高稀释度表示。本试验猪群的抽样比例在10%以上，计算几何平均滴度（XG），如XG≥40倍为感染猪群。由于微量凝集试验的影响因素较多，本试验只作为感染猪群综合诊断中的一项参考指标。

②ELISA：以热酚法提取Ⅰ型及Ⅱ型菌体多糖抗原进行包板，并按常规方法做酶联免疫吸附试验，检测血清抗体滴度。试验证明，此法比微量凝集试验敏感。

ELISA可用于感染畜群检测，但不适宜个体诊断。

3.鉴别诊断　本病应与以下几种病相区别。

猪增生性肠炎：主要侵害小肠。病原为胞内劳森菌（*Lawsonia intracellularis*），在小肠上皮细胞内有该菌的存在。

仔猪伤寒：实质器官和淋巴结有出血和坏死，尤其脾肿大，呈暗蓝色、坚硬似橡皮、切面呈蓝红色。小肠内可发现黏膜病理变化。病原是沙门氏菌，从小肠或其他实质器官中可分离出该菌，而大肠内无猪痢疾短螺旋体。

仔猪黄痢和仔猪白痢：发病年龄较早，仔猪黄痢为7日龄以内的仔猪；仔猪白痢为14～21日龄的仔猪。病原为大肠杆菌的不同菌型。

仔猪红痢（梭菌性肠炎、传染性坏死肠炎）：发病年龄为1～3日龄仔猪，一周龄以上仔猪很少发病。还可感染绵羊、马、牛、鸡、兔、骆驼和鹿等。最具特征性病理变化在空肠，有时波及回肠。病原为产气荚膜梭菌。

猪传染性胃肠炎：多为2周龄以下的仔猪最易感，水样腹泻。病理变化在胃和小肠，胃内充满凝乳块，胃黏膜充血和出血，小肠内容物为黄绿色液体，含有凝乳块，肠管扩张呈半透明状。病原为猪传染性胃肠炎病毒，在小肠上皮细胞的细胞质空泡内有该病毒粒子的存在。

猪流行性腹泻：病猪有呕吐，病理变化只限于小肠，肠管变薄，外观明亮，肠管内有淡黄色液体或带有气体。病原为猪流行性腹泻病毒。

猪轮状病毒感染：各幼龄动物（犊牛、仔猪、羔羊、犬、幼兔、鹿、猴、羚羊、鸡和火鸡）及婴幼儿感染，腹泻，呈液状，灰黄色乃至灰黑色。病原为轮状病毒，感染局限于小肠上皮细胞。病理变化局限消化道。组织学检查可见小肠绒毛缩短变宽。

[防治与处理]

1. 防治　目前尚无预防猪痢疾疫苗，主要采取综合性防治措施，可采取以下一些措施：①无本病病史的猪群，为防止本病的侵入，应实施自繁自养，实行"全进全出"的育肥制度。引进种猪时，应选自无本病的猪肠，同时进行隔离检疫，定期观察至少1个月，确证健康后才可使用。②平时注意卫生管理和消毒防疫工作，及时清扫圈舍和粪便的无害化处理，保持猪舍干燥，做好防蝇灭鼠工作。③对有本病的猪场，虽然对发病猪进行药物治疗，对易感猪群实施药物预防，可达到减少发病和死亡，但难以彻底扑灭本病。因此，可考虑通过无菌剖宫产仔，培育健康猪群，淘汰原有猪群。同时采取兽医卫生管理制度，以达到根除本病的目的。④应用疫苗预防。近几年来，英国、澳大利亚、美国已研制疫苗用于预防本病，而我国尚未使用疫苗。

2. 处理　猪群中发现本病，应全群淘汰，经彻底清扫和消毒，并空圈2～3个月后再由无病猪场引进新猪。

第六节　禽　病

一、鸡病毒性关节炎

鸡病毒性关节炎（viral arthritis）又称病毒性腱鞘炎及滑液囊炎，是由不同血清型及致病型的禽呼肠孤病毒引起的鸡或火鸡的一种传染病。以跛行、关节炎、腱鞘炎、腓肠肌肌腱断裂为特征。本病常发生于肉鸡，也可发生于商品蛋鸡和火鸡。我国列为三类动物疫病。

[病原特性]

病原为禽呼肠孤病毒（Avian reovirus，ARV），属于呼肠孤病毒科（Reoviridae）刺突呼肠孤病毒亚科（Spinareovirinae）正呼肠孤病毒属（Orthoreovirus）成员。

病毒粒子有一个直径为45nm的核心，外层包有双层的核衣壳，病毒总的直径为70～80nm，呈正二十面体等轴排列，无囊膜。病毒基因组为双股RNA。病毒的合成与成熟发生在细胞质内，可形成包涵体。本病毒缺乏多种动物红细胞的凝集特性，故有别于其他动物的呼肠孤病毒。

病毒在鸡胚肾细胞、肺细胞、成纤维细胞、幼龄仓鼠肾细胞、鸭胚成纤维细胞中均可增殖，其中以2～6周龄的鸡肾细胞中增殖最为良好，并形成合胞体。感染后18h可出现细胞病变

（CPE），病变细胞出现空泡、萎缩和坏死，60h后全部崩溃。

通过接种鸡胚卵黄囊或尿囊膜，可分离到病毒。经鸡胚卵黄囊接种后5～7d，引起胚胎死亡，表现全身充血、出血、胚体萎缩，剖检可见肝肿大、脾有坏死灶。经鸡胚尿囊膜接种，在尿囊膜上形成小的坏死斑。病毒经3周龄雏鸡的跗部接种后48h，在跗关节滑膜下成纤维细胞质中可见到包涵体。病毒对鸡以外的动物不感染。

目前分8个血清型，其中鸡的有4个血清型，番鸭2个，鹅和火鸡各1个，各型间有共同的群特异抗原。不同毒株的呼肠孤病毒在抗原性和致病性上存在差异，但各毒株之间具有共同的群特异性抗原。根据中和试验可将禽呼肠孤病毒分为11个血清型。

本病毒对外界环境的抵抗力较强。对热有抵抗力，在卵黄中的病毒可抵抗60℃ 8～10h、56℃ 22～24h、37℃ 15～16周、4℃ 3年、−20℃可存活4年以上。对乙醚不敏感，对氯仿轻度敏感，对2%来苏儿、3%甲醛溶液有抵抗力，但70%乙醇和0.5%有机碘可使其灭活。

［分布与危害］

1. 分布　本病首发于美国、英国和加拿大（1944—1963）。1954年Fahey等首次从病鸡呼吸道内分离到禽呼肠孤病毒，1957年Olson等在美国从滑膜炎病鸡中分离到"关节炎病毒"，并于1972年被鉴定为呼肠孤病毒。目前，世界上许多国家的鸡群均有发生。我国自20世纪80年代初发现本病以来，肉鸡饲养密集区都有过发生此病的报道。

2. 危害　由于肉鸡局部关节肿胀、发炎、行动不便而造成采食困难，生长停滞淘汰，屠宰率下降，饲料转化率低以及蛋鸡产蛋量下降等造成的经济损失非常严重，在养禽业发达的欧美国家，把本病列为重要的家禽传染病之一。

［传播与流行］

1. 传播　鸡呼肠孤病毒广泛存在于自然界，鸡和火鸡是自然宿主，其他禽类和鸟类体内可发现呼肠孤病毒，但不发病。本病仅见于鸡，主要发生于肉鸡和肉蛋兼用鸡。各日龄的鸡均可发生，但临床上多见4～16周龄的鸡，尤其4～7周龄的肉用仔鸡发病最多（发病率可达10%，病死率一般低于2%），蛋鸡和火鸡其次。

传染源主要是病鸡和带毒鸡。幼龄时感染后，病毒在盲肠扁桃体和跗关节可持续较长时间，并长期通过肠道排出。病毒经消化道或呼吸道侵入机体，并在消化道、呼吸道复制，通过血液向各组织器官扩散。

传播途径为呼吸道、消化道的水平传播和通过种蛋的垂直传播，但以水平感染为主。病鸡、带毒鸡长时间从粪便中排毒、污染饲料和饮水，经健康鸡与病鸡直接接触或间接接触（污染的饲料、饮水等）而发生水平传播。由于病鸡在生殖器官中有病毒存在，所以也能经种蛋垂直传播，但垂直感染较少发生，据报道只有1.7%。

2. 流行　本病一年四季均可发生，以冬季为多发，一般呈散发或地方流行。

本病发生与鸡只日龄有着密切关系，日龄越小，易感性越高，随着日龄增加，易感性降低，日龄较大的鸡虽可感染，但发病不严重，同时潜伏期也较长。一般2周龄开始具有一定的抵抗力。

［临床症状与病理变化］

1. 临床症状　本病潜伏期的长短，因接种途径及鸡的种类不同而不等。人工感染的潜伏期为

1～11d（2周龄雏鸡足掌接种潜伏期为1d、气管接种为9d、肌肉或静脉接种为11d），自然接触感染潜伏期约为2周。

临床特征为两腿炎性水肿，表现为跗关节肿胀，腓肠肌、趾曲肌腱和跖伸肌腱肿胀，在跗关节上部进行触诊或拔去羽毛观察均能发现。病变关节手摸发热。如果腓肠肌断裂，因血液渗出而使皮肤呈现绿色。病鸡跛行，步样蹒跚。转为慢性时，腱鞘硬化和粘连，关节不能活动。

2. 病理变化　在跗关节、趾关节、跖屈肌腱及趾伸肌腱常可见到明显的病变。急性期病例，可见关节囊及腱鞘水肿、充血或点状出血，关节腔内含有少量淡黄色或带血色的渗出物。慢性病例，关节腔内渗出物较少，腱鞘纤维化，关节硬固，跗关节不能伸直到正常状态；关节软骨糜烂，滑膜出血，肌腱断裂、出血、坏死，腱和腱鞘粘连等。有时还可见到心外膜、肝、脾和心肌上有细小的坏死灶。

[诊断与检疫技术]

1. 初诊　根据流行特点（青年肉鸡、发病率高，死亡率低），典型临床症状（跗关节明显发炎肿胀、发热、跛行）和病理变化（关节有明显的腱鞘水肿或肌腱断裂、关节腔积液等），可做出初步诊断，确诊需进一步做实验室检测。

2. 实验室检测　进行病原鉴定和血清学检查。

被检材料的采集：病毒分离宜采集病变关节组织。以无菌棉拭子收集胚跗关节或胫股关节滑液；或采集水肿关节滑膜，以营养肉汤或细胞培养液制成10%悬液；也可取脾脏制备悬液。把处理好的病料放在-20℃保存备用。

血清学检查采集病鸡血液分离血清。

（1）病原鉴定　从病变部分离病毒，最好在感染后2周内。腓肠肌腱已断裂或转为慢性时，不易分离到病毒。

活体取样时，将发病初期的罹患关节部消毒，用注射器采取滑液，放入组织培养液内，置普通冰箱内2h以上，取上清液作病毒分离。

解剖取样时，将发病初期的患肢消毒后切开，取肿胀的腱、腱鞘和关节囊刮取物。样品以抗生素处理2h以上，用PBS或生理盐水制成乳剂，取上清液接种，必要时可离心后取上清液。

①病毒分离：可用鸡胚接种或细胞培养。

鸡胚接种：将处理好的样品接种在5～7日龄鸡胚卵黄囊，鸡胚接后通常5～6d死亡，死胚胚体微紫，内脏器官充血、出血，延长死亡的鸡胚可见肝、脾肿大，有时可见小米大小的黄白色坏死灶。如果接种鸡胚尿囊膜，不是所有鸡胚都死亡和出现病变，一般在尿囊膜上可见小的、分散的、稍微隆起的白色病变。经尿囊腔接种的鸡胚通常见不到绒毛尿囊膜上有白色坏死斑点。初次接种样品时可能不出现病毒的某些特性，需继续传2～3代；仍无病时，则判为病毒分离阴性。

细胞培养：病毒可在原代鸡胚细胞、肾细胞、肝细胞、肺细胞、巨噬细胞、绿猴肾细胞、兔肾细胞等多种细胞上生长，尤以2～6周龄原代鸡肾细胞或肝细胞培养物最合适。感染细胞可观察到包涵体；在鸡胚肝细胞表面可见到典型的细胞病变（CPE）。有时需要在鸡胚和鸡胚肝细胞上传代才能出现上述病变。例如，将处理好的待检材料接种于2～4周龄的鸡肾细胞，在培养物中可见到合胞体形成，并易漂浮，在单层细胞上留下空洞。完全适应细胞的病毒，在接种后24～48h即可形成细胞病变。初次分离的病毒，需盲传3～5代，才能出现典型CPE。

②病毒鉴定：分离到的病毒可以用动物致病性试验或琼脂扩散（AGP）试验进行鉴定。

动物致病性试验：采用1日龄或2周龄易感雏鸡进行足垫内接种试验，以证明分离病毒的致病性。致病性禽呼肠孤病毒（ARV），接种后72h内，爪垫出现明显的炎症反应。

琼脂扩散（AGP）试验：在用已知的标准阳性血清检测分离物是否含有禽呼肠孤病毒时，一般需要自制抗原。其制备方法有两种：一种是用感染的鸡胚尿囊液或细胞培养物制备浓缩抗原，即将培养物经30 000r/min离心2h，取沉淀，适当稀释后作为抗原。另一种是用尿囊膜制备抗原，即将病毒接种在9～10日龄鸡胚绒毛尿囊膜上，38.5℃孵化48～72h，收集尿囊膜，用生理盐水充分洗涤，然后用玻璃匀浆器磨碎，制成乳剂，冻融5次后取上清液作为抗原。

（2）血清学检查 常用方法有琼脂扩散试验、免疫荧光试验和酶联免疫吸附试验（ELISA）等方法。

①琼脂扩散试验：是目前诊断禽呼肠孤病毒简便而又行之有效的方法，但敏感性稍低。鸡感染病毒2～3周，在血清中即可出现沉淀抗体，并持续10周以上。禽的呼肠孤病毒至少有11个血清型，所有的血清型都可用琼脂扩散试验检测。

②免疫荧光试验：多直接用于检测病鸡，在病鸡腱鞘、肝、脾等组织样品检出的特征性荧光非常明显，且2h内得出结果，是目前较快速的一种检测方法。同时也可用于病毒血清型的鉴定，当抗体滴度大于40倍时才具有诊断意义。

3.鉴别诊断 本病应与滑液支原体、链球菌等细菌引起的禽关节炎相鉴别。

［防治与处理］

1.防治 可采取以下一些措施：①平时搞好饲养管理，加强消毒，可采取全进全出的饲养模式，有利彻底清扫、消毒，切断传播途径。环境消毒可用碱溶液和0.5%有机碘溶液。②为杜绝经蛋传播，不从疫区购进种雏苗、种蛋。③采用疫苗（活苗或灭活苗）进行免疫接种，可有效预防本病发生，主要用于肉鸡。雏鸡在2周龄时先接种一次弱毒苗，8周龄时，加强免疫一次，在开产前2～3周注射油乳剂灭活疫苗，产生的抗体可通过卵传递给幼雏，一般能使幼雏在3周内不受感染。对活疫苗应用时，要制订正确的免疫程序，因活疫苗会干扰马立克病疫苗的免疫。对存在多个血清型流行的地区，在未明确确诊血清型之前，最好选用抗原性较广的疫苗。目前常用的灭活疫苗除单价苗外，还有多联灭活苗。

2.处理 鸡群中一旦出现本病，应及早隔离，淘汰病鸡和检疫出阳性的种鸡。同时对被污染的环境要进行彻底清扫和消毒。

二、禽传染性脑脊髓炎

禽传染性脑脊髓炎（avian encephalomyelitis，AE），也称禽脑脊髓炎，是由禽脑脊髓炎病毒引起雏鸡、雉、鹌鹑和火鸡的一种病毒性传染病，以共济失调和快速震颤，尤其是头颈部震颤为特征，因此本病又称为流行性震颤（epidemic tremor）。我国将其列为三类动物疫病。

［病原特性］

病原为禽脑脊髓炎病毒（*Avian encephalomyelitis virus*，AEV），属于微RNA病毒目（*Picornavirales*）微RNA病毒科（*Picornaviridae*）震颤病毒属（*Tremovirus*）成员。

病毒粒子为含32或42个壳粒的正二十面体，具有六边形轮廓，没有囊膜，直径为

24～32nm，含四种特异性蛋白质（VP1～VP4）。病毒基因组为单股正链RNA。

病毒可在无母源抗体的鸡胚成纤维细胞或肾细胞培养中增殖，细胞培养一般无细胞病变。分离和增殖本病毒常用的方法是通过卵黄囊途径接种5～6日龄易感鸡胚。

禽脑脊髓炎病毒可分为嗜肠型和嗜神经型两种致病型。嗜肠型以自然野毒株为代表，致病力相对较弱，易经口感染，或经蛋垂直传播，可通过病禽粪便排毒，能引起神经症状；嗜神经型为鸡胚适应株，具高度嗜神经性，脑内接种（发病率稳定）或非肠道（如肌内或皮下）接种（发病率不稳定）均可引起严重的神经症状，除非剂量很高，否则不易经口感染，也不能水平传播。

AEV对乙醚、氯仿、酸、胰酶、胃酶和DNA酶有抵抗力，在二价镁离子（1mol/L MgCl$_2$）保护下可耐热。对甲醛熏蒸敏感，能被β丙内酯灭活。

［分布与危害］

1. 分布　本病1930年由Jones首次在美国马萨诸塞州商品幼鸡中发现，并于1934年通过实验室感染确定了本病病原。随后全世界所有饲养商品禽的地区都存在本病。

我国自从1982年发现本病以来，在大部分养鸡地区都曾有本病的病例报道。广西、江苏、福建、黑龙江、广东等省（自治区）先后暴发流行。

2. 危害　本病可引起幼雏连续发病，造成残废和母鸡产蛋量下降，经养禽业带来很大的经济损失。

［传播与流行］

1. 传播　禽脑脊髓炎病毒的宿主范围很窄，鸡、雉、鹌鹑、鸽子和火鸡可自然感染。各种日龄鸡均可感染，但以2～3周龄鸡多发。

传染源为病鸡及带毒鸡。传播途径为健康鸡通过病毒污染的饲料、饮水和垫草等经消化道感染和感染母鸡通过种蛋垂直传递。此外，在鸡群中易感鸡和病鸡直接接触或通过人员流动等也可发生水平传播。在试验条件下，经脑内接种是感染本病最稳定的途径，其他还有腹腔内、皮下、皮内、静脉、肌内、坐骨神经、眼、口和鼻内等接种途径。

2. 流行　本病一年四季均可发生。无本病病史和未使用过本病疫苗的鸡场一旦暴发。

［临床症状与病理变化］

1. 临床症状　经胚胎途径感染，潜伏期为1～7d；经自然接触或经口接种，潜伏期为11d以上。本病主要见于4周龄以内的雏鸡，极少数到7周龄左右才发病。一般发病率为40%～60%，病死率平均为25%，也可超过50%。

病雏初期表现精神沉郁、嗜睡、头颈震颤（用手轻触病鸡头部时感觉更明显）、站立不稳、运动失调，强行驱赶常以两翅拍地或以跗关节和胫关节着地行走。早期仍能自行采食和饮水，最后因肢体麻痹或瘫痪，不能采食和饮水而衰竭死亡。有的病雏常发生眼晶状体混浊或瞳孔反射消失。病程一般为7d左右，长的可达1个月。

1月龄以上的鸡群感染后，除血清学检查阳性外，没有明显的临床症状。

产蛋鸡感染时，除血清学反应阳性外，表现一过性产蛋量下降（下降5%～10%，下降后1～2周恢复正常），种蛋孵化率明显降低，但不出现神经症状。

2. 病理变化　眼观变化，用放大镜观察，在病雏腺胃肌层出现白色区（因大量淋巴细胞浸润的结果），这是唯一可见的剖检病变。

组织学病变主要见于中枢神经系统和某些脏器，而不涉及外周神经系统（这一点可用作鉴别诊断）。

中枢神经系统病变为弥散性、非化脓性脑脊髓炎以及背根神经节发炎，常见整个大脑和脊髓呈明显的血管周浸润，但小脑仅限于小脑核内；浸润的小淋巴细胞层层叠叠，形成明显的血管套。

小神经胶质细胞增生表现为弥散性和结节性聚集。致密性神经胶质病变主要见于小脑分子层；稀疏性神经胶质病变常见于小脑核、脑干、中脑和视叶内，而中脑的两个核（圆核和卵圆核）总是有稀疏性神经胶质增生，这是具诊断意义的特征性病变。另一特征性病变是脑干，尤其是延髓神经元的中央染色质溶解（轴突变性）。

内脏组织病变表现为淋巴性聚集增生，腺胃肌层有大量的淋巴细胞聚集，呈致密性结节，此病变具有一定的诊断意义（但马立克病也有类似病变，应注意鉴别）。

［诊断与检疫技术］

1. 初诊　根据流行特点、临床症状和病理变化可做出初步诊断，确诊需进一步做实验室检测。

2. 实验室检测　进行病原鉴定和血清学检测。

被检材料的采集：病原分离以病死鸡的脑为最佳病料样品，可无菌操作采取发病早期（发病不超过2～3d）的病禽脑，单只或几只混合；也可采集胰脏和十二指肠病料样品。待检病料置－20℃以下保存。

（1）病原鉴定　可通过鸡胚卵黄囊内接种和鸡胚脑细胞培养来分离病毒，然后对分离到的病毒进行鉴定。

①鸡胚接种鉴定：取病鸡的脑制成悬乳液（用组织研磨器将脑磨碎，再加入普通肉汤制成10%～20%悬液，1 500r/min离心30min，收取上清液加入1 000IU/mL青霉素和100μg/mL链霉素），经卵黄囊接种5～7日龄易感鸡胚，观察雏鸡孵出后头10d内的发病情况。如出现临床症状后，则采集脑、腺胃和胰脏进行组织病理学检查；或以免疫荧光试验或免疫扩散试验检测脑、胰脏和十二指肠中的特异性病毒抗原。

②细胞培养鉴定：将病鸡脑组织悬液接种鸡胚脑细胞，培养后采用间接免疫荧光试验（IFA）检测细胞培养物中的病毒抗原。此法比鸡胚卵黄囊内接种更敏感。

③反转录聚合酶链式反应（RT-PCR）：RT-PCR检测敏感特异。

（2）血清学检测　可用标准病毒中和试验（VN）、间接免疫荧光试验、免疫扩散试验、酶联免疫吸附试验（ELISA）和被动血凝试验（PHA）检测禽脑脊髓炎病毒（AEV）接触禽的抗体水平。

①病毒中和试验：从怀疑已受到禽脑脊髓炎（AE）感染的禽分离血清，用鸡胚适应株Van Roekel株病毒测定该血清中病毒中和抗体。试验用6日龄AE敏感胚，用22号针头通过卵黄囊每个稀释度接种5枚蛋，在接种后12d检查胚的典型AE病变，确定滴定的终点。感染过AE的鸡血清通常中和指数可达1.5～3.0（log10）。

②免疫扩散试验（ID）：可利用已知禽脑脊髓炎病毒抗原检查感染雏鸡的抗体。因为雏鸡感染后4～10d即可检出抗体，且这种抗体可维持28个月。此方法简便迅速，结果稳定，特异性强。免疫扩散试验可用于本病普查，对耐过型病鸡本法也可以检出。

③酶联免疫吸附试验（ELISA）：ELISA可快速检测血清中的抗体水平，适用于大批量血清抗体的检查，已有商品化试剂盒出售。

3. 鉴别诊断　本病应新城疫、马脑炎感染、马立克病和营养性疾病（佝偻病、脑软化、核黄素缺乏）相鉴别。

[防治与处理]

1. 防治　本病无有效的治疗办法，可采取以下一些措施：①加强饲养管理，尤其是幼鸡的饲养管理；饲养采用全进全出法；对鸡舍进行彻底清洗和消毒。②孵化用的种蛋必须来自健康的免疫过的鸡群，种蛋在孵化前必须进行消毒。不要从疫区引进种蛋或雏鸡，患病母鸡所产的蛋不得留作种用。③在本病流行地区进行免疫接种，鸡接种疫苗后可产生较强的抵抗力，并可将抵抗力通过卵黄传给子代。目前有两种疫苗：油乳剂灭活疫苗和活毒疫苗。油乳剂灭活疫苗，安全性好，注射接种后不排毒、不带毒，特别适用于无禽脑脊髓炎病史的鸡群，可于种鸡开产前18～20周接种。活毒疫苗，如用1143毒株研制的活苗，可通过饮水法免疫，但此苗毒存在随粪排出而扩散的风险，不适用于8周龄内和产蛋期内鸡群免疫接种；通常用于10周龄至开产前4周龄鸡接种。活毒疫苗常与鸡痘弱毒疫苗制成二联苗，用于10周龄至开产前4周龄鸡翼膜接种。

2. 处理　鸡群中一旦发病，立即扑杀并无害化处理，同时鸡舍、场地、用具进行消毒。

三、鸡传染性鼻炎

鸡传染性鼻炎（infectious coryza，IC）是由副鸡禽杆菌引起的一种鸡的急性上呼吸道传染病。以鼻炎、眼结膜炎、眶下窦炎和颜面水肿为特征。我国列为三类动物疫病。

[病原特性]

病原为副鸡禽杆菌（*Avibacterium paragallinarum*，AvPG），曾称副鸡嗜血杆菌（*Haemophilus paragallinarum*，HPG），属于巴氏杆菌目（Pasteurellales）巴氏杆菌科（Pasteurellaeae）禽杆菌属（*Avibacterium*）成员。

本菌呈球杆状或多形性，无鞭毛，不能运动，不形成芽孢。新分离的致病菌株有荚膜。在病料中以单个、成双或短链形式散在或成丛存在。革兰氏阴性，亚甲蓝染色呈两极着色。

本菌为兼性厌氧，在37℃ 5%～10%的CO_2条件下生长较好，在普遍琼脂培养基上不能生长，培养基中需含有血液或其他成分参与，因此常用巧克力琼脂、鸡血清鸡肉汤琼脂和鸡血清鸡肉汤培养基。在鲜血琼脂培养基培养24h，形成细小透明针尖大的菌落，不溶血。

本菌生化特性为还原硝酸盐，不产生吲哚，不产生硫化氢，过氧化氢阴性，分解葡萄糖产酸不产气，不发酵海藻糖、半乳糖。

Page采用全菌细胞和鸡抗血清进行平板凝集试验，将副鸡禽杆菌（AvPG）分为A、B和C三个血清型。已报道Page血清型的国家（地区）有：中国台湾（C型），中国大陆、德国（A型和B型），澳大利亚、印度（A型和C型），阿根廷、巴西、厄瓜多尔、埃及、印度尼西亚、墨西哥、菲律宾、南非、西班牙和美国（A、B型和C型）。

Kume采用硫氰酸钾（KSCN）处理并以超声裂解菌体细胞，兔高免血清和戊二醛固定的红细胞进行凝集抑制试验（HI），并结合Page分类方法将AvPG分为九个血清型：A-1、A-2、A-3、

A-4、B-1、C-1、C-2、C-3和C-4，其中A-1、A-4、C-1、C-2和C-3具较高的毒力。在A血清群中，A-1、A-2和A-3之间具有很强的交叉保护性；A-1与A-4之间具有较好的交叉保护性。在C血清群中，C-1、C-2和C-3之间具有较好的交叉保护性。

目前Kume血清型尚未广泛应用，已报道Kume血清型的国家有：澳大利亚（血清型为A-4、C-2和C-4）、厄瓜多尔（血清型为A-3、C-2和C-4）、德国（血清型为A-1、A-2、B-1和C-2）、日本（血清型为A-1和C-1）、墨西哥（血清型为A-1、A-2、B-1和C-2）、南非（血清型为A-1、B-1、C-2和C-3）、美国（血清型为A-1、B-1和C-2）、津巴布韦（血清型为C-3）。

本菌主要存在于病鸡的鼻、眼分泌物及脸部肿胀组织中。

本菌对外界抵抗力不强，排出鸡体后很快死亡（最多能存活5h）。感染性排泄物悬浮在自来水中置室温环境下4h即失活。排泄物和组织在37℃其感染性只保持24h。在45～55℃于2～10min死亡。一般消毒药均能将其杀死。经鸡胚卵黄囊接种后的培养物可冰冻－70℃保存或冻干保存。

[分布与危害]

1. 分布　本病最早于1920年首次在美国报道，1931年由De Blieck分离到病原体——鸡鼻炎嗜血杆菌。随后不少国家相继报道了本病，现已遍布世界各主要养鸡国家和地区。我国20世纪80年代以来也发生流行本病。

2. 危害　本病主要侵害育成鸡和产蛋鸡，影响鸡群的生长发病，造成淘汰鸡数不断增加和蛋鸡产蛋量显著下降，从而对养鸡业带来严重的经济损失。

[传播与流行]

1. 传播　易感动物为鸡，各种年龄的鸡均易感，但以育成鸡和产蛋鸡多发，尤以初产蛋鸡最敏感。

本病常与其他疾病混感，当伴发禽痘、传染性气管炎、喉气管炎、鸡支原体感染和巴氏杆菌时，常致使疫情加重，病程延长，死亡率升高。

副鸡禽杆菌（AvPG）引起肉鸡肿头样综合征，不需要其他病原体（如禽肺病毒、禽滑液支原体或鸡毒支原体等）协同参与。但AvPG引起的肉鸡关节炎和蛋鸡败血症等综合征，常有其他病原参与。

传染源主要是病鸡（尤其是慢性病鸡）和隐性带菌鸡（含康复鸡）。主要通过空气和尘埃经呼吸道感染，也可通过污染的饲料、饮水、用具、饲养人员的流动及其衣物经消化道感染。

2. 流行　本病一年四季均可发生，但以秋、冬季节多发。

饲养密度过大，鸡舍通风不良，氨气蓄积刺鼻，维生素A缺乏，寄生虫感染或其他传染病（如鸡传染性支气管炎、鸡慢性呼吸道病）等因素可促进本病的发生和流行。

[临床症状与病理变化]

1. 临床症状　自然感染潜伏期为1～3d。本病传播快，以上呼吸道急性炎症为特征。

典型的症状为病鸡鼻孔流出稀薄的水样清液，以后转为浆液黏性或脓性分泌物，有时打喷嚏。常因粉料黏附鼻道或分泌物结痂而影响呼吸。病鸡常甩头。眼结膜发红、流泪、眼睑及颜面部发生肿胀。脸面水肿严重的病例，上下眼皮粘合在一起，可引起暂时失明。肉髯肿胀，尤以公鸡明显。病鸡可出现腹泻，采食和饮水下降。如炎症蔓延至下呼吸道，则呼吸困难并有啰音。致使生长鸡淘汰率增加，蛋鸡产蛋率下降。本病发病率高，死亡率较低，一般2～3周可恢复。如继发感染其他病，则病情加重，病程延长，死亡率增高。

2. 病理变化　剖检以鼻腔、眶下窦和眼结膜的急性卡他性炎症病变为主。鼻腔、眶下窦黏膜充血、水肿，内充满水样至白色黏稠性分泌物或黄色干酪样物，面部和肉垂的皮下水肿。

病程较长的可在气囊、腹腔和输卵管内见有乳黄色干酪样分泌物。偶尔见肺炎。

[诊断与检疫技术]

1. 初诊　根据流行特点、临床症状和病理变化可做出初步诊断，确诊需进一步做实验室检测，尤其在混合感染和继发感染时，实验室检测更为重要。

2. 实验室检测　进行病原鉴定和血清学检测。

被检材料的采集：对急性期病鸡用热铁片烧烙眼下部的皮肤，无菌开窦腔，用无菌棉拭子深深插入窦腔内，从此部位常可获得纯培养，或用棉拭子采取气管和气囊的分泌物，以供检测。如短时间内无法培养时，可将病料冰冻-70℃保存，以备日后分离病原菌。

（1）病原鉴定

①病原分离培养：取病料与饲养菌（通常采用表皮葡萄球菌和猪葡萄球菌，接种前应先检验以验证其是否产生V因子）在血琼脂平板上交叉划线，置蜡烛罐或厌氧培养箱中，37℃下培养。方法是：无菌采集急性期病鸡（发病后1周以内，并未经用药治疗）眶下窦液，直接在血液琼脂平板上划线接种，并用葡萄球菌在同一平板上作垂直划线接种，然后在含有5% CO_2培养箱或烛缸中37℃培养24～48h。若葡萄球菌菌落旁边有细小卫星菌落生长，则有可能是副鸡禽杆菌。可通过染色镜检和生化试验等进行鉴定。

病原分离培养也可用抑制革兰氏阳性菌的选择因子培养基分离培养，这种培养基不需"饲养菌"，也不用添加NADH等因子。

②生化鉴定：将上述分离的病原菌进行生化试验鉴定。副鸡禽杆菌生化特性为还原硝酸盐，不产生吲哚，不产生硫化氢，过氧化氢阴性，分解葡萄糖产酸不产气，不发酵海藻糖、半乳糖。如果上述分离的病原菌符合副鸡禽杆菌生化特性，即可确诊。

③聚合酶链式反应（PCR）：采用副鸡禽杆菌特异的PCR试验，可快速检出所有已知的变异株。采用HP-2 PCR试验，可用于检测琼脂培养菌落样品或从活禽鼻窦采集的黏液样品。

（2）血清学检测　血清学方法通常不适用于本病诊断，主要用于疫病追溯或流行病学研究。

血清学方法有血清平板凝集试验（SPA）、血凝抑制试验（HI）、琼脂扩散试验（AGP）、血清杀菌试验（SBT）、酶联免疫吸附试验（ELISA）等。目前最好的检验方法为血凝抑制试验，而琼脂扩散试验、血清杀菌试验均未广泛使用。

①SPA：在试验用玻板上，各滴一滴血清和菌液（各0.5mL），用搅拌棒充分混合后，将玻板置前、后、左、右倾斜观察，在3min内出现明显颗粒为阳性，反应温度以20～25℃为适。此法简便易行，既可用菌株作为抗原检测其他血清型抗体，还可选择血清对分离菌珠进行分型。

②HI：有简单HI试验、提取HI试验和处理HI试验。

简单HI试验：采用副鸡禽杆菌A血清型全菌细胞和新鲜鸡红细胞进行HI试验。此试验操作简单，已广泛应用于感染鸡及免疫鸡的检测，但此试验只能检测A血清型菌诱发的抗体。

提取HI试验：采用硫氰酸钾（KSCN）抽提并以超声波裂解的AvPG细胞，与戊二醛固定的鸡红细胞进行HI试验。主要用于Page C血清型抗体检测，也可检测C型菌苗免疫鸡的血清型特异应答抗体的检测。但大部分感染C血清型的鸡，以此法检不出血清抗体。

处理HI试验：采用透明质酸酶处理的AvPG细胞，与甲醛固定的鸡红细胞进行HI试验。此法可用于A和C型菌苗免疫鸡的抗体检测。

③AGP：可用菌株作为抗原检测其他血清型抗体，还可选择血清对分离菌株进行分型。

④ELISA：间接酶联免疫吸附试验（I-ELISA）和阻断酶联免疫吸附试验（B-ELISA）是检测副鸡禽杆菌特异性抗体的方法，其敏感性和特异性优于SPA、AGP及HI方法。

3. 鉴别诊断　本病应与慢性呼吸道病、慢性禽霍乱、禽痘、鸟杆菌病、肿头综合征以及维生素A缺乏病相鉴别。

［防治与处理］

1. 防治　可以采取以下一些措施：①通过自繁自养来培育种鸡群，杜绝引进不明来源的种公鸡或初产蛋鸡。必须从外地引种时，建议购买1日龄种雏或从无传染性鼻气管炎鸡场引种。②禁止不同日龄鸡混养，新引进鸡应隔离检疫，饲养应远离老鸡群。③加强饲养管理、注意鸡舍的通风换气以及避免密集饲养，做好定期消毒工作。④做好免疫预防工作。目前国内有鸡传染性鼻炎单价灭活菌苗、多价灭活菌苗，以及可同时预防鸡毒支原体等疾病联苗销售。国内常用的是含A、C两个血清型的疫苗。一般选用油乳剂灭活菌苗，因为其免疫应答高，持续时间长。一般接种疫苗后2周开始出现免疫力，4周左右免疫水平达到高峰，然后缓慢下降。1次免疫的保护期为4个月左右，加强免疫，可获得更长的免疫保护期。在本病流行地区对鸡群进行免疫接种，可使用灭活菌苗，最好用（A、C）双价灭活疫苗。常规的免疫程序为4～6周龄时皮下注射0.3mL，开产前1个月皮下注射0.5mL加强免疫，保护期可达9个月以上。发病鸡群也可做紧急预防接种，并配合药物治疗和鸡舍内外消毒。

2. 处理　染疫鸡场应清除所有感染鸡和康复鸡（因带菌），被污染的鸡舍、场地、用具等应严格清洗消毒，重新饲养前栏舍应空闲2～3周。

四、禽结核病

禽结核病（avian tuberculosis）主要是由禽分支杆菌复合物（血清1、2和3型）和日内瓦分支杆菌引起禽的一种慢性传染病，以消瘦、衰弱、贫血、受侵器官组织形成结核性结节为特征。我国列为三类动物疫病。

［病原特性］

病原为禽分支杆菌复合物（*Mycobacterium avium complex*，MAC）和日内瓦分支杆菌（*M. genavense*），属于放线菌目（Actinomycetales）、棒杆菌亚目（Corynebacterineae）、分支杆菌科（Mycobacteriaceae）、分支杆菌属（*Mycobacterium*）。

禽分支杆菌复合物（MAC）分三个亚种：禽分支杆菌禽亚种（*M. avium* ssp. *Avium*）、禽分支杆菌森林土壤亚种（*M. avium* ssp. *Sylvaticum*）和禽分支杆菌副结核亚种（*M. avium* ssp. *Paratuberculosis*）。其中副结核亚种是副结核的致病原，主要危害反刍动物及其他哺乳动物，除试验感染外，尚无证据表明该亚种是禽结核病的病因。

本菌具有多型性，菌体可呈短杆状、球菌状或链球状，两端钝圆，无芽孢、无荚膜、不能运动，为革兰氏阳性菌。以姜-尼氏（Ziehl-Neelsen）抗酸染色，本菌呈红色，而其他非分支杆菌染成蓝色，该染色特性可用于禽结核病的诊断。

本菌专性需氧，对营养要求严格，最适生长温度范围为39～45℃，最适pH为6.5～6.8，生长速度缓慢，一般需要1～2周才开始生长，3～4周才能旺盛发育。

初次分离本菌时，常用特殊固体培养基，当培养基中含有甘油时可形成较大的菌落。常用的培养基如：罗-琼氏（Lowenstein-Janson）浓蛋白培养基或蛋黄琼脂培养基，均可用于本菌的分离培养。

本菌对外界环境的抵抗力较强，特别对干燥耐受性强。在粪便、土壤中可存活6～7个月，在水中可存活5个月。对湿热抵抗力弱，60～70℃经10～15min，100℃水中立即死亡。5%来苏儿48h、3%～5%甲醛溶液12h，70%的酒精及10%漂白粉溶液中很快死亡。

[分布与危害]

1. 分布　禽结核病广泛分布于全世界，北温带多发。早在20世纪70年代之前，美国、加拿大、芬兰、丹麦、挪威、德国、英国、澳大利亚以及南非、拉丁美洲等一些国家均有本病的报道。我国于1978年由王锡祯等首次报道了鸡结核病的存在，近年来国内关于该病的诊治报告也陆续增多，越来越受到养禽业的高度重视。

2. 危害　本病可造成鸡群生长不良、产蛋量下降或停止、严重者发生恶病质，最后死亡。给养禽业带来严重的经济损失。

[传播与流行]

1. 传播　禽分支杆菌复合物（MAC）和日内瓦分支杆菌的宿主谱非常广泛，除家禽、宠物鸟和野鸟易感外，还可感染人、猪、牛、鹿、绵羊、山羊、马、猫和犬等。通常，家禽、捕获饲养的外来鸟、火鸡的易感性较高，鸭和鹅有一定的抵抗力。

传染源最主要为病禽，可以从肝脏、肠道病灶中排出大量细菌，污染水源、尘土等，造成易感鸡感染。传播途径为主要经消化道感染，也存在经呼吸道感染的可能。

2. 流行　本病无季节流行性，一年四季均可发生。发病率可能与气候、禽群的饲养管理有关，而与禽的品种、年龄关系不大。

[临床症状与病理变化]

1. 临床症状　人工感染潜伏期2～4周，自然感染多数人认为潜伏期在2个月至一年不等，以渐进性消瘦和贫血为特征。

病鸡表现消瘦，特别是胸肌萎缩、胸骨突出或变形，羽毛蓬松，鸡冠、肉垂和耳垂褪色变苍白、贫血，蛋鸡产蛋率下降或停止。如果关节和骨髓发生结核，可见关节肿大、跛行。肠结核可引起严重腹泻。肺有结核病灶则咳嗽和呼吸次数增加。皮肤结核，可见眼睛周围的皮肤和皮下发生粟粒大或豌豆大结节，当结节破溃后形成溃疡。病程可长达2～3个月，有的可达1年左右，病禽常因衰竭或肝变性破裂而猝死。

2. 病理变化　病变主要为肠道溃疡，特征是病变部位出现大小不等的浅灰黄色或灰白色结核结节，切开结节后可见结节外面有一层纤维组织性包膜，内有黄白色干酪样物质，通常不发生钙化。结核结节也常见于肝、脾、肠和骨髓等部位。肠壁、腹膜、卵巢、胸腺等处也能见到结核结节。

[诊断与检疫技术]

1. 初诊　根据临床症状和病理变化可做出初步诊断，确诊需进一步做实验室检测。

2. 实验室检测　在国际贸易中，尚无指定诊断方法，替代诊断方法为结核菌素试验、病原鉴定。实验室检测进行病原鉴定和免疫学试验。

被检材料的采集与处理：病原分离以无菌采取新扑杀病禽或刚病死禽的肝、脾、骨髓或腹膜表面的结节（以肝、脾病料最佳）；如果病禽死亡时间长、尸体腐败，则取股骨骨髓病料。将采取的病料在乳钵中研成糊状，加适量生理盐水稀释成乳剂，然后做去污染集菌处理，方法是：将乳剂10～20mL加入50mL离心管中，再加入等量的去污剂，在涡旋器上振荡5～10s，室温静置15～25min，然后用盐酸中和，以1 000g离心10min，吸取上清液丢弃于5%石炭酸消毒液中，取沉淀物备用。清除样品污染杂菌的去污剂配方见表7-8。

表7-8　除去样品污染的试剂

试　　剂	配　　制
去污染剂	氢氧化钠20.0g，加蒸馏水至1 000mL
中和剂	浓盐酸82.5mL，溴甲酚紫液4.5mL，加蒸馏水至1 000mL

溴甲酚紫液配方：溴甲酚紫1.2g，95%乙醇50mL，蒸馏水50mL。
（引自白文彬，于康震，《动物传染病诊断学》，中国农业出版社，2002）

（1）病原鉴定

①直接涂片镜检：可用肝、脾和腹膜表面病灶中的干酪样物或上述集菌处理后的沉淀物制作涂片，酒精乙醚脱脂30min，用姜-尼氏（Ziehl-Neelsen）抗酸性染色法染色后镜检，可见单个、成对或成簇的细长或微弯的红色小杆菌，即可确诊。

②病原培养：禽分支杆菌复合物（MAC）分离培养的最佳培养基为罗-琼氏（Lowenstein-Janson）培养基、贺氏培养基（Herrold's medium）、米德布鲁克（Middlebrook）7H10和7H11培养基和Cloetsos培养基。日内瓦分支杆菌可采用Batec液体培养基和米德布鲁克（Middlebrook）7H10固体培养基分离培养。

病原分离方法是：用接种环钓取上述集菌处理后的沉淀物接种到Lowensterin-Jensen氏浓蛋白培养基或蛋黄琼脂固体培养基上，在5%～10% CO_2中37～41℃（41℃生长最好）培养2～3周，可看到细菌生长（偶尔培养5周或更长时间也看不到单个菌落），菌落为圆形、微隆起、半透明、光滑并富有光泽，色泽从浅黄到黄色，随着时间的延长而变为鲜黄色。

③种和亚种分型试验：对分离出的病原菌进行种和亚种分型试验。

生化试验：传统分型方法，以禽结核分支杆菌能在42℃下生长的特性和吐温水解试验、吡嗪酰胺酶试验、噻吩-2-羧酸肼（TCH）生长试验等进行鉴定。但此法费时，且无法区分禽分支杆菌和胞内分支杆菌（*M. intracellulare*）。这也是将包括这两种分支杆菌在内的大量分支杆菌成员都以禽分支杆菌复合物（MAC）命名的原因。

血清凝集试验：根据菌体表面糖肽脂的糖残基特异性，可将禽分支杆菌复合物（MAC）分为28个血清变种。

此外，目前还有指向细胞壁特异靶位的分型方法，如针对主要血清变种的单克隆抗体酶联免疫吸附试验（ELISA）和高效液相色谱法（HPLC）。

④核酸识别试验：有基因检测、多重聚合酶链式反应（m-PCR）、脉冲场凝胶电泳（PFGE）和限制性片段长度多态性分析（RFLP）等方法。

基因检测：采用化学发光标记的单链DNA探针，与靶微生物核糖体中互补的RNA杂交，再以光度计检测标记的DNA-RNA杂交物。目前市售的核酸杂交探针已成为鉴别禽分支杆菌和胞内分支杆菌培养物的"金标准"，也可鉴别日内瓦分支杆菌。但真正的禽分支杆菌复合物（MAC）菌株不与特异的禽分支杆菌和胞内分支杆菌探针反应，因此又研制了涵盖所有MAC菌株的探针。

多重聚合酶链式反应（m-PCR）：此法对从胞内分支杆菌和结核分支杆菌复合物中鉴别禽分支杆菌具有一定的优势。

脉冲场凝胶电泳（PFGE）：对限制性酶切大DNA片段的分析高度敏感，因此可用于种内基因分型。

限制性片段长度多态性分析（RFLP）：有人以IS901、IS1 245和IS1 311制取的探针，通过RFLP分析，对禽分支杆菌和胞内分支杆菌感染进行分子流行病学调查研究。

（2）免疫学试验 有结核菌素试验（TT）和（染色抗原）血凝试验。后者对大规模禽群的检疫净化常用，且比结核菌素试验更优越或更可靠些。这两种方法是出口家禽检测最常用的方法。

①结核菌素试验（TT）：标准试剂为禽纯蛋白衍生物（PPD），禽采用肉髯皮内接种，于48h后观察结果，阳性者接种部位出现水肿。雏可采用下眼睑皮内或胸肌部位接种。

此法使用最广泛，是唯一有国际标准试剂的一种试验。

②染色抗原试验（全血染色抗原平板凝集试验）：通常以1%孔雀绿染色的抗原进行全血平板快速凝集试验。制备染色抗原的菌落，必须是光滑的菌落，在生理盐水中不发生自疑，且具有禽分支杆菌种的特征。方法是：取一滴抗原（0.05～0.1mL）与等体积经静脉穿刺而得的新鲜血液，在凹孔磁板上充分混合，将混合物振摇2min，观察是否出现凝集现象，如凝集物很粗糙，可判为阳性明显；如凝集物很细，可清晰见到孔雀绿染色的抗原凝集于液滴边缘，而中央为血红色，也可判为阳性反应；如混合物没有变化，可判为阴性反应。

[防治与处理]

1. 防治 由于禽分支杆菌在土壤中可生存并保持毒力达数年之久，感染结核病的鸡群即使全群淘汰，其场舍也可能成为一个长期的污染源。因此，控制和消灭本病的最根本措施是建立无结核病鸡群。为此可采取以下一些措施：①淘汰感染鸡群，废弃老场舍、老设备，在无结核病的地区建立新鸡舍。②引进无结核病的鸡群；对养禽场新引进的禽类，要重复检疫2～3次，并隔离饲养60d。③检测小母鸡，净化新鸡群；对全部鸡群定期进行结核检疫（可用结核菌素试验及全血染色抗原平板凝集试验等方法），以清除传染源。④禁止使用有结核菌污染的饲料；淘汰其他患结核病的动物，消灭传染源。⑤采取严格的管理和消毒措施，限制鸡群运动范围，防止外来感染源的侵入。

关于预防接种问题，虽有报道采用灭活疫苗或活分支杆菌疫苗预防禽结核病，但尚未得到推广。

2. 处理 鸡场有临床症状的病鸡应按《中华人民共和国动物防疫法》及有关规定，采取扑杀措施，防止扩散。每年检疫出的阳性禽，必须扑杀，并进行无害化处理。鉴于禽分支杆菌也可以使人感染发病，严禁食用结核病鸡。

第七节　蚕、蜂病

一、蚕型多角体病

蚕型多角体病（bombyx mori polyhedrosis）应为家蚕核型多角体病或家蚕质型多角体病。现分述如下：

（一）家蚕核型多角体病

家蚕核型多角体病（bombyx mori nuclear polyhedrosis, BmNP）又称血液型脓病，简称脓病，是由家蚕核型多角体病毒感染家蚕引起的一种传染病。家蚕核型多角体病毒寄生和繁殖于寄主血细胞和体腔内各组织细胞核内。家蚕发病后，以血液变成乳白色或略带黄色，皮肤易破裂，最后流出乳白色病变血液而死亡为特征。我国列为三类动物疫病。

[病原特性]

病原为家蚕核型多角体病毒（*Bombyx mori nuclear polyhedrosis virus*，BmNPV），属于杆状病毒科（*Baculoviridae*）甲型杆状病毒属（*Alphabaculovirus*）成员。

病毒粒子呈杆状，大小为330nm×80nm，沉降系数为1 870S。外被有囊膜和衣壳。囊膜又称外膜或发育膜，是一层脂质膜，有典型的膜结构。衣壳又称内膜或紧束膜，主要成分是蛋白质。衣壳内为髓核，髓核由双链DNA组成。由衣壳和髓核构成了核衣壳。在NPV中，一个囊膜可以包埋一个至多个核衣壳。前者称单粒包埋型病毒粒子，后者称多粒包埋型病毒粒子。病毒粒子主要含DNA、蛋白质、脂质和碳水化合物，同时也存在一些金属和非金属元素。杆状病毒的基因组是单分子共价闭合环状的dsDNA，在病毒粒子内核酸的含量约为7.9%。

病毒在蚕体组织细胞核内复制和装配过程中，形成一种特异的包涵体，称为多角体。它是结晶的蛋白质，表面有一层含硅的膜，其中包埋着许多病毒粒子。由于这种多角体在细胞核内形成，称为核型多角体。在普通显微镜下能清楚看到，其大小为2～6μm，平均3.2μm，多数是较整齐的六角形十八面体。家蚕核型多角体有较强的折光性。核型多角体不溶于水、乙醇、氯仿、丙酮、乙醚、二甲苯等有机溶剂，但易溶于碱液，在0.5%碳酸钠、碳酸钾、碳酸锂溶液中浸渍2～3min，多角体就能被溶解，而释放出病毒粒子。多角体被家蚕食下之后，在碱性消化液（pH9.2～9.4）的作用下，多角体溶解释放出游离的病毒粒子引起食下感染。多角体中除3%～5%的病毒粒子以外，其余绝大多数成分为多角体蛋白。多角体蛋白对病毒粒子起着保护作用。

被碱性溶液溶解释放出来的病毒和游放在多角体之外的游离病毒，对环境的抵抗力是很弱的。游离态的病毒在37.5℃，经过1d左右就失去致病力，在1%的甲醛溶液3min、0.3%有效氯漂白粉液1min、70%乙醇5min均可使之失去活力。但核型多角体内的病毒，在常温下保存2～3年仍有致病力。在夏季日光下曝晒2d以上、用2%的甲醛溶液消毒15min、0.3%有效氯的漂白粉溶液或1%的石灰浆（石灰混浊液）消毒3min、2%～3%的升汞液处理72h以上，均能杀死多角体内的病毒。

[分布与危害]

1. 分布　家蚕核型多角体病是养蚕生产中常发生的主要蚕病之一，目前所有的养蚕国家和地区都有该病的发生。

2. 危害　由于家蚕核型多角体病是目前养蚕生产中普遍发生，一旦发生蔓延迅速，可引起稚蚕和壮蚕死亡，造成较大的经济损失。

[传播与流行]

1. 传播　家蚕、野蚕、樗蚕、蓖麻蚕、桑螟等均易感。各龄期蚕均易感染，蚕龄越小易感性越强，同一龄期以起蚕最易感。

传染源主要是病蚕。患本病的野外昆虫也是传染源。传播途径主要经口感染（食下被病毒或多角体污染的桑叶），也可经蚕体表伤口接触感染。病蚕流出的脓性体液及病昆虫的排泄物污染蚕室、养蚕用具（包括洗涤蚕具的死水塘、堆放过蚕沙、旧簇的地方）及桑叶，被健蚕食入或接触即可感染发病。

2. 流行　核型多角体病为亚急性传染病，在1～5龄均可发生。在养蚕生产中主要由于前一蚕期消毒不彻底，残留在蚕室内的病毒和多角体而导致后一期蚕感染发病。也可与桑螟、野蚕、樗蚕和蓖麻蚕等野外昆虫的核型多角体病毒引起交叉感染。

不良的环境和饲养管理可使蚕的抵抗力下降，易诱发本病。如催青期及稚蚕期饲育温度过高，长期饲喂过嫩或过老的桑叶，或含水分过多的人工饲料，饥饿等。此外，理化因素如X线、紫外线、福尔马林、过氧化氢、乙二胺四乙酸钠、漂白粉等，均能诱发蚕的核型多角体病。

[临床症状与病理变化]

1. 临床症状　蚕患核型多角体病后，一般均表现狂躁爬行，体色乳白（在腹脚基部及气门周围处观察更为明显），体躯肿胀，体壁易破，流出血液呈乳白色脓汁状（可见病蚕一边爬行，一边流出乳白色脓汁），泄脓后蚕体萎缩、死亡等症状。稚蚕一般经3～4d发病死亡，壮蚕经4～6d发病死亡。温度高则病程短，发病快。

根据发育阶段不同，其症状表现有以下几种类型：

不眠蚕型：发生于各龄催眠期。表现体壁绷紧发亮、呈乳白色，不吃且狂躁爬行，不能入眠。

起缩蚕型：多见于各龄起蚕。表现体壁松弛皱缩、呈乳白色，体型缩小，不吃且狂躁爬行，最后皮破流脓死亡。

高节蚕型：发生于4、5龄盛食期。病蚕体皮宽松，环节之间的节间膜肿胀、隆起呈竹节状。隆起部和腹足、有时在气门附近体壁呈明显乳白色，最后皮破流脓而死。

脓蚕型：主要发生于5龄后期至上簇前。表现环节中央隆起呈算珠状，体色乳白，皮肤破裂流脓而死或结薄皮茧死亡。

黑斑蚕型：多发3～5龄蚕。病蚕左右腹脚呈对称性焦黑色，成焦足蚕。有的在气门周围出现黑褐色环状病斑。

蚕蛹型：见于5龄后期，有的感染蚕发病迟缓，虽能营茧化蛹，但蛹体呈暗黄色，极易破裂，一经震动即可流出脓液而死。

2. 病理变化　蚕在感染病初，细胞核的染色质先出现凝集，形成很多很小的颗粒（原多角体），逐渐增大而形成多角体。因多角体不断增加，细胞核逐渐膨大，进而破裂，细胞壁也随之崩坏，被寄生的组织细胞破坏，组织碎片、脂肪球、多角体和游离病毒均游离于血液中，故血液呈混浊的乳白色。由于皮肤真皮细胞破坏，所以病蚕的皮肤极易破裂，流出白色脓汁。刚死时因脓汁排干，体皮紧贴消化管，不久尸体溃烂、变黑、发臭。

[诊断与检疫技术]

1. 初诊　采用肉眼鉴别，主要根据临床症状及病理变化可做出初步诊断，但确诊仍需进行实验室检测。

肉眼鉴别主要观察蚕的症状，如发现蚕的体壁紧张发亮，迟迟不能入眠，或高节或节间膜肿起，呈竹节状，不安地徘徊于蚕座内等症状，即可基本判定为本病。

2. 实验室检测　进行病原鉴定、血清学诊断和聚合酶链式反应（PCR）检测等。

病检材料的采集：采集疑似或发病蚕的样品，单个放入可密封的大小适宜的塑料管内，有条件的应直接送到实验室进行诊断，或在-20℃冰箱内冻存后送实验室检查。如需运输送检，必须将放入塑料管的样品以纸袋或报纸包装，然后置于木箱或硬纸箱中运输。实验室采取病蚕体液或组织块，进行检测。

（1）病原鉴定

①显微镜病原检查：方法是用针刺破病蚕的腹足取出体液，观察是否呈乳白色，并用此体液制成涂片，于低倍镜下检查，如有折光性较强、大小较整齐的六角形多角体即可确诊为本病。如病蚕在感染中期体液未显乳白，可观察血细胞核内有无发亮的颗粒，若核内有大小中等的蓝白色折光强的结晶，初步确定为本病。病蚕已死亡，不能取出体液时，可取一小块组织，研压后镜检，如看到气管内形成的多角体，也可确诊为本病。

②染色法鉴定：在显微镜检查时，常遇到多角体与脂肪球相混淆，不易区别，可采用苏旦Ⅲ染色法鉴别。方法如下：

苏旦Ⅲ染色液配制：称取0.5g苏旦Ⅲ，加入100mL 95%酒精中，使其充分溶解后过滤，取其滤液加入少许甘油，防止蒸发。

染色诊断：取病蚕体液涂于载玻片上，滴上苏旦Ⅲ染色液1滴，加盖玻片镜检。在视野中多角体不着色，保持原有的蓝色折光，而脂肪球则染成红色或橙黄色。

（2）血清学诊断　血清学方法一般用于早期诊断。其诊断方法有：双向免疫扩散法、对流免疫电泳法、荧光抗体法及酶标抗体法等。现介绍双向免疫扩散法和对流免疫电泳法诊断家蚕核型多角体病。

①双向免疫扩散法：电泳琼脂1g，加100mL pH8.6、0.05mol/L的巴比妥钠缓冲液，隔水煮沸，使琼脂完全融化，趁热倒在水平的玻片上，普通载玻片每块需4～5mL琼脂液，冷凝后置补湿容器中。使用时取出，用打孔器在琼脂板上打孔数组，每组中央孔1个、周围孔6个，中央孔滴加适当稀释的抗病毒血清（即抗核型多角体病的病毒血清），周围孔中滴加待检蚕组织研磨液。点好样的琼脂板置补湿容器中，25～27℃保湿孵育，第2天观察结果。如在中心孔与待检样品孔间出现白色沉淀线，则该待检样品即为阳性病蚕；如果沉淀线不清晰，可将琼脂板漂洗，贴上湿滤纸放置40℃烘箱中烘干，然后用1%氨基黑染色，再用1mol/L醋酸脱色后观察结果，此时沉淀线

被染成蓝色，较易辨认。

②对流免疫电泳法。在琼脂板上打孔2行，一行孔中滴加适当稀释后的抗血清（即抗核型多角体病的病毒血清），另一行孔中滴加待检蚕的组织研磨液，点好样品的琼脂板置电泳槽上。槽中电泳液为pH 8.6、0.05mol/L的巴比妥-巴比妥钠缓冲液，4层纱布做电桥，使抗血清端置阳极，待检样品端置阴极。接通电路，每1cm宽的琼脂板通电8~10mA，电泳1h后关闭电源，观察结果。如在抗血清孔与待检样品孔间出现白色沉淀线，即为家蚕核型多角体病。如沉淀线不清晰，可进行烘干，染色后再进行观察。

（3）聚合酶链式反应（PCR）检测　利用PCR的方法，可在体外使基因组的某个部分在短时间内扩增几百万倍。从病蚕血淋巴中抽提DNA后，用根据病毒基因组序列设计的一对特异性引物在体外进行扩增，如果产物在琼脂糖凝胶电泳中有特异性条带，则可确定为本病。

[防治与处理]

1. 防治　可采取以下一些措施：①合理养蚕布局，切断垂直传播。各个蚕区对全年的养蚕布局都必须作出合理安排，相邻两个蚕期之间要留出一周左右时间，便于有充足的时间进行消毒，以防发生上期养蚕残留病原对下期蚕的垂直传播。②严格消毒，消灭病原。在养蚕前认真做好蚕室、贮桑室、上簇室、大小蚕具及蚕室周围的清洁消毒工作，严格防止小蚕期感染。消毒方法有两种：一是用漂白粉消毒。对蚕室、蚕具进行漂白粉液喷雾消毒。消毒时间在养蚕前3~4d。喷药后保持湿润30min以上。二是用福尔马林消毒。蚕室用喷雾法，蚕具用喷雾或浸渍法消毒。一般在养蚕前7d左右消毒，消毒后封闭蚕室，温度保持23℃以上，经24h后打开门窗，待药味散发后再养蚕。单靠养蚕前消毒很难保证不发病。还要建立健全经常性防病消毒卫生制度，经常用0.3%~0.5%有效氯的碱性溶液或0.5%~1.0%的新鲜石灰浆对蚕室、贮桑室、走廊及蚕室周围环境进行喷雾消毒，特别在夏秋期，每次除沙后均应进行消毒。蚕期结束后，采茧后要立即进行消毒。簇具、簇室清洗、消毒、晒干后供使用或贮存；用过的草簇应及时烧毁。③严格提青分批，防止蚕座污染。在养蚕生产上，不论是否有病，还是发育迟缓的蚕都应该采取分批、提青的措施与健康蚕分开，以减少蚕座传染的机会。为了防止蚕座传染，生产上一般用蚕体蚕座消毒剂或新鲜石灰粉在每次饲食及加网除沙前，进行蚕体蚕座消毒。④控制桑园害虫，防止交叉传染。由于桑园多种害虫能感染家蚕核型多角体病，其病原可以与家蚕交叉传染。染病害虫通过流脓、吐液等污染桑叶，从而引起蚕感染发病，所以必须做好桑园的治虫工作。⑤加强饲养管理，增强蚕的体质。要做好蚕卵的催青保护工作。为此在催青中严格按照标准进行温湿度调节，注意通风排气。注意做好补催青工作，及时收蚁，防止蚁蚕饥饿。二要做好蚕期的饲养管理工作。蚕的发育阶段不同，对环境条件和营养要求也不一样，因此，必须根据蚕体的生理要求做好温湿度的调节，特别大蚕期要避免长期接触高温闷热的饲育环境；注意桑叶的采、运、贮，保证良桑饱食。三要做好眠起处理工作，使蚕发育齐一。四要严防农药、氟化物等不良因素对家蚕的刺激，避免本病的诱发。⑥选用抗病力较强的蚕品种。不同的蚕品种经济性状不同，对病毒的感染抵抗性也不同，在生产上要根据不同地区养蚕季节的特点和饲养水平，决定该地区的饲养品种，在饲养条件、饲养技术较差的地方，夏秋季蚕应选择抗病力、抗逆性强的品种，不能盲目推行春种秋养。

2. 处理　发生核型多角体病，要及时淘汰病蚕和特小蚕，同时对蚕室、蚕具及被污染的周围环境进行彻底消毒。

（二）家蚕质型多角体病

家蚕质型多角体病（bombyx mori cytoplasmic polyhedrosis）又称中肠型脓病，中国古农书上叫干白肚，是由家蚕质型多角体病毒引起蚕的一种传染病。质型多角体病毒寄生于蚕中肠圆筒形细胞，并在细胞质内形成多角体。病蚕以空头、起缩、下痢和群体发育极不整齐为特征。我国列为三类动物疫病。

[病原特性]

病原为家蚕质多角体病毒1型（*Bombyx mori cypovirus* 1），又称家蚕质型多角体病毒（*Bombyx mori cytoplasmic polyhedrosis virus*，BmCPV）。属于呼肠孤病毒科（*Reoviridae*）刺突呼肠孤病毒亚科（*Spinareovirinae*）质多角体病毒属（*Cypovirus*）质多角体病毒1型（*Cypovirus* 1）成员。

病毒粒子直径60～70nm，为六角形正二十面体，有12个顶点，各顶点伸出由4节组成的突起，在突起顶端有一个球状体。病毒有两层蛋白质衣壳，两衣壳对应的顶端间由管状结构连接，衣壳内为核酸。病毒的沉降系数为415～440s。核酸为双链核糖核酸（dsRNA），含量为25%～30%，由10个基因片段组成，变性温度为80℃。

质型多角体病毒寄生家蚕后，在被寄生的中肠细胞质内形成多角体。多角体有六角形十八面体、四方形六面体以及偶尔出现的钝角四方形和三角形。多角体个体间开差较大，一般在0.5～10μm，平均为2.60μm。

质型多角体较难被碱性染料染色，而易被派洛宁、硫堇、甲苯胺蓝染色。质型多角体较易被酸性染料染色，橙黄G、伊红、四溴二氯荧光黄都能很好地使多角体染色。

质型多角体病毒（CPV）的稳定性与其存在的状态及环境有关。游离病毒的抵抗力很弱，而多角体内的病毒抵抗力较强。质型多角体在干燥状态下保持1年后还有相当的活力，但遇高温易失活性。在普通的蚕室中致病力至少可保持3～4年。在25℃，用2%的甲醛、石灰水饱和溶液浸渍20min；20℃，用0.3%有效氯的漂白粉溶液浸3min；25℃，用1%的石灰水浸5min；在100℃的湿热中经过3min或日光曝晒10h，都能使之失去活力。

[分布与危害]

1. 分布　本病由日本石森直人于1934年首次观察记载，并称为中肠型脓病。我国于1955年开始对此病进行调查和通过高温嫩叶等诱发试验，以及进行传染性和病理组织学观察。此病在我国主要蚕区危害普遍。目前，该病在世界多数养蚕国家和地区均有发生。

2. 危害　本病可引起蚕体发育慢，群体发育不齐，蚕体大小悬殊，重度病蚕引起死亡，从而严重影响家蚕生产的发展。

[传播与流行]

1. 传播　桑蚕、樗蚕、蓖麻蚕均可感染，尤以桑蚕最易感。桑螟、美国白蛾、赤腹舞蛾等野外昆虫也可感染。

传染源主要是病蚕。野外患本病的昆虫也可成为传染源。传染途径主要经口感染和创伤传染。质型多角体病毒存在于病蚕体内，随粪和吐出的消化液排出体外，污染蚕室、蚕具、贮桑室及桑叶，健蚕食入被污染的桑叶或接触污染的蚕具及环境即可感染。群体内一旦有本病发生，极易通过蚕座传染扩散蔓延。

2. 流行　质型多角体病的感染发病率与品种、蚕龄、季节有关。杂交一代比其亲本抵抗力强，杂交品种中夏、秋蚕比春蚕抵抗力强；盛食期蚕比起蚕、眠眠期蚕抵抗力强；春季因温度、桑叶质量等条件较好，蚕抵抗力强，发病率相对较低；夏秋季因气温高、桑叶失水萎凋、蚕室高温、蚕座潮湿蒸热等可使发病率升高。

蚕座内混育传染率，不仅与混入病蚕数量成正相关，且与蚕座面积和饲育季节等环境条件密切相关。密饲因增加蚕座内混育的传染机会而增加发病率。在不同季节饲育相同的蚕品种，蚕座混育发病率也有很大差异，春季饲育，混育传染率低；夏秋季，混入同量病蚕，发病率显著增加。

[临床症状与病理变化]

1. 临床症状　本病潜伏期较长，一般为1～2龄期，即第1龄感染的在第2～3龄发病；第2龄感染的在第3～4龄发病；第3龄感染的在第4～5龄发病；第4龄感染的在第5龄发病。潜伏期长短与病毒感染量及病毒活性有关，感染量多、病毒活性强的发病快且发病率高。蚕龄小，发病快；饲育温度高，发病亦快。本病主要特点是病势缓慢、病程长，发病症状各异，主要表现为空头、起缩、下痢和群体发育极不整齐等症状。

空头：感染初期症状明显，随着病势的发展，蚕食桑减少，渐渐停食，胸部半透明，呈"空头状"（即胸部空虚）。胸部较健蚕小，与腹部粗细相差不大。蚕体色失去青白色，第5龄发病体色变黄，其后半身的背面呈现黄白色。发病严重的常静伏于蚕座四周。各龄将眠时患病的即成迟眠蚕或不眠蚕。随着病势的加剧，有的在眠中死去，也有的至起蚕时呈起缩下痢症状而列去。

起缩：有些病蚕虽能通过眠期，但饲食后1～2d内发病，停止食桑，体壁多皱，体色灰黄，蚕粪黏腻。生产上在第4、第5龄饲食后较为多见。

下痢：病蚕都伴有下痢，粪形不整，呈糜烂黏着症状。粪色呈褐色、绿色乃至白色。

群体发育极不整齐：在稚蚕期感染发病，开始看到蚕体发育慢和特小蚕，以后蚕体大小相差越来越大。病蚕食桑减少，身体软弱无力，常静伏于蚕座或爬向蚕座边缘。

2. 病理变化　质型多角体病毒感染蚕体后，在发病过程中于中肠后端的圆筒形细胞质中形成0.5μm的颗粒状多角体，继而增大增多，最后在细胞质中充满大小不等的多角体。病重时，少数杯状细胞及再生细胞质中也有多角体形成。随着细胞质中多角体增多，细胞发生破裂，多角体和病毒散落到肠腔中，随粪便排出，成为蚕座传染的主要病原。

由于细胞内多角体增多，中肠后部首先呈乳白色横纹状肿起的病变。随病势发展，中肠后部的乳白色病变逐渐向前扩展，以致扩及整个中肠，最后肠腔空虚，病变部分开始糜烂，大量多角体、病毒和细胞碎片脱落到肠腔内，致使蚕粪呈乳白色带绿的黏状物，镜检可见大量的多角体。当挤压蚕胸部或尾部时，流出的肠液呈米汤状，黏粪带乳白色。轻度病蚕，在第8环节背面撕开体壁，中肠后部有乳白横皱纹，后期则解剖后中肠部位呈乳白色脓肿现象。

[诊断与检疫技术]

1. 初诊　采用肉眼诊断，主要根据临床症状和病理变化可做出初步诊断，确诊仍需进行实验室检测。

肉眼诊断主要依据是中肠乳白色病变。当小蚕或大蚕出现有疑为本病的症状时，若外观症状未能肯定，可撕开腹部体壁观察中肠后部有无乳白色病变；其次可根据排粪情况或手挤压尾部，如有乳白色的黏液即为质型多角体病。

2. 实验室检测　进行病原鉴定和血清学诊断。

被检材料的采集：采集疑似或发病蚕的样品，单个放入可密封的大小适宜的塑料管内，有条件的应直接送到实验室进行诊断，或在−20℃冰箱内冻存后送实验室检查。如需运输送检，必须将放入塑料管的样品以纸袋或报纸包装，然后置于木箱或硬纸箱中运输。实验室采取病蚕中肠后部组织，进行检测。

（1）病原鉴定　显微镜病原检查，方法是：剖取病蚕中肠后半部组织一小块，置于载玻片上，用盖玻片轻轻研压，在600倍显微镜下观察，如见许多折光较强、大小为0.5～10μm的四方形六面体或六角形十八面体多角体时，可确诊为本病。

（2）血清学诊断　有双向免疫扩散法、对流免疫电泳法、荧光抗体法和酶标抗体法等。最常用的为对流免疫电泳法，灵敏度高，可用于质型多角体病的早期诊断。

应用对流免疫电泳法可以检测的质型多角体病毒量为0.01μg（抗血清为1∶32稀释），在病毒感染后20～36h就可检出阳性反应。在生产上应用时，可从整批蚕中选取迟眠蚕或落小蚕，解剖中肠，加0.5%碳酸氢钠溶液数滴，研磨，并铺一薄层脱脂棉过滤，用细口吸管吸取组织液滴于预先准备好的琼脂板抗原穴内，再用另一支吸管吸取本病病毒的免疫血清。然后将琼脂板置于电泳槽上，通电进行对流免疫电泳，约经30min，观察抗原穴与抗体穴间有无沉淀线产生，有沉淀线产生的，可判为阳性。无沉淀线产生的，可判为阴性。

对流免疫电泳法检出时间比显微镜检查要提早24h，比群体出现病症要早60～76h。因此，此法能较早且较灵敏地检出家蚕质型多角体病毒。

[防治与处理]

1. 防治　可采取以下一些措施：①消灭病原。养蚕前（蚕期前）要用含有效氯1%的漂白粉液对蚕宝、蚕具等进行彻底消毒。密闭好、有加温条件的蚕室可用含甲醛2%的福尔马林石灰水进行消毒，也可用毒消散或伏氯净烟熏剂等进行烟熏消毒。同时注意蚕期中和蚕期后的消毒。②分批提青。在饲育期间，适时严格分批提青，以防止蚕座传染。注意桑叶质量，避免食下被污染的桑叶。发现病蚕后，要及时淘汰病小蚕，同时每天使用新鲜石灰粉进行蚕座消毒1～2次。③选育抗病力强的品种，加强饲育管理。可选育抗病力强的品种进行饲养，同时在饲育管理过程中，应按养蚕技术要点进行，要特别注意调节蚕室温湿度，不要过高或长期闷热，尤其是控制壮蚕期的温湿度。

2. 处理　病死蚕须经石灰等消毒后进行深埋，严禁随便乱扔，同时做好桑园除虫工作，防止交叉传染。

二、家蚕白僵病

蚕僵病种类很多，分别由不同科、不同属真菌寄生蚕体引起死亡，死亡后因蚕尸体硬化不易腐败而称为僵病或硬化病，通常以僵化尸体上大量分生孢子的颜色来命名，如白僵病、绿僵病、黄僵病、黑僵病、赤僵病、灰僵病、草僵病等。其中以白僵病最常见。

家蚕白僵病（bombyx mori white muscardine）是由白僵菌经皮肤侵入蚕体而引起的一种

传染性蚕病，以病死蚕尸体干涸硬化并全身被白色分生孢子覆盖为特征。我国将其列为三类动物疫病。

［病原特性］

白僵病的主要病原为球孢白僵菌（*Beauveria bassiana*），过去曾属于半知菌亚门（Deuteromycotina）丝孢目（Hyphomycetales）丛梗孢科（Moniliaceae）白僵菌属（*Beauveria*）成员。而在最新的NCBI真菌分类上，应属于子囊菌门（Ascomycota）粪壳菌纲（Sordariomycetes）肉座菌亚纲（Hypocreomycetidae）肉座菌目（Hypocreales）虫草菌科（Cordycipitaceae）虫草菌属（*Cordyceps*）球孢虫草菌种（*Cordyceps bassiana*）唯一成员。

白僵菌的生长发育周期可分为分生孢子、营养菌丝、气生菌丝三个主要阶段。

分生孢子附着在蚕体体壁上，在适宜的温湿度条件下吸水膨胀，并从孢子一端或两端长出发芽管，侵入蚕体。发芽侵入蚕体后，进一步伸长而成菌丝，菌丝在蚕体内吸收养分，进行生长或分枝，故称营养菌丝。营养菌丝在蚕体内分枝生长过程中，还能在菌丝的顶端或侧旁形成圆筒形或长卵圆形的芽生孢子（也叫短菌丝或圆筒形孢子），以后缢束并脱离母菌丝游离于体液中。芽生孢子为单细胞，大小为（5.6～16.3）μm×（2.8～3.08）μm。芽生孢子脱离母菌丝后，能自行吸收营养，向一端或两端延伸，形成新的营养菌丝。新的营养菌丝如母菌丝一样，又会生成许多芽生孢子，以致体液内芽生孢子数量不断增加，并随体液的循环扩展到全身各组织器官。所以，取少量病重或刚死蚕体液检查，在显微镜下能看见许多营养菌丝和圆筒形孢子。

营养菌丝生长到一定时间（病蚕死后经1～2d），即穿出蚕体壁形成气生菌丝，气生菌丝上单生或丛生出许多分生孢子梗，在小梗上着生分生孢子，极易脱落分散。在显微镜下观察，分生孢子呈球形或卵圆形，无色，表面光滑，大小为3.3～3.5μm。

白僵菌在孢子发芽和菌丝生长过程中，能分泌蛋白质分解酶、脂肪分解酶、几丁质酶、纤维素酶和淀粉酶等，同时还能分泌低分子质量的毒素（白僵菌素I和白僵菌素II）。白僵菌素I对蚕的毒性较小，而白僵菌素II对蚕的毒性较大。

白僵菌生长发育的环境条件是要有适宜的温度（20～30℃），最适温度为24～28℃（卵孢白僵菌为23℃）。在5℃以下或33℃以上则不能发芽和生长。分生孢子的发芽湿度必须在相对湿度75%以上，湿度越高，发芽率越高。白僵菌分生孢子的形成的相对湿度为75%或更高。

白僵菌分生孢子在常温下于室外无直射阳光处或稍潮湿的泥土中能生存5～12个月，在虫体上可存活6～12个月，在培养基上可存活1～2年。放置在10℃以下可生存3年，但在30℃条件下孢子的萌发力仅能保持100d左右，放置在50℃以上，短时间内可引起白僵菌分生孢子的热致死。在35℃下与球孢白僵菌相比较，卵孢白僵菌分生孢子的生存力较弱。湿度在75%以上有利于孢子的发芽，但长时间处于多湿状态中，则不利于孢子的存活。

［分布与危害］

1. 分布　早在1149年，我国所著的《农书》中，就描述了家蚕白僵病的症状。1834年意大利A.Bassi证明了白僵病不是蚕体内自然发生的，而是球孢白僵菌对蚕体的传染寄生，导致了蚕的发病死亡。以后陆续发现了很多种家蚕真菌病（因病蚕尸体多数会出现僵化现象，故又称为僵病或硬化病）。真菌病在中国各蚕区均有发生。

2. 危害 白僵病是养蚕中危害较严重的一种病。一般患病后经3～7d死亡。给养蚕业带来较大损失。

[传播与流行]

1. 传播 蚕和野生昆虫均易感染。蛹和蛾也可感染。

白僵菌分生孢子生长于病蚕尸体的体表，数量多，质量轻，易从分生孢子梗上脱落下来，随风飞散，污染蚕室、蚕具及其周围环境。特别是将不经腐熟的蚕沙和病蚕尸体直接施入桑田或随地摊晒，更会造成大范围的严重污染。另外，野外昆虫的交叉传染也是一条重要的传染途径。桑园害虫如野蚕、桑螟等在温湿季节常常会大量发生白僵病，如在采桑饲育过程中处理不当，往往会引起养蚕白僵病的大面积发生。

传染源主要为病蚕尸体、蚕沙、发生过本病的蚕室、蚕具以及受白僵菌寄生的野外昆虫的尸体和排泄物。还有利用白僵菌作农林治虫，使白僵菌孢子到处扩散，增大了疫源地。

本病的传染途径主要是经蚕的体壁而引起的接触传染，其次是经创伤传染。当白僵菌分生孢子附着在蚕的体壁上后，只要得到适宜的温度（24～28℃）和湿度（如饱和湿度），经6～8h即开始膨大发芽，其发芽管能分泌蛋白酶、脂酶和几丁质酶，通过这些酶的作用溶解寄生部位的体壁，并借助发芽管伸长的机械压力，穿过蚕体壁进入体内寄生，在血液内繁殖，进一步遍及全身。在菌丝繁殖过程中不断产生草酸钙结晶，浮游于血液中使血液浑浊。血液的化学组成也发生了变化，使血液浸浴的组织失去了正常生活的内在环境，因而引起了蚕死亡。蚕死后，菌丝从血液侵入其他组织，其中脂肪体、马氏管、皮肤等组织被侵入最多，丝腺、神经节次之，肌肉最少，一般不侵入胃肠组织。营养菌丝在生长发育过程中，分泌红色素和草酸铵及草酸镁，并逐渐积累成结晶，使病蚕尸体呈现粉红色，并逐渐硬化到干涸的程度。

白僵病的传染与蚕的发育阶段也有密切关系。稚蚕较壮蚕、同一龄中起蚕较盛食蚕易被传染。

2. 流行 本病在各养蚕季节均可发生，但以温暖潮湿季节和地区多发。

[临床症状与病理变化]

在感染初期，外观与健康蚕无异。病程发展到一定程度，可见病蚕体表散在油渍状病斑或褐色病斑。病斑的出现部位不定，形状不规则。病斑出现后不久，病蚕食欲急剧丧失，有的还伴有下痢疾和吐液现象，很快死亡。

初死时，尸体头胸向前伸出，体躯松弛，可以任意绕折，尔后随体内寄生菌的发育而逐渐硬化。死后1～2d，自硬化尸体的气门、口器及节间膜等处首先长出气生菌丝，并逐渐增多，布满全身（除头部），最后在菌丝上生出无数白色分生孢子，状似白粉样。

第5龄后期感染，常在营茧后死去，所结的茧又干又轻。茧内的病死幼虫或蛹体收缩干瘪，往往仅在皱褶的节间膜处长出菌丝和分生孢子，其数量远不及结茧前幼虫尸体上那样多。化蛹后感染白僵病，有的到化蛾后死亡。这种病蛾，尸体扁瘪干脆，翅足很易折落。

蚕体感染白僵病后，经3～7d死亡。稚蚕快、壮蚕慢；同一龄中，起蚕感染快，盛食蚕感染慢。

[诊断与检疫技术]

1. 初诊 采用肉眼诊断，如果临床症状与病理变化明显的可做出诊断。如果症状不明显时，需进行实验室病原检测。

肉眼诊断：当白僵病病程进展到一定程度，蚕体就出现油渍状病斑或褐色病斑。病蚕死后1～2d，全身被菌丝和白色分生孢子所覆盖。此时可做出初步诊断。

2. 实验室检测　主要进行病原鉴定，而血清学诊断很少使用。

被检材料的采集：采集疑似或发病蚕的样品，单个放入可密封的大小适宜的塑料管内，有条件的应直接送到实验室进行诊断，或在－20℃冰箱内冻存后送实验室检查。如需运输送检，必须将放入塑料管的样品以纸袋或报纸包装，然后置于木箱或硬纸箱中运输。

（1）病原鉴定　如果病蚕刚死时，可用显微镜检查体液中是否存在芽生孢子及其形态特征，如果尸体已长出分生孢子，则观察分生孢子的形态特征，可基本上确定是否为白僵病。

显微镜病原检查：病蚕尸体上已长出分生孢子，可挑取少量孢子在显微镜下观察，分生孢子呈球形或卵圆形，无色，表面光滑，大小为3.3～3.5μm。

病蚕症状不明显时，也可取濒死前的病蚕血液（用经火焰灭菌的剪刀剪去病蚕尾角或一只腹脚获取血液）制成临时标本做显微镜检查，如有圆筒形或长卵圆形的芽生孢子即为本病。

（2）血清学诊断　血清学诊断方法在诊断白僵病时很少使用。但在进行病原鉴定时，为了区别不同株系（如黄僵病为白僵病的不同血清型株系）时，往往会用到，可用胶乳凝集检测法等进行血清学鉴定。

582

[防治与处理]

1. 防治　可以采取以下一些措施：①严格消毒，慎防污染。在生产过程中，一方面要严格进行蚕室、蚕具、蚕卵及环境的消毒工作。蚕室消毒后要开窗换气排湿，蚕具放到日光下充分曝晒，防止养蚕用的竹木器材发霉。另一方面要加强蚕体、蚕座消毒。目前使用的防僵药剂有漂白粉、灭菌丹、防僵粉等。这些防僵药剂可以抑制杀灭附在蚕体皮肤上的白僵菌孢子。②做好桑园害虫防治。要驱除桑园虫害，目的是为了防止患病的害虫及其尸体、排泄物等附在桑叶上混入蚕室。③调节蚕室、蚕座湿度。饲养中控制好蚕室的温湿度，特别是湿度，要控制在75%以下，以抑制白僵菌分生孢子发芽。④做好蛹期防僵工作。可适当推迟削茧鉴蛹的时期，一般在复眼着色后进行，在老熟上簇前，进行蚕体和蚕簇消毒。在削茧鉴别蛹时进行蛹体消毒。另外，在裸蛹保护过程中，可用硫黄熏烟消毒。⑤防止白僵菌等杀虫剂农药的污染。在蚕桑生产地区应禁止生产、使用白僵菌等微生物农药，也不能将施用这种农药的稻草、麦秆等作隔沙材料或制簇材料。如必要时需经消毒才能使用。

2. 处理　一旦发生白僵病后，要隔离病蚕，严格处理白僵病的尸体及蚕蜕、蚕粪等。控制蚕座内传染。

三、蜂螨病

蜂螨病（acarapisosis of honey bees）应称武氏蜂盾螨病（acarapis woodi），又称蜂跗腺螨病（acarapisosis of honey bees）、又称蜜蜂气管螨病，是由武氏蜂盾螨引起的一种蜜蜂成蜂寄生虫病。武氏蜂盾螨寄生在蜜蜂胸部气管里，病蜂以气管壁色变（不透明及黑色斑点）为特征，因气管壁受损，影响呼吸，供氧缺乏，最后引起蜜蜂死亡。OIE将其列为必须通报的动物疫病，我国将其列为三类动物疫病。

[病原特性]

病原为武氏蜂盾螨（*Acarapis woodi*），又称跗腺螨（tarsonemid mite）或气管螨（honey bee tracheal mite），俗称壁虱。属于真螨目（Acariformes）恙螨亚目（Trombidiformes）跗线螨总科（Tarsonemoidea）跗腺螨科（Tarsonemidae）蜂盾螨属（*Acarapis*）成员。

虫体大小约150μm，寄生在成峰气管内，是成年蜜蜂气管专性寄生螨。主要聚集寄生在蜜蜂的第1对气管基部产卵繁殖，1只患病蜜蜂气管里可见100～150个各期形态的螨。武氏蜂盾螨也寄生在蜜蜂头部小气囊和胸部第1对气管的细分支处。还可寄生在蜜蜂体表和翅基部，尤其是在蜂群越冬期，螨常聚集在翅基部产卵繁殖。武氏蜂盾螨以寄主血淋巴为食。

武氏蜂盾螨的生活史较短，分为卵、前期若螨、后期若螨和成螨四个不同的发育阶段。卵为珍珠色，椭圆形（或卵圆形），长110～128μm，宽54～67μm。卵产下时可见卵内具足的幼体。若螨椭圆形，长200～225μm，宽100～140μm，比成螨体大。雌性成螨体呈椭圆形（或卵圆形），长123～180μm，宽76～100μm。雄性成螨体呈椭圆形（或卵圆形），体长96～100μm，宽60～63μm（图7-5）。卵期为3～4d，最长为5～6d。雌性若螨期为14～15d，雄性若螨期为11～12d。从卵发育至成螨，雌体需17～19d，雄体需14～16d。

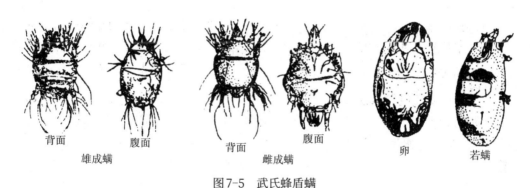

| 背面 | 腹面 | 背面 | 腹面 | 卵 | 若螨 |
| 雄成螨 | | 雌成螨 | | | |

图7-5　武氏蜂盾螨

（引自杜桃柱，姜玉锁，《蜜蜂病敌害防治大全》，中国农业出版社，2003）

雌螨数量一般是雄螨的2～4倍，雌螨一生可8～20枚卵。女儿螨成熟后很快交配，然后转移到新的寄主上繁殖。女儿螨从气门出来后，附在气门绒毛末端，伺机寻找合适的寄主，通常选择10日龄以内的幼蜂寄生。

武氏蜂盾螨脱离活蜂体后数小时就死亡，在蜜蜂尸体上可生存1周左右。温湿度对武氏蜂盾螨的存活影响较大，从附着在蜂尸上的武氏蜂盾螨观察，在相对湿度10%、温度4℃时，可存活120～144h；12～20℃时可存活30～35h；50℃时可存活1.5h；在相对湿度40%、温度30℃时，可存活72～96h；40℃时可存活2h。

[分布与危害]

1. 分布　武氏蜂盾螨病于1902年在英国波德群发现，1904年又在英国康瓦尔和怀德岛发现，故又称"怀德岛病"。1920年传遍全英国，1922年传到欧洲。本病的病原在1921年于英国的西方蜜蜂里找到，定名为Tarsonemus woodi Rennia，后重新定名为Acarapis woodi Rennia。目前，除澳大利亚、日本和中国及东南亚一些国家尚未见发病报道外，世界上许多国家都有发生。如1974年在巴西、1980年在墨西哥、1984年在美国等发现。

2.危害 本病对成蜂是一个毁灭性的威胁。青壮年蜂秋季感染后可引起大量死亡，使受害蜜蜂约有30%不能越冬。

［传播与流行］

1.传播 武氏蜂盾螨不侵染蜜蜂幼虫，常侵染9日龄以下的青年蜜蜂，少数侵染15～18日龄的蜜蜂，对老龄蜜蜂的侵染力都很低。蜂王可能是武氏蜂盾螨的储存宿主，任何年龄的蜂王都会受到感染武氏蜂盾螨从蜜蜂气孔侵入第1对气管，进行一次受精后，在气管末端开始产卵。武氏蜂盾螨侵入蜜蜂气管后5～6d，就可以在气管内见到卵和幼虫。

传染源主要是染病的越冬蜂。传播方式是通过病、健蜜蜂个体间的直接接触而传播。人工分蜂、盗蜂、邮寄蜂王以及蜂群的转地采蜜等是造成本病在蜂群间传播的主要原因。

武氏蜂盾螨主要寄生在9日龄以内青年蜜蜂胸部的第1对气管内，并在其中产卵繁殖。1只雌螨可产5～7粒卵。受精的雌螨从气管里爬出，转移到蜜蜂头部的绒毛上，并附着在蜂体的绒毛上，当蜜蜂相互接触时，从患病蜜蜂爬到健康蜜蜂上，再凭借蜜蜂呼吸，气孔张开时进入气管内。

2.流行 本病常发生在冬季和早春，多在早春蜜蜂开始繁殖季节暴发。当夏季蜂群群势达到最大时，武氏蜂盾螨的种群开始衰落。

本病在秋、冬季节对蜂群的危害尤为严重，在寒冷的北方地区危害更严重。全群可有30%以上的蜜蜂受到螨的寄生。蜂群群势急剧下降，给蜂群越冬造成困难。受到武氏蜂盾螨寄生的蜂群，时常感染病毒或病菌，而使蜂群毁灭，特别在越冬期和早春会使整个蜂群死亡。

［临床症状与病理变化］

1.临床症状 被武氏蜂盾螨寄生的蜜蜂，初期症状不明显，随着武氏蜂盾螨在气管内大量繁殖，堵塞气管，造成呼吸困难和供氧不足，使蜜蜂丧失飞翔能力，前翅和后翅错位，形成"K"字形，在巢门口、草地上等地面缓慢爬行。或者翅基部的几丁质外壳被破坏，形成许多小伤口，血淋巴液渗出体表，有时翅膀也会脱落。病蜂腹部膨大、变黑，并伴有下痢现象，排黄色稀便。有些病蜂身体出现颤抖和痉挛，最后衰竭而死亡（图7-6）。感染较重的蜂群，幼虫区减少，群势迅速下降，越冬蜂团小而松散，越冬饲料消耗增加，蜂群产量下降，最后蜂群弃巢而逃。

此外，冬季蜂群患病后，表现烦躁不安，不结团，大量消耗越冬饲料糖，蜜蜂寿命缩短，甚至不能顺利越冬；春季蜂群若有30%的个体患病，会造成春衰和毁灭；夏季蜂群患病时症状不明显；秋季患病，会有30%的蜂群不能越冬。

2.病理变化 以患病蜜蜂气管壁色变（不透明及出现黑色斑点）为特征。病变主要发生在蜜蜂胸部的第一对气管，有时是一侧的气管或两侧的气管同时感染，头部和胸部的气囊也发现过武氏蜂盾螨。因武氏蜂盾螨常导致蜜蜂气管机械损伤，气道阻塞而使蜜蜂呼吸不畅和生理紊乱，气管壁损害，血淋巴枯竭。随着武氏蜂盾螨在气管内不断繁殖，导致气管壁出现色变，由正常的灰白半透明、有环纹和弹性，变成黄褐色至黑色而

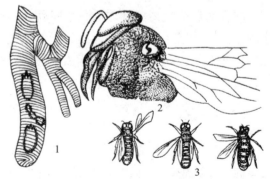

图7-6 武氏蜂盾螨的危害症状

1.寄生在气管内 2.寄生在翅基部 3.呈"K"字形的病蜂
（引自杜桃柱、姜玉锁，《蜜蜂病敌害防治大全》，中国农业出版社，2003）

不透明，并出现黑色斑点（可能因黑色素聚集），失去环纹和弹力。气管内充满各个发育阶段的武氏蜂盾螨。

[诊断与检疫技术]

1. 初诊　根据流行特点（常发生在冬季和早春），典型的临床症状（病蜂不能飞翔，前后翅错位，形成"K"字形，在地面缓慢爬行，出现下痢等）与病理变化（病蜂气管壁出现黑色斑点）可做出初步诊断，确诊需进一步做实验室检测。

2. 实验室检测　主要进行病原鉴定。以镜检或酶联免疫吸附试验（ELISA）进行病原鉴定。对感染水平较低的蜂群，无可靠的检出方法。国内已有行业标准SN/T 1680—2005蜜蜂武氏蜂盾螨病诊断方法供应用。

被检材料的采集：可采集蜂王、雄蜂或工蜂的样品，但检测蜂盾螨属（*Acarapis*）最好采集雄蜂样品，便于解剖。在蜂箱前3m之内，随机采集巢门口的爬蜂或刚死的蜜蜂。如要采集能飞的蜜蜂，可用玻璃瓶扣在巢脾上有蜜蜂的地方，捕捉蜜蜂50只，放入滴上数滴乙醚的棉团，盖上盖子，使蜜蜂麻醉，或者盖上盖后，放入普通冰箱，使蜜蜂冻僵。以供检测用。

解剖时要求是新鲜或冷冻的标本。因酒精会使气管组织变黑而不易观察，故标本不能保存在酒精里。

样本大小取决于检测方法的检测阈，感染率在1%～2%时，连续采样量为50只病蜂即可。

北半球区域采样时间以早春或晚秋最佳。

（1）解剖法　随机抽取50只蜜蜂样品（活、死或濒死），先用酒精或冷冻致死，将蜂体脚朝上，背朝下仰卧固定，用镊子去掉头和前脚，除去颈四周的颈片，打开暴露气管查看离气管最近的气管是否侵染（观察气管壁有否色变）。然后在中部两脚到前腿之间切开胸腔，清除肌肉组织。置8%氢氧化钾溶液微加热约20min或不加热过夜浸软。用18×～20×解剖镜检查有肌肉组织的第一对气管，或将气管移到另一载玻片上加甘油或水，以更高的放大倍数观察。在解剖镜下检查，发现气管内有卵圆形螨虫体，即为阳性结果；未发现气管内有卵圆形螨虫体，即为阴性结果。

如果蜜蜂样品的前胸气管产生褐色病变，同时发现气管内有卵圆形螨虫体，即可确诊。

此法以观察病蜂的气管壁色变和螨虫形态，是诊断本病最可靠的方法，可用于早期感染检测和感染率测定。轻微感染可用解剖显微镜，特殊情况可用高倍显微镜进行观察。此法不适用于大样本检测。

（2）研磨法　切取蜂胸部并进行研碎、离心，然后在解剖镜下检查，确定螨虫的存在。或者取10只蜜蜂胸部，用粉碎机（如豆浆搅拌机）打碎，倒入试管，加10倍水，密度大的物质沉到管底，充有气体的气管和气囊浮在水面，然后收集表面残渣来诊断螨虫的感染情况，主要挑取水面中的病变气管镜检。确定有否螨虫的存在。

此法比解剖法快速，可检测大样本混合样品，但准确性较差。在只需要估计大体感染程度高的地区可采用，不适用于首次疫情的确诊。

（3）染色法　通过对含病原体的气管组织样品进行特异染色（以1%亚甲蓝染色较好）观察，螨虫着色较重，而气管组织着色轻。方法是：将蜜蜂样品去掉头和前腿，在前翅基部中间一对腿向前面再横切一刀，取下切片1.0～1.5mm，置8%氢氧化钾溶液，轻轻搅拌，加热至接近沸点约10min，直至内部组织溶解、清除，勿动几丁质组织。然后过滤回收切片并用自来水冲洗2～5min。再用1%亚甲基蓝染色，切片在蒸馏水中分化2～5min，用70%酒精淋洗，当用95%

酒精保存时，螨可再着色6h。最后封固切片，在光学显微镜下检查。如发现气管内有染色螨虫体为阳性结果；未发现气管内有染色螨虫体为阴性结果。

如果蜜蜂样品发现气管内有染色螨虫体，即可确诊。

但此法需要反复操作，诊断较费时。

（4）酶联免疫吸附试验（ELISA）　应用ELISA技术查看是否有鸟嘌呤的出现，因为蜜蜂在分解蛋白质时不会释放鸟嘌呤残基。

此法虽能快速诊断气管内的武氏蜂盾螨，但因存在假阳性，所以仅适用普查检测。

除上述几种方法外，还有一种较简便的方法是用豆浆搅拌机来粉碎蜜蜂胸部，使充有气体的气管漂浮在上面，然后收集表面残渣来诊断武氏蜂盾螨的感染的情况。

［防治与处理］

1. 防治　尽管我国尚未发现武氏蜂盾螨，但为了防治本病发生，应采取以下一些措施：①做好蜂群的检疫工作，发现病群立即隔离治疗。②加强蜂群饲养管理，组织新群，剔除病蜂。从患病群中将蜂盖子脾提出，进行蜂群羽化，同时诱入健康蜂王，以组织新的健康蜂群。③采用生物防治。一是干扰法，即巢框上放置含植物油的糖饼，因植物油的挥发气味可干扰雌螨搜寻新寄主的行为，从而有效保护幼蜂不被侵染。二是培养抗性蜂种，这是防治武氏蜂盾螨最有效的方法。现已发现一些蜜蜂亚种对本病具有抗性，例如，Buckfast蜜蜂。目前认为，凡具清理行为的蜜蜂，其抗螨性通常较高。

2. 处理　对检疫出的病蜂群，应立即迁至7km以外的无蜂区进行隔离治疗。对蜂群进行药物防治，可选用以下一些药物：①薄荷醇。用大约18cm×18cm的塑料窗纱（约6孔/cm）做成的包装袋盛装50g薄荷晶粒，放在蜂群冬团的框梁处，可以有效治疗低温季节的蜂群武氏蜂盾螨病。在夏季温度较高季节，薄荷醇挥发力强，可直接将药放置箱底。②水杨酸甲酯。一般用水杨酸钾酯熏蜂群。中等群势，每群每次用药6mL，将药液洒在吸水纸上，傍晚放入蜂群内的巢脾框梁上进行熏蒸，不关巢门。每隔3d加药1次，连续用3次为一疗程。③硝基苯合剂。硝基苯5份，汽油3份，植物油2份，混合均匀用于熏蒸。每群每次用药3～4cm，按水杨酸甲酯方法使用，连续治疗一个月。④甲酸。将5cm甲酸装在10mL注射瓶内，橡皮塞留有直径1cm的小孔，插入6cm长的花灯芯。瓶子置于子脾下的箱底。蜂箱四周密封，不关巢门。每天加药5mL，连熏21d。此外，还可用杀螨醇和溴螨酯等治疗。注意在生产期严禁用药。

四、瓦螨病

瓦螨病（varroosis of honey bees）又称蜜蜂瓦螨病，是由狄斯瓦螨引起蜜蜂成蜂和幼虫的一种寄生虫病。以每年秋季为发病高峰期，受侵蜂群以蜂巢内外随处可见翅残腹短的畸形、羸弱蜜蜂为特征。OIE将其列为必须通报的动物疫病，我国列为三类动物疫病。

［病原特性］

病原为狄斯瓦螨（*Varroa destructor*），又名大蜂螨，属于节肢动物门（Arthropoda）螯肢动物亚门（Chelicerata）蛛形纲（Arachnida）螨蜱亚纲（Acari）寄螨目（Parasitiformes）皮刺螨总科（Dermanyssoidea）瓦螨科（Varroidae）瓦螨属（*Varroa*）成员。

据记载，瓦螨寄生虫有4种：雅氏瓦螨（*V. jacobsoni*）、狄斯瓦螨（*V. destructor*）、恩氏瓦螨（*V. underwoodi*）和林氏瓦螨（*V. rinderi*）。过去人们一直认为危害全球蜜蜂的病原是雅氏瓦螨，但现已证实狄斯瓦螨才是真正的病原。

目前狄斯瓦螨已发现有朝鲜基因型、日本/泰国基因型、中国基因型和中国Ⅱ基因型。危害我国意蜂群的瓦螨病均为狄斯瓦螨朝鲜基因型，危害中蜂群的有朝鲜基因型、中国基因型和中国Ⅱ基因型。

狄斯瓦螨有卵、幼虫、第一若虫（前期若虫）、第二若虫（后期若虫）、成螨等5个发育阶段（图7-7）。卵为卵圆形，乳白色，长0.6mm，宽0.43mm，卵膜薄而透明。卵产出时可见4对肢芽，形似紧握的拳头，少数卵无肢芽并最后干枯而死；幼虫在卵内发育，卵产出时已具雏形，6只足，经1～1.5d破卵形成若虫；前期若虫近圆形，乳白色，体表有稀疏刚毛，具有4对粗短的足，以后随时间推移，虫体变成卵圆形。经1.5～2.5d蜕皮成后期若虫；后期若虫到后期随横向生长加速，虫体变成横椭圆形，体背出现褐色斑纹，腹部骨板形成，但未完全几丁质化，经3～3.5d蜕皮，变为成螨；成螨雌性和雄性形态不同。雌螨体型为横椭圆形，宽大于长，体长1.1～1.2mm，宽1.6～1.8mm，呈棕褐色或暗红色，背面微曲，腹面扁平，有背板一块，表面生有浓密的刚毛，腹面由胸板、生殖板、腹侧板、腹股板和肛板等组成，4对足，5节构成，每只足的附关节末端均有钟形的爪垫（吸盘），刺吸式口器隐在螨体的前端下方。雄螨躯体卵圆形，长0.8～0.9mm，宽0.7～0.8mm，足4对，雄螨口器不能刺穿蜜蜂幼虫体壁，不能营寄生生活。

狄斯瓦螨的生活周期分为蜂体自由寄生和蜜蜂幼虫封盖房内繁殖两个阶段。在蜂体自由寄生阶段，常寄生在工蜂和雄蜂的胸部和腹部，吸食蜜蜂体液，一般寄生4～13d后潜入蜜蜂幼虫房，在幼虫巢房封盖后产卵。卵产在蜜蜂幼体或蛹体上，也有将卵产在巢房底部。雌螨卵经24h孵化为6足的幼虫，经48h左右变为8足的前期若虫，在48h内蜕皮成为后期若虫，再经3d变成成螨。整个发育期6～9d。雄螨整个发育期6～7d。在繁殖阶段，雄螨和雌螨在蜜蜂封盖巢房内进行交配，雄螨交配后不久即死在巢房内。雌螨则随羽化的蜜蜂出房，重新寄生新蜂体上。如此进行周期性的繁殖。雌螨在夏季可生存2～3个月，在冬季可生存5个月以上。一年中有3～7个产卵周期，每个产卵周期在工蜂幼虫巢房产1～5粒卵，在雄蜂幼虫巢房产1～7粒卵。

瓦螨有很强的生存能力和耐饥力，在脱离蜂巢的常温环境中可活7d。在15～25℃，相对湿度65%～75%的空蜂箱内能存活7d。在巢脾上能生存6～7d，在未封盖幼虫脾上可生存15d，在封盖子脾上能生存32d。在死工蜂、雄蜂和蛹上能生存11d。

瓦螨喜寄生于雄蜂幼虫，在雄蜂幼虫巢房的寄生率比工蜂幼虫巢房高5倍以上。瓦螨最适生活温度是蜂巢的育虫温度，即30～34℃，如果低于或高于此温度，瓦螨就不能繁殖。

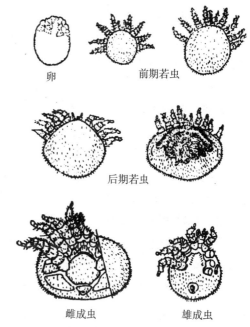

卵　　　　　前期若虫

后期若虫

雌成虫　　　　　雄成虫

图7-7　大蜂螨（*Varroa iacobsoni*）的各期虫态
（引自杜桃柱、姜玉锁，《蜜蜂病敌害防治大全》，
中国农业出版社，2003）

[分布与危害]

1. 分布 狄斯瓦螨原为东方蜜蜂的寄生螨，对东方蜜蜂的危害并不明显。20世纪初，西方蜜蜂大量引进亚洲后，两种蜜蜂相互接触，狄斯瓦螨进入西方蜜蜂巢内，不仅侵害雄蜂幼虫，也寄生侵害工蜂幼虫。1953年在苏联远东地区发现，随后在日本和中国发现危害西方蜜蜂。在20世纪70年代传播到欧洲和南美洲、非洲北部，80年代传入北美洲。目前除大洋洲尚未发现外，已传播到世界各大洲。

2. 危害 本病已成为养蜂业的一大敌害，可使蜜蜂寿命缩短，采集力下降，影响蜂产品的质量，受害严重的蜂群可出现幼虫和蜂蛹大量死亡。如果寄生密度高达50%，则蜂群全群死亡。

[传播与流行]

1. 传播 狄斯瓦螨可侵害蜜蜂成蜂和蜜蜂幼虫。本病通过蜜蜂相互接触使狄斯瓦螨在蜂群中直接传播，迷巢蜂、盗蜂或养蜂人员换箱、换脾、合并蜂群可造成蜂群间接传播。

2. 流行 瓦螨数量在春季最少，随着蜂群数量（群势）增长其数量稳定上升，初秋数量最多。寄生密度（指每百只蜂体上寄生的瓦螨数）与蜂群群势成负比。如在北京郊区，瓦螨自春季（3月中旬左右）蜂群和蜂王开始产卵起，就开始繁殖，4—5月螨的寄生率较高可达15%～20%，寄生密度可达25%；夏季蜂群进入增殖盛期，6月中旬至8月中旬蜂螨寄生率和寄生密度分别为10%和15%，保持相对稳定状态；秋季蜂群势下降，但蜂螨继续繁殖，并集中在少量子脾和蜂体上，因而寄生率和寄生密度急剧上升，9—10月达最高峰，寄生率可达49%，寄生密度可达55%。直到蜂群和蜂王停止产卵、群内无子脾时，蜂螨才停止繁殖，以成螨形态在蜂体上越冬。

[临床症状与病理变化]

本病的潜伏期，OIE《陆生动物卫生法典》规定为9个月（冬季除外，因随国家不同而不同）。

蜜蜂受害后，一个最明显的特征是在蜂箱巢门附近和子脾上，可见到衰弱、没有健全翅膀的畸形蜜蜂。由于若螨、成螨均以蜜蜂成蜂、蜜蜂幼虫和蛹的体液为食，致使蜜蜂幼虫和蜂蛹死亡，或发育不良，翅膀残缩，腹部及体型缩短；成蜂体质衰弱、采集力下降、寿命缩短。严重的死蜂、死蛹遍地，幼蜂到处乱爬，群势迅速削弱，蜂巢破败，甚者全群覆灭。

[诊断与检疫技术]

1. 初诊 根据流行特点（瓦螨侵害蜜蜂成蜂和幼虫，蜂螨春季开始繁殖，4—5月寄生率为15%～20%；夏季保持相对稳定约10%；秋季急剧上升，最高峰达49%，到了秋末初冬，蜂螨停止繁殖，以成螨形态在蜂体上越冬）和临床症状（在蜂箱巢门附近和子脾上，可见到衰弱、没有健全翅膀的畸形蜜蜂，严重的死蜂、死蛹遍地，幼蜂到处乱爬，或在巢脾上有许多死亡变黑的幼虫和蛹）可做出初步诊断，确诊需进一步做实验室检测。

2. 实验室检测 主要进行病原鉴定。常用蜜蜂检查、幼虫检查和碎屑检查等进行病原鉴定。目前无常规诊断的血清学方法。国内已有行业标准SN/T 1684—2005瓦螨病诊断方法供应用。

被检材料的采集：幼虫检查可采集含雄幼虫和工蜂幼虫的巢脾样品；碎屑样品采集，将采样网或硬板纸插入蜂箱底部，上面以纱网覆盖或涂上兽脂，以防蜜蜂将收集的螨屑清除出箱外。在插入采样器前，先以治螨药熏治可提高螨屑样品收集和检出。

（1）蜜蜂检查　可用肉眼直接检查，其方法：打开蜂箱，取出巢脾，随机取样，抓取工蜂50～100只，用拇指和食指捉住蜜蜂仔细观察，看蜜蜂的头胸部之间，胸部和腹部的背侧面，第一至第三腹节的外侧面有无成螨寄生。若发现有成螨，则可诊断为瓦螨危害。

也可用药物熏蒸检查，其方法：在箱底放一张硬纸，用常用的治螨药（如螨扑、杀螨剂二号等）进行熏治，第二天早晨抽去硬纸，查落螨情况。或者捉50～100只蜜蜂，放入500mL玻璃瓶内，用棉花球蘸取0.5mL乙醚迅速放在瓶内，密闭熏5min，然后把蜜蜂轻轻倒在白纸上，待蜜蜂苏醒后飞回巢，再查瓶内和白纸上有无螨。如发现螨，即可确诊。此法可查出落螨数的情况来判断该蜂群的螨害程度。

为了确定蜂螨的危害程度，可以检查蜂螨的寄生率和寄生密度。具体方法为：提出若干带蜂子脾，用镊子从中取出100只左右蜜蜂，逐个检查蜂体上寄生的瓦螨总数量和有螨蜂数。再用镊子挑取雄蜂房或工蜂房50个左右，仔细计算蜂房数和螨数，然后按公式计算：

寄生率（%）＝有螨蜂数（或蜂房数）/检查的蜂数（或蜂房数）×100%

寄生密度＝螨数/检查蜂数（或蜂房数）

（2）幼虫检查　用肉眼直接检查，以检查雄幼虫虫巢室为主，也可检查工幼虫巢室。其方法：用小镊子挑开已封盖的雄蜂幼虫房、工蜂幼虫房若干，用镊子拉出幼虫，在光源下检查巢壁上的细小白点（螨的粪便）和巢室底部、幼虫身上的螨虫。若发现有螨虫，则可诊断为瓦螨危害。

（3）碎屑检查　自然死亡的瓦螨落入箱底的蜡屑。从蜂箱箱底扫集碎屑，分散到白纸上检查碎屑中的螨虫。大量的碎屑可采用漂浮法检测。

［防治与处理］

1. 防治　可采取以下一些措施：①健康群和有螨群不要随便合并和调换子脾。②购置蜂群要经过一段时间单独饲养观察，确认无螨后放在一起。③勤割封盖的雄蜂房。

2. 处理　蜂群中一旦出现瓦螨可采取化学防治、物理防治和综合防治。

（1）化学防治　是在养蜂生产中应用杀螨剂进行杀螨，如速杀螨、敌螨1号、螨扑、敌螨熏烟剂等，一般应选择在早春蜂王尚未产卵和秋末蜂王停止产卵的有利时机进行防治。

（2）物理防治　是国外设计制造自动控温的加热装置，将受螨害的蜂群装入46～48℃的专用铁纱笼内，使蜜蜂在回旋转动的笼内均匀受热。瓦螨自动脱落。此方法无药剂污染，但费时费工，如超过此温度蜜蜂有死亡的危险。

（3）综合防治　是利用蜂群自然断子期或采用人为断子，使蜂停止产卵一段时间（一般在21d左右），蜂群内无封盖子脾，蜂螨全部寄生在蜂体上，再用杀螨药剂驱杀，效果彻底。定地养蜂可采用分巢防治的方法，先从有螨蜂群中提出封盖子脾，带少量蜜蜂。2～3群的封盖子脾组成一个新群，诱入王台或蜂王。对原群用药剂治疗。待新群的封盖子脾全部羽化成蜂后，进行药物防治。

五、亮热厉螨病

亮热厉螨病（tropilaelaps infestation of honey bees）又称热厉螨病，是由热厉螨属寄生于蜜蜂幼虫引起的一种外寄生虫病。热厉螨属以下的种统称为小蜂螨，小蜂螨是典型的蜜蜂巢房内寄生虫，主要危害蜜蜂幼虫和蛹。OIE将其列为必须通报的动物疫病，我国将其列为三类动物疫病。

[病原特性]

病原为小蜂螨。小蜂螨可分为四个种：亮热厉螨（*Tropilaelaps clareae*）、梅氏热厉螨（*T. mercedesae*）、柯氏热厉螨（*T. koenigerum*）和泰氏热厉螨（*T. thaii*），属于节肢动物门（Arthropoda）螯肢动物亚门（Chelicerata）蛛形纲（Arachnida）蜱螨亚纲（Acari）寄螨目（Parasitiformes）皮刺螨总科（Dermayssoidea）厉螨科（Laelapidae）热厉螨属（*Tropilaelaps*）成员。

其中梅氏热厉螨和亮热厉螨是西方蜜蜂的主要寄生螨，而柯氏热厉螨和泰氏热厉螨对西方蜜蜂没有危害。

小蜂螨的长发育周期分为四个阶段，即卵、幼虫、若螨和成螨（图7-8）。由卵到成螨需5～6d时间。

卵：雌螨可产两种卵，一种为无肢体卵，个体较小，卵产后不久即变成浅褐色，不能孵化，最后干枯死亡。另一种卵为有肢体卵，透过卵膜可看到卵内幼虫肢体，卵为近圆形或椭圆形，乳白色，长0.65mm，宽0.38mm。刚产下的卵经15～30min即孵化为幼虫。

幼虫：在卵内形成，破壳后的幼虫为椭圆形，体白色，具3对足，在巢房壁上，处于静上状态，体长0.6mm，宽0.38mm。此时第4对足仍被包在卵膜内未显露，经20～24h后伸出第4对足，进入前期若虫阶段。

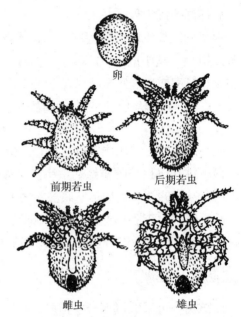

图7-8　小蜂螨（*Tropilelaps clareae*）的各期虫态
（引自杜桃柱，姜玉锁，《蜜蜂病敌害防治大全》，
中国农业出版社，2003）

若螨：若螨分为前期若螨和后期若螨。前期若螨为4对足，体呈椭圆形，乳白色，体长0.6mm，宽0.38mm，体背上有许多细小刚毛，赘肢逐渐形成。经44～48h，静止蜕皮变为后期若螨。后期若螨体呈长椭圆形，体长0.9mm，宽0.62mm，可分出雌、雄性别，体乳白色，身体密布刚毛，经48～52h变为成螨。

成螨：雌螨体呈长椭圆形，体色由最初的淡黄色逐渐变为褐色，体长约1.02mm，体宽约0.53mm，前端略尖，后端钝圆，体背部被一整块骨板所覆盖，身体密布刚毛，腹部具马蹄形胸板，棒状生殖板，钟形肛门开口于中央；雄螨略小于雌螨，体长约0.95mm，体宽约0.56mm，体色淡褐色，腹面的胸板与生殖板合并，后端呈楔形。

小蜂螨多寄生在蜜蜂幼虫体外，其生长繁殖过程均在封盖的巢房内完成。发育成熟的女儿螨随蜜蜂羽化出房，或从死亡幼虫巢房盖的穿孔处爬出，再潜入其他幼虫房内寄生繁殖。由于口器结构问题，小蜂螨无法吸食成年蜜蜂的血淋巴。

成螨寿命在蜜蜂繁殖期为9～10d，最长19d，如果蜂群断子，仅能存活1～3d。小蜂螨具趋光习性，在阳光或灯光下会很快从巢房里爬出来。小蜂螨发育的最适温度范围为31～36℃，一般能存活8～10d，有的可达13～19d；在9.8～12.7℃只能存活2～4d；在44～45℃下24h全部死亡。

[分布与危害]

1. 分布　亮热厉螨最初是于1962年在西方蜜蜂上发现的，该螨虫主要分布在菲律宾、越南等东南亚国家和地区，以及印度、阿富汗等国。最近在缅甸、马来西亚、巴基斯坦、巴布亚新几内亚及爪哇岛的东方蜜蜂群内也发现亮热厉螨。我国于1959年首先在广东省的西方蜜蜂群里发现，以后逐渐向北蔓延，目前此螨虫已在长江流域及华北各省普遍发生，从而引起小蜂螨病（或叫亮热厉螨病）。

2. 危害　小蜂螨是蜜蜂幼虫的专性寄生者，是典型的巢房内寄生，寄生主要对象是封盖后的老幼虫和蛹，靠吮吸蜜蜂幼虫或蛹体的血淋巴生活。因此，对蜜蜂的幼虫和蛹受害特别严重。危害轻者出现"花子脾"，重者使受害蜂群的幼虫和蛹大批死亡，腐烂变黑，即使能弱化出房的幼蜂，肢体亦残缺不全，严重时，可使整群、整脾的幼蜂不能正常羽化出房，群势迅速减弱，导致全群覆灭，是危害蜜蜂最严重的螨虫之一。

[传播与流行]

1. 传播　小蜂螨侵害蜜蜂幼虫，对于连续有幼虫的蜂群，小蜂螨可终年繁殖。在寒冷的冬季或蜂群完全没有幼虫的情况下，小蜂螨不能存活。

传染源是有小蜂螨寄生的蜂群。由带小蜂螨的蜜蜂与健康蜂直接接触传染。传播途径主要通过转地放蜂、蜜蜂错投、盗蜂、合并或调换子脾等在蜂群间传播开来。

2. 流行　小蜂螨在我国南方一年四季都可见到，在北方，每年6月前很少发生，7—8月寄生率呈直线上升，9—10月达最高峰，11月以后随气温下降，蜂王停止产卵而减少。

[临床症状和病理变化]

本病的潜伏期较长，OIE《陆生动物卫生法典》规定为60d（冬季除外，因随国家不同而不同）。

主要使蜂幼和蜂蛹受到严重的侵害，临床可见幼蜂死在巢房内，腐烂变黑。蜂蛹不能羽化，或勉强羽化后的幼蜂出现体型畸形，翅膀残缺不全，在巢门前或场地上乱爬。轻者造成大量残疾蜂，削弱群势，降低蜂蜜、蜂王浆的产量；重者使所有子脾上的幼虫和蜂蛹死亡、腐烂，直至全群覆灭。

[诊断与检疫技术]

可选用开盖检查、箱底检查、熏蒸检查和封盖巢房检查等方法进行病原诊断。

1. 开盖检查　选择一小片日龄较大的封盖子脾，用一梳子状蜜盖叉沿着巢脾面平行插入房盖，用力向上提起蜂蛹，逐个检查小蜂螨。成螨颜色较深，在乳白色的寄主体上很容易被发现。此方法检查比逐个打开巢房盖速度快，效益高，且应用简便，可用于常规的蜂群诊断。

2. 箱底检查　在蜂箱底放一白色的黏性板，然后使用杀螨药（如硫黄粉、螨扑、螨霸等）杀螨或向蜂箱喷烟6～10次，一定时间后取出黏性板检查落螨数量。由于此方法检查敏感，能检查寄生率低的小蜂螨数量，很适合早期诊断。

3. 熏蒸检查　从蜂群提出正有幼蜂出房的子脾，用一个玻璃杯从巢脾上扣取50～100只蜜蜂，杯内放入浸渍0.5～1mL乙醚的棉球，盖上盖子，熏蒸3～5min，待蜜蜂昏迷后，轻轻振摇几下，将蜜蜂送回原群的巢门前，苏醒后的蜜蜂飞回原巢，蜜蜂身上掉下来蜂螨粘在玻璃杯底部或壁上。如见玻璃杯底部或壁上有小蜂螨，即可确诊，统计检查到的螨数，然后按公式计算蜂体寄生率。

4. 封盖巢房检查　从蜂群提出封盖子脾，抖掉蜜蜂，用镊子挑开封盖巢房。由于小蜂螨有较强趋光性，将子脾迎着阳光，巢房内若有小蜂螨爬出来，即可确诊。仔细观察巢房内爬出的螨数，并检查巢房内有无未长成的若螨，统计检查到的螨数（包括螨卵和若螨），然后按公式计算蜂房寄生率。

［防治与处理］

可采取以下一些措施：

1. 蜂群内断子防治法　根据小蜂螨主要寄生在蜜蜂子脾上，靠吸吮蜜蜂幼虫和蜂蛹的淋巴液为生。小蜂螨不能吸食成蜂体的血淋巴，在成蜂体上最多只能存活1～2d，在蜂蛹体上最多也只能活10d。根据这一生物学特性，可采用人为幽闭蜂王或诱入王台，断子的方法治螨。一般工蜂发育过程中，封盖期的幼虫和蛹期为12d。将蜂王幽闭或将要出房的王台，并把蜂巢内的幼虫摇出，将卵用糖水浇死，并全部割除雄蜂蛹。这样12d后，蜂群内就会出现彻底断子，放王3d后蜂群才会出现小幼虫，这时蜂体上的小螨也已自然死亡。如果介绍王台，新王产卵，卵孵化成幼虫后，大多也已超过12d后。因此，幽闭蜂王断子12d，或给蜂群介绍王台断子，都可有效防治小蜂螨。

2. 同巢分区断子防治法　用同一种能使蜂群气味和温、湿度正常交换而小蜂螨无法通过的纱质隔离板，将蜂群分隔成2个区，使各区造成断子状态2～3d，使小蜂螨不能生存，防治效果可达98%。其方法是：在继箱与巢箱间采用一隔王板大小的细纱隔离板，平箱或卧式箱则用框式隔离板，隔离要严密，不使螨通过，每区各开一巢门，将蜂王留在一区继续产卵繁殖，将幼虫脾、封盖子脾全部调到另一区，造成有王区内2～3d绝对无幼虫，待无王区子脾全部出房后，该区绝对断子2～3d，使小蜂螨全部死亡后，再将蜂群并在一起，以此达到彻底防治小蜂螨。

此法保持了蜂群的正常秩序和蜂群正常繁殖，不影响蜂群的正常生产，且劳动强度低，比幽闭蜂王断子更为优越。

3. 药物防治法　目前最常用的方法是药物防治。能防治小蜂螨的药有硫黄燃烧（SO_2）、升华硫、杀螨剂Ⅰ号或速杀螨、螨扑和螨霸等。

（1）硫黄燃烧（SO_2）　常用硫黄燃烧时产生的二氧化硫熏巢脾，达到治小螨。方法是：抖落蜜蜂，按卵虫脾、蜜粉脾与封盖子脾分成两类。气温在32～35℃的条件下，每标准箱加两继箱，继箱内放满巢脾，巢箱空出，每箱体用药5g，置于点燃的喷烟器中，迅速对准巢门喷烟，密闭巢门。卵虫脾及蜜粉脾熏治时间不超过1min，可彻底杀灭卵虫脾和蜜粉脾上的小蜂螨。封盖子脾熏治不超过5min，可杀灭封盖子脾蛹房内的小蜂螨。

（2）升华硫　升华硫对防治小蜂螨具有良好的效果，方法是：先将封盖子脾上的蜜蜂抖掉，然后用纱布装入升华硫粉，均匀涂抹在封盖子脾表面。每隔7～10d用1次，连续2～3次。

（3）杀螨剂Ⅰ号或速杀螨　按使用说明稀释，然后用手提喷雾器逐脾喷雾，喷至蜂体上有薄雾层为止。每隔2～3d喷1次，连治2～3次，防治效果达90%以上。

（4）螨扑　将药片悬挂于蜂群内的两块巢脾之间，即孵育中央区，强群2片，弱群1片，防治有效期达15d。

（5）螨霸　使用方法同螨扑，防治有效期达30d左右，治螨很彻底。

六、蜜蜂孢子虫病

蜜蜂孢子虫病（nosemosis of honey bees）又名微粒子病，是由蜜蜂微孢子虫专门寄生于成蜂中肠上皮细胞而引起的一种消化道传染病。以下痢、中肠肿大无弹性呈灰白色为特征。我国列为三类动物疫病。

[病原特性]

病原为蜜蜂微孢子虫（*Nosema apis*）和东方蜜蜂微孢子虫（*N.ceranae*），属于微孢子虫目（Microsporidia）非泛成孢子亚目（Apansporoblastina）微孢子虫科（Nosematidae）微孢子虫属（*Nosema*）成员。

蜜蜂孢子虫呈卵圆形，边缘灰暗，虫体长5.0~7.0μm，宽2.0~3.0μm。孢子构造由孢核、孢质和极管组成。姬姆萨染色虫体清晰，孢壁厚且不着色，孢质呈蓝色，孢核不可见。昆虫细胞、真菌孢子经姬姆萨染色，胞/孢壁较薄，胞/孢质呈蓝/紫色，核呈紫红色。

东方蜜蜂微孢子虫形体比蜜蜂孢子虫稍小。

被成蜂食入的孢子，在肠道尤其在中肠后区，伸出极管穿过围食膜，孢质顺着极管进入上皮细胞质内繁殖，短期内可产生大量的孢子。

孢子对外界不良环境有很强的抵抗力，在蜜蜂尸体内可存活5年；在蜂粪中可存活1年以上；在蜂蜜中可存活4个月，但在蜂箱温度下，落入蜜蜂中的孢子近3d就失去活力；在水中可存活100d；在巢房里可存活2年。孢子对化学药剂的抵抗力也很强，在4%甲醛溶液中可存活约1h，在10%的漂白粉溶液里可存活10~12h，在1%的石炭酸溶液里可存活1min，直射阳光下15~32h可杀死孢子，高温的水蒸气1min能杀死孢子。

蜂箱或蜂具加热到60℃，15min可杀死孢子。巢脾以49℃加热24h可达到灭菌。60%乙酸溶液熏蒸数小时可灭活所有孢子，更高浓度的乙酸则只需数分钟即可灭活。发生疫情后经消毒的巢脾须充分通风14d以上才可再用。虽然添加抗生素、烟曲霉素的糖浆饲喂群蜂可抑制蜜蜂孢子虫病，但许多国家禁止使用此法。

[分布与危害]

1. 分布　本病广泛流行，美国、加拿大、巴西、德国、英国、苏联、罗马尼亚、保加利亚、澳大利亚等国都有发生。我国一些省（自治区），如广东、广西、江西等也有发生。

2. 危害　本病是世界各国蜜蜂中普遍存在的一种蜜蜂成虫病。不仅危害西方蜜蜂，而且也危害东方蜜蜂。严重者造成蜜蜂死亡，轻者蜜蜂寿命缩短，采集力和泌蜡量显著下降。春季发病影响蜂群繁殖；生产季节发病影响蜂产品产量；秋季发病影响蜂群安全越冬及来年蜂群春衰；越冬蜂群发病出现下痢，重者整群蜂死亡。

[传播与流行]

1. 传播　感染动物为蜜蜂成蜂，而幼虫和蛹不感染。雌性蜂比雄性蜂易感，尤其是蜂王易感。

传染源为病蜂。每只病蜂体内有数百万个微孢子虫孢子，可通过粪便排出污染蜂箱、巢脾、蜂蜜、花粉、水等。蜜蜂在进食、交哺或梳理体毛时，经蜜蜂口器感染食物或体内、体表存在的孢子。蜂群间通过迷巢蜂、盗蜂或养蜂员在换箱、换脾、合并蜂群传播。

2. 流行　由于蜜蜂微孢子虫无所不在，故本病一年四季都可以发生，但以早春多发（与蜜蜂繁殖同步），晚秋次之，夏季和秋季少发。在我国广东、广西、云南、四川以2—3月，江浙一带以3—4月，华北、西北、东北以5—6月为发病高峰期，7—8月病情急剧下降，秋冬寒冷季节降到最低程度。

[临床症状及病理变化]

1. 临床症状　本病的潜伏期OIE《陆生动物卫生法典》规定为60d（冬季除外，因随国家不同而不同）。

临床以蜜蜂下痢为特征。急性感染，尤其在早春，巢脾及蜂箱前可见棕色粪迹。病蜂萎靡、衰弱，体色暗淡，行动迟缓，翅膀发抖，飞翔无力，常被健蜂追咬，多趴在框梁、箱底板上或蜂箱前草地上，不久死亡。

2. 病理变化　病蜂中肠膨大呈灰白色或乳白色，环纹模糊，失去弹性（而健康蜂中肠淡褐色，环纹清楚，弹性良好）。中肠石蜡切片并经姬姆萨染色在显微镜下观察可见病蜂中肠上皮细胞围食膜被破坏并充满大量孢子（而健康蜂中肠上皮细胞和围食膜完好）。

[诊断与检疫技术]

1. 初诊　根据流行特点、临床症状和病理变化可做出初步诊断，确诊需进一步做实验室检测。

2. 实验室检测　主要进行病原鉴定，目前尚无血清学方法诊断。

被检材料的采集：在蜜蜂入口处采集蜜蜂样品，避免采集8日龄以内的蜂只，以防假阳性结果。5%病蜂检出可信度大于95%时，应采集至少60只蜜蜂样品。样品以4%福尔马林固定，置70%酒精或冷冻保存待检。

（1）显微镜检查

①简单方法：取采集的蜜蜂样品分离出蜜蜂腹部，加无菌蒸馏水2～3mL研磨制成悬液，然后取3滴悬液放在载玻片上，盖上玻片，在亮视野或相差光镜下放大400倍检查，观察孢子形态。如发现大量卵圆形，并有淡蓝色折光的孢子，即可确诊。

也可以将感染组织（中肠）制成触片，经姬姆萨染色后镜检。

②标准方法：取10只较年长的工蜂，分离其腹部，加无菌蒸馏水5mL研磨后过滤，残渣再加无菌蒸馏水5mL研磨过滤，将两次滤液离心，取沉淀物镜检。如发现大量卵圆形，并有淡蓝色折光的孢子，即可确诊。

（2）聚合酶链式反应（PCR）　可采用简单聚合酶链式反应（PCR）或多重聚合酶链式反应（m-PCR），后者可同时鉴定蜜蜂孢子虫和东方蜜蜂孢子虫。

3. 鉴别诊断　本病应与蜜蜂马氏管变形虫病（有特殊气味的硫黄色下痢）鉴别。病原应与酵母细胞、真菌孢子、脂钙体和马氏管变形虫包囊相鉴别。

[防治与处理]

1. 防治　可采取以下一些措施：①蜂群越冬饲料用优质的蜂蜜和糖，并要早喂、喂足。切忌用甘露蜜或结晶蜜做越冬饲料。②要把蜂群放在向阳、高燥的地点，保持环境安静，越冬室温保持2～4℃，注意通风良好和干燥。③更换老蜂王或病蜂王，增强蜂群的繁殖力，做到强群越冬。

④每年春季对所有的蜂箱、巢脾、巢框以及蜂具等进行一次彻底消毒。如巢脾可以浸在4%甲醛溶液中消毒，浸泡1d后用清水洗去药液，晒干后再用。

2. 处理　发生本病后，病群的蜂王及时处理、更换。也可用药物给病群治疗，常用灭滴灵。方法是：取每片0.2g的灭滴灵研成粉末，并用少许温水溶解后，加在1 000g糖浆内，每群喂500g，每隔3～4d喂1次，连续喂4～5次为一个疗程。注意严格执行休药期（参照美洲蜂幼虫腐臭病）。国外多采用大烟曲霉素治疗，可抑制孢子作用，降低感染率。方法是：每升糖浆中加100g（75.6万IU）烟曲霉素，每隔1～2周饲喂1次，每群200mL，连续2～4次为一个疗程。

七、白垩病

白垩病（bee chalkbrood disease）又名石灰质病或石灰蜂子，是由蜂球囊菌引起蜜蜂幼虫死亡的一种真菌性传染病。病死幼虫呈石灰状。我国将其列为三类动物疫病。

［病原特性］

病原为蜂球囊菌（*Ascosphaera apis*），属于散囊菌目（Onygenales）球囊菌科（Ascosphaeraceae）球囊菌属（*Ascosphaera*）的成员。

蜂球囊菌是单性菌丝体，为白色棉絮状，有隔膜，雌雄菌丝仅在交配时形态才有不同，为雌雄异株性真菌，单性菌丝不形成厚膜孢子或无性分生孢子，两性菌丝交配后产生黑色子实体，孢子在暗褐绿色的孢子囊里形成，球状聚集，孢子囊的直径为47～140μm，单个孢子球形，大小为（3.0～4.0）μm×（1.4～2.0）μm，它具有很强的生命力，在自然界中保存15年以上仍有感染力。

［分布与危害］

1. 分布　在欧洲广泛发生，苏联、新西兰也有流行。北美洲于1979年开始蔓延，日本和我国（1990年）南部地区也有发生。

2. 危害　本病只侵害蜜蜂幼虫，造成幼虫死亡。但对成蜂不感染发病。

［传播与流行］

1. 传播　感染动物为蜜蜂幼虫，尤以雄蜂幼虫最易感，成蜂不感染。

传染源主要是病死幼虫和被污染的饲料、巢脾等，主要通过孢子囊孢子和子囊孢子传播。蜜蜂幼虫食入污染的饲料，孢子在肠内萌发，长出菌丝，并可穿透肠壁。大量菌丝使幼虫后肠破裂而死，并在死亡幼虫体表形成孢子囊。

孢子囊增殖和形成的最适温度为30℃左右，蜂巢温度从35℃下降至30℃时，幼虫最容易受到感染。因此在每年春季蜂群大量繁殖，急于扩大蜂巢，往往由于保温不良或哺育蜂不足，造成巢内幼虫受冷时最易发生。而潮湿、过度的分蜂、饲喂陈旧发霉的花粉、应用过多的抗生素以至改变蜜蜂肠道内微生物区系、蜂群较弱等都可诱发本病。

2. 流行　每年4—10月发生本病，其中4—6月为高峰期。

［临床症状与病理变化］

白垩病主要使老熟幼虫和蜂盖幼虫死亡。幼虫死亡后，初呈苍白色，以后变成灰色至黑色。

幼虫尸体干枯后成为质地疏松的白垩状物，体表布满白色菌丝。

[诊断与检疫技术]

1. 初诊　根据流行特点、临床特征可做出初诊，确诊需进一步做实验室检测。

2. 实验室检测　幼虫尸体表面物镜检，方法如下：

挑取少量病死幼虫尸体表面物于载玻片上，加1滴蒸馏水，在低倍显微镜下观察，如发现有白色似棉纤维样的菌丝和含有孢子的孢子囊，孢子呈椭圆形时，即可确诊。

[防治与处理]

1. 防治　可采取以下一些措施：①把蜂群放在高燥地方，保持巢内清洁、干燥。②不喂发霉变质的饲料，不用陈旧发霉的老脾。

2. 处理　发生本病后，首先，撤出病群内全部患病幼虫脾和发霉的粉蜜脾，并换清洁无病的巢脾供蜂王产卵。换下来的巢脾用二氧化硫（燃烧硫磺）密闭熏蒸4h以上，其用量按每10张巢脾用3～5g计算。也可用氧化乙烯烟熏或用4%福尔马林溶液消毒巢脾，熏蒸过的巢脾要经通风1d，药液浸泡的巢脾要经清水洗净后方可加入蜂群中使用。

其次，经换脾、换箱的蜂群，要及时饲喂0.5%麝香草酚糖浆，先把麝香草酚用适量的95%酒精溶解，然后加入糖浆内，每隔3d喂1次，连续喂3～4次。麝香草酚要先用适量的95%酒精溶解后加入糖浆内。

第八节　犬猫等动物病

一、水貂阿留申病

水貂阿留申病（aleutian disease of mink）又称貂浆细胞增多症，是由阿留申病毒引起貂的一种慢性进行性传染病。以侵害网状内皮系统致使浆细胞增多、高γ型球蛋白血症和终生病毒血症为特征，并常伴有动脉炎、肾小球肾炎、肝炎、卵巢炎或睾丸炎等。我国列为三类动物疫病。

[病原特性]

病原为貂阿留申病毒（*Aleutian mink disease virus*，AMDV），属于细小病毒科（*Parvoviridae*）细小病毒亚科（*Parvovirinae*）阿留申貂病毒属（*Amdovirus*）。

病毒颗粒无囊膜，二十面体对称，病毒基因组为单股DNA。

貂阿留申病毒对乙醚、氯仿、0.4%甲醛和清洁剂有抵抗力，但对1%甲醛和1%～1.5%氢氧化钠敏感。该病毒对热的抵抗力很强，加热80℃ 10min或99.5℃ 3min才被灭活，在pH 2.8～10范围内仍保持活力。紫外线照射和用1%甲醛溶液、β-丙内酯、羟胺和氧化剂处理能使病毒灭活。

[分布与危害]

1. 分布　1946年，美国Hartsough等最早在阿留申水貂中发病本病，故称阿留申貂病。

1962年，Karstad等证实本病为病毒性传染病。目前，本病已在世界许多国家流行，如美国、英国、加拿大、挪威、芬兰、丹麦、德国和波兰等国都有本病的流行报道。近年来，我国水貂中也有发生流行。

2. 危害　由于本病主要感染各种水貂，国内红眼白貂"bbcc"的发病率为29%，严重影响养貂业的生产发展。

[传播与流行]

1. 传播　各种水貂均可感染，但以阿留申基因型水貂最易感。

传染源是病貂和带毒貂。通过唾液、粪、尿等分泌物和排泄物排毒，污染饲料、饮水、用具和周围环境。经消化道、呼吸道感染。病母貂可经胎盘感染仔貂。蚊子可传播本病。

2. 流行　本病一年四季均可发生，但多发生于秋冬季节。气候寒冷、潮湿可促使病情的加剧。

[临床症状与病理变化]

1. 临床症状　本病自然感染的潜伏期平均为60～190d，长的达7～9个月甚至一年以上。人工感染为21～30d。

本病多数为慢性经过。临床以口渴、贫血、衰竭、血液检查浆细胞增多和血清γ-球蛋白增高4～5倍为特征。

病貂口渴，食欲下降，进行性消瘦。可视黏膜苍白，口腔黏膜及齿龈出血或溃疡。粪便呈煤焦油样。神经系统受到侵害时，可出现抽搐、痉挛、共济失调，后肢麻痹等症状。后期出现拒食、狂饮，常以尿毒症死亡。

病貂的血检变化，血液内浆细胞增多，血清γ-球蛋白增高4～5倍。血氮、血清总氮、麝香草酚浓度、谷草转氨酶、谷丙转氨酶及淀粉酶也明显增高。血清钙、白蛋白及球蛋白降低。白细胞总数增加，淋巴细胞增高，粒细胞相对减少。

2. 病理变化　病变主要表现在肾脏、脾脏、淋巴结、骨髓和肝脏，尤以肾脏为最显著。病初肾脏肿大2～3倍，呈灰色或淡黄色，表面有黄白色小病灶或点状出血；后期肾脏萎缩，呈灰白色。肝脏初期肿大，呈暗褐色；后期不肿大，色呈黄褐色或土黄色。急性经过脾脏肿大，呈暗红色；慢性经过时脾脏萎缩，呈髓样肿胀，淋巴结肿胀。

组织学变化表现在肾脏、肝脏、脾脏、淋巴结的血管周围有明显的浆细胞增生，形成管套状浸润。肾有膜性肾小球性肾炎、间质肾炎及肾小管变性。肝有局灶性肝炎。

[诊断与检疫技术]

1. 初诊　根据临床症状和病理变化可做出初步诊断，确诊需进一步做实验室检测。

2. 实验室检测　进行病原鉴定和血清学检测。

被检材料的采集：病貂生前采集唾液、粪便和尿液；死后可采集脾脏、淋巴结和肝脏等组织进行病毒分离。采集病貂的血液用于血清学检测。

（1）病原鉴定

病毒分离：貂阿留申病毒可在猫肾细胞上增殖，细胞病变不明显。方法是：取病死貂脾、淋巴结等病料研碎，离心，取上清液接种在已经长成单层的猫肾传代细胞，37℃吸附培养2h，加入含2%新生犊牛血清的细胞维持液，于31.8℃继续静止培养3～4d，在显微镜下观察。若细胞出现变圆、部分脱落或形成网状，则病毒分离阳性。

病毒鉴定：将上述细胞培养物通过电镜观察、聚合酶链式反应（PCR）等方法进行病毒鉴定。

（2）血清学检测　采用对流免疫电泳法（CIP）和碘凝集试验（IAT）进行血清学检测。目前多采用 CIP 检查。

①CIP：水貂在感染本病后的第 7～9 天即可在血液中产生沉淀性抗体，能持续 190d，其血清在对流免疫电泳时，能出现清晰的乳白色沉淀线。判定标准是：在血清与抗原之间形成一条清晰白色沉淀线，稍偏向血清孔为阳性；在血清和抗原孔之间无任何沉淀线为阴性。

此法具有很高的特异性，阳性检出率达 100%，是目前常用的一种实验室检测方法，为世界各国广泛采用。

②IAT：依据阿留申病病貂血清中 γ-球蛋白量增多，与碘混合后可出现絮状凝集反应的原理来检出病貂。其方法是：采取 1 滴血清置载玻片上，滴加 1 滴新配制的碘液（碘化钾 4g，用少量蒸馏水溶解，然后加入碘 2g，最后加蒸馏水到 30mL，充分混合溶解，置棕色瓶中放暗处备用），轻摇混合，1～2min 后判定，出现暗褐色絮块状凝集物者为阳性；呈不明显颗粒凝集者为疑似；均匀混浊，与碘溶液颜色一致者为阴性。

1962 年美国人最先采用，此法操作简单、快速，但缺点是，在病的早期只能检出 16%～65% 的阳性貂，而且有假阳性反应。

3. 鉴别诊断　本病注意与犬瘟热、病毒性肠炎相鉴别。

[防治与处理]

1. 防治　目前对发病貂尚无疫苗和特效治疗药物，可采取以下一些措施：①引进种貂时要严格检疫。②建立无阿留申病貂的健康群。其做法是：用对流免疫电泳法，对污染貂群在每年 11 月选留种时和 2 月配种前进行 2 次检疫。淘汰阳性貂，选留阴性貂做种用。如此连续检疫处理 3 年，就有可能培育成无阿留申病貂的健康群。③禁止病兽及污染物引入貂群、貂场，禁止无关人员进入已经净化了的貂场。④加强对貂群的饲养管理，保证给予优质、全价和新鲜的饲料，以提高水貂的抗体抵抗力。⑤貂场内的用具（含兽医器械）、食具、笼子和地面要定期进行消毒。病貂场禁止水貂输入和输出。⑥采用异色型杂交的方法，在某种程度上可减少本病的发病率。国内许多水貂均这样做，收到较好的效果。

2. 处理　发现病貂及时淘汰，在每年检疫出的阳性貂，也要及时淘汰。同时用 2% 氢氧化钠溶液或漂白粉对污染貂群及其笼舍、场地进行彻底消毒。

二、水貂病毒性肠炎

水貂病毒性肠炎（mink virus enteritis）又称貂传染性肠炎或貂白细胞减少症，是由水貂细小病毒引起的高度接触性急性传染病。以胃肠黏膜发炎、腹泻，粪便中含有多量黏液和灰白色脱落的肠黏膜，有时还排出灰白色圆柱状肠黏膜套管为特征。我国列为三类动物疫病。

[病原特性]

病原是水貂肠炎病毒（*Mink enteritis virus*，MEV），属于细小病毒科（*Parvoviridae*）细小病毒亚科（*Parvovirinae*）细小病毒属（*Parvovirus*）成员。

水貂肠炎病毒（MEV）颗粒无囊膜，二十面体对称，病毒基因组为单股DNA。

MEV与猫泛白细胞减少症病毒（*Feline panleukopenia virus*，FPV）相类似。FPV与MEV有密切亲缘关系，实验证明MEV是FPV的变种。FPV可使貂感染发病，MEV也能使猫轻度感染。

MEV的其他生物学特性均与FPV相同。例如，MEV同FPV一样能在4℃和pH 6.0～6.4条件下凝集猪和猴的红细胞（凝集性弱），但移至室温后，FPV很快解凝，而MEV则不易解凝。

MEV对外界环境有较强的抵抗力。粪便中的病毒在−20℃条件下，能存活12个月。经56℃处理30min仍能保持其毒力，经120min处理后可失去活性。

［分布与危害］

1. 分布　本病于1947年在加拿大安大略省威廉堡地区首次发生。1949年，Schofield定名为貂传染性肠炎（MVE）。1952年Wills首次提出本病病原为病毒。以后在美国、丹麦、芬兰、挪威、瑞典、英国和日本等许多国家发生和流行。我国在1974年首次报道发生本病。

2. 危害　由于本病对不同年龄、性别及品种的水貂均能感染发病，其发病率和病死率均很高，对水貂的养殖生产造成严重的威胁，并产生一定的经济损失。

［传播与流行］

1. 传播　猫科、犬科及貂科等动物均有易感性，水貂最为易感，不同年龄、性别及品种的水貂均能感染，尤其幼龄水貂最易感。

传染源主要是患病动物和带毒动物，尤其是带毒母貂是最危险的传染源。病毒经患病动物和带毒动物的粪便、尿、精液、唾液排出体外。病后康复动物的排毒期在一年以上。患泛白细胞减少症的病猫和带毒猫排出病毒也能传染貂。

传染途径主要是经消化道感染。可通过健康貂与病貂及带毒貂直接接触，如撕咬、交配等传播。或通过间接接触，即病貂及带毒貂的粪便、尿液和唾液等污染饲料和饮水、用具、垫草、貂笼、工作服等及周围环境等使貂受到感染。此外，也可经消毒不彻底的注射器以及体温计等散播传染。禽类、蝇类及鼠类常可成为本病的传播媒介。

2. 流行　本病常呈地方流行性和周期性流行，传播迅速。一年四季均可发生，但多发生于7—9月。发病率可达60%，病死率达15%以上，其中幼龄仔貂的病死率更高。

［临床症状与病理变化］

1. 临床症状　自然感染潜伏期4～8d，个别可达11d以上。根据病程，可分为最急性型、急性型和亚急性型等三种。

（1）最急性型　突然发病，见不到典型症状，经12～24h很快死亡。

（2）急性型　精神沉郁，食欲废绝，但渴欲增加，喜卧于室内，体温升高达40.5℃以上。有时出现呕吐，常有严重下痢，在稀便内经常混有粉红色或淡黄色的纤维蛋白。重症病例还能出现因肠黏膜脱落而形成圆柱状灰白色套管。患病动物高度脱水，消瘦。经7～14d，终因衰竭而死亡。

（3）亚急性型　与急性型相似。腹泻后期，往往出现褐色、绿色稀便或红色血便，甚至煤焦油样便。患病动物高度脱水，消瘦。病程可达14～18d，随后死亡。

少数病例能耐过，逐渐恢复食欲而康复，但能长期排毒而散播病原。

2. **病理变化** 剖解肉眼变化主要病理变化在胃肠系统和肠系膜淋巴结。胃内空虚，含有少量黏液，幽门部黏膜常充血，有时出现溃疡和糜烂。肠内容物常混有血液，重症病例肠内呈现黏稠的黑红色煤焦油样内容物，有部分肠管由于肠黏膜脱落而使肠壁变薄。多数病例在空肠和回肠部分有出血变化。肠系膜淋巴结高度肿大、充血和出血。肝脏轻度肿大呈紫红色，胆囊充盈。脾脏肿大呈暗红色，在被膜上有时有小点出血。

病理组织学检查，可见小肠黏膜上皮细胞肿胀，并有空泡变性。发病初期的病例，小肠黏膜上皮细胞可发现核内包涵体。用苏木精伊红染色时，包涵体被碱性品红着色。

［诊断与检疫技术］

1. **诊断** 根据临床症状和病理变化可做出初步诊断，确诊需进一步做实验室检测。

2. **实验室检测** 进行病原鉴定和血清学检测。

被检材料的采集：生前可取病貂的新鲜粪便进行病原检测；病死貂可采集小肠肠段黏膜或肠内容物、肠系膜淋巴结等组织病料。

（1）病原鉴定

①病毒分离和鉴定：将采取典型病貂的肝、脾和淋巴结，经常规处理，接种于猫肾单层细胞培养，在出现细胞病变后，取培养物与标准阳性血清作中和试验或免疫荧光试验的检查，以鉴定病毒。

②本动物接种试验：取典型病貂的肝、脾和小肠研磨后用生理盐水制成10%～20%悬液（每毫升加青霉素1 000IU、链霉素1 000U），给健康水貂每只口服10～20mL，或腹腔注射3～5mL，4～7d后接毒貂出现典型症状（如先呕吐，后腹泻，体温升高达40℃以上，粪便为水样或脓样、带血，粪中有黏膜圆柱或黏液管，有时会引起死亡），而对照貂无变化，即可确诊。

③病毒抗原检测：采用荧光抗体试验可检出小肠上皮细胞中的病毒抗原。方法是：取病貂小肠制成冰冻组织切片，用特异荧光抗体染色，在小肠黏膜上皮细胞胞质内出现绿色荧光。通常每个阳性细胞含1～7个荧光体，判为阳性。

④病毒核酸检测：采用聚合酶链式反应（PCR）方法检测水貂肠炎病毒（MEV）特异核酸，可作出诊断。

（2）血清学检测 血清学诊断方法有琼脂扩散试验、血凝抑制试验。其中血凝抑制试验为简而易行的快速特异性诊断方法。

①琼脂扩散试验：用已知抗原（用福尔马林灭活水貂肠炎病毒）与被检血清进行琼脂扩散试验。

②血凝抑制试验：采集病貂双份血清与病毒培养物作HI试验。试验时，抗原为乙烯亚胺灭活的病毒培养物，使用4～8个单位；被检血清用10%红细胞吸收。用1%猪红细胞液做观察系统。本诊断法具有简单、快速等优点。

3. **鉴别诊断** 本病应注意与犬瘟热、球虫病、大肠杆菌病和其他细菌感染引起的出血性胃肠炎等疾病相鉴别。

［防治与处理］

1. **防治** 目前尚无治疗本病的特效药物，可采取以下一些措施来控制本病的发生流行：①实施科学饲养管理，做好防疫消毒工作。②严格检疫，特别对新引进的水貂要加强检查。③按时预防接种疫苗，使水貂获得免疫力。目前有细小病毒组织灭活疫苗和水貂病毒性肠炎、犬瘟热、肉毒梭菌中毒三联疫苗。前者灭活疫苗已在全国毛皮动物饲养密集地区推广应用，疫苗质量安全可靠，免疫效果良好，无副作用；后者三联疫苗免疫效果也很好。

2. 处理　发病貂场应采取严格隔离措施，对病貂要及时隔离，采取淘汰处理，做好被污染环境的卫生消毒工作，笼舍、场地可用3%氢氧化钠或石灰乳消毒，病貂粪便可集中在距貂场较远的地方作封闭发酵消毒处理。耐过本病的病貂是病毒携带者，常可长期排毒，不应留作种用。

三、犬瘟热

犬瘟热（canine distemper）又称犬瘟，是由犬瘟热病毒引起犬科、浣熊科和鼬科动物的一种急性、热性、高度接触性传染病。以双相热型发热、结膜炎、呼吸道症状、胃肠卡他性炎症、皮炎、神经症状为特征。我国列为三类动物疫病。

[病原特性]

病原是犬瘟热病毒（*Canine distemper virus*，CDV），属于单负链病毒目（*Mononegavirales*）副黏病毒科（*Paramyxoviridae*）副黏病毒亚科（*Paramyxovirinae*）麻疹病毒属（*Morbillivirus*）成员。

病毒粒子呈圆形或不整形，直径为100～300μm，含有直径为15～17.5nm的螺旋状对称核衣壳，外面被覆囊膜，膜上生长1～13nm的纤突。结构蛋白由N、P（为C、V为非结构蛋白）、M、F、H和L组成。病毒基因组为单股负链RNA。血清型单一，但不同毒株的病原特性和生物学特性有差异。

本病毒与牛瘟病毒、麻疹病毒之间有相关性，具有某些共同抗原性。

病毒可在犬、雪貂、犊牛肾细胞及鸡胚成纤维细胞上培养。培养在犬肾细胞单层上可生长增殖，产生多核体（合胞体）和核内、胞质内包涵体及星状细胞。病毒接种鸡胚后1～2d，在绒毛尿囊膜上可见到水肿，外胚层细胞增生和部分死亡。

病毒对干燥和寒冷有较强的抵抗力，在−70℃条件下冻干可保存毒力一年以上。在室温下仅可存活7～8d，55℃存活30min，100℃ 1min失去毒力。日光照射14h，可杀死病毒。对氯仿、乙醚和酚等有机溶剂敏感。最适pH为7.0～8.0。3%的氢氧化钠溶液、3%福尔马林、5%石炭酸溶液5min内均可杀死病毒。

[分布与危害]

1. 分布　本病在18世纪的末叶流行于欧洲，1905年Garre证实是由病毒引起的，并在1925年报道银黑狐的犬瘟热，1928年Rudolf报道了貂和貉的犬瘟热。我国黑龙江省某貂场于1973年发生本病，此后在吉林、辽宁、陕西、河南、河北、山东、山西、湖南等省的水貂群中也均有发生。1983年吉林延边地区的犬发生了本病。目前本病在全世界普遍存在，成为犬和毛皮动物的重要疫病之一。

2. 危害　由于本病对犬科、鼬科和浣熊科等动物均易感染，发病率和死亡率较高。其中幼犬多发，病死率达80%，雪貂发病致死率几乎为100%，因此，对养犬造成严重威胁。

[传播与流行]

1. 传播　犬科（犬、狐、豺、狼、貉等）、鼬科（貂、雪貂、黄鼬、白鼬等）和浣熊科（浣熊、白鼻熊等）及海豹、熊猫（不属于浣熊科）等动物均易感。不分年龄、性别，但幼小动物比成年动物更易感，发病率和死亡率均较高。

传染源为患病动物及带毒动物（其带毒期不少于5～6个月）。病毒存在于患病动物和带毒动物的鼻液、唾液、泪液、血液、脑脊髓液、淋巴结、肝、脾、脊髓、心包液、胸水和腹水中，并通过眼鼻分泌物、唾液、尿和粪便向外排出病毒，污染饲料、水源及用具等。

传播途径为直接接触发病动物，或通过被病毒污染的空气、饲料和饮水经呼吸道和消化道感染。母犬也可通过血液传给胎儿，造成流产和死胎。

2. 流行　本病一年四季均可发生，但以冬季和早春季多发，常呈周期性流行，在未实行免疫的地区或国家通常2～3年流行一次。在大型综合经济动物饲养场里，犬瘟热通常首先在犬科动物中流行，而后传播给鼬科动物。

[临床症状与病理变化]

1. 临床症状　本病自然感染潜伏期，犬一般为3～4d，有的可达17～21d或更长；貂为9～30d，长的达90d。

病犬最初表现倦怠、厌食，鼻、眼流水样分泌物，随后变为脓性。发热（39～41℃），持续1～3d，随后降至接近常温，几天后又第二次升温，持续7d以上，呈典型的双相热型。咳嗽，呕吐，呼吸困难，腹泻，排出物呈恶臭。典型病例还可见到水疱性和化脓性皮炎，皮屑大量脱落，鼻、唇、眼、肛门皮肤增厚，腹下皮肤常见有溃疡灶，足垫肿胀、变硬，母犬外阴肿胀。病毒侵入脑内后，引起脑炎，出现局部互殴全身肌肉抽搐、痉挛，后躯麻痹等神经症状，多以死亡告终。耐过的病例伴有终身痉挛、舞蹈病或麻痹症等后遗症。

2. 病理变化　剖检时可见呼吸道黏膜有黏液性或化脓性泡沫状分泌物。肺呈小叶性或大叶性肺炎。胃肠呈卡他性炎症变化。脑有非化脓性脑膜炎。在胃、肠、心外膜、肾包膜及膀胱黏膜有出血点或出血斑。脾微肿，如继发细菌感染则肿大。肝、肾脂肪变性，呈局灶性坏死。有的病例有轻微间质性的附睾炎及睾丸炎。幼犬胸腺萎缩，呈胶冻样。

组织学变化　在各个器官的上皮细胞、网状内皮系统，大小神经胶质细胞、中枢神经系统的神经节细胞、脑室膜细胞及肾上腺髓质细胞的胞质和胞核中都可能存在包涵体（圆形、椭圆形或多型性，直径1～5nm，呈同质性或空泡构造）。包涵体在上呼吸道细胞出现于胞质内，而在胃肠道、膀胱、肾盂上皮细胞则出现于胞质内或核内。

[诊断与检疫技术]

1. 初诊　根据临床症状及病理变化可做出初步诊断。确诊需进一步做实验室检测。

2. 实验室检测　进行病原鉴定和血清学检测。而包涵体检查可作为本病的重要辅助诊断方法。

被检材料的采集：生前可采集鼻腔黏膜或眼结膜制作涂片，剖检时，可采集膀胱黏膜、支气管上皮、淋巴结等病料制作涂片或组织切片检查包涵体，或用标记抗体染色检查病毒抗原。也可采集感染初期的分泌物、排出物等用反转录聚合酶链式反应方法检测病毒核酸。

用于病毒分离，须采集新鲜脑、淋巴结、肺脏等组织病料。

（1）病原鉴定

①病毒分离：用于分离、培养犬瘟热病毒主要有原代培养细胞和传代细胞系两大类。原代培养细胞包括犬或貂的肺和腹腔巨噬细胞、肾细胞、胚胎细胞、外周血淋巴细胞及T淋巴细胞，犊

牛肾细胞和鸡胚成纤维细胞等分离病毒，或剖检时直接培养犬肺泡巨噬细胞，容易分离到病毒；传代细胞系包括Vero、FE、CRFK、MDCK、B95a、BHK21及Hela等。虽然CDV可在多种细胞培养物上生长、繁殖，但是病毒分离成功率低，病毒毒力很容易丧失。目前多采用Vero-CD150（SLAM）细胞分离临床样品中的CDV。

病毒分离方法是：取病死犬的胸腺、脾、淋巴结和有神经症状的脑等病料，制成10%乳剂，离心取上清液，接种犬肾细胞或鸡胚成纤维细胞培养，犬肾细胞被感染发生细胞颗粒变性和空泡，形成合胞体。接种后2～3d，用荧光抗体检测培养物的病毒抗原。

②包涵体检查：包涵体检查是诊断犬瘟热的重要辅助方法。包涵体主要存在于膀胱、胆管、胆囊和肾盂上皮细胞内。活体检查可用棉棒取鼻腔、结膜、瞬膜等部位的脱落上皮，死后则刮膀胱、肾盂、胆管和胆囊等薄膜，做成涂片，干燥后用甲醇固定，苏木精伊红染色后镜检。包涵体呈红色，包涵体大多存在于胞质内。

涂片检查方法是：将刮取病死动物的膀胱、肾盂、胆囊等组织黏膜放在载玻片上，滴加1～2滴生理盐水，研磨均匀摊成标本片。干燥后以甲醇固定3min。自然干燥后，用苏木精染色液加温染色20min，蒸馏水冲洗，再用0.1%伊红水溶液染色5min。干燥后镜检，细胞核为蓝紫色，细胞质为玫瑰色，包涵体呈红色。可见包涵体为圆形或椭圆形，具有清晰的边界和均质的边缘。在一个细胞内可见1～10个包涵体，在胞质内较多，胞核内较少。

在疫病早期，取抗凝血离心以后用白细胞层作涂片，常规染色检查包涵体亦很有价值。

③免疫荧光检测：免疫荧光技术主要用于病毒抗原检测，具有抗原-抗体反应的特异性，并可在细胞水平上进行抗原定位。既可用于体外细胞培养物的CDV检测，又可用于病犬脏器中CDV检测。用免疫荧光试验从血液白细胞、结膜、瞬膜以及肝、脾涂片中检查犬瘟热病毒抗原。

④病毒核酸检测：能对CDV特异性核酸片段进行检测，具有敏感性高、特异性强的优点。目前针对犬瘟热病毒N基因、H基因和F基因，已建立了反转录聚合酶链式反应（RT-PCR）、套式RT-PCR和实时荧光定量RT-PCR等多种方法用于检测CDV特异性核酸。

⑤胶体金快速检测技术：利用胶体金标记抗CDV单克隆抗体制备快速检测试纸条，可以用于临床快速检测眼、口腔拭子以及粪便，或组织中的犬瘟热病毒（CDV）抗原。

（2）血清学检测　血清学诊断有中和试验（VN）、补体结合试验（CF）和酶联免疫吸附试验等抗体检测方法。

①中和试验：中和抗体于感染后6～9d出现，至30～40d达高峰。用已知抗原检查未知抗体，以确定动物血清中是否存在犬瘟热抗体，从而达到诊断目的。方法是：先分离被检动物血清，经56℃灭能后做系列稀释，与已确定含量的犬瘟热病毒混合（犬瘟热病毒数量不少于100个鸡胚半数致死量），置5℃下孵育24h后，取0.1mL接种于孵化7d的鸡胚绒毛尿囊膜上，观察绒毛尿囊膜上是否出现菌落样不透明灰白色隆起物，判定试验结果。

中和试验不仅常用于待检血清中和抗体的检测，而且用于抗体效价的测定。此法敏感、特异、稳定，已经作为CDV抗体标准检测方法用来评价CD疫苗的免疫效果和监测免疫犬的抗体水平。但缺点是费时，不适于CDV感染的快速诊断。

②补体结合试验：应用补体结合试验，可在动物感染后3～4周后和2～4个月检出补体结合抗体。

3. 鉴别诊断　本病应与狂犬病、副伤寒、犬传染性肝炎、钩端螺旋体病、巴氏杆菌病、土拉杆菌病等相区别，主要从临床症状、病理变化及病原来做鉴别。

[防治与处理]

1. 防治　可采取以下一些措施：①预防本病的合理措施是搞好免疫接种。平时，对犬应在春秋两季进行常规的预防注射，可防止本病的发生。国外许多国家研制出一些弱毒疫苗如鸡胚细胞苗、鸡胚弱毒疫苗、668-KF、犬肾细胞苗、雪貂减弱毒疫苗、福尔马林灭活疫苗等，免疫效果很好。国内也研究出一些弱毒疫苗，中国人民解放军农牧大学、中国农业科学院哈尔滨兽医研究所、特产所，南京农业大学等单位研制出单苗、三联苗或多联苗，实践应用免疫效果也很好。②做好犬场定期消毒和消灭家鼠与昆虫。对犬场或户养犬窝，要经常清扫粪便，定期用消毒药消毒。对于车辆和人员进入犬场应注意消毒。防止野犬、野鼠进入犬场，消灭犬场中的家鼠和昆虫。

2. 处理　①发现病犬，应及时隔离、确诊，并进行治疗。虽目前尚无特效法，但对发病早期的病犬可用本病康复犬血清或单抗进行肌内注射或皮下注射，剂量为：每千克体重1mL，可获得一定的疗效。早期应用抗生素治疗并发感染，常用青霉素或并用庆大霉素。②对被污染场所要彻底消毒，可用火碱、漂白粉或来苏儿消毒剂。停止动物和无关人员来往，对尚未发病的假定健康动物和受疫情威胁的动物，可用犬瘟热高免血清或小儿麻疹疫苗做紧急预防注射，待疫情稳定后，再注射犬瘟热疫苗。③病死犬应深埋或焚烧处理。

四、犬细小病毒病

犬细小病毒病（canine parvovirus disease）是由犬细小病毒2型犬引起的一种高度接触性传染病。临床上以呕吐、血便等消化道症状为特征。我国列为三类动物疫病。

[病原特性]

病原为犬细小病毒2型（*Canine parvovirus 2*，CPV-2），属于细小病毒科（*Parvoviridae*）细小病毒亚科（*Parvovirinae*）细小病毒属（*Parvovirus*）成员。

病毒粒子无囊膜，二十面体对称，呈圆形，直径21～24nm，有32个长3～4nm的壳粒组成。病毒基因组为单股DNA。病毒粒子有VP1、VP2和VP3三种多肽，其中VP2为衣壳蛋白主要成分。

由于研究者已将犬微小病毒命名为CPV-1（犬细小病毒1型），为了区别两者，将其称为CPV-2。

目前犬细小病毒基因型分为CPV-2、CPV-2a、CPV-2b和CPV-2c。1996年以前以CPV-2a亚型为主，随后出现了新的毒株，根据基因差异分为CPV-2a、CPV-2b和CPV-2c，1997年后CPV-2b亚型成为主要流行毒株。美国和南美，主要是CPV-2b亚型；在英国、德国和西班亚，CPV-2a和CPV-2b亚型发生率均较高；在意大利和我国台湾，仍以CPV-2a亚型为主。这些毒株抗原性有一定差异，但变异不大。

CPV-2在抗原性上与猫泛白细胞减少症病毒（FPV）和水貂肠炎病毒（MEV）密切相关。

CPV-2在4℃和25℃都能凝集猪和恒河猴的红细胞，但不能凝集其他动物（如犬、猫、羊等）的红细胞。CPV-2对猴和猫红细胞，无论是凝集特性还是凝集条件均与猫全白细胞减少症病毒（FPV）不同，由此可区别CPV-2与FPV。

与多数细小病毒不同，CPV-2可在多种细胞培养物中生长，如原代猫胎肾、肺细胞，原代犬胎肠细胞、MDCK细胞（犬肾传代细胞）、CRFK细胞以及F81细胞等。

CPV-2对多种理化因素和常用消毒剂具有较强的抵抗力。在4～10℃存活180d，37℃存活14d，56℃存活24h，80℃存活15min。在室温下保存90d感染性仅轻度下降，在粪便中可存活数月至数年。甲醛、次氯酸钠、β-丙内酯、羟胺、氧化剂和紫外线均可将其灭活。但对氯仿、乙醚等有机溶剂不敏感。

［分布与危害］

1. 分布　1978年北美首次报道了犬细小病毒病，随后在澳大利亚、欧洲等许多国家也发生了本病。我国于1982年也证实有本病的发生，并在东北、华东和西南等地区的警犬和良种犬中陆续发生和蔓延，并分离获得多株病毒。目前本病已广泛流行于世界各养犬地区。

2. 危害　由于本病传播快、死亡率高，呈暴发流行，是养犬业较为严重的病毒性传染病之一。

［传播与流行］

1. 传播　所有犬科动物（犬、狼、郊狼）均易感，并有很高的发病率和死亡率，常呈暴发性流行。不同性别、年龄、品种的犬均可发病，但以刚断奶的幼犬居多，病情也较严重。纯种犬较杂交犬易感。野生的犬科动物也可感染附近家养犬散播的病毒。豚鼠、仓鼠、小鼠等实验动物不感染。

传染源主要是病犬及康复带毒犬。感染后1～2周内粪便排毒，4～7d排毒最多。发病急性期，病犬的呕吐物和唾液中也可排毒。康复犬可长期通过粪便排毒。

本病主要通过与病犬、康复带毒犬经粪便排出的病毒直接接触，或通过饮食受病毒污染的饲料、饮水而感染。也可通过人、虱、苍蝇和蟑螂等间接传播。

2. 流行　本病一年四季均可发生，但以冬春两季多发。天气寒冷，气温骤变、饲养密度过高、拥挤、并发感染等可加重病情和提高死亡率。

［临床症状及病理变化］

1. 临床症状　潜伏期7～14d，人工感染3～5d。感染后在临床上表现各异，但主要表现为胃肠炎型和心肌炎型，有时一些胃肠炎型病例也伴有心肌炎病变。

（1）胃肠炎型　发病初期病犬厌食，抑郁，发热（40～41℃），剧烈呕吐（呕吐物清亮、胆汁样或带血），发病经6～24h开始腹泻，大便初呈黄色或灰黄色，随后逐渐呈灰色、褐色、番茄样甚至酱油色，极为腥臭。继胃肠道症状之后，迅速脱水，眼球下陷，鼻镜干燥，体重明显减轻。如不治疗，常因脱水和继发细菌感染而死亡。

（2）心肌炎型　多见于4～6周龄的幼犬，也见于成犬。发病急，常无先兆性症状，或仅表现为轻度腹泻，继而出现衰弱，呼吸困难，心率快而弱，心脏听诊出现杂音，心律不齐，心电图发生病理性改变。从发病到死亡最短1～2h，一般为12～24h。

2. 病理变化

肠胃炎型：尸体严重脱水、皮下干燥。剖检可见小肠黏膜增厚，肠腔变窄，呈皱褶或有溃疡灶。空肠和回肠黏膜严重出血，肠内容物为红色粥样或混有紫黑色凝块，有恶臭味。肠系膜淋巴结肿大、充血。胃黏膜潮红，混有蛋清样黏液。肝脏肿大，呈红色，有散在淡黄色病灶，切面流出不凝固的血液。胆囊扩张，有多量黄绿色胆汁。脾脏有的肿大，表面有粟粒大到黄豆大的紫色斑点（出血性梗死），或有灰白色小点。肾脏不见肿大，呈灰黄色，表面有灰白色斑。膀胱颈部黏膜出血。

组织学变化主要表现小肠滤泡肿胀，上皮变性、坏死、脱落。上皮细胞内有核内包涵体（嗜酸性），呈圆形，边缘整齐，周围有亮圈或透明区。黏膜固有层充血、出血，炎性细胞浸润。肾小管颗粒样变性，充血、坏死。肝细胞严重脂肪变性。脾窦瘀血，小体萎缩，网状细胞增生，脾小体淋巴细胞坏死和崩解。

心肌炎型：剖检病变主要限于心脏和肺。可见心脏扩张，心房和心室内有瘀血块，心肌和心内膜有非化脓性坏死灶。肺水肿，局灶性充血、出血，致使肺表面色彩斑驳。肠道仅有轻微的炎性变化。

组织学变化为左心室心肌纤维出现单核细胞浸润和间质纤维化。在损伤的心肌细胞内可见到大小不等的核内包涵体。

［诊断与检疫技术］

1. 初诊　根据临床症状及病理变化可做出初步诊断，确诊需进一步做实验室检测。

2. 实验室检测　进行病原鉴定和血清学检测。

被检材料的采集：生前最佳病料为新鲜粪便（采集发病早期的犬粪便），也可采集直肠棉拭子样品。剖检时，可采集小肠肠段黏膜或肠内容物、肠系膜淋巴结。

（1）病原鉴定

①病毒分离：采集病犬新鲜粪便，抗生素处理后接种犬或猫源培养细胞，如MDCK细胞或F81细胞，进行病毒分离培养，观察细胞病及核内包涵体，以便确诊。也可用免疫荧光试验或血凝试验进行鉴定新分离病毒。

②病原检测：可采用聚合酶链式反应、免疫荧光试验（IFT）以及酶联免疫吸附试验等方法进行病原检测。

PCR方法检测CPV-2核酸：以CPV-2 VP基因为靶基因设计合成特异性引物，用于CPV-2特异核酸检测。此方法为一种快速、准确、灵敏的检测CPV-2的技术。现已有PCR结合序列分析确定是哪个基因型的方法。

免疫荧光试验：主要用于检测病毒抗原，也可以检测抗体，还可用于检测CPV-2在细胞中的增殖特性和规律。应用荧光抗体可对病犬肠切片、心肌切片直接进行荧光染色，也可先将病料乳剂接种细胞培养后，再用荧光抗体检测感染细胞，此法检出率较高。

酶联免疫吸附试验：此法可以检测CPV-2抗原。

另外，临床上，也可通过胶体金标记单抗建立的快速检测试剂检测病毒抗原。

③电子显微镜检查：采集粪液，用氯仿处理后再进行低速离心，取上清液滴于铜网上，用磷钨酸负染后在电镜下观察。初期可见大小不一、散在的病毒粒子，直径为20nm的圆形和六角形，病末期的犬，可见犬细小病毒呈聚集状态。这是一种快速而特异的方法。

④动物接种试验：取犬粪加适量的PBS稀释后与等体积氯仿一起振荡10min，然后以3 000 r/min离心25min，取上清液或小肠乳剂给2月龄幼犬口服或肌内注射，可复制出本病。

（2）血清学检测　有中和试验、血凝与血凝抑制试验、免疫荧光试验、酶联免疫吸附试验、对流免疫电泳和琼脂扩散试验等。

①中和试验：采集发病期和康复期后2周以上的双份血清进行中和试验，抗体效价上升4倍以上时，可以确定受CPV-2感染。

②血凝与血凝抑制试验：血凝试验主要用于检测粪便中和细胞培养物中的病毒。血凝抑制试验主要用于检测血清中的抗体及粪便中的肠道抗体，适用于流行病学调查。目前有诊断本病的试剂盒，可现场诊断用。

方法是：采集发病期和康复期后2周以上的双份血清进行HI试验，抗体效价上升4倍以上时，可以确定受CPV-2感染。

此法也可用于免疫后抗体效价监测。

③免疫荧光试验：取病犬的肠管或病变部的心肌，制作切片后做荧光抗体染色，可见到细胞核内的病毒抗原。

④酶联免疫吸附试验方法：将纯化的CPV-2作抗原包被微量板，以酶标二抗显色，建立了检测CPV抗体的间接ELISA（I-ELISA）法，此法特异性和稳定性良好，结果判定准确、明显。

3. 鉴别诊断　本病应注意与犬瘟热、犬传染性肝炎等相鉴别。

[防治与处理]

1. 防治　可采取以下一些措施：①加强饲养管理，改善犬群卫生状况。户外活动时，应避免接触来源不明犬。②进行疫苗免疫接种是预防本病的有效措施。免疫接种疫苗有弱毒疫苗和灭活疫苗，多倾向使用联苗，如犬细小病毒、犬腺病毒、犬瘟热病毒、副流感3型病毒及钩端螺旋体等三联、四联或五联苗。无论何种疫苗，只有采取连续多次接种的方法才能提高犬的免疫效果。③本病尚无特效治疗药物，一般采用对症疗法和支持疗法。对发病早期胃肠道症状较轻时，可采用犬细小病毒单克隆抗体、高免血清治疗有一定疗效。同时结合对症治疗和防止继发感染等措施，可大大提高治愈率。

2. 处理　发现病犬要及时隔离，彻底消毒污染器具，犬舍及用具等可用2%～4%的氢氧化钠溶液或10%～20%漂白粉溶液反复消毒。

五、犬传染性肝炎

犬传染性肝炎（infectious canine hepatitis）是由犬腺病毒1型引起犬的一种急性、败血性传染病。临床上以肝炎和角膜混浊（即蓝眼病）为特征。我国将其列为三类动物疫病。

[病原特性]

病原为犬腺病毒1型（Canine adenovirus 1，CAdV-1），属于腺病毒科（Adenoviridae）哺乳动物腺病毒属（Mastadenovirus）成员。

病毒粒子无囊膜，核衣壳由252个壳粒组成，呈二十面体立体对称，直径为75～80nm。病毒基因组为双股DNA。

同属病毒还有引起呼吸道症状的犬腺病毒2型（CAdV-2），二者有共同抗原，但可用中和试验、血凝抑制试验区别。

CAdV-1可凝集人O型和豚鼠的红细胞，对鼠、鸡等动物红细胞凝集性较差。这种血凝作用能为特异性抗血清所抑制。利用这种特性可进行血凝抑制试验。

CAdV-1可在鸡胚和组织（幼犬的肾上皮细胞和其他组织，雪貂、仔猪、猴、豚鼠和仓鼠的肾上皮细胞、仔猪的肺组织）中培养。感染细胞内具有核内包涵体，最初为嗜酸性的，随后为嗜碱性的。电镜观察病变细胞，常可发现细胞核内具有结晶状排列的病毒粒子。病毒在细胞内连续传代后易降低其对犬的致病性。

CAdV-1对外界环境抵抗力强，室温下可存活10～13周，附着在针头上的病毒可存活3～11d，在冰箱中保存9个月仍有传染性，冻干后能长期保存。37℃可存活2～9d，60℃ 3～5min灭活。经紫外线照射2h后，病毒已无毒力，但仍有免疫原性。对乙醚、氯仿、酒精有耐受性，对苯酚、碘酊和氢氧化钠敏感，故苯酚、碘酊及烧碱是常用的有效消毒剂。

［分布与危害］

1. 分布　1947年Rubarth在瑞典最先发现犬的传染性肝炎，并确定为独立的疫病。1959年Kepsehberg分离获得病毒，称为犬传染性肝炎病毒（CAV-1型）。1962年Ditchfield分离到主要引起犬喉头气管炎病变的腺病毒（CAV-2型）。认为CAV-2型是犬传染性肝炎病毒标准株的变异株。犬传染性肝炎分布于全世界，Rubarth通过补体结合试验查出50%～70%的犬存在本病抗体。

2. 危害　由于本病对刚离乳到1岁以内的幼犬的感染率、致死率最高，这给养犬业带来了严重危害和一定的经济损失。

［传播与流行］

1. 传播　本病主要发生于刚断奶到1岁以内的幼犬，不分品种、年龄、性别，常呈急性发作；成年犬很少发生，且多为隐性感染，即使发病也多能耐过。狐（银狐、红狐）对本病易感性高，山狗、棕熊、黑熊等也有易感染性。本病也可感染人，但不引起临床症状。

传染源主要是病犬和带毒犬。病犬的分泌物、排泄物，如尿、粪便和唾液中都含有病毒，病犬康复后半年以上，甚至2年还可经尿液排出病毒，因此成为重要的持续性传染源。

传播途径主要通过与病犬直接接触和间接接触污染的饲料、饮水或用具经消化道感染。呼吸型病例可经呼吸道感染。体外寄生虫可成为传播媒介。

2. 流行　本病发生无明显季节性，以冬季多发，幼犬的发病率和死亡率均较高，一般病死率达10%～30%。

［临床症状与病理变化］

1. 临床症状　自然感染潜伏期7d左右，一般为2～8d。临床上一般分为肝炎型和呼吸型两种。

（1）肝炎型　最急性型，体温升高达41℃，腹痛（剑状软骨部位）、呕吐、腹泻，粪便中带血，多在24h内死亡。亚急性病例，除上述症状较轻外，还可见贫血、黄疸、咽炎、扁桃体炎、淋巴结肿大，部分患犬可出现角膜水肿、混浊、角膜变蓝。临床上也称"蓝眼病"，具有特征性羞明流泪，有大量浆液性分泌物流出，角膜混浊特征是由角膜中心向四周扩展。重者可导致角膜穿孔。恢复期时，混浊的角膜由四周向中心缓慢消退，混浊消退的犬大多可自愈，可视黏膜有不同程度的黄染。

（2）呼吸型　病犬体温升高，呼吸加快，心跳快，节律不齐。咳嗽，流有浆液性或脓性鼻液。有的病犬呕吐或排稀便。有的病犬扁桃体肿大伴有咽喉炎。

2. **病理变化**　肝炎型病死犬可见腹腔积有多量浆性或血样液体；肝脏肿大，有出血点或斑；胃肠道可见有出血；全身淋巴结肿大、出血。

呼吸型病例可见肺膨大、充血，支气管淋巴结出血，扁桃体肿大、出血等变化。

组织学病变为肝细胞及各脏器的内皮细胞核内可见包涵体，肝小叶及全叶灶状坏死，肝窦局部充血。脾、肠系膜淋巴组织出血及退行性病变。

［诊断与检疫技术］

1. **初诊**　根据临床症状和病理变化可做出初步诊断，确诊需进一步做实验室检测。

2. **实验室检测**　进行病原鉴定和血清学检测。

被检材料的采集：生前可采集体温升高期病犬的血液、尿液或扁桃体拭子，死后可采集病犬的淋巴结组织、肺脏、肾脏等组织。

（1）病原鉴定

①病毒分离：将待检病料处理后接种于犬肾初代培养细胞或犬肾细胞系，进行病毒分离。24～48h出现特征性病变，细胞肿胀变圆，出现核内包涵体。再进一步用荧光抗体鉴定。

②病毒抗原检测：采用荧光抗体试验检测病毒抗原。方法是：取病犬肝脏、肾脏病料，用丙酮固定进行冰冻切片，或直接制成涂片，然后用荧光抗体试验检测病毒抗原。

③病毒核酸检测：采用聚合酶链式反应（PCR）检测病毒核酸。PCR方法可检测病犬的血液、尿液或扁桃体拭子以及淋巴结、脾脏等组织中的病毒核酸。

（2）血清学检测　可采集发病期和康复期双份血清，以中和试验或血凝抑制试验（HI）检测特异性抗体的上升情况做出诊断。当抗体升高4倍以上时，可以确定受病毒感染。

荧光抗体检查扁桃体涂片可供早期诊断。

此外，琼脂扩散试验、补体结合试验和酶联免疫吸附试验等方法亦可用于诊断。

3. **鉴别诊断**　本病注意与犬瘟热相鉴别。

［防治与处理］

1. **防治**　可采取以下一些措施：①加强饲养管理，应避免过度密集饲养，同时加强消毒和卫生管理。②坚持自繁自养，如需外地购入动物，则必须隔离检疫，合格后方可混群。③定期免疫接种疫苗，有甲醛灭活疫苗和弱毒疫苗，但当前使用都是弱毒疫苗，且多是与犬瘟热、犬细小病毒的混合疫苗。一般在第8周龄时进行第1次免疫接种，然后每3周再接种1次，至少3次。成犬需每隔半年或1年重复进行接种。紧急预防可使用同型或异型的双价或三价免疫血清或免疫丙种球蛋白，但保护期只限于2周之内。

2. **处理**　发现病犬应立即隔离，并特别注意康复期病犬不能与健康犬混养。病初发热期用高免血清进行治疗可抑制病毒扩散，采取静脉补液等支持疗法或对症疗法有助于病犬康复，用抗生素或磺胺类药物防止细胞继发感染。

六、猫泛白细胞减少症

猫泛白细胞减少症（feline panleukopenia）又称猫瘟热（feline distemper）、猫传染性肠炎（feline infectious enteritis），是由猫泛白细胞减少症病毒引起的猫及猫科动物的一种急性、高度接触性、致死性传染病。以突发高热、顽固性呕吐、腹泻、脱水，血液循环障碍及白细胞减少为特征。主要感染1岁以内的幼猫。我国将其列为三类动物疫病。

［病原特性］

病原为猫泛白细胞减少症病毒（*Feline panleukopenia virus*，FPV），属于细小病毒科（*Parvoviridae*）细小病毒亚科（*Parvovirinae*）细小病毒属（*Parvovirus*）成员。

病毒粒子无囊膜，呈二十面体立体对称，直径约为20nm，病毒基因组为单股DNA。

FPV只有1个血清型。FPV与水貂肠炎病毒（MEV）、犬细小病毒（CPV）具有抗原相关性。FPV血凝性较弱，仅能在4℃条件下凝集猴和猪的红细胞。

FPV在核内增殖，可在猫肾、肺原代细胞上良好生长，且产生细胞病变，伴有核内包涵体。但FPV不能在鸡胚组织中增殖。

FPV对外界因素具有极强的抵抗力，能耐56℃ 30min的加热处理，对pH 3～9具有一定的耐受力。有机物内的病毒，在常温下能存活1年。对70%酒精、有机碘化物、酚制剂和季胺溶液也具有较强的抵抗力。在低温或在50%甘油缓冲液中能长期保持其感染性。用0.2%甲醛溶液处理24h后方能灭其活力。煮沸、蒸气灭菌和氯制剂消毒药可有效杀灭FPV。

［分布与危害］

1. 分布 1928年，Verge和Critoforom证明本病是由病毒引起的，1930年Hammon和Ender进行了报道，1957年Boline从猫和1964年Johnson从豹体分离到本病毒，我国李刚于1958年首次从猫体分离到本病毒。现已呈世界性分布。

2. 危害 本病不仅感染家猫，还可感染猫科动物。在多种情况1岁以下的幼猫感染率高，死亡率也高，最高可达90%，是猫最重要的传染病之一。

［传播与流行］

1. 传播 本病主要发生于猫，各种年龄的猫均可感染，但以幼猫易感，1岁以内的幼猫感染率可达70%，死亡率达50%～60%，5月龄以下的幼猫死亡率最高可达80%～90%，而3岁以上成年猫的发病率低。除感染家猫外，还能感染其他猫科动物（如虎、豹）和鼬科动物（貂）及熊科的浣熊。

传染源主要是病猫、康复猫及隐性感染带毒猫。猫感染后18h就能出现病毒血症，可从粪便、尿、呕吐物、唾液等排泄物和分泌物排出大量病毒，从而污染环境、器具、饲料等引起直接或间接传染。康复猫长期排毒可达1年以上。

FPV可通过直接接触感染，或借助用具、垫料、人作为媒介机械传播，也可通过跳蚤、虱等吸血昆虫传播。妊娠母猫还可通过胎盘垂直传播给胎儿。

2. 流行 本病常呈地方性流行，一年四季均可发生，尤以秋末至冬春季节多发。饲养场一旦混入带毒猫，极易引起急性暴发，并可导致90%以上的死亡率。

［临床症状与病理变化］

1. 临床症状 本病潜伏期为2～9d，通常为4～5d。临床上表现为最急性型、急性型和亚急性型。

最急性型：病猫在无明显临床症状而突然死亡，往往误认为是中毒。

急性型：病猫的病程进展迅速，在精神沉郁后24h内发生昏迷或死亡。急性型病例的死亡率为25%～90%。

亚急性型：病程一般在7d左右。第一次发热时体温40℃左右，随后体温降至常温，2～3d后体温再次升高至40℃以上，呈双相热型。病猫精神不振，被毛粗乱，厌食，持续呕吐，呕吐物常含有胆汁。腹泻，粪便为水样或黏液性，血便较为少见，部分患猫眼和鼻流脓性分泌物。妊娠母猫感染猫瘟热后可造成流产和死胎。由于FPV对处于分裂旺盛期细胞具有亲和性，可严重侵害胎猫脑组织，因此，所生胎儿可能小脑发育不全。

2. 病理变化 以出血性肠炎为特征。表现为胃肠道空虚，黏膜面有不同程度的充血、出血、水肿及纤维素性渗出物所覆盖，其中空肠和回肠的病变最明显，肠壁严重充血、出血、水肿，致肠壁增厚似乳胶管状，肠腔内有灰红或黄绿色纤维素性坏死性假膜或纤维素条索。肠系膜淋巴结肿大，切面湿润，呈红、灰、白相间的大理石样花纹或呈一致的鲜红或暗红色；肝脏肿大，呈红褐色；胆囊充盈，胆汁黏稠；脾脏出血；肺脏部分区域充血、出血和水肿；长骨骨髓变成液状，完全失去正常硬度。

组织学变化小肠尤其是回肠末端的肠绒毛上皮和肠腺上皮细胞严重变性、坏死。肠淋巴滤泡、集合淋巴滤泡、肠系膜淋巴结及脾淋巴结滤泡呈均质红染或见网状细胞增生，淋巴细胞减少，髓细胞破坏、消失，但还存在着巨核细胞。在肠上皮细胞、肝细胞、肾小管上皮细胞、大脑皮层锥体细胞、淋巴窦上皮细胞等均见有大小不等的核内包涵体（嗜酸性），为特征性的病变。

[诊断与检疫技术]

1. 初诊 根据临床症状及病理变化可做出初步诊断，确诊需进一步做实验室检测。

2. 实验室检测 进行病原鉴定和血清学检测。

被检材料的采集：生前可以采集粪便，也可采集直肠棉拭子样品用于病原检查，死后剖检时，可采集小肠、肠系膜淋巴结或肠内容物、脾、胸腺等病料用于诊断。

（1）病原鉴定

①病毒分离与鉴定：取典型症状病猫的粪便或病死猫的肠黏膜及肠内容物、胸腺、脾、淋巴结等，经冻融、离心、除菌后，接种于猫肾原代细胞或继代细胞，37℃培养。对细胞培养物可用猪红细胞作血凝和血凝抑制试验，或用细胞培养物与已知标准阳性血清作中和试验和免疫荧光试验，以鉴定病毒。

②病毒抗原检测：采用荧光抗体检测病毒抗原，方法是：取病猫组织脏器，以丙酮固定进行冰冻切片，用荧光抗体试验检测病毒抗原。

也可采用抗原捕获ELISA（AC-ELISA）方法测定病毒抗原。

③聚合酶链式反应（PCR）检测病毒核酸：PCR方法可检测病猫组织脏器中病毒特异性核酸。

④病猫粪便进行免疫电镜检查：方法是：取有本病症状猫的粪便，经差速或超速离心处理提取病毒作免疫电镜检查；或取粪便直接或适当稀释后，以3 000 r/min离心，沉淀15min，吸取上清液，加入等量氯仿，振荡10min，并如上离心沉淀后，取上清液直接进行负染后用电子显微镜检查；或加入免疫血清后作免疫电镜检查。可见到细小病毒无囊膜，直径18～24nm，呈二十面体立体对称，可能有3个壳粒。核直径为14～17nm。

（2）血清学检测　采集发病期和康复期后2周以上的双份血清，进行中和试验或血凝抑制（HI）试验，抗体效价上升4倍以上，可以做出诊断。

3. 鉴别诊断　由于球虫病、肠套叠和中毒的症状与急性FPV感染相似，尤其常见于幼猫，应注意鉴别。

[防治与处理]

1. 防治　可以采取以下一些措施：①平时搞好猫舍卫生，对新引进的猫，必须经免疫接种并观察60d后，方可混群饲养。②对猫做好免疫接种工作。目前有灭活苗和弱毒苗供选择用，但弱毒疫苗不能用于孕猫和4周龄以内的仔猫，因可能导致脑性共济失调。免疫程序是：对出生49~70d的幼猫进行首次免疫，间隔2~4周免疫1次，直至12~14周龄。弱毒疫苗至少要免疫2次，而灭活疫苗至少需要3次。以后每年加强免疫1次。③在已发病的场所，可用抗病毒血清对未发病的猫做紧接预防注射，使其获得被动免疫力。

2. 处理　一旦发病，立即隔离病猫。早期可用抗血清，同时配合对症治疗及采取支持疗法，如补液、非肠道途径给予抗生素和止吐药，精心护理并限制饲喂。彻底消毒污染器具，消灭传染源。

七、利什曼病

利什曼病（leishmaniosis）又称利什曼原虫病，是由利什曼属原虫引起的一系列寄生虫性人畜共患病。

犬利什曼病主要由婴儿利什曼原虫引起，是一种慢性内脏皮肤型疾病，以皮肤或内脏器官严重损害、坏死为特征。

人利什曼病可分为内脏型利什曼病（VL，又称黑热病）、皮肤型利什曼病（CL，又称东方疖）和黏膜皮肤型利什曼病（MCL），由多种利什曼原虫引起。

OIE将利什曼病列为必须通报的动物疫病，我国列为三类动物疫病。

[病原特性]

能够引起动物和人的利什曼病的病原达16种之多，其中主要种有杜氏利什曼原虫（*Leishmania donovani*）、婴儿利什曼原虫（*L. infantum*）、热带利什曼原虫（*L. tropica*）、硕大利什曼原虫（*L. major*）、巴西利什曼原虫（*L. braziliensis*）、埃塞俄比亚利什曼原虫（*L. aethiopica*）、墨西哥利什曼原虫（*L. mexicana*）等，均属于眼虫门（Euglenozoa）动质体目（Kinetoplastida）锥虫科（Trypanosomatidae）利什曼属（*Leishmania*）成员。

犬利什曼病主要由婴儿利什曼原虫引起；但也可在犬中分离到热带利什曼原虫、硕大利什曼原虫和巴西利什曼原虫；其他虫种主要感染人。

利什曼原虫有无鞭毛体和前鞭毛体两种形态特征。无鞭毛体见于人类及哺乳动物宿主的巨噬细胞内。前鞭毛体见于传播媒介白蛉的消化道内或培养基中。

无鞭毛体呈卵圆形或细长圆形，大小为（1.5~3.0）μm×（2.5~6.5）μm。见于巨噬细胞胞内空泡中；虫体无鞭毛，核相对较大，动基体由杆状体和点状基体组成。

前鞭毛体呈柳叶形，形体狭长，大小为（15~20）μm×（1.5~3.5）μm。有一根15~28μm

长的单鞭毛，从动基体近前端伸出；核位于虫体中央。

在人和犬体内寄生时，利什曼虫体为椭圆形，寄生于肝、脾、淋巴结的网状内皮细胞内，在血液的白细胞中少见，在姬姆萨染色的涂片上，虫体呈深蓝色，核呈深红色。

[分布与危害]

1. 分布　本病广泛分布于世界各地。我国曾在鲁、苏、皖、豫、冀、晋、陕、甘等地广泛流行，死亡率高达40%，成为我国人群中五大寄生虫病之一。后来经大力开展防治工作，在20世纪50年代末已经得到基本消灭。现在个别地方又有发生。

2. 危害　利什曼病是人畜共患寄生虫病，对动物和人均造成重大危害，严重影响动物生产性能和人的生命安全，故是一种严重危害的重要寄生虫病。

[传播与流行]

1. 传播　一般而言，人对利什曼原虫普遍易感。犬对利什曼原虫较易感，感染后可出现一定的临床症状。野生动物对利什曼原虫的易感性因种类而异。啮齿类动物和有袋类动物感染后出现一定的临床症状。其中地鼠、小家鼠、亚洲花鼠最易感，石松鼠、沙鼠、猴、狼、黑家鼠次之，豚鼠、兔、猫、山羊、牛、猪以及冷血动物等有抵抗力，不易感染。

利什曼原虫的传播媒介为白蛉属（*Phlebotomus*）。在我国已证明有4种，即中华白蛉（*Phlebotomus chinensis*）、长管白蛉（*Ph. longiductus*）、吴氏白蛉（*Ph. wui*）和亚历山白蛉（*Ph. alexandri*）。当雌性白蛉叮咬患者或感染动物时，含无鞭毛体的巨噬细胞被吸入白蛉胃内，虫体释出并发育为成熟的前鞭毛体。当白蛉再次叮咬健康人群或动物时，前鞭毛体随白蛉分泌液进入机体，在巨噬细胞内转变为无鞭毛体。无鞭毛体在细胞内以简单二分裂方式大量繁殖，最终使细胞破裂。释放出的无鞭毛体又被其他巨噬细胞吞噬，重复上述繁殖过程。

本病的传染源是病人、感染犬以及部分野生动物。通过传播媒介白蛉叮咬而传播。

在我国，利什曼原虫病大致可分为三种不同类型：一种为人源型或平原型，分布在鲁南、苏北、皖北、豫东、湖北及陕西关中和新疆喀什三角洲等平原地区，病原体为婴儿利什曼原虫，主要是人的疾病，而犬类很少感染；第二种为犬源型或称山丘型，分布在甘肃、青海、宁夏、川北、陕北、豫西、冀东北、辽宁和北京市郊等山丘地区，病原体为杜氏利什曼原虫，主要是犬的疾病，人的感染大都来自病犬，比较散在；第三种为自然疫源型或称荒漠型，分布在新疆和内蒙古的荒漠地区，原体为婴儿利什曼原虫，其传染来源为某些野生动物宿主。患者主要是附近的居民和进入荒漠的移民，多数是婴幼儿。

2. 流行　本病的流行发生与气候环境关系密切。主要与传播媒介白蛉的出没有直接关系。

[临床症状与病理变化]

1. 临床症状　人潜伏期一般为3～6个月，最短仅10d左右，最长的达9年之久。主要症状为发热，贫血，进行性肝、脾肿大，淋巴结肿大，鼻出血及齿龈出血。晚期则有消瘦、精神萎靡、头发失去光泽及脱落，面部萎黄及色素沉着，腹壁浅表静脉曲张，下肢浮肿等。

皮肤型黑热病在面、四肢或躯干部有皮肤结节、丘疹和红斑、偶见褪色斑。

淋巴结型黑热病在颈、耳后、腋窝、腹股沟或滑车上的淋巴结大如花生米至蚕豆般大小，较浅，可移动。肝、脾不肿大。

犬感染利什曼原虫的潜伏期为3~5个月或更长时间，表现为一种慢性内脏皮肤型疾病。临床症状为贫血、消瘦、衰弱，口角和眼睑发生溃烂，开始由于眼睛周围脱毛形成特殊的"眼镜"，然后体毛大量脱落。慢性病例则见全身皮屑性湿疹和被毛脱落。

2. 病理变化　内脏利什曼病可见动物体严重消瘦，脾、肝和淋巴结肿胀和广泛性的溃烂性皮炎，各种黏膜和浆膜苍白并出现出血性瘀斑。一些病例还可能出现肝、脾和肾的淀粉样变性。

皮肤利什曼病引起皮肤病变，不侵害内脏。

[诊断与检疫技术]

1. 初诊　根据临床症状和病理变化可做出初步诊断，确诊需进一步做实验室检测。

2. 实验室检测　进行病原鉴定、血清学试验和迟发性超敏感试验（DH）。

被检材料的采集：用于实验室诊断的样品有血液涂片或穿刺骨髓、淋巴结、脾等病料样品，也可刮取、穿刺采集病变周围病料。

（1）病原鉴定

①涂片镜检：病料以姬姆萨染液染色后显微镜下检查虫体。在姬姆萨染色的涂片上，虫体呈深蓝色，核呈深红色。方法是：取病变处皮肤的涂片或刮片经姬姆萨染色后镜检；或通过淋巴结、骨髓穿刺，取抽出物制作涂片经姬姆萨染色后镜检，可检出无鞭毛体的利什曼原虫。如见到无鞭毛体的利什曼原虫即可确诊。

骨髓穿刺最为常用，原虫检出率为80%~90%；淋巴结穿刺应选取表浅、肿大者，检出率为46%~87%；脾穿刺检出率较高，可达90.6%~99.3%，但不安全，应少用。

②分离培养：分离培养方法的选择，取决于具体环境和实验室人员的技术能力和经验。

细胞培养：目前尚无适合所有种类的利什曼原虫生长的"万能"培养基，一般从双相血琼脂培养基和含犊牛血清的组织培养基中寻找较理想的培养基。欲初步分离某未知病原时，可采用血琼脂培养基，最好采用3N培养基；其他有心脑汤（BHI）琼脂培养基。

动物接种：通常采用仓鼠，若检测嗜皮性原虫，宜通过鼻或足皮下接种；若怀疑为内脏型原虫感染时，腹膜内接种是最佳途径。BALB/c小鼠通常用于硕大利什曼原虫感染诊断。

③分类鉴别：目前鉴定利什曼原虫种、亚种或株的方法有同工酶鉴定法、单克隆抗体（mAb）技术、DNA杂交探针和DNA聚合酶链式反应等几种。

同工酶鉴定法：又称多位点酶电泳分析（MLEE），是虫种鉴定的标准方法，但此技术需要培养大量虫体。

单克隆抗体（mAb）技术：用于利什曼原虫种及亚种分析和分类。

DNA杂交探针：原理是，用已知标准虫株核或动基体单链DNA标记序列，去识别未知利什曼原虫分离株的同源DNA序列并与之杂交。若单链DNA序列互补，就会形成双链DNA，产物可以放射性自显影仪（探针经放射性标记）或以免疫酶反应进行测定。此技术灵敏度可识别10^2~10^3虫体。采用原位杂交技术（ISH），需要的虫体更少（<10）。

DNA聚合酶链式反应：此法是诊断、鉴别人或犬各种利什曼病而可行方法，可检出新鲜或冰冻样品中的病原。结合限制性片段长度多态性分析聚合酶链式反应（PCR-RFLP）和实时聚合酶链式反应（rtPCR）可提高检测的敏感性和特异性。

（2）血清学试验　有间接荧光抗体试验（IFA）、酶联免疫吸附试验（ELISA）、直接凝集试验（DAT）和快速免疫层析试验（ICA）等。

①IFA：用于内脏型利什曼病和犬利什曼病临床诊断，其敏感性达96%，特异性达98%。与ELISA方法相当。IFA优点是易于操作，而广泛被采用。

②ELISA：可用血清或一定量的血液进行，用于田间血清流行病学调查；改进方法联合采用Falcon分析筛选试验和酶联免疫吸附试验（FAST-ELISA），适用于内脏型犬利什曼病的田间检测，比IFA和ELISA更敏感和特异。

③DAT：可用于诊断内脏型利什曼病和犬利什曼病；改良DAT可检出犬贮主特异性抗利什曼原虫抗体，特异性和敏感性分别达98.9%和100%，非常适合大范围的流行病学、生态学调查以及犬利什曼病的诊断。

④ICA：采用rK39抗原诊断各种地方性内脏型利什曼病。以K39dipstick纸条法检测有症状和无症状的犬，其敏感性和特异性分别达97%和100%。

（3）DH　DH仅用于人利什曼病检测，对犬利什曼病没有诊断价值意义。

［防治与处理］

1. 防治　可采取以下一些措施：①用药物扑杀白蛉，以防范白蛉吸血昆虫传播利什曼原虫病，尤其在白蛉生长旺盛的季节，可在住屋、畜舍、厕所等白蛉易出现场所喷洒菊酯类杀虫药。②加强对犬类的管理，定期对犬进行检查，特别是在本病流行区，更要重视对犬的检查。一旦发现病犬，除特别珍贵的犬种进行隔离治疗外，其余病犬以扑杀为宜，并结合应用菊酯类杀虫药定期喷洒犬舍和犬体。珍贵犬种可用葡萄糖酸锑钠进行治疗，有良效。

2. 处理　患有本病的动物（如病犬）应采取扑杀销毁处理。同时使用灭虫药喷洒犬舍，以控制白蛉，消灭传播媒介。

第九节　鱼类病

一、鮰类肠败血症

鮰类肠败血症（enteric septicaemia of catfish，ESC）是由鮰爱德华菌引起鮰等鱼类的一种细菌性传染病。临床以头盖穿孔或肠道败血为特征。我国将其列为三类动物疫病。

［病原特性］

病原为鮰爱德华菌（*Edwardsiella ictaluri*，EI），属于肠杆菌目（Enterobacteriales）肠杆菌科（Enterobacteriaceae）爱德华菌属（*Edwardsiella*）的成员。

爱德华菌属成员有迟缓爱德华菌（*E. tarda*）、鮰爱德华菌（*E. ictaluri*）和保科爱德华菌（*E. hoshinae*）。

鮰爱德华菌为革兰氏阴性短杆菌，大小为0.75～2.5μm，周鞭毛，能运动，无荚膜和芽孢。鮰和其他鱼中分离爱德华菌株存在至少2个不同的型，其宿主范围、致病性、血清学特性和质粒构型方面都不同。鮰分离菌株性状十分相近，属一个型；迟缓爱德华菌、保科爱德华菌对鮰未发现有致病性。

鮰爱德华菌在脑心浸液（BHI）琼脂上26℃培养48h的菌落与迟缓爱德华菌落相似，但无色、较大，直径为2mm，生长温度为25～30℃。此菌为该属细菌中难养的，在培养基平板上生长较缓慢，常需培养48h左右才能形成直径1～2mm、圆形光滑、边缘整齐、稍隆起的无色小菌落；尽管爱德华氏菌的生化特性都是以37℃培养为明显，但鮰爱德华氏菌则更喜欢较低的温度，在37℃时生长缓慢或完全不能生长，尤其是运动力只有在28℃左右时才能表现出来且是微弱的。

鮰爱德华菌与迟缓爱德华菌理化特性相同，但不产生硫化氢和靛基质。此两种菌的血清型无交叉反应。

鮰爱德华菌主要在鱼体内生长繁殖，鱼感染后，病菌一般先侵入脑组织，然后经血液散布全身，引起发病。

鮰爱德华菌在水中存活时间短，约1周，但在池底淤泥中可存活95d以上，当水温上升到20～28℃时，该菌数量增加，感染池鱼。

［分布与危害］

1. 分布　本病于1976年在美国阿拉巴马州和佐治亚州河中首次发现，是美国南部鮰养殖业危害最大的传染病。全世界许多养殖斑点叉尾鮰的国家都有发生。我国于1984年由湖北省首次从美国引进养殖，目前在南北方均有养殖，也相继发生本病。

2. 危害　本病主要侵害斑点叉尾鮰，可引起发病而大量死亡。

［传播与流行］

1. 传播　鮰爱德华菌主要感染斑点叉尾鮰，各种规格的斑点叉尾鮰均可感染，但以体重100g左右的鱼种更为易感，发病温度为18～28℃。此外，本菌还有感染北美犀目鮰（*Ameiurus catus*）、黄鮰（*A. natalis*）、黑鮰（*A. melas*）和云斑鮰（*I. nebulosis*）、黑鲈（*Micropterus salmoides*）、金体美鳊（*Notemigonus crysoleucas*）、鳙（*Aristichthys nobilis*）等报道。从泰国的蟾胡鲇（*Clarias batrachus*）和几种观赏鱼中也分离到鮰爱德华氏菌。在18～28℃时鮰爱德华菌可人工感染鲑鳟类，有一定的易感性，其他温度条件下带菌群体仅少量死亡。

病后恢复鱼体可检测到血清抗体，但菌体可在鱼体内存活4个月以上，表现为无症状带菌状态，这种无症状的带菌鱼可通过粪便将病菌释放到水体中。

传染源为病鱼、带菌鱼和被病菌污染的水体、池塘沉积物与工具等。传播途径为消化道、鼻腔及鳃，病菌被食入后经消化道侵入血液，引起各组织器官充血、出血、炎症、变性坏死、形成溃疡；或病菌通过鼻腔侵入嗅觉器官，再经嗅觉器官移行到脑，形成肉芽肿性炎症，引起慢性脑膜炎，感染经脑膜到颅骨，最后到皮肤，从而使头背颅侧部溃烂，并形成一个深孔，裸露出整个脑组织。

2. 流行　发病高峰多在春季（5—6月）和秋季（9—10月），夏季和冬季偶尔发生。本病的急性流行水温在18～28℃，在这个温度范围以外带菌的鱼群体只有少量发病死亡。放养密度过高、水溶氧低、有机质沉积、底泥过多、饲养设施不适等均可诱发本病，并导致斑点叉尾鮰发病大量死亡。

［临床症状与病理变化］

1. 临床症状　本病临床症状随染疫鱼种类而异，主要有肠道败血型和头盖穿孔型两种典型类型。

（1）肠道败血型　为一种急性型，最为常见，是鲖爱德华菌感染肠道后发生急性败血症，细菌可穿过肠黏膜，使病鱼全身性水肿。病鱼出现贫血，眼球突出，嘴周围、喉咙和鳍的基部出现皮肤瘀斑和出血，有时会出现多个直径2mm出血性皮肤损伤，部分鱼出现脱色性溃疡，在肝脏及其他内脏器官表现有出血点和坏死点分布。

（2）头盖穿孔型　为一种慢性型。初期细菌感染鼻根的嗅觉囊，然后缓慢发展到脑组织而形成肉芽肿性炎症。病鱼行为异常、不规则的游泳和倦怠嗜睡。后期可形成头背颅侧部溃烂形成一个深孔，裸露出整个脑组织，表现为典型"头盖穿孔型"病症，也可在嘴的周围、喉咙和鳍的基部发生皮肤瘀斑和出血，有时会突起多个直径2mm左右的出血性损伤，还会发展成脱色性溃疡；组织学检查可见所有组织、肌肉都发生感染，有弥散性的肉芽肿。

2. 病理变化　肠道败血型剖检可见肝和其他内脏器官有出血和坏死灶，腹腔内有炎性渗出物，脾肿大，肠黏膜变性，组织、肌肉有弥散性肉芽肿。头盖穿孔型可见脑组织形成肉芽肿性炎症。

[诊断与检疫技术]

1. 初诊　根据流行特点（鲖在18～28℃，尤其是25～28℃发生大量死亡）和典型临床症状（肠道败血和其他内脏器官有出血、坏死，头盖穿孔等）可做出初步诊断，确诊需进一步做实验室检测。

2. 实验室检测　进行病菌分离与鉴定。

被检材料的采集：采集病鱼10尾，取病鱼的肝、脾、肾及病灶部位（<1cm^3）进行固定，同时从病鱼肝、脾、肾、血液等进行细菌分离。

实验室检测主要通过分离病原菌和做生化试验进行鉴定而确诊，也可用抗鲖爱德华菌血清进行玻片凝集试验、荧光抗体技术和酶联免疫吸附试验（ELISA）等进行快速确诊。这里仅介绍病原菌分离与鉴定。

取肝、脾组织在脑心浸液（BHI）琼脂、血琼脂平板或营养琼脂平板上划线分离，在28～30℃培养36～48h后会出现直径1～2mm、表面光滑、圆形微凸、边缘整齐的无色菌落。然后挑取无色菌落，经纯培养后进行生化试验和革兰氏染色镜检做出鉴定。

鲖爱德华菌主要生化特性为氧化酶阴性、37℃下生长很慢或不生长、不产生吲哚和硫化氢（H2S）。如果分离病菌经革兰氏染色镜检及生化反应特性符合鲖爱德华菌，即可确诊。

3. 鉴别诊断　主要对鲖爱德华菌与迟缓爱德华菌进行鉴别。鲖爱德华菌不产生吲哚和硫化氢，而迟缓爱德华菌能产生吲哚和硫化氢。由于两菌没有血清交叉反应，也可用抗血清鉴别。

[防治与处理]

1. 防治　可采取以下一些措施：①清除鱼塘淤泥、切底消毒，鱼种下池前用1%～3%的食盐水溶液药浴，至鱼出现浮头时为止，可用含1%聚维酮碘溶液300稀释液浸泡10～15min。②发病季节，池塘和食场应定期消毒，池塘可用强氯精或漂白粉。③合理放养密度和品种搭配，防止鱼体受伤等。④采用鲖类肠败血症疫苗，免疫鱼龄在3周龄以上鱼，可有一定的效果。

2. 处理　①鱼池中一旦发病，可用2～3mg/L高锰酸钾全池泼洒，同时及时投喂药饵，每天每千克鱼投喂50mg磺胺类药物，连续投喂5d；或用土霉素每天每千克鱼投喂80mg，连续投喂10～14d，对控制疾病有效。②病死鱼应在发病场地用石灰深埋处理。

二、迟缓爱德华菌病

迟缓爱德华菌病（edwardsiellasis）是由迟缓爱德华菌引起鱼类、牛蛙等水生动物疾病的统称，其中鱼类疾病有肠道败血症和肝肾坏死病、鳗赤鳍病、鳗臌胀病、鳗溃疡病、鳗肝肾病、鳗肝肾综合征等，迟缓爱德华菌还可引起人类肠炎、腹泻、脑膜炎、蜂窝组织炎、肝脓肿、败血症等症状。我国将其列为三类动物疫病。

［病原特性］

病原为迟缓爱德华菌（*Edwardsiella tarda*），属于肠杆菌目（Enterobacteriales）肠杆菌科（Enterobacteriaceae）爱德华菌属（*Edwardsiella*）成员。

爱德华菌属另2个成员是鮰爱德华菌（*E. ictaluri*）和保科爱德华菌（*E. hoshinae*），其中，鮰爱德华菌主要感染斑点叉尾鮰（*Ictalurus punctatus*），引起鮰类肠败血症；保科爱德华菌仅有对虹鳟感染的记载，病原学意义不大。

迟缓爱德华菌为革兰氏阴性短杆菌，大小为（0.5～1.0）μm ×（1.0～3.0）μm，具有周鞭毛，能运动，无荚膜和芽孢。

迟缓爱德华菌在普通营养琼脂培养基平板上经25℃培养24h，形成直径0.5～1mm的圆形、隆起、湿润、有光泽、灰白色且半透明菌落。在麦康凯琼脂、SS琼脂、胆盐硫化氢乳糖琼脂（DHL）、木糖-赖氨酸-去氧胆酸盐琼脂（XLD）等肠道菌选择性培养基上可形成中央发黑（因产生H2S能使菌落中央为黑色）、周边透明的小菌落。在亚硫酸铋琼脂（BS）培养基平板上，形成灰色、带棕色光晕和金属光泽的菌落。在胰胨大豆琼脂（TSA）培养基平板上，可形成圆形、光滑、湿润、半透明的灰白色小菌落。在营养肉汤中生长呈均匀一致的混浊，不能形成菌膜，有少许沉淀。本菌生长的温度范围为15～42℃，最适温度范围为22～35℃，42℃以上停止生长；适宜pH为5.5～9.0，pH4.5以下及9.0以上不生长。多数菌株可在0～40g/L氯化钠（NaCl）浓度培养基上生长，少数菌株可耐4.5%盐。

迟缓爱德华菌理化特性是兼性厌氧，不抗酸，氧化酶阴性，过氧化氢酶、赖氨酸脱羧酶、鸟氨酸脱羧酶、硝酸盐还原均为阳性。能分解果糖、乳糖、葡萄糖等，尿素分解、淀粉降解、酒石酸盐利用、明胶液化均为阴性。MR试验阳性，VP试验阴性，产生硫化氢及吲哚。

迟缓爱德华菌具有血凝性，能凝集多种动物的红细胞，这种凝集不为甘露糖或蔗糖抑制。因此，根据凝集是否被甘露糖抑制分为甘露糖抑制型和甘露糖非抑制型两类，其中甘露糖非抑制型只存在于迟缓爱德华菌中。

迟缓爱德华菌有溶血素、侵入上皮细胞因子、杀伤吞噬细胞因子、软骨素酶等和甲基化多种毒性因子。溶血素为不耐热的蛋白，有结合型及游离型两种。有报道该菌对Hela细胞具有强侵袭性，为继志贺氏菌、沙门氏菌、肠侵袭性大肠杆菌和小肠结肠炎耶尔森氏菌之后的第五类具有这种能力的肠杆菌科细菌。

迟缓爱德华菌对外界理化因素的变化抵抗力不强，常规消毒方法即可被灭活。100℃加热5min，巴氏灭菌法、10mg/L浸泡15min，3.5mg/L二氯异氰尿酸钠浸泡20min，3.0mg/L三氯异氰尿酸钠浸泡20min均可杀死迟缓爱德华菌。

迟缓爱德华菌为条件致病菌，在养鳗池水和底泥中一年四季都可找到。

[分布与危害]

1. **分布** 迟缓爱德华菌由Sakazaki和Murata在1959年从蛇中分离到，而日本Hoshinae于1962年最早从日本鳗鲡中分离到。本病在非洲、美洲和亚洲已经有较多报道，目前在世界各国养鱼地区均有发生。1986年我国东南沿海各省和台湾地区也有本病的报道。

2. **危害** 本病不仅给鱼类尤其鳗鲡养殖业造成较严重的经济损失，而且迟缓爱德华菌又能感染人类，导致腹泻、引起营养性肝硬化、低热等症状，并在中国、日本、美国、德国、意大利、南非、印度、马来西亚、巴拿马等国家都有报道。

[传播与流行]

1. **传播** 迟缓爱德华菌的易感动物很广泛，包括贝类、鱼类、两栖类、爬行类、鸟类、哺乳类等多种动物及人类。而日本鳗鲡对迟缓爱德华菌特别易感。

本菌可感染海水养殖鱼类如牙鲆幼鱼、真鲷、锄齿鲷、鲻和鰤等以及淡水养殖鱼类如鳗鲡、罗非鱼、虹鳟、斑点叉尾鲴和金鱼等。日本养殖的牙鲆、真鲷、锄齿鲷和鰤等常发本病；此外，也可感染两栖类如牛蛙及青蛙，爬行类如中华鳖及海龟，哺乳类如鸟类、臭鼬、猪、马、家兔、蛇等。

迟缓爱德华菌是爱德华菌属唯一能感染人类的细菌，可导致腹泻、引起营养性肝硬化、低热等症状，中国、日本、美国、德国、意大利、南非、印度、马来西亚、巴拿马等国都有人类感染的报道。

传染源主要是患病鱼类、动物尸体、粪便及被污染水、带菌饵料与食物。鱼类主要是通过摄食带有迟缓爱德华菌的饵料生物与其他带菌食物，或接触带有迟缓爱德华菌的鱼类而感染；其他动物在饮用迟缓爱德华菌污染的水，或食用带菌动物内脏、肌肉而感染；人类主要通过食用带有迟缓爱德华菌的食物而感染，此外，饮用或带伤接触被迟缓爱德华菌污染的水而感染。

传播途径鱼类通过消化道、鳃或受伤的表皮侵入鱼体；其他动物经消化道及皮肤伤口感染；人类通过消化道及体表伤口感染。

2. **流行** 本病因全年均可发生感染，故缺乏明显的季节性。水温在15℃以上时就可以发生，水温在25~30℃时多为疾病发生高峰。一般夏秋季易发生流行，尤其7—8月。水温越高，发病期越长，危害性也越大。在鱼类中迟缓爱德华菌常与链球菌混合感染，可引起大量死亡，造成较大经济损失。迟缓爱德华氏菌不仅是鳗的一种重要病原细菌，还在多种人工养殖的淡水鱼和海水鱼中均发现有该菌感染的发生。

[临床症状与病理变化]

1. **临床症状** 本病临床症状随感染水生动物种类不同而异。

鱼：表现为食欲减退，离群独游，身体发黑，皮肤大面积损伤，身体表面和鳍条基部出现点状出血。

鲻和鳗鲡：表现为腹部和两侧大面积脓疡，脓疡边缘出血，病灶组织腐烂，并溢出强烈恶臭液体状物质，腹腔充满气体使腹部膨胀。日本鳗鲡主要症状有两大类型：一是以侵袭肾脏为主即肾脏型，较常见，可出现肛门红肿，以肛门为中心的躯干部呈现丘状突起，附近区域有块状出血并软化；二是以侵袭肝脏为主，即肝脏型，表现为病鱼腹部肝区部位胀大，严重时肝区腹部皮肤软化，溃疡穿孔，肝脏外露。两型的共同特征是体侧皮肤形成出血性溃疡，各鳍出血、发红。

牙鲆：养殖牙鲆稚鱼表现为腹胀，口吻部、体表、鳍等部位有出血，剖检可见肝脏、肾脏形成特征性的脓疡，内有腹水，眼球白浊等；幼鱼腹腔有大量积水，腹水呈胶水样。锄齿鲷：皮肤出血性溃烂，脾和肾脏表面有许多小白点。

蛙：腹部膨胀，皮肤充血或点状出血。

人感染后主要症状为间隙性反复腹泻，粪便为黄绿色、水样，有异臭味。可能伴有恶心、呕吐、发热的现象。

2. 病理变化　剖检有以下一些变化：鱼可见肾、肝、脾等内脏器官损坏和肌肉组织损坏；鳗可见肾、肝肿大，其他内脏、腹膜、体壁肌肉及皮肤可见充血发炎；牙鲆可见肝、脾、肾肿大与褪色，在肾脏表面有许多白点，腹腔积水，肠道有炎症；锄齿鲷可见脾和肾表面有许多小白点；蛙可见肝和肾肿大、充血或出血，组织坏死。

组织学变化可见肝、肾、脾呈局部性坏死，并含有大量菌体。日本鳗鲡有肾型和肝型两种，肾型为多见，表现为化脓性、间质性肾炎；肝型表现为化脓性肝炎，这是本病与其他败血症不同之处。罗非鱼、狼鲈与日本鳗鲡相似，罗非鱼有时表现体内脓肿及鳃部炎症，狼鲈皮肤增生并坏死，尤其在侧线系统的头管部坏死部位有大量细菌。

［诊断与检疫技术］

1. 初诊　根据流行特点（一般夏秋季易发生流行，尤其7—8月，水温在25～30℃时多为疾病发生高峰）、临床症状（病鱼皮肤大面积损伤，病鳗腹部和两侧大面积脓疡，病锄齿鲷皮肤出血性溃烂，病蛙皮肤充血或点状出血）及剖检病变（病鳗肾、肝形成很多脓疡病灶；病牙鲆肝、肾、脾肿大，肾表面许多小白点；病蛙肝肾肿大、充血或出血等）可做出初步诊断，确诊需进一步做实验室检测。

2. 实验室检测　进行病菌分离与鉴定和免疫血清学方法诊断。

被检材料的采集：采取病死鱼的肾、肝、脾等组织，尤其是肾脏，以供检测用。

（1）病菌分离与鉴定　取病死鱼的肾脏接种在胰酪胨大豆琼脂（TSA）或肠道菌选择培养基，置于25℃条件下培养观察2～4d，挑选可疑菌落（中央黑色、周边透明的小型露滴状菌落），接种细菌快速诊断系统API-20E或API-50E试剂盒，可以确诊。或对挑选的可疑菌落纯培养，然后进行生化试验，迟缓爱德华菌在过氧化氢酶、赖氨酸脱羧酶、鸟氨酸脱羧酶、还原硝酸盐等均为阳性、氧化酶阴性，能发酵葡萄糖产酸产气，不利用淀粉、明胶，MR试验为阳性，VP试验为阴性，尿素酶阴性，产生硫化氢或吲哚。同时进行革兰氏染色镜检。可见到革兰氏染色阴性短杆菌，可判为迟缓爱德华菌阳性。

（2）免疫血清学方法诊断　采用抗血清用玻片凝集进行诊断，但鉴于迟缓爱德华菌有多种血清型，需要了解血清应用地的主要流行血清型。也可采用抗迟缓爱德华菌单克隆抗体做玻片凝集试验、间接荧光抗体技术及斑点酶联免疫吸附试验（Dot-ELISA）进行诊断。

3. 鉴别诊断　主要对迟缓爱德华菌与鲴爱德华菌进行鉴别。迟缓爱德华菌能产生吲哚和硫化氢，而鲴爱德华菌不产生吲哚和硫化氢，由于两菌没有血清交叉反应，也可用抗血清鉴别。

[防治与处理]

1. 防治 可采取以下一些措施：①浸泡和注射爱德华菌疫苗对预防本病有一定效果。②加强饲养管理，供给全价饲料，以增强鱼体的抵抗力。③改善鱼池水质，根据鱼池水质情况及时注入新水，或用20mg/L生石灰全池遍洒。④做好对鱼池的消毒工作，可采取200mg/L生石灰或20mg/L漂白粉进行彻底消毒。

2. 处理 ①鱼池中一旦发病，可用四环素或土霉素拌饲料中投喂，如四环素每天每千克鱼用药50～70mg，制成药饵，连续投喂7～10d，对初期病鱼有一定的治疗作用。同消毒水体、用具和周围环境。②及时将病死鱼淘汰处理，可将病死鱼就地加石灰深埋。

三、小瓜虫病

小瓜虫病（ichthyophthiriasis）又称白点病（white-spot disease），是由多子小瓜虫寄生在淡水鱼类体表和鳃引起的一种寄生虫病，以病鱼体表或鳃呈现小白点为特征。我国将其列为三类动物疫病。

[病原特性]

病原为多子小瓜虫（*Ichthyophthirius multifiliis*），属于膜口目（Hymenostomatida）、凹口亚目（Ophryoglenina）小瓜虫属（*Ichthyophthirius*）成员。

多子小瓜虫是一种专性寄生虫，生活史分为3个时期：滋养体期、包囊期和幼虫期。

滋养体：指小瓜虫幼虫进入鱼体到成熟并离开鱼体的时期。滋养体的大小为（0.3～0.8）mm ×（0.35～0.5）mm，呈卵圆形、球形，乳白色，全身密布短而均匀的纤毛。胞口位于体前端腹面，围口纤毛从左向旋入胞咽。体中部有1个马蹄形或香肠型的大核，小核圆形，紧贴在大核上。胞质内常有大量的食物粒和许多小的伸缩泡（图7-9A）。

包囊：指滋养体脱离鱼体后，附着于水中的固着物上，脱掉虫体外膜上的纤毛，同时分泌一层胶质厚膜将虫体包住，即变为包囊。包囊大小为（0.33～0.98）mm ×（0.28～0.72）mm，呈圆形或椭圆形，白色不透明。包囊形成2～3h后，身体中部出现分裂沟，二分裂开始，随即出现四分裂、八分裂等细胞分裂。最后每个分裂团形成一个幼虫，每个包囊可产生约200个幼虫，最后幼虫从包囊中孵出。

幼虫：指在包囊内逐渐成熟的个体，成熟后从包囊中钻出，在水中自由游动。幼虫的虫体大小为（35～54）μm ×（19～32）μm，呈卵形或椭圆形，前端尖，后端圆钝，前端有1个乳突状的钻孔器。全身被有等长的纤毛，在后端有1根长而粗的尾毛（图7-9B，图7-9C）。体前端有1个大的伸缩泡。大小核明显，身体前端有1个

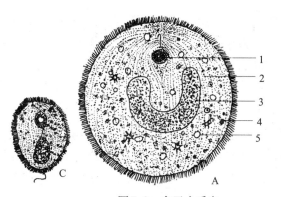

图7-9 多子小瓜虫

A.滋养体 B、C.幼虫

1.胞口 2.纤毛线 3.大核 4.食物泡 5.伸缩泡
（引自孟庆显，余开康，《鱼虾蟹贝疾病诊断和防治》，
中国农业出版社，1996）

"6"字形的原始胞口，在"6"字形缺口处有1个卵圆形的反光体。幼虫遇到宿主鱼时，快速钻入宿主表皮下，随即虫体变圆而成为滋养体。

多子小瓜虫营直接发育生活史，即不需要中间宿主，在宿主寄生期和脱离宿主期经历三个虫体变态时期，即滋养体、包囊期和幼虫期。以形成包囊进行繁殖。其发育生活史过程如下：

小瓜虫幼虫在接近宿主鱼鳃和皮肤上皮时，利用幼虫头部的钻孔器叮在上皮上，虫体旋转，并从上皮细胞间歇挤入表层下面，严重破坏鳃和皮肤上皮细胞的完整性。虫体不仅在鱼类的鳃和皮肤表层下，形成带虫空泡，滋养体在此空泡中逐渐长大，吞食组织碎片和组织液、血液等，而且虫体还能钻入鳃腔膜并穿过膜进入胸腺组织内部，以胸腺淋巴细胞和上皮细胞为食，使胸腺的组织受到破坏。当滋养体在空泡内长成后，就离开宿主鱼体，附着于水中的固着物上（如池底、池壁或其他物体）静止不动，脱掉虫体外膜上的纤毛，同时分泌一层胶质厚膜将虫体包住，即变为包囊。包囊形成2～3h后，身体中部出现分裂沟，二分裂开始，随即出现四分裂、八分裂等细胞分裂。最后每个分裂团形成一个幼虫，每个包囊可产生300～500个幼虫，最后幼虫从包囊中孵出。幼虫破囊而出，在水中游泳，遇到适宜宿主（鱼）后再附着上去，钻入皮肤和鳃的上皮组织之下，开始新的寄生生活。

小瓜虫的致病机制目前尚不完全清楚，但从症状与病理变化研究分析与推测，认为主要有三个方面：一是小瓜虫寄生在鳃上，引起鳃上皮细胞增生、肿胀，从而影响鱼的呼吸；二是小瓜虫对表皮、鳃的破坏，引起鱼的电解液、营养物质、体液流失，造成代谢紊乱；三是小瓜虫在鱼的体表钻营，引起体表伤口继发感染，从而引起鱼的死亡。

[分布与危害]

1. 分布　本病分布极广，在世界各地均有发生和流行，例如，此病在北宋年间就有流行，欧洲鳗鲡在1997年春季和1998年春季苗种培养期间就发生了本病。目前我国各鱼类养殖地区均有本病流行。

2. 危害　可引起鱼及观赏性鱼类发病，特别是鱼苗和鱼种，如不及时治疗，鱼种死亡率可达60%～70%，严重时达80%～90%，造成严重的经济损失，是一种危害严重的寄生虫病。

[传播与流行]

1. 传播　小瓜虫对宿主无选择性，各种淡水鱼、洄游性鱼类、观赏鱼类均可受其寄生，被寄生的鱼类无明显的年龄差别，各年龄组的鱼类都能寄生，尤其以鱼种及鱼苗易感。鱼苗和鱼种在鳃部大量寄生多子小瓜虫可短时间内暴发，造成大量死亡，而成鱼亦可发病，但死亡率相对较低。虫体在野生鱼类可长期存在。

传染源主要是发病鱼、被多子小瓜虫污染的水源以及带虫体的野生鱼类。生活史中，无需中间寄主，通过包囊及其幼虫传播。包囊可长时间存在养殖水体中，刚孵出（24h内）的幼虫侵袭能力强，但随着时间的推移，其感染能力降低，36h后幼虫的感染能力很低。水温在15～25℃时幼虫侵袭能力强，其余水温幼虫的侵袭能力明显降低。

2. 流行　本病有明显的发病季节，流行于初冬、春末。多子小瓜虫繁殖适宜水温为15～25℃，疫病流行水温在27℃以下。在生产中发现水温28℃及以上时，仍能暴发本病，但一般较少发病。在水体流动性小、水质不良、高密度养殖、鱼体的抵抗力弱等条件下，或养殖鱼类受到应激造成免疫力降低时，较易暴发本病。

[临床症状及病理变化]

1. 临床症状　小瓜虫寄生于鱼体体表、鳍条和鳃上，对宿主的上皮不断刺激，使上皮细胞不断增生，并在寄生处形成肉眼可见的直径1mm以下的小白点，故小瓜虫病又称为"白点病"。病情严重时，躯干、头、鳍、口腔等处都布满小白点，体表似有一层白色薄膜，鳞片脱落，鳍条裂开、腐烂。病鱼反应迟钝，体色发黑，消瘦，漫游于水面，不时在其他物体上蹭擦，不久即成群死亡。鳃上有大量的寄生虫，鱼体黏液增多，鳃小片被破坏，鳃上皮增生或部分鳃贪血。虫体侵入眼角膜，可引起发炎、瞎眼。病程一般为5～10d。传染速度极快，若治疗不及时，短时间内可造成大批死亡。

2. 病理变化　在小瓜虫寄生的鱼皮肤和鳃组织上可见上皮细胞增生和黏液的大量分泌，鳃小片变形，毛细血管充血、渗出，或局部缺血，呼吸上皮细胞肿胀、坏死；嗜酸性粒细胞和淋巴细胞大量浸润。病鱼血液中的淋巴细胞减少，血红蛋白水平降低，单核细胞、嗜中性粒细胞增加，出现嗜酸性细胞，并可见大量不正常的白细胞、单核细胞、血栓细胞、嗜酸性粒细胞等。病鱼血清中的钠离子、镁离子浓度下降，钾离子浓度升高。

[诊断与检疫技术]

1. 初诊　根据流行特点及临床上见到病鱼体表、鳍条、鳃上有0.5～1.0mm的白色小点状突起，可进行初诊，但鱼体表形成小白点的疾病，除小瓜虫病外，还有黏孢子虫病、打粉病等多种病，不能仅凭肉眼观察到鱼体表有小白点就诊断为小瓜虫病。确诊需进一步做实验室检测。

2. 实验室检测　主要检查虫体。

被检材料的采集：取病鱼体表的小白点或鳃，以供检测用。

（1）显微镜检查虫体　取病鱼鳃丝或从鳃上、体表病变处（小白点）刮取少许黏液，制成水封片，或将有小白点的鳍或鳃剪下，放在载玻片上，滴上清水，盖上盖玻片，放在显微镜下观察，可见到大量的球形滋养体，胞质中可见马蹄形的细胞核，即可确诊。

（2）肉眼观察虫体　将有小白点的鳍剪下，放在盛有清水的白瓷盘中，在光线好的地方，用2枚针轻轻将小白点的膜挑破，连续多挑几个，如果看到有小球状的虫（滋养体）滚出，在水中游动，即可确诊。

[防治与处理]

1. 防治　可采取以下一些措施：（1）防止野生鱼类进入养殖体系，杜绝养殖鱼受到多子小瓜虫感染。具体做法：①鱼池的排水管口应高出外面水塘水面0.6m以上，这样可以防止有些野生鱼类可以逆水从排水管进入养鱼池。②进水口一定要安装过滤膜，目的是防止携带虫体的野生鱼类进入，而不是阻隔虫体直接进入。③鱼塘灌满水后，至少要自净3d后才能放入鱼苗，只是因为随水引入的幼虫在没有找到宿主感染时，2d后会自行死亡。（2）加强饲养管理，保证鱼群的营养，可饲喂全价饲料和充足的多种维生素，提高鱼体免疫力，从而减少鱼群发生本病机会。（3）清除池底过多淤泥，水泥池壁要进行洗涮，并用生石灰或漂白粉进行消毒。（4）鱼下塘前应进行抽样检查，如发现有多子小瓜虫寄生，应采用药物进行药浴。（5）如果发生多子小瓜虫病可采取药物治疗，虽目前尚无理想治疗方法，但可选择以下方法进行治疗。①小体积水体，用亚甲基蓝2mg/L全池泼洒，每日一次，连用2～3d。②辣椒粉和鲜生姜，0.8～1.2mg/L和1.5～2.2mg/L，混合加水煮沸

30min，用药汁全池泼洒，每日一次，连用3～4d。③4.5%氯氰菊酯溶液0.019～0.029mg/L，全池泼洒，隔3～4d，再用1次。④海水小瓜虫可洒醋酸铜，0.3mg/L全池泼洒，每日一次，连用2～3d。⑤水族箱中的观赏鱼发病时，将水温提高至28℃，以达到多子小瓜虫自动脱落而死亡的目的。⑥用高锰酸钾治疗。治疗浓度取决于水体中有机化合物的含量，一般最小治疗浓度是2g/m³；如水体富营养化，水体中的藻类过多，则治疗浓度需要20g/m³。较简单决定高锰酸钾的治疗浓度的方法是：首先用2g/m³的浓度，使水体变成葡萄酒红色，且颜色保持8h以上者，则可以达到治疗效果。如果随着时间延长，水体颜色变浅，则需要继续加入药物，使水体保持葡萄酒红色。此外，用10g/m³浓度的高锰酸钾进行20min浸泡治疗小瓜虫病也是有效的。⑦用食盐溶液浸泡。以千0.2%~0.3%盐水浸泡，对治疗和预防小瓜虫病均有效。

注意：在治疗的同时，要把养鱼的水槽、工具等进行洗刷和消毒，否则附在上面的包囊又可再感染鱼。另外，切忌使用硫酸铜或硫酸铜与硫酸亚铁合剂。

2. 处理　①对发生过小瓜虫病的鱼塘要进行彻底消塘，方法是：干塘，撒生石灰（用量为每亩塘200kg），并在烈日下曝晒1周。②及时把病死鱼集中无害化处理，不能乱丢。

四、黏孢子虫病

黏孢子虫病（myxosporidiosis）是由黏孢子虫纲致病性黏孢子寄生于鱼类而引起的寄生虫病。黏孢子虫的种类很多，现已报道的近千种，全部营寄生生活，其中大部分是鱼类寄生虫，在鱼体各个器官、组织都可寄生，但大多数种类均有一个到数个特有的寄生部位。有些种类可引起病鱼大批死亡；有些种类不引起大批死亡，仅使病鱼完全丧失食用价值。病鱼常以寄生部位如体表、鳍条、鳃、肠壁等形成白色孢囊为特征。我国将其列为三类动物疫病。

[病原特性]

病原是致病黏孢子虫（*Myxosporidia*），属于黏体门（Myxozoa）黏孢子虫纲（Myxosporrea），致病种类分属于双壳目（Bivalvulida）和多壳目（Multivalvulida）。

黏孢子虫（*Myxosporidia*）种类常见的有碘泡虫（*Myxobolus*）、两极虫（*Myxidium*）、角孢子虫（*Ceratomyxa*）、尾孢子虫（*Henneguya*）、库道虫（*Kudoa*）、单囊虫（*Unicapsula*）、六囊虫（Hexacapsula）和七囊虫（*Septemcapsula*）等。其形态构造随不同种类而有许多差别，但孢子构造的共同特征是：①每一孢子外面包有1层由2～7片几丁质壳片（多数种类为2片），两壳连接处缝线具有粗厚或突起成脊状结构称之为缝脊。②有些种类的壳上有条纹、褶皱或尾状突起。③每一孢子有1～7个球形或梨形或瓶形的极囊（多数种类为2个极囊），位于孢子前端或两端。极囊内有做螺旋形盘卷的极丝在幼期孢子的孢质里，一般含有6个核，其中2个是构成极囊的，称为囊核；2个是构成壳瓣的，称为壳瓣核；其余2个核留在孢质里一直至孢子成熟，称为胚核。极囊之间有的种类还有V形或U形突起，称为囊间突。极囊里有极丝，做螺旋状盘曲，受到刺激后，能通过极囊孔射出，极丝呈丝状或带状。④极囊以外充满胞质，内有2个胚核，有的种类在胞质里还有1个嗜碘泡（如碘泡虫胞质里有1个嗜碘泡，在遇到碘液后胞质内可出现1个棕黄色的嗜碘泡）（图7-10）。

黏孢子虫刺激寄生组织产生一层膜将其营养体包住，形成黏孢子虫的孢囊，孢囊肉眼可见，但亦有一些黏孢子虫不形成肉眼可见的孢囊，仅用肉眼检查不出，需用显微镜进行检查。孢囊增加，病情加重。

目前，我国危害较大及常见的黏孢子虫有：鲢碘泡虫、饼形碘泡虫、野鲤碘泡虫、圆形碘泡虫、异形碘泡虫、多格里尾碘泡虫、鲢旋缝虫、脑黏体虫、时珍黏体虫、银鲫黏体虫、两极虫、鲢四极虫、单极虫等。

下面主要介绍鲢碘泡虫、饼形碘泡虫、圆形碘泡虫和鲮单极虫的一些特性：

1. 鲢碘泡虫（*Myxobolus djiagini*）属于碘泡虫科（Myxobolidae）碘泡虫属（*Myxobolus*）。孢子壳面观呈椭圆

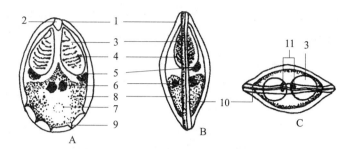

图7-10　黏孢子虫的构造
A.孢子壳面观　B.缝面观　C.顶面观
1.孢壳　2.囊间小块或囊间突起　3.极囊　4.极丝　5.极囊核
6.胚核　7.嗜碘泡　8.孢质　9.褶皱　10.缝线　11.极丝之出孔
（引自孟庆显，余开康，《鱼虾蟹贝疾病诊断和防治》，
中国农业出版社，1996）

形或倒卵形，有2块壳片，壳面光滑或有4～5个V形褶皱。孢子大小为（10.8～13.2）μm×（7.5～9.6）μm，前端有2个大小不等的梨形极囊，极丝6～7圈，极囊核明显，有嗜碘泡。

在水温16～30℃的条件下（池塘），鲢碘泡虫的一个生活周期约4个月。当鲢夏花鱼种被鲢碘泡虫侵入后，6—9月多为营养体阶段，到10月份以后逐渐形成孢子。越冬的鱼种，脑颅腔内即可见到白色孢囊，翌年5月份孢囊内孢子消失成空腔，但体内各个器官均有孢子，这时排出体外感染其他鱼或自体重复感染，形成流行病。成熟的孢子从鱼体排入水中，并在池底污泥中大量积累和长期保存，从而促使本病蔓延流行。

2. 饼形碘泡虫（*Myxobolus artus*）　属于碘泡虫科（Myxobolidae）碘泡虫属（*Myxobolus*）。孢子壳面观呈椭圆形，纵轴小于横轴，缝面观为纺锤形，孢子长4.8～6.0μm，有2个大小相等的卵圆形极囊，呈"八"字形排列，有1个嗜碘泡。病鱼组织内的胞囊呈白色，圆形或椭圆形，长42～89.2μm，宽31.5～73.5μm。

3. 圆形碘泡虫（*Myxobolus ratundus*）　属于碘泡虫科（Myxobolidae）碘泡虫属（*Myxobolus*）。孢子近圆形，大小为（9.4～10.8）μm×（8.4～9.4）μm，前端有2个粗壮的棒状极囊，嗜碘泡明显。

4. 鲮单极虫（*Thelohanellus rohitae*）　属于单极虫科（Thelohanellidae）单极虫属（*Thelohanellus*）。孢子狭长呈瓜子形，前端逐渐尖细，后端钝圆，缝脊直。孢子大小为（26.3～30.0）μm×（7.2～9.6）μm，棍棒状极囊占孢子的2/3～3/4。孢子外常围着一个无色透明的鞘状胞膜，大小为（26.4～30.0）μm×（7.2～9.6）μm；胞质内有一明显的嗜碘泡。

［分布与危害］

1. 分布　本病地理分布很广，从热带到寒带，从浅水沿岸到4 000m的深海鱼类都有。

2. 危害　各种虫体广泛寄生于多种鱼类，对苗鱼、鱼种危害重，可造成幼鱼大批死亡，即使不死，鱼体因有大小不等的孢囊，也丧失了商品价值。随着集约化养殖水平的提高和养殖品种的扩大，其危害明显增大。

［传播与流行］

1. 传播　多种鱼类可发生黏孢子虫病，但不同种类的黏孢子虫寄生（感染）的鱼类也不同。

如鲢碘泡虫寄生在鲢的各种器官组织，尤以神经系统和感觉器官为主，引发鲢碘泡虫病；饼形碘泡虫寄生在草鱼的肠壁，尤以前肠的固有膜及黏膜下层为多，引发饼形碘泡虫病；圆形碘泡虫寄生在鲫和鲤的头部及鳍上，引发圆形碘泡虫病；鲮单极虫主要侵害鲮和2龄以上的鲤、鲫，以及散鳞锦鲤和鲤鲫杂交种，鲮单极虫寄生在鲮尾鳍上（大多数）和2龄以上的鲤、鲫鳞片下，引发鲮单极虫病。

黏孢子虫病在鱼类中以鱼苗、鱼种发生为严重。有些种类可引起病鱼大批死亡，如饼形碘泡虫病；有些种类不引起大批死亡，仅使病鱼完全丧失食用价值，如圆形碘泡虫病。

传染源主要是病鱼和被致病黏孢子虫污染的水体。黏孢子虫经过裂殖生殖和配子形成两个阶段，宿主（鱼）的感染是通过孢子，但感染途径尚不清楚，特别是海水鱼类的黏孢子虫。

2. 流行　四种病的流行情况如下：

(1) 鲢碘泡虫病　无明显的流行季节，以冬春两季为普遍。常流行于我国华东、华中、东北等地的江河、湖泊、水库，尤其是较大型水面更易流行，池塘也可见到。

(2) 饼形碘泡虫病　流行于鱼种培育季节，一般以5—6月为甚。全国各地都有发生，但以广东、广西、湖北、湖南、福建等省为严重，死亡率高过80%～90%，主要侵害5cm以下的草鱼。

(3) 圆形碘泡虫病　在全国各地的池塘、湖泊、河流的鲫、鲤都有发生。一般不引起病鱼大批死亡，但严重时一条病鱼上有数百个大孢囊，从而失去商品价值，造成巨大经济损失。

(4) 鲮单极虫病　本病在长江一带甚为流行，例如，在湖北省荆州和黄冈的杂交鲤就发生过。

总之，黏孢子虫病发生没有明显的季节性，一年四季均可见，长江流域5—10月为流行盛期。一般而言，凡池塘淤泥较多或没有经过彻底清塘消毒的鱼池，在鱼种数量较大、水质条件恶劣情况下，加上投喂的饵料质量欠佳，多有黏孢子虫病发生。

［临床症状与病理变化］

1. 临床症状

(1) 鲢碘泡虫病　又称鲢的"疯狂病"。病原为鲢碘泡虫（*M. driagini*）。鲢碘泡虫寄生在鲢的各种器官组织，尤以神经系统和感觉器官为主，如脑、脊髓、脑颅腔内淋巴液、神经、嗅觉系统和平衡、听觉系统等，形成大小不一、肉眼可见的白色孢囊，这是本病的一个特征。病鱼极度消瘦，头大尾小。从背鳍后缘起，高度显著缩小。脊柱向背部弯曲，形成尾部上翘。体重减轻，仅为同龄鱼的1/2左右或更少，体色暗淡无光泽。少数病鱼侧线曲折异常，有的下颚歪斜。病鱼运动失调是本病另一特征，急性型可见病鱼离群独自急游打转，经常跳出水面，复而钻入水中，如此反复多次，终至死亡，死时头部常常钻入泥中。有的侧向一边游泳打转，失去平衡觉和摄食能力而致死亡；慢性型可见病鱼呈波浪形旋转运动，显疲劳之态。食效减退，消瘦，外表"疯狂病症"并不严重。如果不再重复感染，病情就会渐次稳定。但这两种类型（急性型和慢性型）不能绝对分开。

(2) 饼形碘泡虫病　病原为饼形碘泡虫（*M. artus*）。饼形碘泡虫主要寄生在草鱼的肠壁，尤以前肠的固有膜及黏膜下层为多，形成白色小囊泡。病鱼体色发黑，消瘦，腹部略膨大，鳃呈淡红色。有的鱼体弯曲。

(3) 圆形碘泡虫病　病原为圆形碘泡虫（*M. ratundus*）。圆形碘泡虫寄生在鲫、鲤的头部及鳍上，形成许多肉眼可见的孢囊，这些孢囊都有寄主形成的结缔组织膜包围，且这些肉眼可见的大孢囊都由多个小孢囊融合而成。

（4）鲮单极虫病　病原为鲮单极虫（*T. rohitae*）。此病主要危害鲮和2龄以上的鲤、鲫，此外，散鳞锦鲤和鲤鲫杂交种也可患此病。鲮的胞囊大多在尾鳍上，用放大镜可清楚见到。鲤、鲫的胞囊多在鳞下，严重的病鱼，几乎所有的鳞片下都有胞囊存在，呈浅黄色，胞囊将病鱼的鳞片竖起，故在水中游动非常缓慢。发病迅速，数天内可全群发病。

病原除见于鳃、体表外，还可在内脏、体液中检出。

2. 病理变化

（1）鲢碘泡虫病　病鱼肌肉暗淡无光泽，肉味不鲜腥味重。肝、脾萎缩，有腹水。小脑迷走叶显著充血。贫血严重，血细胞分析可见：红细胞数、血红蛋白量、红细胞比积、血浆总蛋白、无机磷、糖等均十分显著低于健康鱼；白细胞数、红细胞渗透脆性十分显著高于健康鱼；嗜中性粒细胞及嗜酸性粒细胞比例、单核细胞百分率都显著高于健康鱼；淋巴细胞百分率十分显著低于健康鱼。

（2）饼形碘泡虫病　病鱼肠内空虚，前肠增粗，肠壁组织糜烂。病理组织切片可见孢囊侵袭肠道各层组织，其中固有膜和黏膜下层占86%。感染严重的鱼，可见孢囊充塞于固有膜和黏膜下层间，肠黏膜组织受到严重破坏。

［诊断与检疫技术］

1. 初诊　根据临床症状及流行特点做出初步诊断，确诊需进一步做实验室检测。
2. 实验室检测　进行镜检孢囊内的黏孢子虫。

被检材料的采集：取病鱼体表的白色孢囊或体内病灶组织，以供检测用。

显微镜检查黏孢子虫：取病鱼体表的孢囊或病灶组织压成薄片，用显微镜进行检查，如见到大量的孢子虫，即可确诊。

沉淀物镜检：口岸检疫，仅取组织压片镜检不够，需将组织匀浆后，取沉淀物镜检。

［防治与处理］

1. 防治　目前对黏孢子虫病尚无理想的治疗方法，可采取如下一些措施：①严格执行检疫制度，尤其对鱼种要进行严格检疫，防止把黏孢子虫带入饲养水体。②必须清除池底过多淤泥，并用生石灰彻底消毒，用量为每666.7m²用150kg生石灰，放养鱼种时应用高锰酸钾等药物浸泡消毒，如胡子鲇种可用500mg/L高锰酸钾浸洗30min；大口鲇鱼种可用2%～2.5%食盐水浸洗5～10min后下塘；加进的新水应无黏孢子虫病原体水源。③加强饲养管理，增强鱼体抵抗力。④发病水体全池遍撒晶体敌百虫，可减轻鱼体表及鳃上寄生的黏孢子虫的病情。剂量：每立方米水体放晶体敌百虫0.5～0.7g，隔1～2d泼1次，连泼3次。⑤对寄生在肠道内的黏孢子虫病，在每千克饲料中加晶体敌百虫1.0g，或盐酸左旋咪唑0.1～0.2g，拌匀后制成水中稳定性好的颗粒药饵投喂，连喂5～7d，同时在全池泼洒晶体敌百虫，如病情较重，应适当增加治疗天数。

2. 处理　①发现本病时，不得调运，应就地隔离防治。可用北京中泓鑫海生物技术有限公司生产的孢虫克治疗，剂量：每50kg鱼体重，每日用孢虫克25g拌入饲料中（或按1%的添加量制成药饵）投喂，连续投喂3～5d为1个疗程。或用江苏宜兴苏亚达生物技术有限公司生产的孢虫清治疗，剂量：按1%～5%的孢虫清添加量拌入饲料制成药饵投喂。治疗后经病原检查和临诊都是阴性时，仍需就地隔离饲养，一年后再检疫仍为阴性时，才能确诊不患本病。②病死鱼要及时清除，煮熟后当饲料或深埋在远离水源的地方。

五、三代虫病

三代虫病（gyrodactyliasis）是由三代虫寄生于鱼类体表和鳃而引起的寄生虫病。造成鱼体体表及鳃部创伤，分泌黏液增多，严重时鳃瓣边缘呈灰白色、鳃丝上呈斑点状瘀血。OIE将其列为必须通报的动物疫病，我国将其列为三类动物疫病。

[病原特性]

病原为三代虫（*Gyrodactylus* spp.），属于单殖吸虫纲（Monogenoidea）三代虫目（Gyrodactylidea）三代虫科（Gyrodactylidae）三代虫属（*Gyrodactylus*），是一类常见的鱼类体外寄生虫。常寄生于淡水鱼类及海水鱼类的鳃和皮肤。

三代虫在单殖吸虫中是身体较小的一类，虫体小，一般体长为0.3～0.8mm，很少超过1.0mm，身体延伸而背腹扁平，略呈纺锤形。体前端有1对头器，眼点付缺。咽分两部分，各有8个肌肉细胞组成；食管很短，肠支简单，盲端伸至体后部前端；睾丸中位，在肠支内或肠支之后，贮精囊在肠叉腹面或肠支右侧的基部；生殖囊（或称交配囊）具刺，生殖孔亚中位，在咽之后；卵巢在睾丸之后，中位；子宫具胚体，胚体内有"胎儿"。体后端腹面有1个圆盘状的后吸器（或称后固着器），后吸器有1对锚形的中央大钩（或称锚钩）及背联结片与腹联结片各一和16个边缘小钩组成（图7-11），用以固着在宿主（鱼）的寄生部位；中央大钩、背腹联结片、边缘小钩都是几丁质构造，其结构和形态是分类的依据。

三代虫为雌雄同体，以胎生繁殖，产出之胎儿已具有成虫的特征。其幼体形态与成虫相似，它在水中漂游，遇到适当的宿主，可直接附于宿主上，又重营寄生生活。最适繁殖水温为20℃左右。

三代虫的外形和运动状态与指环虫相似，但有区别：三代虫的头部仅分成2叶，无眼点，后吸器除1对中央大钩外，还有16个边缘小钩；虫体中央有子代胚胎，且子代胚胎中又孕育有第3代胚胎，因此称为三代虫。

三代虫病是由三代虫属中的一些种类感染而引起。三代虫现已报道400余种，常见的种类有：大西洋鲑唇齿鲫三代虫（*Gyrodactylus salaris*）、鲢三代虫（*G. hypopthalmichthysi*）、鲩三代虫（*G. ctenopharyngodontis*）、鲻三代虫（*G. mugil*）、单联三代虫（*G. unicopula*）、金鱼中型三代虫（*G. medius*）、金鱼细锚三代虫（*G. sprostonae*）和金鱼秀丽三代虫（*G. elegans*）。

下面主要介绍鲢三代虫、鲩三代虫、金鱼秀丽三代虫和大西洋鲑唇齿鲫三代虫的一些特性：

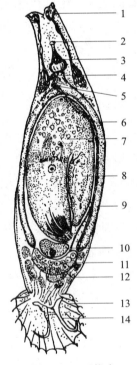

图7-11 三代虫

1.头器 2.口 3.咽 4.交配囊 5.贮精囊 6.输精管
7.第三代胚胎 8.第二代胚胎 9.肠 10.卵 11.卵巢
12.精巢 13.边缘小钩 14.中央大钩（锚钩）
（引自孟庆显，余开康，《鱼虾蟹贝疾病诊断和防治》，中国农业出版社，1996）

1. 鲢三代虫　虫体大小为（0.31～0.5）mm×（0.07～0.14）mm，无眼点，前端有1对头器。后吸器上的8对边缘小钩排列呈伞形，中央大钩1对，2个联结片。口在身体前端腹部，呈管状或漏斗状。睾丸位于虫体后部中央。交配囊呈卵圆形，由1根大而弯曲的大刺和8根小刺组成。卵巢单个，呈新月形，在睾丸之后。鲢三代虫寄生在鲢、鳙的皮肤、鳍、鳃及口腔上。

2. 鲩三代虫　虫体较大，大小为（0.33～0.57）mm×（0.09～0.15）mm，边缘小钩长0.025～0.030mm，大钩长0.049～0.066mm，背联结片大小为0.002～0.003mm，其两端的前缘各具有一尖刺状的突起。鲩三代虫寄生在鲩（草鱼）皮肤和鳃上。

3. 金鱼秀丽三代虫　虫体长为0.45～0.60mm，边缘小钩全长0.02～0.029mm，钩体长0.006～0.007mm，中央大钩长0.088～0.14mm。交配囊呈球形，具1根大而弯曲的大刺、2根中刺和3根小刺。秀丽三代虫寄生在鲤、鲫、金鱼体表和鳃上。

4. 大西洋鲑唇齿鳎三代虫　唇齿鳎三代虫属于单殖亚纲三代虫科，行胎生的淡水性单殖吸虫。唇齿鳎三代虫虽是淡水生寄生虫，但可以在盐度为5%的水中正常繁殖，在高盐度的水中短暂生存，如在10%和20%盐度的水中可分别存活240h和42h。

唇齿鳎三代虫于20世纪50年代初在瑞典的孵化池首次被发现，当时认为无害，直到70年代中期流传到挪威后，才发现其有害。唇齿鳎三代虫仅分布于欧洲，在欧洲北部鲑鳟养殖区流行，也见于俄罗斯、瑞典、挪威等河流野生鲑幼鱼中，不过英国和爱尔兰尚未发现这种寄生虫。

唇齿鳎三代虫是2龄以下野生和养殖鲑的重要病原，在河流和养殖场之间的传播主要是靠活鱼的运输和转养。此外，唇齿鳎三代虫还能寄生（感染）其他的虹鳟（*Oncorhychus mykiss*）、北极红点鲑（*Salvelinus alpinus*）、溪红点鲑（*S. fontinalis*）、湖红点鲑（*S. namaycush*）、鮰（*Thymallus thymallus*）和鳟（*Salmo trutta*）等鱼类。

［分布与危害］

1. 分布　三代虫病分布广泛，是一种全球性养殖鱼类病害。美国、日本、苏联及我国均发现。我国各养鱼地区都有发生，以长江流域和广东、广西地区发病最广泛。

2. 危害　由三代虫寄生在多种淡水鱼及海水鱼的鳃及皮肤上，对鱼苗、鱼种危害较大，发病严重时，可造成大批鱼死亡。

［传播与流行］

1. 传播　咸、淡水池塘养殖和室内越冬池内，饲养的苗种鱼最易得此病。淡水饲养鱼类也常感染发病。稚鱼、鱼苗鱼种、鱼体放养密度大时，极易感染发病。此外，多种观赏鱼，如金鱼、锦鲤、七彩神仙鱼、龙鱼和鹦鹉鱼等也都易感。

宿主的年龄、个体大小和身体状态等因素对三代虫感染强度均有影响，表现为幼龄宿主比成年宿主易感染，且强度大；处于饥饿、缺氧状态的宿主更易感，种群增殖速度更快。三代虫在宿主体表的总体变化规律是：感染后一段时期内三代虫密度持续上升，达一峰值后虫体密度逐渐下降，直至保持一低密度感染或完全消失。这种变化预示宿主存在抗三代虫的免疫反应。

三代虫寄生（感染）宿主具有两个特点：一是有明显的寄主特异性，即多数三代虫仅有一寄主鱼，如已记载的402种三代虫中，71%的种类仅有一种宿主鱼。二是对寄主体表的寄生部位有选择性，即首先寄生于其偏好部位，然后向其他部位扩展。

传染源主要是病鱼及其被虫体污染的水体。传播途径以宿主（鱼）之间直接接触感染以及虫体自由漂游传播。

2. 流行 三代虫的繁殖适温为20℃左右，所以本病发生在春秋季及初夏，流行季节一般在春末夏初，水温20℃左右是其发病高峰期。在鱼体体质弱、抵抗力差、放养密度过大的情况下，极易被三代虫侵袭，造成流行。本病使鱼皮肤损伤，降低了鱼体对细菌、霉菌和病毒的抵抗力，增加了宿主鱼继发感染其他病原的机会。

[临床症状及病理变化]

1. 临床症状 三代虫寄生在鱼体的鳃部和体表皮肤上，有时在口腔、鼻孔中也有寄生。以大钩和边缘小钩在上皮组织及鳃组织上，对鱼体体表及鳃部造成创伤。寄生数量较多时，刺激宿主分泌大量黏液，严重者鳃瓣边缘呈灰白色，鳃丝上呈斑点状瘀血。鱼体瘦弱，失去光泽，食欲减退，呼吸困难，游动极不正常。幼鱼期尤为明显。如果将病鱼放在盛有清水的培养皿中，用放大镜观察，可见虫体在鱼的体表做蛭状运动。现列举病例如下：

鳗鲡：三代虫主要寄生于鳃。寄生少量时，鳗鲡摄食及活动正常，仅见鳃丝黏液增生；寄生大量时，鳗鲡逆水窜游，或与池壁摩擦，鳃丝充血，食欲下降或绝食，鳃黏液分泌严重增加，鳃水肿、粘连，往往伴随丝状细菌或屈挠杆菌的继发感染。

虹鳟：三代虫寄生于鳃、体表、鳍，对鱼体表面及鳃造成创伤。寄生多量时，刺激宿主细胞分泌大量黏液，严重时，鳃丝呈斑点状瘀血，鳃丝边缘呈灰白色，病鱼游动异常，食欲减退，体色变黑、消瘦，呼吸困难而致死，常与水霉感染并发。

胡子鲇：鳃丝、鳍条、触须及体表上均有三代虫寄生，表现触须卷曲、体表色变黑、黏液增多，食欲不振，消瘦死亡。

2. 病理变化 三代虫通过其主要附着器官（后吸器）的边缘小钩刺入鱼体体表进行寄生，引起鱼体皮肤损伤，鳃水肿，鳃丝充血或瘀血。

[诊断与检疫技术]

1. 初诊 由于三代虫没有特殊症状，因此根据临床症状难以做出初步诊断，确诊需要进行实验室检测。

2. 实验室检测 镜检三代虫虫体。

被检材料的采集：采集病鱼体表黏液、鳃组织，以供检测用。

显微镜检查三代虫：刮取患病鱼体表黏液制成水封片，置于低倍镜下观察，或取鳃瓣置于培养皿内（加入少许清洁海水）在解剖镜下观察，每个视野内有5～10个虫体时即可确诊。如将病鱼放在盛有清水的培养皿中，用于持放大镜观察，也可在鱼体上见到小虫体在做蛭状活动。

[防治与处理]

1. 防治 可采取以下一些措施：①严格执行检疫，尤其对鱼种的检疫，防止把三代虫带入饲养水体。②鱼池放养鱼种前，用生石灰清塘，同时鱼种放养前要用15×10^{-6}～20×10^{-6}高锰酸钾水溶液或5×10^{-6}晶体敌百虫、面碱合剂（1：0.6）药浴15～30min，杀死鱼种上寄生的三代虫。③全池遍撒晶体敌百虫，使池水达0.3×10^{-6}～0.7×10^{-6}浓度。或全池遍撒晶体敌百虫、面碱合剂（1：0.6），使池水达0.1×10^{-6}～0.3×10^{-6}浓度。

2. 处理 发生本病一方面病死鱼要及时清除进行无害化处理（如煮熟后当饲料）。另一方面对病鱼进行治疗，方法如下：①高锰酸钾，浓度为20mg/L，浸洗病鱼15～30min。②福尔马林，浓度为200～250mg/L，浸洗病鱼25min，或浓度为25～30mg/L全池遍洒。③晶体敌百虫全池遍撒（注意：如果池中混养有虾、蟹等甲壳类，则不能用此法治疗）。

六、指环虫病

指环虫病（dactylogyriasis）是由指环虫属的单殖吸虫寄生于鱼鳃而引起的寄生虫病。主要致病种类有小鞘指环虫、鳃片指环虫、鳙指环虫、坏鳃指环虫，常造成鱼鳃严重损伤，出现鳃丝黏液增多、鳃丝肿胀、苍白色，可引起苗种大批死亡。我国列为三类动物疫病。

［病原特性］

病原为指环虫（*Dactylogyrus* sp.），属于单殖吸虫纲（Monogenoidea）指环虫目（Dactylogyridea）指环虫科（Dactylogyridae）指环虫属（*Dactylogyrus*）成员。

指环虫是一类比较小型单殖吸虫，虫体小，肉眼可见像蚂蟥似地收缩。虫体背腹扁平，呈叶形或长椭圆形，体长0.4～1.092mm，宽0.168～0.252mm。成体（成虫）头端分为4叶，靠近咽的两侧有2对棕褐色的眼点，呈方形排列。肠支在体末端成环，睾丸单个，圆形或椭圆形，位于卵巢后；卵巢单个，球形，位于睾丸前。身体的前半部内有一个角质交接器（或称交合器），交接器由管状交接管与支持器两部分组成。输精管一般环绕肠支，具贮精囊。前列腺储囊1对。阴道单个，几丁质结构存在或付缺，开口于体边缘，卵具卵柄。身体后端为一膨大呈盘状的后吸器（或称后固着器），上有7对边缘小钩，1对呈锚形的中央大钩，联结片（或称联结棒）存在，辅助片存在或缺失（图7-12），用以钩住寄生组织，造成寄生组织的损害。其种类的鉴别主要依据中央大钩的形态结构及其量度、联结片与辅助片的大小形状、交接器的形态及其量度、阴道的结构等。

指环虫是雌雄同体卵生吸虫，其生活史简单，无须中间宿主。指环虫成体在温暖季节能不断产卵并孵化，如20～25℃时，每15min就可产1个卵，卵大，数少，呈卵圆形。自受精卵从虫体排出后，卵漂浮于水面或附着在其他物体或宿主鳃上和皮肤上。产出的虫卵在适宜温度范围内，孵化速度随温

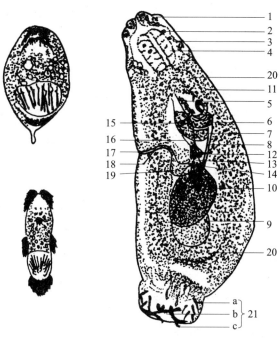

图7-12 指环虫

成虫（右）、卵（左上）和纤毛幼虫（左下）

1.头器 2.眼点 3.头腺 4.咽 5.交接器 6.贮精囊 7.前列腺 8.输精管 9.精巢 10.卵巢 11.卵黄腺 12.卵壳腺（梅氏腺）13.成卵腔 14.输卵管 15.子宫内成熟的卵 16.子宫 17.阴道孔 18.阴道管 19.受精囊 20.肠 21.后吸器（a.边缘小钩 b.联结片 c.中央大钩）

（引自孟庆显，余开康，《鱼虾蟹贝疾病诊断和防治》，中国农业出版社，1996）

度升高而加快，一般需7d时间孵出幼虫，但在其他刺激（包括一些药物）条件下，仅需3～5d。自由游泳的纤毛幼虫是单殖吸虫生活史中在宿主体外唯一的具有感染性的时期。水温22℃时，纤毛幼虫个体在孵出后存活时间为1～75h，该温度下纤毛幼虫在孵出24h之后基本丧失游泳能力；水温12℃时，除存活时间大大延长外，纤毛幼虫直到孵出60h还具有游泳能力。如水温高于25℃时，7～9d即可发育成熟并产卵。宿主死亡后，寄生指环虫会在较短时间内死去，其存活时间一般不超过24h。大多数指环虫对宿主有强烈的选择性。

指环虫属的种类很多，目前我国已发现400多种。主要致病种类有寄生于鲢的小鞘指环虫（*Dactylogyrus vaginulatus*）；寄生于草鱼的鳃片指环虫（*D. lamellatus*）；寄生于鳙的鳙指环虫（*D. aristichthhys*）；寄生于鲤、鲫、金鱼的坏鳃指环虫（*D. vastator*）。

下面主要介绍小鞘指环虫、鳃片指环虫、鳙指环虫和坏鳃指环虫的一些特性：

1. 小鞘指环虫　为较大型的指环虫，大小为（0.94～1.40）mm×（0.23～0.34）mm，中央大钩粗壮，联结片矩形而宽壮，中部及两端略有扩伸。辅助片呈Y形。此虫寄生于鲢鳃上。

2. 鳃片指环虫　虫体扁平，大小为（0.192～0.259）mm×（0.072～0.136）mm。中央大钩具有1对三角形的附加片（或称副片），联结片长片状，辅助片T形，边缘小钩发育良好。交接器结构较复杂，交接管长度略超出支持器之半，基部膨大，支持器的基端与管的膨大部分相接，先形成一开口环，围绕交接管，然后于近交接管的末端再形成一环，管即由此环通出。由环上着生出一几丁质厚片，其端部连成一扩大成勺状的构造，其间似有一孔，此厚片由其孔间穿入。由勺状结构的端部通出一片突起，与整个交接器约呈45°角，此突起末端终于平交接管始部的线上。此虫寄生于草鱼鳃、鳞片和鳍上。

3. 鳙指环虫　边缘小钩7对，中央大钩基部较宽，内外突明显。联结片略呈倒"山"字形，辅助片稍似菱角状，左右两部分较细长。交接管为弧形尖管，基部呈半圆形膨大。支持器端部拟贝壳状，覆盖于交接管，基部略呈三角形。此虫寄生于鳙鳃上。

4. 坏鳃指环虫　联结片单一，呈"一"字形。交接管呈斜管状，基部稍膨大，且带有较长的基座。支持器末端分为两叉，其中一叉横向钩住交接管。此虫寄生于鲤、鲫、金鱼的鳃上。

［分布与危害］

1. 分布　分布很广，我国各地都有流行，北到黑龙江、辽宁，南到广东、海南等，但以长江流域更为严重。目前我国黑龙江流域、山东、湖南、湖北、四川、云南、贵州、福建、海南、广东、广西等地均有指环虫存在的记录。

2. 危害　主要危害鲢、鳙、草鱼、鳗、鳜以及鲤、鲫等。各养鱼区的鱼苗、鱼种，成鱼都有指环虫病的发病，特别苗鱼和1～2龄鱼种。大量寄生可引起苗种大批死亡。

［传播与流行］

1. 传播　鲢、鳙、草鱼、鳗、鳜、鲤、鲫以及罗非鱼等各种淡水鱼类都可以感染，尤以鱼种最易感染。多种观赏鱼，如金鱼、锦鲤、七彩神仙鱼、龙鱼等也可感染，是鱼苗、鱼种阶段常见的寄生虫病，引起病鱼大批死亡，有时也使成鱼发病。

本病是一种鱼类常见的多发病，主要靠指环虫的虫卵和幼虫传播，虫卵在合适的温度下即孵化幼虫，幼虫遇到鱼体后就附着在鱼体上，使鱼感染。寄生部位主要是鳃，还有皮肤、鳍、口腔和膀胱等处。

2. 流行　流行季节主要是春季至夏初和秋季，南方略早于北方，适宜繁殖的水温为20～25℃（水温20℃左右，是指环虫大量繁殖的时期）。越冬鱼种在开春后也容易发病。指环虫一般是在2—3月开始感染，在4—5月达到最高峰。由于指环虫的生活史周期一般为30～50d，有些种类的感染会在秋季有1个小高峰。本病不仅池塘养殖鱼类，而且小型水库和湖泊中的鱼类也可发病流行，为一种常见多发病，全国各养鱼地区都有发生，危害各种淡水鱼类。

[临床症状与病理变化]

1. 临床症状　指环虫寄生鳃上，破坏鳃组织，妨碍呼吸，还能使鱼体贫血。在患病初期病鱼无明显症状，当虫体大量寄生时，病鱼鳃部显著肿胀，鳃盖张开，呼吸频率加快，乃至呼吸困难。打开鳃盖，鳃丝黏液增多，全部或部分苍白。病鱼鱼体贫血，游动缓慢。常因呼吸困难而死。病情严重，还可继发细菌性烂鳃病。小鞘指环虫病病鱼还出现消瘦，眼球凹陷，鳃局部充血、溃烂，鳃瓣与鳃耙表面分布着许多由大量虫体密集而成的直径为1～1.5mm的白色斑点，严重者相互连成一片，其分布以鳃弧附近为多。坏鳃指环虫寄生于鲤，病鱼鳃部出现色彩斑驳的花鳃，鳃丝灰白，肿胀，鳃盖张开，有大量黏液，鳃丝、鳃片粘连在一起。鲈患指环虫病时，食欲减退，身体消瘦，体色发黑，鳃部溃烂，不时在水中狂游。

2. 病理变化　因指环虫中央大钩刺入鳃丝组织，使上皮糜烂和少量出血（未见组织增生）。边缘小钩刺进上皮细胞的胞质，可造成撕裂。全鳃因损伤表现出血、组织变性、坏死、萎缩和组织增生。病变性质与寄生持续时间及寄生的虫数量有直接关系。

[诊断与检疫技术]

1. 初诊　因指环虫病没有特殊症状，因此根据临床症状难以做出初步诊断，确诊需要进行实验室检测。

2. 实验室检测　镜检指环虫。

被检材料的采集：采集病鱼鳃组织，以供检测用。

显微镜检查指环虫：用解剖镜或显微镜检查鳃丝，先将整片鱼鳃取出，再逐片分开鳃瓣，将其放在玻片上，滴上几滴清水逐片检查，在低倍显微镜下每个视野5～10个虫体时便可确诊，如要确定虫体的种类，把虫体轻轻剥下，放在载玻片上，滴上一滴清水，再盖上盖玻片，在显微镜下观察，来确定虫体的种类。

如果无显微镜，可用肉眼观察，剪下鳃瓣放入盛有清水的培养皿中，在光亮处用放大镜观察鳃丝间蠕动（似蚂蟥般爬动）的白色虫体（指环虫）。如每片鳃瓣有50个以上虫体时也可确诊。

[防治与处理]

1. 防治　可以采取以下一些措施：①平时严格执行检疫工作，特别是对引进鱼种的检疫工作，避免把指环虫带入饲养水体。②鱼池放养鱼种前要用生石灰清塘，同时在鱼种放养前要用$15×10^{-6}$～$20×10^{-6}$高锰酸钾水溶液或$5×10^{-6}$晶体敌百虫、面碱合剂（1∶0.6），药浴15～30min，目的是为了杀死鱼种上寄生的指环虫。③全池遍撒晶体敌百虫，使池水达$0.3×10^{-6}$～$0.7×10^{-6}$浓度。④全池遍撒晶体敌百虫、面碱（Na_2CO_3）合剂（两药混合比例为1∶0.6），使池水达$0.1×10^{-6}$～$0.3×10^{-6}$浓度。

2. 处理　发生本病，要将病死鱼及时清除，进行无害化处理，如煮熟后当作饲料，同时对病鱼进行治疗，可用10%甲苯咪唑溶液0.10～0.15g/m³，稀释2 000倍后泼洒。但斑点叉尾鮰、大口鲇禁用此药；也可用精制敌百虫粉0.18～0.45g/m³，溶液泼撒或每千克鱼用阿苯达唑粉0.2g饲喂，连用5～7d。这三种药的休药期均为500d。指环虫对甲苯咪唑容易产生抗药性，所以不同的药物要交叉使用。根据指环虫孵化的特点，在20℃下，一般5d左右就开始孵化出纤毛幼虫，在第1次使用药物后，一定要进行第2次药物防治，两次药物的间隔时间在7d左右比较合适，第2次用药可以杀死孵化的幼虫。此外，还可以每立方米水体用高锰酸钾20g浸洗病鱼。浸洗时间根据水温高低而定，一般为10～20min。

七、鱼类链球菌病

鱼类链球菌病（fish streptococcosis）是由链球菌属和乳球菌属成员引起鱼类的一种细菌性传染病。急性病例以神经症状为主，鱼体以C形或"逗号样"弯曲做旋转运动；慢性病例以眼球突出、混浊为特征。我国将其列为三类动物疫病。

［病原特性］

病原为海豚链球菌（*Streptococcus iniae*）、无乳链球菌（*S. agalactiae*）、副乳房链球菌（*S. parauberis*）、格氏乳球菌（*Lactococcus garvieae*）、难辨链球菌（*Streptococcus difficile*）、米氏链球菌（*Streptococcus milleri*）等，属于芽孢杆菌纲（Bacilli）乳杆菌目（Lactobacillales）链球菌科（Streptococcaceae），前3种为链球菌属（*Streptococcus*）成员，而最后1种为乳球菌属（*Lactococcus*）成员。

链球菌细胞呈球形或卵圆形，直径为0.5～2μm；在液体培养基中，以成对或链状出现；革兰氏阳性，无芽孢，无鞭毛，不能运动；有的种类有荚膜；兼性厌氧，化能异养，生长需要丰富的培养基；发酵代谢，主要产乳酸但不产气；通常溶血，有α-溶血或β-溶血；氧化酶阴性，过氧化氢酶阴性。

海豚链球菌是一种世界性分布的常见病原，感染宿主广、传染性强、死亡率高，给水产养殖造成巨大损失。海豚链球菌最早由Pier和Madin（1976）从亚马逊淡水河豚（*Inia geoffrensis*）损伤的皮下组织中分离鉴定获取的，故由此而得名。海豚链球菌形态呈卵圆形，大小0.7μm×1.4μm，革兰氏阳性，β溶血阳性，有荚膜，不形成芽孢，无运动力。生长温度为10～45℃，最适温度范围为20～34℃，可在0～7% NaCl浓度中生长，最适NaCl浓度为0。生长pH为3.5～10.0，最适pH为7.6。细菌在脑心浸液培养基（BHI）中生长缓慢，24～48h内仅长成白色、边缘平整的小菌落。

［分布与危害］

1. 分布　首例鱼类链球菌病发现于20世纪50年代。20世纪80年代后报道日益增多。目前国内外均有发生，如日本、美国、英国、挪威、南非及中国，成为鱼类养殖的重要细菌性疾病。

2. 危害　本病对淡水、海水养殖鱼类危害极大，危害的鱼类较多，如虹鳟、罗非鱼、香鱼、鲷、斑点叉尾鮰、鲻、牙鲆、石斑鱼、细须石首鱼、海鲇等，死亡率一般在25%～80%。

［传播与流行］

1. 传播 本病理论上可以发生于各种规格鱼，但实际上体重大于100g的鱼更易感。

海豚链球菌主要分布在温带和热带养殖的温水鱼类中，已有23个国家报道了鱼类链球菌病。有22种野生或养殖鱼类（如罗非鱼、虹鳟、鲷科鱼类、石斑鱼、鲕等）可以感染海豚链球菌。其中，罗非鱼、花鲈、尖吻鲈和大口鲈对链球菌高度敏感。

传播源可能为病菌污染的水体和饲料，经口感染。

2. 流行 本病全年都可发生，但7—9月高温期易流行，水温降至20℃以下时则较少发生。本病常呈急性型，在高水温季节，病鱼死亡高峰期可持续2～3周；低水温季节，本病可呈慢性，死亡率较低，但持续时间长。

链球菌是一种典型的条件致病菌，通常生存在养殖水体和底泥中，并可长期生存在富营养化或养殖污染严重的水体中。如果养殖鱼体抵抗力降低时，则易引发疾病。本病发生还与养殖密度大、换水率低、饵料质量差和投饵量大等因素密切相关。本病还常和弧菌病同时并发。

［临床症状与病理变化］

1. 临床症状 感染鱼多呈急性嗜神经组织病症。病鱼常头向或尾向上做螺旋状旋转游泳，鱼身体呈"C"形或"逗号样"弯曲。慢性感染鱼最明显症状表现为眼眶周围和眼球出血、眼球混浊或突出，此外，病鱼皮肤、黏膜、颅内和嘴、吻、鳃盖内侧和鳃呈显著的发红、充血或出血，鱼体表发黑。体表黏液增多，失去食欲，静止于水底，或离群独自漫游于水面，有时做旋转游泳后再沉于水底。患病鱼排泄细长的黏液状粪便。

2. 病理变化 病鱼幽门垂、肝、脾、肾或肠管有点状出血。肝脏脂肪变性、褪色，甚至组织破损。肾脏肿大、坏死，在肾小球及褐色素巨噬细胞中心以及肾小管间质组织有许多侵染细菌。中肠道上皮的固有层破损，引起肠炎，肠绒毛的基部在革兰氏染色时可见到聚集的菌落。病原菌侵染脑组织后可见脑组织血细胞浸润、出血。

［诊断与检疫技术］

1. 初诊 根据临床症状（病鱼在水面作螺旋状旋转游泳、身体呈"C"形或"逗号样"弯曲；慢性感染的鱼眼球突出、混浊等）及病理变化（幽门垂、肝、脾、肾或肠管有点状出血，肾脏肿大、坏死，脑组织血细胞浸润、出血等）可做出初步诊断，确诊需进一步做实验室检测。

2. 实验室检测 目前尚无本病检测的国家、行业标准。可参考《OIE水生动物疾病诊断手册》有关章节的内容。

实验室检测可进行细菌分离与鉴定和分子生物学诊断。

被检材料的采集：采取病死鱼的脑、头肾、肝组织，以供检测用。

（1）细菌分离与鉴定 取病死鱼的脑或头肾（为海豚链球菌主要侵袭组织），接种在脑心浸液培养基（BHI），置34℃培养24～48h，长出白色、边缘平整的小菌落。革兰氏染色镜检可见革兰氏阳性链球菌，然后挑取典型菌落纯培养后进行生化鉴定。

海豚链球菌生化特性为：过氧化氢酶阴性，VP反应阴性，七叶苷阴性，山梨醇产酸，MRS产气，LAP和cAMP试验阳性，不具有Lancefield B群链球菌特异性抗原，能在6.5%NaCl肉汤45℃中生长，在绵羊血琼脂平板溶血，对万古霉素敏感。

（2）分子生物学诊断　随机扩增多态性DNA技术（RAPD）、限制性内切酶片段长度多态性技术（RFLP）、扩增片段长度多态性技术（AFLP）、全基因组DNA-DNA杂交技术、多聚酶链式反应技术（PCR）均可用于鱼类链球菌鉴定和基因型分析，用ITS rDNA设计引物，PCR检测海豚链球菌具有高度的特异性和敏感性。

[防治与处理]

1. 防治　目前还没有链球菌商品疫苗供应，可采取以下一些措施：（1）放养密度适宜，网箱养殖每立方米水体控制在10kg左右，池塘养殖每立方米水体7kg以下为宜。（2）使用新鲜饵料，最好不要长期投喂同一种饵料。如长期投喂一种鲜活饵料（如沙丁鱼）应添加0.3%的复合维生素，并勿过量投饲。（3）加强养殖环境管理，平时定期对鱼池清泥和消毒，改进水体交换，增加水体的溶氧量。（4）在发病季节应采取"4个立即"预防措施：①立即降低鱼养殖密度，这样可减少应激，降低鱼发病和死亡。②疾病刚发生时要立即减少饵料投喂量，这样可降低病鱼死亡率。③疾病发生时要立即开足增氧机，保证鱼群的供氧，这样可一定程度上减缓死亡。④高水温时要立即在鱼池建遮阳棚，夜间搅动水体，这样可达到降低水温，有助于控制链球菌病。

2. 处理　①鱼发病后在早期可用抗生素如螺旋霉素、红霉素或土霉素等，任选一种混入饵料中投喂，剂量为每100千克鱼体重每天用75～100mg抗生素，每天1次，连续5～7d，有一定的治疗效果。②及时捞出病死鱼，进行无害化处理。

第十节　甲壳类病

一、河蟹颤抖病

河蟹颤抖病（trembling disease of chinese mitten crab）又称河蟹抖抖病、河蟹环爪病，指河蟹因病原侵袭，导致神经与肌肉传导系统损伤，以肢体颤抖、瘫痪甚至死亡为特征的疾病。我国将其列为三类动物疫病。

[病原特性]

病原不清，主流报道病原有病毒和螺原体。此外，气单胞菌等细菌感染、环境毒害物质也可引起河蟹肝胰腺等器官损坏，进而损伤河蟹神经与肌肉传导系统，使河蟹发生肢体颤抖、瘫痪、死亡。

1. 病毒　报道较多的为呼肠孤样病毒（*Reo-like virus*），已从颤抖病河蟹中分离到EsRV816、EsRV905等毒株，其中EsRV905被国际病毒分类委员会命名为中华绒螯蟹呼肠孤病毒（*Eriocheir sinensis reovirus*），列入呼肠孤病毒科（*Reoviridae*）蟹十二片段呼肠孤病毒属（*Cardoreovirus*）成员，病毒基因组为双股RNA；病毒检测方法也已建立，但EsRV905对河蟹的致病力以及攻毒后能否出现颤抖症状，还有待于试验证实。

除呼肠孤病毒外，还报道过河蟹小RNA病毒样病毒颗粒和布尼亚样病毒（*Bynya-like virus*）。

2. 螺原体　螺原体（*Spiroplasma*）是形态类似于螺旋体的细胞内寄生物，可通过0.2μm细菌滤膜。有报道表明螺原体可人工感染河蟹复制出颤抖症状，但不同地区河蟹颤抖病病样中，许多不能检出或分离到螺原体。

[分布与危害]

1. 分布 本病在我国于1990年出现，1997年后呈大规模流行，1988—1999年前后为发病高峰期，在池塘、稻田、网围、网栏养殖河蟹中都可以发生流行。我国各地河蟹养殖地区均有本病发生，但以沿长江地区，特别是江苏、浙江等省发病流行严重，其中江苏省为高发区。

2. 危害 本病主要危害2龄幼蟹和成蟹，疾病蔓延迅速，造成幼蟹和成蟹发病，大批死亡。对河蟹养殖业危害巨大。

[传播与流行]

1. 传播 河蟹同池养殖其他甲壳类未出现颤抖症状，也未发现其他生物携带和传播疾病。河蟹是本病唯一的敏感种类，体重3g蟹种至300g以上成蟹均可患病，尤其体重在100g以上的蟹发病最高。当年养成的蟹一般发病率较低。本病一般发病率达30%以上，严重地区发病率大于90%，死亡率大于70%。

海水养殖蟹也可发生颤抖症状，但病因与本病不同。

2. 流行 发病季节在3—11月，8—9月是发病高峰季节。流行水温为25～35℃，死亡率高，水温下降至20℃以下，发病减少。放养密度越高、规格越大、养殖期越长，患病越严重、死亡率越高。

[临床症状与病理变化]

1. 临床症状 最典型症状是步足颤抖、环爪、爪尖着地、腹部离开地面，甚至蟹体倒立。此外，病蟹行动迟缓、反应迟钝，吃食减少或拒食，螯足握力减弱，鳃排列不整齐、呈浅棕色、少数呈黑色，肌肉发红，尤以大螯、附肢中的肌肉明显。头胸甲下方透明肿大，充满无色液体。最后病蟹因神经紊乱、呼吸困难、心力衰竭而死。

2. 病理变化 病蟹血淋巴液稀薄、凝固缓慢或不凝固。肝胰腺变性、坏死呈淡黄色，最后呈灰白色。背甲内有大量腹水。步足肌肉萎缩水肿。有时头胸甲（背甲）的内膜也坏死脱落。

[诊断与检疫技术]

1. 初诊 根据典型临床症状如病蟹步足颤抖、环爪、爪尖着地、行动迟缓、反应迟钝、螯足握力减弱等可做出初步诊断。确诊需进一步做实验室检测。

2. 实验室检测 在诊断上，本病已建立了针对呼肠孤病毒的PCR检测技术和针对单链RNA病毒的ELISA双抗体夹心检测技术。

被检材料的采集：采集病蟹10只，取病蟹肝胰腺和血淋巴，以供病毒检测用。

（1）PCR诊断 采用已建立的呼肠孤病毒和螺原体的PCR检测技术，做出正确的诊断。

（2）双抗体夹心ELISA 采用已建立的单链RNA病毒的ELISA双抗体夹心检测技术，做出正确的诊断。

[防治与处理]

1. 防治 目前尚无有效治疗方法，以预防为主，可以采取以下一些措施：①加强疫病监测与检疫，引进河蟹时，要进行检疫。②做好蟹种的选育。③为河蟹养殖营造一个良好的生态环境，定期消毒水体，加强发病高峰前的消毒预防，保持水质清洁，经常换水。每666.7m²水面每20d

泼洒5～10kg溶化的生石灰，使池水的pH稳定在7.5～8.5。④池塘放养前应彻底清塘，蟹种放养前应严格进行消毒，用浓度为（30～50）×10^{-6}的高锰酸钾溶液浸浴10～30min。⑤严格饲养管理，注意水体及饵料中有毒物质的监控。⑥在饲料中添加免疫增效剂（中草药、多糖类），增强蟹体免疫力。⑦幼蟹养殖期慎用药物，尤其是对器官损害性大的药物应禁用。

2. 处理 ①由于河蟹发病后就开始拒食，对病虾采取药物治疗基本无效，但对未发病河蟹还是有一定的预防效果。所以当河蟹养殖塘发病时可实施外泼消毒药与内服药相结合的防治措施，具体做法如下：第一步，杀灭蟹体外寄生虫（固着类纤毛虫）；第二步，外泼消毒药与内服药相结合。外泼消毒药可选用溴氯海因、二氯海因、二氧化氯、三氯异氰尿酸等，外泼消毒药的次数随病情轻重及消毒药的药效在池水中的持续时间而定，一般一个疗程为2～4次。内服药为克抖威，或蟹安Ⅲ号拌入饲料中，制成水中稳定性好的颗粒药饵，连续投喂7d，如病情严重，内服的药量可以加倍，或增加投喂药饵的天数，在河蟹停止死亡后再投喂2d药饵；第三步，河蟹颤抖病发生被控制后，全池泼洒一次生石灰，将池水调成弱碱性（pH 7.5～8.5），以适合河蟹生长。由于河蟹患颤抖病后不产生终身免疫，故要继续做好预防工作。②将发病蟹、病死蟹及时集中进行就地加石灰深埋处理，不要乱丢，以免扩散病原。有发病史的河蟹禁止用于育苗、放流或直接作为水产饵料。同时对被污染的水体、用具要进行彻底消毒。

二、斑节对虾杆状病毒病

斑节对虾杆状病毒病（penaeus monodon-type baculovirus disease，MBVD）又名草虾杆状病毒病（grass shrimp baculovirus disease），是由斑节对虾杆状病毒引起对虾的一种传染病，主要危害对虾幼体、仔虾和幼虾。我国将其列为三类动物疫病。

[病原特性]

病原是斑节对虾杆状病毒（*Penaeus monodon baculovirus*，MBV），俗名斑节对虾单核多角体病毒（PmSNPV），属于杆状病毒科（*Baculoviridae*）属地位未定成员。

MBV是封闭性杆状病毒，核酸类型为环状超螺旋双链DNA（dsDNA），大小80～180kb。具有囊膜，核衣壳大小为（39～45）nm ×（249～279）nm，具囊膜的完整病毒粒子大小为（71～79）nm ×（291～357）nm。不同种类的虾观察到的病毒颗粒大小略有差异。该病毒主要侵害对虾的肝胰腺和中肠上皮细胞，并在细胞核内产生多个嗜酸性的球形或近似球形的病毒包涵体。病毒在细胞核内复制，能产生大量直径0.5～8μm的球形或近似球形多角体，病毒则多被包裹其中。多角体用HE染色时颜色很浅，姬姆萨染色呈深颜色，孔雀绿染色可以区分染色深的多角体和染色浅的脂肪粒，过碘酸-烯夫氏染色反应阴性。

MBV包括东南亚分离株、意大利分离株和澳大利亚分离株，其中澳大利亚分离株又称为东方巨对虾杆状病毒（*Penaeus plebejus baculovirus*，PBV），其核衣壳大小为（45～50）nm ×（260～300）nm，具囊膜的完整病毒粒子大小为60nm×420nm。

[分布与危害]

1. 分布 本病自1976年在中国的台湾、菲律宾和南太平洋的塔希提岛（Tahiti）等国家和地区相继发生，而斑节对虾杆状病毒最初由Lightner和Redman从来自台湾的种虾中发现。斑节对虾杆状病毒在东亚、东南亚、印度次大陆、中东、澳大利亚、印度尼西亚、东非、马达加斯加养殖和野生虾中广泛分布。MBV随着斑节对虾的引进传到地中海、西非、塔希提岛和夏威夷，还有南北美洲和加勒比海的一些养殖地区。我国（如福建、广东、海南岛等）斑节对虾养殖地区也常发生。

2. 危害　斑节对虾杆状病毒可引起虾苗、幼虾及成虾感染发病，尤以斑节对虾仔虾更为严重，造成大批对虾死亡，严重威胁对虾生产。

[传播与流行]

1. 传播　斑节对虾杆状病毒宿主为对虾属、明对虾属、囊对虾属和沟对虾属成员。除卵和无节幼体阶段外，均可感染。野生对虾感染率较低。病毒严重流行的地区，幼虾和成虾携带病毒高达50%～100%，是虾的幼体、仔虾和早期幼虾的潜在感染源。

仔虾和幼虾期感染后，可发生严重的成批死亡，仔虾期感染死亡率高达90%以上，而成虾感染后死亡率低，亲虾多呈隐性感染。

传染源是病虾和带毒虾，主要是通过污染的水质感染，带毒虾的粪污染卵可将病毒传给后代。此外，健康虾吃了带病毒的虾而传播蔓延。传播途径经口感染，通过消化道侵害肝胰腺和中肠上皮组织。

2. 流行　本病毒对Ⅱ期蚤状幼体及以后各生长阶段的虾苗、幼虾及成虾均感染而发病，养殖环境的优劣对其死亡率有较大影响，一般死亡率为20%～90%。

[临床症状与病理变化]

1. 临床症状　对虾幼体感染病毒后，除部分体色加深外，并无特别的症状，多数携带病毒的虾活动仍正常。幼体群常无明显的症状而出现大量死亡，死亡率与养殖环境有关，一般在20%～90%。感染严重的病对虾往往嗜睡，食欲下降，体色变深呈蓝灰或蓝褐色，胃附近白浊化，反应能力弱，浮游于水表层，有的头、尾弯向一边，有时发现虾头朝上，身体垂直水中旋转。鳃及体表有固着类纤毛虫、聚缩虫、丝状细菌、附生硅藻等生物附着，病虾最终侧卧池底死亡。

2. 病理变化　在幼体期，常见肝胰腺变白浊。在组织切片标本上，普通光镜下可见病虾肝胰腺上皮细胞核肿胀，病变细胞核比正常核大2～5倍，核内可见数量不等的椭圆形、嗜酸性包涵体，严重感染的标本整个显微镜视野可见成片的包涵体。细胞界限不清，腺上皮排列不整齐，或完全被破坏，仅剩下大量的包涵体。由于上皮细胞破裂，腺体崩解，腺腔内或消化道内也可见包涵体。如用电镜观察受感染的细胞，可发现MBV的病毒粒子。

MBV感染的特征诊断指标是在细胞核内产生多个椭圆形、嗜酸性包涵体（1～10个）。

[诊断与检疫技术]

1. 初诊　根据流行情况（主要危害斑节对虾幼体、仔虾和幼虾）、临床症状（病对虾的体色变深呈蓝灰或蓝褐色、胃附近白浊化、嗜睡等）及病理变化（病对虾肝胰腺变白浊，肝胰腺或中肠的上皮细胞核肿大，比正常核大2～5倍）可做出初步诊断，确诊需进一步做实验室检测。

2. 实验室检测　进行组织及病理诊断和病原分离鉴定。我国已建立了《斑节对虾杆状病毒病诊断规程第2部分：PCR检测法》（SC/T 7202.2—2007），可供应用。

被检材料的采集：采集病虾10尾，健康虾150尾，按不同的大小或感染期取不同组织样品。其中，对虾幼体取完整个体，仔虾取头胸部，幼虾和成虾取小块肝胰腺组织或一小段前中肠组织。

粪便样品，采取方法是：将幼虾或成虾暂养于水族箱中，待数小时直至水族箱底部出现粪便。然后用干净的塑料虹吸管吸取排泄物，注入玻璃试管中备用。

样品采集的要求按SC/T 7202.1—2007《斑节对虾杆状病毒诊断规程 第1部分：压片显微镜检查法》中的附录B的规定或按照OIE《水生动物疾病诊断手册》中的列表要求采样。

（1）组织及病理诊断 常用方法有压片（或印片）显微镜检查法和组织病理学诊断法，这几种方法可见病虾的肝胰腺或中肠上皮细胞核内存在一个或多个嗜酸性、球形（或近似球形）、稍透亮的包涵体。

①压片（或印片）显微镜检查法：有压片法和印片法。

压片法：取活的病虾幼体，摘出肝胰腺或中肠上皮细胞，置于载玻片上，用盖玻片轻压成薄层，置于10×40倍显微镜下观察肥大的虾肝胰腺或中肠上皮细胞。若见到细胞核内有单个或多个明亮的（折射率高）、球形的包涵体，单个包涵体直径为0.1～20μm，中肠上皮细胞核中的包涵体呈亮红色，即可做出诊断。为了与肝胰腺内的脂肪滴相区别，可加入0.05%的孔雀绿水溶液，利用包涵体对孔雀绿的吸收比脂肪滴稍强的特性，可以判别包涵体的存在。也可在压片上加1滴0.005%～0.01%焰红（Phloxine，二氯四溴荧光素）水溶液，使包涵体带有荧光，用荧光显微镜观察，有利于提高检出率。

另外，取病虾的粪便制成湿片，在光学显微镜下可观察到近似球形的MBV核型多角体形成的包涵体，大小约20μm。在新鲜粪便中，斑节对虾杆状病毒包涵体常成团聚集，并被核膜包裹着。此方法可用于亲虾或较大的虾的检疫。

印片法：此法适用于检查个体稍大的虾。方法是：取出新鲜病虾的肝胰腺，用锋利的刀片切出侧面，在载玻片上轻轻印迹，干透后用甲醇固定1～3min，HE染色后观察。如发现上皮细胞核内有多个嗜酸性、近似球形、稍透亮的包涵体，即可做出诊断。

压片（或印片）显微镜检查法适用于对虾活体及其粪便中的斑节对虾杆状病毒非致死性的疾病筛查和诊断，不适于对病毒的非感染性携带的标本进行诊断以及对宿主进行组织病理学评价。

②组织病理学诊断法：即组织切片法，此法通常用于检查个体较大的虾。方法是：将新鲜取样的虾肝胰腺切下后立即固定于Davidson液中，24h后冲水12～18h，酒精脱水，二甲苯透明，石蜡包埋，做成5～7μm厚的切片，HE染色，树胶封固并干燥后在10×40倍显微镜下观察。如果在肝胰腺或中肠上皮细胞核内存在单个或多个嗜酸性、近似球形、稍透亮的包涵体，即可做出诊断。

此法适用于对虾感染斑节对虾杆状病毒情况的确诊或未知疾病样品的组织病理学评价。不适用于对病毒的非感染性携带的标本进行病毒检测。

如果作为监测性诊断，组织切片上如检查到大量的MBV包涵体即可做出诊断，不必再做电镜复查。但应注意与对虾肝胰腺细小病毒（HPV）、传染性皮下和造血器官坏死病毒（IHHV）及对虾杆状病毒（BP）等的包涵体做区别诊断。HPV的包涵体位于肝胰腺上皮细胞核内，单个，近圆形，嗜碱性或弱嗜酸性；IHHV的包涵体可在皮下、鳃、神经和造血器官等处的细胞核内检查到，单个，近圆形，嗜酸性；BP的包涵体出现在胰腺或中肠上皮细胞核内，多个，四面体，嗜酸性。

（2）病原分离鉴定 有分子检测技术：原位杂交法和PCR检测法。

①分子检测技术原位杂交法：采用非放射性的以地高辛标记的cDNA探针进行，其敏感性高

于传统的病理组织学诊断法。

此法适用于进行斑节对虾杆状病毒敏感宿主组织细胞的感染程度及病毒扩增状况的评估和疾病的确诊。

②PCR检测法：应用聚合酶链式反应，来检测特定基因。

此法适用于进行病原筛查和疾病的确诊。其中核型多角体基因保守序列法仅适用于对虾，包括对虾活体、粪便以及冰冻和冰鲜虾产品的斑节对虾杆状病毒的筛查和疾病的初步诊断。单独使用时不适于对病毒量或感染活性的估测以及宿主感染程度的评估。

3. 鉴别诊断断　本病应与对虾杆状病毒病相区别。由于两病临床表现很相似，只能从病原及细胞核内形成的包涵体来鉴别，斑节对虾杆状病毒病的病原是斑节对虾杆状病毒，在肝胰腺或前中肠上皮细胞核内形成球形（或近似球形）包涵体；而对虾杆状病毒病的病原是对虾杆状病毒，在肝胰腺或前中肠上皮细胞核内形成角锥形包涵体。

[防治与处理]

1. 防治　目前尚无有效治疗方法，可采取以下一些措施：①实行对苗种场、良种场实施防疫条件、苗种生产许可管理制度。②加强疫病监测与检疫，引进的亲虾或幼体要严格进行检疫。③孵化场应相对独立，具有良好的隔离设施，防止病毒在孵化场内传播。为避免亲虾的粪便、受污染卵将斑节对虾杆状病毒传给下一代，在孵化场可采用福尔马林、碘伏和干净的海水彻底清洗无节幼体和卵。④严格消毒。虾池放养前用1～1.5g/m³漂白粉清池；亲虾用100mL/m³福尔马林浸浴1min，然后放入产卵池，防止病原传播。⑤通过培育或引进抗病品种，提高抗病能力。⑥控制继发细菌感染，控制虾体表附着生物。

2. 处理　①检疫中发现本病时，不得调运，可就地隔离饲养并进行防治，如经病原检查和临床诊断都是阴性时，仍需就地隔离饲养，待一年后再检疫，仍为阴性时才能确诊为不患本病。②已感染发病的对虾要立即销毁，进行无害化处理，同时对虾池要进行彻底消毒。

第十一节　贝　类　病

一、鲍脓疱病

鲍脓疱病（pustule disease）是由河流弧菌Ⅱ型感染引起鲍（*Hatiotis* sp.）的一种细菌性传染病，主要感染3～5cm的稚鲍和幼鲍，以鲍的足面肌出现白色脓疱和不同程度的溃烂为特征。我国将其列为三类动物疫病。

[病原特性]

病原为河流弧菌Ⅱ型（*Vibrio fluvialis* Ⅱ），属于弧菌目（Vibrionales）弧菌科（Vibrionaceae）弧菌属（*Vibrio*）成员。

河流弧菌Ⅱ型为革兰氏阴性，短杆状，大小为（0.6～0.7）μm ×（1.2～1.5）μm，以单根极生鞭毛运动。生长温度范围为15～42℃，最适宜生长温度范围为30～37℃，可在1%～7% NaCl浓度范围内生长，2%～3%NaCl浓度生长最好，无NaCl的培养中不生长。在pH为6～11范围内生长，pH7～8时生长最快。

河流弧菌Ⅱ型的细胞壁较薄，厚度为8～20nm，细胞壁很容易与细胞质分离。细胞壁的外膜结构典型，为两个电子致密层夹一个透明层，状似细胞膜；外膜没有荚膜结构，常因收缩而出现皱褶，并形成释放内毒素（脂多糖）的外膜泡。本菌的细胞质内含有簇状的糖原颗粒及游离核糖体等结构。一般情况下，只有一个类核，位于细胞的中央，其中具有连成网状的纤丝，可能是DNA丝。

通过利用杯碟法研究河流弧菌Ⅱ型的胞外毒素。胞外毒素所含脂肪酶、蛋白酶、淀粉酶、胶原酶及溶血因子等成分是主要的致病因子，能溶解鲍的腹足的肌肉组织、结缔组织等，为河流弧菌Ⅱ型提供营养物质，造成鲍腹足产生病灶，失去运动、吸附等能力，不能摄食，最终引起死亡。

河流弧菌Ⅱ型在麦康凯、TCBS、心浸液琼脂、碱性琼脂培养基上生长良好（在心浸液琼脂上的菌落圆形、透明、隆起，并略带黏稠、有光泽）。分离本菌可用TCBS、麦康凯琼脂及SS琼脂等培养基平板，置35℃培养。从皱纹盘鲍分离的河流弧菌Ⅱ型，制备甲醛灭菌疫苗及经多次人工培养传代减毒（30次连续传代）的活疫苗，通过注射接种及拌入饵料投喂等方法接种免疫稚鲍、1龄（2～3cm）和成鲍（6～8cm），具有良好的免疫原性，明显提高免疫鲍的成活率。本菌氧化酶阳性、接触酶阳性、对O/129（150μg）敏感、对葡萄糖的O/F测定为发酵型产酸产气、还原硝酸盐为亚硝酸盐、V-P试验阴性、精氨酸双水解酶阳性、不液化明胶、不水解淀粉、阿拉伯糖阳性、木糖和肌肉醇阴性。

[分布与危害]

1. 分布　自1993年以来，我国山东和辽宁的1龄稚鲍至成鲍都发生了本病，死亡率达50%左右。目前流行于我国北方沿海养殖地区。

2. 危害　主要侵害皱纹盘鲍，引起其幼鲍和成鲍发病，在夏季连续高温季节发病频繁，持续时间长，死亡率高，造成经济损失极其严重。例如，1993年7—9月，大连地区室内槽式养殖的皱纹盘鲍，因河流弧菌Ⅱ型引起的"脓疱病"暴发病例，其死亡率高达50%～60%。

[传播与流行]

1. 传播　河流弧菌Ⅱ型可感染多种鱼类和皱纹盘鲍等水产养殖动物，其中皱纹盘鲍最易感。无论幼鲍和成鲍，都可感染发病，但以感染幼鲍和稚鲍为主，尤其是3～5cm的稚幼鲍。

感染途径主要通过创伤伤口感染，口服无感染力。脓疱病病原菌从鲍腹足上的伤口进入体内，通过血淋巴进入全身的组织，经过1～3个月的潜伏期，最后在足上出现病灶。因比，鲍腹足受伤是感染脓疱病的直接原因，尤其是在鲍体有外伤且体质下降时，便可感染此菌，从而导致脓疱病的出现。

2. 流行　由于弧菌为条件致病菌，鲍发病是受多种养殖环境因素的影响，包括养殖水温升高，养殖换水量小、水较混浊、水质差等。每年盛夏（7—9月）高温季节，海水温度较高，一般在18～23℃，有时可高达25～26℃。当海水温度超过20℃时，脓疱病病原菌可迅速大量繁殖，致使脓疱病发病频繁，病情严重，死亡率高达50%～60%，直到10月左右，随着水温下降，病情逐步缓解，死亡率也大幅度下降。

[临床症状与病理变化]

1. 临床症状　患脓疱病的鲍可见腹足肌肉颜色发白变淡，足肌上出现一到数个微微隆起的白色脓疱（白色丘状脓疱）。脓疱的形状基本上为三角形，病灶从腹足的下表面开始逐渐扩大、深入到足的内部。开始时病灶较小，随着病程进展逐渐扩大。脓疱可维持一段时间不破裂，但夏季持续高温时，病情加重，病程缩短，脓疱在较短时间内即行破裂。脓疱破裂后流出大量的白色脓汁并留下2～5mm的深孔。镜检脓汁发现有运动能力的杆状细菌，使足面肌肉呈现不同程度的溃烂。此时病鲍附着能力差，或完全不能附着，食欲下降，直至从附着波纹板上脱落水中，饥饿而死。

2. 病理变化　患病鲍的腹足肌肉和结缔组织变性、坏死到逐渐瓦解消失。脓汁中有少量的肌细胞核（核肿大）、结缔组织细胞核、病原菌、许多组织细胞碎片以及血淋巴细胞。脓疱病发展到晚期，病灶内的所有结构都溶解消失，只残留下一些空腔。

在病灶中，平滑肌原纤维排列混乱疏松，并溶解，横纹肌原纤维的横纹淡化、模糊，也有溶解。早期病灶内的肌纤维核肿大，外膜外突呈疱状，部分地方破裂，核仁存在且明显，核质均质化。核的周围出现许多电子密度相似的圆形或椭圆性颗粒，这些颗粒外被双层膜包裹。随病情的加重，核仁消失，双层核膜破裂，核质外泄，病灶内的核糖体减少或消失，线粒体异形，嵴减少或甚至消失使其呈双层膜的空泡状结构，肌糖原消失，内质网变成大小不一的圆形空泡；在晚期的病灶内，肌纤维、结缔组织细胞几乎已完全溶解，只有许多血淋巴细胞存在。除少量细胞结构完整外，大部分血淋巴细胞的质膜破裂，胞质内充满圆形液泡，大部分胞质变性后破碎消失。核质均质化，呈无结构状态，核仁消失，核内具有数个高电子密度的结晶状颗粒。

[诊断与检疫技术]

1. 初诊　根据临床症状（腹足肌肉颜色发白变淡，出现若干个白色丘状脓疱，后破裂，使足面肌肉呈现不同程度的溃烂）可做出初步诊断，确诊需进一步进行实验室检测。

2. 实验室检测　目前尚无国家、行业的诊断标准，可采用病原菌检查和同工酶法来诊断。还可用酶联免疫吸附试验（ELISA）进行病原检测。

被检材料的采集：取病鲍的病变部位组织及脓汁，以供检测病菌用。

（1）病原菌分离与鉴定　将采取的病料接种在TCBS、麦康凯琼脂平板上，置35℃培养。在TCBS培养基上培养形成中等大小、圆形隆起的黄色菌落，在麦康凯琼脂上菌落呈无色透明。挑取典型菌落接种在心浸液琼脂斜面上培养，然后进行生化特性鉴定。同时进行革兰氏染色后镜检，可见革兰氏阴性杆状，以单根极生鞭毛运动，单个或成双存在。

也可用无菌方法取脓汁样品，接种在含有2%NaCl的改良牛肉浸汤琼脂或改良牛肉膏胰胨海水琼脂平板上，置（18±1）℃温箱中培养2～7d，挑取典型菌落，进行生化特性鉴定。

（2）同工酶法诊断　根据脓疱病特有的谱带，对正常鲍和病鲍进行同工酶谱带的测定和分析，然后做出正确诊断。此法可以提前1～2周发现鲍脓疱病。

（3）ELISA检测　目前较普遍应用双抗夹心ELISA法对鲍脓疱病的病原检测。其检测的敏感性阈值为1×10^5个/mL。

另外，目前部分实验室研制出几种快速诊断试剂盒，经在鲍脓疱病诊断上使用收到了良好效果，诊断准确率达90%以上。该试剂盒在4℃可保存1年。

[防治与处理]

1. 防治　可采取以下一些措施：①采用河流弧菌Ⅱ型灭活或活菌苗预防。灭活菌苗制备是采用0.1%～1.0%甲醛灭活剂，活菌苗是以噬菌体感染失去活性的河流弧菌Ⅱ型纯化后制成。②可采用噬菌体进行生物防治。方法是：将培养的噬菌体连同感染失活的河流弧菌Ⅱ型一起投入水体中，可有效抑制该致病菌的增殖。这种生物防治方法无污染、无不良反应、成本低、效果好。纯化的噬菌体可在4～25℃的海水、自来水和蒸馏水中存活，也可在4℃的生理盐水、蛋白胨水、SM培养基和琼脂培养基中存活1～2年。但在60℃ 30min可使其失去活性，不能耐受70℃高温。③选用健康亲鲍育苗，避免亲鲍携带病原菌。④保持饲养环境的清洁，将病鲍与健康鲍分开喂养，目的是为了防止病原菌污染水体感染健康鲍。⑤避免放养密度太大，加大换水量，适当控制水温，在保证鲍的生长速度的情况下，适当保持低温环境，特别是在盛夏季节应采取降温措施，在一定程度上可控制病原菌的大量繁殖。⑥投喂优质优量的饵料。⑦稚鲍剥离时，尽量减少足部外伤。⑧在高温季节来临前，可采取合理使用药物预防。一般用浓度为3mg/L的复方新诺明，药浴3h，每天1次，连用3d为一个疗程，隔3～5d再进行下一个疗程。

2. 处理　暴发本病期间，将病死的鲍及时清除，同时使用浓度为6mg/L复方新诺明药浴3h，每天1次，连用3d为一个疗程，隔3～5d再进行下一个疗程。

二、鲍立克次体病

鲍立克次体病（infection with xenohaliotis californiensis）又称鲍枯萎综合征（withring syndrome of abalone），是由加州立克次体引起各种野生和养殖鲍的一种传染病。病菌主要侵害鲍胃肠上皮，以消化腺病变为特征，严重的腹足萎缩并死亡。OIE将其列为必须通报的动物疫病，我国将其列为三类动物疫病。

［病原特性］

病原为加州立克次体（*Xenohaliotis californiensis*），属于立克次体目（Rickettsiales）无形体科（Anaplasmataceae），其属地位未定，但与埃立希属（*Ehrlichia*）、无浆体属（*Anaplasma*）和考德里属（*Cowdria*）成员关系密切。

加州立克次体是一种细胞内细菌，在胃肠上皮细胞质内空泡中复制，菌体呈棒状或球状。

用10%漂白粉浸泡鲍苗或1%有机碘消毒养殖水体，均能将加州立克次体杀死。

［分布与危害］

1. 分布　本病沿北美洲西海岸一带流行，如美国加利福尼亚州和墨西哥北部下加利福尼亚州。随着鲍出口，已传播到智利、中国、冰岛、爱尔兰、以色列、日本、西班牙和泰国等一些国家。

2. 危害　对各种野生和养殖的不同年龄和品种鲍引起消化腺病变，严重的腹足萎缩并死亡。

［传播与流行］

1. 传播　不同年龄和品种的鲍都可以感染，如从1～2mm的鲍到1～2龄的成鲍均可感染发病。黑鲍（*Haliotis cracherodi*）、白鲍（*H.Sorenseni*）、红鲍（*H.rufescens*）、桃红鲍（*H.corrugata*）、绿鲍（*H.fulgens*）和九孔鲍（*H.diversicolor supertexta*）等均可自然感染。此外，欧洲野生和人工培育的鲍、扁鲍（*H.wallalensis*）和皱纹盘鲍（*Haliotis discus-hannai*，俗称吉品鲍）等可通过人工试验感染。

病菌主要侵害鲍胃肠上皮，引起消化腺病变，严重的腹足萎缩并死亡。

传染源是病鲍，经水体水平传播，可能是通过粪－口途径感染。

2. 流行　本病一年四季均可发生，但以夏季和秋季水温在18℃以上时多发。水温15℃及其以下时，染疫鲍呈亚临床或无临床经过；水温18℃及其以上时，染疫鲍通常有明显的临床症状。

［临床症状与病理变化］

1. 临床症状　本病潜伏期较长，为3～7个月。

临床症状随病鲍种类不同而异，如红鲍和白鲍表现的症状为生长发育迟缓，而黑鲍则表现为消化腺病变和炎症。

以1～2龄患鲍症状典型，表现为厌食、嗜睡、虚弱和不同程度的消瘦，严重的腹足肌肉萎缩。此外，出新壳的鲍异常增多。

病鲍行为变化，为厌食、嗜睡；常呈水平匍匐，不愿垂直或倒置伏贴；虚弱，很容易从附着物上将其取下。

2. 病理变化　以消化腺病变为特征。其病变随染疫鲍种类不同而异，有的病鲍消化腺退化，表现为消化小管萎缩、结缔组织增生和炎症；有的病鲍消化小管增生，终末分泌/吸收腺被外观类似于后咽的吸收/转运管所取代。

由于消化腺病变，病鲍厌食而耗尽肝糖储备，进而动用腹足肌肉能量，致使腹足肌纤维减少，结缔组织和浆液细胞增多。

病鲍垂死前，腹足肌肉严重萎缩，消化腺上有棕褐色小病灶，外观呈斑驳状。

［诊断与检疫技术］

1. 初诊　根据流行特点、临床症状和病理变化可做初步诊断，确诊需进一步做实验室检测。

2. 实验室检测　进行电镜检测和分子生物学技术检测。

常规检测可用随机采样法，样本数量随鲍群养殖数量和检测期望值而异。针对性检测应采集厌食、虚弱消瘦、腹足萎缩等明显症状的病鲍。

被检材料的采集：采集具有明显临床症状病鲍的后咽和消化腺/肠复合物，以供检测用。

（1）电镜检测　采用组织触片或切片法，以HE（苏木精－伊红）染色后置电镜下观察立克次体。其中组织切片法检测敏感性比组织触片法高，组织触片法只适用于中度和重度病例检测。

（2）分子生物学技术检测　可采用聚合酶链式反应（PCR）、序列分析、原位杂交（ISH）等方法，其中原位杂交技术适合对本病早期感染的诊断。

［防治与处理］

1. 防治　可采取以下一些措施：①对苗种场、良种场实施防疫条件审核、苗种生产许可管理制度。②加强疫病监测与检疫，以便掌握流行病学情况。同时做好苗种场、良种场的实施防疫条件审核和苗种生产许可管理制度。③培育或引进抗病品种，以提高抗病能力。注意选择抗性品种可减少损失。因有些鲍能明显抵抗立克次体的感染。④加强饲养管理，切断传染途径。这些管理措施包括购买经过检疫的种苗；保持各个养殖场和群体之间相互独立；在不同场之间操作时，设备和手都要用淡水和有机碘冲洗并干燥；降低饲养密度，以减少发病概率。也可用土霉素作药饵治疗，但须连续使用10～20d才能产生效果。

2. 处理　对繁殖场亲鲍和苗种检疫阳性结果的应全部扑杀，对种用和商品养殖鲍检疫阳性结果的必须进行无害化处理，禁止用于繁殖育苗、放流或直接作为水产饵料使用。

3. 划区管理　根据水域和流域的自然隔离情况划区，并实施划区管理。

三、鲍病毒性死亡病

鲍病毒性死亡病（abalone viral mortality）也称为鲍病毒病、鲍裂壳病，是由一些鲍球形病毒引起的养殖鲍类的一种传染性疾病。病鲍表现为低活力、低食欲、对光反应不敏感、壳很薄且色淡、边缘翻卷或足和外套膜收缩，腹足发黑并变硬；病变组织上皮细胞和结缔组织细胞出现坏死和脱落，死亡率高。世界动物卫生组织（OIE）将其列为必须通报的动物疫病，我国将其列为三类动物疫病。

［病原特性］

病原是一些鲍球形病毒（*Abalone spherical viruses*），其分类地位不详。

目前经电子显微镜检查，包括四种球形病毒：

第一种病毒颗粒：直径为90～140nm，有二层囊膜（8～10nm）和光滑的表面。核衣壳直径为70～100nm。在血细胞或结缔组织的细胞质里复制。

第二种病毒颗粒：直径为100nm，有囊膜。核衣壳为六边形（或二十面体），在肝、肾和肠道的上皮细胞质里复制，通常在内质网里，是一种DNA病毒。

第三种病毒颗粒：直径为135～150nm，有囊膜，表面有突起。二十面体的核衣壳直径为100～110nm。在受感染的肝、肾细胞（包括上皮细胞和结缔组织细胞）的细胞质中有双层膜的空泡里装配，推测病毒在细胞核里复制。

第四种病毒颗粒：直径为90～110nm，有光滑表面的囊膜，二十面体的核衣壳，在受感染的肝、肾细胞（包括上皮细胞和结缔组织细胞）的细胞质中有双层膜的空泡里装配二十面体的核衣壳，推测病毒在细胞核里复制。

从中国北方和东北（辽宁大连沿渤海湾一线）养殖的皱纹盘鲍（*Haliotis hannai ino*）病鲍中分离出第一种鲍球形病毒；从中国南方（南海各省如福建、海南和广东）养殖的九孔鲍（*Haliotis diversicolor reeve*）病鲍中分离出第二、三、四种病毒。

另外，溶藻胶弧菌和副溶血弧菌可能会和病毒共同感染鲍，并是鲍病的共同致病因子。

［分布与危害］

1. 分布　1993年日本盘鲍发病，分离出一种病毒粒子。1999年福建九孔鲍发病，并从中检测到一种球状病毒。近年在山东沿海的皱纹盘鲍幼苗体内也分离到一种球状病毒。由于中国黄渤海养殖的是皱纹盘鲍，南海一带养殖的是九孔鲍，因此本病主要在我国的辽宁、山东、福建、海南、广东、南海等地区发生流行。

2. 危害　本病使幼鲍和成鲍发病，发病急、病程短，死亡率很高（95%以上），严重威胁我国南北鲍的养殖。

［传播与流行］

1. 传播　第一种病毒感染皱纹盘鲍，特别是幼鲍易感，但在成年的健康鲍中也能见到病毒。

此外，海螺、贻贝等其他贝类中也有发现此种病毒。第二、三、四种病毒感染九孔鲍，且各个发育阶段的鲍均可易感。

传染源为病鲍。传播途径第一种病毒是通过口喂或水平传播；第二、三、四种病毒是通过水平传播，如水源或污染的人员、运输工具、饲料等传播。鲍病毒性死亡病发病急，病程短，4～30d内死亡率高达95%以上。

2. 流行　发病流行具有明显的季节性。第一种病毒流行水温低于20℃；第二、三、四种病毒主要发生于冬、春季节，即每年的10—11月至翌年4—5月，流行水温低于24℃。

[临床症状与病理变化]

1. 临床症状　本病潜伏期短，发病急，病程短，4～30d内死亡率高达95%以上。

第一种病毒感染鲍后，病鲍表现为低活力，低食欲，对光不敏感，壳很薄，边缘翻卷，生长变缓。在口喂感染试验中，感染后40～89d内死亡率达50%。

第二、三、四种病毒感染鲍后，病鲍表现为大量分泌黏液，低活力，低食欲，足和外套膜收缩，腹足发黑并变硬，吸附在池塘底部，感染后3～9d内死亡率达100%。

2. 病理变化　主要以上皮细胞和结缔组织坏死脱落为特征。

第一种病毒感染的病鲍外套膜、足、鳃、肝、胰腺、胃和肠的结缔组织坏死和脱落；足、外套膜、肝和鳃组织的上皮细胞变性脱落。

第二、三、四病毒感染的病鲍肝和肠道肿大，肝上皮细胞肥大和变性，结缔组织和上皮组织脱落并空泡化。超薄切片观察发现感染细胞的病理变化是膜和线粒体肿大，核质变性，细胞空泡化，细胞里的内质网变多。

[诊断与检疫技术]

1. 初诊　根据流行特点、临床特征和病理特征可做出初步诊断，确诊需进一步做实验室检测。

2. 实验室检测　进行透射电镜诊断法和组织病理学诊断法，也可用病毒分离方法。

被检材料的采集：采集病鲍10只，取病鲍外套膜、足、鳃、肝胰腺、胃和肠的结缔组织，以供检测用。

（1）透射电镜诊断法　将采取病鲍组织制成超薄切片，然后用透射电镜检查病毒粒子，如发现本病的病毒粒子，即可确诊。

（2）组织病理学诊断法　将病鲍组织制成病理切片，用HE染色后镜检组织结构病理变化来进行诊断。因为在组织病理切片中可看到感染细胞的病理变化，主要以上皮细胞和结缔组织坏死脱落为特征。

此法适用于鲍感染病毒情况的初诊或未知疾病样品的组织病理学评价，但不适于对病毒的非感染性携带的标本进行病毒检测。

3. 鉴别诊断　本病应与弧菌引起的疾病相区别。主要从病原来进行鉴别。

[防治与处理]

1. 防治　目前尚无有效药物，可采取以下一些措施：①积极培育抗病鲍种，在育苗中选用健康强壮的亲鲍。②做好对进出养殖场的鲍苗或亲鲍的检疫。③注意定期换水，保持池水有充足溶解氧，在疾病高发期尽量少进水或不进水，必要时可投放微生态制剂改善水质。④做到饵料新鲜及少喂勤喂，及时清理残饵，并定期投喂维生素等药饵，以增强鲍的体质。⑤坚持适度的培育密度。放养密度不宜偏高，在水、气供应不充分时，要减少养成密度。⑥做好水环境的消毒、杀毒处理。可采用紫外线消毒、多级过滤等物理方法以及使用聚维酮碘、二氧化氯、溴氯海因等消毒药物进行消毒、杀毒。

2. 处理　发生本病后应及时采取隔离及预防措施，并迅速封锁疫区、消灭病原，全面消毒，同时对病鲍进行无害化处理。

四、包纳米虫病

包纳米虫病（bonamiosis）是由包纳米虫属原虫寄生于宿主血细胞所引起的一种寄生虫病，感染的牡蛎无特征性临床症状，仅表现为生理紊乱，常以死亡为转归。根据病原，OIE将其分为牡蛎包纳米虫感染和杀蛎包纳米虫感染两种疾病。OIE将其列为必须通报的动物疫病，我国将其列为三类动物疫病。

［病原特性］

病原是牡蛎包纳米虫（*Bonamia ostreae*）和杀蛎包纳米虫（*Bonamia exitiosus*），属于真核域（Eukaryota）有孔虫界（Rhizaria）单孢子虫门（Haplosporidia）包纳米虫属（*Bonamia*）成员，其纲、目、种分类地位不详。

牡蛎包纳米虫呈球形或卵圆形，大小为2~5μm，寄生于宿主血细胞内。经0.001%~0.005%过氧乙酸处理，可降低牡蛎包纳米虫对宿主的感染能力。

杀蛎包纳米虫呈球形或卵圆形，大小为2~5μm，寄生于宿主血细胞内，也可见于细胞外。虫体随血细胞迅速扩散到全身各组织器官，尤以鳃和外套膜结缔组织多见。对安加西牡蛎（*Ostrea angasi*）宿主，杀蛎包纳米虫偏好上皮细胞，非常轻微的感染也可引起局部大量血细胞浸润和坏死。对欧洲扁牡蛎—食用牡蛎（*Ostrea edulis*）宿主，杀蛎包纳米虫可引起全身各器官结缔组织严重的血细胞浸润，虫体多在血细胞内，有时也见于细胞外。

［分布与危害］

1. 分布　牡蛎包纳米虫病已在法国、爱尔兰、意大利、荷兰、葡萄牙、西班牙和英国等欧洲国家，以及加拿大的不列颠哥伦比亚和美国的加利福尼亚、缅因州和华盛顿州等地流行。

杀蛎包纳米病已在福沃斯海峡和南岛周边区域的智利鹑螺中，澳大利亚菲利普海湾、维多利亚、乔治海湾、塔斯马尼亚和西澳大利亚阿巴尼的安加西牡蛎中，以及西班牙加利西亚的食用牡蛎中流行。

2. 危害　牡蛎属、鹑螺属和巨蛎属的所有种可能都是易感宿主。尽管大多数受感染的牡蛎外观正常，但由于包纳米虫在宿主的血细胞大量增殖，很快扩散全身，出现浓密的血细胞浸润，最终导致牡蛎死亡。

［传播与流行］

1. 传播

（1）牡蛎包纳米虫病　天然宿主是欧洲扁牡蛎－食用牡蛎，而帕尔希牡蛎（*Ostrea puelchana*）、安加西牡蛎和智利蛎螺（*Tiostrea chilensis*）可自然感染。各年龄阶段的牡蛎均易感，尤其2龄以上的牡蛎最易感。

牡蛎包纳米病可能通过宿主之间直接传播，但感染方式和途径尚不清楚。

（2）杀蛎纳米虫病　天然宿主是智利蛎螺、安加西牡蛎和食用牡蛎。

杀蛎纳米虫病可能通过宿主之间直接传播。感染粒子被牡蛎摄食后，由肠道进入血淋巴，然后被非颗粒血细胞吞噬；感染粒子能抵抗血细胞溶解。

2. 流行

（1）牡蛎包纳米虫病　一年四季均可发生，但秋季和冬末是流行高峰。

（2）杀蛎包纳米虫病　在南半球，每年的1—4月是流行高峰，而9—10月几乎检测不到虫体。水温极高（＜7℃）或极低（＞26℃）、盐度过高（40%）、饥饿（长期放养在过滤海水中）或其他疾病等应急因素，都会影响本病的发生流行。

[临床症状与病理变化]

1. 临床症状　牡蛎包纳米虫病和杀蛎包纳米虫病均无特征性临床症状，仅见病蛎死亡，或蛎壳闭合不全。

2. 病理变化

（1）牡蛎包纳米虫病　无特征性病变，多数病蛎外观正常，少数可见鳃、外套膜和消化腺结缔组织穿孔性溃疡。

组织学变化表现为鳃和外套膜组织，以及胃、肠周围的血管窦有浓密的血细胞浸润，有的可观察到寄生虫虫体。

（2）杀蛎包纳米虫病　多数病蛎外观正常，少数可见鳃糜烂。

组织学变化表现为染疫智利蛎螺在鳃、外套膜结缔组织以及胃、肠周围血管窦出现病变，外套膜结缔组织皮下层有大量被虫体寄生的颗粒血细胞浸润。染疫安加西牡蛎在鳃和消化憩室上皮可见浅染的细胞内嗜碱性虫体，周围有大量上皮细胞增生。染疫食用牡蛎在全身各器官结缔组织中可见到虫体，并伴有严重的血细胞浸润。

[诊断与检疫技术]

1. 初诊　根据流行特点、临床症状和病理变化可做出初步诊断，确诊需进一步做实验室检测。

2. 实验室检测　进行组织触片或切片镜检，透射电镜（TEM）检测和分子生物学检测。

被检材料的采集：最好采集蛎壳闭合不全或刚死亡、2年龄或以上的牡蛎样本。

用于组织学检查的病料，最好选取3～5mm厚的鳃、外套膜、性腺和消化腺组织块；用于组织触片、聚合酶链式反应（PCR）及原位杂交（ISH）等检测的病料，最好选取鳃和心室组织。

（1）组织触片或切片镜检

①组织触片法：取心室或鳃组织制成触片，染色镜检，观察虫体。此法可详见SC/T 7205.1—2007《牡蛎包纳米虫病诊断规程》第1部分：组织印片的细胞学诊断法。

②组织切片法：取鳃、消化腺、外套膜和性腺等组织，经Davidosm's固定液固定后切片，用苏木精-伊红（HE）染色镜检，观察虫体。此法可详见SC/T 7205.2—2007《牡蛎包纳米虫病诊断规程》第2部分：组织病理学诊断法。

（2）透射电镜检测　TEM检测可详见SC/T 7205.2—2007《牡蛎包纳米虫病诊断规程》第3

部分：透射电镜诊断法。

TEM检测的特异性要优于组织触片法和组织切片法，适用于包纳米虫虫种的鉴别。

（3）分子生物学检测

①聚合酶链式反应：检测包纳米虫小亚基（SSU）rDNA基因，敏感性和特异性强，优于组织触片法和组织切片法。

PCR检测适用于包纳米虫病普查，如果结合组织触片法或透射电镜检测，可用于本病确诊。

②原位杂交（ISH）：采用地高辛标记探针或3种荧光素标记的寡核苷酸探针，检测包纳米虫小亚基（SSU）rDNA基因。敏感性高于组织触片法和切片法。

ISH可用于感染程度评估和本病确诊。

3. 鉴别诊断　本病应与其他原虫如闭合孢子虫（*Mikroctos. mackini*）和鲁夫来小孢虫（*M. roughleyi*）相区别。

牡蛎包纳米虫与杀蛎包纳米虫的区别在于后者具有较少的单孢子体、线粒体和密集类脂体，且核质较小。

［防治与处理］

1. **防治**　可采取以下一些措施：①对苗种场、良种场实施防疫条件审核、苗种生产许可管理制度。②加强疫病监测与检疫。③通过培养或引进抗病品种，提高抗病能力。④从非疫区运至疫区的贝类群体应进行至少3个月的跟踪调查。⑤改变养殖模式、降低放养密度、选择对包纳米虫不敏感的品种进行养殖。

2. **处理**　①在繁殖场亲体和苗种检疫阳性结果的牡蛎要全部扑杀。②种用和商品养殖牡蛎检疫阳性结果的必须进行无害化处理，禁止用于繁殖育苗、放流或直接作为水产饵料使用。

3. **划区管理**　根据水域和流域的自然隔离情况划区，并实施划区管理。

五、折光马尔太虫病

折光马尔太虫病（infection with marteilia refringens）是由折光马尔太虫寄生于牡蛎、贻贝等双壳类动物消化系统的一种寄生虫病。感染牡蛎表现虚弱、消瘦、生长停滞和高死亡率。OIE将其列为必须通报的动物疫病，我国将其列为三类动物疫病。

［病原特性］

病原为折光马尔太虫（*Marteilia refringens*），属于真核域（Eukaryota）有孔虫界（Rhizaria）丝足虫门（Cerozoa）无孔纲（Paramyxea）马尔太虫属（*Marteilia*）成员。

马尔太虫分为O、M两个基因型，其中折光马尔太虫为O型，主要宿主是牡蛎；而毛里尼马尔太虫（*M. maurini*）为M型，主要宿主是贻贝。

折光马尔太虫主要感染消化腺上皮细胞，早期感染发生在触须的上皮细胞、胃、消化管和鳃。折光马尔太虫的幼虫期寄生于胃、肠和消化道的上皮细胞，并继续发育形成孢子囊，大小为40μm。其细胞质嗜碱性，而细胞核则嗜酸性。次生细胞或孢子母细胞周边有明亮的光环。在孢子形成期能在宿主细胞内分裂产生多个细胞。折光马尔太虫的多核质体具有带条纹的包涵体，其多核质体内的孢子囊原基是8个，每个孢子囊产生的孢子多于4个。

折光马尔太虫在宿主体外可存活数天至2～3周。

［分布与危害］

1. 分布　折光马尔太虫病已发生在阿尔巴尼亚、克罗地亚、法国、希腊、意大利、摩洛哥、葡萄牙、西班牙和英国等一些国家。马尔太虫病主要感染我国的鹑螺、牡蛎、鸟蛤、贻贝和巨蛤。

2. 危害　折光马尔太虫主要侵害欧洲牡蛎，流行于欧洲部分国家。对牡蛎具有高度致死性。而悉尼马尔太虫则主要感染成体囊形牡蛎（商品化囊形牡蛎），流行于澳洲。

［传播与流行］

1. 传播　食用牡蛎（*Ostrea edulis*）、紫贻贝（*Mytilus edulis*）和地中海贻贝（*M. galloprovincialis*）为易感宿主。智利牡蛎（*O. chilensis*）、安加西牡蛎（*O. angasi*）、帕尔希牡蛎（*O. puelchana*）和密鳞牡蛎（*O. denselamellosa*）等对折光马尔太虫也易感。环边竹蛏（*Solen marginatus*）和鸡帘蛤（*Chamelea gallina*）等蛤类也有感染报道。

双壳类动物幼体和成体均易感，而其中2龄及其以上扁牡蛎、贻贝的流行率和感染密度普遍较高，感染后不发病或死亡的野生双壳动物如野生的扁牡蛎、紫贻贝和地中海贻贝，以及环边竹蛏和鸡帘蛤都可能成为带虫者。本病对牡蛎有高度致死性。流行季节死亡率可达50%～90%，牡蛎通常在初次感染后的第2年发病死亡，感染期一般在一年以上，甚至终生感染。

传染源为发病的双壳类动物和虫体携带者。感染方式是通过中间宿主传播。试验条件下，食用牡蛎和地中海贻贝感染虫体可传播给桡足类动物，但从桡足类动物到牡蛎或贻贝的传播尚未得到证实。牡蛎可能通过污染的饵料流感染（因早期病变见于胃、唇瓣，甚至鳃上皮细胞）；而贻贝主要通过消化小管感染（因早期病变见于鳃、外套膜和胃）。

2. 流行　本病每年夏、秋为流行季节。折光马尔太虫孢子化和传播的最低水温为17℃，因此易满足此条件的海湾和河口常为本病高发区，而开阔的海区则极少发病。

［临床症状与病理变化］

1. 临床症状　无特征性临床症状，可见死亡或双壳闭合不全，身体虚弱者对应急因素特别敏感。

2. 病理变化　折光马尔太虫主要感染消化腺上皮细胞，因此病蛎可见消化腺苍白、肉质变薄如水样，外套膜收缩，生长迟缓。感染贻贝可见生长迟缓，性腺发育受阻。

［诊断与检疫技术］

1. 初诊　根据流行特点、临床特征和病理变化可做出初步诊断，确诊需进一步做实验室检测。

2. 实验室检测　进行组织湿片或触片或切片镜检、透射电镜（TEM）检测和分子生物学检测。

被检材料的采集：采双壳闭合不全或刚死亡、年龄在2龄及其以上的牡蛎和贻贝。采集最佳季节是海水温度超过17℃一个月后。

用于组织学检查的病料，最好选取鳃和消化系统的组织块（大小为3～5mm）；用于组织触片、聚合酶链式反应（PCR）和原位杂交（ISH）等检测的病料，最好取消化腺组织。

（1）组织湿片或触片或切片镜检

①组织湿片法：用采集的双壳闭合不全、刚死或活牡蛎、贻贝消化腺或粪便，涂片镜检，观

察成熟马尔太虫孢子的折光性。

②组织触片法：用采集的消化腺制成触片，染色镜检，观察虫体。可在消化腺的上皮细胞内找到虫体。

③组织切片法：取采集的消化道组织，经固定后，制成切片，然后染色进行镜检，观察虫体寄生的各个阶段。组织切片法适用于本病普查和初诊，确诊需结合分子生物学方法。

（2）透射电镜（TEM）检测　TEM检测可对虫体进行判断和鉴定，此法适用于马尔太虫和悉尼马尔太虫等虫种鉴别。

（3）分子生物学检测　主要是采用原位杂交（ISH）进行检测。

ISH：通过标记探针，检测小亚基（SSU）rDNA基因或rDNA基因间区（IGS）。其敏感性和特异性分别高达99%和90%，此法可用于感染程度评估和疫病诊断。

3. 鉴别诊断　折光马尔太虫应与毛里尼马尔太虫、悉尼马尔太虫（*Marteilia sydney*）及马尔太虫属其他种（*Marteilia* spp.）相区别。

［防治与处理］

1. 防治　可以采取以下一些措施：①实行对苗种场、良种场实施防疫条件审核、苗种生产许可管理制度。②加强疫病监测与检疫。③通过培育或引进抗品种，提高抗病能力。④加强饲养管理，选择适宜的养殖区，最好选择高盐度海区，因为高盐度可抑制马尔太虫的发展。

2. 处理　①繁殖场亲体和苗种检疫阳性结果的全部扑杀。②种用和商品养殖牡蛎检疫阳性结果的必须进行无害化处理，禁止用繁殖育苗、放流或直接作为水产饵料使用。

3. 划区管理　根据水域和流域的自然隔离情况划区，并实施划区管理。

六、奥尔森派琴虫病

奥尔森派琴虫病（infection with perkinsus olseni）是由奥尔森派琴虫感染海洋软体动物引起的疾病。OIE将其列为必须通报的动物疫病，我国将其列为三类动物疫病。

［病原特性］

病原是奥尔森派琴虫（*Perkinsus olseni*），属于派琴纲（Perkinsea）派琴目（Perkinsida）派琴科（Perkinsidae）派琴虫属（*Perkinsus*）成员。

派琴虫主要侵害宿主的各器官结缔组织和血细胞。在宿主体外生存时间不清楚，但其滋养体可生存数月以上。

派琴虫增殖与水温密切相关，虫体各发育阶段均具感染性，通常以双鞭毛游动孢子感染宿主，进入宿主组织后就发育成滋养体，滋养体在宿主中不断通过二分裂方式繁殖。该虫还可形成似球状的休眠孢子。

派琴虫在淡水里室温下10min，或0.006mg/mL的氯消毒剂30min即被杀死，但宿主组织里的虫体，采用上述措施就很难将其杀死。

［分布与危害］

1. 分布　本病广泛流行于太平洋热带区域、澳大利亚、新西兰北岛、越南、韩国、日本、中国、葡萄牙、西班牙、法国、意大利和乌拉圭。目前在北美洲尚未发现奥尔森派琴虫。

2. **危害** 奥尔森派琴虫可使多种鲍感染发病并引起死亡。同时也可感染牡蛎、蛤蜊类、珍珠贝类等。其他双壳类和腹足类动物也可感染。

[传播与流行]

1. **传播** 奥尔森派琴虫的宿主非常广泛。目前已知的宿主：鲍有红鲍（*Haliotis ruber*）、小圆鲍（*H. cyclobates*）、阶纹鲍（*H. scalaris*）和光滑鲍（*H. laevigata*），牡蛎有长牡蛎（*Crassostrea gigas*）、近江牡蛎（*C. ariakensis*）和熊本牡蛎（*C. sikamea*），蛤蜊类有梯形毛蚶（*Anadara trapezia*）、新西兰鸟蛤（*Austrovenus stutchburyi*）、葡萄牙蛤（*Tapes decussatus*）、菲律宾蛤（*Tapes philippinarum*）、长砗磲（*Tridacna maxima*）和番红砗磲（*Tridacna crocea*）等，珍珠贝类有珠母贝（*Pinctada margaritifera*）和马氏珠母贝（*P. martensii*）。此外，其他双壳类和腹足类动物也可感染，其中以魁蛤科（Arcidae）、丁蛎科（Malleidae）、钳蛤科（Isognomonidae）、偏口蛤科（Chamidae）和帘蛤科（Veneridae）成员最易感。

传染源为带虫宿主，通过宿主之间直接传播。

2. **流行** 本病发生与水温密切相关。例如，在葡萄牙，奥尔森派琴虫病通常在水温大于或等于15℃的暮春开始暴发，水温在19～21℃时的夏季和初秋季节达到流行高峰，水温小于或等于10℃的冬季和早春不发病。

[临床症状与病理变化]

1. **临床症状** 本病无特征性临床症状，仅可见鲍的死亡或双壳闭合不全。尤其双壳类动物，在感染后期可见其双壳闭合缓慢、无力。

2. **病理变化** 奥尔森派琴虫主要感染闭壳肌和多壳膜的结缔组织，导致组织破坏。可见病变组织变薄如水样，消化腺苍白，鳃和外套膜有的可出现结节。

组织学变化，表现为结缔组织有大的、多灶性病变，内含派琴虫虫体细胞；感染部位大多数有血细胞浸润。感染的蛤类，通常可见派琴虫虫体被一层厚的、由血细胞脱颗粒产生的嗜伊红物质包裹着。

[诊断与检疫技术]

1. **初诊** 根据流行特点、临床表现和病理特征可做出初步诊断，确诊需进一步进行实验室检测。

2. **实验室检测** 进行血液涂片镜检、组织切片镜检、巯基乙酸盐培养法（RFTM）和分子生物学检测。

被检材料的采集：采集活的或刚死的易感动物样本，如血滴样品，可从牡蛎和蛤的闭壳肌采取，鲍从头静脉窦（血腔）采取；组织学检测样品，可采取消化腺、鳃和外套膜的内脏组织块，大小为5mm厚；巯基乙酸盐培养法检测样品，可以采取双壳类动物的鳃、外套膜和直肠组织，以及鲍的鳃、外套膜和腹足；聚合酶链式反应（PCR）检测样品，可采取鳃或外套膜，不宜采取直肠组织（因含抑制物）。

（1）**血液涂片镜检** 从活体样本采血，制成涂片，用姬姆萨染色镜检，观察虫体。此法检测特异性很低。

（2）组织切片镜检　取内脏组织块，固定、切片，用苏木精–伊红（HE）染色镜检。此法对中度至重度感染检测敏感性好，但虫种特异性较低，不适用于虫种鉴别和低密度感染检测。

（3）巯基乙酸盐培养法（RFTM）检测　取适宜样品（如双壳类动物的鳃、外套膜，鲍的鳃、外套膜和腹足），置于含葡萄糖、抗生素和抗真菌药的巯基乙酸培养液中培养4～7d，收集组织块用卢戈碘液处理后镜检，如果是阳性，则可观察到增大的滋养体。此法简单、经济、敏感性高，但虫种特异性低。

（4）分子生物学检测　有聚合酶链式反应（PCR）和原位杂交（ISH）等方法。

①PCR：通过特异性引物检测rRNA内转录间隔区（internal transcribed spacer，ITS）基因。

②ISH：采用特异的DNA探针，检测派琴虫大亚基（LSU）rRNA基因。

3. 鉴别诊断　由于派琴虫病是由海水派琴虫（*Perkinsus marinus*）和奥尔森派琴虫所引起的疫病。海水派琴虫可危害美洲牡蛎，其感染通常是全身性的，使消化腺发白、贝壳不能闭合、外套膜萎缩、性腺发育受到抑制、生长迟缓，偶尔也会出现脓肿。因此，在确诊奥尔森派琴虫时，应与海水派琴虫等其他原虫相区别，可通过PCR来鉴别。

［防治与处理］

1. 防治　可以采取以下一些措施：①对苗种场、良种场实施防疫条件审核、苗种生产许可管理制度。②加强疫病监测与检疫。③通过培育或引进抗病品种，提高抗病能力。④加强饲养管理，应用环己酰胺、乙胺嘧啶、铁和2，2-吡啶来抑制被感染动物体内的奥尔森派琴虫，此外，采用杆菌肽也可达到减少派琴虫的感染。

2. 处理　①繁殖场亲体和苗种检疫阳性结果的全部扑杀。②种用和商品养殖牡蛎检疫阳性结果的必须进行无害化处理，禁止用于繁殖育苗、放流或直接作为水产饵料使用。

3. 划区管理　根据水域和流域的自然隔离情况划区，并实施划区管理。

第十二节　两栖与爬行类病

一、鳖腮腺炎病

鳖腮腺炎病（parotitis of Chinese soft-shelled turtles *Pelodiscus sinensis*）又称肿颈病，是鳖的一种急性传染病，以腮腺缺血糜烂或出血为特征。我国将其列为三类动物疫病。

［病原特性］

病原不清，主流报道病原有病毒和细菌。认为病毒的可能性较大，也有人认为是细菌引起。但一般认为鳖感染病毒为原发性，后又感染细菌为继发性。

目前已报道的病毒有疱疹样病毒（*Herpes-like virus*）、虹彩样病毒（*Irido-like virus*）、弹状样病毒（*Rhabdo-like virus*）、呼肠孤样病毒（*Reo-like virus*）等。认为病毒病原的主要证据是：①许多典型症状病例细菌分离为阴性，发病组织除菌过滤上清感染健康鳖可复制典型发病症状；②电镜观察发现病毒颗粒；③抗菌药物对本病基本无效，抗病毒药物辅助免疫增强中药有一定的控制效果。

报道的细菌有嗜水气单胞菌（*Aeromonas hydrophila*）和温和气单胞菌（*A. sobria*）。

[分布与危害]

1. 分布　我国温室养殖的稚、幼鳖常见发生。发生较为严重的有湖南、广东、江苏、浙江等省份，最高发病率达18%，平均发病率为0.37%～6.55%，死亡率为0.3%～3%。中华鳖鳃腺炎病在浙江多发于池塘养殖鳖中，部分大型中华鳖养殖场因鳃腺炎病造成90%以上死亡。

2. 危害　本病主要危害稚、幼鳖，传染快，危害大。

[传播与流行]

1. 传播　主要感染鳖，特别是稚、幼鳖，传染快，发病严重，死亡快，尤其是温室养殖的稚幼易形成暴发。本病对稚鳖死亡率可达10%，1龄幼鳖死亡率可达5%，2龄以上的鳖则较少发病。有的鳖养殖区发病率可达50%以上，死亡率超过30%。

不同品系（群体）的中华鳖对鳃腺炎敏感性有较大差别，其中以我国台湾品系和日本品系最为敏感。

传染源为病鳖及发病池排出的水。此外，一些捕食水生动物鸟类也可传播疾病。

2. 流行　本病主要发生在5—9月，发病水温为25～30℃。其中5—6月越冬甲鱼移入池塘时可出现明显的发病和死亡高峰。

[临床症状与病理变化]

1. 临床症状　典型病鳖表现为整个颈部肿大，但不发红，全身浮肿，脏器出血，腹甲上有出血斑，但体表光滑。病鳖因水肿导致运动迟缓，不愿入水，常静卧食台或晒台引颈呼吸，不食不动，最后伸颈死亡。

临床上存在两类不同症状：一类是胃肠道出血型，表现为鳃腺灰白糜烂，胃部和肠道有大块暗红色瘀血或凝固的血块；另一类是鳃腺出血型，表现为鳃腺红色，糜烂程度较轻，胃部和肠道贫血，呈纯白色，腹腔则积有大量的血水。

2. 病理变化　解剖病鳖，胃肠道出血型可见胃、肠道大块瘀血，肝呈点状充血，鳃腺灰白色糜烂等；鳃腺出血型可见鳃腺出血呈红色、胃及肠道贫血呈白色、腹腔有多量血水。

组织学变化可见病鳖出现血细胞变性、肠上皮崩解脱落、微绒毛及胞器减少、肝细胞及肾近曲小管上皮细胞肿胀、局部细胞溶解，同时伴随脾红髓扩大、肾小球膨大、远曲小管和集合小管腔内充满嗜酸性物质等现象。

[诊断与检疫技术]

1. 初诊　根据典型临床症状（颈部肿大、全身浮肿等）和剖解病理变化（胃、肠道大块瘀血，肝呈点状充血，鳃腺充血、出血呈红色等）可做出初步诊断，确诊需进一步进行实验室检测。

2. 实验室检测　因病原不清，目前尚无实验室诊断方法，但可通过对典型鳃腺炎病症状的鳖进行病理组织切片及病原检查来做出基本的诊断。

被检材料的采集：采集病鳖10只，取有典型症状的胃、肠、肝、脾、肾等用于组织切片和病原检测。

（1）病理组织切片　取有典型症状病鳖的胃、肠、肝、脾、肾等组织数块，Zenkers液固定，石蜡包埋，HE染色，封固后进行病理组织学观察。如见到上述组织学变化，则可做出基本诊断。

（2）病原检查　取病变组织进行病原菌分离培养，将分离的病原菌和发病组织除菌过滤上清，分别感染健康鳖都可复制出典型发病症状；或对典型腮腺炎病症状且细菌分离培养阴性者，则可基本诊断为本病。

3. 鉴别诊断　无明确的特征性鉴别诊断。

[防治与处理]

1. 防治　目前尚缺乏有效的治疗方法，可采取以下一些措施：①引进种苗时，要严格进行临床症状的检疫，以防带病种苗引入。②做好鳖池泥沙、池壁和工具的彻底消毒，可用10mg/L的漂白粉或3mg/L强氯精进行消毒。③投喂新鲜的饵料，增强鳖的抵抗能力。④改有沙养殖为无沙养殖。因无沙养殖的甲鱼在同等条件下很少发病。⑤在温度突变季节或温室出池时，应做一次外用与内服相结合的防治处理，即先用"种苗净"浸泡后再放养，同时口服"腮腺康"等中西药合剂一个疗程，并用0.3mg/L三氯异氰尿酸全池泼洒。⑥定期药物防治。对发病池先排掉约2/3的老水，加入新水，加大增氧，并按一定的浓度向池中泼洒煎好的板蓝根、车前草等多种中药汁液。根据病情可连用2～3次。在泼洒药物的同时，于饲料中加入板蓝根等汁液及环丙沙星等药物，并增加活鲜动物料的比例。一般每次喂10d左右，根据情况可连续加喂一个疗程，对未发病的鳖池同时也喂药，以预防。每月喂一个疗程可获较好预防效果。

2. 处理　①发生本病，对病鳖及死亡鳖及时销毁，同时用1.0～1.2mg/L的强氯精或2～3mg/L的漂白粉或0.4～0.5mg/L二氧化氯泼洒鳖池2～3次，每隔3d 1次，并按每千克鳖体重投喂庆大霉素50～80mg与吗啉胍10～20mg。如已确诊由细菌感染引起的疾病时，可采用乳酸诺氟沙星可溶性粉、诺氟沙星粉拌饲投喂。乳酸诺氟沙星可溶性粉或诺氟沙星粉每天1次、每千克体重用20～30mg，连用3～5d，这两种药的休药期为500度日或中药免疫制剂及维生素等拌料投喂，结合水体清毒，有一定的控制效果。②对典型症状大规模发病时，发病池中华鳖应全部扑杀，进行无害化处理，有发病史鳖池禁止用于育苗和放流。

二、蛙脑膜炎败血金黄杆菌病

蛙脑膜炎败血金黄杆菌病又称蛙脑膜炎（Enoephalitis of bullfrog）、歪脖子病，是由脑膜炎败血伊丽莎白菌引起蛙、鳖等多种水生动物的一种传染病，病蛙以眼膜发白、运动和平衡机能失调为特征。我国将其列为三类动物疫病。

[病原特性]

病原为脑膜炎败血伊丽莎白菌（Elizabethkingia meningoseptica），曾称脑膜炎败血黄杆菌（Flavobacterium meningosepticum）或脑膜炎败血金黄杆菌（Chryseobacterium meningosepticum），属于黄杆菌纲（Flavobacteria）黄杆菌目（Flavobacteriales）黄杆菌科（Flavobacteriaceae）伊丽莎白菌属（Elizabethkingia）成员。

脑膜炎败血伊丽莎白菌为革兰氏阴性、细长、末端略圆突状的杆菌，大小为（0.4～0.5）μm ×

（0.8～1.0）μm，单个分散排列，无芽孢，无荚膜，无鞭毛，不运动。

本菌在血琼脂培养可形成圆形、光滑湿润、边缘齐、稍黏稠、半透明，直径1.2mm，产生淡黄色脂溶性色素的菌落，随着培养时间的延长，菌落由淡黄色逐渐变为黄色，不溶血，但可见草绿色红细胞脱色区。在麦康凯培养基上生长缓慢，在液体培养基中均匀混浊。

本菌氧化酶、触酶为阳性，能发酵葡萄糖、麦芽糖、甘露醇、果糖产酸，不发酵木糖、蔗糖、乳糖。乙酰胺、DNA酶、七叶苷、靛基质、ONPG、明胶液化试验阳性，尿素酶、鸟氨酸脱羧酶、赖氨酸脱羧酶、精氨酸双水解酶均阴性。

本菌对氯霉素、红霉素、利福平、萘啶酸、麦迪霉素和林可霉素高度敏感，而对庆大霉素、青霉素、链霉素、卡那霉素等表现抗药性。

[分布与危害]

1. 分布　病原最早分离于美国青蛙脑膜炎，1993年在我国上海首次发现本病，随后全国各养蛙地区有不同程度的发病，1994—1996年在杭嘉湖地区大面积流行。

2. 危害　侵害各种养殖蛙类和鳖类，但主要危害100g以上成蛙，死亡率可高达90%以上。幼蛙和蝌蚪也可发病。

[传播与流行]

1. 传播　本菌可感染牛蛙、美国青蛙、虎纹蛙、中华鳖和沙鳖等各种养殖蛙类和鳖类，蛙是主要宿主，也可感染猫、犬、鼠和人。

各种年龄的牛蛙与美国青蛙均可感染发病，但100g以上成蛙易发病，甚至蝌蚪也可感染发病。以蝌蚪和种蛙的死亡率为高，分别达80%、50%。中华鳖和沙鳖也可感染发病。

传染源为发病动物及污染水源。传染方式通过水体接触感染和饵料传播传染。

2. 流行　5—10月份为主要发病季节，以7—9月为最高，通常水温在20℃以下后发病就迅速降低，11月份后本病基本消失。室内恒温养殖情况下，发病季节不明显。

本病发病期长，传染性强，死亡率高，最高可达90%以上。当水质恶化、水温变化较大时易发本病。

[临床症状与病理变化]

1. 临床症状　病蛙出现运动机能失调、头部歪斜、身体在水中失去平衡或浮于水面打转。眼部因感染出现白色坏死（白内障），双目失明，眼球外突。后肢及腹部有明显出血点和血斑，并伴有明显的腹水。病蛙外表肤色发黑，厌食懒动，肛门红肿。从发病到死亡的时间一般为3～7d，蛙龄越大，病程越长。

2. 病理变化　虽无详细报道，但解剖可见病蛙的肝脏发黑肿大，脾脏缩小，脂肪层变薄，还可见肾、肠道有明显充血现象。

[诊断与检疫技术]

1. 初诊　根据临床症状及特征如病蛙头部歪斜或浮于水面打转，眼膜发白，后肢及腹部有明显出血点和血斑，并伴有明显的腹水等可做出初步诊断，确诊需进一步做实验室检测。

2. 实验室检测　主要采用病原学诊断，也可用聚合酶链式反应（PCR）诊断，目前尚不能采用血清学诊断方法。

被检材料的采集：取濒死病蛙肝、脑组织，以供检测用。

（1）病原学诊断

①涂片镜检：在无菌条件下，用75%的酒精清洗病蛙体表，打腹腔取肝组织少许，用无菌水漂洗后涂片，做革兰氏染色，用油镜观察涂片颜色和细菌形态特征。可见革兰氏阴性、细长、末端略圆突状的杆菌。单个分散排列，少数成对，无芽孢，无荚膜，无运动力。可初步明确对本病的诊断。

②细菌分离培养：取肝组织在TSA或营养琼脂表面划线分离，28℃培养24h，可见形态一致的优势菌落，选取单个菌落，再平板划线。如此反复，直到获得纯培养菌株。琼脂培养的菌落为圆形、光滑湿润、边缘齐，稍黏稠，半透明，直径1.2mm，产生淡黄色脂溶性色素。随着培养时间的延长，菌落由淡黄色逐渐变黄。对所分离的细菌进行菌体形态和生化鉴定。

本菌形态和生理生化特征是：革兰氏阴性、细长、末端略圆突状的杆菌、无芽孢，无荚膜，无鞭毛，不运动。氧化酶呈阳性；葡萄糖氧化型或弱发酵型（要2~7d产酸）；发酵葡萄糖、果糖、麦芽糖、甘露醇产酸，不发酵木糖、乳糖、蔗糖，不还原硝酸盐，β半乳糖苷酸和DNA酶阳性。

③病原菌分类鉴定：根据《一般细菌常用鉴定方法》（中国科学院微生物研究所细菌分类组，1978）和《伯杰氏细菌鉴定手册》（1984）等文献进行鉴定。

④动物接种试验：可进行动物回归试验和小鼠毒力试验。

动物回归试验：取健康牛蛙4只，分成2组。试验组每只注射肉汤菌液0.5mL（含菌9×10^8个/mL），对照组注射同量灭菌肉汤，注射后分别静养观察，试验组可产生与自然发病蛙基本一致的症状，而对照组无症状。

小白鼠毒力试验：小白鼠对各型毒素均较敏感。试验时，可将分离菌的肉汤培养物0.2mL皮下注射小白鼠4只，观察反应至48h。

（2）聚合酶链式反应（PCR）诊断 参照脑膜败血伊丽莎白菌16S rRNA基因的序列设计引物，扩增产物进行序列分析。

本病目前尚无血清学诊断方法。虽人类脑膜败血伊丽莎白菌已确认6个主要血清，但水生动物脑膜败血伊丽莎白菌血清型目前还未见相关研究报道。尚无相关单位提供脑膜败血金黄杆菌标准诊断血清，所以本病尚不能采用血清学方法进行诊断。

[防治与处理]

1. 防治 采用脑膜败血伊丽莎白菌疫苗进行肌内注射和喷雾法免疫有较好的免疫保护效果，但目前尚无商品疫苗供应，可采取以下一些措施：①加强对引进种苗的检疫，并杜绝从疫区引种。②种苗入池前用浓度20~30mg/L的高锰酸钾浸浴15~20min，或用浓度50mg/L的伏碘浸浴5~10min。③保持养殖水质的清洁，控制适当饲养密度，减少应激和保持蛙的皮肤完整。④定期消毒水体和各种用具。一般定期用浓度0.3mg/L的三氯异氰尿酸对水体进行消毒，食台及陆地用浓度10mg/L的三氯异氰尿酸喷雾消毒；或用浓度50~100mg/L的三氯异氰尿酸全池泼洒，每天1次，连续3d。⑤不喂变质饲料，不单独喂新鲜鱼虾。⑥为防止本病发生，可在饲料中添加红霉素药饲，用量为每千克体重40mg/d；或用磺胺药物（如磺胺嘧啶），用量为每千克蛙体重第1天用200mg，第2~7天药量减半。

2. **处理** ①发生本病后，一方面要将病蛙或死蛙严格毁灭处理，可采用加生石灰后深埋或烧毁。另一方面对蛙池要进行水体消毒，可用0.5mg/L红霉素全池泼洒，24h后泼洒三氯异氰尿酸，用量为0.3mg/L，并在饲料中拌入红霉素药物，剂量：每千克蛙用20～30mg，连用4～5d，或拌入磺胺嘧啶药物，剂量：每千克蛙第1天用0.2g，第2～7天药量减半。也可用蛙病宁2号投喂，用量：每千克蛙0.5mL，连喂5～7d。②有发病史的养殖池不得用于育苗或放流。

DONGWU JIANYI
JISHU ZHINAN

动物检疫
技术指南

第三篇 检疫实训指导

【检疫实训一】 猪的临诊检疫

一、目的

学会猪的临诊检疫技术，具备独立进行猪的临诊检疫能力。

二、内容

猪的群体检查和个体检查。

三、设备材料

听诊器、体温计、动物保定用具等检疫器材，被检猪群，群检场地及其他。

四、方法与步骤

（一）猪的群体检查

一般采用静态、动态、食态等方面进行检查。即所谓"三种状态"检查法。

1. **静态的检查**　猪群处于安静休息状态下，检疫人员悄悄接近，观察猪的站立或躺卧的姿势、精神状态、营养、被毛、呼吸状态以及有无咳嗽、喘息、呻吟、嗜睡、战栗、流涎、孤立一隅等情况，从中检查出可疑病猪。

健猪状态：站立平稳，不断走动拱食，并发出"吭吭"声，被毛整齐光亮。对外界刺激敏感，遇人接近表现警惕性凝视。睡卧常取侧卧，四肢伸展，头侧着地，呼吸均匀，爬卧时后腿屈于腹下。排泄物正常。体温正常。

病猪状态：精神萎靡，离群独立，全身颤抖，蜷卧，不愿起立。吻突触地。被毛粗乱无光。鼻盘干燥，眼有分泌物。呼吸困难或喘息。粪便干硬或腹泻。

2. **动态的检查**　猪群自然活动或在驱赶的情况下，检疫人员观察运动时猪的头、颈、腰、臂、四肢的运动状态，有无屈背弯腰、打晃踉跄、行走困难、跛行掉队、离群及运动后呼吸困难等情况，把异常状态的猪检查出来。

健猪状态：起立敏捷，行为灵活，走跑时摇头摆尾或上卷尾。驱赶时随群前进，不断发出叫声。

病猪状态：精神沉郁，久卧不起，驱赶时行动迟缓或跛行，步态踉跄或出现神经症状。

3. **食态的检查**　猪群自然饮水、采食或只给少量食物及饮水的情况下，检疫人员观察其饮水、采食、咀嚼、吞咽时的反应状态。同时观察猪的排便姿势，粪尿的质度、颜色、混合物、气味等，把不食、不饮、少食、少饮或有异常采食、饮水现象的，或有吞咽困难、呕吐、流涎、中途退槽等情况的猪查出来。

健猪状态：饥饿时叫唤，饥喂时抢食，大口吞咽有响声且响声清脆，全身鬃毛随吞食而颤动。

病猪状态：食欲下降，懒于上槽，或只吃几口就退槽，饲喂后肷窝仍凹陷。有些饮稀不吃稠，只闻而不食，呕吐，甚至食欲废绝。

经过休息状态、运动状态和饮食状态的检疫，发现有不正常现象的猪标上记号，予以隔离，留待进一步检查。

（二）猪的个体检查

个体检查是指对群体检查检出（剔除）的有病或疑似病态猪，进行仔细的个体临床检查。

对群体检查中判为无病的猪，必要时还应抽10%做个体检查。如果发现疫病，应再抽检10%，或全部进行个体检查。

对个体检查检出的患病猪，根据具体情况可以进行必要的实验室检测。

个体检查的方法有检测体温、视诊、触诊、听诊和叩诊等5种，但实际检查中以体温检测、视诊和触诊为主，必要时进行听诊和叩诊。

1. **体温检测**　猪的正常体温范围是38.0～39.5℃，如果体温显著升高，一般可视为可疑病动物。当然要排除因运动、曝晒、运输及拥挤等应激因素导致的体温升高，可让猪休息一定时间后（一般休息4h），再测体温。

2. **视诊**　检疫员观察猪的外部表现，主要检查以下几类。

（1）精神外貌、姿态步样　有无兴奋不安、沉郁呆钝、迟钝、低头、耷耳、缩颈、闭目、垂翅垂尾、弓腰屈背、行动迟缓、步态沉重、跛行掉队、起卧运动姿态异常。

（2）被毛、皮肤　被毛是否整齐、光泽、清洁、完整，有无粗乱和脱落现象；皮肤弹性是否良好，有无肿胀、疹块、水疱和脓疡，鼻镜或鼻盘是否湿润。

（3）呼吸　呼吸节律是否均匀，有无喘气、张口吐舌、犬坐等呼吸困难的表现。

（4）可视黏膜　检查眼结膜、口腔黏膜是否苍白、黄染、发绀，有无溃疡、结节，以及分泌物性状、颜色、数量等。

（5）口、鼻、蹄周围　观察有无水疱和斑痕。

（6）粪尿排泄情况　有无便秘、腹泻、脓便、血便、血尿，查看粪便颜色、硬度、性状、气味，尿的颜色、数量、混浊度等。

3. **触诊**　检疫人员用手触摸猪的各部位，尤其是耳朵、皮肤、体表淋巴结等。

（1）耳朵、角根　可反映动物的体温变化情况。

（2）皮肤　触摸皮肤的湿度、弹性，皮温有无增高、降低，分布不均和多汗、冷汗等，皮肤有无肿胀、疹块、溃烂，皮下有无气肿、水肿，胸廓和腹部有无敏感区或压疼。

（3）体表淋巴结　检查淋巴结的大小、形状、硬度和温度、活动性等，是否敏感。

4. **听诊**　检疫人员可用耳朵听猪的叫声、咳嗽声，同时还可用听诊器对猪的心、肺、胃肠部位听取心音、肺泡气管呼吸音、胃肠蠕动音等有无异声。

（1）听叫声　有无呻吟、磨牙、嘶哑、发吭等异常声音。

（2）听咳嗽声　猪上呼吸道有炎症，可发生干咳，咳声高昂有力，无泡沫喷出。当炎症涉及肺组织时，可发生湿咳，咳声嘶哑无力，可带有泡沫液体喷出。

（3）听呼吸音　检查有无肺泡呼吸音增强或减弱，支气管呼吸音，干、湿啰音，胸膜摩擦音等病理性呼吸音。

（4）听心音　检查猪的心跳次数、心音强弱、节律是否正常或有杂音等。

5. 叩诊　检疫人员可用叩诊板或手指叩诊猪胸部、腹部的敏感程度。

五、实训报告

(1) 猪群体检查和个体检查的内容有哪些?
(2) 写出猪临诊检疫实习的过程和结果。

【检疫实训二】　牛或羊的临诊检疫

一、目的

学会牛或羊的临诊检疫技术,具备独立进行牛或羊的临诊检疫能力。

二、内容

牛或羊的群体检查和个体检查。

三、设备材料

听诊器、体温计、动物保定用具等检疫器材,被检牛群或羊群,群检场地及其他。

四、方法与步骤

(一) 牛或羊的群体检查

一般采用静态、动态、食态等方面进行检查。即所谓"三种状态"检查法。

1. **静态的检查**　在牛或羊处于安静休息状态下,检疫人员悄悄接近,但不要惊扰它们,以防自然安静休息状态消失,观察牛或羊站立或躺卧的姿势、精神状态、营养、被毛、呼吸、反刍、咀嚼、嗳气状态以及有无咳嗽、喘息、呻吟、嗜睡、战栗、流涎、孤立一隅等情况,从中检查出可疑病牛或羊。

健牛状态: 站立平稳,神态安静,以舌频舔鼻镜。睡卧时常呈膝卧姿势,四肢弯曲。全身被毛平整有光泽。反刍有力,正常嗳气。呼吸平稳。鼻镜湿润,眼、嘴及肛门周围干净,粪尿正常。肉用牛垂肉高度发育,乳用牛乳房清洁且无病变,泌乳正常。体温正常。

病牛状态: 头颈低伸,站立不稳,拱背弯腰或有异常体态,睡卧时四肢伸开,横卧或屈颈侧卧,嗜睡。被毛粗乱,反刍迟缓或停止。天然孔分泌物异常,粪尿异常。乳用牛泌乳量减少或乳汁性状异常。

健羊状态: 站立平稳,乖顺,被毛整洁,口及肛门周围干净。饱腹后舍群卧地休息,反刍,呼吸平稳。遇炎热常相互把头藏于对方腹下避暑。

病羊状态: 精神萎靡不振,常独卧一隅或表现异常姿态,遇人接近不起不走,发刍迟缓或不反刍。鼻镜干燥，呼吸促迫或咳嗽。被毛粗乱不洁或脱毛，痘疹，皮肤干裂。

2. 动态的检查　在牛或羊自然活动或在驱赶的情况下，检疫人员观察运动时牛或羊头、颈、腰、臀、四肢的运动状态，有无屈背弯腰、打晃踉跄、行走困难、跛行掉队、离群及运动后呼吸困难等情况，把异常状态的动牛或羊检查出来。

健牛状态：走起路来精神充沛。腰背灵活，四肢有力，摇耳甩尾，自由自在。

病牛状态：精神沉郁，久卧不起或起立困难。跛行掉队或不愿行走，走路摇晃，耳尾不动。

健羊状态：走起路来有精神，合群不掉队。放牧中虽很分散，但不离群。山羊活泼机敏，喜攀登，善跳跃，好争斗。

病羊状态：精神沉郁或兴奋，喜卧懒动，行走摇摆，离群掉队或出现转圈及其他异常运动。

3. 食态的检查　在牛或羊自然饮水、采食或只给少量食物及饮水的情况下，检疫人员观察其饮水、采食、咀嚼、吞咽时的反应状态。同时观察牛或羊排便姿势，粪尿的质度、颜色、混合物、气味等，把不食、不饮、少食、少饮或有异常采食、饮水现象的，或有吞咽困难、呕吐、流涎、中途退槽等情况的牛或羊检查出来。

健牛状态：争抢饲料，咀嚼有力，采食时间长，采食量大。放牧中喜采食高草，常甩头用力扯断，运动后饮水不咳嗽。

病牛状态：厌食或不食，或采食缓慢，咀嚼无力，运动后饮水咳嗽。

健羊状态：饲喂时互相争食，放牧时常边走边吃草，边走边排粪，粪球正常。遇水源时先抢水喝，食后肷窝突出。

病羊状态：食欲缺乏或停食，食后肷窝仍下陷。

经过休息状态、运动状态和饮食状态的检疫，发现有不正常现象的牛或羊标上记号，予以隔离，留待进一步检查。

（二）牛或羊的个体检查

个体检查是指对群体检查检出（剔除）的有病或疑似病态牛或羊，进行仔细的个体临床检查。

对群体检查中判为无病的牛或羊，必要时还应抽10%做个体检查。如果发现疫病，应再抽检10%，或全部进行个体检查。

个体检查的目的是初步判定该牛或羊是否有病，尤其是否患有规定检疫对象的疫病。

对个体检查出的患病牛或羊，根据具体情况可以进行必要的实验室检测。

个体检查的方法有检测体温、视诊、触诊、听诊和叩诊等5种，但实际检查中以体温检测、视诊和触诊为主，必要时进行听诊和叩诊。

1. 体温检测　牛或羊的正常体温范围：黄牛、奶牛是37.5～39.5℃，水牛是37.0～38.5℃，羊是38.0～39.5℃，如果体温显著升高，一般可视为可疑病牛或羊。当然要排除因运动、曝晒、运输及拥挤等应激因素导致的体温升高，可让牛或羊休息一定时间后（一般休息4h），再测体温。

2. 视诊　检疫员用眼睛观察牛或羊的外部表现，主要检查以下几类。

（1）精神外貌、姿态步样　有无兴奋不安、沉郁呆钝、迟钝、低头、耷耳、缩颈、闭目、垂翅垂尾、弓腰屈背、行动迟缓、步态沉重、跛行掉队、起卧运动姿态异常。

（2）被毛、皮肤　被毛是否整齐、光泽、清洁、完整，有无粗乱和脱落现象；皮肤弹性是否良好，有无肿胀、疹块、水疱和脓疡，鼻镜或鼻盘是否湿润。

（3）反刍和呼吸　反刍咀嚼、嗳气是否正常，呼吸节律是否均匀，有无喘气、张口吐舌、犬坐等呼吸困难的表现。

（4）可视黏膜　检查眼结膜、鼻黏膜、口腔黏膜是否苍白、黄染、发绀，有无溃疡、结节，以及分泌物性状、颜色、数量等。

（5）口、鼻、蹄周围　观察有无水疱和斑痕。

（6）粪尿排泄情况　有无便秘、腹泻、脓便、血便、血尿，查看粪便颜色、硬度、性状、气味，尿的颜色、数量、混浊度等。

3. 触诊　检疫人员用手触摸牛或羊各部，尤其是耳朵、皮肤、体表淋巴结等。

（1）耳朵、角根　可反映牛或羊的体温变化情况。

（2）皮肤　触摸皮肤的湿度、弹性，皮温有无增高、降低，分布不均和多汗、冷汗等，皮肤有无肿胀、疹块、溃烂，皮下有无气肿、水肿，胸廓和腹部有无敏感区或压疼。

（3）体表淋巴结　检查淋巴结的大小、形状、硬度和温度、活动性等，是否敏感。

4. 听诊　检疫人员可用耳朵听牛或羊的叫声、咳嗽声，同时还可用听诊器对牛或羊的心、肺、胃肠部位听取心音、肺泡气管呼吸音、胃肠蠕动音等有无异声。

（1）听叫声　有无呻吟、磨牙、嘶哑、发吭等异常声音。

（2）听咳嗽声　牛或羊上呼吸道有炎症，可发生干咳，咳声高昂有力，无泡沫喷出。当炎症涉及肺组织时，可发生湿咳，咳声嘶哑无力，可带有泡沫液体喷出。

（3）听呼吸音　检查有无肺泡呼吸音增强或减弱，支气管呼吸音，干、湿啰音，胸膜摩擦音等病理性呼吸音。

（4）听胃肠音　检查牛或羊胃肠音有无增强、减弱、消失等。

（5）听心音　检查牛或羊的心跳次数、心音强弱、节律是否正常或有杂音等。

5. 叩诊　检疫人员可用叩诊板或手指叩诊牛或羊的心、肺、胃、肠的音响、位置和界限，以及胸、腹部的敏感程度。

五、实训报告

（1）牛或羊群体检查和个体检查的内容有哪些？
（2）写出牛或羊临诊检疫实习的过程和结果。

【检疫实训三】　家禽的临诊检疫

一、目的

学会家禽的临诊检疫技术，具备独立进行家禽的临诊检疫能力。

二、内容

家禽的群体检查和个体检查。

三、设备材料

体温计、被检家禽、群检场地及其他。

四、方法与步骤

（一）家禽群体检查

一般采用静态、动态、食态等方面进行检查。即所谓"三种状态"检查法。

1. **静态的检查**　在家禽处于安静休息状态下，检疫人员悄悄接近，但不要惊扰它们，以防自然安静休息状态消失，观察家禽站立或躺卧的姿势、精神状态、营养、羽、冠、髯、呼吸以及有无咳嗽、喘息、嗜睡、战栗、流涎、孤立一隅等情况，从中检查出可疑病家禽。

健禽状态：神态活泼，反应敏捷。站立时伸颈昂首翘尾，且常高收一肢。卧时头叠放在翅内。冠、髯红润，羽绒丰满光亮，排列均称。口鼻洁净，呼吸、叫声正常。

病禽状态：精神萎靡，缩颈垂翅，闭目似睡。冠、髯苍白或紫黑，喙、蹼色泽变暗，头颈部肿胀，眼、鼻等天然孔有异常分泌物。张口呼吸或发出"咯咯"声或有喘息音。羽绒蓬乱无光，泄殖腔周围及腹部羽毛常潮湿污秽，下痢。

2. **动态的检查**　在家禽自然活动或驱赶时的情况下，检疫人员观察运动时家禽头、颈、两肢的运动状态，有无行走困难、跛行掉队、离群及运动后呼吸困难等情况，把异常状态的家禽检查出来。

健禽状态：行动敏捷，步态稳健；鸭、鹅水中游牧自如，放牧时不掉队。

病禽状态：行动迟缓，放牧时离群掉队，出现跛形或肢翅麻痹等神经症状。

3. **食态的检查**　在家禽自然饮水、采食或只给少量食物及饮水的情况下，检疫人员观察其饮水、采食时的反应状态。同时观察家禽粪尿的颜色、混合物、气味等，把不食、不饮、少食、少饮或有异常采食、饮水现象的家禽检查出来。

健禽状态：啄食连续，食欲旺盛，食量大，嗉囊饱满。

病禽状态：食欲减退或废绝，嗉囊空虚或充满液体、气体。

经过静态、动态、食态三方面的检疫，发现有不正常现象的动物标上记号，予以隔离，留待进一步检查。

（二）家禽的个体检查

通过视诊、触诊、听诊等方法检查家禽个体精神状况、体温、呼吸、羽毛、天然孔、冠、肉髯、爪、粪及触摸嗉囊内容物性状等。对个体检查出的患病家禽，根据具体情况可以进行必要的实验室检测。

家禽个体检查方法与步骤如下：

1. **鸡个体检查的方法与步骤**　①检疫人员首先用左手握住鸡两翅根部，观察头部，注意冠、肉髯和无毛处有无苍白、发绀、痘疹，眼、鼻及喙有无分泌异常分泌物的变化。②用右手的中指抵住咽喉部，并以拇指和食指夹住两颊，迫使鸡张开口，以观察口腔有无大量黏液，黏膜是否有出血点及灰白色假膜或其他病理变化。接着摸检嗉囊，探查其充实度及内容物的性质。同时摸检胸腹部及腿部肌肉、关节等处，以确定有无关节肿大、骨折、外伤等情况。③再将鸡高举，使鸡颈部贴近检疫人员的耳部，听其有无呼吸音，并触压喉头及气管，诱发咳嗽。④注意鸡肛门附近有无粪污及潮湿。⑤必要时检测体温。

2. 鸭个体检查的方法与步骤　①检疫人员用右手抓住鸭的上颈部，提起后夹于左臂下，同时以左手托住锁骨部。②按头部、天然孔、食管膨大部、皮肤、肛门等先后顺序进行检查。③注意检测体温。

3. 鹅个体检查方法与步骤　因鹅体重较重，不便提起，一般采取就地压倒进行检查，检查的顺序与鸭的检查顺序相同。

五、实训报告

(1) 家禽群体检查的内容有哪些？
(2) 写出鸡的个体检查方法与步骤。

【检疫实训四】　活畜（禽）产地检疫

一、目的

熟悉活畜（禽）产地检疫的过程；学会产地检疫证明的填写；学会产地检疫结果的登记。

二、内容

(1) 活畜（禽）产地检疫方法、程序和内容。
(2) 产地检疫的出证。
(3) 产地检疫的结果登记。

三、设备材料

(1) 产地检疫合格证明及有关票证、产地检疫记录本、体温计、听诊器、酒精棉球等，以及运送师生实训的往返车辆。
(2) 一个合适的规模化养殖场（以猪场、鸡场为主）或一个以分散经营方式为主的村。
(3) 联系动物防疫监督机构。

四、方法与步骤

(一) 活畜（禽）产地检疫

指导教师或动物检疫员进行产地检疫示范，然后学生分组到养殖户或圈舍进行实际操作。

1. 明确活畜（禽）产地检疫对象　产地检疫对象一般是区域内检疫对象。根据国家、地方政府规定的检疫对象进行检疫。例如，生猪的重点检疫对象有口蹄疫、猪瘟、高致病性猪蓝耳病、炭疽、猪丹毒、猪肺疫等。在检疫时，应根据检疫实际，如检疫时的季节、产地近期疫情、动物饲养管理方式、动物种类和年龄、动物外存表现等情况，有针对性地重点检查某些疫病。

2. 介绍活畜（禽）产地检疫的方式　到场入户现场检疫，现场出证。

3. 确定活畜（禽）产地检疫的方法　活畜（禽）产地检疫的方法以临床检查为主，并结合流行病学调查，必要时进行某些疫病的实验室检查。

4. 实施活畜（禽）产地检疫的程序和内容

（1）动物卫生监督机构在接到检疫申报后，根据当地相关动物疫情，决定是否予以受理。决定不予受理的，应说明理由；予以受理的，应及时派出官方兽医到现场或到指定地点实施检疫。动物检疫人员到场入户后向畜主或有关人员说明来意，出示证件。

（2）向畜主询问畜禽饲养管理情况，如该畜禽是自繁自养还是外购；饲料来源，是否应用添加剂，添加剂的种类；畜禽的饮食情况、饲料消耗情况；该畜禽在本户饲养时间的长短，生产性能如何；饲养过程中是否患过疾病、是否治疗过；饲养畜禽的变更情况，经济收入；邻户、本村及邻村畜禽饲养情况，近期及近年内疫病的发生情况，是否影响到本户。最终确定被检动物是否处在非疫区。

询问的同时查看畜禽圈舍卫生及周围环境卫生，提出防疫要求。

（3）向畜主索验免疫证明，并核实是否处在保护期内及证明的真伪。

（4）实施临床检查。根据现场条件分别进行群体检查和个体检查。

群体检查是对活畜禽进行"静态、动态、食态"的观察，主要检查畜禽群体精神状况、外貌、呼吸状态、运动状态、饮水饮食情况及排泄物状态等。

个体检查是对群体检查出的可疑病态畜禽进行测体温、视诊、触诊、听诊和叩诊。主要检查畜禽个体精神状况、体温、呼吸、皮肤、被毛、可视黏膜、胸廓、腹部及体表淋巴结、排泄动作及排泄物性状等。

畜禽临床检查中，生猪如出现发热、精神不振、食欲减退；蹄冠、蹄叉、蹄踵部出现水疱，水疱破裂后表面出血，形成暗红色烂斑，感染造成化脓、坏死、蹄壳脱落，卧地不起；鼻盘、口腔黏膜、舌、乳房出现水疱和糜烂等症状的，可怀疑感染口蹄疫。如出现高热、食欲不振、精神委顿、弓腰、行动缓慢；可视黏膜充血、出血或存在不正常分泌物、发绀；鼻、唇、耳、下颌、四肢、腹下、外阴等多处皮肤点状出血，指压不褪色等症状的，可怀疑感染猪瘟。家禽如出现体温升高、食欲减退、神经症状；缩颈闭眼、冠髯暗紫；呼吸困难；口腔和鼻腔分泌物增多，嗉囊肿胀；下痢；产蛋减少或停止；少数禽突然发病，无任何症状而死亡等症状的，可怀疑感染新城疫。如出现呼吸困难、伸颈呼吸，发出咯咯声或咳嗽声；咳出血凝块等症状的，可怀疑感染鸡传染性喉气管炎等。

必要时，对怀疑病畜禽可进行实验室检测，以确诊是否是患病动物（指患有规定检疫的疫病）。

（5）符合检疫要求时出具检疫证明。

（二）填写产地检疫证明及有关票证

1. 产地检疫证明填写和使用的基本要求

（1）出具检疫证明的机构和人员必须是依法享有出证职权者，并经签字盖章后才有效。

（2）严格按适用范围出具检疫证明，检疫证明混用无效。

(3) 证明所列项目要逐一填写，内容简明准确。

(4) 涂改检疫证明无效。

(5) 签发日期用阿拉伯数字填写，而数量和有效期必须用大写汉字填写。

(6) 因检疫证明填写不规范给畜主、货主造成损失的，应由出证单位负责，不得归咎于货主。

2. 产地检疫证明及有关票证的样式和项目填写说明

(1) 产地检疫证明及有关票证的样式见实训表4-1至实训表4-5。

实训表4-1　检疫申报单

（货主填写）

编　　号：＿＿＿＿＿＿＿＿＿＿＿

货　　主：＿＿＿＿＿＿＿＿＿＿＿　　　　　　　联系电话：＿＿＿＿＿＿＿＿＿＿＿

动物/动物产品种类：＿＿＿＿＿＿＿　　　　　数量及单位：＿＿＿＿＿＿＿＿＿

来　　源：＿＿＿＿＿＿＿＿＿＿＿　　　　　　用　　途：＿＿＿＿＿＿＿＿＿＿＿

启运地点：

启运时间：

到达地点：

　　依照《动物检疫管理办法》规定，现申报检疫。

　　　　　　　　　　　　　　　　　　　　　　　　　　货主签字（盖章）

　　　　　　　　　　　　　　　　　　　　　　　　　　申报时间：　　年　月　日

实训表4-2　申报处理结果

（动物卫生监督机构填写）

□ 受理

拟派员于＿＿＿＿年＿＿＿月＿＿＿日到＿＿＿＿＿＿＿＿＿＿＿＿＿＿＿实施检疫。

□ 不受理

理由：＿＿＿＿＿＿＿＿＿＿＿＿＿＿＿＿＿＿＿＿＿＿＿＿＿＿＿＿。

　　　　　　　　　　　　　　　　　　　　　　　　　　经办人：

　　　　　　　　　　　　　　　　　　　　　　　　　　　年　　月　　日

（动物卫生监督机构留存）

实训表4-3　检疫申报受理单

（动物卫生监督机构填写）

　　　　　　　　　　　　　　　　　　　　　　　　　　No:

处理意见：

□ 受理

本所拟于＿＿＿＿年＿＿＿月＿＿＿日派员到＿＿＿＿＿＿＿＿＿＿＿实施检疫。

□ 不受理

理由：＿＿＿＿＿＿＿＿＿＿＿＿＿＿＿＿＿＿＿＿＿＿＿＿＿＿＿＿。

　　　　　　　　　　　　　　　　　　　　　　　　　　经办人：

　　　　　　　　　　　　　　　　　　　　　　　　　　联系电话：

　　　　　　　　　　　　　　　　　　　　　　　　　　动物检疫专用章

　　　　　　　　　　　　　　　　　　　　　　　　　　　年　　月　　日

（交货主）

实训表4-4 动物检疫合格证明（动物B）

货　　主			联系电话	
动物种类		数量及单位		用途	
启运地点	市（州）　　　　　县（市、区）　　　　　乡（镇）　　　　村 （养殖场、交易市场）				
到达地点	市（州）　　　　　县（市、区）　　　　　乡（镇）　　　　村 （养殖场、屠宰场、交易市场）				
牲　畜 耳标号					
本批动物经检疫合格，应于当日内到达有效。 　　　　　　　　　　　　　　　　　　　　官方兽医签字：＿＿＿＿＿＿＿ 　　　　　　　　　　　　　　　　　　　　签发日期：　　年　月　　日 　　　　　　　　　　　　　　　　　　　　（动物卫生监督所检疫专用章）					

第一联　共二联

注：1.本证书一式两联，第一联由动物卫生监督所留存，第二联随货同行。
2.本证书限省境内使用。
3.牲畜耳标号只需填写后3位，可另附纸填写，并注明本检疫证明编号，同时加盖动物卫生监督所检疫专用章。

实训表4-5 动物检疫合格证明（产品B）

编号：

货　　主		产品名称	
数量及单位		产　　地	
生产单位名称地址			
目　的　地			
检疫标志号			
备　　注			
本批动物产品经检疫合格，应于当日到达有效。 　　　　　　　　　　　　　　　　　官方兽医签字：＿＿＿＿＿＿＿＿ 　　　　　　　　　　　　　　　　　签发日期：　　年　月　　日 　　　　　　　　　　　　　　　　　（动物卫生监督所检疫专用章）			

第一联　共二联

注：1.本证书一式两联，第一联由动物卫生监督所留存，第二联随货同行。2.本证书限省境内使用。

（2）项目填写说明。

①检疫申报单

货主：货主为个人的，填写个人姓名；货主为单位的，填写单位名称。

联系电话：填写移动电话，无移动电话的，填写固定电话。

动物和动物产品种类：写明动物和动物产品的名称，如猪、牛、羊、猪皮、羊毛等。

数量及单位：数量及单位应以汉字填写，如叁头、肆只、陆匹、壹佰羽、贰佰张、伍仟千克。

来源：填写生产经营单位或生产地乡镇名称。

用途：视情况填写，如饲养、屠宰、种用、乳用、役用、宠用、试验、参展、演出、比赛等。

启运地点：饲养场（养殖小区）、交易市场的动物填写生产地的省、市、县名和饲养场（养殖小区）、交易市场名称；散养动物填写生产地的省、市、县、乡、村名。

启运时间：动物和动物产品离开经营单位或生产地的时间。

到达地点：填写到达地的省、市、县名，以及饲养场（养殖小区）、屠宰场、交易市场或乡镇名。

②动物检疫合格证明（动物B）

货主：货主为个人的，填写个人姓名；货主为单位的，填写单位名称。

联系电话：填写移动电话，无移动电话的，填写固定电话。

动物种类：填写动物的名称，如猪、牛、羊、马、骡、驴、鸭、鸡、鹅、兔等。

数量及单位：数量和单位连写，不留空格。数量及单位以汉字填写，如叁头、肆只、陆匹、壹佰羽。

用途：视情况填写，如饲养、屠宰、种用、乳用、役用、宠用、试验、参展、演出、比赛等。

启运地点：饲养场（养殖小区）、交易市场的动物填写生产地的市、县名和饲养场（养殖小区）、交易市场名称；散养动物填写生产地的市、县、乡、村名。

到达地点：填写到达地的市、县名，以及饲养场（养殖小区）、屠宰场、交易市场或乡镇、村名。

牲畜耳标号：由货主在申报检疫时提供，官方兽医实施现场检疫时进行核查。牲畜耳标号只需填写顺序号的后3位，可另附纸填写，并注明本检疫证明编号，同时加盖动物卫生监督所检疫专用章。

签发日期：用简写汉字填写，如二〇一二年四月十六日。

③动物检疫合格证明（产品B）

货主：货主为个人的，填写个人姓名；货主为单位的，填写单位名称。

产品名称：填写动物产品的名称，如猪肉、牛皮、羊毛等，不得只填写为肉、皮、毛等。

数量及单位：数量和单位连写，不留空格。数量及单位以汉字填写，如叁拾千克、伍拾张、陆佰枚。

生产单位名称地址：填写生产单位全称及生产场所详细地址。

目的地：填写到达地的市、县名。

检疫标志号：对于"带皮猪肉产品"，填写检疫滚筒印章号；其他动物产品按农业农村部有关后续规定执行。

备注：有需要说明的其他情况可在此栏填写。如作为分销换证用，应在此说明原检疫证明号码及必要的基本信息。

3. **产地检疫结果登记** 每次产地售前检疫结束，都应进行结果登记，填写登记表，表格式样见实训表4-6和实训表4-7。

实训表4-6　××乡活畜禽产地检疫登记表

村名	项目																					备注
	活畜禽检疫数（只）							检出病禽数（只）							病畜禽处理方法							
	猪	鸡、鸭、鹅	牛、羊	马属动物	兔	犬	骆驼	猪	鸡、鸭、鹅	牛、羊	马属动物	兔	犬	骆驼	猪	鸡、鸭、鹅	牛、羊	马属动物	兔	犬	骆驼	
××村																						
××村																						

实训表4-7　××乡活畜禽检出疫病登记表

村名	项目														备注
	猪		牛、羊		鸡（鸭、鹅）		马（骡、驴）		兔		犬		骆驼		
	病名	数（只）	病名	数（只）	病名	数（只）	病名	数（只）	病名	数（只）	病名	数（只）	病名	数（只）	
××村															
××村															

五、实训报告

（1）简述活畜（禽）产地检疫方法、程序和内容。
（2）填写出规范的"动物产地检疫合格证明"。

【检疫实训五】　猪宰后检疫的程序和操作方法

一、目的

熟悉猪宰后检疫的程序，并初步掌握猪宰后检疫的操作方法。

二、内容

猪宰后检疫程序及其头部、皮肤、内脏、旋毛虫、肉尸（胴体）等检疫操作方法与要点。

三、设备材料

选择一个正规的屠宰场（厂）。每人一套检验刀具、防水围裙、袖套及长筒靴、白色工作衣帽、口罩等。

四、方法与步骤

（一）猪宰后检疫的程序

动物宰后检疫的一般程序是：头部检疫→内脏检疫→胴体检疫三大基本环节。

猪的宰后检疫程序，即头部检疫→皮肤检疫→内脏检疫→旋毛虫检疫→胴体检疫五个检疫环节。具体包括以下7个方面的顺序内容：①统一编号（胴体、内脏和其他副产品），②头部检疫，③皮肤检疫，④内脏检疫，⑤旋毛虫检验，⑥胴体检疫，⑦复验盖印。

（二）猪宰后检疫操作方法与要点

1. 编号　在宰后检疫之前，要先将分割开的胴体、内脏、头蹄和皮张编上同一号码，以便在发现问题时进行查对。编号的方法可用红的或蓝的铅笔在皮上写号，或贴上有号的纸放在该胴体的前面，以便对照检查。

2. 头部检疫　在放血后入烫池前或剥皮前进行。头部检疫重点是炭疽、囊虫、口蹄疫。

首先，剖检颌下淋巴结。颌下淋巴结是浅层淋巴结，位于下颌间隙的后部，颌下腺的前端，表面被腮腺覆盖。呈卵圆形或扁椭圆形。

剖检方法：由两人操作，助手用右手紧握猪的右前蹄，左手用检验钩钩在颈部宰杀切口右侧边缘的中间部分，向右牵拉开切口。检验者左手持检验钩，钩住宰杀切口左侧边缘的中间部分，向左牵拉切口使其扩张；右手持刀将宰杀切口向深部纵切一刀，深达喉头软骨；再以喉头为中心，朝向下颌骨的内侧，左右各做一弧形切口，便可在下颌骨内沿、颌下腺下方，找出呈卵圆形或扁椭圆形的左右颌下淋巴结，并进行剖检（实训图5-1）。视检淋巴结是否肿大，切面是否呈砖红色，有无坏死灶（紫、黑、灰），周围有无水肿、胶样浸润等，主要是检查猪的局限型咽炭疽。

其次，必要时检疫扁桃体及颈部淋巴结。观察其局部是否呈出血性炎、溃疡、坏死，切面有无楔形的、由灰红色到砖红色的小病灶，其中是否有针尖大小坏死点。

再次，头、蹄检疫。视检有无口蹄疫、水疱病等传染病。

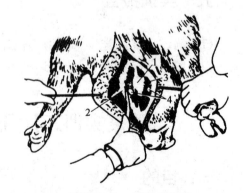

实训图5-1　猪头部检疫
1.咽喉隆起　2.下颌骨　3.颌下腺　4.下颌淋巴结

最后，剖检咬肌。如果头部连在肉尸上时，可用检验钩钩着颈部断面上咽喉部，提起猪头，在两侧咬肌处与下颌骨平行方向切开咬肌，检查猪囊虫。如果头已从肉尸割下，则可放在检验台上剖检两侧咬肌。

3. 皮肤检疫　在屠猪解体之前进行皮肤检查，一般限于烫毛猪的检疫。皮肤检疫的重点是猪瘟、猪丹毒和猪肺疫。

首先，带皮猪在烫毛后编号时进行检疫，剥皮猪则在头部检疫后洗猪体时初检，然后待皮张剥除后复检，可结合脂肪表面的病变进行鉴别诊断。

其次，检查皮肤色泽，有无出血、充血、疹块等病变。如呈弥漫性充血状（败血型猪丹毒），皮肤点状出血（猪瘟），四肢、耳、腹部呈云斑状出血（猪巴氏杆菌病），皮肤黄染（黄疸），皮肤呈疹块状（疹块型猪丹毒），痘疹（猪痘），坏死性皮炎（花疮），皮脂腺毛囊炎（点状疮）。

再次，检疫员通过对以上皮肤的这些不同病变进行鉴别诊断，作为疑似病猪应及时剔出，保留猪体及内脏，便于下道检疫程序再作最后整体判断同步处理。

4. 内脏检疫　内脏检疫顺序是：先查胃、肠、脾，俗称"白下水"检查；后查肺、心、肝，俗称"红下水"检查。

首先，对胃、肠、脾的检查。有非离体检查和离体检查两种方式。

（1）非离体检查　是指猪在开膛之后，胃、肠、脾未摘离肉尸之前进行检查。检查的顺序是脾脏→肠系膜淋巴结→胃肠。目前国内各屠宰场多数采用非离体检查。

肠系膜淋巴结包括前肠系膜淋巴结（位于前肠系膜动脉根部附近）和后肠系膜淋巴结（位于结肠终袢系膜中），由于数量众多，故称之为肠系膜淋巴群。在猪的宰后检疫中，常剖检的是前肠系膜淋巴结。

非离体检查的操作方法与要点：开膛后先检查脾脏（在胃的左侧，窄而长，紫红色，质较软），视检其大小、形态、颜色或触检其质地。必要时可切开脾脏，观察断面。然后提起空肠观察肠系膜淋巴结，并沿淋巴结纵轴（与小肠平行）纵行剖开淋巴结群，视检其内部变化。这对发现肠炭疽具有重要意义。最后视检整个胃肠浆膜有无出血、梗死、溃疡、坏死、结节、寄生虫。

（2）离体检查　是指将胃、肠、脾摘离肉尸后进行检查，并要编记与肉尸相同的号码，把摘离的胃、肠、脾按要求放置在检验台上，然后进行检查。检查的顺序是脾脏→胃肠→肠系膜淋巴结。

离体检查的操作方法与要点：先视检脾、胃肠浆膜面（视检的内容同上），必要时切开脾脏。然后检查肠系膜淋巴结。把胃放置在检查者的左前方，把大肠圆盘放在检查者面前，再用手将此两者间肠管较细、弯曲较多的空肠部分提起，并使肠系膜在大肠圆盘上铺开，便可见一长串索状隆起即肠系膜淋巴结群。用刀切开肠系膜淋巴结进行检查。

猪的寄生虫有许多寄生在胃肠道，如猪蛔虫、猪棘头虫、结节虫、鞭虫等。当猪蛔虫大量寄生时，从肠管外即可发现；猪结节虫在肠壁上形成结节。对寄生虫的检疫除观察病变外，要结合胃肠整理，以有利于产地寄生虫的普查和防治。

其次，对肺、心、肝的检查。亦有非离体检查与离体检查两种方式。

（1）非离体检查　当屠宰加工摘除胃、肠、脾后，割开胸腔，把肺、心、肝一起拉出胸腔、腹腔，使其自然悬垂于肉体下面，按肺→心→肝的顺序依次检查。

（2）离体检查　离体检查的方式又分悬挂式和平案式两种。两种方式都应将被检脏器编记与肉尸相同的号码。悬挂式是将脏器悬挂在检验架上受检，这种方式基本同非离体检查；平案式是把脏器放置在检验台上受检，使脏器的纵隔面（两肺的内侧）向上，左肺叶在检验者的左侧，脏器的后端（隔叶端）与检验者接近。

但不管采取非离体检查或离体检查（悬挂式和平案式）的方式进行肺、心、肝的检查，都应按先视检、后触检、再剖检的顺序全面检查肺、心、肝，并且注意观察咽喉黏膜与心耳、胆囊等器官的状况，综合判断。

关于肺、心、肝检验的操作方法与要点如下：

一是肺脏的检验操作方法与要点。先进行外观和肺实质检查。用长柄钩将肺脏悬挂（或将肺脏平放在检验台上，使肋面朝上，肺纵沟对着检验员进行检验），观察肺脏外表的色泽、形状、大小，有无充血、气肿、水肿、出血、化脓、坏死等病变，触检其弹性及有无硬节等变化。然后进行剖检，切开咽喉头、气管和支气管，观察喉头、气管和支气管隔膜有无变化，再观察肺实质有无异常变化，有无炎症、结核结节和寄生虫等变化。最后剖检支气管淋巴结，左手持检验钩钩住主动脉弓，向左牵引，右手持检验刀切开主动脉弓与气管之间的脂肪至支气管分叉处，观察左侧支气管淋巴结，并部检；再用检验钩钩右肺尖叶，向左下方牵引，使肺腹面朝向检验者，用检验刀在右肺尖叶基部和气管之间紧贴气管切开至支气管分叉处，观察右侧支气管淋巴结，并剖检。

肺脏检验重点检查有无结核、突变、寄生虫及各种炎症变化。结核病时可见淋巴结和肺实质中有小结节、化脓、干酪化等病变；猪肺疫以纤维素性坏死性肺炎（大叶性肺炎）为特征；肺丝虫病以凸出表面白色局灶性气肿病变为特征；猪丹毒以卡他性肺炎和充血、水肿为特征；猪气喘病以对称性肺的炎性水肿肉样变（小叶性肺炎）为特征。此外，猪肺还可见到肺吸虫、囊虫、细颈囊尾蚴、棘球蚴等。

肺脏检验时应注意：必须与因电麻时间过长或电压过高所造成的散在性出血点相区别。还必须注意屠宰放血时误伤气管而引起肺吸入血液和为泡烫污水灌注（后者剖切后流出淡灰色污水带有温热感）。

二是心脏的检验操作方法与要点。先观察心脏外形，然后进行剖检。观察心脏外表色泽、大小、硬度，有无炎症、变性、出血、囊虫、丹毒、心浆膜丝虫等病变。并触摸心肌有无异常，必要时进行剖检，用检验钩钩住心脏左纵沟，用检验刀在与左纵沟平行的心脏后缘纵剖心脏，切开左右房室，观察心内膜、乳头肌、腱索以及心肌等的变化，特别应注意二尖瓣膜上有无增生性变化（如出现花菜样疣状物）以及心肌内有无囊尾蚴寄生。猪心脏切开法见实训图5-2。

三是肝脏的检验操作方法与要点。首先观察肝脏的形状、大小、色泽有无异常，触检其弹性；其次剖检肝门淋巴结及左外叶肝胆管和肝实质，有无变性（在猪多见脂肪变性及颗粒变性）、瘀血、出血、纤维素性炎、硬变或肿瘤等病变，以及有无肝片吸虫、华支睾吸虫等寄生虫，有无副伤寒性结节（呈粟状黄色结节）和淋巴结细胞肉瘤（呈白色或灰白色油亮结节）。

猪心、肝、肺平案检验法见实训图5-3。

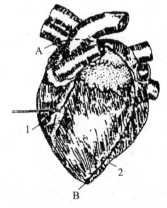

实训图5-2　猪心脏剖检术式

1. 左纵沟——检验钩钩着处
2. AB线是纵剖心脏切开线

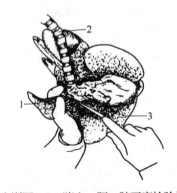

实训图5-3　猪心、肝、肺平案检验法

1. 右肺尖叶　2. 气管　3. 右肺膈叶

5. **旋毛虫检验** 猪旋毛虫在宰后检验中非常必要。特别在本病流行的地区及有吃生肉习惯的地方显得尤为必要。猪旋毛虫检验操作方法和要点如下。

（1）肉眼观察，取样送检 猪开膛取出内脏后，检疫人员通过肉眼观察，从肉尸左右膈肌脚的可检面上挑取可疑点，取下重量不少于30g的肉样两块，然后编上与肉尸相同的号码，送实验室检查。因旋毛虫检验以横隔膜肌脚的检出率最高，尤其是横隔膜肌脚近肝脏部较高，其次是隔膜肌的近肋部。所以采样必须在膈肌脚部位。

（2）视检 按号取下肉样，先撕去肌膜，在良好的光线下（以自然光线较好，检出率高），将肌肉拉平，仔细观察肌肉纤维的表面，或将肉样拉紧斜看，或将肉样左右摆动，使成斜方向才易发现。视检时，一种是在肌纤维的表面，看到一种稍凸出的卵圆形的针头大小发亮的小点，其颜色和肌纤维的颜色相似而稍呈结缔组织薄膜所具有的灰白色，折光良好；另一种是肉眼可见肌纤维上有一种灰白色或浅白色的小白点，则应认为可疑。另外，刚形成包囊的呈露点状，稍凸于肌肉表面，这时应将病灶剪下进行压片镜检法检查。

（3）压片镜检法

1）压片标本制作 用弓形剪刀，顺肌纤维从肉块的可疑部位或其他不同部位随机剪取麦粒大小的24个肉粒（两块肉共剪24块），使肉粒均匀地排列在夹压器的玻板上，每排12粒。盖上另一块玻板，拧紧螺旋或用手掌适度地压迫玻板，使肉粒压成薄片（能透过肉片看清书报上的小字）。

如果无旋毛虫夹压器时，可用普通载玻片代替。每份肉样则需要4块载玻片，才能检查24个肉粒。使用普通载玻片时需用手压紧两载玻片，两端用透明胶带缠固，这样才能使肉粒压薄。

2）压片镜检 将压片置于50～70倍低倍显微镜下观察，检查由第一肉粒压片开始，不能遗漏每一个视野。镜检时应注意光线不能过强、检查速度不要过快，以防发生漏检。

旋毛虫的幼虫寄生于肌纤维间，典型的形态是：包囊呈梭形、椭圆形或圆形，囊内有螺旋形蜷曲的虫体。有时候会见到肌肉间未形成包囊的杆状幼虫、部分钙化或完全钙化的包囊（显微镜下见一些黑点）、部分机化或完全机化的包囊。

显微镜下观察时，应注意旋毛虫与猪住肉孢子虫的区别。由于猪住肉孢子虫也寄生在膈肌等肌肉中，且感染率一般情况下比旋毛虫高，有时同一肉样内既有旋毛虫，也有住肉孢子虫，要注意鉴别（实训图5-4）。对于钙化的包囊，滴加10%稀盐酸将钙盐溶解后，如果是旋毛虫包囊，可见到虫体或其痕迹；而住肉孢子虫不见虫体；囊虫则能见到角质小钩和崩解的虫体团块。

6. **胴体检疫** 在屠宰加工过程中，肉尸一般是倒挂在架空轨道上依次编号，进行检查。首先判定其放血程度。放血不良的肌肉颜色发暗，切面上可见暗红色区域，挤压有少量血滴流出。根据肉尸的放血不良程度，检疫人员可怀疑该肉尸是由疫病所致还是宰前过于疲劳等引起。

胴体检疫包括：体表检查、主要淋巴结的剖检、腰肌检验和肾脏检验。

胴体检疫的操作方法与要点如下：

（1）体表检查 一是检查胴体的放血程度和色泽，二是全面视检皮肤外表、皮下组织、肌肉、脂肪以及胸腹膜等部位有无异常。当患有猪瘟、猪肺疫、猪丹毒

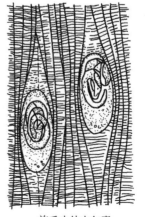

旋毛虫幼虫包囊　　住肉孢子虫包囊

实训图5-4　旋毛虫与住肉孢子虫区别

时，皮肤上常有特殊的出血点或出血斑。

（2）主要淋巴结的剖检　正常检疫中，必检腹股沟浅淋巴结和髂内淋巴结，有必要时，则再剖检颈浅背侧淋巴结（肩前淋巴结）、髂下淋巴结（股前淋巴结）、腘淋巴结和腹股沟深淋巴结。剖检时应纵向切开为宜。

1）腹股沟浅淋巴结（乳房淋巴结）　位于最后一个乳头平位或稍后上方（胴体倒挂）的皮下脂肪内，大小为（3～8）cm×（1～2）cm。剖检时，在悬挂的胴体上，检验者用检疫钩钩住最后乳头稍上方的皮下组织向外侧拉开，右手持刀从脂肪组织层正中切开，找到该淋巴结后剖检观察其变化。剖检该淋巴结可了解后半躯以及后肢的感染情况。

2）髂内淋巴结和腹股沟深淋巴结　在悬挂的胴体上，于最后腰椎处设一水平线AB（实训图5-5），再以倒数第一、第二腰椎之间为起点作一直线CD，与AB线相交成45°左右的夹角，沿CD线切开脂肪层，在切线附近可找到髂外动脉，在腹主动脉与旋髂深动脉的夹角中，可找到髂内淋巴结，在髂外动脉的路径上或髂外动脉与旋髂深动脉的夹角中可找到腹股沟深淋巴结，如淋巴结未切开，应补刀切开检验，观察其变化。剖检髂内淋巴结和腹股沟深淋巴结可了解屠畜后躯体深浅组织被感染的情况。

3）颈浅背侧淋巴结（肩前淋巴结）　位于肩关节的前上方，肩胛突肌和斜方肌的下面，长3～4cm。采用切开皮肤的剖检方法。检查时在被检胴体的颈基部虚设一水平线AB，于该水平线中点始向脊背方向移动2～4cm处作为刺入点。以检验刀的刀尖垂直刺入胴体颈部组织，并向下垂直切开2～3cm长的肌肉组织，即可找到颈浅背侧淋巴结（实训图5-6）。剖检该淋巴结，观察变化。剖检该淋巴结可了解头部和躯体前半部被感染状况。

4）髂下淋巴结（股前淋巴结）　在最后乳头处用检验钩钩住整个腹壁组织向左上方牵引，暴露腹腔并固定胴体，在腹腔的后部可见到由耻骨断面和腹部白色肥膘层将股薄肌及股内侧肌群围成一个红色的半椭圆形肌肉区，在股薄肌断面的腹侧下缘向肾上缘作滑切至皮下，在股阔筋膜张肌前缘可见到该淋巴结，切开被覆的脂肪层和淋巴结，观察其变化。初学者可从跟结节至肾上缘的连线与倒数第二腰椎水平线的交点深处切至皮下，即可显露该淋巴结。此法既适合于悬挂时检验，也适合于操作台上检验。

5）腘淋巴结　先使胴体的后肢跟结节面对检验者，在跟腱下面的小窝（即股二头肌与半腱肌末端之间的间隙）的下缘设一水平线，在该水平线上目测该处猪腿的厚度，将其三等分在外1/3处用刀尖垂直点刺，作一个3.5cm的切口，即可发现该淋巴结并进行剖检。

（3）腰肌的检验　其剖检方法是：检验者以检验钩固定胴体，然后用刀自荐椎与腰椎结合部起做一深切口，

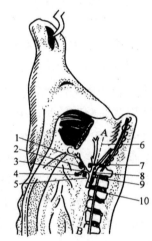

实训图5-5　猪腹股沟淋巴结检疫
1.髂上动脉　2.腹股沟深淋巴结　3.旋髂深动脉
4.髂外淋巴结　5.检查腹股沟淋巴结的切口线
6.沿腰椎假设AB线　7.髂下淋巴结
8.髂内动脉　9.髂内淋巴结　10.腹主动脉

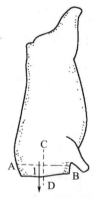

实训图5-6　猪肩前淋巴结剖检术式图
AB——颈基底宽度　CD——为AB线的等分线
1.肩前淋巴结

沿切口紧贴脊柱向下切开，使腰肌与脊柱分离。然后移动检验钩，用其钩拉腰肌使腰肌展开，顺肌纤维方向做3～5条平行切口，视检切面有无猪囊虫寄生。

（4）肾脏的检验　一般附在胴体上检疫。先剥离肾包膜，用检疫钩钩住肾盂部，再用刀沿肾脏中间纵向轻轻一划，然后刀外倾，用刀背将肾包膜挑开，用钩一拉肾脏即可外露。观察肾的形状、大小、弹性、色泽及有无出血点、坏死灶和结节形成等病变。必要时再沿肾脏边缘纵向切开，观察皮质、髓质、肾盂的颜色等情况。摘除肾上腺。

7. 盖印章　动物检疫员认定是健康无染疫的肉尸，应在胴体上加盖验讫印章，内脏加封检疫标志，出具动物产品检疫合格证明。对不合格的肉尸，在肉尸上加盖无害化处理验讫印章并在防疫监督机构监督下，进行无害化处理。

（三）宰后检疫结果的登记

猪宰后检疫完成后，对每天所检出的疫病种类进行统计分析（包括宰前检出），这对本地猪病流行病学研究和采取防治对策有十分重要的意义。检疫结果统计可参考【检疫实训四】中的表4-6（即：××乡活畜禽产地检疫登记表）和实训表4-7（即：××乡活畜禽检出疫病登记表）进行，每月或每季度总评分析见实训表5-1。

实训表5-1　生猪屠宰检疫检出病类统计

单位：头

时间	产地	屠宰总数	猪瘟	猪丹毒	猪肺疫	结核病	炭疽	囊虫病	旋毛虫病	弓形虫病	住肉孢子虫病	钩端螺旋虫病	黄疸	白肌肉	……	……	死因不明

（四）宰后检疫的注意点

（1）宰后检疫时，要注意安全使用检疫工具，防止检验者及周围人员受伤。

（2）宰后检疫中，检疫人员要穿戴干净的工作服、帽、围裙、胶靴，离开工作岗位时必须脱换工作服，并做好个人卫生消毒。同时在检疫过程中要集中注意力，严禁吸烟和随地吐痰。

（3）剖检时，为了保证肉品的卫生质量和商品价值，只能在规定的部位切开，深浅要适度，决不要乱划和拉锯划切割。肌肉应顺肌纤维切开，以免形成很大的裂口，导致细菌的侵入或蝇蛆的滋生。

（4）内脏器官暴露后，不要急于剖检，应先视检外形　对要求需要剖检的器官，剖检一定要到位。

五、实训报告

（1）叙述猪颌下淋巴结、腹股沟浅淋巴结、髂内淋巴结和腹股沟深淋巴结的剖检术式。

（2）叙述猪宰后如何进行旋毛虫的检验。

【检疫实训六】 布鲁氏菌病的实验室检测

一、目的

掌握布鲁氏菌病实验室检测技术，学会病原学诊断和血清学常用的诊断方法。

二、内容

布鲁氏菌病的实验室检疫技术。包括病原学诊断、血清学诊断（平板凝集反应、虎红平板凝集试验、全乳环状试验、变态反应试验等操作方法及判定标准）。

三、设备材料

无菌采血试管、采血针头及注射器、皮内注射器及针头、灭菌小试管及试管架、清洁灭菌试管、平板凝集试验箱、清洁玻璃板、抗原滴管、玻璃笔、酒精灯、牙签或火柴、布鲁氏菌水解素、5%碘酊棉球、70%酒精棉球、0.5%石炭酸生理盐水或5%～10%的浓盐水、布鲁氏菌试管凝集抗原、阳性和阴性血清等。

四、方法与步骤

（一）病原学诊断

1. 涂片染色镜检　采集流产胎衣、绒毛膜水肿液、肝、脾、淋巴结、胎儿胃内容物等组织，制成抹片，用柯兹罗夫斯基染色法染色，镜检，布鲁氏菌为红色球杆状小杆菌，而其他菌为蓝色，可做出初步的疑似诊断。

2. 细菌分离培养及鉴定　如果是新鲜病料，可用胰蛋白胨-琼脂面或血液琼脂斜面、肝汤琼脂斜面、3%甘油0.5%葡萄糖苷汤琼脂斜面等培养基培养；如果是陈旧病料或污染病料，可用选择性培养基培养。培养时，一份在普通条件下，另一份放于含有5%～10%二氧化碳的环境中，37℃培养7～10d。然后进行菌落特征检查和单价特异性抗血清凝集试验。

（二）血清学诊断

1. 平板凝集反应

平板凝集反应要按《家畜布鲁氏菌病平板凝集反应技术操作规程及判定标准》进行。

（1）材料准备　平板凝集试验箱或清洁玻璃板，平板抗原、抗原滴管等。

（2）操作步骤　最好用平板凝集试验箱进行平板凝集反应。如果无此设备，也可用清洁玻璃板进行平板凝集反应，首先将清洁玻璃板划成4cm²方格，横排5格，纵排可以数列，每一横排第一格写血清号码；然后用0.2mL吸管将血清以0.08mL、0.04mL、0.02mL、0.01mL分别依次加于每排4小方格内，吸管必须稍倾斜并接触玻璃板；最后以抗原滴管垂直于每格血清上滴加一滴平板抗原（一滴等于0.03mL，如为自制滴管，必须事先测定准确）。经5～8min，按下列标准记录反应结果。

++++：出现大凝集片或小粒状物，液体完全透明，即100%凝集。

+++：有明显凝集片和颗粒，液体几乎完全透明，即75%凝集。

++：有可见凝集片和颗粒，液体不甚透明，即50%凝集。

+：仅仅可以看见颗粒，液体混浊，即25%凝集。

－：液体均匀混浊，无凝集现象。

平板凝集反应的血清量0.08mL、0.04mL、0.02mL和0.01mL，加入抗原后，其效价相当于试管凝集价的1：25、1：50、1：100、1：200。

每批次平板凝集试验必须以阴、阳性血清作对照。

（3）结果判定　判定标准与试管凝集反应相同。结果通知单只在血清凝集价的格内分别换成0.08mL（1：25）、0.04mL（1：5）、0.02mL（1：100）和0.01mL（1：200）。

2. 虎红平板凝集试验（RBT）　RBT是快速玻片凝集反应，且非常敏感。抗原是由布鲁氏菌加虎红制成。它可与试管凝集及补体结合反应效果相比，且在犊牛菌苗接种后不久，以此抗原做试验就呈现阴性反应，对区别菌苗接种与动物感染有帮助。RBT对感染畜群的检出或对无布鲁氏菌病畜群的验证，都是一种适宜的普查方法。

（1）材料准备　布鲁氏菌虎红平板试验抗原，可按说明书使用。

（2）操作步骤　被检血清和布鲁氏菌虎红平板凝集抗原各0.03mL滴于玻璃板的方格内，每份血清各用一支火柴棒混合均匀。在室温（20℃）4～10min内记录反应结果。同时以阳、阴性血清作对照。

（3）结果判定　在阳性血清及阴性血清试验结果正确的对照下，被检血清出现任何程度的凝集现象均判为阳性，完全不凝集的判为阴性，无可疑反应。

3. 全乳环状试验（MRT）　指用于乳牛及乳山羊布鲁氏菌病检疫，以监视无病畜群有无本病感染。也可用于个体动物的辅助诊断方法。可于畜群乳桶中取样，也可由个别动物乳头取样。按《乳牛布鲁氏菌病全乳环状反应技术操作规程及判定标准》进行。该法是全乳间接酶联免疫吸附试验（I-ELISA）的一种合适的替代方法。

（1）材料准备　全乳环状试验抗原（由兽医生物药品厂生产供应。一种是苏木精染色抗原，呈蓝色；另一种是四氮唑染色抗原，呈红色）。被检乳汁必须为新鲜全脂乳。腐败、变酸和冻结的不适合本试验用（夏季采集的乳汁应在当天内检验，如保存在2℃时，7d内仍可使用）。患乳房炎及其他乳房疾病的动物的乳汁、初乳、脱脂乳及煮沸乳汁也不能作全乳环状试验用。

（2）操作步骤　取新鲜全乳1mL加入小试管中，加入抗原1滴（约0.05mL）充分振荡混合；置37～38℃水浴中60min，小心取出试管，勿使振荡，立即进行判定。

（3）判定标准　判定时不论哪种抗原，均按乳脂的颜色和乳柱的颜色进行判定。

强阳性反应（+++）：乳柱上层的乳脂形成明显红色或蓝色的环带，乳柱呈白色，分界清楚。

阳性反应（++）：乳脂层的环带虽呈红色或蓝色，但不如"+++"显著，乳柱微带红色或蓝色。

弱阳性反应（+）：乳脂层的环带颜色较浅，但比乳柱颜色略深。

疑似反应（±）：乳脂层的环带不甚明显，并与乳柱分界模糊，乳柱带有红色或蓝色。

阴性反应（－）：乳柱上层无任何变化，乳柱呈均匀混浊的红色或蓝色。

脂肪较少，或无脂肪的乳汁呈阳性反应时，抗原菌体呈凝集现象下沉管底，判定时以乳柱的反应为标准。

4. 变态反应试验　又称为布鲁氏菌素皮肤超敏试验（BST），它是用不同类型的抗原进行布鲁氏菌病诊断的方法之一。布鲁氏菌水解素即变态反应试验的一种抗原，这种抗原专供绵羊和山羊检查布鲁氏菌病之用。按"羊布鲁氏菌病变态反应技术操作规程及判定标准"进行。

（1）材料准备　注射针头、布鲁氏菌水解素、酒精棉球等。

（2）操作步骤　首先在注射前应将注射部位用酒精棉球消毒，然后使用细针头，将水解素注射于绵羊或山羊的尾皱褶部或肘关节无毛处的皮内，注射剂量0.2mL。如注射正确，在注射部形成绿豆大小的硬包。注射一只后，用酒精棉球消毒针头，再接着注射另一只。

（3）结果判定　注射后分别于24h和48h，用肉眼观察和触诊检查各注射部位皮肤反应一次。若两次观察结果不符，以反应最强的一次作为判定的依据。判定标准如下。

强阳性反应（+++）：注射部位有明显不同程度的肿胀和发红（硬肿或水肿），不用触诊，一望即知。

阳性反应（++）：肿胀程度虽不如上述现象明显，但也容易看出。

弱阳性反应（+）：肿胀程度也不显著，有时需靠触诊才能发现。

疑似反应（±）：肿胀程度不明显，通常需与另一侧皱褶相比较。

阴性反应（-）：注射部位无任何变化。

阳性牲畜，应立即移入阳性畜群进行隔离，可疑牲畜必须于注射后30d进行第二次复检，如仍为疑似反应，则按阳性牲畜处理，如为阴性，则视为健康。

五、实训报告

写一份布鲁氏菌病实验室检测（以平板凝集反应为例）的报告。

【检疫实训七】　猪副伤寒的实验室检测

一、目的

掌握猪副伤寒的实验室检测方法。

二、内容

猪副伤寒的实验室检测方法，包括病原学诊断和血清学检测。

三、设备材料

采血针、手术刀、剪刀、镊子、纱布、酒精灯、载玻片、接种环、革兰氏染色液、普通显微镜、香柏油、二甲苯、鉴别培养基、增菌培养液、荧光显微镜、丙酮、PBS液等。

四、方法与步骤

（一）病原学诊断

猪副伤寒又称猪沙门氏菌病，是由沙门氏菌属细菌引起仔猪的一种传染病。

1. **采取病料** 无菌采取病猪心血、肝、脾、淋巴结、管状骨等，放置于30%甘油生理盐水中送至实验室。或将死亡12h以内的猪整体送检。

2. **染色镜检** 将采取的病料（如猪粪、尿、心血、肝、脾、肾组织、肠系膜淋巴结、流产胎儿的胃内容物、流产病畜的子宫分泌物等）制作触片或涂片，自然干燥后，用革兰氏染色液染色镜检。沙门氏菌呈两端钝圆或卵圆形、无芽孢和荚膜的革兰氏阴性小杆菌。

3. **培养检查** 把新鲜病料首先分别接种在普通琼脂培养基和麦康凯琼脂培养基上，经37℃培养24h。可见在普通琼脂培养基上生长出边缘整齐、湿润、圆形、无色、半透明的小菌落；而在麦康凯琼脂培养基上生长出无色、半透明、圆形、边缘整齐、湿润、隆起的菌落。然后分别挑取上述培养基上的菌落，接种在普通肉汤培养基上，经37℃培养24h，可见肉汤混浊、有少量白色沉淀，制作涂片革兰氏染色镜检，可见均匀的革兰氏阴性杆菌存在。

4. **增菌与鉴别培养** 对污染严重的病料，可用增菌培养液（常用的为四硫黄酸钠煌绿增菌液和亚硒酸盐亮绿培养液）进行增菌培养。鉴别培养基为SS琼脂培养基、亚硫酸铋琼脂培养基、HE琼脂培养基等。沙门氏菌在SS琼脂培养基上，形成的菌落呈灰色，菌落中心为黑色；在亚硫酸铋琼脂培养基上，形成的菌落呈黑色；在HE琼脂培养基上，形成的菌落为蓝绿色或蓝色，中心为黑色。

5. **生化特性** 挑取鉴别培养基上的菌落进行纯培养，同时在三糖铁斜面上做划线接种并向基底部穿刺接种，经37℃培养24h。如果是沙门氏菌，则在穿刺线上呈黄色，斜面呈红色，产生硫化氢的菌株可使穿刺线变黑。

把符合上述检查的培养物用革兰氏染色液染色、镜检，并接种生化管以鉴定生化特性，做出判断。本属细菌为革兰氏阴性，两端钝圆、卵圆形小杆菌，不形成芽孢，周生鞭毛，能运动，在普通培养基上能生长，能还原硝酸盐，能利用葡萄糖产气。不发酵乳糖，靛基质阴性。猪霍乱沙门氏菌不发酵阿拉伯糖和海藻糖，猪伤寒沙门氏菌不发酵甘露醇，偶然也有发酵蔗糖和产生吲哚的菌株。

（二）血清学检测

1. **玻片凝集法** 此法是用沙门氏菌属诊断血清与分离菌株的纯培养物做玻片凝集试验。

操作步骤：①将可疑菌落用无菌生理盐水洗下，制成浓厚的细菌悬液，经100℃水浴30min。②取洁净玻片，滴一小滴沙门氏菌A～F群多价O血清至玻片上，再滴少许细菌悬液与玻片上的多价O血清混匀，摇动玻片，观察结果，看2min内是否出现凝集现象。③若出现凝集现象，可判定为阳性。同时做阳性和阴性对照。

2. **荧光抗体检测法**

操作步骤：①取被检猪的肝、脾、肾、血液、肠系膜淋巴结和皮下胶样浸出液抹片，晾干，丙酮溶液中固定10min。②抗原标本用丙酮固定10min后，将荧光抗体加在每个标本面上，使其完全覆盖标本。③将玻片置于湿盒中，经37℃水浴中作用40min。④取出玻片置玻架上，先用

pH 7.4、0.01mol/L的PBS液冲洗后，再经3次漂洗，每次5min，用滤纸吸去多余水分，但不使标本干燥，加一滴缓冲甘油，用盖玻片覆盖，置荧光显微镜下观察。

结果判定：标本中看不清菌体，无荧光为"－"；仅见菌体及较弱荧光记为"＋"；菌体有明亮荧光记为"＋＋"；菌体非常清楚，呈明亮的黄绿色荧光记为"＋＋＋"。

五、实训报告

叙述猪副伤寒的实验室血清学检测方法、操作步骤和判定标准。

【检疫实训八】 猪瘟的实验室检测

一、目的

掌握猪瘟实验室检测的方法。

二、内容

兔体交互免疫试验、荧光抗体试验（FAT）。

三、设备材料

疑似猪瘟的新鲜病料（淋巴结、脾、血液、扁桃体等）、家兔（体重1.5kg以上未做过猪瘟试验的）、猪瘟兔化弱毒冻干疫苗、生理盐水、青霉素（结晶）、体温计、灭菌乳钵、剪刀、镊子、煮沸消毒锅、1.0mL的蓝心玻璃注射器、5～10mL玻璃注射器、20～22号及24～26号2.5cm针头、铁丝兔笼、冰冻切片机、扁桃体采样器、猪瘟荧光抗体、荧光显微镜、伊文思蓝溶液等。

四、方法与步骤

（一）兔体交互免疫试验

此试验是检测猪瘟的一种生物学试验，结果可靠，但费时。操作步骤如下：

（1）选择健康、体重1.5kg以上、未做过猪瘟试验的家兔4只，分成2组（试验组和对照组），试验前连续测温3d。每天3次，间隔8h，体温正常者可使用。

（2）采可疑病猪的淋巴结和脾脏等病料制成1：10的悬液，取上清液加青霉素各500IU处理后，给试验组肌内注射，每头5mL。如用血液需加抗凝剂，每头接种2mL。另一组（对照组）不注射，作为对照。

（3）对2组继续测温，每隔6h测温一次，连续3d。

（4）7d后，对试验组用猪瘟兔化弱毒1：（20～50）的上清液各1mL静脉注射，每隔6h测温一次，连续3d。第二组（对照组）也同时做同样处理，供对照。

（5）记录体温，根据发生的热反应，进行诊断。

1）如试验组接种病料后无热反应，后来接种猪瘟兔化弱毒也不发生热反应，则为猪瘟。因为一般猪瘟病毒不能使兔发生热反应，但可使之产生免疫力。

2）如试验组接种病料后有热反应，后来接种猪瘟兔化弱毒不发生热反应，则表明病料中含有猪瘟兔化弱毒。

3）如试验组接种病料后无热反应，后来接种猪瘟兔化弱毒发生热反应；或接种病料后有热反应，后来对猪瘟兔化弱毒又发生热反应；则都不是猪瘟。

（二）荧光抗体试验（FAT）

荧光抗体试验（FAT）是一种免疫学方法，可快速从病猪的扁桃体、脾、胰、肾、淋巴结和远端回肠等组织样品（冰冻切片）中检出猪瘟病毒抗原。操作步骤如下：

（1）用猪扁桃体采样器采取猪瘟活体扁桃体，或取淋巴结、脾、其他组织，用滤纸吸干上面的液体。

（2）取灭菌干燥载玻片一块，将组织小片切面触压玻片，作成压印片，置于室温内干燥，或用所采的病理组织，做成切片（4μL），吹干后，滴加冷丙酮数滴，置于-20℃固定15～20min。

（3）用磷酸盐缓冲溶液（PBS）洗，阴干。

（4）滴上标记荧光抗体，置37℃饱和湿度箱内处理10～30min。

（5）用pH 7.2的PBS漂洗3次，每次5～10min。

（6）干后，滴上甘油缓冲液数滴，加盖玻片封闭，用荧光显微镜检查。

（7）如细胞胞质内有弥散性、絮状或点状的亮黄绿色荧光，为猪瘟；如仅见暗绿色或灰蓝色，则不是猪瘟。

（8）对照试验用已知猪瘟病毒材料压印片，先用抗猪瘟血清处理，然后用猪瘟荧光抗体处理。如上检查，应不出现猪瘟病毒感染的特异荧光。

（9）标本染色和漂洗后，如浸泡于含有5%吐温-80的pH 7.3、0.01mol/L PBS中1h以上，可除去非特异染色，晾干后，用0.1%伊文思蓝对比染色15～30s，检查判定同上。

五、实训报告

叙述应用兔体交互免疫试验检测猪瘟的步骤及判定。

【检疫实训九】 猪链球菌病的实验室检测

一、目的

掌握猪链球菌病的实验室检测方法。

二、内容

猪链球菌病的病原学诊断。

三、设备材料

剪刀、镊子、试管架、显微镜、革兰氏染色液或美蓝染色液、血液琼脂培养基、5%碘酊棉球、70%酒精棉球、2～5mL玻璃注射器、20～22号针头、灭菌生理盐水等。

四、方法与步骤

（一）直接染色镜检

取病猪或死猪的新鲜病料，如心血、肝、脾、肾、肺、脑、淋巴结或胸水等制成涂片，干燥、固定，用革兰染色或碱性美蓝染色法染色后镜检。可见革兰氏染色阳性、球形或椭圆形，直径为0.5～1.0μm，成对或3～5个菌体排列成短链的链球菌。偶尔可见30～70个菌体相连接的长链，但不成丛、成堆，不运动，无芽孢，偶见有荚膜存在。经数日培养的老龄链球菌可染成革兰氏阴性。

（二）细菌分离培养

用脓汁或其他分泌物、排泄物划线接种于血液琼脂平板上，置37℃培养24h或更长。已干涸的病料棉拭可先浸于无菌的脑心浸液或肉汤中，然后挤出0.5mL进行培养。为了提高链球菌的分离率，先将培养基置于37℃温箱中预热2～6h。培养基中加入5%无菌的绵羊血液，细菌生长良好并可发生溶血。链球菌在普通培养基上多生长不良。

链球菌在血液琼脂上呈小点状，培养24h溶血不完全，48～72h菌落直径大约为1mm，呈露珠状，中心混浊，边缘透明，有些黏性菌株融合粘连，菌落呈单凸或双凸，有α型溶血（绿色）、β型溶血（完全透明）或γ型溶血（无变化），这在链球菌的鉴定中是很重要的。多数具有致病性的链球菌呈β型溶血。可挑选典型菌落做纯培养，进一步做生化鉴定。

（三）生化鉴定

可通过淀粉酶阳性和VP试验阴性进行鉴定，大多数分离株发酵海藻糖、水杨苷并产酸。

五、实训报告

写出猪链球菌病的病原学诊断方法与步骤。

【检疫实训十】 牛结核病的实验室检测

一、目的

掌握牛结核病的实验室检测方法。

二、内容

牛结核病的皮内变态反应（结核菌素试验）和病原检测。

三、设备材料

牛结核病料、待检牛、牛型提纯结核菌素（PPD）、潘氏斜面培养基、甘油肉汤、煮沸消毒锅、培养箱、匀浆机、石蜡、来苏儿、酒精、鼻钳、修毛剪、镊子、游标卡尺、1mL一次性注射器、12号针头、接种环、酒精灯、脱脂棉、纱布、火柴、记录表、工作服、工作帽、口罩、胶靴、毛巾、肥皂等。

四、方法与步骤

（一）皮内变态反应（结核菌素试验）

结核菌素试验（TT）是检测牛结核的标准方法，也是国际贸易指定试验。采用牛型提纯结核菌素（PPD）检疫牛结核病的操作方法及判定结果标准如下。

1. 操作方法

（1）将牛只编号，在颈侧中部上1/3处剪毛约10cm²，用卡尺测量皮肤皱褶厚度并记录（实训表10-1）。出生后20d的牛即可用本试验进行检疫，3个月以内的犊牛，也可在肩胛部进行剪毛、测量并记录。如果皮肤剪毛部有伤或化脓，应另选部位。

实训表10-1　牛结核病检疫记录

单位：　　　　　　　　　　　　　　　　年　　月　　日　　　　　　　　　　检疫员：

牛号	年龄	提纯结核菌素皮内注射反应							
		次数		注射时间	部位	原皮厚度	72h	96h	120h	判定
		第次	一次							
			二次							
		第次	一次							
			二次							

（续）

牛号	年龄	提纯结核菌素皮内注射反应							
		次数		注射时间	部位	原皮厚度	72h	96h	120h	判定
		第一次	一次							
		次	二次							

受检头数_____；阳性头数_____；可疑头数_____；阴性头数_____。

（2）先以70%酒精消毒术部，然后将牛型提纯结核菌素稀释成每毫升含10万IU（冻干PPD稀释后当天用完），每头牛（不论大小牛）皮内注射0.1mL。注射后，局部应出现小包，若无小包，应另选部位或颈部对侧重新注射。

（3）注射后72h进行观察反应。检查注射部位有无热、肿、痛等炎症反应，并用卡尺测量注射部位皮肤皱褶厚度。计算皮厚差（将注射后皮厚度减去注射前的皮厚度）。

阴性和可疑反应的牛只，应于注射后96h和120h再分别观察记录一次，以防个别牛出现较晚的迟发型变态反应。

2. 结果判定

（1）阳性反应　注射局部有明显的炎性反应，皮厚差≥4mm者，其记录符号为"+"。对进口牛的检疫，凡皮厚差>2mm者，即判为阳性。

（2）可疑反应　注射局部炎性反应不明显，皮厚差在2.1～3.9mm，其记录符号为"±"。

（3）阴性反应　注射局部无炎性反应。皮厚差≤2mm，其记录符号为"-"。

3. 重检　凡判定为可疑反应的牛只，在30d后于颈部的对侧相应部位再进行一次复检，若仍为可疑时，经30～45d后再复检，两次重复仍为可疑，应判为阳性。

注意：结核菌素试验（TT）仅适用于新近（疑似）感染动物的检测，感染3～6周后的动物，以及具严重病变的慢性感染动物通常不出现迟发性过敏反应。TT敏感性达不到100%，而且迟发性过敏反应对牛科和鹿科之外的大多数其他动物检测效果不确切。

（二）病原检测

1. 病料处理　根据感染部位的不同采用不同的标本，如痰、尿、脑脊液、腹水、乳汁及其他分泌物等。为了排除分支杆菌以外的微生物，组织样品制成匀浆后，取1份匀浆加2份草酸或5% NaOH混合，室温放置5～10min，上清液小心倒入装有小玻璃珠并带螺帽的小瓶或小管内，37℃放置15min，3 000～4 000r/min离心10min，弃去上清液，用无菌生理盐水洗涤沉淀，并再离心。沉淀物用于抹片染色镜检和细菌分离培养。

2. 抹片染色镜检　取经处理后的沉淀物作抹片，在酒精灯火焰上固定，用Ziehl-Neelsen氏法作抗酸染色，镜检呈红色的细菌为抗酸菌，其他细菌为蓝色。

3. 细菌分离培养　将沉淀物接种于潘氏斜面培养基和甘油肉汤中，培养管加橡皮塞，置37℃培养至少2～4周，每周检查细菌生长情况，并在无菌环境中换气2～3min。牛结核分支杆菌呈微黄白色、湿润、黏稠、微粗糙菌落。取典型菌落进行涂片、染色、镜检可确检。结核杆菌革兰氏染色阳性（菌体呈蓝色），抗酸染色菌体呈红色。

4. 动物接种试验　通常用豚鼠做试验，将被检材料作皮下接种，剂量为1～1.5mL，每份病料接种2～3只豚鼠。在豚鼠接种病料经3～4周后，可用哺乳动物型（人型和牛型均可）和禽型结核菌素分别给豚鼠进行皮内注射（作皮内变态反应比较试验），哺乳型和禽型菌素均用1∶25稀释液，注射量均为0.1mL。注射后，如果豚鼠感染牛型或人型结核菌，将对哺乳型菌素发生强烈反应，注射部位的红肿经过72h仍不消失；而对禽型菌素仅有轻微反应，经过24～48h就消失。如果豚鼠感染禽型结核菌，将对禽型菌素发生强烈反应，而对哺乳型菌素仅有轻微反应或无反应，采用动物接种试验，有助于早期诊断，并有助于鉴别是牛型菌感染还是禽型菌感染。

接种后经过4～6周如果不死亡，将豚鼠剖杀，观察病理变化。如果是感染牛型或人型结核菌后，肝、脾和局部淋巴结将出现结核病灶。肺脏是在发病后期才被感染的，肾脏通常不出现病灶；如果是感染禽型结核菌，主要在注射部位形成脓肿和在靠近接种部位的淋巴结出现病灶。

如果被检材料疑为禽型结核菌，最好接种鸡和家兔。鸡和家兔接种后一般在10周内死亡，病灶主要在肝及脾脏。

剖检时，取病变组织直接接种在劳文斯坦-杰森二氏培养基斜面上，做分离培养。这是分离结核菌最可靠的方法。

五、实训报告

写出观察记录皮内变态反应的操作全过程和结果判定。

【检疫实训十一】 鸡新城疫的实验室检测

一、目的

掌握鸡新城疫的实验室检测方法。

二、内容

鸡新城疫病毒分离培养和病毒鉴定（采用血凝试验与血凝抑制试验）。

三、设备材料

（1）器材　注射器（1mL）、注射针头（5～5.5号）、血凝试验板（V型、96孔）、微量移液器（50μL）、恒温箱、超净工作台或无菌室、离心机、离心管、照蛋器、微型振荡器、塑料采血管、9～10日龄SPF鸡胚、剪刀、镊子、毛细吸管、橡皮乳头、灭菌平皿、试管、吸管（0.5mL、1mL、5mL）、酒精灯、试管架、胶布、石蜡、锥子等。

（2）诊断试剂　无菌生理盐水、青霉素、链霉素、标准阳性血清、稀释液（pH 7.0～7.2磷酸盐缓冲溶液）、浓缩抗原、0.5%红细胞悬液、被检血清等。

四、方法与步骤

（一）病毒的分离培养

1. 样品的采集与处理

（1）样品采集　活禽用气管拭子和泄殖腔拭子（或粪）。死禽以脑为主，也可采心、肝、脾、肺、肾、气囊等组织，均要求无菌操作。

（2）样品处理　样品用无菌生理盐水或磷酸盐缓冲液（PBS）研磨成1∶5乳液；拭子浸入2～3mL生理盐水或PBS缓冲液中，反复吸水并挤压数次后至无水滴出，弃之。溶液中加入青霉素（使终浓度为1 000IU/mL），链霉素（使终浓度为1mg/mL）。对于泄殖腔拭子（或粪）样品，加入青霉素、链霉素的量提高5倍，然后调pH至7.0～7.4，37℃作用1h，再1 000r/min离心10min，取上清液0.1mL，经尿囊腔接种9～10日龄SPF鸡胚。

2. 培养物的收集及检测　培养4～7d的尿囊液经无菌采集后于−20℃保存。用尿囊液作血凝（HA）试验，并与标准阳性血清作血凝抑制（HI）试验，确定有无新城疫病毒繁殖。若有血凝性（HA效价＞2⁴）且血凝性能被特异血清所抑制，则证明分离到了新城疫病毒，但该病毒并不一定是致病的强毒，也有可能是疫苗毒，因此，必须对分离到的病毒进行致病力测定。评价新城疫病毒的毒力指标有3个，即最小致死量致死鸡胚平均死亡时间（MDT）、1日龄雏鸡脑内接种致病指数（ICPI）和6周龄雏鸡静脉接种致病指数（IVPI）。

MDT的测定：将新鲜尿囊液用生理盐水连续10倍稀释，10^{-9}～10^{-6}的每个稀释度接种5个9～10日龄SPF鸡胚，每胚0.1mL，37℃孵化。余下的病毒保存于4℃，8h后以同样方法接种第二批鸡胚，连续7d内观察鸡胚死亡时间并记录，测定出最小致死量，即引起被接种鸡胚死亡的最大稀释倍数，计算MDT。以MDT确定病毒的致病力强弱，40～70h死亡为强毒，140h以上死亡为弱毒。由新城疫病毒致死的鸡胚，胚体全身充血，在胚头、胸、背、翅和趾部有小出血点，尤其以翅和趾部明显，这在诊断上具有参考价值。

（二）病毒的鉴定

采用红细胞凝集（HA）试验和血凝抑制（HI）试验进行鉴定。

1. 试剂配制及被检血清制备

（1）pH 7.0～7.2磷酸盐缓冲溶液（PBS）的配制

氯化钠（GB 1266—77）	170g
磷酸二氢钾（GB 1274—77）	13.6g
氢氧化钠（GB 629—77）	3.0g
蒸馏水	1 000mL

高压灭菌，4℃保存，使用时做20倍稀释。

（2）浓缩抗原。

（3）0.5%红细胞悬液　采成年鸡血，用20倍量磷酸盐缓冲溶液洗涤3～4次，每次以2 000r/min离心3～4min，最后一次5min，用磷酸盐缓冲溶液配成0.5%悬液。

（4）被检血清　每群鸡随机采血20～30份血样，分离血清。

采血的方法：先用三棱针刺破翅下静脉，随即用塑料管引流血液至6～8cm长。将管一端烧融封口，待凝固析出血清后以1 000r/min离心5min，剪断塑料管，将血清倒入一块塑料板小孔中。若需较长时间保存，可在离心后将凝血块一端剪去，滴融化石蜡封口，于0℃保存。

（5）标准阳性血清。

2. 操作方法

（1）微量血凝（HA）试验　在微量血凝板的每孔中滴加稀释液50μL，共滴四排。吸取1∶5稀释抗原滴加于第一列孔，每孔50μL，然后由左至右顺序倍比稀释至第11列孔，再从第11列孔各吸取50μL弃之。最后一列不加抗原作对照。于每孔中加入0.5%红细胞悬液50μL，置微型振荡器上振荡1min，或手持血凝板绕圆圈混匀。放室温下（18～20℃）30～40min，根据血凝图像判定结果。以出现完全凝集的抗原最大稀释度为该抗原的血凝滴度。每次四排重复，以几何均值表示结果，计算出含4个血凝单位的抗原浓度。按下列公式进行计算：

$$抗原应稀释倍数＝血凝滴度（血凝价）÷4$$

（2）微量血凝抑制（HI）试验　先取稀释液50μL，加入微量血凝板的第1孔，再取浓度为4个血凝单位的抗原依次加入第3～12孔，每孔50μL，第2孔加浓度为8个血凝单位的抗原50μL，吸被检血清50μL于第1孔（血清对照）中，挤压混匀后吸50μL于第2孔，依次倍比稀释至第12孔，最后弃去50μL。置室温（18～20℃）下作用20min。滴加50μL 0.5%红细胞悬液于各孔中，振荡混合后，室温下静置30～40min，判定结果。每次测定应设已知滴度的标准阳性血清对照。

3. 结果判定

（1）在对照出现正确结果的情况下，以完全抑制红细胞凝集的最大稀释度为该血清的血凝抑制滴度。

（2）若有10%以上的鸡出现11（log2）以上的高血凝抑制滴度，说明鸡群已受新城疫强毒感染。

（3）若监测鸡群的免疫水平，则血凝抑制滴度在4（log2）的鸡群保护率为50%左右；在4（log2）以上的保护率达90%～100%；在4（log2）以下的非免疫鸡群保护率约为9%，免疫过的鸡群约为43%。鸡群的血凝抑制滴度以抽检样品的血凝抑制滴度的几何平均值表示，如平均水平在4（log2）以上，表示该鸡群为免疫鸡群。

五、实训报告

叙述鸡新城疫的实验室检测方法和程序。

【检疫实训十二】　马立克病的实验室检测

一、目的

掌握马立克病的实验室检测方法。

二、内容

应用琼脂免疫扩散试验（AGID）对马立克病的病毒抗原检测和抗体检测。

三、设备材料

（1）试验器材　玻璃平皿（直径90mm）、三角瓶（250mL容量）、打孔器（或梅花形打孔器，孔径3～4mm）、针头（6～8号）、酒精灯、微量移液器（20～50μL）、微量血凝板（V型、96孔）、移液滴头（20～200μL）若干等。

（2）诊断试剂　抗原和标准阳性血清、生理盐水、1%硫柳汞溶液、pH7.4 0.01mol/L磷酸盐缓冲溶液、被检血清（应新鲜、无明显蛋白凝块、无溶血现象和无腐败气味）、琼脂糖等。

四、方法与步骤

（一）马立克病的病毒抗原检测

操作方法如下：

1. 琼脂板打孔　在已制备的琼脂板上，用直径4mm或3mm的打孔器按六角形图案打孔，或用梅花形打孔器打孔。中心孔与外周孔间距离为3mm，将孔中的琼脂用8号针头斜面向上从右侧边缘插入，轻轻向左侧方向挑出，勿损坏孔的边缘，避免琼脂层脱离平皿底部。

2. 封底　用酒精灯火焰轻烤平皿底部至琼脂轻微溶化为止，封闭孔的底部，以防样品溶液侧漏。

3. 加样　用微量移液器吸取用灭菌生理盐水稀释的标准阳性血清滴入中央孔，标准阳性抗原悬液分别加入外周的第1孔、第4孔中，在外周的第2孔、第3孔、第5孔、第6孔处（不打孔）按顺序分别插入被检鸡的羽毛髓质端（长度约0.55cm）；或在第2孔、第3孔、第5孔、第6孔中加入被检的鸡羽毛髓质浸出液，每孔均以加满不溢出为度。每加一个样品应换一个吸头。

4. 感作　加样完毕后，静止5～10min，将平皿轻轻倒置，放入湿盒内，置37℃温箱中反应，分别在24h和48h观察结果。

（二）马立克病的抗体检测

操作方法与马立克病的病毒抗原检测相同，但加样如下：用微量移液器吸取用灭菌生理盐水稀释的标准抗原液（按产品使用说明书的要求稀释）滴入中央孔，标准阳性血清分别加入外周的第1、第4孔中，待检血清按顺序分别加入外周的第2孔、第3孔、第5孔、第6孔中。每孔均以加满不溢出为度，亦不应出现凹形面。每加一个样品应换一个吸头。

（三）结果判定及判定标准

马立克病琼脂免疫扩散试验结果判定如实训图12-1所示。

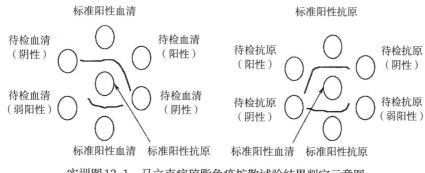

实训图12-1 马立克病琼脂免疫扩散试验结果判定示意图

（1）将琼脂板置日光灯或侧强光下进行观察，当标准阳性血清与标准抗原孔间有明显沉淀线，而待检血清与标准抗原孔间或待检抗原与标准阳性血清孔之间有明显沉淀线，且此沉淀线与标准抗原和标准血清孔间的沉淀线末端相融合，则待检样品为阳性。

（2）当标准阳性血清与标准抗原孔的沉淀线的末端在毗邻的待检血清孔或待检抗原孔处的末端向中央孔方向弯曲时，待检样品为弱阳性。

（3）当标准阳性血清与标准抗原孔间有明显沉淀线，而待检血清与标准抗原孔或待检抗原与标准阳性血清孔之间无沉淀线，或标准阳性血清与抗原孔间的沉淀线末端向毗邻的待检血清孔或待检抗原孔直伸或向外侧偏弯曲时，该待检血清为阴性。

（4）介于阴、阳性之间的为可疑。可疑应重检，仍为可疑判为阳性。

（四）注意事项

（1）所用琼脂或琼脂糖须干净无杂质，水浴煮沸（约需20min）或微波（约需3min）充分融化。融化后的琼脂色白、澄清透亮。

（2）平皿须洁净，经过干热灭菌。

（3）制备的琼脂板厚度一致，琼脂液先倒入有刻度的小锥形瓶中（直径为90mm的平皿加入20mL），倒入时速度要慢，锥形瓶稍倾斜，以免产生气泡。再倒入置于平台上的平皿内。

（4）观察液面是否平直，有无气泡。若有气泡，在琼脂未凝固时稍微转动平皿使其到边缘方，不影响结果判断。

（5）按检测样品的数量选用模板。打孔器垂直穿透凝胶直至底面，打孔时动作要轻柔，勿伤及边缘，勿使琼脂层脱离皿底。

（6）加样前须封底，封底时，若检测样品数量少时，可用酒精灯略烤，若检测数量较多，最好把平皿底部浮于少量热水中，以均匀融化琼脂，以免侧漏。

（7）加样时应将孔加满，不应出现凹月面，亦不应溢出。特别注意每加一个样品应换一个滴头。

（8）不规则的沉淀线与加样过满溢出、孔形不规则、边缘开裂、孔底渗透、孵育时没放水平、扩散时琼脂变干燥、温度过高、蛋白质变性或未加防腐剂导致细菌污染等有关。

五、实训报告

叙述应用琼脂免疫扩散试验对马立克病的病毒抗原检测和抗体检测程序及结果判定。

【检疫实训十三】 鸡白痢的实验室检测

一、目的

掌握鸡白痢的实验室检测方法。

二、内容

鸡白痢沙门氏菌分离培养和全血平板凝集试验。

三、设备材料

（1）器材 洁净玻璃板、吸管、金属丝环（内径7.5～8.0mm）、反应盒、酒精灯、针头（20号或22号）、消毒盘、酒精棉球、橡皮乳头滴管、干燥的灭菌试管等。

（2）诊断试剂 鸡白痢全血凝集反应抗原、强阳性血清（500IU/mL）、弱阳性血清（10IU/mL）、阴性血清、鸡沙门氏菌属诊断血清、SS琼脂、麦康凯琼脂、亚硒酸盐煌绿增菌培养基、四硫黄酸钠煌绿增菌培养基、三糖铁琼脂和赖氨酸铁培养基等。

四、方法与步骤

（一）细菌分离培养

1. **病料采集** 用于病原分离的最佳病料，应选择近2～3周没有使用抗生素治疗的病禽或带菌禽进行采集。

首先采集被检鸡的肝、脾、卵巢、输卵管等脏器，然后无菌取每种组织适量（采集部位表面先用烧红的小匙杀菌，再用无菌棉拭子或灭菌环插入取样），经研碎后进行培养。

2. **分离培养** 将研碎的病料分别接种亚硒酸盐煌绿增菌培养基或四硫黄酸钠煌绿增菌培养基和SS琼脂平皿或麦康凯琼脂平皿，经37℃培养24～48h，在麦康凯或SS琼脂平皿上若出现细小、无色透明、圆形的光滑菌落，判为可疑菌落。若在鉴别培养基上无可疑菌落出现时，应从增菌培养基中取菌液在鉴别培养基上划线分离，经37℃培养24～48h，若有可疑菌落出现，则进一步作鉴定。

3. **病原鉴定** 为观察可疑菌的生化特性和有否运动性，将上述的可疑菌落穿刺接种三糖铁琼脂斜面和赖氨酸铁琼脂斜面，并在斜面上划线，同时接种半固体培养基，经37℃培养24h后观察，若无运动性，并且在三糖铁琼脂培养基或在赖氨酸铁琼脂培养基上出现阳性反应时，则进一步血清学鉴定。

4. **血清学鉴定** 对初步判为沙门氏菌的培养物做血清型鉴定，取可疑培养物接种三糖铁琼脂斜面，经37℃培养18～24h，先用A～F多价O血清与培养物作平板凝集反应，若呈阳性反应，再分别用09、012、H-a、H-d、H-g.m和H-g.P单价因子血清作平板凝集反应，如果培养物与

09、012因子血清呈阳性反应，而与H-a、H-d、H-g.m和H-g.P因子血清呈阴性反应时，则鉴定为鸡白痢沙门氏菌或鸡沙门氏菌。

5. 凝集试验　用接种环取两环因子血清于洁净玻璃板上，然后用接种环取少量被检菌苔与血清混匀，轻轻摇动玻板，于1min内呈明显凝集反应者为阳性，不出现凝集反应者为阴性，试验时设生理盐水作对照应无凝集反应出现。

（二）全血平板凝集试验

1. 操作方法　在20～25℃环境条件下，用定量滴管或吸管吸取抗原，垂直滴于玻璃板上1滴（相当于0.05mL），然后用针头刺破鸡的翅静脉或冠尖取血0.05mL（相当于内径7.5～8.0mm金属丝环的两满环血液），与抗原充分混合均匀，并使其散开至直径为2cm，不断摇动玻璃板，计时判定结果，同时设强阳性血清、弱阳性血清、阴性血清对照。

2. 结果判定

（1）凝集反应判定标准如下：

100%凝集（++++）：紫色凝集块大而明显，混合液稍混浊。

75%凝集（+++）：紫色凝集块较明显，但混合液有轻度混浊。

50%凝集（++）：出现明显的紫色凝集颗粒，但混合液较为混浊。

25%凝集（+）：仅出现少量的细小颗粒，而混合液混浊。

无凝集（-）：无凝集颗粒出现，混合液混浊。

（2）在2min内，抗原与强阳性血清应呈100%凝集（++++），弱阳性血清应呈50%凝集（++），阴性血清不凝集（-），判定试验有效。

（3）在2min内，被检全血与抗原出现50%（++）以上凝集者为阳性，不发生凝集则为阴性，介于两者之间为可疑反应，将可疑鸡隔离饲养1个月后，再做检疫，若仍为可疑反应，按阳性反应判定。

五、实训报告

叙述鸡白痢实验室的细菌分离与鉴定及全血平板凝集试验检测的方法和步骤。

【检疫实训十四】　鸡球虫病的实验室检测

一、目的

掌握鸡球虫病的实验室检测方法。

二、内容

鸡球虫病的病理检查和病原检查。

三、设备材料

（1）器材　60目铜丝网或尼龙网、100mL量杯、50mL和100mL烧杯、5mL玻璃瓶、吸管、镊子、天平、离心机、麦氏虫卵计数板、载玻片、盖玻片、显微镜、水浴锅、被检动物或动物群的新鲜粪便（≥200g）、疑似发生球虫病的鸡（群）的粪便或球虫感染致死或将要死亡的鸡等。

（2）诊断试剂

①饱和盐水的配制：称取400g食盐，放入三角烧瓶中，加入1 000mL水，将烧瓶置于电炉上，边烧边搅拌，待全部溶解后，静置冷却，有少量盐析出，即为饱和盐水，相对密度约为1.18。

②磷酸盐缓冲溶液（PBS）：将下列试剂按次序加入到1 000mL定量瓶中。氯化钠8.00g、氯化钾0.20g、磷酸氢二钠1.44g、磷酸二氢钾0.24g、蒸馏水800mL，充分搅匀，用适量1mol/L盐酸（HCl）调溶液的pH至7.4，再加蒸馏水定容至1L。分装至500mL或250mL的盐水瓶中，在103.41kPa压力下蒸汽灭菌20min，室温保存。

四、方法与步骤

（一）病理检查

主要对急性病鸡的检查。包括病变检查、裂殖子检查、卵囊检查。

1. 病变检查　对疑似球虫感染致死或将要死亡的鸡，进行解剖，观察病变情况。主要检查肠道（盲肠和小肠）病变。如果肠道明显肿大、胀气或变形，肠浆膜面出现针尖大小，颜色为鲜红色、褐色或白色的斑点或斑块；肠内容物充满凝血块、脱落的上皮细胞、纤维蛋白、黏液等，呈暗红色、橙黄色或乳白色，多为稀薄状；肠黏膜增厚，有坏死的病灶和灰白色的斑点或斑块等，可疑为球虫病，进一步做球虫裂殖子或卵囊的检查。

2. 裂殖子检查　取病变明显的肠道，纵向剪开，用磷酸盐缓冲溶液轻轻洗去黏膜表层的杂物。然后刮取少许黏膜放在载玻片上，加1～2滴磷酸盐缓冲溶液，加盖玻片，置于显微镜下检查。在高倍镜下，如见有大量球形的裂殖体（类似剥了皮的橘子）和裂殖子（如香蕉形或月牙形），即可确诊为球虫病。

3. 卵囊检查　将病变明显的肠道，纵向剪开后取少量内容物，放在载玻片上，加1～2滴磷酸盐缓冲溶液，加盖玻片，轻轻将内容物压散，置于显微镜下检查，如见到大量球虫卵囊，可确诊为球虫病。也可以取有灰白色斑点或斑块的肠道，纵向剪开后用磷酸盐缓冲溶液轻轻洗去黏膜表层的杂物。刮取少许有灰白色斑的黏膜，放在载玻片上，加1～2滴磷酸盐缓冲溶液，加盖玻片，轻轻将内容物压散，置于显微镜下检查，如见到大量球虫卵囊，可确诊为球虫病。

（二）病原检查

主要对慢性病鸡或进入康复阶段病鸡的检查。

1. 定性检查

（1）操作方法　取被检鸡或鸡群的新鲜粪便10g，放入50mL烧杯中，加入适量水，轻轻搅匀，经60目铜丝网或尼龙网过滤。将滤液移入4支10～15mL试管，2 500r/min离心10min，倾去上清液，各管沉淀物中加入少量饱和盐水，混匀。各管的沉淀物混悬液移入一个5mL玻璃瓶。用饱和盐水加满，盖上盖玻片（盖玻片需能与液面接触），静置10min，取下盖玻片，放在载玻片上。置载玻片于显微镜台上，用10×10或10×40的倍数进行检查。

（2）结果判定　①发现球虫卵囊，判为阳性，说明该鸡（群）已感染球虫，并可根据卵囊形态特征，初步确定为哪一属的球虫。②未发现球虫卵囊，需重复检查5次，仍未见球虫卵囊，本粪样可判为阴性。只有连续检查粪便7～10d，均未发现球虫卵囊，方可说明该鸡（群）未感染球虫。

2.定量检查　对定性检查中呈阳性的粪样，要进行定量检查。

（1）操作方法　取待检粪样2g，放入50mL烧杯，加入少量自来水搅匀，经60目铜丝网或尼龙网过滤，并用自来水冲洗几次滤网。滤液经2 500r/min离心10min。用少量饱和盐水将沉淀物搅匀，移入100mL量杯，加饱和盐水至60mL处，充分混匀。用吸管吸取混悬液注满麦氏虫卵计数板，静置5min，将麦氏虫卵计数板置于显微镜下，用10×10或10×40的倍数检查，数出每个刻室（$1cm \times 1cm \times 0.15cm = 0.15cm^3$，含100个小方格）内的所有卵囊数，计算出平均值A。对压线的卵囊，按左、上压线计，右、下压线不计处理。每克粪便卵囊数（OPG）按下式计算：

$$OPG = （A \div 0.15） \times 60 \div 2 = A \times 200$$

对卵囊数较多的粪样，可在60mL的基础上，用饱和盐水再稀释B倍后计数，则OPG按下式计算：

$$OPG = A \times 200 \times B$$

（2）判定标准　①$OPG > 10 \times 10^4$，为严重感染；②$10 \times 10^4 \geqslant OPG \geqslant 1 \times 10^4$，为中度感染；③$OPG < 1 \times 10^4$，为轻度感染。

五、实训报告

叙述鸡球虫病的实验室病理检查和病原检查的方法与步骤。

【检疫实训十五】　流行性造血器官坏死病的实验室检测

一、目的

掌握鱼类流行性造血器官坏死病的实验室检测方法。

二、内容

鱼类流行性造血器官坏死病病毒分离与鉴定、PCR检测和酶联免疫吸附试验（ELISA）检测等方法。

三、设备材料

（1）器材　组织研磨器、青霉素、链霉素、离心机、塑料离心管、微量板、无水乙醇、PCR扩增仪、水平电泳槽、紫外观察灯或凝胶成像仪等。

（2）试剂　胰蛋白酶-EDTA混合消化液、培养液、CTAB溶液、抽提液1、抽提液2、氯化镁（$MgCl_2$）、Taq酶用10倍浓缩缓冲液（$10\times$buffer）、TBE电泳缓冲液（5倍浓缩液）、EB（Ethidium Bromide，核酸染色剂）、$6\times$上样缓冲液、包被稀释液（pH9.6）、PBST pH 7.4、封闭液、底物OPD溶液pH5.0（以上试剂配制见附录）。

（3）培养细胞　用蓝太阳鱼鳃细胞系（BF-2）（对EHNV最为敏感），或大鳞大麻哈鱼胚胎细胞系（CHSE-214）或鲤上皮乳头瘤细胞系（EPC），制备成细胞单层，以供接种病鱼样品匀浆上清液分离病毒用。

（4）被检样品　送检有临床症状的病鱼10尾，无临床症状的鱼若干尾。

四、方法与步骤

（一）被检材料的采集与处理

1. 被检材料的采集　有临床症状的鱼，体长小于3cm鱼苗取整条鱼，去头和尾；体长3～6cm的鱼苗取内脏（包括肾）；体长大于6cm的病鱼（成鱼）取肝、肾、脾和脑等。

无临床症状的鱼，取肝、脾、脑等。取样数量按照GB/T 18088的规定。

2. 采样的处理　先用组织研磨器将样品匀浆成糊状，再按1∶10的最终稀释度重悬于培养液中。如果在匀浆前未用抗生素处理过样品，则须将样品匀浆后再悬浮于含有1 000IU/mL青霉素和1 000μg/mL的链霉素的培养液中，于15℃下孵育2～4h或4℃孵育6～24h。7 000r/min离心15min，收集上清液。

（二）实验室检测方法

1. 病毒分离与鉴定　细胞传代使用胰蛋白酶-EDTA消化液。对1∶10的组织匀浆上清液再作两次10倍稀释，然后将1∶10、1∶100、1∶1 000三个稀释度的上清液分别接种到生长24h以内的96孔板里的细胞单层中，每孔的细胞单层最多接种100μL稀释液。15～20℃吸附0.5～1h后，加入细胞培养液，置于22℃培养。试验设2个阳性对照（接种EHNV标准株）和2个空白对照（未接种病毒的细胞）。

阳性对照和待测样品都接种细胞后，7d内每天用倒置显微镜检查。空白对照细胞应当正常。如果接种了被检匀浆上清稀释液的细胞培养中出现细胞病变（CPE）应立即进行鉴定。CPE表现为局部区域细胞开始裂解，周围细胞收缩变圆，逐渐发展，细胞最终全部脱落。

如果除阳性对照细胞外，没有CPE出现，则在培养7d后还要用敏感细胞进行盲传。传代时，将接种了组织匀浆上清稀释液的细胞单层培养物冻融一次，以7 000r/min、4℃离心15min，收集上清液。将上清液接种到新鲜细胞单层，培养7d，每天镜检。

如果阳性对照也未出现CPE，则必须换用敏感细胞和一批新的组织样品重新进行另一系列的病毒学检查。

病毒的鉴定，可用中和试验、间接荧光抗体试验、ELISA等方法进行病毒鉴定，即可确诊。

2. PCR检测　目前有研制成的流行性造血器官坏死病毒（EHNV）PCR快速检测试剂盒。

（1）样品处理　将450μL细胞病变悬液或组织悬液，放入1.5mL离心管，再加入450μL CTAB溶液并混匀，25℃作用2.5h。

（2）病毒DNA抽提　在含有样品的塑料离心管中加入600μL抽提液1，用力混合至少30s。12 000r/min离心5min，小心取上层水相（约800μL）。加入700μL抽提液2，用力混合至少30s，12 000r/min离心5min，小心取上层水相（约600μL）。加入−20℃预冷的1.5倍体积的无水乙醇（约900μL），倒置数次混匀后，−20℃ 8h以上沉淀核酸。12 000r/min离心30min，小心倒去上清液，倒置于吸水纸上，吸干液体。37℃干燥20min，最后加11～12μL水溶解后，作为PCR模板。

（3）目的DNA片段扩增　反应体系为100μL：在0.5μL反应管中加入dNTP 2μL，M151和M152或者M153和M154各2.5μL，25mmol/L氯化镁（$MgCl_2$）10μL、10倍Taq酶10倍浓缩缓冲液10μL、Taq酶1μL、模板10μL，加水到总体积100μL。如使用无热盖的PCR扩增仪，需在反应混合物上覆加50μL矿物油。混匀后低速离心，让矿物油在上层。再将反应管置于PCR扩增仪，94℃变性4min；94℃变性1min、50℃退火1min、72℃延伸1min，35次循环；72℃延伸10min。

（4）设立对照　在PCR检测第1步样品处理的过程中必须设立阳性样品对照（配含有已知EHNV的病毒标准株的细胞悬液作为阳性对照）、阴性样品对照（取正常的鱼组织抽提核酸作为阴性对照）、空白对照（取等体积的水代替模板作为空白对照）。

（5）琼脂糖电泳　用TBE电泳缓冲液配剂1.5%的琼脂糖（含1μg/mL EB）平板。将平板放入水平电泳槽，使电泳缓冲液刚好淹没胶面。将6μL PCR扩增产物和上样缓冲液按比例混匀后加入样品孔。在电泳时使用核酸分子量标准参照物作对照。5V/cm电泳约0.5h，当溴酚蓝到达底部时停止。

（6）结果判定　在紫外观察灯上或用凝胶成像仪观察扩增带并判断结果。PCR后阳性对照会分别出现321bp和M154的扩增产物，在625bp DNA位置上都有带者，取PCR扩增产物测序或进行酶切反应，同参考序列或酶切反应结果进行比较，符合的可判断待测样品结果为阳性。

无扩增带或扩增带的大小不是321bp和625bp的为阴性。

3. 酶联免疫吸附试验检测　主要检测被检样品是否存在EHNV抗原。

（1）样品处理　先用组织研磨器将样品匀浆或糊状，再按1∶10的最终稀释度重悬于培养液中。如果在匀浆前未用抗生素处理过样品，则须将样品匀浆后再悬浮于含有1 000IU/mL青霉素和1 000μg/mL链霉素的培养液中，于15℃下孵育2～4h或4℃下孵育6～24h。7 000r/min离心15min，收集上清液。

（2）微量板包被和封闭　将一抗（兔抗或者鼠抗EHNV抗体）用pH 9.6的包被缓冲液做适当稀释后包被ELISA微量反应板，每孔100μL、4℃孵育过夜。用PBST于25℃下封闭30min，用PBST洗4次。

（3）病原检测　在孔内分别加入100μL含有待检测病毒的细胞培养液或组织悬液，另将阳性对照，正常组织样品（阴性对照）和细胞培养液（空白对照）也各加2孔，25℃下反应90min。用PBST洗4次。

各孔加一定稀释度的第二抗体（抗EHNV的抗血清），25℃下反应90min。用PBST洗4次。

每孔加0.1mL 0.1%的H_2O_2（用双蒸水稀释）。37℃反应15min，以除掉非特异性的过氧化物酶，倒出孔内液体。用PBST洗4次。

每孔加100μL用辣根过氧化物酶标记了的抗体，25℃下反应90min。用PBST洗4次。

（4）结果判读　加底物OPD溶液。当阳性对照出现明显棕黄色，阴性对照无色时，立即每孔加入0.2mL浓度为2mol/L硫酸终止反应。加入终止液后10min内用酶标仪测量各孔在490nm波长时的光吸收值（A_{490}值）。以空白对照的A_{490}值为零点。先计算阳性对照和阴性对照的A_{490}值之比。阳性对照孔的A_{490}值（P）与阴性对照孔的A_{490}值（N）之比大于2.1（即P/N≥2.1），表明对照成立。再计算得到样品孔和阴性对照孔的A_{490}值之比。当样品孔的A_{490}值（P）与阴性对照孔的A_{490}值（N）之比大于或等于2.1（即P/N≥2.1）时定为阳性。

对流行性造血器官坏死病毒（EHNV）实验室检测的综合判断，即确诊为EHNV阳性的标准是，满足下列两条标准中任何一条都可以确诊为EHNV阳性：

①如果鱼有临床症状，并从病鱼中分离到病毒（EHNV），并用PCR或ELISA鉴定为EHNV；或用ELISA检测病鱼的组织中有EHNV抗原，则可确认为阳性。

②如果鱼没有临床症状，从样品中分离到病毒，并用PCR或ELISA鉴定为EHNV，则确认检测结果也是阳性。

五、实训报告

叙述鱼类流行性造血器官坏死病病毒分离与鉴定、PCR检测和酶联免疫吸附试验（ELISA）检测等方法的具体步骤。

附录（规范性附录）：试剂及其配制

1.胰蛋白酶-EDTA混合消化液

氯化钠（NaCl，分析纯）	0.8g
氯化钾（KCl，分析纯）	0.02g
磷酸二氢钾（KH_2PO_4，分析纯）	0.02g
磷酸氢二钾（K_2HPO_4，分析纯）	0.115g
乙二胺四乙酸（EDTA，分析纯）	0.02g
胰酶（分析纯）	0.1g
双蒸水	100mL

过滤除菌后分装备用

2.培养液

199培养基，按说明书的要求配制，然后加入10%的胎牛血清，抽滤除菌，4℃保存。开放系统使用时，加入过滤除菌的HEPES，使其在培养液中的终浓度为0.02mol/L。

3.CTAB溶液

按2% CTAB，1.4mol/L氯化钠（NaCl），20.0mmol/L EDTA，20.0mol/L Tris HCl pH7.5配制，用前加巯基乙醇到终浓度为0.25%。

4.抽提液1

酚-三氯甲烷-异戊醇，用1.0mol/L pH（7.9+0.2）Tris饱和过的重蒸酚：三氯甲烷：异戊醇按25：24：1的比例混合，密闭避光保存。

5.抽提液2

三氯甲烷-异戊醇，将三氯甲烷和异戊醇按24：1的比例混合，密闭避光保存。

6.氯化镁（$MgCl_2$）

25.0mmol/L

7.Taq酶用10倍浓缩缓冲液（10×buffer）

Tris-HCl	500.0mmol/L pH8.8
氯化钾（KCl）	500.0mmol/L
TritonX-100	1%

8.TBE电泳缓冲液（5倍浓缩液）

Tris	54.0g
硼酸	27.5g
EDTA	2.9g
加水至	1 000.0mL

用5.0mol/L的盐酸（HCl）调pH到8.0。

9.EB（Ethidium Bromide，核酸染色剂）

用水配制成10.0mg/mL的浓缩液。用时每10.0mL电泳液或琼脂中加1.0μL。

10.6×上样缓冲液

溴酚蓝100mg，加双蒸水5mL，在室温下过夜，待溶解后再称取蔗糖25g，加双蒸水溶解后移入溴酚蓝溶液中，摇匀后定容至50mL，加入氢氧化钠（NaOH）溶解1滴，调至蓝色。

11.包被稀释液（pH9.6）

碳酸钠（Na_2CO_3）	1.59g
碳酸氢钠（$NaHCO_3$）	2.93g
水	1 000mL

充分搅拌溶解后，4℃保存。

12.PBST pH 7.4

氯化钠（NaCl）	8g
氯化钾（KCl）	0.2g
磷酸二氢钾（KH_2PO_4）	0.2g
磷酸氢二钠（$Na_2HPO_4 \cdot 12H_2O$）	2.9g
水	1 000mL
吐温20	0.05mL

摇匀后，4℃保存。

13.封闭液

明胶	1g
PBST	100mL

摇匀后，4℃保存。使用前置于微波炉或者水浴中溶解明胶，降到室温后使用。

14. 底物OPD溶液 pH5.0

0.1mol/L磷酸氢二钠（Na₂HPO₄）   600mL

0.1mol/L柠檬酸   300mL

混合成底物稀释液，在100mL底物稀释液中溶入80mg的邻苯二胺，然后加入80μL的 H_2O_2，放5min不变色即可使用（使用前配制）。

【检疫实训十六】 染疫动物及其产品的无害化处理

一、目的

掌握染疫动物尸体的运送和染疫动物及其产品进行无害化处理的一些方法。

二、内容

染疫动物尸体运送要求以及尸体（或肉尸）、蹄、骨、角及皮毛的无害化处理。

三、设备材料

病死猪和牛若干头，运尸车、消毒液，消毒器，大铁锅，高压锅，工作服，工作帽，胶鞋，手套，口罩，风镜，木柴，柴油，生石灰等。

四、方法与步骤

（一）染疫动物尸体运送要求

1. 对参加尸体运送人员的要求　参加尸体运送人员都必须穿戴工作服、工作帽、口罩、风镜、手套及胶鞋。对被污染的衣物、手套等应及时进行消毒。

2. 对被运送的尸体要求　运送的尸体各天然孔要用蘸有消毒液的湿纱布、棉花严密堵塞，以防止流出的分泌物和排泄物污染环境，一旦发生排出物污染环境要及时进行消毒处理。尸体装车时把尸体躺过的地面表土铲起连同尸体一起运走，并用消毒液喷洒地面，以达消毒作用。

3. 对运尸车的要求　运尸车应不漏水，车内壁最好要钉有铁皮；尸体装车前在车厢底部铺一层石灰；运尸车辆及用具都应严加消毒。

（二）尸体及其产品的处理

1. 焚烧法　在焚烧容器内，使动物尸体及相关动物产品在富氧或无氧条件下进行氧化反应或热解反应的方法。

将病死及病害动物和相关动物产品或破碎产物，投至焚烧炉本体燃烧室，经充分氧化、热解，产生的高温烟气进入二次燃烧室继续燃烧，产生的炉渣经出渣机排出。燃烧室温度应≥850℃。

2. 化制法　在密闭的高压容器内，通过向容器夹层或容器通入高温饱和蒸汽，在干热、压力或高温、压力的作用下，处理动物尸体及相关动物产品的方法。可视情况对病死及病害动物和相关动物产品进行破碎等预处理。干化制时，将病死及病害动物和相关动物产品或破碎产物输送入高温高压灭菌容器。处理物中心温度≥140℃，压力≥0.5MPa（绝对压力），时间≥4h（具体处理时间随处理物种类和体积大小而设定）。湿化制时，将病死及病害动物和相关动物产品或破碎产物送入高温高压容器，总质量不得超过容器总承受力的4/5。处理物中心温度≥135℃，压力≥0.3MPa（绝对压力），处理时间≥30min（具体处理时间随处理物种类和体积大小而设定）。

3.高温法　常压状态下，在封闭系统内利用高温处理病死及病害动物和相关动物产品的方法。处理物或破碎产物体积（长×宽×高）≤125cm³（5cm×5cm×5cm）。将病死及病害动物和相关动物产品或破碎产物输送入容器内，与油脂混合。常压状态下，维持容器内部温度≥180℃，持续时间≥2.5h（具体处理时间随处理物种类和体积大小而设定）。

4.深埋法　按照相关规定，将病死及病害动物和相关动物产品投入深埋坑中并覆盖、消毒，处理病死及病害动物和相关动物产品的方法。但不得用于患有炭疽等芽孢杆菌类疫病，以及牛海绵状脑病、痒病的染疫动物及产品、组织的处理。

应选择地势高燥，处于下风向的地点。应远离学校、公共场所、居民住宅区、村庄、动物饲养和屠宰场所、饮用水源地、河流等地区。深埋坑体容积以实际处理动物尸体及相关动物产品数量确定。深埋坑底应高出地下水位1.5m以上，要防渗、防漏。坑底洒一层厚度为2～5cm的生石灰或漂白粉等消毒药。将动物尸体及相关动物产品投入坑内，最上层距离地表1.5m以上。生石灰或漂白粉等消毒药消毒。覆盖距地表20～30cm，厚度不少于1～1.2m的覆土。

5.硫酸分解法　在密闭的容器内，将病死及病害动物和相关动物产品用硫酸在一定条件下进行分解的方法。

将病死及病害动物和相关动物产品或破碎产物，投至耐酸的水解罐中，按每吨处理物加入水150～300kg，后加入98%的浓硫酸300～400kg（具体加入水和浓硫酸量随处理物的含水量而设定）。密闭水解罐，加热使水解罐内升至100～108℃，维持压力≥0.15MPa，反应时间≥4h，至罐体内的病死及病害动物和相关动物产品完全分解为液态。

五、实训报告

根据染疫动物尸体无害化处理的实际操作写份报告。

参 考 文 献

白文彬，于康震，2002. 动物传染病诊断学 [M]. 北京：中国农业出版社.

毕玉霞，2009. 动物防治与检疫技术 [M]. 北京：化学工业出版社.

陈锦富，胡玫，2000. 淡水养殖病害诊断与防治手册 [M]. 上海：上海科学技术出版社.

崔治中，2009. 兽医全攻略鸡病 [M]. 北京：中国农业出版社.

房海，陈翠珍，张晓君，2010. 水产养殖动物病原细菌学 [M]. 北京：中国农业出版社.

郭定宗，2013. 兽医实验室诊断指南 [M]. 北京：中国农业出版社.

姜平，郭爱珍，邵国青，等，2009. 兽医全攻略猪病 [M]. 北京：中国农业出版社.

孔繁瑶，2010. 家畜寄生虫学 [M]. 2版. 北京：中国农业大学出版社.

李清艳，2008. 动物传染病学 [M]. 北京：中国农业科学技术出版社.

刘胜利，2011. 动物虫媒病与检验检疫技术 [M]. 北京：科学出版社.

刘翊中，陈士恩，2010. 动物检疫学 [M]. 兰州：兰州大学出版社.

陆承平，2009. 兽医微生物学 [M]. 4版. 北京：中国农业出版社.

孟庆显，余开康，1996. 鱼虾蟹贝疾病诊断和防治 [M]. 北京：中国农业出版社.

农业部畜牧兽医局，2011. 一二三类动物疫病释义 [M]. 北京：中国农业出版社.

世界动物卫生组织，2017. OIE陆生动物诊断试验与疫苗手册（哺乳动物、禽类与蜜蜂）[M]. 农业部兽医局组译.
    7版. 北京：中国农业出版社.

田永军，2004. 实用动物检疫 [M]. 郑州：河南科学技术出版社.

汪明，2009. 兽医寄生虫学 [M]. 3版. 北京：中国农业出版社.

王川庆，陈陆，常洪涛，等，2009. 兽医全攻略观赏鱼疾病 [M]. 北京：中国农业出版社.

王建平，2008. 水产病害测报与防治 [M]. 北京：海洋出版社.

王进香，2008. 动物疫病实验室检疫技术 [M]. 银川：宁夏人民出版社.

卫广森，2009. 兽医全攻略羊病 [M]. 北京：中国农业出版社.

文心田，2004. 动物防疫检疫手册 [M]. 成都：四川科学技术出版社.

吴清民，2002. 兽医传染病学 [M]. 北京：中国农业大学出版社.

吴志明，刘莲芝，李桂喜，2006. 动物疫病防控知识宝典 [M]. 北京：中国农业出版社.

夏春，2005. 水生动物疾病学 [M]. 北京：中国农业大学出版社.

肖克宇，2011. 水产动物免疫学 [M]. 北京：中国农业出版社.

谢三星，2009. 兽医全攻略·兔病 [M]. 北京：中国农业出版社.

杨先乐，2001. 特种水产动物疾病的诊断与防治 [M]. 北京：中国农业出版社.

俞开康，战文斌，周丽，2000. 海水养殖病害诊断与防治手册 [M]. 上海：上海科学技术出版社.

张春杰，2009. 家禽疫病防控 [M]. 北京：中国农业出版社.

张西臣，李建华，2010. 动物寄生虫病学 [M]. 3版. 北京：科学出版社.

赵兴绪，2010. 畜禽疾病诊断指南 [M]. 北京：中国农业出版社.

中国农业科学院哈尔滨兽医研究所，2008. 动物传染病学 [M]. 北京：中国农业出版社.

David E, Swayne, et al, 2013. Diseases of Poultry, 13th ed [M]. Wiley-Blackwell, U. S. A.

Jeffrey Zimmerman, et al, 2012. Diseases of Swine, 10th ed [M]. Wiley-Blackwell, U. S. A.

N. James MacLachlan, Edward J. Dubovi, 2011. Fenner's Veterinary Virology: Fourth Edition [M].
    Elsevier.

Quinn PJ, Markey FC, Leonard ES, et al, 2012. Veterinary Microbiology and Microbial Disease:
    Second Edition [M]. Blackwell Publishing Ltd.

Thomas J. Divers, Simon F, 2008. Peek. Rebhun's Diseases of Dairy Cattle: 2nd Edition [M]. Elsevier.

图书在版编目（CIP）数据

动物检疫技术指南 / 汤锦如，彭大新主编 . —北京：
中国农业出版社，2019.12
　　ISBN 978-7-109-25949-2

　　Ⅰ . ①动… 　Ⅱ . ①汤… ②彭… 　Ⅲ . ①动物检疫 – 指
南　Ⅳ . ①S851.34–62

中国版本图书馆CIP数据核字（2019）第209213号

中国农业出版社出版
地址：北京市朝阳区麦子店街18号楼
邮编：100125
责任编辑：张艳晶　弓建芳　刘　伟
版式设计：杨　婧　　责任校对：沙凯霖
印刷：中农印务有限公司
版次：2019年12月第1版
印次：2019年12月北京第1次印刷
发行：新华书店北京发行所
开本：889mm×1194mm　1/16
印张：45
字数：1150千字
定价：198.00元